中国优质特色烤烟典型产区烟叶质量风格特征

徐宜民 宋文静 王程栋 等 著

科学出版社

北京

内 容 简 介

本书概括地介绍中国优质特色烤烟典型产区烟株与烟叶的风格特征。全书共分 21 章，以典型产区代表性片区的大量翔实数据和图表形式概述我国 12 个优质特色烤烟生态区域的典型产区的烟株特征、烟叶外观质量与物理指标、烟叶常规化学成分与中微量元素、烟叶生物碱组分与细胞壁物质、烟叶多酚与质体色素、烟叶有机酸与氨基酸、烟叶香气物质、烟叶感官质量特征；在此基础上，按照武陵山区、黔中山区、秦巴山区、鲁中山区、东北地区、雪峰山区、云贵高原、攀西山区、武夷山区、南岭山区、中原地区、皖南山区 12 个烤烟种植生态区域，分别阐述我国主要烤烟种植区域的典型烤烟产区烟株与烟叶的风格特征。

本书可供烟草行业从业者、科研者和管理者阅读使用，也可供农业、环境、生态、气候、土壤等学科的研究者参考。

图书在版编目(CIP)数据

中国优质特色烤烟典型产区烟叶质量风格特征/徐宜民等著. —北京：科学出版社，2019.6

ISBN 978-7-03-059964-3

Ⅰ. ①中… Ⅱ. ①徐… Ⅲ. ①烟叶–产品质量-研究-中国 Ⅳ. ①TS47

中国版本图书馆 CIP 数据核字(2018)第 278538 号

责任编辑：周 丹 沈 旭/责任校对：樊雅琼
责任印制：师艳茹/封面设计：许 瑞

科 学 出 版 社 出版
北京东黄城根北街 16 号
邮政编码：100717
http://www.sciencep.com

三河市春园印刷有限公司 印刷

科学出版社发行 各地新华书店经销
*
2019 年 6 月第 一 版 开本：787×1092 1/16
2019 年 6 月第一次印刷 印张：59 1/2
字数：1 408 000

定价：798.00 元
(如有印装质量问题，我社负责调换)

编　委　会

前　言

　　烟草属茄科草本植物，起源于南美洲地区，现已在全世界广泛种植。自 1839 年美国北卡罗来纳州出现火管烤烟以来，由于烤后烟叶颜色鲜亮和吸食风格优美而促使烤烟迅速传遍了全球，并逐步占据了吸食类烟草的主导地位。随着现代卷烟工业技术的进步和市场的发展，烟草业界的竞争加剧，我国烟草行业正面临如何立足于国产烟叶，实现行业持续、稳定、健康发展的严峻挑战。实现市场细分下的差异化竞争，有力推动中式卷烟向高端延伸，成为我国烟草行业发展的必然选择。烟叶原料是卷烟工业的基础，更是从产品竞争力转变为品牌竞争力的关键。新形势下，中式卷烟发展对优质特色烟叶原料提出了更高的要求，对我国烟叶原料质量的认识水平和使用价值的判断，更加引起人们的特别关注。为满足中式卷烟发展对风格突出、类型多样、质量稳定的优质特色烟叶原料的追逐，我国区域烟叶质量风格特色的定位开发成为目前烟草界学者普遍关注的问题。

　　我国烤烟种植区域生态条件的多样性造就了烟叶质量风格的多型性，也为中式卷烟发展立足国产烟叶提供了契机和条件。作者研究团队在前卷《中国优质特色烤烟典型产区生态条件》一书中，依据生态条件与烟叶质量风格的依存关系，首次将我国主要烤烟产区粗略划分为武陵山区烤烟种植区、黔中山区烤烟种植区、秦巴山区烤烟种植区、鲁中山区烤烟种植区、东北地区烤烟种植区、雪峰山区烤烟种植区、云贵高原烤烟种植区、攀西山区烤烟种植区、武夷山区烤烟种植区、南岭山区烤烟种植区、中原地区烤烟种植区、皖南山区烤烟种植区 12 个典型生态区域，也成为本书烟叶样品采集和典型生态区域界定的科学依据。《中国优质特色烤烟典型产区烟叶质量风格特征》一书，在国家烟草专卖局特色优质烟叶开发重大专项设立的中间香型特色优质烟叶生态基础研究的基础上，汇集烤烟典型产区烟叶质量数据，并得到中国农业科学院烟草研究所、上海烟草集团有限责任公司、贵州省烟草科学研究院和湖南中烟工业有限责任公司的大力支持，扩展完成全国其他烤烟典型产区烟叶样品定点采集和相关数据检测，为我国典型烤烟产区烟叶质量特征评价提供了统一的客观数据比较平台。本书在 12 个典型生态区域划分的基础上，首次系统检测了烟叶外观质量、物理结构、常规化学成分、质体色素、细胞壁物质、有机酸类、氨基酸、香气物质和感官质量等指标，希望为满足中式卷烟对风格突出、类型多样、质量稳定的优质特色烟叶原料需求和区域深度开发提供基础数据支撑。

　　对在典型区域烟叶样品采集与检测的过程中国家烟草专卖局科技教育司、中国烟叶公司相关领导给予的指导和支持表示感谢，并在此感谢黑龙江、吉林、辽宁、山东、陕西、河南、重庆、贵州、四川、湖北、湖南、云南、安徽、福建等烤烟产区的烟叶生产与科研部门给予的协助和支持。

本书由于样品采集范围广泛、检测工作烦琐、数据群体庞大和作者水平所限，书稿撰写过程中难免出现欠妥之处，敬请广大读者批评指正。

作　者

2018 年 6 月

目　　录

前言
第一章　优质特色烤烟典型产区烟叶数据采集 ……………………………………… 1
　　第一节　优质特色烤烟典型产区代表性片区选择 …………………………………… 1
　　　　一、典型产区与代表性片区选择 …………………………………………………… 1
　　　　二、典型产区与代表性片区 ………………………………………………………… 1
　　第二节　数据采集 ……………………………………………………………………… 10
　　　　一、田间数据采集 …………………………………………………………………… 10
　　　　二、烟叶样品采集 …………………………………………………………………… 10
　　　　三、烟叶样品检测 …………………………………………………………………… 10
第二章　优质特色烤烟典型产区烟田与烟株基本特征 …………………………… 13
　　第一节　优质特色烤烟典型产区烟田基本特征 …………………………………… 13
　　　　一、武陵山区代表性烟田基本特征 ………………………………………………… 13
　　　　二、黔中山区代表性烟田基本特征 ………………………………………………… 13
　　　　三、秦巴山区代表性烟田基本特征 ………………………………………………… 14
　　　　四、鲁中山区代表性烟田基本特征 ………………………………………………… 14
　　　　五、东北地区代表性烟田基本特征 ………………………………………………… 15
　　　　六、雪峰山区代表性烟田基本特征 ………………………………………………… 15
　　　　七、云贵高原代表性烟田基本特征 ………………………………………………… 15
　　　　八、攀西山区代表性烟田基本特征 ………………………………………………… 16
　　　　九、武夷山区代表性烟田基本特征 ………………………………………………… 16
　　　　十、南岭山区代表性烟田基本特征 ………………………………………………… 16
　　　　十一、中原地区代表性烟田基本特征 ……………………………………………… 17
　　　　十二、皖南山区代表性烟田基本特征 ……………………………………………… 17
　　第二节　优质特色烤烟典型产区烟株基本特征 …………………………………… 17
　　　　一、武陵山区烟株基本特征 ………………………………………………………… 17
　　　　二、黔中山区烟株基本特征 ………………………………………………………… 18
　　　　三、秦巴山区烟株基本特征 ………………………………………………………… 19
　　　　四、鲁中山区烟株基本特征 ………………………………………………………… 20
　　　　五、东北地区烟株基本特征 ………………………………………………………… 20
　　　　六、雪峰山区烟株基本特征 ………………………………………………………… 21
　　　　七、云贵高原烟株基本特征 ………………………………………………………… 22
　　　　八、攀西山区烟株基本特征 ………………………………………………………… 23
　　　　九、武夷山区烟株基本特征 ………………………………………………………… 23

十、南岭山区烟株基本特征 ···································· 24

十一、中原地区烟株基本特征 ································ 25

十二、皖南山区烟株基本特征 ································ 25

第三节 烤烟种植区间烟株基本特征差异 ···························· 26

一、烟株株高差异 ·· 26

二、烟株茎围差异 ·· 26

三、烟株有效叶差异 ·· 26

四、烟株中部叶长差异 ···································· 27

五、烟株中部叶宽差异 ···································· 27

六、烟株上部叶长差异 ···································· 27

七、烟株上部叶宽差异 ···································· 27

第三章 优质特色烤烟典型产区烟叶外观质量与物理指标 ········· 28

第一节 优质特色烤烟典型产区烟叶外观质量 ················ 28

一、武陵山区烟叶外观质量 ································ 28

二、黔中山区烟叶外观质量 ································ 29

三、秦巴山区烟叶外观质量 ································ 30

四、鲁中山区烟叶外观质量 ································ 30

五、东北地区烟叶外观质量 ································ 31

六、雪峰山区烟叶外观质量 ································ 32

七、云贵高原烟叶外观质量 ································ 32

八、攀西山区烟叶外观质量 ································ 33

九、武夷山区烟叶外观质量 ································ 33

十、南岭山区烟叶外观质量 ································ 34

十一、中原地区烟叶外观质量 ······························ 35

十二、皖南山区烟叶外观质量 ······························ 35

第二节 优质特色烤烟典型产区烟叶外观质量差异 ·········· 36

一、烟叶成熟度差异 ·· 36

二、烟叶颜色差异 ·· 36

三、烟叶油分差异 ·· 36

四、烟叶身份差异 ·· 36

五、烟叶结构差异 ·· 36

六、烟叶色度差异 ·· 37

第三节 优质特色烤烟典型产区烟叶物理指标 ················ 37

一、武陵山区烟叶物理指标 ································ 37

二、黔中山区烟叶物理指标 ································ 38

三、秦巴山区烟叶物理指标 ································ 39

四、鲁中山区烟叶物理指标 ································ 40

五、东北地区烟叶物理指标 ································ 41

六、雪峰山区烟叶物理指标 ·· 41

七、云贵高原烟叶物理指标 ·· 42

八、攀西山区烟叶物理指标 ·· 43

九、武夷山区烟叶物理指标 ·· 44

十、南岭山区烟叶物理指标 ·· 44

十一、中原地区烟叶物理指标 ··· 45

十二、皖南山区烟叶物理指标 ··· 46

第四节 优质特色烤烟典型产区烟叶物理指标差异 ························· 47

一、烟叶单叶重差异 ·· 47

二、烟叶叶片密度差异 ·· 47

三、烟叶含梗率差异 ·· 47

四、叶片平衡含水率差异 ·· 47

五、叶片长度差异 ··· 47

六、叶片宽度差异 ··· 47

七、叶片厚度差异 ··· 48

八、烟叶填充值差异 ·· 48

第四章 优质特色烤烟典型产区烟叶常规化学成分与中微量元素 ·········· 49

第一节 优质特色烤烟典型产区烟叶常规化学成分特征 ················· 49

一、武陵山区烟叶常规化学成分 ··· 49

二、黔中山区烟叶常规化学成分 ··· 50

三、秦巴山区烟叶常规化学成分 ··· 51

四、鲁中山区烟叶常规化学成分 ··· 52

五、东北地区烟叶常规化学成分 ··· 52

六、雪峰山区烟叶常规化学成分 ··· 53

七、云贵高原烟叶常规化学成分 ··· 54

八、攀西山区烟叶常规化学成分 ··· 55

九、武夷山区烟叶常规化学成分 ··· 55

十、南岭山区烟叶常规化学成分 ··· 56

十一、中原地区烟叶常规化学成分 ··· 57

十二、皖南山区烟叶常规化学成分 ··· 57

第二节 优质特色烤烟典型产区烟叶常规化学成分差异 ················· 58

一、烟叶总糖 ··· 58

二、烟叶还原糖 ··· 58

三、烟叶总氮 ··· 58

四、烟叶总植物碱 ··· 59

五、烟叶氯 ··· 59

六、烟叶钾 ··· 59

七、烟叶糖碱比 ··· 59

八、烟叶淀粉 ·· 60
第三节 优质特色烤烟典型产区烟叶中微量元素特征 ······························ 60
一、武陵山区烟叶中微量元素 ·· 60
二、黔中山区烟叶中微量元素 ·· 61
三、秦巴山区烟叶中微量元素 ·· 62
四、鲁中山区烟叶中微量元素 ·· 62
五、东北地区烟叶中微量元素 ·· 63
六、雪峰山区烟叶中微量元素 ·· 64
七、云贵高原烟叶中微量元素 ·· 64
八、攀西山区烟叶中微量元素 ·· 65
九、武夷山区烟叶中微量元素 ·· 66
十、南岭山区烟叶中微量元素 ·· 66
十一、中原地区烟叶中微量元素 ··· 67
十二、皖南山区烟叶中微量元素 ··· 68
第四节 优质特色烤烟典型产区烟叶中微量元素指标差异 ······················· 68
一、烟叶 Cu ·· 68
二、烟叶 Fe ·· 68
三、烟叶 Mn ··· 69
四、烟叶 Zn ·· 69
五、烟叶 Ca ·· 69
六、烟叶 Mg ··· 70
第五章 特色优质烤烟典型产区烟叶生物碱组分与细胞壁物质 ······················· 71
第一节 特色优质烤烟典型产区烟叶生物碱组分特征 ······························ 71
一、武陵山区烟叶生物碱组分 ·· 71
二、黔中山区烟叶生物碱组分 ·· 72
三、秦巴山区烟叶生物碱组分 ·· 72
四、鲁中山区烟叶生物碱组分 ·· 73
五、东北地区烟叶生物碱组分 ·· 74
六、雪峰山区烟叶生物碱组分 ·· 74
七、云贵高原烟叶生物碱组分 ·· 75
八、攀西山区烟叶生物碱组分 ·· 76
九、武夷山区烟叶生物碱组分 ·· 76
十、南岭山区烟叶生物碱组分 ·· 77
十一、中原地区烟叶生物碱组分 ··· 77
十二、皖南山区烟叶生物碱组分 ··· 78
第二节 特色优质烤烟典型产区烟叶生物碱组分差异 ······························ 79
一、烟叶烟碱 ·· 79
二、烟叶降烟碱 ··· 79

　　　三、烟叶麦斯明 ··· 79

　　　四、烟叶假木贼碱 ··· 79

　　　五、烟叶新烟碱 ·· 80

　　第三节　特色优质烤烟典型产区烟叶细胞壁物质特征 ················ 80

　　　一、武陵山区烟叶细胞壁物质 ·· 80

　　　二、黔中山区烟叶细胞壁物质 ·· 80

　　　三、秦巴山区烟叶细胞壁物质 ·· 81

　　　四、鲁中山区烟叶细胞壁物质 ·· 82

　　　五、东北地区烟叶细胞壁物质 ·· 82

　　　六、雪峰山区烟叶细胞壁物质 ·· 83

　　　七、云贵高原烟叶细胞壁物质 ·· 83

　　　八、攀西山区烟叶细胞壁物质 ·· 84

　　　九、武夷山区烟叶细胞壁物质 ·· 84

　　　十、南岭山区烟叶细胞壁物质 ·· 85

　　　十一、中原地区烟叶细胞壁物质 ··· 85

　　　十二、皖南山区烟叶细胞壁物质 ··· 85

　　第四节　特色优质烤烟典型产区烟叶细胞壁物质差异 ················ 86

　　　一、烟叶纤维素 ·· 86

　　　二、烟叶半纤维素 ··· 86

　　　三、烟叶木质素 ·· 86

第六章　优质特色烤烟典型产区烟叶多酚与质体色素 ················ 88

　　第一节　优质特色烤烟典型产区烟叶多酚与质体色素特征 ········ 88

　　　一、武陵山区烟叶多酚与质体色素 ··· 88

　　　二、黔中山区烟叶多酚与质体色素 ··· 89

　　　三、秦巴山区烟叶多酚与质体色素 ··· 90

　　　四、鲁中山区烟叶多酚与质体色素 ··· 90

　　　五、东北地区烟叶多酚与质体色素 ··· 91

　　　六、雪峰山区烟叶多酚与质体色素 ··· 92

　　　七、云贵高原烟叶多酚与质体色素 ··· 92

　　　八、攀西山区烟叶多酚与质体色素 ··· 93

　　　九、武夷山区烟叶多酚与质体色素 ··· 94

　　　十、南岭山区烟叶多酚与质体色素 ··· 94

　　　十一、中原地区烟叶多酚与质体色素 ·· 95

　　　十二、皖南山区烟叶多酚与质体色素 ·· 96

　　第二节　优质特色烤烟典型产区烟叶多酚与质体色素差异 ········ 96

　　　一、烟叶绿原酸 ·· 96

　　　二、烟叶芸香苷 ·· 96

　　　三、烟叶莨菪亭 ·· 97

四、烟叶 β-胡萝卜素 ··· 97

五、烟叶叶黄素 ··· 97

第七章 优质特色烤烟典型产区烟叶有机酸与氨基酸 ······················· 98

第一节 优质特色烤烟典型产区烟叶有机酸类物质特征 ··················· 98

一、武陵山区烟叶有机酸 ·· 98

二、黔中山区烟叶有机酸 ·· 99

三、秦巴山区烟叶有机酸 ·· 100

四、鲁中山区烟叶有机酸 ·· 101

五、东北地区烟叶有机酸 ·· 101

六、雪峰山区烟叶有机酸 ·· 102

七、云贵高原烟叶有机酸 ·· 103

八、攀西山区烟叶有机酸 ·· 103

九、武夷山区烟叶有机酸 ·· 104

十、南岭山区烟叶有机酸 ·· 105

十一、中原地区烟叶有机酸 ······································ 105

十二、皖南山区烟叶有机酸 ······································ 106

第二节 优质特色烤烟典型产区烟叶有机酸差异 ······················· 107

一、草酸 ··· 107

二、苹果酸 ··· 107

三、柠檬酸 ··· 107

四、棕榈酸 ··· 107

五、亚油酸 ··· 108

六、油酸 ··· 108

七、硬脂酸 ··· 108

第三节 优质特色烤烟典型产区烟叶氨基酸含量特征 ··················· 108

一、武陵山区烟叶氨基酸 ·· 108

二、黔中山区烟叶氨基酸 ·· 110

三、秦巴山区烟叶氨基酸 ·· 112

四、鲁中山区烟叶氨基酸 ·· 114

五、东北地区烟叶氨基酸 ·· 115

六、雪峰山区烟叶氨基酸 ·· 117

七、云贵高原烟叶氨基酸 ·· 119

八、攀西山区烟叶氨基酸 ·· 120

九、武夷山区烟叶氨基酸 ·· 122

十、南岭山区烟叶氨基酸 ·· 124

十一、中原地区烟叶氨基酸 ······································ 125

十二、皖南山区烟叶氨基酸 ······································ 127

第四节 优质特色烤烟典型产区烟叶氨基酸含量差异 ··················· 129

一、磷酸化-丝氨酸 ………………………………………………………… 129

二、牛磺酸 ………………………………………………………………… 129

三、天冬氨酸 ……………………………………………………………… 129

四、苏氨酸 ………………………………………………………………… 129

五、丝氨酸 ………………………………………………………………… 129

六、天冬酰胺 ……………………………………………………………… 130

七、谷氨酸 ………………………………………………………………… 130

八、甘氨酸 ………………………………………………………………… 130

九、丙氨酸 ………………………………………………………………… 130

十、缬氨酸 ………………………………………………………………… 131

十一、半胱氨酸 …………………………………………………………… 131

十二、异亮氨酸 …………………………………………………………… 131

十三、亮氨酸 ……………………………………………………………… 132

十四、酪氨酸 ……………………………………………………………… 132

十五、苯丙氨酸 …………………………………………………………… 132

十六、氨基丁酸 …………………………………………………………… 132

十七、组氨酸 ……………………………………………………………… 132

十八、色氨酸 ……………………………………………………………… 132

十九、精氨酸 ……………………………………………………………… 133

第八章　优质特色烤烟典型产区烟叶香气物质 ……………………… 134

第一节　优质特色烤烟典型产区烟叶香气物质 ………………………… 134

一、武陵山区烟叶香气成分 ……………………………………………… 134

二、黔中山区烟叶香气成分 ……………………………………………… 136

三、秦巴山区烟叶香气成分 ……………………………………………… 137

四、鲁中山区烟叶香气成分 ……………………………………………… 138

五、东北地区烟叶香气成分 ……………………………………………… 140

六、雪峰山区烟叶香气成分 ……………………………………………… 141

七、云贵高原烟叶香气成分 ……………………………………………… 143

八、攀西山区烟叶香气成分 ……………………………………………… 144

九、武夷山区烟叶香气成分 ……………………………………………… 146

十、南岭山区烟叶香气成分 ……………………………………………… 147

十一、中原地区烟叶香气成分 …………………………………………… 148

十二、皖南山区烟叶香气成分 …………………………………………… 150

第二节　优质特色烤烟典型产区烟叶香气物质差异 …………………… 151

一、茄酮 …………………………………………………………………… 151

二、香叶基丙酮 …………………………………………………………… 152

三、降茄二酮 ……………………………………………………………… 152

四、β-紫罗兰酮 ………………………………………………………… 152

　　五、氧化紫罗兰酮 ……………………………………………………… 153

　　六、二氢猕猴桃内酯 …………………………………………………… 153

　　七、巨豆三烯酮1 ……………………………………………………… 153

　　八、巨豆三烯酮2 ……………………………………………………… 153

　　九、巨豆三烯酮3 ……………………………………………………… 153

　　十、巨豆三烯酮4 ……………………………………………………… 153

　　十一、3-羟基-β-二氢大马酮 ………………………………………… 154

　　十二、3-氧代-α-紫罗兰醇 …………………………………………… 154

　　十三、新植二烯 ………………………………………………………… 154

　　十四、3-羟基索拉韦惕酮 ……………………………………………… 154

　　十五、β-法尼烯 ……………………………………………………… 155

第九章　优质特色烤烟典型产区烟叶感官质量特征 …………………… 156

　第一节　优质特色烤烟典型产区烟叶感官质量 ………………………… 156

　　一、武陵山区烟叶感官质量 …………………………………………… 156

　　二、黔中山区烟叶感官质量 …………………………………………… 158

　　三、秦巴山区烟叶感官质量 …………………………………………… 159

　　四、鲁中山区烟叶感官质量 …………………………………………… 161

　　五、东北地区烟叶感官质量 …………………………………………… 163

　　六、雪峰山区烟叶感官质量 …………………………………………… 165

　　七、云贵高原烟叶感官质量 …………………………………………… 166

　　八、攀西山区烟叶感官质量 …………………………………………… 168

　　九、武夷山区烟叶感官质量 …………………………………………… 170

　　十、南岭山区烟叶感官质量 …………………………………………… 171

　　十一、中原地区烟叶感官质量 ………………………………………… 173

　　十二、皖南山区烟叶感官质量 ………………………………………… 175

　第二节　优质特色烤烟典型产区烟叶感官质量差异 …………………… 177

　　一、优质特色烤烟典型产区烟叶香韵指标差异 ……………………… 177

　　二、优质特色烤烟典型产区烟叶烟气指标差异 ……………………… 180

　　三、优质特色烤烟典型产区烟叶口感指标差异 ……………………… 181

　　四、优质特色烤烟典型产区烟叶杂气指标差异 ……………………… 182

第十章　武陵山区烤烟典型区域烟叶风格特征 ………………………… 184

　第一节　贵州德江烟叶风格特征 ………………………………………… 184

　　一、烟田与烟株基本特征 ……………………………………………… 184

　　二、烟叶外观质量与物理指标 ………………………………………… 187

　　三、烟叶常规化学成分与中微量元素 ………………………………… 190

　　四、烟叶生物碱组分与细胞壁物质 …………………………………… 191

　　五、烟叶多酚与质体色素 ……………………………………………… 192

　　六、烟叶有机酸类物质 ………………………………………………… 193

七、烟叶氨基酸 ……………………………………………………………… 194

八、烟叶香气物质 …………………………………………………………… 196

九、烟叶感官质量 …………………………………………………………… 198

第二节　贵州道真烟叶风格特征 ……………………………………………… 200

一、烟田与烟株基本特征 …………………………………………………… 200

二、烟叶外观质量与物理指标 ……………………………………………… 203

三、烟叶常规化学成分与中微量元素 ……………………………………… 206

四、烟叶生物碱组分与细胞壁物质 ………………………………………… 207

五、烟叶多酚与质体色素 …………………………………………………… 208

六、烟叶有机酸类物质 ……………………………………………………… 209

七、烟叶氨基酸 ……………………………………………………………… 210

八、烟叶香气物质 …………………………………………………………… 212

九、烟叶感官质量 …………………………………………………………… 214

第三节　湖北咸丰烟叶风格特征 ……………………………………………… 216

一、烟田与烟株基本特征 …………………………………………………… 217

二、烟叶外观质量与物理指标 ……………………………………………… 219

三、烟叶常规化学成分与中微量元素 ……………………………………… 222

四、烟叶生物碱组分与细胞壁物质 ………………………………………… 224

五、烟叶多酚与质体色素 …………………………………………………… 225

六、烟叶有机酸类物质 ……………………………………………………… 226

七、烟叶氨基酸 ……………………………………………………………… 227

八、烟叶香气物质 …………………………………………………………… 229

九、烟叶感官质量 …………………………………………………………… 230

第四节　湖北利川烟叶风格特征 ……………………………………………… 233

一、烟田与烟株基本特征 …………………………………………………… 233

二、烟叶外观质量与物理指标 ……………………………………………… 236

三、烟叶常规化学成分与中微量元素 ……………………………………… 239

四、烟叶生物碱组分与细胞壁物质 ………………………………………… 240

五、烟叶多酚与质体色素 …………………………………………………… 241

六、烟叶有机酸类物质 ……………………………………………………… 242

七、烟叶氨基酸 ……………………………………………………………… 243

八、烟叶香气物质 …………………………………………………………… 245

九、烟叶感官质量 …………………………………………………………… 247

第五节　湖南桑植烟叶风格特征 ……………………………………………… 249

一、烟田与烟株基本特征 …………………………………………………… 250

二、烟叶外观质量与物理指标 ……………………………………………… 252

三、烟叶常规化学成分与中微量元素 ……………………………………… 255

四、烟叶生物碱组分与细胞壁物质 ………………………………………… 257

　　　五、烟叶多酚与质体色素 ·· 258

　　　六、烟叶有机酸类物质 ·· 259

　　　七、烟叶氨基酸 ·· 260

　　　八、烟叶香气物质 ·· 262

　　　九、烟叶感官质量 ·· 263

　第六节　湖南凤凰烟叶风格特征 ··· 266

　　　一、烟田与烟株基本特征 ·· 266

　　　二、烟叶外观质量与物理指标 ·· 269

　　　三、烟叶常规化学成分与中微量元素 ·································· 272

　　　四、烟叶生物碱组分与细胞壁物质 ···································· 273

　　　五、烟叶多酚与质体色素 ·· 274

　　　六、烟叶有机酸类物质 ·· 275

　　　七、烟叶氨基酸 ·· 276

　　　八、烟叶香气物质 ·· 278

　　　九、烟叶感官质量 ·· 280

　第七节　重庆彭水烟叶风格特征 ··· 282

　　　一、烟田与烟株基本特征 ·· 283

　　　二、烟叶外观质量与物理指标 ·· 285

　　　三、烟叶常规化学成分与中微量元素 ·································· 289

　　　四、烟叶生物碱组分与细胞壁物质 ···································· 290

　　　五、烟叶多酚与质体色素 ·· 291

　　　六、烟叶有机酸类物质 ·· 292

　　　七、烟叶氨基酸 ·· 293

　　　八、烟叶香气物质 ·· 295

　　　九、烟叶感官质量 ·· 296

　第八节　重庆武隆烟叶风格特征 ··· 299

　　　一、烟田与烟株基本特征 ·· 299

　　　二、烟叶外观质量与物理指标 ·· 302

　　　三、烟叶常规化学成分与中微量元素 ·································· 305

　　　四、烟叶生物碱组分与细胞壁物质 ···································· 306

　　　五、烟叶多酚与质体色素 ·· 307

　　　六、烟叶有机酸类物质 ·· 308

　　　七、烟叶氨基酸 ·· 309

　　　八、烟叶香气物质 ·· 311

　　　九、烟叶感官质量 ·· 313

第十一章　黔中山区烤烟典型区域烟叶风格特征 ························· 316

　第一节　贵州播州烟叶风格特征 ··· 316

　　　一、烟田与烟株基本特征 ·· 316

　　二、烟叶外观质量与物理指标 ……………………………………… 319

　　三、烟叶常规化学成分与中微量元素 …………………………… 322

　　四、烟叶生物碱组分与细胞壁物质 ……………………………… 323

　　五、烟叶多酚与质体色素 ………………………………………… 324

　　六、烟叶有机酸类物质 …………………………………………… 325

　　七、烟叶氨基酸 …………………………………………………… 326

　　八、烟叶香气物质 ………………………………………………… 328

　　九、烟叶感官质量 ………………………………………………… 330

第二节　贵州贵定烟叶风格特征 …………………………………… 332

　　一、烟田与烟株基本特征 ………………………………………… 333

　　二、烟叶外观质量与物理指标 …………………………………… 335

　　三、烟叶常规化学成分与中微量元素 …………………………… 339

　　四、烟叶生物碱组分与细胞壁物质 ……………………………… 340

　　五、烟叶多酚与质体色素 ………………………………………… 341

　　六、烟叶有机酸类物质 …………………………………………… 342

　　七、烟叶氨基酸 …………………………………………………… 343

　　八、烟叶香气物质 ………………………………………………… 345

　　九、烟叶感官质量 ………………………………………………… 346

第三节　贵州黔西烟叶风格特征 …………………………………… 349

　　一、烟田与烟株基本特征 ………………………………………… 349

　　二、烟叶外观质量与物理指标 …………………………………… 352

　　三、烟叶常规化学成分与中微量元素 …………………………… 355

　　四、烟叶生物碱组分与细胞壁物质 ……………………………… 356

　　五、烟叶多酚与质体色素 ………………………………………… 357

　　六、烟叶有机酸类物质 …………………………………………… 358

　　七、烟叶氨基酸 …………………………………………………… 359

　　八、烟叶香气物质 ………………………………………………… 361

　　九、烟叶感官质量 ………………………………………………… 363

第四节　贵州开阳烟叶风格特征 …………………………………… 365

　　一、烟田与烟株基本特征 ………………………………………… 366

　　二、烟叶外观质量与物理指标 …………………………………… 369

　　三、烟叶常规化学成分与中微量元素 …………………………… 371

　　四、烟叶生物碱组分与细胞壁物质 ……………………………… 373

　　五、烟叶多酚与质体色素 ………………………………………… 374

　　六、烟叶有机酸类物质 …………………………………………… 375

　　七、烟叶氨基酸 …………………………………………………… 376

　　八、烟叶香气物质 ………………………………………………… 378

　　九、烟叶感官质量 ………………………………………………… 379

第五节 贵州西秀烟叶风格特征 ·· 382
　　一、烟田与烟株基本特征 ·· 382
　　二、烟叶外观质量与物理指标 ·· 385
　　三、烟叶常规化学成分与中微量元素 ·· 388
　　四、烟叶生物碱组分与细胞壁物质 ·· 389
　　五、烟叶多酚与质体色素 ·· 390
　　六、烟叶有机酸类物质 ·· 391
　　七、烟叶氨基酸 ·· 392
　　八、烟叶香气物质 ·· 394
　　九、烟叶感官质量 ·· 396
第六节 贵州余庆烟叶风格特征 ·· 398
　　一、烟田与烟株基本特征 ·· 399
　　二、烟叶外观质量与物理指标 ·· 402
　　三、烟叶常规化学成分与中微量元素 ·· 405
　　四、烟叶生物碱组分与细胞壁物质 ·· 406
　　五、烟叶多酚与质体色素 ·· 407
　　六、烟叶有机酸类物质 ·· 408
　　七、烟叶氨基酸 ·· 409
　　八、烟叶香气物质 ·· 411
　　九、烟叶感官质量 ·· 412
第七节 贵州凯里烟叶风格特征 ·· 415
　　一、烟田与烟株基本特征 ·· 415
　　二、烟叶外观质量与物理指标 ·· 418
　　三、烟叶常规化学成分与中微量元素 ·· 421
　　四、烟叶生物碱组分与细胞壁物质 ·· 422
　　五、烟叶多酚与质体色素 ·· 423
　　六、烟叶有机酸类物质 ·· 424
　　七、烟叶氨基酸 ·· 425
　　八、烟叶香气物质 ·· 427
　　九、烟叶感官质量 ·· 429
第十二章 秦巴山区烤烟典型区域烟叶风格特征 ···································· 432
第一节 陕西南郑烟叶风格特征 ·· 432
　　一、烟田与烟株基本特征 ·· 432
　　二、烟叶外观质量与物理指标 ·· 435
　　三、烟叶常规化学成分与中微量元素 ·· 438
　　四、烟叶生物碱组分与细胞壁物质 ·· 439
　　五、烟叶多酚与质体色素 ·· 440
　　六、烟叶有机酸类物质 ·· 441

七、烟叶氨基酸 ……………………………………………………………… 442

八、烟叶香气物质 …………………………………………………………… 444

九、烟叶感官质量 …………………………………………………………… 446

第二节　陕西旬阳烟叶风格特征 …………………………………………… 448

一、烟田与烟株基本特征 …………………………………………………… 449

二、烟叶外观质量与物理指标 ……………………………………………… 452

三、烟叶常规化学成分与中微量元素 ……………………………………… 455

四、烟叶生物碱组分与细胞壁物质 ………………………………………… 456

五、烟叶多酚与质体色素 …………………………………………………… 457

六、烟叶有机酸类物质 ……………………………………………………… 458

七、烟叶氨基酸 ……………………………………………………………… 459

八、烟叶香气物质 …………………………………………………………… 461

九、烟叶感官质量 …………………………………………………………… 463

第三节　湖北兴山烟叶风格特征 …………………………………………… 465

一、烟田与烟株基本特征 …………………………………………………… 465

二、烟叶外观质量与物理指标 ……………………………………………… 468

三、烟叶常规化学成分与中微量元素 ……………………………………… 471

四、烟叶生物碱组分与细胞壁物质 ………………………………………… 472

五、烟叶多酚与质体色素 …………………………………………………… 473

六、烟叶有机酸类物质 ……………………………………………………… 474

七、烟叶氨基酸 ……………………………………………………………… 475

八、烟叶香气物质 …………………………………………………………… 477

九、烟叶感官质量 …………………………………………………………… 479

第四节　湖北房县烟叶风格特征 …………………………………………… 481

一、烟田与烟株基本特征 …………………………………………………… 482

二、烟叶外观质量与物理指标 ……………………………………………… 484

三、烟叶常规化学成分与中微量元素 ……………………………………… 488

四、烟叶生物碱组分与细胞壁物质 ………………………………………… 489

五、烟叶多酚与质体色素 …………………………………………………… 490

六、烟叶有机酸类物质 ……………………………………………………… 491

七、烟叶氨基酸 ……………………………………………………………… 492

八、烟叶香气物质 …………………………………………………………… 494

九、烟叶感官质量 …………………………………………………………… 496

第五节　重庆巫山烟叶风格特征 …………………………………………… 498

一、烟田与烟株基本特征 …………………………………………………… 499

二、烟叶外观质量与物理指标 ……………………………………………… 501

三、烟叶常规化学成分与中微量元素 ……………………………………… 505

四、烟叶生物碱组分与细胞壁物质 ………………………………………… 506

五、烟叶多酚与质体色素 …… 507

六、烟叶有机酸类物质 …… 508

七、烟叶氨基酸 …… 509

八、烟叶香气物质 …… 511

九、烟叶感官质量 …… 513

第十三章　鲁中山区烤烟典型区域烟叶风格特征 …… 516

第一节　山东临朐烟叶风格特征 …… 516

一、烟田与烟株基本特征 …… 516

二、烟叶外观质量与物理指标 …… 519

三、烟叶常规化学成分与中微量元素 …… 522

四、烟叶生物碱组分与细胞壁物质 …… 523

五、烟叶多酚与质体色素 …… 524

六、烟叶有机酸类物质 …… 525

七、烟叶氨基酸 …… 526

八、烟叶香气物质 …… 528

九、烟叶感官质量 …… 530

第二节　山东蒙阴烟叶风格特征 …… 532

一、烟田与烟株基本特征 …… 533

二、烟叶外观质量与物理指标 …… 536

三、烟叶常规化学成分与中微量元素 …… 539

四、烟叶生物碱组分与细胞壁物质 …… 540

五、烟叶多酚与质体色素 …… 541

六、烟叶有机酸类物质 …… 542

七、烟叶氨基酸 …… 543

八、烟叶香气物质 …… 545

九、烟叶感官质量 …… 547

第三节　山东费县烟叶风格特征 …… 549

一、烟田与烟株基本特征 …… 549

二、烟叶外观质量与物理指标 …… 552

三、烟叶常规化学成分与中微量元素 …… 556

四、烟叶生物碱组分与细胞壁物质 …… 557

五、烟叶多酚与质体色素 …… 558

六、烟叶有机酸类物质 …… 559

七、烟叶氨基酸 …… 560

八、烟叶香气物质 …… 562

九、烟叶感官质量 …… 564

第四节　山东诸城烟叶风格特征 …… 566

一、烟田与烟株基本特征 …… 566

　　二、烟叶外观质量与物理指标 ································· 569

　　三、烟叶常规化学成分与中微量元素 ····················· 572

　　四、烟叶生物碱组分与细胞壁物质 ······················· 574

　　五、烟叶多酚与质体色素 ································· 575

　　六、烟叶有机酸类物质 ································· 576

　　七、烟叶氨基酸 ······································· 577

　　八、烟叶香气物质 ····································· 579

　　九、烟叶感官质量 ····································· 580

第十四章　东北地区烤烟典型区域烟叶风格特征 ················· 584

　第一节　辽宁宽甸烟叶风格特征 ························· 584

　　一、烟田与烟株基本特征 ································· 584

　　二、烟叶外观质量与物理指标 ····························· 587

　　三、烟叶常规化学成分与中微量元素 ····················· 590

　　四、烟叶生物碱组分与细胞壁物质 ······················· 591

　　五、烟叶多酚与质体色素 ································· 592

　　六、烟叶有机酸类物质 ································· 593

　　七、烟叶氨基酸 ······································· 594

　　八、烟叶香气物质 ····································· 596

　　九、烟叶感官质量 ····································· 598

　第二节　黑龙江宁安烟叶风格特征 ····················· 600

　　一、烟田与烟株基本特征 ································· 601

　　二、烟叶外观质量与物理指标 ····························· 603

　　三、烟叶常规化学成分与中微量元素 ····················· 607

　　四、烟叶生物碱组分与细胞壁物质 ······················· 608

　　五、烟叶多酚与质体色素 ································· 609

　　六、烟叶有机酸类物质 ································· 610

　　七、烟叶氨基酸 ······································· 611

　　八、烟叶香气物质 ····································· 613

　　九、烟叶感官质量 ····································· 615

　第三节　吉林汪清烟叶风格特征 ························· 617

　　一、烟田与烟株基本特征 ································· 617

　　二、烟叶外观质量与物理指标 ····························· 620

　　三、烟叶常规化学成分与中微量元素 ····················· 623

　　四、烟叶生物碱组分与细胞壁物质 ······················· 625

　　五、烟叶多酚与质体色素 ································· 626

　　六、烟叶有机酸类物质 ································· 627

　　七、烟叶氨基酸 ······································· 628

　　八、烟叶香气物质 ····································· 629

　　九、烟叶感官质量 ··631

第十五章　雪峰山区烤烟典型区域烟叶风格特征 ············634
　第一节　贵州天柱烟叶风格特征 ····························634
　　一、烟田与烟株基本特征 ································634
　　二、烟叶外观质量与物理指标 ··························637
　　三、烟叶常规化学成分与中微量元素 ····················640
　　四、烟叶生物碱组分与细胞壁物质 ······················641
　　五、烟叶多酚与质体色素 ································642
　　六、烟叶有机酸类物质 ··································643
　　七、烟叶氨基酸 ··644
　　八、烟叶香气物质 ······································646
　　九、烟叶感官质量 ······································648
　第二节　湖南靖州烟叶风格特征 ····························650
　　一、烟田与烟株基本特征 ································651
　　二、烟叶外观质量与物理指标 ··························653
　　三、烟叶常规化学成分与中微量元素 ····················656
　　四、烟叶生物碱组分与细胞壁物质 ······················658
　　五、烟叶多酚与质体色素 ································659
　　六、烟叶有机酸类物质 ··································660
　　七、烟叶氨基酸 ··661
　　八、烟叶香气物质 ······································663
　　九、烟叶感官质量 ······································664

第十六章　云贵高原烤烟典型区域烟叶风格特征 ············668
　第一节　云南江川烟叶风格特征 ····························668
　　一、烟田与烟株基本特征 ································668
　　二、烟叶外观质量与物理指标 ··························671
　　三、烟叶常规化学成分与中微量元素 ····················674
　　四、烟叶生物碱组分与细胞壁物质 ······················675
　　五、烟叶多酚与质体色素 ································676
　　六、烟叶有机酸类物质 ··································677
　　七、烟叶氨基酸 ··678
　　八、烟叶香气物质 ······································680
　　九、烟叶感官质量 ······································682
　第二节　云南南涧烟叶风格特征 ····························684
　　一、烟田与烟株基本特征 ································685
　　二、烟叶外观质量与物理指标 ··························688
　　三、烟叶常规化学成分与中微量元素 ····················691
　　四、烟叶生物碱组分与细胞壁物质 ······················692

　　五、烟叶多酚与质体色素 ……………………………………………… 693

　　六、烟叶有机酸类物质 …………………………………………………… 694

　　七、烟叶氨基酸 …………………………………………………………… 695

　　八、烟叶香气物质 ………………………………………………………… 697

　　九、烟叶感官质量 ………………………………………………………… 699

　第三节　贵州盘州烟叶风格特征 ………………………………………… 701

　　一、烟田与烟株基本特征 ………………………………………………… 701

　　二、烟叶外观质量与物理指标 …………………………………………… 704

　　三、烟叶常规化学成分与中微量元素 …………………………………… 707

　　四、烟叶生物碱组分与细胞壁物质 ……………………………………… 708

　　五、烟叶多酚与质体色素 ………………………………………………… 709

　　六、烟叶有机酸类物质 …………………………………………………… 710

　　七、烟叶氨基酸 …………………………………………………………… 711

　　八、烟叶香气物质 ………………………………………………………… 713

　　九、烟叶感官质量 ………………………………………………………… 715

　第四节　贵州威宁烟叶风格特征 ………………………………………… 717

　　一、烟田与烟株基本特征 ………………………………………………… 718

　　二、烟叶外观质量与物理指标 …………………………………………… 720

　　三、烟叶常规化学成分与中微量元素 …………………………………… 724

　　四、烟叶生物碱组分与细胞壁物质 ……………………………………… 725

　　五、烟叶多酚与质体色素 ………………………………………………… 726

　　六、烟叶有机酸类物质 …………………………………………………… 727

　　七、烟叶氨基酸 …………………………………………………………… 728

　　八、烟叶香气物质 ………………………………………………………… 730

　　九、烟叶感官质量 ………………………………………………………… 732

　第五节　贵州兴仁烟叶风格特征 ………………………………………… 734

　　一、烟田与烟株基本特征 ………………………………………………… 735

　　二、烟叶外观质量与物理指标 …………………………………………… 737

　　三、烟叶常规化学成分与中微量元素 …………………………………… 740

　　四、烟叶生物碱组分与细胞壁物质 ……………………………………… 742

　　五、烟叶多酚与质体色素 ………………………………………………… 743

　　六、烟叶有机酸类物质 …………………………………………………… 744

　　七、烟叶氨基酸 …………………………………………………………… 745

　　八、烟叶香气物质 ………………………………………………………… 747

　　九、烟叶感官质量 ………………………………………………………… 748

第十七章　攀西山区烤烟典型区域烟叶风格特征 ………………………… 752

　第一节　四川米易烟叶风格特征 ………………………………………… 752

　　一、烟田与烟株基本特征 ………………………………………………… 752

二、烟叶外观质量与物理指标 ·· 755

三、烟叶常规化学成分与中微量元素 ································ 759

四、烟叶生物碱组分与细胞壁物质 ··································· 760

五、烟叶多酚与质体色素 ·· 761

六、烟叶有机酸类物质 ··· 762

七、烟叶氨基酸 ··· 763

八、烟叶香气物质 ·· 765

九、烟叶感官质量 ·· 766

第二节　四川仁和烟叶风格特征 ···································· 769

一、烟田与烟株基本特征 ·· 769

二、烟叶外观质量与物理指标 ·· 771

三、烟叶常规化学成分与中微量元素 ································ 773

四、烟叶生物碱组分与细胞壁物质 ··································· 774

五、烟叶多酚与质体色素 ·· 774

六、烟叶有机酸类物质 ··· 775

七、烟叶氨基酸 ··· 776

八、烟叶香气物质 ·· 777

九、烟叶感官质量 ·· 778

第三节　四川盐边烟叶风格特征 ···································· 780

一、烟田与烟株基本特征 ·· 780

二、烟叶外观质量与物理指标 ·· 782

三、烟叶常规化学成分与中微量元素 ································ 784

四、烟叶生物碱组分与细胞壁物质 ··································· 785

五、烟叶多酚与质体色素 ·· 785

六、烟叶有机酸类物质 ··· 786

七、烟叶氨基酸 ··· 787

八、烟叶香气物质 ·· 788

九、烟叶感官质量 ·· 789

第四节　四川会东烟叶风格特征 ···································· 791

一、烟田与烟株基本特征 ·· 791

二、烟叶外观质量与物理指标 ·· 792

三、烟叶常规化学成分与中微量元素 ································ 793

四、烟叶生物碱组分与细胞壁物质 ··································· 793

五、烟叶多酚与质体色素 ·· 793

六、烟叶有机酸类物质 ··· 794

七、烟叶氨基酸 ··· 794

八、烟叶香气物质 ·· 794

九、烟叶感官质量 ·· 795

第十八章　武夷山区烤烟典型区域烟叶风格特征 ……………………………………797

　第一节　福建永定烟叶风格特征 ……………………………………………………797

　　一、烟田与烟株基本特征 …………………………………………………………797

　　二、烟叶外观质量与物理指标 ……………………………………………………800

　　三、烟叶常规化学成分与中微量元素 ……………………………………………803

　　四、烟叶生物碱组分与细胞壁物质 ………………………………………………804

　　五、烟叶多酚与质体色素 …………………………………………………………805

　　六、烟叶有机酸类物质 ……………………………………………………………806

　　七、烟叶氨基酸 ……………………………………………………………………807

　　八、烟叶香气物质 …………………………………………………………………809

　　九、烟叶感官质量 …………………………………………………………………811

　第二节　福建泰宁烟叶风格特征 ……………………………………………………813

　　一、烟田与烟株基本特征 …………………………………………………………814

　　二、烟叶外观质量与物理指标 ……………………………………………………816

　　三、烟叶常规化学成分与中微量元素 ……………………………………………819

　　四、烟叶生物碱组分与细胞壁物质 ………………………………………………821

　　五、烟叶多酚与质体色素 …………………………………………………………822

　　六、烟叶有机酸类物质 ……………………………………………………………823

　　七、烟叶氨基酸 ……………………………………………………………………824

　　八、烟叶香气物质 …………………………………………………………………826

　　九、烟叶感官质量 …………………………………………………………………827

第十九章　南岭山区烤烟典型区域烟叶风格特征 ……………………………………831

　第一节　湖南桂阳烟叶风格特征 ……………………………………………………831

　　一、烟田与烟株基本特征 …………………………………………………………831

　　二、烟叶外观质量与物理指标 ……………………………………………………834

　　三、烟叶常规化学成分与中微量元素 ……………………………………………837

　　四、烟叶生物碱组分与细胞壁物质 ………………………………………………838

　　五、烟叶多酚与质体色素 …………………………………………………………839

　　六、烟叶有机酸类物质 ……………………………………………………………840

　　七、烟叶氨基酸 ……………………………………………………………………841

　　八、烟叶香气物质 …………………………………………………………………843

　　九、烟叶感官质量 …………………………………………………………………845

　第二节　湖南江华烟叶风格特征 ……………………………………………………847

　　一、烟田与烟株基本特征 …………………………………………………………848

　　二、烟叶外观质量与物理指标 ……………………………………………………850

　　三、烟叶常规化学成分与中微量元素 ……………………………………………854

　　四、烟叶生物碱组分与细胞壁物质 ………………………………………………855

　　五、烟叶多酚与质体色素 …………………………………………………………856

六、烟叶有机酸类物质 ……………………………………………………857

七、烟叶氨基酸 ……………………………………………………………858

八、烟叶香气物质 …………………………………………………………860

九、烟叶感官质量 …………………………………………………………862

第二十章　中原地区烤烟典型区域烟叶风格特征 ……………………………865

第一节　河南襄城烟叶风格特征 ……………………………………………865

一、烟田与烟株基本特征 …………………………………………………865

二、烟叶外观质量与物理指标 ……………………………………………868

三、烟叶常规化学成分与中微量元素 ……………………………………871

四、烟叶生物碱组分与细胞壁物质 ………………………………………872

五、烟叶多酚与质体色素 …………………………………………………873

六、烟叶有机酸类物质 ……………………………………………………874

七、烟叶氨基酸 ……………………………………………………………875

八、烟叶香气物质 …………………………………………………………877

九、烟叶感官质量 …………………………………………………………879

第二节　河南灵宝烟叶风格特征 ……………………………………………881

一、烟田与烟株基本特征 …………………………………………………882

二、烟叶外观质量与物理指标 ……………………………………………884

三、烟叶常规化学成分与中微量元素 ……………………………………888

四、烟叶生物碱组分与细胞壁物质 ………………………………………889

五、烟叶多酚与质体色素 …………………………………………………890

六、烟叶有机酸类物质 ……………………………………………………891

七、烟叶氨基酸 ……………………………………………………………892

八、烟叶香气物质 …………………………………………………………894

九、烟叶感官质量 …………………………………………………………896

第二十一章　皖南山区烤烟典型区域烟叶风格特征 …………………………899

第一节　安徽宣州烟叶风格特征 ……………………………………………899

一、烟田与烟株基本特征 …………………………………………………899

二、烟叶外观质量与物理指标 ……………………………………………902

三、烟叶常规化学成分与中微量元素 ……………………………………905

四、烟叶生物碱组分与细胞壁物质 ………………………………………906

五、烟叶多酚与质体色素 …………………………………………………907

六、烟叶有机酸类物质 ……………………………………………………908

七、烟叶氨基酸 ……………………………………………………………909

八、烟叶香气物质 …………………………………………………………911

九、烟叶感官质量 …………………………………………………………913

第二节　安徽泾县烟叶风格特征 ……………………………………………915

一、烟田与烟株基本特征 …………………………………………………916

二、烟叶外观质量与物理指标 ……………………………… 916

三、烟叶常规化学成分与中微量元素 …………………… 917

四、烟叶生物碱组分与细胞壁物质 ……………………… 918

五、烟叶多酚与质体色素 …………………………………… 918

六、烟叶有机酸类物质 ……………………………………… 918

七、烟叶氨基酸 ………………………………………………… 919

八、烟叶香气物质 ……………………………………………… 919

九、烟叶感官质量 ……………………………………………… 919

参考文献 ……………………………………………………………………… 921

第一章 优质特色烤烟典型产区烟叶数据采集

烟草是我国重要的经济作物，烤烟作为栽培烟草的普通烟草种(*Nicotiana tabacum* L.)的主要商业类型在我国种植已经有 100 多年的历史。烤烟在全国种植分布范围十分广泛，从北纬 19°~51°和东经 81°~130°广大范围都有种植(中国农业科学院烟草研究所，2005)。由于我国烤烟种植区域分布的广泛性和产区生态条件的多样性，加之现代卷烟工业发展对不同质量烟叶要求的长期引导选择，生态区域之间烤烟质量风格的多型性逐步形成。与区域生态条件密切相关的烤烟质量风格的典型产区划分、典型产区烟叶质量风格的特色、烤烟产区特色风格烟叶的生产关键技术、卷烟工业对典型产区特色烟叶的需求特征等一系列问题，也引起当代烟草学者和卷烟工业的普遍关注。依据我国烤烟典型产区的初步划分(徐宜民等，2016)，这里采取初烤烟叶样品定点采集方法，系统采集 12 个生态区典型产区代表性片区多点烟叶样品，根据烟叶外观质量、物理指标、化学成分、香气物质、感官质量等相关指标的检测和评价方法，进行烟叶质量风格特征系列指标的比较研究。

第一节 优质特色烤烟典型产区代表性片区选择

一、典型产区与代表性片区选择

在生态区域划分的基础上，参考特色优质烟叶开发重大专项的研究成果，依据产区烤烟种植面积、发展潜力和烟叶卷烟工业需求情况，按照区域烟叶质量风格典型性选择方法，并考虑烟叶样品采集的难易程度，选择具有生态条件代表性和烟叶质量风格代表性的县(市、区)作为典型产区定位研究。

在典型产区选择的基础上，再选择典型产区当前烤烟种植中心区域，依据地形地貌、成土母质、土壤条件的代表性，结合当地县(市、区)级烟草公司(烟叶公司)的种植规划，以村为单元划分代表性片区。每个代表性片区依据烤烟多年种植布局情况，结合田间的农艺性状调查，确定烟叶长势良好和具有优质烤烟田间长相的田块作为烟叶取样范围。一般每个典型烤烟种植县(市、区)选择几个代表性片区进行烟田与烟叶样品采集。

二、典型产区与代表性片区

1. 武陵山区

武陵山区烤烟种植区选择贵州省德江县、道真县，湖北省咸丰县、利川市，湖南省桑植县、凤凰县，重庆市彭水苗族土家族自治县(彭水县)和武隆区 8 个县(市、区)作为典型产区，每个典型产区分别选择 5 个代表性片区，共计定位 40 个代表性片区进行烟田数据和烟叶样品采集(表 1-1-1)。

表 1-1-1　武陵山区典型产区及代表性片区

代表性片区	编号	北纬	东经	海拔/m
德江县高山乡高桥村桥上片区	DJ-01	28°31′52.980″	108°10′17.098″	1125
德江县复兴镇楠木村马史坡片区	DJ-02	28°6′7.276″	107°50′11.486″	822
德江县煎茶镇石板塘村板桥片区	DJ-03	28°5′55.327″	107°54′23.764″	719
德江县煎茶镇石板塘村红岩子片区	DJ-04	28°6′46.425″	107°55′1.545″	731
德江县合兴镇茶园村茶园片区	DJ-05	28°6′53.487″	108°5′38.856″	900
道真县玉溪镇城关村玛瑙片区	DZ-01	28°53′29.962″	107°39′32.040″	1255
道真县隆兴镇浣溪村花园片区	DZ-02	28°42′54.136″	107°35′8.621″	1249
道真县大磏镇文家坝村柯家山片区	DZ-03	29°0′37.303″	107°25′59.238″	1134
道真县忠信镇甘树湾村大水井片区	DZ-04	28°59′35.385″	107°44′16.784″	1166
道真县洛龙镇五一村竹林湾片区	DZ-05	28°6′5.156″	107°44′6.431″	1122
咸丰县黄金洞乡石仁坪村12组片区	XF-01	29°52′9.027″	109°6′38.004″	888
咸丰县尖山乡三角庄村5组片区	XF-02	29°41′11.207″	108°57′47.399″	711
咸丰县忠堡镇石门坎村片区	XF-03	29°39′31.175″	109°14′59.574″	771
咸丰县丁寨乡十字路村片区	XF-04	29°38′12.589″	109°6′5.534″	817
咸丰县丁寨乡土地坪村片区	XF-05	29°34′20.065″	109°3′44.126″	1107
利川市柏杨镇团圆村13组片区	LC-01	30°28′35.801″	108°56′28.937″	1249
利川市汪营镇白泥塘村6组片区	LC-02	30°16′49.904″	108°44′1.488″	1115
利川市凉雾乡老场村11组片区	LC-03	30°16′46.228″	108°49′52.075″	1127
利川市忠路镇龙塘村6组片区	LC-04	30°3′11.811″	108°37′3.946″	1156
利川市文斗乡青山村6组片区	LC-05	29°58′49.266″	108°35′48.415″	1277
桑植县官地坪镇金星村吊水井片区	SZ-01	29°35′35.371″	110°26′49.503″	540
桑植县官地坪镇联乡村郑家坪片区	SZ-02	29°35′56.609″	110°32′9.777″	1110
桑植县白石乡长益村排兵山片区	SZ-03	29°40′42.185″	110°31′39.284″	1203
桑植县蹇家坡乡老村曾家娅组片区	SZ-04	29°32′56.280″	110°59′9.006″	1010
桑植县蹇家坡乡李家村李家组片区	SZ-05	29°31′38.467″	109°56′43.044″	766
凤凰县茶田镇芭蕉村片区	FH-01	27°49′9.998″	109°21′58.926″	543
凤凰县阿拉营镇天星村7组片区	FH-02	27°52′12.724″	109°21′12.870″	598
凤凰县腊尔山镇夺西村片区	FH-03	28°4′19.611″	109°23′7.719″	797
凤凰县两林乡高果村片区	FH-04	28°1′1.443″	109°22′38.488″	863
凤凰县两林乡禾当村片区	FH-05	28°9′7.244″	109°24′38.944″	850
彭水县桑柘镇大青村6组片区	PS-01	29°20′31.207″	108°24′26.500″	1351
彭水县桑柘镇太平村2组片区	PS-02	29°21′4.654″	108°28′34.775″	1369
彭水县润溪乡白果村3组片区	PS-03	29°8′7.255″	107°56′31.683″	1230
彭水县润溪乡樱桃村1组片区	PS-04	29°10′7.947″	107°58′4.269″	1305
彭水县靛水街道新田村竹林坨片区	PS-05	29°13′48.728″	108°0′59.558″	1042
武隆区巷口镇杨家村杨家井片区	WL-01	29°15′41.832″	107°44′55.876″	1020
武隆区巷口镇芦红村茶桩片区	WL-02	29°15′51.728″	107°46′50.786″	1044
武隆区巷口镇芦红村2组片区	WL-03	29°16′15.460″	107°47′16.571″	894
武隆区巷口镇芦红村4组片区	WL-04	29°14′48.841″	107°46′16.657″	1255
武隆区巷口镇芦红村5组片区	WL-05	29°14′15.625″	107°45′8.905″	1283

2. 黔中山区

黔中山区烤烟种植区选择贵州省播州区、贵定县、黔西县、开阳县、西秀区、余庆县、凯里市 7 个县(市、区)作为典型产区，每个典型产区分别选择 5 个代表性片区，共计选择 35 个代表性片区进行烟田数据和烟叶样品定位采集(表 1-1-2)。

表 1-1-2　黔中山区典型产区及代表性片区

代表性片区	编号	北纬	东经	海拔/m
播州区三合镇长丰村艾田片区	BZ-01	27°22′26.000″	106°42′40.200″	835
播州区新民镇朝阳村封山庙片区	BZ-02	27°19′15.000″	106°52′33.100″	842
播州区尚稽镇建设村马鞍片区	BZ-03	27°24′25.000″	106°53′50.400″	857
播州区茅栗镇福兴村尖山片区	BZ-04	27°23′46.700″	107°4′29.400″	881
播州区茅栗镇草香村片区	BZ-05	27°23′24.700″	107°8′5.100″	988
贵定县新铺乡新铺村甘塘组片区	GD-01	26°39′35.600″	107°15′53.100″	1261
贵定县新铺乡莲花村甲多片区	GD-02	26°43′22.000″	107°17′10.300″	1303
贵定县新铺乡晓丰村晓丰组片区	GD-03	26°37′52.600″	107°17′33.200″	1430
贵定县新巴镇新华村胜利寨组片区	GD-04	26°45′56.500″	107°12′12.500″	1112
贵定县新巴镇谷兵村甲庄组片区	GD-05	26°42′6.800″	107°10′35.900″	1242
黔西县甘棠乡礼贤社区大锡片区	QX-01	27°5′32.286″	106°5′59.046″	1240
黔西县重新镇大兴社区桥边片区	QX-02	27°17′33.834″	106°13′19.887″	1640
黔西县重新镇伏龙村片区	QX-03	28°18′6.427″	106°14′37.075″	1169
黔西县新仁苗族乡仁慕村胡家寨片区	QX-04	26°51′39.184″	106°5′51.770″	1321
黔西县素朴镇新强村 1 组片区	QX-05	26°59′27.805″	106°17′36.674″	1243
开阳县冯三镇毛栗村筲箕坳片区	KY-01	27°14′33.476″	107°3′25.818″	910
开阳县冯三镇毛栗村桶井组片区	KY-02	27°14′39.910″	107°3′17.339″	890
开阳县宅吉乡潘桐村同 1 组片区	KY-03	27°16′26.790″	107°6′51.180″	956
开阳县楠木渡镇新凤村新华 1 组片区	KY-04	27°16′52.856″	107°2′1.443″	977
开阳县楠木渡镇新凤村新华 2 组片区	KY-05	27°16′45.344″	107°2′7.643″	987
西秀区鸡场乡朱官村朱官片区	XX-01	26°5′21.198″	106°4′57.442″	1229
西秀区岩腊苗族布依族乡三股水村对门寨组片区	XX-02	26°2′36.095″	106°0′34.670″	1307
西秀区双堡镇张溪湾村片区	XX-03	26°7′32.620″	106°8′6.502″	1255
西秀区杨武布依族苗族乡塘寨村竹志组片区	XX-04	26°6′46.450″	106°9′56.042″	1243
西秀区东屯乡梅旗村梅旗组片区	XX-05	26°10′40.276″	106°13′59.797″	1263
余庆县松烟镇友礼村下坝片区	YQ-01	27°37′52.122″	107°38′58.015″	887
余庆县关兴镇关兴村下园片区	YQ-02	27°34′9.620″	107°41′17.086″	884
余庆县敖溪镇官仓村土坪片区	YQ-03	27°32′49.508″	107°36′30.096″	884
余庆县龙家镇光辉村土坪片区	YQ-04	27°31′7.026″	107°33′30.766″	843
余庆县大乌江镇箐口村水井湾片区	YQ-05	27°24′3.935″	107°38′31.395″	1041
凯里市大风洞镇冠英村老君关片区	KL-01	26°44′59.890″	107°51′4.267″	906
凯里市大风洞镇龙井坝村林游片区	KL-02	26°44′0.925″	107°49′40.330″	1020
凯里市大风洞镇大风洞村大风洞片区	KL-03	26°42′47.291″	107°49′1.539″	863
凯里市旁海镇水寨村平寨片区	KL-04	26°38′51.030″	108°3′33.480″	912
凯里市三棵树镇赏朗村屯上片区	KL-05	26°37′2.890″	108°3′25.019″	972

3. 秦巴山区

秦巴山区烤烟种植区选择陕西省南郑区、旬阳县,湖北省兴山县、房县,重庆市巫山县 5 个县(区)作为典型产区,每个典型产区分别选择 5 个代表性片区,共计选择 25 个代表性片区进行烟田数据和烟叶样品定位采集(表 1-1-3)。

表 1-1-3　秦巴山区典型产区及代表性片区

代表性片区	编号	北纬	东经	海拔/m
南郑区小南海镇青石关村片区	NZ-01	32°49′47.557″	107°1′53.846″	856
南郑区小南海镇回军坝村片区	NZ-02	32°46′22.348″	107°4′13.269″	1315
南郑区小南海镇水桶坝村片区	NZ-03	30°45′56.887″	107°2′59.470″	1292
南郑区两河镇地坪村片区	NZ-04	32°54′49.605″	106°43′54.693″	774
南郑区两河镇竹坝村片区	NZ-05	32°52′13.209″	106°40′50.884″	1233
旬阳县甘溪镇桂花树村片区	XY-01	32°54′59.923″	109°13′6.048″	715
旬阳县赵湾镇桦树梁村片区	XY-02	32°57′31.426″	109°8′25.904″	1067
旬阳县赵湾镇桦树梁村 2 组片区	XY-03	32°57′37.409″	109°8′18.640″	1012
旬阳县麻坪镇枫树村片区	XY-04	32°57′23.590″	109°6′11.886″	710
旬阳县麻坪镇海棠寺村片区	XY-05	32°55′42.137″	109°8′30.381″	936
兴山县黄粮镇火石岭村 3 组片区	XS-01	31°19′42.780″	110°50′50.987″	1112
兴山县黄粮镇仁圣村 1 组片区	XS-02	31°20′37.438″	110°53′5.433″	1424
兴山县榛子乡青龙村 6 组片区	XS-03	31°23′22.630″	110°55′54.373″	1530
兴山县榛子乡和平村 2 组片区	XS-04	31°26′55.86″	110°59′4.71″	1281
兴山县榛子乡板庙村 1 组片区	XS-05	31°28′7.809″	111°0′16.354″	1317
房县野人谷镇西蒿坪村 3 组片区	HFX-01	31°52′28.601″	110°39′22.413″	1176
房县野人谷镇杜家川村片区	HFX-02	31°54′33.147″	110°43′19.391″	832
房县土城镇土城村片区	HFX-03	31°15′28.571″	110°41′15.852″	641
房县门古寺镇项家河村 6 组片区	HFX-04	32°2′43.099″	110°30′23.588″	723
房县青峰镇龙王沟村片区	HFX-05	32°15′23.691″	110°58′10.930″	847
巫山县邓家土家族乡神树村 5 组片区	WS-01	30°53′1.653″	110°3′3.230″	1484
巫山县笃坪乡狮岭村 4 组片区	WS-02	30°54′56.202″	110°4′0.560″	1379
巫山县笃坪乡龙淌村 5 组片区	WS-03	30°54′7.240″	110°7′0.560″	1091
巫山县建平乡春晓村 5 组片区	WS-04	31°1′12.557″	110°5′0.363″	1324
巫山县骡坪镇玉水村 3 组片区	WS-05	31°11′30.069″	110°6′58.062″	1028

4. 鲁中山区

鲁中山区烤烟种植区选择山东省临朐县、蒙阴县、费县、诸城市 4 个县(市)作为典型产区,每个典型产区分别选择 5 个代表性片区,共计选择 20 个代表性片区进行烟田数据和烟叶样品定位采集(表 1-1-4)。

表 1-1-4　鲁中山区典型产区及代表性片区

代表性片区	编号	北纬	东经	海拔/m
临朐县五井镇大楼村片区	LQ-01	36°28′40.700″	118°24′8.500″	290
临朐县寺头镇西蓼子村片区	LQ-02	36°15′39.300″	118°21′26.300″	461
临朐县寺头镇长达峪村片区	LQ-03	36°19′4.100″	118°38′14.400″	290
临朐县寺头镇山枣村片区	LQ-04	36°19′15.800″	118°29′56.800″	332
临朐县九山镇土崮堆村片区	LQ-05	36°14′17.100″	118°26′12.200″	350
蒙阴县联城镇大王家洼村片区	MY-01	35°41′47.500″	117°49′32.700″	242
蒙阴县联城镇堂子村片区	MY-02	35°41′39.800″	117°48′3.100″	286
蒙阴县常路镇山泉官庄村片区	MY-03	35°44′8.300″	117°51′36.900″	232
蒙阴县桃墟镇岭前村片区	MY-04	35°37′18.000″	117°2′51.400″	206
蒙阴县联城镇相家庄村片区	MY-05	35°43′44.800″	117°49′38.800″	300
费县大田庄乡齐鲁地村片区	FX-01	35°26′4.895″	117°54′0.425″	178
费县费城镇东新安村片区	FX-02	35°17′11.263″	117°55′0.046″	154
费县费城镇常胜庄村片区	FX-03	35°15′50.031″	117°53′13.186″	194
费县朱田镇良田村片区	FX-04	36°17′30.503″	117°48′46.896″	174
费县石井镇龙山村片区	FX-05	36°6′37.161″	117°43′56.396″	204
诸城市贾悦镇琅埠农场片区	ZC-01	35°59′0.981″	119°7′3.590″	151
诸城市皇华镇东莎沟村片区	ZC-02	35°50′42.180″	119°24′8.882″	143
诸城市昌城镇孙家巴山片区	ZC-03	36°7′3.868″	119°33′14.555″	78
诸城市昌城镇孙家队农场片区	ZC-04	36°11′47.876″	119°28′41.559″	79
诸城市百尺河镇张戈庄片区	ZC-05	36°9′35.460″	119°33′45.799″	87

5. 东北地区

东北地区烤烟种植区选择辽宁省宽甸满族自治县(宽甸县)、黑龙江省宁安市和吉林省汪清县 3 个县(市)作为典型产区,每个典型产区分别选择 5 个代表性片区,共计选择 15 个代表性片区进行烟田数据和烟叶样品定位采集(表 1-1-5)。

表 1-1-5　东北地区典型产区及代表性片区

代表性片区	编号	北纬	东经	海拔/m
宽甸县毛甸子镇二道沟村 8 组片区	KD-01	40°39′34.530″	124°31′33.812″	311
宽甸县大川头镇红光村 9 组片区	KD-02	40°48′49.437″	124°44′8.948″	338
宽甸县双山子镇双山子村 5 组片区	KD-03	40°56′48.324″	124°38′21.532″	250
宽甸县青椅山镇碱场沟村 3 组片区	KD-04	40°41′37.301″	124°40′16.676″	210
宽甸县青椅山镇肖家堡 6 组片区	KD-05	40°38′31.156″	124°36′4.710″	224
宁安市宁安镇上赊哩村片区	NA-01	44°22′52.705″	129°26′24.302″	298
宁安市宁安镇联合村片区	NA-02	44°25′19.428″	129°24′32.488″	303
宁安市海浪镇安青村片区	NA-03	44°19′37.473″	129°11′53.949″	325
宁安市海浪镇长胜村(1)片区	NA-04	44°19′29.344″	129°16′19.257″	324

续表

代表性片区	编号	北纬	东经	海拔/m
宁安市海浪镇长胜村(2)片区	NA-05	44°18′51.191″	129°18′51.390″	280
汪清县东光镇北丰里村片区	WQ-01	43°13′32.551″	129°47′47.133″	210
汪清县东光镇小汪清村片区	WQ-02	43°15′53.509″	129°50′45.433″	270
汪清县百草沟镇永安村片区	WQ-03	43°15′27.289″	129°32′5.578″	220
汪清县鸡冠乡鸡冠村片区	WQ-04	43°28′53.750″	129°50′19.658″	417
汪清县大兴沟镇和信村片区	WQ-05	43°26′47.369″	129°32′55.018″	270

6. 雪峰山区

雪峰山区烤烟种植区选择贵州省天柱县和湖南省靖州苗族侗族自治县(靖州县)2 个县作为典型产区,每个典型产区分别选择 5 个代表性片区,共计选择 10 个代表性片区进行烟田数据和烟叶样品定位采集(表 1-1-6)。

表 1-1-6　雪峰山区典型产区及代表性片区

代表性片区	编号	北纬	东经	海拔/m
天柱县石洞镇屯雷村片区	TZ-01	26°46′45.956″	109°1′12.058″	823
天柱县高酿镇地坝村 3 组片区	TZ-02	26°48′36.784″	109°10′14.822″	770
天柱县高酿镇地坝村 2 组片区	TZ-03	26°48′13.013″	109°10′6.194″	757
天柱县社学乡长团村 11 组片区	TZ-04	26°58′43.843″	109°15′6.140″	670
天柱县坪地镇桂袍村平丁片区	TZ-05	27°2′51.652″	108°59′28.176″	843
靖州县藕团乡团山村 4 组片区	JZ-01	26°27′38.650″	109°29′15.626″	431
靖州县新厂镇炮团村 1 组片区	JZ-02	26°23′28.393″	109°26′32.260″	385
靖州县铺口乡集中村 1 片区	JZ-03	26°33′19.186″	109°34′50.163″	337
靖州县铺口乡集中村 2 片区	JZ-04	26°37′13.606″	109°38′35.525″	350
靖州县甘棠镇民主村 5 组片区	JZ-05	26°43′3.553″	109°46′32.482″	312

7. 云贵高原

云贵高原烤烟种植区选择云南省南涧彝族自治县(南涧县)、江川区,贵州省盘州市、威宁彝族回族苗族自治县(威宁县)和兴仁市 5 个县(市、区)作为典型产区,每个典型产区分别选择5个代表性片区,共计选择25个代表性片区进行烟田数据和烟叶样品定位采集(表 1-1-7)。

表 1-1-7　云贵高原典型产区及代表性片区

代表性片区	编号	北纬	东经	海拔/m
南涧县小湾东镇龙街村瓦怒卜片区	NJ-01	24°50′41.400″	100°13′29.400″	2008
南涧县小湾东镇营盘村鸡街片区	NJ-02	24°47′27.100″	100°15′22.600″	1986
南涧县南涧镇西山上官坝片区	NJ-03	25°2′52.480″	100°32′4.111″	1841

续表

代表性片区	编号	北纬	东经	海拔/m
南涧县宝华镇宝华村阿克塘片区	NJ-04	24°55′19.700″	100°29′20.700″	2018
南涧县南涧镇宝华镇拥政村阿母腊片区	NJ-05	24°53′23.600″	100°27′58.200″	2000
江川区江城镇尹旗村张官营片区	JC-01	24°26′24.000″	102°48′55.100″	1750
江川区江城镇翠湾村招益片区	JC-02	24°27′45.400″	102°49′20.500″	1761
江川区前卫镇庄子村慈营片区	JC-03	24°20′2.500″	102°42′6.100″	1807
江川区雄关乡上营村小营片区	JC-04	24°16′7.600″	102°49′30.400″	1875
江川区路居镇上坝村龙潭片区	JC-05	24°18′19.800″	102°50′41.200″	1844
盘州市竹海镇珠东村3组片区	PZ-01	25°39′40.287″	104°43′47.559″	1782
盘州市民主镇小白岩村猴跳石片区	PZ-02	25°36′9.631″	104°38′29.566″	1730
盘州市新民镇大坑村普腊片区	PZ-03	25°31′11.501″	104°51′4.586″	1564
盘州市忠义乡扯拖村11组片区	PZ-04	25°29′55.818″	104°49′12.922″	1668
盘州市保田镇鹅毛寨村上寨片区	PZ-05	25°24′57.738″	104°39′48.360″	1714
威宁县小海镇松棵片区	WN-01	26°56′55.626″	104°9′41.240″	1866
威宁县秀水乡中海片区	WN-02	26°55′4.046″	103°57′17.708″	2190
威宁县观风海镇果化片区	WN-03	27°1′22.749″	103°53′39.809″	2160
威宁县迤那镇巨生村片区	WN-04	27°4′18.566″	103°52′8.507″	2150
威宁县牛棚镇鱼塘村六关院子片区	WN-05	27°6′20.345″	103°48′40.073″	2106
兴仁市鲁础营回族乡鲁础营村关坝片区	XR-01	25°19′32.467″	105°2′14.212″	1523
兴仁市雨樟镇团田村上坝片区	XR-02	25°19′46.201″	105°4′45.460″	1509
兴仁市城北办事处黄土佬村冬瓜寨片区	XR-03	25°29′15.518″	105°12′17.880″	1449
兴仁市巴铃镇卡子村上冲片区	XR-04	25°28′17.433″	105°25′57.971″	1332
兴仁市新龙场镇杨柳树村大坝子片区	XR-05	25°26′28.469″	105°5′42.161″	1441

8. 攀西山区

攀西山区烤烟种植区选择四川省米易县、仁和区、盐边县和会东县4个县(区)作为典型产区,其中米易县选择5个代表性片区,仁和区和盐边县各选择3个代表性片区,会东县选择1个代表性片区,共计选择12个代表性片区进行烟田数据和烟叶样品定位采集(表1-1-8)。

表1-1-8 攀西山区典型产区及代表性片区

代表性片区	编号	北纬	东经	海拔/m
米易县攀莲镇双沟村01片区	MYI-01	26°55′46.480″	102°9′53.614″	1606
米易县攀莲镇双沟村02片区	MYI-02	26°56′23.644″	102°10′26.526″	1940
米易县攀莲镇双沟村03片区	MYI-03	26°55′46.211″	102°9′53.564″	1637
米易县普威镇西番村片区	MYI-04	27°5′45.954″	101°58′32.346″	2115
米易县麻陇乡庄房村片区	MYI-05	27°4′31.466″	101°57′39.890″	1757
仁和区平地镇平地村梁子片区	RH-01	26°12′6.542″	101°47′50.101″	1910

续表

代表性片区	编号	北纬	东经	海拔/m
仁和区平地镇波西村上湾片区	RH-02	26°9′46.413″	101°49′1.090″	1984
仁和区平地镇波西村下湾片区	RH-03	26°9′41.015″	101°49′20.453″	1665
盐边县共和乡正坝村正坝组片区	YB-01	27°1′25.356″	101°43′52.320″	1905
盐边县温泉彝族乡那片村5组片区	YB-02	26°0′7.200″	101°9′14.364″	1885
盐边县红果彝族乡蒿枝坪村桥地箐片区	YB-03	26°10′48.036″	101°25′23.700″	1673
会东县姜州镇弯德村凉项片区	HD-01	26°33′58.580″	102°27′36.451″	1815

9. 武夷山区

武夷山区烤烟种植区选择福建省永定区和泰宁县2个县(区)作为典型产区,每个典型产区分别选择5个代表性片区,共计选择10个代表性片区进行烟田数据和烟叶样品定位采集(表1-1-9)。

表 1-1-9　武夷山区典型产区及代表性片区

代表性片区	编号	北纬	东经	海拔/m
永定区虎岗镇龙溪村片区	YD-01	25°2′38.500″	116°48′13.200″	708
永定区高陂镇西陂村片区	YD-02	24°58′37.200″	116°50′36.500″	295
永定区抚市镇龙川村片区	YD-03	24°48′54.600″	116°53′31.900″	310
永定区湖雷镇莲塘村片区	YD-04	24°49′31.200″	116°48′22.900″	244
永定区湖雷镇弼鄱村片区	YD-05	24°49′10.600″	116°47′47.700″	277
泰宁县杉城镇东石村片区	TN-01	26°53′25.320″	117°14′0.780″	360
泰宁县开善乡儒坊村片区	TN-02	26°44′57.200″	117°10′16.500″	430
泰宁县下渠乡新田村片区	TN-03	26°48′51.026″	117°9′1.028″	300
泰宁县下渠乡渠里村片区	TN-04	26°51′1.000″	117°11′15.900″	365
泰宁县上青乡崇际村片区	TN-05	27°1′36.700″	117°10′21.300″	382

10. 南岭山区

南岭山区烤烟种植区选择湖南省桂阳县、江华瑶族自治县(江华县)作为典型产区,每个典型产区选择5个代表性片区,共计选择10个代表性片区进行烟田数据和烟叶样品定位采集(表1-1-10)。

表 1-1-10　南岭山区典型产区及代表性片区

代表性片区	编号	北纬	东经	海拔/m
桂阳县樟市镇桐木村唐家组片区	GY-01	25°52′20.100″	112°47′44.100″	287
桂阳县仁义镇长江村蝴蝶洞组片区	GY-02	25°52′6.900″	112°40′31.900″	135
桂阳县浩塘镇大留村3组片区	GY-03	25°43′58.000″	112°33′51.000″	195

续表

代表性片区	编号	北纬	东经	海拔/m
桂阳县浩塘镇大留村 1 组片区	GY-04	25°44′5.700″	112°34′3.200″	221
桂阳县流峰镇回龙村 1 组片区	GY-05	25°59′2.500″	112°26′28.900″	228
江华县白芒营镇二坝村片区	JH-01	24°57′58.800″	111°27′25.400″	294
江华县白芒营镇朱郎塘片区	JH-02	24°57′58.100″	111°28′14.500″	289
江华县大石桥乡大祖脚村片区	JH-03	24°53′20.800″	111°29′49.100″	274
江华县涛圩镇三门寨村片区	JH-04	24°49′45.800″	111°31′9.900″	321
江华县涛圩镇八田洞村片区	JH-05	24°48′23.500″	111°30′35.000″	310

11. 中原地区

中原地区烤烟种植区选择河南省襄城县和灵宝市 2 个县(市)作为典型产区,每个典型产区分别选择 5 个代表性片区,共计选择 10 个代表性片区进行烟田数据和烟叶样品定位采集(表 1-1-11)。

表 1-1-11　中原地区典型产区及代表性片区

代表性片区	编号	北纬	东经	海拔/m
襄城县紫云镇黄柳南村片区	XC-01	33°51′7.200″	113°24′37.200″	86
襄城县紫云镇宁庄村片区	XC-02	33°51′25.100″	113°23′22.400″	107
襄城县紫云镇张庄村片区	XC-03	33°48′20.000″	113°23′50.100″	123
襄城县紫云镇马涧沟村片区	XC-04	33°47′34.800″	113°23′47.500″	154
襄城县王洛镇东村片区	XC-05	33°57′28.400″	113°29′28.700″	101
灵宝市五亩乡渔村片区	LB-01	34°18′8.600″	110°50′5.400″	1170
灵宝市五亩乡窑坡村片区	LB-02	34°19′26.400″	110°48′11.900″	1185
灵宝市五亩乡桂花村片区	LB-03	34°20′57.900″	110°47′26.000″	1035
灵宝市朱阳镇透山村片区	LB-04	34°17′35.200″	110°44′36.000″	1012
灵宝市朱阳镇新店村片区	LB-05	34°17′12.400″	110°44′38.800″	1032

12. 皖南山区

皖南山区烤烟种植区选择安徽省宣城市宣州区和泾县作为典型产区,其中宣州区选择 5 个代表性片区,泾县选择 1 个代表性片区,共计选择 6 个代表性片区进行定位数据采集(表 1-1-12)。

表 1-1-12　皖南山区典型产区及代表性片区

代表性片区	编号	北纬	东经	海拔/m
宣州区向阳镇鲁溪村片区	XZ-01	30°51′44.640″	118°53′46.920″	24
宣州区新田镇山岭村片区	XZ-02	30°42′58.200″	118°45′49.200″	121

代表性片区	编号	北纬	东经	海拔/m
宣州区黄渡乡西扎村片区	XZ-03	30°48′9.060″	118°52′3.360″	54
宣州区孙埠镇刘村片区	XZ-04	30°51′50.040″	118°55′27.720″	30
宣州区沈村镇沈村社区片区	XZ-05	30°2′41.820″	118°51′37.260″	26
泾县琴溪镇玲芝村下边组片区	JX-01	30°43′42.760″	118°26′27.540″	38

第二节　数据采集

一、田间数据采集

在确定典型产区代表性片区的基础上，追踪田间烟株生长进程，选择片区内长相长势均匀的田块，在田间烟株打顶后，按照烟株农艺性状记载要求[《烟草农艺性状调查测量方法》（YC/T 142—2010）]，测量烟株的株高、茎围、有效叶、中部叶长、中部叶宽、上部叶长、上部叶宽、株型等主要农艺性状，同时采集烟田与烟株数字化照片。

二、烟叶样品采集

代表性片区烟叶初烤结束后，依据田间数据采集地点涉及的田块和农户，按照烤烟分级国家标准（GB 2635—1992），由农户家中取中部烟叶（C3F）样品 50 kg，然后根据烟叶取样要求记载和包装备用。

三、烟叶样品检测

1. 外观质量检测

烟叶外观质量检测指标包括成熟度、颜色、油分、身份、结构、色度 6 项，外观质量指标按照数值化方法进行赋值处理，每个指标满分为 10 分，品质越好，分值越高，分值划分以 0.5～1 分为 1 个档次，为表现样品间的细小差异，可以出现 0.1 分的档差（包自超，2013）。

2. 物理指标检测

烟叶物理特性测定指标包括单叶重、叶片密度、平衡含水率、含梗率、叶片厚度、叶长、叶宽和填充值 8 项指标。其中单叶重、叶片密度、平衡含水率、含梗率、叶片厚度、叶长和叶宽 7 项指标测定按照包自超介绍的方法进行（包自超，2013），填充值测定参照烟草行业标准（YC/T 152—2001）进行。

3. 常规化学成分检测

烟叶总糖、还原糖、总植物碱、总氮、钾离子和氯离子的测定方法参照包自超烟叶样品处理与采用的检测方法（包自超，2013）。

4. 中微量元素检测

称取约 0.2 g 烟末样品(精确到万分之一)置于消解罐中，加入 5 mL HNO$_3$ 和 3 mL H$_2$O$_2$，用微波消解仪按预先设定好的消解程序消解。消解结束后，冷却到常温，打开密闭消解罐，将样品消解液转移至 50 mL PET 瓶中，定容到 50 g 左右，混匀并记录 PET 瓶中液体的质量。用原子吸收分光光度法测定溶液中的 Fe、Mn、Cu、Zn，并计算含量(王影影，2013)。

5. 生物碱组分检测

烟碱、降烟碱、假木贼碱、新烟草碱的检测，采用气相色谱法(梁盟，2016)。

6. 细胞结构物质检测

纤维素、半纤维素、木质素的检测，采用 YC/T 347—2010 方法。

7. 淀粉与多酚类物质检测

绿原酸、芸香苷、莨菪亭、淀粉的检测，采用朱小茜等(2005)的检测方法。

8. 质体色素类物质检测

β-胡萝卜素、叶黄素和类胡萝卜素的检测，参照杜咏梅等(2003)介绍的方法。

9. 有机酸类物质检测

草酸、苹果酸、柠檬酸、棕榈酸、亚油酸、油酸、硬脂酸等有机酸的检测，采用气相色谱法(刘百战等，1999)。

10. 氨基酸组分检测

烟叶磷酸化-丝氨酸、牛磺酸、天冬氨酸、苏氨酸、丝氨酸、天冬酰胺、谷氨酸、甘氨酸、丙氨酸、缬氨酸、半胱氨酸、异亮氨酸、亮氨酸、酪氨酸、苯丙氨酸、氨基丁酸、组氨酸、色氨酸、精氨酸等氨基酸指标的检测，采用反相 HPLC 分析仪法(王蕾等，2006)。

11. 香气物质检测

香气物质测定采用高效液相色谱/气相色谱/质谱在线联用仪分析，采用正己烷常温萃取法替代传统的水蒸气同时蒸馏萃取法，内标为 α-紫罗兰酮。检测条件包括 HPLC 条件：仪器为 Agilent 1290(美国 Agilent 公司)，配备自动进样器、二元泵、二极管阵列检测器(DAD)；色谱柱为 Waters Styragel HR0.5 凝胶色谱柱(Waters Corp., USA)，规格为 4.6 mm × 300 mm，分子量范围 0～1000 Da。流动相为二氯甲烷，流速 0.25 mL/min；烟草提取物进样量 10 μL；柱温 30℃。LC 馏分通过两位切换阀法切换到 GC 进样口，切割时间为 11～12 min，馏分体积 0.25 mL。LC-GC/MS 接口条件：LC-GC 接口为 On-column and retention gap technique。预柱为去活弹性石英毛细管，规格 5 m×0.53 mm。保留预柱为一段 DB-5 弹性石英毛细管柱，规格 1.2 m × 0.53 mm × 0.5 μm。溶剂蒸发温度 40℃，氦气(99.999% purity, China)流量 80 mL/min。LC 转移结束后，继续蒸发 0.7 min，溶剂基本可蒸发完全。在 LC-GC 接口中引入阀切换装置，彻底避免溶剂蒸汽被吸入分离柱，详细条件见参考文献(Qi et al., 2014)。GC/MS 条件：仪器为 Agilent 5975(美国 Agilent 公司)，分离柱为 DB-5MS，规格 30 m × 0.25 mm × 0.25 μm，载气为高纯氦，柱流速为 1.2 mL/min(恒流模式)。GC 炉温箱温度程序为：40℃保持 14 min，以 4℃/min 升至 290℃，保持 5 min。GC/MS 传输线温度 280℃，MS 离子源 230℃，四极杆 170℃，质量扫描范围 45～350 amu(李玲燕，2015)。

12. 感官质量评价

烟叶经切丝后采用卷制样品进行评价，由湖南中烟工业有限责任公司邀请全国工业企业评委参与，参照《烤烟 烟叶质量风格特色感官评价方法》(YC/T 530—2015)。其中，风格特征指标包括香型、香韵、烟气状态、杂气和口感 5 部分，香型包括清香型、中间香型、浓香型，香韵包括干草香、清甜香、正甜香、焦甜香、青香、木香、坚果香、豆香、焦香、辛香、药草香、果香、树脂香、花香、酒香等指标，烟气状态指标包括香气状态、烟气浓度、劲头、香气质、香气量、透发性，杂气包括青杂气、生青气、枯焦气、木质气、土腥气、松脂气、花粉气、药草气、金属气，口感指标包括细腻程度、柔和程度、圆润感、刺激性、干燥感、余味。

第二章 优质特色烤烟典型产区烟田与烟株基本特征

在优质特色烤烟 12 个烤烟种植生态区域典型产区和代表性片区选择的基础上,根据代表性片区地理位置、海拔、地形地貌特征、成土母岩/母质特征、土地湿润状况、土体状况、土地利用现状、耕作层土壤质地、土壤主要理化特征、烟田烟株长相长势、烟株主要生物学特性和农艺性状等因素,采用实地观察和测量方法,获得代表性片区烟田与烟株基本特征数据,并参照典型产区生态条件(徐宜民等,2016),对优质特色烤烟生态区域、典型产区和代表性烟田与烟株基本特征进行概括描述。

第一节 优质特色烤烟典型产区烟田基本特征

一、武陵山区代表性烟田基本特征

武陵山区烤烟典型产区代表性烟田土壤成土母岩/母质主要以灰岩风化坡积物和灰岩/页岩风化坡积物为主,分别占 47.5% 和 12.5%;其次是白云岩/灰岩风化坡积-堆积物和灰岩风化坡积-堆积物,各占 7.5%;白云岩/灰岩沟谷堆积物和灰岩风化沟谷冲积-堆积物,各占 5%;其余为灰岩/白云岩风化沟谷堆积物、灰岩页岩风化坡积物、泥灰岩风化坡积物、页岩风化沟谷冲积-堆积物和页岩风化坡积物。该区域烟田土壤湿度状况复杂,主要为湿润和常湿润 2 个类型,分别占 52.5% 和 25.0%。烟田以旱地为主,旱地比例占 82.5%,其中中坡旱地占 51.5%。烟田土体厚,极少部分烟田土体偏薄。耕作层土壤质地主要为黏壤土和粉壤土,各占 55.0% 和 40.0%;其余为沙土。土壤以酸性为主,pH 平均为 5.27,变幅为 4.01~7.04。代表性烟田海拔介于 540~1369 m,平均值为 984.1 m;其中德江代表性烟田海拔分布在 719~1125 m,道真代表性烟田海拔分布在 1122~1255 m,咸丰代表性烟田海拔分布在 711~1107 m,利川代表性烟田海拔分布在 1115~1249 m,桑植代表性烟田海拔分布在 540~1203 m,凤凰代表性烟田海拔分布在 543~863 m,彭水代表性烟田海拔分布在 1042~1369 m,武隆代表性烟田海拔分布在 894~1283 m;最高海拔 1369 m 烟田位于彭水县桑柘镇太平村 2 组片区,最低海拔 540 m 烟田位于桑植县官地坪镇金星村吊水井片区。武陵山区地形地貌主要为中山坡地,占 70.0%,其余分别为中山沟谷地、低山坡地、低山沟谷地和低山阶地,各占 10.0%、10.0%、5.0% 和 5.0%。

二、黔中山区代表性烟田基本特征

黔中山区烤烟典型产区代表性烟田土壤成土母岩/母质以白云岩风化坡积物、第四纪红土、灰岩/白云岩风化坡积物和白云岩/灰岩风化残积物为主,分别占 20.45%、13.64%、13.64% 和 11.36%;其次是灰岩风化坡积物、页岩/灰岩风化沟谷堆积物、白云岩风化沟谷堆积物、白云岩风化坡积-堆积物和石灰岩风化沟谷堆积物,分别占 6.82%、6.82%、4.55%、4.55% 和 4.55%;白云岩/灰岩风化沟谷堆积物、红土/灰岩风化坡积物、红土/石灰岩风化坡积物、灰岩/白云岩风化坡积物沟谷堆积物、灰岩/页岩风化坡积物、灰岩风化沟谷堆积物和页岩/灰岩风化坡积物，各占 2.27%。该区域烟田土壤湿度状况复杂，主要为湿润和常湿润 2 个类型，分别占 45.5% 和 38.6%。烟田以旱地为主，旱地比例占 82.5%，其中中坡旱地占 45.9%。烟田土体厚，少部分烟田土体较薄。耕作层土壤质地主要为黏壤土和粉壤土，各占 68.2% 和 29.5%。土壤以酸性为主，pH 平均为 6.02，变幅为 4.25～7.98。代表性烟田海拔介于 835～1640 m，平均值为 1077 m；其中播州代表性烟田海拔分布在 835～988 m，贵定代表性烟田海拔分布在 1112～1430 m，黔西代表性烟田海拔分布在 1169～1640 m，开阳代表性烟田海拔分布在 890～987 m，西秀代表性烟田海拔分布在 1229～1307 m，余庆代表性烟田海拔分布在 843～1041 m，凯里代表性烟田海拔分布在 863～1020 m；代表性烟田最高海拔 1640 m 位于黔西县重新镇大兴片区桥边村片区，代表性烟田最低海拔 835 m 位于遵义市播州区三合镇长丰村艾田片区。黔中山区地形地貌主要为中山坡地，占 81.8%，其余分别为中山沟谷地（15.9%）和中山阶地（2.3%）。

三、秦巴山区代表性烟田基本特征

秦巴山区烤烟典型产区代表性烟田土壤成土母岩/母质主要为黄土、灰岩风化坡积物、泥灰岩/泥岩风化坡积物和砂页岩千枚岩风化坡积物，分别占 28%、20%、8% 和 8%；其次是白云岩风化堆积物、白云岩风化沟谷堆积物、白云岩风化坡积物、土/岩类风化坡积物、灰岩风化沟谷堆积物、泥灰岩风化残积-坡积物、凝灰岩风化沟谷堆积物、砂岩/白云岩风化坡积物和砂岩/灰岩风化坡积物，各占 4%。该区域土壤湿度状况复杂，主要为湿润和常湿润 2 个类型，分别占 48.0% 和 20.0%。烟田以旱地为主，旱地比例占 96.0%，其中中坡旱地占 64.0%。烟田土体厚，极少部分烟田土体偏薄；耕作层质地主要为粉砂壤土和粉壤土，各占 40.0% 和 36.0%；其次是粉砂质黏壤土，占 16.0%；剩余为少量沙土。土壤以酸性为主，pH 平均为 5.92，变幅为 4.69～7.81。代表性烟田海拔介于 641～1530 m，平均值 1084 m；其中南郑 774～1315 m，旬阳 710～1067 m，兴山 1112～1530 m，房县 641～1176 m，巫山 1028～1484 m；代表性烟田最高海拔 1530 m 位于兴山县榛子乡青龙村 6 组片区，最低海拔 641 m 位于房县土城镇土城村片区。秦巴山区地形地貌主要为中山坡地，占 68.0%，其余分别为中山沟谷地（12.0%）、低山坡地（12.0%）和低山沟谷地（8.0%）。

四、鲁中山区代表性烟田基本特征

鲁中山区烤烟典型产区代表性烟田土壤成土母岩/母质主要为石灰岩风化物、花岗岩/花岗片麻岩风化物，各占 35.1% 和 29.7%；其次是第四纪红土、洪积-冲积物，各占 10.9% 和 8.1%；其余是砂岩风化物、紫色岩风化物、泥质岩风化物、火山渣，各占 5.4%、5.4%、2.7% 和 2.7%。该区域主要为半干润土壤湿度状况，占 91.8%。烟田全部为旱地，其中中坡旱地占 83.7%。烟田土体较厚，少部分烟田土体偏薄。耕作层质地主要为粉砂壤土和壤土，各占 56.8% 和 29.7%，其次是粉砂质黏壤土、黏土，各占 8.1% 和 5.4%。土壤 pH 平均为 6.72，变幅为 4.89～8.45；其中偏酸的占 18.9%，适中的占 35.1%，偏碱的占 45.9%。代表性烟田海拔介于 78～461 m，平均值 212 m；其中临朐 290～461 m，蒙阴 206～

300 m，费县 154～204 m，诸城 78～151 m；代表性烟田最高海拔 461 m 位于临朐县寺头镇西蓼子村片区，最低海拔 78 m 位于诸城市昌城镇孙家巴山片区。鲁中山区地形地貌主要为丘陵坡地，占 86.5%；其余 10.8% 为平原阶地，2.7% 为丘岗阶地。

五、东北地区代表性烟田基本特征

东北地区烤烟典型产区代表性烟田土壤成土母岩/母质主要为黄土状物质，占 46.7%；其次是洪积-冲积物和花岗岩风化物，各占 26.7% 和 13.3%；其余是冲积物和泥质岩风化物，各占 6.7%。该区域主要为湿润土壤湿度状况，占 73.3%。烟田全部为旱地，其中坡旱地占 40.0%。烟田土体较厚，少部分烟田土体偏薄。耕作层质地主要为粉壤土和壤土，均占 33.3%；其次为粉砂质黏壤土和砂土，各占 20.0% 和 13.3%。土壤 pH 平均为 5.55，变幅为 4.79～7.02；其中偏酸的占 60.0%，适宜的占 33.3%，偏碱的占 6.7%。代表性烟田海拔介于 210～417 m，平均值 283 m；其中宽甸海拔 210～338 m，宁安海拔 280～325 m，汪清海拔 210～417 m；代表性烟田最高海拔 417 m 位于汪清县鸡冠乡鸡冠村片区，最低海拔 210 m 位于宽甸县青椅山镇碱场沟村 3 组和汪清县东光镇北丰里村片区。东北地区地形地貌主要为丘陵坡地，占 60.0%；其余 26.6% 为丘岗河滩，13.3% 为丘岗阶地。

六、雪峰山区代表性烟田基本特征

雪峰山区典型产区代表性烟田土壤成土母岩/母质主要为洪积-冲积物，占 50.0%，其次是泥质岩风化物和灰岩风化物，各占 30.0% 和 20.0%。该区域土壤湿度状况包括人为滞水、潮湿、常湿润 3 种类型，分别占 50.0%、30.0% 和 20.0%。烟田旱地和水田各占 50%，旱地全部为坡旱地。烟田土体较厚，少部分烟田土体偏薄。耕作层质地主要为粉质黏壤土，占 60.0%；其次为粉壤土和粉质黏土，各占 30.0% 和 10.0%。土壤偏酸性，pH 平均为 4.70，变幅为 4.06～5.11。代表性烟田海拔介于 312～843 m，平均值 567 m；其中天柱海拔 670～843 m，靖州海拔 312～431 m；代表性烟田最高海拔 843 m 位于天柱县坪地镇桂袍村平丁片区，最低海拔 312 m 位于靖州县甘棠镇民主村 5 组片区。雪峰山区地形地貌为低山坡地和平原阶地各占 30.0%，丘岗沟谷地和中山坡地各占 20.0%。

七、云贵高原代表性烟田基本特征

云贵高原典型产区代表性烟田土壤成土母岩/母质主要为白云岩风化物，占 31.3%；其次是第四纪红黏土、石灰岩风化物，各占 21.8% 和 15.6%；其余为沟谷堆积物、紫色岩风化物、灰岩风化物、砂岩风化物和冲积物，各占 9.4%、9.4%、6.3%、3.1% 和 3.1%。该区域土壤湿度状况基本为半干润 1 种类型，烟田全部为旱地，其中坡旱地占 43.7%。烟田土体较厚；耕作层质地主要为黏壤土和黏土，各占 36.4% 和 27.2%；其次为粉质黏壤土、壤土和粉壤土，各占 15.2%、12.1% 和 9.1%。土壤主体偏酸性，pH 平均为 5.79，变幅为 3.8～8.11；其中偏酸的占 37.25%，适中的占 45.10%，偏碱的占 17.64%。代表性烟田海拔介于 1332～2190 m，平均值 1801 m；其中南涧海拔 1841～2018 m，江川海拔 1750～1844 m，盘州海拔 1564～1782 m，威宁海拔 1866～2190 m，兴仁海拔 1332～1523 m；代表性烟田最高海拔 2190 m 位于威宁县秀水乡中海片区，最低海拔 1332 m 位于兴仁市巴铃镇卡子村上冲片区。云贵高原地形地貌主要为中山坡地和高山坡地,各占46.9%和37.5%;其余为12.5%中山沟谷地,3.1%高山沟谷地。

八、攀西山区代表性烟田基本特征

攀西山区典型产区代表性烟田土壤成土母岩/母质主要为紫色岩风化物,占47.1%;其次是石灰岩风化物,占 37.0%;其余为第四纪红黏土、玄武岩风化物、砂岩风化物-沟谷堆积物,各占 5.3%。该区域土壤湿度状况主要为湿润和半干润 2 种类型,分别占57.8%和36.8%。烟田全部为旱地,其中坡旱地占15.8%。烟田土体较厚,少部分烟田土体偏薄。耕作层质地主要为壤土和黏土,各占 52.6%和36.7%;其次为黏壤土,占10.5%。土壤主体偏酸性,pH 平均为 6.36,变幅为 4.10~7.90;其中偏酸性的占 15.78%,适中的占 47.36%,介于 7.0~7.5 的为 26.31%,高于 7.5 的为 10.52%。代表性烟田海拔介于1606~2115 m,平均值 1868 m;其中会东海拔 1815 m,米易海拔 1637~2115 m,仁和海拔 1665~1984 m,盐边海拔 1673~1905 m;代表性烟田最高海拔 2115 m 位于米易县普威镇西番村片区,最低海拔 1606 m 位于米易县攀莲镇双沟村 01 片区。攀西山区地形地貌主要为高山坡地,占 94.7%,其余为高山沟谷地,占 5.3%。

九、武夷山区代表性烟田基本特征

武夷山区典型产区代表性烟田土壤成土母岩/母质主要为洪积-冲积物,占 70.6%;其次是砂岩风化物,占 23.5%;其余为沟谷堆积物,占 5.9%。烟田全部为烟稻轮作,土壤湿度状况为人为滞水 1 种类型。该区域烟田全部为水田,土体厚。耕作层质地主要为粉砂壤土,占64.7%;其次为壤土,占35.3%。土壤主体偏酸性,pH 平均为 5.22,变幅为 4.42~6.06;其中强酸性的占 13.33%,呈酸性的占 60.00%,微酸性的占 26.67%。代表性烟田海拔介于 244~708 m,平均值 371 m;其中永定海拔 244~708 m,泰宁海拔300~430 m。代表性烟田最高海拔 708 m 位于永定区虎岗镇龙溪村片区,最低海拔 244 m位于永定区湖雷镇莲塘村片区。武夷山区地形地貌主要为丘陵沟谷地,占 52.9%,其余为丘陵阶地和丘陵坡地,各占 23.5%。

十、南岭山区代表性烟田基本特征

南岭山区典型产区代表性烟田土壤成土母岩/母质主要为洪积-冲积物,占 62.2%;其次是紫色岩风化物,占 24.2%;其余为冲积物、第四纪红黏土、沟谷堆积物,各占 6.8%、3.4%和3.4%。土壤湿度状况为人为滞水和湿润 2 种类型,分别占 72.4%和27.6%。该区域烟田以水田为主,旱地占 27.6%,旱地中的旱坡地占 25.0%。烟田土体较厚,耕作层质地主要为粉质黏壤土和粉壤土,各占 35.9%和33.3%;其次为壤土、黏壤土和粉质黏土,各占 20.5%、7.7%和2.6%。土壤主体偏碱性,pH 平均为 7.28,变幅为 4.52~8.61;其中偏酸的占 10.34%,适中的占 17.24%,高于 7.0 的占 72.42%,高于 7.5 的占 65.52%。代表性烟田海拔介于 135~321 m,平均值 255 m;其中桂阳海拔 135~287 m,江华海拔274~321 m;代表性烟田最高海拔 321 m 位于江华县涛圩镇三门寨村片区,最低海拔 135 m位于桂阳县仁义镇长江村蝴蝶洞组片区。南岭山区地形地貌主要为丘岗阶地,占 55.2%;

其余 31.0%为丘岗坡地，13.8%为丘岗沟谷地。

十一、中原地区代表性烟田基本特征

中原地区典型产区代表性烟田土壤成土母岩/母质主要为黄土性物质，其中黄泛冲积物、沉积物、河湖相沉积物各占 53.4%、33.3%和 13.3%。该区域土壤适度状况为半干润和潮湿 2 个类型，分别占 66.7%和 33.3%。烟田全部为旱地，其中旱坡地占 33.3%。烟田土体较厚，耕作层质地主要为粉砂壤土，占 93.3%；其次为壤土，占 6.7%。土壤主体偏碱性，pH 平均为 7.87，变幅为 6.70～8.42；其中 7.0～7.5 的为 20.00%，高于 7.5 的占 73.33%，7 以下的只占 6.67%。代表性烟田海拔介于 86～1185 m，平均值 600 m；其中襄城海拔 86～154 m，灵宝海拔 1012～1185 m；代表性烟田最高海拔 1185 m 位于灵宝市五亩乡姚坡村片区，最低海拔 86 m 位于襄城县紫云镇黄柳南村片区。中原产区地形地貌为平原一级阶地、岗坡地、黄土高原梁地和塬地，各占 33.3%、33.3%、20.0%和 13.3%。

十二、皖南山区代表性烟田基本特征

皖南山区典型产区代表性烟田土壤成土母岩/母质主要为冲积物，占 80.0%；其次是河湖相沉积物，占 20.0%。该区域烟田以水田为主，旱地占 40.0%，旱地全部为平旱地。烟田基本是烟稻轮作或烟棉轮作，土壤湿度状况为人为滞水和潮湿 2 个类型，分别占 60.0%和 40.0%。烟田土体较厚，耕作层质地主要为粉砂壤土，占 70.0%；其次为壤土，占 30.0%。土壤主体偏酸性，pH 平均为 5.66，变幅为 5.04～6.18；其中低于 5.5 的占 40.00%，5.5～7 的占 60.00%。代表性烟田海拔介于 24～121 m，平均值 55 m；其中宣州海拔 24～121 m，泾县海拔 38 m；代表性烟田最高海拔 121 m 位于宣州区新田镇山岭村片区，最低海拔 24 m 位于宣州区向阳镇鲁溪村片区。皖南山区地形地貌主要是冲积平原阶地，占 80.0%；其余为河漫滩，占 20.0%。

第二节　优质特色烤烟典型产区烟株基本特征

一、武陵山区烟株基本特征

武陵山区烤烟种植区选择德江、道真、咸丰、利川、桑植、凤凰、彭水、武隆 8 个典型产区的代表性片区进行烟株基本特征分析（表 2-2-1）。武陵山区烟株农艺性状分析结果表明，烟株株高范围为 75.80～130.20 cm，平均值为 94.94 cm，变异系数为 11.87%；茎围范围为 7.10～10.00 cm，平均值为 8.78 cm，变异系数为 8.05%；有效叶为 14.10～23.80 片，平均值为 18.85 片，变异系数为 11.50%；中部叶长范围为 58.10～83.10 cm，平均值为 71.38 cm，变异系数为 8.34%；中部叶宽范围为 23.80～33.00 cm，平均值为 27.73 cm，变异系数为 8.81%；上部叶长范围为 48.50～79.70 cm，平均值为 60.87 cm，变异系数为 12.05%；上部叶宽范围为 14.40～27.60 cm，平均值为 20.31 cm，变异系数为 13.72%（表 2-2-2）。

表 2-2-1 武陵山区烟株基本特征

典型产区	株高/cm	茎围/cm	有效叶/片	中部叶长/cm	中部叶宽/cm	上部叶长/cm	上部叶宽/cm	株型
德江	102.68	9.24	19.88	67.42	27.70	54.28	18.24	筒形
道真	105.66	8.14	19.76	68.36	29.18	54.80	18.02	筒形
咸丰	99.40	8.56	19.54	65.38	24.98	56.02	18.42	筒形
利川	96.20	9.36	20.18	74.48	26.74	62.62	19.62	筒形
桑植	85.06	8.44	17.78	77.36	27.88	62.56	20.56	筒形
凤凰	93.96	8.78	19.20	70.84	29.90	58.84	21.56	塔形
彭水	87.80	8.74	17.46	71.48	27.08	67.24	21.84	筒形
武隆	88.78	8.98	16.96	75.70	28.40	70.56	24.22	筒形

表 2-2-2 武陵山区烟株基本特征统计

指标	最小值	最大值	平均值	标准差	变异系数/%
株高/cm	75.80	130.20	94.94	11.27	11.87
茎围/cm	7.10	10.00	8.78	0.71	8.05
有效叶/片	14.10	23.80	18.85	2.17	11.50
中部叶长/cm	58.10	83.10	71.38	5.96	8.34
中部叶宽/cm	23.80	33.00	27.73	2.44	8.81
上部叶长/cm	48.50	79.70	60.87	7.34	12.05
上部叶宽/cm	14.40	27.60	20.31	2.79	13.72

二、黔中山区烟株基本特征

黔中山区烤烟种植区选择播州、贵定、黔西、开阳、西秀、余庆、凯里 7 个烤烟典型产区的代表性片区进行烟株基本特征分析(表 2-2-3)。黔中山区烟株农艺性状分析结果表明,烟株株高范围为 70.70～120.90 cm,平均值为 92.41 cm,变异系数为 13.63%;茎围范围为 7.40～11.70 cm,平均值为 9.33 cm,变异系数为 13.60%;有效叶为 14.50～30.00 片,平均值为 18.93 片,变异系数为 17.12%;中部叶长范围为 56.50～81.50 cm,平均值为 69.64 cm,变异系数为 9.18%;中部叶宽范围为 17.80～40.50 cm,平均值为 28.95 cm,变异系数为 15.87%;上部叶长范围为 48.40～77.70 cm,平均值为 57.65 cm,变异系数为 11.61%;上部叶宽范围为 13.40～24.10 cm,平均值为 20.24 cm,变异系数为 12.27%(表 2-2-4)。

表 2-2-3 黔中山区烟株基本特征

典型产区	株高/cm	茎围/cm	有效叶/片	中部叶长/cm	中部叶宽/cm	上部叶长/cm	上部叶宽/cm	株型
播州	104.42	10.16	23.60	70.59	22.35	61.62	17.62	近筒形
贵定	85.40	8.14	15.54	70.18	25.80	63.60	20.00	偏塔形
黔西	104.34	8.84	17.98	67.88	28.70	55.46	19.88	塔形
开阳	81.80	10.22	18.52	74.70	34.56	60.76	23.20	筒形
西秀	90.80	8.02	17.26	61.38	30.90	49.44	18.98	筒形
余庆	86.86	11.26	21.24	75.94	28.62	58.24	19.94	筒形
凯里	93.22	8.70	18.36	66.78	31.70	54.46	22.08	塔形

表 2-2-4　黔中山区烟株基本特征统计

指标	最小值	最大值	平均值	标准差	变异系数/%
株高/cm	70.70	120.90	92.41	12.60	13.63
茎围/cm	7.40	11.70	9.33	1.27	13.60
有效叶/片	14.50	30.00	18.93	3.24	17.12
中部叶长/cm	56.50	81.50	69.64	6.39	9.18
中部叶宽/cm	17.80	40.50	28.95	4.59	15.87
上部叶长/cm	48.40	77.70	57.65	6.70	11.61
上部叶宽/cm	13.40	24.10	20.24	2.48	12.27

三、秦巴山区烟株基本特征

秦巴山区烤烟种植区选择南郑、旬阳、兴山、房县、巫山 5 个典型产区的代表性片区进行烟株基本特征分析(表 2-2-5)。秦巴山区烟株农艺性状分析结果表明,烟株株高范围为 83.90～127.60 cm,平均值 105.74 cm,变异系为 12.04%;茎围范围为 8.30～12.50 cm,平均值为 9.82 cm,变异系数为 12.30%;有效叶数为 14.00～22.70 片,平均值为 18.86 片,变异系数为 10.48%;中部叶长范围为 65.00～87.20 cm,平均值为 70.86 cm,变异系数为 7.38%;中部叶宽范围为 23.80～38.30 cm,平均值为 29.25 cm,变异系数为 12.10%;上部叶长范围为 52.80～72.60 cm,平均值为 63.28 cm,变异系数为 8.42%;上部叶宽范围为 18.50～27.00 cm,平均值为 21.87cm,变异系数为 11.28%(表 2-2-6)。

表 2-2-5　秦巴山区烟株基本特征

典型产区	株高 /cm	茎围 /cm	有效叶 /片	中部叶长 /cm	中部叶宽 /cm	上部叶长 /cm	上部叶宽 /cm	株型
南郑	118.92	9.10	17.32	71.12	35.26	64.50	23.04	筒形
旬阳	105.48	11.06	20.64	70.18	31.96	59.02	21.76	筒形
兴山	105.56	10.50	19.40	73.38	28.52	64.02	21.00	塔形
房县	102.14	9.10	19.32	68.34	27.56	63.54	20.90	筒形
巫山	96.58	9.34	17.62	71.28	28.08	65.32	28.66	筒形

表 2-2-6　秦巴山区烟株基本特征统计

指标	最小值	最大值	平均值	标准差	变异系数/%
株高/cm	83.90	127.60	105.74	12.73	12.04
茎围/cm	8.30	12.50	9.82	1.21	12.30
有效叶/片	14.00	22.70	18.86	1.98	10.48
中部叶长/cm	65.00	87.20	70.86	5.23	7.38
中部叶宽/cm	23.80	38.30	29.25	3.54	12.10
上部叶长/cm	52.80	72.60	63.28	5.33	8.42
上部叶宽/cm	18.50	27.00	21.87	2.47	11.28

四、鲁中山区烟株基本特征

鲁中山区烤烟种植区选择临朐、蒙阴、费县、诸城 4 个典型产区的代表性片区进行烟株基本特征分析（表 2-2-7）。鲁中山区烟株农艺性状分析结果表明，烟株株高范围为 76.70～127.80 cm，平均值为 101.65 cm，变异系数为 13.32%；茎围范围为 7.60～16.63 cm，平均值为 9.67 cm，变异系数为 19.50%；有效叶为 17.20～25.90 片，平均值为 21.62 片，变异系数为 10.68%；中部叶长范围为 55.92～66.04 cm，平均值为 62.03 cm，变异系数为 5.57%；中部叶宽范围为 21.90～34.80 cm，平均值为 28.20 cm，变异系数为 12.46%；上部叶长范围为 46.70～66.50 cm，平均值为 55.75 cm，变异系数为 8.49%；上部叶宽范围为 17.40～30.70 cm，平均值为 23.77 cm，变异系数为 14.24%（表 2-2-8）。

表 2-2-7　鲁中山区烟株基本特征

典型产区	株高 /cm	茎围 /cm	有效叶 /片	中部叶长 /cm	中部叶宽 /cm	上部叶长 /cm	上部叶宽 /cm	株型
临朐	88.72	10.51	19.08	62.00	30.14	54.46	24.55	筒形
蒙阴	104.14	9.86	21.60	62.42	29.40	57.84	26.32	筒形
费县	109.10	9.64	22.18	62.06	29.02	55.54	23.90	筒形
诸城	104.62	8.66	23.60	61.66	24.24	55.14	20.32	筒形

表 2-2-8　鲁中山区烟株基本特征统计

指标	最小值	最大值	平均值	标准差	变异系数/%
株高/cm	76.70	127.80	101.65	13.54	13.32
茎围/cm	7.60	16.63	9.67	1.88	19.50
有效叶/片	17.20	25.90	21.62	2.31	10.68
中部叶长/cm	55.92	66.04	62.03	3.46	5.57
中部叶宽/cm	21.90	34.80	28.20	3.51	12.46
上部叶长/cm	46.70	66.50	55.75	4.73	8.49
上部叶宽/cm	17.40	30.70	23.77	3.39	14.24

五、东北地区烟株基本特征

东北地区烤烟种植区选择宽甸、宁安、汪清 3 个典型烤烟产区的代表性片区进行烟株基本特征分析（表 2-2-9）。东北地区烟株农艺性状分析结果表明，烟株株高范围为 98.10～124.90 cm，平均值为 111.16 cm，变异系数为 7.46%；烟株茎围范围为 8.60～11.70 cm，平均值为 10.42 cm，变异系数为 10.17%；有效叶为 13.70～19.90 片，平均值为 17.31 片，变异系数为 11.94%；中部叶长范围为 60.00～81.50 cm，平均值为 68.55 cm，变异系数为 7.96%；中部叶宽范围为 25.90～37.90 cm，平均值为 31.23 cm，变异系数为 11.35%；上部叶长范围为 50.60～73.50 cm，平均值为 58.67 cm，变异系数为 11.92%；上部叶宽范围为 21.90～29.20 cm，平均值为 24.65 cm，变异系数为 10.08%（表 2-2-10）。

表 2-2-9　东北地区烟株基本特征

典型产区	株高 /cm	茎围 /cm	有效叶 /片	中部叶长 /cm	中部叶宽 /cm	上部叶长 /cm	上部叶宽 /cm	株型
宽甸	118.92	11.20	14.96	73.76	32.70	66.96	26.46	近筒形
宁安	108.24	9.22	17.74	65.00	27.80	55.34	23.08	筒形
汪清	106.32	10.84	19.24	66.88	33.20	53.72	24.40	塔形

表 2-2-10　东北地区烟株基本特征统计

指标	最小值	最大值	平均值	标准差	变异系数/%
株高/cm	98.10	124.90	111.16	8.29	7.46
茎围/cm	8.60	11.70	10.42	1.06	10.17
有效叶/片	13.70	19.90	17.31	2.07	11.94
中部叶长/cm	60.00	81.50	68.55	5.46	7.96
中部叶宽/cm	25.90	37.90	31.23	3.54	11.35
上部叶长/cm	50.60	73.50	58.67	7.00	11.92
上部叶宽/cm	21.90	29.20	24.65	2.48	10.08

六、雪峰山区烟株基本特征

雪峰山区烤烟种植区选择天柱和靖州 2 个典型产区的代表性片区进行烟株基本特征分析（表 2-2-11）。雪峰山区烟株农艺性状分析结果表明，烟株株高范围为 74.50～110.40 cm，平均值为 98.23 cm，变异系数为 12.53%；茎围范围为 8.00～10.30 cm，平均值为 9.08 cm，变异系数为 9.14%；有效叶为 17.70～20.70 片，平均值为 19.24 片，变异系数为 5.73%；中部叶长范围为 60.20～80.30 cm，平均值为 71.05 cm，变异系数为 8.22%；中部叶宽范围为 24.50～33.70 cm，平均值为 29.14 cm，变异系数为 10.01%；上部叶长范围为 54.60～66.20 cm，平均值为 59.73 cm，变异系数为 7.76%；上部叶宽范围为 19.90～28.70 cm，平均值为 22.41 cm，变异系数为 10.93%（表 2-2-12）。

表 2-2-11　雪峰山区烟株基本特征

典型产区	株高 /cm	茎围 /cm	有效叶 /片	中部叶长 /cm	中部叶宽 /cm	上部叶长 /cm	上部叶宽 /cm	株型
天柱	97.32	9.00	19.66	72.28	29.38	59.32	21.62	筒形
靖州	98.50	8.20	20.20	64.80	24.50	57.10	20.20	筒形

表 2-2-12　雪峰山区烟株基本特征统计

指标	最小值	最大值	平均值	标准差	变异系数/%
株高/cm	74.50	110.40	98.23	12.31	12.53
茎围/cm	8.00	10.30	9.08	0.83	9.14
有效叶/片	17.70	20.70	19.24	1.10	5.73

续表

指标	最小值	最大值	平均值	标准差	变异系数/%
中部叶长/cm	60.20	80.30	71.05	5.84	8.22
中部叶宽/cm	24.50	33.70	29.14	2.92	10.01
上部叶长/cm	54.60	66.20	59.73	4.63	7.76
上部叶宽/cm	19.90	28.70	22.41	2.45	10.93

七、云贵高原烟株基本特征

云贵高原烤烟种植区选择南涧、江川、盘州、威宁、兴仁 5 个典型产区的代表性片区进行烟株基本特征分析(表 2-2-13)。云贵高原烟株农艺性状分析结果表明,烟株株高范围为 48.80～147.50 cm,平均值为 84.88 cm,变异系数为 23.53%;茎围范围为 7.60～12.20 cm,平均值为 9.12 cm,变异系数为 13.88%;有效叶为 12.00～30.60 片,平均值为 19.48 片,变异系数为 28.26%;中部叶长范围为 52.90～86.50 cm,平均值为 66.58 cm,变异系数为 13.80%;中部叶宽范围为 18.70～35.40 cm,平均值为 29.23 cm,变异系数为 14.46%;上部叶长范围为 48.20～81.60 cm,平均值为 57.90 cm,变异系数为 14.83%;上部叶宽范围为 14.40～42.10 cm,平均值为 20.45 cm,变异系数为 24.77%(表 2-2-14)。

表 2-2-13　云贵高原烟株基本特征

典型产区	株高/cm	茎围/cm	有效叶/片	中部叶长/cm	中部叶宽/cm	上部叶长/cm	上部叶宽/cm	株型
南涧	71.60	9.94	13.96	77.64	27.84	68.00	20.12	塔形
江川	97.28	9.52	18.66	66.36	24.68	59.82	18.34	筒形
盘州	78.76	8.98	17.44	64.72	31.64	54.00	18.92	塔形
威宁	103.26	9.42	19.52	64.48	31.78	57.42	25.70	筒形
兴仁	73.52	7.74	27.82	59.72	30.20	50.26	19.16	筒形

表 2-2-14　云贵高原烟株基本特征统计

指标	最小值	最大值	平均值	标准差	变异系数/%
株高/cm	48.80	147.50	84.88	19.98	23.53
茎围/cm	7.60	12.20	9.12	1.27	13.88
有效叶/片	12.00	30.60	19.48	5.50	28.26
中部叶长/cm	52.90	86.50	66.58	9.19	13.80
中部叶宽/cm	18.70	35.40	29.23	4.23	14.46
上部叶长/cm	48.20	81.60	57.90	8.58	14.83
上部叶宽/cm	14.40	42.10	20.45	5.06	24.77

八、攀西山区烟株基本特征

攀西山区烤烟种植区选择会东、米易、仁和、盐边 4 个典型产区的代表性片区进行烟株基本特征分析(表 2-2-15)。攀西山区烟株农艺性状分析结果表明，烟株株高范围为101.63～132.60 cm，平均值为 121.15 cm，变异系数为 7.58%；茎围范围为 7.31～9.70 cm，平均值为 8.41 cm，变异系数为 7.76%；有效叶为 18.50～23.00 片，平均值为 20.25 片，变异系数为 5.59%；中部叶长范围为 53.90～70.20 cm，平均值为 63.74 cm，变异系数为8.57%；中部叶宽范围为 19.50～28.20 cm，平均值为 24.60 cm，变异系数为 10.77%；上部叶长范围为 32.38～53.20 cm，平均值为 43.55 cm，变异系数为 13.92%；上部叶宽范围为 7.19～18.60 cm，平均值为 11.19 cm，变异系数为 27.86%(表 2-2-16)。

表 2-2-15　攀西山区烟株基本特征

典型产区	株高/cm	茎围/cm	有效叶/片	中部叶长/cm	中部叶宽/cm	上部叶长/cm	上部叶宽/cm	株型
会东	125.75	7.94	21.13	60.19	23.63	44.75	11.75	筒形
米易	116.48	8.10	19.58	59.83	23.06	39.18	8.88	筒形
仁和	120.20	9.17	21.07	67.27	26.07	48.50	12.53	筒形
盐边	128.37	8.33	20.27	67.93	26.03	45.50	13.53	筒形

表 2-2-16　攀西山区烟株基本特征统计

指标	最小值	最大值	平均值	标准差	变异系数/%
株高/cm	101.63	132.60	121.15	9.18	7.58
茎围/cm	7.31	9.70	8.41	0.65	7.76
有效叶/片	18.50	23.00	20.25	1.13	5.59
中部叶长/cm	53.90	70.20	63.74	5.46	8.57
中部叶宽/cm	19.50	28.20	24.60	2.65	10.77
上部叶长/cm	32.38	53.20	43.55	6.06	13.92
上部叶宽/cm	7.19	18.60	11.19	3.12	27.86

九、武夷山区烟株基本特征

武夷山区烤烟种植区选择永定和泰宁 2 个典型产区的代表性片区进行烟株基本特征分析(表 2-2-17)。武夷山区烟株农艺性状分析结果表明，烟株株高范围为 73.30～110.00 cm，平均值为 84.90 cm，变异系数为 11.65%；茎围范围为 8.70～11.60 cm，平均值为 9.97 cm，变异系数为 11.52%；有效叶为 14.90～20.60 片，平均值为 18.11 片，变异系数为 13.73%；中部叶长范围为 70.00～75.40 cm，平均值为 71.70 cm，变异系数为 1.97%；中部叶宽范围为 23.30～34.80 cm，平均值为 27.55 cm，变异系数为 16.46%；上部叶长范围为 59.30～67.00 cm，平均值为 63.53 cm，变异系数为 3.68%；上部叶宽范围为 17.90～28.00 cm，平均值为 22.10 cm，变异系数为 17.16%(表 2-2-18)。

表 2-2-17　武夷山区烟株基本特征

典型产区	株高/cm	茎围/cm	有效叶/片	中部叶长/cm	中部叶宽/cm	上部叶长/cm	上部叶宽/cm	株型
永定	83.64	9.02	20.38	71.44	23.50	65.24	19.00	塔形
泰宁	86.16	10.92	15.84	71.96	31.60	61.82	25.20	筒形

表 2-2-18　武夷山区烟株基本特征统计

指标	最小值	最大值	平均值	标准差	变异系数/%
株高/cm	73.30	110.00	84.90	9.89	11.65
茎围/cm	8.70	11.60	9.97	1.15	11.52
有效叶/片	14.90	20.60	18.11	2.49	13.73
中部叶长/cm	70.00	75.40	71.70	1.41	1.97
中部叶宽/cm	23.30	34.80	27.55	4.53	16.46
上部叶长/cm	59.30	67.00	63.53	2.34	3.68
上部叶宽/cm	17.90	28.00	22.10	3.79	17.16

十、南岭山区烟株基本特征

南岭山区烤烟种植区选择桂阳和江华 2 个典型产区的代表性片区进行烟株基本特征分析(表 2-2-19)。南岭山区烟株农艺性状分析结果表明,烟株株高范围为 68.30～106.00 cm,平均值为 89.78 cm,变异系数为 13.88%;茎围范围为 6.90～9.00 cm,平均值为 7.85 cm,变异系数为 7.97%;有效叶为 16.70～22.50 片,平均值为 19.32 片,变异系数为 9.20%;中部叶长范围为 61.20～76.50 cm,平均值为 71.80 cm,变异系数为 6.71%;中部叶宽范围为 20.60～26.60 cm,平均值为 23.59 cm,变异系数为 8.57%;上部叶长范围为 45.80～64.60 cm,平均值为 58.82 cm,变异系数为 8.60%;上部叶宽范围为 16.40～22.10 cm,平均值为 19.87 cm,变异系数为 11.42%(表 2-2-20)。

表 2-2-19　南岭山区烟株基本特征

典型产区	株高/cm	茎围/cm	有效叶/片	中部叶长/cm	中部叶宽/cm	上部叶长/cm	上部叶宽/cm	株型
桂阳	100.12	7.52	18.14	72.22	23.88	61.28	21.24	筒形
江华	79.44	8.18	20.50	71.38	23.30	56.36	18.50	筒形

表 2-2-20　南岭山区烟株基本特征统计

指标	最小值	最大值	平均值	标准差	变异系数/%
株高/cm	68.30	106.00	89.78	12.46	13.88
茎围/cm	6.90	9.00	7.85	0.63	7.97
有效叶/片	16.70	22.50	19.32	1.78	9.20
中部叶长/cm	61.20	76.50	71.80	4.82	6.71

续表

指标	最小值	最大值	平均值	标准差	变异系数/%
中部叶宽/cm	20.60	26.60	23.59	2.02	8.57
上部叶长/cm	45.80	64.60	58.82	5.06	8.60
上部叶宽/cm	16.40	22.10	19.87	2.27	11.42

十一、中原地区烟株基本特征

中原地区烤烟种植区选择襄城和灵宝 2 个典型产区的代表性片区进行烟株基本特征分析（表 2-2-21）。中原地区烟株农艺性状分析结果表明，烟株株高范围为 93.10～126.10 cm，平均值为 108.82 cm，变异系数为 9.69%；茎围范围为 7.70～11.50 cm，平均值为 9.44 cm，变异系数为 12.45%；有效叶为 18.90～23.00 片，平均值为 20.94 片，变异系数为 6.06%；中部叶长范围为 53.80～72.20 cm，平均值为 63.37 cm，变异系数为 8.71%；中部叶宽范围为 21.60～41.70 cm，平均值为 30.55 cm，变异系数为 19.23%；上部叶长范围为 45.40～62.60 cm，平均值为 54.27 cm，变异系数为 10.07%；上部叶宽范围为 16.60～37.80 cm，平均值为 25.96 cm，变异系数为 31.07%（表 2-2-22）。

表 2-2-21　中原地区烟株基本特征

典型产区	株高/cm	茎围/cm	有效叶/片	中部叶长/cm	中部叶宽/cm	上部叶长/cm	上部叶宽/cm	株型
襄城	103.14	10.10	20.50	62.56	35.02	53.16	32.90	筒形
灵宝	114.50	8.78	21.38	64.18	26.08	55.38	19.02	筒形

表 2-2-22　中原地区烟株基本特征统计

指标	最小值	最大值	平均值	标准差	变异系数/%
株高/cm	93.10	126.10	108.82	10.54	9.69
茎围/cm	7.70	11.50	9.44	1.17	12.45
有效叶/片	18.90	23.00	20.94	1.27	6.06
中部叶长/cm	53.80	72.20	63.37	5.52	8.71
中部叶宽/cm	21.60	41.70	30.55	5.87	19.23
上部叶长/cm	45.40	62.60	54.27	5.47	10.07
上部叶宽/cm	16.60	37.80	25.96	8.06	31.07

十二、皖南山区烟株基本特征

皖南山区烤烟种植区选择宣州和泾县 2 个典型产区的代表性片区进行烟株基本特征分析（表 2-2-23）。皖南山区烟株农艺性状分析结果表明，烟株株高范围为 105.60～127.00 cm，平均值为 114.95 cm，变异系数为 6.98%；茎围范围为 10.20～10.66 cm，平均值为 9.81 cm，变异系数为 7.86%；有效叶为 16.60～19.90 片，平均值为 17.88 片，变异系数为 6.70%；中部叶长范围为 76.40～78.20 cm，平均值为 74.64 cm，变异系数为 3.88%；中部叶宽范围为 24.70～31.20 cm，平均值为 28.01 cm，变异系数为 8.69%；上部叶长范围为 66.72～73.50 cm，平均值为 68.82 cm，变异系数为 3.57%；上部叶宽范围为 24.40～25.50 cm，平均值为 23.53 cm，变异系数为 5.83%（表 2-2-24）。

表 2-2-23　皖南山区烟株基本特征

典型产区	株高 /cm	茎围 /cm	有效叶 /片	中部叶长 /cm	中部叶宽 /cm	上部叶长 /cm	上部叶宽 /cm	株型
宣州	116.46	9.83	18.08	75.30	28.16	69.24	23.14	圆筒形
泾县	107.39	9.67	16.89	71.33	27.28	66.72	25.50	圆筒形

表 2-2-24　皖南山区烟株基本特征统计

指标	最小值	最大值	平均值	标准差	变异系数/%
株高/cm	105.60	127.00	114.95	8.02	6.98
茎围/cm	10.20	10.66	9.81	0.77	7.86
有效叶/片	16.60	19.90	17.88	1.20	6.70
中部叶长/cm	76.40	78.20	74.64	2.90	3.88
中部叶宽/cm	24.70	31.20	28.01	2.44	8.69
上部叶长/cm	66.72	73.50	68.82	2.46	3.57
上部叶宽/cm	24.40	25.50	23.53	1.37	5.83

第三节　烤烟种植区间烟株基本特征差异

一、烟株株高差异

烤烟种植区间烟株株高指标比较分析表明，12 个区域烟株株高存在一定的差异。其中，攀西山区烟株株高最高，显著高于武陵山区、黔中山区、鲁中山区、雪峰山区、云贵高原、武夷山区、南岭山区；云贵高原和武夷山区烟株株高显著低于其他产区（表 2-3-1）。

二、烟株茎围差异

烤烟种植区间烟株茎围指标比较分析表明，12 个产区烟株茎围存在一定的差异。其中，东北地区烟株茎围数值最大，显著大于武陵山区、黔中山区、雪峰山区、云贵高原、攀西山区、南岭山区；南岭山区烟株茎围数值显著小于其他产区 （表 2-3-1）。

三、烟株有效叶差异

烤烟种植区间烟株有效叶指标比较分析表明，12 个产区烟株有效叶存在一定的差异。其中，鲁中山区烟株有效叶最多，有效叶显著多于武陵山区、黔中山区、秦巴山区、东北地区、武夷山区、皖南山区；东北地区烟株有效叶显著少于其他产区（表 2-3-1）。

四、烟株中部叶长差异

烤烟种植区间中部叶长比较分析表明，12 个产区中部叶长存在一定的差异。其中，皖南山区中部叶最长，中部叶长显著大于鲁中山区、东北地区、云贵高原、攀西山区、中原地区；鲁中山区、攀西山区和中原地区中部叶长显著小于其他产区（表 2-3-1）。

五、烟株中部叶宽差异

烤烟种植区间烟株中部叶宽比较分析表明，12 个产区烟株中部叶宽存在一定的差异。其中，东北地区烟株中部叶最宽，中部叶宽显著大于攀西山区和南岭山区；南岭山区烟株中部叶宽显著小于其他产区（表 2-3-1）。

六、烟株上部叶长差异

烤烟种植区间烟株上部叶长比较分析表明，12 个产区烟株上部叶长存在一定的差异。其中，皖南山区烟株上部叶长显著大于其他产区，武夷山区上部叶长也显著大于黔中山区、鲁中山区、云贵高原、攀西山区和中原地区；攀西山区烟株上部叶长显著小于其他产区（表 2-3-1）。

七、烟株上部叶宽差异

烤烟种植区间烟株上部叶宽比较分析表明，12 个产区烟株上部叶宽存在一定的差异。其中，中原地区烟株上部叶最宽，显著大于其他产区；攀西山区烟株上部叶宽显著小于其他产区（表 2-3-1）。

表 2-3-1 烤烟种植区烟株基本特征差异

生态区域	株高/cm	茎围/cm	有效叶/片	中部叶长/cm	中部叶宽/cm	上部叶长/cm	上部叶宽/cm
武陵山区	94.94±11.27efg	8.78±0.71cd	18.85±2.17bcd	71.38±5.96ab	27.73±2.44b	60.87±7.34bcd	20.31±2.79c
黔中山区	92.41±12.60efg	9.33±1.27bcd	18.93±3.24bcd	69.64±6.39ab	28.95±4.59ab	57.65±6.70de	20.24±2.48c
秦巴山区	105.74±12.73bcd	9.82±1.21ab	18.86±1.98bcd	70.86±5.23ab	29.25±3.54ab	63.28±5.33bc	21.87±2.47bc
鲁中山区	101.65±13.54cde	9.67±1.88abc	21.62±2.31a	62.03±3.46c	28.20±3.51ab	55.75±4.73de	23.77±3.39ab
东北地区	111.16±8.29abc	10.42±1.06a	17.31±2.07d	68.55±5.46b	31.23±3.54a	58.67±7.00bcde	24.65±2.48ab
雪峰山区	98.23±12.31def	9.08±0.83bcd	19.24±1.10abcd	71.05±5.84ab	29.14±2.92ab	59.73±4.63bcde	22.41±2.45bc
云贵高原	84.88±19.98g	9.12±1.27bcd	19.48±5.50abcd	66.58±9.19bc	29.23±4.23ab	57.90±8.58cde	20.45±5.06c
攀西山区	121.15±9.18a	8.41±0.65de	20.25±1.13abc	63.74±5.46c	24.60±2.65c	43.55±6.06f	11.19±3.12d
武夷山区	84.90±9.89g	9.97±1.15ab	18.11±2.49cd	71.70±1.41ab	27.55±4.53b	63.53±2.34b	22.10±3.79bc
南岭山区	89.78±12.46fg	7.85±0.63e	19.32±1.78abcd	71.80±4.82ab	23.59±2.02c	58.82±5.06bcde	19.87±2.27c
中原地区	108.82±10.54bcd	9.44±1.17abc	20.94±1.27ab	63.37±5.52c	30.55±5.87ab	54.27±5.47e	25.96±8.06a
皖南山区	114.95±8.02ab	9.81±0.77ab	17.88±1.20cd	74.64±2.90a	28.01±2.44ab	68.82±2.46a	23.53±1.37ab

注：每列中不同小写字母者表示种植区间差异有统计学意义（$P \leqslant 0.05$）。

第三章　优质特色烤烟典型产区烟叶外观质量与物理指标

在我国优质特色烤烟12个种植区的典型产区选择的基础上,根据典型产区及代表性片区定位信息采集中部(C3F)烟叶样品,参照烤烟分级国家标准对烟叶样品进行等级鉴定、外观指标的数字化赋值和物理指标鉴定,然后对12个烤烟种植区46个典型产区的218个代表性片区的烟叶样品的外观质量与物理指标检测结果进行归类(参见第十～二十一章检测结果表),按区域划分分别进行烟叶外观质量与物理指标特征的概括分析,并对12个烤烟种植区的烟叶外观质量和物理指标的特征加以描述。

第一节　优质特色烤烟典型产区烟叶外观质量

一、武陵山区烟叶外观质量

武陵山区烤烟种植区选择德江、道真、咸丰、利川、桑植、凤凰、彭水、武隆8个典型产区的代表性片区烟叶进行外观质量分析(表 3-1-1)。武陵山区烟叶外观质量鉴定结果表明,烟叶成熟度得分范围为 5.50～8.50,平均得分为 7.44,变异系数为8.90%;颜色得分范围为 7.00～9.00,平均得分为 8.03,变异系数为 5.75%;油分得分范围为 5.20～8.50,平均得分为 7.09,变异系数为 10.18%;身份得分范围为 7.00～8.50,平均得分为 7.75,变异系数为 5.31%;结构得分范围为 6.00～8.50,平均得分为7.71,变异系数为 7.40%;色度得分范围为 5.00～8.50,平均得分为 7.03,变异系数为11.91%(表 3-1-2)。

表 3-1-1　武陵山区烟叶外观质量

典型产区	成熟度	颜色	油分	身份	结构	色度
德江	7.80	8.20	7.40	7.90	7.71	7.40
道真	7.00	8.10	7.20	8.20	7.30	7.30
咸丰	7.30	8.00	7.20	7.40	7.80	7.30
利川	7.40	8.20	7.50	7.80	7.60	7.50
桑植	8.00	8.20	7.40	7.60	8.30	7.60
凤凰	7.10	7.70	7.50	7.50	7.30	6.80
彭水	7.84	7.92	5.62	8.12	8.18	5.36
武隆	7.10	7.90	6.90	7.50	7.50	7.00

表 3-1-2　武陵山区烟叶外观质量统计

指标	最小值	最大值	平均值	标准差	变异系数/%
成熟度	5.50	8.50	7.44	0.66	8.90
颜色	7.00	9.00	8.03	0.46	5.75
油分	5.20	8.50	7.09	0.72	10.18
身份	7.00	8.50	7.75	0.41	5.31
结构	6.00	8.50	7.71	0.57	7.40
色度	5.00	8.50	7.03	0.84	11.91

二、黔中山区烟叶外观质量

黔中山区烤烟种植区选择播州、贵定、黔西、开阳、西秀、余庆、凯里 7 个烤烟典型产区的代表性片区烟叶进行外观质量分析(表 3-1-3)。该区域烟叶外观质量鉴定结果表明，烟叶成熟度得分范围为 5.00~8.00，平均得分为 7.42，变异系数为 9.51%；颜色得分范围为 7.00~8.50，平均得分为 7.93，变异系数为 5.47%；油分得分范围为 5.50~8.00，平均值为 7.01，变异系数为 9.87%；身份得分范围为 7.00~9.00，平均值为 8.22，变异系数为 5.86%；结构得分范围为 6.00~8.50，平均值为 7.57，变异系数为 8.22%；色度得分范围为 5.00~8.00，平均值为 6.81，变异系数为 12.29%(表 3-1-4)。

表 3-1-3　黔中山区烟叶外观质量

典型产区	成熟度	颜色	油分	身份	结构	色度
播州	7.74	8.02	6.28	8.52	8.28	5.42
贵定	7.50	7.90	7.30	7.70	7.80	7.30
黔西	7.78	8.12	6.30	8.54	7.72	5.92
开阳	6.20	7.50	6.60	7.90	6.70	7.00
西秀	7.80	7.80	7.40	8.30	7.60	7.30
余庆	7.50	8.10	7.70	8.70	7.40	7.50
凯里	7.40	8.10	7.50	7.90	7.50	7.20

表 3-1-4　黔中山区烟叶外观质量统计

指标	最小值	最大值	平均值	标准差	变异系数/%
成熟度	5.00	8.00	7.42	0.71	9.51
颜色	7.00	8.50	7.93	0.43	5.47
油分	5.50	8.00	7.01	0.69	9.87
身份	7.00	9.00	8.22	0.48	5.86
结构	6.00	8.50	7.57	0.62	8.22
色度	5.00	8.00	6.81	0.84	12.29

三、秦巴山区烟叶外观质量

秦巴山区烤烟种植区选择南郑、旬阳、兴山、房县、巫山 5 个典型产区的代表性片区烟叶进行外观质量分析(表 3-1-5)。该区域烟叶外观质量鉴定结果表明,烟叶成熟度得分范围为 6.50~8.50,平均值为 7.70,变异系数为 7.50%;颜色得分范围为 7.50~9.00,平均值为 8.34,变异系数为 6.17%;油分得分范围为 6.50~9.00,平均值为 7.60,变异系数为 8.91%;身份得分范围为 7.00~8.50,平均值为 7.84,变异系数为 7.06%;结构得分范围为 6.50~8.50,平均值为 7.80,变异系数为 6.92%;色度得分范围为 6.50~8.50,平均值为 7.62,变异系数为 6.90%(表 3-1-6)。

表 3-1-5 秦巴山区烟叶外观质量

典型产区	成熟度	颜色	油分	身份	结构	色度
南郑	7.70	8.60	7.90	7.90	7.90	7.80
旬阳	7.80	8.70	7.70	8.00	7.90	7.70
兴山	7.90	8.10	7.50	7.80	7.90	7.60
房县	7.60	8.00	7.40	7.80	7.80	7.50
巫山	7.50	8.30	7.50	7.70	7.50	7.50

表 3-1-6 秦巴山区烟叶外观质量统计

指标	最小值	最大值	平均值	标准差	变异系数/%
成熟度	6.50	8.50	7.70	0.58	7.50
颜色	7.50	9.00	8.34	0.51	6.17
油分	6.50	9.00	7.60	0.68	8.91
身份	7.00	8.50	7.84	0.55	7.06
结构	6.50	8.50	7.80	0.54	6.92
色度	6.50	8.50	7.62	0.53	6.90

四、鲁中山区烟叶外观质量

鲁中山区烤烟种植区选择临朐、蒙阴、费县、诸城 4 个典型产区的代表性片区烟叶进行外观质量分析(表 3-1-7)。该区域烟叶外观质量鉴定结果表明,烟叶成熟度得分范围为 6.00~8.00,平均值为 7.20,变异系数为 7.93%;颜色得分范围为 7.00~9.00,平均值为 7.80,变异系数为 7.02%;油分得分范围为 6.00~8.00,平均值为 6.98,变异系数为 8.85%;身份得分范围为 7.00~8.50,平均值为 8.08,变异系数为 4.61%;结构得分范围为 6.00~8.50,平均值为 7.13,变异系数为 8.48%;色度得分范围为 6.00~8.50,平均值为 7.03,变异系数为 11.19%(表 3-1-8)。

表 3-1-7 鲁中山区烟叶外观质量

典型产区	成熟度	颜色	油分	身份	结构	色度
临朐	6.90	7.90	7.20	8.20	7.00	7.10
蒙阴	7.30	7.40	6.60	8.00	7.30	6.60
费县	6.90	7.40	6.50	8.00	6.70	6.40
诸城	7.70	8.50	7.60	8.10	7.50	8.00

表 3-1-8 鲁中山区烟叶外观质量统计

指标	最小值	最大值	平均值	标准差	变异系数/%
成熟度	6.00	8.00	7.20	0.57	7.93
颜色	7.00	9.00	7.80	0.55	7.02
油分	6.00	8.00	6.98	0.62	8.85
身份	7.00	8.50	8.08	0.37	4.61
结构	6.00	8.50	7.13	0.60	8.48
色度	6.00	8.50	7.03	0.79	11.19

五、东北地区烟叶外观质量

东北地区烤烟种植区选择宽甸、宁安、汪清 3 个典型烤烟产区的代表性片区烟叶进行外观质量分析(表 3-1-9)。该区域烟叶成熟度得分范围为 5.80～8.50,平均值为 7.55,变异系数为 10.37%;颜色得分范围为 7.00～9.50,平均值为 8.31,变异系数为 8.43%;油分得分范围为 5.50～9.00,平均值为 7.49,变异系数为 15.25%;身份得分范围为 5.80～9.00,平均值为 8.01,变异系数为 11.43%;结构得分范围为 5.50～9.00,平均值为 7.60,变异系数为 13.44%;色度得分范围为 4.50～9.00,平均值为 7.13,变异系数为 23.01%(表 3-1-10)。

表 3-1-9 东北地区烟叶外观质量

典型产区	成熟度	颜色	油分	身份	结构	色度
宽甸	8.20	8.70	8.10	8.30	8.40	8.20
宁安	6.76	7.52	6.16	7.22	6.40	5.40
汪清	7.70	8.70	8.20	8.50	8.00	7.80

表 3-1-10 东北地区烟叶外观质量统计

指标	最小值	最大值	平均值	标准差	变异系数/%
成熟度	5.80	8.50	7.55	0.78	10.37
颜色	7.00	9.50	8.31	0.70	8.43
油分	5.50	9.00	7.49	1.14	15.25
身份	5.80	9.00	8.01	0.92	11.43
结构	5.50	9.00	7.60	1.02	13.44
色度	4.50	9.00	7.13	1.64	23.01

六、雪峰山区烟叶外观质量

雪峰山区烤烟种植区选择天柱和靖州 2 个典型产区的代表性片区烟叶进行外观质量分析(表 3-1-11)。该区域烟叶成熟度得分范围为 7.00~8.00,平均值为 7.61,变异系数为 4.78%;颜色得分范围为 7.50~8.50,平均值为 8.00,变异系数为 3.82%;油分得分范围为 5.20~7.50,平均值为 6.19,变异系数为 13.05%;身份得分范围为 7.00~8.50,平均值为 7.81,变异系数为 5.71%;结构得分范围为 7.50~8.40,平均值为 7.90,变异系数为 4.58%;色度得分范围为 5.20~7.50,平均值为 6.01,变异系数为 14.93%(表 3-1-12)。

表 3-1-11　雪峰山区烟叶外观质量

典型产区	成熟度	颜色	油分	身份	结构	色度
天柱	7.40	8.10	6.80	7.70	7.60	6.70
靖州	7.82	7.90	5.58	7.92	8.20	5.32

表 3-1-12　雪峰山区烟叶外观质量统计

指标	最小值	最大值	平均值	标准差	变异系数/%
成熟度	7.00	8.00	7.61	0.36	4.78
颜色	7.50	8.50	8.00	0.31	3.82
油分	5.20	7.50	6.19	0.81	13.05
身份	7.00	8.50	7.81	0.45	5.71
结构	7.50	8.40	7.90	0.36	4.58
色度	5.20	7.50	6.01	0.90	14.93

七、云贵高原烟叶外观质量

云贵高原烤烟种植区选择南涧、江川、盘州、威宁、兴仁 5 个典型产区的代表性片区烟叶进行外观质量分析(表 3-1-13)。该区域烟叶成熟度得分范围为 6.00~9.00,平均值为 7.79,变异系数为 7.15%;颜色得分范围为 7.50~10.00,平均值为 8.47,变异系数为 7.28%;油分得分范围为 6.20~9.00,平均值为 7.65,变异系数为 9.49%;身份得分范围为 7.50~9.00,平均值为 8.23,变异系数为 4.64%;结构得分范围为 6.50~8.50,平均值为 7.81,变异系数为 6.61%;色度得分范围为 5.00~9.00,平均值为 7.60,变异系数为 11.07%(表 3-1-14)。

表 3-1-13　云贵高原烟叶外观质量

典型产区	成熟度	颜色	油分	身份	结构	色度
南涧	7.60	8.60	8.50	8.30	7.70	7.90
江川	8.20	9.20	8.20	8.60	8.10	8.40
盘州	7.50	8.10	7.10	8.10	7.60	7.40
威宁	7.96	8.14	7.14	8.16	8.06	6.80
兴仁	7.70	8.30	7.30	8.00	7.60	7.50

表 3-1-14　云贵高原烟叶外观质量统计

指标	最小值	最大值	平均值	标准差	变异系数/%
成熟度	6.00	9.00	7.79	0.56	7.15
颜色	7.50	10.00	8.47	0.62	7.28
油分	6.20	9.00	7.65	0.73	9.49
身份	7.50	9.00	8.23	0.38	4.64
结构	6.50	8.50	7.81	0.52	6.61
色度	5.00	9.00	7.60	0.84	11.07

八、攀西山区烟叶外观质量

攀西山区烤烟种植区选择会东、米易、仁和、盐边 4 个典型产区的代表性片区烟叶进行外观质量分析（表 3-1-15）。该区域烟叶成熟度得分范围变动较小，平均得分为 8.00，变异系数为 0；颜色得分范围为 8.50～9.00，平均值为 8.92，变异系数为 2.18%；油分得分范围为 6.50～7.50，平均值为 7.08，变异系数为 5.89%；身份得分范围为 8.50～9.00，平均值为 8.96，变异系数为 1.61%；结构得分范围为 8.50～9.00，平均值为 8.96，变异系数为 1.61%；色度得分范围为 6.50～7.50，平均值为 7.04，变异系数为 3.66%（表 3-1-16）。

表 3-1-15　攀西山区烟叶外观质量

典型产区	成熟度	颜色	油分	身份	结构	色度
会东	8.00	8.50	7.00	9.00	9.00	7.00
米易	8.00	8.90	6.90	8.90	9.00	7.00
仁和	8.00	9.00	7.50	9.00	8.83	7.17
盐边	8.00	9.00	7.13	9.00	8.96	7.04

表 3-1-16　攀西山区烟叶外观质量统计

指标	最小值	最大值	平均值	标准差	变异系数/%
成熟度	8.00	8.00	8.00	0	0
颜色	8.50	9.00	8.92	0.19	2.18
油分	6.50	7.50	7.08	0.42	5.89
身份	8.50	9.00	8.96	0.14	1.61
结构	8.50	9.00	8.96	0.14	1.61
色度	6.50	7.50	7.04	0.26	3.66

九、武夷山区烟叶外观质量

武夷山区烤烟种植区选择永定和泰宁 2 个典型产区的代表性片区烟叶进行外观质量分析（表 3-1-17）。该区域烟叶成熟度得分范围为 7.00～8.50，平均值为 8.00，变异系数为 5.10%；颜色得分范围为 7.00～9.50，平均值为 8.75，变异系数为 9.04%；油分得分范围为 7.50～8.50，平均值为 8.20，变异系数为 4.26%；身份得分范围为 7.50～8.50，平均值为 8.10，变异系数为 4.87%；结构得分范围为 7.50～9.00，平均值为 8.40，变异系数为 5.47%；色度得分范围为 7.00～9.00，平均值为 8.10，变异系数为 7.01%（表 3-1-18）。

表 3-1-17　武夷山区烟叶外观质量

典型产区	成熟度	颜色	油分	身份	结构	色度
永定	8.00	8.30	8.00	7.90	8.50	7.90
泰宁	8.00	9.20	8.40	8.30	8.30	8.30

表 3-1-18　武夷山区烟叶外观质量统计

指标	最小值	最大值	平均值	标准差	变异系数/%
成熟度	7.00	8.50	8.00	0.41	5.10
颜色	7.00	9.50	8.75	0.79	9.04
油分	7.50	8.50	8.20	0.35	4.26
身份	7.50	8.50	8.10	0.39	4.87
结构	7.50	9.00	8.40	0.46	5.47
色度	7.00	9.00	8.10	0.57	7.01

十、南岭山区烟叶外观质量

南岭山区烤烟种植区选择桂阳和江华 2 个典型产区的代表性片区烟叶进行外观质量分析（表 3-1-19）。该区域烟叶成熟度得分范围为 6.00～8.00，平均值为 7.25，变异系数为 10.41%；颜色得分范围为 8.00～9.00，平均值为 8.40，变异系数为 3.76%；油分得分范围为 7.50～8.00，平均值为 7.80，变异系数为 3.31%；烟叶身份得分范围为 7.50～9.00，平均值为 8.50，变异系数为 6.20%；结构得分范围为 6.00～8.50，平均值为 7.35，变异系数为 10.17%；色度得分范围为 7.00～8.00，平均值为 7.65，变异系数为 4.41%（表 3-1-20）。

表 3-1-19　南岭山区烟叶外观质量

典型产区	成熟度	颜色	油分	身份	结构	色度
桂阳	7.80	8.60	7.70	8.20	7.90	7.70
江华	6.70	8.20	7.90	8.80	6.80	7.60

表 3-1-20　南岭山区烟叶外观质量统计

指标	最小值	最大值	平均值	标准差	变异系数/%
成熟度	6.00	8.00	7.25	0.75	10.41
颜色	8.00	9.00	8.40	0.32	3.76
油分	7.50	8.00	7.80	0.26	3.31
身份	7.50	9.00	8.50	0.53	6.20
结构	6.00	8.50	7.35	0.75	10.17
色度	7.00	8.00	7.65	0.34	4.41

十一、中原地区烟叶外观质量

中原地区烤烟种植区选择襄城和灵宝2个典型产区的代表性片区烟叶进行外观质量分析（表3-1-21）。该区域烟叶成熟度得分范围为5.50～7.50，平均值为6.80，变异系数为10.51%；颜色得分范围为7.50～8.50，平均值为8.20，变异系数为4.26%；油分得分范围为6.50～8.00，平均值为7.55，变异系数为7.29%；身份得分范围为7.00～9.00，平均值为8.25，变异系数为8.69%；结构得分范围为6.00～7.50，平均值为6.85，变异系数为8.46%；色度得分范围为6.50～8.00，平均值为7.55，变异系数为7.29%（表3-1-22）。

表 3-1-21　中原地区烟叶外观质量

典型产区	成熟度	颜色	油分	身份	结构	色度
襄城	6.70	8.20	7.90	8.80	6.80	7.60
灵宝	6.90	8.20	7.20	7.70	6.90	7.50

表 3-1-22　中原地区烟叶外观质量统计

指标	最小值	最大值	平均值	标准差	变异系数/%
成熟度	5.50	7.50	6.80	0.71	10.51
颜色	7.50	8.50	8.20	0.35	4.26
油分	6.50	8.00	7.55	0.55	7.29
身份	7.00	9.00	8.25	0.72	8.69
结构	6.00	7.50	6.85	0.58	8.46
色度	6.50	8.00	7.55	0.55	7.29

十二、皖南山区烟叶外观质量

皖南山区烤烟种植区选择宣州和泾县2个典型产区的代表性片区烟叶进行外观质量分析（表3-1-23）。该区域烟叶成熟度得分范围为7.00～8.50，平均值为7.75，变异系数为6.77%；颜色得分范围为7.50～9.00，平均值为8.58，变异系数为6.81%；油分得分范围为5.20～8.50，平均值为7.70，变异系数为16.22%；身份得分范围为7.70～8.50，平均值为8.20，变异系数为4.22%；结构得分范围为7.50～8.00，平均值为7.75，变异系数为5.40%；色度得分范围为4.70～8.50，平均值为7.53，变异系数为18.62%（表3-1-24）。

表 3-1-23　皖南山区烟叶外观质量

典型产区	成熟度	颜色	油分	身份	结构	色度
宣州	7.90	8.80	8.20	8.30	7.80	8.10
泾县	7.00	7.50	5.20	7.70	7.50	4.70

表 3-1-24 皖南山区烟叶外观质量统计

指标	最小值	最大值	平均值	标准差	变异系数/%
成熟度	7.00	8.50	7.75	0.52	6.77
颜色	7.50	9.00	8.58	0.58	6.81
油分	5.20	8.50	7.70	1.25	16.22
身份	7.70	8.50	8.20	0.35	4.22
结构	7.50	8.00	7.75	0.42	5.40
色度	4.70	8.50	7.53	1.40	18.62

第二节 优质特色烤烟典型产区烟叶外观质量差异

一、烟叶成熟度差异

烤烟种植区间烟叶成熟度指标比较分析表明，12 个区域烟叶成熟度存在一定的差异。其中，攀西山区和武夷山区烟叶成熟度最高，显著高于武陵山区、黔中山区、鲁中山区、南岭山区、中原地区；鲁中山区和中原地区烟叶成熟度显著低于其他产区（表 3-2-1）。

二、烟叶颜色差异

烤烟种植区间烟叶颜色指标比较分析表明，12 个产区烟叶颜色存在一定的差异。其中，攀西山区和武夷山区烟叶颜色较好，攀西山区显著高于其他产区，武夷山区好于武陵山区、黔中山区、鲁中山区、东北地区、雪峰山区、南岭山区、中原地区；鲁中山区烟叶颜色显著差于其他产区（表 3-2-1）。

三、烟叶油分差异

烤烟种植区间烟叶油分指标比较分析表明，12 个产区烟叶油分存在一定的差异。其中，武夷山区烟叶油分最高，显著好于武陵山区、黔中山区、鲁中山区、东北地区、攀西山区、中原地区；雪峰山区烟叶油分显著低于其他产区，其余产区油分指标差异不显著（表 3-2-1）。

四、烟叶身份差异

烤烟种植区间烟叶身份指标比较分析表明，12 个产区烟叶身份存在一定的差异。其中，攀西山区烟叶身份显著好于其他产区，南岭山区显著好于武陵山区、秦巴山区、东北地区、雪峰山区；武陵山区烟叶身份显著低于其他产区，其余产区烟叶身份指标差异较小（表 3-2-1）。

五、烟叶结构差异

烤烟种植区间烟叶结构指标比较分析表明，12 个产区烟叶结构存在一定的差异。其中，攀西山区烟叶结构显著好于其他产区，武夷山区显著好于除攀西山区之外的其他产区；中原地区烟叶结构数值显著低于其他产区，其余产区烟叶结构指标差异较小（表3-2-1）。

六、烟叶色度差异

烤烟种植区间烟叶色度指标比较分析表明，12个产区烟叶色度存在一定的差异。其中，武夷山区烟叶色度最好，显著高于武陵山区、黔中山区、鲁中山区、东北地区、雪峰山区、攀西山区；雪峰山区烟叶色度显著低于其他产区，其余产区烟叶色度指标差异较小（表3-2-1）。

表 3-2-1　烤烟种植区烟叶外观质量差异

生态区域	成熟度	颜色	油分	身份	结构	色度
武陵山区	7.44±0.66bc	8.03±0.46defg	7.09±0.72cd	7.75±0.41d	7.71±0.57cd	7.03±0.84bc
黔中山区	7.42±0.71bc	7.93±0.43fg	7.01±0.69d	8.22±0.48bc	7.57±0.62cde	6.81±0.84c
秦巴山区	7.70±0.58abc	8.34±0.51bcdef	7.60±0.68abcd	7.84±0.55cd	7.80±0.54cd	7.62±0.53ab
鲁中山区	7.20±0.57cd	7.80±0.55g	6.98±0.62d	8.08±0.37bcd	7.13±0.60ef	7.03±0.79bc
东北地区	7.55±0.78abc	8.31±0.70cdef	7.49±1.14bcd	8.01±0.92bcd	7.60±1.02cde	7.13±1.64bc
雪峰山区	7.61±0.36abc	8.00±0.31efg	6.19±0.81e	7.81±0.45cd	7.90±0.36c	6.01±0.90d
云贵高原	7.79±0.56ab	8.47±0.62bcd	7.65±0.73abc	8.23±0.38bc	7.81±0.52cd	7.60±0.84ab
攀西山区	8.00±0a	8.92±0.19a	7.08±0.42cd	8.96±0.14a	8.96±0.14a	7.04±0.26bc
武夷山区	8.00±0.41a	8.75±0.79ab	8.20±0.35a	8.10±0.39bcd	8.40±0.46b	8.10±0.57a
南岭山区	7.25±0.75bcd	8.40±0.32bcde	7.80±0.26ab	8.50±0.53b	7.35±0.75de	7.65±0.34ab
中原地区	6.80±0.71d	8.20±0.35cdefg	7.55±0.55bcd	8.25±0.72bc	6.85±0.58f	7.55±0.55abc
皖南山区	7.75±0.52ab	8.58±0.58abc	7.70±1.25abc	8.20±0.35bc	7.75±0.42cd	7.53±1.40abc

注：每列中不同小写字母者表示种植区间差异有统计学意义（$P \leq 0.05$）。

第三节　优质特色烤烟典型产区烟叶物理指标

一、武陵山区烟叶物理指标

武陵山区烟叶物理指标中的单叶重范围为7.35~13.06 g，平均值为9.79 g，变异系数为13.52%；叶片密度范围为50.84~72.70 g/m²，平均值为63.19 g/m²，变异系数为9.48%；含梗率范围为28.90%~37.51%，平均值为32.72%，变异系数为6.05%；平衡含水率范围为12.18%~16.98%，平均值为14.48%，变异系数为8.64%；叶长范围为56.27~70.50 cm，平均值为63.74 cm，变异系数为6.16%；叶宽范围为16.74~26.12 cm，平均值为21.86 cm，变异系数为10.45%；叶片厚度范围为77.93~147.57 μm，平均值为106.30 μm，变异系数为16.03%；填充值范围为2.72~3.68 cm³/g，平均值为3.08 cm³/g，变异系数为8.12%（表3-3-1和表3-3-2）。

表 3-3-1   武陵山区烟叶物理指标

典型产区	单叶重/g	叶片密度/(g/m²)	含梗率/%	平衡含水率/%	叶长/cm	叶宽/cm	叶片厚度/μm	填充值/(cm³/g)
德江	9.77	60.69	34.18	14.67	63.13	22.19	95.07	2.90
道真	9.28	66.74	33.23	13.62	61.06	19.52	112.45	3.22
咸丰	9.58	69.27	32.00	15.26	64.34	20.95	105.77	3.17
利川	9.54	68.18	31.60	15.99	64.34	19.97	106.79	3.10
桑植	9.89	56.95	34.65	15.08	62.83	23.20	96.50	3.02
凤凰	10.85	58.11	31.74	13.86	67.87	24.85	88.46	3.09
彭水	10.55	62.75	31.70	13.09	65.94	22.62	138.01	3.01
武隆	8.86	62.79	32.67	14.25	60.37	21.55	107.33	3.16

表 3-3-2   武陵山区烟叶物理指标统计

指标	最小值	最大值	平均值	标准差	变异系数/%
单叶重/g	7.35	13.06	9.79	1.32	13.52
叶片密度/(g/m²)	50.84	72.70	63.19	5.99	9.48
含梗率/%	28.90	37.51	32.72	1.98	6.05
平衡含水率/%	12.18	16.98	14.48	1.25	8.64
叶长/cm	56.27	70.50	63.74	3.92	6.16
叶宽/cm	16.74	26.12	21.86	2.28	10.45
叶片厚度/μm	77.93	147.57	106.30	17.03	16.03
填充值/(cm³/g)	2.72	3.68	3.08	0.25	8.12

二、黔中山区烟叶物理指标

黔中山区烟叶物理指标中的单叶重范围为 7.96~14.47 g，平均值为 11.30 g，变异系数为 14.56%；叶片密度范围为 54.17~66.69 g/m²，平均值为 60.77 g/m²，变异系数为 5.66%；含梗率范围为 28.16%~51.64%，平均值为 34.17%，变异系数为 13.45%；平衡含水率范围为 12.30%~16.42%，平均值为 14.03%，变异系数为 6.88%；叶长范围为 52.55~74.00 cm，平均值为 62.77 cm，变异系数为 8.04%；叶宽范围为 17.90~27.25 cm，平均值为 22.65 cm，变异系数为 9.61%；叶片厚度范围为 88.80~174.70 μm，平均值为 119.29 μm，变异系数为 16.57%；填充值范围为 2.72~3.78 cm³/g，平均值为 3.13 cm³/g，变异系数为 7.67%（表 3-3-3 和表 3-3-4）。

表 3-3-3   黔中山区烟叶物理指标

典型产区	单叶重/g	叶片密度/(g/m²)	含梗率/%	平衡含水率/%	叶长/cm	叶宽/cm	叶片厚度/μm	填充值/(cm³/g)
播州	12.19	62.16	37.72	13.73	63.96	22.80	124.41	3.19
贵定	10.26	60.42	32.22	14.06	59.12	23.92	104.23	3.17

续表

典型产区	单叶重/g	叶片密度/(g/m²)	含梗率/%	平衡含水率/%	叶长/cm	叶宽/cm	叶片厚度/μm	填充值/(cm³/g)
黔西	12.18	61.43	33.04	13.76	70.24	20.48	154.36	3.34
开阳	12.48	58.02	39.75	14.19	65.20	23.60	106.29	3.10
西秀	11.13	60.72	30.50	14.78	60.62	22.84	119.00	3.04
余庆	11.28	59.91	33.82	13.31	62.47	23.66	110.76	3.08
凯里	9.59	62.76	32.11	14.39	57.79	21.23	116.01	3.01

表 3-3-4　黔中山区烟叶物理指标统计

指标	最小值	最大值	平均值	标准差	变异系数/%
单叶重/g	7.96	14.47	11.30	1.65	14.56
叶片密度/(g/m²)	54.17	66.69	60.77	3.44	5.66
含梗率/%	28.16	51.64	34.17	4.59	13.45
平衡含水率/%	12.30	16.42	14.03	0.97	6.88
叶长/cm	52.55	74.00	62.77	5.04	8.04
叶宽/cm	17.90	27.25	22.65	2.18	9.61
叶片厚度/μm	88.80	174.70	119.29	19.77	16.57
填充值/(cm³/g)	2.72	3.78	3.13	0.24	7.67

三、秦巴山区烟叶物理指标

秦巴山区烟叶物理指标中的单叶重范围为 7.25～16.03 g，平均值为 10.98 g，变异系数为 18.33%；烟叶叶片密度范围为 55.64～66.02 g/m²，平均值为 61.46 g/m²，变异系数为 4.96%；含梗率范围为 27.78%～34.92%，平均值为 31.79%，变异系数为 6.32%；平衡含水率范围为 12.96%～17.02%，平均值为 15.25%，变异系数为 8.59%；叶长范围为 56.50～73.33 cm，平均值为 64.24 cm，变异系数为 6.86%；叶宽范围为 17.75～27.85 cm，平均值为 23.19 cm，变异系数为 10.20%；叶片厚度范围为 95.40～137.90 μm，平均值为 112.90 μm，变异系数为 10.21%；填充值范围为 2.78～3.61 cm³/g，平均值为 3.15 cm³/g，变异系数为 6.97%（表 3-3-5 和表 3-3-6）。

表 3-3-5　秦巴山区烟叶物理指标

典型产区	单叶重/g	叶片密度/(g/m²)	含梗率/%	平衡含水率/%	叶长/cm	叶宽/cm	叶片厚度/μm	填充值/(cm³/g)
播州	11.23	63.88	32.23	14.90	66.43	24.71	110.01	3.18
贵定	11.25	60.76	31.95	14.83	61.57	25.32	106.48	3.18
黔西	10.46	59.16	32.62	15.91	65.26	23.29	121.43	3.24
余庆	10.90	60.47	31.82	16.12	63.47	21.57	109.59	3.18
凯里	11.08	63.02	30.35	14.51	64.50	21.05	116.99	2.99

表 3-3-6　秦巴山烟叶物理指标统计

指标	最小值	最大值	平均值	标准差	变异系数/%
单叶重/g	7.25	16.03	10.98	2.01	18.33
叶片密度/(g/m²)	55.64	66.02	61.46	3.05	4.96
含梗率/%	27.78	34.92	31.79	2.01	6.32
平衡含水率/%	12.96	17.02	15.25	1.31	8.59
叶长/cm	56.50	73.33	64.24	4.41	6.86
叶宽/cm	17.75	27.85	23.19	2.37	10.20
叶片厚度/μm	95.40	137.90	112.90	11.52	10.21
填充值/(cm³/g)	2.78	3.61	3.15	0.22	6.97

四、鲁中山区烟叶物理指标

鲁中山区烟叶物理指标中的单叶重范围为 8.34～14.58 g，平均值为 10.64 g，变异系数为 15.01%；烟叶叶片密度范围为 56.26～69.71 g/m²，平均值为 62.20 g/m²，变异系数为 4.83%；含梗率范围为 25.86%～35.02%，平均值为 29.78%，变异系数为 8.67%；平衡含水率范围为 13.23%～17.17%，平均值为 14.67%，变异系数为 7.35%；叶长范围为 51.94～66.85 cm，平均值为 57.45 cm，变异系数为 7.36%；叶宽范围为 20.45～26.68 cm，平均值为 23.78 cm，变异系数为 6.28%；叶片厚度范围为 91.10～173.17 μm，平均值为 123.54 μm，变异系数为 12.44%；填充值范围为 2.64～3.51 cm³/g，平均值为 3.12 cm³/g，变异系数为 7.49%（表 3-3-7 和表 3-3-8）。

表 3-3-7　鲁中山区烟叶物理指标

典型产区	单叶重/g	叶片密度/(g/m²)	含梗率/%	平衡含水率/%	叶长/cm	叶宽/cm	叶片厚度/μm	填充值/(cm³/g)
临朐	10.88	61.50	31.12	14.92	60.11	24.21	113.19	3.32
蒙阴	9.67	63.16	28.39	14.64	53.73	24.00	126.08	2.94
费县	10.47	51.81	29.90	14.86	55.75	23.86	125.97	3.20
诸城	11.53	61.53	29.70	14.25	60.19	23.07	128.93	3.04

表 3-3-8　鲁中山区烟叶物理指标统计

指标	最小值	最大值	平均值	标准差	变异系数/%
单叶重/g	8.34	14.58	10.64	1.60	15.01
叶片密度/(g/m²)	56.26	69.71	62.20	3.01	4.83
含梗率/%	25.86	35.02	29.78	2.58	8.67
平衡含水率/%	13.23	17.17	14.67	1.08	7.35
叶长/cm	51.94	66.85	57.45	4.23	7.36
叶宽/cm	20.45	26.68	23.78	1.49	6.28
叶片厚度/μm	91.10	173.17	123.54	15.37	12.44
填充值/(cm³/g)	2.64	3.51	3.12	0.24	7.49

五、东北地区烟叶物理指标

东北地区烟叶物理指标中的单叶重范围为 10.50～19.95 g，平均值为 14.46 g，变异系数为 17.23%；叶片密度范围为 58.66～76.66 g/m²，平均值为 67.14 g/m²，变异系数为 7.50%；含梗率范围为 23.00%～29.73%，平均值为 27.37%，变异系数为 7.69%；平衡含水率范围为 12.54%～16.71%，平均值为 14.39%，变异系数为 7.06%；叶长范围为 60.30～69.80 cm，平均值为 63.79 cm，变异系数为 4.08%；叶宽范围为 20.45～28.48 cm，平均值为 25.14 cm，变异系数为 10.17%；叶片厚度范围为 110.17～191.93 μm，平均值为 145.94 μm，变异系数为 19.12%；填充值范围为 2.71～3.16 cm³/g，平均值为 2.93 cm³/g，变异系数为 4.39%（表 3-3-9 和表 3-3-10）。

表 3-3-9 东北地区烟叶物理指标

典型产区	单叶重/g	叶片密度/(g/m²)	含梗率/%	平衡含水率/%	叶长/cm	叶宽/cm	叶片厚度/μm	填充值/(cm³/g)
宽甸	13.48	66.38	27.31	15.33	64.49	25.94	120.83	2.88
宁安	16.29	66.34	25.69	13.63	64.53	22.57	176.87	2.93
汪清	13.61	68.69	29.10	14.23	61.99	27.34	138.67	2.98

表 3-3-10 东北地区烟叶物理指标统计

指标	最小值	最大值	平均值	标准差	变异系数/%
单叶重/g	10.50	19.95	14.46	2.49	17.23
叶片密度/(g/m²)	58.66	76.66	67.14	5.04	7.50
含梗率/%	23.00	29.73	27.37	2.10	7.69
平衡含水率/%	12.54	16.71	14.39	1.02	7.06
叶长/cm	60.30	69.80	63.79	2.60	4.08
叶宽/cm	20.45	28.48	25.14	2.56	10.17
叶片厚度/μm	110.17	191.93	145.94	27.90	19.12
填充值/(cm³/g)	2.71	3.16	2.93	0.12	4.39

六、雪峰山区烟叶物理指标

雪峰山区烟叶物理指标中的单叶重范围为 8.14～11.08 g，平均值为 9.99 g，变异系数为 10.22%；叶片密度范围为 49.96～66.73 g/m²，平均值为 60.03 g/m²，变异系数为 8.92%；含梗率范围为 29.59%～41.32%，平均值为 34.91%，变异系数为 9.95%；平衡含水率范围为 12.54%～15.97%，平均值为 13.71%，变异系数为 8.36%；叶长范围为 56.60～75.30 cm，平均值为 64.06 cm，变异系数为 8.29%；叶宽范围为 18.60～25.60 cm，平均值为 22.67 cm，变异系数为 11.31%；叶片厚度范围为 96.17～153.03 μm，平均值为 115.97 μm，变异系数为 18.22%；填充值范围为 2.70～3.65 cm³/g，平均值为 3.16 cm³/g，变异系数为 8.55%（表 3-3-11 和表 3-3-12）。

表 3-3-11　雪峰山区烟叶物理指标

典型产区	单叶重/g	叶片密度/(g/m²)	含梗率/%	平衡含水率/%	叶长/cm	叶宽/cm	叶片厚度/μm	填充值/(cm³/g)
天柱	10.26	60.10	32.19	13.41	60.33	22.60	104.98	3.10
靖州	9.71	59.96	37.62	14.02	67.80	22.74	126.97	3.23

表 3-3-12　雪峰山区烟叶物理指标统计

指标	最小值	最大值	平均值	标准差	变异系数/%
单叶重/g	8.14	11.08	9.99	1.02	10.22
叶片密度/(g/m²)	49.96	66.73	60.03	5.35	8.92
含梗率/%	29.59	41.32	34.91	3.47	9.95
平衡含水率/%	12.54	15.97	13.71	1.15	8.36
叶长/cm	56.60	75.30	64.06	5.31	8.29
叶宽/cm	18.60	25.60	22.67	2.56	11.31
叶片厚度/μm	96.17	153.03	115.97	21.13	18.22
填充值/(cm³/g)	2.70	3.65	3.16	0.26	8.55

七、云贵高原烟叶物理指标

云贵高原烟叶物理指标中的单叶重范围为 8.61～14.28 g，平均值为 10.95 g，变异系数为 14.76%；叶片密度范围为 61.01～79.60 g/m²，平均值为 70.64 g/m²，变异系数为 6.82%；含梗率范围为 28.07%～35.19%，平均值为 31.14%，变异系数为 5.43%；平衡含水率范围为 13.73%～17.26%，平均值为 15.17%，变异系数为 6.89%；叶长范围为 53.73～69.98 cm，平均值为 61.51 cm，变异系数为 6.60%；叶宽范围为 19.10～27.70 cm，平均值为 21.98 cm，变异系数为 9.10%；叶片厚度范围为 101.30～153.40 μm，平均值为 119.78 μm，变异系数为 12.26%；填充值范围为 2.59～3.53 cm³/g，平均值为 2.98 cm³/g，变异系数为 7.74%（表 3-3-13 和表 3-3-14）。

表 3-3-13　云贵高原烟叶物理指标

典型产区	单叶重/g	叶片密度/(g/m²)	含梗率/%	平衡含水率/%	叶长/cm	叶宽/cm	叶片厚度/μm	填充值/(cm³/g)
南涧	12.68	74.02	30.36	15.68	66.44	23.11	109.38	2.96
江川	11.45	68.28	29.43	14.62	61.93	21.32	116.19	2.86
盘州	9.79	71.67	31.64	15.16	60.33	21.82	113.99	3.07
威宁	11.44	66.50	32.64	14.35	62.20	22.07	143.41	2.92
兴仁	9.40	72.73	31.60	15.93	56.65	21.57	115.94	3.10

表 3-3-14　云贵高原烟叶物理指标统计

指标	最小值	最大值	平均值	标准差	变异系数/%
单叶重/g	8.61	14.28	10.95	1.62	14.76
叶片密度/(g/m²)	61.01	79.60	70.64	4.81	6.82
含梗率/%	28.07	35.19	31.14	1.69	5.43
平衡含水率/%	13.73	17.26	15.17	1.04	6.89
叶长/cm	53.73	69.98	61.51	4.06	6.60
叶宽/cm	19.10	27.70	21.98	2.00	9.10
叶片厚度/μm	101.30	153.40	119.78	14.69	12.26
填充值/(cm³/g)	2.59	3.53	2.98	0.23	7.74

八、攀西山区烟叶物理指标

攀西山区烟叶物理指标中的单叶重范围为 9.80～13.15 g，平均值为 11.11 g，变异系数为 8.78%；叶片密度范围为 69.67～73.69 g/m²，平均值为 70.96 g/m²，变异系数为 1.60%；含梗率范围为 28.67%～39.82%，平均值为 33.81%，变异系数为 9.62%；平衡含水率范围为 13.86%～15.67%，平均值为 14.38%，变异系数为 3.57%；叶长范围为 59.67～65.33 cm，平均值为 62.64 cm，变异系数为 3.11%；叶宽范围为 16.67～22.67 cm，平均值为 19.72 cm，变异系数为 11.07%；叶片厚度范围为 116.52～135.72 μm，平均值为 126.14 μm，变异系数为 4.64%；填充值范围为 2.65～3.15 cm³/g，平均值为 2.83 cm³/g，变异系数为 5.19%（表 3-3-15 和表 3-3-16）。

表 3-3-15　攀西山区烟叶物理指标

典型产区	单叶重/g	叶片密度/(g/m²)	含梗率/%	平衡含水率/%	叶长/cm	叶宽/cm	叶片厚度/μm	填充值/(cm³/g)
会东	10.64	71.52	33.06	13.92	62.00	20.83	116.52	2.65
米易	11.43	70.26	31.96	14.29	62.77	20.97	127.55	2.88
仁和	11.63	72.32	36.67	14.20	63.00	18.78	124.30	2.89
盐边	10.58	71.01	34.87	14.71	62.46	18.36	127.72	2.79

表 3-3-16　攀西山区烟叶物理指标统计

指标	最小值	最大值	平均值	标准差	变异系数/%
单叶重/g	9.80	13.15	11.11	0.98	8.78
叶片密度/(g/m²)	69.67	73.69	70.96	1.13	1.60
含梗率/%	28.67	39.82	33.81	3.25	9.62
平衡含水率/%	13.86	15.67	14.38	0.51	3.57
叶长/cm	59.67	65.33	62.64	1.95	3.11
叶宽/cm	16.67	22.67	19.72	2.18	11.07
叶片厚度/μm	116.52	135.72	126.14	5.86	4.64
填充值/(cm³/g)	2.65	3.15	2.83	0.15	5.19

九、武夷山区烟叶物理指标

武夷山区烟叶物理指标中的单叶重范围为 7.67～11.66 g，平均值为 9.49 g，变异系数为 13.69%；叶片密度范围为 51.68～72.70 g/m²，平均值为 59.37 g/m²，变异系数为 12.45%；含梗率范围为 28.78%～37.17%，平均值为 31.40%，变异系数为 8.60%；平衡含水率范围为 13.22%～17.68%，平均值为 14.62%，变异系数为 9.31%；叶长范围为 55.60～67.90 cm，平均值为 61.88 cm，变异系数为 6.12%；叶宽范围为 19.26～26.90 cm，平均值为 23.07 cm，变异系数为 12.09%；叶片厚度范围为 80.60～110.63 μm，平均值为 93.66 μm，变异系数为 12.13%；填充值范围为 2.64～3.32 cm³/g，平均值为 3.03 cm³/g，变异系数为 7.25%（表 3-3-17 和表 3-3-18）。

表 3-3-17　武夷山区烟叶物理指标

典型产区	单叶重/g	叶片密度/(g/m²)	含梗率/%	平衡含水率/%	叶长/cm	叶宽/cm	叶片厚度/μm	填充值/(cm³/g)
永定	8.92	63.71	32.43	15.19	60.98	21.06	99.73	3.06
泰宁	10.06	55.04	30.37	14.06	62.79	25.07	87.60	2.99

表 3-3-18　武夷山区烟叶物理指标统计

指标	最小值	最大值	平均值	标准差	变异系数/%
单叶重/g	7.67	11.66	9.49	1.30	13.69
叶片密度/(g/m²)	51.68	72.70	59.37	7.39	12.45
含梗率/%	28.78	37.17	31.40	2.70	8.60
平衡含水率/%	13.22	17.68	14.62	1.36	9.31
叶长/cm	55.60	67.90	61.88	3.78	6.12
叶宽/cm	19.26	26.90	23.07	2.79	12.09
叶片厚度/μm	80.60	110.63	93.66	11.36	12.13
填充值/(cm³/g)	2.64	3.32	3.03	0.22	7.25

十、南岭山区烟叶物理指标

南岭山区烟叶物理指标中的单叶重范围为 9.91～13.47 g，平均值为 11.75 g，变异系数为 9.94%；叶片密度范围为 53.16～67.68 g/m²，平均值为 62.18 g/m²，变异系数为 7.65%；含梗率范围为 29.13%～34.16%，平均值为 32.23%，变异系数为 5.72%；平衡含水率范围为 12.76%～15.91%，平均值为 13.86%，变异系数为 7.76%；叶长范围为 56.34～68.20 cm，平均值为 62.03 cm，变异系数为 6.69%；叶宽范围为 22.40～25.33 cm，平均值为 23.65 cm，变异系数为 3.90%；叶片厚度范围为 76.84～129.57 μm，平均值 100.11 μm，变异系数为 15.72%；填充值范围为 2.83～3.64 cm³/g，平均值为 3.19 cm³/g，变异系数为 7.82%（表 3-3-19 和表 3-3-20）。

表 3-3-19　南岭山区烟叶物理指标

典型产区	单叶重/g	叶片密度/(g/m²)	含梗率/%	平衡含水率/%	叶长/cm	叶宽/cm	叶片厚度/μm	填充值/(cm³/g)
桂阳	11.32	60.97	32.49	14.00	65.54	22.96	108.38	3.26
江华	12.17	63.39	31.97	13.73	58.52	24.34	91.85	3.13

表 3-3-20　南岭山区烟叶物理指标统计

指标	最小值	最大值	平均值	标准差	变异系数/%
单叶重/g	9.91	13.47	11.75	1.17	9.94
叶片密度/(g/m²)	53.16	67.68	62.18	4.76	7.65
含梗率/%	29.13	34.16	32.23	1.84	5.72
平衡含水率/%	12.76	15.91	13.86	1.08	7.76
叶长/cm	56.34	68.20	62.03	4.15	6.69
叶宽/cm	22.40	25.33	23.65	0.92	3.90
叶片厚度/μm	76.84	129.57	100.11	15.74	15.72
填充值/(cm³/g)	2.83	3.64	3.19	0.25	7.82

十一、中原地区烟叶物理指标

中原地区烟叶物理指标中的单叶重范围为 7.83～14.42 g，平均值为 11.31 g，变异系数为 17.52%；叶片密度范围为 64.36～75.81 g/m²，平均值为 70.63 g/m²，变异系数为 4.61%；含梗率范围为 23.45%～32.24%，平均值为 27.80%，变异系数为 9.51%；平衡含水率范围为 13.28%～16.94%，平均值为 14.55%，变异系数为 9.09%；叶长范围为 49.37～64.05 cm，平均值为 57.12 cm，变异系数为 7.42%；叶宽范围为 19.27～27.20 cm，平均值为 23.21 cm，变异系数为 11.86%；叶片厚度范围为 103.40～145.23 μm，平均值为 129.06 μm，变异系数为 11.61%；填充值范围为 2.70～3.37 cm³/g，平均值为 3.03 cm³/g，变异系数为 7.28%（表 3-3-21 和表 3-3-22）。

表 3-3-21　中原地区烟叶物理指标

典型产区	单叶重/g	叶片密度/(g/m²)	含梗率/%	平衡含水率/%	叶长/cm	叶宽/cm	叶片厚度/μm	填充值/(cm³/g)
襄城	12.38	68.77	25.91	14.64	54.74	25.20	135.65	2.97
灵宝	10.24	72.49	29.69	14.46	59.50	21.21	122.47	3.09

表 3-3-22　中原地区烟叶物理指标统计

指标	最小值	最大值	平均值	标准差	变异系数/%
单叶重/g	7.83	14.42	11.31	1.98	17.52
叶片密度/(g/m²)	64.36	75.81	70.63	3.25	4.61
含梗率/%	23.45	32.24	27.80	2.64	9.51

续表

指标	最小值	最大值	平均值	标准差	变异系数/%
平衡含水率/%	13.28	16.94	14.55	1.32	9.09
叶长/cm	49.37	64.05	57.12	4.24	7.42
叶宽/cm	19.27	27.20	23.21	2.75	11.86
叶片厚度/μm	103.40	145.23	129.06	14.99	11.61
填充值/(cm³/g)	2.70	3.37	3.03	0.22	7.28

十二、皖南山区烟叶物理指标

皖南山区烟叶物理指标中的单叶重范围为 8.93～12.52 g，平均值为 10.59 g，变异系数为 11.68%；叶片密度范围为 46.19～68.52 g/m²，平均值为 61.33 g/m²，变异系数为 13.52%；含梗率范围为 28.20%～38.70%，平均值为 31.40%，变异系数为 12.08%；平衡含水率范围为 12.21%～13.62%，平均值为 13.12%，变异系数为 3.82%；叶长范围为 61.90～68.20 cm，平均值为 65.15 cm，变异系数为 3.96%；叶宽范围为 20.60～28.00 cm，平均值为 23.92 cm，变异系数为 12.25%；叶片厚度范围为 99.87～144.20 μm，平均值为 114.11 μm，变异系数为 13.94%；填充值范围为 3.13～3.86 cm³/g，平均值为 3.44 cm³/g，变异系数为 7.38%（表 3-3-23 和表 3-3-24）。

表 3-3-23　皖南山区烟叶物理指标

典型产区	单叶重/g	叶片密度/(g/m²)	含梗率/%	平衡含水率/%	叶长/cm	叶宽/cm	叶片厚度/μm	填充值/(cm³/g)
宣州	10.92	64.36	29.94	13.30	65.22	24.54	108.09	3.35
泾县	8.93	46.19	38.70	12.21	64.80	20.80	144.20	3.86

表 3-3-24　皖南山区烟叶物理指标统计

指标	最小值	最大值	平均值	标准差	变异系数/%
单叶重/g	8.93	12.52	10.59	1.24	11.68
叶片密度/(g/m²)	46.19	68.52	61.33	8.29	13.52
含梗率/%	28.20	38.70	31.40	3.79	12.08
平衡含水率/%	12.21	13.62	13.12	0.50	3.82
叶长/cm	61.90	68.20	65.15	2.58	3.96
叶宽/cm	20.60	28.00	23.92	2.93	12.25
叶片厚度/μm	99.87	144.20	114.11	15.90	13.94
填充值/(cm³/g)	3.13	3.86	3.44	0.25	7.38

第四节　优质特色烤烟典型产区烟叶物理指标差异

一、烟叶单叶重差异

烤烟种植区间烟叶单叶重比较分析结果表明，12 个区域烟叶单叶重存在一定的差异。其中，东北地区烟叶单叶重显著大于其他产区，南岭山区又显著高于武陵山区、雪峰山区、武夷山区；武夷山区烟叶单叶重显著小于其他区域，其余区域烟叶单叶重指标差异较小（表 3-4-1）。

二、烟叶叶片密度差异

烤烟种植区间烟叶叶片密度比较分析结果表明，12 个区域烟叶叶片密度存在一定的差异。其中，攀西山区、中原地区和云贵高原烟叶叶片密度显著高于除东北地区外的其他区域，东北地区显著高于黔中山区、秦巴山区、鲁中山区、雪峰山区、武夷山区、南岭山区和皖南山区；其余区域之间烟叶叶片密度差异较小（表 3-4-1）。

三、烟叶含梗率差异

烤烟种植区间烟叶含梗率比较分析结果表明，12 个区域烟叶含梗率存在一定的差异。其中，雪峰山区烟叶含梗率较高，显著高于秦巴山区、鲁中山区、东北地区、云贵高原、武夷山区、南岭山区、中原地区、皖南山区；东北地区烟叶含梗率显著低于其他区域，其余区域间烟叶含梗率差异不显著（表 3-4-1）。

四、叶片平衡含水率差异

烤烟种植区间烟叶叶片含水率比较分析结果表明，12 个区域烟叶叶片平衡含水率存在一定的差异。其中，秦巴山区和云贵高原的烟叶平衡含水率较高，秦巴山区显著高于黔中山区、雪峰山区、南岭山区、皖南山区；皖南山区烟叶叶片平衡含水率显著低于武陵山区、秦巴山区、鲁中山区、东北地区、云贵高原、攀西山区、武夷山区和中原地区；其余区域烟叶平衡含水率差异较小（表 3-4-1）。

五、叶片长度差异

烤烟种植区间烟叶叶片长度比较分析结果表明，12 个区域烟叶叶片长度差异较小。其中，鲁中山区和中原地区烟叶叶片长度显著小于其他区域，其余区域之间烟叶叶片长度差异不显著（表 3-4-1）。

六、叶片宽度差异

烤烟种植区间烟叶叶片宽度比较分析结果表明，12 个区域烟叶叶片宽度存在一定的差异。其中，东北地区烟叶叶片宽度大于其他区域，其余区域间烟叶叶片宽度差异较小（表 3-4-1）。

七、叶片厚度差异

烤烟种植区间烟叶叶片厚度比较分析结果表明，12 个区域烟叶叶片厚度存在一定的差异。其中，东北地区烟叶叶片厚度显著大于其他区域，武夷山区烟叶叶片厚度显著小于其他区域，其余区域烟叶叶片厚度差异不显著(表 3-4-1)。

八、烟叶填充值差异

烤烟种植区间烟叶填充值比较分析结果表明，12 个区域烟叶填充值存在一定的差异。其中，皖南山区烟叶填充值显著高于其他区域，攀西山区烟叶填充值显著低于其他区域，其余区域烟叶填充值差异不显著(表 3-4-1)。

表 3-4-1　烤烟种植区烟叶物理指标差异

生态区域	单叶重/g	叶片密度/(g/m²)	含梗率/%	平衡含水率/%	叶长/cm	叶宽/cm	叶片厚度/μm	填充值/(cm³/g)
武陵山区	9.79±1.32de	63.19±5.99bc	32.72±1.98abcd	14.48±1.25ab	63.74±3.92a	21.86±2.28c	106.30±17.03def	3.08±0.21bcd
黔中山区	11.3±1.65bc	60.77±3.44c	34.17±4.59ab	14.03±0.97bc	62.77±5.04a	22.65±2.18bc	119.29±19.77bcd	3.13±0.24bc
秦巴山区	10.98±2.01bcd	61.46±3.05c	31.79±2.01bcde	15.25±1.31a	64.24±4.41a	23.19±2.37bc	112.90±11.52cde	3.15±0.22bc
鲁中山区	10.64±1.60bcde	62.2±3.01c	29.78±2.58ef	14.67±1.08ab	57.45±4.23b	23.78±1.49abc	123.54±15.37bc	3.12±0.23bc
东北地区	14.46±2.49a	67.14±5.04ab	27.37±2.10g	14.39±1.02ab	63.79±2.60a	25.14±2.56a	145.94±27.90a	2.93±0.12de
雪峰山区	9.99±1.02cde	60.03±5.35c	34.91±3.47a	13.71±1.15bc	64.06±5.31a	22.67±2.56bc	115.97±21.13bcd	3.16±0.27bc
云贵高原	9.99±1.62bcd	70.64±4.81a	34.91±1.69de	15.17±1.04a	64.06±4.06a	22.67±2.00bc	115.97±14.69bcd	2.98±0.23cde
攀西山区	11.11±0.98bcd	70.96±1.13a	33.81±3.25abc	14.38±0.51ab	62.64±1.95a	19.72±2.18d	126.14±5.86bc	2.83±0.15e
武夷山区	9.49±1.30e	59.37±7.39c	31.4±2.70de	14.62±1.36ab	61.88±3.78a	23.07±2.79bc	93.66±11.36f	3.03±0.22bcd
南岭山区	11.75±1.17b	62.18±4.76c	32.23±1.84bcde	13.86±1.08bc	62.03±4.15a	23.65±0.92abc	100.11±15.74ef	3.19±0.25b
中原地区	11.31±1.98bc	70.63±3.25a	27.8±2.64fg	14.55±1.32ab	57.12±4.24b	23.21±2.75bc	129.06±14.99b	3.03±0.22bcd
皖南山区	10.59±1.24bcde	61.33±8.29c	31.40±3.79cde	13.12±0.50c	65.15±2.58a	23.92±2.93ab	114.11±15.90cde	3.44±0.25a

注：每列中不同小写字母者表示种植区间差异有统计学意义($P \leqslant 0.05$)。

第四章 优质特色烤烟典型产区烟叶常规化学成分与中微量元素

在我国优质特色烤烟 12 个种植区的典型产区选择的基础上，根据烟叶常规化学成分与中微量元素检测方法，对 12 个烤烟种植区 46 个典型产区的 218 个代表性片区（参见第十~二十一章检测结果表）烟叶样品的常规化学成分与中微量元素指标进行检测，按照区域划分分别进行烟叶常规化学成分与中微量元素指标特征的概括描述，并对区域特征加以比较分析。

第一节 优质特色烤烟典型产区烟叶常规化学成分特征

一、武陵山区烟叶常规化学成分

武陵山区烤烟种植区典型产区代表性片区烟叶常规化学成分分析结果表明，该区域烟叶总糖含量范围为 19.73%~37.01%，平均值为 28.91%，变异系数为 14.81%；还原糖含量范围为 15.60%~33.43%，平均值为 25.13%，变异系数为 17.23%；总氮含量范围为 1.39%~2.61%，平均值为 1.87%，变异系数为 14.50%；总植物碱含量范围为 1.39%~3.46%，平均值为 2.46%，变异系数为 18.82%；氯含量范围为 0.12%~0.47%，平均值为 0.28%，变异系数为 31.12%；钾含量范围为 1.47%~3.03%，平均值为 2.23%，变异系数为 16.85%；糖碱比范围为 5.7~24.50，平均值为 12.36，变异系数为 31.58%；淀粉含量范围为 1.53%~4.04%，平均值为 3.12%，变异系数为 17.54%（表 4-1-1 和表 4-1-2）。

表 4-1-1 武陵山区烟叶常规化学成分

典型产区	总糖/%	还原糖/%	总氮/%	总植物碱/%	氯/%	钾/%	糖碱比	淀粉/%
德江	26.85	20.45	1.75	2.55	0.40	2.11	10.63	2.74
道真	33.11	28.87	1.59	2.05	0.28	2.08	17.72	3.47
咸丰	25.84	23.10	2.12	2.90	0.35	2.11	9.03	3.02
利川	30.60	28.17	2.09	2.58	0.22	2.07	12.55	3.09
桑植	25.64	23.26	1.96	2.21	0.26	2.77	11.72	3.25
凤凰	30.63	26.09	1.61	2.39	0.32	2.66	13.07	3.14
彭水	34.01	30.08	1.76	2.34	0.18	1.83	14.67	3.06
武隆	24.63	20.98	2.05	2.67	0.27	2.20	9.49	3.19

表 4-1-2　武陵山区烟叶常规化学成分统计

指标	最小值	最大值	平均值	标准差	变异系数/%
总糖/%	19.73	37.01	28.91	4.28	14.81
还原糖/%	15.60	33.43	25.13	4.33	17.23
总氮/%	1.39	2.61	1.87	0.27	14.50
总植物碱/%	1.39	3.46	2.46	0.46	18.82
氯/%	0.12	0.47	0.28	0.09	31.12
钾/%	1.47	3.03	2.23	0.38	16.85
糖碱比	5.70	24.50	12.36	3.90	31.58
淀粉/%	1.53	4.04	3.12	0.55	17.54

二、黔中山区烟叶常规化学成分

黔中山区烤烟种植区典型产区代表性片区烟叶常规化学成分分析结果表明，该区域烟叶总糖含量范围为 15.75%～35.45%，平均值为 27.64%，变异系数为 21.26%；还原糖含量范围为 12.46%～31.41%，平均值为 23.74%，变异系数为 21.98%；总氮含量范围为 1.43%～2.59%，平均值为 1.96%，变异系数为 15.53%；总植物碱含量范围为 1.74%～4.11%，平均值为 2.72%，变异系数为 19.32%；氯含量范围为 0.26%～0.73%，平均值为 0.40%，变异系数为 24.42%；钾含量范围为 1.13%～2.90%，平均值为 1.95%，变异系数为 19.30%；糖碱比范围为 4.57～18.84，平均比值为 10.69，变异系数为 34.11%；淀粉含量范围为 1.35%～4.33%，平均值为 2.93%，变异系数为 24.94%（表 4-1-3 和表 4-1-4）。

表 4-1-3　黔中山区烟叶常规化学成分

典型产区	总糖/%	还原糖/%	总氮/%	总植物碱/%	氯/%	钾/%	糖碱比	淀粉/%
播州	33.44	28.98	1.62	2.24	0.37	1.68	15.37	2.88
贵定	30.50	24.82	1.82	2.54	0.40	2.27	12.09	3.01
黔西	33.19	29.63	1.81	2.76	0.28	1.82	12.04	3.03
开阳	17.25	15.16	2.45	2.83	0.39	2.11	6.34	2.55
西秀	30.46	26.28	2.02	2.72	0.47	2.06	12.27	2.67
余庆	24.20	20.78	2.04	2.78	0.42	1.92	8.85	3.12
凯里	24.44	20.53	1.93	3.19	0.44	1.82	7.91	3.22

表 4-1-4　黔中山区烟叶常规化学成分统计

指标	最小值	最大值	平均值	标准差	变异系数/%
总糖/%	15.75	35.45	27.64	5.88	21.26
还原糖/%	12.46	31.41	23.74	5.22	21.98
总氮/%	1.43	2.59	1.96	0.30	15.53

续表

指标	最小值	最大值	平均值	标准差	变异系数/%
总植物碱/%	1.74	4.11	2.72	0.53	19.32
氯/%	0.26	0.73	0.40	0.10	24.42
钾/%	1.13	2.90	1.95	0.38	19.30
糖碱比	4.57	18.84	10.69	3.65	34.11
淀粉/%	1.35	4.33	2.93	0.73	24.94

三、秦巴山区烟叶常规化学成分

秦巴山区烤烟种植区典型产区代表性片区烟叶常规化学成分分析结果表明，该区域烟叶总糖含量范围为21.26%～37.02%，平均值为29.11%，变异系数为14.02%；还原糖含量范围为17.28%～33.32%，平均值为24.84%，变异系数为14.90%；总氮含量范围为1.52%～2.73%，平均值为2.02%，变异系数为15.90%；总植物碱含量范围为1.48%～3.51%，平均值为2.26%，变异系数为23.30%；氯含量范围为0.11%～0.50%，平均值为0.25%，变异系数为36.25%；钾含量范围为1.30%～2.83%，平均值为2.17%，变异系数为18.41%；糖碱比范围为6.52～21.06，平均比值为13.72，变异系数为30.91%；淀粉含量范围为1.38%～4.15%，平均值为3.04%，变异系数为18.99%（表4-1-5和表4-1-6）。

表4-1-5　秦巴山区烟叶常规化学成分

典型产区	总糖/%	还原糖/%	总氮/%	总植物碱/%	氯/%	钾/%	糖碱比	淀粉/%
南郑	29.45	24.73	2.07	2.20	0.18	2.08	13.91	3.13
旬阳	28.25	24.46	2.06	2.24	0.29	2.28	13.67	2.82
兴山	29.03	25.00	1.97	2.34	0.32	2.13	13.53	3.11
房县	28.32	23.69	2.04	2.10	0.27	2.52	13.81	3.05
巫山	30.50	26.35	1.94	2.44	0.21	1.86	13.69	3.10

表4-1-6　秦巴山区烟叶常规化学成分统计

指标	最小值	最大值	平均值	标准差	变异系数/%
总糖/%	21.26	37.02	29.11	4.08	14.02
还原糖/%	17.28	33.32	24.84	3.70	14.90
总氮/%	1.52	2.73	2.02	0.32	15.90
总植物碱/%	1.48	3.51	2.26	0.53	23.30
氯/%	0.11	0.50	0.25	0.09	36.25
钾/%	1.30	2.83	2.17	0.40	18.41
糖碱比	6.52	21.06	13.72	4.24	30.91
淀粉/%	1.38	4.15	3.04	0.58	18.99

四、鲁中山区烟叶常规化学成分

鲁中山区烤烟种植区典型产区代表性片区烟叶常规化学成分分析结果表明,该区域烟叶总糖含量范围为 25.88%～32.40%,平均值为 28.41%,变异系数为 6.67%;还原糖含量范围为 22.26%～29.32%,平均值为 25.76%,变异系数为 7.93%;总氮含量范围为 1.57%～2.46%,平均值为 2.01%,变异系数为 11.99%;总植物碱含量范围为 1.76%～2.89%,平均值为 2.31%,变异系数为 16.14%;氯含量范围为 0.08%～0.72%,平均含量为 0.40%,变异系数为 38.36%;钾含量范围为 0.86%～2.25%,平均值 1.58%,变异系数为 19.79%;糖碱比范围为 9.36～18.10,平均比值为 12.68,变异系数为 20.98%;淀粉含量范围为 2.09%～4.25%,平均值为 3.26%,变异系数为 14.01%(表 4-1-7 和表 4-1-8)。

表 4-1-7　鲁中山区烟叶常规化学成分

典型产区	总糖/%	还原糖/%	总氮/%	总植物碱/%	氯/%	钾/%	糖碱比	淀粉/%
临朐	29.36	27.51	1.83	2.23	0.24	1.48	13.75	3.17
蒙阴	28.80	25.35	1.81	1.92	0.34	1.73	15.03	3.27
费县	26.87	23.89	2.26	2.55	0.42	1.62	10.66	2.91
诸城	28.59	26.29	2.14	2.54	0.60	1.50	11.29	3.69

表 4-1-8　鲁中山区烟叶常规化学成分统计

指标	最小值	最大值	平均值	标准差	变异系数/%
总糖/%	25.88	32.40	28.41	1.89	6.67
还原糖/%	22.26	29.32	25.76	2.04	7.93
总氮/%	1.57	2.46	2.01	0.24	11.99
总植物碱/%	1.76	2.89	2.31	0.37	16.14
氯/%	0.08	0.72	0.40	0.15	38.36
钾/%	0.86	2.25	1.58	0.31	19.79
糖碱比	9.36	18.10	12.68	2.66	20.98
淀粉/%	2.09	4.25	3.26	0.46	14.01

五、东北地区烟叶常规化学成分

东北地区烤烟种植区典型产区代表性片区烟叶常规化学成分分析结果表明,该区域烟叶总糖含量范围为 26.04%～39.71%,平均值为 32.62%,变异系数为 14.65%;还原糖含量范围为 22.58%～35.32%,平均值为 29.04%,变异系数为 14.44%;总氮含量范围为 1.20%～2.08%,平均值为 1.83%,变异系数为 11.23%;总植物碱含量范围为 1.03%～3.29%,平均值为 2.08%,变异系数为 37.45%;氯含量范围为 0.24%～1.19%,平均值为 0.55%,变异系数为 45.03%;钾含量范围为 1.15%～2.62%,平均值为 2.02%,变异系数为 26.52%;糖碱比范围为 8.37～37.99,平均比值为 18.85,变异系数为 51.92%;淀粉含量范围为 1.87%～4.42%，平均值为 3.31%，变异系数为 20.17%（表 4-1-9 和表 4-1-10）。

表 4-1-9　东北地区烟叶常规化学成分

典型产区	总糖/%	还原糖/%	总氮/%	总植物碱/%	氯/%	钾/%	糖碱比	淀粉/%
宽甸	28.67	25.52	1.94	3.01	0.53	2.10	9.57	3.45
宁安	38.53	34.12	1.68	1.36	0.64	1.44	29.87	3.53
汪清	30.67	27.48	1.87	1.85	0.49	2.53	17.11	2.96

表 4-1-10　东北地区烟叶常规化学成分统计

指标	最小值	最大值	平均值	标准差	变异系数/%
总糖/%	26.04	39.71	32.62	4.78	14.65
还原糖/%	22.58	35.32	29.04	4.19	14.44
总氮/%	1.20	2.08	1.83	0.21	11.23
总植物碱/%	1.03	3.29	2.08	0.78	37.45
氯/%	0.24	1.19	0.55	0.25	45.03
钾/%	1.15	2.62	2.02	0.54	26.52
糖碱比	8.37	37.99	18.85	9.79	51.92
淀粉/%	1.87	4.42	3.31	0.67	20.17

六、雪峰山区烟叶常规化学成分

雪峰山区烤烟种植区典型产区代表性片区烟叶常规化学成分分析结果表明，该区域烟叶总糖含量范围为 22.68%～32.54%，平均值为 28.78%，变异系数为 10.83%；还原糖含量范围为 19.92%～28.37%，平均值为 25.30%，变异系数为 9.57%；总氮含量范围为 1.57%～2.28%，平均值为 1.88%，变异系数为 12.56%；总植物碱含量范围为 1.86%～3.37%，平均值为 2.64%，变异系数为 15.86%；氯含量范围为 0.22%～0.47%，平均值为 0.33%，变异系数为 22.70%；钾含量范围为 2.17%～3.68%，平均值为 2.66%，变异系数为 18.19%；糖碱比范围为 8.40～14.47，平均值为 11.25，变异系数为 24.20%；淀粉含量范围为 2.62%～3.25%，平均值为 3.12%，变异系数为 10.32%（表 4-1-11 和表 4-1-12）。

表 4-1-11　雪峰山区烟叶常规化学成分

典型产区	总糖/%	还原糖/%	总氮/%	总植物碱/%	氯/%	钾/%	糖碱比	淀粉/%
天柱	28.61	24.47	1.76	2.82	0.39	2.33	10.21	3.38
靖州	28.96	26.13	2.00	2.45	0.28	2.99	12.30	2.85

表 4-1-12　雪峰山区烟叶常规化学成分统计

指标	最小值	最大值	平均值	标准差	变异系数/%
总糖/%	22.68	32.54	28.78	3.12	10.83
还原糖/%	19.92	28.37	25.30	2.42	9.57
总氮/%	1.57	2.28	1.88	0.24	12.56
总植物碱/%	1.86	3.37	2.64	0.42	15.86
氯/%	0.22	0.47	0.33	0.08	22.70
钾/%	2.17	3.68	2.66	0.48	18.19
糖碱比	8.40	14.47	11.25	2.72	24.20
淀粉/%	2.62	3.25	3.12	0.32	10.32

七、云贵高原烟叶常规化学成分

云贵高原烤烟种植区典型产区代表性片区烟叶常规化学成分分析结果表明，该区域烟叶总糖含量范围为21.72%～40.71%，平均值为31.27%，变异系数为15.91%；还原糖含量范围为18.77%～34.84%，平均值为26.15%，变异系数为15.01%；总氮含量范围为1.26%～2.59%，平均值为 2.04%，变异系数为 14.97%；总植物碱含量范围为 0.98%～3.68%，平均值为2.72%，变异系数为24.78%；氯含量范围为0.20%～1.05%，平均值为0.45%，变异系数为49.47%；钾含量范围为0.98%～2.17%，平均值为1.64%，变异系数为19.40%；糖碱比范围为6.15～41.54，平均值为12.82，变异系数为55.33%；淀粉含量范围为0.74%～3.96%，平均值为2.86%，变异系数为29.70%（表4-1-13 和表4-1-14）。

表 4-1-13　云贵高原烟叶常规化学成分

典型产区	总糖/%	还原糖/%	总氮/%	总植物碱/%	氯/%	钾/%	糖碱比	淀粉/%
南涧	33.72	26.12	2.03	3.00	0.52	1.98	11.56	3.28
江川	33.16	28.41	2.02	2.31	0.70	1.54	15.54	3.09
盘州	24.85	21.79	2.37	3.33	0.38	1.60	7.69	2.66
威宁	37.00	30.97	1.74	2.38	0.32	1.32	19.31	2.88
兴仁	27.60	23.48	2.04	2.61	0.33	1.77	10.66	2.41

表 4-1-14　云贵高原烟叶常规化学成分统计

指标	最小值	最大值	平均值	标准差	变异系数/%
总糖/%	21.72	40.71	31.27	4.97	15.91
还原糖/%	18.77	34.84	26.15	3.93	15.01
总氮/%	1.26	2.59	2.04	0.31	14.97
总植物碱/%	0.98	3.68	2.72	0.68	24.78
氯/%	0.20	1.05	0.45	0.22	49.47
钾/%	0.98	2.17	1.64	0.32	19.40
糖碱比	6.15	41.54	12.82	7.09	55.33
淀粉/%	0.74	3.96	2.86	0.85	29.70

八、攀西山区烟叶常规化学成分

攀西山区烤烟种植区典型产区代表性片区烟叶常规化学成分分析结果表明，该区域烟叶总糖含量范围为25.69%～37.60%，平均值为32.96%，变异系数为11.19%；还原糖含量范围为23.34%～32.57%，平均值为29.05%，变异系数为11.73%；总氮含量范围为1.57%～2.50%，平均值为2.04%，变异系数为12.51%；总植物碱含量范围为1.53%～3.08%，平均值为2.14%，变异系数为26.09%；氯含量范围为0.33%～0.84%，平均值为0.54%，变异系数为27.92%；钾含量范围为1.51%～2.05%，平均值1.84%，变异系数为9.55%；糖碱比范围为9.01～24.57，平均值为16.61，变异系数为30.43%；淀粉含量范围为1.67%～3.26%，平均值为2.69%，变异系数为22.11%（表4-1-15和表4-1-16）。

表 4-1-15　攀西山区烟叶常规化学成分

典型产区	总糖/%	还原糖/%	总氮/%	总植物碱/%	氯/%	钾/%	糖碱比	淀粉/%
会东	37.60	32.57	1.57	1.53	0.51	2.03	24.57	2.88
米易	33.77	29.74	2.09	1.92	0.53	1.87	17.84	3.05
仁和	27.58	24.18	2.26	2.96	0.73	1.78	9.31	2.25
盐边	35.43	31.60	1.89	1.87	0.39	1.78	19.19	2.45

表 4-1-16　攀西山区烟叶常规化学成分统计

指标	最小值	最大值	平均值	标准差	变异系数/%
总糖/%	25.69	37.60	32.96	3.69	11.19
还原糖/%	23.34	32.57	29.05	3.41	11.73
总氮/%	1.57	2.50	2.04	0.25	12.51
总植物碱/%	1.53	3.08	2.14	0.56	26.09
氯/%	0.33	0.84	0.54	0.15	27.92
钾/%	1.51	2.05	1.84	0.18	9.55
糖碱比	9.01	24.57	16.61	5.05	30.43
淀粉/%	1.67	3.26	2.69	0.59	22.11

九、武夷山区烟叶常规化学成分

武夷山区烤烟种植区典型产区代表性片区烟叶常规化学成分分析结果表明，该区域烟叶总糖含量范围为22.06%～41.63%，平均值为32.93%，变异系数为20.95%；还原糖含量范围为21.53%～34.73%，平均值为28.96%，变异系数为15.11%；总氮含量范围为1.25%～2.69%，平均值为1.87%，变异系数为28.84%；总植物碱含量范围为0.81%～4.24%，平均值为1.88%，变异系数为56.85%；氯含量范围为0.14%～0.80%，平均值为0.41%，变异系数为52.58%；钾含量范围为2.22%～3.21%，平均值2.64%，变异系数为11.76%；糖碱比范围为6.33～51.40，平均值为24.25，变异系数为63.10%；淀粉含量范围为1.74%～3.65%，平均值为2.88%，变异系数为22.63%（表4-1-17和表4-1-18）。

表 4-1-17 武夷山区烟叶常规化学成分

典型产区	总糖/%	还原糖/%	总氮/%	总植物碱/%	氯/%	钾/%	糖碱比	淀粉/%
永定	27.56	26.05	2.27	2.49	0.37	2.78	14.81	2.86
泰宁	38.30	31.88	1.47	1.27	0.46	2.49	33.69	2.90

表 4-1-18 武夷山区烟叶常规化学成分统计

指标	最小值	最大值	平均值	标准差	变异系数/%
总糖/%	22.06	41.63	32.93	6.90	20.95
还原糖/%	21.53	34.73	28.96	4.38	15.11
总氮/%	1.25	2.69	1.87	0.54	28.84
总植物碱/%	0.81	4.24	1.88	1.07	56.85
氯/%	0.14	0.80	0.41	0.22	52.58
钾/%	2.22	3.21	2.64	0.31	11.76
糖碱比	6.33	51.40	24.25	15.30	63.10
淀粉/%	1.74	3.65	2.88	0.65	22.63

十、南岭山区烟叶常规化学成分

南岭山区烤烟种植区典型产区代表性片区烟叶常规化学成分分析结果表明，该区域烟叶总糖含量范围为 24.87%～32.82%，平均值为 28.34%，变异系数为 9.84%；还原糖含量范围为 22.25%～30.74%，平均值为 26.29%，变异系数为 11.46%；总氮含量范围为 1.37%～1.89%，平均值为 1.68%，变异系数为 11.35%；总植物碱含量范围为 1.82%～3.15%，平均值为 2.41%，变异系数为 21.54%；氯含量范围为 0.24%～0.88%，平均值为 0.41%，变异系数为 44.01%；钾含量范围为 1.41%～2.37%，平均值为 1.98%，变异系数为 13.88%；糖碱比范围为 8.74～18.03，平均值为 12.37，变异系数为 28.02%；淀粉含量范围为 2.48%～3.96%，平均值为 3.37%，变异系数为 13.54%（表 4-1-19 和表 4-1-20）。

表 4-1-19 南岭山区烟叶常规化学成分

典型产区	总糖/%	还原糖/%	总氮/%	总植物碱/%	氯/%	钾/%	糖碱比	淀粉/%
桂阳	27.56	26.05	2.27	2.49	0.37	2.78	14.81	2.86
江华	38.30	31.88	1.47	1.27	0.46	2.49	33.69	2.90

表 4-1-20 南岭山区烟叶常规化学成分统计

指标	最小值	最大值	平均值	标准差	变异系数/%
总糖/%	24.87	32.82	28.34	2.79	9.84
还原糖/%	22.25	30.74	26.29	3.01	11.46
总氮/%	1.37	1.89	1.68	0.19	11.35
总植物碱/%	1.82	3.15	2.41	0.52	21.54
氯/%	0.24	0.88	0.41	0.18	44.01

指标	最小值	最大值	平均值	标准差	变异系数/%
钾/%	1.41	2.37	1.98	0.27	13.88
糖碱比	8.74	18.03	12.37	3.47	28.02
淀粉/%	2.48	3.96	3.37	0.46	13.54

十一、中原地区烟叶常规化学成分

中原地区烤烟种植区典型产区代表性片区烟叶常规化学成分分析结果表明，该区域烟叶总糖含量范围为20.49%～37.68%，平均值为27.74%，变异系数为18.90%；还原糖含量范围为17.54%～32.99%，平均值为24.83%，变异系数为18.54%；总氮含量范围为1.40%～2.84%，平均值为2.05%，变异系数为18.06%；总植物碱含量范围为1.82%～3.47%，平均值为2.28%，变异系数为21.90%；氯含量范围为0.20%～1.49%，平均值为0.67%，变异系数为77.66%；钾含量范围为0.96%～1.60%，平均值为1.34%，变异系数为13.43%；糖碱比范围为5.90～20.70，平均值为12.86，变异系数为32.46%；淀粉含量范围为1.64%～4.47%，平均值为3.16%，变异系数为30.64%（表4-1-21和表4-1-22）。

表 4-1-21　中原地区烟叶常规化学成分

典型产区	总糖/%	还原糖/%	总氮/%	总植物碱/%	氯/%	钾/%	糖碱比	淀粉/%
襄城	25.05	22.23	2.22	2.53	1.09	1.27	10.45	3.31
灵宝	30.44	27.44	1.89	2.03	0.26	1.42	15.26	3.01

表 4-1-22　中原地区烟叶常规化学成分统计

指标	最小值	最大值	平均值	标准差	变异系数/%
总糖/%	20.49	37.68	27.74	5.24	18.90
还原糖/%	17.54	32.99	24.83	4.60	18.54
总氮/%	1.40	2.84	2.05	0.37	18.06
总植物碱/%	1.82	3.47	2.28	0.50	21.90
氯/%	0.20	1.49	0.67	0.52	77.66
钾/%	0.96	1.60	1.34	0.18	13.43
糖碱比	5.90	20.70	12.86	4.17	32.46
淀粉/%	1.64	4.47	3.16	0.97	30.64

十二、皖南山区烟叶常规化学成分

皖南山区烤烟种植区典型产区代表性片区烟叶常规化学成分分析结果表明，该区域烟叶总糖含量范围为24.80%～30.72%，平均值为27.16%，变异系数为8.40%；还原糖含量范围为20.17%～27.86%，平均值为24.54%，变异系数为10.63%；总氮含量范围为1.69%～1.99%，平均值为1.83%，变异系数为6.55%；总植物碱含量范围为1.62%～2.92%，平均值为 1.99%，变异系数为 24.25%；氯含量范围为 0.29%～0.67%，平均值为 0.55%，变异系数为 25.76%；钾含量范围为 1.16%～2.50%，平均值为 2.07%，变异系数为 24.96%；糖碱比范围为 8.50～18.96，平均值为 14.32，变异系数为 26.14%；淀粉含量范围为 1.82%～3.86%，平均值为 3.06%，变异系数为 23.77%（表 4-1-23 和表 4-1-24）。

表 4-1-23　皖南山区烟叶常规化学成分

典型产区	总糖/%	还原糖/%	总氮/%	总植物碱/%	氯/%	钾/%	糖碱比	淀粉/%
宣州	27.63	25.41	1.84	1.81	0.52	2.25	15.49	2.99
泾县	24.80	20.17	1.78	2.92	0.67	1.16	8.50	3.42

表 4-1-24　皖南山区烟叶常规化学成分统计

指标	最小值	最大值	平均值	标准差	变异系数/%
总糖/%	24.80	30.72	27.16	2.28	8.40
还原糖/%	20.17	27.86	24.54	2.61	10.63
总氮/%	1.69	1.99	1.83	0.12	6.55
总植物碱/%	1.62	2.92	1.99	0.48	24.25
氯/%	0.29	0.67	0.55	0.14	25.76
钾/%	1.16	2.50	2.07	0.52	24.96
糖碱比	8.50	18.96	14.32	3.74	26.14
淀粉/%	1.82	3.86	3.06	0.73	23.77

第二节　优质特色烤烟典型产区烟叶常规化学成分差异

一、烟叶总糖

烤烟种植区间烟叶总糖分析结果表明，12 个区域烟叶总糖含量存在一定的差异。其中，攀西山区和武夷山区烟叶总糖含量较高，显著高于除秦巴山区、东北地区和云贵高原之外的其他区域；而皖南山区烟叶总糖含量较低（表 4-2-1）。

二、烟叶还原糖

烤烟种植区间烟叶还原糖分析结果表明，12 个区域烟叶还原糖含量存在一定的差异。其中，攀西山区、东北地区和武夷山区烟叶还原糖含量均显著高于除鲁中山区、云贵高原和南岭山区之外的其他区域（表 4-2-1）。

三、烟叶总氮

烤烟种植区间烟叶总氮分析结果表明，12 个区域烟叶总氮含量存在一定的差异。其中，中原地区烟叶总氮含量最高，南岭山区烟叶总氮含量较低，黔中山区、秦巴山区、鲁中山区、云贵高原、攀西山区和中原地区总氮含量显著高于南岭山区（表 4-2-1）。

四、烟叶总植物碱

烤烟种植区间烟叶总植物碱分析结果表明,12 个区域烟叶总植物碱含量存在一定的差异。其中,黔中山区和云贵高原的烟叶总植物碱含量较高,显著高于东北地区、攀西山区、武夷山区和皖南山区,雪峰山区也显著高于东北地区、武夷山区和皖南山区;而武夷山区烟叶总植物碱含量较低(表 4-2-1)。

表 4-2-1　烤烟种植区烟叶常规化学成分差异(一)

生态区域	总糖/%	还原糖/%	总氮/%	总植物碱/%
武陵山区	28.91±4.28bcd	25.13±4.33b	1.87±0.27ab	2.46±0.46abc
黔中山区	27.64±5.88cd	23.74±5.22b	1.96±0.30a	2.72±0.53a
秦巴山区	29.11±4.08abcd	24.84±3.70b	2.02±0.32a	2.26±0.53abcd
鲁中山区	28.41±1.89cd	25.76±2.04ab	2.01±0.24a	2.31±0.37abcd
东北地区	32.62±4.78ab	29.04±4.19a	1.83±0.21ab	2.08±0.78cd
雪峰山区	28.78±3.12bcd	25.30±2.42b	1.88±0.24ab	2.64±0.42ab
云贵高原	31.27±4.97abc	26.15±3.93ab	2.04±0.31a	2.72±0.68a
攀西山区	32.96±3.69a	29.05±3.41a	2.04±0.25a	2.14±0.56bcd
武夷山区	32.93±6.90a	28.96±4.38a	1.87±0.54ab	1.88±1.07d
南岭山区	28.34±2.79cd	26.29±3.01ab	1.68±0.19b	2.41±0.52abc
中原地区	27.74±5.24cd	24.83±4.60b	2.05±0.37a	2.28±0.50abcd
皖南山区	27.16±2.28d	24.54±2.61b	1.83±0.12ab	1.99±0.48cd

注: 每列中不同小写字母者表示种植区间差异有统计学意义($P \leqslant 0.05$)。

五、烟叶氯

烤烟种植区间烟叶氯分析结果表明,12 个区域烟叶氯含量存在一定的差异。其中,中原地区烟叶氯含量较高,显著高于东北地区、攀西山区和皖南山区之外的其他区域;东北地区和皖南山区也显著高于武陵山区、秦巴山区和雪峰山区;武陵山区和秦巴山区烟叶氯含量较低(表 4-2-2)。

六、烟叶钾

烤烟种植区间烟叶钾分析结果表明,12 个区域烟叶钾含量存在一定的差异。其中,雪峰山区和武夷山区烟叶钾含量显著高于其他区域,武陵山区也显著高于鲁中山区、云贵高原、攀西山区和中原地区;中原地区烟叶钾含量最低(表 4-2-2)。

七、烟叶糖碱比

烤烟种植区间烟叶糖碱比分析结果表明,12 个区域烟叶糖碱比存在一定的差异。其中,武夷山区烟叶糖碱比显著高于其他 11 个区域,东北地区也显著高于除攀西山区之外的其他区域,攀西山区也显著高于黔中山区和雪峰山区(表 4-2-2)。

八、烟叶淀粉

烤烟种植区间烟叶淀粉分析结果表明，12 个区域烟叶淀粉含量存在一定的差异。其中，东北地区和南岭山区烟叶淀粉含量较高，显著高于攀西山区（表 4-2-2）。

表 4-2-2　烤烟种植区烟叶常规化学成分差异（二）

生态区域	氯/%	钾/%	糖碱比	淀粉/%
武陵山区	0.28±0.09d	2.23±0.38b	12.36±3.90cd	3.12±0.55ab
黔中山区	0.40±010bcd	1.95±0.38bc	10.69±3.65d	2.93±0.73ab
秦巴山区	0.25±0.09d	2.17±0.40b	13.72±4.24cd	3.04±0.58ab
鲁中山区	0.40±0.15bcd	1.58±0.31de	12.68±2.66cd	3.26±0.46ab
东北地区	0.55±0.25ab	2.02±0.54bc	18.85±9.79b	3.31±0.67a
雪峰山区	0.33±0.08cd	2.66±0.48a	11.25±2.72d	3.12±0.32ab
云贵高原	0.45±0.22bc	1.64±0.32de	12.82±7.09cd	2.86±0.85ab
攀西山区	0.54±0.15ab	1.84±0.18cd	16.61±5.05bc	2.69±0.59b
武夷山区	0.41±0.22bcd	2.64±0.31a	24.25±15.30a	2.88±0.65ab
南岭山区	0.41±0.18bcd	1.98±0.27bc	12.37±3.47cd	3.37±0.46a
中原地区	0.67±0.52a	1.34±0.18e	12.86±4.17cd	3.16±0.97ab
皖南山区	0.55±0.14ab	2.07±0.52bc	14.32±3.74bcd	3.06±0.73ab

注：每列中不同小写字母者表示种植区间差异有统计学意义（$P \leq 0.05$）。

第三节　优质特色烤烟典型产区烟叶中微量元素特征

一、武陵山区烟叶中微量元素

武陵山区烟叶 Cu 含量范围为 0.003～0.207 g/kg，平均值为 0.085 g/kg，变异系数为 59.672%；Fe 含量范围为 0.131～1.763 g/kg，平均值为 0.929 g/kg，变异系数为 43.930%；Mn 含量范围为 0.125～7.851 g/kg，平均值为 2.744 g/kg，变异系数为 70.727%；Zn 含量范围为 0.015～0.930 g/kg，平均值为 0.434 g/kg，变异系数为 56.492%；Ca 含量范围为 129.355～224.229 mg/kg，平均值为 166.385 mg/kg，变异系数为 13.893%；Mg 含量范围为 7.967～36.668 mg/kg，平均值为 18.741 mg/kg，变异系数为 38.316%（表 4-3-1 和表 4-3-2）。

表 4-3-1　武陵山区烟叶中微量元素

典型产区	Cu/(g/kg)	Fe/(g/kg)	Mn/(g/kg)	Zn/(g/kg)	Ca/(mg/kg)	Mg/(mg/kg)
德江	0.091	0.828	1.254	0.530	157.043	26.987
道真	0.121	1.171	2.018	0.684	158.139	18.043
咸丰	0.093	1.000	2.693	0.368	176.391	21.779
利川	0.097	1.067	4.692	0.375	159.472	15.771

续表

典型产区	Cu/(g/kg)	Fe/(g/kg)	Mn/(g/kg)	Zn/(g/kg)	Ca/(mg/kg)	Mg/(mg/kg)
桑植	0.050	1.241	4.106	0.614	197.700	19.100
凤凰	0.009	0.176	0.190	0.046	148.434	21.207
彭水	0.135	0.891	3.337	0.470	155.564	9.839
武隆	0.082	1.058	3.661	0.385	178.336	17.201

表 4-3-2　武陵山区烟叶中微量元素统计

指标	最小值	最大值	平均值	标准差	变异系数/%
Cu/(g/kg)	0.003	0.207	0.085	0.051	59.672
Fe/(g/kg)	0.131	1.763	0.929	0.408	43.930
Mn/(g/kg)	0.125	7.851	2.744	1.941	70.727
Zn/(g/kg)	0.015	0.930	0.434	0.245	56.492
Ca/(mg/kg)	129.355	224.229	166.385	23.115	13.893
Mg/(mg/kg)	7.967	36.668	18.741	7.181	38.316

二、黔中山区烟叶中微量元素

黔中山区烟叶 Cu 含量范围为 0.003～0.121 g/kg，平均值为 0.065 g/kg，变异系数为 41.524%；Fe 含量范围为 0.451～1.797 g/kg，平均值为 0.964 g/kg，变异系数为 28.626%；Mn 含量范围为 0.001～7.854 g/kg，平均值为 2.706 g/kg，变异系数为 65.521%；Zn 含量范围为 0.213～0.936 g/kg，平均值为 0.482 g/kg，变异系数为 37.451%；Ca 含量范围为 108.132～209.606 mg/kg，平均值为 150.091 mg/kg，变异系数为 17.163%；Mg 含量范围为 9.869～39.341 mg/kg，平均值为 20.925 mg/kg，变异系数为 36.223%（表 4-3-3 和表 4-3-4）。

表 4-3-3　黔中山区烟叶中微量元素

典型产区	Cu/(g/kg)	Fe/(g/kg)	Mn/(g/kg)	Zn/(g/kg)	Ca/(mg/kg)	Mg/(mg/kg)
播州	0.068	0.748	4.058	0.459	126.422	23.485
贵定	0.096	0.954	5.192	0.706	134.687	11.080
黔西	0.061	0.912	1.719	0.320	163.437	22.104
开阳	0.063	0.892	2.521	0.576	130.704	19.592
西秀	0.057	1.089	3.175	0.380	149.999	14.522
余庆	0.052	1.193	0.809	0.379	162.239	21.293
凯里	0.060	0.958	1.466	0.551	183.151	34.403

表 4-3-4　黔中山区烟叶中微量元素统计

指标	最小值	最大值	平均值	标准差	变异系数/%
Cu/(g/kg)	0.003	0.121	0.065	0.027	41.524
Fe/(g/kg)	0.451	1.797	0.964	0.276	28.626

续表

指标	最小值	最大值	平均值	标准差	变异系数/%
Mn/(g/kg)	0.001	7.854	2.706	1.773	65.521
Zn/(g/kg)	0.213	0.936	0.482	0.180	37.451
Ca/(mg/kg)	108.132	209.606	150.091	25.760	17.163
Mg/(mg/kg)	9.869	39.341	20.925	7.580	36.223

三、秦巴山区烟叶中微量元素

秦巴山区烟叶 Cu 含量范围为 0.002～0.211 g/kg，平均值为 0.084 g/kg，变异系数为 54.651%；Fe 含量范围为 0.389～1.878 g/kg，平均值为 1.089 g/kg，变异系数为 34.801%；Mn 含量范围为 0.124～4.526 g/kg，平均值为 1.984 g/kg，变异系数为 60.774%；Zn 含量范围为 0.148～0.946 g/kg，平均值为 0.417 g/kg，变异系数为 51.332%；Ca 含量范围为 124.089～216.652 mg/kg，平均值为 176.695 mg/kg，变异系数为 13.951%；Mg 含量范围为 11.284～35.338 mg/kg，平均值为 21.522 mg/kg，变异系数为 30.996%（表 4-3-5 和表 4-3-6）。

表 4-3-5　秦巴山区烟叶中微量元素

典型产区	Cu/(g/kg)	Fe/(g/kg)	Mn/(g/kg)	Zn/(g/kg)	Ca/(mg/kg)	Mg/(mg/kg)
南郑	0.074	1.110	3.192	0.478	160.655	24.326
旬阳	0.054	1.344	1.137	0.249	193.692	21.092
兴山	0.076	1.117	1.907	0.290	183.853	26.178
房县	0.143	1.007	1.781	0.332	170.466	22.751
巫山	0.075	0.870	1.900	0.734	174.808	13.260

表 4-3-6　秦巴山区烟叶中微量元素统计

指标	最小值	最大值	平均值	标准差	变异系数/%
Cu/(g/kg)	0.002	0.211	0.084	0.046	54.651
Fe/(g/kg)	0.389	1.878	1.089	0.379	34.801
Mn/(g/kg)	0.124	4.526	1.984	1.206	60.774
Zn/(g/kg)	0.148	0.946	0.417	0.214	51.332
Ca/(mg/kg)	124.089	216.652	176.695	24.650	13.951
Mg/(mg/kg)	11.284	35.338	21.522	6.671	30.996

四、鲁中山区烟叶中微量元素

鲁中山区烟叶 Cu 含量范围为 0.037～0.214 g/kg，平均值为 0.103 g/kg，变异系数为 55.780%；Fe 含量范围为 1.362～3.501 g/kg，平均值为 2.108 g/kg，变异系数为 25.044%；Mn 含量范围为 0.217～3.730 g/kg，平均值为 1.134 g/kg，变异系数为 83.746%；Zn 含量

范围为 0.133～0.591 g/kg，平均值为 0.284 g/kg，变异系数为 37.810%；Ca 含量范围为 159.052～260.772 mg/kg，平均值为 215.504 mg/kg，变异系数为 13.097%；Mg 含量范围为 10.805～31.931 mg/kg，平均值为 23.363 mg/kg，变异系数为 26.413%（表 4-3-7 和表 4-3-8）。

表 4-3-7　鲁中山区烟叶中微量元素

典型产区	Cu/(g/kg)	Fe/(g/kg)	Mn/(g/kg)	Zn/(g/kg)	Ca/(mg/kg)	Mg/(mg/kg)
临朐	0.096	2.555	0.425	0.284	230.942	14.520
蒙阴	0.168	1.840	1.346	0.335	195.736	25.764
费县	0.070	1.740	0.583	0.245	200.165	28.475
诸城	0.080	2.296	2.180	0.274	235.171	24.693

表 4-3-8　鲁中山区烟叶中微量元素统计

指标	最小值	最大值	平均值	标准差	变异系数/%
Cu/(g/kg)	0.037	0.214	0.103	0.058	55.780
Fe/(g/kg)	1.362	3.501	2.108	0.528	25.044
Mn/(g/kg)	0.217	3.730	1.134	0.949	83.746
Zn/(g/kg)	0.133	0.591	0.284	0.107	37.810
Ca/(mg/kg)	159.052	260.772	215.504	28.223	13.097
Mg/(mg/kg)	10.805	31.931	23.363	6.171	26.413

五、东北地区烟叶中微量元素

东北地区烟叶 Cu 含量范围为 0.006～0.426 g/kg，平均值为 0.189 g/kg，变异系数为 80.565%；Fe 含量范围为 0.154～1.340 g/kg，平均值为 0.625 g/kg，变异系数为 62.003%；Mn 含量范围为 0.108～3.184 g/kg，平均值为 1.013 g/kg，变异系数为 108.458%；Zn 含量范围为 0.022～1.016 g/kg，平均值为 0.364 g/kg，变异系数为 94.942%；Ca 含量范围为 135.936～212.075 mg/kg，平均值为 177.078 mg/kg，变异系数为 13.530%；Mg 含量范围为 14.980～28.237 mg/kg，平均值为 30.569 mg/kg，变异系数为 17.320%（表 4-3-9 和表 4-3-10）。

表 4-3-9　东北地区烟叶中微量元素

典型产区	Cu/(g/kg)	Fe/(g/kg)	Mn/(g/kg)	Zn/(g/kg)	Ca/(mg/kg)	Mg/(mg/kg)
宽甸	0.012	0.185	0.201	0.030	150.871	20.260
宁安	0.251	0.667	0.470	0.266	179.321	28.051
汪清	0.305	1.021	2.368	0.796	201.042	24.933

表 4-3-10　东北地区烟叶中微量元素统计

指标	最小值	最大值	平均值	标准差	变异系数/%
Cu/(g/kg)	0.006	0.426	0.189	0.153	80.565
Fe/(g/kg)	0.154	1.340	0.625	0.387	62.003
Mn/(g/kg)	0.108	3.184	1.013	1.099	108.458
Zn/(g/kg)	0.022	1.016	0.364	0.346	94.942
Ca/(mg/kg)	135.936	212.075	177.078	23.958	13.530
Mg/(mg/kg)	14.980	28.237	30.569	4.229	17.320

六、雪峰山区烟叶中微量元素

雪峰山区烟叶 Cu 含量范围为 0.025～0.380 g/kg，平均值为 0.169 g/kg，变异系数为 63.447%；Fe 含量范围为 0.510～1.148 g/kg，平均值为 0.847 g/kg，变异系数为 23.435%；Mn 含量范围为 1.252～4.502 g/kg，平均值为 2.725 g/kg，变异系数为 33.863%；Zn 含量范围为 0.548～1.468 g/kg，平均值为 1.084 g/kg，变异系数为 27.615%；Ca 含量范围为 94.496～186.740 mg/kg，平均值为 128.312 mg/kg，变异系数为 21.783%；Mg 含量范围为 10.141～25.546 mg/kg，平均值为 18.047 mg/kg，变异系数为 23.920%（表 4-3-11 和表 4-3-12）。

表 4-3-11　雪峰山区烟叶中微量元素

典型产区	Cu/(g/kg)	Fe/(g/kg)	Mn/(g/kg)	Zn/(g/kg)	Ca/(mg/kg)	Mg/(mg/kg)
天柱	0.141	0.695	2.740	0.967	121.157	18.611
靖州	0.198	1.000	2.711	1.200	135.467	17.483

表 4-3-12　雪峰山区烟叶中微量元素统计

指标	最小值	最大值	平均值	标准差	变异系数/%
Cu/(g/kg)	0.025	0.380	0.169	0.107	63.447
Fe/(g/kg)	0.510	1.148	0.847	0.199	23.435
Mn/(g/kg)	1.252	4.502	2.725	0.923	33.863
Zn/(g/kg)	0.548	1.468	1.084	0.299	27.615
Ca/(mg/kg)	94.496	186.740	128.312	27.950	21.783
Mg/(mg/kg)	10.141	25.546	18.047	4.317	23.920

七、云贵高原烟叶中微量元素

云贵高原烟叶 Cu 含量范围为 0.004～0.236 g/kg，平均值为 0.076 g/kg，变异系数为 88.677%；Fe 含量范围为 0.132～1.830 g/kg，平均值为 0.995 g/kg，变异系数为 48.010%；Mn 含量范围为 0.058～5.657 g/kg，平均值为 1.802 g/kg，变异系数为 96.899%；Zn 含量范围为 0.016～0.885 g/kg，平均值为 0.372 g/kg，变异系数为 63.598%；Ca 含量范围为

140.502～206.615 mg/kg，平均值为 175.270 mg/kg，变异系数为 9.558%；Mg 含量范围为 12.385～31.197 mg/kg，平均值为 21.930 mg/kg，变异系数为 26.138%（表 4-3-13 和表 4-3-14）。

表 4-3-13　云贵高原烟叶中微量元素

典型产区	Cu/(g/kg)	Fe/(g/kg)	Mn/(g/kg)	Zn/(g/kg)	Ca/(mg/kg)	Mg/(mg/kg)
南涧	0.005	0.202	0.103	0.023	178.877	21.870
江川	0.082	1.505	0.846	0.380	178.090	27.360
盘州	0.161	1.040	3.368	0.510	166.611	14.332
威宁	0.072	1.157	3.015	0.654	184.245	22.020
兴仁	0.059	1.070	1.319	0.290	168.527	24.066

表 4-3-14　云贵高原烟叶中微量元素统计

指标	最小值	最大值	平均值	标准差	变异系数/%
Cu/(g/kg)	0.004	0.236	0.076	0.067	88.677
Fe/(g/kg)	0.132	1.830	0.995	0.478	48.010
Mn/(g/kg)	0.058	5.657	1.802	1.746	96.899
Zn/(g/kg)	0.016	0.885	0.372	0.236	63.598
Ca/(mg/kg)	140.502	206.615	175.270	16.753	9.558
Mg/(mg/kg)	12.385	31.197	21.930	5.732	26.138

八、攀西山区烟叶中微量元素

攀西山区烟叶 Cu 含量范围为 0.005～0.205 g/kg，平均值为 0.084 g/kg，变异系数为 73.801%；Fe 含量范围为 0.202～1.704 g/kg，平均值为 1.078 g/kg，变异系数为 36.498%；Mn 含量范围为 0.103～1.827 g/kg，平均值为 0.704 g/kg，变异系数为 62.364%；Zn 含量范围为 0.023～1.294 g/kg，平均值为 0.529 g/kg，变异系数为 59.053%；Ca 含量范围为 135.936～183.669 mg/kg，平均值为 159.897 mg/kg，变异系数为 9.510%；Mg 含量范围为 11.872～28.270 mg/kg，平均值为 20.748 mg/kg，变异系数为 22.907%（表 4-3-15 和表 4-3-16）。

表 4-3-15　攀西山区烟叶中微量元素

典型产区	Cu/(g/kg)	Fe/(g/kg)	Mn/(g/kg)	Zn/(g/kg)	Ca/(mg/kg)	Mg/(mg/kg)
会东	0.082	1.505	0.846	0.380	178.090	27.360
米易	0.107	0.925	0.402	0.480	158.739	18.351
仁和	0.053	0.974	1.001	0.659	145.813	20.219
盐边	0.077	1.294	0.864	0.531	169.847	23.067

表 4-3-16　攀西山区烟叶中微量元素统计

指标	最小值	最大值	平均值	标准差	变异系数/%
Cu/(g/kg)	0.005	0.205	0.084	0.062	73.801
Fe/(g/kg)	0.202	1.704	1.078	0.393	36.498
Mn/(g/kg)	0.103	1.827	0.704	0.439	62.364
Zn/(g/kg)	0.023	1.294	0.529	0.313	59.053
Ca/(mg/kg)	135.936	183.669	159.897	15.206	9.510
Mg/(mg/kg)	11.872	28.270	20.748	4.753	22.907

九、武夷山区烟叶中微量元素

武夷山区烟叶 Cu 含量范围为 0.026～0.093 g/kg，平均值为 0.056 g/kg，变异系数为 47.971%；Fe 含量范围为 0.681～1.873 g/kg，平均值 0.915 g/kg，变异系数为 38.418%；Mn 含量范围为 0.896～6.472 g/kg，平均值 3.439 g/kg，变异系数为 60.197%；Zn 含量范围为 0.655～1.331 g/kg，平均值 0.948 g/kg，变异系数为 24.302%；Ca 含量范围为 75.265～180.119 mg/kg，平均值为 109.541 mg/kg，变异系数为 34.238%；Mg 含量范围为 13.434～18.862 mg/kg，平均值为 17.458 mg/kg，变异系数为 9.169%（表 4-3-17 和表 4-3-18）。

表 4-3-17　武夷山区烟叶中微量元素

典型产区	Cu/(g/kg)	Fe/(g/kg)	Mn/(g/kg)	Zn/(g/kg)	Ca/(mg/kg)	Mg/(mg/kg)
永定	0.064	1.060	2.204	1.014	130.115	16.660
泰宁	0.048	0.769	4.674	0.883	88.967	18.256

表 4-3-18　武夷山区烟叶中微量元素统计

指标	最小值	最大值	平均值	标准差	变异系数/%
Cu/(g/kg)	0.026	0.093	0.056	0.027	47.971
Fe/(g/kg)	0.681	1.873	0.915	0.351	38.418
Mn/(g/kg)	0.896	6.472	3.439	2.070	60.197
Zn/(g/kg)	0.655	1.331	0.948	0.231	24.302
Ca/(mg/kg)	75.265	180.119	109.541	37.504	34.238
Mg/(mg/kg)	13.434	18.862	17.458	1.601	9.169

十、南岭山区烟叶中微量元素

南岭山区烟叶 Cu 含量范围为 0.072～0.259 g/kg，平均值为 0.148 g/kg，变异系数为 35.848%；Fe 含量范围为 0.737～1.591 g/kg，平均值 1.067 g/kg，变异系数为 31.822%；Mn 含量范围为 0.018～0.492 g/kg，平均值为 0.366 g/kg，变异系数为 82.576%；Zn 含量范围为 0.252～1.498 g/kg，平均值为 0.639 g/kg，变异系数为 72.893%；Ca 含量范围为

116.606～197.463 mg/kg，平均值为 158.774 mg/kg，变异系数为 13.804%；Mg 含量范围为 10.554～19.710 mg/kg，平均值为 15.326 mg/kg，变异系数为 20.253%（表 4-3-19 和表 4-3-20）。

表 4-3-19　南岭山区烟叶中微量元素

典型产区	Cu/(g/kg)	Fe/(g/kg)	Mn/(g/kg)	Zn/(g/kg)	Ca/(mg/kg)	Mg/(mg/kg)
桂阳	0.172	1.344	0.586	0.966	149.965	12.876
江华	0.124	0.789	0.146	0.312	167.583	17.775

表 4-3-20　南岭山区烟叶中微量元素统计

指标	最小值	最大值	平均值	标准差	变异系数/%
Cu/(g/kg)	0.072	0.259	0.148	0.053	35.848
Fe/(g/kg)	0.737	1.591	1.067	0.339	31.822
Mn/(g/kg)	0.018	0.492	0.366	0.302	82.576
Zn/(g/kg)	0.252	1.498	0.639	0.466	72.893
Ca/(mg/kg)	116.606	197.463	158.774	21.917	13.804
Mg/(mg/kg)	10.554	19.710	15.326	3.104	20.253

十一、中原地区烟叶中微量元素

中原地区烟叶 Cu 含量范围为 0.011～0.229 g/kg，平均值为 0.146 g/kg，变异系数为 47.679%；Fe 含量范围为 0.354～2.061 g/kg，平均值为 1.381 g/kg，变异系数为 36.023%；Mn 含量范围为 0.032～2.469 g/kg，平均值为 0.626 g/kg，变异系数为 124.114%；Zn 含量范围为 0.019～0.530 g/kg，平均值为 0.270 g/kg，变异系数为 54.820%；Ca 含量范围为 158.366～297.901 mg/kg，平均值为 213.938 mg/kg，变异系数为 19.392%；Mg 含量范围为 12.227～38.113 mg/kg，平均值为 23.918 mg/kg，变异系数为 31.555%（表 4-3-21 和表 4-3-22）。

表 4-3-21　中原地区烟叶中微量元素

典型产区	Cu/(g/kg)	Fe/(g/kg)	Mn/(g/kg)	Zn/(g/kg)	Ca/(mg/kg)	Mg/(mg/kg)
襄城	0.093	1.493	0.697	0.179	239.603	29.281
灵宝	0.199	1.268	0.555	0.361	188.273	18.555

表 4-3-22　中原地区烟叶中微量元素统计

指标	最小值	最大值	平均值	标准差	变异系数/%
Cu/(g/kg)	0.011	0.229	0.146	0.070	47.679
Fe/(g/kg)	0.354	2.061	1.381	0.497	36.023
Mn/(g/kg)	0.032	2.469	0.626	0.777	124.114
Zn/(g/kg)	0.019	0.530	0.270	0.148	54.820
Ca/(mg/kg)	158.366	297.901	213.938	41.486	19.392
Mg/(mg/kg)	12.227	38.113	23.918	7.547	31.555

十二、皖南山区烟叶中微量元素

皖南山区烟叶 Cu 含量范围为 0.105～0.261 g/kg，平均值为 0.183 g/kg，变异系数为 60.437%；Fe 含量范围为 0.860～1.733 g/kg，平均值为 1.297 g/kg，变异系数为 47.588%；Mn 含量范围为 1.049～1.565 g/kg，平均值为 1.307 g/kg，变异系数为 27.916%；Zn 含量范围为 0.317～0.626 g/kg，平均值为 0.471 g/kg，变异系数为 46.411%；Ca 含量范围为 112.298～171.332 mg/kg，平均值为 141.815 mg/kg，变异系数为 29.435%；Mg 含量范围为 17.181～22.386 mg/kg，平均值为 19.783 mg/kg，变异系数为 18.605%（表 4-3-23 和表 4-3-24）。

表 4-3-23　皖南山区烟叶中微量元素

典型产区	Cu/(g/kg)	Fe/(g/kg)	Mn/(g/kg)	Zn/(g/kg)	Ca/(mg/kg)	Mg/(mg/kg)
宣州	0.160	1.287	1.327	0.511	148.375	19.844
泾县	0.145	1.156	1.075	0.415	157.220	19.585

表 4-3-24　皖南山区烟叶中微量元素统计

指标	最小值	最大值	平均值	标准差	变异系数/%
Cu/(g/kg)	0.105	0.261	0.183	0.110	60.437
Fe/(g/kg)	0.860	1.733	1.297	0.617	47.588
Mn/(g/kg)	1.049	1.565	1.307	0.365	27.916
Zn/(g/kg)	0.317	0.626	0.471	0.219	46.411
Ca/(mg/kg)	112.298	171.332	141.815	41.743	29.435
Mg/(mg/kg)	17.181	22.386	19.783	3.681	18.605

第四节　优质特色烤烟典型产区烟叶中微量元素指标差异

一、烟叶 Cu

烤烟种植区间烟叶 Cu 分析结果表明，12 个区域烟叶 Cu 含量存在一定的差异。其中，东北地区和雪峰山区显著高于武陵山区、黔中山区、秦巴山区、云贵高原、攀西山区和武夷山区；鲁中山区、南岭山区、中原地区和皖南山区显著高于武陵山区、黔中山区、秦巴山区、云贵高原、攀西山区和武夷山区（表 4-4-1）。

二、烟叶 Fe

烤烟种植区间烟叶 Fe 分析结果表明，12 个区域烟叶 Fe 含量存在一定的差异。其中，鲁中山区烟叶 Fe 含量显著高于其他 11 个区域；中原地区显著高于武陵山区、黔中山区、东北地区、雪峰山区、云贵高原和武夷山区；皖南山区显著高于东北地区和雪峰山区；黔中山区、秦巴山区、云贵高原、攀西山区和南岭山区显著高于东北地区；东北地区含量最低(表 4-4-1)。

三、烟叶 Mn

烤烟种植区间烟叶 Mn 分析结果表明，12 个区域烟叶 Mn 含量存在一定的差异。其中，武夷山区烟叶 Mn 含量最高，显著高于秦巴山区、鲁中山区、东北地区、云贵高原、攀西山区、南岭山区、中原地区和皖南山区；武陵山区、黔中山区、雪峰山区显著高于鲁中山区、东北地区、攀西山区、南岭山区、中原地区和皖南山区；而南岭山区烟叶 Mn 含量最低(表 4-4-1)。

表 4-4-1　烤烟种植区烟叶中微量元素差异(一)　　　　(单位：g/kg)

生态区域	Cu	Fe	Mn
武陵山区	0.085±0.051c	0.929±0.408cde	2.744±1.941ab
黔中山区	0.065±0.027c	0.964±0.276cd	2.706±1.773ab
秦巴山区	0.084±0.046c	1.089±0.379bcd	1.984±1.206bc
鲁中山区	0.103±0.058bc	2.108±0.528a	1.134±0.949cde
东北地区	0.189±0.153a	0.625±0.387e	1.013±1.099cde
雪峰山区	0.169±0.107a	0.847±0.199de	2.725±0.923ab
云贵高原	0.076±0.067c	0.995±0.478cd	1.802±1.746bcd
攀西山区	0.084±0.062c	1.078±0.393bcd	0.704±0.439cde
武夷山区	0.056±0.027c	0.915±0.351cde	3.439±2.070a
南岭山区	0.148±0.053ab	1.067±0.339bcd	0.366±0.302e
中原地区	0.146±0.070ab	1.381±0.497b	0.626±0.777de
皖南山区	0.183±0.110ab	1.297±0.617bc	1.307±0.365cde

注：每列中不同小写字母者表示种植区间差异有统计学意义($P \leqslant 0.05$)。

四、烟叶 Zn

烤烟种植区间烟叶 Zn 分析结果表明，12 个区域烟叶 Zn 含量存在一定的差异。其中，武夷山区和雪峰山区的烟叶 Zn 含量显著高于其他 10 个区域；南岭山区、武陵山区、黔中山区、攀西山区和皖南山区显著高于秦巴山区、鲁中山区、东北地区、云贵高原和中原地区；而中原地区烟叶 Zn 含量最低(表 4-4-2)。

五、烟叶 Ca

烤烟种植区间烟叶 Ca 分析结果表明，12 个区域烟叶 Ca 含量存在一定的差异。其中，鲁中山区和中原地区烟叶 Ca 含量显著高于其他 10 个区域；秦巴山区、东北地区、云贵高原烟叶 Ca 含量显著高于黔中山区、雪峰山区、武夷山区和皖南山区；雪峰山区和武夷山区烟叶 Ca 含量显著低于其他区域(表 4-4-2)。

六、烟叶 Mg

烤烟种植区间烟叶 Mg 分析结果表明，12 个区域烟叶 Mg 含量存在一定的差异。其中，东北地区烟叶 Mg 含量较高于其他 11 个区域；中原地区显著高于雪峰山区、武夷山区和南岭山区；南岭山区烟叶 Mg 含量最低（表 4-4-2）。

表 4-4-2　烤烟种植区烟叶中微量元素差异（二）

生态区域	Zn/(g/kg)	Ca/(mg/kg)	Mg/(mg/kg)
武陵山区	0.434±0.245bcde	166.385±23.115bc	18.741±7.181bcde
黔中山区	0.482±0.180bcde	150.091±25.76c	20.925±7.580abcd
秦巴山区	0.417±0.214cde	176.695±24.650b	21.522±6.671abcd
鲁中山区	0.284±0.107de	215.504±28.233a	23.363±6.171abc
东北地区	0.364±0.346cde	177.078±23.958b	30.569±4.229a
雪峰山区	1.084±0.299a	128.312±27.950d	18.047±4.317cde
云贵高原	0.372±0.236cde	175.27±16.753b	21.930±5.732abcd
攀西山区	0.529±0.313bc	159.897±15.206bc	20.748±4.753 abcd
武夷山区	0.948±0.231a	109.541±37.504d	17.458±1.601de
南岭山区	0.639±0.466b	158.774±21.917bc	15.326±3.104e
中原地区	0.270±0.148e	213.938±41.486a	23.918±7.547ab
皖南山区	0.471±0.219bcd	141.815±41.473c	19.783±3.681abcde

注：每列中不同小写字母者表示种植区间差异有统计学意义（$P \leq 0.05$）。

第五章 特色优质烤烟典型产区烟叶生物碱组分与细胞壁物质

烟草生物碱是烟草及其制品中最重要的化学成分，主要包含烟碱、降烟碱、麦斯明、假木贼碱和新烟碱5种组分，各组分对烟草制品的感官品质和安全性均有重要影响。烟叶细胞壁物质为烟草叶片提供结构性框架，其组成部分包含纤维素、木质素、半纤维素和果胶等。烟叶细胞壁物质的积累、转化在一定程度上影响烟叶质量的优劣。研究生物碱组分和细胞壁物质对于控制烟叶中生物碱含量及协调生物碱各组分间的比例，以及提升烟叶的吸食品质及安全性，改进烟叶外观质量和内在质量，提升烟叶的可用性均有重要意义。本章采用气相色谱法和纤维素分析仪法对12个烤烟种植区46个典型产区的218个代表性片区烟叶样品的生物碱组分和纤维素、半纤维素和木质素进行系统检测。在获取检测数据的基础上，按照生态区域对生物碱组分与细胞壁物质检测结果分别进行概括分析，并加以比较描述。

第一节 特色优质烤烟典型产区烟叶生物碱组分特征

一、武陵山区烟叶生物碱组分

武陵山区烤烟种植区典型产区代表性片区烟叶生物碱组分分析结果表明，烟叶烟碱含量范围为 15.389～35.395 mg/g，平均值为 24.345 mg/g，变异系数为 18.421%；降烟碱含量范围为 0.199～0.900 mg/g，平均值为 0.565 mg/g，变异系数为 30.790%；麦斯明含量范围为 0.001～0.006 mg/g，平均值为 0.004 mg/g，变异系数为 29.723%；假木贼碱含量范围为 0.039～0.215 mg/g，平均值为 0.144 mg/g，变异系数为 32.009%；新烟碱含量范围为 0.429～1.214 mg/g，平均值为 0.720 mg/g，变异系数为 24.380%（表 5-1-1 和表 5-1-2）。

表 5-1-1 武陵山区烟叶生物碱组分 （单位：mg/g）

典型产区	烟碱	降烟碱	麦斯明	假木贼碱	新烟碱
德江	26.397	0.540	0.004	0.181	0.873
道真	20.500	0.455	0.003	0.141	0.704
咸丰	28.951	0.721	0.005	0.177	0.834
利川	23.122	0.555	0.003	0.161	0.848
桑植	21.585	0.609	0.004	0.136	0.586
凤凰	24.156	0.722	0.005	0.154	0.626
彭水	23.358	0.277	0.003	0.044	0.515
武隆	26.690	0.639	0.004	0.161	0.777

表 5-1-2　武陵山区烟叶生物碱组分统计

指标	最小值/(mg/g)	最大值/(mg/g)	平均值/(mg/g)	标准差	变异系数/%
烟碱	15.389	35.395	24.345	4.485	18.421
降烟碱	0.199	0.900	0.565	0.174	30.790
麦斯明	0.001	0.006	0.004	0.001	29.723
假木贼碱	0.039	0.215	0.144	0.046	32.009
新烟碱	0.429	1.214	0.720	0.176	24.380

二、黔中山区烟叶生物碱组分

黔中山区烤烟种植区典型产区代表性片区烟叶生物碱组分分析结果表明，烟叶烟碱含量范围为 19.369～40.279 mg/g，平均值为 27.448 mg/g，变异系数为 19.302%；降烟碱含量范围为 0.207～0.968 mg/g，平均值为 0.560 mg/g，变异系数为 40.053%；麦斯明含量范围为 0.001～0.006 mg/g，平均值为 0.004 mg/g，变异系数为 27.206%；假木贼碱含量范围为 0.038～0.223 mg/g，平均值为 0.138 mg/g，变异系数为 38.547%；新烟碱含量范围为 0.391～1.300 mg/g，平均值为 0.753 mg/g，变异系数为 23.931%（表 5-1-3 和表 5-1-4）。

表 5-1-3　黔中山区烟叶生物碱组分　　　　（单位：mg/g）

典型产区	烟碱	降烟碱	麦斯明	假木贼碱	新烟碱
播州	21.608	0.240	0.003	0.048	0.475
贵定	26.706	0.649	0.004	0.156	0.777
黔西	27.645	0.280	0.005	0.082	0.731
开阳	29.233	0.711	0.005	0.161	0.764
西秀	26.521	0.663	0.004	0.166	0.894
余庆	26.636	0.636	0.004	0.172	0.792
凯里	33.790	0.741	0.005	0.185	0.838

表 5-1-4　黔中山区烟叶生物碱组分统计

指标	最小值/(mg/g)	最大值/(mg/g)	平均值/(mg/g)	标准差	变异系数/%
烟碱	19.369	40.279	27.448	5.298	19.302
降烟碱	0.207	0.968	0.560	0.224	40.053
麦斯明	0.001	0.006	0.004	0.001	27.206
假木贼碱	0.038	0.223	0.138	0.053	38.547
新烟碱	0.391	1.300	0.753	0.180	23.931

三、秦巴山区烟叶生物碱组分

秦巴山区烤烟种植区典型产区代表性片区烟叶生物碱组分分析结果表明，烟叶烟碱含量范围为 12.909～32.939 mg/g，平均值为 22.203 mg/g，变异系数为 23.473%；降烟碱含量范围为 0.136～0.849 mg/g，平均值为 0.487 mg/g，变异系数为 29.293%；麦斯明含量范围为 0.002～0.004 mg/g，平均值为 0.003 mg/g，变异系数为 23.129%；假木贼碱含量范围为 0.030～0.231 mg/g，平均值为 0.152 mg/g，变异系数为 27.624%；新烟碱含量范围为 0.304～1.372 mg/g，平均值为 0.737 mg/g，变异系数为 31.858%（表 5-1-5 和表 5-1-6）。

表 5-1-5　秦巴山区烟叶生物碱组分　　　　　　　　（单位：mg/g）

典型产区	烟碱	降烟碱	麦斯明	假木贼碱	新烟碱
南郑	21.789	0.447	0.003	0.159	0.699
旬阳	19.925	0.361	0.003	0.118	0.574
兴山	24.951	0.560	0.003	0.163	0.819
房县	21.082	0.499	0.003	0.154	0.706
巫山	23.268	0.568	0.003	0.165	0.885

表 5-1-6　秦巴山区烟叶生物碱组分统计

指标	最小值/(mg/g)	最大值/(mg/g)	平均值/(mg/g)	标准差	变异系数/%
烟碱	12.909	32.939	22.203	5.212	23.473
降烟碱	0.136	0.849	0.487	0.143	29.293
麦斯明	0.002	0.004	0.003	0.001	23.129
假木贼碱	0.030	0.231	0.152	0.042	27.624
新烟碱	0.304	1.372	0.737	0.235	31.858

四、鲁中山区烟叶生物碱组分

鲁中山区烤烟种植区典型产区代表性片区生物碱组分分析结果表明，烟叶烟碱含量范围为 16.555～29.876 mg/g，平均值为 22.658 mg/g，变异系数为 18.728%；降烟碱含量范围为 0.404～0.797 mg/g，平均值 0.625 mg/g，变异系数为 20.700%；麦斯明含量范围为 0.003～0.005 mg/g，平均值为 0.004 mg/g，变异系数为 21.841%；假木贼碱含量范围为 0.096～0.187 mg/g，平均值为 0.144 mg/g，变异系数为 20.325%；新烟碱含量范围为 0.506～1.085 mg/g，平均值为 0.815 mg/g，变异系数为 25.124%（表 5-1-7 和表 5-1-8）。

表 5-1-7　鲁中山区烟叶生物碱组分　　　　　　　　（单位：mg/g）

典型产区	烟碱	降烟碱	麦斯明	假木贼碱	新烟碱
临朐	21.811	0.572	0.003	0.140	0.766
蒙阴	17.451	0.507	0.003	0.107	0.561
费县	26.368	0.724	0.004	0.159	0.920
诸城	24.779	0.707	0.004	0.172	1.020

表 5-1-8 鲁中山区烟叶生物碱组分统计

指标	最小值/(mg/g)	最大值/(mg/g)	平均值/(mg/g)	标准差	变异系数/%
烟碱	16.555	29.876	22.658	4.243	18.728
降烟碱	0.404	0.797	0.625	0.129	20.700
麦斯明	0.003	0.005	0.004	0.001	21.841
假木贼碱	0.096	0.187	0.144	0.029	20.325
新烟碱	0.506	1.085	0.815	0.205	25.124

五、东北地区烟叶生物碱组分

东北地区烤烟种植区典型烤烟产区代表性片区烟叶生物碱组分分析结果表明，烟叶烟碱含量范围为 10.263～32.807 mg/g，平均值为 21.109 mg/g，变异系数为 35.268%；降烟碱含量范围为 0.192～0.807 mg/g，平均值为 0.503 mg/g，变异系数为 44.879%；麦斯明含量范围为 0.003～0.005 mg/g，平均值为 0.004 mg/g，变异系数为 19.468%；假木贼碱含量范围为 0.029～0.260 mg/g，平均值为 0.128 mg/g，变异系数为 68.283%；新烟碱含量范围为 0.370～1.120 mg/g，平均值为 0.685 mg/g，变异系数为 42.673%（表 5-1-9 和表 5-1-10）。

表 5-1-9 东北地区烟叶生物碱组分 （单位：mg/g）

典型产区	烟碱	降烟碱	麦斯明	假木贼碱	新烟碱
宽甸	29.630	0.763	0.005	0.237	1.058
宁安	13.638	0.307	0.004	0.040	0.519
汪清	20.057	0.438	0.004	0.108	0.478

表 5-1-10 东北地区烟叶生物碱组分统计

指标	最小值/(mg/g)	最大值/(mg/g)	平均值/(mg/g)	标准差	变异系数/%
烟碱	10.263	32.807	21.109	7.445	35.268
降烟碱	0.192	0.807	0.503	0.226	44.879
麦斯明	0.003	0.005	0.004	0.001	19.468
假木贼碱	0.029	0.260	0.128	0.087	68.283
新烟碱	0.370	1.120	0.685	0.292	42.673

六、雪峰山区烟叶生物碱组分

雪峰山区烤烟种植区典型产区代表性片区烟叶生物碱组分分析结果表明，烟叶烟碱含量范围为 18.624～31.369 mg/g，平均值为 25.765 mg/g，变异系数为 15.316%；降烟碱含量范围为 0.203～0.674 mg/g，平均值为 0.430 mg/g，变异系数为 41.642%；麦斯明含量范围为 0.002～0.005 mg/g，平均值为 0.004 mg/g，变异系数为 26.792%；假木贼碱含量范围为 0.054～0.188 mg/g，平均值为 0.115 mg/g，变异系数为 48.317%；新烟碱含量范围为 0.322～0.795 mg/g，平均值为 0.592 mg/g，变异系数为 25.643%（表 5-1-11 和表 5-1-12）。

表 5-1-11 雪峰山区烟叶生物碱组分 （单位：mg/g）

典型产区	烟碱	降烟碱	麦斯明	假木贼碱	新烟碱
天柱	27.062	0.588	0.004	0.165	0.686
靖州	24.468	0.272	0.003	0.065	0.498

表 5-1-12 雪峰山区烟叶生物碱组分统计

指标	最小值/(mg/g)	最大值/(mg/g)	平均值/(mg/g)	标准差	变异系数/%
烟碱	18.624	31.369	25.765	3.946	15.316
降烟碱	0.203	0.674	0.430	0.179	41.642
麦斯明	0.002	0.005	0.004	0.001	26.792
假木贼碱	0.054	0.188	0.115	0.056	48.317
新烟碱	0.322	0.795	0.592	0.152	25.643

七、云贵高原烟叶生物碱组分

云贵高原烤烟种植区典型产区代表性片区烟叶生物碱组分分析结果表明，烟叶烟碱含量范围为 10.734～35.969 mg/g，平均值为 26.880 mg/g，变异系数为 22.785%；降烟碱含量范围为 0.283～0.986 mg/g，平均值为 0.655 mg/g，变异系数为 32.008%；麦斯明含量范围为 0.002～0.006 mg/g，平均值为 0.004 mg/g，变异系数为 28.225%；假木贼碱含量范围为 0.080～0.223 mg/g，平均值为 0.150 mg/g，变异系数为 25.398%；新烟碱含量范围为 0.424～1.299 mg/g，平均值为 0.931 mg/g，变异系数为 21.575%（表 5-1-13 和表 5-1-14）。

表 5-1-13 云贵高原烟叶生物碱组分 （单位：mg/g）

典型产区	烟碱	降烟碱	麦斯明	假木贼碱	新烟碱
南涧	28.820	0.800	0.005	0.166	1.065
江川	23.872	0.532	0.003	0.151	0.855
盘州	32.585	0.890	0.005	0.189	1.101
威宁	22.981	0.422	0.004	0.103	0.855
兴仁	26.138	0.630	0.003	0.141	0.781

表 5-1-14 云贵高原烟叶生物碱组分统计

指标	最小值/(mg/g)	最大值/(mg/g)	平均值/(mg/g)	标准差	变异系数/%
烟碱	10.734	35.969	26.880	6.124	22.785
降烟碱	0.283	0.986	0.655	0.210	32.008
麦斯明	0.002	0.006	0.004	0.001	28.225
假木贼碱	0.080	0.223	0.150	0.038	25.398
新烟碱	0.424	1.299	0.931	0.201	21.575

八、攀西山区烟叶生物碱组分

攀西山区烤烟种植区典型产区代表性片区烟叶生物碱组分分析结果表明，烟叶烟碱含量范围为 12.748～18.450 mg/g，平均值为 15.348 mg/g，变异系数为 13.565%；降烟碱含量范围为 0.651～1.330 mg/g，平均值为 0.898 mg/g，变异系数为 23.255%；麦斯明含量范围为 0.002～0.007 mg/g，平均值为 0.004 mg/g，变异系数为 30.213%；假木贼碱含量范围为 0.104～0.146 mg/g，平均值为 0.125 mg/g，变异系数为 10.784%；新烟碱含量范围为 0.984～1.585 mg/g，平均值为 1.271 mg/g，变异系数为 17.539%（表 5-1-15 和表 5-1-16）。

表 5-1-15　攀西山区烟叶生物碱组分　　　　　　（单位：mg/g）

典型产区	烟碱	降烟碱	麦斯明	假木贼碱	新烟碱
会东	18.450	0.717	0.002	0.126	1.316
米易	13.863	0.744	0.004	0.119	1.269
仁和	16.327	0.997	0.004	0.134	1.351
盐边	15.810	1.115	0.004	0.124	1.180

表 5-1-16　攀西山区烟叶生物碱组分统计

指标	最小值/(mg/g)	最大值/(mg/g)	平均值/(mg/g)	标准差	变异系数/%
烟碱	12.748	18.450	15.348	2.082	13.565
降烟碱	0.651	1.330	0.898	0.209	23.255
麦斯明	0.002	0.007	0.004	0.001	30.213
假木贼碱	0.104	0.146	0.125	0.013	10.784
新烟碱	0.984	1.585	1.271	0.223	17.539

九、武夷山区烟叶生物碱组分

武夷山区烤烟种植区典型产区代表性片区烟叶生物碱组分分析结果表明，烟叶烟碱含量范围为 15.041～40.014 mg/g，平均值为 21.742 mg/g，变异系数为 34.537%；降烟碱含量范围为 0.356～0.763 mg/g，平均值为 0.514 mg/g，变异系数为 25.745%；麦斯明含量范围为 0.003～0.005 mg/g，平均值为 0.004 mg/g，变异系数为 23.136%；假木贼碱含量范围为 0.103～0.258 mg/g，平均值为 0.146mg/g，变异系数为 35.932%；新烟碱含量范围为 0.463～1.081 mg/g，平均值为 0.706 mg/g，变异系数为 32.607%（表 5-1-17 和表 5-1-18）。

表 5-1-17　武夷山区烟叶生物碱组分　　　　　　（单位：mg/g）

典型产区	烟碱	降烟碱	麦斯明	假木贼碱	新烟碱
永定	24.895	0.520	0.004	0.162	0.777
泰宁	18.588	0.507	0.003	0.130	0.636

表 5-1-18　武夷山区烟叶生物碱组分统计

指标	最小值/(mg/g)	最大值/(mg/g)	平均值/(mg/g)	标准差	变异系数/%
烟碱	15.041	40.014	21.742	7.509	34.537
降烟碱	0.356	0.763	0.514	0.132	25.745
麦斯明	0.003	0.005	0.004	0.001	23.136
假木贼碱	0.103	0.258	0.146	0.052	35.932
新烟碱	0.463	1.081	0.706	0.230	32.607

十、南岭山区烟叶生物碱组分

南岭山区烤烟种植区典型产区代表性片区烟叶生物碱组分分析结果表明，烟叶烟碱含量范围为 16.029～31.465 mg/g，平均值为 24.405 mg/g，变异系数为 24.180%；降烟碱含量范围为 0.295～0.460 mg/g，平均值为 0.364 mg/g，变异系数为 17.210%；麦斯明含量范围为 0.002～0.009 mg/g，平均值为 0.004 mg/g，变异系数为 56.497%；假木贼碱含量范围为 0.071～0.164 mg/g，平均值为 0.105 mg/g，变异系数为 32.511%；新烟碱含量范围为 0.442～0.776 mg/g，平均值为 0.635 mg/g，变异系数为 15.649%（表 5-1-19 和表 5-1-20）。

表 5-1-19　南岭山区烟叶生物碱组分　　　　　　　　　（单位：mg/g）

典型产区	烟碱	降烟碱	麦斯明	假木贼碱	新烟碱
桂阳	19.168	0.416	0.003	0.134	0.570
江华	29.643	0.313	0.005	0.076	0.700

表 5-1-20　南岭山区烟叶生物碱组分统计

指标	最小值/(mg/g)	最大值/(mg/g)	平均值/(mg/g)	标准差	变异系数/%
烟碱	16.029	31.465	24.405	5.901	24.180
降烟碱	0.295	0.460	0.364	0.063	17.210
麦斯明	0.002	0.009	0.004	0.002	56.497
假木贼碱	0.071	0.164	0.105	0.034	32.511
新烟碱	0.442	0.776	0.635	0.099	15.649

十一、中原地区烟叶生物碱组分

中原地区烤烟种植区典型产区代表性片区烟叶生物碱组分分析结果表明，烟叶烟碱含量范围为 15.559～36.431 mg/g，平均值为 22.544 mg/g，变异系数为 27.731%；降烟碱含量范围为 0.486～1.403 mg/g，平均值为 0.696 mg/g，变异系数为 36.962%；麦斯明含量范围为 0.003～0.006 mg/g，平均值为 0.004 mg/g，变异系数为 26.442%；假木贼碱含量范围为 0.095～0.222 mg/g，平均值为 0.140 mg/g，变异系数为 26.474%；新烟碱含量范围为 0.570～1.550 mg/g，平均值为 0.853 mg/g，变异系数为 33.554%（表 5-1-21 和表 5-1-22）。

表 5-1-21 中原地区烟叶生物碱组分　　　　　　　　　　　　　（单位：mg/g）

典型产区	烟碱	降烟碱	麦斯明	假木贼碱	新烟碱
襄城	26.393	0.806	0.005	0.154	0.950
灵宝	18.695	0.585	0.004	0.127	0.755

表 5-1-22 中原地区烟叶生物碱组分统计

指标	最小值/(mg/g)	最大值/(mg/g)	平均值/(mg/g)	标准差	变异系数/%
烟碱	15.559	36.431	22.544	6.252	27.731
降烟碱	0.486	1.403	0.696	0.257	36.962
麦斯明	0.003	0.006	0.004	0.001	26.442
假木贼碱	0.095	0.222	0.140	0.037	26.474
新烟碱	0.570	1.550	0.853	0.286	33.554

十二、皖南山区烟叶生物碱组分

皖南山区烤烟种植区典型产区代表性片区烟叶生物碱组分分析结果表明，烟叶烟碱含量范围为 15.537～29.182 mg/g，平均值为 19.597 mg/g，变异系数为 26.079%；降烟碱含量范围为 0.293～0.560 mg/g，平均值为 0.420 mg/g，变异系数为 20.820%；麦斯明含量范围为 0.003～0.005 mg/g，平均值为 0.004 mg/g，变异系数为 20.648%；假木贼碱含量范围为 0.060～0.153 mg/g，平均值为 0.114 mg/g，变异系数为 27.240%；新烟碱含量范围为 0.535～0.681 mg/g，平均值为 0.612 mg/g，变异系数为 9.691%（表 5-1-23 和表 5-1-24）。

表 5-1-23 皖南山区烟叶生物碱组分　　　　　　　　　　　　　（单位：mg/g）

典型产区	烟碱	降烟碱	麦斯明	假木贼碱	新烟碱
宣州	17.679	0.445	0.004	0.125	0.627
泾县	29.182	0.293	0.004	0.060	0.535

表 5-1-24 皖南山区烟叶生物碱组分统计

指标	最小值/(mg/g)	最大值/(mg/g)	平均值/(mg/g)	标准差	变异系数/%
烟碱	15.537	29.182	19.597	5.111	26.079
降烟碱	0.293	0.560	0.420	0.087	20.820
麦斯明	0.003	0.005	0.004	0.001	20.648
假木贼碱	0.060	0.153	0.114	0.031	27.240
新烟碱	0.535	0.681	0.612	0.059	9.691

第二节 特色优质烤烟典型产区烟叶生物碱组分差异

一、烟叶烟碱

烤烟种植区间烟叶烟碱分析结果表明，12 个区域烟叶烟碱含量存在一定的差异。其中，黔中山区烟叶烟碱含量较高，而攀西山区烟叶烟碱含量显著低于其他区域（表 5-2-1）。

二、烟叶降烟碱

烤烟种植区间烟叶降烟碱分析结果表明，12 个区域烟叶降烟碱含量存在一定的差异。其中，攀西山区烟叶降烟碱含量显著高于其他区域，而南岭山区烟叶降烟碱含量较低（表 5-2-1）。

三、烟叶麦斯明

烤烟种植区间烟叶麦斯明分析结果表明，12 个区域烟叶麦斯明含量存在一定的差异。其中，东北地区、黔中山区和南岭山区烟叶麦斯明含量较高，而秦巴山区烟叶麦斯明含量较低（表 5-2-1）。

四、烟叶假木贼碱

烤烟种植区间烟叶假木贼碱分析结果表明，12 个区域烟叶假木贼碱含量存在一定的差异。其中，秦巴山区和云贵高原的烟叶假木贼碱含量较高，而南岭山区烟叶假木贼碱含量较低（表 5-2-1）。

表 5-2-1 烤烟种植区烟叶生物碱组分差异 （单位：mg/g）

生态区域	烟碱	降烟碱	麦斯明	假木贼碱	新烟碱
武陵山区	24.345±4.485abc	0.565±0.174bcde	0.004±0.001ab	0.144±0.046ab	0.720±0.176cd
黔中山区	27.448±5.298a	0.560±0.224bcde	0.004±0.001a	0.138±0.053ab	0.753±0.180cd
秦巴山区	22.203±5.212bcd	0.487±0.143def	0.003±0.001b	0.152±0.042a	0.737±0.235cd
鲁中山区	22.658±4.243bcd	0.625±0.129bcd	0.004±0.001ab	0.144±0.029ab	0.815±0.205bc
东北地区	21.109±7.445cd	0.503±0.226cdef	0.004±0.001a	0.128±0.087ab	0.685±0.292cd
雪峰山区	25.765±3.946abc	0.430±0.179ef	0.004±0.001ab	0.115±0.056ab	0.592±0.152d
云贵高原	26.880±6.124ab	0.655±0.210bc	0.004±0.001ab	0.150±0.038a	0.931±0.201b
攀西山区	15.348±2.082e	0.898±0.209a	0.004±0.001ab	0.125±0.034ab	1.271±0.099a
武夷山区	21.742±7.509cd	0.514±0.132cdef	0.004±0.001ab	0.146±0.013ab	0.706±0.223cd
南岭山区	24.405±5.901abc	0.364±0.063f	0.004±0.002a	0.105±0.034b	0.635±0.099d
中原地区	22.544±6.252bcd	0.696±0.257b	0.004±0.001ab	0.140±0.037ab	0.853±0.286bc
皖南山区	19.597±5.111d	0.420±0.087ef	0.004±0.001ab	0.114±0.031ab	0.612±0.059d

注：每列中不同小写字母者表示种植区间差异有统计学意义（$P \leqslant 0.05$）。

五、烟叶新烟碱

烤烟种植区间烟叶新烟碱分析结果表明，12 个区域烟叶新烟碱含量存在一定的差异。其中，攀西山区烟叶新烟草碱含量显著高于其他区域，而南岭山区、雪峰山区和皖南山区烟叶新烟碱含量较低(表 5-2-1)。

第三节　特色优质烤烟典型产区烟叶细胞壁物质特征

一、武陵山区烟叶细胞壁物质

武陵山区烤烟种植区典型产区代表性片区烟叶细胞壁物质分析结果表明，烟叶纤维素含量范围为 5.800%～8.400%，平均值为 7.003%，变异系数为 9.753%；半纤维素含量范围为 1.700%～3.800%，平均值为 2.735%，变异系数为 19.036%；木质素含量范围为 0.600%～1.900%，平均值为 1.258%，变异系数为 26.825%(表 5-3-1 和表 5-3-2)。

表 5-3-1　武陵山区烟叶细胞壁物质　　　　　(单位：%)

典型产区	纤维素	半纤维素	木质素
德江	7.820	2.440	1.340
道真	6.840	2.540	1.040
咸丰	6.740	2.380	1.120
利川	6.760	2.980	1.360
桑植	7.300	3.040	1.620
凤凰	6.580	3.140	1.060
彭水	6.880	2.700	1.100
武隆	7.100	2.660	1.420

表 5-3-2　武陵山区烟叶细胞壁物质统计

指标	最小值/%	最大值/%	平均值/%	标准差	变异系数/%
纤维素	5.800	8.400	7.003	0.683	9.753
半纤维素	1.700	3.800	2.735	0.521	19.036
木质素	0.600	1.900	1.258	0.337	26.825

二、黔中山区烟叶细胞壁物质

黔中山区烤烟种植区典型产区代表性片区烟叶细胞壁物质分析结果表明，烟叶纤维素含量范围为 6.200%～9.700%，平均值为 7.560%，变异系数为 9.593%；半纤维素含量范围为 2.500%～3.500%，平均值为 2.691%，变异系数为 16.771%；木质素含量范围为 0.500%～1.700%，平均值为 1.263%，变异系数为 23.450%(表 5-3-3 和表 5-3-4)。

表 5-3-3　黔中山区烟叶细胞壁物质　　　　　　　　　　（单位：%）

典型产区	纤维素	半纤维素	木质素
播州	7.040	2.500	1.080
贵定	7.720	2.200	1.600
黔西	7.160	2.820	1.180
开阳	7.920	2.840	1.300
西秀	7.180	2.780	1.220
余庆	7.960	2.860	1.300
凯里	7.940	2.840	1.160

表 5-3-4　黔中山区烟叶细胞壁物质统计

指标	最小值/%	最大值/%	平均值/%	标准差	变异系数/%
纤维素	6.200	9.700	7.560	0.725	9.593
半纤维素	2.500	3.500	2.691	0.451	16.771
木质素	0.500	1.700	1.263	0.296	23.450

三、秦巴山区烟叶细胞壁物质

秦巴山区烤烟种植区典型产区代表性片区烟叶细胞壁物质分析结果表明，烟叶纤维素含量范围为 5.800%～9.800%，平均值为 7.144%，变异系数为 13.384%；半纤维素含量范围为 1.800%～3.500%，平均值为 2.500%，变异系数为 18.330%；木质素含量范围为 0.600%～2.000%，平均值为 1.256%，变异系数为 24.441%（表 5-3-5 和表 5-3-6）。

表 5-3-5　秦巴山区烟叶细胞壁物质　　　　　　　　　　（单位：%）

典型产区	纤维素	半纤维素	木质素
南郑	7.080	2.800	1.260
旬阳	7.320	2.220	1.380
兴山	7.240	2.440	1.160
房县	6.680	2.460	1.180
巫山	7.400	2.580	1.300

表 5-3-6　秦巴山区烟叶细胞壁物质统计

指标	最小值/%	最大值/%	平均值/%	标准差	变异系数/%
纤维素	5.800	9.800	7.144	0.956	13.384
半纤维素	1.800	3.500	2.500	0.458	18.330
木质素	0.600	2.000	1.256	0.307	24.441

四、鲁中山区烟叶细胞壁物质

鲁中山区烤烟种植区典型产区代表性片区烟叶细胞壁物质分析结果表明，烟叶纤维素含量范围为 6.200%～9.600%，平均值为 7.485%，变异系数为 10.873%；半纤维素含量范围为 1.900%～3.600%，平均值为 2.677%，变异系数为 22.438%；木质素含量范围为 0.800%～2.300%，平均值为 1.318%，变异系数为 35.167%（表 5-3-7 和表 5-3-8）。

表 5-3-7　鲁中山区烟叶细胞壁物质　　　　　　　　　　（单位：%）

典型产区	纤维素	半纤维素	木质素
临朐	7.220	2.380	1.100
蒙阴	7.920	2.160	1.120
费县	6.980	3.380	1.560
诸城	7.820	2.760	1.400

表 5-3-8　鲁中山区烟叶细胞壁物质统计

指标	最小值/%	最大值/%	平均值/%	标准差	变异系数/%
纤维素	6.200	9.600	7.485	0.814	10.873
半纤维素	1.900	3.600	2.677	0.601	22.438
木质素	0.800	2.300	1.318	0.464	35.167

五、东北地区烟叶细胞壁物质

东北地区烤烟种植区典型产区代表性片区烟叶细胞壁物质分析结果表明，烟叶纤维素含量范围为 5.900%～8.500%，平均值为 7.460%，变异系数为 9.964%；半纤维素含量范围为 1.500%～3.100%，平均值为 2.407%，变异系数为 20.684%；木质素含量范围为 0.600%～1.700%，平均值为 1.053%，变异系数为 28.900%（表 5-3-9 和表 5-3-10）。

表 5-3-9　东北地区烟叶细胞壁物质　　　　　　　　　　（单位：%）

典型产区	纤维素	半纤维素	木质素
宽甸	7.960	2.320	1.040
宁安	7.140	2.200	1.080
汪清	7.280	2.700	1.040

表 5-3-10　东北地区烟叶细胞壁物质统计

指标	最小值/%	最大值/%	平均值/%	标准差	变异系数/%
纤维素	5.900	8.500	7.460	0.743	9.964
半纤维素	1.500	3.100	2.407	0.498	20.684
木质素	0.600	1.700	1.053	0.304	28.900

六、雪峰山区烟叶细胞壁物质

雪峰山区烤烟种植区典型产区代表性片区烟叶细胞壁物质分析结果表明，烟叶纤维素含量范围为 6.100%～9.200%，平均值为 7.330%，变异系数为 11.433%；半纤维素含量范围为 2.000%～3.600%，平均值为 2.860%，变异系数为 19.236%；木质素含量范围为 0.700%～1.500%，平均值为 1.170%，变异系数为 22.810%（表 5-3-11 和表 5-3-12）。

表 5-3-11 雪峰山区烟叶细胞壁物质 （单位：%）

典型产区	纤维素	半纤维素	木质素
天柱	7.420	2.900	1.220
靖州	7.240	2.820	1.120

表 5-3-12 雪峰山区烟叶细胞壁物质统计

指标	最小值/%	最大值/%	平均值/%	标准差	变异系数/%
纤维素	6.100	9.200	7.330	0.838	11.433
半纤维素	2.000	3.600	2.860	0.550	19.236
木质素	0.700	1.500	1.170	0.267	22.810

七、云贵高原烟叶细胞壁物质

云贵高原烤烟种植区典型产区代表性片区烟叶细胞壁物质分析结果表明，烟叶纤维素含量范围为 5.500%～8.200%，平均值为 6.976%，变异系数为 10.904%；半纤维素含量范围为 1.900%～3.900%，平均值为 2.812%，变异系数为 21.566%；木质素含量范围为 0.500%～1.800%，平均值为 1.072%，变异系数为 27.266%（表 5-3-13 和表 5-3-14）。

表 5-3-13 云贵高原烟叶细胞壁物质 （单位：%）

典型产区	纤维素	半纤维素	木质素
南涧	7.120	2.800	1.460
江川	7.600	2.160	0.840
盘州	7.040	2.780	1.120
威宁	6.380	2.600	1.020
兴仁	6.740	3.720	0.920

表 5-3-14 云贵高原烟叶细胞壁物质统计

指标	最小值/%	最大值/%	平均值/%	标准差	变异系数/%
纤维素	5.500	8.200	6.976	0.761	10.904
半纤维素	1.900	3.900	2.812	0.606	21.566
木质素	0.500	1.800	1.072	0.292	27.266

八、攀西山区烟叶细胞壁物质

攀西山区烤烟种植区典型产区代表性片区烟叶细胞壁物质分析结果表明，烟叶纤维素含量范围为 6.100%～7.500%，平均值为 6.806%，变异系数为 5.988%；半纤维素含量范围为 2.500%～3.720%，平均值为 2.999%，变异系数为 12.797%；木质素含量范围为 0.700%～1.400%，平均值为 1.001%，变异系数为 16.839%（表 5-3-15 和表 5-3-16）。

表 5-3-15　攀西山区烟叶细胞壁物质　　　　　　　　（单位：%）

典型产区	纤维素	半纤维素	木质素
会东	6.625	3.225	0.963
米易	6.838	2.984	1.034
仁和	6.660	2.800	0.907
盐边	6.960	3.149	1.052

表 5-3-16　攀西山区烟叶细胞壁物质统计

指标	最小值/%	最大值/%	平均值/%	标准差	变异系数/%
纤维素	6.100	7.500	6.806	0.408	5.988
半纤维素	2.500	3.720	2.999	0.384	12.797
木质素	0.700	1.400	1.001	0.169	16.839

九、武夷山区烟叶细胞壁物质

武夷山区烤烟种植区典型产区代表性片区烟叶细胞壁物质分析结果表明，烟叶纤维素含量范围为 6.100%～8.600%，平均值为 7.140%，变异系数为 11.247%；半纤维素含量范围为 2.100%～3.600%，平均值为 2.800%，变异系数为 16.496%；木质素含量范围为 0.600%～1.900%，平均值为 1.230%，变异系数为 28.436%（表 5-3-17 和表 5-3-18）。

表 5-3-17　武夷山区烟叶细胞壁物质　　　　　　　　（单位：%）

典型产区	纤维素	半纤维素	木质素
永定	7.420	2.540	1.100
泰宁	6.860	3.060	1.360

表 5-3-18　武夷山区烟叶细胞壁物质统计

指标	最小值/%	最大值/%	平均值/%	标准差	变异系数/%
纤维素	6.100	8.600	7.140	0.803	11.247
半纤维素	2.100	3.600	2.800	0.462	16.496
木质素	0.600	1.900	1.230	0.350	28.436

十、南岭山区烟叶细胞壁物质

南岭山区烤烟种植区典型产区代表性片区烟叶细胞壁物质分析结果表明,烟叶纤维素含量范围为 6.600%～8.300%,平均值为 7.110%,变异系数为 6.744%;半纤维素含量范围为 2.200%～3.700%,平均值为 2.880%,变异系数为 16.187%;木质素含量范围为 0.800%～2.000%,平均值为 1.560%,变异系数为 22.854%(表 5-3-19 和表 5-3-20)。

表 5-3-19　南岭山区烟叶细胞壁物质　　　　　　　　　　　(单位:%)

典型产区	纤维素	半纤维素	木质素
桂阳	6.940	2.960	1.480
江华	7.280	2.800	1.640

表 5-3-20　南岭山区烟叶细胞壁物质统计

指标	最小值/%	最大值/%	平均值/%	标准差	变异系数/%
纤维素	6.600	8.300	7.110	0.479	6.744
半纤维素	2.200	3.700	2.880	0.466	16.187
木质素	0.800	2.000	1.560	0.357	22.854

十一、中原地区烟叶细胞壁物质

中原地区烤烟种植区典型产区代表性片区烟叶细胞壁物质分析结果表明,烟叶纤维素含量范围为 6.100%～8.400%,平均值为 7.050%,变异系数为 12.225%;半纤维素含量范围为 2.400%～3.600%,平均值为 3.040%,变异系数为 12.230%;木质素含量范围为 0.800%～1.400%,平均值为 1.020%,变异系数为 19.499%(表 5-3-21 和表 5-3-22)。

表 5-3-21　中原地区烟叶细胞壁物质　　　　　　　　　　　(单位:%)

典型产区	纤维素	半纤维素	木质素
襄城	7.380	3.080	1.040
灵宝	6.720	3.000	1.000

表 5-3-22　中原地区烟叶细胞壁物质统计

指标	最小值/%	最大值/%	平均值/%	标准差	变异系数/%
纤维素	6.100	8.400	7.050	0.862	12.225
半纤维素	2.400	3.600	3.040	0.372	12.230
木质素	0.800	1.400	1.020	0.199	19.499

十二、皖南山区烟叶细胞壁物质

皖南山区烤烟种植区典型产区代表性片区烟叶细胞壁物质分析结果表明,烟叶纤维素含量范围为 7.400%～8.100%，平均值为 7.667%，变异系数为 3.265%；半纤维素含量范围为 1.500%～3.200%，平均值为 2.217%，变异系数为 27.870%；木质素含量范围为 0.900%～1.900%，平均值为 1.183%，变异系数为 31.355%（表 5-3-23 和表 5-3-24）。

表 5-3-23　皖南山区烟叶细胞壁物质　（单位：%）

典型产区	纤维素	半纤维素	木质素
宣州	7.700	2.020	1.200
泾县	7.500	3.200	1.100

表 5-3-24　皖南山区烟叶细胞壁物质统计

指标	最小值/%	最大值/%	平均值/%	标准差	变异系数/%
纤维素	7.400	8.100	7.667	0.250	3.265
半纤维素	1.500	3.200	2.217	0.618	27.870
木质素	0.900	1.900	1.183	0.371	31.355

第四节　特色优质烤烟典型产区烟叶细胞壁物质差异

一、烟叶纤维素

烤烟种植区间烟叶纤维素分析结果表明，12 个区域烟叶纤维素含量存在一定的差异。其中，皖南山区烟叶纤维素含量较高，而攀西山区烟叶纤维素含量较低（表 5-4-1）。

二、烟叶半纤维素

烤烟种植区间烟叶半纤维素分析结果表明，12 个区域烟叶半纤维素含量存在一定的差异。其中，中原地区和攀西山区烟叶半纤维素含量较高，而皖南山区烟叶半纤维素含量较低（表 5-4-1）。

三、烟叶木质素

烤烟种植区间烟叶木质素分析结果表明，12 个区域烟叶木质素含量存在一定的差异。其中，南岭山区烟叶木质素含量显著高于其他区域，而攀西山区木质素含量较低（表 5-4-1）。

表 5-4-1　烤烟种植区烟叶细胞壁物质差异　（单位：%）

生态区域	纤维素	半纤维素	木质素
武陵山区	7.003±0.683abc	2.735±0.521abc	1.258±0.337bc
黔中山区	7.560±0.725ab	2.691±0.451abc	1.263±0.296bc
秦巴山区	7.144±0.956abc	2.500±0.458bcd	1.256±0.307bc
鲁中山区	7.485±0.814ab	2.677±0.601abc	1.318±0.464b

续表

生态区域	纤维素	半纤维素	木质素
东北地区	7.460±0.743abc	2.407±0.498cd	1.053±0.304bc
雪峰山区	7.330±0.838abc	2.860±0.550ab	1.170±0.267bc
云贵高原	6.976±0.761bc	2.812±0.606abc	1.072±0.292bc
攀西山区	6.806±0.408c	2.999±0.384a	1.001±0.169c
武夷山区	7.140±0.803abc	2.800±0.462abc	1.230±0.350bc
南岭山区	7.110±0.479abc	2.880±0.466ab	1.560±0.357a
中原地区	7.050±0.862abc	3.040±0.372a	1.020±0.199bc
皖南山区	7.667±0.250a	2.217±0.618d	1.183±0.371bc

注：每列中不同小写字母者表示种植区间差异有统计学意义（$P \leqslant 0.05$）。

第六章 优质特色烤烟典型产区烟叶多酚与质体色素

烟草中含有多种酚类化合物,其中最主要的多酚类物质有单宁类(绿原酸)、香豆素类(莨菪灵、莨菪亭、七叶亭)和黄酮类(芸香苷、黄酮、鼠李糖)等,其中绿原酸和芸香苷的含量较高,占烟草中植物多酚含量的80%以上。多酚化合物对烟叶色泽、香味和烟气生理强度具有重要影响,是衡量烟草品质的重要指标。绿原酸是咖啡酸与奎尼酸的二缩酯,具有弱的清香气味,在多酚氧化酶的作用下形成多醌,与氨基酸发生非酶促棕色化反应生成吡嗪、吡啶、吡咯类物质等,对烟叶的色泽和香味有重要影响。多酚类物质是烟叶中重要的香气前体物,与烟草质量呈正相关,多酚类化合物经一系列反应降解生成一系列降解产物,能赋予烟草制品优雅的香气,增加烟草制品的香气量,对改善烟草制品的品质有重要作用。酚类化合物在烟草燃烧时可发生酸性反应,中和部分碱性,使吸味醇和。烟草质体色素主要包括叶绿素和类胡萝卜素,烤烟中的胡萝卜素是由68%的 β-胡萝卜素和32%的新-β-胡萝卜素所组成的混合物,叶黄素的构成为60%的叶黄素、22%的新黄素和18%的紫黄质。烟叶中的类胡萝卜素含量与烟叶外观质量直接相关,类胡萝卜素是烟草香气成分的重要前体物质。本章根据12个烤烟种植区46个典型产区的218个代表性片区的定位信息,采集中部(C3F)烟叶样品,对烟叶样品的绿原酸、芸香苷、莨菪亭、β-胡萝卜素和叶黄素进行检测,按照生态区域进行烟叶多酚与质体色素物质特征的概括描述和比较分析。

第一节 优质特色烤烟典型产区烟叶多酚与质体色素特征

一、武陵山区烟叶多酚与质体色素

武陵山区烤烟种植区典型产区代表性片区烟叶多酚与质体色素分析结果表明,烟叶绿原酸含量范围为9.100～17.870 mg/g,平均值为12.685 mg/g,变异系数为14.614%;芸香苷含量范围为4.490～13.320 mg/g,平均值为8.800 mg/g,变异系数为20.638%;莨菪亭含量范围为0.040～0.410 mg/g,平均值为0.169 mg/g,变异系数为46.183%;β-胡萝卜素含量范围为0.018～0.077 mg/g,平均值为0.040 mg/g,变异系数为29.291%;叶黄素含量范围为0.033～0.145 mg/g,平均值为0.080 mg/g,变异系数为29.799%(表6-1-1和表6-1-2)。

表 6-1-1　武陵山区烟叶多酚与质体色素　　　　　(单位: mg/g)

典型产区	绿原酸	芸香苷	莨菪亭	β-胡萝卜素	叶黄素
德江	13.770	8.236	0.078	0.040	0.093
道真	11.822	9.506	0.154	0.027	0.051
咸丰	10.410	8.436	0.234	0.046	0.093

续表

典型产区	绿原酸	芸香苷	莨菪亭	β-胡萝卜素	叶黄素
利川	14.480	10.800	0.140	0.039	0.071
桑植	12.508	6.980	0.296	0.051	0.095
凤凰	13.772	7.730	0.152	0.030	0.060
彭水	13.398	8.421	0.159	0.037	0.072
武隆	11.318	10.292	0.142	0.051	0.104

表 6-1-2 武陵山区烟叶多酚与质体色素统计

指标	最小值/(mg/g)	最大值/(mg/g)	平均值/(mg/g)	标准差	变异系数/%
绿原酸	9.100	17.870	12.685	1.854	14.614
芸香苷	4.490	13.320	8.800	1.816	20.638
莨菪亭	0.040	0.410	0.169	0.078	46.183
β-胡萝卜素	0.018	0.077	0.040	0.012	29.291
叶黄素	0.033	0.145	0.080	0.024	29.799

二、黔中山区烟叶多酚与质体色素

黔中山区烤烟种植区典型产区代表性片区烟叶多酚与质体色素分析结果表明，烟叶绿原酸含量范围为 8.000～14.260 mg/g，平均值为 11.515 mg/g，变异系数为 12.137%；芸香苷含量范围为 5.020～12.100 mg/g，平均值为 9.611 mg/g，变异系数为 17.260%；莨菪亭含量范围为 0.060～0.390 mg/g，平均值为 0.156 mg/g，变异系数为 42.191%；β-胡萝卜素含量范围为 0.003～0.088 mg/g，平均值为 0.046 mg/g，变异系数为 44.726%；叶黄素含量范围为 0.005～0.152 mg/g，平均值为 0.081 mg/g，变异系数为 40.035%（表 6-1-3 和表 6-1-4）。

表 6-1-3 黔中山区烟叶多酚与质体色素 （单位：mg/g）

典型产区	绿原酸	芸香苷	莨菪亭	β-胡萝卜素	叶黄素
播州	11.772	9.851	0.165	0.049	0.088
贵定	11.308	9.624	0.152	0.030	0.064
黔西	11.394	8.799	0.164	0.051	0.089
开阳	10.650	9.626	0.180	0.075	0.120
西秀	11.892	10.037	0.154	0.037	0.060
余庆	12.490	8.564	0.186	0.041	0.071
凯里	11.100	10.776	0.094	0.040	0.075

表 6-1-4　黔中山区烟叶多酚与质体色素统计

指标	最小值/(mg/g)	最大值/(mg/g)	平均值/(mg/g)	标准差	变异系数/%
绿原酸	8.000	14.260	11.515	1.398	12.137
芸香苷	5.020	12.100	9.611	1.659	17.260
莨菪亭	0.060	0.390	0.156	0.066	42.191
β-胡萝卜素	0.003	0.088	0.046	0.021	44.726
叶黄素	0.005	0.152	0.081	0.032	40.035

三、秦巴山区烟叶多酚与质体色素

　　秦巴山区烤烟种植区典型产区代表性片区烟叶多酚与质体色素分析结果表明，烟叶绿原酸含量范围为 7.490～16.260 mg/g，平均值为 13.742 mg/g，变异系数为 13.483%；芸香苷含量范围为 4.220～14.670 mg/g，平均值为 10.558 mg/g，变异系数为 22.964%；莨菪亭含量范围为 0.110～0.410 mg/g，平均值为 0.212 mg/g，变异系数为 38.531%；β-胡萝卜素含量范围为 0.025～0.077 mg/g，平均值为 0.047 mg/g，变异系数为 25.799%；叶黄素含量范围为 0.044～0.135 mg/g，平均值为 0.088 mg/g，变异系数为 25.668%（表 6-1-5 和表 6-1-6）。

表 6-1-5　秦巴山区烟叶多酚与质体色素　　　　　　（单位：mg/g）

典型产区	绿原酸	芸香苷	莨菪亭	β-胡萝卜素	叶黄素
南郑	13.868	12.320	0.210	0.046	0.083
旬阳	13.894	8.756	0.210	0.053	0.099
兴山	13.432	10.512	0.262	0.042	0.077
房县	14.098	9.418	0.222	0.053	0.100
巫山	13.416	11.782	0.154	0.041	0.081

表 6-1-6　秦巴山区烟叶多酚与质体色素统计

指标	最小值/(mg/g)	最大值/(mg/g)	平均值/(mg/g)	标准差	变异系数/%
绿原酸	7.490	16.260	13.742	1.853	13.483
芸香苷	4.220	14.670	10.558	2.424	22.964
莨菪亭	0.110	0.410	0.212	0.082	38.531
β-胡萝卜素	0.025	0.077	0.047	0.012	25.799
叶黄素	0.044	0.135	0.088	0.023	25.668

四、鲁中山区烟叶多酚与质体色素

　　鲁中山区烤烟种植区典型产区代表性片区烟叶多酚与质体色素分析结果表明，烟叶绿原酸含量范围为 11.630～18.890 mg/g，平均值为 15.053 mg/g，变异系数为 12.699%；

芸香苷含量范围为 3.930～11.670 mg/g，平均值为 7.403 mg/g，变异系数为 23.312%；莨菪亭含量范围为 0.110～0.620 mg/g，平均值为 0.259 mg/g，变异系数为 43.447%；β-胡萝卜素含量范围为 0.025～0.049 mg/g，平均值为 0.035 mg/g，变异系数为 18.794%；叶黄素含量范围为 0.046～0.093 mg/g，平均值为 0.066 mg/g，变异系数为 18.936%（表 6-1-7和表 6-1-8）。

表 6-1-7　鲁中山区烟叶多酚与质体色素　　　　　（单位：mg/g）

典型产区	绿原酸	芸香苷	莨菪亭	β-胡萝卜素	叶黄素
临朐	14.400	8.490	0.236	0.036	0.071
蒙阴	14.230	7.844	0.186	0.034	0.063
费县	17.338	7.618	0.222	0.039	0.071
诸城	14.242	5.658	0.390	0.030	0.058

表 6-1-8　鲁中山区烟叶多酚与质体色素统计

指标	最小值/(mg/g)	最大值/(mg/g)	平均值/(mg/g)	标准差	变异系数/%
绿原酸	11.630	18.890	15.053	1.912	12.699
芸香苷	3.930	11.670	7.403	1.726	23.312
莨菪亭	0.110	0.620	0.259	0.112	43.447
β-胡萝卜素	0.025	0.049	0.035	0.006	18.794
叶黄素	0.046	0.093	0.066	0.012	18.936

五、东北地区烟叶多酚与质体色素

东北地区烤烟种植区典型产区代表性片区烟叶多酚与质体色素分析结果表明，烟叶绿原酸含量范围为 10.640～17.690 mg/g，平均值为 14.674 mg/g，变异系数为 13.849%；芸香苷含量范围为 6.880～12.910 mg/g，平均值为 9.610 mg/g，变异系数为 19.007%；莨菪亭含量范围为 0.130～0.220 mg/g，平均值为 0.167 mg/g，变异系数为 13.763%；β-胡萝卜素含量范围为 0.021～0.032 mg/g，平均值为 0.026 mg/g，变异系数为 13.165%；叶黄素含量范围为 0.036～0.060 mg/g，平均值为 0.049 mg/g，变异系数为 15.176%（表 6-1-9和表 6-1-10）。

表 6-1-9　东北地区烟叶多酚与质体色素　　　　　（单位：mg/g）

典型产区	绿原酸	芸香苷	莨菪亭	β-胡萝卜素	叶黄素
宽甸	16.344	8.838	0.180	0.026	0.051
宁安	15.154	8.568	0.171	0.025	0.049
汪清	12.524	11.424	0.150	0.026	0.048

表 6-1-10   东北地区烟叶多酚与质体色素统计

指标	最小值/(mg/g)	最大值/(mg/g)	平均值/(mg/g)	标准差	变异系数/%
绿原酸	10.640	17.690	14.674	2.032	13.849
芸香苷	6.880	12.910	9.610	1.827	19.007
莨菪亭	0.130	0.220	0.167	0.023	13.763
β-胡萝卜素	0.021	0.032	0.026	0.003	13.165
叶黄素	0.036	0.060	0.049	0.007	15.176

六、雪峰山区烟叶多酚与质体色素

雪峰山区烤烟种植区典型产区代表性片区烟叶多酚与质体色素分析结果表明，烟叶绿原酸含量范围为 10.310～12.064 mg/g，平均值为 11.125 mg/g，变异系数为 5.408%；芸香苷含量范围为 7.742～12.190 mg/g，平均值为 9.786 mg/g，变异系数为 11.356%；莨菪亭含量范围为 0.060～0.180 mg/g，平均值为 0.114 mg/g，变异系数为 38.249%；β-胡萝卜素含量范围为 0.036～0.053 mg/g，平均值为 0.043 mg/g，变异系数为 12.228%；叶黄素含量范围为 0.070～0.093 mg/g，平均值为 0.081 mg/g，变异系数为 9.893%（表 6-1-11 和表 6-1-12）。

表 6-1-11   雪峰山区烟叶多酚与质体色素　　　　　（单位：mg/g）

典型产区	绿原酸	芸香苷	莨菪亭	β-胡萝卜素	叶黄素
天柱	10.924	10.236	0.108	0.041	0.081
靖州	11.326	9.336	0.120	0.044	0.080

表 6-1-12   雪峰山区烟叶多酚与质体色素统计

指标	最小值/(mg/g)	最大值/(mg/g)	平均值/(mg/g)	标准差	变异系数/%
绿原酸	10.310	12.064	11.125	0.602	5.408
芸香苷	7.742	12.190	9.786	1.111	11.356
莨菪亭	0.060	0.180	0.114	0.044	38.249
β-胡萝卜素	0.036	0.053	0.043	0.005	12.228
叶黄素	0.070	0.093	0.081	0.008	9.893

七、云贵高原烟叶多酚与质体色素

云贵高原烤烟种植区典型产区代表性片区烟叶多酚与质体色素分析结果表明，烟叶绿原酸含量范围为 10.640～19.480 mg/g，平均值为 13.211 mg/g，变异系数为 16.611%；芸香苷含量范围为 4.110～15.360 mg/g，平均值为 10.732 mg/g，变异系数为 28.178%；莨菪亭含量范围为 0.070～0.310 mg/g，平均值为 0.160 mg/g，变异系数为 43.047%；β-

胡萝卜素含量范围为 0.024~0.062 mg/g，平均值为 0.041 mg/g，变异系数为 22.537%；叶黄素含量范围为 0.049~0.100 mg/g，平均值为 0.079 mg/g，变异系数为 17.052%（表 6-1-13 和表 6-1-14）。

表 6-1-13　云贵高原烟叶多酚与质体色素　　　　　　（单位：mg/g）

典型产区	绿原酸	芸香苷	莨菪亭	β-胡萝卜素	叶黄素
南涧	16.488	7.742	0.104	0.053	0.093
江川	12.064	9.548	0.178	0.036	0.070
盘州	13.222	12.562	0.240	0.043	0.080
威宁	12.130	11.990	0.133	0.035	0.071
兴仁	12.150	11.820	0.146	0.041	0.081

表 6-1-14　云贵高原烟叶多酚与质体色素统计

指标	最小值/(mg/g)	最大值/(mg/g)	平均值/(mg/g)	标准差	变异系数/%
绿原酸	10.640	19.480	13.211	2.194	16.611
芸香苷	4.110	15.360	10.732	3.024	28.178
莨菪亭	0.070	0.310	0.160	0.069	43.047
β-胡萝卜素	0.024	0.062	0.041	0.009	22.537
叶黄素	0.049	0.100	0.079	0.013	17.052

八、攀西山区烟叶多酚与质体色素

攀西山区烤烟种植区典型产区代表性片区烟叶多酚与质体色素分析结果表明，烟叶绿原酸含量范围为 10.130~21.400 mg/g，平均值为 12.808 mg/g，变异系数为 21.484%；芸香苷含量范围为 11.520~16.000 mg/g，平均值为 13.953 mg/g，变异系数为 11.438%；莨菪亭含量范围为 0.071~0.148 mg/g，平均值为 0.113 mg/g，变异系数为 23.779%；β-胡萝卜素含量范围为 0.021~0.039 mg/g，平均值为 0.028 mg/g，变异系数为 22.582%；叶黄素含量范围为 0.054~0.210 mg/g，平均值为 0.117 mg/g，变异系数为 49.670%（表 6-1-15 和表 6-1-16）。

表 6-1-15　攀西山区烟叶多酚与质体色素　　　　　　（单位：mg/g）

典型产区	绿原酸	芸香苷	莨菪亭	β-胡萝卜素	叶黄素
会东	13.500	15.240	0.127	0.024	163.350
米易	12.155	13.760	0.120	0.033	160.797
仁和	14.347	13.510	0.088	0.024	66.033
延边	12.343	14.353	0.122	0.025	66.477

表 6-1-16　攀西山区烟叶多酚与质体色素统计

指标	最小值/(mg/g)	最大值/(mg/g)	平均值/(mg/g)	标准差	变异系数/%
绿原酸	10.130	21.400	12.808	2.752	21.484
芸香苷	11.520	16.000	13.953	1.596	11.438
莨菪亭	0.071	0.148	0.113	0.027	23.779
β-胡萝卜素	0.021	0.039	0.028	0.006	22.582
叶黄素	0.054	0.210	0.117	0.060	49.670

九、武夷山区烟叶多酚与质体色素

武夷山区烤烟种植区典型产区代表性片区烟叶多酚与质体色素分析结果表明，烟叶绿原酸含量范围为 7.950～17.880 mg/g，平均值为 14.405 mg/g，变异系数为 19.425%；芸香苷含量范围为 3.430～13.200 mg/g，平均值为 7.678 mg/g，变异系数为 44.264%；莨菪亭含量范围为 0.040～0.490 mg/g，平均值为 0.275 mg/g，变异系数为 69.679%；β-胡萝卜素含量范围为 0.029～0.078 mg/g，平均值为 0.049 mg/g，变异系数为 33.850%；叶黄素含量范围为 0.076～0.157 mg/g，平均值为 0.106 mg/g，变异系数为 25.808%（表 6-1-17和表 6-1-18）。

表 6-1-17　武夷山区烟叶多酚与质体色素　　（单位：mg/g）

典型产区	绿原酸	芸香苷	莨菪亭	β-胡萝卜素	叶黄素
永定	12.928	9.628	0.436	0.063	0.126
泰宁	15.882	5.728	0.114	0.036	0.085

表 6-1-18　武夷山区烟叶多酚与质体色素统计

指标	最小值/(mg/g)	最大值/(mg/g)	平均值/(mg/g)	标准差	变异系数/%
绿原酸	7.950	17.880	14.405	2.798	19.425
芸香苷	3.430	13.200	7.678	3.400	44.264
莨菪亭	0.040	0.490	0.275	0.192	69.679
β-胡萝卜素	0.029	0.078	0.049	0.017	33.850
叶黄素	0.076	0.157	0.106	0.027	25.808

十、南岭山区烟叶多酚与质体色素

南岭山区烤烟种植区典型产区代表性片区烟叶多酚与质体色素分析结果表明，烟叶绿原酸含量范围为 11.010～14.590 mg/g，平均值为 12.800 mg/g，变异系数为 19.777%；芸香苷含量范围为 4.800～8.560 mg/g，平均值为 6.680 mg/g，变异系数为 39.801%；莨菪亭含量范围为 0.150～0.270 mg/g，平均值为 0.210 mg/g，变异系数为 40.406%；β-胡萝卜素含量范围为 0.029～0.049 mg/g，平均值为 0.039 mg/g，变异系数为 35.991%；叶黄素含量范围为 0.049～0.090 mg/g,平均值为 0.070 mg/g,变异系数为 41.592%(表 6-1-19
和表 6-1-20)。

表 6-1-19　南岭山区烟叶多酚与质体色素　　　　　(单位：mg/g)

典型产区	绿原酸	芸香苷	莨菪亭	β-胡萝卜素	叶黄素
桂阳	12.994	6.906	0.198	0.034	0.060
江华	13.037	6.936	0.212	0.039	0.069

表 6-1-20　南岭山区烟叶多酚与质体色素统计

指标	最小值/(mg/g)	最大值/(mg/g)	平均值/(mg/g)	标准差	变异系数/%
绿原酸	11.010	14.590	12.800	2.531	19.777
芸香苷	4.800	8.560	6.680	2.659	39.801
莨菪亭	0.150	0.270	0.210	0.085	40.406
β-胡萝卜素	0.029	0.049	0.039	0.014	35.991
叶黄素	0.049	0.090	0.070	0.029	41.592

十一、中原地区烟叶多酚与质体色素

中原地区烤烟种植区典型产区代表性片区烟叶多酚与质体色素分析结果表明,烟叶
绿原酸含量范围为 11.850～22.520 mg/g, 平均值为 15.842 mg/g, 变异系数为 20.990%;
芸香苷含量范围为 4.630～10.830 mg/g, 平均值为 8.367 mg/g, 变异系数为 23.743%;莨
菪亭含量范围为 0.100～0.510 mg/g, 平均值为 0.241 mg/g, 变异系数为 50.496%;β-胡
萝卜素含量范围为 0.013～0.066 mg/g, 平均值为 0.042 mg/g, 变异系数为 44.532%;叶
黄素含量范围为 0.024～0.114 mg/g,平均值为 0.069 mg/g,变异系数为 43.365%(表 6-1-21
和表 6-1-22)。

表 6-1-21　中原地区烟叶多酚与质体色素　　　　　(单位：mg/g)

典型产区	绿原酸	芸香苷	莨菪亭	β-胡萝卜素	叶黄素
襄城	18.054	8.734	0.214	0.039	0.070
灵宝	13.630	8.000	0.268	0.044	0.069

表 6-1-22　中原地区烟叶多酚与质体色素统计

指标	最小值/(mg/g)	最大值/(mg/g)	平均值/(mg/g)	标准差	变异系数/%
绿原酸	11.850	22.520	15.842	3.325	20.990
芸香苷	4.630	10.830	8.367	1.987	23.743
莨菪亭	0.100	0.510	0.241	0.122	50.496
β-胡萝卜素	0.013	0.066	0.042	0.019	44.532
叶黄素	0.024	0.114	0.069	0.030	43.365

十二、皖南山区烟叶多酚与质体色素

皖南山区烤烟种植区选择宣州和泾县 2 个典型产区的 6 个代表性片区进行烟叶多酚与质体色素特征分析，皖南山区烟叶绿原酸含量范围为 8.870～14.150 mg/g，平均值为 12.354 mg/g，变异系数为 16.602%；芸香苷含量范围为 5.030～8.740 mg/g，平均值为 7.233 mg/g，变异系数为 17.088%；莨菪亭含量范围为 0.260～0.420 mg/g，平均值为 0.337 mg/g，变异系数为 15.680%；β-胡萝卜素含量范围为 0.036～0.056 mg/g，平均值为 0.047 mg/g，变异系数为 15.783%；叶黄素含量范围为 0.087～0.117 mg/g，平均值为 0.102 mg/g，变异系数为 12.345%（表 6-1-23 和表 6-1-24）。

表 6-1-23　皖南山区烟叶多酚与质体色素　　　　　（单位：mg/g）

典型产区	绿原酸	芸香苷	莨菪亭	β-胡萝卜素	叶黄素
宣州	12.376	7.266	0.338	0.047	0.103
泾县	12.247	7.070	0.330	0.045	0.098

表 6-1-24　皖南山区烟叶多酚与质体色素统计

指标	最小值/(mg/g)	最大值/(mg/g)	平均值/(mg/g)	标准差	变异系数/%
绿原酸	8.870	14.150	12.354	2.051	16.602
芸香苷	5.030	8.740	7.233	1.236	17.088
莨菪亭	0.260	0.420	0.337	0.053	15.680
β-胡萝卜素	0.036	0.056	0.047	0.007	15.783
叶黄素	0.087	0.117	0.102	0.013	12.345

第二节　优质特色烤烟典型产区烟叶多酚与质体色素差异

一、烟叶绿原酸

烤烟种植区间烟叶绿原酸分析结果表明，12 个区域烟叶绿原酸含量存在一定的差异。其中，中原地区烟叶绿原酸含量较高，显著高于武陵山区、黔中山区、雪峰山区、云贵高原、攀西山区、南岭山区和皖南山区，与鲁中山区、东北地区和武夷山区差异不显著；鲁中山区烟叶绿原酸含量显著高于武陵山区、黔中山区、雪峰山区、云贵高原、攀西山区、南岭山区和皖南山区；东北地区烟叶绿原酸含量显著高于武陵山区、黔中山区、雪峰山区、攀西山区和皖南山区；而雪峰山区烟叶绿原酸含量最低（表 6-2-1）。

二、烟叶芸香苷

烤烟种植区间烟叶芸香苷分析结果表明，12 个区域烟叶芸香苷含量存在一定的差异。攀西山区烟叶芸香苷含量最高，显著高于其他 11 个区域；云贵高原烟叶芸香苷含量显著高于武陵山区、鲁中山区、武夷山区、南岭山区、中原地区和皖南山区，与黔中山

区、秦巴山区、东北地区、雪峰山区差异不显著；秦巴山区显著高于武夷山区、南岭山区、中原地区和皖南山区；武夷山区、鲁中山区、皖南山区和南岭山区烟叶芸香苷含量较低（表6-2-1）。

三、烟叶莨菪亭

烤烟种植区间烟叶莨菪亭分析结果表明，12个区域烟叶莨菪亭含量存在一定的差异。皖南山区烟叶莨菪亭含量最高，显著高于除武夷山区之外的其他10个区域；武夷山区和中原地区显著高于武陵山区、黔中山区、东北地区、雪峰山区、云贵高原和攀西山区；秦巴山区显著高于雪峰山区和攀西山区；南岭山区显著高于雪峰山区和攀西山区（表6-2-1）。

四、烟叶 β-胡萝卜素

烤烟种植区间烟叶 β-胡萝卜素分析结果表明，12个区域烟叶 β-胡萝卜素含量存在一定的差异。其中，武夷山区烟叶 β-胡萝卜素含量最高，显著高于鲁中山区、东北地区、攀西山区和南岭山区；皖南山区显著高于鲁中山区、东北地区和攀西山区；而鲁中山区、攀西山区和东北地区烟叶 β-胡萝卜素含量较低（表6-2-1）。

五、烟叶叶黄素

烤烟种植区间烟叶叶黄素分析结果表明，12个区域烟叶叶黄素含量存在一定的差异。其中，攀西山区显著高于除武夷山区和皖南山区之外的其他区域，武夷山区显著高于除秦巴山区外的剩余区域，秦巴山区显著高于东北地区和南岭山区；而东北地区显著低于除南岭山区、鲁中山区和中原地区外的其余区域（表6-2-1）。

表 6-2-1　烤烟种植区烟叶烟碱组分差异　（单位：mg/g）

生态区域	绿原酸	芸香苷	莨菪亭	β-胡萝卜素	叶黄素
武陵山区	12.685±1.854defg	8.800±1.816cde	0.169±0.078cd	0.040±0.012abc	0.080±0.024cde
黔中山区	11.515±1.398fg	9.611±1.659bcd	0.156±0.066cd	0.046±0.021ab	0.081±0.032cde
秦巴山区	13.742±1.853bcde	10.558±2.424bc	0.212±0.082bc	0.047±0.012ab	0.088±0.023bcd
鲁中山区	15.053±1.912ab	7.403±1.726ef	0.259±0.112b	0.035±0.006cd	0.066±0.012def
东北地区	14.674±2.032abc	9.610±1.827bcd	0.167±0.023cd	0.026±0.003d	0.049±0.007f
雪峰山区	11.125±0.602g	9.786±1.111bcd	0.114±0.044d	0.043±0.005abc	0.081±0.008cde
云贵高原	13.211±2.194cdef	10.732±3.024b	0.160±0.069cd	0.041±0.009abc	0.079±0.013de
攀西山区	12.808±2.752defg	13.953±1.596a	0.113±0.027d	0.028±0.006d	0.117±0.060a
武夷山区	14.405±2.798abcd	7.678±3.400ef	0.275±0.192ab	0.049±0.017a	0.106±0.027ab
南岭山区	12.800±2.531cdef	6.680±2.659f	0.210±0.085bc	0.039±0.014bcd	0.070±0.029ef
中原地区	15.842±3.325a	8.367±1.987def	0.241±0.122b	0.042±0.019abc	0.069±0.030def
皖南山区	12.354±2.051efg	7.233±1.236ef	0.337±0.053a	0.047±0.007ab	0.102±0.013abc

注：每列中不同小写字母者表示种植区间差异有统计学意义（$P \leq 0.05$）。

第七章 优质特色烤烟典型产区烟叶有机酸与氨基酸

有机酸广泛存在于烟草中，主要指除了氨基酸以外的有机酸，包括挥发性的低级脂肪酸、半挥发性的高级脂肪酸及非挥发性的二元酸、三元酸。苹果酸、柠檬酸、草酸等非挥发性有机酸是影响烟草吸食品质的主要化学成分，在烟叶燃烧过程中，分解产生的酸性片段可调节烟气中质子化和游离态烟碱的比例，具有平衡烟气的酸碱度、减轻烤烟的刺激性、增加烟气浓度的作用。饱和高级脂肪酸会增加烟叶的脂肪或蜡味，不饱和脂肪酸会增加刺激性。烟草有机酸的含量可用来衡量烤烟的烟气是否醇和，对烟叶的可用性及品质的判定具有重要作用。某些有机酸是三羧酸循环的中间产物，又是合成糖类、氨基酸和脂类的中间产物，间接地调节着烟叶中碳水化合物和含氮化合物的代谢进程，进而对烟叶品质产生影响。烟草植株在生长过程中，碳水化合物和含氮化合物相互关联，糖类可氧化分解成丙酮酸，经三羧酸循环转化成各种有机酸，与根部吸收或转化的氨相作用形成氨基酸，进而合成蛋白质、植物碱或其他杂环化合物。各类游离氨基酸含量与组成比例在不同产区间差异较大，氨基酸是烟草中重要的含氮化合物，也是烟叶香气的主要来源之一。在调制过程中，蛋白质大量分解产生游离氨基酸。游离氨基酸是美拉德反应底物之一，它与糖类发生美拉德反应生成多种香味成分及深色产物，与烟叶颜色等外观品质有一定的关联。烤烟在调制、醇化过程中，其氨基酸不仅可与糖发生非酶促棕色化反应(美拉德反应)，形成对烟草香味有重要影响的吡咯、吡嗪和呋喃类化合物，某些氨基酸(如苯丙氨酸等)还可直接分解为苯甲醇、苯乙醇等香味物质。此外，氨基酸在有氧条件下燃烧会产生氨等具有刺激性气味的含氮化合物，而影响烟气质量。本章对烤烟典型产区的代表性片区烟叶样品的有机酸与氨基酸组分检测结果进行归类，按区域分别进行有机酸与氨基酸组分特征概括分析。

第一节 优质特色烤烟典型产区烟叶有机酸类物质特征

一、武陵山区烟叶有机酸

武陵山区烤烟种植区典型产区代表性片区烟叶有机酸含量分析结果表明，草酸含量范围为 11.81～31.59 mg/g，平均值为 17.66 mg/g，变异系数为 24.64%；苹果酸含量范围为 30.44～118.47 mg/g，平均值为 67.59 mg/g，变异系数为 29.15%；柠檬酸含量范围为 3.59～11.72 mg/g，平均值为 6.32 mg/g，变异系数为 30.05%；棕榈酸含量范围为 1.56～3.18 mg/g，平均值为 2.14 mg/g，变异系数为 19.03%；亚油酸含量范围为 0.95～1.85 mg/g，平均值为 1.27 mg/g，变异系数为 17.10%；油酸含量范围为 2.40～4.64 mg/g，平均值为 3.25 mg/g，变异系数为 17.82%；硬脂酸含量范围为 0.42～0.83 mg/g，平均值为 0.56 mg/g，变异系数为 18.51%(表 7-1-1 和表 7-1-2)。

表 7-1-1　武陵山区烟叶有机酸含量　（单位：mg/g）

县（市）	草酸	苹果酸	柠檬酸	棕榈酸	亚油酸	油酸	硬脂酸
德江	17.23	74.57	6.17	2.28	1.28	3.05	0.54
道真	21.42	59.34	5.08	2.30	1.21	3.41	0.53
咸丰	19.81	63.13	8.03	2.37	1.45	3.79	0.60
利川	16.89	57.24	5.26	2.10	1.33	3.13	0.55
桑植	15.96	76.67	6.07	1.85	1.10	2.71	0.51
凤凰	13.14	50.91	4.88	2.10	1.38	3.45	0.58
彭水	18.67	80.85	7.80	2.05	1.23	3.28	0.61
武隆	18.14	78.03	7.25	2.07	1.21	3.16	0.60

表 7-1-2　武陵山区烟叶有机酸统计

指标	最小值/(mg/g)	最大值/(mg/g)	平均值/(mg/g)	标准差	变异系数/%
草酸	11.81	31.59	17.66	4.35	24.64
苹果酸	30.44	118.47	67.59	19.70	29.15
柠檬酸	3.59	11.72	6.32	1.90	30.05
棕榈酸	1.56	3.18	2.14	0.41	19.03
亚油酸	0.95	1.85	1.27	0.22	17.10
油酸	2.40	4.64	3.25	0.58	17.82
硬脂酸	0.42	0.83	0.56	0.10	18.51

二、黔中山区烟叶有机酸

黔中山区烤烟种植区典型产区代表性片区烟叶有机酸含量分析结果表明，草酸含量范围为 14.73～40.23 mg/g，平均值为 22.71 mg/g，变异系数为 24.55%；苹果酸含量范围为 43.36～98.75 mg/g，平均值为 69.26 mg/g，变异系数为 23.75%；柠檬酸含量范围为 4.06～12.31 mg/g，平均值为 7.18 mg/g，变异系数为 26.50%；棕榈酸含量范围为 1.48～2.89 mg/g，平均值为 2.02 mg/g，变异系数为 15.92%；亚油酸含量范围为 0.92～1.54 mg/g，平均值为 1.17 mg/g，变异系数为 13.35%；油酸含量范围为 2.14～3.91 mg/g，平均值为 2.89 mg/g，变异系数为 12.70%；硬脂酸含量范围为 0.35～0.77 mg/g，平均值为 0.55 mg/g，变异系数为 17.40%（表 7-1-3 和表 7-1-4）。

表 7-1-3　黔中山区烟叶有机酸含量　（单位：mg/g）

县（市、区）	草酸	苹果酸	柠檬酸	棕榈酸	亚油酸	油酸	硬脂酸
播州	22.86	70.39	7.26	2.03	1.18	2.92	0.55
贵定	19.50	63.05	5.83	2.26	1.22	3.13	0.64
黔西	19.09	80.12	8.03	2.12	1.18	2.92	0.59
开阳	26.62	82.00	9.86	1.79	1.15	2.77	0.47
西秀	20.71	50.08	5.73	1.93	1.10	2.75	0.51
余庆	27.53	67.99	7.22	2.07	1.30	3.14	0.50
凯里	22.63	71.20	6.31	1.93	1.05	2.61	0.57

表 7-1-4　黔中山区烟叶有机酸统计

指标	最小值/(mg/g)	最大值/(mg/g)	平均值/(mg/g)	标准差	变异系数/%
草酸	14.73	40.23	22.71	5.57	24.55
苹果酸	43.36	98.75	69.26	16.45	23.75
柠檬酸	4.06	12.31	7.18	1.90	26.50
棕榈酸	1.48	2.89	2.02	0.32	15.92
亚油酸	0.92	1.54	1.17	0.16	13.35
油酸	2.14	3.91	2.89	0.37	12.70
硬脂酸	0.35	0.77	0.55	0.10	17.40

三、秦巴山区烟叶有机酸

秦巴山区烤烟种植区典型产区代表性片区烟叶有机酸含量分析结果表明，草酸含量范围为 11.71～26.61 mg/g，平均值为 18.06 mg/g，变异系数为 23.40%；苹果酸含量范围为 36.52～120.59 mg/g，平均值为 71.29 mg/g，变异系数为 29.81%；柠檬酸含量范围为 4.37～15.37 mg/g，平均值为 8.24 mg/g，变异系数为 35.45%；棕榈酸含量范围为 1.65～3.38 mg/g，平均值为 2.40 mg/g，变异系数为 17.46%；亚油酸含量范围为 0.80～1.90 mg/g，平均值为 1.34 mg/g，变异系数为 17.93%；油酸含量范围为 2.68～4.80 mg/g，平均值为 3.44 mg/g，变异系数为 15.73%；硬脂酸含量范围为 0.41～0.87 mg/g，平均值为 0.64 mg/g，变异系数为 18.18%（表 7-1-5 和表 7-1-6）。

表 7-1-5　秦巴山区烟叶有机酸含量　　　（单位：mg/g）

县（区）	草酸	苹果酸	柠檬酸	棕榈酸	亚油酸	油酸	硬脂酸
南郑	13.72	54.76	5.93	2.57	1.28	3.51	0.65
旬阳	23.13	70.08	8.65	2.52	1.43	3.60	0.73
兴山	19.51	84.93	11.75	2.31	1.32	3.34	0.60
房县	17.85	78.12	8.24	2.54	1.54	3.60	0.70
巫山	16.11	68.54	6.61	2.06	1.12	3.11	0.51

表 7-1-6　秦巴山区烟叶有机酸统计

指标	最小值/(mg/g)	最大值/(mg/g)	平均值/(mg/g)	标准差	变异系数/%
草酸	11.71	26.61	18.06	4.23	23.40
苹果酸	36.52	120.59	71.29	21.25	29.81
柠檬酸	4.37	15.37	8.24	2.92	35.45
棕榈酸	1.65	3.38	2.40	0.42	17.46
亚油酸	0.80	1.90	1.34	0.24	17.93
油酸	2.68	4.80	3.44	0.54	15.73
硬脂酸	0.41	0.87	0.64	0.12	18.18

四、鲁中山区烟叶有机酸

鲁中山区烤烟种植区典型产区代表性片区烟叶有机酸含量分析结果表明，草酸含量范围为 8.59～22.62 mg/g，平均值为 15.75 mg/g，变异系数为 26.90%；苹果酸含量范围为 43.76～97.38 mg/g，平均值为 79.45 mg/g，变异系数为 20.73%；柠檬酸含量范围为 4.62～9.38 mg/g，平均值为 7.49 mg/g，变异系数为 16.46%；棕榈酸含量范围为 1.76～3.26 mg/g，平均值为 2.28 mg/g，变异系数为 19.64%；亚油酸含量范围为 0.97～1.88 mg/g，平均值为 1.48 mg/g，变异系数为 16.58%；油酸含量范围为 2.34～4.45 mg/g，平均值为 3.17 mg/g，变异系数为 16.87%；硬脂酸含量范围为 0.38～0.75 mg/g，平均值为 0.56 mg/g，变异系数为 19.03%（表 7-1-7 和表 7-1-8）。

表 7-1-7　鲁中山区烟叶有机酸含量　　　　（单位：mg/g）

县（市）	草酸	苹果酸	柠檬酸	棕榈酸	亚油酸	油酸	硬脂酸
临朐	19.61	76.59	7.15	1.98	1.37	2.86	0.55
蒙阴	15.15	75.62	7.02	2.40	1.34	3.45	0.57
费县	17.21	89.79	8.17	2.69	1.57	3.45	0.65
诸城	11.03	75.81	7.62	2.06	1.65	2.93	0.47

表 7-1-8　鲁中山区烟叶有机酸统计

指标	最小值/(mg/g)	最大值/(mg/g)	平均值/(mg/g)	标准差	变异系数/%
草酸	8.59	22.62	15.75	4.24	26.90
苹果酸	43.76	97.38	79.45	16.47	20.73
柠檬酸	4.62	9.38	7.49	1.23	16.46
棕榈酸	1.76	3.26	2.28	0.45	19.64
亚油酸	0.97	1.88	1.48	0.25	16.58
油酸	2.34	4.45	3.17	0.54	16.87
硬脂酸	0.38	0.75	0.56	0.11	19.03

五、东北地区烟叶有机酸

东北地区烤烟种植区典型产区代表性片区烟叶有机酸含量分析结果表明，草酸含量范围为 7.43～19.69 mg/g，平均值为 14.41 mg/g，变异系数为 23.27%；苹果酸含量范围为 36.58～81.21 mg/g，平均值为 63.19 mg/g，变异系数为 19.33%；柠檬酸含量范围为 3.77～11.95 mg/g，平均值为 7.87 mg/g，变异系数为 26.75%；棕榈酸含量范围为 1.68～2.95 mg/g，平均值为 2.47 mg/g，变异系数为 16.69%；亚油酸含量范围为 1.06～1.66 mg/g，平均值为 1.29 mg/g，变异系数为 13.13%；油酸含量范围为 2.44～3.77 mg/g，平均值为 3.14 mg/g，变异系数为 14.30%；硬脂酸含量范围为 0.32～0.76 mg/g，平均值为 0.58 mg/g，变异系数为 18.76%（表 7-1-9 和表 7-1-10）。

表 7-1-9　东北地区烟叶有机酸含量　　　　　（单位：mg/g）

县（市）	草酸	苹果酸	柠檬酸	棕榈酸	亚油酸	油酸	硬脂酸
宽甸	11.31	65.32	9.54	2.48	1.40	3.22	0.57
宁安	15.46	63.88	8.05	2.54	1.28	3.20	0.59
汪清	16.46	60.36	6.03	2.40	1.18	3.00	0.59

表 7-1-10　东北地区烟叶有机酸统计

指标	最小值/(mg/g)	最大值/(mg/g)	平均值/(mg/g)	标准差	变异系数/%
草酸	7.43	19.69	14.41	3.35	23.27
苹果酸	36.58	81.21	63.19	12.22	19.33
柠檬酸	3.77	11.95	7.87	2.11	26.75
棕榈酸	1.68	2.95	2.47	0.41	16.69
亚油酸	1.06	1.66	1.29	0.17	13.13
油酸	2.44	3.77	3.14	0.45	14.30
硬脂酸	0.32	0.76	0.58	0.11	18.76

六、雪峰山区烟叶有机酸

雪峰山区烤烟种植区典型产区代表性片区烟叶有机酸含量分析结果表明，草酸含量范围为 12.76～22.51 mg/g，平均值为 16.47 mg/g，变异系数为 16.40%；苹果酸含量范围为 33.99～76.67 mg/g，平均值为 51.71 mg/g，变异系数为 25.80%；柠檬酸含量范围为 2.88～6.32 mg/g，平均值为 4.67 mg/g，变异系数为 24.47%；棕榈酸含量范围为 1.72～2.58 mg/g，平均值为 2.20 mg/g，变异系数为 12.71%；亚油酸含量范围为 0.97～1.47 mg/g，平均值为 1.29 mg/g，变异系数为 11.93%；油酸含量范围为 2.36～3.91 mg/g，平均值为 3.26 mg/g，变异系数为 13.81%；硬脂酸含量范围为 0.51～0.73 mg/g，平均值为 0.63 mg/g，变异系数为 10.71%（表 7-1-11 和表 7-1-12）。

表 7-1-11　雪峰山区烟叶有机酸含量　　　　　（单位：mg/g）

县	草酸	苹果酸	柠檬酸	棕榈酸	亚油酸	油酸	硬脂酸
天柱	17.29	46.53	4.33	2.30	1.31	3.34	0.67
靖州	15.65	56.89	5.02	2.11	1.27	3.18	0.59

表 7-1-12　雪峰山区烟叶有机酸统计

指标	最小值/(mg/g)	最大值/(mg/g)	平均值/(mg/g)	标准差	变异系数/%
草酸	12.76	22.51	16.47	2.70	16.40
苹果酸	33.99	76.67	51.71	13.34	25.80
柠檬酸	2.88	6.32	4.67	1.14	24.47
棕榈酸	1.72	2.58	2.20	0.28	12.71
亚油酸	0.97	1.47	1.29	0.15	11.93
油酸	2.36	3.91	3.26	0.45	13.81
硬脂酸	0.51	0.73	0.63	0.07	10.71

七、云贵高原烟叶有机酸

云贵高原烤烟种植区典型产区代表性片区烟叶有机酸含量分析结果表明，草酸含量范围为11.86～27.84 mg/g，平均值为18.35 mg/g，变异系数为25.96%；苹果酸含量范围为32.07～104.20 mg/g，平均值为65.66 mg/g，变异系数为27.76%；柠檬酸含量范围为4.05～14.73 mg/g，平均值为7.72 mg/g，变异系数为29.73%；棕榈酸含量范围为1.55～2.47 mg/g，平均值为1.95 mg/g，变异系数为10.96%；亚油酸含量范围为0.94～1.47 mg/g，平均值为1.17 mg/g，变异系数为14.48%；油酸含量范围为2.19～3.45 mg/g，平均值为2.68 mg/g，变异系数为10.15%；硬脂酸含量范围为0.40～0.71 mg/g，平均值为0.53 mg/g，变异系数为14.95%（表7-1-13和表7-1-14）。

表 7-1-13　云贵高原烟叶有机酸含量　　（单位：mg/g）

县（市、区）	草酸	苹果酸	柠檬酸	棕榈酸	亚油酸	油酸	硬脂酸
南涧	24.90	65.26	5.38	2.08	1.37	2.47	0.57
江川	16.86	53.03	8.32	2.07	1.23	2.88	0.53
盘州	18.58	85.84	9.98	1.93	1.21	2.80	0.57
威宁	12.40	50.31	6.93	1.88	0.97	2.63	0.49
兴仁	19.01	73.85	7.97	1.81	1.06	2.60	0.50

表 7-1-14　云贵高原烟叶有机酸统计

指标	最小值/(mg/g)	最大值/(mg/g)	平均值/(mg/g)	标准差	变异系数/%
草酸	11.86	27.84	18.35	4.76	25.96
苹果酸	32.07	104.20	65.66	18.23	27.76
柠檬酸	4.05	14.73	7.72	2.29	29.73
棕榈酸	1.55	2.47	1.95	0.21	10.96
亚油酸	0.94	1.47	1.17	0.17	14.48
油酸	2.19	3.45	2.68	0.27	10.15
硬脂酸	0.40	0.71	0.53	0.08	14.95

八、攀西山区烟叶有机酸

攀西山区烤烟种植区典型产区代表性片区烟叶有机酸含量分析结果表明，草酸含量范围为8.05～12.62 mg/g，平均值为9.47 mg/g，变异系数为13.73%；苹果酸含量范围为22.51～39.86 mg/g，平均值为30.21 mg/g，变异系数为15.43%；柠檬酸含量范围为2.38～6.25 mg/g，平均值为4.19 mg/g，变异系数为25.30%；棕榈酸含量范围为1.61～2.21 mg/g，平均值为1.94 mg/g，变异系数为9.22%；亚油酸含量范围为1.12～1.52 mg/g，平均值为1.34 mg/g，变异系数为9.52%；油酸含量范围为2.40～3.89 mg/g，平均值为3.16 mg/g，变异系数为14.85%；硬脂酸含量范围为0.41～0.74 mg/g，平均值为0.60 mg/g，变异系数为15.55%（表7-1-15和表7-1-16）。

表 7-1-15   攀西山区烟叶有机酸含量   （单位：mg/g）

县（区）	草酸	苹果酸	柠檬酸	棕榈酸	亚油酸	油酸	硬脂酸
会东	8.74	39.86	4.34	1.83	1.12	3.12	0.55
米易	8.88	27.47	3.77	2.09	1.40	3.57	0.65
仁和	11.05	30.40	4.84	1.72	1.24	2.53	0.53
盐边	9.12	31.36	4.19	1.96	1.42	3.10	0.59

表 7-1-16   攀西山区烟叶有机酸统计

指标	最小值/(mg/g)	最大值/(mg/g)	平均值/(mg/g)	标准差	变异系数/%
草酸	8.05	12.62	9.47	1.30	13.73
苹果酸	22.51	39.86	30.21	4.66	15.43
柠檬酸	2.38	6.25	4.19	1.06	25.30
棕榈酸	1.61	2.21	1.94	0.18	9.22
亚油酸	1.12	1.52	1.34	0.13	9.52
油酸	2.40	3.89	3.16	0.47	14.85
硬脂酸	0.41	0.74	0.60	0.09	15.55

九、武夷山区烟叶有机酸

武夷山区烤烟种植区典型产区代表性片区烟叶有机酸含量分析结果表明，草酸含量范围为 7.46～21.36 mg/g，平均值为 13.75 mg/g，变异系数为 28.77%；苹果酸含量范围为 26.54～65.71 mg/g，平均值为 41.93 mg/g，变异系数为 23.16%；柠檬酸含量范围为 2.50～7.13 mg/g，平均值为 4.00 mg/g，变异系数为 34.47%；棕榈酸含量范围为 1.64～4.52 mg/g，平均值为 2.46 mg/g，变异系数为 31.95%；亚油酸含量范围为 1.00～3.15 mg/g，平均值为 1.45 mg/g，变异系数为 42.77%；油酸含量范围为 2.42～5.33 mg/g，平均值为 3.45 mg/g，变异系数为 23.51%；硬脂酸含量范围为 0.47～1.19 mg/g，平均值为 0.64 mg/g，变异系数为 33.16%（表 7-1-17 和表 7-1-18）。

表 7-1-17   武夷山区烟叶有机酸含量   （单位：mg/g）

县（市）	草酸	苹果酸	柠檬酸	棕榈酸	亚油酸	油酸	硬脂酸
永定	14.72	41.87	3.55	2.61	1.71	3.58	0.71
泰宁	12.79	41.99	4.45	2.31	1.19	3.32	0.57

表 7-1-18   武夷山区烟叶有机酸统计

指标	最小值/(mg/g)	最大值/(mg/g)	平均值/(mg/g)	标准差	变异系数/%
草酸	7.46	21.36	13.75	3.96	28.77
苹果酸	26.54	65.71	41.93	9.71	23.16
柠檬酸	2.50	7.13	4.00	1.38	34.47
棕榈酸	1.64	4.52	2.46	0.79	31.95

续表

指标	最小值/(mg/g)	最大值/(mg/g)	平均值/(mg/g)	标准差	变异系数/%
亚油酸	1.00	3.15	1.45	0.62	42.77
油酸	2.42	5.33	3.45	0.81	23.51
硬脂酸	0.47	1.19	0.64	0.21	33.16

十、南岭山区烟叶有机酸

南岭山区烤烟种植区典型产区代表性片区烟叶有机酸含量分析结果表明，草酸含量范围为 14.46～16.49 mg/g，平均值为 15.64 mg/g，变异系数为 5.14%；苹果酸含量范围为 57.29～104.04 mg/g，平均值为 77.55 mg/g，变异系数为 18.34%；柠檬酸含量范围为 3.57～5.67 mg/g，平均值为 4.86 mg/g，变异系数为 12.56%；棕榈酸含量范围为 1.83～2.42 mg/g，平均值为 2.12 mg/g，变异系数为 9.65%；亚油酸含量范围为 1.36～1.66 mg/g，平均值为 1.43 mg/g，变异系数为 6.12%；油酸含量范围为 2.83～3.72 mg/g，平均值为 3.27 mg/g，变异系数为 9.51%；硬脂酸含量范围为 0.49～0.59 mg/g，平均值为 0.54 mg/g，变异系数为 7.12%（表 7-1-19 和表 7-1-20）。

表 7-1-19　南岭山区烟叶有机酸含量　　　　　　　　（单位：mg/g）

县	草酸	苹果酸	柠檬酸	棕榈酸	亚油酸	油酸	硬脂酸
桂阳	15.45	73.48	4.65	2.06	1.40	3.24	0.54
江华	15.82	81.62	5.07	2.17	1.47	3.30	0.55

表 7-1-20　南岭山区烟叶有机酸统计

指标	最小值/(mg/g)	最大值/(mg/g)	平均值/(mg/g)	标准差	变异系数/%
草酸	14.46	16.49	15.64	0.80	5.14
苹果酸	57.29	104.04	77.55	14.23	18.34
柠檬酸	3.57	5.67	4.86	0.61	12.56
棕榈酸	1.83	2.42	2.12	0.20	9.65
亚油酸	1.36	1.66	1.43	0.09	6.12
油酸	2.83	3.72	3.27	0.31	9.51
硬脂酸	0.49	0.59	0.54	0.04	7.12

十一、中原地区烟叶有机酸

中原地区烤烟种植区典型产区代表性片区烟叶有机酸含量分析结果表明，草酸含量范围为 10.09～19.35 mg/g，平均值为 15.01 mg/g，变异系数为 21.33%；苹果酸含量范围为 78.23～125.63 mg/g，平均值为 96.22 mg/g，变异系数为 21.05%；柠檬酸含量范围为 4.52～11.90 mg/g，平均值为 9.27 mg/g，变异系数为 23.29%；棕榈酸含量范围为 1.56～2.53 mg/g，平均值为 2.02 mg/g，变异系数为 15.61%；亚油酸含量范围为 1.16～1.44 mg/g，平均值为 1.33 mg/g，变异系数为 6.98%；油酸含量范围为 2.33～3.54 mg/g，平均值为 2.76 mg/g，变异系数为 12.62%；硬脂酸含量范围为 0.36～0.66 mg/g，平均值为 0.52 mg/g，变异系数为 19.41%（表 7-1-21 和表 7-1-22）。

表 7-1-21   中原地区烟叶有机酸含量   （单位：mg/g）

县（市）	草酸	苹果酸	柠檬酸	棕榈酸	亚油酸	油酸	硬脂酸
襄城	13.44	99.57	9.39	2.00	1.27	2.65	0.47
灵宝	16.57	92.87	9.15	2.03	1.40	2.86	0.57

表 7-1-22   中原地区烟叶有机酸统计

指标	最小值/(mg/g)	最大值/(mg/g)	平均值/(mg/g)	标准差	变异系数/%
草酸	10.09	19.35	15.01	3.20	21.33
苹果酸	78.23	125.63	96.22	20.26	21.05
柠檬酸	4.52	11.90	9.27	2.16	23.29
棕榈酸	1.56	2.53	2.02	0.31	15.61
亚油酸	1.16	1.44	1.33	0.09	6.98
油酸	2.33	3.54	2.76	0.35	12.62
硬脂酸	0.36	0.66	0.52	0.10	19.41

十二、皖南山区烟叶有机酸

皖南山区烤烟种植区典型产区代表性片区烟叶有机酸含量分析结果表明，草酸含量范围为 12.49～17.19 mg/g，平均值为 15.20 mg/g，变异系数为 10.67%；苹果酸含量范围为 23.42～42.10 mg/g，平均值为 34.32 mg/g，变异系数为 23.60%；柠檬酸含量范围为 3.60～4.89 mg/g，平均值为 4.16 mg/g，变异系数为 10.39%；棕榈酸含量范围为 1.49～2.27 mg/g，平均值为 2.05 mg/g，变异系数为 13.86%；亚油酸含量范围为 1.26～1.55 mg/g，平均值为 1.43 mg/g，变异系数为 9.35%；油酸含量范围为 2.36～3.31 mg/g，平均值为 2.77 mg/g，变异系数为 13.16%；硬脂酸含量范围为 0.33～0.60 mg/g，平均值为 0.52 mg/g，变异系数为 18.70%（表 7-1-23 和表 7-1-24）。

表 7-1-23   皖南山区烟叶有机酸含量   （单位：mg/g）

县（区）	草酸	苹果酸	柠檬酸	棕榈酸	亚油酸	油酸	硬脂酸
宣州	15.17	34.09	4.16	2.02	1.43	2.74	0.51
泾县	15.35	35.43	4.16	2.19	1.45	2.93	0.56

表 7-1-24   皖南山区烟叶有机酸统计

指标	最小值/(mg/g)	最大值/(mg/g)	平均值/(mg/g)	标准差	变异系数/%
草酸	12.49	17.19	15.20	1.62	10.67
苹果酸	23.42	42.10	34.32	8.10	23.60

续表

指标	最小值/(mg/g)	最大值/(mg/g)	平均值/(mg/g)	标准差	变异系数/%
柠檬酸	3.60	4.89	4.16	0.43	10.39
棕榈酸	1.49	2.27	2.05	0.28	13.86
亚油酸	1.26	1.55	1.43	0.13	9.35
油酸	2.36	3.31	2.77	0.37	13.16
硬脂酸	0.33	0.60	0.52	0.10	18.70

第二节　优质特色烤烟典型产区烟叶有机酸差异

一、草酸

烤烟种植区间烟叶草酸含量分析结果表明，12 个区域烟叶草酸含量存在一定的差异。其中，黔中山区烟叶草酸含量显著高于其他区域；云贵高原、武陵山区和秦巴山区烟叶草酸含量显著高于武夷山区和攀西山区；鲁中山区、东北地区、雪峰山区、南岭山区、中原地区和皖南山区显著高于攀西山区（表 7-2-1）。

二、苹果酸

烤烟种植区间烟叶苹果酸含量分析结果表明，12 个区域烟叶苹果酸含量存在一定的差异。其中，中原地区烟叶苹果酸含量显著高于其他区域；鲁中山区烟叶苹果酸含量显著高于东北地区、雪峰山区、攀西山区、武夷山区和皖南山区；武陵山区、黔中山区、秦巴山区、云贵高原和南岭山区烟叶苹果酸含量显著高于雪峰山区、攀西山区、武夷山区和皖南山区；东北地区和雪峰山区烟叶苹果酸含量也显著高于攀西山区和皖南山区（表 7-2-1）。

三、柠檬酸

烤烟种植区间烟叶柠檬酸含量分析结果表明，12 个产区烟叶柠檬酸含量存在一定的差异。其中，中原地区烟叶柠檬酸含量最高，显著高于除秦巴山区、东北地区和云贵高原之外的其他区域；秦巴山区烟叶柠檬酸含量显著高于武陵山区、雪峰山区、攀西山区、武夷山区、南岭山区和皖南山区；黔中山区、鲁中山区、东北地区和云贵高原烟叶柠檬酸含量显著高于雪峰山区、攀西山区、武夷山区、南岭山区和皖南山区；武陵山区烟叶柠檬酸含量也显著高于雪峰山区、攀西山区和皖南山区（表 7-2-1）。

四、棕榈酸

烤烟种植区间烟叶棕榈酸含量分析结果表明，12 个产区烟叶棕榈酸含量存在一定的差异。其中，东北地区烟叶棕榈酸含量最高，显著高于武陵山区、黔中山区、云贵高原、攀西山区、南岭山区、中原地区和皖南山区；武夷山区烟叶棕榈酸含量显著高于黔中山区、云贵高原、攀西山区、南岭山区、中原地区和皖南山区；秦巴山区也显著高于黔中山区、云贵高原、攀西山区、中原地区和皖南山区(表 7-2-1)。

五、亚油酸

烤烟种植区间烟叶亚油酸含量分析结果表明，12 个产区烟叶亚油酸含量存在一定的差异。其中，鲁中山区烟叶亚油酸含量最高，显著高于武陵山区、黔中山区和云贵高原；武夷山区、南岭山区和皖南山区烟叶亚油酸含量也显著高于黔中山区和云贵高原(表 7-2-1)。

六、油酸

烤烟种植区间烟叶油酸含量分析结果表明，12 个产区烟叶油酸含量存在一定的差异。其中，秦巴山区和武夷山区烟叶油酸含量较高，显著高于黔中山区、云贵高原、中原地区和皖南山区；武陵山区、雪峰山区、南岭山区烟叶油酸含量显著高于云贵高原、中原地区和皖南山区；鲁中山区烟叶油酸含量显著高于云贵高原和中原地区；东北地区、攀西山区烟叶油酸含量显著高于云贵高原(表 7-2-1)。

七、硬脂酸

烤烟种植区间烟叶硬脂酸含量分析结果表明，12 个产区烟叶硬脂酸含量存在一定的差异。其中，秦巴山区和武夷山区烟叶硬脂酸含量显著高于黔中山区、云贵高原、南岭山区、中原地区和皖南山区；雪峰山区烟叶硬脂酸含量显著高于云贵高原、中原地区和皖南山区(表 7-2-1)。

表 7-2-1　烤烟种植区烟叶有机酸含量平均值差异　　　　　(单位：mg/g)

典型产区	草酸	苹果酸	柠檬酸	棕榈酸	亚油酸	油酸	硬脂酸
武陵山区	17.66±4.35bc	67.59±19.70bc	6.32±1.90cd	2.14±0.41bcd	1.27±0.22bc	3.25±0.58ab	0.56±0.10abc
黔中山区	22.71±5.57a	69.26±16.45bc	7.18±1.90bc	2.02±0.32d	1.17±0.16c	2.89±0.37bcde	0.55±0.10bc
秦巴山区	18.06±4.23bc	71.29±21.25bc	8.24±2.92ab	2.40±0.42abc	1.34±0.24abc	3.44±0.54a	0.64±0.12a
鲁中山区	15.75±4.24bcd	79.45±16.47b	7.49±1.23bc	2.28±0.45abcd	1.48±0.25a	3.17±0.54abc	0.56±0.11abc
东北地区	14.41±3.50cd	63.19±12.22cd	7.87±2.11abc	2.47±0.41a	1.29±0.17abc	3.14±0.45abcd	0.58±0.11abc
雪峰山区	16.47±2.70bcd	51.71±13.34de	4.67±1.14e	2.20±0.28abcd	1.29±0.15abc	3.26±0.45ab	0.63±0.07ab
云贵高原	18.35±4.76b	65.66±18.23bc	7.72±2.29abc	1.95±0.21d	1.17±0.17c	2.68±0.27e	0.53±0.08c
攀西山区	9.47±1.30e	30.21±4.66f	4.19±1.06e	1.94±0.18d	1.34±0.13abc	3.16±0.47abcd	0.60±0.09abc
武夷山区	13.75±3.96d	41.93±9.71ef	4.00±1.38e	2.46±0.79ab	1.45±0.62ab	3.45±0.81a	0.64±0.21a
南岭山区	15.64±0.80bcd	77.55±14.23bc	4.86±0.61de	2.12±0.20cd	1.43±0.09ab	3.27±0.31ab	0.54±0.04bc
中原地区	15.01±3.20bcd	96.22±20.26a	9.27±2.16a	2.02±0.31d	1.33±0.09abc	2.76±0.32de	0.52±0.10c
皖南山区	15.20±1.62bcd	34.32±8.10f	4.16±0.43e	2.05±0.28d	1.43±0.13ab	2.77±0.37cde	0.52±0.10c

注：每列中不同小写字母者表示种植区间差异有统计学意义(P≤0.05)。

第三节　优质特色烤烟典型产区烟叶氨基酸含量特征

一、武陵山区烟叶氨基酸

武陵山区烤烟种植区典型产区代表性片区烟叶氨基酸含量分析结果表明，磷酸化-

丝氨酸含量范围为 0.25～0.49 μg/mg，平均值为 0.36 μg/mg，变异系数为 19.40%；牛磺酸含量范围为 0.19～0.57 μg/mg，平均值为 0.40 μg/mg，变异系数为 18.87%；天冬氨酸含量范围为 0.08～0.34 μg/mg，平均值为 0.14 μg/mg，变异系数为 47.65%；苏氨酸含量范围为 0.06～0.26 μg/mg，平均值为 0.17 μg/mg，变异系数为 26.78%；丝氨酸含量范围为 0.03～0.23 μg/mg，平均值为 0.07 μg/mg，变异系数为 57.28%；天冬酰胺含量范围为 0.26～1.93 μg/mg，平均值为 0.94 μg/mg，变异系数为 42.31%；谷氨酸含量范围为 0.05～0.27 μg/mg，平均值为 0.12 μg/mg，变异系数为 41.26%；甘氨酸含量范围为 0.02～0.11 μg/mg，平均值为 0.03 μg/mg，变异系数为 44.67%；丙氨酸含量范围为 0.22～0.61 μg/mg，平均值为 0.41 μg/mg，变异系数为 25.60%；缬氨酸含量范围为 0.03～0.15 μg/mg，平均值为 0.07 μg/mg，变异系数为 34.42%；半胱氨酸含量范围为 0～0.34 μg/mg，平均值为 0.16 μg/mg，变异系数为 47.71%；异亮氨酸含量范围为 0～0.04 μg/mg，平均值为 0.01 μg/mg，变异系数为 57.42%；亮氨酸含量范围为 0.07～0.20 μg/mg，平均值为 0.11 μg/mg，变异系数为 25.71%；酪氨酸含量范围为 0.02～0.11 μg/mg，平均值为 0.05 μg/mg，变异系数为 36.27%；苯丙氨酸含量范围为 0.05～0.31 μg/mg，平均值为 0.14 μg/mg，变异系数为 37.81%；氨基丁酸含量范围为 0.01～0.14 μg/mg，平均值为 0.05 μg/mg，变异系数为 60.44%；组氨酸含量范围为 0.02～0.21 μg/mg，平均值为 0.09 μg/mg，变异系数为 45.92%；色氨酸含量范围为 0～0.31 μg/mg，平均值为 0.13 μg/mg，变异系数为 53.33%；精氨酸含量范围为 0～0.07 μg/mg，平均值为 0.02 μg/mg，变异系数为 79.65%（表 7-3-1 和表 7-3-2）。

表 7-3-1 武陵山区烟叶氨基酸含量 （单位：μg/mg）

氨基酸	德江	道真	咸丰	利川	桑植	凤凰	彭水	武隆
磷酸化-丝氨酸	0.28	0.39	0.35	0.39	0.38	0.39	0.34	0.35
牛磺酸	0.34	0.38	0.38	0.42	0.51	0.37	0.38	0.42
天冬氨酸	0.14	0.09	0.14	0.10	0.24	0.06	0.18	0.19
苏氨酸	0.14	0.16	0.16	0.21	0.22	0.12	0.16	0.18
丝氨酸	0.05	0.05	0.07	0.10	0.13	0.06	0.06	0.06
天冬酰胺	0.83	0.66	1.08	0.86	1.44	0.38	1.09	1.18
谷氨酸	0.12	0.08	0.12	0.11	0.19	0.06	0.14	0.14
甘氨酸	0.03	0.03	0.04	0.04	0.04	0.02	0.03	0.04
丙氨酸	0.48	0.35	0.47	0.37	0.50	0.25	0.41	0.43
缬氨酸	0.05	0.05	0.09	0.07	0.10	0.06	0.07	0.07
半胱氨酸	0.19	0.12	0.19	0.21	0.22	0.10	0.16	0.18
异亮氨酸	0.01	0.01	0.02	0.01	0.02	0.01	0.01	0.01
亮氨酸	0.10	0.11	0.13	0.10	0.15	0.08	0.12	0.12
酪氨酸	0.06	0.04	0.05	0.04	0.07	0.03	0.05	0.05
苯丙氨酸	0.16	0.10	0.16	0.11	0.2	0.08	0.17	0.16
氨基丁酸	0.06	0.02	0.06	0.03	0.08	0.02	0.06	0.06
组氨酸	0.10	0.05	0.09	0.08	0.13	0.04	0.12	0.11
色氨酸	0.15	0.07	0.12	0.10	0.19	0.05	0.20	0.18
精氨酸	0.02	0.02	0.03	0.02	0.04	0.02	0.02	0.03

表 7-3-2　武陵山区烟叶氨基酸含量统计

氨基酸	最小值/(μg/mg)	最大值/(μg/mg)	平均值/(μg/mg)	标准差	变异系数/%
磷酸化-丝氨酸	0.25	0.49	0.36	0.07	19.40
牛磺酸	0.19	0.57	0.40	0.08	18.87
天冬氨酸	0.08	0.34	0.14	0.07	47.65
苏氨酸	0.06	0.26	0.17	0.05	26.78
丝氨酸	0.03	0.23	0.07	0.04	57.28
天冬酰胺	0.26	1.93	0.94	0.40	42.31
谷氨酸	0.05	0.27	0.12	0.05	41.26
甘氨酸	0.02	0.11	0.03	0.02	44.67
丙氨酸	0.22	0.61	0.41	0.10	25.60
缬氨酸	0.03	0.15	0.07	0.02	34.42
半胱氨酸	0	0.34	0.16	0.08	47.71
异亮氨酸	0	0.04	0.01	0.01	57.42
亮氨酸	0.07	0.20	0.11	0.03	25.71
酪氨酸	0.02	0.11	0.05	0.02	36.27
苯丙氨酸	0.05	0.31	0.14	0.05	37.81
氨基丁酸	0.01	0.14	0.05	0.03	60.44
组氨酸	0.02	0.21	0.09	0.04	45.92
色氨酸	0	0.31	0.13	0.07	53.33
精氨酸	0	0.07	0.02	0.02	79.65

二、黔中山区烟叶氨基酸

黔中山区烤烟种植区典型产区代表性片区烟叶氨基酸含量分析结果表明，磷酸化-丝氨酸含量范围为 0.25～0.48 μg/mg，平均值为 0.37 μg/mg，变异系数为 13.10%；牛磺酸含量范围为 0.29～0.51 μg/mg，平均值为 0.39 μg/mg，变异系数为 15.99%；天冬氨酸含量范围为 0.07～0.57 μg/mg，平均值为 0.19 μg/mg，变异系数为 72.89%；苏氨酸含量范围为 0.11～0.28 μg/mg，平均值为 0.18 μg/mg，变异系数为 21.79%；丝氨酸含量范围为 0.03～0.19 μg/mg，平均值为 0.07 μg/mg，变异系数为 57.95%；天冬酰胺含量范围为 0.56～2.93 μg/mg，平均值为 1.34 μg/mg，变异系数为 53.06%；谷氨酸含量范围为 0.06～0.33 μg/mg，平均值为 0.15 μg/mg，变异系数为 47.26%；甘氨酸含量范围为 0.02～0.72 μg/mg，平均值为 0.06 μg/mg，变异系数为 190.50%；丙氨酸含量范围为 0.33～0.87 μg/mg，平均值为 0.51 μg/mg，变异系数为 24.11%；缬氨酸含量范围为 0.03～0.17 μg/mg，平均值为 0.07 μg/mg，变异系数为 47.37%；半胱氨酸含量范围为 0.12～0.50 μg/mg，平均值为 0.24 μg/mg，变异系数为 40.17%；异亮氨酸含量范围为 0～0.03 μg/mg，平均值为 0.01 μg/mg，变异系数为 59.50%；亮氨酸含量范围为 0.05～0.32 μg/mg，平均值为 0.12 μg/mg，变异系数为 36.34%；酪氨酸含量范围为 0.03～0.14 μg/mg，平均值为 0.06 μg/mg，变异系数为 52.43%；苯丙氨酸含量范围为 0.08～0.50 μg/mg，平均值为 0.19 μg/mg，变异系数为 60.42%；氨基丁酸含量范围为 0.01～0.17 μg/mg，平均值为 0.07 μg/mg，变异系数为 72.23%；组氨酸含量范围为 0.04～0.37 μg/mg，平均值为 0.14 μg/mg，变异系数为 66.85%；色氨酸含量范围为 0.07～0.50 μg/mg，平均值为 0.19 μg/mg，变异系数为 62.79%；精氨酸含量范围为 0～0.07 μg/mg，平均值为 0.03 μg/mg，变异系数为 55.33%（表 7-3-3 和表 7-3-4）。

表 7-3-3　黔中山区烟叶氨基酸含量　　　　　　（单位：μg/mg）

氨基酸	播州	贵定	黔西	开阳	西秀	余庆	凯里
磷酸化-丝氨酸	0.39	0.41	0.37	0.38	0.36	0.37	0.33
牛磺酸	0.43	0.38	0.41	0.46	0.34	0.40	0.32
天冬氨酸	0.23	0.10	0.21	0.44	0.09	0.17	0.11
苏氨酸	0.17	0.19	0.18	0.22	0.18	0.14	0.15
丝氨酸	0.08	0.05	0.08	0.15	0.06	0.05	0.04
天冬酰胺	1.51	0.86	1.42	2.64	0.86	1.21	0.88
谷氨酸	0.17	0.09	0.18	0.27	0.09	0.15	0.11
甘氨酸	0.06	0.03	0.18	0.05	0.04	0.04	0.03
丙氨酸	0.54	0.40	0.57	0.68	0.42	0.50	0.45
缬氨酸	0.08	0.05	0.08	0.13	0.06	0.06	0.05
半胱氨酸	0.26	0.20	0.26	0.41	0.17	0.21	0.19
异亮氨酸	0.01	0.01	0.01	0.02	0.01	0.01	0.01
亮氨酸	0.12	0.09	0.17	0.13	0.13	0.11	0.11
酪氨酸	0.07	0.04	0.08	0.11	0.04	0.05	0.04
苯丙氨酸	0.22	0.11	0.21	0.38	0.12	0.16	0.11
氨基丁酸	0.07	0.02	0.08	0.15	0.03	0.06	0.05
组氨酸	0.16	0.06	0.16	0.32	0.08	0.12	0.09
色氨酸	0.20	0.09	0.21	0.40	0.12	0.16	0.12
精氨酸	0.03	0.02	0.04	0.06	0.02	0.03	0.03

表 7-3-4　黔中山区烟叶氨基酸含量统计

氨基酸	最小值/(μg/mg)	最大值/(μg/mg)	平均值/(μg/mg)	标准差	变异系数/%
磷酸化-丝氨酸	0.25	0.48	0.37	0.05	13.10
牛磺酸	0.29	0.51	0.39	0.06	15.99
天冬氨酸	0.07	0.57	0.19	0.14	72.89
苏氨酸	0.11	0.28	0.18	0.04	21.79
丝氨酸	0.03	0.19	0.07	0.04	57.95
天冬酰胺	0.56	2.93	1.34	0.71	53.06
谷氨酸	0.06	0.33	0.15	0.07	47.26
甘氨酸	0.02	0.72	0.06	0.12	190.50
丙氨酸	0.33	0.87	0.51	0.12	24.11
缬氨酸	0.03	0.17	0.07	0.03	47.37

续表

氨基酸	最小值/(μg/mg)	最大值/(μg/mg)	平均值/(μg/mg)	标准差	变异系数/%
半胱氨酸	0.12	0.50	0.24	0.10	40.17
异亮氨酸	0	0.03	0.01	0.01	59.50
亮氨酸	0.05	0.32	0.12	0.04	36.34
酪氨酸	0.03	0.14	0.06	0.03	52.43
苯丙氨酸	0.08	0.50	0.19	0.11	60.42
氨基丁酸	0.01	0.17	0.07	0.05	72.23
组氨酸	0.04	0.37	0.14	0.10	66.85
色氨酸	0.07	0.50	0.19	0.12	62.79
精氨酸	0	0.07	0.03	0.02	55.33

三、秦巴山区烟叶氨基酸

秦巴山区烤烟种植区典型产区代表性片区烟叶氨基酸含量分析结果表明，磷酸化-丝氨酸含量范围为 0.23～0.52 μg/mg，平均值为 0.39 μg/mg，变异系数为 16.53%；牛磺酸含量范围为 0.35～0.68 μg/mg，平均值为 0.46 μg/mg，变异系数为 18.52%；天冬氨酸含量范围为 0.05～0.47 μg/mg，平均值为 0.19 μg/mg，变异系数为 50.02%；苏氨酸含量范围为 0.12～0.27 μg/mg，平均值为 0.14 μg/mg，变异系数为 29.56%；丝氨酸含量范围为 0.03～0.23 μg/mg，平均值为 0.09 μg/mg，变异系数为 7.03%；天冬酰胺含量范围为 0.18～2.59 μg/mg，平均值为 0.64 μg/mg，变异系数为 93.85%；谷氨酸含量范围为 0.07～0.32 μg/mg，平均值为 0.09 μg/mg，变异系数为 76.56%；甘氨酸含量范围为 0.02～0.05 μg/mg，平均值为 0.04 μg/mg，变异系数为 3.87%；丙氨酸含量范围为 0.25～0.66 μg/mg，平均值为 0.42 μg/mg，变异系数为 43.31%；缬氨酸含量范围为 0.02～0.13 μg/mg，平均值为 0.08 μg/mg，变异系数为 21.66%；半胱氨酸含量范围为 0.04～0.33 μg/mg，平均值为 0.10 μg/mg，变异系数为 75.15%；异亮氨酸含量范围为 0～0.03 μg/mg，平均值为 0.02 μg/mg，变异系数为 8.86%；亮氨酸含量范围为 0.05～0.19 μg/mg，平均值为 0.10 μg/mg，变异系数为 35.44%；酪氨酸含量范围为 0.02～0.10 μg/mg，平均值为 0.06 μg/mg，变异系数为 19.70%；苯丙氨酸含量范围为 0.05～0.27 μg/mg，平均值为 0.11 μg/mg，变异系数为 51.27%；氨基丁酸含量范围为 0.01～0.17 μg/mg，平均值为 0.09 μg/mg，变异系数为 45.89%；组氨酸含量范围为 0.03～0.21 μg/mg，平均值为 0.13 μg/mg，变异系数为 37.84%；色氨酸含量范围为 0.05～0.27 μg/mg，平均值为 0.10 μg/mg，变异系数为 66.09%；精氨酸含量范围为 0～0.08 μg/mg，平均值为 0.04 μg/mg，变异系数为 50.65%（表 7-3-5 和表 7-3-6）。

表 7-3-5　秦巴山区烟叶氨基酸含量　　　　　　（单位：μg/mg）

氨基酸	南郑	旬阳	兴山	房县	巫山
磷酸化-丝氨酸	0.31	0.33	0.26	0.36	0.34
牛磺酸	0.53	0.50	0.40	0.46	0.42
天冬氨酸	0.13	0.21	0.28	0.17	0.13

续表

氨基酸	南郑	旬阳	兴山	房县	巫山
苏氨酸	0.18	0.22	0.17	0.18	0.18
丝氨酸	0.07	0.08	0.12	0.10	0.05
天冬酰胺	0.76	1.37	1.65	1.10	0.78
谷氨酸	0.12	0.17	0.22	0.17	0.09
甘氨酸	0.04	0.04	0.04	0.04	0.03
丙氨酸	0.36	0.54	0.46	0.42	0.34
缬氨酸	0.08	0.09	0.10	0.08	0.05
半胱氨酸	0.14	0.21	0.19	0.20	0.13
异亮氨酸	0.02	0.02	0.02	0.02	0.01
亮氨酸	0.15	0.16	0.16	0.14	0.10
酪氨酸	0.06	0.07	0.08	0.06	0.04
苯丙氨酸	0.15	0.2	0.19	0.14	0.11
氨基丁酸	0.05	0.08	0.10	0.05	0.04
组氨酸	0.08	0.12	0.17	0.12	0.07
色氨酸	0.11	0.17	0.22	0.17	0.09
精氨酸	0.04	0.06	0.06	0.03	0.02

表 7-3-6　秦巴山区烟叶氨基酸含量统计

氨基酸	最小值/(μg/mg)	最大值/(μg/mg)	平均值/(μg/mg)	标准差	变异系数/%
磷酸化-丝氨酸	0.23	0.52	0.39	0.06	16.53
牛磺酸	0.35	0.68	0.46	0.09	18.52
天冬氨酸	0.05	0.47	0.19	0.09	50.02
苏氨酸	0.12	0.27	0.14	0.04	29.56
丝氨酸	0.03	0.23	0.09	0.04	7.03
天冬酰胺	0.18	2.59	0.64	0.60	93.85
谷氨酸	0.07	0.32	0.09	0.07	76.56
甘氨酸	0.02	0.05	0.04	0.01	3.87
丙氨酸	0.25	0.66	0.42	0.11	43.31
缬氨酸	0.02	0.13	0.08	0.03	21.66
半胱氨酸	0.04	0.33	0.10	0.07	75.15
异亮氨酸	0	0.03	0.02	0.01	8.86
亮氨酸	0.05	0.19	0.10	0.04	35.44
酪氨酸	0.02	0.10	0.06	0.02	19.70
苯丙氨酸	0.05	0.27	0.11	0.06	51.27
氨基丁酸	0.01	0.17	0.09	0.04	45.89
组氨酸	0.03	0.21	0.13	0.05	37.84
色氨酸	0.05	0.27	0.10	0.07	66.09
精氨酸	0	0.08	0.04	0.02	50.65

四、鲁中山区烟叶氨基酸

鲁中山区烤烟种植区典型产区代表性片区烟叶氨基酸含量分析结果表明，磷酸化-丝氨酸含量范围为 0.15～0.40 μg/mg，平均值为 0.30 μg/mg，变异系数为 21.91%；牛磺酸含量范围为 0～0.67 μg/mg，平均值为 0.41 μg/mg，变异系数为 40.02%；天冬氨酸含量范围为 0.04～0.21 μg/mg，平均值为 0.13 μg/mg，变异系数为 38.31%；苏氨酸含量范围为 0.10～0.25 μg/mg，平均值为 0.18 μg/mg，变异系数为 24.47%；丝氨酸含量范围为 0.03～0.11 μg/mg，平均值为 0.07 μg/mg，变异系数为 27.38%；天冬酰胺含量范围为 0.33～2.75 μg/mg，平均值为 1.40 μg/mg，变异系数为 42.67%；谷氨酸含量范围为 0.05～0.28 μg/mg，平均值为 0.14 μg/mg，变异系数为 41.56%；甘氨酸含量范围为 0.02～0.06 μg/mg，平均值为 0.03 μg/mg，变异系数为 28.14%；丙氨酸含量范围为 0.20～0.85 μg/mg，平均值为 0.51 μg/mg，变异系数为 29.29%；缬氨酸含量范围为 0.05～0.10 μg/mg，平均值为 0.07 μg/mg，变异系数为 21.58%；半胱氨酸含量范围为 0.13～0.31 μg/mg，平均值为 0.21 μg/mg，变异系数为 26.66%；异亮氨酸含量范围为 0～0.03 μg/mg，平均值为 0.01 μg/mg，变异系数为 47.74%；亮氨酸含量范围为 0.06～0.18 μg/mg，平均值为 0.12 μg/mg，变异系数为 25.86%；酪氨酸含量范围为 0.03～0.08 μg/mg，平均值为 0.05 μg/mg，变异系数为 28.45%；苯丙氨酸含量范围为 0.07～0.24 μg/mg，平均值为 0.15 μg/mg，变异系数为 32.09%；氨基丁酸含量范围为 0.03～0.13 μg/mg，平均值为 0.07 μg/mg，变异系数为 42.71%；组氨酸含量范围为 0.04～0.24 μg/mg，平均值为 0.11 μg/mg，变异系数为 48.17%；色氨酸含量范围为 0.04～0.30 μg/mg，平均值为 0.13 μg/mg，变异系数为 50.60%；精氨酸含量范围为 0～0.06 μg/mg，平均值为 0.04 μg/mg，变异系数为 44.47%（表 7-3-7 和表 7-3-8）。

表 7-3-7　鲁中山区烟叶氨基酸含量　　　　　　　（单位：μg/mg）

氨基酸	临朐	蒙阴	费县	诸城
磷酸化-丝氨酸	0.27	0.28	0.32	0.34
牛磺酸	0.36	0.42	0.37	0.48
天冬氨酸	0.10	0.15	0.13	0.13
苏氨酸	0.15	0.16	0.20	0.21
丝氨酸	0.06	0.07	0.08	0.06
天冬酰胺	0.77	1.50	1.85	1.49
谷氨酸	0.09	0.13	0.14	0.22
甘氨酸	0.03	0.03	0.04	0.03
丙氨酸	0.37	0.51	0.61	0.56
缬氨酸	0.06	0.08	0.07	0.06
半胱氨酸	0.18	0.21	0.24	0
异亮氨酸	0.02	0.02	0.01	0.01
亮氨酸	0.11	0.13	0.14	0.12
酪氨酸	0.04	0.06	0.05	0.04
苯丙氨酸	0.11	0.18	0.17	0.15

续表

氨基酸	临朐	蒙阴	费县	诸城
氨基丁酸	0.05	0.08	0.07	0.07
组氨酸	0.07	0.13	0.16	0.08
色氨酸	0.08	0.15	0.19	0.10
精氨酸	0.03	0.04	0.05	0.04

表 7-3-8　鲁中山区烟叶氨基酸含量统计

氨基酸	最小值/(μg/mg)	最大值/(μg/mg)	平均值/(μg/mg)	标准差	变异系数/%
磷酸化-丝氨酸	0.15	0.40	0.30	0.07	21.91
牛磺酸	0	0.67	0.41	0.16	40.02
天冬氨酸	0.04	0.21	0.13	0.05	38.31
苏氨酸	0.10	0.25	0.18	0.04	24.47
丝氨酸	0.03	0.11	0.07	0.02	27.38
天冬酰胺	0.33	2.75	1.40	0.60	42.67
谷氨酸	0.05	0.28	0.14	0.06	41.56
甘氨酸	0.02	0.06	0.03	0.01	28.14
丙氨酸	0.20	0.85	0.51	0.15	29.29
缬氨酸	0.05	0.10	0.07	0.01	21.58
半胱氨酸	0.13	0.31	0.21	0.06	26.66
异亮氨酸	0	0.03	0.01	0.01	47.74
亮氨酸	0.06	0.18	0.12	0.03	25.86
酪氨酸	0.03	0.08	0.05	0.01	28.45
苯丙氨酸	0.07	0.24	0.15	0.05	32.09
氨基丁酸	0.03	0.13	0.07	0.03	42.71
组氨酸	0.04	0.24	0.11	0.05	48.17
色氨酸	0.04	0.30	0.13	0.06	50.60
精氨酸	0	0.06	0.04	0.02	44.47

五、东北地区烟叶氨基酸

东北地区烤烟种植区典型产区代表性片区烟叶氨基酸含量分析结果表明，磷酸化-丝氨酸含量范围为 0.23～0.35 μg/mg，平均值为 0.29 μg/mg，变异系数为 12.32%；牛磺酸含量范围为 0.36～0.60 μg/mg，平均值为 0.50 μg/mg，变异系数为 13.86%；天冬氨酸含量范围为 0.07～0.19 μg/mg，平均值为 0.13 μg/mg，变异系数为 21.85%；苏氨酸含量范围为 0.07～0.23 μg/mg，平均值为 0.14 μg/mg，变异系数为 33.78%；丝氨酸含量范围为 0.02～0.08 μg/mg，平均值为 0.05 μg/mg，变异系数为 29.13%；天冬酰胺含量范围为 0.56～1.44 μg/mg，平均值为 0.82 μg/mg，变异系数为 29.45%；谷氨酸含量范围为 0.06～0.12 μg/mg，平均值为 0.08 μg/mg，变异系数为 19.72%；甘氨酸含量范围为 0.01～0.03 μg/mg，平均值为 0.02 μg/mg，变异系数为 13.42%；丙氨酸含量范围为 0.23～0.41 μg/mg，平均值为 0.33 μg/mg，变异系数为 13.23%；缬氨酸含量范围为 0.04～0.07 μg/mg，平均值为 0.06 μg/mg，变异系数为 16.16%；半胱氨酸含量范围为 0.05～0.25 μg/mg，平均值为 0.16 μg/mg，变异系数为 32.79%；异亮氨酸含量范围为 0～0.02 μg/mg，平均值为 0.01 μg/mg，变异系数为 31.21%；亮氨酸含量范围为 0.06～0.10 μg/mg，平均值为 0.08 μg/mg，变异系数为 19.17%；酪氨酸含量范围为 0.03～0.07 μg/mg，平均值为 0.04 μg/mg，变异系数为 27.98%；苯丙氨酸含量范围为 0.07～0.16 μg/mg，平均值为 0.12 μg/mg，变异系数为 19.96%；氨基丁酸含量范围为 0.01～0.05 μg/mg，平均值为 0.03 μg/mg，变异系数为 34.64%；组氨酸含量范围为 0.05～0.08 μg/mg，平均值为 0.07 μg/mg，变异系数为 11.71%；色氨酸含量范围为 0～0.04 μg/mg，平均值为 0.03 μg/mg，变异系数为 30.95%；精氨酸含量范围为 0～0.03 μg/mg，平均值为 0.02 μg/mg，变异系数为 44.47%（表 7-3-9 和表 7-3-10）。

表 7-3-9　东北地区烟叶氨基酸含量　　　　　　　　　　（单位：μg/mg）

氨基酸	宽甸	宁安	汪清
磷酸化-丝氨酸	0.27	0.30	0.29
牛磺酸	0.49	0.53	0.48
天冬氨酸	0.13	0.13	0.12
苏氨酸	0.15	0.15	0.11
丝氨酸	0.05	0.06	0.05
天冬酰胺	0.96	0.88	0.64
谷氨酸	0.10	0.09	0.07
甘氨酸	0.03	0.03	0.02
丙氨酸	0.35	0.35	0.30
缬氨酸	0.05	0.06	0.06
半胱氨酸	0.16	0.17	0.15
异亮氨酸	0.01	0.01	0.01
亮氨酸	0.07	0.08	0.08
酪氨酸	0.04	0.05	0.05
苯丙氨酸	0.13	0.13	0.10
氨基丁酸	0.04	0.03	0.02
组氨酸	0.07	0.07	0.07
色氨酸	0.03	0.03	0.02
精氨酸	0.02	0.02	0.02

表 7-3-10　东北地区烟叶氨基酸含量统计

氨基酸	最小值/(μg/mg)	最大值/(μg/mg)	平均值/(μg/mg)	标准差	变异系数/%
磷酸化-丝氨酸	0.23	0.35	0.29	0.04	12.32
牛磺酸	0.36	0.60	0.50	0.07	13.86
天冬氨酸	0.07	0.19	0.13	0.03	21.85
苏氨酸	0.07	0.23	0.14	0.05	33.78
丝氨酸	0.02	0.08	0.05	0.01	29.13

续表

氨基酸	最小值/(μg/mg)	最大值/(μg/mg)	平均值/(μg/mg)	标准差	变异系数/%
天冬酰胺	0.56	1.44	0.82	0.24	29.45
谷氨酸	0.06	0.12	0.08	0.02	19.72
甘氨酸	0.01	0.03	0.02	0	13.42
丙氨酸	0.23	0.41	0.33	0.04	13.23
缬氨酸	0.04	0.07	0.06	0.01	16.16
半胱氨酸	0.05	0.25	0.16	0.05	32.79
异亮氨酸	0	0.02	0.01	0	31.21
亮氨酸	0.06	0.10	0.08	0.01	19.17
酪氨酸	0.03	0.07	0.04	0.01	27.98
苯丙氨酸	0.07	0.16	0.12	0.02	19.96
氨基丁酸	0.01	0.05	0.03	0.01	34.64
组氨酸	0.05	0.08	0.07	0.01	11.71
色氨酸	0	0.04	0.03	0.01	30.95
精氨酸	0	0.03	0.02	0.01	44.47

六、雪峰山区烟叶氨基酸

雪峰山区烤烟种植区典型产区代表性片区烟叶氨基酸含量分析结果表明，磷酸化-丝氨酸含量范围为 0.28～0.39 μg/mg，平均值为 0.33 μg/mg，变异系数为 11.14%；牛磺酸含量范围为 0.24～0.48 μg/mg，平均值为 0.35 μg/mg，变异系数为 19.39%；天冬氨酸含量范围为 0.03～0.15 μg/mg，平均值为 0.08 μg/mg，变异系数为 45.85%；苏氨酸含量范围为 0.11～0.18 μg/mg，平均值为 0.14 μg/mg，变异系数为 15.51%；丝氨酸含量范围为 0.02～0.05 μg/mg，平均值为 0.04 μg/mg，变异系数为 24.87%；天冬酰胺含量范围为 0.36～0.80 μg/mg，平均值为 0.57 μg/mg，变异系数为 25.44%；谷氨酸含量范围为 0.05～0.08 μg/mg，平均值为 0.07 μg/mg，变异系数为 17.62%；甘氨酸含量范围为 0.01～0.03 μg/mg，平均值为 0.02 μg/mg，变异系数为 19.71%；丙氨酸含量范围为 0.24～0.37 μg/mg，平均值为 0.30 μg/mg，变异系数为 11.60%；缬氨酸含量范围为 0.03～0.06 μg/mg，平均值为 0.05 μg/mg，变异系数为 19.15%；半胱氨酸含量范围为 0～0.13 μg/mg，平均值为 0.09 μg/mg，变异系数为 40.92%；异亮氨酸含量范围为 0～0.02 μg/mg，平均值为 0.01 μg/mg，变异系数为 35.15%；亮氨酸含量范围为 0.04～0.11 μg/mg，平均值为 0.07 μg/mg，变异系数为 24.65%；酪氨酸含量范围为 0.02～0.04 μg/mg，平均值为 0.03 μg/mg，变异系数为 24.32%；苯丙氨酸含量范围为 0.05～0.12 μg/mg，平均值为 0.09 μg/mg，变异系数为 22.62%；氨基丁酸含量范围为 0.02～0.05 μg/mg，平均值为 0.03 μg/mg，变异系数为 33.11%；组氨酸含量范围为 0.02～0.07 μg/mg，平均值为 0.05 μg/mg，变异系数为 30.97%；色氨酸含量范围为 0.02～0.08 μg/mg，平均值为 0.05 μg/mg，变异系数为 35.72%；精氨酸含量范围为 0～0.02 μg/mg，平均值为 0.01 μg/mg，变异系数为 66.90%（表 7-3-11 和表 7-3-12）。

表 7-3-11   雪峰山区烟叶氨基酸含量   （单位：μg/mg）

氨基酸	天柱	靖州
磷酸化-丝氨酸	0.35	0.31
牛磺酸	0.32	0.39
天冬氨酸	0.07	0.09
苏氨酸	0.15	0.14
丝氨酸	0.04	0.04
天冬酰胺	0.50	0.63
谷氨酸	0.06	0.07
甘氨酸	0.02	0.02
丙氨酸	0.29	0.31
缬氨酸	0.04	0.05
半胱氨酸	0.09	0.10
异亮氨酸	0.01	0.01
亮氨酸	0.07	0.07
酪氨酸	0.03	0.04
苯丙氨酸	0.08	0.10
氨基丁酸	0.03	0.03
组氨酸	0.04	0.05
色氨酸	0.06	0.04
精氨酸	0.01	0.01

表 7-3-12   雪峰山区烟叶氨基酸含量统计

氨基酸	最小值/(μg/mg)	最大值/(μg/mg)	平均值/(μg/mg)	标准差	变异系数/%
磷酸化-丝氨酸	0.28	0.39	0.33	0.04	11.14
牛磺酸	0.24	0.48	0.35	0.07	19.39
天冬氨酸	0.03	0.15	0.08	0.04	45.85
苏氨酸	0.11	0.18	0.14	0.02	15.51
丝氨酸	0.02	0.05	0.04	0.01	24.87
天冬酰胺	0.36	0.80	0.57	0.14	25.44
谷氨酸	0.05	0.08	0.07	0.01	17.62
甘氨酸	0.01	0.03	0.02	0.01	19.71
丙氨酸	0.24	0.37	0.30	0.03	11.60
缬氨酸	0.03	0.06	0.05	0.01	19.15
半胱氨酸	0	0.13	0.09	0.04	40.92
异亮氨酸	0	0.02	0.01	0.01	35.15
亮氨酸	0.04	0.11	0.07	0.02	24.65
酪氨酸	0.02	0.04	0.03	0.01	24.32
苯丙氨酸	0.05	0.12	0.09	0.02	22.62
氨基丁酸	0.02	0.05	0.03	0.01	33.11
组氨酸	0.02	0.07	0.05	0.01	30.97
色氨酸	0.02	0.08	0.05	0.02	35.72
精氨酸	0	0.02	0.01	0.01	66.90

七、云贵高原烟叶氨基酸

云贵高原烤烟种植区典型产区代表性片区烟叶氨基酸含量分析结果表明，磷酸化-丝氨酸含量范围为 0.26～0.41 μg/mg，平均值为 0.32 μg/mg，变异系数为 12.03%；牛磺酸含量范围为 0～0.58 μg/mg，平均值为 0.37 μg/mg，变异系数为 27.01%；天冬氨酸含量范围为 0.03～0.19 μg/mg，平均值为 0.11 μg/mg，变异系数为 38.62%；苏氨酸含量范围为 0.10～0.24 μg/mg，平均值为 0.18 μg/mg，变异系数为 19.20%；丝氨酸含量范围为 0.04～0.10 μg/mg，平均值为 0.07 μg/mg，变异系数为 22.28%；天冬酰胺含量范围为 0.27～1.84 μg/mg，平均值为 1.04 μg/mg，变异系数为 43.02%；谷氨酸含量范围为 0.04～0.29 μg/mg，平均值为 0.13 μg/mg，变异系数为 44.91%；甘氨酸含量范围为 0.02～0.06 μg/mg，平均值为 0.04 μg/mg，变异系数为 22.86%；丙氨酸含量范围为 0.35～0.62 μg/mg，平均值为 0.46 μg/mg，变异系数为 15.40%；缬氨酸含量范围为 0.04～0.13 μg/mg，平均值为 0.07 μg/mg，变异系数为 29.52%；半胱氨酸含量范围为 0.01～0.29 μg/mg，平均值为 0.17 μg/mg，变异系数为 47.20%；异亮氨酸含量范围为 0～0.05 μg/mg，平均值为 0.02 μg/mg，变异系数为 72.48%；亮氨酸含量范围为 0.05～0.23 μg/mg，平均值为 0.15 μg/mg，变异系数为 24.30%；酪氨酸含量范围为 0.03～0.13 μg/mg，平均值为 0.06 μg/mg，变异系数为 34.74%；苯丙氨酸含量范围为 0.01～0.20 μg/mg，平均值为 0.11 μg/mg，变异系数为 36.60%；氨基丁酸含量范围为 0.01～0.07 μg/mg，平均值为 0.04 μg/mg，变异系数为 50.15%；组氨酸含量范围为 0.03～0.19 μg/mg，平均值为 0.09 μg/mg，变异系数为 36.00%；色氨酸含量范围为 0.04～0.22 μg/mg，平均值为 0.12 μg/mg，变异系数为 35.21%；精氨酸含量范围为 0～0.08 μg/mg，平均值为 0.05 μg/mg，变异系数为 36.32%（表 7-3-13 和表 7-3-14）。

表 7-3-13　云贵高原烟叶氨基酸含量　　　　　　（单位：μg/mg）

氨基酸	南涧	江川	盘州	威宁	兴仁
磷酸化-丝氨酸	0.28	0.34	0.3	0.34	0.33
牛磺酸	0.37	0.37	0.38	0.34	0.40
天冬氨酸	0.09	0.11	0.14	0.05	0.14
苏氨酸	0.15	0.2	0.21	0.16	0.19
丝氨酸	0.07	0.08	0.08	0.06	0.07
天冬酰胺	1.03	1.6	1.23	0.48	0.86
谷氨酸	0.12	0.19	0.15	0.08	0.12
甘氨酸	0.03	0.03	0.04	0.03	0.04
丙氨酸	0.42	0.52	0.47	0.39	0.5
缬氨酸	0.08	0.05	0.09	0.06	0.08
半胱氨酸	0	0.21	0.25	0.09	0.15
异亮氨酸	0.02	0.01	0.02	0.01	0.02
亮氨酸	0.14	0.14	0.17	0.12	0.16
酪氨酸	0.06	0.07	0.06	0.04	0.05
苯丙氨酸	0.13	0.12	0.13	0.06	0.12

续表

氨基酸	南涧	江川	盘州	威宁	兴仁
氨基丁酸	0.02	0.05	0.05	0.02	0.04
组氨酸	0.09	0.09	0.12	0.05	0.10
色氨酸	0.11	0.13	0.15	0.06	0.14
精氨酸	0.04	0.05	0.05	0.04	0.05

表 7-3-14　云贵高原烟叶氨基酸含量统计

氨基酸	最小值/(μg/mg)	最大值/(μg/mg)	平均值/(μg/mg)	标准差	变异系数/%
磷酸化-丝氨酸	0.26	0.41	0.32	0.04	12.03
牛磺酸	0	0.58	0.37	0.10	27.01
天冬氨酸	0.03	0.19	0.11	0.04	38.62
苏氨酸	0.10	0.24	0.18	0.03	19.20
丝氨酸	0.04	0.10	0.07	0.02	22.28
天冬酰胺	0.27	1.84	1.04	0.45	43.02
谷氨酸	0.04	0.29	0.13	0.06	44.91
甘氨酸	0.02	0.06	0.04	0.01	22.86
丙氨酸	0.35	0.62	0.46	0.07	15.40
缬氨酸	0.04	0.13	0.07	0.02	29.52
半胱氨酸	0.01	0.29	0.17	0.08	47.20
异亮氨酸	0	0.05	0.02	0.01	72.48
亮氨酸	0.05	0.23	0.15	0.04	24.30
酪氨酸	0.03	0.13	0.06	0.02	34.74
苯丙氨酸	0.01	0.20	0.11	0.04	36.60
氨基丁酸	0.01	0.07	0.04	0.02	50.15
组氨酸	0.03	0.19	0.09	0.03	36.00
色氨酸	0.04	0.22	0.12	0.04	35.21
精氨酸	0	0.08	0.05	0.02	36.32

八、攀西山区烟叶氨基酸

攀西山区烤烟种植区典型产区代表性片区烟叶氨基酸含量分析结果表明，磷酸化-丝氨酸含量范围为 0.27～0.49 μg/mg，平均值为 0.33 μg/mg，变异系数为 22.67%；牛磺酸含量范围为 0.34～0.55 μg/mg，平均值为 0.40 μg/mg，变异系数为 16.80%；天冬氨酸含量范围为 0.05～0.14 μg/mg，平均值为 0.11 μg/mg，变异系数为 22.38%；苏氨酸含量范围为 0.14～0.30 μg/mg，平均值为 0.20 μg/mg，变异系数为 23.48%；丝氨酸含量范围为 0.04～0.08 μg/mg，平均值为 0.07 μg/mg，变异系数为 19.59%；天冬酰胺含量范围为 0.48～0.91 μg/mg，平均值为 0.72 μg/mg，变异系数为 19.31%；谷氨酸含量范围为 0.08～0.19 μg/mg，平均值为 0.13 μg/mg，变异系数为 25.78%；甘氨酸含量范围为 0.02～0.04 μg/mg，平均值为 0.03 μg/mg，变异系数为 12.05%；丙氨酸含量范围为 0.30～0.52 μg/mg，平均值为 0.43 μg/mg，变异系数为 17.01%；缬氨酸含量范围为 0.05～0.09 μg/mg，平均值为 0.07 μg/mg，变异系数为 15.98%；半胱氨酸含量范围为 0.04～0.25 μg/mg，平均值为 0.12 μg/mg，变异系数为 48.28%；异亮氨酸含量范围为 0.01～0.03 μg/mg，平均值为 0.02 μg/mg，变异系数为 26.76%；亮氨酸含量范围为 0.07～0.17 μg/mg，平均值为 0.13 μg/mg，变异系数为 25.75%；酪氨酸含量范围为 0.03～0.07 μg/mg，平均值为 0.05 μg/mg，变异系数为 25.40%；苯丙氨酸含量范围为 0.06～0.13 μg/mg，平均值为 0.12 μg/mg，变异系数为 16.49%；氨基丁酸含量范围为 0.02～0.05 μg/mg，平均值为 0.04 μg/mg，变异系数为 27.29%；组氨酸含量范围为 0.04～0.12 μg/mg，平均值为 0.08 μg/mg，变异系数为 30.55%；色氨酸含量范围为 0.06～0.15 μg/mg，平均值为 0.11 μg/mg，变异系数为 27.22%；精氨酸含量范围为 0.01～0.04 μg/mg，平均值为 0.03 μg/mg，变异系数为 34.05%（表 7-3-15 和表 7-3-16）。

表 7-3-15　攀西山区烟叶氨基酸含量 　　　　　（单位：μg/mg）

氨基酸	会东	米易	仁和	盐边
磷酸化-丝氨酸	0.28	0.33	0.37	0.32
牛磺酸	0.37	0.41	0.42	0.39
天冬氨酸	0.09	0.12	0.09	0.12
苏氨酸	0.15	0.22	0.20	0.20
丝氨酸	0.07	0.07	0.05	0.07
天冬酰胺	0.73	0.68	0.74	0.74
谷氨酸	0.12	0.15	0.09	0.14
甘氨酸	0.03	0.04	0.03	0.04
丙氨酸	0.42	0.45	0.35	0.47
缬氨酸	0.08	0.07	0.06	0.07
半胱氨酸	0.04	0.13	0.10	0.13
异亮氨酸	0.02	0.02	0.02	0.02
亮氨酸	0.14	0.14	0.10	0.15
酪氨酸	0.06	0.06	0.04	0.06
苯丙氨酸	0.13	0.13	0.10	0.12
氨基丁酸	0.02	0.04	0.03	0.04
组氨酸	0.09	0.09	0.06	0.1
色氨酸	0.11	0.12	0.07	0.13
精氨酸	0.03	0.03	0.02	0.03

表 7-3-16　攀西山区烟叶氨基酸含量统计

氨基酸	最小值/(μg/mg)	最大值/(μg/mg)	平均值/(μg/mg)	标准差	变异系数/%
磷酸化-丝氨酸	0.27	0.49	0.33	0.08	22.67
牛磺酸	0.34	0.55	0.40	0.07	16.80
天冬氨酸	0.05	0.14	0.11	0.03	22.38
苏氨酸	0.14	0.30	0.20	0.05	23.48

续表

氨基酸	最小值/(μg/mg)	最大值/(μg/mg)	平均值/(μg/mg)	标准差	变异系数/%
丝氨酸	0.04	0.08	0.07	0.01	19.59
天冬酰胺	0.48	0.91	0.72	0.14	19.31
谷氨酸	0.08	0.19	0.13	0.03	25.78
甘氨酸	0.02	0.04	0.03	0	12.05
丙氨酸	0.30	0.52	0.43	0.07	17.01
缬氨酸	0.05	0.09	0.07	0.01	15.98
半胱氨酸	0.04	0.25	0.12	0.06	48.28
异亮氨酸	0.01	0.03	0.02	0	26.76
亮氨酸	0.07	0.17	0.13	0.03	25.75
酪氨酸	0.03	0.07	0.05	0.01	25.40
苯丙氨酸	0.06	0.13	0.12	0.02	16.49
氨基丁酸	0.02	0.05	0.04	0.01	27.29
组氨酸	0.04	0.12	0.08	0.03	30.55
色氨酸	0.06	0.15	0.11	0.03	27.22
精氨酸	0.01	0.04	0.03	0.01	34.05

九、武夷山区烟叶氨基酸

武夷山区烤烟种植区典型产区代表性片区烟叶氨基酸含量分析结果表明，磷酸化-丝氨酸含量范围为 0.22～0.54 μg/mg，平均值为 0.41 μg/mg，变异系数为 23.72%；牛磺酸含量范围为 0.36～0.60 μg/mg，平均值为 0.50 μg/mg，变异系数为 17.55%；天冬氨酸含量范围为 0.02～0.28 μg/mg，平均值为 0.09 μg/mg，变异系数为 76.88%；苏氨酸含量范围为 0.11～0.37 μg/mg，平均值为 0.23 μg/mg，变异系数为 44.70%；丝氨酸含量范围为 0.03～0.10 μg/mg，平均值为 0.05 μg/mg，变异系数为 45.13%；天冬酰胺含量范围为 0.29～1.49 μg/mg，平均值为 0.74 μg/mg，变异系数为 44.64%；谷氨酸含量范围为 0.02～0.19 μg/mg，平均值为 0.10 μg/mg，变异系数为 46.67%；甘氨酸含量范围为 0～0.05 μg/mg，平均值为 0.02 μg/mg，变异系数为 60.85%；丙氨酸含量范围为 0.12～0.46 μg/mg，平均值为 0.28 μg/mg，变异系数为 31.87%；缬氨酸含量范围为 0.03～0.09 μg/mg，平均值为 0.05 μg/mg，变异系数为 34.71%；半胱氨酸含量范围为 0.18～0.42 μg/mg，平均值为 0.28 μg/mg，变异系数为 37.47%；异亮氨酸含量范围为 0～0.06 μg/mg，平均值为 0.02 μg/mg，变异系数为 102.35%；亮氨酸含量范围为 0.04～0.09 μg/mg，平均值为 0.07 μg/mg，变异系数为 25.00%；酪氨酸含量范围为 0.02～0.05 μg/mg，平均值为 0.03 μg/mg，变异系数为 33.25%；苯丙氨酸含量范围为 0.06～0.21 μg/mg，平均值为 0.11 μg/mg，变异系数为 40.72%；氨基丁酸含量范围为 0.01～0.10 μg/mg，平均值为 0.02 μg/mg，变异系数为 122.22%；组氨酸含量范围为 0.02～0.07 μg/mg，平均值为 0.04 μg/mg，变异系数为 41.04%；色氨酸含量范围为 0.03～0.16 μg/mg，平均值为 0.06 μg/mg，变异系数为 62.96%；精氨酸含量范围为 0～0.03 μg/mg，平均值为 0.02 μg/mg，变异系数为 42.87%（表 7-3-17 和表 7-3-18）。

表 7-3-17 武夷山区烟叶氨基酸含量 （单位：μg/mg）

氨基酸	永定	泰宁
磷酸化-丝氨酸	0.48	0.33
牛磺酸	0.55	0.45
天冬氨酸	0.13	0.06
苏氨酸	0.30	0.14
丝氨酸	0.04	0.05
天冬酰胺	0.91	0.54
谷氨酸	0.11	0.10
甘氨酸	0.03	0.01
丙氨酸	0.30	0.25
缬氨酸	0.06	0.05
半胱氨酸	0.28	0
异亮氨酸	0.02	0.01
亮氨酸	0.07	0.07
酪氨酸	0.03	0.03
苯丙氨酸	0.13	0.09
氨基丁酸	0.03	0.01
组氨酸	0.04	0.03
色氨酸	0.07	0.05
精氨酸	0.03	0.01

表 7-3-18 武夷山区烟叶氨基酸含量统计

氨基酸	最小值/(μg/mg)	最大值/(μg/mg)	平均值/(μg/mg)	标准差	变异系数/%
磷酸化-丝氨酸	0.22	0.54	0.41	0.10	23.72
牛磺酸	0.36	0.60	0.50	0.09	17.55
天冬氨酸	0.02	0.28	0.09	0.07	76.88
苏氨酸	0.11	0.37	0.23	0.10	44.70
丝氨酸	0.03	0.10	0.05	0.02	45.13
天冬酰胺	0.29	1.49	0.74	0.33	44.64
谷氨酸	0.02	0.19	0.10	0.05	46.67
甘氨酸	0	0.05	0.02	0.01	60.85
丙氨酸	0.12	0.46	0.28	0.09	31.87
缬氨酸	0.03	0.09	0.05	0.02	34.71
半胱氨酸	0.18	0.42	0.28	0.10	37.47
异亮氨酸	0	0.06	0.02	0.02	102.35
亮氨酸	0.04	0.09	0.07	0.02	25.00
酪氨酸	0.02	0.05	0.03	0.01	33.25
苯丙氨酸	0.06	0.21	0.11	0.05	40.72
氨基丁酸	0.01	0.10	0.02	0.03	122.22
组氨酸	0.02	0.07	0.04	0.02	41.04
色氨酸	0.03	0.16	0.06	0.04	62.96
精氨酸	0	0.03	0.02	0.01	42.87

十、南岭山区烟叶氨基酸

南岭山区烤烟种植区典型产区代表性片区烟叶氨基酸含量分析结果表明，磷酸化-丝氨酸含量范围为 0.36～0.44 μg/mg，平均值为 0.39 μg/mg，变异系数为 7.73%；牛磺酸含量范围为 0.20～0.43 μg/mg，平均值为 0.36 μg/mg，变异系数为 20.02%；天冬氨酸含量范围为 0.05～0.38 μg/mg，平均值为 0.18 μg/mg，变异系数为 57.05%；苏氨酸含量范围为 0.11～0.17 μg/mg，平均值为 0.14 μg/mg，变异系数为 16.52%；丝氨酸含量范围为 0.02～0.05 μg/mg，平均值为 0.04 μg/mg，变异系数为 26.13%；天冬酰胺含量范围为 0.30～0.96 μg/mg，平均值为 0.68 μg/mg，变异系数为 29.23%；谷氨酸含量范围为 0.02～0.15 μg/mg，平均值为 0.09 μg/mg，变异系数为 36.44%；甘氨酸含量范围为 0.02～0.04 μg/mg，平均值为 0.03 μg/mg，变异系数为 12.97%；丙氨酸含量范围为 0.23～0.40 μg/mg，平均值为 0.35 μg/mg，变异系数为 15.12%；缬氨酸含量范围为 0.02～0.05 μg/mg，平均值为 0.03 μg/mg，变异系数为 19.46%；半胱氨酸含量范围为 0.09～0.26 μg/mg，平均值为 0.14 μg/mg，变异系数为 44.98%；2 个典型烤烟产区代表性片区烟叶未检测出异亮氨酸；亮氨酸含量范围为 0.04～0.08 μg/mg，平均值为 0.07 μg/mg，变异系数为 18.50%；酪氨酸含量范围为 0.02～0.05 μg/mg，平均值为 0.04 μg/mg，变异系数为 28.42%；苯丙氨酸含量范围为 0.05～0.13 μg/mg，平均值为 0.09 μg/mg，变异系数为 30.93%；氨基丁酸含量范围为 0.01～0.13 μg/mg，平均值为 0.06 μg/mg，变异系数为 55.28%；组氨酸含量范围为 0.02～0.08 μg/mg，平均值为 0.06 μg/mg，变异系数为 30.32%；色氨酸含量范围为 0.03～0.10 μg/mg，平均值为 0.07 μg/mg，变异系数为 28.66%；精氨酸含量范围为 0～0.02 μg/mg，平均值为 0.01 μg/mg，变异系数为 45.55%（表 7-3-19 和表 7-3-20）。

表 7-3-19　南岭山区烟叶氨基酸含量　　　　　（单位：μg/mg）

氨基酸	桂阳	江华
磷酸化-丝氨酸	0.38	0.40
牛磺酸	0.35	0.37
天冬氨酸	0.14	0.22
苏氨酸	0.13	0.15
丝氨酸	0.04	0.04
天冬酰胺	0.67	0.69
谷氨酸	0.09	0.10
甘氨酸	0.03	0.03
丙氨酸	0.34	0.36
缬氨酸	0.04	0.03
半胱氨酸	0.20	0.11
异亮氨酸	0	0
亮氨酸	0.07	0.07
酪氨酸	0.04	0.04
苯丙氨酸	0.09	0.09

续表

氨基酸	桂阳	江华
氨基丁酸	0.05	0.07
组氨酸	0.06	0.07
色氨酸	0.07	0.07
精氨酸	0.01	0.01

表 7-3-20 南岭山区烟叶氨基酸含量统计

氨基酸	最小值/(μg/mg)	最大值/(μg/mg)	平均值/(μg/mg)	标准差	变异系数/%
磷酸化-丝氨酸	0.36	0.44	0.39	0.03	7.73
牛磺酸	0.20	0.43	0.36	0.07	20.02
天冬氨酸	0.05	0.38	0.18	0.10	57.05
苏氨酸	0.11	0.17	0.14	0.02	16.52
丝氨酸	0.02	0.05	0.04	0.01	26.13
天冬酰胺	0.30	0.96	0.68	0.20	29.23
谷氨酸	0.02	0.15	0.09	0.03	36.44
甘氨酸	0.02	0.04	0.03	0	12.97
丙氨酸	0.23	0.40	0.35	0.05	15.12
缬氨酸	0.02	0.05	0.03	0.01	19.46
半胱氨酸	0.09	0.26	0.14	0.06	44.98
异亮氨酸	0	0	0	0	0
亮氨酸	0.04	0.08	0.07	0.01	18.50
酪氨酸	0.02	0.05	0.04	0.01	28.42
苯丙氨酸	0.05	0.13	0.09	0.03	30.93
氨基丁酸	0.01	0.13	0.06	0.03	55.28
组氨酸	0.02	0.08	0.06	0.02	30.32
色氨酸	0.03	0.10	0.07	0.02	28.66
精氨酸	0	0.02	0.01	0.01	45.55

十一、中原地区烟叶氨基酸

中原地区烤烟种植区典型产区代表性片区烟叶氨基酸含量分析结果表明，磷酸化-丝氨酸含量范围为 0.21～0.42 μg/mg，平均值为 0.31 μg/mg，变异系数为 18.08%；牛磺酸含量范围为 0.33～0.65 μg/mg，平均值为 0.44 μg/mg，变异系数为 24.56%；天冬氨酸含量范围为 0.05～0.32 μg/mg，平均值为 0.17 μg/mg，变异系数为 54.99%；苏氨酸含量范围为 0.13～0.27 μg/mg，平均值为 0.19 μg/mg，变异系数为 26.28%；丝氨酸含量范围为 0.04～0.15 μg/mg，平均值为 0.09 μg/mg，变异系数为 49.11%；天冬酰胺含量范围为 0.27～3.93 μg/mg，平均值为 2.00 μg/mg，变异系数为 57.94%；谷氨酸含量范围为 0.06～0.45 μg/mg，平均值为 0.21 μg/mg，变异系数为 61.61%；甘氨酸含量范围为 0～0.07 μg/mg，平均值为 0.04 μg/mg，变异系数为 50.22%；丙氨酸含量范围为 0.40～0.79 μg/mg，平均值为 0.57 μg/mg，变异系数为 24.55%；缬氨酸含量范围为 0.04～0.13 μg/mg，平均值为 0.07 μg/mg，变异系数为 39.57%；半胱氨酸含量范围为 0.28～0.32 μg/mg，平均值为 0.30 μg/mg，变异系数为 10.89%；异亮氨酸含量范围为 0～0.03 μg/mg，平均值为 0.01 μg/mg，变异系数为 64.08%；亮氨酸含量范围为 0.10～0.19 μg/mg，平均值为 0.14 μg/mg，变异系数为 24.66%；酪氨酸含量范围为 0.04～0.11 μg/mg，平均值为 0.07 μg/mg，变异系数为 35.92%；苯丙氨酸含量范围为 0.09～0.44 μg/mg，平均值为 0.22 μg/mg，变异系数为 53.04%；氨基丁酸含量范围为 0.03～0.80 μg/mg，平均值为 0.17 μg/mg，变异系数为 136.57%；组氨酸含量范围为 0.05～0.31 μg/mg，平均值为 0.18 μg/mg，变异系数为 48.34%；色氨酸含量范围为 0.06～0.34 μg/mg，平均值为 0.19 μg/mg，变异系数为 49.38%；精氨酸含量范围为 0～0.11 μg/mg，平均值为 0.06 μg/mg，变异系数为 42.96%（表 7-3-21 和表 7-3-22）。

表 7-3-21　中原地区烟叶氨基酸含量　（单位：μg/mg）

氨基酸	襄城	灵宝
磷酸化-丝氨酸	0.30	0.33
牛磺酸	0.42	0.46
天冬氨酸	0.16	0.17
苏氨酸	0.22	0.17
丝氨酸	0.09	0.09
天冬酰胺	2.54	1.46
谷氨酸	0.28	0.15
甘氨酸	0.04	0.04
丙氨酸	0.67	0.48
缬氨酸	0.08	0.06
半胱氨酸	0.28	0.32
异亮氨酸	0.02	0.01
亮氨酸	0.16	0.12
酪氨酸	0.07	0.06
苯丙氨酸	0.29	0.14
氨基丁酸	0.12	0.21
组氨酸	0.21	0.15
色氨酸	0.23	0.16
精氨酸	0.07	0.05

表 7-3-22　中原地区烟叶氨基酸含量统计

氨基酸	最小值/(μg/mg)	最大值/(μg/mg)	平均值/(μg/mg)	标准差	变异系数/%
磷酸化-丝氨酸	0.21	0.42	0.31	0.06	18.08
牛磺酸	0.33	0.65	0.44	0.11	24.56
天冬氨酸	0.05	0.32	0.17	0.09	54.99
苏氨酸	0.13	0.27	0.19	0.05	26.28
丝氨酸	0.04	0.15	0.09	0.04	49.11

续表

氨基酸	最小值/(μg/mg)	最大值/(μg/mg)	平均值/(μg/mg)	标准差	变异系数/%
天冬酰胺	0.27	3.93	2.00	1.16	57.94
谷氨酸	0.06	0.45	0.21	0.13	61.61
甘氨酸	0	0.07	0.04	0.02	50.22
丙氨酸	0.40	0.79	0.57	0.14	24.55
缬氨酸	0.04	0.13	0.07	0.03	39.57
半胱氨酸	0.28	0.32	0.30	0.03	10.89
异亮氨酸	0	0.03	0.01	0.01	64.08
亮氨酸	0.10	0.19	0.14	0.03	24.66
酪氨酸	0.04	0.11	0.07	0.02	35.92
苯丙氨酸	0.09	0.44	0.22	0.11	53.04
氨基丁酸	0.03	0.80	0.17	0.23	136.57
组氨酸	0.05	0.31	0.18	0.09	48.34
色氨酸	0.06	0.34	0.19	0.10	49.38
精氨酸	0	0.11	0.06	0.03	42.96

十二、皖南山区烟叶氨基酸

皖南山区烤烟种植区典型产区代表性片区烟叶氨基酸含量分析结果表明，磷酸化-丝氨酸含量范围为 0.36～0.93 μg/mg，平均值为 0.49 μg/mg，变异系数为 45.40%；牛磺酸含量范围为 0.46～0.94 μg/mg，平均值为 0.59 μg/mg，变异系数为 30.41%；天冬氨酸含量范围为 0.05～0.22 μg/mg，平均值为 0.12 μg/mg，变异系数为 52.25%；苏氨酸含量范围为 0.18～0.40 μg/mg，平均值为 0.24 μg/mg，变异系数为 33.81%；丝氨酸含量范围为 0.03～0.11 μg/mg，平均值为 0.07 μg/mg，变异系数为 45.56%；天冬酰胺含量范围为 1.12～2.17 μg/mg，平均值为 1.63 μg/mg，变异系数为 26.22%；谷氨酸含量范围为 0.08～0.32 μg/mg，平均值为 0.19 μg/mg，变异系数为 43.19%；甘氨酸含量范围为 0.02～0.05 μg/mg，平均值为 0.03 μg/mg，变异系数为 31.98%；丙氨酸含量范围为 0.33～0.93 μg/mg，平均值为 0.57 μg/mg，变异系数为 36.84%；缬氨酸含量范围为 0.04～0.07 μg/mg，平均值为 0.05 μg/mg，变异系数为 22.29%；半胱氨酸含量范围为 0 μg/mg，平均值为 0 μg/mg，变异系数为 0%；异亮氨酸含量范围为 0 μg/mg，平均值为 0 μg/mg，变异系数为 0%；亮氨酸含量范围为 0.07～0.16 μg/mg，平均值为 0.12 μg/mg，变异系数为 28.71%；酪氨酸含量范围为 0.03～0.15 μg/mg，平均值为 0.07 μg/mg，变异系数为 58.42%；苯丙氨酸含量范围为 0.04～0.15 μg/mg，平均值为 0.08 μg/mg，变异系数为 51.91%；氨基丁酸含量范围为 0.03～0.31 μg/mg，平均值为 0.11 μg/mg，变异系数为 102.50%；组氨酸含量范围为 0.04～0.14 μg/mg，平均值为 0.07 μg/mg，变异系数为 53.37%；色氨酸含量范围为 0.07～0.14 μg/mg，平均值为 0.11 μg/mg，变异系数为 27.15%；精氨酸含量范围为 0～0.41 μg/mg，平均值为 0.15 μg/mg，变异系数为 149.98%（表 7-3-23 和表 7-3-24）。

表 7-3-23　皖南山区烟叶氨基酸含量　　　　　　　（单位：μg/mg）

氨基酸	宣州	泾县
磷酸化-丝氨酸	0.51	0.40
牛磺酸	0.61	0.54
天冬氨酸	0.11	0.13
苏氨酸	0.25	0.22
丝氨酸	0.07	0.07
天冬酰胺	1.64	1.61
谷氨酸	0.20	0.17
甘氨酸	0.03	0.03
丙氨酸	0.58	0.52
缬氨酸	0.05	0.05
半胱氨酸	0	0
异亮氨酸	0	0
亮氨酸	0.12	0.11
酪氨酸	0.08	0.05
苯丙氨酸	0.08	0.1
氨基丁酸	0.12	0.08
组氨酸	0.07	0.09
色氨酸	0.11	0.10
精氨酸	0.22	0.01

表 7-3-24　皖南山区烟叶氨基酸含量统计

氨基酸	最小值/(μg/mg)	最大值/(μg/mg)	平均值/(μg/mg)	标准差	变异系数/%
磷酸化-丝氨酸	0.36	0.93	0.49	0.22	45.40
牛磺酸	0.46	0.94	0.59	0.18	30.41
天冬氨酸	0.05	0.22	0.12	0.06	52.25
苏氨酸	0.18	0.40	0.24	0.08	33.81
丝氨酸	0.03	0.11	0.07	0.03	45.56
天冬酰胺	1.12	2.17	1.63	0.43	26.22
谷氨酸	0.08	0.32	0.19	0.08	43.19
甘氨酸	0.02	0.05	0.03	0.01	31.98
丙氨酸	0.33	0.93	0.57	0.21	36.84
缬氨酸	0.04	0.07	0.05	0.01	22.29
半胱氨酸	0	0	0	0	0
异亮氨酸	0	0	0	0	0
亮氨酸	0.07	0.16	0.12	0.03	28.71
酪氨酸	0.03	0.15	0.07	0.04	58.42
苯丙氨酸	0.04	0.15	0.08	0.04	51.91
氨基丁酸	0.03	0.31	0.11	0.11	102.50
组氨酸	0.04	0.14	0.07	0.04	53.37
色氨酸	0.07	0.14	0.11	0.03	27.15
精氨酸	0	0.41	0.15	0.22	149.98

第四节 优质特色烤烟典型产区烟叶氨基酸含量差异

一、磷酸化-丝氨酸

烤烟种植区间烟叶磷酸化-丝氨酸含量分析表明，12 个区域烟叶磷酸化-丝氨酸含量存在一定差异。其中，皖南山区烟叶磷酸化-丝氨酸含量最高，显著高于其他 11 个区域；其次，秦巴山区、武夷山区和南岭山区也显著高于鲁中山区、东北地区、雪峰山区、云贵高原、攀西山区和中原地区；武陵山区、黔中山区也显著高于鲁中山区和东北地区；东北地区烟叶磷酸化-丝氨酸含量最低（表 7-4-1）。

二、牛磺酸

烤烟种植区间烟叶牛磺酸含量分析表明，12 个区域烟叶牛磺酸含量存在一定差异。其中，皖南山区烟叶牛磺酸含量显著高于其他 11 个区域；东北地区和武夷山区牛磺酸含量显著高于武陵山区、黔中山区、鲁中山区、雪峰山区、云贵高原、攀西山区和南岭山区；秦巴山区也显著高于雪峰山区、云贵高原和南岭山区；雪峰山区牛磺酸含量最低（表 7-4-1）。

三、天冬氨酸

烤烟种植区间烟叶天冬氨酸含量分析表明，12 个区域烟叶天冬氨酸含量存在一定差异。其中，黔中山区、秦巴山区和南岭山区天冬氨酸含量较高，显著高于雪峰山区、云贵高原、攀西山区和武夷山区；其次是中原地区，也显著高于雪峰山区、云贵高原、攀西山区和武夷山区；雪峰山区天冬氨酸含量最低（表 7-4-1）。

四、苏氨酸

烤烟种植区间烟叶苏氨酸含量分析表明，12 个区域烟叶苏氨酸含量存在一定差异。其中，皖南山区和武夷山区苏氨酸含量较高，显著高于其他 10 个区域；其次是攀西山区、中原地区，显著高于秦巴山区、东北地区、雪峰山区和南岭山区；黔中山区、鲁中山区、云贵高原也显著高于秦巴山区、东北地区、雪峰山区和南岭山区；秦巴山区、东北地区、雪峰山区和南岭山区苏氨酸含量最低（表 7-4-1）。

五、丝氨酸

烤烟种植区间烟叶丝氨酸含量分析表明，12 个区域烟叶丝氨酸含量存在一定差异。其中，秦巴山区和中原地区丝氨酸含量最高，显著高于除黔中山区之外的其他 9 个区域；黔中山区显著高于东北地区、雪峰山区、武夷山区和南岭山区；武陵山区、鲁中山区、云贵高原、攀西山区和皖南山区显著高于雪峰山区和南岭山区；南岭山区和雪峰山区丝氨酸含量最低（表 7-4-1）。

六、天冬酰胺

烤烟种植区间烟叶天冬酰胺含量分析表明，12 个区域烟叶天冬酰胺含量存在一定差异。其中，中原地区天冬酰胺含量最高，显著高于其他 11 个区域；其次是皖南山区，也显著高于除黔中山区、鲁中山区外的其他区域；鲁中山区显著高于武陵山区、东北地区、雪峰山区、攀西山区、武夷山区和南岭山区；黔中山区显著高于东北地区、雪峰山区、攀西山区、武夷山区和南岭山区；雪峰山区天冬酰胺含量最低(表 7-4-1)。

七、谷氨酸

烤烟种植区间烟叶谷氨酸含量分析表明，12 个区域烟叶谷氨酸含量存在一定差异。其中，中原地区谷氨酸含量最高，显著高于除皖南山区之外的其他 10 个区域；其次，皖南山区显著高于武陵山区、东北地区、雪峰山区、云贵高原、攀西山区、武夷山区和南岭山区；黔中山区、秦巴山区和鲁中山区显著高于东北地区、雪峰山区和南岭山区；雪峰山区谷氨酸含量最低(表 7-4-1)。

表 7-4-1　烤烟种植区域烟叶氨基酸含量差异(一)　　　　(单位：μg/mg)

典型产区	磷酸化-丝氨酸	牛磺酸	天冬氨酸	苏氨酸	丝氨酸	天冬酰胺	谷氨酸
武陵山区	0.36±0.07bcd	0.40±0.08cde	0.14±0.07abc	0.17±0.05cde	0.07±0.04bc	0.94±0.40def	0.12±0.05cd
黔中山区	0.37±0.05bc	0.39±0.06cde	0.19±0.14a	0.18±0.04cd	0.08±0.04ab	1.34±0.71bcd	0.15±0.07bc
秦巴山区	0.39±0.06b	0.46±0.09bc	0.19±0.09a	0.14±0.04e	0.09±0.04a	0.64±0.60cd	0.09±0.07bc
鲁中山区	0.30±0.07e	0.41±0.16cde	0.13±0.05abc	0.18±0.04bcd	0.06±0.02bc	1.40±0.60bc	0.14±0.06bc
东北地区	0.29±0.04e	0.50±0.07b	0.13±0.03abc	0.14±0.05e	0.05±0.01cd	0.82±0.24ef	0.08±0.02de
雪峰山区	0.33±0.04cde	0.35±0.07e	0.08±0.04c	0.14±0.02e	0.04±0.01d	0.57±0.14f	0.07±0.01e
云贵高原	0.32±0.04cde	0.37±0.10de	0.11±0.04c	0.18±0.03bcd	0.07±0.02bc	1.04±0.45cde	0.13±0.06cd
攀西山区	0.33±0.08cde	0.41±0.07cde	0.11±0.03c	0.20±0.05bc	0.07±0.01bc	0.72±0.14ef	0.13±0.03cd
武夷山区	0.41±0.10b	0.50±0.09b	0.09±0.07c	0.23±0.10a	0.05±0.02cd	0.74±0.33ef	0.10±0.05cde
南岭山区	0.39±0.03b	0.36±0.07de	0.18±0.10a	0.14±0.02e	0.04±0.01d	0.68±0.20ef	0.09±0.03de
中原地区	0.31±0.06cde	0.44±0.11bcd	0.17±0.09ab	0.19±0.05bc	0.09±0.04a	2.00±1.16a	0.21±0.13a
皖南山区	0.49±0.22a	0.59±0.18a	0.12±0.06abc	0.24±0.08a	0.07±0.03bc	1.63±0.43ab	0.19±0.08ab

注：每列中不同小写字母者表示种植区间差异有统计学意义($P \leqslant 0.05$)。

八、甘氨酸

烤烟种植区间烟叶甘氨酸含量分析表明，12 个区域之间烟叶甘氨酸含量差异均未达到显著水平(表 7-4-2)。

九、丙氨酸

烤烟种植区间烟叶丙氨酸含量分析表明，12 个区域烟叶丙氨酸含量存在一定差异。其中，中原地区和皖南山区丙氨酸含量最高，显著高于除黔中山区和鲁中山区之外的其他 8 个区域；鲁中山区显著高于武陵山区、秦巴山区、东北地区、雪峰山区、攀西山区、武夷山区和南岭山区；黔中山区显著高于武陵山区、东北地区、雪峰山区、武夷山区和南岭山区；武陵山区显著高于雪峰山区、武夷山区；雪峰山区和武夷山区丙氨酸含量最低（表 7-4-2）。

十、缬氨酸

烤烟种植区间烟叶缬氨酸含量分析表明，12 个区域烟叶缬氨酸含量存在一定差异。其中，秦巴山区缬氨酸含量最高，显著高于东北地区、雪峰山区、武夷山区、南岭山区和皖南山区；其次是武陵山区、黔中山区、云贵高原、攀西山区和中原地区，显著高于雪峰山区、武夷山区、南岭山区和皖南山区；鲁中山区、东北地区、雪峰山区、武夷山区显著高于南岭山区；南岭山区缬氨酸含量最低（表 7-4-2）。

十一、半胱氨酸

烤烟种植区间烟叶半胱氨酸含量分析表明，12 个区域烟叶半胱氨酸含量存在一定差异。其中，武夷山区和中原地区半胱氨酸含量显著高于除黔中山区和鲁中山区外的其他 8 个区域；黔中山区、鲁中山区显著高于秦巴山区、雪峰山区、攀西山区、南岭山区和皖南山区；武陵山区、东北地区和云贵高原显著高于秦巴山区、雪峰山区、攀西山区和皖南山区；皖南山区烟叶未检出半胱氨酸（表 7-4-2）。

十二、异亮氨酸

烤烟种植区间烟叶异亮氨酸含量分析表明，12 个区域烟叶异亮氨酸含量存在一定差异。其中，秦巴山区异亮氨酸含量最高，显著高于雪峰山区、南岭山区和皖南山区；南岭山区和皖南山区烟叶未检出异亮氨酸（表 7-4-2）。

表 7-4-2　烤烟种植区域烟叶氨基酸含量差异（二）　　　（单位：μg/mg）

典型产区	甘氨酸	丙氨酸	缬氨酸	半胱氨酸	异亮氨酸	亮氨酸
武陵山区	0.03±0.02a	0.41±0.10def	0.07±0.02ab	0.16±0.08bc	0.01±0.01ab	0.11±0.03b
黔中山区	0.06±0.12a	0.51±0.12abc	0.07±0.03ab	0.24±0.10ab	0.01±0.01ab	0.12±0.04ab
秦巴山区	0.04±0.01a	0.42±0.11cde	0.08±0.03a	0.10±0.07def	0.02±0.01a	0.10±0.04b
鲁中山区	0.03±0.01a	0.51±0.15ab	0.07±0.01abc	0.21±0.06ab	0.01±0.01ab	0.12±0.03ab
东北地区	0.03±0a	0.33±0.04fg	0.06±0.01bcd	0.16±0.05bc	0.01±0ab	0.08±0.01c
雪峰山区	0.02±0a	0.30±0.03g	0.05±0.01cd	0.09±0.04ef	0.01±0b	0.07±0.02c
云贵高原	0.04±0.01a	0.46±0.07bcd	0.07±0.02ab	0.17±0.08bc	0.02±0.01a	0.15±0.04a
攀西山区	0.03±0a	0.43±0.07cde	0.07±0.01ab	0.12±0.06d	0.02±0a	0.13±0.03ab
武夷山区	0.02±0.01a	0.28±0.09g	0.05±0.02cd	0.28±0.10a	0.02±0.02a	0.07±0.02c
南岭山区	0.03±0a	0.35±0.05efg	0.03±0.01e	0.14±0.06cd	0c	0.07±0.01c
中原地区	0.04±0.02a	0.57±0.14a	0.07±0.03ab	0.30±0.03a	0.01±0.01ab	0.14±0.03ab
皖南山区	0.03±0.01a	0.57±0.21a	0.05±0.01cd	0e	0c	0.12±0.03ab

注：每列中不同小写字母者表示种植区间差异有统计学意义（$P \leqslant 0.05$）。

十三、亮氨酸

烤烟种植区间烟叶亮氨酸含量分析表明，12 个区域烟叶亮氨酸含量存在一定差异。其中，云贵高原亮氨酸含量最高，显著高于武陵山区、秦巴山区、东北地区、雪峰山区、武夷山区和南岭山区；其次是黔中山区、鲁中山区、攀西山区、中原地区和皖南山区，也显著高于东北地区、雪峰山区、武夷山区和南岭山区；东北地区、雪峰山区、武夷山区和南岭山区烟叶亮氨酸含量最低（表 7-4-2）。

十四、酪氨酸

烤烟种植区间烟叶酪氨酸含量分析表明，12 个区域烟叶酪氨酸含量存在一定差异。其中，秦巴山区酪氨酸含量最高，显著高于除中原地区和皖南山区之外的其他 9 个区域；其次是中原地区和皖南山区，显著高于东北地区、雪峰山区、武夷山区和南岭山区；武陵山区、黔中山区、鲁中山区、云贵高原和攀西山区显著高于雪峰山区和武夷山区；雪峰山区和武夷山区酪氨酸含量最低（表 7-4-3）。

十五、苯丙氨酸

烤烟种植区间烟叶苯丙氨酸含量分析表明，12 个区域烟叶苯丙氨酸含量存在一定差异。其中，中原地区苯丙氨酸含量最高，显著高于除黔中山区之外的其他 10 个区域；其次是黔中山区，也显著高于除武陵山区、秦巴山区和鲁中山区之外的其他 7 个区域；秦巴山区和鲁中山区显著高于雪峰山区、南岭山区和皖南山区；武陵山区、东北地区、雪峰山区、云贵高原、攀西山区、南岭山区和武夷山区显著高于皖南山区；皖南山区苯丙氨酸含量最低（表 7-4-3）。

十六、氨基丁酸

烤烟种植区间烟叶氨基丁酸含量分析表明，12 个区域烟叶氨基丁酸含量存在一定差异。其中，中原地区氨基丁酸含量最高，显著高于其他 11 个区域；其次是皖南山区，也显著高于武陵山区、东北地区、雪峰山区、云贵高原、攀西山区和武夷山区；武夷山区氨基丁酸含量最低（表 7-4-3）。

十七、组氨酸

烤烟种植区间烟叶组氨酸含量分析表明，12 个区域烟叶组氨酸含量存在一定差异。其中，中原地区组氨酸含量最高，显著高于其他 11 个区域；其次是黔中山区，也显著高于武陵山区、东北地区、雪峰山区、云贵高原、攀西山区、武夷山区、南岭山区和皖南山区；秦巴山区和鲁中山区显著高于雪峰山区、武夷山区和南岭山区；武夷山区组氨酸含量最低（表 7-4-3）。

十八、色氨酸

烤烟种植区间烟叶色氨酸含量分析表明，12 个区域烟叶色氨酸含量存在一定差异。

其中，皖南山区、黔中山区和中原地区色氨酸含量最高，显著高于武陵山区、东北地区、雪峰山区、攀西山区、武夷山区、南岭山区；东北地区和雪峰山区色氨酸含量最低（表7-4-3）。

十九、精氨酸

烤烟种植区间烟叶精氨酸含量分析表明，12个区域烟叶精氨酸含量存在一定差异。其中，皖南山区精氨酸含量最高，显著高于除秦巴山区、鲁中山区、云贵高原和中原地区之外的其他7个区域；其次是中原地区，显著高于雪峰山区和南岭山区；南岭山区和雪峰山区精氨酸含量最低（表7-4-3）。

表7-4-3　烤烟种植区域烟叶氨基酸含量差异（三）　　（单位：µg/mg）

典型产区	酪氨酸	苯丙氨酸	氨基丁酸	组氨酸	色氨酸	精氨酸
武陵山区	0.05±0.02bcd	0.14±0.05bcd	0.05±0.03c	0.09±0.04cd	0.13±0.07bc	0.02±0.02bc
黔中山区	0.06±0.03bcd	0.19±0.11ab	0.07±0.05bc	0.14±0.10b	0.19±0.12ab	0.03±0.02bc
秦巴山区	0.06±0.02a	0.11±0.06bc	0.09±0.04bc	0.13±0.05bc	0.10±0.07abc	0.04±0.02abc
鲁中山区	0.05±0.01bcd	0.15±0.05bc	0.07±0.03bc	0.11±0.05bc	0.13±0.06abc	0.04±0.02abc
东北地区	0.04±0.01def	0.12±0.02cde	0.03±0.01c	0.07±0.01cde	0.03±0.01c	0.02±0.01bc
雪峰山区	0.03±0.01f	0.09±0.02de	0.03±0.01c	0.05±0.01de	0.03±0.01c	0.01±0.01c
云贵高原	0.06±0.02bcd	0.11±0.04cde	0.04±0.02c	0.09±0.03cd	0.05±0.02abc	0.05±0.02abc
攀西山区	0.05±0.01bcd	0.12±0.02cde	0.04±0.01c	0.08±0.03cd	0.12±0.04bc	0.03±0.01bc
武夷山区	0.03±0.01f	0.11±0.05cde	0.02±0.03c	0.04±0.02e	0.11±0.03bc	0.02±0.01bc
南岭山区	0.04±0.01def	0.09±0.03de	0.06±0.03bc	0.06±0.02de	0.06±0.04c	0.01±0.01c
中原地区	0.07±0.02ab	0.22±0.11a	0.17±0.23a	0.18±0.09a	0.19±0.02a	0.06±0.03ab
皖南山区	0.07±0.04ab	0.08±0.04f	0.11±0.11b	0.07±0.04cde	0.19±0.10a	0.15±0.22a

注：每列中不同小写字母者表示种植区间差异有统计学意义（$P \leq 0.05$）。

第八章 优质特色烤烟典型产区烟叶香气物质

烟叶特色风格以化学成分特征和感官质量特点为主要标志，其中烟叶的香气物质含量特点作为标志性化学成分特征引起了现代烟草科学研究的特别关注。在影响烟叶香气物质成分和香气风格形成的诸多因素中，生态环境因素的影响最大，因而促使众多学者提出生态决定特色的观点。不同生态条件下种植的烤烟，其香气物质的种类、化学成分含量和各组分的比例有很大差异，而这种差异造成烤烟香气风格的不同。本章利用我国烤烟 12 个种植区域的典型产区的代表性片区烟叶样品，采用高效液相色谱/气相色谱/质谱在线联用仪检测方法，检测茄酮、香叶基丙酮、降茄二酮、β-紫罗兰酮、氧化紫罗兰酮、二氢猕猴桃内酯、巨豆三烯酮 1、巨豆三烯酮 2、巨豆三烯酮 3、巨豆三烯酮 4、3-羟基-β-二氢大马酮、3-氧代-α-紫罗兰醇、新植二烯、3-羟基索拉韦惕酮、β-法尼烯等主要香气物质指标，对我国优质烤烟典型产区烟叶主要香气物质含量情况进行系统比较分析。

第一节 优质特色烤烟典型产区烟叶香气物质

虽然烤烟种植区的粗略划分主要依据生态条件的差异，但生态区域内典型产区也存在生态条件的波动性和生产条件的差异性，因而也会导致烟叶香气物质含量的波动性和风格特色的典型性与非典型性；烤烟种植区域划分范围的大小和地域性差异同样会造成典型产区烟叶香气物质含量波动性幅度差异。

一、武陵山区烟叶香气成分

武陵山区烤烟种植区典型产区代表性片区烟叶香气成分分析结果表明，茄酮含量范围为 0.48～2.98 µg/g，平均值为 1.07 µg/g，变异系数为 61.54%；香叶基丙酮含量范围为 0.19～0.85 µg/g，平均值为 0.47 µg/g，变异系数为 34.30%；降茄二酮含量范围为 0.06～0.20 µg/g，平均值为 0.12 µg/g，变异系数为 34.50%；β-紫罗兰酮含量范围为 0.27～0.56 µg/g，平均值为 0.41 µg/g，变异系数为 25.87%；氧化紫罗兰酮含量范围为 0.30～0.86 µg/g，平均值为 0.50 µg/g，变异系数为 33.81%；二氢猕猴桃内酯含量范围为 1.74～5.19 µg/g，平均值为 2.96 µg/g，变异系数为 26.69%；巨豆三烯酮 1 含量范围为 0.02～0.32 µg/g，平均值为 0.11 µg/g，变异系数为 58.45%；巨豆三烯酮 2 含量范围为 0.19～2.34 µg/g，平均值为 1.08 µg/g，变异系数为 48.09%；巨豆三烯酮 3 含量范围为 0.03～0.32 µg/g，平均值为 0.15 µg/g，变异系数为 48.50%；巨豆三烯酮 4 含量范围为 0.17～1.99 µg/g，平均值为 0.92 µg/g，变异系数为 49.92%；3-羟基-β-二氢大马酮含量范围为 0.07～1.41 µg/g，平均值为 0.76 µg/g，变异系数为 51.29%；3-氧代-α-紫罗兰醇含量范围为 0.49～6.27 µg/g，平均值为 2.61 µg/g，变异系数为 51.78%；新植二烯含量范围为 346.43～1410.66 µg/g，平均值为 910.76 μg/g，变异系数为 33.04%；3-羟基索拉韦惕酮含量范围为 0.41～13.66 μg/g，平均值为 3.47 μg/g，变异系数为 66.44%；β-法尼烯含量范围为 3.76～15.60 μg/g，平均值为 8.32 μg/g，变异系数为 34.19%（表 8-1-1 和表 8-1-2）。

表 8-1-1　武陵山区烟叶香气成分　　　　　（单位：μg/g）

香气成分	德江	道真	咸丰	利川	桑植	凤凰	彭水	武隆
茄酮	0.76	0.65	1.16	0.65	0.80	0.80	2.63	1.06
香叶基丙酮	0.61	0.21	0.54	0.48	0.36	0.45	0.67	0.41
降茄二酮	0.10	0.07	0.12	0.15	0.09	0.12	0.11	0.17
β-紫罗兰酮	0.38	0.27	0.49	0.43	0.35	0.37	0.61	0.40
氧化紫罗兰酮	0.42	0.57	0.58	0.42	0.36	0.36	0.80	0.47
二氢猕猴桃内酯	3.23	2.00	3.70	3.21	3.04	2.92	2.00	3.54
巨豆三烯酮 1	0.17	0.03	0.11	0.13	0.12	0.09	0.06	0.19
巨豆三烯酮 2	1.58	0.31	1.28	1.22	1.30	0.85	0.54	1.54
巨豆三烯酮 3	0.20	0.05	0.18	0.17	0.18	0.14	0.08	0.23
巨豆三烯酮 4	1.33	0.26	1.05	1.10	1.14	0.74	0.40	1.37
3-羟基-β-二氢大马酮	0.88	0.19	0.97	0.90	0.90	1.04	0.20	0.99
3-氧代-α-紫罗兰醇	2.36	1.27	3.79	2.82	3.43	2.82	0.89	3.53
新植二烯	1209.35	839.39	867.42	773.65	1183.61	862.14	414.02	1136.51
3-羟基索拉韦惕酮	0.83	5.37	5.15	4.74	3.66	2.20	2.76	3.06
β-法尼烯	10.48	5.43	8.87	6.64	10.40	8.00	6.27	10.50

表 8-1-2　武陵山区烟叶香气成分统计

香气成分	最小值/(μg/g)	最大值/(μg/g)	平均值/(μg/g)	标准差	变异系数/%
茄酮	0.48	2.98	1.07	0.66	61.54
香叶基丙酮	0.19	0.85	0.47	0.16	34.30
降茄二酮	0.06	0.20	0.12	0.04	34.50
β-紫罗兰酮	0.27	0.56	0.41	0.11	25.87
氧化紫罗兰酮	0.30	0.86	0.50	0.17	33.81
二氢猕猴桃内酯	1.74	5.19	2.96	0.79	26.69
巨豆三烯酮 1	0.02	0.32	0.11	0.07	58.45
巨豆三烯酮 2	0.19	2.34	1.08	0.52	48.09
巨豆三烯酮 3	0.03	0.32	0.15	0.07	48.50
巨豆三烯酮 4	0.17	1.99	0.92	0.46	49.92
3-羟基-β-二氢大马酮	0.07	1.41	0.76	0.39	51.29
3-氧代-α-紫罗兰醇	0.49	6.27	2.61	1.35	51.78
新植二烯	346.43	1410.66	910.76	300.88	33.04
3-羟基索拉韦惕酮	0.41	13.66	3.47	2.31	66.44
β-法尼烯	3.76	15.60	8.32	2.85	34.19

二、黔中山区烟叶香气成分

黔中山区烤烟种植区典型产区代表性片区烟叶香气成分分析结果表明，茄酮含量范围为 0.66～2.26 µg/g，平均值为 1.16 µg/g，变异系数为 32.84%；香叶基丙酮含量范围为 0.16～2.05 µg/g，平均值为 0.63 µg/g，变异系数为 63.72%；降茄二酮含量范围为 0.07～1.11 µg/g，平均值为 0.16 µg/g，变异系数为 133.56%；β-紫罗兰酮含量范围为 0.30～1.04 µg/g，平均值为 0.48 µg/g，变异系数为 32.02%；氧化紫罗兰酮含量范围为 0.29～2.08 µg/g，平均值为 0.68 µg/g，变异系数为 53.34%；二氢猕猴桃内酯含量范围为 1.98～7.04µg/g，平均值为 3.31 µg/g，变异系数为 34.46%；巨豆三烯酮 1 含量范围为 0.03～0.53 µg/g，平均值为 0.21 µg/g，变异系数为 69.30%；巨豆三烯酮 2 含量范围为 0.35～3.86 µg/g，平均值为 1.67 µg/g，变异系数为 60.75%；巨豆三烯酮 3 含量范围为 0.03～0.52 µg/g，平均值为 0.24 µg/g，变异系数为 62.78%；巨豆三烯酮 4 含量范围为 0.20～3.38 µg/g，平均值为 1.40 µg/g，变异系数为 65.73%；3-羟基-β-二氢大马酮含量范围为 0.13～1.80 µg/g，平均值为 0.79 µg/g，变异系数为 59.17%；3-氧代-α-紫罗兰醇含量范围为 0.77～10.65 µg/g，平均值为 3.44 µg/g，变异系数为 66.82%；新植二烯含量范围为 628.23～2338.54 µg/g，平均值为 1265.89 µg/g，变异系数为 37.56%；3-羟基索拉韦惕酮含量范围为 0.86～24.10 µg/g，平均值为 5.61 µg/g，变异系数为 100.56%；β-法尼烯含量范围为 5.13～24.58 µg/g，平均值为 14.86 µg/g，变异系数为 39.50%（表 8-1-3 和表 8-1-4）。

表 8-1-3　黔中山区烟叶香气成分　　　　　　　　（单位：µg/g）

香气成分	播州	贵定	黔西	开阳	西秀	余庆	凯里
茄酮	0.78	1.10	1.17	0.92	1.28	0.78	1.10
香叶基丙酮	0.25	0.60	0.53	0.64	0.31	0.25	0.60
降茄二酮	0.08	0.12	0.10	0.11	0.10	0.08	0.12
β-紫罗兰酮	0.37	0.48	0.43	0.42	0.44	0.37	0.48
氧化紫罗兰酮	0.57	0.61	0.49	0.47	0.69	0.57	0.61
二氢猕猴桃内酯	2.16	4.06	3.17	3.27	2.38	2.16	4.06
巨豆三烯酮 1	0.05	0.43	0.20	0.34	0.07	0.05	0.43
巨豆三烯酮 2	0.41	3.08	1.60	2.61	0.79	0.41	3.08
巨豆三烯酮 3	0.06	0.40	0.22	0.36	0.10	0.06	0.40
巨豆三烯酮 4	0.26	2.75	1.36	2.23	0.60	0.26	2.75
3-羟基-β-二氢大马酮	0.19	0.91	1.01	1.14	0.34	0.19	0.91
3-氧代-α-紫罗兰醇	1.07	4.20	2.74	3.96	4.42	1.07	4.20
新植二烯	933.47	1922.97	997.85	1622.04	1490.44	933.47	1922.97
3-羟基索拉韦惕酮	7.54	2.35	3.56	2.24	13.23	7.54	2.35
β-法尼烯	7.72	21.38	10.91	21.96	14.16	7.72	21.38

表 8-1-4　黔中山区烟叶香气成分统计

香气成分	最小值/(μg/g)	最大值/(μg/g)	平均值/(μg/g)	标准差	变异系数/%
茄酮	0.66	2.26	1.16	0.38	32.84
香叶基丙酮	0.16	2.05	0.63	0.40	63.72
降茄二酮	0.07	1.11	0.16	0.21	133.56
β-紫罗兰酮	0.30	1.04	0.48	0.15	32.02
氧化紫罗兰酮	0.29	2.08	0.68	0.36	53.34
二氢猕猴桃内酯	1.98	7.04	3.31	1.14	34.46
巨豆三烯酮 1	0.03	0.53	0.21	0.15	69.30
巨豆三烯酮 2	0.35	3.86	1.67	1.02	60.75
巨豆三烯酮 3	0.03	0.52	0.24	0.15	62.78
巨豆三烯酮 4	0.20	3.38	1.40	0.92	65.73
3-羟基-β-二氢大马酮	0.13	1.80	0.79	0.47	59.17
3-氧代-α-紫罗兰醇	0.77	10.65	3.44	2.30	66.82
新植二烯	628.23	2338.54	1265.89	475.50	37.56
3-羟基索拉韦惕酮	0.86	24.10	5.61	5.64	100.56
β-法尼烯	5.13	24.58	14.86	5.87	39.50

三、秦巴山区烟叶香气成分

秦巴山区烤烟种植区典型产区代表性片区烟叶香气成分分析结果表明，茄酮含量范围为 0.40～1.60 μg/g，平均值为 0.77 μg/g，变异系数为 37.38%；香叶基丙酮含量范围为 0.26～0.67 μg/g，平均值为 0.41 μg/g，变异系数为 31.23%；降茄二酮含量范围为 0.09～0.17 μg/g，平均值为 0.12 μg/g，变异系数为 20.22%；β-紫罗兰酮含量范围为 0.29～0.60 μg/g，平均值为 0.39 μg/g，变异系数为 21.14%；氧化紫罗兰酮含量范围为 0.28～0.83 μg/g，平均值为 0.50 μg/g，变异系数为 28.03%；二氢猕猴桃内酯含量范围为 2.59～6.51μg/g，平均值为 4.01 μg/g，变异系数为 23.74%；巨豆三烯酮 1 含量范围为 0.04～0.20 μg/g，平均值为 0.12 μg/g，变异系数为 35.84%；巨豆三烯酮 2 含量范围为 0.43～1.68 μg/g，平均值为 1.08 μg/g，变异系数为 31.00%；巨豆三烯酮 3 含量范围为 0.07～0.22 μg/g，平均值为 0.15 μg/g，变异系数为 28.64%；巨豆三烯酮 4 含量范围为 0.35～1.57 μg/g，平均值为 0.95 μg/g，变异系数为 31.36%；3-羟基-β-二氢大马酮含量范围为 0.37～1.14 μg/g，平均值为 0.81 μg/g，变异系数为 22.60%；3-氧代-α-紫罗兰醇含量范围为 0.65～5.69 μg/g，平均值为 2.52 μg/g，变异系数为 47.29%；新植二烯含量范围为 410.45～1215.02 μg/g，平均值为 826.84 μg/g，变异系数为 22.11%；3-羟基索拉韦惕酮含量范围为 1.72～11.05 μg/g，平均值为 4.92 μg/g，变异系数为 41.55%；β-法尼烯含量范围为 3.47～15.70 μg/g，平均值为 7.45 μg/g，变异系数为 37.55%（表 8-1-5 和表 8-1-6）。

表 8-1-5　秦巴山区烟叶香气成分　　　　　（单位：µg/g）

香气成分	南郑	旬阳	兴山	房县	巫山
茄酮	0.81	1.10	0.47	0.75	0.73
香叶基丙酮	0.32	0.42	0.38	0.56	0.38
降茄二酮	0.10	0.11	0.13	0.14	0.13
β-紫罗兰酮	0.36	0.43	0.35	0.48	0.34
氧化紫罗兰酮	0.42	0.65	0.45	0.57	0.45
二氢猕猴桃内酯	3.27	4.96	3.68	4.68	3.48
巨豆三烯酮1	0.13	0.10	0.10	0.12	0.13
巨豆三烯酮2	1.20	0.95	0.99	1.05	1.22
巨豆三烯酮3	0.16	0.14	0.12	0.18	0.17
巨豆三烯酮4	1.04	0.82	0.85	0.96	1.06
3-羟基-β-二氢大马酮	0.88	0.73	0.65	0.96	0.83
3-氧代-α-紫罗兰醇	3.44	1.67	2.88	1.96	2.68
新植二烯	964.73	716.86	874.55	727.69	850.38
3-羟基索拉韦惕酮	5.67	4.08	4.82	5.82	4.18
β-法尼烯	10.53	7.46	6.12	6.00	7.17

表 8-1-6　秦巴山区烟叶香气成分统计

香气成分	最小值/(µg/g)	最大值/(µg/g)	平均值/(µg/g)	标准差	变异系数/%
茄酮	0.40	1.60	0.77	0.29	37.38
香叶基丙酮	0.26	0.67	0.41	0.13	31.23
降茄二酮	0.09	0.17	0.12	0.02	20.22
β-紫罗兰酮	0.29	0.60	0.39	0.08	21.14
氧化紫罗兰酮	0.28	0.83	0.50	0.14	28.03
二氢猕猴桃内酯	2.59	6.51	4.01	0.95	23.74
巨豆三烯酮1	0.04	0.20	0.12	0.04	35.84
巨豆三烯酮2	0.43	1.68	1.08	0.34	31.00
巨豆三烯酮3	0.07	0.22	0.15	0.04	28.64
巨豆三烯酮4	0.35	1.57	0.95	0.30	31.36
3-羟基-β-二氢大马酮	0.37	1.14	0.81	0.18	22.60
3-氧代-α-紫罗兰醇	0.65	5.69	2.52	1.19	47.29
新植二烯	410.45	1215.02	826.84	182.84	22.11
3-羟基索拉韦惕酮	1.72	11.05	4.92	2.04	41.55
β-法尼烯	3.47	15.70	7.45	2.80	37.55

四、鲁中山区烟叶香气成分

　　鲁中山区烤烟种植区典型产区代表性片区烟叶香气成分分析结果表明，茄酮含量范围为 0.40～2.04 µg/g，平均值为 1.07 µg/g，变异系数为 39.77%；香叶基丙酮含量范围为

0.20～0.54 μg/g，平均值为 0.39 μg/g，变异系数为 20.00%；降茄二酮含量范围为 0.06～0.22 μg/g，平均值为 0.12 μg/g，变异系数为 36.27%；β-紫罗兰酮含量范围为 0.25～0.45 μg/g，平均值为 0.35 μg/g，变异系数为 15.14%；氧化紫罗兰酮含量范围为 0.36～0.85 μg/g，平均值为 0.55 μg/g，变异系数为 28.98%；二氢猕猴桃内酯含量范围为 2.42～5.26 μg/g，平均值为 3.59 μg/g，变异系数为 22.93%；巨豆三烯酮 1 含量范围为 0.03～0.18 μg/g，平均值为 0.08 μg/g，变异系数为 42.84%；巨豆三烯酮 2 含量范围为 0.32～1.67 μg/g，平均值为 0.75 μg/g，变异系数为 46.36%；巨豆三烯酮 3 含量范围为 0.03～0.20 μg/g，平均值为 0.11 μg/g，变异系数为 42.61%；巨豆三烯酮 4 含量范围为 0.19～1.28 μg/g，平均值为 0.60 μg/g，变异系数为 49.49%；3-羟基-β-二氢大马酮含量范围为 0.39～1.51 μg/g，平均值为 0.83 μg/g，变异系数为 32.24%；3-氧代-α-紫罗兰醇含量范围为 0.26～5.08 μg/g，平均值为 1.83 μg/g，变异系数为 72.75%；新植二烯含量范围为 366.89～1252.27 μg/g，平均值为 743.33 μg/g，变异系数为 31.00%；3-羟基索拉韦惕酮含量范围为 1.49～13.40 μg/g，平均值为 5.70 μg/g，变异系数为 56.47%；β-法尼烯含量范围为 3.70～11.46 μg/g，平均值为 7.22 μg/g，变异系数为 28.69%（表 8-1-7 和表 8-1-8）。

表 8-1-7 鲁中山区烟叶香气成分　　　　　　（单位：μg/g）

香气成分	临朐	蒙阴	费县	诸城
茄酮	1.62	0.93	0.70	1.02
香叶基丙酮	0.45	0.40	0.42	0.30
降茄二酮	0.14	0.16	0.09	0.08
β-紫罗兰酮	0.34	0.30	0.35	0.41
氧化紫罗兰酮	0.47	0.62	0.43	0.69
二氢猕猴桃内酯	3.84	4.54	3.28	2.70
巨豆三烯酮 1	0.09	0.07	0.12	0.05
巨豆三烯酮 2	0.76	0.54	1.25	0.47
巨豆三烯酮 3	0.14	0.08	0.15	0.07
巨豆三烯酮 4	0.65	0.41	1.01	0.33
3-羟基-β-二氢大马酮	1.14	0.65	0.86	0.68
3-氧代-α-紫罗兰醇	1.67	0.52	2.13	3.01
新植二烯	518.74	725.51	1007.47	721.57
3-羟基索拉韦惕酮	8.90	1.87	4.77	7.24
β-法尼烯	6.19	8.07	8.78	5.85

表 8-1-8 鲁中山区烟叶香气成分统计

香气成分	最小值/(μg/g)	最大值/(μg/g)	平均值/(μg/g)	标准差	变异系数/%
茄酮	0.40	2.04	1.07	0.42	39.77
香叶基丙酮	0.20	0.54	0.39	0.08	20.00
降茄二酮	0.06	0.22	0.12	0.04	36.27
β-紫罗兰酮	0.25	0.45	0.35	0.05	15.14

续表

香气成分	最小值/(μg/g)	最大值/(μg/g)	平均值/(μg/g)	标准差	变异系数/%
氧化紫罗兰酮	0.36	0.85	0.55	0.16	28.98
二氢猕猴桃内酯	2.42	5.26	3.59	0.82	22.93
巨豆三烯酮1	0.03	0.18	0.08	0.03	42.84
巨豆三烯酮2	0.32	1.67	0.75	0.35	46.36
巨豆三烯酮3	0.03	0.20	0.11	0.05	42.61
巨豆三烯酮4	0.19	1.28	0.60	0.30	49.49
3-羟基-β-二氢大马酮	0.39	1.51	0.83	0.27	32.24
3-氧代-α-紫罗兰醇	0.26	5.08	1.83	1.33	72.75
新植二烯	366.89	1252.27	743.33	230.44	31.00
3-羟基索拉韦惕酮	1.49	13.40	5.70	3.22	56.47
β-法尼烯	3.70	11.46	7.22	2.07	28.69

五、东北地区烟叶香气成分

东北地区烤烟种植区典型产区代表性片区烟叶香气成分分析结果表明,茄酮含量范围为 0.41~1.78 μg/g,平均值为 1.18 μg/g,变异系数为 38.67%;香叶基丙酮含量范围为 0.22~1.25 μg/g,平均值为 0.49 μg/g,变异系数为 50.43%;降茄二酮含量范围为 0.04~0.13 μg/g,平均值为 0.10 μg/g,变异系数为 24.43%;β-紫罗兰酮含量范围为 0.32~0.81 μg/g,平均值为 0.50 μg/g,变异系数为 29.25%;氧化紫罗兰酮含量范围为 0.37~1.06 μg/g,平均值为 0.71 μg/g,变异系数为 30.50%;二氢猕猴桃内酯含量范围为 2.21~4.85 μg/g,平均值为 3.27 μg/g,变异系数为 26.66%;巨豆三烯酮1含量范围为 0.01~0.11 μg/g,平均值为 0.06 μg/g,变异系数为 66.31%;巨豆三烯酮2含量范围为 0.13~1.39 μg/g,平均值为 0.60 μg/g,变异系数为 71.35%;巨豆三烯酮3含量范围为 0.02~0.28 μg/g,平均值为 0.10 μg/g,变异系数为 68.83%;巨豆三烯酮4含量范围为 0.12~1.09 μg/g,平均值为 0.47 μg/g,变异系数为 75.94%;3-羟基-β-二氢大马酮含量范围为 0.19~1.49 μg/g,平均值为 0.61 μg/g,变异系数为 69.86%;3-氧代-α-紫罗兰醇含量范围为 1.38~7.02 μg/g,平均值为 3.12 μg/g,变异系数为 59.50%;新植二烯含量范围为 77.66~863.08 μg/g,平均值为 424.92 μg/g,变异系数为 61.79%;3-羟基索拉韦惕酮含量范围为 2.54~14.76 μg/g,平均值为 5.24 μg/g,变异系数为 65.65%;β-法尼烯含量范围为 1.24~7.50 μg/g,平均值为 4.50 μg/g,变异系数为 49.23%(表 8-1-9 和表 8-1-10)。

表 8-1-9　东北地区烟叶香气成分　　　　　　　(单位:μg/g)

香气成分	宽甸	宁安	汪清
茄酮	0.64	1.42	1.48
香叶基丙酮	0.40	0.43	0.65
降茄二酮	0.11	0.09	0.09
β-紫罗兰酮	0.35	0.52	0.63

续表

香气成分	宽甸	宁安	汪清
氧化紫罗兰酮	0.48	0.74	0.91
二氢猕猴桃内酯	3.54	2.49	3.79
巨豆三烯酮 1	0.10	0.02	0.05
巨豆三烯酮 2	1.04	0.20	0.55
巨豆三烯酮 3	0.17	0.05	0.07
巨豆三烯酮 4	0.89	0.15	0.39
3-羟基-β-二氢大马酮	1.14	0.34	0.34
3-氧代-α-紫罗兰醇	3.21	1.95	4.19
新植二烯	707.16	105.3	462.29
3-羟基索拉韦惕酮	4.07	2.99	8.67
β-法尼烯	6.38	2.05	5.07

表 8-1-10　东北地区烟叶香气成分统计

香气成分	最小值/(μg/g)	最大值/(μg/g)	平均值/(μg/g)	标准差	变异系数/%
茄酮	0.41	1.78	1.18	0.46	38.67
香叶基丙酮	0.22	1.25	0.49	0.25	50.43
降茄二酮	0.04	0.13	0.10	0.02	24.43
β-紫罗兰酮	0.32	0.81	0.50	0.15	29.25
氧化紫罗兰酮	0.37	1.06	0.71	0.22	30.50
二氢猕猴桃内酯	2.21	4.85	3.27	0.87	26.66
巨豆三烯酮 1	0.01	0.11	0.06	0.04	66.31
巨豆三烯酮 2	0.13	1.39	0.60	0.43	71.35
巨豆三烯酮 3	0.02	0.28	0.10	0.07	68.83
巨豆三烯酮 4	0.12	1.09	0.47	0.36	75.94
3-羟基-β-二氢大马酮	0.19	1.49	0.61	0.43	69.86
3-氧代-α-紫罗兰醇	1.38	7.02	3.12	1.85	59.50
新植二烯	77.66	863.08	424.92	262.56	61.79
3-羟基索拉韦惕酮	2.54	14.76	5.24	3.44	65.65
β-法尼烯	1.24	7.50	4.50	2.22	49.23

六、雪峰山区烟叶香气成分

雪峰山区烤烟种植区典型产区代表性片区烟叶香气成分分析结果表明，茄酮含量范围为 1.04～2.03 μg/g，平均值为 1.63 μg/g，变异系数为 19.05%；香叶基丙酮含量范围为 0.49～0.93 μg/g，平均值为 0.69 μg/g，变异系数为 19.86%；降茄二酮含量范围为 0.09～0.13 μg/g，平均值为 0.11 μg/g，变异系数为 15.60%；β-紫罗兰酮含量范围为 0.36～0.74 μg/g，平均值为 0.58 μg/g，变异系数为 27.04%；氧化紫罗兰酮含量范围为 0.43～1.15 μg/g，平均值为 0.78 μg/g，变异系数为 37.78%；二氢猕猴桃内酯含量范围为 2.21～3.91 μg/g，平均值为 3.11 μg/g，变异系数为 16.68%；巨豆三烯酮 1 含量范围为 0.12～0.28 μg/g，平均值为 0.18 μg/g，变异系数为 27.84%；巨豆三烯酮 2 含量范围为 0.92～2.12 μg/g，平均值为 1.39 μg/g，变异系数为 23.90%；巨豆三烯酮 3 含量范围为 0.20～0.34 μg/g，平均值为 0.24 μg/g，变异系数为 18.39%；巨豆三烯酮 4 含量范围为 0.74～1.69 μg/g，平均值为 1.12 μg/g，变异系数为 23.44%；3-羟基-β-二氢大马酮含量范围为 0.46～1.60 μg/g，平均值为 0.94 μg/g，变异系数为 49.31%；3-氧代-α-紫罗兰醇含量范围为 1.16～7.31 μg/g，平均值为 3.11 μg/g，变异系数为 60.06%；新植二烯含量范围为 398.44～1387.19 μg/g，平均值为 865.21 μg/g，变异系数为 45.11%；3-羟基索拉韦惕酮含量范围为 1.18～2.84 μg/g，平均值为 1.97 μg/g，变异系数为 26.15%；β-法尼烯含量范围为 6.70～13.68 μg/g，平均值为 9.02 μg/g，变异系数为 23.98%（表 8-1-11 和表 8-1-12）。

表 8-1-11　雪峰山区烟叶香气成分　（单位：μg/g）

香气成分	天柱	靖州
茄酮	1.48	1.77
香叶基丙酮	0.65	0.74
降茄二酮	0.11	0.12
β-紫罗兰酮	0.44	0.72
氧化紫罗兰酮	0.52	1.03
二氢猕猴桃内酯	3.47	2.75
巨豆三烯酮 1	0.17	0.19
巨豆三烯酮 2	1.55	1.23
巨豆三烯酮 3	0.25	0.24
巨豆三烯酮 4	1.29	0.95
3-羟基-β-二氢大马酮	1.36	0.51
3-氧代-α-紫罗兰醇	4.47	1.75
新植二烯	1208.89	521.53
3-羟基索拉韦惕酮	1.98	1.97
β-法尼烯	10.48	7.56

表 8-1-12　雪峰山区烟叶香气成分统计

香气成分	最小值/(μg/g)	最大值/(μg/g)	平均值/(μg/g)	标准差	变异系数/%
茄酮	1.04	2.03	1.63	0.31	19.05
香叶基丙酮	0.49	0.93	0.69	0.14	19.86
降茄二酮	0.09	0.13	0.11	0.02	15.60
β-紫罗兰酮	0.36	0.74	0.58	0.16	27.04
氧化紫罗兰酮	0.43	1.15	0.78	0.29	37.78
二氢猕猴桃内酯	2.21	3.91	3.11	0.52	16.68
巨豆三烯酮 1	0.12	0.28	0.18	0.05	27.84
巨豆三烯酮 2	0.92	2.12	1.39	0.33	23.90
巨豆三烯酮 3	0.20	0.34	0.24	0.04	18.39

续表

香气成分	最小值/(μg/g)	最大值/(μg/g)	平均值/(μg/g)	标准差	变异系数/%
巨豆三烯酮 4	0.74	1.69	1.12	0.26	23.44
3-羟基-β-二氢大马酮	0.46	1.60	0.94	0.46	49.31
3-氧代-α-紫罗兰醇	1.16	7.31	3.11	1.87	60.06
新植二烯	398.44	1387.19	865.21	390.29	45.11
3-羟基索拉韦惕酮	1.18	2.84	1.97	0.52	26.15
β-法尼烯	6.70	13.68	9.02	2.16	23.98

七、云贵高原烟叶香气成分

云贵高原烤烟种植区典型产区代表性片区烟叶香气成分分析结果表明，茄酮含量范围为 0.48~1.34 μg/g，平均值为 0.88 μg/g，变异系数为 23.40%；香叶基丙酮含量范围为 0.24~1.08 μg/g，平均值为 0.39 μg/g，变异系数为 44.36%；降茄二酮含量范围为 0.06~0.76 μg/g，平均值为 0.16 μg/g，变异系数为 106.58%；β-紫罗兰酮含量范围为 0.27~0.75 μg/g，平均值为 0.39 μg/g，变异系数为 25.85%；氧化紫罗兰酮含量范围为 0.26~1.11 μg/g，平均值为 0.59 μg/g，变异系数为 35.51%；二氢猕猴桃内酯含量范围为 1.84~4.40 μg/g，平均值为 3.13 μg/g，变异系数为 20.37%；巨豆三烯酮 1 含量范围为 0.01~0.90 μg/g，平均值为 0.15 μg/g，变异系数为 131.10%；巨豆三烯酮 2 含量范围为 0.09~2.33 μg/g，平均值为 0.86 μg/g，变异系数为 74.39%；巨豆三烯酮 3 含量范围为 0.02~0.66 μg/g，平均值为 0.16 μg/g，变异系数为 87.95%；巨豆三烯酮 4 含量范围为 0.12~1.97 μg/g，平均值为 0.74 μg/g，变异系数为 71.03%；3-羟基-β-二氢大马酮含量范围为 0.13~1.21 μg/g，平均值为 0.62 μg/g，变异系数为 46.23%；3-氧代-α-紫罗兰醇含量范围为 0.96~5.59 μg/g，平均值为 2.23 μg/g，变异系数为 59.12%；新植二烯含量范围为 385.21~1169.13 μg/g，平均值为 799.84 μg/g，变异系数为 28.12%；3-羟基索拉韦惕酮含量范围为 0.77~15.31 μg/g，平均值为 5.28 μg/g，变异系数为 78.75%；β-法尼烯含量范围为 0.06~10.40 μg/g，平均值为 6.93 μg/g，变异系数为 44.14%（表 8-1-13 和表 8-1-14）。

表 8-1-13 云贵高原烟叶香气成分 （单位：μg/g）

香气成分	南涧	江川	盘州	威宁	兴仁
茄酮	0.66	0.99	1.04	0.88	0.85
香叶基丙酮	0.56	0.29	0.4	0.33	0.35
降茄二酮	0.42	0.08	0.13	0.11	0.09
β-紫罗兰酮	0.42	0.46	0.40	0.34	0.34
氧化紫罗兰酮	0.81	0.76	0.52	0.43	0.45
二氢猕猴桃内酯	3.76	2.65	3.53	2.58	3.12
巨豆三烯酮 1	0.34	0.03	0.18	0.06	0.14
巨豆三烯酮 2	0.39	0.28	1.76	0.56	1.31
巨豆三烯酮 3	0.3	0.04	0.23	0.09	0.16

续表

香气成分	南涧	江川	盘州	威宁	兴仁
巨豆三烯酮 4	0.47	0.19	1.49	0.44	1.13
3-羟基-β-二氢大马酮	0.69	0.28	0.97	0.45	0.71
3-氧代-α-紫罗兰醇	2.26	1.12	3.75	1.28	2.74
新植二烯	586.67	689.05	972.99	769.06	981.45
3-羟基索拉韦惕酮	5.45	4.44	10.4	2.59	3.49
β-法尼烯	4.22	5.19	9.69	6.33	9.2

表 8-1-14　云贵高原烟叶香气成分统计

香气成分	最小值/(μg/g)	最大值/(μg/g)	平均值/(μg/g)	标准差	变异系数/%
茄酮	0.48	1.34	0.88	0.21	23.40
香叶基丙酮	0.24	1.08	0.39	0.17	44.36
降茄二酮	0.06	0.76	0.16	0.18	106.58
β-紫罗兰酮	0.27	0.75	0.39	0.10	25.85
氧化紫罗兰酮	0.26	1.11	0.59	0.21	35.51
二氢猕猴桃内酯	1.84	4.40	3.13	0.64	20.37
巨豆三烯酮 1	0.01	0.90	0.15	0.20	131.10
巨豆三烯酮 2	0.09	2.33	0.86	0.64	74.39
巨豆三烯酮 3	0.02	0.66	0.16	0.14	87.95
巨豆三烯酮 4	0.12	1.97	0.74	0.53	71.03
3-羟基-β-二氢大马酮	0.13	1.21	0.62	0.29	46.23
3-氧代-α-紫罗兰醇	0.96	5.59	2.23	1.32	59.12
新植二烯	385.21	1169.13	799.84	224.92	28.12
3-羟基索拉韦惕酮	0.77	15.31	5.28	4.15	78.75
β-法尼烯	0.06	10.40	6.93	3.06	44.14

八、攀西山区烟叶香气成分

攀西山区烤烟种植区典型产区代表性片区烟叶香气成分分析结果表明，茄酮含量范围为 1.38～2.49 μg/g，平均值为 1.88 μg/g，变异系数为 17.84%；香叶基丙酮含量范围为 0.22～0.37 μg/g，平均值为 0.28 μg/g，变异系数为 17.41%；降茄二酮含量范围为 0.08～0.19 μg/g，平均值为 0.14 μg/g，变异系数为 27.22%；β-紫罗兰酮含量范围为 0.55～0.74 μg/g，平均值为 0.61 μg/g，变异系数为 9.05%；氧化紫罗兰酮含量范围为 1.12～1.24 μg/g，平均值为 1.17 μg/g，变异系数为 3.51%；二氢猕猴桃内酯含量范围为 1.99～2.76 μg/g，平均值为 2.34 μg/g，变异系数为 8.69%；巨豆三烯酮 1 含量范围为 0.10～0.17 μg/g，平均值为 0.13 μg/g，变异系数为 14.85%；巨豆三烯酮 2 含量范围为 0.54～0.91 μg/g，平均值为 0.70 μg/g，变异系数为 15.08%；巨豆三烯酮 3 含量范围为 0.17～0.22 μg/g，平均值为 0.20 μg/g，变异系数为 8.05%；巨豆三烯酮 4 含量范围为 0.50～0.81 μg/g，平均值为 0.66 μg/g，

变异系数为 13.06%；3-羟基-β-二氢大马酮含量范围为 0.56～0.84 μg/g，平均值为 0.74 μg/g，变异系数为 11.04%；3-氧代-α-紫罗兰醇含量范围为 0.53～1.31 μg/g，平均值为 0.96 μg/g，变异系数为 26.38%；新植二烯含量范围为 252.16～331.60 μg/g，平均值为 284.79 μg/g，变异系数为 7.79%；3-羟基索拉韦惕酮含量范围为 2.87～15.78 μg/g，平均值为 7.13 μg/g，变异系数为 44.17%；β-法尼烯含量范围为 3.10～6.23 μg/g，平均值为 4.11 μg/g，变异系数为 20.68%（表 8-1-15 和表 8-1-16）。

表 8-1-15　攀西山区烟叶香气成分　　　　　　（单位：μg/g）

香气成分	会东	米易	仁和	盐边
茄酮	1.55	1.78	2.01	2.14
香叶基丙酮	0.26	0.28	0.33	0.27
降茄二酮	0.08	0.15	0.16	0.15
β-紫罗兰酮	0.59	0.65	0.58	0.58
氧化紫罗兰酮	1.18	1.21	1.14	1.13
二氢猕猴桃内酯	2.21	2.50	2.23	2.27
巨豆三烯酮 1	0.15	0.15	0.11	0.12
巨豆三烯酮 2	0.76	0.77	0.62	0.63
巨豆三烯酮 3	0.20	0.21	0.19	0.18
巨豆三烯酮 4	0.74	0.71	0.59	0.59
3-羟基-β-二氢大马酮	0.78	0.76	0.77	0.64
3-氧代-α-紫罗兰醇	1.31	0.73	1.01	1.07
新植二烯	268.98	302.55	263.48	287.03
3-羟基索拉韦惕酮	5.95	8.84	4.06	8.14
β-法尼烯	3.45	4.71	3.67	3.98

表 8-1-16　攀西山区烟叶香气成分统计

香气成分	最小值/(μg/g)	最大值/(μg/g)	平均值/(μg/g)	标准差	变异系数/%
茄酮	1.38	2.49	1.88	0.34	17.84
香叶基丙酮	0.22	0.37	0.28	0.05	17.41
降茄二酮	0.08	0.19	0.14	0.04	27.22
β-紫罗兰酮	0.55	0.74	0.61	0.06	9.05
氧化紫罗兰酮	1.12	1.24	1.17	0.04	3.51
二氢猕猴桃内酯	1.99	2.76	2.34	0.20	8.69
巨豆三烯酮 1	0.10	0.17	0.13	0.02	14.85
巨豆三烯酮 2	0.54	0.91	0.70	0.11	15.08
巨豆三烯酮 3	0.17	0.22	0.20	0.02	8.05
巨豆三烯酮 4	0.50	0.81	0.66	0.09	13.06
3-羟基-β-二氢大马酮	0.56	0.84	0.74	0.08	11.04
3-氧代-α-紫罗兰醇	0.53	1.31	0.96	0.25	26.38
新植二烯	252.16	331.60	284.79	22.18	7.79
3-羟基索拉韦惕酮	2.87	15.78	7.13	3.15	44.17
β-法尼烯	3.10	6.23	4.11	0.85	20.68

九、武夷山区烟叶香气成分

武夷山区烤烟种植区典型产区代表性片区烟叶香气成分分析结果表明，茄酮含量范围为 0.21～2.69 μg/g，平均值为 1.25 μg/g，变异系数为 71.10%；香叶基丙酮含量范围为 0.15～0.88 μg/g，平均值为 0.52 μg/g，变异系数为 57.12%；降茄二酮含量范围为 0.02～0.17 μg/g，平均值为 0.11 μg/g，变异系数为 39.87%；β-紫罗兰酮含量范围为 0.30～0.90 μg/g，平均值为 0.63 μg/g，变异系数为 36.41%；氧化紫罗兰酮含量范围为 0.32～1.40 μg/g，平均值为 0.80 μg/g，变异系数为 52.63%；二氢猕猴桃内酯含量范围为 2.53～3.73 μg/g，平均值为 3.03 μg/g，变异系数为 13.56%；巨豆三烯酮 1 含量范围为 0.01～0.39 μg/g，平均值为 0.15 μg/g，变异系数为 95.82%；巨豆三烯酮 2 含量范围为 0.18～2.18 μg/g，平均值为 1.00 μg/g，变异系数为 77.00%；巨豆三烯酮 3 含量范围为 0.01～0.49 μg/g，平均值为 0.19 μg/g，变异系数为 87.23%；巨豆三烯酮 4 含量范围为 0.10～1.75 μg/g，平均值为 0.77 μg/g，变异系数为 79.93%；3-羟基-β-二氢大马酮含量范围为 0.18～1.31 μg/g，平均值为 0.61 μg/g，变异系数为 57.93%；3-氧代-α-紫罗兰醇含量范围为 1.03～10.98 μg/g，平均值为 3.95 μg/g，变异系数为 77.67%；新植二烯含量范围为 226.39～1047.77 μg/g，平均值为 601.28 μg/g，变异系数为 48.42%；3-羟基索拉韦惕酮含量范围为 0.90～24.61 μg/g，平均值为 7.83 μg/g，变异系数为 106.95%；β-法尼烯含量范围为 2.31～15.69 μg/g，平均值为 7.72 μg/g，变异系数为 64.91%（表 8-1-17 和表 8-1-18）。

表 8-1-17　武夷山区烟叶香气成分　　（单位：μg/g）

香气成分	永定	泰宁
茄酮	2.01	0.48
香叶基丙酮	0.77	0.26
降茄二酮	0.14	0.08
β-紫罗兰酮	0.82	0.44
氧化紫罗兰酮	1.18	0.42
二氢猕猴桃内酯	3.12	2.94
巨豆三烯酮 1	0.26	0.03
巨豆三烯酮 2	1.63	0.37
巨豆三烯酮 3	0.32	0.06
巨豆三烯酮 4	1.25	0.28
3-羟基-β-二氢大马酮	0.82	0.39
3-氧代-α-紫罗兰醇	6.08	1.81
新植二烯	823.26	379.3
3-羟基索拉韦惕酮	13.49	2.17
β-法尼烯	11.93	3.51

表 8-1-18　武夷山区烟叶香气成分统计

香气成分	最小值/(μg/g)	最大值/(μg/g)	平均值/(μg/g)	标准差	变异系数/%
茄酮	0.21	2.69	1.25	0.89	71.10
香叶基丙酮	0.15	0.88	0.52	0.29	57.12
降茄二酮	0.02	0.17	0.11	0.04	39.87
β-紫罗兰酮	0.30	0.90	0.63	0.23	36.41
氧化紫罗兰酮	0.32	1.40	0.80	0.42	52.63
二氢猕猴桃内酯	2.53	3.73	3.03	0.41	13.56
巨豆三烯酮 1	0.01	0.39	0.15	0.14	95.82
巨豆三烯酮 2	0.18	2.18	1.00	0.77	77.00
巨豆三烯酮 3	0.01	0.49	0.19	0.16	87.23
巨豆三烯酮 4	0.10	1.75	0.77	0.61	79.93
3-羟基-β-二氢大马酮	0.18	1.31	0.61	0.35	57.93
3-氧代-α-紫罗兰醇	1.03	10.98	3.95	3.06	77.67
新植二烯	226.39	1047.77	601.28	291.12	48.42
3-羟基索拉韦惕酮	0.90	24.61	7.83	8.38	106.95
β-法尼烯	2.31	15.69	7.72	5.01	64.91

十、南岭山区烟叶香气成分

南岭山区烤烟种植区典型产区代表性片区烟叶香气成分分析结果表明，茄酮含量范围为 1.62～2.51 μg/g，平均值为 2.05 μg/g，变异系数为 12.88%；香叶基丙酮含量范围为 0.38～0.93 μg/g，平均值为 0.61 μg/g，变异系数为 25.33%；降茄二酮含量范围为 0.09～0.15 μg/g，平均值为 0.13 μg/g，变异系数为 15.07%；β-紫罗兰酮含量范围为 0.52～0.66 μg/g，平均值为 0.61 μg/g，变异系数为 7.18%；氧化紫罗兰酮含量范围为 0.60～1.02 μg/g，平均值为 0.77 μg/g，变异系数为 16.75%；二氢猕猴桃内酯含量范围为 1.88～2.79 μg/g，平均值为 2.26 μg/g，变异系数为 13.51%；巨豆三烯酮 1 含量范围为 0.07～0.16 μg/g，平均值为 0.10 μg/g，变异系数为 33.17%；巨豆三烯酮 2 含量范围为 0.56～1.11 μg/g，平均值为 0.80 μg/g，变异系数为 25.56%；巨豆三烯酮 3 含量范围为 0.15～0.25 μg/g，平均值为 0.20 μg/g，变异系数为 18.44%；巨豆三烯酮 4 含量范围为 0.43～0.92 μg/g，平均值为 0.62 μg/g，变异系数为 26.27%；3-羟基-β-二氢大马酮含量范围为 0.52～1.25 μg/g，平均值为 0.86 μg/g，变异系数为 23.16%；3-氧代-α-紫罗兰醇含量范围为 2.58～4.09 μg/g，平均值为 3.23 μg/g，变异系数为 15.54%；新植二烯含量范围为 204.57～463.44 μg/g，平均值为 337.89 μg/g，变异系数为 25.45%；3-羟基索拉韦惕酮含量范围为 4.27～9.81 μg/g，平均值为 5.82 μg/g，变异系数为 28.07%；β-法尼烯含量范围为 4.04～8.24 μg/g，平均值为 5.75 μg/g，变异系数为 25.06%（表 8-1-19 和表 8-1-20）。

表 8-1-19　南岭山区烟叶香气成分　　　　　（单位：μg/g）

香气成分	桂阳	江华
茄酮	1.95	2.14
香叶基丙酮	0.62	0.60
降茄二酮	0.13	0.12
β-紫罗兰酮	0.62	0.59
氧化紫罗兰酮	0.84	0.70
二氢猕猴桃内酯	2.50	2.01
巨豆三烯酮 1	0.10	0.10
巨豆三烯酮 2	0.78	0.82
巨豆三烯酮 3	0.18	0.22
巨豆三烯酮 4	0.60	0.65
3-羟基-β-二氢大马酮	0.80	0.91
3-氧代-α-紫罗兰醇	3.38	3.09
新植二烯	369.17	306.61
3-羟基索拉韦惕酮	6.86	4.79
β-法尼烯	5.81	5.69

表 8-1-20　南岭山区烟叶香气成分统计

香气成分	最小值/(μg/g)	最大值/(μg/g)	平均值/(μg/g)	标准差	变异系数/%
茄酮	1.62	2.51	2.05	0.26	12.88
香叶基丙酮	0.38	0.93	0.61	0.15	25.33
降茄二酮	0.09	0.15	0.13	0.02	15.07
β-紫罗兰酮	0.52	0.66	0.61	0.04	7.18
氧化紫罗兰酮	0.60	1.02	0.77	0.13	16.75
二氢猕猴桃内酯	1.88	2.79	2.26	0.30	13.51
巨豆三烯酮 1	0.07	0.16	0.10	0.03	33.17
巨豆三烯酮 2	0.56	1.11	0.80	0.20	25.56
巨豆三烯酮 3	0.15	0.25	0.20	0.04	18.44
巨豆三烯酮 4	0.43	0.92	0.62	0.16	26.27
3-羟基-β-二氢大马酮	0.52	1.25	0.86	0.20	23.16
3-氧代-α-紫罗兰醇	2.58	4.09	3.23	0.50	15.54
新植二烯	204.57	463.44	337.89	86.00	25.45
3-羟基索拉韦惕酮	4.27	9.81	5.82	1.63	28.07
β-法尼烯	4.04	8.24	5.75	1.44	25.06

十一、中原地区烟叶香气成分

中原地区烤烟种植区典型产区代表性片区烟叶香气成分分析结果表明，茄酮含量范围为 0.82～3.52 μg/g，平均值为 1.55 μg/g，变异系数为 50.34%；香叶基丙酮含量范围为

0.27～1.06 μg/g，平均值为 0.76 μg/g，变异系数为 34.93%；降茄二酮含量范围为 0.07～0.26 μg/g，平均值为 0.12 μg/g，变异系数为 46.75%；β-紫罗兰酮含量范围为 0.21～0.74 μg/g，平均值为 0.56 μg/g，变异系数为 30.93%；氧化紫罗兰酮含量范围为 0.35～1.02 μg/g，平均值为 0.61 μg/g，变异系数为 31.65%；二氢猕猴桃内酯含量范围为 1.95～3.25 μg/g，平均值为 2.36 μg/g，变异系数为 15.50%；巨豆三烯酮 1 含量范围为 0.03～0.17 μg/g，平均值为 0.08 μg/g，变异系数为 52.55%；巨豆三烯酮 2 含量范围为 0.40～1.22 μg/g，平均值为 0.67 μg/g，变异系数为 35.79%；巨豆三烯酮 3 含量范围为 0.08～0.19 μg/g，平均值为 0.12 μg/g，变异系数为 27.77%；巨豆三烯酮 4 含量范围为 0.37～0.91 μg/g，平均值为 0.51 μg/g，变异系数为 33.88%；3-羟基-β-二氢大马酮含量范围为 0.27～1.00 μg/g，平均值为 0.50 μg/g，变异系数为 49.29%；3-氧代-α-紫罗兰醇含量范围为 0.59～3.18 μg/g，平均值为 1.47 μg/g，变异系数为 53.98%；新植二烯含量范围为 253.34～540.38 μg/g，平均值为 367.30 μg/g，变异系数为 27.50%；3-羟基索拉韦惕酮含量范围为 1.53～10.93 μg/g，平均值为 3.57 μg/g，变异系数为 77.64%；β-法尼烯含量范围为 3.66～10.86 μg/g，平均值为 6.32 μg/g，变异系数为 31.95%（表 8-1-21 和表 8-1-22）。

表 8-1-21　中原地区烟叶香气成分　　　　　（单位：μg/g）

香气成分	襄城	灵宝
茄酮	1.31	1.79
香叶基丙酮	0.89	0.63
降茄二酮	0.09	0.14
β-紫罗兰酮	0.63	0.48
氧化紫罗兰酮	0.63	0.59
二氢猕猴桃内酯	2.24	2.48
巨豆三烯酮 1	0.07	0.08
巨豆三烯酮 2	0.66	0.68
巨豆三烯酮 3	0.12	0.13
巨豆三烯酮 4	0.49	0.54
3-羟基-β-二氢大马酮	0.37	0.63
3-氧代-α-紫罗兰醇	1.01	1.92
新植二烯	341.60	393.01
3-羟基索拉韦惕酮	2.09	5.05
β-法尼烯	6.57	6.07

表 8-1-22　中原地区烟叶香气成分统计

香气成分	最小值/(μg/g)	最大值/(μg/g)	平均值/(μg/g)	标准差	变异系数/%
茄酮	0.82	3.52	1.55	0.78	50.34
香叶基丙酮	0.27	1.06	0.76	0.27	34.93
降茄二酮	0.07	0.26	0.12	0.05	46.75
β-紫罗兰酮	0.21	0.74	0.56	0.17	30.93

续表

香气成分	最小值/(μg/g)	最大值/(μg/g)	平均值/(μg/g)	标准差	变异系数/%
氧化紫罗兰酮	0.35	1.02	0.61	0.19	31.65
二氢猕猴桃内酯	1.95	3.25	2.36	0.37	15.50
巨豆三烯酮 1	0.03	0.17	0.08	0.04	52.55
巨豆三烯酮 2	0.40	1.22	0.67	0.24	35.79
巨豆三烯酮 3	0.08	0.19	0.12	0.03	27.77
巨豆三烯酮 4	0.37	0.91	0.51	0.17	33.88
3-羟基-β-二氢大马酮	0.27	1.00	0.50	0.25	49.29
3-氧代-α-紫罗兰醇	0.59	3.18	1.47	0.79	53.98
新植二烯	253.34	540.38	367.30	101.00	27.50
3-羟基索拉韦惕酮	1.53	10.93	3.57	2.77	77.64
β-法尼烯	3.66	10.86	6.32	2.02	31.95

十二、皖南山区烟叶香气成分

皖南山区烤烟种植区典型产区代表性片区烟叶香气成分分析结果表明，茄酮含量范围为 0.74～1.33 μg/g，平均值为 1.08 μg/g，变异系数为 18.33%；香叶基丙酮含量范围为 0.22～0.34 μg/g，平均值为 0.29 μg/g，变异系数为 12.10%；降茄二酮含量范围为 0.08～0.10 μg/g，平均值为 0.09 μg/g，变异系数为 8.61%；β-紫罗兰酮含量范围为 0.35～0.47 μg/g，平均值为 0.40 μg/g，变异系数为 10.29%；氧化紫罗兰酮含量范围为 0.50～0.62 μg/g，平均值为 0.55 μg/g，变异系数为 6.70%；二氢猕猴桃内酯含量范围为 2.32～3.44 μg/g，平均值为 2.88 μg/g，变异系数为 11.26%；巨豆三烯酮 1 含量范围为 0.02～0.06 μg/g，平均值为 0.03 μg/g，变异系数为 33.63%；巨豆三烯酮 2 含量范围为 0.27～0.76 μg/g，平均值为 0.44 μg/g，变异系数为 36.87%；巨豆三烯酮 3 含量范围为 0.06～0.11 μg/g，平均值为 0.07 μg/g，变异系数为 28.91%；巨豆三烯酮 4 含量范围为 0.17～0.46 μg/g，平均值为 0.28 μg/g，变异系数为 33.05%；3-羟基-β-二氢大马酮含量范围为 0.43～0.72 μg/g，平均值为 0.58 μg/g，变异系数为 15.26%；3-氧代-α-紫罗兰醇含量范围为 1.32～4.23 μg/g，平均值为 2.29 μg/g，变异系数为 42.17%；新植二烯含量范围为 218.14～652.99 μg/g，平均值为 456.14 μg/g，变异系数为 28.59%；3-羟基索拉韦惕酮含量范围为 1.53～10.55 μg/g，平均值为 4.48 μg/g，变异系数为 67.68%；β-法尼烯含量范围为 1.89～8.25 μg/g，平均值为 4.36 μg/g，变异系数为 46.56%（表 8-1-23 和表 8-1-24）。

表 8-1-23　皖南山区烟叶香气成分　　　　（单位：μg/g）

香气成分	宣州	泾县
茄酮	1.05	1.15
香叶基丙酮	0.28	0.3
降茄二酮	0.09	0.09
β-紫罗兰酮	0.4	0.41

续表

香气成分	宣州	泾县
氧化紫罗兰酮	0.55	0.56
二氢猕猴桃内酯	2.89	2.87
巨豆三烯酮 1	0.03	0.03
巨豆三烯酮 2	0.43	0.48
巨豆三烯酮 3	0.07	0.07
巨豆三烯酮 4	0.27	0.3
3-羟基-β-二氢大马酮	0.53	0.63
3-氧代-α-紫罗兰醇	2.29	2.3
新植二烯	435.44	507.88
3-羟基索拉韦惕酮	4.22	5.12
β-法尼烯	4.14	4.89

表 8-1-24　皖南山区烟叶香气成分统计

香气成分	最小值/(μg/g)	最大值/(μg/g)	平均值/(μg/g)	标准差	变异系数/%
茄酮	0.74	1.33	1.08	0.20	18.33
香叶基丙酮	0.22	0.34	0.29	0.03	12.10
降茄二酮	0.08	0.10	0.09	0.01	8.61
β-紫罗兰酮	0.35	0.47	0.40	0.04	10.29
氧化紫罗兰酮	0.50	0.62	0.55	0.04	6.70
二氢猕猴桃内酯	2.32	3.44	2.88	0.32	11.26
巨豆三烯酮 1	0.02	0.06	0.03	0.01	33.63
巨豆三烯酮 2	0.27	0.76	0.44	0.16	36.87
巨豆三烯酮 3	0.06	0.11	0.07	0.02	28.91
巨豆三烯酮 4	0.17	0.46	0.28	0.09	33.05
3-羟基-β-二氢大马酮	0.43	0.72	0.58	0.09	15.26
3-氧代-α-紫罗兰醇	1.32	4.23	2.29	0.97	42.17
新植二烯	218.14	652.99	456.14	130.42	28.59
3-羟基索拉韦惕酮	1.53	10.55	4.48	3.03	67.68
β-法尼烯	1.89	8.25	4.36	2.03	46.56

第二节　优质特色烤烟典型产区烟叶香气物质差异

既然烤烟种植区间生态条件的差异性是区域划分的依据，香气物质又是烟叶风格特色的重要标志，那么这种区域生态条件差异必然强烈地反映在烟叶的香气物质差异上，进而对烟叶质量风格产生决定性影响，也必然充分体现生态决定特色的直观描述。

一、茄酮

烤烟种植区间烟叶茄酮含量比较分析表明，12 个区域烟叶茄酮含量存在一定差异。

其中，南岭山区茄酮含量最高，显著高于除攀西山区之外的其他区域；其次是攀西山区，该区域显著高于除雪峰山区和中原地区之外的其他产区；秦巴山区茄酮含量最低（表8-2-1）。

二、香叶基丙酮

烤烟种植区间烟叶香叶基丙酮含量比较分析表明，12个区域烟叶香叶基丙酮含量存在一定差异。其中，中原地区香叶基丙酮含量最高，显著高于除雪峰山区、黔中山区、南岭山区之外的其他区域；其次是雪峰山区，也显著高于除黔中山区、武夷山区、南岭山区之外的其他区域；攀西山区香叶基丙酮含量最低（表8-2-1）。

三、降茄二酮

烤烟种植区间烟叶降茄二酮含量比较分析表明，12个区域烟叶降茄二酮含量差异不显著。其中，云贵高原和黔中山区降茄二酮含量最高，皖南山区降茄二酮含量最低（表8-2-1）。

四、β-紫罗兰酮

烤烟种植区间烟叶β-紫罗兰酮含量比较分析表明，12个区域烟叶β-紫罗兰酮含量存在一定差异。其中，武夷山区、攀西山区和南岭山区β-紫罗兰酮含量较高，显著高于武陵山区、黔中山区、秦巴山区、鲁中山区、东北地区、云贵高原和皖南山区；其次是中原地区，也显著高于武陵山区、黔中山区、秦巴山区、云贵高原和皖南山区；鲁中山区β-紫罗兰酮含量最低（表8-2-1）。

表 8-2-1　烤烟种植区烟叶香气指标差异（一）　　　　　　（单位：μg/g）

典型产区	茄酮	香叶基丙酮	降茄二酮	β-紫罗兰酮	氧化紫罗兰酮
武陵山区	1.07±066de	0.47±0.16cde	0.12±0.04a	0.41±0.11def	0.50±0.17e
黔中山区	1.16±0.38de	0.63±0.40abc	0.16±0.21a	0.48±0.15f	0.68±0.36bcde
秦巴山区	0.77±0.29e	0.41±0.13de	0.12±0.02a	0.39±0.08ef	0.50±0.14e
鲁中山区	1.07±0.42de	0.39±0.08de	0.12±0.04a	0.35±0.05cde	0.55±0.16de
东北地区	1.18±0.46cde	0.49±0.25cd	0.10±0.02a	0.50±0.15bcd	0.71±0.22bcd
雪峰山区	1.63±0.31b	0.69±0.14ab	0.11±0.02a	0.58±0.16ab	0.78±0.29bc
云贵高原	0.88±0.21de	0.39±0.17de	0.16±0.18a	0.39±0.10ef	0.59±0.21cde
攀西山区	1.88±0.34ab	0.28±0.05e	0.14±0.04a	0.61±0.06a	1.17±0.04a
武夷山区	1.25±0.89cd	0.52±0.29bcd	0.11±0.04a	0.63±0.23a	0.80±0.42b
南岭山区	2.05±0.26a	0.61±0.15abc	0.13±0.02a	0.61±0.04a	0.77±0.13bc
中原地区	1.55±0.78bc	0.76±0.27a	0.12±0.05a	0.56±0.17abc	0.61±0.19bcde
皖南山区	1.08±0.20de	0.29±0.03e	0.09±0.01a	0.40±0.04def	0.55±0.04de

注：每列中不同小写字母者表示种植区间差异有统计学意义（$P \leqslant 0.05$）。

五、氧化紫罗兰酮

烤烟种植区间烟叶氧化紫罗兰酮含量比较分析表明，12 个区域烟叶氧化紫罗兰酮含量存在一定差异。其中，攀西山区氧化紫罗兰酮含量最高，显著高于其他 11 个产区；其次是武夷山区，也显著高于武陵山区、秦巴山区、鲁中山区、云贵高原和皖南山区；武陵山区和秦巴山区氧化紫罗兰酮含量最低（表 8-2-1）。

六、二氢猕猴桃内酯

烤烟种植区间烟叶二氢猕猴桃内酯含量比较分析表明，12 个区域烟叶二氢猕猴桃内酯含量存在一定差异。其中，秦巴山区二氢猕猴桃内酯含量最高，显著高于除鲁中山区之外的其他区域；其次是鲁中山区，也显著高于攀西山区、南岭山区、中原地区和皖南山区；南岭山区二氢猕猴桃内酯含量最低（表 8-2-2）。

七、巨豆三烯酮 1

烤烟种植区间烟叶巨豆三烯酮 1 含量比较分析表明，12 个区域烟叶巨豆三烯酮 1 含量存在一定差异。其中，黔中山区巨豆三烯酮 1 含量最高，并显著高于除雪峰山区、云贵高原和武夷山区之外的其他区域；其次是雪峰山区，也显著高于鲁中山区、东北地区、中原地区和皖南山区；皖南山区巨豆三烯酮 1 含量最低（表 8-2-2）。

八、巨豆三烯酮 2

烤烟种植区间烟叶巨豆三烯酮 2 含量比较分析表明，12 个区域烟叶巨豆三烯酮 2 含量存在一定差异。其中，黔中山区巨豆三烯酮 2 含量最高，显著高于除雪峰山区之外的其他区域；其次是雪峰山区，也显著高于除武陵山区、秦巴山区和武夷山区之外的其他区域；皖南山区巨豆三烯酮 2 含量最低（表 8-2-2）。

九、巨豆三烯酮 3

烤烟种植区间烟叶巨豆三烯酮 3 含量比较分析表明，12 个区域烟叶巨豆三烯酮 3 含量存在一定差异。其中，雪峰山区和黔中山区巨豆三烯酮 3 含量较高，显著高于武陵山区、秦巴山区、鲁中山区、东北地区、中原地区和皖南山区；其次是南岭山区，也显著高于鲁中山区、东北地区和皖南山区；皖南山区巨豆三烯酮 3 含量最低（表 8-2-2）。

十、巨豆三烯酮 4

烤烟种植区间烟叶巨豆三烯酮 4 含量比较分析表明，12 个区域烟叶巨豆三烯酮 4 含量存在一定差异。其中，黔中山区巨豆三烯酮 4 含量最高，显著高于除雪峰山区之外的其他区域；其次是雪峰山区，也显著高于除武陵山区、秦巴山区、云贵高原、武夷山区之外的其他区域；皖南山区巨豆三烯酮 4 含量最低（表 8-2-2）。

表 8-2-2   烤烟种植区烟叶香气指标差异(二)　　　　　　(单位: μg/g)

典型产区	二氢猕猴桃内酯	巨豆三烯酮1	巨豆三烯酮2	巨豆三烯酮3	巨豆三烯酮4
武陵山区	2.96±0.79bcd	0.11±0.07bcde	1.08±0.52bc	0.15±0.07bcd	0.92±0.46bc
黔中山区	3.31±1.14bc	0.21±0.15a	1.67±1.02a	0.24±0.15a	1.40±0.92a
秦巴山区	4.01±0.95a	0.12±0.04bcde	1.08±0.34bc	0.15±0.04bcd	0.95±0.30bc
鲁中山区	3.59±0.82ab	0.08±0.03cde	0.75±0.35cd	0.11±0.05cde	0.60±0.30cde
东北地区	3.27±0.87bc	0.06±0.04de	0.60±0.43cd	0.10±0.07de	0.47±0.36de
雪峰山区	3.11±0.52bc	0.18±0.05ab	1.39±0.33ab	0.24±0.04a	1.12±0.26ab
云贵高原	3.13±0.64bc	0.15±0.20abc	0.86±0.64cd	0.16±0.14abcd	0.74±0.53bcd
攀西山区	2.34±0.20de	0.13±0.02bcd	0.70±0.11cd	0.20±0.02ab	0.66±0.09cde
武夷山区	3.03±0.41bc	0.15±0.14abc	1.00±0.77bc	0.19±0.16abc	0.77±0.61bcd
南岭山区	2.26±0.30e	0.10±0.03bcde	0.80±0.20cd	0.20±0.04ab	0.62±0.16cde
中原地区	2.36±0.37de	0.08±0.04cde	0.67±0.24cd	0.12±0.03bcde	0.51±0.17cde
皖南山区	2.88±0.32cde	0.03±0.01e	0.44±0.16d	0.07±0.02e	0.28±0.09e

注: 每列中不同小写字母者表示种植区间差异有统计学意义($P \leq 0.05$)。

十一、3-羟基-β二氢大马酮

烤烟种植区间烟叶 3-羟基-β-二氢大马酮含量比较分析表明,12 个区域烟叶 3-羟基-β-二氢大马酮含量存在一定差异。其中,雪峰山区 3-羟基-β-二氢大马酮含量最高,显著高于东北地区、云贵高原、武夷山区、中原地区和皖南山区;其次是南岭山区,也显著高于中原地区;中原地区 3-羟基-β-二氢大马酮含量最低(表 8-2-3)。

十二、3-氧代-α-紫罗兰醇

烤烟种植区间烟叶 3-氧代-α-紫罗兰醇含量比较分析表明,12 个区域烟叶 3-氧代-α-紫罗兰醇含量存在一定差异。其中,武夷山区 3-氧代-α-紫罗兰醇含量最高,显著高于秦巴山区、鲁中山区、云贵高原、攀西山区、中原地区和皖南山区;其次是黔中山区,也显著高于鲁中山区、攀西山区和中原地区;攀西山区 3-氧代-α-紫罗兰醇含量最低(表 8-2-3)。

十三、新植二烯

烤烟种植区间烟叶新植二烯含量比较分析表明,12 个区域烟叶新植二烯含量存在一定差异。其中,黔中山区新植二烯含量最高,显著高于其他 11 个区域;其次是武陵山区,也显著高于东北地区、攀西山区、武夷山区、南岭山区、中原地区和皖南山区;攀西山区新植二烯含量最低(表 8-2-3)。

十四、3-羟基索拉韦惕酮

烤烟种植区间烟叶 3-羟基索拉韦惕酮含量比较分析表明,12 个区域烟叶 3-羟基索拉韦惕酮含量存在一定差异。其中,武夷山区和攀西山区 3-羟基索拉韦惕酮含量较高,显

著高于武陵山区、雪峰山区和中原地区；其次是南岭山区、黔中山区和鲁中山区，也显著高于雪峰山区；雪峰山区 3-羟基索拉韦惕酮含量最低(表 8-2-3)。

十五、β-法尼烯

烤烟种植区间烟叶 β-法尼烯含量比较分析表明，12 个区域烟叶 β-法尼烯含量存在一定差异。其中，黔中山区 β-法尼烯含量最高，并显著高于其他 11 个区域；其次是雪峰山区，也显著高于东北地区、攀西山区、南岭山区和皖南山区；攀西山区 β-法尼烯含量最低(表 8-2-3)。

表 8-2-3　烤烟种植区烟叶香气指标差异(三)　　　　(单位：μg/g)

典型产区	3-羟基-β-二氢大马酮	3-氧代-α-紫罗兰醇	新植二烯	3-羟基索拉韦惕酮	β-法尼烯
武陵山区	0.76±0.39abc	2.61±1.35abcd	910.76±300.88b	3.47±2.31bc	8.32±2.85bc
黔中山区	0.79±0.47abc	3.44±2.30ab	1265.89±475.50a	5.61±5.64ab	14.86±5.87a
秦巴山区	0.81±0.18ab	2.52±1.19bcd	826.84±182.84bc	4.92±2.04abc	7.45±2.80bc
鲁中山区	0.83±0.27ab	1.83±1.33cde	743.33±230.44bc	5.70±3.22ab	7.22±2.07bcd
东北地区	0.61±0.43bc	3.12±1.85abc	424.92±262.56de	5.24±3.44abc	4.50±2.22de
雪峰山区	0.94±0.46a	3.11±1.87abc	865.21±390.29b	1.97±0.52c	9.02±2.16b
云贵高原	0.62±0.29bc	2.23±1.32bcde	799.84±224.92bc	5.28±4.15abc	6.93±3.06bcde
攀西山区	0.74±0.08abc	0.96±0.25e	284.79±22.18e	7.13±3.15a	4.11±0.85e
武夷山区	0.61±0.35bc	3.95±3.06a	601.28±291.12cd	7.83±8.38a	7.72±5.01bc
南岭山区	0.86±0.20ab	3.23±0.50abc	337.89±86.00e	5.82±1.63ab	5.75±1.44cde
中原地区	0.50±0.25c	1.47±0.79de	367.30±101.00de	3.57±2.77bc	6.32±2.02bcde
皖南山区	0.58±0.09bc	2.29±0.97bcde	456.14±130.42de	4.48±3.03abc	4.36±2.03de

注：每列中不同小写字母者表示种植区间差异有统计学意义($P \leqslant 0.05$)。

第九章 优质特色烤烟典型产区烟叶感官质量特征

烟叶是卷烟产品的基本原料，烟叶质量对卷烟产品有着举足轻重的作用。一般烟叶质量主要包括烟叶外观质量、物理特性、化学成分及感官质量 4 个部分。外观质量、物理特性、化学成分只能对烟叶质量的部分指标进行评价，到目前为止依靠外观质量、物理特性、化学成分检测不能客观评价和正确推演烟叶的内在质量特征，而内在质量的优劣基本上以感官评价为主。感官质量是烟叶产品质量的重要组成部分，是卷烟产品质量的基础和核心。感官质量是指烟叶加工成烟支在燃吸过程中产生的主流烟气对人体感官产生的综合感受，包括烟叶的香气质、香气量、刺激性、口感的舒适程度等诸多指标，也包括一些代表烟叶风格特征的因素，如香气类型和风格、烟气浓度和劲头大小等。

第一节 优质特色烤烟典型产区烟叶感官质量

一、武陵山区烟叶感官质量

武陵山区烤烟种植区选择德江、道真、咸丰、利川、桑植、凤凰、彭水、武隆 8 个典型产区的代表性片区烟叶进行感官质量评价（表 9-1-1）。评价结果表明，武陵山区烟叶以干草香（3.00～3.69）、正甜香（2.28～3.29）、木香（1.50～2.23）为主体香韵，辅以焦甜香（0～1.38）、坚果香（0～1.29）、焦香（0～1.38）、辛香（0～1.67）、青香（0～1.08）；香气状态为较悬浮（2.44～3.50），烟气浓度为中等至稍大（2.35～3.27），劲头为中等至稍大（2.46～3.59），香气质为较好（2.50～3.57），香气量为较充足（2.18～3.42），透发性为尚透发（2.35～3.17），烟气为较细腻柔和圆润，稍有刺激性，干燥感为稍干燥，余味为较净、较舒适；烟叶杂气以青杂气、生青气、枯焦气、木质气为主（表 9-1-2）。

表 9-1-1 武陵山区烟叶感官评价指标

	感官评价指标	德江	道真	咸丰	利川	桑植	凤凰	彭水	武隆
香韵	干草香	3.37	3.40	3.46	3.44	3.15	3.14	3.43	3.53
	清甜香	0.13	0	0	0	0	0	0	0
	正甜香	2.98	2.82	3.02	2.90	2.59	2.41	2.81	2.94
	焦甜香	0	0	0	0.13	0	0.52	0.76	0
	青香	0.39	0.76	0.51	0.31	0.35	0.13	0b	0.37
	木香	1.73	2.07	1.97	2.00	1.73	1.84	2.03	1.87
	豆香	0	0	0	0	0	0	0	0
	坚果香	0.82	0.61	0.12	0.12	0.11	0.48	0.80	0.29
	焦香	0.37	0.97	0.47	0.55	0.49	1.19	0.98	0.14
	辛香	0.48	1.56	0.79	0.75	0.79	1.07	1.53	0.75

续表

	感官评价指标	德江	道真	咸丰	利川	桑植	凤凰	彭水	武隆
烟气	香气状态	3.14	2.99	3.10	2.98	2.83	2.59	2.89	3.24
	烟气浓度	3.10	3.10	2.96	2.97	2.67	2.89	3.08	3.03
	劲头	3.03	2.75	2.85	2.76	2.76	2.75	3.09	2.85
	香气质	3.22	3.03	3.25	3.06	2.84	2.94	3.11	3.07
	香气量	3.13	3.02	3.03	3.13	2.60	2.79	3.08	3.06
	透发性	3.03	3.06	2.93	2.90	2.64	2.74	3.00	2.94
口感	细腻程度	3.02	2.92	3.01	2.95	2.94	2.88	2.99	2.94
	柔和程度	2.90	2.93	2.98	3.02	2.80	2.68	2.85	2.91
	圆润感	2.87	2.82	2.78	2.75	2.52	2.55	2.80	2.84
	刺激性	2.59	2.36	2.47	2.45	2.74	2.98	2.56	2.47
	干燥感	2.75	2.37	2.6	2.65	2.84	2.80	2.45	2.56
	余味	3.03	2.90	3.12	3.05	2.76	2.79	3.13	2.99
杂气	青杂气	1.23	1.20	1.16	1.25	1.11	1.04	1.05	1.34
	生青气	0	0.79	0	0	0	0.14	0	0
	枯焦气	0.17	0.88	0.17	0.62	0.59	0.71	0.87	0.27
	木质气	1.36	1.2	1.44	1.50	1.47	1.39	1.43	1.43

表 9-1-2 武陵山区烟叶感官评价指标统计

	感官评价指标	平均	标准误差	标准差	最小值	最大值	变异系数/%
香韵	干草香	3.36	0.03	0.19	3.00	3.69	0.06
	清甜香	0.02	0.02	0.10	0	0.64	6.32
	正甜香	2.81	0.04	0.24	2.28	3.29	0.09
	焦甜香	0.18	0.06	0.38	0	1.38	2.15
	青香	0.35	0.06	0.39	0	1.08	1.10
	木香	1.90	0.03	0.18	1.50	2.23	0.09
	豆香	0	0	0	0	0	0
	坚果香	0.42	0.06	0.41	0	1.29	0.97
	焦香	0.64	0.08	0.50	0	1.38	0.78
	辛香	0.96	0.07	0.44	0	1.67	0.46
烟气	香气状态	2.97	0.04	0.27	2.44	3.50	0.09
	烟气浓度	2.98	0.03	0.20	2.35	3.27	0.07
	劲头	2.86	0.04	0.23	2.46	3.59	0.08
	香气质	3.07	0.03	0.20	2.50	3.57	0.07
	香气量	2.98	0.04	0.26	2.18	3.42	0.09
	透发性	2.91	0.03	0.19	2.35	3.17	0.07
口感	细腻程度	2.96	0.03	0.16	2.61	3.38	0.05
	柔和程度	2.88	0.03	0.18	2.57	3.22	0.06
	圆润感	2.74	0.03	0.19	2.33	3.14	0.07
	刺激性	2.57	0.04	0.27	2.00	3.06	0.11
	干燥感	2.63	0.03	0.20	2.23	3.00	0.08
	余味	2.97	0.03	0.22	2.50	3.46	0.07

续表

感官评价指标		平均	标准误差	标准差	最小值	最大值	变异系数/%
杂气	青杂气	1.17	0.03	0.17	0.81	1.54	0.14
	生青气	0.12	0.05	0.29	0	0.94	2.45
	枯焦气	0.53	0.07	0.45	0	1.28	0.84
	木质气	1.41	0.02	0.14	1.14	1.71	0.10

二、黔中山区烟叶感官质量

黔中山区烤烟种植区选择播州、贵定、黔西、开阳、西秀、余庆、凯里 7 个典型产区的代表性片区烟叶进行感官质量评价(表 9-1-3)。评价结果表明,黔中山区烟叶以干草香(2.67~3.80)、正甜香(2.17~3.53)为主体香韵,辅以木香(1.59~2.53)、青香(0~1.23)、坚果香(0~1.22)、焦香(0~1.50)、辛香(0~2.14);香气状态为较悬浮(2.44~3.64),烟气浓度为中等至稍大(2.82~3.29),劲头为中等至稍大(2.41~3.65),香气质为较好(2.24~3.67),香气量为较充足(2.67~3.44),透发性为尚透发(2.63~3.40),烟气为较细腻柔和圆润,稍有刺激性,干燥感为稍干燥,余味为较净、较舒适;烟叶杂气以青杂气、生青气、枯焦气、木质气为主(表 9-1-4)。

表 9-1-3   黔中山区烟叶感官评价指标

感官评价指标		播州	贵定	黔西	开阳	西秀	余庆	凯里
香韵	干草香	3.67	3.24	3.63	3.13	3.27	3.36	3.61
	清甜香	0	0	0.54	0	0	0	0
	正甜香	3.09	2.68	2.84	2.50	2.79	2.70	2.80
	焦甜香	0	0	0.39	0	0	0.14	0
	青香	0.67	0.36	0.67	0.29	0.27	0.14	0.85
	木香	2.35	1.86	2.31	1.91	1.97	1.86	1.99
	豆香	0	0	0.14	0	0	0	0
	坚果香	1.07	0.65	0.14	0.28	0.16	0.26	0.30
	焦香	0.83	0.41	1.14	1.19	0.54	1.27	0.54
	辛香	1.72	1.17	0.78	1.26	1.04	1.32	0.97
烟气	香气状态	3.32	3.04	3.08	2.74	3.00	2.85	3.32
	烟气浓度	3.16	2.92	3.15	3.05	2.88	3.09	3.12
	劲头	2.99	2.95	3.03	3.14	2.64	2.85	2.92
	香气质	3.28	2.97	3.18	2.55	3.04	2.87	3.11
	香气量	3.29	2.92	3.26	2.84	2.89	2.98	3.07
	透发性	3.23	2.93	3.14	2.77	2.85	2.87	3.00
口感	细腻程度	3.18	2.98	3.18	2.65	2.91	2.91	3.16
	柔和程度	3.16	2.87	3.10	2.48	2.89	2.87	3.02
	圆润感	2.97	2.76	2.96	2.42	2.67	2.66	2.79
	刺激性	2.42	2.66	2.42	2.92	2.68	2.69	2.30
	干燥感	2.51	2.57	2.51	2.82	2.71	2.71	2.37
	余味	3.26	2.93	3.16	2.57	2.93	2.91	3.24

感官评价指标		播州	贵定	黔西	开阳	西秀	余庆	凯里
杂气	青杂气	0.75	1.04	0.80	1.10	1.13	1.01	1.34
	生青气	0.78	0.34	0.83	0.3	0.14	0.24	0.40
	枯焦气	0.58	0.33	0.56	1.56	0.34	0.89	0.68
	木质气	1.63	1.32	1.51	1.51	1.29	1.31	1.26

表 9-1-4　黔中山区烟叶感官评价指标统计

感官评价指标		平均	标准误差	标准差	最小值	最大值	变异系数/%
香韵	干草香	3.41	0.04	0.24	2.67	3.80	0.07
	清甜香	0.08	0.04	0.24	0	0.97	3.07
	正甜香	2.77	0.04	0.26	2.17	3.53	0.09
	焦甜香	0.08	0.03	0.18	0	0.72	2.34
	青香	0.46	0.07	0.39	0	1.23	0.85
	木香	2.03	0.04	0.23	1.59	2.53	0.11
	豆香	0.02	0.02	0.09	0	0.54	4.54
	坚果香	0.55	0.08	0.48	0	1.22	0.88
	焦香	0.79	0.07	0.43	0	1.50	0.55
	辛香	1.29	0.07	0.42	0	2.14	0.33
烟气	香气状态	3.05	0.05	0.29	2.44	3.64	0.09
	烟气浓度	3.05	0.02	0.14	2.82	3.29	0.05
	劲头	2.93	0.04	0.23	2.41	3.65	0.08
	香气质	3.00	0.05	0.28	2.24	3.67	0.09
	香气量	3.04	0.04	0.23	2.67	3.44	0.07
	透发性	2.97	0.03	0.18	2.63	3.40	0.06
口感	细腻程度	2.99	0.04	0.25	2.24	3.53	0.08
	柔和程度	2.91	0.05	0.28	2.06	3.60	0.09
	圆润感	2.75	0.04	0.24	2.06	3.07	0.09
	刺激性	2.58	0.05	0.32	2.08	3.53	0.12
	干燥感	2.60	0.04	0.23	2.23	3.06	0.09
	余味	3.00	0.05	0.28	2.35	3.70	0.09
杂气	青杂气	1.02	0.04	0.23	0.60	1.54	0.22
	生青气	0.44	0.08	0.45	0	1.22	1.02
	枯焦气	0.71	0.09	0.53	0	2.42	0.76
	木质气	1.40	0.03	0.19	1.00	1.81	0.14

三、秦巴山区烟叶感官质量

秦巴山区烤烟种植区选择南郑、旬阳、兴山、房县、巫山 5 个典型产区的代表性片区烟叶进行感官质量评价 (表 9-1-5)。评价结果表明，秦巴山区烟叶以干草香 (2.94～3.62)、焦甜香 (2.33～3.17)、青香 (0～1.38)、木香 (1.83～2.23) 为主体香韵，辅以坚果香

（0～0.89）、焦香（0～1.33）、辛香（0～1.72）和青香（0～1.38）；香气状态为较悬浮（2.50～3.31），烟气浓度为中等至稍大（2.54～3.18），劲头为中等至稍大（2.21～3.39），香气质为较好（2.44～3.33），香气量为较充足（2.62～3.17），透发性为尚透发（2.61～3.11），烟气为较细腻柔和圆润，稍有刺激性，干燥感为稍干燥，余味为较净、较舒适；烟叶杂气以青杂气、生青气、枯焦气、木质气为主（表9-1-6）。

表 9-1-5　秦巴山区烟叶感官评价指标

感官评价指标		南郑	旬阳	兴山	房县	巫山
香韵	干草香	3.28	3.37	3.33	3.35	3.11
	清甜香	0	0	0	0	0
	正甜香	2.71	2.81	2.73	2.68	2.64
	焦甜香	0	0	0	0	0
	青香	0.57	0.88	0.77	0.65	0.53
	木香	2.05	1.96	1.94	2.03	1.99
	豆香	0	0	0	0	0
	坚果香	0	0.62	0	0	0
	焦香	0.58	0.70	0.54	0.65	0.74
	辛香	1.10	1.42	0.97	0.42	1.19
烟气	香气状态	3.03	3.13	2.99	3.09	2.71
	烟气浓度	2.92	3.08	2.84	2.85	2.91
	劲头	2.57	2.80	2.52	2.49	2.67
	香气质	3.02	3.08	3.04	3.14	2.82
	香气量	2.93	3.052	2.87	2.91	2.89
	透发性	2.85	2.95	2.80	2.84	2.76
口感	细腻程度	2.96	3.03	3.00	3.06	2.75
	柔和程度	2.92	3.09	2.99	2.97	2.76
	圆润感	2.70	2.93	2.78	2.83	2.59
	刺激性	2.52	2.33	2.31	2.38	2.76
	干燥感	2.62	2.41	2.53	2.40	2.69
	余味	3.07	3.12	3.07	3.34	2.72
杂气	青杂气	1.11	1.05	1.42	1.32	1.24
	生青气	0	0.72	0.23	0	0.42
	枯焦气	0.14	0.44	0.73	0.28	0.82
	木质气	1.54	1.30	1.39	1.48	1.54

表 9-1-6　秦巴山区烟叶感官评价指标统计

感官评价指标		平均	标准误差	标准差	最小值	最大值	变异系数/%
香韵	干草香	3.29	0.03	0.16	2.94	3.62	0.05
	清甜香	0	0	0	0	0	0
	正甜香	2.71	0.04	0.19	2.33	3.17	0.07
	焦甜香	0	0	0	0	0	0

续表

感官评价指标		平均	标准误差	标准差	最小值	最大值	变异系数/%
香韵	青香	0.68	0.07	0.35	0	1.38	0.51
	木香	1.99	0.02	0.10	1.83	2.23	0.05
	豆香	0	0	0	0	0	0
	坚果香	0.12	0.06	0.29	0	0.89	2.35
	焦香	0.64	0.07	0.37	0	1.33	0.57
	辛香	1.02	0.09	0.45	0	1.72	0.44
烟气	香气状态	2.99	0.04	0.19	2.50	3.31	0.06
	烟气浓度	2.92	0.03	0.17	2.54	3.18	0.06
	劲头	2.61	0.06	0.31	2.21	3.39	0.12
	香气质	3.02	0.04	0.20	2.44	3.33	0.07
	香气量	2.93	0.03	0.16	2.62	3.17	0.05
	透发性	2.84	0.03	0.13	2.61	3.11	0.04
口感	细腻程度	2.96	0.04	0.22	2.33	3.43	0.07
	柔和程度	2.95	0.04	0.22	2.28	3.50	0.07
	圆润感	2.77	0.04	0.18	2.11	3.06	0.07
	刺激性	2.46	0.05	0.27	1.86	3.11	0.11
	干燥感	2.53	0.04	0.19	2.00	2.83	0.08
	余味	3.06	0.06	0.28	2.39	3.57	0.09
杂气	青杂气	1.23	0.05	0.24	0.94	1.77	0.19
	生青气	0.28	0.08	0.42	0	1.17	1.53
	枯焦气	0.48	0.09	0.44	0	1.33	0.91
	木质气	1.45	0.03	0.16	1.17	1.69	0.11

四、鲁中山区烟叶感官质量

鲁中山区烤烟种植区选择临朐、蒙阴、费县、诸城4个典型产区的代表性片区烟叶进行感官质量评价(表 9-1-7)。评价结果表明,鲁中山区烟叶以干草香(2.88～3.54)、正甜香(2.24～3.15)、木香(1.53～2.22)为主体香韵,辅以焦甜香(0～0.72)、青香(0～1.00)、坚果香(0～1.00)、焦香(0～1.56)、辛香(0～1.72);香气状态为较悬浮(2.53～3.50),烟气浓度为中等至稍大(2.72～3.29),劲头为中等至稍大(2.36～3.08),香气质为较好(2.59～3.28),香气量为较充足(2.76～3.08),透发性为尚透发(2.59～3.09),烟气为较细腻柔和圆润,稍有刺激性,干燥感为稍干燥,余味为较净、较舒适;烟叶杂气以青杂气、生青气、枯焦气、木质气为主(表 9-1-8)。

表 9-1-7　鲁中山区烟叶感官评价指标

感官评价指标		临朐	蒙阴	费县	诸城
香韵	干草香	3.27	3.36	3.23	3.03
	清甜香	0	0	0	0
	正甜香	2.82	2.74	2.64	2.37

续表

感官评价指标		临朐	蒙阴	费县	诸城
香韵	焦甜香	0	0	0	0.14
	青香	0.58	0.64	0.36	0.42
	木香	1.87	2.03	1.87	1.87
	豆香	0	0	0	0
	坚果香	0.42	0.50	0.13	0.41
	焦香	0.48	0.62	0.63	1.17
	辛香	1.00	1.12	0.75	0.73
烟气	香气状态	2.96	3.12	2.82	2.68
	烟气浓度	3.00	3.01	2.97	3.10
	劲头	2.75	2.66	2.79	2.98
	香气质	3.00	3.10	2.90	2.69
	香气量	2.97	2.89	2.86	2.95
	透发性	2.93	3.00	2.86	2.82
口感	细腻程度	2.98	3.09	2.66	2.69
	柔和程度	3.04	3.11	2.79	2.72
	圆润感	2.83	2.87	2.60	2.65
	刺激性	2.38	2.31	2.73	2.66
	干燥感	2.52	2.42	2.73	2.88
	余味	2.89	3.01	2.84	2.66
杂气	青杂气	1.14	1.16	1.26	1.35
	生青气	0.65	0.60	0.44	0.43
	枯焦气	0.32	0.48	0.73	1.04
	木质气	1.25	1.37	1.45	1.56

表 9-1-8　鲁中山区烟叶感官评价指标统计

感官评价指标		平均	标准误差	标准差	最小值	最大值	变异系数/%
香韵	干草香	3.22	0.04	0.20	2.88	3.54	0.06
	清甜香	0	0	0	0	0	0
	正甜香	2.64	0.05	0.22	2.24	3.15	0.08
	焦甜香	0.04	0.04	0.16	0	0.72	4.47
	青香	0.50	0.09	0.40	0	1.00	0.80
	木香	1.91	0.04	0.19	1.53	2.22	0.10
	豆香	0	0	0	0	0	0
	坚果香	0.36	0.09	0.39	0	1.00	1.06
	焦香	0.72	0.11	0.49	0	1.56	0.68
	辛香	0.90	0.15	0.66	0	1.72	0.73
烟气	香气状态	2.89	0.06	0.27	2.53	3.50	0.09
	烟气浓度	3.02	0.04	0.16	2.72	3.29	0.05
	劲头	2.79	0.05	0.24	2.36	3.08	0.08
	香气质	2.92	0.04	0.20	2.59	3.28	0.07
	香气量	2.92	0.02	0.09	2.76	3.08	0.03
	透发性	2.90	0.03	0.13	2.59	3.09	0.04

续表

感官评价指标		平均	标准误差	标准差	最小值	最大值	变异系数/%
口感	细腻程度	2.85	0.05	0.24	2.41	3.31	0.08
	柔和程度	2.91	0.04	0.19	2.53	3.29	0.07
	圆润感	2.73	0.03	0.14	2.46	3.00	0.05
	刺激性	2.52	0.06	0.28	2.00	3.12	0.11
	干燥感	2.64	0.05	0.24	2.33	3.06	0.09
	余味	2.85	0.04	0.18	2.56	3.21	0.06
杂气	青杂气	1.23	0.03	0.15	0.85	1.50	0.12
	生青气	0.53	0.11	0.51	0	1.22	0.96
	枯焦气	0.64	0.10	0.46	0	1.23	0.72
	木质气	1.41	0.04	0.20	1.06	1.67	0.14

五、东北地区烟叶感官质量

东北地区烤烟种植区选择宽甸、宁安、汪清3个典型产区的代表性片区烟叶进行感官质量评价（表9-1-9）。评价结果表明，东北地区烟叶以干草香（2.71～3.54）、正甜香（2.22～2.67）、木香（1.59～2.25）为主体香韵，辅以青香（0～1.71）、辛香（0.65～1.31）；香气状态为较悬浮（2.47～3.15），烟气浓度为中等至稍大（2.50～3.23），劲头为中等至稍大（2.10～3.29），香气质为较好（2.31～3.08），香气量为较充足（2.25～3.23），透发性为尚透发（2.50～3.15），烟气呈较细腻柔和圆润，稍有刺激性，干燥感为稍干燥，余味为较净、较舒适；烟叶杂气以青杂气、木质气、枯焦气为主（表9-1-10）。

表 9-1-9　东北地区烟叶感官评价指标

感官评价指标		宽甸	宁安	汪清
香韵	干草香	3.16	2.97	3.25
	清甜香	0	0.08	0.03
	正甜香	2.48	2.39	2.59
	焦甜香	0	0.16	0.04
	青香	0.40	0.88	0.29
	木香	1.78	2.01	1.91
	豆香	0	0.19	0.03
	坚果香	0.30	0.38	0.07
	焦香	0.28	0.58	0.29
	辛香	1.01	1.11	1.04
烟气	香气状态	2.73	2.90	2.97
	烟气浓度	2.99	2.64	2.76
	劲头	2.90	2.38	2.50
	香气质	2.63	2.51	2.87
	香气量	2.87	2.47	2.68
	透发性	2.82	2.58	2.77

续表

感官评价指标		宽甸	宁安	汪清
口感	细腻程度	2.58	3.11	3.06
	柔和程度	2.65	3.12	2.98
	圆润感	2.47	2.54	2.72
	刺激性	2.83	2.20	2.49
	干燥感	2.88	2.36	2.56
	余味	2.67	2.94	2.98
杂气	青杂气	1.29	1.16	1.13
	生青气	0.24	0.54	0.25
	枯焦气	0.71	0.66	0.31
	木质气	1.57	1.55	1.40

表 9-1-10　东北地区烟叶感官评价指标统计

感官评价指标		平均	标准误差	标准差	最小值	最大值	变异系数/%
香韵	干草香	3.13	0.05	0.20	2.71	3.54	0.06
	清甜香	0.04	0.02	0.06	0	0.15	1.70
	正甜香	2.49	0.03	0.13	2.22	2.67	0.05
	焦甜香	0.07	0.02	0.09	0	0.25	1.39
	青香	0.52	0.12	0.48	0	1.71	0.92
	木香	1.90	0.04	0.15	1.59	2.25	0.08
	豆香	0.07	0.03	0.10	0	0.25	1.34
	坚果香	0.25	0.07	0.28	0	0.83	1.12
	焦香	0.38	0.09	0.34	0	0.83	0.89
	辛香	1.05	0.05	0.21	0.65	1.31	0.20
烟气	香气状态	2.87	0.05	0.19	2.47	3.15	0.07
	烟气浓度	2.80	0.05	0.20	2.50	3.23	0.07
	劲头	2.59	0.08	0.32	2.10	3.29	0.13
	香气质	2.67	0.05	0.21	2.31	3.08	0.08
	香气量	2.67	0.07	0.28	2.25	3.23	0.10
	透发性	2.72	0.05	0.19	2.50	3.15	0.07
口感	细腻程度	2.92	0.07	0.26	2.46	3.23	0.09
	柔和程度	2.92	0.06	0.25	2.54	3.38	0.08
	圆润感	2.58	0.05	0.18	2.38	3.08	0.07
	刺激性	2.51	0.08	0.31	2.00	3.00	0.13
	干燥感	2.60	0.07	0.27	2.13	3.00	0.10
	余味	2.86	0.06	0.22	2.39	3.38	0.08
杂气	青杂气	1.19	0.04	0.17	1.00	1.69	0.15
	生青气	0.35	0.08	0.30	0	0.78	0.87
	枯焦气	0.56	0.11	0.42	0	1.23	0.76
	木质气	1.51	0.04	0.14	1.33	1.77	0.09

六、雪峰山区烟叶感官质量

雪峰山区烤烟种植区选择天柱、靖州 2 个典型产区的代表性片区烟叶进行感官质量评价(表 9-1-11)。评价结果表明,雪峰山区烟叶以干草香(3.08~3.61)、正甜香(1.50~2.89)、木香(1.75~2.17)为主体香韵,辅以坚果香(0.67~1.59)、焦香(0.78~1.88)、辛香(1.19~1.67);香气状态为较悬浮(2.56~3.24),烟气浓度为中等至稍大(2.94~3.31),劲头为中等至稍大(2.71~3.35),香气质为较好(2.72~3.17),香气量为较充足(2.15~3.11),透发性为尚透发(2.69~3.12),烟气为较细腻柔和圆润,稍有刺激性,干燥感为稍干燥,余味为较净、较舒适;烟叶杂气以青杂气、生青气、枯焦气、木质气为主(表 9-1-12)。

表 9-1-11　雪峰山区烟叶感官评价指标

感官评价指标		天柱	靖州
香韵	干草香	3.52	3.17
	清甜香	0	0.11
	正甜香	2.73	1.81
	焦甜香	0	1.41
	青香	0.72	0.22
	木香	2.06	1.81
	豆香	0	0.27
	坚果香	0.72	1.26
	焦香	1.03	1.40
	辛香	1.63	1.20
烟气	香气状态	3.13	2.63
	烟气浓度	3.12	3.27
	劲头	3.02	2.92
	香气质	2.92	2.86
	香气量	3.07	2.67
	透发性	2.98	2.85
口感	细腻程度	2.86	2.81
	柔和程度	2.84	2.64
	圆润感	2.78	2.48
	刺激性	2.48	2.69
	干燥感	2.45	2.98
	余味	2.92	2.77
杂气	青杂气	1.03	1.05
	生青气	0.94	0.86
	枯焦气	0.87	1.20
	木质气	1.40	1.50

表 9-1-12　雪峰山区烟叶感官评价指标统计

感官评价指标		平均	标准误差	标准差	最小值	最大值	变异系数%
香韵	干草香	3.35	0.06	0.20	3.08	3.61	0.06
	清甜香	0.06	0.02	0.06	0	0.15	1.09
	正甜香	2.27	0.17	0.53	1.50	2.89	0.23
	焦甜香	0.71	0.26	0.81	0	1.97	1.15
	青香	0.47	0.09	0.28	0.19	0.94	0.60
	木香	1.93	0.05	0.15	1.75	2.17	0.08
	豆香	0.13	0.05	0.15	0	0.38	1.11
	坚果香	0.99	0.10	0.32	0.67	1.59	0.33
	焦香	1.22	0.11	0.34	0.78	1.88	0.28
	辛香	1.42	0.07	0.23	1.19	1.67	0.16
烟气	香气状态	2.88	0.09	0.28	2.56	3.24	0.10
	烟气浓度	3.19	0.04	0.13	2.94	3.31	0.04
	劲头	2.97	0.05	0.17	2.71	3.35	0.06
	香气质	2.89	0.04	0.14	2.72	3.17	0.05
	香气量	2.87	0.10	0.31	2.15	3.11	0.11
	透发性	2.92	0.04	0.11	2.69	3.12	0.04
口感	细腻程度	2.83	0.04	0.11	2.72	3.11	0.04
	柔和程度	2.74	0.07	0.22	2.50	3.22	0.08
	圆润感	2.63	0.06	0.20	2.44	3.06	0.08
	刺激性	2.59	0.05	0.16	2.28	2.83	0.06
	干燥感	2.71	0.10	0.32	2.17	3.15	0.12
	余味	2.85	0.05	0.17	2.69	3.11	0.06
杂气	青杂气	1.04	0.06	0.19	0.72	1.47	0.18
	生青气	0.90	0.02	0.08	0.74	1.00	0.09
	枯焦气	1.03	0.10	0.32	0.56	1.50	0.31
	木质气	1.45	0.03	0.11	1.28	1.61	0.07

七、云贵高原烟叶感官质量

云贵高原烤烟种植区选择南涧、江川、盘州、威宁、兴仁 5 个典型产区的代表性片区烟叶进行感官质量评价(表 9-1-13)。评价结果表明,云贵高原烟叶以干草香(2.88~3.71)、清甜香(0~3.25)、正甜香(0~3.14)、木香(0.94~2.13)为主体香韵,辅以青香(0~1.94)、焦香(0~1.54)、辛香(0~1.72);香气状态为较悬浮(2.40~3.35),烟气浓度为中等至稍大(2.81~3.23),劲头为中等至稍大(2.27~3.53),香气质为较好(2.63~3.64),香气量为较充足(2.63~3.31),透发性为尚透发(2.64~3.17),烟气呈较细腻柔和圆润,稍有刺激性和干燥感,余味为较净、较舒适;烟叶杂气以青杂气、木质气为主(表 9-1-14)。

表 9-1-13　云贵高原烟叶感官评价指标

感官评价指标		南涧	江川	盘州	威宁	兴仁
香韵	干草香	3.03	3.18	3.5	3.35	3.40
	清甜香	2.72	3.02	0	0	0.12
	正甜香	0.77	0.63	2.69	2.68	2.99
	焦甜香	0	0.08	0	0	0
	青香	1.27	1.04	0.80	0.61	0.83
	木香	1.44	1.47	1.92	2.05	1.82
	豆香	0	0.03	0	0	0
	坚果香	0	0.11	0.11	0	0.12
	焦香	0.57	0.69	0.23	0.85	0.61
	辛香	0.88	1.02	0.60	1.21	0.82
烟气	香气状态	2.96	3.00	3.15	2.90	2.96
	烟气浓度	2.97	3.00	3.09	2.92	2.97
	劲头	3.05	2.82	2.91	2.62	3.05
	香气质	3.22	3.36	3.15	2.91	3.22
	香气量	3.00	3.13	2.97	2.90	3.00
	透发性	2.97	3.10	2.96	2.82	2.97
口感	细腻程度	3.11	3.33	3.13	2.94	3.11
	柔和程度	2.93	3.19	2.86	2.98	2.93
	圆润感	2.98	3.09	2.81	2.63	2.98
	刺激性	2.49	2.33	2.53	2.73	2.49
	干燥感	2.50	2.46	2.61	2.67	2.50
	余味	3.10	3.22	3.11	2.90	3.10
杂气	青杂气	1.20	1.12	1.17	1.08	1.20
	生青气	0.42	0.45	0.23	0.65	0.42
	枯焦气	0.23	0.55	0.26	0.53	0.23
	木质气	1.27	1.08	1.41	1.49	1.21

表 9-1-14　云贵高原烟叶感官评价指标统计

感官评价指标		平均	标准误差	标准差	最小值	最大值	变异系数/%
香韵	干草香	3.29	0.05	0.23	2.88	3.71	0.07
	清甜香	1.17	0.29	1.43	0	3.25	1.22
	正甜香	1.95	0.22	1.08	0	3.14	0.56
	焦甜香	0.02	0.01	0.06	0	0.31	4.08
	青香	0.91	0.09	0.46	0	1.94	0.51
	木香	1.74	0.06	0.31	0.94	2.13	0.18
	豆香	0.01	0.01	0.03	0	0.13	4.08
	坚果香	0.07	0.04	0.18	0	0.59	2.61
	焦香	0.59	0.10	0.52	0	1.54	0.89
	辛香	0.91	0.08	0.38	0	1.72	0.42

续表

感官评价指标		平均	标准误差	标准差	最小值	最大值	变异系数/%
烟气	香气状态	3.04	0.05	0.23	2.40	3.35	0.08
	烟气浓度	3.00	0.02	0.12	2.81	3.23	0.04
	劲头	2.81	0.06	0.28	2.27	3.53	0.10
	香气质	3.19	0.05	0.26	2.63	3.64	0.08
	香气量	3.01	0.03	0.15	2.63	3.31	0.05
	透发性	2.96	0.03	0.14	2.64	3.17	0.05
口感	细腻程度	3.15	0.05	0.26	2.63	3.69	0.08
	柔和程度	3.02	0.05	0.23	2.44	3.36	0.08
	圆润感	2.88	0.05	0.25	2.31	3.19	0.09
	刺激性	2.48	0.05	0.26	1.94	3.06	0.10
	干燥感	2.52	0.04	0.22	2.11	3.00	0.09
	余味	3.11	0.05	0.24	2.56	3.50	0.08
杂气	青杂气	1.15	0.03	0.14	0.88	1.46	0.12
	生青气	0.38	0.09	0.44	0	1.11	1.13
	枯焦气	0.38	0.10	0.49	0	1.31	1.28
	木质气	1.29	0.04	0.20	0.76	1.64	0.15

八、攀西山区烟叶感官质量

攀西山区烤烟种植区选择会东、米易、仁和、盐边 4 个典型产区的代表性片区烟叶进行感官质量评价 (表 9-1-15)。评价结果表明,攀西山区烟叶以干草香 (3.00~3.56)、清甜香 (2.22~3.00)、青香 (1.00~1.67)、木香 (1.13~1.67) 为主体香韵,辅以辛香 (1.00~1.29) 和焦香 (0~1.20) 等香韵;香气状态较清雅飘逸,烟气浓度为中等 (2.89~3.33),劲头为较小 (2.44~2.89),香气质为较好 (3.00~3.67),香气量为尚充足 (2.78~3.22),透发性为尚好 (2.56~3.11),微有生青气、木质气和枯焦气,青杂气稍明显,烟气较细腻,尚柔和圆润,稍有刺激性和干燥感,余味较干净、舒适 (表 9-1-16)。

表 9-1-15　攀西山区烟叶感官评价指标

感官评价指标		会东	米易	仁和	盐边
香韵	干草香	3.11	3.18	3.29	3.33
	清甜香	2.78	2.80	2.85	2.56
	正甜香	1.43	1.18	1.30	1.09
	焦甜香	0	0	0	0
	青香	1.56	1.51	1.23	1.18
	木香	1.14	1.35	1.26	1.58
	豆香	0	0	0	0
	坚果香	0	0	0	0
	焦香	1.00	1.07	0.67	1.00
	辛香	1.00	1.11	1.10	1.14

续表

感官评价指标		会东	米易	仁和	盐边
烟气	香气状态	3.11	2.87	3.16	2.94
	烟气浓度	3.22	3.09	3.00	3.07
	劲头	2.67	2.58	2.48	2.63
	香气质	3.56	3.20	3.33	3.15
	香气量	3.00	2.98	2.96	2.93
	透发性	2.89	2.96	3.00	2.82
口感	细腻程度	3.22	3.11	3.30	3.04
	柔和程度	3.00	2.82	3.15	2.82
	圆润感	3.00	2.85	3.07	2.89
	刺激性	2.11	2.40	2.07	2.41
	干燥感	2.11	2.15	2.18	2.33
	余味	3.33	3.04	3.15	2.96
杂气	青杂气	1.38	1.32	1.32	1.29
	生青气	1.00	1.00	1.08	1.06
	枯焦气	1.40	0.94	0.38	0.40
	木质气	1.14	1.14	1.14	1.33

表 9-1-16　攀西山区烟叶感官评价指标统计

感官评价指标		平均	标准误差	标准差	最小值	最大值	变异系数/%
香韵	干草香	3.22	0.04	0.15	3.00	3.56	0.05
	清甜香	2.76	0.05	0.20	2.22	3.00	0.07
	正甜香	1.24	0.04	0.16	1.00	1.57	0.13
	焦甜香	0	0	0	0	0	0
	青香	1.39	0.05	0.19	1.00	1.67	0.14
	木香	1.33	0.05	0.19	1.13	1.67	0.15
	豆香	0	0	0	0	0	0
	坚果香	0	0	0	0	0	0
	焦香	0.96	0.08	0.28	0	1.20	0.30
	辛香	1.09	0.03	0.10	1.00	1.29	0.09
烟气	香气状态	3.00	0.05	0.21	2.56	3.25	0.07
	烟气浓度	3.09	0.04	0.15	2.89	3.33	0.05
	劲头	2.59	0.04	0.14	2.44	2.89	0.05
	香气质	3.29	0.06	0.21	3.00	3.67	0.06
	香气量	2.97	0.03	0.12	2.78	3.22	0.04
	透发性	2.92	0.04	0.15	2.56	3.11	0.05
口感	细腻程度	3.16	0.05	0.19	2.89	3.67	0.06
	柔和程度	2.93	0.05	0.17	2.67	3.22	0.06
	圆润感	2.94	0.03	0.13	2.67	3.11	0.04
	刺激性	2.27	0.06	0.23	1.67	2.56	0.10
	干燥感	2.19	0.03	0.13	2.00	2.44	0.06
	余味	3.11	0.05	0.19	2.78	3.44	0.06

续表

感官评价指标		平均	标准误差	标准差	最小值	最大值	变异系数/%
杂气	青杂气	1.33	0.04	0.14	1.13	1.57	0.11
	生青气	1.03	0.02	0.06	1.00	1.17	0.06
	枯焦气	0.80	0.17	0.63	0	1.40	0.78
	木质气	1.18	0.03	0.11	1.00	1.44	0.09

九、武夷山区烟叶感官质量

武夷山区烤烟种植区选择永定、泰宁 2 个典型产区的代表性片区烟叶进行感官质量评价(表 9-1-17)。评价结果表明,武夷山区烟叶以干草香(2.65~3.41)、清甜香(1.94~2.50)、青香(0.71~1.78)、木香(1.29~1.94)为主体,辅以辛香(0~1.44)和焦香(0~1.11)等香韵;香气状态较清雅飘逸,烟气浓度为中等(2.50~3.19),劲头为稍大(2.44~3.41),香气质为较好(2.47~3.29),香气量为尚充足(2.50~3.06),透发性为尚好(2.65~3.18),微有生青气和枯焦气,青杂气、木质气稍明显,烟气较细腻,尚柔和圆润,稍有刺激性和干燥感,余味较干净、舒适(表 9-1-18)。

表 9-1-17 武夷山区烟叶感官评价指标

感官评价指标		永定	泰宁
香韵	干草香	2.86	3.20
	清甜香	2.24	2.22
	正甜香	0.993	1.27
	焦甜香	0	0.13
	青香	0.87	1.63
	木香	1.61	1.74
	豆香	0	0.05
	坚果香	0	0.09
	焦香	0.60	0.82
	辛香	0.64	1.40
烟气	香气状态	2.62	2.38
	烟气浓度	3.00	2.78
	劲头	3.08	2.56
	香气质	2.89	3.11
	香气量	2.89	2.77
	透发性	2.96	2.87
口感	细腻程度	2.81	3.19
	柔和程度	2.79	3.22
	圆润感	2.71	2.96
	刺激性	2.82	2.40
	干燥感	2.67	2.35
	余味	2.87	3.08

续表

感官评价指标		永定	泰宁
杂气	青杂气	1.03	1.17
	生青气	0	1.04
	枯焦气	0.72	0.35
	木质气	1.38	1.21

表 9-1-18　武夷山区烟叶感官评价指标统计

感官评价指标		平均	标准误差	标准差	最小值	最大值	变异系数/%
香韵	干草香	3.03	0.09	0.29	2.65	3.41	0.10
	清甜香	2.23	0.06	0.18	1.94	2.50	0.08
	正甜香	1.13	0.08	0.24	0.82	1.50	0.21
	焦甜香	0.06	0.05	0.16	0	0.50	2.54
	青香	1.25	0.14	0.43	0.71	1.78	0.35
	木香	1.68	0.05	0.17	1.29	1.94	0.10
	豆香	0.02	0.02	0.06	0	0.19	2.54
	坚果香	0.05	0.04	0.12	0	0.38	2.54
	焦香	0.71	0.10	0.30	0	1.11	0.42
	辛香	1.02	0.16	0.50	0	1.44	0.49
烟气	香气状态	2.50	0.21	0.67	0.67	3.00	0.27
	烟气浓度	2.89	0.06	0.19	2.50	3.19	0.06
	劲头	2.82	0.10	0.32	2.44	3.41	0.11
	香气质	3.00	0.08	0.25	2.47	3.29	0.08
	香气量	2.83	0.06	0.18	2.50	3.06	0.06
	透发性	2.92	0.05	0.17	2.65	3.18	0.06
口感	细腻程度	3.00	0.08	0.25	2.59	3.38	0.08
	柔和程度	3.01	0.09	0.29	2.53	3.39	0.10
	圆润感	2.83	0.07	0.21	2.53	3.17	0.07
	刺激性	2.61	0.08	0.24	2.28	3.00	0.09
	干燥感	2.51	0.06	0.21	2.17	2.82	0.08
	余味	2.97	0.05	0.16	2.75	3.25	0.05
杂气	青杂气	1.10	0.04	0.11	0.94	1.28	0.10
	生青气	0.52	0.18	0.56	0	1.22	1.07
	枯焦气	0.54	0.14	0.45	0	1.25	0.84
	木质气	1.30	0.07	0.24	1.03	1.88	0.18

十、南岭山区烟叶感官质量

南岭山区烤烟种植区选择桂阳、江华 2 个典型产区的代表性片区烟叶进行感官质量评价(表 9-1-19)。评价结果表明,南岭山区烟叶以干草香(3.00~3.38)、焦甜香(2.53~

3.15)、木香（1.53～2.03）、焦香（1.06～2.06）为主体，辅以坚果香（0～1.25）和辛香（0～1.28）等香韵；香气状态较清雅飘逸，烟气浓度为稍大（3.09～3.63），劲头为稍大（2.87～3.19），香气质为尚好（3.19～3.42），香气量为尚充足（3.09～3.59），透发性为尚透发（3.00～3.16），微有木质气和枯焦气，烟气较细腻，尚柔和圆润，稍有刺激性和干燥感，余味较干净、舒适（表9-1-20）。

表 9-1-19   南岭山区烟叶感官评价指标

感官评价指标		桂阳	江华
香韵	干草香	3.15	3.15
	清甜香	0	0.012
	正甜香	0.49	0.33
	焦甜香	2.85	2.85
	青香	0.06	0.06
	木香	1.73	1.83
	豆香	0.06	0.03
	坚果香	0.80	0.87
	焦香	1.39	1.52
	辛香	0.54	0.56
烟气	香气状态	3.32	3.24
	烟气浓度	3.32	3.33
	劲头	3.00	3.06
	香气质	3.31	3.26
	香气量	3.33	3.30
	透发性	3.10	3.07
口感	细腻程度	2.94	2.99
	柔和程度	2.96	2.84
	圆润感	2.98	2.81
	刺激性	2.64	2.60
	干燥感	2.80	2.71
	余味	3.14	2.94
杂气	青杂气	0.81	0.82
	生青气	0.076	0.08
	枯焦气	0.98	1.20
	木质气	1.44	1.43

表 9-1-20   南岭山区烟叶感官评价指标统计

感官评价指标		平均	标准误差	标准差	最小值	最大值	变异系数/%
香韵	干草香	3.15	0.04	0.14	3.00	3.38	0.04
	清甜香	0.01	0.01	0.02	0	0.06	3.16
	正甜香	0.41	0.13	0.40	0	1.00	0.98

续表

感官评价指标		平均	标准误差	标准差	最小值	最大值	变异系数/%
香韵	焦甜香	2.85	0.06	0.18	2.53	3.15	0.06
	青香	0.06	0.04	0.13	0	0.31	2.11
	木香	1.78	0.06	0.18	1.53	2.03	0.10
	豆香	0.04	0.03	0.10	0	0.31	2.34
	坚果香	0.84	0.13	0.41	0	1.25	0.49
	焦香	1.45	0.12	0.38	1.06	2.06	0.26
	辛香	0.55	0.15	0.47	0	1.28	0.86
烟气	香气状态	3.28	0.04	0.11	3.07	3.41	0.03
	烟气浓度	3.32	0.06	0.18	3.09	3.63	0.05
	劲头	3.03	0.04	0.12	2.87	3.19	0.04
	香气质	3.28	0.03	0.10	3.19	3.42	0.03
	香气量	3.31	0.06	0.18	3.09	3.59	0.05
	透发性	3.09	0.02	0.06	3.00	3.16	0.02
口感	细腻程度	2.97	0.04	0.14	2.80	3.12	0.05
	柔和程度	2.90	0.04	0.13	2.67	3.12	0.05
	圆润感	2.90	0.04	0.13	2.69	3.12	0.04
	刺激性	2.62	0.03	0.09	2.50	2.82	0.04
	干燥感	2.75	0.06	0.18	2.56	3.06	0.07
	余味	3.04	0.08	0.26	2.40	3.41	0.08
杂气	青杂气	0.81	0.02	0.07	0.65	0.88	0.09
	生青气	0.08	0.05	0.16	0	0.38	2.11
	枯焦气	1.09	0.09	0.29	0.71	1.50	0.27
	木质气	1.44	0.03	0.10	1.24	1.55	0.07

十一、中原地区烟叶感官质量

中原地区烤烟种植区选择襄城、灵宝 2 个典型产区的代表性片区烟叶进行感官质量评价(表 9-1-21)。评价结果表明,中原地区烟叶以干草香(3.02~3.29)、焦甜香(0~2.88)、正甜香(0.44~2.71)为主体,辅以辛香(0~1.28)、青香(0~0.82)、木香(1.29~2.00)和焦香(0.64~1.88)等香韵;香气状态较清雅飘逸,烟气浓度为中等(2.88~3.36),劲头为稍大(2.64~3.21),香气质为较好(2.75~3.24),香气量为尚充足(2.94~3.14),透发性为尚透发(2.64~3.19),微有青杂气、生青气和枯焦气,木质气稍明显,烟气较细腻,尚柔和圆润,稍有刺激性和干燥感,余味较干净、舒适(表 9-1-22)。

表 9-1-21　中原地区烟叶感官评价指标

感官评价指标		襄城	灵宝
香韵	干草香	3.16	3.13
	清甜香	0	0.87
	正甜香	2.11	1.71

感官评价指标		襄城	灵宝
香韵	焦甜香	0.72	0.61
	青香	0.39	0.69
	木香	1.70	1.55
	豆香	0.06	0.03
	坚果香	0.83	0.46
	焦香	1.11	1.02
	辛香	0.32	0.71
烟气	香气状态	3.01	2.58
	烟气浓度	3.22	2.93
	劲头	2.93	2.80
	香气质	3.08	3.02
	香气量	3.08	2.99
	透发性	2.92	2.96
口感	细腻程度	3.04	3.07
	柔和程度	3.00	2.98
	圆润感	2.79	2.76
	刺激性	2.47	2.61
	干燥感	2.47	2.64
	余味	2.88	2.99
杂气	青杂气	1.24	0.93
	生青气	0.16	0.62
	枯焦气	0.57	0.81
	木质气	1.42	1.47

表 9-1-22　中原地区烟叶感官评价指标统计

感官评价指标		平均	标准误差	标准差	最小值	最大值	变异系数/%
香韵	干草香	3.15	0.03	0.09	3.02	3.29	0.03
	清甜香	0.44	0.16	0.51	0	1.29	1.16
	正甜香	1.91	0.23	0.73	0.44	2.71	0.38
	焦甜香	0.66	0.34	1.06	0	2.88	1.60
	青香	0.54	0.08	0.27	0	0.82	0.49
	木香	1.62	0.07	0.21	1.29	2.00	0.13
	豆香	0.05	0.03	0.08	0	0.25	1.72
	坚果香	0.65	0.09	0.29	0	0.97	0.45
	焦香	1.07	0.12	0.38	0.64	1.88	0.36
	辛香	0.52	0.15	0.47	0	1.28	0.91
烟气	香气状态	2.80	0.08	0.26	2.53	3.22	0.09
	烟气浓度	3.08	0.05	0.16	2.88	3.36	0.05
	劲头	2.87	0.05	0.16	2.64	3.21	0.05

续表

感官评价指标		平均	标准误差	标准差	最小值	最大值	变异系数/%
烟气	香气质	3.05	0.05	0.15	2.75	3.24	0.05
	香气量	3.04	0.02	0.07	2.94	3.14	0.02
	透发性	2.94	0.05	0.15	2.64	3.19	0.05
口感	细腻程度	3.06	0.04	0.12	2.86	3.28	0.04
	柔和程度	2.99	0.03	0.09	2.86	3.14	0.03
	圆润感	2.77	0.04	0.12	2.59	3.00	0.04
	刺激性	2.54	0.05	0.16	2.29	2.82	0.06
	干燥感	2.56	0.05	0.15	2.21	2.71	0.06
	余味	2.94	0.06	0.18	2.50	3.13	0.06
杂气	青杂气	1.09	0.08	0.25	0.76	1.43	0.23
	生青气	0.39	0.13	0.40	0	1.00	1.04
	枯焦气	0.69	0.13	0.42	0	1.28	0.60
	木质气	1.45	0.02	0.07	1.35	1.56	0.05

十二、皖南山区烟叶感官质量

皖南山区烤烟种植区选择宣州、泾县 2 个典型产区的代表性片区烟叶进行感官质量评价（表 9-1-23）。评价结果表明，皖南山区烟叶以干草香（2.89～3.17）、焦甜香（1.56～2.06）、正甜香（1.00～1.56）、木香（2.00～2.11）为主体，辅以辛香（0.94～1.39）、青香（0.44～0.83）和焦香（1.34～1.83）等香韵；烟气浓度为中等（2.50～3.00），劲头为稍大（2.53～2.72），香气质为较好（2.28～3.00），香气量为尚充足（2.44～2.75），透发性为尚透发（2.39～2.81），微有木质气、生青气和枯焦气，青杂气稍明显，烟气较细腻，尚柔和圆润，稍有刺激性和干燥感，余味较干净、舒适（表 9-1-24）。

表 9-1-23　皖南山区烟叶感官评价指标

感官评价指标		宣州	泾县
香韵	干草香	3.09	3.09
	清甜香	0.12	0.12
	正甜香	1.27	1.27
	焦甜香	1.84	1.84
	青香	0.63	0.63
	木香	2.06	2.06
	豆香	0.15	0.15
	坚果香	0.66	0.65
	焦香	1.59	1.59
	辛香	1.12	1.12
烟气	香气状态	2.14	1.31
	烟气浓度	2.83	2.84

续表

感官评价指标		宣州	泾县
烟气	劲头	2.60	2.60
	香气质	2.78	2.78
	香气量	2.62	2.62
	透发性	2.62	2.62
口感	细腻程度	2.82	2.82
	柔和程度	3.014	3.01
	圆润感	2.74	2.73
	刺激性	2.36	2.35
	干燥感	2.53	2.53
	余味	2.78	2.78
杂气	青杂气	1.28	1.28
	生青气	0.78	0.78
	枯焦气	1.09	1.09
	木质气	1.57	1.57

表 9-1-24　皖南山区烟叶感官评价指标统计

感官评价指标		平均	标准误差	标准差	最小值	最大值	变异系数%
香韵	干草香	3.09	0.04	0.11	2.89	3.17	0.03
	清甜香	0.12	0.04	0.11	0	0.25	0.97
	正甜香	1.27	0.08	0.23	1.00	1.56	0.18
	焦甜香	1.84	0.07	0.20	1.56	2.06	0.11
	青香	0.63	0.06	0.17	0.44	0.83	0.26
	木香	2.06	0.01	0.04	2.00	2.11	0.02
	豆香	0.15	0.05	0.14	0	0.31	0.97
	坚果香	0.66	0.12	0.36	0	1.06	0.54
	焦香	1.59	0.07	0.21	1.34	1.83	0.13
	辛香	1.12	0.05	0.15	0.94	1.39	0.13
烟气	香气状态	2.00	0.03	0.77	0.94	2.81	0.38
	烟气浓度	2.84	0.02	0.18	2.50	3.00	0.06
	劲头	2.60	0	0.07	2.53	2.72	0.03
	香气质	2.78	0.02	0.27	2.28	3.00	0.10
	香气量	2.62	0	0.12	2.44	2.75	0.05
	透发性	2.62	0.06	0.17	2.39	2.81	0.07
口感	细腻程度	2.82	0.06	0.23	2.39	3.06	0.08
	柔和程度	3.01	0.02	0.07	2.89	3.06	0.02
	圆润感	2.73	0.02	0.07	2.67	2.81	0.02
	刺激性	2.35	0.04	0.11	2.17	2.50	0.05
	干燥感	2.53	0.03	0.09	2.39	2.67	0.03
	余味	2.78	0.04	0.14	2.61	2.94	0.05

续表

感官评价指标		平均	标准误差	标准差	最小值	最大值	变异系数%
杂气	青杂气	1.28	0.10	0.32	0.97	1.83	0.25
	生青气	0.78	0.03	0.08	0.69	0.89	0.10
	枯焦气	1.09	0.04	0.13	0.94	1.28	0.12
	木质气	1.57	0.02	0.07	1.50	1.67	0.04

第二节　优质特色烤烟典型产区烟叶感官质量差异

一、优质特色烤烟典型产区烟叶香韵指标差异

1. 干草香

烤烟种植区间烟叶感官质量鉴定的香韵指标分析表明，12 个区域烟叶干草香指标存在一定差异。其中，武陵山区、黔中山区、雪峰山区干草香指标数值较高，显著高于东北地区、武夷山区、南岭山区、中原地区和皖南山区；秦巴山区和云贵高原干草香指标数值显著高于武夷山区和皖南山区；鲁中山区和攀西山区干草香指标数值显著高于武夷山区（表 9-2-1）。

2. 清甜香

烤烟种植区间烟叶感官质量鉴定的香韵指标分析表明，12 个区域烟叶清甜香指标存在一定差异。其中，攀西山区清甜香指标数值最高，显著高于其他 11 个区域；武夷山区清甜香指标数值也显著高于其他 10 个区域；云贵高原清甜香指标数值显著高于其他 9 个区域（表 9-2-1）。

3. 正甜香

烤烟种植区间烟叶感官质量鉴定的香韵指标分析表明，12 个区域烟叶正甜香指标存在一定差异。其中，武陵山区、黔中山区、秦巴山区和鲁中山区正甜香指标数值显著高于除东北地区之外的其他 7 个区域；东北地区正甜香指标数值显著高于云贵高原、攀西山区、武夷山区、南岭山区、中原地区和皖南山区；雪峰山区正甜香指标数值也显著高于攀西山区、武夷山区、南岭山区和皖南山区；云贵高原和中原地区正甜香指标数值显著高于攀西山区、武夷山区、南岭山区和皖南山区（表 9-2-1）。

4. 焦甜香

烤烟种植区间烟叶感官质量鉴定的香韵指标分析表明，12 个区域烟叶焦甜香指标存在一定差异。其中，南岭山区焦甜香指标数值最高，显著高于其他 11 个区域；其次是皖南山区，焦甜香指标数值显著高于其他 10 个区域；雪峰山区和中原地区焦甜香指标数值也显著高于其余 8 个区域（表 9-2-1）。

5. 青香

　　烤烟种植区间烟叶感官质量鉴定的香韵指标分析表明，12 个区域烟叶青香指标存在一定差异。其中，攀西山区和武夷山区青香指标数值显著高于其他 10 个区域；云贵高原青香指标数值显著高于除秦巴山区和皖南山区之外的其他 7 个区域；秦巴山区青香指标数值显著高于南岭山区；鲁中山区、东北地区、雪峰山区和中原地区指标青香数值也显著高于南岭山区（表 9-2-1）。

表 9-2-1　烤烟种植区烟叶感官质量香韵指标差异（一）

典型产区	干草香	清甜香	正甜香	焦甜香	青香
武陵山区	3.37±0.19a	0.02±0.10d	2.81±0.24a	0.18±0.38d	0.35±0.39d
黔中山区	3.34±0.26a	0	2.72±0.28a	0.02±0.12d	0.41±0.41cd
秦巴山区	3.29±0.16ab	0	2.71±0.19a	0	0.68±0.35bc
鲁中山区	3.22±0.20abc	0	2.64±0.22a	0.04±0.16d	0.50±0.40cd
东北地区	3.13±0.20bcd	0.04±0.06d	2.49±0.13ab	0.07±0.09d	0.52±0.48cd
雪峰山区	3.35±0.20a	0.06±0.06d	2.27±0.53bc	0.71±0.81c	0.47±0.28cd
云贵高原	3.29±0.22ab	1.17±1.43c	1.95±1.08c	0.02±0.06d	0.91±0.46b
攀西山区	3.23±0.15abc	2.75±0.21a	1.23±0.16d	0	1.38±0.19a
武夷山区	3.03±0.29d	2.23±0.18b	1.13±0.24d	0.06±0.16d	1.25±0.44a
南岭山区	3.15±0.14bcd	0.01±0.02d	0.41±0.40e	2.85±0.18a	0.062±0.13e
中原地区	3.15±0.09bcd	0.44±0.50d	1.91±0.73c	0.66±1.06c	0.54±0.27cd
皖南山区	3.09±0.10cd	0.12±0.10d	1.27±0.21d	1.84±0.18b	0.63±0.15bcd

　　注：每列中不同小写字母者表示种植区间差异有统计学意义（$P \leq 0.05$）。

6. 木香

　　烤烟种植区间烟叶感官质量鉴定的香韵指标分析表明，12 个区域烟叶木香指标存在一定差异。其中，黔中山区、秦巴山区和皖南山区木香指标数值显著高于云贵高原、攀西山区、武夷山区、南岭山区和中原地区；武陵山区、鲁中山区、东北地区和雪峰山区木香指标数值显著高于武夷山区、云贵高原、攀西山区和中原地区；南岭山区木香指标数值显著高于攀西山区和中原地区；云贵高原、武夷山区和中原地区木香指标数值显著高于攀西山区（表 9-2-2）。

7. 豆香

　　烤烟种植区间烟叶感官质量鉴定的香韵指标分析表明，12 个区域烟叶豆香指标存在一定差异。其中，雪峰山区和皖南山区豆香指标数值显著高于其他 10 个区域；东北地区豆香指标数值显著高于武陵山区、秦巴山区、鲁中山区、云贵高原和攀西山区；武陵山区、秦巴山区、鲁中山区和攀西山区豆香指标数值均为 0（表 9-2-2）。

8. 坚果香

烤烟种植区间烟叶感官质量鉴定的香韵指标分析表明，12 个区域烟叶坚果香指标存在一定差异。其中，雪峰山区坚果香指标数值显著高于除南岭山区、中原地区和皖南山区之外的其他 8 个区域；南岭山区坚果香指标数值显著高于除中原地区和皖南山区之外的其他 8 个区域；中原地区和皖南山区坚果香指标数值显著高于秦巴山区、鲁中山区、东北地区、云贵高原、攀西山区和武夷山区；武陵山区和黔中山区坚果香指标数值显著高于秦巴山区、云贵高原、攀西山区和武夷山区；鲁中山区坚果香指标数值显著高于云贵高原、攀西山区和武夷山区（表 9-2-2）。

9. 焦香

烤烟种植区间烟叶感官质量鉴定的香韵指标分析表明，12 个区域烟叶焦香指标存在一定差异。其中，皖南山区焦香指标数值显著高于除南岭山区之外的 10 个区域；南岭山区焦香指标数值显著高于除雪峰山区之外的其余 9 个区域；雪峰山区焦香指标数值显著高于除攀西山区和中原地区之外的其他剩余区域；中原地区焦香指标数值显著高于武陵山区、秦巴山区、东北地区和云贵高原；黔中山区焦香指标数值显著高于东北地区（表 9-2-2）。

10. 辛香

烤烟种植区间烟叶感官质量鉴定的香韵指标分析表明，12 个区域烟叶辛香指标存在一定差异。其中，雪峰山区辛香指标数值显著高于武陵山区、秦巴山区、鲁中山区、东北地区、云贵高原、武夷山区、南岭山区和中原地区；黔中山区、攀西山区和皖南山区辛香指标数值显著高于南岭山区和中原地区（表 9-2-2）。

表 9-2-2　烤烟种植区烟叶感官质量香韵指标差异（二）

典型产区	木香	豆香	坚果香	焦香	辛香
武陵山区	1.90±0.18ab	0	0.42±0.41cd	0.64±0.50ef	0.96±0.44b
黔中山区	1.98±0.20a	0.02±0.09bc	0.43±0.44cd	0.85±0.46de	1.25±0.41ab
秦巴山区	1.99±0.10a	0	0.12±0.29ef	0.64±0.37ef	1.02±0.45b
鲁中山区	1.91±0.19ab	0	0.36±0.39de	0.73±0.49def	0.90±0.66b
东北地区	1.90±0.15ab	0.07±0.10b	0.25±0.28def	0.38±0.34f	1.05±0.21b
雪峰山区	1.93±0.16ab	0.14±0.15a	0.99±0.32a	1.22±0.34bc	1.42±0.23a
云贵高原	1.74±0.31cd	0.01±0.03c	0.07±0.18f	0.59±0.52ef	0.90±0.38b
攀西山区	1.35±0.19e	0	0	0.95±0.29cde	1.10±0.10ab
武夷山区	1.68±0.17cd	0.02±0.06bc	0.05±0.12f	0.71±0.30def	1.02±0.50b
南岭山区	1.78±0.18bc	0.04±0.10bc	0.84±0.41ab	1.46±0.38ab	0.55±0.47c
中原地区	1.62±0.22d	0.05±0.08bc	0.65±0.29abc	1.07±0.38cd	0.52±0.47c
皖南山区	2.06±0.3a	0.15±0.14a	0.66±0.33abc	1.59±0.19a	1.12±0.14ab

注：每列中不同小写字母者表示种植区间差异有统计学意义（$P \leqslant 0.05$）。

二、优质特色烤烟典型产区烟叶烟气指标差异

1. 香气状态

烤烟种植区间烟叶感官质量鉴定的烟气指标分析表明，12 个区域烟叶香气状态指标存在一定差异。其中，南岭山区香气状态指标数值显著高于其他 11 个区域；武夷山区香气状态指标数值显著低于除皖南山区之外的其他 10 个区域；皖南山区香气状态指标数值最低（表 9-2-3）。

2. 烟气浓度

烤烟种植区间烟叶感官质量鉴定的烟气指标分析表明，12 个区域烟叶烟气浓度指标存在一定差异。其中，南岭山区烟气浓度指标数值显著高于其他 11 个区域；雪峰山区烟气浓度指标数值显著高于除攀西山区和中原地区之外的其他剩余地区；黔中山区烟气浓度指标数值显著高于东北地区、武夷山区和皖南山区；武陵山区、鲁中山区、云贵高原烟气浓度指标数值显著高于东北地区和皖南山区（表 9-2-3）。

3. 劲头

烤烟种植区间烟叶感官质量鉴定的烟气指标分析表明，12 个区域烟叶劲头指标存在一定差异。其中，南岭山区劲头指标数值显著高于除武陵山区、黔中山区、雪峰山区、武夷山区和中原地区之外的其他区域；武陵山区、黔中山区、雪峰山区、武夷山区和中原地区劲头指标数值显著高于秦巴山区、东北地区、攀西山区和皖南山区；鲁中山区劲头指标数值显著高于攀西山区（表 9-2-3）。

4. 香气质

烤烟种植区间烟叶感官质量鉴定的烟气指标分析表明，12 个区域烟叶香气质指标存在一定差异。其中，南岭山区、攀西山区香气质指标数值显著高于除云贵高原之外的其他区域；云贵高原香气质指标数值显著高于除武陵山区、秦巴山区、武夷山区和中原地区之外的其他剩余地区；武陵山区、秦巴山区、武夷山区和中原地区香气质指标数值显著高于东北地区和皖南山区（表 9-2-3）。

5. 香气量

烤烟种植区间烟叶感官质量鉴定的烟气指标分析表明，12 个区域烟叶香气量指标存在一定差异。其中，南岭山区香气量指标数值显著高于其他 11 个区域；云贵高原香气量指标数值显著高于东北地区、武夷山区和皖南山区；武陵山区、黔中山区、秦巴山区、鲁中山区、雪峰山区、攀西山区香气量指标数值也显著高于东北地区和皖南山区（表 9-2-3）。

表 9-2-3　烤烟种植区烟叶感官质量烟气指标差异

典型产区	香气状态	烟气浓度	劲头	香气质	香气量
武陵山区	2.97±0.27b	2.98±0.20cde	2.86±0.23ab	3.07±0.20bc	2.98±0.26bc
黔中山区	3.00±0.31b	3.04±0.13cd	2.95±0.27ab	2.91±0.31cd	2.98±0.19bc
秦巴山区	2.99±0.19b	2.92±0.17def	2.61±0.31cd	3.02±0.20bc	2.93±0.16bc
鲁中山区	2.89±0.27b	3.02±0.16cde	2.79±0.24bc	2.92±0.20cd	2.92±0.09bc
东北地区	2.87±0.19b	2.80±0.20f	2.59±0.32cd	2.67±0.21e	2.67±0.28d
雪峰山区	2.88±0.28b	3.19±0.13b	2.97±0.17ab	2.89±0.14cd	2.87±0.31bc
云贵高原	3.04±0.23b	3.00±0.12cde	2.81±0.28b	3.19±0.26ab	3.01±0.15b
攀西山区	2.99±0.21b	3.08±0.16bc	2.58±0.14d	3.27±0.21a	2.97±0.12bc
武夷山区	2.50±0.67c	2.89±0.19ef	2.82±0.32ab	3.00±0.25bc	2.83±0.18c
南岭山区	3.28±0.11a	3.32±0.18a	3.03±0.12a	3.28±0.09a	3.32±0.18a
中原地区	2.80±0.26b	3.08±0.16bc	2.87±0.16ab	3.05±0.15bc	3.04±0.07b
皖南山区	1.90±0.75d	2.84±0.16f	2.60±0.06cd	2.78±0.25de	2.62±0.11d

注：每列中不同小写字母者表示种植区间差异有统计学意义（$P \leqslant 0.05$）。

三、优质特色烤烟典型产区烟叶口感指标差异

1. 柔和程度

烤烟种植区间烟叶感官质量鉴定的口感指标分析表明，12 个区域烟叶柔和程度指标存在一定差异。其中，云贵高原、武夷山区、皖南山区、中原地区和秦巴山区烟叶柔和程度指标数值较高，均显著高于雪峰山区；其他产区之间烟叶柔和程度指标数值差异未达到显著水平（表 9-2-4）。

2. 圆润感

烤烟种植区间烟叶感官质量鉴定的口感指标分析表明，12 个区域烟叶圆润感指标存在一定差异。其中，攀西山区烟叶圆润感指标数值显著高于武陵山区、黔中山区、鲁中山区、东北地区、雪峰山区和皖南山区；南岭山区和云贵高原烟叶圆润感指标数值显著高于黔中山区、雪峰山区和东北地区；秦巴山区和中原地区显著高于东北地区（表 9-2-4）。

3. 刺激性

烤烟种植区间烟叶感官质量鉴定的口感指标分析表明，12 个区域烟叶刺激性指标存在一定差异。其中，黔中山区、武夷山区和南岭山区烟叶刺激性指标数值显著高于攀西山区和皖南山区；武陵山区、鲁中山区、雪峰山区和中原地区烟叶刺激性指标数值也显著高于攀西山区（表 9-2-4）。

4. 干燥感

烤烟种植区间烟叶感官质量鉴定的口感指标分析表明，12 个区域烟叶干燥感指标存在一定差异。其中，南岭山区干燥感指标数值显著高于秦巴山区、云贵高原、攀西山区、武夷山区、中原地区和皖南山区；雪峰山区干燥感指标数值显著高于攀西山区和武夷山区；武陵山区、黔中山区、秦巴山区、鲁中山区、东北地区、云贵高原、武夷山区、中原地区和皖南山区干燥感指标数值均显著高于攀西山区（表 9-2-4）。

5. 余味

烤烟种植区间烟叶感官质量鉴定的口感指标分析表明，12 个区域烟叶余味指标存在一定差异。其中，云贵高原、攀西山区余味指标数值显著高于鲁中山区、东北地区、雪峰山区和皖南山区；南岭山区余味指标数值显著高于皖南山区（表 9-2-4）。

表 9-2-4　烤烟种植区烟叶感官质量口感指标差异

典型产区	柔和程度	圆润感	刺激性	干燥感	余味
武陵山区	2.88±0.18ab	2.74±0.19bcde	2.58±0.27ab	2.63±0.20abc	2.98±0.21abcd
黔中山区	2.83±0.31ab	2.67±0.26cde	2.66±0.38a	2.64±0.25abc	2.92±0.32abcd
秦巴山区	2.95±0.22a	2.77±0.18abcd	2.46±0.27abc	2.53±0.19bc	3.06±0.28ab
鲁中山区	2.92±0.20ab	2.74±0.14bcde	2.52±0.28abc	2.64±0.24abc	2.85±0.18cd
东北地区	2.92±0.25ab	2.58±0.18e	2.51±0.31abc	2.60±0.27abc	2.86±0.22bcd
雪峰山区	2.74±0.22b	2.63±0.20de	2.59±0.16ab	2.71±0.32ab	2.85±0.17cd
云贵高原	3.02±0.23a	2.88±0.25ab	2.48±0.26abc	2.52±0.23bc	3.11±0.25a
攀西山区	2.92±0.18ab	2.93±0.13a	2.28±0.24c	2.19±0.13d	3.093±0.18a
武夷山区	3.00±0.30a	2.83±0.21abc	2.61±0.24a	2.51±0.21c	2.97±0.17abcd
南岭山区	2.90±0.13ab	2.90±0.13ab	2.62±0.09a	2.75±0.18a	3.04±0.26abc
中原地区	2.99±0.09a	2.78±0.12abcd	2.54±0.15ab	2.56±0.15bc	2.94±0.18abcd
皖南山区	3.01±0.06a	2.73±0.06bcde	2.35±0.10bc	2.53±0.08bc	2.78±0.13d

注：每列中不同小写字母者表示种植区间差异有统计学意义（$P \leq 0.05$）。

四、优质特色烤烟典型产区烟叶杂气指标差异

1. 青杂气

烤烟种植区间烟叶感官质量鉴定的杂气指标分析表明，12 个区域烟叶青杂气指标存在一定差异。其中，攀西山区青杂气指标数值显著高于黔中山区、雪峰山区、云贵高原、武夷山区、南岭山区和中原地区；皖南山区青杂气指标数值显著高于黔中山区、雪峰山区、武夷山区、南岭山区和中原地区；秦巴山区、鲁中山区青杂气指标数值显著高于黔中山区、雪峰山区和南岭山区；武陵山区、东北地区、雪峰山区、云贵高原、武夷山区

和中原地区青杂气指标数值也显著高于南岭山区(表 9-2-5)。

2. 生青气

烤烟种植区间烟叶感官质量鉴定的杂气指标分析表明,12 个区域烟叶生青气指标存在一定差异。其中,雪峰山区和攀西山区烟叶生青气指标数值显著高于除皖南山区之外的其他 9 个区域;皖南山区生青气指标数值显著高于除鲁中山区和武夷山区之外的其他剩余区域;鲁中山区和武夷山区生青气指标数值显著高于武陵山区和南岭山区(表 9-2-5)。

3. 枯焦气

烤烟种植区间烟叶感官质量鉴定的杂气指标分析表明,12 个区域烟叶枯焦气指标存在一定差异。其中,南岭山区和皖南山区烟叶枯焦气指标数值显著高于武陵山区、黔中山区、东北地区、云贵高原和武夷山区;雪峰山区烟叶枯焦气指标数值显著高于武陵山区、黔中山区、东北地区、云贵高原和武夷山区(表 9-2-5)。

4. 木质气

烤烟种植区间烟叶感官质量鉴定的杂气指标分析表明,12 个区域烟叶木质气指标存在一定差异。其中,皖南山区烟叶木质气指标数值显著高于武陵山区、黔中山区、鲁中山区、云贵高原、攀西山区和武夷山区;秦巴山区、东北地区、雪峰山区、南岭山区和中原地区烟叶木质气指标数值显著高于云贵高原、攀西山区和武夷山区;武陵山区、黔中山区、鲁中山区烟叶木质气指标数值也显著高于攀西山区(表 9-2-5)。

表 9-2-5　烤烟种植区烟叶感官质量杂气指标差异

典型产区	青杂气	生青气	枯焦气	木质气
武陵山区	1.17±0.17abcd	0.12±0.29d	0.53±0.45cd	1.41±0.14bc
黔中山区	1.07±0.21d	0.38±0.46cd	0.85±0.63cd	1.41±0.18bc
秦巴山区	1.23±0.24abc	0.28±0.42cd	0.48±0.44abc	1.45±0.16ab
鲁中山区	1.23±0.15abc	0.53±0.51bc	0.64±0.46bcd	1.41±0.20bc
东北地区	1.19±0.17abcd	0.34±0.30cd	0.56±0.42cd	1.51±0.14ab
雪峰山区	1.04±0.18d	0.90±0.08a	1.04±0.32ab	1.45±0.11ab
云贵高原	1.15±0.14bcd	0.38±0.44cd	0.38±0.49d	1.29±0.20cd
攀西山区	1.32±0.14a	1.03±0.06a	0.76±0.63abcd	1.18±0.11d
武夷山区	1.10±0.11cd	0.52±0.56bc	0.54±0.45cd	1.30±0.24cd
南岭山区	0.81±0.07e	0.08±0.16d	1.09±0.29a	1.44±0.10ab
中原地区	1.09±0.25cd	0.39±0.40cd	0.69±0.42abcd	1.45±0.07ab
皖南山区	1.28±0.29ab	0.78±0.07ab	1.09±0.12a	1.57±0.06a

注:每列中不同小写字母者表示种植区间差异有统计学意义($P \leqslant 0.05$)。

第十章　武陵山区烤烟典型区域烟叶风格特征

武陵山区烤烟种植区位于湖南西北部、湖北南部、贵州东北部、重庆东南部广大地区。典型烤烟种植县包括贵州省铜仁市西北部的德江县，遵义市东北部的道真县，湖北省西部恩施土家族苗族自治州的宣恩县、咸丰县、利川市、来凤县和鹤峰县，湖南省张家界市的桑植县，湘西土家族苗族自治州的凤凰县、保靖县和龙山县，重庆市的彭水苗族土家族自治县(彭水县)、武隆区和石柱土家族自治县(石柱县)等 14 个县(市、区)。武陵山区在我国自然资源区划和农业综合区划中是独特的生态区域，该区域是我国烤烟典型产区之一，也是传统分类的中间香型的主要产区。这里选择德江县、道真县、咸丰县、利川市、桑植县、凤凰县、彭水县和武隆区 8 个典型产区的 40 个代表性片区，并通过代表性片区烟田烟株长相长势、烤后烟叶外观质量、物理指标、化学指标和烟叶质量感官评价指标，对武陵山区烤烟种植区的烟叶风格进行描述，试图利用代表性片区烟叶主要指标的检测数据呈现该区域烟叶的整体质量风格特征。

第一节　贵州德江烟叶风格特征

德江县隶属贵州省铜仁市，位于贵州省东北部，铜仁市西北部，地处东经 107°36′～108°28′，北纬 28°00′～28°38′，东邻印江土家族苗族自治县，南接思南县，西连凤冈县，北插沿河土家族自治县、务川仡佬族苗族自治县两县之间。德江县属典型的亚热带季风性湿润气候。德江是武陵山区烤烟种植区的典型烤烟产区之一，根据目前该县烤烟种植片区分布特点和烟叶质量风格特征，选择高山乡高桥村桥上、复兴镇楠木村马史坡、煎茶镇石板塘村板桥、煎茶镇石板塘村红岩子、合兴镇茶园村茶园 5 个种植片区，作为该县烟叶质量风格特征的代表性区域加以展示。

一、烟田与烟株基本特征

1. 高山乡高桥村桥上片区

代表性片区(DJ-01)中心点位于北纬 28°31′52.980″、东经 108°10′17.098″，海拔 1125 m。该片区地处中山坡地上部，中坡旱地，土体薄，耕作层质地适中，砾石多，耕性和通透性好，中度水土流失。成土母质为泥质岩风化残积-坡积物，土壤亚类为石质铝质湿润雏形土。该片区烤烟、玉米不定期轮作，烤烟大田生长期 4～9 月。烤烟田间长相长势较好，烟株呈筒形结构，株高 90.30 cm，茎围 8.70 cm，有效叶片数 16.10，中部烟叶长 68.50 cm、宽 29.10 cm，上部烟叶长 56.30 cm、宽 18.50 cm(图 10-1-1，表 10-1-1)。

图 10-1-1　DJ-01 片区烟田

2. 复兴镇楠木村马史坡片区

代表性片区(DJ-02)中心点位于北纬 28°6′7.276″、东经 107°50′11.486″,海拔 822 m。片区地处中山坡地中上部,缓坡梯田旱地,土壤亚类为普通简育湿润淋溶土,成土母质为石灰岩风化冰碛坡积物;土体深厚,耕作层质地偏黏,耕性较差,砾石多,通透性好,轻度水土流失。片区属于烤烟、玉米不定期轮作区,烤烟大田生长期 4～9 月。烤烟田间长相长势较好,烟株呈筒形结构,株高 94.40 cm,茎围 9.00 cm,有效叶片数 19.30,中部烟叶长 66.30 cm、宽 27.80 cm,上部烟叶长 56.30 cm、宽 19.10 cm(图 10-1-2,表 10-1-1)。

图 10-1-2　DJ-02 片区烟田

3. 煎茶镇石板塘村板桥片区

代表性片区(DJ-03)中心点位于北纬 28°5′55.327″、东经 107°54′23.764″,海拔 719 m。地处低山区沟谷地,水田,土体深厚,耕作层质地适中,砾石少,耕性和通透性较好;土壤亚类为普通铁聚水耕人为土,成土母质为沟谷堆积-冲积物。烤烟、晚稻不定期轮作,烤烟大田生长期 4～9 月。烤烟田间长相长势较好,烟株呈筒形结构,株高 116.50 cm,茎围 9.70 cm,有效叶片数 19.40,中部烟叶长 67.90 cm、宽 28.50 cm,上部烟叶长 53.60 cm、宽 19.40 cm(图 10-1-3,表 10-1-1)。

图 10-1-3　DJ-03 片区烟田

4. 煎茶镇石板塘村红岩子片区

代表性片区(DJ-04)中心点位于北纬 28°6′46.425″、东经 107°55′1.545″，海拔 731 m。地处低山区冲积平原一级阶地，梯田旱地，成土母质为洪积-冲积物，土壤亚类为耕淀简育湿润淋溶土，土体较厚，耕作层质地偏黏，耕性较差，砾石较多，通透性较好，轻度水土流失。烤烟、玉米不定期轮作，烤烟大田生长期 4~9 月。烤烟田间长相长势较好，烟株呈筒形结构，株高 114.30 cm，茎围 9.70 cm，有效叶片数 23.80，中部烟叶长 67.20 cm、宽 25.90 cm，上部烟叶长 48.80 cm、宽 16.40 cm(图 10-1-4，表 10-1-1)。

图 10-1-4　DJ-04 片区烟田

5. 合兴镇茶园村茶园片区

代表性片区(DJ-05)中心点位于北纬 28°6′53.487″、东经 108°5′38.856″，海拔 900 m。地处中山坡地中部，梯田旱地，成土母质为冰碛坡积物，土壤亚类为腐殖质铝质湿润淋溶土，土体深厚，耕作层质地适中，砾石较多，耕性和通透性好。烤烟、玉米不定期轮作，烤烟大田生长期 4~9 月。烤烟田间长相长势较好，烟株呈筒形结构，株高 97.90 cm，茎围 9.10 cm，有效叶片数 20.80，中部烟叶长 67.20 cm、宽 27.20 cm，上部烟叶长 56.40 cm、宽 17.80 cm(图 10-1-5，表 10-1-1)。

图 10-1-5　DJ-05 片区烟田

表 10-1-1　代表性片区烟株主要农艺性状

| 片区 | 株高 /cm | 茎围 /cm | 有效叶 /片 | 中部叶/cm | | 上部叶/cm | | 株型 |
				叶长	叶宽	叶长	叶宽	
DJ-01	90.30	8.70	16.10	68.50	29.10	56.30	18.50	筒形
DJ-02	94.40	9.00	19.30	66.30	27.80	56.30	19.10	筒形
DJ-03	116.50	9.70	19.40	67.90	28.50	53.60	19.40	筒形
DJ-04	114.30	9.70	23.80	67.20	25.90	48.80	16.40	筒形
DJ-05	97.90	9.10	20.80	67.20	27.20	56.40	17.80	筒形

二、烟叶外观质量与物理指标

1. 高山乡高桥村桥上片区

代表性片区（DJ-01）烟叶外观质量指标的成熟度得分 8.00，颜色得分 8.50，油分得分 7.50，身份得分 8.00，结构得分 8.00，色度得分 7.50。烟叶物理指标中的单叶重 10.67 g，叶片密度 66.58 g/m²，含梗率 32.42%，平衡含水率 15.27%，叶片长度 64.20 cm，叶片宽度 21.19 cm，叶片厚度 102.13 μm，填充值 3.05 cm³/g（图 10-1-6，表 10-1-2 和表 10-1-3）。

图 10-1-6　DJ-01 片区初烤烟叶

2. 复兴镇楠木村马史坡片区

代表性片区(DJ-02)烟叶外观质量指标的成熟度得分 7.00，颜色得分 8.00，油分得分 7.50，身份得分 8.00，结构得分 7.00，色度得分 7.50。烟叶物理指标中的单叶重 9.92 g，叶片密度 68.62 g/m²，含梗率 32.25%，平衡含水率 13.53%，叶片长度 63.43 cm，叶片宽度 21.93 cm，叶片厚度 97.90 μm，填充值 2.74 cm³/g(图 10-1-7，表 10-1-2 和表 10-1-3)。

图 10-1-7　DJ-02 片区初烤烟叶

3. 煎茶镇石板塘村板桥片区

代表性片区(DJ-03)烟叶外观质量指标的成熟度得分 8.00，颜色得分 8.00，油分得分 7.50，身份得分 8.00，结构得分 8.05，色度得分 7.50。烟叶物理指标中的单叶重 10.12 g，叶片密度 54.01 g/m²，含梗率 34.21%，平衡含水率 14.10%，叶片长度 62.50 cm，叶片宽度 22.37 cm，叶片厚度 98.13 μm，填充值 2.84 cm³/g(图 10-1-8，表 10-1-2 和表 10-1-3)。

图 10-1-8　DJ-03 片区初烤烟叶

4. 煎茶镇石板塘村红岩子片区

代表性片区(DJ-04)烟叶外观质量指标的成熟度得分 7.50，颜色得分 8.00，油分得分 7.50，身份得分 8.00，结构得分 7.50，色度得分 7.00。烟叶物理指标中的单叶重 9.44 g，叶片密度 51.18 g/m²，含梗率 37.51%，平衡含水率 14.18%，叶片长度 64.70 cm，叶片宽度 24.73 cm，叶片厚度 83.03 μm，填充值 2.81 cm³/g(图 10-1-9，表 10-1-2 和表 10-1-3)。

图 10-1-9 DJ-04 片区初烤烟叶

5. 合兴镇茶园村茶园片区

代表性片区(DJ-05)烟叶外观质量指标的成熟度得分 8.50，颜色得分 8.50，油分得分 7.00，身份得分 7.50，结构得分 8.00，色度得分 7.50。烟叶物理指标中的单叶重 8.73 g，叶片密度 63.07 g/m²，含梗率 34.53%，平衡含水率 16.26%，叶片长度 60.83 cm，叶片宽度 20.75 cm，叶片厚度 94.17 μm，填充值 3.05 cm³/g(图 10-1-10，表 10-1-2 和表 10-1-3)。

图 10-1-10 DJ-05 片区初烤烟叶

表 10-1-2 代表性片区烟叶外观质量

片区	成熟度	颜色	油分	身份	结构	色度
DJ-01	8.00	8.50	7.50	8.00	8.00	7.50
DJ-02	7.00	8.00	7.50	8.00	7.00	7.50
DJ-03	8.00	8.00	7.50	8.00	8.05	7.50
DJ-04	7.50	8.00	7.50	8.00	7.50	7.00
DJ-05	8.50	8.50	7.00	7.50	8.00	7.50

表 10-1-3 代表性片区烟叶物理指标

片区	单叶重/g	叶片密度/(g/m²)	含梗率/%	平衡含水率/%	叶长/cm	叶宽/cm	叶片厚度/μm	填充值/(cm³/g)
DJ-01	10.67	66.58	32.42	15.27	64.20	21.19	102.13	3.05
DJ-02	9.92	68.62	32.25	13.53	63.43	21.93	97.90	2.74
DJ-03	10.12	54.01	34.21	14.10	62.50	22.37	98.13	2.84
DJ-04	9.44	51.18	37.51	14.18	64.70	24.73	83.03	2.81
DJ-05	8.73	63.07	34.53	16.26	60.83	20.75	94.17	3.05

三、烟叶常规化学成分与中微量元素

1. 高山乡高桥村桥上片区

代表性片区(DJ-01)中部烟叶(C3F)总糖含量 26.22%,还原糖含量 19.21%,总氮含量 1.73%,总植物碱含量 2.36%,氯含量 0.47%,钾含量 2.28%,糖碱比 11.11,淀粉含量 2.72%(表 10-1-4)。烟叶铜含量为 0.101 g/kg,铁含量为 0.670 g/kg,锰含量为 1.653 g/kg,锌含量为 0.542 g/kg,钙含量为 139.166 mg/kg,镁含量为 14.554 mg/kg(表 10-1-5)。

2. 复兴镇楠木村马史坡片区

代表性片区(DJ-02)中部烟叶(C3F)总糖含量 25.21%,还原糖含量 18.87%,总氮含量 1.85%,总植物碱含量 3.01%,氯含量 0.41%,钾含量 2.21%,糖碱比 8.38,淀粉含量 3.34%(表 10-1-4)。烟叶铜含量为 0.081 g/kg,铁含量为 1.083 g/kg,锰含量为 1.456 g/kg,锌含量为 0.774 g/kg,钙含量为 143.283 mg/kg,镁含量为 20.086 mg/kg(表 10-1-5)。

3. 煎茶镇石板塘村板桥片区

代表性片区(DJ-03)中部烟叶(C3F)总糖含量 23.87%,还原糖含量 17.26%,总氮含量 1.75%,总植物碱含量 2.49%,氯含量 0.37%,钾含量 1.99%,糖碱比 9.59,淀粉含量 3.14%(表 10-1-4)。烟叶铜含量为 0.149 g/kg,铁含量为 1.223 g/kg,锰含量为 1.102 g/kg,锌含量为 0.618 g/kg,钙含量为 162.953 mg/kg,镁含量为 32.219 mg/kg(表 10-1-5)。

4. 煎茶镇石板塘村红岩子片区

代表性片区(DJ-04)中部烟叶(C3F)总糖含量 27.43%，还原糖含量 19.69%，总氮含量 1.68%，总植物碱含量 2.21%，氯含量 0.42%，钾含量 2.04%，糖碱比 12.41，淀粉含量 1.53%(表 10-1-4)。烟叶铜含量为 0.003 g/kg，铁含量为 0.214 g/kg，锰含量为 0.199 g/kg，锌含量为 0.015 g/kg，钙含量为 188.254 mg/kg，镁含量为 36.668 mg/kg(表 10-1-5)。

5. 合兴镇茶园村茶园片区

代表性片区(DJ-05)中部烟叶(C3F)总糖含量 31.53%，还原糖含量 27.24，总氮含量 1.74%，总植物碱含量 2.70%，氯含量 0.33%，钾含量 2.04%，糖碱比 11.68，淀粉含量 2.98%(表 10-1-4)。烟叶铜含量为 0.120 g/kg，铁含量为 0.949 g/kg，锰含量为 1.858 g/kg，锌含量为 0.703 g/kg，钙含量为 151.559 mg/kg，镁含量为 31.406 mg/kg(表 10-1-5)。

表 10-1-4　代表性片区中部烟叶(C3F)常规化学成分

片区	总糖/%	还原糖/%	总氮/%	总植物碱/%	氯/%	钾/%	糖碱比	淀粉/%
DJ-01	26.22	19.21	1.73	2.36	0.47	2.28	11.11	2.72
DJ-02	25.21	18.87	1.85	3.01	0.41	2.21	8.38	3.34
DJ-03	23.87	17.26	1.75	2.49	0.37	1.99	9.59	3.14
DJ-04	27.43	19.69	1.68	2.21	0.42	2.04	12.41	1.53
DJ-05	31.53	27.24	1.74	2.70	0.33	2.04	11.68	2.98

表 10-1-5　代表性片区中部烟叶(C3F)中微量元素

片区	Cu/(g/kg)	Fe/(g/kg)	Mn/(g/kg)	Zn/(g/kg)	Ca/(mg/kg)	Mg/(mg/kg)
DJ-01	0.101	0.670	1.653	0.542	139.166	14.554
DJ-02	0.081	1.083	1.456	0.774	143.283	20.086
DJ-03	0.149	1.223	1.102	0.618	162.953	32.219
DJ-04	0.003	0.214	0.199	0.015	188.254	36.668
DJ-05	0.120	0.949	1.858	0.703	151.559	31.406

四、烟叶生物碱组分与细胞壁物质

1. 高山乡高桥村桥上片区

代表性片区(DJ-01)中部烟叶(C3F)烟碱含量为 25.609 mg/g，降烟碱含量为 0.527 mg/g，麦斯明含量为 0.004 mg/g，假木贼碱含量为 0.193 mg/g，新烟碱含量为 0.934 mg/g；烟叶纤维素含量为 7.40%，半纤维素含量为 2.80%，木质素含量为 1.30%(表 10-1-6)。

2. 复兴镇楠木村马史坡片区

代表性片区(DJ-02)中部烟叶(C3F)烟碱含量为 27.990 mg/g，降烟碱含量为

0.550 mg/g，麦斯明含量为 0.005 mg/g，假木贼碱含量为 0.201 mg/g，新烟碱含量为 0.969 mg/g；烟叶纤维素含量为 8.20%，半纤维素含量为 2.30%，木质素含量为 0.90%（表 10-1-6）。

3. 煎茶镇石板塘村板桥片区

代表性片区（DJ-03）中部烟叶（C3F）烟碱含量为 26.941 mg/g，降烟碱含量为 0.525 mg/g，麦斯明含量为 0.006 mg/g，假木贼碱含量为 0.188 mg/g，新烟碱含量为 0.896 mg/g；烟叶纤维素含量为 7.80%，半纤维素含量为 2.60%，木质素含量为 1.20%（表 10-1-6）。

4. 煎茶镇石板塘村红岩子片区

代表性片区（DJ-04）中部烟叶（C3F）烟碱含量为 26.006 mg/g，降烟碱含量为 0.524 mg/g，麦斯明含量为 0.005 mg/g，假木贼碱含量为 0.179 mg/g，新烟碱含量为 0.891 mg/g；烟叶纤维素含量为 8.30%，半纤维素含量为 2.10%，木质素含量为 1.60%（表 10-1-6）。

5. 合兴镇茶园村茶园片区

代表性片区（DJ-05）中部烟叶（C3F）烟碱含量为 25.440 mg/g，降烟碱含量为 0.574 mg/g，麦斯明含量为 0.003 mg/g，假木贼碱含量为 0.144 mg/g，新烟碱含量为 0.675 mg/g；烟叶纤维素含量为 7.40%，半纤维素含量为 2.40%，木质素含量为 1.70%（表 10-1-6）。

表 10-1-6　代表性片区中部烟叶（C3F）生物碱组分与细胞壁物质

片区	烟碱/(mg/g)	降烟碱/(mg/g)	麦斯明/(mg/g)	假木贼碱/(mg/g)	新烟碱/(mg/g)	纤维素/%	半纤维素/%	木质素/%
DJ-01	25.609	0.527	0.004	0.193	0.934	7.40	2.80	1.30
DJ-02	27.990	0.550	0.005	0.201	0.969	8.20	2.30	0.90
DJ-03	26.941	0.525	0.006	0.188	0.896	7.80	2.60	1.20
DJ-04	26.006	0.524	0.005	0.179	0.891	8.30	2.10	1.60
DJ-05	25.440	0.574	0.003	0.144	0.675	7.40	2.40	1.70

五、烟叶多酚与质体色素

1. 高山乡高桥村桥上片区

代表性片区（DJ-01）中部烟叶（C3F）绿原酸含量为 13.200 mg/g，芸香苷含量为 4.840 mg/g，莨菪亭含量为 0.100 mg/g，β-胡萝卜素含量为 0.035 mg/g，叶黄素含量为 0.088 mg/g（表 10-1-7）。

2. 复兴镇楠木村马史坡片区

代表性片区（DJ-02）中部烟叶（C3F）绿原酸含量为 13.300 mg/g，芸香苷含量为 8.430 mg/g，莨菪亭含量为 0.040 mg/g，β-胡萝卜素含量为 0.043 mg/g，叶黄素含量为 0.095 mg/g（表 10-1-7）。

3. 煎茶镇石板塘村板桥片区

代表性片区（DJ-03）中部烟叶（C3F）绿原酸含量为 15.150 mg/g，芸香苷含量为 9.000 mg/g，莨菪亭含量为 0.040 mg/g，β-胡萝卜素含量为 0.047 mg/g，叶黄素含量为 0.118 mg/g（表 10-1-7）。

4. 煎茶镇石板塘村红岩子片区

代表性片区（DJ-04）中部烟叶（C3F）绿原酸含量为 15.120 mg/g，芸香苷含量为 9.040 mg/g，莨菪亭含量为 0.060 mg/g，β-胡萝卜素含量为 0.037 mg/g，叶黄素含量为 0.094 mg/g（表 10-1-7）。

5. 合兴镇茶园村茶园片区

代表性片区（DJ-05）中部烟叶（C3F）绿原酸含量为 12.080 mg/g，芸香苷含量为 9.870 mg/g，莨菪亭含量为 0.150 mg/g，β-胡萝卜素含量为 0.038 mg/g，叶黄素含量为 0.073 mg/g（表 10-1-7）。

表 10-1-7 代表性片区中部烟叶（C3F）多酚与质体色素 （单位：mg/g）

片区	绿原酸	芸香苷	莨菪亭	β-胡萝卜素	叶黄素
DJ-01	13.200	4.840	0.100	0.035	0.088
DJ-02	13.300	8.430	0.040	0.043	0.095
DJ-03	15.150	9.000	0.040	0.047	0.118
DJ-04	15.120	9.040	0.060	0.037	0.094
DJ-05	12.080	9.870	0.150	0.038	0.073

六、烟叶有机酸类物质

1. 高山乡高桥村桥上片区

代表性片区（DJ-01）中部烟叶（C3F）草酸含量为 17.306 mg/g，苹果酸含量为 58.003 mg/g，柠檬酸含量为 4.780 mg/g，棕榈酸含量为 1.984 mg/g，亚油酸含量为 1.070 mg/g，油酸含量为 2.471 mg/g，硬脂酸含量为 0.495 mg/g（表 10-1-8）。

2. 复兴镇楠木村马史坡片区

代表性片区（DJ-02）中部烟叶（C3F）草酸含量为 22.365 mg/g，苹果酸含量为 91.878 mg/g，柠檬酸含量为 7.615 mg/g，棕榈酸含量为 2.926 mg/g，亚油酸含量为 1.602 mg/g，油酸含量为 3.765 mg/g，硬脂酸含量为 0.673 mg/g（表 10-1-8）。

3. 煎茶镇石板塘村板桥片区

代表性片区(DJ-03)中部烟叶(C3F)草酸含量为16.917 mg/g,苹果酸含量为92.673 mg/g,柠檬酸含量为7.293 mg/g,棕榈酸含量为2.137 mg/g,亚油酸含量为1.228 mg/g,油酸含量为3.102 mg/g,硬脂酸含量为0.479 mg/g(表10-1-8)。

4. 煎茶镇石板塘村红岩子片区

代表性片区(DJ-04)中部烟叶(C3F)草酸含量为 14.307 mg/g,苹果酸含量为65.447 mg/g,柠檬酸含量为5.291 mg/g,棕榈酸含量为2.200 mg/g,亚油酸含量为1.263 mg/g,油酸含量为2.904 mg/g,硬脂酸含量为0.523 mg/g(表10-1-8)。

5. 合兴镇茶园村茶园片区

代表性片区(DJ-05)中部烟叶(C3F)草酸含量为15.271 mg/g,苹果酸含量为64.838 mg/g,柠檬酸含量为5.851 mg/g,棕榈酸含量为2.151 mg/g,亚油酸含量为1.214 mg/g,油酸含量为3.028 mg/g,硬脂酸含量为0.524 mg/g(表10-1-8)。

表 10-1-8　代表性片区中部烟叶(C3F)有机酸　　　　(单位：mg/g)

片区	草酸	苹果酸	柠檬酸	棕榈酸	亚油酸	油酸	硬脂酸
DJ-01	17.306	58.003	4.780	1.984	1.070	2.471	0.495
DJ-02	22.365	91.878	7.615	2.926	1.602	3.765	0.673
DJ-03	16.917	92.673	7.293	2.137	1.228	3.102	0.479
DJ-04	14.307	65.447	5.291	2.200	1.263	2.904	0.523
DJ-05	15.271	64.838	5.851	2.151	1.214	3.028	0.524

七、烟叶氨基酸

1. 高山乡高桥村桥上片区

代表性片区(DJ-01)中部烟叶(C3F)磷酸化-丝氨酸含量为0.281 μg/mg,牛磺酸含量为0.317 μg/mg,天冬氨酸含量为0.143 μg/mg,苏氨酸含量为0.154 μg/mg,丝氨酸含量为0.040 μg/mg,天冬酰胺含量为0.887 μg/mg,谷氨酸含量为0.105 μg/mg,甘氨酸含量为0.029 μg/mg,丙氨酸含量为0.487 μg/mg,缬氨酸含量为0.045 μg/mg,半胱氨酸含量为0.208 μg/mg,异亮氨酸含量为0.002 μg/mg,亮氨酸含量为0.106 μg/mg,酪氨酸含量为0.058 μg/mg,苯丙氨酸含量为0.162 μg/mg,氨基丁酸含量为0.040 μg/mg,组氨酸含量为0.099 μg/mg,色氨酸含量为0.135 μg/mg,精氨酸含量为0.021 μg/mg(表10-1-9)。

2. 复兴镇楠木村马史坡片区

代表性片区(DJ-02)中部烟叶(C3F)磷酸化-丝氨酸含量为0.311 μg/mg,牛磺酸含量为0.331 μg/mg,天冬氨酸含量为0.188 μg/mg,苏氨酸含量为0.143 μg/mg,丝氨酸含量为 0.066 μg/mg，天冬酰胺含量为 0.961 μg/mg，谷氨酸含量为 0.127 μg/mg，甘氨酸含量为 0.036 μg/mg，丙氨酸含量为 0.533 μg/mg，缬氨酸含量为 0.061 μg/mg，半胱氨酸含量为 0.216 μg/mg，异亮氨酸含量为 0.017 μg/mg，亮氨酸含量为 0.109 μg/mg，酪氨酸含量为 0.073 μg/mg，苯丙氨酸含量为 0.203 μg/mg，氨基丁酸含量为 0.098 μg/mg，组氨酸含量为 0.121 μg/mg，色氨酸含量为 0.200 μg/mg，精氨酸含量为 0.032 μg/mg（表 10-1-9）。

3. 煎茶镇石板塘村板桥片区

代表性片区（DJ-03）中部烟叶（C3F）磷酸化-丝氨酸含量为 0.281 μg/mg，牛磺酸含量为 0.411 μg/mg，天冬氨酸含量为 0.168 μg/mg，苏氨酸含量为 0.121 μg/mg，丝氨酸含量为 0.059 μg/mg，天冬酰胺含量为 0.822 μg/mg，谷氨酸含量为 0.162 μg/mg，甘氨酸含量为 0.029 μg/mg，丙氨酸含量为 0.533 μg/mg，缬氨酸含量为 0.048 μg/mg，半胱氨酸含量为 0.176 μg/mg，异亮氨酸含量为 0.009 μg/mg，亮氨酸含量为 0.094 μg/mg，酪氨酸含量为 0.060 μg/mg，苯丙氨酸含量为 0.175 μg/mg，氨基丁酸含量为 0.093 μg/mg，组氨酸含量为 0.096 μg/mg，色氨酸含量为 0.168 μg/mg，精氨酸含量为 0.020 μg/mg（表 10-1-9）。

4. 煎茶镇石板塘村红岩子片区

代表性片区（DJ-04）中部烟叶（C3F）磷酸化-丝氨酸含量为 0.264 μg/mg，牛磺酸含量为 0.288 μg/mg，天冬氨酸含量为 0.124 μg/mg，苏氨酸含量为 0.137 μg/mg，丝氨酸含量为 0.040 μg/mg，天冬酰胺含量为 0.689 μg/mg，谷氨酸含量为 0.106 μg/mg，甘氨酸含量为 0.033 μg/mg，丙氨酸含量为 0.474 μg/mg，缬氨酸含量为 0.060 μg/mg，半胱氨酸含量为 0.176 μg/mg，异亮氨酸含量为 0.012 μg/mg，亮氨酸含量为 0.105 μg/mg，酪氨酸含量为 0.061 μg/mg，苯丙氨酸含量为 0.155 μg/mg，氨基丁酸含量为 0.046 μg/mg，组氨酸含量为 0.098 μg/mg，色氨酸含量为 0.162 μg/mg，精氨酸含量为 0.020 μg/mg（表 10-1-9）。

5. 合兴镇茶园村茶园片区

代表性片区（DJ-05）中部烟叶（C3F）磷酸化-丝氨酸含量为 0.263 μg/mg，牛磺酸含量为 0.351 μg/mg，天冬氨酸含量为 0.100 μg/mg，苏氨酸含量为 0.160 μg/mg，丝氨酸含量为 0.039 μg/mg，天冬酰胺含量为 0.813 μg/mg，谷氨酸含量为 0.096 μg/mg，甘氨酸含量为 0.023 μg/mg，丙氨酸含量为 0.368 μg/mg，缬氨酸含量为 0.026 μg/mg，半胱氨酸含量为 0.162 μg/mg，异亮氨酸含量为 0.014 μg/mg，亮氨酸含量为 0.083 μg/mg，酪氨酸含量为 0.033 μg/mg，苯丙氨酸含量为 0.084 μg/mg，氨基丁酸含量为 0.031 μg/mg，组氨酸含量为 0.077 μg/mg，色氨酸含量为 0.106 μg/mg，精氨酸含量为 0 μg/mg（表 10-1-9）。

表 10-1-9　代表性片区中部烟叶（C3F）氨基酸　（单位：μg/mg）

氨基酸组分	DJ-01	DJ-02	DJ-03	DJ-04	DJ-05
磷酸化-丝氨酸	0.281	0.311	0.281	0.264	0.263
牛磺酸	0.317	0.331	0.411	0.288	0.351
天冬氨酸	0.143	0.188	0.168	0.124	0.100

续表

氨基酸组分	DJ-01	DJ-02	DJ-03	DJ-04	DJ-05
苏氨酸	0.154	0.143	0.121	0.137	0.160
丝氨酸	0.040	0.066	0.059	0.040	0.039
天冬酰胺	0.887	0.961	0.822	0.689	0.813
谷氨酸	0.105	0.127	0.162	0.106	0.096
甘氨酸	0.029	0.036	0.029	0.033	0.023
丙氨酸	0.487	0.533	0.533	0.474	0.368
缬氨酸	0.045	0.061	0.048	0.060	0.026
半胱氨酸	0.208	0.216	0.176	0.176	0.162
异亮氨酸	0.002	0.017	0.009	0.012	0.014
亮氨酸	0.106	0.109	0.094	0.105	0.083
酪氨酸	0.058	0.073	0.060	0.061	0.033
苯丙氨酸	0.162	0.203	0.175	0.155	0.084
氨基丁酸	0.040	0.098	0.093	0.046	0.031
组氨酸	0.099	0.121	0.096	0.098	0.077
色氨酸	0.135	0.200	0.168	0.162	0.106
精氨酸	0.021	0.032	0.020	0.020	0

八、烟叶香气物质

1. 高山乡高桥村桥上片区

代表性片区(DJ-01)中部烟叶(C3F)茄酮含量为0.762 μg/g,香叶基丙酮含量为0.616 μg/g,降茄二酮含量为0.157 μg/g,β-紫罗兰酮含量为0.403 μg/g,氧化紫罗兰酮含量为0.381 μg/g,二氢猕猴桃内酯含量为3.125 μg/g,巨豆三烯酮1含量为0.123 μg/g,巨豆三烯酮2含量为1.400 μg/g,巨豆三烯酮3含量为0.168 μg/g,巨豆三烯酮4含量为1.109 μg/g,3-羟基-β-二氢大马酮含量为 0.941 μg/g,3-氧代-α-紫罗兰醇含量为 1.736 μg/g,新植二烯含量为1108.195 μg/g,3-羟基索拉韦惕酮含量为0.829 μg/g,β-法尼烯含量为10.147 μg/g(表10-1-10)。

2. 复兴镇楠木村马史坡片区

代表性片区(DJ-02)中部烟叶(C3F)茄酮含量为0.974 μg/g,香叶基丙酮含量为0.605 μg/g,降茄二酮含量为0.101 μg/g,β-紫罗兰酮含量为0.381 μg/g,氧化紫罗兰酮含量为0.459 μg/g,二氢猕猴桃内酯含量为3.573 μg/g,巨豆三烯酮1含量为0.179 μg/g,巨豆三烯酮2含量为1.691 μg/g,巨豆三烯酮3含量为0.224 μg/g,巨豆三烯酮4含量为1.378 μg/g,3-羟基-β-二氢大马酮含量为 0.840 μg/g,3-氧代-α-紫罗兰醇含量为 2.363 μg/g,新植二烯含量为1250.838 μg/g,3-羟基索拉韦惕酮含量为0.605 μg/g,β-法尼烯含量为10.304 μg/g(表10-1-10)。

3. 煎茶镇石板塘村板桥片区

代表性片区(DJ-03)中部烟叶(C3F)茄酮含量为0.594 μg/g,香叶基丙酮含量为0.638 μg/g,

降茄二酮含量为 0.078 μg/g，β-紫罗兰酮含量为 0.347 μg/g，氧化紫罗兰酮含量为 0.381 μg/g，二氢猕猴桃内酯含量为 3.013 μg/g，巨豆三烯酮 1 含量为 0.168 μg/g，巨豆三烯酮 2 含量为 1.490 μg/g，巨豆三烯酮 3 含量为 0.168 μg/g，巨豆三烯酮 4 含量为 1.243 μg/g，3-羟基-β-二氢大马酮含量为 1.008 μg/g，3-氧代-α-紫罗兰醇含量为 3.192 μg/g，新植二烯含量为 1190.638 μg/g，3-羟基索拉韦惕酮含量为 0.515 μg/g，β-法尼烯含量为 9.710 μg/g（表 10-1-10）。

4. 煎茶镇石板塘村红岩子片区

代表性片区（DJ-04）中部烟叶（C3F）茄酮含量为 0.650 μg/g，香叶基丙酮含量为 0.661 μg/g，降茄二酮含量为 0.067 μg/g，β-紫罗兰酮含量为 0.358 μg/g，氧化紫罗兰酮含量为 0.426 μg/g，二氢猕猴桃内酯含量为 3.214 μg/g，巨豆三烯酮 1 含量为 0.146 μg/g，巨豆三烯酮 2 含量为 1.366 μg/g，巨豆三烯酮 3 含量为 0.146 μg/g，巨豆三烯酮 4 含量为 1.165 μg/g，3-羟基-β-二氢大马酮含量为 0.694 μg/g，3-氧代-α-紫罗兰醇含量为 1.658 μg/g，新植二烯含量为 1086.400 μg/g，3-羟基索拉韦惕酮含量为 0.414 μg/g，β-法尼烯含量为 8.635 μg/g（表 10-1-10）。

5. 合兴镇茶园村茶园片区

代表性片区（DJ-05）中部烟叶（C3F）茄酮含量为 0.818 μg/g，香叶基丙酮含量为 0.549 μg/g，降茄二酮含量为 0.090 μg/g，β-紫罗兰酮含量为 0.414 μg/g，氧化紫罗兰酮含量为 0.437 μg/g，二氢猕猴桃内酯含量为 3.226 μg/g，巨豆三烯酮 1 含量为 0.258 μg/g，巨豆三烯酮 2 含量为 1.960 μg/g，巨豆三烯酮 3 含量为 0.314 μg/g，巨豆三烯酮 4 含量为 1.770 μg/g，3-羟基-β-二氢大马酮含量为 0.941 μg/g，3-氧代-α-紫罗兰醇含量为 2.867 μg/g，新植二烯含量为 1410.662 μg/g，3-羟基索拉韦惕酮含量为 1.803 μg/g，β-法尼烯含量为 13.619 μg/g（表 10-1-10）。

表 10-1-10　代表性片区中部烟叶（C3F）香气物质　　（单位：μg/g）

香气物质	DJ-01	DJ-02	DJ-03	DJ-04	DJ-05
茄酮	0.762	0.974	0.594	0.650	0.818
香叶基丙酮	0.616	0.605	0.638	0.661	0.549
降茄二酮	0.157	0.101	0.078	0.067	0.090
β-紫罗兰酮	0.403	0.381	0.347	0.358	0.414
氧化紫罗兰酮	0.381	0.459	0.381	0.426	0.437
二氢猕猴桃内酯	3.125	3.573	3.013	3.214	3.226
巨豆三烯酮 1	0.123	0.179	0.168	0.146	0.258
巨豆三烯酮 2	1.400	1.691	1.490	1.366	1.960
巨豆三烯酮 3	0.168	0.224	0.168	0.146	0.314
巨豆三烯酮 4	1.109	1.378	1.243	1.165	1.770
3-羟基-β-二氢大马酮	0.941	0.840	1.008	0.694	0.941
3-氧代-α-紫罗兰醇	1.736	2.363	3.192	1.658	2.867
新植二烯	1108.195	1250.838	1190.638	1086.400	1410.662
3-羟基索拉韦惕酮	0.829	0.605	0.515	0.414	1.803
β-法尼烯	10.147	10.304	9.710	8.635	13.619

九、烟叶感官质量

1. 高山乡高桥村桥上片区

代表性片区（DJ-01）中部烟叶（C3F）感官质量评价结果显示，香韵指标包含的干草香、清甜香、正甜香、焦甜香、青香、木香、豆香、坚果香、焦香、辛香、果香、药草香、花香、树脂香、酒香的各项指标值分别为 3.21、0.64、3.29、0、0.86、1.57、0、0.93、0、0.57、0、0、0、0、0，烟气指标包含的香气状态、烟气浓度、劲头、香气质、香气量和透发性的各项指标值分别为 3.43、3.07、2.79、3.57、3.14 和 3.00，杂气指标包含的青杂气、生青气、枯焦气、木质气、土腥气、松脂气、花粉气、药草气和金属气的各项指标值分别为 1.14、0、0、1.14、0、0、0、0、0，口感指标包含的细腻程度、柔和程度、圆润感、刺激性、干燥感和余味的各项指标值分别为 3.29、3.21、3.14、2.57、2.71 和 3.07（表 10-1-11）。

2. 复兴镇楠木村马史坡片区

代表性片区（DJ-02）中部烟叶（C3F）感官质量评价结果显示，香韵指标包含的草香、清甜香、正甜香、焦甜香、青香、木香、豆香、坚果香、焦香、辛香、果香、药草香、花香、树脂香、酒香的各项指标值分别为 3.29、0、2.79、0、0、1.71、0、1.00、0.64、0.57、0、0、0、0、0，烟气指标包含的香气状态、烟气浓度、劲头、香气质、香气量和透发性的各项指标值分别为 2.93、3.14、3.29、3.00、3.07 和 3.07，杂气指标包含的青杂气、生青气、枯焦气、木质气、土腥气、松脂气、花粉气、药草气和金属气的各项指标值分别为 1.21、0、0.86、1.36、0、0、0、0、0，口感指标包含的细腻程度、柔和程度、圆润感、刺激性、干燥感和余味的各项指标值分别为 3.00、2.64、2.64、2.93、2.86 和 2.79（表 10-1-11）。

3. 煎茶镇石板塘村板桥片区

代表性片区（DJ-03）中部烟叶（C3F）感官质量评价结果显示，香韵指标包含的干草香、清甜香、正甜香、焦甜香、青香、木香、豆香、坚果香、焦香、辛香、果香、药草香、花香、树脂香、酒香的各项指标值分别为 3.62、0、2.69、0、1.08、1.77、0、0、0.62、0.77、0、0、0、0、0，烟气指标包含的香气状态、烟气浓度、劲头、香气质、香气量和透发性的各项指标值分别为 3.00、3.00、3.00、3.31、3.23 和 3.17，杂气指标包含的青杂气、生青气、枯焦气、木质气、土腥气、松脂气、花粉气、药草气和金属气的各项指标值分别为 1.46、0、0、1.46、0、0、0、0、0，口感指标包含的细腻程度、柔和程度、圆润感、刺激性、干燥感和余味的各项指标值分别为 3.00、2.92、2.92、2.15、2.69 和 3.31（表 10-1-11）。

4. 煎茶镇石板塘村红岩子片区

代表性片区（DJ-04）中部烟叶（C3F）感官质量评价结果显示，香韵指标包含的干草香、清甜香、正甜香、焦甜香、青香、木香、豆香、坚果香、焦香、辛香、果香、药草香、花香、树脂香、酒香的各项指标值分别为3.43、0、3.14、0、0、1.79、0、1.29、0.57、0、0、0、0、0、0，烟气指标包含的香气状态、烟气浓度、劲头、香气质、香气量和透发性的各项指标值分别为3.14、3.14、3.00、3.00、3.00和2.92，杂气指标包含的青杂气、生青气、枯焦气、木质气、土腥气、松脂气、花粉气、药草气和金属气的各项指标值分别为1.21、0、0、1.43、0、0、0、0、0，口感指标包含的细腻程度、柔和程度、圆润感、刺激性、干燥感和余味的各项指标值分别为 2.86、2.71、2.79、2.64、2.64 和 2.93（表 10-1-11）。

5. 合兴镇茶园村茶园片区

代表性片区(DJ-05)中部烟叶(C3F)感官质量评价结果显示，香韵指标包含的干草香、清甜香、正甜香、焦甜香、青香、木香、豆香、坚果香、焦香、辛香、果香、药草香、花香、树脂香、酒香的各项指标值分别为3.29、0、3.00、0、0、1.79、0、0.86、0、0.50、0、0、0、0、0，烟气指标包含的香气状态、烟气浓度、劲头、香气质、香气量和透发性的各项指标值分别为3.21、3.14、3.07、3.21、3.21 和3.00，杂气指标包含的青杂气、生青气、枯焦气、木质气、土腥气、松脂气、花粉气、药草气和金属气的各项指标值分别为1.14、0、0、1.43、0、0、0、0、0，口感指标包含的细腻程度、柔和程度、圆润感、刺激性、干燥感和余味的各项指标值分别为2.93、3.00、2.86、2.64、2.86 和 3.07（表 10-1-11）。

表 10-1-11　代表性片区中部烟叶（C3F）感官质量

	评价指标	DJ-01	DJ-02	DJ-03	DJ-04	DJ-05
香韵	干草香	3.21	3.29	3.62	3.43	3.29
	清甜香	0.64	0	0	0	0
	正甜香	3.29	2.79	2.69	3.14	3.00
	焦甜香	0	0	0	0	0
	青香	0.86	0	1.08	0	0
	木香	1.57	1.71	1.77	1.79	1.79
	豆香	0	0	0	0	0
	坚果香	0.93	1.00	0	1.29	0.86
	焦香	0	0.64	0.62	0.57	0
	辛香	0.57	0.57	0.77	0	0.50
	果香	0	0	0	0	0
	药草香	0	0	0	0	0
	花香	0	0	0	0	0
	树脂香	0	0	0	0	0
	酒香	0	0	0	0	0

续表

评价指标		DJ-01	DJ-02	DJ-03	DJ-04	DJ-05
烟气	香气状态	3.43	2.93	3.00	3.14	3.21
	烟气浓度	3.07	3.14	3.00	3.14	3.14
	劲头	2.79	3.29	3.00	3.00	3.07
	香气质	3.57	3.00	3.31	3.00	3.21
	香气量	3.14	3.07	3.23	3.00	3.21
	透发性	3.00	3.07	3.17	2.92	3.00
杂气	青杂气	1.14	1.21	1.46	1.21	1.14
	生青气	0	0	0	0	0
	枯焦气	0	0.86	0	0	0
	木质气	1.14	1.36	1.46	1.43	1.43
	土腥气	0	0	0	0	0
	松脂气	0	0	0	0	0
	花粉气	0	0	0	0	0
	药草气	0	0	0	0	0
	金属气	0	0	0	0	0
口感	细腻程度	3.29	3.00	3.00	2.86	2.93
	柔和程度	3.21	2.64	2.92	2.71	3.00
	圆润感	3.14	2.64	2.92	2.79	2.86
	刺激性	2.57	2.93	2.15	2.64	2.64
	干燥感	2.71	2.86	2.69	2.64	2.86
	余味	3.07	2.79	3.31	2.93	3.07

第二节　贵州道真烟叶风格特征

贵州省道真仡佬族苗族自治县(道真县)是遵义市辖下的自治县,位于东经 107°21′～107°51′、北纬 28°36′～29°13′,地处贵州省北部,与贵州务川仡佬族苗族自治县、正安县和重庆南川区、武隆区、彭水苗族土家族自治县相接。道真县是武陵山区烤烟种植区的典型烤烟产区之一,根据目前该县烤烟种植片区分布特点和烟叶质量风格特征,选择玉溪镇城关村玛瑙片区、隆兴镇浣溪村花园片区、大礁镇文家坝村柯家山片区、忠信镇甘树湾村大水井片区和洛龙镇五一村竹林湾片区等 5 个代表性种植片区,作为该县烟叶质量风格特征的代表性区域加以描述。

一、烟田与烟株基本特征

1. 玉溪镇城关村玛瑙片区

代表性片区(DZ-01)中心点位于北纬 28°53′29.962″、东经 107°39′32.040″,海拔1255 m。中山坡地中上部,成土母质为混有石灰岩残体的古黄红土,缓坡旱地,土壤亚类为普通钙质湿润淋溶土。烤烟、玉米不定期轮作，烤烟大田生长期 4～9 月。烤烟田间长相长势中等，烟株呈筒形结构，株高 89.90 cm，茎围 8.10 cm，有效叶片数 15.60，中部烟叶长 71.30 cm、宽 32.50 cm，上部烟叶长 58.10 cm、宽 20.50 cm（图 10-2-1，表 10-2-1）。

图 10-2-1　DZ-01 片区烟田

2. 隆兴镇浣溪村花园片区

代表性片区（DZ-02）中心点位于北纬 28°42′54.136″、东经 107°35′8.621″，海拔 1249 m。中山坡地中下部，成土母质为第四纪红土，缓坡旱地，土壤亚类为普通铝质湿润淋溶土。烤烟、玉米不定期轮作，烤烟大田生长期 4～9 月。烤烟田间长相长势较好，烟株呈筒形结构，株高 100.60 cm，茎围 7.60 cm，有效叶片数 21.40，中部烟叶长 64.00 cm、宽 25.90 cm，上部烟叶长 48.50 cm、宽 14.40 cm（图 10-2-2，表 10-2-1）。

图 10-2-2　DZ-02 片区烟田

3. 大礅镇文家坝村柯家山片区

代表性片区（DZ-03）中心点位于北纬 29°0′37.303″、东经 107°25′59.238″，海拔 1134 m。中山坡麓，成土母质为洪积-冲积物，缓坡旱地，土壤亚类为黄色铝质湿润淋溶土。烤烟、玉米不定期轮作，烤烟大田生长期 4～9 月。烤烟田间长相长势较好，烟株呈塔形结构，株高 98.00 cm，茎围 7.90 cm，有效叶片数 18.90，中部烟叶长 63.00 cm、宽

30.30 cm，上部烟叶长 49.70 cm、宽 17.70 cm（图 10-2-3，表 10-2-1）。

图 10-2-3　DZ-03 片区烟田

4. 忠信镇甘树湾村大水井片区

代表性片区（DZ-04）中心点位于北纬 28°59′35.385″、东经 107°44′16.784″，海拔 1166 m。中山坡麓，成土母质为灰岩风化冰碛洪积-冲积物，缓坡旱地，土壤亚类为表蚀酸性湿润淋溶土。烤烟、玉米不定期轮作，烤烟大田生长期 4～9 月。烤烟田间长相长势较好，烟株呈筒形结构，株高 109.60 cm，茎围 7.10 cm，有效叶片数 19.50，中部烟叶长 67.00 cm、宽 27.80 cm，上部烟叶长 59.70 cm、宽 20.00 cm（图 10-2-4，表 10-2-1）。

图 10-2-4　DZ-04 片区烟田

5. 洛龙镇五一村竹林湾片区

代表性片区（DZ-05）中心点位于北纬 28°6′5.156″、东经 107°44′6.431″，海拔 1122 m。中山坡地中部，成土母质为灰岩风化冰碛坡积物，中坡旱地，土壤亚类为普通钙质湿润淋溶土。烤烟、玉米不定期轮作，烤烟大田生长期 4～9 月。烤烟田间长相长势好，烟株呈筒形结构，株高 130.20 cm，茎围 10.00 cm，有效叶片数 23.40，中部烟叶长 76.50 cm、宽 29.40 cm，上部烟叶长 58.00 cm、宽 17.50 cm（图 10-2-5，表 10-2-1）。

图 10-2-5　DZ-05 片区烟田

表 10-2-1　代表性片区烟株主要农艺性状

编号	株高/cm	茎围/cm	有效叶/片	中部叶/cm		上部叶/cm		株型
				叶长	叶宽	叶长	叶宽	
DZ-01	89.90	8.10	15.60	71.30	32.50	58.10	20.50	筒形
DZ-02	100.60	7.60	21.40	64.00	25.90	48.50	14.40	筒形
DZ-03	98.00	7.90	18.90	63.00	30.30	49.70	17.70	塔形
DZ-04	109.60	7.10	19.50	67.00	27.80	59.70	20.00	筒形
DZ-05	130.20	10.00	23.40	76.50	29.40	58.00	17.50	筒形

二、烟叶外观质量与物理指标

1. 玉溪镇城关村玛瑙片区

代表性片区(DZ-01)烟叶外观质量指标的成熟度得分 6.50，颜色得分 8.50，油分得分 7.50，身份得分 8.50，结构得分 7.00，色度得分 7.50。烟叶物理指标中的单叶重 7.35 g，叶片密度 71.45 g/m²，含梗率 35.46%，平衡含水率 13.09%，叶片长度 61.90 cm，叶片宽度 16.74 cm，叶片厚度 102.23 μm，填充值 3.24 cm³/g(图 10-2-6，表 10-2-2 和表 10-2-3)。

图 10-2-6　DZ-01 片区初烤烟叶

2. 隆兴镇浣溪村花园片区

代表性片区(DZ-02)烟叶外观质量指标的成熟度得分 8.50，颜色得分 9.00，油分得分 8.50，身份得分 8.00，结构得分 8.50，色度得分 8.00。烟叶物理指标中的单叶重 11.72 g，叶片密度 70.51 g/m^2，含梗率 30.56%，平衡含水率 13.47%，叶片长度 67.33 cm，叶片宽度 22.69 cm，叶片厚度 121.40 μm，填充值 3.24 cm^3/g(图 10-2-7，表 10-2-2 和表 10-2-3)。

图 10-2-7　DZ-02 片区初烤烟叶

3. 大礅镇文家坝村柯家山片区

代表性片区(DZ-03)烟叶外观质量指标的成熟度得分 7.50，颜色得分 8.50，油分得分 7.00，身份得分 8.50，结构得分 7.50，色度得分 7.50。烟叶物理指标中的单叶重 8.88 g，叶片密度 64.36 g/m^2，含梗率 31.16%，平衡含水率 13.13%，叶片长度 57.83 cm，叶片宽度 20.43 cm，叶片厚度 119.07 μm，填充值 3.13 cm^3/g(图 10-2-8，表 10-2-2 和表 10-2-3)。

图 10-2-8　DZ-03 片区初烤烟叶

4. 忠信镇甘树湾村大水井片区

代表性片区(DZ-04)烟叶外观质量指标的成熟度得分 5.50，颜色得分 7.00，油分得分 6.50，身份得分 8.00，结构得分 6.00，色度得分 7.00。烟叶物理指标中的单叶重 10.02 g，叶片密度 66.36 g/m²，含梗率 35.89%，平衡含水率 13.93%，叶片长度 58.95 cm，叶片宽度 20.95 cm，叶片厚度 103.03 μm，填充值 3.30 cm³/g(图 10-2-9，表 10-2-2 和表 10-2-3)。

图 10-2-9　DZ-04 片区初烤烟叶

5. 洛龙镇五一村竹林湾片区

代表性片区(DZ-05)烟叶外观质量指标的成熟度得分 7.00，颜色得分 7.50，油分得分 6.50，身份得分 8.00，结构得分 7.50，色度得分 6.50。烟叶物理指标中的单叶重 8.44 g，叶片密度 61.03 g/m²，含梗率 33.06%，平衡含水率 14.47%，叶片长度 59.29 cm，叶片宽度 16.80 cm，叶片厚度 116.50 μm，填充值 3.17 cm³/g(图 10-2-10，表 10-2-2 和表 10-2-3)。

图 10-2-10　DZ-05 片区初烤烟叶

表 10-2-2　代表性片区烟叶外观质量

片区	成熟度	颜色	油分	身份	结构	色度
DZ-01	6.50	8.50	7.50	8.50	7.00	7.50
DZ-02	8.50	9.00	8.50	8.00	8.50	8.00
DZ-03	7.50	8.50	7.00	8.50	7.50	7.50
DZ-04	5.50	7.00	6.50	8.00	6.00	7.00
DZ-05	7.00	7.50	6.50	8.00	7.50	6.50

表 10-2-3　代表性片区烟叶物理指标

片区	单叶重 /g	叶片密度 /(g/m²)	含梗率 /%	平衡含水率 /%	叶长 /cm	叶宽 /cm	叶片厚度 /μm	填充值 /(cm³/g)
DZ-01	7.35	71.45	35.46	13.09	61.90	16.74	102.23	3.24
DZ-02	11.72	70.51	30.56	13.47	67.33	22.69	121.40	3.24
DZ-03	8.88	64.36	31.16	13.13	57.83	20.43	119.07	3.13
DZ-04	10.02	66.36	35.89	13.93	58.95	20.95	103.03	3.30
DZ-05	8.44	61.03	33.06	14.47	59.29	16.80	116.50	3.17

三、烟叶常规化学成分与中微量元素

1. 玉溪镇城关村玛瑙片区

代表性片区(DZ-01)中部烟叶(C3F)总糖含量 34.16%,还原糖含量 30.12%,总氮含量 1.52%,总植物碱含量 2.82%,氯含量 0.37%,钾含量 1.79%,糖碱比 12.11,淀粉含量 4.04%(表 10-2-4)。烟叶铜含量为 0.121 g/kg,铁含量为 1.237 g/kg,锰含量为 2.340 g/kg,锌含量为 0.816 g/kg,钙含量为 140.277 mg/kg,镁含量为 10.669 mg/kg(表 10-2-5)。

2. 隆兴镇浣溪村花园片区

代表性片区(DZ-02)中部烟叶(C3F)总糖含量 34.55%,还原糖含量 28.94%,总氮含量 1.49%,总植物碱含量 1.41%,氯含量 0.28%,钾含量 1.89%,糖碱比 24.50,淀粉含量 3.76%(表 10-2-4)。烟叶铜含量为 0.207 g/kg,铁含量为 0.999 g/kg,锰含量为 2.700 g/kg,锌含量为 0.732 g/kg,钙含量为 168.336 mg/kg,镁含量为 19.200 mg/kg(表 10-2-5)。

3. 大礅镇文家坝村柯家山片区

代表性片区(DZ-03)中部烟叶(C3F)总糖含量 31.01%,还原糖含量 27.28%,总氮含量 1.82%,总植物碱含量 1.90%,氯含量 0.18%,钾含量 2.38%,糖碱比 16.32,淀粉含量 3.53%(表 10-2-4)。烟叶铜含量为 0.111 g/kg,铁含量为 0.911 g/kg,锰含量为 2.538 g/kg,锌含量为 0.677 g/kg,钙含量为 145.537 mg/kg,镁含量为 20.701 mg/kg(表 10-2-5)。

4. 忠信镇甘树湾村大水井片区

代表性片区（DZ-04）中部烟叶（C3F）总糖含量 32.53%，还原糖含量 28.54%，总氮含量 1.45%，总植物碱含量 1.39%，氯含量 0.26%，钾含量 2.58%，糖碱比 23.40，淀粉含量 2.19%（表 10-2-4）。烟叶铜含量为 0.073 g/kg，铁含量为 1.752 g/kg，锰含量为 1.228 g/kg，锌含量为 0.606 g/kg，钙含量为 179.409 mg/kg，镁含量为 25.935 mg/kg（表 10-2-5）。

5. 洛龙镇五一村竹林湾片区

代表性片区（DZ-05）中部烟叶（C3F）总糖含量 33.28%，还原糖含量 29.48%，总氮含量 1.65%，总植物碱含量 2.71%，氯含量 0.29%，钾含量 1.78%，糖碱比 12.28，淀粉含量 3.82%（表 10-2-4）。烟叶铜含量为 0.091 g/kg，铁含量为 0.955 g/kg，锰含量为 1.285 g/kg，锌含量为 0.591 g/kg，钙含量为 157.136 mg/kg，镁含量为 13.708 mg/kg（表 10-2-5）。

表 10-2-4　代表性片区中部烟叶（C3F）常规化学成分

片区	总糖/%	还原糖/%	总氮/%	总植物碱/%	氯/%	钾/%	糖碱比	淀粉/%
DZ-01	34.16	30.12	1.52	2.82	0.37	1.79	12.11	4.04
DZ-02	34.55	28.94	1.49	1.41	0.28	1.89	24.50	3.76
DZ-03	31.01	27.28	1.82	1.90	0.18	2.38	16.32	3.53
DZ-04	32.53	28.54	1.45	1.39	0.26	2.58	23.40	2.19
DZ-05	33.28	29.48	1.65	2.71	0.29	1.78	12.28	3.82

表 10-2-5　代表性片区中部烟叶（C3F）中微量元素

片区	Cu /(g/kg)	Fe /(g/kg)	Mn /(g/kg)	Zn /(g/kg)	Ca /(mg/kg)	Mg /(mg/kg)
DZ-01	0.121	1.237	2.340	0.816	140.277	10.669
DZ-02	0.207	0.999	2.700	0.732	168.336	19.200
DZ-03	0.111	0.911	2.538	0.677	145.537	20.701
DZ-04	0.073	1.752	1.228	0.606	179.409	25.935
DZ-05	0.091	0.955	1.285	0.591	157.136	13.708

四、烟叶生物碱组分与细胞壁物质

1. 玉溪镇城关村玛瑙片区

代表性片区（DZ-01）中部烟叶（C3F）烟碱含量为 26.731 mg/g，降烟碱含量为 0.644 mg/g，麦斯明含量为 0.004 mg/g，假木贼碱含量为 0.171 mg/g，新烟碱含量为 0.897 mg/g；烟叶纤维素含量为 6.70%，半纤维素含量为 2.10%，木质素含量为 0.80%（表 10-2-6）。

2. 隆兴镇浣溪村花园片区

代表性片区(DZ-02)中部烟叶(C3F)烟碱含量为15.389 mg/g,降烟碱含量为0.335 mg/g,麦斯明含量为0.002 mg/g,假木贼碱含量为0.124 mg/g,新烟碱含量为0.643 mg/g;烟叶纤维素含量为8.40%,半纤维素含量为1.70%,木质素含量为1.20%(表10-2-6)。

3. 大礅镇文家坝村柯家山片区

代表性片区(DZ-03)中部烟叶(C3F)烟碱含量为18.503 mg/g,降烟碱含量为0.383 mg/g,麦斯明含量为0.003 mg/g,假木贼碱含量为0.134 mg/g,新烟碱含量为0.593 mg/g;烟叶纤维素含量为6.20%,半纤维素含量为3.20%,木质素含量为1.10%(表10-2-6)。

4. 忠信镇甘树湾村大水井片区

代表性片区(DZ-04)中部烟叶(C3F)烟碱含量为15.389 mg/g,降烟碱含量为0.335 mg/g,麦斯明含量为0.002 mg/g,假木贼碱含量为0.124 mg/g,新烟碱含量为0.643 mg/g;烟叶纤维素含量为6.20%,半纤维素含量为2.80%,木质素含量为1.30%(表10-2-6)。

5. 洛龙镇五一村竹林湾片区

代表性片区(DZ-05)中部烟叶(C3F)烟碱含量为26.487 mg/g,降烟碱含量为0.578 mg/g,麦斯明含量为0.003 mg/g,假木贼碱含量为0.150 mg/g,新烟碱含量为0.744 mg/g;烟叶纤维素含量为6.70%,半纤维素含量为2.90%,木质素含量为0.80%(表10-2-6)。

表 10-2-6　代表性片区中部烟叶(C3F)生物碱组分与细胞壁物质

片区	烟碱 /(mg/g)	降烟碱 /(mg/g)	麦斯明 /(mg/g)	假木贼碱 /(mg/g)	新烟碱 /(mg/g)	纤维素 /%	半纤维素 /%	木质素 /%
DZ-01	26.731	0.644	0.004	0.171	0.897	6.70	2.10	0.80
DZ-02	15.389	0.335	0.002	0.124	0.643	8.40	1.70	1.20
DZ-03	18.503	0.383	0.003	0.134	0.593	6.20	3.20	1.10
DZ-04	15.389	0.335	0.002	0.124	0.643	6.20	2.80	1.30
DZ-05	26.487	0.578	0.003	0.150	0.744	6.70	2.90	0.80

五、烟叶多酚与质体色素

1. 玉溪镇城关村玛瑙片区

代表性片区(DZ-01)中部烟叶(C3F)绿原酸含量为 11.080 mg/g,芸香苷含量为9.050 mg/g,莨菪亭含量为0.170 mg/g,β-胡萝卜素含量为0.018 mg/g,叶黄素含量为0.033 mg/g(表10-2-7)。

2. 隆兴镇浣溪村花园片区

代表性片区(DZ-02)中部烟叶(C3F)绿原酸含量为 10.580 mg/g，芸香苷含量为 9.940 mg/g，莨菪亭含量为 0.130 mg/g，β-胡萝卜素含量为 0.026 mg/g，叶黄素含量为 0.048 mg/g(表 10-2-7)。

3. 大礤镇文家坝村柯家山片区

代表性片区(DZ-03)中部烟叶(C3F)绿原酸含量为 11.310 mg/g，芸香苷含量为 9.700 mg/g，莨菪亭含量为 0.130 mg/g，β-胡萝卜素含量为 0.033 mg/g，叶黄素含量为 0.058 mg/g(表 10-2-7)。

4. 忠信镇甘树湾村大水井片区

代表性片区(DZ-04)中部烟叶(C3F)绿原酸含量为 14.900 mg/g，芸香苷含量为 12.070 mg/g，莨菪亭含量为 0.140 mg/g，β-胡萝卜素含量为 0.028 mg/g，叶黄素含量为 0.048 mg/g(表 10-2-7)。

5. 洛龙镇五一村竹林湾片区

代表性片区(DZ-05)中部烟叶(C3F)绿原酸含量为 11.240 mg/g，芸香苷含量为 6.770 mg/g，莨菪亭含量为 0.200 mg/g，β-胡萝卜素含量为 0.029 mg/g，叶黄素含量为 0.068 mg/g(表 10-2-7)。

表 10-2-7　代表性片区中部烟叶(C3F)多酚与质体色素　　(单位：mg/g)

片区	绿原酸	芸香苷	莨菪亭	β-胡萝卜素	叶黄素
DZ-01	11.080	9.050	0.170	0.018	0.033
DZ-02	10.580	9.940	0.130	0.026	0.048
DZ-03	11.310	9.700	0.130	0.033	0.058
DZ-04	14.900	12.070	0.140	0.028	0.048
DZ-05	11.240	6.770	0.200	0.029	0.068

六、烟叶有机酸类物质

1. 玉溪镇城关村玛瑙片区

代表性片区(DZ-01)中部烟叶(C3F)草酸含量为 20.537 mg/g，苹果酸含量为 118.474 mg/g，柠檬酸含量为 9.115 mg/g，棕榈酸含量为 2.377 mg/g，亚油酸含量为 1.324 mg/g，油酸含量为 3.347 mg/g，硬脂酸含量为 0.618 mg/g(表 10-2-8)。

2. 隆兴镇浣溪村花园片区

代表性片区(DZ-02)中部烟叶(C3F)草酸含量为 19.345 mg/g，苹果酸含量为 39.179 mg/g，柠檬酸含量为 4.143 mg/g，棕榈酸含量为 2.160 mg/g，亚油酸含量为 1.242 mg/g，油酸含量为 3.500 mg/g，硬脂酸含量为 0.509 mg/g（表 10-2-8）。

3. 大礤镇文家坝村柯家山片区

代表性片区（DZ-03）中部烟叶（C3F）草酸含量为 20.604 mg/g，苹果酸含量为 43.609 mg/g，柠檬酸含量为 4.102 mg/g，棕榈酸含量为 2.162 mg/g，亚油酸含量为 1.047 mg/g，油酸含量为 3.126 mg/g，硬脂酸含量为 0.436 mg/g（表 10-2-8）。

4. 忠信镇甘树湾村大水井片区

代表性片区（DZ-04）中部烟叶（C3F）草酸含量为 31.587 mg/g，苹果酸含量为 55.959 mg/g，柠檬酸含量为 4.434 mg/g，棕榈酸含量为 2.777 mg/g，亚油酸含量为 1.324 mg/g，油酸含量为 4.108 mg/g，硬脂酸含量为 0.634 mg/g（表 10-2-8）。

5. 洛龙镇五一村竹林湾片区

代表性片区（DZ-05）中部烟叶（C3F）草酸含量为 15.021 mg/g，苹果酸含量为 39.470 mg/g，柠檬酸含量为 3.590 mg/g，棕榈酸含量为 2.018 mg/g，亚油酸含量为 1.135 mg/g，油酸含量为 2.985 mg/g，硬脂酸含量为 0.467 mg/g（表 10-2-8）。

表 10-2-8　代表性片区中部烟叶（C3F）有机酸　　（单位：mg/g）

片区	草酸	苹果酸	柠檬酸	棕榈酸	亚油酸	油酸	硬脂酸
DZ-01	20.537	118.474	9.115	2.377	1.324	3.347	0.618
DZ-02	19.345	39.179	4.143	2.160	1.242	3.500	0.509
DZ-03	20.604	43.609	4.102	2.162	1.047	3.126	0.436
DZ-04	31.587	55.959	4.434	2.777	1.324	4.108	0.634
DZ-05	15.021	39.470	3.590	2.018	1.135	2.985	0.467

七、烟叶氨基酸

1. 玉溪镇城关村玛瑙片区

代表性片区（DZ-01）中部烟叶（C3F）磷酸化-丝氨酸含量为 0.270 μg/mg，牛磺酸含量为 0.311 μg/mg，天冬氨酸含量为 0.067 μg/mg，苏氨酸含量为 0.161 μg/mg，丝氨酸含量为 0.053 μg/mg，天冬酰胺含量为 0.631 μg/mg，谷氨酸含量为 0.077 μg/mg，甘氨酸含量为 0.023 μg/mg，丙氨酸含量为 0.244 μg/mg，缬氨酸含量为 0.054 μg/mg，半胱氨酸含量为 0.152 μg/mg，异亮氨酸含量为 0.017 μg/mg，亮氨酸含量为 0.104 μg/mg，酪氨酸含量为 0.042 μg/mg，苯丙氨酸含量为 0.077 μg/mg，氨基丁酸含量为 0.014 μg/mg，组氨酸含量为 0.056 μg/mg，色氨酸含量为 0.063 μg/mg，精氨酸含量为 0.008 μg/mg（表 10-2-9）。

2. 隆兴镇浣溪村花园片区

代表性片区（DZ-02）中部烟叶（C3F）磷酸化-丝氨酸含量为 0.367 μg/mg，牛磺酸含量为 0.323 μg/mg，天冬氨酸含量为 0.041 μg/mg，苏氨酸含量为 0.106 μg/mg，丝氨酸含量为 0.051 μg/mg，天冬酰胺含量为 0.373 μg/mg，谷氨酸含量为 0.059 μg/mg，甘氨酸含量为 0.028 μg/mg，丙氨酸含量为 0.224 μg/mg，缬氨酸含量为 0.040 μg/mg，半胱氨酸含量为 0.101 μg/mg，异亮氨酸含量为 0.010 μg/mg，亮氨酸含量为 0.077 μg/mg，酪氨酸含量为 0.026 μg/mg，苯丙氨酸含量为 0.063 μg/mg，氨基丁酸含量为 0.011 μg/mg，组氨酸含量为 0.028 μg/mg，色氨酸含量为 0.046 μg/mg，精氨酸含量为 0.001 μg/mg（表 10-2-9）。

3. 大礅镇文家坝村柯家山片区

代表性片区（DZ-03）中部烟叶（C3F）磷酸化-丝氨酸含量为 0.434 μg/mg，牛磺酸含量为 0.430 μg/mg，天冬氨酸含量为 0.127 μg/mg，苏氨酸含量为 0.167 μg/mg，丝氨酸含量为 0.060 μg/mg，天冬酰胺含量为 0.796 μg/mg，谷氨酸含量为 0.105 μg/mg，甘氨酸含量为 0.033 μg/mg，丙氨酸含量为 0.453 μg/mg，缬氨酸含量为 0.054 μg/mg，半胱氨酸含量为 0.125 μg/mg，异亮氨酸含量为 0.010 μg/mg，亮氨酸含量为 0.145 μg/mg，酪氨酸含量为 0.059 μg/mg，苯丙氨酸含量为 0.141 μg/mg，氨基丁酸含量为 0.028 μg/mg，组氨酸含量为 0.058 μg/mg，色氨酸含量为 0.099 μg/mg，精氨酸含量为 0.031 μg/mg（表 10-2-9）。

4. 忠信镇甘树湾村大水井片区

代表性片区（DZ-04）中部烟叶（C3F）磷酸化-丝氨酸含量为 0.432 μg/mg，牛磺酸含量为 0.443 μg/mg，天冬氨酸含量为 0.149 μg/mg，苏氨酸含量为 0.185 μg/mg，丝氨酸含量为 0.062 μg/mg，天冬酰胺含量为 0.748 μg/mg，谷氨酸含量为 0.112 μg/mg，甘氨酸含量为 0.033 μg/mg，丙氨酸含量为 0.474 μg/mg，缬氨酸含量为 0.052 μg/mg，半胱氨酸含量为 0.076 μg/mg，异亮氨酸含量为 0.007 μg/mg，亮氨酸含量为 0.114 μg/mg，酪氨酸含量为 0.046 μg/mg，苯丙氨酸含量为 0.140 μg/mg，氨基丁酸含量为 0.029 μg/mg，组氨酸含量为 0.057 μg/mg，色氨酸含量为 0.100 μg/mg，精氨酸含量为 0.028 μg/mg（表 10-2-9）。

5. 洛龙镇五一村竹林湾片区

代表性片区（DZ-05）中部烟叶（C3F）磷酸化-丝氨酸含量为 0.441 μg/mg，牛磺酸含量为 0.403 μg/mg，天冬氨酸含量为 0.077 μg/mg，苏氨酸含量为 0.182 μg/mg，丝氨酸含量为 0.029 μg/mg，天冬酰胺含量为 0.742 μg/mg，谷氨酸含量为 0.056 μg/mg，甘氨酸含量为 0.026 μg/mg，丙氨酸含量为 0.351 μg/mg，缬氨酸含量为 0.028 μg/mg，半胱氨酸含量为 0.168 μg/mg，异亮氨酸含量为 0 μg/mg，亮氨酸含量为 0.095 μg/mg，酪氨酸含量为 0.040 μg/mg，苯丙氨酸含量为 0.081 μg/mg，氨基丁酸含量为 0.010 μg/mg，组氨酸含量为 0.041 μg/mg，色氨酸含量为 0.065 μg/mg，精氨酸含量为 0.010 μg/mg（表 10-2-9）。

表 10-2-9 代表性片区中部烟叶（C3F）氨基酸 （单位：μg/mg）

氨基酸组分	DZ-01	DZ-02	DZ-03	DZ-04	DZ-05
磷酸化-丝氨酸	0.270	0.367	0.434	0.432	0.441
牛磺酸	0.311	0.323	0.430	0.443	0.403

续表

氨基酸组分	DZ-01	DZ-02	DZ-03	DZ-04	DZ-05
天冬氨酸	0.067	0.041	0.127	0.149	0.077
苏氨酸	0.161	0.106	0.167	0.185	0.182
丝氨酸	0.053	0.051	0.060	0.062	0.029
天冬酰胺	0.631	0.373	0.796	0.748	0.742
谷氨酸	0.077	0.059	0.105	0.112	0.056
甘氨酸	0.023	0.028	0.033	0.033	0.026
丙氨酸	0.244	0.224	0.453	0.474	0.351
缬氨酸	0.054	0.040	0.054	0.052	0.028
半胱氨酸	0.152	0.101	0.125	0.076	0.168
异亮氨酸	0.017	0.010	0.010	0.007	0
亮氨酸	0.104	0.077	0.145	0.114	0.095
酪氨酸	0.042	0.026	0.059	0.046	0.040
苯丙氨酸	0.077	0.063	0.141	0.140	0.081
氨基丁酸	0.014	0.011	0.028	0.029	0.010
组氨酸	0.056	0.028	0.058	0.057	0.041
色氨酸	0.063	0.046	0.099	0.100	0.065
精氨酸	0.008	0.001	0.031	0.028	0.010

八、烟叶香气物质

1. 玉溪镇城关村玛瑙片区

代表性片区(DZ-01)中部烟叶(C3F)茄酮含量为0.571 μg/g，香叶基丙酮含量为0.190 μg/g，降茄二酮含量为0.056 μg/g，β-紫罗兰酮含量为0.269 μg/g，氧化紫罗兰酮含量为0.661 μg/g，二氢猕猴桃内酯含量为2.397 μg/g，巨豆三烯酮1含量为0.022 μg/g，巨豆三烯酮2含量为0.213 μg/g，巨豆三烯酮3含量为0.034 μg/g，巨豆三烯酮4含量为0.168 μg/g，3-羟基-β-二氢大马酮含量为0.202 μg/g，3-氧代-α-紫罗兰醇含量为1.434 μg/g，新植二烯含量为1014.765 μg/g，3-羟基索拉韦惕酮含量为3.830 μg/g，β-法尼烯含量为3.830 μg/g（表10-2-10）。

2. 隆兴镇浣溪村花园片区

代表性片区(DZ-02)中部烟叶(C3F)茄酮含量为0.672 μg/g，香叶基丙酮含量为0.213 μg/g，降茄二酮含量为0.078 μg/g，β-紫罗兰酮含量为0.280 μg/g，氧化紫罗兰酮含量为0.459 μg/g，二氢猕猴桃内酯含量为1.915 μg/g，巨豆三烯酮1含量为0.034 μg/g，巨豆三烯酮2含量为0.504 μg/g，巨豆三烯酮3含量为0.067 μg/g，巨豆三烯酮4含量为0.414 μg/g，3-羟基-β-二氢大马酮含量为0.246 μg/g，3-氧代-α-紫罗兰醇含量为1.803 μg/g，新植二烯含量为771.322 μg/g，3-羟基索拉韦惕酮含量为13.664 μg/g，β-法尼烯含量为7.123 μg/g（表10-2-10）。

3. 大礅镇文家坝村柯家山片区

代表性片区(DZ-03)中部烟叶(C3F)茄酮含量为 0.784 μg/g，香叶基丙酮含量为 0.213 μg/g，降茄二酮含量为 0.090 μg/g，β-紫罗兰酮含量为 0.246 μg/g，氧化紫罗兰酮含量为 0.605 μg/g，二氢猕猴桃内酯含量为 1.837 μg/g，巨豆三烯酮 1 含量为 0.045 μg/g，巨豆三烯酮 2 含量为 0.314 μg/g，巨豆三烯酮 3 含量为 0.078 μg/g，巨豆三烯酮 4 含量为 0.258 μg/g，3-羟基-β-二氢大马酮含量为 0.258 μg/g，3-氧代-α-紫罗兰醇含量为 1.411 μg/g，新植二烯含量为 740.846 μg/g，3-羟基索拉韦惕酮含量为 3.226 μg/g，β-法尼烯含量为 3.763 μg/g(表 10-2-10)。

4. 忠信镇甘树湾村大水井片区

代表性片区(DZ-04)中部烟叶(C3F)茄酮含量为 0.549 μg/g，香叶基丙酮含量为 0.224 μg/g，降茄二酮含量为 0.078 μg/g，β-紫罗兰酮含量为 0.302 μg/g，氧化紫罗兰酮含量为 0.526 μg/g，二氢猕猴桃内酯含量为 2.094 μg/g，巨豆三烯酮 1 含量为 0.034 μg/g，巨豆三烯酮 2 含量为 0.314 μg/g，巨豆三烯酮 3 含量为 0.045 μg/g，巨豆三烯酮 4 含量为 0.258 μg/g，3-羟基-β-二氢大马酮含量为 0.179 μg/g，3-氧代-α-紫罗兰醇含量为 1.210 μg/g，新植二烯含量为 932.512 μg/g，3-羟基索拉韦惕酮含量为 1.837 μg/g，β-法尼烯含量为 6.485 μg/g(表 10-2-10)。

5. 洛龙镇五一村竹林湾片区

代表性片区(DZ-05)中部烟叶(C3F)茄酮含量为 0.694 μg/g，香叶基丙酮含量为 0.190 μg/g，降茄二酮含量为 0.056 μg/g，β-紫罗兰酮含量为 0.246 μg/g，氧化紫罗兰酮含量为 0.616 μg/g，二氢猕猴桃内酯含量为 1.747 μg/g，巨豆三烯酮 1 含量为 0.022 μg/g，巨豆三烯酮 2 含量为 0.190 μg/g，巨豆三烯酮 3 含量为 0.034 μg/g，巨豆三烯酮 4 含量为 0.202 μg/g，3-羟基-β-二氢大马酮含量为 0.067 μg/g，3-氧代-α-紫罗兰醇含量为 0.493 μg/g，新植二烯含量为 737.486 μg/g，3-羟基索拉韦惕酮含量为 4.301 μg/g，β-法尼烯含量为 5.925 μg/g(表 10-2-10)。

表 10-2-10　代表性片区中部烟叶(C3F)香气物质　　(单位：μg/g)

香气物质	DZ-01	DZ-02	DZ-03	DZ-04	DZ-05
茄酮	0.571	0.672	0.784	0.549	0.694
香叶基丙酮	0.190	0.213	0.213	0.224	0.190
降茄二酮	0.056	0.078	0.090	0.078	0.056
β-紫罗兰酮	0.269	0.280	0.246	0.302	0.246
氧化紫罗兰酮	0.661	0.459	0.605	0.526	0.616
二氢猕猴桃内酯	2.397	1.915	1.837	2.094	1.747
巨豆三烯酮 1	0.022	0.034	0.045	0.034	0.022
巨豆三烯酮 2	0.213	0.504	0.314	0.314	0.190

续表

香气物质	DZ-01	DZ-02	DZ-03	DZ-04	DZ-05
巨豆三烯酮 3	0.034	0.067	0.078	0.045	0.034
巨豆三烯酮 4	0.168	0.414	0.258	0.258	0.202
3-羟基-β-二氢大马酮	0.202	0.246	0.258	0.179	0.067
3-氧代-α-紫罗兰醇	1.434	1.803	1.411	1.210	0.493
新植二烯	1014.765	771.322	740.846	932.512	737.486
3-羟基索拉韦惕酮	3.830	13.664	3.226	1.837	4.301
β-法尼烯	3.830	7.123	3.763	6.485	5.925

九、烟叶感官质量

1. 玉溪镇城关村玛瑙片区

代表性片区（DZ-01）中部烟叶（C3F）感官质量评价结果显示，香韵指标包含的干草香、清甜香、正甜香、焦甜香、青香、木香、豆香、坚果香、焦香、辛香、果香、药草香、花香、树脂香、酒香的各项指标值分别为 3.33、0、2.83、0、0.78、2.00、0、1.00、1.50、0、0、0、0、0，烟气指标包含的香气状态、烟气浓度、劲头、香气质、香气量和透发性的各项指标值分别为 3.11、3.22、2.94、3.00、3.11 和 3.11，杂气指标包含的青杂气、生青气、枯焦气、木质气、土腥气、松脂气、花粉气、药草气和金属气的各项指标值分别为 1.22、0.94、0.83、1.22、0、0、0、0、0，口感指标包含的细腻程度、柔和程度、圆润感、刺激性、干燥感和余味的各项指标值分别为 2.94、2.89、2.83、2.50、2.33 和 2.89（表 10-2-11）。

2. 隆兴镇浣溪村花园片区

代表性片区（DZ-02）中部烟叶（C3F）感官质量评价结果显示，香韵指标包含的干草香、清甜香、正甜香、焦甜香、青香、木香、豆香、坚果香、焦香、辛香、果香、药草香、花香、树脂香、酒香的各项指标值分别为 3.33、0、2.89、0、0.83、2.06、0、0.83、1.00、1.44、0、0、0、0、0，烟气指标包含的香气状态、烟气浓度、劲头、香气质、香气量和透发性的各项指标值分别为 3.06、3.06、2.83、3.17、3.11 和 3.00，杂气指标包含的青杂气、生青气、枯焦气、木质气、土腥气、松脂气、花粉气、药草气和金属气的各项指标值分别为 1.11、0.61、0.78、1.22、0、0、0、0、0，口感指标包含的细腻程度、柔和程度、圆润感、刺激性、干燥感和余味的各项指标值分别为 3.11、3.06、2.94、2.06、2.28 和 3.06（表 10-2-11）。

3. 大礤镇文家坝村柯家山片区

代表性片区（DZ-03）中部烟叶（C3F）感官质量评价结果显示，香韵指标包含的干草香、清甜香、正甜香、焦甜香、青香、木香、豆香、坚果香、焦香、辛香、果香、药草香、花香、树脂香、酒香的各项指标值分别为 3.39、0、2.94、0、0.67、2.17、0、0.83、

1.00、1.61、0、0、0、0、0，烟气指标包含的香气状态、烟气浓度、劲头、香气质、香气量和透发性的各项指标值分别为 3.11、3.11、2.67、3.22、3.11 和 3.11，杂气指标包含的青杂气、生青气、枯焦气、木质气、土腥气、松脂气、花粉气、药草气和金属气的各项指标值分别为 1.22、0.61、1.00、1.28、0、0、0、0、0，口感指标包含的细腻程度、柔和程度、圆润感、刺激性、干燥感和余味的各项指标值分别为 2.89、2.94、2.76、2.33、2.39 和 2.94（表 10-2-11）。

4. 忠信镇甘树湾村大水井片区

代表性片区（DZ-04）中部烟叶（C3F）感官质量评价结果显示，香韵指标包含的干草香、清甜香、正甜香、焦甜香、青香、木香、豆香、坚果香、焦香、辛香、果香、药草香、花香、树脂香、酒香的各项指标值分别为 3.39、0、2.72、0、0.78、2.00、0、0.72、0.89、1.67、0、0、0、0、0，烟气指标包含的香气状态、烟气浓度、劲头、香气质、香气量和透发性的各项指标值分别为 2.78、3.00、2.61、2.83、2.72 和 3.06，杂气指标包含的青杂气、生青气、枯焦气、木质气、土腥气、松脂气、花粉气、药草气和金属气的各项指标值分别为 1.17、0.89、0.89、1.44、0、0、0、0、0，口感指标包含的细腻程度、柔和程度、圆润感、刺激性、干燥感和余味的各项指标值分别为 2.78、2.89、2.72、2.33、2.39 和 2.89（表 10-2-11）。

5. 洛龙镇五一村竹林湾片区

代表性片区（DZ-05）中部烟叶（C3F）感官质量评价结果显示，香韵指标包含的干草香、清甜香、正甜香、焦甜香、青香、木香、豆香、坚果香、焦香、辛香、果香、药草香、花香、树脂香、酒香的各项指标值分别为 3.56、0、2.72、0、0.72、2.11、0、0.67、0.94、1.56、0、0、0、0、0，烟气指标包含的香气状态、烟气浓度、劲头、香气质、香气量和透发性的各项指标值分别为 2.89、3.11、2.72、2.94、3.06 和 3.00，杂气指标包含的青杂气、生青气、枯焦气、木质气、土腥气、松脂气、花粉气、药草气和金属气的各项指标值分别为 1.28、0.89、0.89、1.22、0、0、0、0、0，口感指标包含的细腻程度、柔和程度、圆润感、刺激性、干燥感和余味的各项指标值分别为 2.89、2.89、2.83、2.56、2.44 和 2.72（表 10-2-11）。

表 10-2-11　代表性片区中部烟叶（C3F）感官质量

评价指标		DZ-01	DZ-02	DZ-03	DZ-04	DZ-05
香韵	干草香	3.33	3.33	3.39	3.39	3.56
	清甜香	0	0	0	0	0
	正甜香	2.83	2.89	2.94	2.72	2.72
	焦甜香	0	0	0	0	0
	青香	0.78	0.83	0.67	0.78	0.72
	木香	2.00	2.06	2.17	2.00	2.11
	豆香	0	0	0	0	0

续表

评价指标		DZ-01	DZ-02	DZ-03	DZ-04	DZ-05
香韵	坚果香	0	0.83	0.83	0.72	0.67
	焦香	1.00	1.00	1.00	0.89	0.94
	辛香	1.50	1.44	1.61	1.67	1.56
	果香	0	0	0	0	0
	药草香	0	0	0	0	0
	花香	0	0	0	0	0
	树脂香	0	0	0	0	0
	酒香	0	0	0	0	0
烟气	香气状态	3.11	3.06	3.11	2.78	2.89
	烟气浓度	3.22	3.06	3.11	3.00	3.11
	劲头	2.94	2.83	2.67	2.61	2.72
	香气质	3.00	3.17	3.22	2.83	2.94
	香气量	3.11	3.11	3.11	2.72	3.06
	透发性	3.11	3.00	3.11	3.06	3.00
杂气	青杂气	1.22	1.11	1.22	1.17	1.28
	生青气	0.94	0.61	0.61	0.89	0.89
	枯焦气	0.83	0.78	1.00	0.89	0.89
	木质气	1.22	1.22	1.28	1.44	1.22
	土腥气	0	0	0	0	0
	松脂气	0	0	0	0	0
	花粉气	0	0	0	0	0
	药草气	0	0	0	0	0
	金属气	0	0	0	0	0
口感	细腻程度	2.94	3.11	2.89	2.78	2.89
	柔和程度	2.89	3.06	2.94	2.89	2.89
	圆润感	2.83	2.94	2.76	2.72	2.83
	刺激性	2.50	2.06	2.33	2.33	2.56
	干燥感	2.33	2.28	2.39	2.39	2.44
	余味	2.89	3.06	2.94	2.89	2.72

第三节 湖北咸丰烟叶风格特征

湖北省咸丰县地处湖北省西南部，武陵山东部、鄂西南边陲，鄂、湘、黔、渝四省（市）边区结合部；位于北纬 29°19′～30°2′，东经 108°37′～109°20′，距恩施土家族苗族自治州（恩施州）州府所在地恩施市 98 km，距重庆市黔江区 53 km。咸丰县是武陵山区烤烟种植区的典型烤烟产区之一。根据目前该县烤烟种植片区分布特点和烟叶质量风格特征，选择 5 个代表性种植片区，作为该县烟叶质量风格特征的代表性区域进行描述。

一、烟田与烟株基本特征

1. 黄金洞乡石仁坪村 12 组片区

代表性片区（XF-01）中心点位于北纬 29°52′9.027″、东经 109°6′38.004″，海拔 888 m。地形为中山沟谷地，成土母质为灰岩风化沟谷冲积–堆积物，平旱地，土壤亚类为普通简育湿润雏形土。烤烟、玉米不定期轮作，烤烟大田生长期 5～9 月。田间长相长势较好，烟株呈筒形结构，株高 96.90 cm，茎围 8.70 cm，有效叶片数 20.80，中部烟叶长 67.30 cm、宽 25.00 cm，上部烟叶长 59.80 cm、宽 19.30 cm（图 10-3-1，表 10-3-1）。

图 10-3-1   XF-01 片区烟田

2. 尖山乡三角庄村 5 组片区

代表性片区（XF-02）中心点位于北纬 29°41′11.207″、东经 108°57′47.399″，海拔 711 m。中山坡地中下部，成土母质为白云岩风化坡积物，缓坡旱地，土壤亚类为淋溶钙质湿润雏形土。烤烟、玉米不定期轮作，烤烟大田生长期 5～9 月。烤烟田间长相长势较好，烟株呈筒形结构，株高 93.60 cm，茎围 7.60 cm，有效叶片数 20.50，中部烟叶长 58.10 cm、宽 23.80 cm，上部烟叶长 50.30 cm、宽 17.10 cm（图 10-3-2，表 10-3-1）。

图 10-3-2   XF-02 片区烟田

3. 忠堡镇石门坎村片区

代表性片区（XF-03）中心点位于北纬 29°39′31.175″、东经 109°14′59.574″，海拔 771 m。低山沟谷地，成土母质为沟谷冲积-洪积物，水田，土壤亚类为普通简育水耕人为土。烤烟、晚稻轮作，烤烟大田生长期 5～9 月。烤烟田间长相长势以中棵烟为主，烟株呈筒形结构，株高 107.70 cm，茎围 9.50 cm，有效叶片数 18.40，中部烟叶长 65.30 cm、宽 24.50 cm，上部烟叶长 59.20 cm、宽 18.90 cm（图 10-3-3，表 10-3-1）。

图 10-3-3　XF-03 片区烟田

4. 丁寨乡十字路村片区

代表性片区（XF-04）中心点位于北纬 29°38′12.589″、东经 109°6′5.534″，海拔 817 m。中山坡地坡麓，成土母质为白云岩/泥质岩风化坡积物，中坡旱地，土壤亚类为斑纹铁质湿润淋溶土。烤烟、玉米隔年轮作，烤烟大田生长期 5～9 月。烤烟田间长相长势中等，烟株呈塔形结构，株高 82.80 cm，茎围 7.60cm，有效叶片数 17.70，中部烟叶长 59.10 cm、宽 24.20 cm，上部烟叶长 50.80 cm、宽 17.40 cm（图 10-3-4，表 10-3-1）。

图 10-3-4　XF-04 片区烟田

5. 丁寨乡土地坪村片区

代表性片区(XF-05)中心点位于北纬 29°34′20.065″、东经 109°3′44.126″，海拔 1107 m。中山沟谷地，成土母质为白云岩风化沟谷冲积-堆积物，旱地，土壤亚类为普通暗色潮湿雏形土。烤烟、玉米不定期轮作，烤烟大田生长期 5～9 月。烤烟田间长相长势以中棵偏高烟为主，烟株呈塔形结构，株高 116.00 cm，茎围 9.40cm，有效叶片数 20.30，中部烟叶长 77.10 cm、宽 27.40 cm，上部烟叶长 60.00 cm、宽 19.40 cm(图 10-3-5，表 10-3-1)。

图 10-3-5　XF-05 片区烟田

表 10-3-1　代表性片区烟株主要农艺性状

片区	株高 /cm	茎围 /cm	有效叶 /片	中部叶/cm		上部叶/cm		株型
				叶长	叶宽	叶长	叶宽	
XF-01	96.90	8.70	20.80	67.30	25.00	59.80	19.30	筒形
XF-02	93.60	7.60	20.50	58.10	23.80	50.30	17.10	筒形
XF-03	107.70	9.50	18.40	65.30	24.50	59.20	18.90	筒形
XF-04	82.80	7.60	17.70	59.10	24.20	50.80	17.40	塔形
XF-05	116.00	9.40	20.30	77.10	27.40	60.00	19.40	塔形

二、烟叶外观质量与物理指标

1. 黄金洞乡石仁坪村 12 组片区

代表性片区(XF-01)烟叶外观质量指标的成熟度得分 8.00，颜色得分 8.50，油分得分 7.50，身份得分 7.50，结构得分 8.50，色度得分 7.50。烟叶物理指标中的单叶重 9.35 g，叶片密度 72.70 g/m^2，含梗率 33.43%，平衡含水率 14.37%，叶片长度 63.38 cm，叶片宽度 21.94 cm，叶片厚度 99.30 μm，填充值 3.22 cm^3/g(图 10-3-6，表 10-3-2 和表 10-3-3)。

图 10-3-6　XF-01 片区初烤烟叶

2. 尖山乡三角庄村 5 组片区

代表性片区(XF-02)烟叶外观质量指标的成熟度得分 7.00，颜色得分 7.50，油分得分 7.00，身份得分 7.50，结构得分 7.50，色度得分 7.00。烟叶物理指标中的单叶重 9.13 g，叶片密度 68.24 g/m²，含梗率 30.39%，平衡含水率 16.67%，叶片长度 60.73 cm，叶片宽度 19.24 cm，叶片厚度 122.80 μm，填充值 3.44 cm³/g(图 10-3-7，表 10-3-2 和表 10-3-3)。

图 10-3-7　XF-02 片区初烤烟叶

3. 忠堡镇石门坎村片区

代表性片区(XF-03)烟叶外观质量指标的成熟度得分 7.50，颜色得分 8.00，油分得分 7.00，身份得分 7.00，结构得分 8.00，色度得分 7.50。烟叶物理指标中的单叶重 9.81 g，叶片密度 65.34 g/m²，含梗率 30.96%，平衡含水率 15.43%，叶片长度 67.67 cm，叶片宽度 21.30 cm，叶片厚度 99.00 μm，填充值 2.89 cm³/g（图 10-3-8，表 10-3-2 和表 10-3-3）。

图 10-3-8　XF-03 片区初烤烟叶

4. 丁寨乡十字路村片区

代表性片区（XF-04）烟叶外观质量指标的成熟度得分 6.50，颜色得分 7.50，油分得分 7.00，身份得分 7.50，结构得分 7.00，色度得分 7.00。烟叶物理指标中的单叶重 9.82 g，叶片密度 71.45 g/m²，含梗率 31.49%，平衡含水率 13.61%，叶片长度 65.60 cm，叶片宽度 20.88 cm，叶片厚度 103.87 μm，填充值 3.16 cm³/g（图 10-3-9，表 10-3-2 和表 10-3-3）。

图 10-3-9　XF-04 片区初烤烟叶

5. 丁寨乡土地坪村片区

代表性片区（XF-05）烟叶外观质量指标的成熟度得分 7.50，颜色得分 8.50，油分得分 7.50,身份得分 7.50,结构得分 8.00,色度得分 7.50。烟叶物理指标中的单叶重 9.78 g,叶片密度 68.62 g/m²,含梗率 33.73%,平衡含水率 16.24%,叶片长度 64.35 cm,叶片宽度 21.41 cm,叶片厚度 103.87 μm,填充值 3.16 cm³/g(图 10-3-10,表 10-3-2 和表 10-3-3)。

图 10-3-10　XF-05 片区初烤烟叶

表 10-3-2　代表性片区烟叶外观质量

片区	成熟度	颜色	油分	身份	结构	色度
XF-01	8.00	8.50	7.50	7.50	8.50	7.50
XF-02	7.00	7.50	7.00	7.50	7.50	7.00
XF-03	7.50	8.00	7.00	7.00	8.00	7.50
XF-04	6.50	7.50	7.00	7.50	7.00	7.00
XF-05	7.50	8.50	7.50	7.50	8.00	7.50

表 10-3-3　代表性片区烟叶物理指标

片区	单叶重 /g	叶片密度 /(g/m²)	含梗率 /%	平衡含水率 /%	叶长 /cm	叶宽 /cm	叶片厚度 /μm	填充值 /(cm³/g)
XF-01	9.35	72.70	33.43	14.37	63.38	21.94	99.30	3.22
XF-02	9.13	68.24	30.39	16.67	60.73	19.24	122.80	3.44
XF-03	9.81	65.34	30.96	15.43	67.67	21.30	99.00	2.89
XF-04	9.82	71.45	31.49	13.61	65.60	20.88	103.87	3.16
XF-05	9.78	68.62	33.73	16.24	64.35	21.41	103.87	3.16

三、烟叶常规化学成分与中微量元素

1. 黄金洞乡石仁坪村 12 组片区

代表性片区(XF-01)中部烟叶(C3F)总糖含量 29.13%,还原糖含量 25.30%,总氮含

量 1.97%，总植物碱含量 2.86%，氯含量 0.29%，钾含量 2.22%，糖碱比 10.19，淀粉含量 3.92%（表 10-3-4）。烟叶铜含量为 0.129 g/kg，铁含量为 0.953 g/kg，锰含量为 2.178 g/kg，锌含量为 0.403 g/kg，钙含量为 165.237 mg/kg，镁含量为 16.897 mg/kg（表 10-3-5）。

2. 尖山乡三角庄村 5 组片区

代表性片区（XF-02）中部烟叶（C3F）总糖含量 26.61%，还原糖含量 23.44%，总氮含量 1.90%，总植物碱含量 2.63%，氯含量 0.26%，钾含量 2.23%，糖碱比 10.12，淀粉含量 2.22%（表 10-3-4）。烟叶铜含量为 0.111 g/kg，铁含量为 0.960 g/kg，锰含量为 0.794 g/kg，锌含量为 0.297 g/kg，钙含量为 189.894 mg/kg，镁含量为 29.904 mg/kg（表 10-3-5）。

3. 忠堡镇石门坎村片区

代表性片区（XF-03）中部烟叶（C3F）总糖含量 20.11%，还原糖含量 18.76%，总氮含量 2.61%，总植物碱含量 3.24%，氯含量 0.47%，钾含量 1.88%，糖碱比 6.21，淀粉含量 2.70%（表 10-3-4）。烟叶铜含量为 0.052 g/kg，铁含量为 1.037 g/kg，锰含量为 2.962 g/kg，锌含量为 0.359 g/kg，钙含量为 190.910 mg/kg，镁含量为 18.459 mg/kg（表 10-3-5）。

4. 丁寨乡十字路村片区

代表性片区（XF-04）中部烟叶（C3F）总糖含量 25.46%，还原糖含量 22.95%，总氮含量 2.19%，总植物碱含量 3.07%，氯含量 0.30%，钾含量 1.93%，糖碱比 8.29，淀粉含量 3.18%（表 10-3-4）。烟叶铜含量为 0.132 g/kg，铁含量为 0.937 g/kg，锰含量为 2.879 g/kg，锌含量为 0.460 g/kg，钙含量为 161.824 mg/kg，镁含量为 22.936 mg/kg（表 10-3-5）。

5. 丁寨乡土地坪村片区

代表性片区（XF-05）中部烟叶（C3F）总糖含量 27.90%，还原糖含量 25.04%，总氮含量 1.93%，总植物碱含量 2.69%，氯含量 0.44%，钾含量 2.28%，糖碱比 10.37，淀粉含量 3.11%（表 10-3-4）。烟叶铜含量为 0.043 g/kg，铁含量为 1.111 g/kg，锰含量为 4.652 g/kg，锌含量为 0.323 g/kg，钙含量为 174.088 mg/kg，镁含量为 20.697 mg/kg（表 10-3-5）。

表 10-3-4　代表性片区中部烟叶（C3F）常规化学成分

片区	总糖/%	还原糖/%	总氮/%	总植物碱/%	氯/%	钾/%	糖碱比	淀粉/%
XF-01	29.13	25.30	1.97	2.86	0.29	2.22	10.19	3.92
XF-02	26.61	23.44	1.90	2.63	0.26	2.23	10.12	2.22
XF-03	20.11	18.76	2.61	3.24	0.47	1.88	6.21	2.70
XF-04	25.46	22.95	2.19	3.07	0.30	1.93	8.29	3.18
XF-05	27.90	25.04	1.93	2.69	0.44	2.28	10.37	3.11

表 10-3-5　代表性片区中部烟叶（C3F）中微量元素

片区	Cu /(g/kg)	Fe /(g/kg)	Mn /(g/kg)	Zn /(g/kg)	Ca /(mg/kg)	Mg /(mg/kg)
XF-01	0.129	0.953	2.178	0.403	165.237	16.897
XF-02	0.111	0.960	0.794	0.297	189.894	29.904
XF-03	0.052	1.037	2.962	0.359	190.910	18.459
XF-04	0.132	0.937	2.879	0.460	161.824	22.936
XF-05	0.043	1.111	4.652	0.323	174.088	20.697

四、烟叶生物碱组分与细胞壁物质

1. 黄金洞乡石仁坪村 12 组片区

代表性片区（XF-01）中部烟叶（C3F）烟碱含量为 25.701 mg/g，降烟碱含量为 0.612 mg/g，麦斯明含量为 0.004 mg/g，假木贼碱含量为 0.160 mg/g，新烟碱含量为 0.809 mg/g；烟叶纤维素含量为 6.10%，半纤维素含量为 2.50%，木质素含量为 1.00%（表 10-3-6）。

2. 尖山乡三角庄村 5 组片区

代表性片区（XF-02）中部烟叶（C3F）烟碱含量为 28.430 mg/g，降烟碱含量为 0.698 mg/g，麦斯明含量为 0.005 mg/g，假木贼碱含量为 0.161 mg/g，新烟碱含量为 0.752 mg/g；烟叶纤维素含量为 7.50%，半纤维素含量为 2.80%，木质素含量为 1.10%（表 10-3-6）。

3. 忠堡镇石门坎村片区

代表性片区（XF-03）中部烟叶（C3F）烟碱含量为 33.950 mg/g，降烟碱含量为 0.792 mg/g，麦斯明含量为 0.005 mg/g，假木贼碱含量为 0.212 mg/g，新烟碱含量为 1.024 mg/g；烟叶纤维素含量为 6.40%，半纤维素含量为 2.00%，木质素含量为 1.10%（表 10-3-6）。

4. 丁寨乡十字路村片区

代表性片区（XF-04）中部烟叶（C3F）烟碱含量为 24.483 mg/g，降烟碱含量为 0.602 mg/g，麦斯明含量为 0.005 mg/g，假木贼碱含量为 0.150 mg/g，新烟碱含量为 0.727 mg/g；烟叶纤维素含量为 6.40%，半纤维素含量为 1.70%，木质素含量为 1.20%（表 10-3-6）。

5. 丁寨乡土地坪村片区

代表性片区（XF-05）中部烟叶（C3F）烟碱含量为 32.189 mg/g，降烟碱含量为 0.900 mg/g，麦斯明含量为 0.005 mg/g，假木贼碱含量为 0.203 mg/g，新烟碱含量为 0.860 mg/g；烟叶纤维素含量为 7.30%，半纤维素含量为 2.90%，木质素含量为 1.20%（表 10-3-6）。

表 10-3-6　代表性片区中部烟叶(C3F)生物碱组分与细胞壁物质

片区	烟碱 /(mg/g)	降烟碱 /(mg/g)	麦斯明 /(mg/g)	假木贼碱 /(mg/g)	新烟碱 /(mg/g)	纤维素 /%	半纤维素 /%	木质素 /%
XF-01	25.701	0.612	0.004	0.160	0.809	6.10	2.50	1.00
XF-02	28.430	0.698	0.005	0.161	0.752	7.50	2.80	1.10
XF-03	33.950	0.792	0.005	0.212	1.024	6.40	2.00	1.10
XF-04	24.483	0.602	0.005	0.150	0.727	6.40	1.70	1.20
XF-05	32.189	0.900	0.005	0.203	0.860	7.30	2.90	1.20

五、烟叶多酚与质体色素

1. 黄金洞乡石仁坪村 12 组片区

代表性片区(XF-01)中部烟叶(C3F)绿原酸含量为 10.640 mg/g，芸香苷含量为 9.270 mg/g，莨菪亭含量为 0.140 mg/g，β-胡萝卜素含量为 0.042 mg/g，叶黄素含量为 0.093 mg/g(表 10-3-7)。

2. 尖山乡三角庄村 5 组片区

代表性片区(XF-02)中部烟叶(C3F)绿原酸含量为 11.240 mg/g，芸香苷含量为 7.400 mg/g，莨菪亭含量为 0.210 mg/g，β-胡萝卜素含量为 0.047 mg/g，叶黄素含量为 0.099 mg/g(表 10-3-7)。

3. 忠堡镇石门坎村片区

代表性片区(XF-03)中部烟叶(C3F)绿原酸含量为 9.280 mg/g，芸香苷含量为 7.730 mg/g，莨菪亭含量为 0.410 mg/g，β-胡萝卜素含量为 0.057 mg/g，叶黄素含量为 0.107 mg/g(表 10-3-7)。

4. 丁寨乡十字路村片区

代表性片区(XF-04)中部烟叶(C3F)绿原酸含量为 10.820 mg/g，芸香苷含量为 9.430 mg/g，莨菪亭含量为 0.190 mg/g，β-胡萝卜素含量为 0.047 mg/g，叶黄素含量为 0.088 mg/g(表 10-3-7)。

5. 丁寨乡土地坪村片区

代表性片区(XF-05)中部烟叶(C3F)绿原酸含量为 10.070 mg/g，芸香苷含量为 8.350 mg/g，莨菪亭含量为 0.220 mg/g，β-胡萝卜素含量为 0.038 mg/g，叶黄素含量为 0.077 mg/g(表 10-3-7)。

表 10-3-7　代表性片区中部烟叶（C3F）多酚与质体色素　　（单位：mg/g）

片区	绿原酸	芸香苷	莨菪亭	β-胡萝卜素	叶黄素
XF-01	10.640	9.270	0.140	0.042	0.093
XF-02	11.240	7.400	0.210	0.047	0.099
XF-03	9.280	7.730	0.410	0.057	0.107
XF-04	10.820	9.430	0.190	0.047	0.088
XF-05	10.070	8.350	0.220	0.038	0.077

六、烟叶有机酸类物质

1. 黄金洞乡石仁坪村 12 组片区

代表性片区（XF-01）中部烟叶（C3F）草酸含量为 17.942 mg/g，苹果酸含量为 59.055 mg/g，柠檬酸含量为 6.445 mg/g，棕榈酸含量为 2.323 mg/g，亚油酸含量为 1.323 mg/g，油酸含量为 3.436 mg/g，硬脂酸含量为 0.590 mg/g（表 10-3-8）。

2. 尖山乡三角庄村 5 组片区

代表性片区（XF-02）中部烟叶（C3F）草酸含量为 16.462 mg/g，苹果酸含量为 45.205 mg/g，柠檬酸含量为 5.449 mg/g，棕榈酸含量为 1.802 mg/g，亚油酸含量为 1.187 mg/g，油酸含量为 3.695 mg/g，硬脂酸含量为 0.463 mg/g（表 10-3-8）。

3. 忠堡镇石门坎村片区

代表性片区（XF-03）中部烟叶（C3F）草酸含量为 24.070 mg/g，苹果酸含量为 79.936 mg/g，柠檬酸含量为 11.717 mg/g，棕榈酸含量为 2.841 mg/g，亚油酸含量为 1.852 mg/g，油酸含量为 3.854 mg/g，硬脂酸含量为 0.693 mg/g（表 10-3-8）。

4. 丁寨乡十字路村片区

代表性片区（XF-04）中部烟叶（C3F）草酸含量为 23.885 mg/g，苹果酸含量为 91.734 mg/g，柠檬酸含量为 9.586 mg/g，棕榈酸含量为 3.175 mg/g，亚油酸含量为 1.773 mg/g，油酸含量为 4.636 mg/g，硬脂酸含量为 0.826 mg/g（表 10-3-8）。

5. 丁寨乡土地坪村片区

代表性片区（XF-05）中部烟叶（C3F）草酸含量为 16.705 mg/g，苹果酸含量为 39.744 mg/g，柠檬酸含量为 6.954 mg/g，棕榈酸含量为 1.725 mg/g，亚油酸含量为 1.138 mg/g，油酸含量为 3.312 mg/g，硬脂酸含量为 0.423 mg/g（表 10-3-8）。

表 10-3-8　　代表性片区中部烟叶（C3F）有机酸　　　　（单位：mg/g）

片区	草酸	苹果酸	柠檬酸	棕榈酸	亚油酸	油酸	硬脂酸
XF-01	17.942	59.055	6.445	2.323	1.323	3.436	0.590
XF-02	16.462	45.205	5.449	1.802	1.187	3.695	0.463
XF-03	24.070	79.936	11.717	2.841	1.852	3.854	0.693
XF-04	23.885	91.734	9.586	3.175	1.773	4.636	0.826
XF-05	16.705	39.744	6.954	1.725	1.138	3.312	0.423

七、烟叶氨基酸

1. 黄金洞乡石仁坪村 12 组片区

代表性片区（XF-01）中部烟叶（C3F）磷酸化-丝氨酸含量为 0.353 μg/mg，牛磺酸含量为 0.459 μg/mg，天冬氨酸含量为 0.112 μg/mg，苏氨酸含量为 0.221 μg/mg，丝氨酸含量为 0.051 μg/mg，天冬酰胺含量为 0.901 μg/mg，谷氨酸含量为 0.108 μg/mg，甘氨酸含量为 0.033 μg/mg，丙氨酸含量为 0.490 μg/mg，缬氨酸含量为 0.072 μg/mg，半胱氨酸含量为 0.114 μg/mg，异亮氨酸含量为 0.014 μg/mg，亮氨酸含量为 0.134 μg/mg，酪氨酸含量为 0.050 μg/mg，苯丙氨酸含量为 0.132 μg/mg，氨基丁酸含量为 0.042 μg/mg，组氨酸含量为 0.061 μg/mg，色氨酸含量为 0.102 μg/mg，精氨酸含量为 0 μg/mg（表 10-3-9）。

2. 尖山乡三角庄村 5 组片区

代表性片区（XF-02）中部烟叶（C3F）磷酸化-丝氨酸含量为 0.321 μg/mg，牛磺酸含量为 0.426 μg/mg，天冬氨酸含量为 0.144 μg/mg，苏氨酸含量为 0.094 μg/mg，丝氨酸含量为 0.087 μg/mg，天冬酰胺含量为 0.619 μg/mg，谷氨酸含量为 0.102 μg/mg，甘氨酸含量为 0.037 μg/mg，丙氨酸含量为 0.424 μg/mg，缬氨酸含量为 0.093 μg/mg，半胱氨酸含量为 0.076 μg/mg，异亮氨酸含量为 0.023 μg/mg，亮氨酸含量为 0.112 μg/mg，酪氨酸含量为 0.046 μg/mg，苯丙氨酸含量为 0.137 μg/mg，氨基丁酸含量为 0.061 μg/mg，组氨酸含量为 0.082 μg/mg，色氨酸含量为 0 μg/mg，精氨酸含量为 0.026 μg/mg（表 10-3-9）。

3. 忠堡镇石门坎村片区

代表性片区（XF-03）中部烟叶（C3F）磷酸化-丝氨酸含量为 0.269 μg/mg，牛磺酸含量为 0.406 μg/mg，天冬氨酸含量为 0.207 μg/mg，苏氨酸含量为 0.116 μg/mg，丝氨酸含量为 0.069 μg/mg，天冬酰胺含量为 1.637 μg/mg，谷氨酸含量为 0.146 μg/mg，甘氨酸含量为 0.059 μg/mg，丙氨酸含量为 0.605 μg/mg，缬氨酸含量为 0.102 μg/mg，半胱氨酸含量为 0.280 μg/mg，异亮氨酸含量为 0.016 μg/mg，亮氨酸含量为 0.120 μg/mg，酪氨酸含量为 0.076 μg/mg，苯丙氨酸含量为 0.227 μg/mg，氨基丁酸含量为 0.109 μg/mg，组氨酸含量为 0.155 μg/mg，色氨酸含量为 0.156μg/mg，精氨酸含量为 0.047 μg/mg（表 10-3-9）。

4. 丁寨乡十字路村片区

代表性片区(XF-04)中部烟叶(C3F)磷酸化-丝氨酸含量为 0.471 µg/mg，牛磺酸含量为 0.411 µg/mg，天冬氨酸含量为 0.143 µg/mg，苏氨酸含量为 0.240 µg/mg，丝氨酸含量为 0.084 µg/mg，天冬酰胺含量为 1.523 µg/mg，谷氨酸含量为 0.132 µg/mg，甘氨酸含量为 0.039 µg/mg，丙氨酸含量为 0.512 µg/mg，缬氨酸含量为 0.086 µg/mg，半胱氨酸含量为 0.283 µg/mg，异亮氨酸含量为 0.014 µg/mg，亮氨酸含量为 0.180 µg/mg，酪氨酸含量为 0.066 µg/mg，苯丙氨酸含量为 0.161 µg/mg，氨基丁酸含量为 0.044 µg/mg，组氨酸含量为 0.110 µg/mg，色氨酸含量为 0.155 µg/mg，精氨酸含量为 0.042 µg/mg(表 10-3-9)。

5. 丁寨乡土地坪村片区

代表性片区(XF-05)中部烟叶(C3F)磷酸化-丝氨酸含量为 0.353 µg/mg，牛磺酸含量为 0.185 µg/mg，天冬氨酸含量为 0.075 µg/mg，苏氨酸含量为 0.154µg/mg，丝氨酸含量为 0.076 µg/mg，天冬酰胺含量为 0.720 µg/mg，谷氨酸含量为 0.122 µg/mg，甘氨酸含量为 0.026 µg/mg，丙氨酸含量为 0.303 µg/mg，缬氨酸含量为 0.076 µg/mg，半胱氨酸含量为 0.180 µg/mg，异亮氨酸含量为 0.020 µg/mg，亮氨酸含量为 0.117 µg/mg，酪氨酸含量为 0.036 µg/mg，苯丙氨酸含量为 0.125 µg/mg，氨基丁酸含量为 0.035 µg/mg，组氨酸含量为 0.054 µg/mg，色氨酸含量为 0.060 µg/mg，精氨酸含量为 0.012 µg/mg(表 10-3-9)。

表 10-3-9　代表性片区中部烟叶(C3F)氨基酸　　　(单位：µg/mg)

氨基酸组分	XF-01	XF-02	XF-03	XF-04	XF-05
磷酸化-丝氨酸	0.353	0.321	0.269	0.471	0.353
牛磺酸	0.459	0.426	0.406	0.411	0.185
天冬氨酸	0.112	0.144	0.207	0.143	0.075
苏氨酸	0.221	0.094	0.116	0.240	0.154
丝氨酸	0.051	0.087	0.069	0.084	0.076
天冬酰胺	0.901	0.619	1.637	1.523	0.720
谷氨酸	0.108	0.102	0.146	0.132	0.122
甘氨酸	0.033	0.037	0.059	0.039	0.026
丙氨酸	0.490	0.424	0.605	0.512	0.303
缬氨酸	0.072	0.093	0.102	0.086	0.076
半胱氨酸	0.114	0.076	0.280	0.283	0.180
异亮氨酸	0.014	0.023	0.016	0.014	0.020
亮氨酸	0.134	0.112	0.120	0.180	0.117
酪氨酸	0.050	0.046	0.076	0.066	0.036
苯丙氨酸	0.132	0.137	0.227	0.161	0.125
氨基丁酸	0.042	0.061	0.109	0.044	0.035
组氨酸	0.061	0.082	0.155	0.110	0.054
色氨酸	0.102	0.000	0.156	0.155	0.060
精氨酸	0.000	0.026	0.047	0.042	0.012

八、烟叶香气物质

1. 黄金洞乡石仁坪村 12 组片区

代表性片区(XF-01)中部烟叶(C3F)茄酮含量为 1.288 μg/g,香叶基丙酮含量为 0.493 μg/g,降茄二酮含量为 0.134 μg/g,β-紫罗兰酮含量为 0.403 μg/g,氧化紫罗兰酮含量为 0.538 μg/g,二氢猕猴桃内酯含量为 3.819 μg/g,巨豆三烯酮 1 含量为 0.101 μg/g,巨豆三烯酮 2 含量为 1.669 μg/g,巨豆三烯酮 3 含量为 0.190 μg/g,巨豆三烯酮 4 含量为 1.243 μg/g,3-羟基-β-二氢大马酮含量为 0.806 μg/g,3-氧代-α-紫罗兰醇含量为 2.274 μg/g,新植二烯含量为 803.802 μg/g,3-羟基索拉韦惕酮含量为 7.560 μg/g,β-法尼烯含量为 10.763 μg/g(表 10-3-10)。

2. 尖山乡三角庄村 5 组片区

代表性片区(XF-02)中部烟叶(C3F)茄酮含量为 1.008 μg/g,香叶基丙酮含量为 0.448 μg/g,降茄二酮含量为 0.101 μg/g,β-紫罗兰酮含量为 0.482 μg/g,氧化紫罗兰酮含量为 0.414 μg/g,二氢猕猴桃内酯含量为 3.517 μg/g,巨豆三烯酮 1 含量为 0.157 μg/g,巨豆三烯酮 2 含量为 1.534 μg/g,巨豆三烯酮 3 含量为 0.246 μg/g,巨豆三烯酮 4 含量为 1.221 μg/g,3-羟基-β-二氢大马酮含量为 1.378 μg/g,3-氧代-α-紫罗兰醇含量为 5.454 μg/g,新植二烯含量为 1079.870 μg/g,3-羟基索拉韦惕酮含量为 5.555 μg/g,β-法尼烯含量为 10.584 μg/g(表 10-3-10)。

3. 忠堡镇石门坎村片区

代表性片区(XF-03)中部烟叶(C3F)茄酮含量为 1.904 μg/g,香叶基丙酮含量为 0.616 μg/g,降茄二酮含量为 0.146 μg/g,β-紫罗兰酮含量为 0.672 μg/g,氧化紫罗兰酮含量为 0.829 μg/g,二氢猕猴桃内酯含量为 2.229 μg/g,巨豆三烯酮 1 含量为 0.078 μg/g,巨豆三烯酮 2 含量为 0.627 μg/g,巨豆三烯酮 3 含量为 0.123 μg/g,巨豆三烯酮 4 含量为 0.493 μg/g,3-羟基-β-二氢大马酮含量为 0.392 μg/g,3-氧代-α-紫罗兰醇含量为 2.072 μg/g,新植二烯含量为 552.429 μg/g,3-羟基索拉韦惕酮含量为 3.091 μg/g,β-法尼烯含量为 6.104 μg/g(表 10-3-10)。

4. 丁寨乡十字路村片区

代表性片区(XF-04)中部烟叶(C3F)茄酮含量为 0.694 μg/g,香叶基丙酮含量为 0.582 μg/g,降茄二酮含量为 0.078 μg/g,β-紫罗兰酮含量为 0.482 μg/g,氧化紫罗兰酮含量为 0.605 μg/g,二氢猕猴桃内酯含量为 5.186 μg/g,巨豆三烯酮 1 含量为 0.146 μg/g,巨豆三烯酮 2 含量为 1.243 μg/g,巨豆三烯酮 3 含量为 0.146 μg/g,巨豆三烯酮 4 含量为 1.232 μg/g,3-羟基-β-二氢大马酮含量为 0.997 μg/g,3-氧代-α-紫罗兰醇含量为 3.774 μg/g,新植二烯含量为 950.410 μg/g,3-羟基索拉韦惕酮含量为 4.693 μg/g,β-法尼烯含量为 8.344 μg/g(表 10-3-10)。

5. 丁寨乡土地坪村片区

代表性片区（XF-05）中部烟叶（C3F）茄酮含量为 0.930 μg/g，香叶基丙酮含量为 0.538 μg/g，降茄二酮含量为 0.134 μg/g，β-紫罗兰酮含量为 0.392 μg/g，氧化紫罗兰酮含量为 0.493 μg/g，二氢猕猴桃内酯含量为 3.763 μg/g，巨豆三烯酮 1 含量为 0.078 μg/g，巨豆三烯酮 2 含量为 1.322 μg/g，巨豆三烯酮 3 含量为 0.179 μg/g，巨豆三烯酮 4 含量为 1.053 μg/g，3-羟基-β-二氢大马酮含量为 1.266 μg/g，3-氧代-α-紫罗兰醇含量为 5.398 μg/g，新植二烯含量为 950.578 μg/g，3-羟基索拉韦惕酮含量为 4.872 μg/g，β-法尼烯含量为 8.568 μg/g（表 10-3-10）。

表 10-3-10　代表性片区中部烟叶（C3F）香气物质　　　　（单位：μg/g）

香气物质	XF-01	XF-02	XF-03	XF-04	XF-05
茄酮	1.288	1.008	1.904	0.694	0.930
香叶基丙酮	0.493	0.448	0.616	0.582	0.538
降茄二酮	0.134	0.101	0.146	0.078	0.134
β-紫罗兰酮	0.403	0.482	0.672	0.482	0.392
氧化紫罗兰酮	0.538	0.414	0.829	0.605	0.493
二氢猕猴桃内酯	3.819	3.517	2.229	5.186	3.763
巨豆三烯酮 1	0.101	0.157	0.078	0.146	0.078
巨豆三烯酮 2	1.669	1.534	0.627	1.243	1.322
巨豆三烯酮 3	0.190	0.246	0.123	0.146	0.179
巨豆三烯酮 4	1.243	1.221	0.493	1.232	1.053
3-羟基-β-二氢大马酮	0.806	1.378	0.392	0.997	1.266
3-氧代-α-紫罗兰醇	2.274	5.454	2.072	3.774	5.398
新植二烯	803.802	1079.870	552.429	950.410	950.578
3-羟基索拉韦惕酮	7.560	5.555	3.091	4.693	4.872
β-法尼烯	10.763	10.584	6.104	8.344	8.568

九、烟叶感官质量

1. 黄金洞乡石仁坪村 12 组片区

代表性片区（XF-01）中部烟叶（C3F）感官质量评价结果显示，香韵指标包含的干草香、清甜香、正甜香、焦甜香、青香、木香、豆香、坚果香、焦香、辛香、果香、药草香、花香、树脂香、酒香的各项指标值分别为 3.62、0、3.23、0、1.00、2.00、0、0、0.75、0.69、0、0、0、0、0，烟气指标包含的香气状态、烟气浓度、劲头、香气质、香气量和透发性的各项指标值分别为 3.31、2.92、2.77、3.54、3.15 和 2.92，杂气指标包含的青杂气、生青气、枯焦气、木质气、土腥气、松脂气、花粉气、药草气和金属气的各项指标值分别为 1.15、0、0、1.31、0、0、0、0、0，口感指标包含的细腻程度、柔和程度、圆润感、刺激性、干燥感和余味的各项指标值分别为 3.08、3.08、3.00、2.38、2.23 和 3.46（表 10-3-11）。

2. 尖山乡三角庄村 5 组片区

代表性片区（XF-02）中部烟叶（C3F）感官质量评价结果显示，香韵指标包含的干草香、清甜香、正甜香、焦甜香、青香、木香、豆香、坚果香、焦香、辛香、果香、药草香、花香、树脂香、酒香的各项指标值分别为 3.31、0、3.08、0、0.69、2.15、0、0、0、0.77、0、0、0、0、0，烟气指标包含的香气状态、烟气浓度、劲头、香气质、香气量和透发性的各项指标值分别为 3.23、3.17、2.83、3.23、3.15 和 3.00，杂气指标包含的青杂气、生青气、枯焦气、木质气、土腥气、松脂气、花粉气、药草气和金属气的各项指标值分别为 1.38、0、0、1.46、0、0、0、0、0，口感指标包含的细腻程度、柔和程度、圆润感、刺激性、干燥感和余味的各项指标值分别为 3.08、3.00、2.85、2.38、2.69 和 3.15（表 10-3-11）。

3. 忠堡镇石门坎村片区

代表性片区（XF-03）中部烟叶（C3F）感官质量评价结果显示，香韵指标包含的干草香、清甜香、正甜香、焦甜香、青香、木香、豆香、坚果香、焦香、辛香、果香、药草香、花香、树脂香、酒香的各项指标值分别为 3.69、0、2.92、0、0.85、2.08、0、0、0、0.69、0、0、0、0、0，烟气指标包含的香气状态、烟气浓度、劲头、香气质、香气量和透发性的各项指标值分别为 3.31、2.85、2.69、3.46、3.08 和 2.92，杂气指标包含的青杂气、生青气、枯焦气、木质气、土腥气、松脂气、花粉气、药草气和金属气的各项指标值分别为 1.15、0、0、1.46、0、0、0、0、0，口感指标包含的细腻程度、柔和程度、圆润感、刺激性、干燥感和余味的各项指标值分别为 3.38、3.08、2.92、2.23、2.62 和 3.38（表 10-3-11）。

4. 丁寨乡十字路村片区

代表性片区（XF-04）中部烟叶（C3F）感官质量评价结果显示，香韵指标包含的干草香、清甜香、正甜香、焦甜香、青香、木香、豆香、坚果香、焦香、辛香、果香、药草香、花香、树脂香、酒香的各项指标值分别为 3.50、0、3.00、0、0、1.89、0、0.61、1.06、1.22、0、0、0、0、0，烟气指标包含的香气状态、烟气浓度、劲头、香气质、香气量和透发性的各项指标值分别为 2.72、3.17、3.06、3.06、3.11 和 3.11，杂气指标包含的青杂气、生青气、枯焦气、木质气、土腥气、松脂气、花粉气、药草气和金属气的各项指标值分别为 1.11、0、0.83、1.61、0、0、0、0、0，口感指标包含的细腻程度、柔和程度、圆润感、刺激性、干燥感和余味的各项指标值分别为 2.61、2.78、2.56、2.78、2.72 和 2.78（表 10-3-11）。

5. 丁寨乡土地坪村片区

代表性片区（XF-05）中部烟叶（C3F）感官质量评价结果显示，香韵指标包含的干草香、清甜香、正甜香、焦甜香、青香、木香、豆香、坚果香、焦香、辛香、果香、药草香、花香、树脂香、酒香的各项指标值分别为3.18、0、2.88、0、0、1.71、0、0、0.53、0.59、0、0、0、0、0，烟气指标包含的香气状态、烟气浓度、劲头、香气质、香气量和透发性的各项指标值分别为2.94、2.71、2.88、2.94、2.65和2.71，杂气指标包含的青杂气、生青气、枯焦气、木质气、土腥气、松脂气、花粉气、药草气和金属气的各项指标值分别为1.00、0、0、1.35、0、0、0、0、0，口感指标包含的细腻程度、柔和程度、圆润感、刺激性、干燥感和余味的各项指标值分别为2.88、2.94、2.59、2.59、2.88和2.82（表10-3-11）。

表 10-3-11 代表性片区中部烟叶（C3F）感官质量

评价指标		XF-01	XF-02	XF-03	XF-04	XF-05
香韵	干草香	3.62	3.31	3.69	3.50	3.18
	清甜香	0	0	0	0	0
	正甜香	3.23	3.08	2.92	3.00	2.88
	焦甜香	0	0	0	0	0
	青香	1.00	0.69	0.85	0	0
	木香	2.00	2.15	2.08	1.89	1.71
	豆香	0	0	0	0	0
	坚果香	0	0	0	0.61	0
	焦香	0.75	0	0	1.06	0.53
	辛香	0.69	0.77	0.69	1.22	0.59
	果香	0	0	0	0	0
	药草香	0	0	0	0	0
	花香	0	0	0	0	0
	树脂香	0	0	0	0	0
	酒香	0	0	0	0	0
烟气	香气状态	3.31	3.23	3.31	2.72	2.94
	烟气浓度	2.92	3.17	2.85	3.17	2.71
	劲头	2.77	2.83	2.69	3.06	2.88
	香气质	3.54	3.23	3.46	3.06	2.94
	香气量	3.15	3.15	3.08	3.11	2.65
	透发性	2.92	3.00	2.92	3.11	2.71
杂气	青杂气	1.15	1.38	1.15	1.11	1.00
	生青气	0	0	0	0	0
	枯焦气	0	0	0	0.83	0
	木质气	1.31	1.46	1.46	1.61	1.35
	土腥气	0	0	0	0	0
	松脂气	0	0	0	0	0
	花粉气	0	0	0	0	0
	药草气	0	0	0	0	0
	金属气	0	0	0	0	0

续表

评价指标		XF-01	XF-02	XF-03	XF-04	XF-05
口感	细腻程度	3.08	3.08	3.38	2.61	2.88
	柔和程度	3.08	3.00	3.08	2.78	2.94
	圆润感	3.00	2.85	2.92	2.56	2.59
	刺激性	2.38	2.38	2.23	2.78	2.59
	干燥感	2.23	2.69	2.62	2.72	2.88
	余味	3.46	3.15	3.38	2.78	2.82

第四节　湖北利川烟叶风格特征

湖北省利川市地处北纬 29°42′~30°39′、东经 108°21′~109°18′，位于鄂西南隅，巫山流脉和武陵山北上余支交会部，清江、郁江发源地。境内万山重叠，沟壑纵横；东与恩施市接壤，南与咸丰县毗连，西南与重庆黔江区、彭水苗族土家族自治县相邻，由西至北依次与重庆石柱土家族自治县、万州区、云阳县、奉节县毗连。利川市是武陵山区烤烟种植区的典型烤烟产区之一，根据目前该市烤烟种植片区分布特点和烟叶质量风格特征，选择 5 个代表性种植片区，作为该市烟叶质量风格特征的代表性区域进行描述。

一、烟田与烟株基本特征

1. 柏杨镇团圆村 13 组片区

代表性片区（LC-01）中心点地处北纬 30°28′35.801″、东经 108°56′28.937″，海拔 1249 m。中山坡地坡麓，缓坡旱地，成土母质为灰岩风化坡积物下伏下蜀黄土，土壤亚类为普通简育湿润雏形土。种植制度为烤烟、玉米不定期轮作，烤烟大田生长期 4~9 月。烤烟田间长势长相长势较好，烟株呈筒形结构，株高 99.70 cm，茎围 9.20 cm，有效叶片数 22.20，中部烟叶长 73.20 cm、宽 25.60 cm，上部烟叶长 60.40 cm、宽 19.90 cm（图 10-4-1，表 10-4-1）。

图 10-4-1　LC-01 片区烟田

2. 汪营镇白泥塘村 6 组片区

代表性片区(LC-02)中心点位于北纬30°16′49.904″、东经108°44′1.488″,海拔1115 m。中山坡地中部,缓坡旱地,成土母质为灰岩风化坡积物与下蜀黄土混合物,土壤亚类为普通铝质湿润淋溶土。种植制度为烤烟、玉米不定期轮作,烤烟大田生长期 4~9 月。烤烟田间长相长势以中等为主,烟株呈筒形结构,株高 89.20 cm,茎围 8.90 cm,有效叶片数 19.70,中部烟叶长 68.90 cm、宽 28.10 cm,上部烟叶长 54.30 cm、宽 17.40 cm(图 10-4-2,表 10-4-1)。

图 10-4-2　LC-02 片区烟田

3. 凉雾乡老场村 11 组片区

代表性片区(LC-03)中心点地处北纬 30°16′46.228″、东经 108°49′52.075″,海拔 1127 m。中山坡地下部,成土母质为古红土,缓坡旱地,土壤亚类为红色铁质湿润淋溶土。种植制度为烤烟、晚稻轮作,烤烟大田生长期 4~9 月。烤烟田间长相长势较好,烟株呈筒形结构,株高 98.20 cm,茎围 9.80 cm,有效叶片数 21.30,中部烟叶长 74.00 cm、宽 26.10 cm,上部烟叶长 60.60 cm、宽 19.10 cm(图 10-4-3,表 10-4-1)。

图 10-4-3　LC-03 片区烟田

4. 忠路镇龙塘村6组片区

代表性片区（LC-04）中心点地处北纬 30°3′11.811″、东经 108°37′3.946″，海拔 1156 m。中山沟谷地，成土母质为灰岩风化坡积物下伏下蜀黄土，旱地，土壤亚类为普通暗色潮湿雏形土。种植制度为烤烟、玉米隔年轮作，烤烟大田生长期4~9月。烤烟田间长相长势较好，烟株呈筒形结构，株高96.70 cm，茎围9.80 cm，有效叶片数17.80，中部烟叶长83.10 cm、宽28.10 cm，上部烟叶长73.80 cm、宽24.00 cm（图10-4-4，表10-4-1）。

图 10-4-4　LC-04 片区烟田

5. 文斗乡青山村6组片区

代表性片区（LC-05）中心点位于北纬 29°58′49.266″、东经 108°35′48.415″，海拔 1277 m。中山沟谷地，成土母质为灰岩风化坡积物下伏下蜀黄土，中坡旱地，土壤亚类为普通暗色潮湿雏形土。种植制度为烤烟、玉米隔年轮作，烤烟大田生长期4~9月。烤烟田间长相长势较好，烟株呈筒形结构，株高97.20 cm，茎围9.10 cm，有效叶片数19.90，中部烟叶长73.20 cm、宽25.80 cm，上部烟叶长64.00 cm、宽17.70 cm（图10-4-5，表10-4-1）。

图 10-4-5　LC-05 片区烟田

表 10-4-1　代表性片区烟株主要农艺性状

片区	株高/cm	茎围/cm	有效叶/片	中部叶/cm		上部叶/cm		株型
				叶长	叶宽	叶长	叶宽	
LC-01	99.70	9.20	22.20	73.20	25.60	60.40	19.90	筒形
LC-02	89.20	8.90	19.70	68.90	28.10	54.30	17.40	筒形
LC-03	98.20	9.80	21.30	74.00	26.10	60.60	19.10	筒形
LC-04	96.70	9.80	17.80	83.10	28.10	73.80	24.00	筒形
LC-05	97.20	9.10	19.90	73.20	25.80	64.00	17.70	筒形

二、烟叶外观质量与物理指标

1. 柏杨镇团圆村 13 组片区

代表性片区(LC-01)烟叶外观质量指标的成熟度得分 7.50，颜色得分 8.50，油分得分 7.50，身份得分 7.50，结构得分 7.50，色度得分 8.00。烟叶物理指标中的单叶重 9.30 g，叶片密度 69.98 g/m^2，含梗率 35.00%，平衡含水率 14.14%，叶片长度 67.55 cm，叶片宽度 21.20 cm，叶片厚度 103.57 μm，填充值 3.13 cm^3/g(图 10-4-6，表 10-4-2 和表 10-4-3)。

图 10-4-6　LC-01 片区初烤烟叶

2. 汪营镇白泥塘村 6 组片区

代表性片区(LC-02)烟叶外观质量指标的成熟度得分 8.00，颜色得分 8.00，油分得分 7.50，身份得分 8.00，结构得分 7.50，色度得分 7.50。烟叶物理指标中的单叶重 8.45 g，叶片密度 63.52 g/m^2，含梗率 30.81%，平衡含水率 16.20%，叶片长度 60.30 cm，叶片宽度 17.94 cm，叶片厚度 93.53 μm，填充值 3.41 cm^3/g(图 10-4-7，表 10-4-2 和表 10-4-3)。

图 10-4-7　LC-02 片区初烤烟叶

3. 凉雾乡老场村 11 组片区

代表性片区(LC-03)烟叶外观质量指标的成熟度得分 7.00，颜色得分 8.50，油分得分 7.00，身份得分 8.00，结构得分 7.50，色度得分 7.50。烟叶物理指标中的单叶重 10.07 g，叶片密度 72.70 g/m^2，含梗率 31.58%，平衡含水率 16.14%，叶片长度 65.43 cm，叶片宽度 20.95 cm，叶片厚度 104.00 μm，填充值 2.79 cm^3/g(图 10-4-8，表 10-4-2 和表 10-4-3)。

图 10-4-8　LC-03 片区初烤烟叶

4. 忠路镇龙塘村 6 组片区

代表性片区(LC-04)烟叶外观质量指标的成熟度得分 6.50，颜色得分 7.50，油分得分 7.00，身份得分 7.50，结构得分 7.50，色度得分 7.00。烟叶物理指标中的单叶重

11.39 g，叶片密度 65.56 g/m²，含梗率 31.72%，平衡含水率 16.51%，叶片长度 70.50 cm，叶片宽度 21.17 cm，叶片厚度 108.93 μm，填充值 2.97 cm³/g（图 10-4-9，表 10-4-2 和表 10-4-3）。

图 10-4-9　LC-04 片区初烤烟叶

5. 文斗乡青山村 6 组片区

代表性片区（LC-05）烟叶外观质量指标的成熟度得分 8.00，颜色得分 8.50，油分得分 8.50，身份得分 8.00，结构得分 8.00，色度得分 7.50。烟叶物理指标中的单叶重 8.53 g，叶片密度 69.15 g/m²，含梗率 28.90%，平衡含水率 16.98%，叶片长度 57.93 cm，叶片宽度 18.62 cm，叶片厚度 123.93 μm，填充值 3.19 cm³/g（图 10-4-10，表 10-4-2 和表 10-4-3）。

图 10-4-10　LC-05 片区初烤烟叶

表 10-4-2　代表性片区烟叶外观质量

片区	成熟度	颜色	油分	身份	结构	色度
LC-01	7.50	8.50	7.50	7.50	7.50	8.00
LC-02	8.00	8.00	7.50	8.00	7.50	7.50
LC-03	7.00	8.50	7.00	8.00	7.50	7.50
LC-04	6.50	7.50	7.00	7.50	7.50	7.00
LC-05	8.00	8.50	8.50	8.00	8.00	7.50

表 10-4-3　代表性片区烟叶物理指标

片区	单叶重 /g	叶片密度 /(g/m²)	含梗率 /%	平衡含水率 /%	叶长 /cm	叶宽 /cm	叶片厚度 /μm	填充值 /(cm³/g)
LC-01	9.30	69.98	35.00	14.14	67.55	21.20	103.57	3.13
LC-02	8.45	63.52	30.81	16.20	60.30	17.94	93.53	3.41
LC-03	10.07	72.70	31.58	16.14	65.43	20.95	104.00	2.79
LC-04	11.39	65.56	31.72	16.51	70.50	21.17	108.93	2.97
LC-05	8.53	69.15	28.90	16.98	57.93	18.62	123.93	3.19

三、烟叶常规化学成分与中微量元素

1. 柏杨镇团圆村 13 组片区

代表性片区（LC-01）中部烟叶（C3F）总糖含量 34.05%，还原糖含量 30.74%，总氮含量 1.87%，总植物碱含量 1.73%，氯含量 0.16%，钾含量 2.09%，糖碱比 19.68，淀粉含量 3.19%（表 10-4-4）。烟叶铜含量为 0.053 g/kg，铁含量为 1.322 g/kg，锰含量为 3.706 g/kg，锌含量为 0.172 g/kg，钙含量为 156.213 mg/kg，镁含量为 13.448 mg/kg（表 10-4-5）。

2. 汪营镇白泥塘村 6 组片区

代表性片区（LC-02）中部烟叶（C3F）总糖含量 29.59%，还原糖含量 26.26%，总氮含量 2.22%，总植物碱含量 2.46%，氯含量 0.33%，钾含量 1.83%，糖碱比 12.03，淀粉含量 2.12%（表 10-4-4）。烟叶铜含量为 0.091 g/kg，铁含量为 0.897 g/kg，锰含量为 1.711 g/kg，锌含量为 0.172 g/kg，钙含量为 158.125 mg/kg，镁含量为 25.603 mg/kg（表 10-4-5）。

3. 凉雾乡老场村 11 组片区

代表性片区（LC-03）中部烟叶（C3F）总糖含量 28.47%，还原糖含量 27.14%，总氮含量 2.12%，总植物碱含量 2.45%，氯含量 0.19%，钾含量 2.11%，糖碱比 11.62，淀粉含量 3.24%（表 10-4-4）。烟叶铜含量为 0.063 g/kg，铁含量为 1.335 g/kg，锰含量为 6.553 g/kg，锌含量为 0.325 g/kg，钙含量为 170.803 mg/kg，镁含量为 21.415 mg/kg（表 10-4-5）。

4. 忠路镇龙塘村 6 组片区

代表性片区(LC-04)中部烟叶(C3F)总糖含量 32.17%,还原糖含量 28.99%,总氮含量 2.00%,总植物碱含量 3.36%,氯含量 0.19%,钾含量 1.97%,糖碱比 9.57,淀粉含量 3.39%(表 10-4-4)。烟叶铜含量为 0.114 g/kg,铁含量为 1.099 g/kg,锰含量为 4.886 g/kg,锌含量为 0.620 g/kg,钙含量为 182.864 mg/kg,镁含量为 9.786 mg/kg(表 10-4-5)。

5. 文斗乡青山村 6 组片区

代表性片区(LC-05)中部烟叶(C3F)总糖含量 28.71%,还原糖含量 27.70%,总氮含量 2.22%,总植物碱含量 2.91%,氯含量 0.22%,钾含量 2.37%,糖碱比 9.87,淀粉含量 3.52%(表 10-4-4)。烟叶铜含量为 0.164 g/kg,铁含量为 0.683 g/kg,锰含量为 6.603 g/kg,锌含量为 0.584 g/kg,钙含量为 129.355 mg/kg,镁含量为 8.601 mg/kg(表 10-4-5)。

表 10-4-4　代表性片区中部烟叶(C3F)常规化学成分

片区	总糖/%	还原糖/%	总氮/%	总植物碱/%	氯/%	钾/%	糖碱比	淀粉/%
LC-01	34.05	30.74	1.87	1.73	0.16	2.09	19.68	3.19
LC-02	29.59	26.26	2.22	2.46	0.33	1.83	12.03	2.12
LC-03	28.47	27.14	2.12	2.45	0.19	2.11	11.62	3.24
LC-04	32.17	28.99	2.00	3.36	0.19	1.97	9.57	3.39
LC-05	28.71	27.70	2.22	2.91	0.22	2.37	9.87	3.52

表 10-4-5　代表性片区中部烟叶(C3F)中微量元素

片区	Cu /(g/kg)	Fe /(g/kg)	Mn /(g/kg)	Zn /(g/kg)	Ca /(mg/kg)	Mg /(mg/kg)
LC-01	0.053	1.322	3.706	0.172	156.213	13.448
LC-02	0.091	0.897	1.711	0.172	158.125	25.603
LC-03	0.063	1.335	6.553	0.325	170.803	21.415
LC-04	0.114	1.099	4.886	0.620	182.864	9.786
LC-05	0.164	0.683	6.603	0.584	129.355	8.601

四、烟叶生物碱组分与细胞壁物质

1. 柏杨镇团圆村 13 组片区

代表性片区(LC-01)中部烟叶(C3F)烟碱含量为 20.634 mg/g,降烟碱含量为 0.603 mg/g,麦斯明含量为 0.005 mg/g,假木贼碱含量为 0.166 mg/g,新烟碱含量为 0.726 mg/g;烟叶纤维素含量为 7.10%,半纤维素含量为 2.90%,木质素含量为 1.70%(表 10-4-6)。

2. 汪营镇白泥塘村 6 组片区

代表性片区(LC-02)中部烟叶(C3F)烟碱含量为 29.973 mg/g,降烟碱含量为 0.770 mg/g,麦斯明含量为 0.004 mg/g,假木贼碱含量为 0.162 mg/g,新烟碱含量为 1.214 mg/g;烟叶纤维素含量为 7.20%,半纤维素含量为 2.90%,木质素含量为 1.50%(表 10-4-6)。

3. 凉雾乡老场村 11 组片区

代表性片区(LC-03)中部烟叶(C3F)烟碱含量为 21.744 mg/g,降烟碱含量为 0.451 mg/g,麦斯明含量为 0.003 mg/g,假木贼碱含量为 0.147 mg/g,新烟碱含量为 0.776 mg/g;烟叶纤维素含量为 6.80%,半纤维素含量为 3.20%,木质素含量为 1.40%(表 10-4-6)。

4. 忠路镇龙塘村 6 组片区

代表性片区(LC-04)中部烟叶(C3F)烟碱含量为 27.125 mg/g,降烟碱含量为 0.587 mg/g,麦斯明含量为 0.004 mg/g,假木贼碱含量为 0.202 mg/g,新烟碱含量为 0.871 mg/g;烟叶纤维素含量为 6.70%,半纤维素含量为 3.50%,木质素含量为 1.30%(表 10-4-6)。

5. 文斗乡青山村 6 组片区

代表性片区(LC-05)中部烟叶(C3F)烟碱含量为 16.133 mg/g,降烟碱含量为 0.366 mg/g,麦斯明含量为 0.002mg/g,假木贼碱含量为 0.125 mg/g,新烟碱含量为 0.651 mg/g;烟叶纤维素含量为 6.00%,半纤维素含量为 2.40%,木质素含量为 0.90%(表 10-4-6)。

表 10-4-6　代表性片区中部烟叶(C3F)生物碱组分与细胞壁物质

片区	烟碱 /(mg/g)	降烟碱 /(mg/g)	麦斯明 /(mg/g)	假木贼碱 /(mg/g)	新烟碱 /(mg/g)	纤维素 /%	半纤维素 /%	木质素 /%
LC-01	20.634	0.603	0.005	0.166	0.726	7.10	2.90	1.70
LC-02	29.973	0.770	0.004	0.162	1.214	7.20	2.90	1.50
LC-03	21.744	0.451	0.003	0.147	0.776	6.80	3.20	1.40
LC-04	27.125	0.587	0.004	0.202	0.871	6.70	3.50	1.30
LC-05	16.133	0.366	0.002	0.125	0.651	6.00	2.40	0.90

五、烟叶多酚与质体色素

1. 柏杨镇团圆村 13 组片区

代表性片区 (LC-01) 中部烟叶 (C3F) 绿原酸含量为 14.380 mg/g,芸香苷含量为 11.540 mg/g,莨菪亭含量为 0.170 mg/g,β-胡萝卜素含量为 0.038 mg/g,叶黄素含量为 0.072 mg/g(表 10-4-7)。

2. 汪营镇白泥塘村 6 组片区

代表性片区（LC-02）中部烟叶（C3F）绿原酸含量为 17.870 mg/g，芸香苷含量为 9.370 mg/g，莨菪亭含量为 0.100 mg/g，β-胡萝卜素含量为 0.055 mg/g，叶黄素含量为 0.102 mg/g（表 10-4-7）。

3. 凉雾乡老场村 11 组片区

代表性片区（LC-03）中部烟叶（C3F）绿原酸含量为 12.210 mg/g，芸香苷含量为 10.530 mg/g，莨菪亭含量为 0.110 mg/g，β-胡萝卜素含量为 0.028 mg/g，叶黄素含量为 0.055 mg/g（表 10-4-7）。

4. 忠路镇龙塘村 6 组片区

代表性片区（LC-04）中部烟叶（C3F）绿原酸含量为 14.340 mg/g，芸香苷含量为 11.630 mg/g，莨菪亭含量为 0.190 mg/g，β-胡萝卜素含量为 0.032 mg/g，叶黄素含量为 0.053 mg/g（表 10-4-7）。

5. 文斗乡青山村 6 组片区

代表性片区（LC-05）中部烟叶（C3F）绿原酸含量为 13.600 mg/g，芸香苷含量为 10.930 mg/g，莨菪亭含量为 0.130 mg/g，β-胡萝卜素含量为 0.040 mg/g，叶黄素含量为 0.072 mg/g（表 10-4-7）。

表 10-4-7　代表性片区中部烟叶（C3F）多酚与质体色素　　　　（单位：mg/g）

片区	绿原酸	芸香苷	莨菪亭	β-胡萝卜素	叶黄素
LC-01	14.380	11.540	0.170	0.038	0.072
LC-02	17.870	9.370	0.100	0.055	0.102
LC-03	12.210	10.530	0.110	0.028	0.055
LC-04	14.340	11.630	0.190	0.032	0.053
LC-05	13.600	10.930	0.130	0.040	0.072

六、烟叶有机酸类物质

1. 柏杨镇团圆村 13 组片区

代表性片区（LC-01）中部烟叶（C3F）草酸含量为 16.558 mg/g，苹果酸含量为 61.958 mg/g，柠檬酸含量为 5.554 mg/g，棕榈酸含量为 2.836 mg/g，亚油酸含量为 1.576 mg/g，油酸含量为 4.479 mg/g，硬脂酸含量为 0.692 mg/g（表 10-4-8）。

2. 汪营镇白泥塘村 6 组片区

代表性片区（LC-02）中部烟叶（C3F）草酸含量为 27.172 mg/g，苹果酸含量为 62.264 mg/g，柠檬酸含量为 6.901 mg/g，棕榈酸含量为 2.096 mg/g，亚油酸含量为 1.612 mg/g，油酸含量为 2.695 mg/g，硬脂酸含量为 0.515 mg/g（表 10-4-8）。

3. 凉雾乡老场村 11 组片区

代表性片区（LC-03）中部烟叶（C3F）草酸含量为 15.647 mg/g，苹果酸含量为 63.746 mg/g，柠檬酸含量为 6.130 mg/g，棕榈酸含量为 1.878 mg/g，亚油酸含量为 1.172 mg/g，油酸含量为 3.014 mg/g，硬脂酸含量为 0.466 mg/g（表 10-4-8）。

4. 忠路镇龙塘村 6 组片区

代表性片区（LC-04）中部烟叶（C3F）草酸含量为 12.133 mg/g，苹果酸含量为 41.943 mg/g，柠檬酸含量为 3.715 mg/g，棕榈酸含量为 1.674 mg/g，亚油酸含量为 1.023 mg/g，油酸含量为 2.490 mg/g，硬脂酸含量为 0.491 mg/g（表 10-4-8）。

5. 文斗乡青山村 6 组片区

代表性片区（LC-05）中部烟叶（C3F）草酸含量为 12.947 mg/g，苹果酸含量为 56.272 mg/g，柠檬酸含量为 4.009 mg/g，棕榈酸含量为 2.010 mg/g，亚油酸含量为 1.283 mg/g，油酸含量为 2.985 mg/g，硬脂酸含量为 0.591 mg/g（表 10-4-8）。

表 10-4-8　代表性片区中部烟叶（C3F）有机酸　　（单位：mg/g）

片区	草酸	苹果酸	柠檬酸	棕榈酸	亚油酸	油酸	硬脂酸
LC-01	16.558	61.958	5.554	2.836	1.576	4.479	0.692
LC-02	27.172	62.264	6.901	2.096	1.612	2.695	0.515
LC-03	15.647	63.746	6.130	1.878	1.172	3.014	0.466
LC-04	12.133	41.943	3.715	1.674	1.023	2.490	0.491
LC-05	12.947	56.272	4.009	2.010	1.283	2.985	0.591

七、烟叶氨基酸

1. 柏杨镇团圆村 13 组片区

代表性片区（LC-01）中部烟叶（C3F）磷酸化-丝氨酸含量为 0.385 μg/mg，牛磺酸含量为 0.334 μg/mg，天冬氨酸含量为 0.114 μg/mg，苏氨酸含量为 0.160 μg/mg，丝氨酸含量为 0.227 μg/mg，天冬酰胺含量为 0.591 μg/mg，谷氨酸含量为 0.087 μg/mg，甘氨酸含量为 0.110 μg/mg，丙氨酸含量为 0.353 μg/mg，缬氨酸含量为 0.081 μg/mg，半胱氨酸含量为 0.137 μg/mg，异亮氨酸含量为 0.018 μg/mg，亮氨酸含量为 0.095 μg/mg，酪氨酸含量为 0.051 μg/mg，苯丙氨酸含量为 0.097 μg/mg，氨基丁酸含量为 0.029 μg/mg，组氨酸含量为 0.094 μg/mg，色氨酸含量为 0.085 μg/mg，精氨酸含量为 0.008 μg/mg（表 10-4-9）。

2. 汪营镇白泥塘村 6 组片区

代表性片区（LC-02）中部烟叶（C3F）磷酸化-丝氨酸含量为 0.309 μg/mg，牛磺酸含量为 0.420 μg/mg，天冬氨酸含量为 0.117 μg/mg，苏氨酸含量为 0.202 μg/mg，丝氨酸含量为 0.070 μg/mg，天冬酰胺含量为 1.338 μg/mg，谷氨酸含量为 0.125 μg/mg，甘氨酸含量为 0.036 μg/mg，丙氨酸含量为 0.379 μg/mg，缬氨酸含量为 0.096 μg/mg，半胱氨酸含量为 0.219 μg/mg，异亮氨酸含量为 0.018 μg/mg，亮氨酸含量为 0.128 μg/mg，酪氨酸含量为 0.046 μg/mg，苯丙氨酸含量为 0.154 μg/mg，氨基丁酸含量为 0.042 μg/mg，组氨酸含量为 0.112 μg/mg，色氨酸含量为 0.144 μg/mg，精氨酸含量为 0.029 μg/mg（表 10-4-9）。

3. 凉雾乡老场村 11 组片区

代表性片区（LC-03）中部烟叶（C3F）磷酸化-丝氨酸含量为 0.418 μg/mg，牛磺酸含量为 0.458 μg/mg，天冬氨酸含量为 0.102 μg/mg，苏氨酸含量为 0.261 μg/mg，丝氨酸含量为 0.085 μg/mg，天冬酰胺含量为 0.888 μg/mg，谷氨酸含量为 0.148 μg/mg，甘氨酸含量为 0.028 μg/mg，丙氨酸含量为 0.456 μg/mg，缬氨酸含量为 0.080 μg/mg，半胱氨酸含量为 0.278 μg/mg，异亮氨酸含量为 0.006 μg/mg，亮氨酸含量为 0.121 μg/mg，酪氨酸含量为 0.043 μg/mg，苯丙氨酸含量为 0.129 μg/mg，氨基丁酸含量为 0.042 μg/mg，组氨酸含量为 0.061 μg/mg，色氨酸含量为 0.101 μg/mg，精氨酸含量为 0 μg/mg（表 10-4-9）。

4. 忠路镇龙塘村 6 组片区

代表性片区（LC-04）中部烟叶（C3F）磷酸化-丝氨酸含量为 0.495 μg/mg，牛磺酸含量为 0.385 μg/mg，天冬氨酸含量为 0.032 μg/mg，苏氨酸含量为 0.186 μg/mg，丝氨酸含量为 0.033 μg/mg，天冬酰胺含量为 0.455 μg/mg，谷氨酸含量为 0.057 μg/mg，甘氨酸含量为 0.019 μg/mg，丙氨酸含量为 0.358 μg/mg，缬氨酸含量为 0.038 μg/mg，半胱氨酸含量为 0.181 μg/mg，异亮氨酸含量为 0 μg/mg，亮氨酸含量为 0.065 μg/mg，酪氨酸含量为 0.017 μg/mg，苯丙氨酸含量为 0.066 μg/mg，氨基丁酸含量为 0.014 μg/mg，组氨酸含量为 0.030 μg/mg，色氨酸含量为 0.046 μg/mg，精氨酸含量为 0 μg/mg（表 10-4-9）。

5. 文斗乡青山村 6 组片区

代表性片区（LC-05）中部烟叶（C3F）磷酸化-丝氨酸含量为 0.359 μg/mg，牛磺酸含量为 0.502 μg/mg，天冬氨酸含量为 0.118 μg/mg，苏氨酸含量为 0.235 μg/mg，丝氨酸含量为 0.080 μg/mg，天冬酰胺含量为 1.038 μg/mg，谷氨酸含量为 0.122 μg/mg，甘氨酸含量为 0.028 μg/mg，丙氨酸含量为 0.307 μg/mg，缬氨酸含量为 0.062 μg/mg，半胱氨酸含量为 0.238 μg/mg，异亮氨酸含量为 0.017 μg/mg，亮氨酸含量为 0.115 μg/mg，酪氨酸含量为 0.038 μg/mg，苯丙氨酸含量为 0.117 μg/mg，氨基丁酸含量为 0.032 μg/mg，组氨酸含量为 0.091 μg/mg，色氨酸含量为 0.123 μg/mg，精氨酸含量为 0.029 μg/mg（表 10-4-9）。

表 10-4-9　代表性片区中部烟叶(C3F)氨基酸　　(单位：μg/mg)

氨基酸组分	LC-01	LC-02	LC-03	LC-04	LC-05
磷酸化-丝氨酸	0.385	0.309	0.418	0.495	0.359
牛磺酸	0.334	0.420	0.458	0.385	0.502
天冬氨酸	0.114	0.117	0.102	0.032	0.118
苏氨酸	0.160	0.202	0.261	0.186	0.235
丝氨酸	0.227	0.070	0.085	0.033	0.080
天冬酰胺	0.591	1.338	0.888	0.455	1.038
谷氨酸	0.087	0.125	0.148	0.057	0.122
甘氨酸	0.110	0.036	0.028	0.019	0.028
丙氨酸	0.353	0.379	0.456	0.358	0.307
缬氨酸	0.081	0.096	0.080	0.038	0.062
半胱氨酸	0.137	0.219	0.278	0.181	0.238
异亮氨酸	0.018	0.018	0.006	0	0.017
亮氨酸	0.095	0.128	0.121	0.065	0.115
酪氨酸	0.051	0.046	0.043	0.017	0.038
苯丙氨酸	0.097	0.154	0.129	0.066	0.117
氨基丁酸	0.029	0.042	0.042	0.014	0.032
组氨酸	0.094	0.112	0.061	0.030	0.091
色氨酸	0.085	0.144	0.101	0.046	0.123
精氨酸	0.008	0.029	0	0	0.029

八、烟叶香气物质

1. 柏杨镇团圆村 13 组片区

代表性片区(LC-01)中部烟叶(C3F)茄酮含量为 0.482 μg/g，香叶基丙酮含量为 0.638 μg/g，降茄二酮含量为 0.190 μg/g，β-紫罗兰酮含量为 0.470 μg/g，氧化紫罗兰酮含量为 0.336 μg/g，二氢猕猴桃内酯含量为 2.957 μg/g，巨豆三烯酮 1 含量为 0.157 μg/g，巨豆三烯酮 2 含量为 1.467 μg/g，巨豆三烯酮 3 含量为 0.157 μg/g，巨豆三烯酮 4 含量为 1.165 μg/g，3-羟基-β-二氢大马酮含量为 0.750 μg/g，3-氧代-α-紫罗兰醇含量为 2.363 μg/g，新植二烯含量为 778.669 μg/g，3-羟基索拉韦惕酮含量为 5.219 μg/g，β-法尼烯含量为 7.392 μg/g(表 10-4-10)。

2. 汪营镇白泥塘村 6 组片区

代表性片区(LC-02)中部烟叶(C3F)茄酮含量为 0.795 μg/g，香叶基丙酮含量为 0.437 μg/g，降茄二酮含量为 0.134 μg/g，β-紫罗兰酮含量为 0.414 μg/g，氧化紫罗兰酮含量为 0.459 μg/g，二氢猕猴桃内酯含量为 2.934 μg/g，巨豆三烯酮 1 含量为 0.078 μg/g，巨豆三烯酮 2 含量为 0.907 μg/g，巨豆三烯酮 3 含量为 0.146 μg/g，巨豆三烯酮 4 含量为 0.762 μg/g，3-羟基-β-二氢大马酮含量为 0.829 μg/g，3-氧代-α-紫罗兰醇含量为 2.285 μg/g，新植二烯含量为 552.574 μg/g，3-羟基索拉韦惕酮含量为 2.957 μg/g，β-法尼烯含量为 4.570 μg/g（表 10-4-10）。

3. 凉雾乡老场村 11 组片区

代表性片区（LC-03）中部烟叶（C3F）茄酮含量为 0.930 μg/g，香叶基丙酮含量为 0.526 μg/g，降茄二酮含量为 0.157 μg/g，β-紫罗兰酮含量为 0.448 μg/g，氧化紫罗兰酮含量为 0.515 μg/g，二氢猕猴桃内酯含量为 3.550 μg/g，巨豆三烯酮 1 含量为 0.157 μg/g，巨豆三烯酮 2 含量为 1.534 μg/g，巨豆三烯酮 3 含量为 0.269 μg/g，巨豆三烯酮 4 含量为 1.490 μg/g，3-羟基-β-二氢大马酮含量为 1.411 μg/g，3-氧代-α-紫罗兰醇含量为 3.741 μg/g，新植二烯含量为 1061.099 μg/g，3-羟基索拉韦惕酮含量为 4.390 μg/g，β-法尼烯含量为 9.610 μg/g（表 10-4-10）。

4. 忠路镇龙塘村 6 组片区

代表性片区（LC-04）中部烟叶（C3F）茄酮含量为 0.493 μg/g，香叶基丙酮含量为 0.582 μg/g，降茄二酮含量为 0.101 μg/g，β-紫罗兰酮含量为 0.437 μg/g，氧化紫罗兰酮含量为 0.381 μg/g，二氢猕猴桃内酯含量为 3.405 μg/g，巨豆三烯酮 1 含量为 0.157 μg/g，巨豆三烯酮 2 含量为 1.322 μg/g，巨豆三烯酮 3 含量为 0.157 μg/g，巨豆三烯酮 4 含量为 1.187 μg/g，3-羟基-β-二氢大马酮含量为 0.829 μg/g，3-氧代-α-紫罗兰醇含量为 2.722 μg/g，新植二烯含量为 875.874 μg/g，3-羟基索拉韦惕酮含量为 5.622 μg/g，β-法尼烯含量为 7.840 μg/g（表 10-4-10）。

5. 文斗乡青山村 6 组片区

代表性片区（LC-05）中部烟叶（C3F）茄酮含量为 0.549 μg/g，香叶基丙酮含量为 0.235 μg/g，降茄二酮含量为 0.157 μg/g，β-紫罗兰酮含量为 0.358 μg/g，氧化紫罗兰酮含量为 0.392 μg/g，二氢猕猴桃内酯含量为 3.192 μg/g，巨豆三烯酮 1 含量为 0.101 μg/g，巨豆三烯酮 2 含量为 0.874 μg/g，巨豆三烯酮 3 含量为 0.134 μg/g，巨豆三烯酮 4 含量为 0.896 μg/g，3-羟基-β-二氢大马酮含量为 0.694 μg/g，3-氧代-α-紫罗兰醇含量为 2.968 μg/g，新植二烯含量为 600.040 μg/g，3-羟基索拉韦惕酮含量为 5.499 μg/g，β-法尼烯含量为 3.797 μg/g（表 10-4-10）。

表 10-4-10　代表性片区中部烟叶（C3F）香气物质　　　（单位：μg/g）

香气物质	LC-01	LC-02	LC-03	LC-04	LC-05
茄酮	0.482	0.795	0.930	0.493	0.549
香叶基丙酮	0.638	0.437	0.526	0.582	0.235
降茄二酮	0.190	0.134	0.157	0.101	0.157
β-紫罗兰酮	0.470	0.414	0.448	0.437	0.358
氧化紫罗兰酮	0.336	0.459	0.515	0.381	0.392
二氢猕猴桃内酯	2.957	2.934	3.550	3.405	3.192

续表

香气物质	LC-01	LC-02	LC-03	LC-04	LC-05
巨豆三烯酮 1	0.157	0.078	0.157	0.157	0.101
巨豆三烯酮 2	1.467	0.907	1.534	1.322	0.874
巨豆三烯酮 3	0.157	0.146	0.269	0.157	0.134
巨豆三烯酮 4	1.165	0.762	1.490	1.187	0.896
3-羟基-β-二氢大马酮	0.750	0.829	1.411	0.829	0.694
3-氧代-α-紫罗兰醇	2.363	2.285	3.741	2.722	2.968
新植二烯	778.669	552.574	1061.099	875.874	600.040
3-羟基索拉韦惕酮	5.219	2.957	4.390	5.622	5.499
β-法尼烯	7.392	4.570	9.610	7.840	3.797

九、烟叶感官质量

1. 柏杨镇团圆村 13 组片区

代表性片区(LC-01)中部烟叶(C3F)感官质量评价结果显示,香韵指标包含的干草香、清甜香、正甜香、焦甜香、青香、木香、豆香、坚果香、焦香、辛香、果香、药草香、花香、树脂香、酒香的各项指标值分别为 3.54、0、3.08、0、0、2.08、0、0、0.77、0、0、0、0、0、0,烟气指标包含的香气状态、烟气浓度、劲头、香气质、香气量和透发性的各项指标值分别为 3.08、2.92、2.85、3.00、3.15 和 2.85,杂气指标包含的青杂气、生青气、枯焦气、木质气、土腥气、松脂气、花粉气、药草气和金属气的各项指标值分别为 1.31、0、1.00、1.38、0、0、0、0、0,口感指标包含的细腻程度、柔和程度、圆润感、刺激性、干燥感和余味的各项指标值分别为 2.85、2.92、2.62、2.31、2.54 和 3.15(表 10-4-11)。

2. 汪营镇白泥塘村 6 组片区

代表性片区(LC-02)中部烟叶(C3F)感官质量评价结果显示,香韵指标包含的干草香、清甜香、正甜香、焦甜香、青香、木香、豆香、坚果香、焦香、辛香、果香、药草香、花香、树脂香、酒香的各项指标值分别为 3.44、0、3.00、0、0、1.83、0、0、0.94、1.33、0、0、0、0、0,烟气指标包含的香气状态、烟气浓度、劲头、香气质、香气量和透发性的各项指标值分别为 2.81、3.11、2.50、3.06、3.00 和 2.83,杂气指标包含的青杂气、生青气、枯焦气、木质气、土腥气、松脂气、花粉气、药草气和金属气的各项指标值分别为 1.17、0、0.83、1.61、0、0、0、0、0,口感指标包含的细腻程度、柔和程度、圆润感、刺激性、干燥感和余味的各项指标值分别为 2.94、3.22、2.78、2.50、2.56 和 2.94(表 10-4-11)。

3. 凉雾乡老场村 11 组片区

代表性片区(LC-03)中部烟叶(C3F)感官质量评价结果显示,香韵指标包含的干草香、清甜香、正甜香、焦甜香、青香、木香、豆香、坚果香、焦香、辛香、果香、药草香、花香、树脂香、酒香的各项指标值分别为3.54、0、2.77、0、0.69、2.00、0、0、0、0.62、0、0、0、0、0，烟气指标包含的香气状态、烟气浓度、劲头、香气质、香气量和透发性的各项指标值分别为3.25、2.75、2.58、3.15、3.08和2.92，杂气指标包含的青杂气、生青气、枯焦气、木质气、土腥气、松脂气、花粉气、药草气和金属气的各项指标值分别为1.38、0、0.62、1.31、0、0、0、0、0，口感指标包含的细腻程度、柔和程度、圆润感、刺激性、干燥感和余味的各项指标值分别为3.15、3.15、2.92、2.08、2.69和3.23（表10-4-11）。

4. 忠路镇龙塘村6组片区

代表性片区（LC-04）中部烟叶（C3F）感官质量评价结果显示，香韵指标包含的干草香、清甜香、正甜香、焦甜香、青香、木香、豆香、坚果香、焦香、辛香、果香、药草香、花香、树脂香、酒香的各项指标值分别为3.46、0、2.92、0、0.85、2.15、0、0、0、0.62、0、0、0、0、0，烟气指标包含的香气状态、烟气浓度、劲头、香气质、香气量和透发性的各项指标值分别为3.31、2.85、3.00、3.00、3.15和2.92，杂气指标包含的青杂气、生青气、枯焦气、木质气、土腥气、松脂气、花粉气、药草气和金属气的各项指标值分别为1.31、0、0、1.69、0、0、0、0、0，口感指标包含的细腻程度、柔和程度、圆润感、刺激性、干燥感和余味的各项指标值分别为3.00、3.00、2.92、2.62、2.54和3.08（表10-4-11）。

5. 文斗乡青山村6组片区

代表性片区（LC-05）中部烟叶（C3F）感官质量评价结果显示，香韵指标包含的干草香、清甜香、正甜香、焦甜香、青香、木香、豆香、坚果香、焦香、辛香、果香、药草香、花香、树脂香、酒香的各项指标值分别为3.22、0、2.72、0.67、0、1.94、0、0.61、1.06、1.17、0、0、0、0、0，烟气指标包含的香气状态、烟气浓度、劲头、香气质、香气量和透发性的各项指标值分别为2.44、3.22、2.89、3.11、3.28和3.00，杂气指标包含的青杂气、生青气、枯焦气、木质气、土腥气、松脂气、花粉气、药草气和金属气的各项指标值分别为1.06、0、0.67、1.50、0、0、0、0、0，口感指标包含的细腻程度、柔和程度、圆润感、刺激性、干燥感和余味的各项指标值分别为2.83、2.83、2.50、2.72、2.94和2.83（表10-4-11）。

表 10-4-11　代表性片区中部烟叶（C3F）感官质量

评价指标		LC-01	LC-02	LC-03	LC-04	LC-05
香韵	干草香	3.54	3.44	3.54	3.46	3.22
	清甜香	0	0	0	0	0
	正甜香	3.08	3.00	2.77	2.92	2.72
	焦甜香	0	0	0	0	0.67
	青香	0	0	0.69	0.85	0

续表

评价指标		LC-01	LC-02	LC-03	LC-04	LC-05
香韵	木香	2.08	1.83	2.00	2.15	1.94
	豆香	0	0	0	0	0
	坚果香	0	0	0	0	0.61
	焦香	0.77	0.94	0	0	1.06
	辛香	0	1.33	0.62	0.62	1.17
	果香	0	0	0	0	0
	药草香	0	0	0	0	0
	花香	0	0	0	0	0
	树脂香	0	0	0	0	0
	酒香	0	0	0	0	0
烟气	香气状态	3.08	2.81	3.25	3.31	2.44
	烟气浓度	2.92	3.11	2.75	2.85	3.22
	劲头	2.85	2.50	2.58	3.00	2.89
	香气质	3.00	3.06	3.15	3.00	3.11
	香气量	3.15	3.00	3.08	3.15	3.28
	透发性	2.85	2.83	2.92	2.92	3.00
杂气	青杂气	1.31	1.17	1.38	1.31	1.06
	生青气	0	0	0	0	0
	枯焦气	1.00	0.83	0.62	0	0.67
	木质气	1.38	1.61	1.31	1.69	1.50
	土腥气	0	0	0	0	0
	松脂气	0	0	0	0	0
	花粉气	0	0	0	0	0
	药草气	0	0	0	0	0
	金属气	0	0	0	0	0
口感	细腻程度	2.85	2.94	3.15	3.00	2.83
	柔和程度	2.92	3.22	3.15	3.00	2.83
	圆润感	2.62	2.78	2.92	2.92	2.50
	刺激性	2.31	2.50	2.08	2.62	2.72
	干燥感	2.54	2.56	2.69	2.54	2.94
	余味	3.15	2.94	3.23	3.08	2.83

第五节　湖南桑植烟叶风格特征

湖南省桑植县地处北纬 29°17′~38°84′，东经 109°41′~110°46′，地处湖南省西北部，位于武陵山脉北麓，鄂西山地南端。桑植县是武陵山区烤烟种植区的典型烤烟产区之一，根据目前该县烤烟种植片区分布特点和烟叶质量风格特征，选择以下 5 个代表性种植片区作为该县烟叶质量风格特征的代表性区域进行描述。

一、烟田与烟株基本特征

1. 官地坪镇金星村吊水井片区

代表性片区(SZ-01)中心点地处北纬 29°35′35.371″、东经 110°26′49.503″,海拔 540 m。低山坡地中下部,缓坡旱地,成土母质为白云岩风化坡积物,土壤亚类为斑纹铁质湿润淋溶土。烤烟、晚稻/玉米不定期轮作,烤烟大田生长期 5~9 月。烤烟田间长相长势中等,烟株呈筒形结构,株高 84.80 cm,茎围 9.30 cm,有效叶片数 18.90,中部烟叶长 73.40 cm、宽 33.00 cm,上部烟叶长 65.60 cm、宽 25.40 cm(图 10-5-1,表 10-5-1)。

图 10-5-1　SZ-01 片区烟田

2. 官地坪镇联乡村郑家坪片区

代表性片区(SZ-02)中心点地处北纬 29°35′56.609″、东经 110°32′9.777″,海拔 1110 m。中山坡地上部,中坡旱地,成土母质为白云岩风化坡积物,土壤亚类为黄色铝质湿润淋溶土。烤烟、晚稻/玉米不定期轮作,烤烟大田生长期 5~9 月。烤烟田间长相长势中等,烟株呈筒形结构,株高 81.80 cm,茎围 8.30 cm,有效叶片数 18.00,中部烟叶长 82.10 cm、宽 25.60 cm,上部烟叶长 63.20 cm、宽 18.40 cm(图 10-5-2,表 10-5-1)。

图 10-5-2　SZ-02 片区烟田

3. 白石乡长益村排兵山片区

代表性片区(SZ-03)中心点地处北纬 29°40′42.185″、东经 110°31′39.284″，海拔 1203 m。中山坡地上部，中坡旱地，成土母质为白云岩风化坡积物，土壤亚类为黄色铝质湿润淋溶土。烤烟、晚稻/玉米不定期轮作，烤烟大田生长期 5～9 月。烤烟田间长相长势中等，烟株呈筒形结构，株高 81.70 cm，茎围 8.40 cm，有效叶片数 16.00，中部烟叶长 82.40 cm、宽 27.20 cm，上部烟叶长 64.90 cm、宽 18.80 cm(图 10-5-3，表 10-5-1)。

图 10-5-3　SZ-03 片区烟田

4. 寨家坡乡老村曾家娅组片区

代表性片区(SZ-04)中心点地处北纬29°32′56.280″、东经110°59′9.006″，海拔 1010 m。中山坡地上部，缓坡梯田旱地，成土母质为白云岩风化坡积物，土壤亚类为普通钙质湿润淋溶土。烤烟、晚稻/玉米不定期轮作，烤烟大田生长期 5～9 月。烤烟田间长相长势中等，烟株呈筒形结构，株高 86.40 cm，茎围 8.30 cm，有效叶片数 19.00，中部烟叶长 71.00 cm、宽 27.60 cm，上部烟叶长 56.40 cm、宽 20.60 cm(图 10-5-4，表 10-5-1)。

图 10-5-4　SZ-04 片区烟田

5. 寨家坡乡李家村李家组片区

代表性片区(SZ-05)中心点地处北纬29°31′38.467″、东经109°56′43.044″,海拔766 m。低山沟谷地,成土母质为砂岩风化沟谷堆积物,缓坡梯田旱地,土壤亚类为斑纹铁质湿润淋溶土。烤烟、晚稻/玉米不定期轮作,烤烟大田生长期5～9月。烤烟田间长相长势较好,烟株呈筒形结构,株高90.60 cm,茎围7.90 cm,有效叶片数17.00,中部烟叶长77.90 cm、宽26.00 cm,上部烟叶长62.70 cm、宽19.60 cm(图10-5-5,表10-5-1)。

图 10-5-5　SZ-05 片区烟田

表 10-5-1　代表性片区烟株主要农艺性状

片区	株高/cm	茎围/cm	有效叶/片	中部叶/cm		上部叶/cm		株型
				叶长	叶宽	叶长	叶宽	
SZ-01	84.80	9.30	18.90	73.40	33.00	65.60	25.40	筒形
SZ-02	81.80	8.30	18.00	82.10	25.60	63.20	18.40	筒形
SZ-03	81.70	8.40	16.00	82.40	27.20	64.90	18.80	筒形
SZ-04	86.40	8.30	19.00	71.00	27.60	56.40	20.60	筒形
SZ-05	90.60	7.90	17.00	77.90	26.00	62.70	19.60	筒形

二、烟叶外观质量与物理指标

1. 官地坪镇金星村吊水井片区

代表性片区(SZ-01)烟叶外观质量指标的成熟度得分8.50,颜色得分8.50,油分得分8.00,身份得分8.00,结构得分8.00,色度得分8.50。烟叶物理指标中的单叶重13.06 g,叶片密度60.54 g/m²,含梗率35.03%,平衡含水率14.08%,叶片长度69.28 cm,叶片宽度25.38 cm,叶片厚度121.13 μm,填充值3.15 cm³/g(图10-5-6,表10-5-2和表10-5-3)。

图 10-5-6　SZ-01 片区初烤烟叶

2. 官地坪镇联乡村郑家坪片区

代表性片区(SZ-02)烟叶外观质量指标的成熟度得分 8.00，颜色得分 8.50，油分得分 7.50，身份得分 8.00，结构得分 8.50，色度得分 8.00。烟叶物理指标中的单叶重 9.78 g，叶片密度 62.73 g/m^2，含梗率 35.55%，平衡含水率 15.37%，叶片长度 56.27 cm，叶片宽度 21.22 cm，叶片厚度 105.63 μm，填充值 3.00 cm^3/g(图 10-5-7，表 10-5-2 和表 10-5-3)。

图 10-5-7　SZ-02 片区初烤烟叶

3. 白石乡长益村排兵山片区

代表性片区(SZ-03)烟叶外观质量指标的成熟度得分 8.00，颜色得分 8.50，油分得分 7.00，身份得分 7.50，结构得分 8.50，色度得分 7.50。烟叶物理指标中的单叶重 9.41 g，叶片密度 54.81 g/m^2，含梗率 34.92%，平衡含水率 16.84%，叶片长度 63.53 cm，叶片宽度 24.47 cm, 叶片厚度 87.10 μm, 填充值 2.86 cm³/g(图 10-5-8, 表 10-5-2 和表 10-5-3)。

图 10-5-8　SZ-03 片区初烤烟叶

4. 寨家坡乡老村曾家娅组片区

代表性片区(SZ-04)烟叶外观质量指标的成熟度得分 8.00, 颜色得分 8.00, 油分得分 7.50, 身份得分 7.50, 结构得分 8.50, 色度得分 7.00。烟叶物理指标中的单叶重 8.07 g, 叶片密度 55.82 g/m², 含梗率 33.32%, 平衡含水率 14.48%, 叶片长度 61.43 cm, 叶片宽度 22.25 cm, 叶片厚度 90.70 μm, 填充值 3.08 cm³/g(图 10-5-9, 表 10-5-2 和表 10-5-3)。

图 10-5-9　SZ-04 片区初烤烟叶

5. 寨家坡乡李家村李家组片区

代表性片区(SZ-05)烟叶外观质量指标的成熟度得分 7.50, 颜色得分 7.50, 油分得分

7.00，身份得分 7.00，结构得分 8.00，色度得分 7.00。烟叶物理指标中的单叶重 9.12 g，叶片密度 50.84 g/m²，含梗率 34.45%，平衡含水率 14.61%，叶片长度 63.65 cm，叶片宽度 22.70 cm，叶片厚度 77.93 μm，填充值 3.00 cm³/g（图 10-5-10，表 10-5-2 和表 10-5-3）。

图 10-5-10　SZ-05 片区初烤烟叶

表 10-5-2　代表性片区烟叶外观质量

片区	成熟度	颜色	油分	身份	结构	色度
SZ-01	8.50	8.50	8.00	8.00	8.00	8.50
SZ-02	8.00	8.50	7.50	8.00	8.50	8.00
SZ-03	8.00	8.50	7.00	7.50	8.50	7.50
SZ-04	8.00	8.00	7.50	7.50	8.50	7.00
SZ-05	7.50	7.50	7.00	7.00	8.00	7.00

表 10-5-3　代表性片区烟叶物理指标

片区	单叶重 /g	叶片密度 /(g/m²)	含梗率 /%	平衡含水率 /%	叶长 /cm	叶宽 /cm	叶片厚度 /μm	填充值 /(cm³/g)
SZ-01	13.06	60.54	35.03	14.08	69.28	25.38	121.13	3.15
SZ-02	9.78	62.73	35.55	15.37	56.27	21.22	105.63	3.00
SZ-03	9.41	54.81	34.92	16.84	63.53	24.47	87.10	2.86
SZ-04	8.07	55.82	33.32	14.48	61.43	22.25	90.70	3.08
SZ-05	9.12	50.84	34.45	14.61	63.65	22.70	77.93	3.00

三、烟叶常规化学成分与中微量元素

1. 官地坪镇金星村吊水井片区

代表性片区（SZ-01）中部烟叶（C3F）总糖含量 24.59%，还原糖含量 23.72%，总氮含

量 2.12%，总植物碱含量 2.34%，氯含量 0.28%，钾含量 2.70%，糖碱比 10.51，淀粉含量 3.53%（表 10-5-4）。烟叶铜含量为 0.063 g/kg，铁含量为 1.134 g/kg，锰含量为 2.926 g/kg，锌含量为 0.448 g/kg，钙含量为 224.229 mg/kg，镁含量为 24.070 mg/kg（表 10-5-5）。

2. 官地坪镇联乡村郑家坪片区

代表性片区（SZ-02）中部烟叶（C3F）总糖含量 21.43%，还原糖含量 19.42%，总氮含量 2.15%，总植物碱含量 2.33%，氯含量 0.16%，钾含量 2.65%，糖碱比 9.20，淀粉含量 3.02%（表 10-5-4）。烟叶铜含量为 0.063 g/kg，铁含量为 0.877 g/kg，锰含量为 1.622 g/kg，锌含量为 0.311 g/kg，钙含量为 197.938 mg/kg，镁含量为 14.257 mg/kg（表 10-5-5）。

3. 白石乡长益村排兵山片区

代表性片区（SZ-03）中部烟叶（C3F）总糖含量 24.64%，还原糖含量 21.95%，总氮含量 2.15%，总植物碱含量 2.15%，氯含量 0.28%，钾含量 3.03%，糖碱比 11.46，淀粉含量 3.00%（表 10-5-4）。烟叶铜含量为 0.068 g/kg，铁含量为 0.758 g/kg，锰含量为 1.877 g/kg，锌含量为 0.461 g/kg，钙含量为 164.577 mg/kg，镁含量为 10.555 mg/kg（表 10-5-5）。

4. 寨家坡乡老村曾家娅组片区

代表性片区（SZ-04）中部烟叶（C3F）总糖含量 27.27%，还原糖含量 24.30%，总氮含量 1.76%，总植物碱含量 2.23%，氯含量 0.28%，钾含量 2.75%，糖碱比 12.23，淀粉含量 3.94%（表 10-5-4）。烟叶铜含量为 0.016 g/kg，铁含量为 1.672 g/kg，锰含量为 6.254 g/kg，锌含量为 0.930 g/kg，钙含量为 223.715 mg/kg，镁含量为 25.712 mg/kg（表 10-5-5）。

5. 寨家坡乡李家村李家组片区

代表性片区（SZ-05）中部烟叶（C3F）总糖含量 30.26%，还原糖含量 26.90%，总氮含量 1.62%，总植物碱含量 1.99%，氯含量 0.28%，钾含量 2.73%，糖碱比 15.21，淀粉含量 2.77%（表 10-5-4）。烟叶铜含量为 0.038 g/kg，铁含量为 1.763 g/kg，锰含量为 7.851 g/kg，锌含量为 0.921 g/kg，钙含量为 178.041 mg/kg，镁含量为 20.905 mg/kg（表 10-5-5）。

表 10-5-4　代表性片区中部烟叶（C3F）常规化学成分

片区	总糖/%	还原糖/%	总氮/%	总植物碱/%	氯/%	钾/%	糖碱比	淀粉/%
SZ-01	24.59	23.72	2.12	2.34	0.28	2.70	10.51	3.53
SZ-02	21.43	19.42	2.15	2.33	0.16	2.65	9.20	3.02
SZ-03	24.64	21.95	2.15	2.15	0.28	3.03	11.46	3.00
SZ-04	27.27	24.30	1.76	2.23	0.28	2.75	12.23	3.94
SZ-05	30.26	26.90	1.62	1.99	0.28	2.73	15.21	2.77

表 10-5-5　代表性片区中部烟叶 (C3F) 中微量元素

片区	Cu /(g/kg)	Fe /(g/kg)	Mn /(g/kg)	Zn /(g/kg)	Ca /(mg/kg)	Mg /(mg/kg)
SZ-01	0.063	1.134	2.926	0.448	224.229	24.070
SZ-02	0.063	0.877	1.622	0.311	197.938	14.257
SZ-03	0.068	0.758	1.877	0.461	164.577	10.555
SZ-04	0.016	1.672	6.254	0.930	223.715	25.712
SZ-05	0.038	1.763	7.851	0.921	178.041	20.905

四、烟叶生物碱组分与细胞壁物质

1. 官地坪镇金星村吊水井片区

代表性片区 (SZ-01) 中部烟叶 (C3F) 烟碱含量为 24.053 mg/g，降烟碱含量为 0.631 mg/g，麦斯明含量为 0.004 mg/g，假木贼碱含量为 0.169 mg/g，新烟碱含量为 0.751 mg/g；烟叶纤维素含量为 7.30%，半纤维素含量为 3.00%，木质素含量为 1.80%（表 10-5-6）。

2. 官地坪镇联乡村郑家坪片区

代表性片区 (SZ-02) 中部烟叶 (C3F) 烟碱含量为 21.857 mg/g，降烟碱含量为 0.831 mg/g，麦斯明含量为 0.006 mg/g，假木贼碱含量为 0.143 mg/g，新烟碱含量为 0.642 mg/g；烟叶纤维素含量为 6.40%，半纤维素含量为 3.30%，木质素含量为 1.70%（表 10-5-6）。

3. 白石乡长益村排兵山片区

代表性片区 (SZ-03) 中部烟叶 (C3F) 烟碱含量为 18.600 mg/g，降烟碱含量为 0.660 mg/g，麦斯明含量为 0.004 mg/g，假木贼碱含量为 0.121 mg/g，新烟碱含量为 0.514 mg/g；烟叶纤维素含量为 6.90%，半纤维素含量为 3.80%，木质素含量为 1.90%（表 10-5-6）。

4. 寨家坡乡老村曾家娅组片区

代表性片区 (SZ-04) 中部烟叶 (C3F) 烟碱含量为 23.187 mg/g，降烟碱含量为 0.489 mg/g，麦斯明含量为 0.003 mg/g，假木贼碱含量为 0.131 mg/g，新烟碱含量为 0.542 mg/g；烟叶纤维素含量为 8.20%，半纤维素含量为 3.10%，木质素含量为 1.30%（表 10-5-6）。

5. 寨家坡乡李家村李家组片区

代表性片区 (SZ-05) 中部烟叶 (C3F) 烟碱含量为 20.226 mg/g，降烟碱含量为 0.434 mg/g，麦斯明含量为 0.003 mg/g，假木贼碱含量为 0.115 mg/g，新烟碱含量为 0.481 mg/g；烟叶纤维素含量为 7.70%，半纤维素含量为 2.00%，木质素含量为 1.40%（表 10-5-6）。

表 10-5-6　代表性片区中部烟叶 (C3F) 生物碱组分与细胞壁物质

片区	烟碱/(mg/g)	降烟碱/(mg/g)	麦斯明/(mg/g)	假木贼碱/(mg/g)	新烟碱/(mg/g)	纤维素/%	半纤维素/%	木质素/%
SZ-01	24.053	0.631	0.004	0.169	0.751	7.30	3.00	1.80
SZ-02	21.857	0.831	0.006	0.143	0.642	6.40	3.30	1.70
SZ-03	18.600	0.660	0.004	0.121	0.514	6.90	3.80	1.90
SZ-04	23.187	0.489	0.003	0.131	0.542	8.20	3.10	1.30
SZ-05	20.226	0.434	0.003	0.115	0.481	7.70	2.00	1.40

五、烟叶多酚与质体色素

1. 官地坪镇金星村吊水井片区

代表性片区 (SZ-01) 中部烟叶 (C3F) 绿原酸含量为 11.450 mg/g，芸香苷含量为 7.500 mg/g，莨菪亭含量为 0.330 mg/g，β-胡萝卜素含量为 0.048 mg/g，叶黄素含量为 0.083 mg/g（表 10-5-7）。

2. 官地坪镇联乡村郑家坪片区

代表性片区 (SZ-02) 中部烟叶 (C3F) 绿原酸含量为 11.910 mg/g，芸香苷含量为 6.510 mg/g，莨菪亭含量为 0.270 mg/g，β-胡萝卜素含量为 0.077 mg/g，叶黄素含量为 0.134 mg/g（表 10-5-7）。

3. 白石乡长益村排兵山片区

代表性片区 (SZ-03) 中部烟叶 (C3F) 绿原酸含量为 13.110 mg/g，芸香苷含量为 8.930 mg/g，莨菪亭含量为 0.320 mg/g，β-胡萝卜素含量为 0.058 mg/g，叶黄素含量为 0.096 mg/g（表 10-5-7）。

4. 寨家坡乡老村曾家娅组片区

代表性片区 (SZ-04) 中部烟叶 (C3F) 绿原酸含量为 12.760 mg/g，芸香苷含量为 7.470 mg/g，莨菪亭含量为 0.240 mg/g，β-胡萝卜素含量为 0.036 mg/g，叶黄素含量为 0.079 mg/g（表 10-5-7）。

5. 寨家坡乡李家村李家组片区

代表性片区 (SZ-05) 中部烟叶 (C3F) 绿原酸含量为 13.310 mg/g，芸香苷含量为 4.490 mg/g，莨菪亭含量为 0.320 mg/g，β-胡萝卜素含量为 0.038 mg/g，叶黄素含量为 0.081 mg/g（表 10-5-7）。

表 10-5-7 代表性片区中部烟叶（C3F）多酚与质体色素 （单位：mg/g）

片区	绿原酸	芸香苷	莨菪亭	β-胡萝卜素	叶黄素
SZ-01	11.450	7.500	0.330	0.048	0.083
SZ-02	11.910	6.510	0.270	0.077	0.134
SZ-03	13.110	8.930	0.320	0.058	0.096
SZ-04	12.760	7.470	0.240	0.036	0.079
SZ-05	13.310	4.490	0.320	0.038	0.081

六、烟叶有机酸类物质

1. 官地坪镇金星村吊水井片区

代表性片区（SZ-01）中部烟叶（C3F）草酸含量为 21.617 mg/g，苹果酸含量为 59.822 mg/g，柠檬酸含量为 5.908 mg/g，棕榈酸含量为 1.883 mg/g，亚油酸含量为 1.133 mg/g，油酸含量为 2.520 mg/g，硬脂酸含量为 0.483 mg/g（表 10-5-8）。

2. 官地坪镇联乡村郑家坪片区

代表性片区（SZ-02）中部烟叶（C3F）草酸含量为 17.121 mg/g，苹果酸含量为 100.384 mg/g，柠檬酸含量为 7.654 mg/g，棕榈酸含量为 1.642 mg/g，亚油酸含量为 1.152 mg/g，油酸含量为 2.397 mg/g，硬脂酸含量为 0.565 mg/g（表 10-5-8）。

3. 白石乡长益村排兵山片区

代表性片区（SZ-03）中部烟叶（C3F）草酸含量为 12.771 mg/g，苹果酸含量为 80.787 mg/g，柠檬酸含量为 4.970 mg/g，棕榈酸含量为 1.561 mg/g，亚油酸含量为 0.948 mg/g，油酸含量为 2.404 mg/g，硬脂酸含量为 0.464 mg/g（表 10-5-8）。

4. 寨家坡乡老村曾家娅组片区

代表性片区（SZ-04）中部烟叶（C3F）草酸含量为 14.531 mg/g，苹果酸含量为 71.869 mg/g，柠檬酸含量为 6.062 mg/g，棕榈酸含量为 2.004 mg/g，亚油酸含量为 1.106 mg/g，油酸含量为 2.999 mg/g，硬脂酸含量为 0.516 mg/g（表 10-5-8）。

5. 寨家坡乡李家村李家组片区

代表性片区（SZ-05）中部烟叶（C3F）草酸含量为 13.770 mg/g，苹果酸含量为 70.496 mg/g，柠檬酸含量为 5.749 mg/g，棕榈酸含量为 2.139 mg/g，亚油酸含量为 1.141 mg/g，油酸含量为 3.236 mg/g，硬脂酸含量为 0.501 mg/g（表 10-5-8）。

表 10-5-8　代表性片区中部烟叶（C3F）有机酸　　（单位：mg/g）

片区	草酸	苹果酸	柠檬酸	棕榈酸	亚油酸	油酸	硬脂酸
SZ-01	21.617	59.822	5.908	1.883	1.133	2.520	0.483
SZ-02	17.121	100.384	7.654	1.642	1.152	2.397	0.565
SZ-03	12.771	80.787	4.970	1.561	0.948	2.404	0.464
SZ-04	14.531	71.869	6.062	2.004	1.106	2.999	0.516
SZ-05	13.770	70.496	5.749	2.139	1.141	3.236	0.501

七、烟叶氨基酸

1. 官地坪镇金星村吊水井片区

代表性片区（SZ-01）中部烟叶（C3F）磷酸化-丝氨酸含量为 0.465 μg/mg，牛磺酸含量为 0.516 μg/mg，天冬氨酸含量为 0.246 μg/mg，苏氨酸含量为 0.257 μg/mg，丝氨酸含量为 0.157 μg/mg，天冬酰胺含量为 1.929 μg/mg，谷氨酸含量为 0.184 μg/mg，甘氨酸含量为 0.052 μg/mg，丙氨酸含量为 0.574 μg/mg，缬氨酸含量为 0.087 μg/mg，半胱氨酸含量为 0.210 μg/mg，异亮氨酸含量为 0.015 μg/mg，亮氨酸含量为 0.149 μg/mg，酪氨酸含量为 0.082 μg/mg，苯丙氨酸含量为 0.216 μg/mg，氨基丁酸含量为 0.072 μg/mg，组氨酸含量为 0.137 μg/mg，色氨酸含量为 0.195 μg/mg，精氨酸含量为 0.047 μg/mg（表 10-5-9）。

2. 官地坪镇联乡村郑家坪片区

代表性片区（SZ-02）中部烟叶（C3F）磷酸化-丝氨酸含量为 0.247 μg/mg，牛磺酸含量为 0.558 μg/mg，天冬氨酸含量为 0.342 μg/mg，苏氨酸含量为 0.236 μg/mg，丝氨酸含量为 0.217 μg/mg，天冬酰胺含量为 1.696 μg/mg，谷氨酸含量为 0.269 μg/mg，甘氨酸含量为 0.055 μg/mg，丙氨酸含量为 0.553 μg/mg，缬氨酸含量为 0.151 μg/mg，半胱氨酸含量为 0.298 μg/mg，异亮氨酸含量为 0.037 μg/mg，亮氨酸含量为 0.204 μg/mg，酪氨酸含量为 0.107 μg/mg，苯丙氨酸含量为 0.314 μg/mg，氨基丁酸含量为 0.138 μg/mg，组氨酸含量为 0.208 μg/mg，色氨酸含量为 0.313 μg/mg，精氨酸含量为 0.068 μg/mg（表 10-5-9）。

3. 白石乡长益村排兵山片区

代表性片区（SZ-03）中部烟叶（C3F）磷酸化-丝氨酸含量为 0.314 μg/mg，牛磺酸含量为 0.485 μg/mg，天冬氨酸含量为 0.226 μg/mg，苏氨酸含量为 0.195 μg/mg，丝氨酸含量为 0.102 μg/mg，天冬酰胺含量为 1.383 μg/mg，谷氨酸含量为 0.245 μg/mg，甘氨酸含量为 0.043 μg/mg，丙氨酸含量为 0.427 μg/mg，缬氨酸含量为 0.107 μg/mg，半胱氨酸含量为 0.339 μg/mg，异亮氨酸含量为 0.018 μg/mg，亮氨酸含量为 0.148 μg/mg，酪氨酸含量为 0.071 μg/mg，苯丙氨酸含量为 0.183 μg/mg，氨基丁酸含量为 0.081 μg/mg，组氨酸含量为 0.129 μg/mg，色氨酸含量为 0.209 μg/mg，精氨酸含量为 0.028 μg/mg（表 10-5-9）。

4. 寨家坡乡老村曾家娅组片区

代表性片区(SZ-04)中部烟叶(C3F)磷酸化-丝氨酸含量为 0.450 μg/mg，牛磺酸含量为 0.516 μg/mg，天冬氨酸含量为 0.191 μg/mg，苏氨酸含量为 0.197 μg/mg，丝氨酸含量为 0.082 μg/mg，天冬酰胺含量为 1.296 μg/mg，谷氨酸含量为 0.149 μg/mg，甘氨酸含量为 0.036 μg/mg，丙氨酸含量为 0.532 μg/mg，缬氨酸含量为 0.063 μg/mg，半胱氨酸含量为 0.082 μg/mg，异亮氨酸含量为 0.004 μg/mg，亮氨酸含量为 0.100 μg/mg，酪氨酸含量为 0.034 μg/mg，苯丙氨酸含量为 0.133 μg/mg，氨基丁酸含量为 0.083 μg/mg，组氨酸含量为 0.090 μg/mg，色氨酸含量为 0.147 μg/mg，精氨酸含量为 0.024 μg/mg(表 10-5-9)。

5. 寨家坡乡李家村李家组片区

代表性片区(SZ-05)中部烟叶(C3F)磷酸化-丝氨酸含量为 0.431 μg/mg，牛磺酸含量为 0.460 μg/mg，天冬氨酸含量为 0.170 μg/mg，苏氨酸含量为 0.212 μg/mg，丝氨酸含量为 0.084 μg/mg，天冬酰胺含量为 0.915 μg/mg，谷氨酸含量为 0.121 μg/mg，甘氨酸含量为 0.034 μg/mg，丙氨酸含量为 0.438 μg/mg，缬氨酸含量为 0.085 μg/mg，半胱氨酸含量为 0.178 μg/mg，异亮氨酸含量为 0.004 μg/mg，亮氨酸含量为 0.127 μg/mg，酪氨酸含量为 0.056 μg/mg，苯丙氨酸含量为 0.139 μg/mg，氨基丁酸含量为 0.026 μg/mg，组氨酸含量为 0.072 μg/mg，色氨酸含量为 0.077 μg/mg，精氨酸含量为 0.016 μg/mg(表 10-5-9)。

表 10-5-9　代表性片区中部烟叶(C3F)氨基酸　　(单位：μg/mg)

氨基酸组分	SZ-01	SZ-02	SZ-03	SZ-04	SZ-05
磷酸化-丝氨酸	0.465	0.247	0.314	0.450	0.431
牛磺酸	0.516	0.558	0.485	0.516	0.460
天冬氨酸	0.246	0.342	0.226	0.191	0.170
苏氨酸	0.257	0.236	0.195	0.197	0.212
丝氨酸	0.157	0.217	0.102	0.082	0.084
天冬酰胺	1.929	1.696	1.383	1.296	0.915
谷氨酸	0.184	0.269	0.245	0.149	0.121
甘氨酸	0.052	0.055	0.043	0.036	0.034
丙氨酸	0.574	0.553	0.427	0.532	0.438
缬氨酸	0.087	0.151	0.107	0.063	0.085
半胱氨酸	0.210	0.298	0.339	0.082	0.178
异亮氨酸	0.015	0.037	0.018	0.004	0.004
亮氨酸	0.149	0.204	0.148	0.100	0.127
酪氨酸	0.082	0.107	0.071	0.034	0.056
苯丙氨酸	0.216	0.314	0.183	0.133	0.139
氨基丁酸	0.072	0.138	0.081	0.083	0.026
组氨酸	0.137	0.208	0.129	0.090	0.072
色氨酸	0.195	0.313	0.209	0.147	0.077
精氨酸	0.047	0.068	0.028	0.024	0.016

八、烟叶香气物质

1. 官地坪镇金星村吊水井片区

代表性片区(SZ-01)中部烟叶(C3F)茄酮含量为 0.986 μg/g，香叶基丙酮含量为 0.392 μg/g，降茄二酮含量为 0.112 μg/g，β-紫罗兰酮含量为 0.370 μg/g，氧化紫罗兰酮含量为 0.414 μg/g，二氢猕猴桃内酯含量为 3.046 μg/g，巨豆三烯酮 1 含量为 0.224 μg/g，巨豆三烯酮 2 含量为 1.938 μg/g，巨豆三烯酮 3 含量为 0.269 μg/g，巨豆三烯酮 4 含量为 1.758 μg/g，3-羟基-β-二氢大马酮含量为 0.930 μg/g，3-氧代-α-紫罗兰醇含量为 4.077 μg/g，新植二烯含量为 1326.024 μg/g，3-羟基索拉韦惕酮含量为 5.354 μg/g，β-法尼烯含量为 14.806 μg/g(表 10-5-10)。

2. 官地坪镇联乡村郑家坪片区

代表性片区(SZ-02)中部烟叶(C3F)茄酮含量为 0.874 μg/g，香叶基丙酮含量为 0.291 μg/g，降茄二酮含量为 0.101 μg/g，β-紫罗兰酮含量为 0.392 μg/g，氧化紫罗兰酮含量为 0.314 μg/g，二氢猕猴桃内酯含量为 3.483 μg/g，巨豆三烯酮 1 含量为 0.101 μg/g，巨豆三烯酮 2 含量为 1.288 μg/g，巨豆三烯酮 3 含量为 0.235 μg/g，巨豆三烯酮 4 含量为 1.075 μg/g，3-羟基-β-二氢大马酮含量为 1.198 μg/g，3-氧代-α-紫罗兰醇含量为 3.909 μg/g，新植二烯含量为 1264.738 μg/g，3-羟基索拉韦惕酮含量为 4.491 μg/g，β-法尼烯含量为 11.312 μg/g(表 10-5-10)。

3. 白石乡长益村排兵山片区

代表性片区(SZ-03)中部烟叶(C3F)茄酮含量为 0.706 μg/g，香叶基丙酮含量为 0.358 μg/g，降茄二酮含量为 0.067 μg/g，β-紫罗兰酮含量为 0.336 μg/g，氧化紫罗兰酮含量为 0.347 μg/g，二氢猕猴桃内酯含量为 3.214 μg/g，巨豆三烯酮 1 含量为 0.090 μg/g，巨豆三烯酮 2 含量为 0.997 μg/g，巨豆三烯酮 3 含量为 0.123 μg/g，巨豆三烯酮 4 含量为 0.952 μg/g，3-羟基-β-二氢大马酮含量为 0.874 μg/g，3-氧代-α-紫罗兰醇含量为 3.416 μg/g，新植二烯含量为 1098.642 μg/g，3-羟基索拉韦惕酮含量为 3.629 μg/g，β-法尼烯含量为 8.310 μg/g(表 10-5-10)。

4. 塞家坡乡老村曾家娅组片区

代表性片区(SZ-04)中部烟叶(C3F)茄酮含量为 0.706 μg/g，香叶基丙酮含量为 0.325 μg/g，降茄二酮含量为 0.067 μg/g，β-紫罗兰酮含量为 0.336 μg/g，氧化紫罗兰酮含量为 0.381 μg/g，二氢猕猴桃内酯含量为 2.800 μg/g，巨豆三烯酮 1 含量为 0.101 μg/g，巨豆三烯酮 2 含量为 1.176 μg/g，巨豆三烯酮 3 含量为 0.134 μg/g，巨豆三烯酮 4 含量为 0.952 μg/g，3-羟基-β-二氢大马酮含量为 0.795 μg/g，3-氧代-α-紫罗兰醇含量为 3.494 μg/g，新植二烯含量为 1044.926 μg/g，3-羟基索拉韦惕酮含量为 3.002 μg/g，β-法尼烯含量为 8.635 μg/g(表 10-5-10)。

5. 寨家坡乡李家村李家组片区

代表性片区（SZ-05）中部烟叶（C3F）茄酮含量为 0.784 μg/g，香叶基丙酮含量为 0.414 μg/g，降茄二酮含量为 0.090 μg/g，β-紫罗兰酮含量为 0.302 μg/g，氧化紫罗兰酮含量为 0.325 μg/g，二氢猕猴桃内酯含量为 2.654 μg/g，巨豆三烯酮 1 含量为 0.090 μg/g，巨豆三烯酮 2 含量为 1.098 μg/g，巨豆三烯酮 3 含量为 0.123 μg/g，巨豆三烯酮 4 含量为 0.952 μg/g，3-羟基-β-二氢大马酮含量为 0.717 μg/g，3-氧代-α-紫罗兰醇含量为 2.262 μg/g，新植二烯含量为 1183.717 μg/g，3-羟基索拉韦惕酮含量为 1.803 μg/g，β-法尼烯含量为 8.915 μg/g（表 10-5-10）。

表 10-5-10　代表性片区中部烟叶（C3F）香气物质　　　（单位：μg/g）

香气物质	SZ-01	SZ-02	SZ-03	SZ-04	SZ-05
茄酮	0.986	0.874	0.706	0.706	0.784
香叶基丙酮	0.392	0.291	0.358	0.325	0.414
降茄二酮	0.112	0.101	0.067	0.067	0.090
β-紫罗兰酮	0.370	0.392	0.336	0.336	0.302
氧化紫罗兰酮	0.414	0.314	0.347	0.381	0.325
二氢猕猴桃内酯	3.046	3.483	3.214	2.800	2.654
巨豆三烯酮 1	0.224	0.101	0.090	0.101	0.090
巨豆三烯酮 2	1.938	1.288	0.997	1.176	1.098
巨豆三烯酮 3	0.269	0.235	0.123	0.134	0.123
巨豆三烯酮 4	1.758	1.075	0.952	0.952	0.952
3-羟基-β-二氢大马酮	0.930	1.198	0.874	0.795	0.717
3-氧代-α-紫罗兰醇	4.077	3.909	3.416	3.494	2.262
新植二烯	1326.024	1264.738	1098.642	1044.926	1183.717
3-羟基索拉韦惕酮	5.354	4.491	3.629	3.002	1.803
β-法尼烯	14.806	11.312	8.310	8.635	8.915

九、烟叶感官质量

1. 官地坪镇金星村吊水井片区

代表性片区（SZ-01）中部烟叶（C3F）感官质量评价结果显示，香韵指标包含的干草香、清甜香、正甜香、焦甜香、青香、木香、豆香、坚果香、焦香、辛香、果香、药草香、花香、树脂香、酒香的各项指标值分别为 3.17、0、2.56、0、0、1.72、0、0、1.33、1.06、0、0、0、0、0，烟气指标包含的香气状态、烟气浓度、劲头、香气质、香气量和透发性的各项指标值分别为 2.76、3.00、2.94、2.89、2.89 和 2.83，杂气指标包含的青杂气、生青气、枯焦气、木质气、土腥气、松脂气、花粉气、药草气和金属气的各项指标值分别为 1.17、0、1.06、1.33、0、0、0、0、0，口感指标包含的细腻程度、柔和程度、圆润感、刺激性、干燥感和余味的各项指标值分别为 2.94、2.67、2.44、2.78、2.78 和 2.67（表 10-5-11）。

2. 官地坪镇联乡村郑家坪片区

代表性片区(SZ-02)中部烟叶(C3F)感官质量评价结果显示，香韵指标包含的干草香、清甜香、正甜香、焦甜香、青香、木香、豆香、坚果香、焦香、辛香、果香、药草香、花香、树脂香、酒香的各项指标值分别为 3.24、0、2.53、0、0、1.65、0、0.53、0、0.53、0、0、0、0、0，烟气指标包含的香气状态、烟气浓度、劲头、香气质、香气量和透发性的各项指标值分别为 2.88、2.35、2.47、2.88、2.18 和 2.35，杂气指标包含的青杂气、生青气、枯焦气、木质气、土腥气、松脂气、花粉气、药草气和金属气的各项指标值分别为 1.12、0、0、1.47、0、0、0、0、0，口感指标包含的细腻程度、柔和程度、圆润感、刺激性、干燥感和余味的各项指标值分别为 3.00、2.71、2.53、2.65、2.94 和 2.71（表 10-5-11）。

3. 白石乡长益村排兵山片区

代表性片区(SZ-03)中部烟叶(C3F)感官质量评价结果显示，香韵指标包含的干草香、清甜香、正甜香、焦甜香、青香、木香、豆香、坚果香、焦香、辛香、果香、药草香、花香、树脂香、酒香的各项指标值分别为 3.00、0、2.50、0、0.56、1.89、0、0、1.11、1.22、0、0、0、0、0，烟气指标包含的香气状态、烟气浓度、劲头、香气质、香气量和透发性的各项指标值分别为 2.50、2.56、2.78、2.50、2.39 和 2.50，杂气指标包含的青杂气、生青气、枯焦气、木质气、土腥气、松脂气、花粉气、药草气和金属气的各项指标值分别为 1.33、0、1.06、1.50、0、0、0、0、0，口感指标包含的细腻程度、柔和程度、圆润感、刺激性、干燥感和余味的各项指标值分别为 2.71、2.72、2.33、2.83、2.78 和 2.50（表 10-5-11）。

4. 寒家坡乡老村曾家娅组片区

代表性片区(SZ-04)中部烟叶(C3F)感官质量评价结果显示，香韵指标包含的干草香、清甜香、正甜香、焦甜香、青香、木香、豆香、坚果香、焦香、辛香、果香、药草香、花香、树脂香、酒香的各项指标值分别为 3.18、0、2.53、0、0.65、1.65、0、0、0、0.53、0、0、0、0、0，烟气指标包含的香气状态、烟气浓度、劲头、香气质、香气量和透发性的各项指标值分别为 3.00、2.71、2.71、2.94、2.59 和 2.65，杂气指标包含的青杂气、生青气、枯焦气、木质气、土腥气、松脂气、花粉气、药草气和金属气的各项指标值分别为 0.94、0、0、1.71、0、0、0、0、0，口感指标包含的细腻程度、柔和程度、圆润感、刺激性、干燥感和余味的各项指标值分别为 3.06、2.88、2.59、2.71、2.82 和 3.00（表 10-5-11）。

5. 寒家坡乡李家村李家组片区

代表性片区(SZ-05)中部烟叶(C3F)感官质量评价结果显示，香韵指标包含的干草香、清甜香、正甜香、焦甜香、青香、木香、豆香、坚果香、焦香、辛香、果香、药草香、花香、树脂香、酒香的各项指标值分别为3.18、0、2.82、0、0.53、1.76、0、0、0、0.59、0、0、0、0、0，烟气指标包含的香气状态、烟气浓度、劲头、香气质、香气量和透发性的各项指标值分别为3.00、2.75、2.88、3.00、2.94和2.88，杂气指标包含的青杂气、生青气、枯焦气、木质气、土腥气、松脂气、花粉气、药草气和金属气的各项指标值分别为1.00、0、0.82、1.35、0、0、0、0、0，口感指标包含的细腻程度、柔和程度、圆润感、刺激性、干燥感和余味的各项指标值分别为3.00、3.00、2.71、2.71、2.88和2.94（表10-5-11）。

表 10-5-11　代表性片区中部烟叶（C3F）感官质量

评价指标		SZ-01	SZ-02	SZ-03	SZ-04	SZ-05
香韵	干草香	3.17	3.24	3.00	3.18	3.18
	清甜香	0	0	0	0	0
	正甜香	2.56	2.53	2.50	2.53	2.82
	焦甜香	0	0	0	0	0
	青香	0	0	0.56	0.65	0.53
	木香	1.72	1.65	1.89	1.65	1.76
	豆香	0	0	0	0	0
	坚果香	0	0.53	0	0	0
	焦香	1.33	0	1.11	0	0
	辛香	1.06	0.53	1.22	0.53	0.59
	果香	0	0	0	0	0
	药草香	0	0	0	0	0
	花香	0	0	0	0	0
	树脂香	0	0	0	0	0
	酒香	0	0	0	0	0
烟气	香气状态	2.76	2.88	2.50	3.00	3.00
	烟气浓度	3.00	2.35	2.56	2.71	2.75
	劲头	2.94	2.47	2.78	2.71	2.88
	香气质	2.89	2.88	2.50	2.94	3.00
	香气量	2.89	2.18	2.39	2.59	2.94
	透发性	2.83	2.35	2.50	2.65	2.88
杂气	青杂气	1.17	1.12	1.33	0.94	1.00
	生青气	0	0	0	0	0
	枯焦气	1.06	0	1.06	0	0.82
	木质气	1.33	1.47	1.50	1.71	1.35
	土腥气	0	0	0	0	0
	松脂气	0	0	0	0	0
	花粉气	0	0	0	0	0
	药草气	0	0	0	0	0
	金属气	0	0	0	0	0

续表

评价指标		SZ-01	SZ-02	SZ-03	SZ-04	SZ-05
口感	细腻程度	2.94	3.00	2.71	3.06	3.00
	柔和程度	2.67	2.71	2.72	2.88	3.00
	圆润感	2.44	2.53	2.33	2.59	2.71
	刺激性	2.78	2.65	2.83	2.71	2.71
	干燥感	2.78	2.94	2.78	2.82	2.88
	余味	2.67	2.71	2.50	3.00	2.94

第六节　湖南凤凰烟叶风格特征

凤凰县地处北纬 27°44′～28°19′，东经 109°18′～109°48′，位于湖南省西部边缘，湘西土家族苗族自治州的西南角，东与泸溪县交界，北与吉首市、花垣县毗邻，南靠怀化地区的麻阳苗族自治县，西接贵州省铜仁地区的松桃苗族自治县。凤凰县是武陵山区烤烟种植区的典型烤烟产区之一，根据该县地形地貌特点、目前阶段烤烟种植片区分布特点和烟叶质量风格特征，选择 5 个代表性种植片区作为该县烟叶质量风格特征的代表性区域进行描述。

一、烟田与烟株基本特征

1. 茶田镇芭蕉村片区

代表性片区（FH-01）中心点位于北纬 27°49′9.998″、东经 109°21′58.926″，海拔 543 m。低山坡地下部，梯田水田，成土母质为古黄红土坡积–堆积物，土壤亚类为普通简育水耕人为土。烤烟、晚稻/玉米不定期轮作，烤烟大田生长期 5～9 月。烤烟田间长相长势较好，烟株呈塔形结构，株高 102.40 cm，茎围 8.70 cm，有效叶片数 19.20，中部烟叶长 76.90 cm、宽 31.80 cm，上部烟叶长 58.30 cm、宽 23.50 cm（图 10-6-1，表 10-6-1）。

图 10-6-1　FH-01 片区烟田

2. 阿拉营镇天星村 7 组片区

代表性片区(FH-02)中心点位于北纬 27°52′12.724″、东经 109°21′12.870″，海拔 598 m。低山坡地中部，梯田水田，成土母质为古黄红土坡积-堆积物，土壤亚类为普通铁聚水耕人为土。烤烟、晚稻/玉米不定期轮作，烤烟大田生长期 5～9 月。烤烟田间长相长势较好，烟株呈塔形结构，株高 96.50 cm，茎围 8.50 cm，有效叶片数 18.90，中部烟叶长 71.70 cm、宽 29.30 cm，上部烟叶长 62.10 cm、宽 21.50 cm(图 10-6-2，表 10-6-1)。

图 10-6-2　FH-02 片区烟田

3. 腊尔山镇夺西村片区

代表性片区(FH-03)中心点位于北纬 28°4′19.611″、东经 109°23′7.719″，海拔 797 m。低山坡地中下部，梯田水田，成土母质为古黄红土坡积-堆积物，土壤亚类为普通铁聚水耕人为土。烤烟、晚稻/玉米不定期轮作，烤烟大田生长期 5～9 月。烤烟田间长相长势较好，烟株呈塔形结构，株高 91.60 cm，茎围 8.90 cm，有效叶片数 19.10，中部烟叶长 72.00 cm、宽 30.80 cm，上部烟叶长 64.40 cm、宽 23.10 cm(图 10-6-3，表 10-6-1)。

图 10-6-3　FH-03 片区烟田

4. 两林乡高果村片区

代表性片区(FH-04)中心点位于北纬 28°9′1.443″、东经 109°22′38.488″，海拔 863 m。中山坡地中部，梯田水田，成土母质为古黄红土坡积–堆积物，土壤亚类为普通铁聚水耕人为土。烤烟、晚稻/玉米不定期轮作，烤烟大田生长期 5～9 月。烤烟田间长相长势较好，烟株呈塔形结构，株高 97.90 cm，茎围 9.70 cm，有效叶片数 20.70，中部烟叶长 68.90 cm、宽 30.40 cm，上部烟叶长 54.50 cm、宽 20.40 cm(图 10-6-4，表 10-6-1)。

图 10-6-4　FH-04 片区烟田

5. 两林乡禾当村片区

代表性片区(FH-05)中心点位于北纬 28°9′7.244″、东经 109°24′38.944″，海拔 850 m。中山坡地上部，梯田水田，成土母质为钙质板岩风化坡积物，土壤亚类为普通钙质湿润雏形土。烤烟、玉米不定期轮作，烤烟大田生长期 5～9 月。烤烟田间长相长势中等，烟株呈筒形结构，株高 81.40 cm，茎围 8.10 cm，有效叶片数 18.10，中部烟叶长 64.70 cm、宽 27.20 cm，上部烟叶长 54.90 cm、宽 19.30 cm(图 10-6-5，表 10-6-1)。

图 10-6-5　FH-05 片区烟田

表 10-6-1　代表性片区烟株主要农艺性状

片区	株高/cm	茎围/cm	有效叶/片	中部叶/cm		上部叶/cm		株型
				叶长	叶宽	叶长	叶宽	
FH-01	102.40	8.70	19.20	76.90	31.80	58.30	23.50	塔形
FH-02	96.50	8.50	18.90	71.70	29.30	62.10	21.50	塔形
FH-03	91.60	8.90	19.10	72.00	30.80	64.40	23.10	塔形
FH-04	97.90	9.70	20.70	68.90	30.40	54.50	20.40	塔形
FH-05	81.40	8.10	18.10	64.70	27.20	54.90	19.30	筒形

二、烟叶外观质量与物理指标

1. 茶田镇芭蕉村片区

代表性片区(FH-01)烟叶外观质量指标的成熟度得分 7.00，颜色得分 7.50，油分得分 7.50，身份得分 7.00，结构得分 7.50，色度得分 7.00。烟叶物理指标中的单叶重 10.43 g，叶片密度 53.33 g/m^2，含梗率 30.24%，平衡含水率 13.71%，叶片长度 68.38 cm，叶片宽度 26.12 cm，叶片厚度 93.17 μm，填充值 3.18 cm^3/g(图 10-6-6，表 10-6-2 和表 10-6-3)。

图 10-6-6　FH-01 片区初烤烟叶

2. 阿拉营镇天星村 7 组片区

代表性片区(FH-02)烟叶外观质量指标的成熟度得分 7.50，颜色得分 8.00，油分得分 7.50，身份得分 8.00，结构得分 7.50，色度得分 7.50。烟叶物理指标中的单叶重 10.23 g，叶片密度 61.23 g/m^2，含梗率 31.28%，平衡含水率 14.24%，叶片长度 67.12 cm，叶片宽度 23.57 cm，叶片厚度 88.17 μm，填充值 2.89 cm^3/g(图 10-6-7，表 10-6-2 和表 10-6-3)。

图 10-6-7　FH-02 片区初烤烟叶

3. 腊尔山镇夺西村片区

代表性片区（FH-03）烟叶外观质量指标的成熟度得分 7.50，颜色得分 8.50，油分得分 7.50，身份得分 7.50，结构得分 7.50，色度得分 7.00。烟叶物理指标中的单叶重 11.03 g，叶片密度 58.09 g/m²，含梗率 31.44%，平衡含水率 14.17%，叶片长度 70.29 cm，叶片宽度 24.80 cm，叶片厚度 90.93 μm，填充值 3.24 cm³/g（图 10-6-8，表 10-6-2 和表 10-6-3）。

图 10-6-8　FH-03 片区初烤烟叶

4. 两林乡高果村片区

代表性片区（FH-04）烟叶外观质量指标的成熟度得分 6.50，颜色得分 7.00，油分得分 7.50，身份得分 7.50，结构得分 6.50，色度得分 5.00。烟叶物理指标中的单叶重 11.02 g，叶片密度 62.31 g/m²，含梗率 32.15%，平衡含水率 12.64%，叶片长度 66.28 cm，叶片宽度 24.25 cm，叶片厚度 86.59 μm，填充值 3.08 cm³/g（图 10-6-9，表 10-6-2 和表 10-6-3）。

图 10-6-9 FH-04 片区初烤烟叶

5. 两林乡禾当村片区

代表性片区（FH-05）烟叶外观质量指标的成熟度得分 7.00，颜色得分 7.50，油分得分 7.50，身份得分 7.50，结构得分 7.50，色度得分 7.50。烟叶物理指标中的单叶重 11.57 g，叶片密度 55.60 g/m²，含梗率 33.58%，平衡含水率 14.53%，叶片长度 67.30 cm，叶片宽度 25.50 cm，叶片厚度 83.43 μm，填充值 3.05 cm³/g（图 10-6-10，表 10-6-2 和表 10-6-3）。

图 10-6-10 FH-05 片区初烤烟叶

表 10-6-2　代表性片区烟叶外观质量

片区	成熟度	颜色	油分	身份	结构	色度
FH-01	7.00	7.50	7.50	7.00	7.50	7.00
FH-02	7.50	8.00	7.50	8.00	7.50	7.50
FH-03	7.50	8.50	7.50	7.50	7.50	7.00
FH-04	6.50	7.00	7.50	7.50	6.50	5.00
FH-05	7.00	7.50	7.50	7.50	7.50	7.50

表 10-6-3　代表性片区烟叶物理指标

片区	单叶重 /g	叶片密度 /(g/m²)	含梗率 /%	平衡含水率 /%	叶长 /cm	叶宽 /cm	叶片厚度 /μm	填充值 /(cm³/g)
FH-01	10.43	53.33	30.24	13.71	68.38	26.12	93.17	3.18
FH-02	10.23	61.23	31.28	14.24	67.12	23.57	88.17	2.89
FH-03	11.03	58.09	31.44	14.17	70.29	24.80	90.93	3.24
FH-04	11.02	62.31	32.15	12.64	66.28	24.25	86.59	3.08
FH-05	11.57	55.60	33.58	14.53	67.30	25.50	83.43	3.05

三、烟叶常规化学成分与中微量元素

1. 茶田镇芭蕉村片区

代表性片区(FH-01)中部烟叶(C3F)总糖含量 33.14%,还原糖含量 30.48%,总氮含量 1.39%,总植物碱含量 1.96%,氯含量 0.36%,钾含量 2.59%,糖碱比 16.91,淀粉含量 2.98%(表 10-6-4)。烟叶铜含量为 0.008 g/kg,铁含量为 0.133 g/kg,锰含量为 0.125 g/kg,锌含量为 0.035 g/kg,钙含量为 141.592 mg/kg,镁含量为 23.673 mg/kg(表 10-6-5)。

2. 阿拉营镇天星村 7 组片区

代表性片区(FH-02)中部烟叶(C3F)总糖含量 29.60%,还原糖含量 23.43%,总氮含量 1.78%,总植物碱含量 2.74%,氯含量 0.34%,钾含量 2.41%,糖碱比 10.80,淀粉含量 3.16%(表 10-6-4)。烟叶铜含量为 0.012 g/kg,铁含量为 0.191 g/kg,锰含量为 0.233 g/kg,锌含量为 0.072 g/kg,钙含量为 148.325 mg/kg,镁含量为 19.221 mg/kg(表 10-6-5)。

3. 腊尔山镇夺西村片区

代表性片区(FH-03)中部烟叶(C3F)总糖含量 29.22%,还原糖含量 24.99%,总氮含量 1.75%,总植物碱含量 2.60%,氯含量 0.28%,钾含量 2.75%,糖碱比 11.24,淀粉含量 3.16%(表 10-6-4)。烟叶铜含量为 0.008g/kg,铁含量为 0.131g/kg,锰含量为 0.134g/kg,锌含量为 0.037 g/kg,钙含量为 155.437mg/kg,镁含量为 20.687 mg/kg(表 10-6-5)。

4. 两林乡高果村片区

代表性片区(FH-04)中部烟叶(C3F)总糖含量 28.53%，还原糖含量 24.98%，总氮含量 1.41%，总植物碱含量 2.06%，氯含量 0.35%，钾含量 2.63%，糖碱比 13.85，淀粉含量 3.81%(表 10-6-4)。烟叶铜含量为 0.007 g/kg，铁含量为 0.166 g/kg，锰含量为 0.206 g/kg，锌含量为 0.041 g/kg，钙含量为 159.680 mg/kg，镁含量为 25.836 mg/kg(表 10-6-5)。

5. 两林乡禾当村片区

代表性片区(FH-05)中部烟叶(C3F)总糖含量 32.68%，还原糖含量 26.55%，总氮含量 1.73%，总植物碱含量 2.60%，氯含量 0.24%，钾含量 2.91%，糖碱比 12.57，淀粉含量 2.60%(表 10-6-4)。烟叶铜含量为 0.009 g/kg，铁含量为 0.259 g/kg，锰含量为 0.253 g/kg，锌含量为 0.046 g/kg，钙含量为 137.136 mg/kg，镁含量为 16.618 mg/kg(表 10-6-5)。

表 10-6-4　代表性片区中部烟叶(C3F)常规化学成分

片区	总糖/%	还原糖/%	总氮/%	总植物碱/%	氯/%	钾/%	糖碱比	淀粉/%
FH-01	33.14	30.48	1.39	1.96	0.36	2.59	16.91	2.98
FH-02	29.60	23.43	1.78	2.74	0.34	2.41	10.80	3.16
FH-03	29.22	24.99	1.75	2.60	0.28	2.75	11.24	3.16
FH-04	28.53	24.98	1.41	2.06	0.35	2.63	13.85	3.81
FH-05	32.68	26.55	1.73	2.60	0.24	2.91	12.57	2.60

表 10-6-5　代表性片区中部烟叶(C3F)中微量元素

片区	Cu /(g/kg)	Fe /(g/kg)	Mn /(g/kg)	Zn /(g/kg)	Ca /(mg/kg)	Mg /(mg/kg)
FH-01	0.008	0.133	0.125	0.035	141.592	23.673
FH-02	0.012	0.191	0.233	0.072	148.325	19.221
FH-03	0.008	0.131	0.134	0.037	155.437	20.687
FH-04	0.007	0.166	0.206	0.041	159.680	25.836
FH-05	0.009	0.259	0.253	0.046	137.136	16.618

四、烟叶生物碱组分与细胞壁物质

1. 茶田镇芭蕉村片区

代表性片区(FH-01)中部烟叶(C3F)烟碱含量为 19.427 mg/g，降烟碱含量为 0.671 mg/g，麦斯明含量为 0.005 mg/g，假木贼碱含量为 0.136 mg/g，新烟碱含量为 0.571 mg/g；烟叶纤维素含量为 6.90%，半纤维素含量为 3.50%，木质素含量为 1.50%(表 10-6-6)。

2. 阿拉营镇天星村 7 组片区

代表性片区(FH-02)中部烟叶(C3F)烟碱含量为 27.986 mg/g,降烟碱含量为 0.785 mg/g,麦斯明含量为 0.005 mg/g,假木贼碱含量为 0.174 mg/g,新烟碱含量为 0.705 mg/g;烟叶纤维素含量为 6.70%,半纤维素含量为 3.30%,木质素含量为 1.30%(表 10-6-6)。

3. 腊尔山镇夺西村片区

代表性片区(FH-03)中部烟叶(C3F)烟碱含量为 25.077 mg/g,降烟碱含量为 0.724 mg/g,麦斯明含量为 0.004 mg/g,假木贼碱含量为 0.161 mg/g,新烟碱含量为 0.647 mg/g;烟叶纤维素含量为 6.40%,半纤维素含量为 2.70%,木质素含量为 0.90%(表 10-6-6)。

4. 两林乡高果村片区

代表性片区(FH-04)中部烟叶(C3F)烟碱含量为 22.662 mg/g,降烟碱含量为 0.675 mg/g,麦斯明含量为 0.004 mg/g,假木贼碱含量为 0.136 mg/g,新烟碱含量为 0.537 mg/g;烟叶纤维素含量为 6.60%,半纤维素含量为 2.90%,木质素含量为 0.80%(表 10-6-6)。

5. 两林乡禾当村片区

代表性片区(FH-05)中部烟叶(C3F)烟碱含量为 25.629 mg/g,降烟碱含量为 0.757mg/g,麦斯明含量为 0.005 mg/g,假木贼碱含量为 0.165 mg/g,新烟碱含量为 0.672 mg/g;烟叶纤维素含量为 6.30%,半纤维素含量为 3.30%,木质素含量为 0.80%(表 10-6-6)。

表 10-6-6　代表性片区中部烟叶(C3F)生物碱组分与细胞壁物质

片区	烟碱 /(mg/g)	降烟碱 /(mg/g)	麦斯明 /(mg/g)	假木贼碱 /(mg/g)	新烟碱 /(mg/g)	纤维素 /%	半纤维素 /%	木质素 /%
FH-01	19.427	0.671	0.005	0.136	0.571	6.90	3.50	1.50
FH-02	27.986	0.785	0.005	0.174	0.705	6.70	3.30	1.30
FH-03	25.077	0.724	0.004	0.161	0.647	6.40	2.70	0.90
FH-04	22.662	0.675	0.004	0.136	0.537	6.60	2.90	0.80
FH-05	25.629	0.757	0.005	0.165	0.672	6.30	3.30	0.80

五、烟叶多酚与质体色素

1. 茶田镇芭蕉村片区

代表性片区(FH-01)中部烟叶(C3F)绿原酸含量为 11.660 mg/g,芸香苷含量为 7.480 mg/g,莨菪亭含量为 0.200 mg/g,β-胡萝卜素含量为 0.023 mg/g,叶黄素含量为 0.059 mg/g(表 10-6-7)。

2. 阿拉营镇天星村7组片区

代表性片区(FH-02)中部烟叶(C3F)绿原酸含量为 14.930 mg/g，芸香苷含量为 7.820 mg/g，莨菪亭含量为 0.120 mg/g，β-胡萝卜素含量为 0.031 mg/g，叶黄素含量为 0.055 mg/g(表 10-6-7)。

3. 腊尔山镇夺西村片区

代表性片区(FH-03)中部烟叶(C3F)绿原酸含量为 14.820 mg/g，芸香苷含量为 7.570 mg/g，莨菪亭含量为 0.140 mg/g，β-胡萝卜素含量为 0.034 mg/g，叶黄素含量为 0.063 mg/g(表 10-6-7)。

4. 两林乡高果村片区

代表性片区(FH-04)中部烟叶(C3F)绿原酸含量为 12.240 mg/g，芸香苷含量为 7.940 mg/g，莨菪亭含量为 0.190 mg/g，β-胡萝卜素含量为 0.029 mg/g，叶黄素含量为 0.065 mg/g(表 10-6-7)。

5. 两林乡禾当村片区

代表性片区(FH-05)中部烟叶(C3F)绿原酸含量为 15.210 mg/g，芸香苷含量 7.840 mg/g，莨菪亭含量为 0.110 mg/g，β-胡萝卜素含量为 0.033 mg/g，叶黄素含量为 0.058 mg/g(表 10-6-7)。

表 10-6-7　代表性片区中部烟叶(C3F)多酚与质体色素　　(单位：mg/g)

片区	绿原酸	芸香苷	莨菪亭	β-胡萝卜素	叶黄素
FH-01	11.660	7.480	0.200	0.023	0.059
FH-02	14.930	7.820	0.120	0.031	0.055
FH-03	14.820	7.570	0.140	0.034	0.063
FH-04	12.240	7.940	0.190	0.029	0.065
FH-05	15.210	7.840	0.110	0.033	0.058

六、烟叶有机酸类物质

1. 茶田镇芭蕉村片区

代表性片区(FH-01)中部烟叶(C3F)草酸含量为 11.814 mg/g，苹果酸含量为 60.092 mg/g，柠檬酸含量为 5.549 mg/g，棕榈酸含量为 1.996 mg/g，亚油酸含量为 1.251 mg/g，油酸含量为 3.392 mg/g，硬脂酸含量为 0.567 mg/g(表 10-6-8)。

2. 阿拉营镇天星村7组片区

代表性片区(FH-02)中部烟叶(C3F)草酸含量为 11.903 mg/g，苹果酸含量为 35.397 mg/g，柠檬酸含量为 3.882 mg/g，棕榈酸含量为 1.576 mg/g，亚油酸含量为 1.236 mg/g，油酸含量为 2.881 mg/g，硬脂酸含量为 0.446 mg/g（表 10-6-8）。

3. 腊尔山镇夺西村片区

代表性片区（FH-03）中部烟叶（C3F）草酸含量为 14.657 mg/g，苹果酸含量为 66.859 mg/g，柠檬酸含量为 5.468 mg/g，棕榈酸含量为 2.484 mg/g，亚油酸含量为 1.558 mg/g，油酸含量为 3.612 mg/g，硬脂酸含量为 0.680 mg/g（表 10-6-8）。

4. 两林乡高果村片区

代表性片区（FH-04）中部烟叶（C3F）草酸含量为 12.374 mg/g，苹果酸含量为 30.443 mg/g，柠檬酸含量为 4.722 mg/g，棕榈酸含量为 1.799 mg/g，亚油酸含量为 1.164 mg/g，油酸含量为 3.561 mg/g，硬脂酸含量为 0.485 mg/g（表 10-6-8）。

5. 两林乡禾当村片区

代表性片区（FH-05）中部烟叶（C3F）草酸含量为 14.976 mg/g，苹果酸含量为 61.742 mg/g，柠檬酸含量为 4.780 mg/g，棕榈酸含量为 2.640 mg/g，亚油酸含量为 1.685 mg/g，油酸含量为 3.779 mg/g，硬脂酸含量为 0.743 mg/g（表 10-6-8）。

表 10-6-8　代表性片区中部烟叶（C3F）有机酸　　　　（单位：mg/g）

片区	草酸	苹果酸	柠檬酸	棕榈酸	亚油酸	油酸	硬脂酸
FH-01	11.814	60.092	5.549	1.996	1.251	3.392	0.567
FH-02	11.903	35.397	3.882	1.576	1.236	2.881	0.446
FH-03	14.657	66.859	5.468	2.484	1.558	3.612	0.680
FH-04	12.374	30.443	4.722	1.799	1.164	3.561	0.485
FH-05	14.976	61.742	4.780	2.640	1.685	3.779	0.743

七、烟叶氨基酸

1. 茶田镇芭蕉村片区

代表性片区（FH-01）中部烟叶（C3F）磷酸化-丝氨酸含量为 0.440 μg/mg，牛磺酸含量为 0.368 μg/mg，天冬氨酸含量为 0.023 μg/mg，苏氨酸含量为 0.153 μg/mg，丝氨酸含量为 0.037 μg/mg，天冬酰胺含量为 0.462 μg/mg，谷氨酸含量为 0.054 μg/mg，甘氨酸含量为 0.020 μg/mg，丙氨酸含量为 0.220 μg/mg，缬氨酸含量为 0.049 μg/mg，半胱氨酸含量为 0.127 μg/mg，异亮氨酸含量为 0.005 μg/mg，亮氨酸含量为 0.067 μg/mg，酪氨酸含量为 0.017 μg/mg，苯丙氨酸含量为 0.049 μg/mg，氨基丁酸含量为 0.014 μg/mg，组氨酸含量为 0.022 μg/mg，色氨酸含量为 0.032 μg/mg，精氨酸含量为 0 μg/mg（表 10-6-9）。

2. 阿拉营镇天星村 7 组片区

代表性片区 (FH-02) 中部烟叶 (C3F) 磷酸化-丝氨酸含量为 0.337 μg/mg，牛磺酸含量为 0.375 μg/mg，天冬氨酸含量为 0.091 μg/mg，苏氨酸含量为 0.085 μg/mg，丝氨酸含量为 0.081 μg/mg，天冬酰胺含量为 0.395 μg/mg，谷氨酸含量为 0.061 μg/mg，甘氨酸含量为 0.029 μg/mg，丙氨酸含量为 0.271 μg/mg，缬氨酸含量为 0.076 μg/mg，半胱氨酸含量为 0.069 μg/mg，异亮氨酸含量为 0.022 μg/mg，亮氨酸含量为 0.128 μg/mg，酪氨酸含量为 0.045 μg/mg，苯丙氨酸含量为 0.103 μg/mg，氨基丁酸含量为 0.021 μg/mg，组氨酸含量为 0.067 μg/mg，色氨酸含量为 0.080 μg/mg，精氨酸含量为 0.020 μg/mg（表 10-6-9）。

3. 腊尔山镇夺西村片区

代表性片区 (FH-03) 中部烟叶 (C3F) 磷酸化-丝氨酸含量为 0.408 μg/mg，牛磺酸含量为 0.398 μg/mg，天冬氨酸含量为 0.078 μg/mg，苏氨酸含量为 0.064 μg/mg，丝氨酸含量为 0.052 μg/mg，天冬酰胺含量为 0.419 μg/mg，谷氨酸含量为 0.058 μg/mg，甘氨酸含量为 0.016 μg/mg，丙氨酸含量为 0.258 μg/mg，缬氨酸含量为 0.052 μg/mg，半胱氨酸含量为 0 μg/mg，异亮氨酸含量为 0.009 μg/mg，亮氨酸含量为 0.076 μg/mg，酪氨酸含量为 0.035 μg/mg，苯丙氨酸含量为 0.088 μg/mg，氨基丁酸含量为 0.025 μg/mg，组氨酸含量为 0.053 μg/mg，色氨酸含量为 0.066 μg/mg，精氨酸含量为 0 μg/mg（表 10-6-9）。

4. 两林乡高果村片区

代表性片区 (FH-04) 中部烟叶 (C3F) 磷酸化-丝氨酸含量为 0.380 μg/mg，牛磺酸含量为 0.322 μg/mg，天冬氨酸含量为 0.036 μg/mg，苏氨酸含量为 0.148 μg/mg，丝氨酸含量为 0.046 μg/mg，天冬酰胺含量为 0.258 μg/mg，谷氨酸含量为 0.049 μg/mg，甘氨酸含量为 0.016 μg/mg，丙氨酸含量为 0.233 μg/mg，缬氨酸含量为 0.047 μg/mg，半胱氨酸含量为 0 μg/mg，异亮氨酸含量为 0.007 μg/mg，亮氨酸含量为 0.066 μg/mg，酪氨酸含量为 0.027 μg/mg，苯丙氨酸含量为 0.063 μg/mg，氨基丁酸含量为 0.023 μg/mg，组氨酸含量为 0.023 μg/mg，色氨酸含量为 0.027 μg/mg，精氨酸含量为 0 μg/mg（表 10-6-9）。

5. 两林乡禾当村片区

代表性片区 (FH-05) 中部烟叶 (C3F) 磷酸化-丝氨酸含量为 0.405 μg/mg，牛磺酸含量为 0.386 μg/mg，天冬氨酸含量为 0.057 μg/mg，苏氨酸含量为 0.155 μg/mg，丝氨酸含量为 0.060 μg/mg，天冬酰胺含量为 0.364 μg/mg，谷氨酸含量为 0.053 μg/mg，甘氨酸含量为 0.019 μg/mg，丙氨酸含量为 0.259 μg/mg，缬氨酸含量为 0.052 μg/mg，半胱氨酸含量为 0 μg/mg，异亮氨酸含量为 0.405 μg/mg，亮氨酸含量为 0.088 μg/mg，酪氨酸含量为 0.032 μg/mg，苯丙氨酸含量为 0.082 μg/mg，氨基丁酸含量为 0.021 μg/mg，组氨酸含量为 0.046 μg/mg，色氨酸含量为 0.059 μg/mg，精氨酸含量为 0.012 μg/mg（表 10-6-9）。

表 10-6-9　代表性片区中部烟叶 (C3F) 氨基酸　　　（单位：μg/mg）

氨基酸组分	FH-01	FH-02	FH-03	FH-04	FH-05
磷酸化-丝氨酸	0.440	0.337	0.408	0.380	0.405
牛磺酸	0.368	0.375	0.398	0.322	0.386
天冬氨酸	0.023	0.091	0.078	0.036	0.057
苏氨酸	0.153	0.085	0.064	0.148	0.155
丝氨酸	0.037	0.081	0.052	0.046	0.060
天冬酰胺	0.462	0.395	0.419	0.258	0.364
谷氨酸	0.054	0.061	0.058	0.049	0.053
甘氨酸	0.020	0.029	0.016	0.016	0.019
丙氨酸	0.220	0.271	0.258	0.233	0.259
缬氨酸	0.049	0.076	0.052	0.047	0.052
半胱氨酸	0.127	0.069	0	0	0
异亮氨酸	0.005	0.022	0.009	0.007	0.405
亮氨酸	0.067	0.128	0.076	0.066	0.088
酪氨酸	0.017	0.045	0.035	0.027	0.032
苯丙氨酸	0.049	0.103	0.088	0.063	0.082
氨基丁酸	0.014	0.021	0.025	0.023	0.021
组氨酸	0.022	0.067	0.053	0.023	0.046
色氨酸	0.032	0.080	0.066	0.027	0.059
精氨酸	0	0.020	0	0	0.012

八、烟叶香气物质

1. 茶田镇芭蕉村片区

代表性片区 (FH-01) 中部烟叶 (C3F) 茄酮含量为 0.750 μg/g，香叶基丙酮含量为 0.426 μg/g，降茄二酮含量为 0.101 μg/g，β-紫罗兰酮含量为 0.358 μg/g，氧化紫罗兰酮含量为 0.325 μg/g，二氢猕猴桃内酯含量为 2.755 μg/g，巨豆三烯酮 1 含量为 0.067 μg/g，巨豆三烯酮 2 含量为 0.784 μg/g，巨豆三烯酮 3 含量为 0.146 μg/g，巨豆三烯酮 4 含量为 0.650 μg/g，3-羟基-β-二氢大马酮含量为 1.266 μg/g，3-氧代-α-紫罗兰醇含量为 3.987 μg/g，新植二烯含量为 1207.920 μg/g，3-羟基索拉韦惕酮含量为 2.520 μg/g，β-法尼烯含量为 10.024 μg/g（表 10-6-10）。

2. 阿拉营镇天星村 7 组片区

代表性片区 (FH-02) 中部烟叶 (C3F) 茄酮含量为 0.896 μg/g，香叶基丙酮含量为 0.370 μg/g，降茄二酮含量为 0.123 μg/g，β-紫罗兰酮含量为 0.403 μg/g，氧化紫罗兰酮含量为 0.515 μg/g，二氢猕猴桃内酯含量为 3.763 μg/g，巨豆三烯酮 1 含量为 0.078 μg/g，巨豆三烯酮 2 含量为 0.818 μg/g，巨豆三烯酮 3 含量为 0.123 μg/g，巨豆三烯酮 4 含量为 0.762 μg/g，3-羟基-β-二氢大马酮含量为 0.806 μg/g，3-氧代-α-紫罗兰醇含量为 1.714 μg/g，新植二烯含量为 691.734 μg/g，3-羟基索拉韦惕酮含量为 3.360 μg/g，β-法尼烯含量为 6.518 μg/g（表 10-6-10）。

3. 腊尔山镇夺西村片区

代表性片区（FH-03）中部烟叶（C3F）茄酮含量为 0.773 μg/g，香叶基丙酮含量为 0.403 μg/g，降茄二酮含量为 0.078 μg/g，β-紫罗兰酮含量为 0.302 μg/g，氧化紫罗兰酮含量为 0.314 μg/g，二氢猕猴桃内酯含量为 2.430 μg/g，巨豆三烯酮 1 含量为 0.090 μg/g，巨豆三烯酮 2 含量为 0.930 μg/g，巨豆三烯酮 3 含量为 0.123 μg/g，巨豆三烯酮 4 含量为 0.907 μg/g，3-羟基-β-二氢大马酮含量为 0.974 μg/g，3-氧代-α-紫罗兰醇含量为 2.408 μg/g，新植二烯含量为 952.739 μg/g，3-羟基索拉韦惕酮含量为 2.050 μg/g，β-法尼烯含量为 9.464 μg/g（表 10-6-10）。

4. 两林乡高果村片区

代表性片区（FH-04）中部烟叶（C3F）茄酮含量为 0.672 μg/g，香叶基丙酮含量为 0.482 μg/g，降茄二酮含量为 0.134 μg/g，β-紫罗兰酮含量为 0.392 μg/g，氧化紫罗兰酮含量为 0.347 μg/g，二氢猕猴桃内酯含量为 2.822 μg/g，巨豆三烯酮 1 含量为 0.090 μg/g，巨豆三烯酮 2 含量为 0.885 μg/g，巨豆三烯酮 3 含量为 0.202 μg/g，巨豆三烯酮 4 含量为 0.683 μg/g，3-羟基-β-二氢大马酮含量为 1.355 μg/g，3-氧代-α-紫罗兰醇含量为 3.853 μg/g，新植二烯含量为 839.395 μg/g，3-羟基索拉韦惕酮含量为 1.747 μg/g，β-法尼烯含量为 8.254 μg/g（表 10-6-10）。

5. 两林乡禾当村片区

代表性片区（FH-05）中部烟叶（C3F）茄酮含量为 0.907 μg/g，香叶基丙酮含量为 0.549 μg/g，降茄二酮含量为 0.168 μg/g，β-紫罗兰酮含量为 0.403 μg/g，氧化紫罗兰酮含量为 0.302 μg/g，二氢猕猴桃内酯含量为 2.834 μg/g，巨豆三烯酮 1 含量为 0.101 μg/g，巨豆三烯酮 2 含量为 0.840 μg/g，巨豆三烯酮 3 含量为 0.123 μg/g，巨豆三烯酮 4 含量为 0.706 μg/g，3-羟基-β-二氢大马酮含量为 0.795 μg/g，3-氧代-α-紫罗兰醇含量为 2.128 μg/g，新植二烯含量为 618.901 μg/g，3-羟基索拉韦惕酮含量为 1.310 μg/g，β-法尼烯含量为 5.723 μg/g（表 10-6-10）。

表 10-6-10　代表性片区中部烟叶（C3F）香气物质　　　　（单位：μg/g）

香气物质	FH-01	FH-02	FH-03	FH-04	FH-05
茄酮	0.750	0.896	0.773	0.672	0.907
香叶基丙酮	0.426	0.370	0.403	0.482	0.549
降茄二酮	0.101	0.123	0.078	0.134	0.168
β-紫罗兰酮	0.358	0.403	0.302	0.392	0.403
氧化紫罗兰酮	0.325	0.515	0.314	0.347	0.302
二氢猕猴桃内酯	2.755	3.763	2.430	2.822	2.834

续表

香气物质	FH-01	FH-02	FH-03	FH-04	FH-05
巨豆三烯酮 1	0.067	0.078	0.090	0.090	0.101
巨豆三烯酮 2	0.784	0.818	0.930	0.885	0.840
巨豆三烯酮 3	0.146	0.123	0.123	0.202	0.123
巨豆三烯酮 4	0.650	0.762	0.907	0.683	0.706
3-羟基-β-二氢大马酮	1.266	0.806	0.974	1.355	0.795
3-氧代-α-紫罗兰醇	3.987	1.714	2.408	3.853	2.128
新植二烯	1207.920	691.734	952.739	839.395	618.901
3-羟基索拉韦惕酮	2.520	3.360	2.050	1.747	1.310
β-法尼烯	10.024	6.518	9.464	8.254	5.723

九、烟叶感官质量

1. 茶田镇芭蕉村片区

代表性片区(FH-01)中部烟叶(C3F)感官质量评价结果显示，香韵指标包含的干草香、清甜香、正甜香、焦甜香、青香、木香、豆香、坚果香、焦香、辛香、果香、药草香、花香、树脂香、酒香的各项指标值分别为 3.00、0、2.33、0.78、0、1.78、0、0.72、1.33、1.06、0、0、0、0、0，烟气指标包含的香气状态、烟气浓度、劲头、香气质、香气量和透发性的各项指标值分别为 2.44、2.94、2.81、2.94、2.83 和 2.71，杂气指标包含的青杂气、生青气、枯焦气、木质气、土腥气、松脂气、花粉气、药草气和金属气的各项指标值分别为 0.89、0、0.83、1.33、0、0、0、0、0，口感指标包含的细腻程度、柔和程度、圆润感、刺激性、干燥感和余味的各项指标值分别为 2.72、2.72、2.50、2.89、2.72和 2.83(表 10-6-11)。

2. 阿拉营镇天星村 7 组片区

代表性片区(FH-02)中部烟叶(C3F)感官质量评价结果显示，香韵指标包含的干草香、清甜香、正甜香、焦甜香、青香、木香、豆香、坚果香、焦香、辛香、果香、药草香、花香、树脂香、酒香的各项指标值分别为 3.17、0、2.28、1.11、0、1.72、0、0.56、1.33、1.00、0、0、0、0、0，烟气指标包含的香气状态、烟气浓度、劲头、香气质、香气量和透发性的各项指标值分别为 2.53、3.08、3.00、3.11、3.00 和 2.94，杂气指标包含的青杂气、生青气、枯焦气、木质气、土腥气、松脂气、花粉气、药草气和金属气的各项指标值分别为 0.94、0、1.11、1.33、0、0、0、0、0，口感指标包含的细腻程度、柔和程度、圆润感、刺激性、干燥感和余味的各项指标值分别为 2.78、2.61、2.67、3.06、3.00和 2.83(表 10-6-11)。

3. 腊尔山镇夺西村片区

代表性片区(FH-03)中部烟叶(C3F)感官质量评价结果显示，香韵指标包含的干草香、清甜香、正甜香、焦甜香、青香、木香、豆香、坚果香、焦香、辛香、果香、药草香、花香、树脂香、酒香的各项指标值分别为3.28、0、2.50、0.72、0、1.89、0、0.56、1.00、1.11、0、0、0、0、0，烟气指标包含的香气状态、烟气浓度、劲头、香气质、香气量和透发性的各项指标值分别为2.64、2.83、2.83、2.94、2.83和2.72，杂气指标包含的青杂气、生青气、枯焦气、木质气、土腥气、松脂气、花粉气、药草气和金属气的各项指标值分别为1.17、0、0、1.44、0、0、0、0、0，口感指标包含的细腻程度、柔和程度、圆润感、刺激性、干燥感和余味的各项指标值分别为2.94、2.61、2.61、2.89、2.67和2.83（表10-6-11）。

4. 两林乡高果村片区

代表性片区（FH-04）中部烟叶（C3F）感官质量评价结果显示，香韵指标包含的干草香、清甜香、正甜香、焦甜香、青香、木香、豆香、坚果香、焦香、辛香、果香、药草香、花香、树脂香、酒香的各项指标值分别为3.06、0、2.50、0、0.67、1.83、0、0.56、1.00、1.06、0、0、0、0、0，烟气指标包含的香气状态、烟气浓度、劲头、香气质、香气量和透发性的各项指标值分别为2.63、2.82、2.53、2.83、2.67和2.72，杂气指标包含的青杂气、生青气、枯焦气、木质气、土腥气、松脂气、花粉气、药草气和金属气的各项指标值分别为1.11、0、0.72、1.28、0、0、0、0、0，口感指标包含的细腻程度、柔和程度、圆润感、刺激性、干燥感和余味的各项指标值分别为3.06、2.83、2.56、3.00、2.83和2.72（表10-6-11）。

5. 两林乡禾当村片区

代表性片区（FH-05）中部烟叶（C3F）感官质量评价结果显示，香韵指标包含的干草香、清甜香、正甜香、焦甜香、青香、木香、豆香、坚果香、焦香、辛香、果香、药草香、花香、树脂香、酒香的各项指标值分别为3.17、0、2.44、0、0、2.00、0、0、1.28、1.11、0、0、0、0、0，烟气指标包含的香气状态、烟气浓度、劲头、香气质、香气量和透发性的各项指标值分别为2.72、2.76、2.59、2.89、2.61和2.61，杂气指标包含的青杂气、生青气、枯焦气、木质气、土腥气、松脂气、花粉气、药草气和金属气的各项指标值分别为1.11、0、0.89、1.56、0、0、0、0、0，口感指标包含的细腻程度、柔和程度、圆润感、刺激性、干燥感和余味的各项指标值分别为2.89、2.61、2.39、3.06、2.78和2.72（表10-6-11）。

表10-6-11　代表性片区中部烟叶（C3F）感官质量

	评价指标	FH-01	FH-02	FH-03	FH-04	FH-05
香韵	干草香	3.00	3.17	3.28	3.06	3.17
	清甜香	0	0	0	0	0
	正甜香	2.33	2.28	2.50	2.50	2.44
	焦甜香	0.78	1.11	0.72	0	0
	青香	0	0	0	0.67	0

评价指标		FH-01	FH-02	FH-03	FH-04	FH-05
香韵	木香	1.78	1.72	1.89	1.83	2.00
	豆香	0	0	0	0	0
	坚果香	0.72	0.56	0.56	0.56	0
	焦香	1.33	1.33	1.00	1.00	1.28
	辛香	1.06	1.00	1.11	1.06	1.11
	果香	0	0	0	0	0
	药草香	0	0	0	0	0
	花香	0	0	0	0	0
	树脂香	0	0	0	0	0
	酒香	0	0	0	0	0
烟气	香气状态	2.44	2.53	2.64	2.63	2.72
	烟气浓度	2.94	3.08	2.83	2.82	2.76
	劲头	2.81	3.00	2.83	2.53	2.59
	香气质	2.94	3.11	2.94	2.83	2.89
	香气量	2.83	3.00	2.83	2.67	2.61
	透发性	2.71	2.94	2.72	2.72	2.61
杂气	青杂气	0.89	0.94	1.17	1.11	1.11
	生青气	0	0	0	0	0
	枯焦气	0.83	1.11	0	0.72	0.89
	木质气	1.33	1.33	1.44	1.28	1.56
	土腥气	0	0	0	0	0
	松脂气	0	0	0	0	0
	花粉气	0	0	0	0	0
	药草气	0	0	0	0	0
	金属气	0	0	0	0	0
口感	细腻程度	2.72	2.78	2.94	3.06	2.89
	柔和程度	2.72	2.61	2.61	2.83	2.61
	圆润感	2.50	2.67	2.61	2.56	2.39
	刺激性	2.89	3.06	2.89	3.00	3.06
	干燥感	2.72	3.00	2.67	2.83	2.78
	余味	2.83	2.83	2.83	2.72	2.72

第七节　重庆彭水烟叶风格特征

彭水苗族土家族自治县(简称彭水县)位于北纬 28°57′~29°51′、东经 107°48′~108°36′,地处重庆市东南部,居乌江下游,西连武隆区,北连石柱土家族自治县,东北临湖北省鄂西土家族苗族自治州利川市,东连黔江区,东南接酉阳土家族苗族自治县,南邻贵州省沿河土家族自治县、务川仡佬族苗族自治县，西南连贵州省道真仡佬族苗族自治县，西北与丰都县接壤。彭水县是武陵山区烤烟种植区的典型烤烟产区之一，根据该县地形地貌特点、当前烤烟种植片区分布特点和烟叶质量风格特征，选择 5 个代表性种植片区作为该县烟叶质量风格特征的代表性区域。

一、烟田与烟株基本特征

1. 桑柘镇大青村 6 组片区

代表性片区（PS-01）中心点位于北纬 29°20′31.207″、东经 108°24′26.500″，海拔 1351 m。地形地貌为中山坡地中部，缓坡梯田旱地，成土母质为石灰岩风化坡积物，土壤亚类为普通钙质常湿雏形土。该片区种植制度为烤烟、玉米隔年轮作，烤烟大田生长期 5～8 月。烤烟田间长相长势较好，烟株呈伞形结构，株高 92.50 cm，茎围 9.40 cm，有效叶片数 21.30，中部烟叶长 70.40 cm、宽 23.80 cm，上部烟叶长 67.20 cm、宽 19.90 cm（图 10-7-1，表 10-7-1）。

图 10-7-1 PS-01 片区烟田

2. 桑柘镇太平村 2 组片区

代表性片区（PS-02）中心点位于北纬 29°21′4.654″、东经 108°28′34.775″，海拔 1369 m。地形地貌为中山坡地坡麓，缓坡梯田旱地，成土母质为石灰岩风化坡积物，土壤亚类为普通钙质常湿雏形土。该片区种植制度为烤烟、玉米隔年轮作，烤烟大田生长期 5～8 月。烤烟田间长相长势较好，烟株呈筒形结构，株高 85.10 cm，茎围 8.80 cm，有效叶片数 16.80，中部烟叶长 73.20 cm、宽 25.80 cm，上部烟叶长 74.10 cm、宽 23.10 cm（图 10-7-2，表 10-7-1）。

3. 润溪乡白果村 3 组片区

代表性片区（PS-03）中心点位于北纬 29°8′7.255″、东经 107°56′31.683″，海拔 1230 m。地形地貌为中山坡地坡麓，缓坡梯田旱地，成土母质为石灰岩风化坡积物，土壤亚类为普通钙质常湿雏形土。该片区种植制度为烤烟、玉米隔年轮作，烤烟大田生长期 5～8

月。烤烟田间长相长势较好，烟株呈筒形结构，株高 96.00 cm，茎围 8.90 cm，有效叶片数 18.10，中部烟叶长 75.70 cm、宽 29.50 cm，上部烟叶长 71.50 cm、宽 22.30 cm（图 10-7-3，表 10-7-1）。

图 10-7-2　PS-02 片区烟田

图 10-7-3　PS-03 片区烟田

4. 润溪乡樱桃村 1 组片区

代表性片区（PS-04）中心点位于北纬 29°10′7.947″、东经 107°58′4.269″，海拔 1305 m。地形地貌为中山坡地中下部，缓坡梯田旱地，成土母质为石灰岩风化坡积物，土壤亚类为普通钙质常湿雏形土。该片区种植制度为烤烟、玉米隔年轮作，烤烟大田生长期 5～8 月。烤烟田间长相长势微偏弱，烟株呈筒形结构，株高 75.80 cm，茎围 8.20 cm，有效叶片数 14.10，中部烟叶长 68.50 cm、宽 28.70 cm，上部烟叶长 63.60 cm、宽 23.00 cm（图 10-7-4，表 10-7-1）。

5. 靛水街道新田村竹林坨片区

代表性片区（PS-05）中心点位于北纬 29°13′48.728″、东经 108°0′59.558″，海拔 1042 m。地形地貌为中山坡地中部，中坡梯田旱地，成土母质为石灰岩风化坡积物，土壤亚类为普通铝质常湿淋溶土。该片区种植制度为烤烟、玉米隔年轮作，烤烟大田生长期 5～8

月。烤烟田间长相长势较好，烟株呈筒形结构，株高 89.60 cm，茎围 8.40 cm，有效叶片数 17.00，中部烟叶长 69.60 cm、宽 27.60 cm，上部烟叶长 59.80 cm、宽 20.90 cm（图 10-7-5，表 10-7-1）。

图 10-7-4　PS-04 片区烟田

图 10-7-5　PS-05 片区烟田

表 10-7-1　代表性片区烟株主要农艺性状

片区	株高 /cm	茎围 /cm	有效叶 /片	中部叶/cm		上部叶/cm		株型
				叶长	叶宽	叶长	叶宽	
PS-01	92.50	9.40	21.30	70.40	23.80	67.20	19.90	伞形
PS-02	85.10	8.80	16.80	73.20	25.80	74.10	23.10	筒形
PS-03	96.00	8.90	18.10	75.70	29.50	71.50	22.30	筒形
PS-04	75.80	8.20	14.10	68.50	28.70	63.60	23.00	筒形
PS-05	89.60	8.40	17.00	69.60	27.60	59.80	20.90	筒形

二、烟叶外观质量与物理指标

1. 桑柘镇大青村 6 组片区

代表性片区（PS-01）烟叶外观质量指标的成熟度得分 7.80，颜色得分 7.80，油分得分

5.20，身份得分 7.80，结构得分 8.30，色度得分 5.00。烟叶物理指标中的单叶重 9.79 g，叶片密度 62.25 g/m^2，含梗率 35.46%，平衡含水率 13.33%，叶片长度 64.10 cm，叶片宽度 21.40 cm，叶片厚度 130.10 μm，填充值 3.25 cm^3/g（图 10-7-6，表 10-7-2 和表 10-7-3）。

图 10-7-6　PS-01 片区初烤烟叶

2. 桑柘镇太平村 2 组片区

代表性片区（PS-02）烟叶外观质量指标的成熟度得分 7.50，颜色得分 7.80，油分得分 6.00，身份得分 8.30，结构得分 7.50，色度得分 5.50。烟叶物理指标中的单叶重 12.42 g，叶片密度 62.38 g/m^2，含梗率 29.63%，平衡含水率 14.46%，叶片长度 70.20 cm，叶片宽度 23.70 cm，叶片厚度 147.57 μm，填充值 2.75 cm^3/g（图 10-7-7，表 10-7-2 和表 10-7-3）。

图 10-7-7　PS-02 片区初烤烟叶

3. 润溪乡白果村 3 组片区

代表性片区(PS-03)烟叶外观质量指标的成熟度得分 8.00,颜色得分 8.00,油分得分 5.60,身份得分 8.10,结构得分 8.30,色度得分 5.50。烟叶物理指标中的单叶重 9.73 g,叶片密度 58.49 g/m²,含梗率 31.26%,平衡含水率 13.24%,叶片长度 66.10 cm,叶片宽度 22.50 cm,叶片厚度 126.80 μm,填充值 3.18 cm³/g(图 10-7-8,表 10-7-2 和表 10-7-3)。

图 10-7-8　PS-03 片区初烤烟叶

4. 润溪乡樱桃村 1 组片区

代表性片区(PS-04)烟叶外观质量指标的成熟度得分 8.00,颜色得分 8.00,油分得分 5.50,身份得分 8.00,结构得分 8.50,色度得分 5.30。烟叶物理指标中的单叶重 9.26 g,叶片密度 62.47 g/m²,含梗率 30.45%,平衡含水率 12.18%,叶片长度 61.10 cm,叶片宽度 21.50 cm,叶片厚度 140.90 μm,填充值 3.15 cm³/g(图 10-7-9,表 10-7-2 和表 10-7-3)。

图 10-7-9　PS-04 片区初烤烟叶

5. 靛水街道新田村竹林坨片区

代表性片区（PS-05）烟叶外观质量指标的成熟度得分 7.90，颜色得分 8.00，油分得分 5.80，身份得分 8.40，结构得分 8.30，色度得分 5.50。烟叶物理指标中的单叶重 11.58 g，叶片密度 68.14 g/m²，含梗率 31.70%，平衡含水率 12.21%，叶片长度 68.20 cm，叶片宽度 24.00 cm，叶片厚度 144.70 μm，填充值 2.72 cm³/g（图 10-7-10，表 10-7-2 和表 10-7-3）。

图 10-7-10　PS-05 片区初烤烟叶

表 10-7-2　代表性片区烟叶外观质量

片区	成熟度	颜色	油分	身份	结构	色度
PS-01	7.80	7.80	5.20	7.80	8.30	5.00
PS-02	7.50	7.80	6.00	8.30	7.50	5.50
PS-03	8.00	8.00	5.60	8.10	8.30	5.50
PS-04	8.00	8.00	5.50	8.00	8.50	5.30
PS-05	7.90	8.00	5.80	8.40	8.30	5.50

表 10-7-3　代表性片区烟叶物理指标

片区	单叶重 /g	叶片密度 /(g/m²)	含梗率 /%	平衡含水率 /%	叶长 /cm	叶宽 /cm	叶片厚度 /μm	填充值 /(cm³/g)
PS-01	9.79	62.25	35.46	13.33	64.10	21.40	130.10	3.25
PS-02	12.42	62.38	29.63	14.46	70.20	23.70	147.57	2.75
PS-03	9.73	58.49	31.26	13.24	66.10	22.50	126.80	3.18
PS-04	9.26	62.47	30.45	12.18	61.10	21.50	140.90	3.15
PS-05	11.58	68.14	31.70	12.21	68.20	24.00	144.70	2.72

三、烟叶常规化学成分与中微量元素

1. 桑柘镇大青村 6 组片区

代表性片区（PS-01）中部烟叶（C3F）总糖含量 37.01%，还原糖含量 33.43%，总氮含量 1.89%，总植物碱含量 2.32%，氯含量 0.28%，钾含量 1.52%，糖碱比 15.93，淀粉含量 3.17%（表 10-7-4）。烟叶铜含量为 0.127 g/kg，铁含量为 1.105 g/kg，锰含量为 3.621 g/kg，锌含量为 0.368 g/kg，钙含量为 154.216 mg/kg，镁含量为 8.178 mg/kg（表 10-7-5）。

2. 桑柘镇太平村 2 组片区

代表性片区（PS-02）中部烟叶（C3F）总糖含量 36.14%，还原糖含量 31.99%，总氮含量 1.75%，总植物碱含量 2.35%，氯含量 0.12%，钾含量 2.03%，糖碱比 15.39，淀粉含量 2.24%（表 10-7-4）。烟叶铜含量为 0.118 g/kg，铁含量为 0.867 g/kg，锰含量为 2.165 g/kg，锌含量为 0.376 g/kg，钙含量为 145.992 mg/kg，镁含量为 9.186 mg/kg（表 10-7-5）。

3. 润溪乡白果村 3 组片区

代表性片区（PS-03）中部烟叶（C3F）总糖含量 31.53%，还原糖含量 26.88%，总氮含量 1.67%，总植物碱含量 2.21%，氯含量 0.14%，钾含量 2.10%，糖碱比 14.30，淀粉含量 3.25%（表 10-7-4）。烟叶铜含量为 0.166 g/kg，铁含量为 0.634 g/kg，锰含量为 4.519 g/kg，锌含量为 0.554 g/kg，钙含量为 159.221 mg/kg，镁含量为 7.967 mg/kg（表 10-7-5）。

4. 润溪乡樱桃村 1 组片区

代表性片区（PS-04）中部烟叶（C3F）总糖含量 33.09%，还原糖含量 28.91%，总氮含量 1.61%，总植物碱含量 2.09%，氯含量 0.20%，钾含量 2.06%，糖碱比 15.83，淀粉含量 3.19%（表 10-7-4）。烟叶铜含量为 0.100 g/kg，铁含量为 1.118 g/kg，锰含量为 2.763 g/kg，锌含量为 0.469 g/kg，钙含量为 163.469 mg/kg，镁含量为 13.355 mg/kg（表 10-7-5）。

5. 靛水街道新田村竹林坨片区

代表性片区（PS-05）中部烟叶（C3F）总糖含量 32.26%，还原糖含量 29.21%，总氮含量 1.89%，总植物碱含量 2.71%，氯含量 0.17%，钾含量 1.47%，糖碱比 11.89，淀粉含量 3.44%（表 10-7-4）。烟叶铜含量为 0.162 g/kg，铁含量为 0.730 g/kg，锰含量为 3.619 g/kg，锌含量为 0.586 g/kg，钙含量为 154.922 mg/kg，镁含量为 10.508 mg/kg（表 10-7-5）。

表 10-7-4　代表性片区中部烟叶（C3F）常规化学成分

片区	总糖/%	还原糖/%	总氮/%	总植物碱/%	氯/%	钾/%	糖碱比	淀粉/%
PS-01	37.01	33.43	1.89	2.32	0.28	1.52	15.93	3.17
PS-02	36.14	31.99	1.75	2.35	0.12	2.03	15.39	2.24
PS-03	31.53	26.88	1.67	2.21	0.14	2.10	14.30	3.25
PS-04	33.09	28.91	1.61	2.09	0.20	2.06	15.83	3.19
PS-05	32.26	29.21	1.89	2.71	0.17	1.47	11.89	3.44

表 10-7-5　代表性片区中部烟叶（C3F）中微量元素

片区	Cu /(g/kg)	Fe /(g/kg)	Mn /(g/kg)	Zn /(g/kg)	Ca /(mg/kg)	Mg /(mg/kg)
PS-01	0.127	1.105	3.621	0.368	154.216	8.178
PS-02	0.118	0.867	2.165	0.376	145.992	9.186
PS-03	0.166	0.634	4.519	0.554	159.221	7.967
PS-04	0.100	1.118	2.763	0.469	163.469	13.355
PS-05	0.162	0.730	3.619	0.586	154.922	10.508

四、烟叶生物碱组分与细胞壁物质

1. 桑柘镇大青村 6 组片区

代表性片区（PS-01）中部烟叶（C3F）烟碱含量为 23.234 mg/g，降烟碱含量为 0.207 mg/g，麦斯明含量为 0.006 mg/g，假木贼碱含量为 0.039 mg/g，新烟碱含量为 0.500 mg/g；烟叶纤维素含量为 5.80%，半纤维素含量为 2.00%，木质素含量为 1.50%（表 10-7-6）。

2. 桑柘镇太平村 2 组片区

代表性片区（PS-02）中部烟叶（C3F）烟碱含量为 23.481 mg/g，降烟碱含量为 0.379 mg/g，麦斯明含量为 0.002 mg/g，假木贼碱含量为 0.047 mg/g，新烟碱含量为 0.572 mg/g；烟叶纤维素含量为 6.50%，半纤维素含量为 3.20%，木质素含量为 1.10%（表 10-7-6）。

3. 润溪乡白果村 3 组片区

代表性片区（PS-03）中部烟叶（C3F）烟碱含量为 22.050 mg/g，降烟碱含量为 0.329 mg/g，麦斯明含量为 0.001 mg/g，假木贼碱含量为 0.041 mg/g，新烟碱含量为 0.468 mg/g；烟叶纤维素含量为 7.30%，半纤维素含量为 2.30%，木质素含量为 0.90%（表 10-7-6）。

4. 润溪乡樱桃村 1 组片区

代表性片区（PS-04）中部烟叶（C3F）烟碱含量为 20.897 mg/g，降烟碱含量为 0.199 mg/g，麦斯明含量为 0.003 mg/g，假木贼碱含量为 0.040 mg/g，新烟碱含量为 0.429 mg/g；烟叶纤维素含量为 7.80%，半纤维素含量为 3.00%，木质素含量为 1.40%（表 10-7-6）。

5. 靛水街道新田村竹林坨片区

代表性片区（PS-05）中部烟叶（C3F）烟碱含量为 27.126 mg/g，降烟碱含量为 0.271 mg/g，麦斯明含量为 0.003 mg/g，假木贼碱含量为 0.053 mg/g，新烟碱含量为 0.606 mg/g；烟叶纤维素含量为 7.00%，半纤维素含量为 3.00%，木质素含量为 0.60%（表 10-7-6）。

表 10-7-6　代表性片区中部烟叶(C3F)生物碱组分与细胞壁物质

片区	烟碱 /(mg/g)	降烟碱 /(mg/g)	麦斯明 /(mg/g)	假木贼碱 /(mg/g)	新烟碱 /(mg/g)	纤维素 /%	半纤维素 /%	木质素 /%
PS-01	23.234	0.207	0.006	0.039	0.500	5.80	2.00	1.50
PS-02	23.481	0.379	0.002	0.047	0.572	6.50	3.20	1.10
PS-03	22.050	0.329	0.001	0.041	0.468	7.30	2.30	0.90
PS-04	20.897	0.199	0.003	0.040	0.429	7.80	3.00	1.40
PS-05	27.126	0.271	0.003	0.053	0.606	7.00	3.00	0.60

五、烟叶多酚与质体色素

1. 桑柘镇大青村 6 组片区

代表性片区(PS-01)中部烟叶(C3F)绿原酸含量为 12.796 mg/g，芸香苷含量为 8.871 mg/g，莨菪亭含量为 0.116 mg/g，β-胡萝卜素含量为 0.033 mg/g，叶黄素含量为 0.072 mg/g(表 10-7-7)。

2. 桑柘镇太平村 2 组片区

代表性片区(PS-02)中部烟叶(C3F)绿原酸含量为 12.445 mg/g，芸香苷含量为 9.618 mg/g，莨菪亭含量为 0.187 mg/g，β-胡萝卜素含量为 0.042 mg/g，叶黄素含量为 0.082 mg/g(表 10-7-7)。

3. 润溪乡白果村 3 组片区

代表性片区(PS-03)中部烟叶(C3F)绿原酸含量为 13.140 mg/g，芸香苷含量为 7.355 mg/g，莨菪亭含量为 0.224 mg/g，β-胡萝卜素含量为 0.041 mg/g，叶黄素含量为 0.077 mg/g(表 10-7-7)。

4. 润溪乡樱桃村 1 组片区

代表性片区(PS-04)中部烟叶(C3F)绿原酸含量为 15.210 mg/g，芸香苷含量为 7.840 mg/g，莨菪亭含量为 0.110 mg/g，β-胡萝卜素含量为 0.033 mg/g，叶黄素含量为 0.058 mg/g(表 10-7-7)。

5. 靛水街道新田村竹林坨片区

代表性片区(PS-05)中部烟叶(C3F)绿原酸含量为 13.398 mg/g，芸香苷含量为 8.421 mg/g，莨菪亭含量为 0.159 mg/g，β-胡萝卜素含量为 0.037 mg/g，叶黄素含量为 0.072 mg/g(表 10-7-7)。

表 10-7-7　代表性片区中部烟叶（C3F）多酚与质体色素　　　（单位：mg/g）

片区	绿原酸	芸香苷	莨菪亭	β-胡萝卜素	叶黄素
PS-01	12.796	8.871	0.116	0.033	0.072
PS-02	12.445	9.618	0.187	0.042	0.082
PS-03	13.140	7.355	0.224	0.041	0.077
PS-04	15.210	7.840	0.110	0.033	0.058
PS-05	13.398	8.421	0.159	0.037	0.072

六、烟叶有机酸类物质

1. 桑柘镇大青村 6 组片区

代表性片区（PS-01）中部烟叶（C3F）草酸含量为 18.446 mg/g，苹果酸含量为 77.747 mg/g，柠檬酸含量为 7.467 mg/g，棕榈酸含量为 2.049 mg/g，亚油酸含量为 1.231 mg/g，油酸含量为 3.161 mg/g，硬脂酸含量为 0.588 mg/g（表 10-7-8）。

2. 桑柘镇太平村 2 组片区

代表性片区（PS-02）中部烟叶（C3F）草酸含量为 19.106 mg/g，苹果酸含量为 81.785 mg/g，柠檬酸含量为 7.035 mg/g，棕榈酸含量为 2.243 mg/g，亚油酸含量为 1.332 mg/g，油酸含量为 3.434 mg/g，硬脂酸含量为 0.643 mg/g（表 10-7-8）。

3. 润溪乡白果村 3 组片区

代表性片区（PS-03）中部烟叶（C3F）草酸含量为 21.903 mg/g，苹果酸含量为 94.601 mg/g，柠檬酸含量为 9.604 mg/g，棕榈酸含量为 2.188 mg/g，亚油酸含量为 1.387 mg/g，油酸含量为 4.023 mg/g，硬脂酸含量为 0.702 mg/g（表 10-7-8）。

4. 润溪乡樱桃村 1 组片区

代表性片区（PS-04）中部烟叶（C3F）草酸含量为 15.297 mg/g，苹果酸含量为 73.607 mg/g，柠檬酸含量为 7.613 mg/g，棕榈酸含量为 1.744 mg/g，亚油酸含量为 1.024 mg/g，油酸含量为 2.595 mg/g，硬脂酸含量为 0.486 mg/g（表 10-7-8）。

5. 靛水街道新田村竹林坨片区

代表性片区（PS-05）中部烟叶（C3F）草酸含量为 18.605 mg/g，苹果酸含量为 76.496 mg/g，柠檬酸含量为 7.273 mg/g，棕榈酸含量为 2.051 mg/g，亚油酸含量为 1.183 mg/g，油酸含量为 3.169 mg/g，硬脂酸含量为 0.607 mg/g（表 10-7-8）。

表 10-7-8 代表性片区中部烟叶（C3F）有机酸 （单位：mg/g）

片区	草酸	苹果酸	柠檬酸	棕榈酸	亚油酸	油酸	硬脂酸
PS-01	18.446	77.747	7.467	2.049	1.231	3.161	0.588
PS-02	19.106	81.785	7.035	2.243	1.332	3.434	0.643
PS-03	21.903	94.601	9.604	2.188	1.387	4.023	0.702
PS-04	15.297	73.607	7.613	1.744	1.024	2.595	0.486
PS-05	18.605	76.496	7.273	2.051	1.183	3.169	0.607

七、烟叶氨基酸

1. 桑柘镇大青村6组片区

代表性片区（PS-01）中部烟叶（C3F）磷酸化-丝氨酸含量为 0.298 μg/mg，牛磺酸含量为 0.421 μg/mg，天冬氨酸含量为 0.194 μg/mg，苏氨酸含量为 0.179 μg/mg，丝氨酸含量为 0.059 μg/mg，天冬酰胺含量为 1.179 μg/mg，谷氨酸含量为 0.142 μg/mg，甘氨酸含量为 0.036 μg/mg，丙氨酸含量为 0.432 μg/mg，缬氨酸含量为 0.069 μg/mg，半胱氨酸含量为 0.177 μg/mg，异亮氨酸含量为 0.012 μg/mg，亮氨酸含量为 0.119 μg/mg，酪氨酸含量为 0.047 μg/mg，苯丙氨酸含量为 0.163 μg/mg，氨基丁酸含量为 0.059 μg/mg，组氨酸含量为 0.109 μg/mg，色氨酸含量为 0.180 μg/mg，精氨酸含量为 0.021 μg/mg（表 10-7-9）。

2. 桑柘镇太平村2组片区

代表性片区（PS-02）中部烟叶（C3F）磷酸化-丝氨酸含量为 0.316 μg/mg，牛磺酸含量为 0.388 μg/mg，天冬氨酸含量为 0.177 μg/mg，苏氨酸含量为 0.165 μg/mg，丝氨酸含量为 0.062 μg/mg，天冬酰胺含量为 1.103 μg/mg，谷氨酸含量为 0.126 μg/mg，甘氨酸含量为 0.035 μg/mg，丙氨酸含量为 0.403 μg/mg，缬氨酸含量为 0.066 μg/mg，半胱氨酸含量为 0.170 μg/mg，异亮氨酸含量为 0.012 μg/mg，亮氨酸含量为 0.114 μg/mg，酪氨酸含量为 0.046 μg/mg，苯丙氨酸含量为 0.155 μg/mg，氨基丁酸含量为 0.055 μg/mg，组氨酸含量为 0.115 μg/mg，色氨酸含量为 0.187 μg/mg，精氨酸含量为 0.018 μg/mg（表 10-7-9）。

3. 润溪乡白果村3组片区

代表性片区（PS-03）中部烟叶（C3F）磷酸化-丝氨酸含量为 0.347 μg/mg，牛磺酸含量为 0.373 μg/mg，天冬氨酸含量为 0.184 μg/mg，苏氨酸含量为 0.157 μg/mg，丝氨酸含量为 0.066 μg/mg，天冬酰胺含量为 1.098 μg/mg，谷氨酸含量为 0.140 μg/mg，甘氨酸含量为 0.034 μg/mg，丙氨酸含量为 0.398 μg/mg，缬氨酸含量为 0.070 μg/mg，半胱氨酸含量为 0.162 μg/mg，异亮氨酸含量为 0.015 μg/mg，亮氨酸含量为 0.114 μg/mg，酪氨酸含量为 0.045 μg/mg，苯丙氨酸含量为 0.164 μg/mg，氨基丁酸含量为 0.064 μg/mg，组氨酸含量为 0.126 μg/mg，色氨酸含量为 0.209 μg/mg，精氨酸含量为 0.024 μg/mg（表 10-7-9）。

4. 润溪乡樱桃村1组片区

代表性片区（PS-04）中部烟叶（C3F）磷酸化-丝氨酸含量为 0.414 μg/mg，牛磺酸含量为 0.343 μg/mg，天冬氨酸含量为 0.181 μg/mg，苏氨酸含量为 0.149 μg/mg，丝氨酸含量为 0.064 μg/mg，天冬酰胺含量为 1.024 μg/mg，谷氨酸含量为 0.133 μg/mg，甘氨酸含量为 0.035 μg/mg，丙氨酸含量为 0.416 μg/mg，缬氨酸含量为 0.072 μg/mg，半胱氨酸含量为 0.135 μg/mg，异亮氨酸含量为 0.018 μg/mg，亮氨酸含量为 0.131 μg/mg，酪氨酸含量为 0.052 μg/mg，苯丙氨酸含量为 0.176 μg/mg，氨基丁酸含量为 0.067 μg/mg，组氨酸含量为 0.131 μg/mg，色氨酸含量为 0.218 μg/mg，精氨酸含量为 0.030 μg/mg（表 10-7-9）。

5. 靛水街道新田村竹林坨片区

代表性片区（PS-05）中部烟叶（C3F）磷酸化-丝氨酸含量为 0.335 μg/mg，牛磺酸含量为 0.358 μg/mg，天冬氨酸含量为 0.183 μg/mg，苏氨酸含量为 0.153 μg/mg，丝氨酸含量为 0.065 μg/mg，天冬酰胺含量为 1.061 μg/mg，谷氨酸含量为 0.136 μg/mg，甘氨酸含量为 0.034 μg/mg，丙氨酸含量为 0.407 μg/mg，缬氨酸含量为 0.071 μg/mg，半胱氨酸含量为 0.148 μg/mg，异亮氨酸含量为 0.016 μg/mg，亮氨酸含量为 0.123 μg/mg，酪氨酸含量为 0.049 μg/mg，苯丙氨酸含量为 0.170 μg/mg，氨基丁酸含量为 0.066 μg/mg，组氨酸含量为 0.129 μg/mg，色氨酸含量为 0.213 μg/mg，精氨酸含量为 0.027 μg/mg（表 10-7-9）。

表 10-7-9　代表性片区中部烟叶（C3F）氨基酸　　　　（单位：μg/mg）

氨基酸组分	PS-01	PS-02	PS-03	PS-04	PS-05
磷酸化-丝氨酸	0.298	0.316	0.347	0.414	0.335
牛磺酸	0.421	0.388	0.373	0.343	0.358
天冬氨酸	0.194	0.177	0.184	0.181	0.183
苏氨酸	0.179	0.165	0.157	0.149	0.153
丝氨酸	0.059	0.062	0.066	0.064	0.065
天冬酰胺	1.179	1.103	1.098	1.024	1.061
谷氨酸	0.142	0.126	0.140	0.133	0.136
甘氨酸	0.036	0.035	0.034	0.035	0.034
丙氨酸	0.432	0.403	0.398	0.416	0.407
缬氨酸	0.069	0.066	0.070	0.072	0.071
半胱氨酸	0.177	0.170	0.162	0.135	0.148
异亮氨酸	0.012	0.012	0.015	0.018	0.016
亮氨酸	0.119	0.114	0.114	0.131	0.123
酪氨酸	0.047	0.046	0.045	0.052	0.049
苯丙氨酸	0.163	0.155	0.164	0.176	0.170
氨基丁酸	0.059	0.055	0.064	0.067	0.066
组氨酸	0.109	0.115	0.126	0.131	0.129
色氨酸	0.180	0.187	0.209	0.218	0.213
精氨酸	0.021	0.018	0.024	0.030	0.027

八、烟叶香气物质

1. 桑柘镇大青村 6 组片区

代表性片区(PS-01)中部烟叶(C3F)茄酮含量为 2.262 μg/g,香叶基丙酮含量为 0.493 μg/g,降茄二酮含量为 0.090 μg/g,β-紫罗兰酮含量为 0.616 μg/g,氧化紫罗兰酮含量为 0.806 μg/g,二氢猕猴桃内酯含量为 1.848 μg/g,巨豆三烯酮 1 含量为 0.034 μg/g,巨豆三烯酮 2 含量为 0.571 μg/g,巨豆三烯酮 3 含量为 0.067 μg/g,巨豆三烯酮 4 含量为 0.370 μg/g,3-羟基-β-二氢大马酮含量为 0.146 μg/g,3-氧代-α-紫罗兰醇含量为 0.672 μg/g,新植二烯含量为 346.427 μg/g,3-羟基索拉韦惕酮含量为 3.136 μg/g,β-法尼烯含量为 6.126 μg/g(表 10-7-10)。

2. 桑柘镇太平村 2 组片区

代表性片区(PS-02)中部烟叶(C3F)茄酮含量为 2.542 μg/g,香叶基丙酮含量为 0.672 μg/g,降茄二酮含量为 0.101 μg/g,β-紫罗兰酮含量为 0.605 μg/g,氧化紫罗兰酮含量为 0.683 μg/g,二氢猕猴桃内酯含量为 1.736 μg/g,巨豆三烯酮 1 含量为 0.045 μg/g,巨豆三烯酮 2 含量为 0.459 μg/g,巨豆三烯酮 3 含量为 0.056 μg/g,巨豆三烯酮 4 含量为 0.314 μg/g,3-羟基-β-二氢大马酮含量为 0.168 μg/g,3-氧代-α-紫罗兰醇含量为 0.851 μg/g,新植二烯含量为 377.843 μg/g,3-羟基索拉韦惕酮含量为 2.811 μg/g,β-法尼烯含量为 5.477 μg/g(表 10-7-10)。

3. 润溪乡白果村 3 组片区

代表性片区(PS-03)中部烟叶(C3F)茄酮含量为 2.979 μg/g,香叶基丙酮含量为 0.851 μg/g,降茄二酮含量为 0.123 μg/g,β-紫罗兰酮含量为 0.560 μg/g,氧化紫罗兰酮含量为 0.795 μg/g,二氢猕猴桃内酯含量为 2.128 μg/g,巨豆三烯酮 1 含量为 0.056 μg/g,巨豆三烯酮 2 含量为 0.493 μg/g,巨豆三烯酮 3 含量为 0.101 μg/g,巨豆三烯酮 4 含量为 0.403 μg/g,3-羟基-β-二氢大马酮含量为 0.269 μg/g,3-氧代-α-紫罗兰醇含量为 0.818 μg/g,新植二烯含量为 390.130 μg/g,3-羟基索拉韦惕酮含量为 1.814 μg/g,β-法尼烯含量为 5.634 μg/g(表 10-7-10)。

4. 润溪乡樱桃村 1 组片区

代表性片区(PS-04)中部烟叶(C3F)茄酮含量为 2.632 μg/g,香叶基丙酮含量为 0.683 μg/g,降茄二酮含量为 0.134 μg/g,β-紫罗兰酮含量为 0.627 μg/g,氧化紫罗兰酮含量为 0.862 μg/g,二氢猕猴桃内酯含量为 2.206 μg/g,巨豆三烯酮 1 含量为 0.078 μg/g,巨豆三烯酮 2 含量为 0.627 μg/g,巨豆三烯酮 3 含量为 0.090 μg/g,巨豆三烯酮 4 含量为 0.470 μg/g,3-羟基-β-二氢大马酮含量为 0.179 μg/g,3-氧代-α-紫罗兰醇含量为 1.109 μg/g,新植二烯含量为 527.643 μg/g,3-羟基索拉韦惕酮含量为 2.195 μg/g,β-法尼烯含量为 7.638 μg/g(表 10-7-10)。

5. 靛水街道新田村竹林坨片区

代表性片区(PS-05)中部烟叶(C3F)茄酮含量为 2.755 μg/g，香叶基丙酮含量为 0.638 μg/g，降茄二酮含量为 0.112 μg/g，β-紫罗兰酮含量为 0.627 μg/g，氧化紫罗兰酮含量为 0.862 μg/g，二氢猕猴桃内酯含量为 2.083 μg/g，巨豆三烯酮 1 含量为 0.078 μg/g，巨豆三烯酮 2 含量为 0.571 μg/g，巨豆三烯酮 3 含量为 0.078 μg/g，巨豆三烯酮 4 含量为 0.426 μg/g，3-羟基-β-二氢大马酮含量为 0.224 μg/g，3-氧代-α-紫罗兰醇含量为 0.986 μg/g，新植二烯含量为 428.064 μg/g，3-羟基索拉韦惕酮含量为 3.842 μg/g，β-法尼烯含量为 6.485 μg/g(表 10-7-10)。

表 10-7-10　代表性片区中部烟叶(C3F)香气物质　　　　(单位：μg/g)

香气物质	PS-01	PS-02	PS-03	PS-04	PS-05
茄酮	2.262	2.542	2.979	2.632	2.755
香叶基丙酮	0.493	0.672	0.851	0.683	0.638
降茄二酮	0.090	0.101	0.123	0.134	0.112
β-紫罗兰酮	0.616	0.605	0.560	0.627	0.627
氧化紫罗兰酮	0.806	0.683	0.795	0.862	0.862
二氢猕猴桃内酯	1.848	1.736	2.128	2.206	2.083
巨豆三烯酮 1	0.034	0.045	0.056	0.078	0.078
巨豆三烯酮 2	0.571	0.459	0.493	0.627	0.571
巨豆三烯酮 3	0.067	0.056	0.101	0.090	0.078
巨豆三烯酮 4	0.370	0.314	0.403	0.470	0.426
3-羟基-β-二氢大马酮	0.146	0.168	0.269	0.179	0.224
3-氧代-α-紫罗兰醇	0.672	0.851	0.818	1.109	0.986
新植二烯	346.427	377.843	390.130	527.643	428.064
3-羟基索拉韦惕酮	3.136	2.811	1.814	2.195	3.842
β-法尼烯	6.126	5.477	5.634	7.638	6.485

九、烟叶感官质量

1. 桑柘镇大青村 6 组片区

代表性片区(PS-01)中部烟叶(C3F)感官质量评价结果显示，香韵指标包含的干草香、清甜香、正甜香、焦甜香、青香、木香、豆香、坚果香、焦香、辛香、果香、药草香、花香、树脂香、酒香的各项指标值分别为 3.19、0、2.69、0.19、0、1.97、0、0.69、0.63、1.50、0、0、0、0、0，烟气指标包含的香气状态、烟气浓度、劲头、香气质、香气量和透发性的各项指标值分别为 2.83、3.00、2.94、3.03、2.78 和 2.66，杂气指标包含的青杂气、生青气、枯焦气、木质气、土腥气、松脂气、花粉气、药草气和金属气的各项指标值分别为 1.25、0、0.56、1.47、0、0、0、0、0，口感指标包含的细腻程度、柔和程度、圆润感、刺激性、干燥感和余味的各项指标值分别为 2.81、3.06、2.88、2.44、2.44 和 3.09（表 10-7-11）。

2. 桑柘镇太平村 2 组片区

代表性片区（PS-02）中部烟叶（C3F）感官质量评价结果显示，香韵指标包含的干草香、清甜香、正甜香、焦甜香、青香、木香、豆香、坚果香、焦香、辛香、果香、药草香、花香、树脂香、酒香的各项指标值分别为 3.50、0、3.06、0.63、0、2.13、0、0.75、0.94、1.63、0、0、0、0、0，烟气指标包含的香气状态、烟气浓度、劲头、香气质、香气量和透发性的各项指标值分别为 2.97、3.23、3.00、3.00、3.00 和 3.00，杂气指标包含的青杂气、生青气、枯焦气、木质气、土腥气、松脂气、花粉气、药草气和金属气的各项指标值分别为 1.38、0、0.63、1.47、0、0、0、0、0，口感指标包含的细腻程度、柔和程度、圆润感、刺激性、干燥感和余味的各项指标值分别为 2.94、2.97、2.69、2.50、2.44 和 3.03（表 10-7-11）。

3. 润溪乡白果村 3 组片区

代表性片区（PS-03）中部烟叶（C3F）感官质量评价结果显示，香韵指标包含的干草香、清甜香、正甜香、焦甜香、青香、木香、豆香、坚果香、焦香、辛香、果香、药草香、花香、树脂香、酒香的各项指标值分别为 3.50、0、2.94、0.31、0、1.97、0、0.84、0.63、1.56、0、0、0、0、0，烟气指标包含的香气状态、烟气浓度、劲头、香气质、香气量和透发性的各项指标值分别为 3.07、2.91、3.00、3.25、3.13 和 3.09，杂气指标包含的青杂气、生青气、枯焦气、木质气、土腥气、松脂气、花粉气、药草气和金属气的各项指标值分别为 0.94、0、0.63、1.56、0、0、0、0、0，口感指标包含的细腻程度、柔和程度、圆润感、刺激性、干燥感和余味的各项指标值分别为 3.19、2.81、2.72、2.44、2.34 和 3.31（表 10-7-11）。

4. 润溪乡樱桃村 1 组片区

代表性片区（PS-04）中部烟叶（C3F）感官质量评价结果显示，香韵指标包含的干草香、清甜香、正甜香、焦甜香、青香、木香、豆香、坚果香、焦香、辛香、果香、药草香、花香、树脂香、酒香的各项指标值分别为 3.50、0、2.69、1.38、0、2.13、0、0.72、1.31、1.47、0、0、0、0、0，烟气指标包含的香气状态、烟气浓度、劲头、香气质、香气量和透发性的各项指标值分别为 2.75、3.00、2.94、3.13、3.13 和 3.13，杂气指标包含的青杂气、生青气、枯焦气、木质气、土腥气、松脂气、花粉气、药草气和金属气的各项指标值分别为 0.88、0、1.25、1.31、0、0、0、0、0，口感指标包含的细腻程度、柔和程度、圆润感、刺激性、干燥感和余味的各项指标值分别为 3.06、2.75、2.81、2.50、2.44 和 3.16（表 10-7-11）。

5. 靛水街道新田村竹林坨片区

代表性片区（PS-05）中部烟叶（C3F）感官质量评价结果显示，香韵指标包含的干草香、清甜香、正甜香、焦甜香、青香、木香、豆香、坚果香、焦香、辛香、果香、药草香、花香、树脂香、酒香的各项指标值分别为3.47、0、2.69、1.28、0、1.94、0、1.00、1.38、1.50、0、0、0、0、0，烟气指标包含的香气状态、烟气浓度、劲头、香气质、香气量和透发性的各项指标值分别为2.81、3.27、3.59、3.13、3.34和3.13，杂气指标包含的青杂气、生青气、枯焦气、木质气、土腥气、松脂气、花粉气、药草气和金属气的各项指标值分别为0.81、0、1.28、1.34、0、0、0、0、0，口感指标包含的细腻程度、柔和程度、圆润感、刺激性、干燥感和余味的各项指标值分别为2.94、2.66、2.88、2.91、2.59和3.06（表10-7-11）。

表 10-7-11　代表性片区中部烟叶（C3F）感官质量

评价指标		PS-01	PS-02	PS-03	PS-04	PS-05
香韵	干草香	3.19	3.50	3.50	3.50	3.47
	清甜香	0	0	0	0	0
	正甜香	2.69	3.06	2.94	2.69	2.69
	焦甜香	0.19	0.63	0.31	1.38	1.28
	青香	0	0	0	0	0
	木香	1.97	2.13	1.97	2.13	1.94
	豆香	0	0	0	0	0
	坚果香	0.69	0.75	0.84	0.72	1.00
	焦香	0.63	0.94	0.63	1.31	1.38
	辛香	1.50	1.63	1.56	1.47	1.50
	果香	0	0	0	0	0
	药草香	0	0	0	0	0
	花香	0	0	0	0	0
	树脂香	0	0	0	0	0
	酒香	0	0	0	0	0
烟气	香气状态	2.83	2.97	3.07	2.75	2.81
	烟气浓度	3.00	3.23	2.91	3.00	3.27
	劲头	2.94	3.00	3.00	2.94	3.59
	香气质	3.03	3.00	3.25	3.13	3.13
	香气量	2.78	3.00	3.13	3.13	3.34
	透发性	2.66	3.00	3.09	3.13	3.13
杂气	青杂气	1.25	1.38	0.94	0.88	0.81
	生青气	0	0	0	0	0
	枯焦气	0.56	0.63	0.63	1.25	1.28
	木质气	1.47	1.47	1.56	1.31	1.34
	土腥气	0	0	0	0	0
	松脂气	0	0	0	0	0
	花粉气	0	0	0	0	0
	药草气	0	0	0	0	0
	金属气	0	0	0	0	0

续表

评价指标		PS-01	PS-02	PS-03	PS-04	PS-05
口感	细腻程度	2.81	2.94	3.19	3.06	2.94
	柔和程度	3.06	2.97	2.81	2.75	2.66
	圆润感	2.88	2.69	2.72	2.81	2.88
	刺激性	2.44	2.50	2.44	2.50	2.91
	干燥感	2.44	2.44	2.34	2.44	2.59
	余味	3.09	3.03	3.31	3.16	3.06

第八节　重庆武隆烟叶风格特征

武隆区位于北纬 29°02′～29°40′、东经 107°13′～108°05′，地处重庆市东南边缘，在武陵山与大娄山接合部，属于中国南方喀斯特高原丘陵地区。东西长 82.7 km，南北宽 75 km，辖区面积 2901.3 km²。武隆区东连彭水，西接南川、涪陵，北抵丰都，南邻贵州道真，距重庆市区 139 km，处于重庆"一圈两翼"的交汇点。武隆区是武陵山区烤烟种植区的典型烤烟产区之一，根据该区地形地貌特点、当前烤烟种植片区分布特点和烟叶质量风格特征，选择 5 个代表性种植片区作为该区烟叶质量风格特征的代表性区域。

一、烟田与烟株基本特征

1. 巷口镇杨家村杨家井片区

代表性片区（WL-01）中心点位于北纬 29°15′41.832″、东经 107°44′55.876″，海拔 1020 m。中山坡地中部，缓坡梯田旱地，成土母质为石灰岩风化坡积物，土壤亚类为普通钙质常湿雏形土。该片区种植制度为烤烟、玉米不定期轮作，烤烟大田生长期 5～9 月。烤烟田间长相长势较好，烟株呈筒形结构，株高 100.60 cm，茎围 8.80 cm，有效叶片数 19.10，中部烟叶长 71.50 cm、宽 24.50 cm，上部烟叶长 63.80 cm、宽 20.90 cm（图 10-8-1，表 10-8-1）。

图 10-8-1　WL-01 片区烟田

2. 巷口镇芦红村茶桩片区

代表性片区(WL-02)中心点位于北纬 29°15′51.728″、东经 107°46′50.786″，海拔 1044 m。中山坡地中上部，缓坡梯田旱地，成土母质为石灰岩风化坡积物，土壤亚类为普通钙质常湿雏形土。该片区种植制度为烤烟、玉米不定期轮作，烤烟大田生长期 5～9 月。烤烟田间长相长势较好，烟株呈筒形结构，株高 87.80 cm，茎围 8.70 cm，有效叶片数 17.40，中部烟叶长 76.50 cm、宽 30.20 cm，上部烟叶长 70.70 cm、宽 24.80 cm(图 10-8-2，表 10-8-1)。

图 10-8-2　WL-02 片区烟田

3. 巷口镇芦红村 2 组片区

代表性片区(WL-03)中心点位于北纬 29°16′15.460″、东经 107°47′16.571″，海拔 894 m。中山坡地中部，缓坡梯田旱地，成土母质为石灰岩风化坡积物，土壤亚类为普通钙质常湿淋溶土。该片区种植制度为烤烟、玉米不定期轮作，烤烟大田生长期 5～9 月。烤烟田间长相长势中等，烟株呈筒形结构，株高 82.00 cm，茎围 8.70 cm，有效叶片数 16.00，中部烟叶长 74.60 cm、宽 32.50 cm，上部烟叶长 70.30 cm、宽 27.60 cm(图 10-8-3，表 10-8-1)。

图 10-8-3　WL-03 片区烟田

4. 巷口镇芦红村4组片区

代表性片区（WL-04）中心点位于北纬 29°14′48.841″、东经 107°46′16.657″，海拔 1255 m。中山坡地中部，缓坡梯田旱地，成土母质为石灰岩风化坡积物，土壤亚类为普通钙质常湿雏形土。该片区种植制度为烤烟、玉米不定期轮作，烤烟大田生长期 5～9 月。烤烟田间长相长势中等，烟株呈筒形结构，株高 82.50 cm，茎围 9.40 cm，有效叶片数 16.50，中部烟叶长 82.40 cm、宽 27.20 cm，上部烟叶长 79.70 cm、宽 24.60 cm（图 10-8-4，表 10-8-1）。

图 10-8-4　WL-04 片区烟田

5. 巷口镇芦红村5组片区

代表性片区（WL-05）中心点位于北纬 29°14′15.625″、东经 107°45′8.905″，海拔 1283 m。中山坡地下部，中坡梯田旱地，成土母质为石灰岩风化坡积物，土壤亚类为腐殖钙质常湿雏形土。该片区种植制度为烤烟、玉米不定期轮作，烤烟大田生长期 5～9 月。烤烟田间长相长势中等偏好，烟株呈筒形结构，株高 91.00 cm，茎围 9.30 cm，有效叶片数 15.80，中部烟叶长 73.50 cm、宽 27.60 cm，上部烟叶长 68.30 cm、宽 23.20 cm（图 10-8-5，表 10-8-1）。

图 10-8-5　WL-05 片区烟田

表 10-8-1　代表性片区烟株主要农艺性状

片区	株高/cm	茎围/cm	有效叶/片	中部叶/cm		上部叶/cm		株型
				叶长	叶宽	叶长	叶宽	
WL-01	100.60	8.80	19.10	71.50	24.50	63.80	20.90	筒形
WL-02	87.80	8.70	17.40	76.50	30.20	70.70	24.80	筒形
WL-03	82.00	8.70	16.00	74.60	32.50	70.30	27.60	筒形
WL-04	82.50	9.40	16.50	82.40	27.20	79.70	24.60	筒形
WL-05	91.00	9.30	15.80	73.50	27.60	68.30	23.20	筒形

二、烟叶外观质量与物理指标

1. 巷口镇杨家村杨家井片区

代表性片区（WL-01）烟叶外观质量指标的成熟度得分 8.00，颜色得分 8.00，油分得分 7.00，身份得分 8.00，结构得分 8.00，色度得分 7.00。烟叶物理指标中的单叶重 9.05 g，叶片密度 64.20 g/m^2，含梗率 31.57%，平衡含水率 13.97%，叶片长度 59.15 cm，叶片宽度 20.43 cm，叶片厚度 98.73 μm，填充值 3.21 cm^3/g（图 10-8-6，表 10-8-2 和表 10-8-3）。

图 10-8-6　WL-01 片区初烤烟叶

2. 巷口镇芦红村茶桩片区

代表性片区（WL-02）烟叶外观质量指标的成熟度得分 7.00，颜色得分 8.00，油分得分 7.00，身份得分 7.50，结构得分 7.50，色度得分 7.00。烟叶物理指标中的单叶重 7.97 g，叶片密度 59.83 g/m^2，含梗率 31.92%，平衡含水率 13.52%，叶片长度 56.50 cm，叶片宽度 18.35 cm，叶片厚度 113.27 μm，填充值 3.02 cm^3/g（图 10-8-7，表 10-8-2 和表 10-8-3）。

图 10-8-7　WL-02 片区初烤烟叶

3. 巷口镇芦红村 2 组片区

代表性片区（WL-03）烟叶外观质量指标的成熟度得分 6.50，颜色得分 8.00，油分得分 6.50，身份得分 7.00，结构得分 7.50，色度得分 7.00。烟叶物理指标中的单叶重 7.46 g，叶片密度 59.67 g/m^2，含梗率 32.41%，平衡含水率 14.79%，叶片长度 61.83 cm，叶片宽度 21.02 cm，叶片厚度 105.07 μm，填充值 2.75 cm^3/g（图 10-8-8，表 10-8-2 和表 10-8-3）。

图 10-8-8　WL-03 片区初烤烟叶

4. 巷口镇芦红村 4 组片区

代表性片区（WL-04）烟叶外观质量指标的成熟度得分 7.00，颜色得分 8.00，油分得分 7.50，身份得分 8.00，结构得分 7.00，色度得分 7.50。烟叶物理指标中的单叶重 11.65 g，叶片密度 69.87 g/m^2，含梗率 33.84%，平衡含水率 14.57%，叶片长度 64.90 cm，叶片宽度 24.16 cm，叶片厚度 121.87 μm，填充值 3.68 cm³/g（图 10-8-9，表 10-8-2 和表 10-8-3）。

图 10-8-9　WL-04 片区初烤烟叶

5. 巷口镇芦红村 5 组片区

代表性片区（WL-05）烟叶外观质量指标的成熟度得分 7.00，颜色得分 7.50，油分得分 6.50，身份得分 7.00，结构得分 7.50，色度得分 6.50。烟叶物理指标中的单叶重 8.18 g，叶片密度 60.35 g/m²，含梗率 33.59%，平衡含水率 14.39%，叶片长度 59.48 cm，叶片宽度 23.79 cm，叶片厚度 97.70 μm，填充值 3.16 cm³/g（图 10-8-10，表 10-8-2 和表 10-8-3）。

图 10-8-10　WL-05 片区初烤烟叶

表 10-8-2 代表性片区烟叶外观质量

片区	成熟度	颜色	油分	身份	结构	色度
WL-01	8.00	8.00	7.00	8.00	8.00	7.00
WL-02	7.00	8.00	7.00	7.50	7.50	7.00
WL-03	6.50	8.00	6.50	7.00	7.50	7.00
WL-04	7.00	8.00	7.50	8.00	7.00	7.50
WL-05	7.00	7.50	6.50	7.00	7.50	6.50

表 10-8-3 代表性片区烟叶物理指标

片区	单叶重 /g	叶片密度 /(g/m²)	含梗率 /%	平衡含水率 /%	叶长 /cm	叶宽 /cm	叶片厚度 /μm	填充值 /(cm³/g)
WL-01	9.05	64.20	31.57	13.97	59.15	20.43	98.73	3.21
WL-02	7.97	59.83	31.92	13.52	56.50	18.35	113.27	3.02
WL-03	7.46	59.67	32.41	14.79	61.83	21.02	105.07	2.75
WL-04	11.65	69.87	33.84	14.57	64.90	24.16	121.87	3.68
WL-05	8.18	60.35	33.59	14.39	59.48	23.79	97.70	3.16

三、烟叶常规化学成分与中微量元素

1. 巷口镇杨家村杨家井片区

代表性片区（WL-01）中部烟叶（C3F）总糖含量 22.83%，还原糖含量 19.92%，总氮含量 1.93%，总植物碱含量 2.38%，氯含量 0.32%，钾含量 2.52%，糖碱比 9.59，淀粉含量 3.50%（表 10-8-4）。烟叶铜含量为 0.100 g/kg，铁含量为 0.967 g/kg，锰含量为 3.447 g/kg，锌含量为 0.338 g/kg，钙含量为 171.078 mg/kg，镁含量为 10.627 mg/kg（表 10-8-5）。

2. 巷口镇芦红村茶桩片区

代表性片区（WL-02）中部烟叶（C3F）总糖含量 29.66%，还原糖含量 26.13%，总氮含量 2.04%，总植物碱含量 2.85%，氯含量 0.32%，钾含量 1.93%，糖碱比 10.41，淀粉含量 3.11%（表 10-8-4）。烟叶铜含量为 0.091 g/kg，铁含量为 1.045 g/kg，锰含量为 2.969 g/kg，锌含量为 0.355 g/kg，钙含量为 173.909 mg/kg，镁含量为 14.464 mg/kg（表 10-8-5）。

3. 巷口镇芦红村 2 组片区

代表性片区（WL-03）中部烟叶（C3F）总糖含量 25.95%，还原糖含量 23.09%，总氮含量 1.97%，总植物碱含量 2.35%，氯含量 0.21%，钾含量 2.35%，糖碱比 11.04，淀粉含量 2.56%（表 10-8-4）。烟叶铜含量为 0.063 g/kg，铁含量为 1.069 g/kg，锰含量为 5.232 g/kg，锌含量为 0.530 g/kg，钙含量为 192.494 mg/kg，镁含量为 21.781 mg/kg（表 10-8-5）。

4. 巷口镇芦红村 4 组片区

代表性片区（WL-04）中部烟叶（C3F）总糖含量 19.73%，还原糖含量 15.60%，总氮含量 2.47%，总植物碱含量 3.46%，氯含量 0.24%，钾含量 1.78%，糖碱比 5.70，淀粉含量 3.29%（表 10-8-4）。烟叶铜含量为 0.077 g/kg，铁含量为 1.337 g/kg，锰含量为 3.065 g/kg，锌含量为 0.417 g/kg，钙含量为 215.412 mg/kg，镁含量为 18.047 mg/kg（表 10-8-5）。

5. 巷口镇芦红村 5 组片区

代表性片区（WL-05）中部烟叶（C3F）总糖含量 24.96%，还原糖含量 20.16%，总氮含量 1.83%，总植物碱含量 2.33%，氯含量 0.27%，钾含量 2.42%，糖碱比 10.71，淀粉含量 3.47%（表 10-8-4）。烟叶铜含量为 0.081 g/kg，铁含量为 0.875 g/kg，锰含量为 3.593 g/kg，锌含量为 0.287 g/kg，钙含量为 138.787 mg/kg，镁含量为 21.085 mg/kg（表 10-8-5）。

表 10-8-4　代表性片区中部烟叶（C3F）常规化学成分

片区	总糖/%	还原糖/%	总氮/%	总植物碱/%	氯/%	钾/%	糖碱比	淀粉/%
WL-01	22.83	19.92	1.93	2.38	0.32	2.52	9.59	3.50
WL-02	29.66	26.13	2.04	2.85	0.32	1.93	10.41	3.11
WL-03	25.95	23.09	1.97	2.35	0.21	2.35	11.04	2.56
WL-04	19.73	15.60	2.47	3.46	0.24	1.78	5.70	3.29
WL-05	24.96	20.16	1.83	2.33	0.27	2.42	10.71	3.47

表 10-8-5　代表性片区中部烟叶（C3F）中微量元素

片区	Cu /(g/kg)	Fe /(g/kg)	Mn /(g/kg)	Zn /(g/kg)	Ca /(mg/kg)	Mg /(mg/kg)
WL-01	0.100	0.967	3.447	0.338	171.078	10.627
WL-02	0.091	1.045	2.969	0.355	173.909	14.464
WL-03	0.063	1.069	5.232	0.530	192.494	21.781
WL-04	0.077	1.337	3.065	0.417	215.412	18.047
WL-05	0.081	0.875	3.593	0.287	138.787	21.085

四、烟叶生物碱组分与细胞壁物质

1. 巷口镇杨家村杨家井片区

代表性片区（WL-01）中部烟叶（C3F）烟碱含量为 23.806 mg/g，降烟碱含量为 0.592 mg/g，麦斯明含量为 0.004 mg/g，假木贼碱含量为 0.147 mg/g，新烟碱含量为 0.718 mg/g；烟叶纤维素含量为 7.80%，半纤维素含量为 1.90%，木质素含量为 1.60%（表 10-8-6）。

2. 巷口镇芦红村茶桩片区

代表性片区（WL-02）中部烟叶（C3F）烟碱含量为 26.433 mg/g，降烟碱含量为 0.653 mg/g，麦斯明含量为 0.004 mg/g，假木贼碱含量为 0.163 mg/g，新烟碱含量为 0.754 mg/g；烟叶纤维素含量为 7.40%，半纤维素含量为 2.80%，木质素含量为 0.80%（表 10-8-6）。

3. 巷口镇芦红村 2 组片区

代表性片区（WL-03）中部烟叶（C3F）烟碱含量为 24.220 mg/g，降烟碱含量为 0.562 mg/g，麦斯明含量为 0.003 mg/g，假木贼碱含量为 0.144 mg/g，新烟碱含量为 0.701 mg/g；烟叶纤维素含量为 6.90%，半纤维素含量为 2.70%，木质素含量为 1.70%（表 10-8-6）。

4. 巷口镇芦红村 4 组片区

代表性片区（WL-04）中部烟叶（C3F）烟碱含量为 35.395 mg/g，降烟碱含量为 0.808 mg/g，麦斯明含量为 0.005 mg/g，假木贼碱含量为 0.215 mg/g，新烟碱含量为 1.085 mg/g；烟叶纤维素含量为 6.10%，半纤维素含量为 2.70%，木质素含量为 1.20%（表 10-8-6）。

5. 巷口镇芦红村 5 组片区

代表性片区（WL-05）中部烟叶（C3F）烟碱含量为 23.597 mg/g，降烟碱含量为 0.578 mg/g，麦斯明含量为 0.004 mg/g，假木贼碱含量为 0.134 mg/g，新烟碱含量为 0.625 mg/g；烟叶纤维素含量为 7.30%，半纤维素含量为 3.20%，木质素含量为 1.80%（表 10-8-6）。

表 10-8-6　代表性片区中部烟叶（C3F）生物碱组分与细胞壁物质

片区	烟碱 /(mg/g)	降烟碱 /(mg/g)	麦斯明 /(mg/g)	假木贼碱 /(mg/g)	新烟碱 /(mg/g)	纤维素 /%	半纤维素 /%	木质素 /%
WL-01	23.806	0.592	0.004	0.147	0.718	7.80	1.90	1.60
WL-02	26.433	0.653	0.004	0.163	0.754	7.40	2.80	0.80
WL-03	24.220	0.562	0.003	0.144	0.701	6.90	2.70	1.70
WL-04	35.395	0.808	0.005	0.215	1.085	6.10	2.70	1.20
WL-05	23.597	0.578	0.004	0.134	0.625	7.30	3.20	1.80

五、烟叶多酚与质体色素

1. 巷口镇杨家村杨家井片区

代表性片区（WL-01）中部烟叶（C3F）绿原酸含量为 9.100 mg/g，芸香苷含量为 8.490 mg/g，莨菪亭含量为 0.150 mg/g，β-胡萝卜素含量为 0.050 mg/g，叶黄素含量为 0.111 mg/g（表 10-8-7）。

2. 巷口镇芦红村茶桩片区

代表性片区(WL-02)中部烟叶(C3F)绿原酸含量为 11.270 mg/g，芸香苷含量为 8.250 mg/g，莨菪亭含量为 0.120 mg/g，β-胡萝卜素含量为 0.037 mg/g，叶黄素含量为 0.067 mg/g(表 10-8-7)。

3. 巷口镇芦红村 2 组片区

代表性片区(WL-03)中部烟叶(C3F)绿原酸含量为 12.350 mg/g，芸香苷含量为 11.760 mg/g，莨菪亭含量为 0.170 mg/g，β-胡萝卜素含量为 0.047 mg/g，叶黄素含量为 0.092 mg/g(表 10-8-7)。

4. 巷口镇芦红村 4 组片区

代表性片区(WL-04)中部烟叶(C3F)绿原酸含量为 11.630 mg/g，芸香苷含量为 13.320 mg/g，莨菪亭含量为 0.130 mg/g，β-胡萝卜素含量为 0.061 mg/g，叶黄素含量为 0.145 mg/g(表 10-8-7)。

5. 巷口镇芦红村 5 组片区

代表性片区(WL-05)中部烟叶(C3F)绿原酸含量为 12.240 mg/g，芸香苷含量为 9.640 mg/g，莨菪亭含量为 0.140 mg/g，β-胡萝卜素含量为 0.059 mg/g，叶黄素含量为 0.108 mg/g(表 10-8-7)。

表 10-8-7　代表性片区中部烟叶(C3F)多酚与质体色素　　　(单位：mg/g)

片区	绿原酸	芸香苷	莨菪亭	β-胡萝卜素	叶黄素
WL-01	9.100	8.490	0.150	0.050	0.111
WL-02	11.270	8.250	0.120	0.037	0.067
WL-03	12.350	11.760	0.170	0.047	0.092
WL-04	11.630	13.320	0.130	0.061	0.145
WL-05	12.240	9.640	0.140	0.059	0.108

六、烟叶有机酸类物质

1. 巷口镇杨家村杨家井片区

代表性片区(WL-01)中部烟叶(C3F)草酸含量为 21.914 mg/g，苹果酸含量为 79.384 mg/g，柠檬酸含量为 6.933 mg/g，棕榈酸含量为 2.359 mg/g，亚油酸含量为 1.342 mg/g，油酸含量为 3.743 mg/g，硬脂酸含量为 0.729 mg/g(表 10-8-8)。

2. 巷口镇芦红村茶桩片区

代表性片区(WL-02)中部烟叶(C3F)草酸含量为 17.771 mg/g，苹果酸含量为 68.911 mg/g，柠檬酸含量为 4.357 mg/g，棕榈酸含量为 1.696 mg/g，亚油酸含量为 1.169 mg/g，油酸含量为 2.688 mg/g，硬脂酸含量为 0.509 mg/g（表 10-8-8）。

3. 巷口镇芦红村 2 组片区

代表性片区（WL-03）中部烟叶（C3F）草酸含量为 20.440 mg/g，苹果酸含量为 94.660 mg/g，柠檬酸含量为 9.714 mg/g，棕榈酸含量为 2.790 mg/g，亚油酸含量为 1.495 mg/g，油酸含量为 4.181 mg/g，硬脂酸含量为 0.778 mg/g（表 10-8-8）。

4. 巷口镇芦红村 4 组片区

代表性片区（WL-04）中部烟叶（C3F）草酸含量为 17.128 mg/g，苹果酸含量为 69.672 mg/g，柠檬酸含量为 8.330 mg/g，棕榈酸含量为 1.660 mg/g，亚油酸含量为 1.028 mg/g，油酸含量为 2.614 mg/g，硬脂酸含量为 0.478 mg/g（表 10-8-8）。

5. 巷口镇芦红村 5 组片区

代表性片区（WL-05）中部烟叶（C3F）草酸含量为 13.465 mg/g，苹果酸含量为 77.542 mg/g，柠檬酸含量为 6.895 mg/g，棕榈酸含量为 1.828 mg/g，亚油酸含量为 1.021 mg/g，油酸含量为 2.575 mg/g，硬脂酸含量为 0.493 mg/g（表 10-8-8）。

表 10-8-8　代表性片区中部烟叶（C3F）有机酸　　（单位：mg/g）

片区	草酸	苹果酸	柠檬酸	棕榈酸	亚油酸	油酸	硬脂酸
WL-01	21.914	79.384	6.933	2.359	1.342	3.743	0.729
WL-02	17.771	68.911	4.357	1.696	1.169	2.688	0.509
WL-03	20.440	94.660	9.714	2.790	1.495	4.181	0.778
WL-04	17.128	69.672	8.330	1.660	1.028	2.614	0.478
WL-05	13.465	77.542	6.895	1.828	1.021	2.575	0.493

七、烟叶氨基酸

1. 巷口镇杨家村杨家井片区

代表性片区（WL-01）中部烟叶（C3F）磷酸化-丝氨酸含量为 0.478 μg/mg，牛磺酸含量为 0.552 μg/mg，天冬氨酸含量为 0.261 μg/mg，苏氨酸含量为 0.233 μg/mg，丝氨酸含量为 0.050 μg/mg，天冬酰胺含量为 1.484 μg/mg，谷氨酸含量为 0.204 μg/mg，甘氨酸含量为 0.040 μg/mg，丙氨酸含量为 0.547 μg/mg，缬氨酸含量为 0.081 μg/mg，半胱氨酸含量为 0.205 μg/mg，异亮氨酸含量为 0.009 μg/mg，亮氨酸含量为 0.136 μg/mg，酪氨酸含量为 0.053 μg/mg，苯丙氨酸含量为 0.195 μg/mg，氨基丁酸含量为 0.074 μg/mg，组氨酸含量为 0.085 μg/mg，色氨酸含量为 0.152 μg/mg，精氨酸含量为 0.034 μg/mg（表 10-8-9）。

2. 巷口镇芦红村茶桩片区

代表性片区（WL-02）中部烟叶（C3F）磷酸化–丝氨酸含量为 0.313 μg/mg，牛磺酸含量为 0.436 μg/mg，天冬氨酸含量为 0.156 μg/mg，苏氨酸含量为 0.191 μg/mg，丝氨酸含量为 0.049 μg/mg，天冬酰胺含量为 1.118 μg/mg，谷氨酸含量为 0.086 μg/mg，甘氨酸含量为 0.037 μg/mg，丙氨酸含量为 0.415 μg/mg，缬氨酸含量为 0.051 μg/mg，半胱氨酸含量为 0.195 μg/mg，异亮氨酸含量为 0.006 μg/mg，亮氨酸含量为 0.115 μg/mg，酪氨酸含量为 0.049 μg/mg，苯丙氨酸含量为 0.129 μg/mg，氨基丁酸含量为 0.026 μg/mg，组氨酸含量为 0.084 μg/mg，色氨酸含量为 0.121 μg/mg，精氨酸含量为 0 μg/mg（表 10-8-9）。

3. 巷口镇芦红村 2 组片区

代表性片区（WL-03）中部烟叶（C3F）磷酸化–丝氨酸含量为 0.322 μg/mg，牛磺酸含量为 0.432 μg/mg，天冬氨酸含量为 0.191 μg/mg，苏氨酸含量为 0.173 μg/mg，丝氨酸含量为 0.070 μg/mg，天冬酰胺含量为 1.247 μg/mg，谷氨酸含量为 0.154 μg/mg，甘氨酸含量为 0.032 μg/mg，丙氨酸含量为 0.363 μg/mg，缬氨酸含量为 0.067 μg/mg，半胱氨酸含量为 0.215 μg/mg，异亮氨酸含量为 0.009 μg/mg，亮氨酸含量为 0.081 μg/mg，酪氨酸含量为 0.029 μg/mg，苯丙氨酸含量为 0.141 μg/mg，氨基丁酸含量为 0.060 μg/mg，组氨酸含量为 0.114 μg/mg，色氨酸含量为 0.190 μg/mg，精氨酸含量为 0.012 μg/mg（表 10-8-9）。

4. 巷口镇芦红村 4 组片区

代表性片区（WL-04）中部烟叶（C3F）磷酸化–丝氨酸含量为 0.351 μg/mg，牛磺酸含量为 0.341 μg/mg，天冬氨酸含量为 0.183 μg/mg，苏氨酸含量为 0.144 μg/mg，丝氨酸含量为 0.050 μg/mg，天冬酰胺含量为 1.160 μg/mg，谷氨酸含量为 0.120 μg/mg，甘氨酸含量为 0.042 μg/mg，丙氨酸含量为 0.477 μg/mg，缬氨酸含量为 0.085 μg/mg，半胱氨酸含量为 0.125 μg/mg，异亮氨酸含量为 0.025 μg/mg，亮氨酸含量为 0.156 μg/mg，酪氨酸含量为 0.062 μg/mg，苯丙氨酸含量为 0.217 μg/mg，氨基丁酸含量为 0.077 μg/mg，组氨酸含量为 0.170 μg/mg，色氨酸含量为 0.265 μg/mg，精氨酸含量为 0.045 μg/mg（表 10-8-9）。

5. 巷口镇芦红村 5 组片区

代表性片区（WL-05）中部烟叶（C3F）磷酸化–丝氨酸含量为 0.277 μg/mg，牛磺酸含量为 0.346 μg/mg，天冬氨酸含量为 0.178 μg/mg，苏氨酸含量为 0.154 μg/mg，丝氨酸含量为 0.077 μg/mg，天冬酰胺含量为 0.887 μg/mg，谷氨酸含量为 0.145 μg/mg，甘氨酸含量为 0.028 μg/mg，丙氨酸含量为 0.355 μg/mg，缬氨酸含量为 0.058 μg/mg，半胱氨酸含量为 0.145 μg/mg，异亮氨酸含量为 0.011 μg/mg，亮氨酸含量为 0.106 μg/mg，酪氨酸含量为 0.042 μg/mg，苯丙氨酸含量为 0.134 μg/mg，氨基丁酸含量为 0.056 μg/mg，组氨酸含量为 0.093 μg/mg，色氨酸含量为 0.171 μg/mg，精氨酸含量为 0.015 μg/mg（表 10-8-9）。

表 10-8-9 代表性片区中部烟叶（C3F）氨基酸 （单位：μg/mg）

氨基酸组分	WL-01	WL-02	WL-03	WL-04	WL-05
磷酸化-丝氨酸	0.478	0.313	0.322	0.351	0.277
牛磺酸	0.552	0.436	0.432	0.341	0.346
天冬氨酸	0.261	0.156	0.191	0.183	0.178
苏氨酸	0.233	0.191	0.173	0.144	0.154
丝氨酸	0.050	0.049	0.070	0.050	0.077
天冬酰胺	1.484	1.118	1.247	1.160	0.887
谷氨酸	0.204	0.086	0.154	0.120	0.145
甘氨酸	0.040	0.037	0.032	0.042	0.028
丙氨酸	0.547	0.415	0.363	0.477	0.355
缬氨酸	0.081	0.051	0.067	0.085	0.058
半胱氨酸	0.205	0.195	0.215	0.125	0.145
异亮氨酸	0.009	0.006	0.009	0.025	0.011
亮氨酸	0.136	0.115	0.081	0.156	0.106
酪氨酸	0.053	0.049	0.029	0.062	0.042
苯丙氨酸	0.195	0.129	0.141	0.217	0.134
氨基丁酸	0.074	0.026	0.060	0.077	0.056
组氨酸	0.085	0.084	0.114	0.170	0.093
色氨酸	0.152	0.121	0.190	0.265	0.171
精氨酸	0.034	0	0.012	0.045	0.015

八、烟叶香气物质

1. 巷口镇杨家村杨家井片区

代表性片区（WL-01）中部烟叶（C3F）茄酮含量为 1.176 μg/g，香叶基丙酮含量为 0.426 μg/g，降茄二酮含量为 0.190 μg/g，β-紫罗兰酮含量为 0.381 μg/g，氧化紫罗兰酮含量为 0.381 μg/g，二氢猕猴桃内酯含量为 3.371 μg/g，巨豆三烯酮 1 含量为 0.202 μg/g，巨豆三烯酮 2 含量为 1.579 μg/g，巨豆三烯酮 3 含量为 0.280 μg/g，巨豆三烯酮 4 含量为 1.366 μg/g，3-羟基-β-二氢大马酮含量为 1.254 μg/g，3-氧代-α-紫罗兰醇含量为 6.272 μg/g，新植二烯含量为 1267.078 μg/g，3-羟基索拉韦惕酮含量为 2.733 μg/g，β-法尼烯含量为 11.491 μg/g（表 10-8-10）。

2. 巷口镇芦红村茶桩片区

代表性片区（WL-02）中部烟叶（C3F）茄酮含量为 1.030 μg/g，香叶基丙酮含量为 0.392 μg/g，降茄二酮含量为 0.202 μg/g，β-紫罗兰酮含量为 0.403 μg/g，氧化紫罗兰酮含量为 0.325 μg/g，二氢猕猴桃内酯含量为 2.654 μg/g，巨豆三烯酮 1 含量为 0.090 μg/g，巨豆三烯酮 2 含量为 0.986 μg/g，巨豆三烯酮 3 含量为 0.134 μg/g，巨豆三烯酮 4 含量为 0.907 μg/g，3-羟基-β-二氢大马酮含量为 0.862 μg/g，3-氧代-α-紫罗兰醇含量为 2.229 μg/g，新植二烯含量为 756.482 μg/g，3-羟基索拉韦惕酮含量为 3.226 μg/g，β-法尼烯含量为 5.835 μg/g（表 10-8-10）。

3. 巷口镇芦红村 2 组片区

代表性片区（WL-03）中部烟叶（C3F）茄酮含量为 0.963 μg/g，香叶基丙酮含量为 0.358 μg/g，降茄二酮含量为 0.134 μg/g，β-紫罗兰酮含量为 0.414 μg/g，氧化紫罗兰酮含量为 0.370 μg/g，二氢猕猴桃内酯含量为 3.181 μg/g，巨豆三烯酮 1 含量为 0.146 μg/g，巨豆三烯酮 2 含量为 1.266 μg/g，巨豆三烯酮 3 含量为 0.202 μg/g，巨豆三烯酮 4 含量为 1.187 μg/g，3-羟基-β-二氢大马酮含量为 0.874 μg/g，3-氧代-α-紫罗兰醇含量为 3.584 μg/g，新植二烯含量为 910.190 μg/g，3-羟基索拉韦惕酮含量为 4.301 μg/g，β-法尼烯含量为 7.504 μg/g（表 10-8-10）。

4. 巷口镇芦红村 4 组片区

代表性片区（WL-04）中部烟叶（C3F）茄酮含量为 1.198 μg/g，香叶基丙酮含量为 0.526 μg/g，降茄二酮含量为 0.202 μg/g，β-紫罗兰酮含量为 0.459 μg/g，氧化紫罗兰酮含量为 0.706 μg/g，二氢猕猴桃内酯含量为 5.018 μg/g，巨豆三烯酮 1 含量为 0.325 μg/g，巨豆三烯酮 2 含量为 2.341 μg/g，巨豆三烯酮 3 含量为 0.325 μg/g，巨豆三烯酮 4 含量为 1.994 μg/g，3-羟基-β-二氢大马酮含量为 1.053 μg/g，3-氧代-α-紫罗兰醇含量为 2.173 μg/g，新植二烯含量为 1344.459 μg/g，3-羟基索拉韦惕酮含量为 2.374 μg/g，β-法尼烯含量为 15.602 μg/g（表 10-8-10）。

5. 巷口镇芦红村 5 组片区

代表性片区（WL-05）中部烟叶（C3F）茄酮含量为 0.930 μg/g，香叶基丙酮含量为 0.358 μg/g，降茄二酮含量为 0.112 μg/g，β-紫罗兰酮含量为 0.347 μg/g，氧化紫罗兰酮含量为 0.549 μg/g，二氢猕猴桃内酯含量为 3.494 μg/g，巨豆三烯酮 1 含量为 0.168 μg/g，巨豆三烯酮 2 含量为 1.512 μg/g，巨豆三烯酮 3 含量为 0.213 μg/g，巨豆三烯酮 4 含量为 1.400 μg/g，3-羟基-β-二氢大马酮含量为 0.907 μg/g，3-氧代-α-紫罗兰醇含量为 3.394 μg/g，新植二烯含量为 1404.334 μg/g，3-羟基索拉韦惕酮含量为 2.677 μg/g，β-法尼烯含量为 12.074 μg/g（表 10-8-10）。

表 10-8-10　代表性片区中部烟叶（C3F）香气物质　（单位：μg/g）

香气物质	WL-01	WL-02	WL-03	WL-04	WL-05
茄酮	1.176	1.030	0.963	1.198	0.930
香叶基丙酮	0.426	0.392	0.358	0.526	0.358
降茄二酮	0.190	0.202	0.134	0.202	0.112
β-紫罗兰酮	0.381	0.403	0.414	0.459	0.347
氧化紫罗兰酮	0.381	0.325	0.370	0.706	0.549
二氢猕猴桃内酯	3.371	2.654	3.181	5.018	3.494

续表

香气物质	WL-01	WL-02	WL-03	WL-04	WL-05
巨豆三烯酮1	0.202	0.090	0.146	0.325	0.168
巨豆三烯酮2	1.579	0.986	1.266	2.341	1.512
巨豆三烯酮3	0.280	0.134	0.202	0.325	0.213
巨豆三烯酮4	1.366	0.907	1.187	1.994	1.400
3-羟基-β-二氢大马酮	1.254	0.862	0.874	1.053	0.907
3-氧代-α-紫罗兰醇	6.272	2.229	3.584	2.173	3.394
新植二烯	1267.078	756.482	910.190	1344.459	1404.334
3-羟基索拉韦惕酮	2.733	3.226	4.301	2.374	2.677
β-法尼烯	11.491	5.835	7.504	15.602	12.074

九、烟叶感官质量

1. 巷口镇杨家村杨家井片区

代表性片区（WL-01）中部烟叶（C3F）感官质量评价结果显示，香韵指标包含的干草香、清甜香、正甜香、焦甜香、青香、木香、豆香、坚果香、焦香、辛香、果香、药草香、花香、树脂香、酒香的各项指标值分别为3.62、0、2.92、0、0.54、1.85、0、0、0、0.77、0、0、0、0、0，烟气指标包含的香气状态、烟气浓度、劲头、香气质、香气量和透发性的各项指标值分别为3.25、3.00、2.54、3.15、2.92和2.85，杂气指标包含的青杂气、生青气、枯焦气、木质气、土腥气、松脂气、花粉气、药草气和金属气的各项指标值分别为1.38、0、0、1.54、0、0、0、0、0，口感指标包含的细腻程度、柔和程度、圆润感、刺激性、干燥感和余味的各项指标值分别为2.92、2.92、3.08、2.31、2.46和3.15（表10-8-11）。

2. 巷口镇芦红村茶桩片区

代表性片区（WL-02）中部烟叶（C3F）感官质量评价结果显示，香韵指标包含的干草香、清甜香、正甜香、焦甜香、青香、木香、豆香、坚果香、焦香、辛香、果香、药草香、花香、树脂香、酒香的各项指标值分别为3.43、0、3.00、0、0、1.50、0、0.86、0.71、0.86、0、0、0、0、0，烟气指标包含的香气状态、烟气浓度、劲头、香气质、香气量和透发性的各项指标值分别为3.21、3.15、3.23、3.14、3.21和3.07，杂气指标包含的青杂气、生青气、枯焦气、木质气、土腥气、松脂气、花粉气、药草气和金属气的各项指标值分别为1.29、0、0.50、1.14、0、0、0、0、0，口感指标包含的细腻程度、柔和程度、圆润感、刺激性、干燥感和余味的各项指标值分别为3.00、3.14、2.93、2.71、2.64和2.93（表10-8-11）。

3. 巷口镇芦红村2组片区

代表性片区（WL-03）中部烟叶（C3F）感官质量评价结果显示，香韵指标包含的干草香、清甜香、正甜香、焦甜香、青香、木香、豆香、坚果香、焦香、辛香、果香、药草香、花香、树脂香、酒香的各项指标值分别为 3.69、0、3.08、0、0.69、1.92、0、0、0、0.69、0、0、0、0、0，烟气指标包含的香气状态、烟气浓度、劲头、香气质、香气量和透发性的各项指标值分别为 3.50、2.85、2.46、3.31、2.92 和 2.77，杂气指标包含的青杂气、生青气、枯焦气、木质气、土腥气、松脂气、花粉气、药草气和金属气的各项指标值分别为 1.15、0、0、1.46、0、0、0、0、0，口感指标包含的细腻程度、柔和程度、圆润感、刺激性、干燥感和余味的各项指标值分别为 3.23、3.15、2.85、2.00、2.38 和 3.23（表 10-8-11）。

4. 巷口镇芦红村 4 组片区

代表性片区（WL-04）中部烟叶（C3F）感官质量评价结果显示，香韵指标包含的干草香、清甜香、正甜香、焦甜香、青香、木香、豆香、坚果香、焦香、辛香、果香、药草香、花香、树脂香、酒香的各项指标值分别为 3.69、0、3.00、0、0.62、2.23、0、0、0、0.92、0、0、0、0、0，烟气指标包含的香气状态、烟气浓度、劲头、香气质、香气量和透发性的各项指标值分别为 3.25、3.23、3.08、2.83、3.42 和 3.17，杂气指标包含的青杂气、生青气、枯焦气、木质气、土腥气、松脂气、花粉气、药草气和金属气的各项指标值分别为 1.54、0、0.85、1.31、0、0、0、0、0，口感指标包含的细腻程度、柔和程度、圆润感、刺激性、干燥感和余味的各项指标值分别为 2.77、2.77、2.77、2.62、2.62 和 2.92（表 10-8-11）。

5. 巷口镇芦红村 5 组片区

代表性片区（WL-05）中部烟叶（C3F）感官质量评价结果显示，香韵指标包含的干草香、清甜香、正甜香、焦甜香、青香、木香、豆香、坚果香、焦香、辛香、果香、药草香、花香、树脂香、酒香的各项指标值分别为 3.21、0、2.71、0、0、1.86、0、0.57、0、0.50、0、0、0、0、0，烟气指标包含的香气状态、烟气浓度、劲头、香气质、香气量和透发性的各项指标值分别为 3.00、2.93、2.93、2.92、2.85 和 2.85，杂气指标包含的青杂气、生青气、枯焦气、木质气、土腥气、松脂气、花粉气、药草气和金属气的各项指标值分别为 1.36、0、0、1.71、0、0、0、0、0，口感指标包含的细腻程度、柔和程度、圆润感、刺激性、干燥感和余味的各项指标值分别为 2.79、2.57、2.57、2.71、2.71 和 2.71（表 10-8-11）。

表 10-8-11　代表性片区中部烟叶（C3F）感官质量

评价指标		WL-01	WL-02	WL-03	WL-04	WL-05
香韵	干草香	3.62	3.43	3.69	3.69	3.21
	清甜香	0	0	0	0	0
	正甜香	2.92	3.00	3.08	3.00	2.71
	焦甜香	0	0	0	0	0
	青香	0.54	0	0.69	0.62	0

评价指标		WL-01	WL-02	WL-03	WL-04	WL-05
香韵	木香	1.85	1.50	1.92	2.23	1.86
	豆香	0	0	0	0	0
	坚果香	0	0.86	0	0	0.57
	焦香	0	0.71	0	0	0
	辛香	0.77	0.86	0.69	0.92	0.50
	果香	0	0	0	0	0
	药草香	0	0	0	0	0
	花香	0	0	0	0	0
	树脂香	0	0	0	0	0
	酒香	0	0	0	0	0
烟气	香气状态	3.25	3.21	3.50	3.25	3.00
	烟气浓度	3.00	3.15	2.85	3.23	2.93
	劲头	2.54	3.23	2.46	3.08	2.93
	香气质	3.15	3.14	3.31	2.83	2.92
	香气量	2.92	3.21	2.92	3.42	2.85
	透发性	2.85	3.07	2.77	3.17	2.85
杂气	青杂气	1.38	1.29	1.15	1.54	1.36
	生青气	0	0	0	0	0
	枯焦气	0	0.50	0	0.85	0
	木质气	1.54	1.14	1.46	1.31	1.71
	土腥气	0	0	0	0	0
	松脂气	0	0	0	0	0
	花粉气	0	0	0	0	0
	药草气	0	0	0	0	0
	金属气	0	0	0	0	0
口感	细腻程度	2.92	3.00	3.23	2.77	2.79
	柔和程度	2.92	3.14	3.15	2.77	2.57
	圆润感	3.08	2.93	2.85	2.77	2.57
	刺激性	2.31	2.71	2.00	2.62	2.71
	干燥感	2.46	2.64	2.38	2.62	2.71
	余味	3.15	2.93	3.23	2.92	2.71

第十一章 黔中山区烤烟典型区域烟叶风格特征

黔中山区烤烟种植区分布在贵州省中部地区，占据贵州高原的主体部分，大部分地区海拔 800～1200 m，局部高海拔地区超过 1400 m。黔中山区烤烟典型区域主要包括贵州省遵义市的播州区、凤冈县、湄潭县、务川仡佬族苗族自治县和余庆县，毕节市的黔西县，黔南布依族苗族自治州的贵定县和瓮安县，贵阳市的开阳县，安顺市的西秀区，黔东南苗族侗族自治州的凯里市，铜仁市思南县 12 个县(区、市)。该产区烤烟移栽在 4 月下旬到 5 月中旬，烟叶采收结束在 9 月上、中旬，田间生育期一般需要 130～135 d。该产区是我国烤烟典型产区之一，也是传统分类的中间香型的主要产区。本章选择播州区、贵定县、黔西县、开阳县、西秀区、余庆县和凯里市 7 个典型产区的 35 个代表性片区，通过代表性片区烟田概况、烟株长相长势、烤后烟叶外观质量、物理指标、化学指标和烟叶质量感官评价指标，对黔中山区烤烟种植区的烟叶风格进行描述，以利用代表性片区烟叶主要指标的检测数据呈现该区域烟叶的整体质量风格特征。

第一节 贵州播州烟叶风格特征

播州区位于北纬 27°13′15″～28°4′9″，东经 106°17′22″～107°26′25″，地处贵州省北部，东接湄潭县、瓮安县，南邻息烽县、开阳县，西连仁怀市、金沙县，北界桐梓县、绥阳县、红花岗区、汇川区，面积 3367 km²。播州区是黔中山区烤烟种植区的典型烤烟产区之一，根据目前该区烤烟种植片区分布特点和烟叶质量风格特征，选择三合镇长丰村艾田片区、新民镇朝阳村封山庙片区、尚稽镇建设村马鞍片区、茅栗镇福兴村尖山片区、茅栗镇草香村片区 5 个代表性种植片区，作为该区烟叶质量风格特征的代表性区域进行描述。

一、烟田与烟株基本特征

1. 三合镇长丰村艾田片区

代表性片区(BZ-01)中心点位于北纬 27°22′26.000″，东经 106°42′40.200″，海拔 835 m。地处中山沟谷，缓坡梯田旱地，成土母质为石灰岩风化沟谷洪积-堆积物，烤烟、玉米不定期轮作，土壤亚类为腐殖钙质常湿淋溶土。土体深厚，耕作层质地黏重，砾石少，耕性和通透性较差，轻度水土流失。烤烟田间长相长势较好，烟株呈偏塔形结构，株高 111.00 cm，茎围 9.50 cm，有效叶片数 19.50，中部烟叶长 64.15 cm、宽 24.65 cm，上部烟叶长 55.40 cm、宽 21.00 cm(图 11-1-1，表 11-1-1)。

图 11-1-1　BZ-01 片区烟田

2. 新民镇朝阳村封山庙片区

代表性片区(BZ-02)中心点位于北纬 27°19′15.000″，东经 106°52′33.100″，海拔 842 m。地处中山坡地中上部，中坡旱地，成土母质为石灰岩风化坡积物，烤烟、玉米不定期轮作，土壤亚类为斑纹简育常湿富铁土。土体深厚，耕作层质地黏重，砾石少，耕性和通透性较差，碱性重，中度水土流失。烤烟田间长相长势较好，烟株呈近筒形结构，株高 99.50 cm，茎围 11.10 cm，有效叶片数 30.00，中部烟叶长 69.00 cm、宽 21.80 cm，上部烟叶长 54.70 cm、宽 15.20 cm(图 11-1-2，表 11-1-1)。

图 11-1-2　BZ-02 片区烟田

3. 尚嵇镇建设村马鞍片区

代表性片区(BZ-03)中心点位于北纬 27°24′25.000″，东经 106°53′50.400″，海拔 857 m。中山坡地中部，梯田水田，成土母质为板岩风化坡积-堆积物，烤烟、晚稻不定期轮作，土壤亚类为普通铁聚水耕人为土。土体深厚，耕作层质地偏黏，砾石少，耕性和通透性较差，偏碱性。烤烟田间长相长势好，烟株呈筒形结构，株高 120.90 cm，茎围 10.40 cm，有效叶片数 25.70，中部烟叶长 73.60 cm、宽 22.40 cm，上部烟叶长 63.70 cm、宽

17.10 cm（图 11-1-3，表 11-1-1）。

图 11-1-3　BZ-03 片区烟田

4. 茅栗镇福兴村尖山片区

代表性片区（BZ-04）中心点位于北纬 27°23′46.700″，东经 107°4′29.400″，海拔 881 m。中山区沟谷，梯田水田，成土母质为片麻岩风化沟谷堆积物，烤烟、晚稻不定期轮作，土壤亚类为普通简育水耕人为土。土体深厚，耕作层质地偏黏，砾石少，耕性和通透性较差，偏碱性。烤烟田间长相长势较好，烟株呈近筒形结构，株高 100.20 cm，茎围 10.70 cm，有效叶片数 17.80，中部烟叶长 81.10 cm、宽 25.10 cm，上部烟叶长 77.70 cm、宽 21.40 cm（图 11-1-4，表 11-1-1）。

图 11-1-4　BZ-04 片区烟田

5. 茅栗镇草香村片区

代表性片区（BZ-05）中心点位于北纬 27°23′24.700″，东经 107°8′5.100″，海拔 988 m。中山坡地中上部，梯田旱地，成土母质为石灰岩风化坡积物，烤烟、玉米不定期轮作，土壤亚类为普通钙质常湿淋溶土。土体深厚，耕作层质地偏黏，耕性较差，砾石较多，通透性较好，偏碱性。烤烟田间长相长势中等，烟株呈近筒形结构，株高 90.50 cm，茎围 9.10 cm，有效叶片数 25.00，中部烟叶长 65.10 cm、宽 17.80 cm，上部烟叶长 56.60 cm、宽 13.40 cm（图 11-1-5，表 11-1-1）。

图 11-1-5　BZ-05 片区烟田

表 11-1-1　代表性片区烟株主要农艺性状

片区	株高 /cm	茎围 /cm	有效叶 /片	中部叶/cm		上部叶/cm		株型
				叶长	叶宽	叶长	叶宽	
BZ-01	111.00	9.50	19.50	64.15	24.65	55.40	21.00	偏塔形
BZ-02	99.50	11.10	30.00	69.00	21.80	54.70	15.20	近筒形
BZ-03	120.90	10.40	25.70	73.60	22.40	63.70	17.10	筒形
BZ04	100.20	10.70	17.80	81.10	25.10	77.70	21.40	近筒形
BZ-05	90.50	9.10	25.00	65.10	17.80	56.60	13.40	近筒形

二、烟叶外观质量与物理指标

1. 三合镇长丰村艾田片区

代表性片区（BZ-01）烟叶外观质量指标的成熟度得分 7.90，颜色得分 8.20，油分得分 6.50，身份得分 8.50，结构得分 8.30，色度得分 5.80。烟叶物理指标中的单叶重 13.81 g，叶片密度 62.12 g/m²，含梗率 51.64%，平衡含水率 14.20%，叶片长度 67.30 cm，叶片宽度 23.80 cm，叶片厚度 109.13 μm，填充值 3.17 cm³/g（图 11-1-6，表 11-1-2 和表 11-1-3）。

图 11-1-6　BZ-01 片区初烤烟叶

2. 新民镇朝阳村封山庙片区

代表性片区(BZ-02)烟叶外观质量指标的成熟度得分 7.70,颜色得分 7.80,油分得分 6.20,身份得分 8.50,结构得分 8.00,色度得分 5.00。烟叶物理指标中的单叶重 12.90 g,叶片密度 57.04 g/m²,含梗率 31.33%,平衡含水率 12.89%,叶片长度 65.10 cm,叶片宽度 21.30 cm,叶片厚度 112.80 μm,填充值 2.72 cm³/g(图 11-1-7,表 11-1-2 和表 11-1-3)。

图 11-1-7　BZ-02 片区初烤烟叶

3. 尚嵇镇建设村马鞍片区

代表性片区(BZ-03)烟叶外观质量指标的成熟度得分 7.80,颜色得分 7.90,油分得分 6.20,身份得分 8.40,结构得分 8.30,色度得分 5.30。烟叶物理指标中的单叶重 11.31 g,叶片密度 64.25 g/m²,含梗率 33.87%,平衡含水率 14.25%,叶片长度 65.30 cm,叶片宽度 22.30 cm,叶片厚度 138.00 μm,填充值 3.58 cm³/g(图 11-1-8,表 11-1-2 和表 11-1-3)。

图 11-1-8　BZ-03 片区初烤烟叶

4. 茅栗镇福兴村尖山片区

代表性片区(BZ-04)烟叶外观质量指标的成熟度得分 7.80，颜色得分 8.20，油分得分 6.50，身份得分 8.70，结构得分 8.50，色度得分 5.50。烟叶物理指标中的单叶重 11.73g，叶片密度 64.31 g/m²，含梗率 34.77%，平衡含水率 13.70%，叶片长度 63.60 cm，叶片宽度 26.10 cm，叶片厚度 117.20 μm，填充值 3.05 cm³/g(图 11-1-9，表 11-1-2 和表 11-1-3)。

图 11-1-9　BZ-04 片区初烤烟叶

5. 茅栗镇草香村片区

代表性片区(BZ-05)烟叶外观质量指标的成熟度得分 7.50，颜色得分 8.00，油分得分 6.00，身份得分 8.50，结构得分 8.30，色度得分 5.50。烟叶物理指标中的单叶重 11.23 g，叶片密度 63.06 g/m²，含梗率 36.99%，平衡含水率 13.59%，叶片长度 58.50 cm，叶片宽度 20.50 cm，叶片厚度 144.90 μm，填充值 3.42 cm³/g(图 11-1-10，表 11-1-2 和表 11-1-3)。

图 11-1-10　BZ-05 片区初烤烟叶

表 11-1-2　代表性片区烟叶外观质量

片区	成熟度	颜色	油分	身份	结构	色度
BZ-01	7.90	8.20	6.50	8.50	8.30	5.80
BZ-02	7.70	7.80	6.20	8.50	8.00	5.00
BZ-03	7.80	7.90	6.20	8.40	8.30	5.30
BZ-04	7.80	8.20	6.50	8.70	8.50	5.50
BZ-05	7.50	8.00	6.00	8.50	8.30	5.50

表 11-1-3　代表性片区烟叶物理指标

片区	单叶重 /g	叶片密度 /(g/m^2)	含梗率 /%	平衡含水率 /%	叶长 /cm	叶宽 /cm	叶片厚度 /μm	填充值 /(cm^3/g)
BZ-01	13.81	62.12	51.64	14.20	67.30	23.80	109.13	3.17
BZ-02	12.90	57.04	31.33	12.89	65.10	21.30	112.80	2.72
BZ-03	11.31	64.25	33.87	14.25	65.30	22.30	138.00	3.58
BZ-04	11.73	64.31	34.77	13.70	63.60	26.10	117.20	3.05
BZ-05	11.23	63.06	36.99	13.59	58.50	20.50	144.90	3.42

三、烟叶常规化学成分与中微量元素

1. 三合镇长丰村艾田片区

代表性片区（BZ-01）中部烟叶（C3F）总糖含量 33.09%，还原糖含量 29.27%，总氮含量 1.57%，总植物碱含量 2.09%，氯含量 0.40%，钾含量 2.01%，糖碱比 15.86，淀粉含量 2.21%（表 11-1-4）。烟叶铜含量为 0.080 g/kg，铁含量为 0.844 g/kg，锰含量为 4.813 g/kg，锌含量为 0.554 g/kg，钙含量为 136.769 mg/kg，镁含量为 25.496 mg/kg（表 11-1-5）。

2. 新民镇朝阳村封山庙片区

代表性片区（BZ-02）中部烟叶（C3F）总糖含量 35.03%，还原糖含量 31.41%，总氮含量 1.47%，总植物碱含量 1.94%，氯含量 0.30%，钾含量 1.74%，糖碱比 18.09，淀粉含量 2.51%（表 11-1-4）。烟叶铜含量为 0.062 g/kg，铁含量为 0.818 g/kg，锰含量为 3.972 g/kg，锌含量为 0.571 g/kg，钙含量为 128.048 mg/kg，镁含量为 24.630 mg/kg（表 11-1-5）。

3. 尚嵇镇建设村马鞍片区

代表性片区（BZ-03）中部烟叶（C3F）总糖含量 34.17%，还原糖含量 30.34%，总氮含量 1.62%，总植物碱含量 2.05%，氯含量 0.31%，钾含量 1.86%，糖碱比 16.63，淀粉含量 3.02%（表 11-1-4）。烟叶铜含量为 0.081 g/kg，铁含量为 0.698 g/kg，锰含量为 4.090 g/kg，锌含量为 0.623 g/kg，钙含量为 130.346 mg/kg，镁含量为 24.855 mg/kg（表 11-1-5）。

4. 茅栗镇福兴村尖山片区

代表性片区(BZ-04)中部烟叶(C3F)总糖含量32.93%,还原糖含量28.59%,总氮含量1.94%,总植物碱含量3.01%,氯含量0.49%,钾含量1.13%,糖碱比10.95,淀粉含量2.70%(表11-1-4)。烟叶铜含量为0.108 g/kg,铁含量为0.719 g/kg,锰含量为5.297 g/kg,锌含量为0.335 g/kg,钙含量为108.132 mg/kg,镁含量为22.208 mg/kg(表11-1-5)。

5. 茅栗镇草香村片区

代表性片区(BZ-05)中部烟叶(C3F)总糖含量32.01%,还原糖含量25.29%,总氮含量1.53%,总植物碱含量2.09%,氯含量0.36%,钾含量1.68%,糖碱比15.31,淀粉含量3.95%(表11-1-4)。烟叶铜含量为0.008 g/kg,铁含量为0.661 g/kg,锰含量为2.120 g/kg,锌含量为0.213 g/kg,钙含量为128.814 mg/kg,镁含量为20.234 mg/kg(表11-1-5)。

表11-1-4　代表性片区中部烟叶(C3F)常规化学成分

片区	总糖/%	还原糖/%	总氮/%	总植物碱/%	氯/%	钾/%	糖碱比	淀粉/%
BZ-01	33.09	29.27	1.57	2.09	0.40	2.01	15.86	2.21
BZ-02	35.03	31.41	1.47	1.94	0.30	1.74	18.09	2.51
BZ-03	34.17	30.34	1.62	2.05	0.31	1.86	16.63	3.02
BZ-04	32.93	28.59	1.94	3.01	0.49	1.13	10.95	2.70
BZ-05	32.01	25.29	1.53	2.09	0.36	1.68	15.31	3.95

表11-1-5　代表性片区中部烟叶(C3F)中微量元素

片区	Cu /(g/kg)	Fe /(g/kg)	Mn /(g/kg)	Zn /(g/kg)	Ca /(mg/kg)	Mg /(mg/kg)
BZ-01	0.080	0.844	4.813	0.554	136.769	25.496
BZ-02	0.062	0.818	3.972	0.571	128.048	24.630
BZ-03	0.081	0.698	4.090	0.623	130.346	24.855
BZ-04	0.108	0.719	5.297	0.335	108.132	22.208
BZ-05	0.008	0.661	2.120	0.213	128.814	20.234

四、烟叶生物碱组分与细胞壁物质

1. 三合镇长丰村艾田片区

代表性片区(BZ-01)中部烟叶(C3F)烟碱含量为20.867 mg/g,降烟碱含量为0.225 mg/g,麦斯明含量为0.002 mg/g,假木贼碱含量为0.058 mg/g,新烟碱含量为0.540 mg/g;烟叶纤维素含量为6.60%,半纤维素含量为2.50%,木质素含量为1.20%(表11-1-6)。

2. 新民镇朝阳村封山庙片区

代表性片区(BZ-02)中部烟叶(C3F)烟碱含量为 19.369 mg/g,降烟碱含量为 0.207 mg/g,麦斯明含量为 0.001 mg/g,假木贼碱含量为 0.050 mg/g,新烟碱含量为 0.485 mg/g;烟叶纤维素含量为 7.00%,半纤维素含量为 2.70%,木质素含量为 0.80%(表 11-1-6)。

3. 尚嵇镇建设村马鞍片区

代表性片区(BZ-03)中部烟叶(C3F)烟碱含量为 20.540 mg/g,降烟碱含量为 0.223 mg/g,麦斯明含量为 0.003 mg/g,假木贼碱含量为 0.053 mg/g,新烟碱含量为 0.561 mg/g;烟叶纤维素含量为 7.50%,半纤维素含量为 3.20%,木质素含量为 0.50%(表 11-1-6)。

4. 茅栗镇福兴村尖山片区

代表性片区(BZ-04)中部烟叶(C3F)烟碱含量为 24.194 mg/g,降烟碱含量为 0.256 mg/g,麦斯明含量为 0.004 mg/g,假木贼碱含量为 0.038 mg/g,新烟碱含量为 0.399 mg/g;烟叶纤维素含量为 7.70%,半纤维素含量为 2.00%,木质素含量为 1.40%(表 11-1-6)。

5. 茅栗镇草香村片区

代表性片区(BZ-05)中部烟叶(C3F)烟碱含量为 23.069 mg/g,降烟碱含量为 0.290 mg/g,麦斯明含量为 0.005 mg/g,假木贼碱含量为 0.041 mg/g,新烟碱含量为 0.391 mg/g;烟叶纤维素含量为 6.40%,半纤维素含量为 2.10%,木质素含量为 1.50%(表 11-1-6)。

表 11-1-6　代表性片区中部烟叶(C3F)生物碱组分与细胞壁物质

片区	烟碱/(mg/g)	降烟碱/(mg/g)	麦斯明/(mg/g)	假木贼碱/(mg/g)	新烟碱/(mg/g)	纤维素/%	半纤维素/%	木质素/%
BZ-01	20.867	0.225	0.002	0.058	0.540	6.60	2.50	1.20
BZ-02	19.369	0.207	0.001	0.050	0.485	7.00	2.70	0.80
BZ-03	20.540	0.223	0.003	0.053	0.561	7.50	3.20	0.50
BZ-04	24.194	0.256	0.004	0.038	0.399	7.70	2.00	1.40
BZ-05	23.069	0.290	0.005	0.041	0.391	6.40	2.10	1.50

五、烟叶多酚与质体色素

1. 三合镇长丰村艾田片区

代表性片区(BZ-01)中部烟叶(C3F)绿原酸含量为 12.490 mg/g,芸香苷含量为 8.564 mg/g,莨菪亭含量为 0.186 mg/g,β-胡萝卜素含量为 0.041 mg/g,叶黄素含量为 0.071 mg/g(表 11-1-7)。

2. 新民镇朝阳村封山庙片区

代表性片区(BZ-02)中部烟叶(C3F)绿原酸含量为 11.100 mg/g，芸香苷含量为 10.776 mg/g，莨菪亭含量为 0.094 mg/g，β-胡萝卜素含量为 0.040 mg/g，叶黄素含量为 0.075 mg/g(表 11-1-7)。

3. 尚嵇镇建设村马鞍片区

代表性片区(BZ-03)中部烟叶(C3F)绿原酸含量为 11.533 mg/g，芸香苷含量为 9.751 mg/g，莨菪亭含量为 0.154 mg/g，β-胡萝卜素含量为 0.048 mg/g，叶黄素含量为 0.081 mg/g(表 11-1-7)。

4. 茅栗镇福兴村尖山片区

代表性片区(BZ-04)中部烟叶(C3F)绿原酸含量为 12.430 mg/g，芸香苷含量为 10.540 mg/g，莨菪亭含量为 0.240 mg/g，β-胡萝卜素含量为 0.088 mg/g，叶黄素含量为 0.152 mg/g(表 11-1-7)。

5. 茅栗镇草香村片区

代表性片区(BZ-05)中部烟叶(C3F)绿原酸含量为 11.308 mg/g，芸香苷含量为 9.624 mg/g，莨菪亭含量为 0.152 mg/g，β-胡萝卜素含量为 0.030 mg/g，叶黄素含量为 0.064 mg/g(表 11-1-7)。

表 11-1-7　代表性片区中部烟叶(C3F)多酚与质体色素　　(单位：mg/g)

片区	绿原酸	芸香苷	莨菪亭	β-胡萝卜素	叶黄素
BZ-01	12.490	8.564	0.186	0.041	0.071
BZ-02	11.100	10.776	0.094	0.040	0.075
BZ-03	11.533	9.751	0.154	0.048	0.081
BZ-04	12.430	10.540	0.240	0.088	0.152
BZ-05	11.308	9.624	0.152	0.030	0.064

六、烟叶有机酸类物质

1. 三合镇长丰村艾田片区

代表性片区(BZ-01)中部烟叶(C3F)草酸含量为 22.710 mg/g，苹果酸含量为 69.718 mg/g，柠檬酸含量为 7.186 mg/g，棕榈酸含量为 2.018 mg/g，亚油酸含量为 1.169 mg/g，油酸含量为 2.894 mg/g，硬脂酸含量为 0.546 mg/g(表 11-1-8)。

2. 新民镇朝阳村封山庙片区

代表性片区(BZ-02)中部烟叶(C3F)草酸含量为 19.295 mg/g，苹果酸含量为 71.585 mg/g，柠檬酸含量为 6.930 mg/g，棕榈酸含量为 2.189 mg/g，亚油酸含量为 1.202 mg/g，油酸含量为 3.026 mg/g，硬脂酸含量为 0.613 mg/g（表 11-1-8）。

3. 尚嵇镇建设村马鞍片区

代表性片区（BZ-03）中部烟叶（C3F）草酸含量为 22.856 mg/g，苹果酸含量为 81.061 mg/g，柠檬酸含量为 8.947 mg/g，棕榈酸含量为 1.953 mg/g，亚油酸含量为 1.164 mg/g，油酸含量为 2.846 mg/g，硬脂酸含量为 0.528 mg/g（表 11-1-8）。

4. 茅栗镇福兴村尖山片区

代表性片区（BZ-04）中部烟叶（C3F）草酸含量为 24.372 mg/g，苹果酸含量为 59.997 mg/g，柠檬酸含量为 6.472 mg/g，棕榈酸含量为 2.004 mg/g，亚油酸含量为 1.207 mg/g，油酸含量为 2.970 mg/g，硬脂酸含量为 0.502 mg/g（表 11-1-8）。

5. 茅栗镇草香村片区

代表性片区（BZ-05）中部烟叶（C3F）草酸含量为 25.083 mg/g，苹果酸含量为 69.596 mg/g，柠檬酸含量为 6.766 mg/g，棕榈酸含量为 2.000 mg/g，亚油酸含量为 1.175 mg/g，油酸含量为 2.878 mg/g，硬脂酸含量为 0.536 mg/g（表 11-1-8）。

表 11-1-8　代表性片区中部烟叶（C3F）有机酸　　　（单位：mg/g）

片区	草酸	苹果酸	柠檬酸	棕榈酸	亚油酸	油酸	硬脂酸
BZ-01	22.710	69.718	7.186	2.018	1.169	2.894	0.546
BZ-02	19.295	71.585	6.930	2.189	1.202	3.026	0.613
BZ-03	22.856	81.061	8.947	1.953	1.164	2.846	0.528
BZ-04	24.372	59.997	6.472	2.004	1.207	2.970	0.502
BZ-05	25.083	69.596	6.766	2.000	1.175	2.878	0.536

七、烟叶氨基酸

1. 三合镇长丰村艾田片区

代表性片区（BZ-01）中部烟叶（C3F）磷酸化-丝氨酸含量为 0.370 μg/mg，牛磺酸含量为 0.388 μg/mg，天冬氨酸含量为 0.189 μg/mg，苏氨酸含量为 0.178 μg/mg，丝氨酸含量为 0.075 μg/mg，天冬酰胺含量为 1.332 μg/mg，谷氨酸含量为 0.149 μg/mg，甘氨酸含量为 0.062 μg/mg，丙氨酸含量为 0.505 μg/mg，缬氨酸含量为 0.073 μg/mg，半胱氨酸含量为 0.242 μg/mg，异亮氨酸含量为 0.012 μg/mg，亮氨酸含量为 0.122 μg/mg，酪氨酸含量为 0.061 μg/mg，苯丙氨酸含量为 0.184 μg/mg，氨基丁酸含量为 0.066 μg/mg，组氨酸含量为 0.142 μg/mg，色氨酸含量为 0.186 μg/mg，精氨酸含量为 0.031 μg/mg（表 11-1-9）。

2. 新民镇朝阳村封山庙片区

代表性片区(BZ-02)中部烟叶(C3F)磷酸化-丝氨酸含量为 0.391 μg/mg, 牛磺酸含量为 0.398 μg/mg, 天冬氨酸含量为 0.156 μg/mg, 苏氨酸含量为 0.184 μg/mg, 丝氨酸含量为 0.066 μg/mg, 天冬酰胺含量为 1.140 μg/mg, 谷氨酸含量为 0.134 μg/mg, 甘氨酸含量为 0.105 μg/mg, 丙氨酸含量为 0.481 μg/mg, 缬氨酸含量为 0.064 μg/mg, 半胱氨酸含量为 0.228 μg/mg, 异亮氨酸含量为 0.009 μg/mg, 亮氨酸含量为 0.127μg/mg, 酪氨酸含量为 0.056 μg/mg, 苯丙氨酸含量为 0.159 μg/mg, 氨基丁酸含量为 0.052 μg/mg, 组氨酸含量为 0.114 μg/mg, 色氨酸含量为 0.148 μg/mg, 精氨酸含量为 0.025 μg/mg(表 11-1-9)。

3. 尚稽镇建设村马鞍片区

代表性片区(BZ-03)中部烟叶(C3F)磷酸化-丝氨酸含量为 0.392 μg/mg, 牛磺酸含量为 0.503 μg/mg, 天冬氨酸含量为 0.505 μg/mg, 苏氨酸含量为 0.151 μg/mg, 丝氨酸含量为 0.171 μg/mg, 天冬酰胺含量为 2.682 μg/mg, 谷氨酸含量为 0.290 μg/mg, 甘氨酸含量为 0.059 μg/mg, 丙氨酸含量为 0.694 μg/mg, 缬氨酸含量为 0.144 μg/mg, 半胱氨酸含量为 0.371 μg/mg, 异亮氨酸含量为 0.019 μg/mg, 亮氨酸含量为 0.121 μg/mg, 酪氨酸含量为 0.110 μg/mg, 苯丙氨酸含量为 0.433 μg/mg, 氨基丁酸含量为 0.158 μg/mg, 组氨酸含量为 0.306 μg/mg, 色氨酸含量为 0.374 μg/mg, 精氨酸含量为 0.056 μg/mg(表 11-1-9)。

4. 茅栗镇福兴村尖山片区

代表性片区(BZ-04)中部烟叶(C3F)磷酸化-丝氨酸含量为 0.431 μg/mg, 牛磺酸含量为 0.455 μg/mg, 天冬氨酸含量为 0.168 μg/mg, 苏氨酸含量为 0.164 μg/mg, 丝氨酸含量为 0.052 μg/mg, 天冬酰胺含量为 1.295 μg/mg, 谷氨酸含量为 0.165 μg/mg, 甘氨酸含量为 0.043 μg/mg, 丙氨酸含量为 0.583 μg/mg, 缬氨酸含量为 0.056 μg/mg, 半胱氨酸含量为 0.241μg/mg, 异亮氨酸含量为 0.004 μg/mg, 亮氨酸含量为 0.117 μg/mg, 酪氨酸含量为 0.054 μg/mg, 苯丙氨酸含量为 0.157 μg/mg, 氨基丁酸含量为 0.051 μg/mg, 组氨酸含量为 0.117 μg/mg, 色氨酸含量为 0.160 μg/mg, 精氨酸含量为 0.014 μg/mg(表 11-1-9)。

5. 茅栗镇草香村片区

代表性片区(BZ-05)中部烟叶(C3F)磷酸化-丝氨酸含量为 0.358 μg/mg, 牛磺酸含量为 0.382 μg/mg, 天冬氨酸含量为 0.148 μg/mg, 苏氨酸含量为 0.165 μg/mg, 丝氨酸含量为 0.061 μg/mg, 天冬酰胺含量为 1.109 μg/mg, 谷氨酸含量为 0.129 μg/mg, 甘氨酸含量为 0.037 μg/mg, 丙氨酸含量为 0.461 μg/mg, 缬氨酸含量为 0.060 μg/mg, 半胱氨酸含量为 0.207 μg/mg, 异亮氨酸含量为 0.009 μg/mg, 亮氨酸含量为 0.112 μg/mg, 酪氨酸含量为 0.050 μg/mg, 苯丙氨酸含量为 0.147 μg/mg, 氨基丁酸含量为 0.047 μg/mg, 组氨酸含量为 0.107 μg/mg, 色氨酸含量为 0.146 μg/mg, 精氨酸含量为 0.020 μg/mg(表 11-1-9)。

表 11-1-9　代表性片区中部烟叶（C3F）氨基酸　　（单位：µg/mg）

氨基酸组分	BZ-01	BZ-02	BZ-03	BZ-04	BZ-05
磷酸化-丝氨酸	0.370	0.391	0.392	0.431	0.358
牛磺酸	0.388	0.398	0.503	0.455	0.382
天冬氨酸	0.189	0.156	0.505	0.168	0.148
苏氨酸	0.178	0.184	0.151	0.164	0.165
丝氨酸	0.075	0.066	0.171	0.052	0.061
天冬酰胺	1.332	1.140	2.682	1.295	1.109
谷氨酸	0.149	0.134	0.290	0.165	0.129
甘氨酸	0.062	0.105	0.059	0.043	0.037
丙氨酸	0.505	0.481	0.694	0.583	0.461
缬氨酸	0.073	0.064	0.144	0.056	0.060
半胱氨酸	0.242	0.228	0.371	0.241	0.207
异亮氨酸	0.012	0.009	0.019	0.004	0.009
亮氨酸	0.122	0.127	0.121	0.117	0.112
酪氨酸	0.061	0.056	0.110	0.054	0.050
苯丙氨酸	0.184	0.159	0.433	0.157	0.147
氨基丁酸	0.066	0.052	0.158	0.051	0.047
组氨酸	0.142	0.114	0.306	0.117	0.107
色氨酸	0.186	0.148	0.374	0.160	0.146
精氨酸	0.031	0.025	0.056	0.014	0.020

八、烟叶香气物质

1. 三合镇长丰村艾田片区

代表性片区（BZ-01）中部烟叶（C3F）茄酮含量为 2.139 µg/g，香叶基丙酮含量为 1.299 µg/g，降茄二酮含量为 0.112 µg/g，β-紫罗兰酮含量为 0.728 µg/g，氧化紫罗兰酮含量为 0.851 µg/g，二氢猕猴桃内酯含量为 2.442 µg/g，巨豆三烯酮 1 含量为 0.112 µg/g，巨豆三烯酮 2 含量为 0.862 µg/g，巨豆三烯酮 3 含量为 0.123 µg/g，巨豆三烯酮 4 含量为 0.638 µg/g，3-羟基-β-二氢大马酮含量为 0.291 µg/g，3-氧代-α-紫罗兰醇含量为 1.053 µg/g，新植二烯含量为 694.299 µg/g，3-羟基索拉韦惕酮含量为 2.531 µg/g，β-法尼烯含量为 14.011 µg/g（表 11-1-10）。

2. 新民镇朝阳村封山庙片区

代表性片区（BZ-02）中部烟叶（C3F）茄酮含量为 2.262 µg/g，香叶基丙酮含量为 1.232 µg/g，降茄二酮含量为 0.123 µg/g，β-紫罗兰酮含量为 0.638 µg/g，氧化紫罗兰酮含量为 0.840 µg/g，二氢猕猴桃内酯含量为 2.408 µg/g，巨豆三烯酮 1 含量为 0.112 µg/g，巨豆三烯酮 2 含量为 0.818 µg/g，巨豆三烯酮 3 含量为 0.134 µg/g，巨豆三烯酮 4 含量为 0.605 µg/g，3-羟基-β-二氢大马酮含量为 0.269 µg/g，3-氧代-α-紫罗兰醇含量为 1.322 µg/g，新植二烯含量为 718.805 μg/g，3-羟基索拉韦惕酮含量为 2.195 μg/g，β-法尼烯含量为 15.646 μg/g（表 11-1-10）。

3. 尚嵇镇建设村马鞍片区

代表性片区（BZ-03）中部烟叶（C3F）茄酮含量为 1.826 μg/g，香叶基丙酮含量为 1.243 μg/g，降茄二酮含量为 0.090 μg/g，β-紫罗兰酮含量为 0.706 μg/g，氧化紫罗兰酮含量为 0.862 μg/g，二氢猕猴桃内酯含量为 2.621 μg/g，巨豆三烯酮 1 含量为 0.134 μg/g，巨豆三烯酮 2 含量为 0.896 μg/g，巨豆三烯酮 3 含量为 0.146 μg/g，巨豆三烯酮 4 含量为 0.661 μg/g，3-羟基-β-二氢大马酮含量为 0.280 μg/g，3-氧代-α-紫罗兰醇含量为 1.400 μg/g，新植二烯含量为 746.390 μg/g，3-羟基索拉韦惕酮含量为 2.498 μg/g，β-法尼烯含量为 14.997 μg/g（表 11-1-10）。

4. 茅栗镇福兴村尖山片区

代表性片区（BZ-04）中部烟叶（C3F）茄酮含量为 0.851 μg/g，香叶基丙酮含量为 1.512 μg/g，降茄二酮含量为 1.109 μg/g，β-紫罗兰酮含量为 0.896 μg/g，氧化紫罗兰酮含量为 1.926 μg/g，二氢猕猴桃内酯含量为 5.925 μg/g，巨豆三烯酮 1 含量为 0.314 μg/g，巨豆三烯酮 2 含量为 2.386 μg/g，巨豆三烯酮 3 含量为 0.470 μg/g，巨豆三烯酮 4 含量为 1.747 μg/g，3-羟基-β-二氢大马酮含量为 1.501 μg/g，3-氧代-α-紫罗兰醇含量为 8.926 μg/g，新植二烯含量为 729.501 μg/g，3-羟基索拉韦惕酮含量为 18.682 μg/g，β-法尼烯含量为 15.568 μg/g（表 11-1-10）。

5. 茅栗镇草香村片区

代表性片区（BZ-05）中部烟叶（C3F）茄酮含量为 1.120 μg/g，香叶基丙酮含量为 2.050 μg/g，降茄二酮含量为 0.874 μg/g，β-紫罗兰酮含量为 1.042 μg/g，氧化紫罗兰酮含量为 2.083 μg/g，二氢猕猴桃内酯含量为 7.045 μg/g，巨豆三烯酮 1 含量为 0.325 μg/g，巨豆三烯酮 2 含量为 2.733 μg/g，巨豆三烯酮 3 含量为 0.515 μg/g，巨豆三烯酮 4 含量为 2.094 μg/g，3-羟基-β-二氢大马酮含量为 1.803 μg/g，3-氧代-α-紫罗兰醇含量为 10.651 μg/g，新植二烯含量为 990.125 μg/g，3-羟基索拉韦惕酮含量为 16.094 μg/g，β-法尼烯含量为 22.814 μg/g（表 11-1-10）。

表 11-1-10　代表性片区中部烟叶（C3F）香气物质　　　（单位：μg/g）

香气物质	BZ-01	BZ-02	BZ-03	BZ-04	BZ-05
茄酮	2.139	2.262	1.826	0.851	1.120
香叶基丙酮	1.299	1.232	1.243	1.512	2.050
降茄二酮	0.112	0.123	0.090	1.109	0.874
β-紫罗兰酮	0.728	0.638	0.706	0.896	1.042
氧化紫罗兰酮	0.851	0.840	0.862	1.926	2.083
二氢猕猴桃内酯	2.442	2.408	2.621	5.925	7.045

续表

香气物质	BZ-01	BZ-02	BZ-03	BZ-04	BZ-05
巨豆三烯酮 1	0.112	0.112	0.134	0.314	0.325
巨豆三烯酮 2	0.862	0.818	0.896	2.386	2.733
巨豆三烯酮 3	0.123	0.134	0.146	0.470	0.515
巨豆三烯酮 4	0.638	0.605	0.661	1.747	2.094
3-羟基-β-二氢大马酮	0.291	0.269	0.280	1.501	1.803
3-氧代-α-紫罗兰醇	1.053	1.322	1.400	8.926	10.651
新植二烯	694.299	718.805	746.390	729.501	990.125
3-羟基索拉韦惕酮	2.531	2.195	2.498	18.682	16.094
β-法尼烯	14.011	15.646	14.997	15.568	22.814

九、烟叶感官质量

1. 三合镇长丰村艾田片区

代表性片区(BZ-01)中部烟叶(C3F)感官质量评价结果显示,香韵指标包含的干草香、清甜香、正甜香、焦甜香、青香、木香、豆香、坚果香、焦香、辛香、果香、药草香、花香、树脂香、酒香的各项指标值分别为3.80、0、3.53、0、0.57、2.27、0、0.97、0.93、1.53、0、0、0、0、0,烟气指标包含的香气状态、烟气浓度、劲头、香气质、香气量和透发性的各项指标值分别为3.64、3.20、2.93、3.67、3.33和3.40,杂气指标包含的青杂气、生青气、枯焦气、木质气、土腥气、松脂气、花粉气、药草气和金属气的各项指标值分别为0.60、0.53、0.33、1.50、0、0.07、0、0、0,口感指标包含的细腻程度、柔和程度、圆润感、刺激性、干燥感和余味的各项指标值分别为3.53、3.60、3.07、2.10、2.27和3.70(表11-1-11)。

2. 新民镇朝阳村封山庙片区

代表性片区(BZ-02)中部烟叶(C3F)感官质量评价结果显示,香韵指标包含的干草香、清甜香、正甜香、焦甜香、青香、木香、豆香、坚果香、焦香、辛香、果香、药草香、花香、树脂香、酒香的各项指标值分别为3.65、0、2.71、0、0.76、2.38、0、1.12、0.82、1.62、0、0、0、0、0,烟气指标包含的香气状态、烟气浓度、劲头、香气质、香气量和透发性的各项指标值分别为2.94、3.18、2.97、3.32、3.44和3.18,杂气指标包含的青杂气、生青气、枯焦气、木质气、土腥气、松脂气、花粉气、药草气和金属气的各项指标值分别为0.74、0.88、0.47、1.44、0.06、0.06、0、0、0,口感指标包含的细腻程度、柔和程度、圆润感、刺激性、干燥感和余味的各项指标值分别为3.32、3.06、3.06、2.38、2.38和3.21(表11-1-11)。

3. 尚嵇镇建设村马鞍片区

代表性片区(BZ-03)中部烟叶(C3F)感官质量评价结果显示,香韵指标包含的干草香、清甜香、正甜香、焦甜香、青香、木香、豆香、坚果香、焦香、辛香、果香、药草香、花香、树脂香、酒香的各项指标值分别为3.42、0、2.97、0、1.08、2.36、0、0.83、0.56、2.14、0、0、0、0、0，烟气指标包含的香气状态、烟气浓度、劲头、香气质、香气量和透发性的各项指标值分别为3.29、2.92、2.83、2.89、2.97和3.06，杂气指标包含的青杂气、生青气、枯焦气、木质气、土腥气、松脂气、花粉气、药草气和金属气的各项指标值分别为0.89、1.00、0.44、1.81、0.22、0.06、0.17、0、0，口感指标包含的细腻程度、柔和程度、圆润感、刺激性、干燥感和余味的各项指标值分别为2.92、2.97、2.86、2.56、2.72和3.06（表11-1-11）。

4. 茅粟镇福兴村尖山片区

代表性片区（BZ-04）中部烟叶（C3F）感官质量评价结果显示，香韵指标包含的干草香、清甜香、正甜香、焦甜香、青香、木香、豆香、坚果香、焦香、辛香、果香、药草香、花香、树脂香、酒香的各项指标值分别为3.72、0、3.19、0、0.56、2.22、0、1.19、0.88、1.56、0、0、0、0、0，烟气指标包含的香气状态、烟气浓度、劲头、香气质、香气量和透发性的各项指标值分别为3.40、3.22、3.00、3.34、3.44和3.16，杂气指标包含的青杂气、生青气、枯焦气、木质气、土腥气、松脂气、花粉气、药草气和金属气的各项指标值分别为0.81、0.88、0.66、1.63、0.06、0、0、0、0，口感指标包含的细腻程度、柔和程度、圆润感、刺激性、干燥感和余味的各项指标值分别为3.13、3.13、2.94、2.50、2.41和3.19（表11-1-11）。

5. 茅粟镇草香村片区

代表性片区（BZ-05）中部烟叶（C3F）感官质量评价结果显示，香韵指标包含的干草香、清甜香、正甜香、焦甜香、青香、木香、豆香、坚果香、焦香、辛香、果香、药草香、花香、树脂香、酒香的各项指标值分别为3.75、0、3.06、0、0.38、2.53、0、1.22、0.94、1.75、0、0、0、0、0，烟气指标包含的香气状态、烟气浓度、劲头、香气质、香气量和透发性的各项指标值分别为3.33、3.28、3.22、3.17、3.28和3.37，杂气指标包含的青杂气、生青气、枯焦气、木质气、土腥气、松脂气、花粉气、药草气和金属气的各项指标值分别为0.72、0.63、1.00、1.75、0、0.19、0、0、0.06，口感指标包含的细腻程度、柔和程度、圆润感、刺激性、干燥感和余味的各项指标值分别为3.00、3.06、2.91、2.56、2.75和3.13（表11-1-11）。

表 11-1-11 代表性片区中部烟叶（C3F）感官质量

	评价指标	BZ-01	BZ-02	BZ-03	BZ-04	BZ-05
香韵	干草香	3.80	3.65	3.42	3.72	3.75
	清甜香	0	0	0	0	0
	正甜香	3.53	2.71	2.97	3.19	3.06
	焦甜香	0	0	0	0	0
	青香	0.57	0.76	1.08	0.56	0.38

续表

评价指标		BZ-01	BZ-02	BZ-03	BZ-04	BZ-05
香韵	木香	2.27	2.38	2.36	2.22	2.53
	豆香	0	0	0	0	0
	坚果香	0.97	1.12	0.83	1.19	1.22
	焦香	0.93	0.82	0.56	0.88	0.94
	辛香	1.53	1.62	2.14	1.56	1.75
	果香	0	0	0	0	0
	药草香	0	0	0	0	0
	花香	0	0	0	0	0
	树脂香	0	0	0	0	0
	酒香	0	0	0	0	0
烟气	香气状态	3.64	2.94	3.29	3.40	3.33
	烟气浓度	3.20	3.18	2.92	3.22	3.28
	劲头	2.93	2.97	2.83	3.00	3.22
	香气质	3.67	3.32	2.89	3.34	3.17
	香气量	3.33	3.44	2.97	3.44	3.28
	透发性	3.40	3.18	3.06	3.16	3.37
杂气	青杂气	0.60	0.74	0.89	0.81	0.72
	生青气	0.53	0.88	1.00	0.88	0.63
	枯焦气	0.33	0.47	0.44	0.66	1.00
	木质气	1.50	1.44	1.81	1.63	1.75
	土腥气	0	0.06	0.22	0.06	0
	松脂气	0.07	0.06	0.06	0	0.19
	花粉气	0	0	0.17	0	0
	药草气	0	0	0	0	0
	金属气	0	0	0	0	0.06
口感	细腻程度	3.53	3.32	2.92	3.13	3.00
	柔和程度	3.60	3.06	2.97	3.13	3.06
	圆润感	3.07	3.06	2.86	2.94	2.91
	刺激性	2.10	2.38	2.56	2.50	2.56
	干燥感	2.27	2.38	2.72	2.41	2.75
	余味	3.70	3.21	3.06	3.19	3.13

第二节 贵州贵定烟叶风格特征

贵定县位于北纬 26°40′～26°47′，东经 107°08′～107°15′，地处云贵高原东部的黔中山原中部。贵定县隶属黔南布依族苗族自治州，面积 1631 km²。贵定县是黔中山区烤烟种植区的典型烤烟产区之一，根据目前该县烤烟种植片区分布特点和烟叶质量风格特征，选择新铺乡新铺村甘塘组、新铺乡莲花村甲多、新铺乡晓丰村晓丰组、新巴镇新华村胜利寨组、新巴镇谷兵村甲庄组 5 个代表性种植片区，作为该县烟叶质量风格特征的代表性区域加以描述。

一、烟田与烟株基本特征

1. 新铺乡新铺村甘塘组片区

代表性片区（GD-01）位于北纬 26°39′35.600″，东经 107°15′53.100″，海拔 1261 m，地处中山坡地中部，缓坡旱地，成土母质为板岩风化坡积物，烤烟、玉米不定期轮作，土壤亚类为普通铝质湿润雏形土。土体深厚，耕作层质地偏黏，耕性较差，砾石较多，通透性较好，轻度水土流失。烤烟田间长相长势中等，烟株呈偏筒形结构，株高 71.60 cm，茎围 7.70 cm，有效叶片数 16.30，中部烟叶长 62.20 cm、宽 28.10 cm，上部烟叶长 57.30 cm、宽 18.30 cm（图 11-2-1，表 11-2-1）。

图 11-2-1　GD-01 片区烟田

2. 新铺乡莲花村甲多片区

代表性片区（GD-02）位于北纬 26°43′22.000″，东经 107°17′10.300″，海拔 1303 m，地处中山坡地中部，梯田旱地，成土母质为泥质岩风化坡积物，烤烟、玉米不定期轮作，土壤亚类为斑纹黏化湿润富铁土。土体深厚，耕作层质地偏黏，耕性和通透性较差。烤烟田间长相长势以中等为主，烟株呈筒形结构，株高 88.00 cm，茎围 7.90 cm，有效叶片数 14.90，中部烟叶长 70.10 cm、宽 24.30 cm，上部烟叶长 60.20 cm、宽 18.80 cm（图 11-2-2，表 11-2-1）。

3. 新铺乡晓丰村晓丰组片区

代表性片区（GD-03）位于北纬 26°37′52.600″，东经 107°17′33.200″，海拔 1430 m，地处中山坡地上部，缓坡旱地，成土母质为石灰岩风化坡积物，烤烟、玉米不定期轮作，土壤亚类为淋溶钙质湿润富铁土。土体深厚，耕作层质地黏重，耕性较差，砾石较多，通透性较好，酸性重，轻度水土流失。烤烟田间长相长势较好，烟株呈偏塔形结构，株高 95.30 cm，茎围 8.50 cm，有效叶片数 14.50，中部烟叶长 77.50 cm、宽 29.10 cm，上部烟叶长 71.70 cm、宽 22.00 cm（图 11-2-3，表 11-2-1）。

图 11-2-2　GD-02 片区烟田

图 11-2-3　GD-03 片区烟田

4. 新巴镇新华村胜利寨组片区

代表性片区（GD-04）位于北纬 26°45′56.500″，东经 107°12′12.500″，海拔 1112 m，地处中山坡地中上部，缓坡旱地，成土母质为石灰岩-白云岩风化坡积物，烤烟、玉米不定期轮作，土壤亚类为普通钙质湿润淋溶土。土体较厚，耕作层质地适中，砾石较多，耕性和通透性较好，轻度水土流失。烤烟田间长相长势较好，烟株呈筒形结构，株高 94.70 cm，茎围 9.00 cm，有效叶片数 16.60，中部烟叶长 78.30 cm、宽 23.40 cm，上部烟叶长 71.40 cm、宽 20.60 cm（图 11-2-4，表 11-2-1）。

5. 新巴镇谷兵村甲庄组片区

代表性片区（GD-05）位于北纬 26°42′6.800″，东经 107°10′35.900″，海拔 1242 m，地处中山坡地中部，缓坡梯田旱地，成土母质为泥质岩风化坡积物，烤烟、玉米不定期轮作，土壤亚类为普通铝质常湿淋溶土。土体深厚，耕作层质地偏黏，砾石少，耕性和通透性较差，轻度水土流失。烤烟田间长相长势中等，烟株呈偏塔形结构，株高 77.40 cm，茎围 7.60 cm，有效叶片数 15.40，中部烟叶长 62.80 cm、宽 24.10 cm，上部烟叶长 57.40 cm、宽 20.30 cm（图 11-2-5，表 11-2-1）。

图 11-2-4　GD-04 片区烟田

图 11-2-5　GD-05 片区烟田

表 11-2-1　代表性片区烟株主要农艺性状

片区	株高/cm	茎围/cm	有效叶/片	中部叶/cm		上部叶/cm		株型
				叶长	叶宽	叶长	叶宽	
GD-01	71.60	7.70	16.30	62.20	28.10	57.30	18.30	偏筒形
GD-02	88.00	7.90	14.90	70.10	24.30	60.20	18.80	筒形
GD-03	95.30	8.50	14.50	77.50	29.10	71.70	22.00	偏塔形
GD-04	94.70	9.00	16.60	78.30	23.40	71.40	20.60	筒形
GD-05	77.40	7.60	15.40	62.80	24.10	57.40	20.30	偏塔形

二、烟叶外观质量与物理指标

1. 新铺乡新铺村甘塘组片区

代表性片区（GD-01）烟叶外观质量指标的成熟度得分 7.50，颜色得分 8.00，油分得分 7.50，身份得分 7.50，结构得分 8.00，色度得分 7.50。烟叶物理指标中的单叶重 11.22 g，叶片密度 57.98 g/m^2，含梗率 34.16%，平衡含水率 13.36%，叶片长度 66.31 cm，叶片宽度 26.03 cm，叶片厚度 106.40 μm，填充值 3.78 cm^3/g（图 11-2-6，表 11-2-2 和表 11-2-3）。

图 11-2-6　GD-01 片区初烤烟叶

2. 新铺乡莲花村甲多片区

代表性片区（GD-02）烟叶外观质量指标的成熟度得分 8.00，颜色得分 8.00，油分得分 8.00，身份得分 8.00，结构得分 8.50，色度得分 7.50。烟叶物理指标中的单叶重 13.34 g，叶片密度 62.66 g/m^2，含梗率 32.61%，平衡含水率 13.09%，叶片长度 61.35 cm，叶片宽度 23.30 cm，叶片厚度 120.47 μm，填充值 3.03 cm^3/g（图 11-2-7，表 11-2-2 和表 11-2-3）。

图 11-2-7　GD-02 片区初烤烟叶

3. 新铺乡晓丰村晓丰组片区

代表性片区(GD-03)烟叶外观质量指标的成熟度得分 8.00，颜色得分 8.00，油分得分 7.00，身份得分 7.00，结构得分 8.00，色度得分 7.00。烟叶物理指标中的单叶重 8.97g，叶片密度 57.91 g/m^2，含梗率 28.16%，平衡含水率 13.98%，叶片长度 53.98 cm，叶片宽度 25.53 cm，叶片厚度 103.43 μm，填充值 3.05 cm^3/g(图 11-2-8，表 11-2-2 和表 11-2-3)。

图 11-2-8　GD-03 片区初烤烟叶

4. 新巴镇新华村胜利寨组片区

代表性片区(GD-04)烟叶外观质量指标的成熟度得分 6.50，颜色得分 7.50，油分得分 7.00，身份得分 8.00，结构得分 7.00，色度得分 7.00。烟叶物理指标中的单叶重 8.05 g，叶片密度 66.02 g/m^2，含梗率 28.90%，平衡含水率 14.34%，叶片长度 53.34 cm，叶片宽度 21.91 cm，叶片厚度 94.67 μm，填充值 2.97 cm^3/g(图 11-2-9，表 11-2-2 和表 11-2-3)。

图 11-2-9　GD-04 片区初烤烟叶

5. 新巴镇谷兵村甲庄组片区

代表性片区（GD-05）烟叶外观质量指标的成熟度得分 7.50，颜色得分 8.00，油分得分 7.00，身份得分 8.00，结构得分 7.50，色度得分 7.50。烟叶物理指标中的单叶重 9.73 g，叶片密度 57.52 g/m^2，含梗率 37.27%，平衡含水率 15.53%，叶片长度 60.63 cm，叶片宽度 22.85 cm，叶片厚度 96.20 μm，填充值 3.03 cm^3/g（图 11-2-10，表 11-2-2 和表 11-2-3）。

图 11-2-10　GD-05 片区初烤烟叶

表 11-2-2　代表性片区烟叶外观质量

片区	成熟度	颜色	油分	身份	结构	色度
GD-01	7.50	8.00	7.50	7.50	8.00	7.50
GD-02	8.00	8.00	8.00	8.00	8.50	7.50
GD-03	8.00	8.00	7.00	7.00	8.00	7.00
GD-04	6.50	7.50	7.00	8.00	7.00	7.00
GD-05	7.50	8.00	7.00	8.00	7.50	7.50

表 11-2-3　代表性片区烟叶物理指标

片区	单叶重 /g	叶片密度 /(g/m^2)	含梗率 /%	平衡含水率 /%	叶长 /cm	叶宽 /cm	叶片厚度 /μm	填充值 /(cm^3/g)
GD-01	11.22	57.98	34.16	13.36	66.31	26.03	106.40	3.78
GD-02	13.34	62.66	32.61	13.09	61.35	23.30	120.47	3.03
GD-03	8.97	57.91	28.16	13.98	53.98	25.53	103.43	3.05
GD-04	8.05	66.02	28.90	14.34	53.34	21.91	94.67	2.97
GD-05	9.73	57.52	37.27	15.53	60.63	22.85	96.20	3.03

三、烟叶常规化学成分与中微量元素

1. 新铺乡新铺村甘塘组片区

代表性片区(GD-01)中部烟叶(C3F)总糖含量27.00%，还原糖含量24.42%，总氮含量2.03%，总植物碱含量2.73%，氯含量0.44%，钾含量2.10%，糖碱比9.89，淀粉含量3.22%(表11-2-4)。烟叶铜含量为0.086 g/kg，铁含量为0.701 g/kg，锰含量为6.103 g/kg，锌含量为0.789 g/kg，钙含量为114.608 mg/kg，镁含量为9.869 mg/kg(表11-2-5)。

2. 新铺乡莲花村甲多片区

代表性片区(GD-02)中部烟叶(C3F)总糖含量28.30%，还原糖含量22.51%，总氮含量1.79%，总植物碱含量2.46%，氯含量0.30%，钾含量2.22%，糖碱比11.50，淀粉含量3.37%(表11-2-4)。烟叶铜含量为0.081 g/kg，铁含量为0.973 g/kg，锰含量为4.492 g/kg，锌含量为0.936 g/kg，钙含量为109.704 mg/kg，镁含量为12.140 mg/kg(表11-2-5)。

3. 新铺乡晓丰村晓丰组片区

代表性片区(GD-03)中部烟叶(C3F)总糖含量32.73%，还原糖含量23.27%，总氮含量1.66%，总植物碱含量2.24%，氯含量0.40%，钾含量2.02%，糖碱比14.61，淀粉含量3.18%(表11-2-4)。烟叶铜含量为0.091 g/kg，铁含量为1.106 g/kg，锰含量为4.024 g/kg，锌含量为0.492 g/kg，钙含量为175.852 mg/kg，镁含量为10.626 mg/kg(表11-2-5)。

4. 新巴镇新华村胜利寨组片区

代表性片区(GD-04)中部烟叶(C3F)总糖含量31.44%，还原糖含量26.16%，总氮含量1.77%，总植物碱含量2.67%，氯含量0.56%，钾含量2.86%，糖碱比11.78，淀粉含量2.83%(表11-2-4)。烟叶铜含量为0.101 g/kg，铁含量为0.737 g/kg，锰含量为3.486 g/kg，锌含量为0.483 g/kg，钙含量为162.714 mg/kg，镁含量为10.033 mg/kg(表11-2-5)。

5. 新巴镇谷兵村甲庄组片区

代表性片区(GD-05)中部烟叶(C3F)总糖含量33.06%，还原糖含量27.72%，总氮含量1.86%，总植物碱含量2.61%，氯含量0.32%，钾含量2.13%，糖碱比12.67，淀粉含量2.45%(表11-2-4)。烟叶铜含量为0.121 g/kg，铁含量为1.252 g/kg，锰含量为7.854 g/kg，锌含量为0.831 g/kg，钙含量为110.556 mg/kg，镁含量为12.733 mg/kg(表11-2-5)。

表11-2-4　代表性片区中部烟叶(C3F)常规化学成分

片区	总糖/%	还原糖/%	总氮/%	总植物碱/%	氯/%	钾/%	糖碱比	淀粉/%
GD-01	27.00	24.42	2.03	2.73	0.44	2.10	9.89	3.22
GD-02	28.30	22.51	1.79	2.46	0.30	2.22	11.50	3.37
GD-03	32.73	23.27	1.66	2.24	0.40	2.02	14.61	3.18
GD-04	31.44	26.16	1.77	2.67	0.56	2.86	11.78	2.83
GD-05	33.06	27.72	1.86	2.61	0.32	2.13	12.67	2.45

表 11-2-5　代表性片区中部烟叶（C3F）中微量元素

片区	Cu /(g/kg)	Fe /(g/kg)	Mn /(g/kg)	Zn /(g/kg)	Ca /(mg/kg)	Mg /(mg/kg)
GD-01	0.086	0.701	6.103	0.789	114.608	9.869
GD-02	0.081	0.973	4.492	0.936	109.704	12.140
GD-03	0.091	1.106	4.024	0.492	175.852	10.626
GD-04	0.101	0.737	3.486	0.483	162.714	10.033
GD-05	0.121	1.252	7.854	0.831	110.556	12.733

四、烟叶生物碱组分与细胞壁物质

1. 新铺乡新铺村甘塘组片区

代表性片区（GD-01）中部烟叶（C3F）烟碱含量为 26.914 mg/g，降烟碱含量为 0.616 mg/g，麦斯明含量为 0.003 mg/g，假木贼碱含量为 0.166 mg/g，新烟碱含量为 0.798 mg/g；烟叶纤维素含量为 7.30%，半纤维素含量为 2.00%，木质素含量为 1.70%（表 11-2-6）。

2. 新铺乡莲花村甲多片区

代表性片区（GD-02）中部烟叶（C3F）烟碱含量为 25.864 mg/g，降烟碱含量为 0.595 mg/g，麦斯明含量为 0.004 mg/g，假木贼碱含量为 0.147 mg/g，新烟碱含量为 0.768 mg/g；烟叶纤维素含量为 8.10%，半纤维素含量为 2.30%，木质素含量为 1.70%（表 11-2-6）。

3. 新铺乡晓丰村晓丰组片区

代表性片区（GD-03）中部烟叶（C3F）烟碱含量为 24.349 mg/g，降烟碱含量为 0.789 mg/g，麦斯明含量为 0.005 mg/g，假木贼碱含量为 0.163 mg/g，新烟碱含量为 0.818 mg/g；烟叶纤维素含量为 7.40%，半纤维素含量为 2.10%，木质素含量为 1.60%（表 11-2-6）。

4. 新巴镇新华村胜利寨组片区

代表性片区（GD-04）中部烟叶（C3F）烟碱含量为 30.910 mg/g，降烟碱含量为 0.645 mg/g，麦斯明含量为 0.004 mg/g，假木贼碱含量为 0.148 mg/g，新烟碱含量为 0.666 mg/g；烟叶纤维素含量为 7.50%，半纤维素含量为 2.90%，木质素含量为 1.50%（表 11-2-6）。

5. 新巴镇谷兵村甲庄组片区

代表性片区（GD-05）中部烟叶（C3F）烟碱含量为 25.492 mg/g，降烟碱含量为 0.597 mg/g，麦斯明含量为 0.003 mg/g，假木贼碱含量为 0.154 mg/g，新烟碱含量为 0.834 mg/g；烟叶纤维素含量为 8.30%，半纤维素含量为 1.70%，木质素含量为 1.50%（表 11-2-6）。

表 11-2-6　代表性片区中部烟叶（C3F）生物碱组分与细胞壁物质

片区	烟碱 /(mg/g)	降烟碱 /(mg/g)	麦斯明 /(mg/g)	假木贼碱 /(mg/g)	新烟碱 /(mg/g)	纤维素 /%	半纤维素 /%	木质素 /%
GD-01	26.914	0.616	0.003	0.166	0.798	7.30	2.00	1.70
GD-02	25.864	0.595	0.004	0.147	0.768	8.10	2.30	1.70
GD-03	24.349	0.789	0.005	0.163	0.818	7.40	2.10	1.60
GD-04	30.910	0.645	0.004	0.148	0.666	7.50	2.90	1.50
GD-05	25.492	0.597	0.003	0.154	0.834	8.30	1.70	1.50

五、烟叶多酚与质体色素

1. 新铺乡新铺村甘塘组片区

代表性片区（GD-01）中部烟叶（C3F）绿原酸含量为 12.560 mg/g，芸香苷含量为 6.270 mg/g，莨菪亭含量为 0.390 mg/g，β-胡萝卜素含量为 0.036 mg/g，叶黄素含量为 0.078 mg/g（表 11-2-7）。

2. 新铺乡莲花村甲多片区

代表性片区（GD-02）中部烟叶（C3F）绿原酸含量为 10.340 mg/g，芸香苷含量为 12.010 mg/g，莨菪亭含量为 0.100 mg/g，β-胡萝卜素含量为 0.035 mg/g，叶黄素含量为 0.073 mg/g（表 11-2-7）。

3. 新铺乡晓丰村晓丰组片区

代表性片区（GD-03）中部烟叶（C3F）绿原酸含量为 10.410 mg/g，芸香苷含量为 9.310 mg/g，莨菪亭含量为 0.060 mg/g，β-胡萝卜素含量为 0.027 mg/g，叶黄素含量为 0.060 mg/g（表 11-2-7）。

4. 新巴镇新华村胜利寨组片区

代表性片区（GD-04）中部烟叶（C3F）绿原酸含量为 11.410 mg/g，芸香苷含量为 10.250 mg/g，莨菪亭含量为 0.080 mg/g，β-胡萝卜素含量为 0.024 mg/g，叶黄素含量为 0.057 mg/g（表 11-2-7）。

5. 新巴镇谷兵村甲庄组片区

代表性片区（GD-05）中部烟叶（C3F）绿原酸含量为 11.820 mg/g，芸香苷含量为 10.280 mg/g，莨菪亭含量为 0.130 mg/g，β-胡萝卜素含量为 0.030 mg/g，叶黄素含量为 0.052 mg/g（表 11-2-7）。

表 11-2-7　代表性片区中部烟叶（C3F）多酚与质体色素　　（单位：mg/g）

片区	绿原酸	芸香苷	莨菪亭	β-胡萝卜素	叶黄素
GD-01	12.560	6.270	0.390	0.036	0.078
GD-02	10.340	12.010	0.100	0.035	0.073
GD-03	10.410	9.310	0.060	0.027	0.060
GD-04	11.410	10.250	0.080	0.024	0.057
GD-05	11.820	10.280	0.130	0.030	0.052

六、烟叶有机酸类物质

1. 新铺乡新铺村甘塘组片区

代表性片区（GD-01）中部烟叶（C3F）草酸含量为 15.332 mg/g，苹果酸含量为 56.986 mg/g，柠檬酸含量为 6.575 mg/g，棕榈酸含量为 1.907 mg/g，亚油酸含量为 1.244 mg/g，油酸含量为 2.808 mg/g，硬脂酸含量为 0.525 mg/g（表 11-2-8）。

2. 新铺乡莲花村甲多片区

代表性片区（GD-02）中部烟叶（C3F）草酸含量为 32.975 mg/g，苹果酸含量为 73.089 mg/g，柠檬酸含量为 6.827 mg/g，棕榈酸含量为 2.811 mg/g，亚油酸含量为 1.526 mg/g，油酸含量为 3.766 mg/g，硬脂酸含量为 0.770 mg/g（表 11-2-8）。

3. 新铺乡晓丰村晓丰组片区

代表性片区（GD-03）中部烟叶（C3F）草酸含量为 14.729 mg/g，苹果酸含量为 81.715 mg/g，柠檬酸含量为 6.502 mg/g，棕榈酸含量为 2.280 mg/g，亚油酸含量为 0.992 mg/g，油酸含量为 3.199 mg/g，硬脂酸含量为 0.578 mg/g（表 11-2-8）。

4. 新巴镇新华村胜利寨组片区

代表性片区（GD-04）中部烟叶（C3F）草酸含量为 17.680 mg/g，苹果酸含量为 47.710 mg/g，柠檬酸含量为 4.276 mg/g，棕榈酸含量为 2.433 mg/g，亚油酸含量为 1.266 mg/g，油酸含量为 3.264 mg/g，硬脂酸含量为 0.598 mg/g（表 11-2-8）。

5. 新巴镇谷兵村甲庄组片区

代表性片区（GD-05）中部烟叶（C3F）草酸含量为 16.800 mg/g，苹果酸含量为 55.749 mg/g，柠檬酸含量为 4.959 mg/g，棕榈酸含量为 1.866 mg/g，亚油酸含量为 1.087 mg/g，油酸含量为 2.617 mg/g，硬脂酸含量为 0.720 mg/g（表 11-2-8）。

表 11-2-8　代表性片区中部烟叶（C3F）有机酸　　　（单位：mg/g）

片区	草酸	苹果酸	柠檬酸	棕榈酸	亚油酸	油酸	硬脂酸
GD-01	15.332	56.986	6.575	1.907	1.244	2.808	0.525
GD-02	32.975	73.089	6.827	2.811	1.526	3.766	0.770
GD-03	14.729	81.715	6.502	2.280	0.992	3.199	0.578
GD-04	17.680	47.710	4.276	2.433	1.266	3.264	0.598
GD-05	16.800	55.749	4.959	1.866	1.087	2.617	0.720

七、烟叶氨基酸

1. 新铺乡新铺村甘塘组片区

代表性片区（GD-01）中部烟叶（C3F）磷酸化-丝氨酸含量为 0.409 µg/mg，牛磺酸含量为 0.384 µg/mg，天冬氨酸含量为 0.101 µg/mg，苏氨酸含量为 0.188 µg/mg，丝氨酸含量为 0.052 µg/mg，天冬酰胺含量为 0.855 µg/mg，谷氨酸含量为 0.090 µg/mg，甘氨酸含量为 0.033 µg/mg，丙氨酸含量为 0.396 µg/mg，缬氨酸含量为 0.050 µg/mg，半胱氨酸含量为 0.199 µg/mg，异亮氨酸含量为 0.005 µg/mg，亮氨酸含量为 0.086 µg/mg，酪氨酸含量为 0.036 µg/mg，苯丙氨酸含量为 0.105 µg/mg，氨基丁酸含量为 0.024 µg/mg，组氨酸含量为 0.064 µg/mg，色氨酸含量为 0.091 µg/mg，精氨酸含量为 0.017 µg/mg（表 11-2-9）。

2. 新铺乡莲花村甲多片区

代表性片区（GD-02）中部烟叶（C3F）磷酸化-丝氨酸含量为 0.479 µg/mg，牛磺酸含量为 0.463 µg/mg，天冬氨酸含量为 0.108 µg/mg，苏氨酸含量为 0.222 µg/mg，丝氨酸含量为 0.064 µg/mg，天冬酰胺含量为 0.933 µg/mg，谷氨酸含量为 0.118 µg/mg，甘氨酸含量为 0.037 µg/mg，丙氨酸含量为 0.445 µg/mg，缬氨酸含量为 0.067 µg/mg，半胱氨酸含量为 0.281 µg/mg，异亮氨酸含量为 0.007 µg/mg，亮氨酸含量为 0.126 µg/mg，酪氨酸含量为 0.048 µg/mg，苯丙氨酸含量为 0.119 µg/mg，氨基丁酸含量为 0.020 µg/mg，组氨酸含量为 0.066 µg/mg，色氨酸含量为 0.091 µg/mg，精氨酸含量为 0.023 µg/mg（表 11-2-9）。

3. 新铺乡晓丰村晓丰组片区

代表性片区（GD-03）中部烟叶（C3F）磷酸化-丝氨酸含量为 0.360 µg/mg，牛磺酸含量为 0.337 µg/mg，天冬氨酸含量为 0.128 µg/mg，苏氨酸含量为 0.148 µg/mg，丝氨酸含量为 0.040 µg/mg，天冬酰胺含量为 0.847 µg/mg，谷氨酸含量为 0.098 µg/mg，甘氨酸含量为 0.024 µg/mg，丙氨酸含量为 0.339 µg/mg，缬氨酸含量为 0.053 µg/mg，半胱氨酸含量为 0.171 µg/mg，异亮氨酸含量为 0.007 µg/mg，亮氨酸含量为 0.068 µg/mg，酪氨酸含量为 0.034 µg/mg，苯丙氨酸含量为 0.094 µg/mg，氨基丁酸含量为 0.031 µg/mg，组氨酸含量为 0.080 µg/mg，色氨酸含量为 0.118 µg/mg，精氨酸含量为 0.023 µg/mg（表 11-2-9）。

4. 新巴镇新华村胜利寨组片区

代表性片区(GD-04)中部烟叶(C3F)磷酸化-丝氨酸含量为 0.403 μg/mg,牛磺酸含量为 0.389 μg/mg,天冬氨酸含量为 0.088 μg/mg,苏氨酸含量为 0.170 μg/mg,丝氨酸含量为 0.031 μg/mg,天冬酰胺含量为 0.806 μg/mg,谷氨酸含量为 0.064 μg/mg,甘氨酸含量为 0.023 μg/mg,丙氨酸含量为 0.367 μg/mg,缬氨酸含量为 0.026 μg/mg,半胱氨酸含量为 0.156 μg/mg,异亮氨酸含量为 0 μg/mg,亮氨酸含量为 0.055 μg/mg,酪氨酸含量为 0.028 μg/mg,苯丙氨酸含量为 0.100 μg/mg,氨基丁酸含量为 0.015 μg/mg,组氨酸含量为 0.050 μg/mg,色氨酸含量为 0.065 μg/mg,精氨酸含量为 0 μg/mg(表 11-2-9)。

5. 新巴镇谷兵村甲庄组片区

代表性片区(GD-05)中部烟叶(C3F)磷酸化-丝氨酸含量为 0.394 μg/mg,牛磺酸含量为 0.349 μg/mg,天冬氨酸含量为 0.081 μg/mg,苏氨酸含量为 0.213 μg/mg,丝氨酸含量为 0.075 μg/mg,天冬酰胺含量为 0.836 μg/mg,谷氨酸含量为 0.079 μg/mg,甘氨酸含量为 0.047 μg/mg,丙氨酸含量为 0.434 μg/mg,缬氨酸含量为 0.056 μg/mg,半胱氨酸含量为 0.187 μg/mg,异亮氨酸含量为 0.005 μg/mg,亮氨酸含量为 0.094 μg/mg,酪氨酸含量为 0.034 μg/mg,苯丙氨酸含量为 0.109 μg/mg,氨基丁酸含量为 0.031 μg/mg,组氨酸含量为 0.061 μg/mg,色氨酸含量为 0.088 μg/mg,精氨酸含量为 0.021 μg/mg(表 11-2-9)。

表 11-2-9　代表性片区中部烟叶(C3F)氨基酸　　　　(单位:μg/mg)

氨基酸组分	GD-01	GD-02	GD-03	GD-04	GD-05
磷酸化-丝氨酸	0.409	0.479	0.360	0.403	0.394
牛磺酸	0.384	0.463	0.337	0.389	0.349
天冬氨酸	0.101	0.108	0.128	0.088	0.081
苏氨酸	0.188	0.222	0.148	0.170	0.213
丝氨酸	0.052	0.064	0.040	0.031	0.075
天冬酰胺	0.855	0.933	0.847	0.806	0.836
谷氨酸	0.090	0.118	0.098	0.064	0.079
甘氨酸	0.033	0.037	0.024	0.023	0.047
丙氨酸	0.396	0.445	0.339	0.367	0.434
缬氨酸	0.050	0.067	0.053	0.026	0.056
半胱氨酸	0.199	0.281	0.171	0.156	0.187
异亮氨酸	0.005	0.007	0.007	0	0.005
亮氨酸	0.086	0.126	0.068	0.055	0.094
酪氨酸	0.036	0.048	0.034	0.028	0.034
苯丙氨酸	0.105	0.119	0.094	0.100	0.109
氨基丁酸	0.024	0.020	0.031	0.015	0.031
组氨酸	0.064	0.066	0.080	0.050	0.061
色氨酸	0.091	0.091	0.118	0.065	0.088
精氨酸	0.017	0.023	0.023	0	0.021

八、烟叶香气物质

1. 新铺乡新铺村甘塘组片区

代表性片区(GD-01)中部烟叶(C3F)茄酮含量为 1.322 μg/g，香叶基丙酮含量为 0.661 μg/g，降茄二酮含量为 0.123 μg/g，β-紫罗兰酮含量为 0.392 μg/g，氧化紫罗兰酮含量为 0.515 μg/g，二氢猕猴桃内酯含量为 3.931 μg/g，巨豆三烯酮 1 含量为 0.202 μg/g，巨豆三烯酮 2 含量为 1.803 μg/g，巨豆三烯酮 3 含量为 0.235 μg/g，巨豆三烯酮 4 含量为 1.624 μg/g，3-羟基-β-二氢大马酮含量为 1.243 μg/g，3-氧代-α-紫罗兰醇含量为 3.629 μg/g，新植二烯含量为 1294.227 μg/g，3-羟基索拉韦惕酮含量为 2.834 μg/g，β-法尼烯含量为 13.720 μg/g(表 11-2-10)。

2. 新辅乡莲花村甲多片区

代表性片区(GD-02)中部烟叶(C3F)茄酮含量为 1.131 μg/g，香叶基丙酮含量为 0.638 μg/g，降茄二酮含量为 0.157 μg/g，β-紫罗兰酮含量为 0.459 μg/g，氧化紫罗兰酮含量为 0.650 μg/g，二氢猕猴桃内酯含量为 4.357 μg/g，巨豆三烯酮 1 含量为 0.123 μg/g，巨豆三烯酮 2 含量为 1.602 μg/g，巨豆三烯酮 3 含量为 0.213 μg/g，巨豆三烯酮 4 含量为 1.266 μg/g，3-羟基-β-二氢大马酮含量为 1.008 μg/g，3-氧代-α-紫罗兰醇含量为 1.982 μg/g，新植二烯含量为 1093.075 μg/g，3-羟基索拉韦惕酮含量为 1.120 μg/g，β-法尼烯含量为 11.805 μg/g(表 11-2-10)。

3. 新铺乡晓丰村晓丰组片区

代表性片区(GD-03)中部烟叶(C3F)茄酮含量为 1.019 μg/g，香叶基丙酮含量为 0.482 μg/g，降茄二酮含量为 0.146 μg/g，β-紫罗兰酮含量为 0.392 μg/g，氧化紫罗兰酮含量为 0.538 μg/g，二氢猕猴桃内酯含量为 3.584 μg/g，巨豆三烯酮 1 含量为 0.168 μg/g，巨豆三烯酮 2 含量为 1.434 μg/g，巨豆三烯酮 3 含量为 0.202 μg/g，巨豆三烯酮 4 含量为 1.310 μg/g，3-羟基-β-二氢大马酮含量为 0.694 μg/g，3-氧代-α-紫罗兰醇含量为 1.366 μg/g，新植二烯含量为 1008.291 μg/g，3-羟基索拉韦惕酮含量为 0.862 μg/g，β-法尼烯含量为 10.270 μg/g(表 11-2-10)。

4. 新巴镇新华村胜利寨组片区

代表性片区(GD-04)中部烟叶(C3F)茄酮含量为 1.310 μg/g，香叶基丙酮含量为 0.582 μg/g，降茄二酮含量为 0.101 μg/g，β-紫罗兰酮含量为 0.381 μg/g，氧化紫罗兰酮含量为 0.706 μg/g，二氢猕猴桃内酯含量为 3.886 μg/g，巨豆三烯酮 1 含量为 0.202 μg/g，巨豆三烯酮 2 含量为 1.546 μg/g，巨豆三烯酮 3 含量为 0.179 μg/g，巨豆三烯酮 4 含量为 1.210 μg/g，3-羟基-β-二氢大马酮含量为 0.840 μg/g，3-氧代-α-紫罗兰醇含量为 1.534 μg/g，新植二烯含量为 955.696 μg/g，3-羟基索拉韦惕酮含量为 1.613 μg/g，β-法尼烯含量为 7.650 μg/g(表 11-2-10)。

5. 新巴镇谷兵村甲庄组片区

代表性片区(GD-05)中部烟叶(C3F)茄酮含量为 1.422 μg/g,香叶基丙酮含量为 0.773 μg/g,降茄二酮含量为 0.179 μg/g,β-紫罗兰酮含量为 0.437 μg/g,氧化紫罗兰酮含量为 0.728 μg/g,二氢猕猴桃内酯含量为 4.301 μg/g,巨豆三烯酮 1 含量为 0.224 μg/g,巨豆三烯酮 2 含量为 2.027 μg/g,巨豆三烯酮 3 含量为 0.370 μg/g,巨豆三烯酮 4 含量为 1.893 μg/g,3-羟基-β-二氢大马酮含量为 1.658 μg/g,3-氧代-α-紫罗兰醇含量为 6.686 μg/g,新植二烯含量为 1241.890 μg/g,3-羟基索拉韦惕酮含量为 3.259 μg/g,β-法尼烯含量为 13.138 μg/g(表 11-2-10)。

表 11-2-10　代表性片区中部烟叶(C3F)香气物质 （单位：μg/g）

香气物质	GD-01	GD-02	GD-03	GD-04	GD-05
茄酮	1.322	1.131	1.019	1.310	1.422
香叶基丙酮	0.661	0.638	0.482	0.582	0.773
降茄二酮	0.123	0.157	0.146	0.101	0.179
β-紫罗兰酮	0.392	0.459	0.392	0.381	0.437
氧化紫罗兰酮	0.515	0.650	0.538	0.706	0.728
二氢猕猴桃内酯	3.931	4.357	3.584	3.886	4.301
巨豆三烯酮 1	0.202	0.123	0.168	0.202	0.224
巨豆三烯酮 2	1.803	1.602	1.434	1.546	2.027
巨豆三烯酮 3	0.235	0.213	0.202	0.179	0.370
巨豆三烯酮 4	1.624	1.266	1.310	1.210	1.893
3-羟基-β-二氢大马酮	1.243	1.008	0.694	0.840	1.658
3-氧代-α-紫罗兰醇	3.629	1.982	1.366	1.534	6.686
新植二烯	1294.227	1093.075	1008.291	955.696	1241.890
3-羟基索拉韦惕酮	2.834	1.120	0.862	1.613	3.259
β-法尼烯	13.720	11.805	10.270	7.650	13.138

九、烟叶感官质量

1. 新铺乡新铺村甘塘组片区

代表性片区(GD-01)中部烟叶(C3F)感官质量评价结果显示,香韵指标包含的干草香、清甜香、正甜香、焦甜香、青香、木香、豆香、坚果香、焦香、辛香、果香、药草香、花香、树脂香、酒香的各项指标值分别为 3.35、0、3.06、0、0、1.59、0、0.76、0、0.59、0、0、0、0、0,烟气指标包含的香气状态、烟气浓度、劲头、香气质、香气量和透发性的各项指标值分别为 3.06、2.82、2.94、3.06、2.76 和 2.94,杂气指标包含的青杂气、生青气、枯焦气、木质气、土腥气、松脂气、花粉气、药草气和金属气的各项指标值分别为 1.12、0、0、1.24、0、0、0、0、0,口感指标包含的细腻程度、柔和程度、圆润感、刺激性、干燥感和余味的各项指标值分别为 3.00、2.94、2.88、2.65、2.76 和 2.88（表 11-2-11）。

2. 新铺乡莲花村甲多片区

代表性片区（GD-02）中部烟叶（C3F）感官质量评价结果显示，香韵指标包含的干草香、清甜香、正甜香、焦甜香、青香、木香、豆香、坚果香、焦香、辛香、果香、药草香、花香、树脂香、酒香的各项指标值分别为 3.39、0、2.56、0、0、1.94、0、0.94、0.94、1.61、0、0、0、0、0，烟气指标包含的香气状态、烟气浓度、劲头、香气质、香气量和透发性的各项指标值分别为 2.83、3.00、3.12、2.94、3.06 和 3.00，杂气指标包含的青杂气、生青气、枯焦气、木质气、土腥气、松脂气、花粉气、药草气和金属气的各项指标值分别为 1.00、0.72、0.72、1.44、0、0、0、0、0，口感指标包含的细腻程度、柔和程度、圆润感、刺激性、干燥感和余味的各项指标值分别为 3.06、2.94、2.89、2.67、2.50 和 2.94（表 11-2-11）。

3. 新铺乡晓丰村晓丰组片区

代表性片区（GD-03）中部烟叶（C3F）感官质量评价结果显示，香韵指标包含的干草香、清甜香、正甜香、焦甜香、青香、木香、豆香、坚果香、焦香、辛香、果香、药草香、花香、树脂香、酒香的各项指标值分别为 3.11、0、2.39、0、0、1.89、0、0.78、1.11、1.61、0、0、0、0、0，烟气指标包含的香气状态、烟气浓度、劲头、香气质、香气量和透发性的各项指标值分别为 2.81、3.06、2.94、2.89、3.11 和 3.06，杂气指标包含的青杂气、生青气、枯焦气、木质气、土腥气、松脂气、花粉气、药草气和金属气的各项指标值分别为 0.94、1.00、0.94、1.17、0、0、0、0、0，口感指标包含的细腻程度、柔和程度、圆润感、刺激性、干燥感和余味的各项指标值分别为 3.00、3.00、2.94、2.44、2.39 和 3.00（表 11-2-11）。

4. 新巴镇新华村胜利寨组片区

代表性片区（GD-04）中部烟叶（C3F）感官质量评价结果显示，香韵指标包含的干草香、清甜香、正甜香、焦甜香、青香、木香、豆香、坚果香、焦香、辛香、果香、药草香、花香、树脂香、酒香的各项指标值分别为 3.18、0、2.94、0、0、1.71、0、0.76、0、0.71、0、0、0、0、0，烟气指标包含的香气状态、烟气浓度、劲头、香气质、香气量和透发性的各项指标值分别为 3.06、2.88、3.06、3.12、2.82 和 2.71，杂气指标包含的青杂气、生青气、枯焦气、木质气、土腥气、松脂气、花粉气、药草气和金属气的各项指标值分别为 1.06、0、0、1.29、0、0、0、0、0，口感指标包含的细腻程度、柔和程度、圆润感、刺激性、干燥感和余味的各项指标值分别为 3.06、2.76、2.65、2.76、2.65 和 3.00（表 11-2-11）。

5. 新巴镇谷兵村甲庄组片区

代表性片区（GD-05）中部烟叶（C3F）感官质量评价结果显示，香韵指标包含的干草香、清甜香、正甜香、焦甜香、青香、木香、豆香、坚果香、焦香、辛香、果香、药草香、花香、树脂香、酒香的各项指标值分别为 3.15、0、2.46、0、0、2.15、0、0、0、1.31、0、0、0、0、0，烟气指标包含的香气状态、烟气浓度、劲头、香气质、香气量和透发性的各项指标值分别为 3.46、2.85、2.69、2.85、2.85 和 2.92，杂气指标包含的青杂气、生青气、枯焦气、木质气、土腥气、松脂气、花粉气、药草气和金属气的各项指标值分别为 1.08、0、0、1.46、0、0、0、0、0，口感指标包含的细腻程度、柔和程度、圆润感、刺激性、干燥感和余味的各项指标值分别为 2.77、2.69、2.46、2.77、2.54 和 2.85（表 11-2-11）。

表 11-2-11　代表性片区中部烟叶（C3F）感官质量

	评价指标	GD-01	GD-02	GD-03	GD-04	GD-05
香韵	干草香	3.35	3.39	3.11	3.18	3.15
	清甜香	0	0	0	0	0
	正甜香	3.06	2.56	2.39	2.94	2.46
	焦甜香	0	0	0	0	0
	青香	0	0	0	0	0
	木香	1.59	1.94	1.89	1.71	2.15
	豆香	0	0	0	0	0
	坚果香	0.76	0.94	0.78	0.76	0
	焦香	0	0.94	1.11	0	0
	辛香	0.59	1.61	1.61	0.71	1.31
	果香	0	0	0	0	0
	药草香	0	0	0	0	0
	花香	0	0	0	0	0
	树脂香	0	0	0	0	0
	酒香	0	0	0	0	0
烟气	香气状态	3.06	2.83	2.81	3.06	3.46
	烟气浓度	2.82	3.00	3.06	2.88	2.85
	劲头	2.94	3.12	2.94	3.06	2.69
	香气质	3.06	2.94	2.89	3.12	2.85
	香气量	2.76	3.06	3.11	2.82	2.85
	透发性	2.94	3.00	3.06	2.71	2.92
杂气	青杂气	1.12	1.00	0.94	1.06	1.08
	生青气	0	0.72	1.00	0	0
	枯焦气	0	0.72	0.94	0	0
	木质气	1.24	1.44	1.17	1.29	1.46
	土腥气	0	0	0	0	0

续表

评价指标		GD-01	GD-02	GD-03	GD-04	GD-05
杂气	松脂气	0	0	0	0	0
	花粉气	0	0	0	0	0
	药草气	0	0	0	0	0
	金属气	0	0	0	0	0
口感	细腻程度	3.00	3.06	3.00	3.06	2.77
	柔和程度	2.94	2.94	3.00	2.76	2.69
	圆润感	2.88	2.89	2.94	2.65	2.46
	刺激性	2.65	2.67	2.44	2.76	2.77
	干燥感	2.76	2.50	2.39	2.65	2.54
	余味	2.88	2.94	3.00	3.00	2.85

第三节　贵州黔西烟叶风格特征

黔西县位于北纬 26°45′~27°21′、东经 105°47′~106°26′，地处贵州中部偏西北，乌江中游，鸭池河北岸，东邻修文县，南邻清镇市和织金县，西邻大方县，北和东北与大方县、金沙县接壤。黔西县隶属贵州省毕节市，该县共辖 15 个镇和 10 个少数民族乡，面积 2380.5 km²。黔西县是黔中山区烤烟种植区的典型烤烟产区之一，根据目前该县烤烟种植片区分布特点和烟叶质量风格特征，选择 5 个代表性种植片区，作为该县烟叶质量风格特征的代表性区域进行描述。

一、烟田与烟株基本特征

1. 甘棠乡礼贤社区大锡片区

代表性片区(QX-01)中心点位于北纬 27°5′32.286″，东经 106°5′59.046″，海拔 1240 m。地处中山坡地下部，缓坡旱地，成土母质为灰岩风化坡积物，烤烟、玉米不定期轮作，土壤亚类为斑纹简育湿润淋溶土。土体深厚，耕作层质地黏重，耕性较差，少量砾石，通透性较好，轻度水土流失。烤烟田间长相长势较好，烟株呈塔形结构，株高 117.70 cm，茎围 8.80 cm，有效叶片数 17.70，中部烟叶长 71.80 cm、宽 30.10 cm，上部烟叶长 53.00 cm、宽 17.40 cm(图 11-3-1、表 11-3-1)。

2. 重新镇大兴社区桥边片区

代表性片区(QX-02)中心点位于北纬 27°17′33.834″，东经 106°13′19.887″，海拔 1640 m。地处中山坡地中部，缓坡旱地，成土母质为灰岩风化坡积物，烤烟、玉米不定期轮作，土壤亚类为斑纹简育湿润淋溶土。土体较厚，耕作层质地偏黏，耕性较差，少量砾石，通透性较好，轻度水土流失。烤烟田间长相长势较好，烟株呈塔形结构，株高 99.90 cm，茎围 9.40 cm，有效叶片数 16.90，中部烟叶长 69.70 cm、宽 31.80 cm，上部烟叶长 57.00 cm、宽 20.60 cm（图 11-3-2，表 11-3-1）。

图 11-3-1　QX-01 片区烟田

图 11-3-2　QX-02 片区烟田

3. 重新镇伏龙村片区

代表性片区（QX-03）中心点位于北纬 28°18′6.427″，东经 106°14′37.075″，海拔 1169 m。地处中山坡地中部，缓坡梯田旱地，成土母质为石灰岩风化残积物，烤烟、玉米不定期轮作，土壤亚类为石质钙质湿润雏形土。土体薄，耕作层质地偏黏，耕性较差，砾石多，通透性较好，轻度水土流失。烤烟田间长相长势以中棵烟为主，烟株呈塔形结构，株高 90.80 cm，茎围 8.60 cm，有效叶片数 16.70，中部烟叶长 64.70 cm、宽 27.90 cm，上部烟叶长 54.50 cm、宽 20.50 cm（图 11-3-3，表 11-3-1）。

4. 新仁苗族乡仁慕村胡家寨片区

代表性片区（QX-04）中心点位于北纬 26°51′39.184″，东经 106°5′51.770″，海拔 1321 m。地处中山坡地中部，缓坡旱地，成土母质为白云岩风化坡积物，烤烟、玉米不定期轮作，土壤亚类为斑纹简育湿润淋溶土。土体深厚，耕作层质地适中，砾石较多，耕性和通透性好，轻度水土流失。烤烟田间长相长势较好，烟株呈筒形结构，株高 101.00 cm，茎围 8.10 cm，有效叶片数 19.70，中部烟叶长 64.30 cm、宽 24.60 cm，上部烟叶长 53.50 cm、宽 18.80 cm（图 11-3-4，表 11-3-1）。

图 11-3-3　QX-03 片区烟田

图 11-3-4　QX-04 片区烟田

5. 素朴镇新强村 1 组片区

代表性片区(QX-05)中心点位于北纬 26°59′27.805″，东经 106°17′36.674″，海拔 1243 m。中山坡地中下部，缓坡旱地，成土母质为灰岩风化坡积物，烤烟、玉米不定期轮作，土壤亚类为斑纹简育湿润淋溶土。土体深厚，耕作层质地偏黏，耕性较差，少量砾石，通透性较好，轻度水土流失。烤烟田间长相长势较好，烟株呈塔形结构，株高 112.30 cm，茎围 9.30 cm，有效叶片数 18.90，中部烟叶长 68.90 cm、宽 29.10 cm，上部烟叶长 59.30 cm、宽 22.10 cm(图 11-3-5，表 11-3-1)。

表 11-3-1　代表性片区烟株主要农艺性状

片区	株高 /cm	茎围 /cm	有效叶 /片	中部叶/cm		上部叶/cm		株型
				叶长	叶宽	叶长	叶宽	
QX-01	117.70	8.80	17.70	71.80	30.10	53.00	17.40	塔形
QX-02	99.90	9.40	16.90	69.70	31.80	57.00	20.60	塔形
QX-03	90.80	8.60	16.70	64.70	27.90	54.50	20.50	塔形
QX-04	101.00	8.10	19.70	64.30	24.60	53.50	18.80	筒形
QX-05	112.30	9.30	18.90	68.90	29.10	59.30	22.10	塔形

图 11-3-5　QX-05 片区烟田

二、烟叶外观质量与物理指标

1. 甘棠乡礼贤社区大锡片区

代表性片区(QX-01)烟叶外观质量指标的成熟度得分 8.00,颜色得分 8.40,油分得分 6.50,身份得分 8.50,结构得分 8.00,色度得分 6.20。烟叶物理指标中的单叶重 10.69 g,叶片密度 59.93 g/m^2,含梗率 29.48%,平衡含水率 13.47%,叶片长度 67.90 cm,叶片宽度 17.90 cm,叶片厚度 150.33 μm,填充值 3.50 cm^3/g(图 11-3-6,表 11-3-2 和表 11-3-3)。

图 11-3-6　QX-01 片区初烤烟叶

2. 重新镇大兴社区桥边片区

代表性片区(QX-02)烟叶外观质量指标的成熟度得分 7.50,颜色得分 7.80,油分得分 6.00,身份得分 8.50,结构得分 7.50,色度得分 5.70。烟叶物理指标中的单叶重 12.07 g,叶片密度 64.51 g/m^2,含梗率 36.29%,平衡含水率 13.36%,叶片长度 71.00 cm,叶片宽度 20.70 cm,叶片厚度 174.70 μm,填充值 3.47 cm^3/g(图 11-3-7,表 11-3-2 和表 11-3-3)。

图 11-3-7　QX-02 片区初烤烟叶

3. 重新镇伏龙村片区

代表性片区 (QX-03) 烟叶外观质量指标的成熟度得分 7.80，颜色得分 8.30，油分得分 6.50，身份得分 8.70，结构得分 7.80，色度得分 6.00。烟叶物理指标中的单叶重 11.56 g，叶片密度 58.96 g/m²，含梗率 34.87%，平衡含水率 12.30%，叶片长度 70.50 cm，叶片宽度 19.50 cm，叶片厚度 153.24 μm，填充值 3.17 cm³/g（图 11-3-8，表 11-3-2 和表 11-3-3）。

图 11-3-8　QX-03 片区初烤烟叶

4. 新仁苗族乡仁慕村胡家寨片区

代表性片区 (QX-04) 烟叶外观质量指标的成熟度得分 7.80，颜色得分 8.30，油分得分 6.50，身份得分 8.50，结构得分 7.80，色度得分 6.00。烟叶物理指标中的单叶重

13.68 g，叶片密度 61.30 g/m^2，含梗率 30.05%，平衡含水率 14.03%，叶片长度 74.00 cm，叶片宽度 23.50 cm，叶片厚度 149.57 μm，填充值 3.53 cm^3/g（图 11-3-9，表 11-3-2 和表 11-3-3）。

图 11-3-9　QX-04 片区初烤烟叶

5. 素朴镇新强村 1 组片区

代表性片区（QX-05）烟叶外观质量指标的成熟度得分 7.80，颜色得分 7.80，油分得分 6.00，身份得分 8.50，结构得分 7.50，色度得分 5.70。烟叶物理指标中的单叶重 12.92 g，叶片密度 62.43 g/m^2，含梗率 34.52%，平衡含水率 15.62%，叶片长度 67.80 cm，叶片宽度 20.80 cm，叶片厚度 143.97 μm，填充值 3.05 cm^3/g（图 11-3-10，表 11-3-2 和表 11-3-3）。

图 11-3-10　QX-05 片区初烤烟叶

表 11-3-2　代表性片区烟叶外观质量

片区	成熟度	颜色	油分	身份	结构	色度
QX-01	8.00	8.40	6.50	8.50	8.00	6.20
QX-02	7.50	7.80	6.00	8.50	7.50	5.70
QX-03	7.80	8.30	6.50	8.70	7.80	6.00
QX-04	7.80	8.30	6.50	8.50	7.80	6.00
QX-05	7.80	7.80	6.00	8.50	7.50	5.70

表 11-3-3　代表性片区烟叶物理指标

片区	单叶重 /g	叶片密度 /(g/m^2)	含梗率 /%	平衡含水率 /%	叶长 /cm	叶宽 /cm	叶片厚度 /μm	填充值 /(cm^3/g)
QX-01	10.69	59.93	29.48	13.47	67.90	17.90	150.33	3.50
QX-02	12.07	64.51	36.29	13.36	71.00	20.70	174.70	3.47
QX-03	11.56	58.96	34.87	12.30	70.50	19.50	153.24	3.17
QX-04	13.68	61.30	30.05	14.03	74.00	23.50	149.57	3.53
QX-05	12.92	62.43	34.52	15.62	67.80	20.80	143.97	3.05

三、烟叶常规化学成分与中微量元素

1. 甘棠乡礼贤社区大锡片区

代表性片区(QX-01)中部烟叶(C3F)总糖含量34.55%，还原糖含量31.03%，总氮含量1.72%，总植物碱含量2.61%，氯含量0.26%，钾含量1.82%，糖碱比13.24，淀粉含量3.18%(表11-3-4)。烟叶铜含量为0.043 g/kg，铁含量为0.789 g/kg，锰含量为2.149 g/kg，锌含量为0.354 g/kg，钙含量为163.395 mg/kg，镁含量为21.951 mg/kg(表11-3-5)。

2. 重新镇大兴社区桥边片区

代表性片区(QX-02)中部烟叶(C3F)总糖含量31.58%，还原糖含量28.55%，总氮含量1.79%，总植物碱含量2.55%，氯含量0.28%，钾含量1.83%，糖碱比12.37，淀粉含量3.01%(表11-3-4)。烟叶铜含量为0.057 g/kg，铁含量为0.991 g/kg，锰含量为0.494 g/kg，锌含量为0.220 g/kg，钙含量为167.450 mg/kg，镁含量为26.625 mg/kg(表11-3-5)。

3. 重新镇优龙村片区

代表性片区(QX-03)中部烟叶(C3F)总糖含量31.25%，还原糖含量28.14%，总氮含量1.95%，总植物碱含量2.80%，氯含量0.35%，钾含量1.84%，糖碱比11.18，淀粉含量2.55%(表11-3-4)。烟叶铜含量为0.063 g/kg，铁含量为1.148 g/kg，锰含量为2.246 g/kg，锌含量为0.301 g/kg，钙含量为164.587 mg/kg，镁含量为20.008 mg/kg(表11-3-5)。

4. 新仁苗族乡仁慕村胡家寨片区

代表性片区(QX-04)中部烟叶(C3F)总糖含量35.45%，还原糖含量31.08%，总氮含量1.66%，总植物碱含量2.90%，氯含量0.27%，钾含量1.77%，糖碱比12.22，淀粉含量3.08%(表11-3-4)。烟叶铜含量为0.080 g/kg,铁含量为0.742 g/kg,锰含量为2.015 g/kg,锌含量为0.367 g/kg，钙含量为158.648 mg/kg，镁含量为20.007 mg/kg(表11-3-5)。

5. 素朴镇新强村1组片区

代表性片区(QX-05)中部烟叶(C3F)总糖含量33.13%，还原糖含量29.34%，总氮含量1.93%，总植物碱含量2.96%，氯含量0.27%，钾含量1.85%，糖碱比11.18，淀粉含量3.34%(表11-3-4)。烟叶铜含量为0.062 g/kg,铁含量为0.892 g/kg,锰含量为1.688 g/kg,锌含量为0.360 g/kg，钙含量为163.103 mg/kg，镁含量为21.928 mg/kg(表11-3-5)。

表 11-3-4   代表性片区中部烟叶(C3F)常规化学成分

片区	总糖/%	还原糖/%	总氮/%	总植物碱/%	氯/%	钾/%	糖碱比	淀粉/%
QX-01	34.55	31.03	1.72	2.61	0.26	1.82	13.24	3.18
QX-02	31.58	28.55	1.79	2.55	0.28	1.83	12.37	3.01
QX-03	31.25	28.14	1.95	2.80	0.35	1.84	11.18	2.55
QX-04	35.45	31.08	1.66	2.90	0.27	1.77	12.22	3.08
QX-05	33.13	29.34	1.93	2.96	0.27	1.85	11.18	3.34

表 11-3-5   代表性片区中部烟叶(C3F)中微量元素

片区	Cu /(g/kg)	Fe /(g/kg)	Mn /(g/kg)	Zn /(g/kg)	Ca /(mg/kg)	Mg /(mg/kg)
QX-01	0.043	0.789	2.149	0.354	163.395	21.951
QX-02	0.057	0.991	0.494	0.220	167.450	26.625
QX-03	0.063	1.148	2.246	0.301	164.587	20.008
QX-04	0.080	0.742	2.015	0.367	158.648	20.007
QX-05	0.062	0.892	1.688	0.360	163.103	21.928

四、烟叶生物碱组分与细胞壁物质

1. 甘棠乡礼贤社区大锡片区

代表性片区(QX-01)中部烟叶(C3F)烟碱含量为26.091 mg/g,降烟碱含量为0.251 mg/g,麦斯明含量为0.006 mg/g,假木贼碱含量为0.079 mg/g,新烟碱含量为0.682 mg/g；烟叶纤维素含量为6.40%，半纤维素含量为3.20%，木质素含量为1.00%(表11-3-6)。

2. 重新镇大兴社区桥边片区

代表性片区(QX-02)中部烟叶(C3F)烟碱含量为25.532 mg/g,降烟碱含量为0.242 mg/g,麦斯明含量为0.004 mg/g,假木贼碱含量为0.068 mg/g,新烟碱含量为0.633 mg/g;烟叶纤维素含量为7.80%,半纤维素含量为3.00%,木质素含量为0.60%(表11-3-6)。

3. 重新镇伏龙村片区

代表性片区(QX-03)中部烟叶(C3F)烟碱含量为27.960 mg/g,降烟碱含量为0.313 mg/g,麦斯明含量为0.003 mg/g,假木贼碱含量为0.090 mg/g,新烟碱含量为0.803 mg/g;烟叶纤维素含量为8.00%,半纤维素含量为1.90%,木质素含量为1.40%(表11-3-6)。

4. 新仁苗族乡仁慕村胡家寨片区

代表性片区(QX-04)中部烟叶(C3F)烟碱含量为29.007 mg/g,降烟碱含量为0.271 mg/g,麦斯明含量为0.005 mg/g,假木贼碱含量为0.086 mg/g,新烟碱含量为0.782 mg/g;烟叶纤维素含量为6.80%,半纤维素含量为3.40%,木质素含量为1.50%(表11-3-6)。

5. 素朴镇新强村1组片区

代表性片区(QX-05)中部烟叶(C3F)烟碱含量为29.633 mg/g,降烟碱含量为0.325 mg/g,麦斯明含量为0.005 mg/g,假木贼碱含量为0.087 mg/g,新烟碱含量为0.753 mg/g;烟叶纤维素含量为6.80%,半纤维素含量为2.60%,木质素含量为1.40%(表11-3-6)。

表 11-3-6 代表性片区中部烟叶(C3F)生物碱组分与细胞壁物质

片区	烟碱 /(mg/g)	降烟碱 /(mg/g)	麦斯明 /(mg/g)	假木贼碱 /(mg/g)	新烟碱 /(mg/g)	纤维素 /%	半纤维素 /%	木质素 /%
QX-01	26.091	0.251	0.006	0.079	0.682	6.40	3.20	1.00
QX-02	25.532	0.242	0.004	0.068	0.633	7.80	3.00	0.60
QX-03	27.960	0.313	0.003	0.090	0.803	8.00	1.90	1.40
QX-04	29.007	0.271	0.005	0.086	0.782	6.80	3.40	1.50
QX-05	29.633	0.325	0.005	0.087	0.753	6.80	2.60	1.40

五、烟叶多酚与质体色素

1. 甘棠乡礼贤社区大锡片区

代表性片区(QX-01)中部烟叶(C3F)绿原酸含量为 12.490 mg/g,芸香苷含量为10.776 mg/g,莨菪亭含量为0.240 mg/g,β-胡萝卜素含量为0.088 mg/g,叶黄素含量为0.152 mg/g(表11-3-7)。

2. 重新镇大兴社区桥边片区

代表性片区（QX-02）中部烟叶（C3F）绿原酸含量为 11.100 mg/g，芸香苷含量为 10.776 mg/g，莨菪亭含量为 0.094 mg/g，β-胡萝卜素含量为 0.040 mg/g，叶黄素含量为 0.075 mg/g（表 11-3-7）。

3. 重新镇伏龙村片区

代表性片区（QX-03）中部烟叶（C3F）绿原酸含量为 9.770 mg/g，芸香苷含量为 5.020 mg/g，莨菪亭含量为 0.140 mg/g，β-胡萝卜素含量为 0.031 mg/g，叶黄素含量为 0.054 mg/g（表 11-3-7）。

4. 新仁苗族乡仁慕村胡家寨片区

代表性片区（QX-04）中部烟叶（C3F）绿原酸含量为 11.120 mg/g，芸香苷含量为 8.857 mg/g，莨菪亭含量为 0.158 mg/g，β-胡萝卜素含量为 0.053 mg/g，叶黄素含量为 0.093 mg/g（表 11-3-7）。

5. 素朴镇新强村 1 组片区

代表性片区（QX-05）中部烟叶（C3F）绿原酸含量为 12.490 mg/g，芸香苷含量为 8.564 mg/g，莨菪亭含量为 0.186 mg/g，β-胡萝卜素含量为 0.041 mg/g，叶黄素含量为 0.071 mg/g（表 11-3-7）。

表 11-3-7　代表性片区中部烟叶（C3F）多酚与质体色素　（单位：mg/g）

片区	绿原酸	芸香苷	莨菪亭	β-胡萝卜素	叶黄素
QX-01	12.490	10.776	0.240	0.088	0.152
QX-02	11.100	10.776	0.094	0.040	0.075
QX-03	9.770	5.020	0.140	0.031	0.054
QX-04	11.120	8.857	0.158	0.053	0.093
QX-05	12.490	8.564	0.186	0.041	0.071

六、烟叶有机酸类物质

1. 甘棠乡礼贤社区大锡片区

代表性片区（QX-01）中部烟叶（C3F）草酸含量为 19.843 mg/g，苹果酸含量为 74.148 mg/g，柠檬酸含量为 5.645 mg/g，棕榈酸含量为 2.027 mg/g，亚油酸含量为 1.256 mg/g，油酸含量为 3.216 mg/g，硬脂酸含量为 0.619 mg/g（表 11-3-8）。

2. 重新镇大兴社区桥边片区

代表性片区（QX-02）中部烟叶（C3F）草酸含量为 15.297 mg/g，苹果酸含量为

73.607 mg/g，柠檬酸含量为 7.613 mg/g，棕榈酸含量为 1.744 mg/g，亚油酸含量为 1.024 mg/g，油酸含量为 2.595 mg/g，硬脂酸含量为 0.486 mg/g（表 11-3-8）。

3. 重新镇伏龙村片区

代表性片区（QX-03）中部烟叶（C3F）草酸含量为 20.419 mg/g，苹果酸含量为 84.619 mg/g，柠檬酸含量为 8.714 mg/g，棕榈酸含量为 2.890 mg/g，亚油酸含量为 1.295 mg/g，油酸含量为 3.281 mg/g，硬脂酸含量为 0.768 mg/g（表 11-3-8）。

4. 新仁苗族乡仁慕村胡家寨片区

代表性片区（QX-04）中部烟叶（C3F）草酸含量为 16.577 mg/g，苹果酸含量为 76.360 mg/g，柠檬酸含量为 7.888 mg/g，棕榈酸含量为 2.030 mg/g，亚油酸含量为 1.092 mg/g，油酸含量为 2.766 mg/g，硬脂酸含量为 0.556 mg/g（表 11-3-8）。

5. 素朴镇新强村 1 组片区

代表性片区（QX-05）中部烟叶（C3F）草酸含量为 23.295 mg/g，苹果酸含量为 91.869 mg/g，柠檬酸含量为 10.302 mg/g，棕榈酸含量为 1.906 mg/g，亚油酸含量为 1.235 mg/g，油酸含量为 2.751 mg/g，硬脂酸含量为 0.512 mg/g（表 11-3-8）。

表 11-3-8　代表性片区中部烟叶（C3F）有机酸　　　　（单位：mg/g）

片区	草酸	苹果酸	柠檬酸	棕榈酸	亚油酸	油酸	硬脂酸
QX-01	19.843	74.148	5.645	2.027	1.256	3.216	0.619
QX-02	15.297	73.607	7.613	1.744	1.024	2.595	0.486
QX-03	20.419	84.619	8.714	2.890	1.295	3.281	0.768
QX-04	16.577	76.360	7.888	2.030	1.092	2.766	0.556
QX-05	23.295	91.869	10.302	1.906	1.235	2.751	0.512

七、烟叶氨基酸

1. 甘棠乡礼贤社区大锡片区

代表性片区（QX-01）中部烟叶（C3F）磷酸化-丝氨酸含量为 0.367 μg/mg，牛磺酸含量为 0.396 μg/mg，天冬氨酸含量为 0.166 μg/mg，苏氨酸含量为 0.139 μg/mg，丝氨酸含量为 0.054 μg/mg，天冬酰胺含量为 1.214 μg/mg，谷氨酸含量为 0.145 μg/mg，甘氨酸含量为 0.038 μg/mg，丙氨酸含量为 0.498 μg/mg，缬氨酸含量为 0.063 μg/mg，半胱氨酸含量为 0.206 μg/mg，异亮氨酸含量为 0.010 μg/mg，亮氨酸含量为 0.107 μg/mg，酪氨酸含量为 0.053 μg/mg，苯丙氨酸含量为 0.162 μg/mg，氨基丁酸含量为 0.058 μg/mg，组氨酸含量为 0.119 μg/mg，色氨酸含量为 0.161 μg/mg，精氨酸含量为 0.023 μg/mg（表 11-3-9）。

2. 重新镇大兴社区桥边片区

代表性片区(QX-02)中部烟叶(C3F)磷酸化-丝氨酸含量为 0.387 µg/mg,牛磺酸含量为 0.368 µg/mg,天冬氨酸含量为 0.169 µg/mg,苏氨酸含量为 0.184 µg/mg,丝氨酸含量为 0.066 µg/mg,天冬酰胺含量为 1.232 µg/mg,谷氨酸含量为 0.141 µg/mg,甘氨酸含量为 0.035 µg/mg,丙氨酸含量为 0.519 µg/mg,缬氨酸含量为 0.085 µg/mg,半胱氨酸含量为 0.257 µg/mg,异亮氨酸含量为 0.024 µg/mg,亮氨酸含量为 0.157 µg/mg,酪氨酸含量为 0.058 µg/mg,苯丙氨酸含量为 0.183 µg/mg,氨基丁酸含量为 0.087 µg/mg,组氨酸含量为 0.159 µg/mg,色氨酸含量为 0.209 µg/mg,精氨酸含量为 0.053 µg/mg(表 11-3-9)。

3. 重新镇伏龙村片区

代表性片区(QX-03)中部烟叶(C3F)磷酸化-丝氨酸含量为 0.413 µg/mg,牛磺酸含量为 0.418 µg/mg,天冬氨酸含量为 0.182 µg/mg,苏氨酸含量为 0.166 µg/mg,丝氨酸含量为 0.039 µg/mg,天冬酰胺含量为 1.336 µg/mg,谷氨酸含量为 0.172 µg/mg,甘氨酸含量为 0.041 µg/mg,丙氨酸含量为 0.618 µg/mg,缬氨酸含量为 0.056 µg/mg,半胱氨酸含量为 0.291 µg/mg,异亮氨酸含量为 0.004 µg/mg,亮氨酸含量为 0.126 µg/mg,酪氨酸含量为 0.059 µg/mg,苯丙氨酸含量为 0.171 µg/mg,氨基丁酸含量为 0.052 µg/mg,组氨酸含量为 0.145 µg/mg,色氨酸含量为 0.186 µg/mg,精氨酸含量为 0 µg/mg(表 11-3-9)。

4. 新仁苗族乡仁慕村胡家寨片区

代表性片区(QX-04)中部烟叶(C3F)磷酸化-丝氨酸含量为 0.382 µg/mg,牛磺酸含量为 0.460 µg/mg,天冬氨酸含量为 0.439 µg/mg,苏氨酸含量为 0.218 µg/mg,丝氨酸含量为 0.147 µg/mg,天冬酰胺含量为 2.643 µg/mg,谷氨酸含量为 0.271 µg/mg,甘氨酸含量为 0.050 µg/mg,丙氨酸含量为 0.685 µg/mg,缬氨酸含量为 0.126 µg/mg,半胱氨酸含量为 0.410 µg/mg,异亮氨酸含量为 0.017 µg/mg,亮氨酸含量为 0.127 µg/mg,酪氨酸含量为 0.115 µg/mg,苯丙氨酸含量为 0.378 µg/mg,氨基丁酸含量为 0.149 µg/mg,组氨酸含量为 0.316 µg/mg,色氨酸含量为 0.399 µg/mg,精氨酸含量为 0.060 µg/mg(表 11-3-9)。

5. 素朴镇新强村 1 组片区

代表性片区(QX-05)中部烟叶(C3F)磷酸化-丝氨酸含量为 0.317 µg/mg,牛磺酸含量为 0.411 µg/mg,天冬氨酸含量为 0.097 µg/mg,苏氨酸含量为 0.194 µg/mg,丝氨酸含量为 0.087 µg/mg,天冬酰胺含量为 0.699 µg/mg,谷氨酸含量为 0.163 µg/mg,甘氨酸含量为 0.718 µg/mg,丙氨酸含量为 0.507 µg/mg,缬氨酸含量为 0.061 µg/mg,半胱氨酸含量为 0.126 µg/mg,异亮氨酸含量为 0.015 µg/mg,亮氨酸含量为 0.323 µg/mg,酪氨酸含量为 0.092 µg/mg,苯丙氨酸含量为 0.167 µg/mg,氨基丁酸含量为 0.055 µg/mg,组氨酸含量为 0.080 µg/mg,色氨酸含量为 0.076 µg/mg,精氨酸含量为 0.033 µg/mg(表 11-3-9)。

表 11-3-9　代表性片区中部烟叶（C3F）氨基酸　　　　（单位：μg/mg）

氨基酸组分	QX-01	QX-02	QX-03	QX-04	QX-05
磷酸化-丝氨酸	0.367	0.387	0.413	0.382	0.317
牛磺酸	0.396	0.368	0.418	0.460	0.411
天冬氨酸	0.166	0.169	0.182	0.439	0.097
苏氨酸	0.139	0.184	0.166	0.218	0.194
丝氨酸	0.054	0.066	0.039	0.147	0.087
天冬酰胺	1.214	1.232	1.336	2.643	0.699
谷氨酸	0.145	0.141	0.172	0.271	0.163
甘氨酸	0.038	0.035	0.041	0.050	0.718
丙氨酸	0.498	0.519	0.618	0.685	0.507
缬氨酸	0.063	0.085	0.056	0.126	0.061
半胱氨酸	0.206	0.257	0.291	0.410	0.126
异亮氨酸	0.010	0.024	0.004	0.017	0.015
亮氨酸	0.107	0.157	0.126	0.127	0.323
酪氨酸	0.053	0.058	0.059	0.115	0.092
苯丙氨酸	0.162	0.183	0.171	0.378	0.167
氨基丁酸	0.058	0.087	0.052	0.149	0.055
组氨酸	0.119	0.159	0.145	0.316	0.080
色氨酸	0.161	0.209	0.186	0.399	0.076
精氨酸	0.023	0.053	0	0.060	0.033

八、烟叶香气物质

1. 甘棠乡礼贤社区大锡片区

代表性片区（QX-01）中部烟叶（C3F）茄酮含量为 0.818 μg/g，香叶基丙酮含量为 0.392 μg/g，降茄二酮含量为 0.090 μg/g，β-紫罗兰酮含量为 0.448 μg/g，氧化紫罗兰酮含量为 0.549 μg/g，二氢猕猴桃内酯含量为 2.184 μg/g，巨豆三烯酮 1 含量为 0.056 μg/g，巨豆三烯酮 2 含量为 0.414 μg/g，巨豆三烯酮 3 含量为 0.056 μg/g，巨豆三烯酮 4 含量为 0.246 μg/g，3-羟基-β-二氢大马酮含量为 0.202 μg/g，3-氧代-α-紫罗兰醇含量为 1.714 μg/g，新植二烯含量为 965.339 μg/g，3-羟基索拉韦惕酮含量为 8.658 μg/g，β-法尼烯含量为 8.613 μg/g（表 11-3-10）。

2. 重新镇大兴社区桥边片区

代表性片区（QX-02）中部烟叶（C3F）茄酮含量为 0.694 μg/g，香叶基丙酮含量为 0.157 μg/g，降茄二酮含量为 0.078 μg/g，β-紫罗兰酮含量为 0.347 μg/g，氧化紫罗兰酮含量为 0.582 μg/g，二氢猕猴桃内酯含量为 2.218 μg/g，巨豆三烯酮 1 含量为 0.045 μg/g，巨豆三烯酮 2 含量为 0.381 μg/g，巨豆三烯酮 3 含量为 0.078 μg/g，巨豆三烯酮 4 含量为 0.235 μg/g，3-羟基-β-二氢大马酮含量为 0.246 μg/g，3-氧代-α-紫罗兰醇含量为 1.198 μg/g，新植二烯含量为 628.230 μg/g，3-羟基索拉韦惕酮含量为 6.395 μg/g，β-法尼烯含量为 5.130 μg/g（表 11-3-10）。

3. 重新镇伏龙村片区

代表性片区（QX-03）中部烟叶（C3F）茄酮含量为 0.885 μg/g，香叶基丙酮含量为 0.213 μg/g，降茄二酮含量为 0.078 μg/g，β-紫罗兰酮含量为 0.403 μg/g，氧化紫罗兰酮含量为 0.605 μg/g，二氢猕猴桃内酯含量为 2.307 μg/g，巨豆三烯酮 1 含量为 0.056 μg/g，巨豆三烯酮 2 含量为 0.470 μg/g，巨豆三烯酮 3 含量为 0.067 μg/g，巨豆三烯酮 4 含量为 0.314 μg/g，3-羟基-β-二氢大马酮含量为 0.134 μg/g，3-氧代-α-紫罗兰醇含量为 0.806 μg/g，新植二烯含量为 1003.811 μg/g，3-羟基索拉韦惕酮含量为 7.515 μg/g，β-法尼烯含量为 8.142 μg/g（表 11-3-10）。

4. 新仁苗族乡仁慕村胡家寨片区

代表性片区（QX-04）中部烟叶（C3F）茄酮含量为 0.840 μg/g，香叶基丙酮含量为 0.224 μg/g，降茄二酮含量为 0.090 μg/g，β-紫罗兰酮含量为 0.302 μg/g，氧化紫罗兰酮含量为 0.504 μg/g，二氢猕猴桃内酯含量为 1.982 μg/g，巨豆三烯酮 1 含量为 0.045 μg/g，巨豆三烯酮 2 含量为 0.347 μg/g，巨豆三烯酮 3 含量为 0.034 μg/g，巨豆三烯酮 4 含量为 0.202 μg/g，3-羟基-β-二氢大马酮含量为 0.157 μg/g，3-氧代-α-紫罗兰醇含量为 0.773 μg/g，新植二烯含量为 801.091 μg/g，3-羟基索拉韦惕酮含量为 4.984 μg/g，β-法尼烯含量为 6.048 μg/g（表 11-3-10）。

5. 素朴镇新强村 1 组片区

代表性片区（QX-05）中部烟叶（C3F）茄酮含量为 0.661 μg/g，香叶基丙酮含量为 0.246 μg/g，降茄二酮含量为 0.078 μg/g，β-紫罗兰酮含量为 0.336 μg/g，氧化紫罗兰酮含量为 0.616 μg/g，二氢猕猴桃内酯含量为 2.117 μg/g，巨豆三烯酮 1 含量为 0.045 μg/g，巨豆三烯酮 2 含量为 0.437 μg/g，巨豆三烯酮 3 含量为 0.078 μg/g，巨豆三烯酮 4 含量为 0.325 μg/g，3-羟基-β-二氢大马酮含量为 0.190 μg/g，3-氧代-α-紫罗兰醇含量为 0.851 μg/g，新植二烯含量为 1268.870 μg/g，3-羟基索拉韦惕酮含量为 10.170 μg/g，β-法尼烯含量为 10.662 μg/g（表 11-3-10）。

表 11-3-10　代表性片区中部烟叶（C3F）香气物质　　　　（单位：μg/g）

香气物质	QX-01	QX-02	QX-03	QX-04	QX-05
茄酮	0.818	0.694	0.885	0.840	0.661
香叶基丙酮	0.392	0.157	0.213	0.224	0.246
降茄二酮	0.090	0.078	0.078	0.090	0.078
β-紫罗兰酮	0.448	0.347	0.403	0.302	0.336
氧化紫罗兰酮	0.549	0.582	0.605	0.504	0.616
二氢猕猴桃内酯	2.184	2.218	2.307	1.982	2.117

续表

香气物质	QX-01	QX-02	QX-03	QX-04	QX-05
巨豆三烯酮 1	0.056	0.045	0.056	0.045	0.045
巨豆三烯酮 2	0.414	0.381	0.470	0.347	0.437
巨豆三烯酮 3	0.056	0.078	0.067	0.034	0.078
巨豆三烯酮 4	0.246	0.235	0.314	0.202	0.325
3-羟基-β-二氢大马酮	0.202	0.246	0.134	0.157	0.190
3-氧代-α-紫罗兰醇	1.714	1.198	0.806	0.773	0.851
新植二烯	965.339	628.230	1003.811	801.091	1268.870
3-羟基索拉韦惕酮	8.658	6.395	7.515	4.984	10.170
β-法尼烯	8.613	5.130	8.142	6.048	10.662

九、烟叶感官质量

1. 甘棠乡礼贤社区大锡片区

代表性片区(QX-01)中部烟叶(C3F)感官质量评价结果显示,香韵指标包含的干草香、清甜香、正甜香、焦甜香、青香、木香、豆香、坚果香、焦香、辛香、果香、药草香、花香、树脂香、酒香的各项指标值分别为3.65、0.97、2.71、0.41、0.76、2.38、0、1.12、0.82、1.62、0.35、0.18、0.12、0.12、0,烟气指标包含的香气状态、烟气浓度、劲头、香气质、香气量和透发性的各项指标值分别为2.81、3.18、2.97、3.32、3.44和3.18,杂气指标包含的青杂气、生青气、枯焦气、木质气、土腥气、松脂气、花粉气、药草气和金属气的各项指标值分别为0.74、0.88、0.47、1.44、0.06、0.06、0、0、0,口感指标包含的细腻程度、柔和程度、圆润感、刺激性、干燥感和余味的各项指标值分别为3.32、3.06、3.06、2.38、2.38和3.21(表11-3-11)。

2. 重新镇大兴社区桥边片区

代表性片区(QX-02)中部烟叶(C3F)感官质量评价结果显示,香韵指标包含的干草香、清甜香、正甜香、焦甜香、青香、木香、豆香、坚果香、焦香、辛香、果香、药草香、花香、树脂香、酒香的各项指标值分别为3.54、0.13、2.66、0.38、0.54、2.04、0.54、1.12、0.54、1.04、0.31、0.08、0.08、0.19、0,烟气指标包含的香气状态、烟气浓度、劲头、香气质、香气量和透发性的各项指标值分别为3.23、3.00、3.08、2.84、2.75和2.94,杂气指标包含的青杂气、生青气、枯焦气、木质气、土腥气、松脂气、花粉气、药草气和金属气的各项指标值分别为1.00、0.77、0.31、1.15、0、0、0.08、0、0,口感指标包含的细腻程度、柔和程度、圆润感、刺激性、干燥感和余味的各项指标值分别为3.09、3.22、2.81、2.31、2.66和3.06(表11-3-11)。

3. 重新镇伏龙村片区

代表性片区(QX-03)中部烟叶(C3F)感官质量评价结果显示,香韵指标包含的干草香、清甜香、正甜香、焦甜香、青香、木香、豆香、坚果香、焦香、辛香、果香、药草香、花香、树脂香、酒香的各项指标值分别为 3.65、0.97、2.71、0.41、0.76、2.38、0、1.12、0.82、1.62、0.35、0.18、0.12、0.12、0，烟气指标包含的香气状态、烟气浓度、劲头、香气质、香气量和透发性的各项指标值分别为 2.81、3.18、2.97、3.32、3.44 和 3.18，杂气指标包含的青杂气、生青气、枯焦气、木质气、土腥气、松脂气、花粉气、药草气和金属气的各项指标值分别为 0.74、0.88、0.47、1.44、0.06、0.06、0、0、0，口感指标包含的细腻程度、柔和程度、圆润感、刺激性、干燥感和余味的各项指标值分别为 3.32、3.06、3.06、2.38、2.38 和 3.21（表 11-3-11）。

4. 新仁苗族乡仁慕村胡家寨片区

代表性片区（QX-04）中部烟叶（C3F）感官质量评价结果显示，香韵指标包含的干草香、清甜香、正甜香、焦甜香、青香、木香、豆香、坚果香、焦香、辛香、果香、药草香、花香、树脂香、酒香的各项指标值分别为 3.57、0.38、3.00、0.35、0.81、2.35、0.08、1.16、0.79、1.76、0.23、0.09、0.03、0.32、0，烟气指标包含的香气状态、烟气浓度、劲头、香气质、香气量和透发性的各项指标值分别为 3.19、3.14、3.03、3.14、3.30 和 3.14，杂气指标包含的青杂气、生青气、枯焦气、木质气、土腥气、松脂气、花粉气、药草气和金属气的各项指标值分别为 0.76、0.86、0.74、1.64、0.09、0.18、0.06、0、0，口感指标包含的细腻程度、柔和程度、圆润感、刺激性、干燥感和余味的各项指标值分别为 3.12、3.05、2.95、2.48、2.57 和 3.14（表 11-3-11）。

5. 素朴镇新强村 1 组片区

代表性片区（QX-05）中部烟叶（C3F）感官质量评价结果显示，香韵指标包含的干草香、清甜香、正甜香、焦甜香、青香、木香、豆香、坚果香、焦香、辛香、果香、药草香、花香、树脂香、酒香的各项指标值分别为 3.73、0.25、3.13、0.38、0.47、2.38、0.09、1.20、0.91、1.66、0.28、0.09、0、0.25、0.06，烟气指标包含的香气状态、烟气浓度、劲头、香气质、香气量和透发性的各项指标值分别为 3.37、3.25、3.11、3.26、3.36 和 3.26，杂气指标包含的青杂气、生青气、枯焦气、木质气、土腥气、松脂气、花粉气、药草气和金属气的各项指标值分别为 0.77、0.75、0.83、1.69、0.03、0.09、0、0、0.03，口感指标包含的细腻程度、柔和程度、圆润感、刺激性、干燥感和余味的各项指标值分别为 3.06、3.09、2.92、2.53、2.58 和 3.16（表 11-3-11）。

表 11-3-11　代表性片区中部烟叶（C3F）感官质量

评价指标		QX-01	QX-02	QX-03	QX-04	QX-05
香韵	干草香	3.65	3.54	3.65	3.57	3.73
	清甜香	0.97	0.13	0.97	0.38	0.25
	正甜香	2.71	2.66	2.71	3.00	3.13
	焦甜香	0.41	0.38	0.41	0.35	0.38
	青香	0.76	0.54	0.76	0.81	0.47

续表

评价指标		QX-01	QX-02	QX-03	QX-04	QX-05
香韵	木香	2.38	2.04	2.38	2.35	2.38
	豆香	0	0.54	0	0.08	0.09
	坚果香	1.12	1.12	1.12	1.16	1.20
	焦香	0.82	0.54	0.82	0.79	0.91
	辛香	1.62	1.04	1.62	1.76	1.66
	果香	0.35	0.31	0.35	0.23	0.28
	药草香	0.18	0.08	0.18	0.09	0.09
	花香	0.12	0.08	0.12	0.03	0
	树脂香	0.12	0.19	0.12	0.32	0.25
	酒香	0	0	0	0	0.06
烟气	香气状态	2.81	3.23	2.81	3.19	3.37
	烟气浓度	3.18	3.00	3.18	3.14	3.25
	劲头	2.97	3.08	2.97	3.03	3.11
	香气质	3.32	2.84	3.32	3.14	3.26
	香气量	3.44	2.75	3.44	3.30	3.36
	透发性	3.18	2.94	3.18	3.14	3.26
杂气	青杂气	0.74	1.00	0.74	0.76	0.77
	生青气	0.88	0.77	0.88	0.86	0.75
	枯焦气	0.47	0.31	0.47	0.74	0.83
	木质气	1.44	1.15	1.44	1.64	1.69
	土腥气	0.06	0	0.06	0.09	0.03
	松脂气	0.06	0	0.06	0.18	0.09
	花粉气	0	0.08	0	0.06	0
	药草气	0	0	0	0	0
	金属气	0	0	0	0	0.03
口感	细腻程度	3.32	3.09	3.32	3.12	3.06
	柔和程度	3.06	3.22	3.06	3.05	3.09
	圆润感	3.06	2.81	3.06	2.95	2.92
	刺激性	2.38	2.31	2.38	2.48	2.53
	干燥感	2.38	2.66	2.38	2.57	2.58
	余味	3.21	3.06	3.21	3.14	3.16

第四节 贵州开阳烟叶风格特征

开阳县位于北纬 26°48′～27°22′，东经 106°45′～107°17′，地处贵州省中部。开阳县地势较高、起伏不平，地质构造复杂多样；地势西南高东北低，由西南分水岭地带向北面乌江河谷和东面清水河谷倾斜。最高海拔 1702 m，最低海拔 506.5 m，平均海拔在 1000～1400 m，相对高差 1195.5 m。由于风化强烈，流水侵蚀、溶蚀严重，岩溶较为发育，形成复杂多样的地貌类型；以山地、丘陵、盆地（坝地）为主。开阳县隶属贵州省贵阳市，面积 2026 km²。开阳县是黔中山区烤烟种植区的典型烤烟产区之一，根据目前该县烤烟种植片区分布特点和烟叶质量风格特征，选择 5 个代表性种植片区，作为该县烟叶质量风格特征的代表性区域进行描述。

一、烟田与烟株基本特征

1. 冯三镇毛栗村筲萁坳片区

代表性片区（KY-01）中心点位于北纬 27°14′33.476″，东经 107°3′25.818″，海拔 910 m。地处中山坡地中部，中坡旱地，成土母质为灰岩、白云岩风化坡积物，烤烟、玉米不定期轮作，土壤亚类为耕淀铁质湿润淋溶土。土体深厚，耕作层质地偏黏，耕性较差，砾石较多，通透性好，中度水土流失。烤烟田间长相长势中等，烟株呈塔形结构，株高 84.70 cm，茎围 9.50 cm，有效叶片数 19.70，中部烟叶长 77.60 cm、宽 35.50 cm，上部烟叶长 61.20 cm、宽 24.10 cm（图 11-4-1，表 11-4-1）。

图 11-4-1　KY-01 片区烟田

2. 冯三镇毛栗村桶井组片区

代表性片区（KY-02）位于北纬 27°14′39.910″，东经 107°3′17.339″，海拔 890 m。地处中山坡地坡麓，缓坡旱地，成土母质为白云岩风化坡积物，烤烟、玉米不定期轮作，土壤亚类为斑纹酸性湿润雏形土。土体深厚，耕作层质地适中，少量砾石，根系和通透性较好，轻度水土流失。烤烟田间长相长势中等，烟株呈塔形结构，株高 88.50 cm，茎围 10.90 cm，有效叶片数 18.20，中部烟叶长 75.40 cm、宽 40.50 cm，上部烟叶长 60.60 cm、宽 23.70 cm（图 11-4-2，表 11-4-1）。

图 11-4-2 KY-02 片区烟田

3. 宅吉乡潘桐村同 1 组片区

代表性片区(KY-03)位于北纬 27°16′26.790″,东经 107°6′51.180″,海拔 956 m。地处中山坡地坡麓,缓坡梯田旱地,成土母质为白云岩风化坡积物,烤烟、玉米不定期轮作,土壤亚类为耕淀铁质湿润淋溶土。土体深厚,耕作层质地偏黏,耕性较差,少量砾石,通透性较差,酸碱性适中,轻度水土流失。烤烟田间长相长势中等,烟株呈筒形结构,株高 92.00 cm,茎围 11.30 cm,有效叶片数 19.50,中部烟叶长 78.50 cm、宽 33.10 cm,上部烟叶长 67.80 cm、宽 23.30 cm(图 11-4-3,表 11-4-1)。

图 11-4-3 KY-03 片区烟田

4. 楠木渡镇新凤村新华 1 组片区

代表性片区(KY-04)位于北纬 27°16′52.856″,东经 107°2′1.443″,海拔 977 m。地处中山坡地坡麓,缓坡梯田旱地,成土母质为白云岩风化坡积物,烤烟、玉米不定期轮作,土壤亚类为耕淀铁质湿润淋溶土。土体较厚,耕作层质地偏黏,耕性较差,砾石较多,通透性较好,轻度水土流失。烤烟田间长相长势中等,烟株呈筒形结构,株高 70.70 cm,茎围 9.60 cm,有效叶片数 17.20,中部烟叶长 71.40 cm、宽 33.80 cm,上部烟叶长 57.10 cm、宽 21.30 cm(图 11-4-4,表 11-4-1)。

图 11-4-4　KY-04 片区烟田

5. 楠木渡镇新凤村新华 2 组片区

代表性片区（KY-05）位于北纬 27°16′45.344″，东经 107°2′7.643″，海拔 987 m。地处中山坡地中下部，缓坡梯田旱地，成土母质为灰岩、白云岩风化坡积物，烤烟、玉米不定期轮作，土壤亚类为耕淀铁质湿润淋溶土。土体深厚，耕作层质地偏黏，耕性较差，砾石较多，通透性好，轻度水土流失。烤烟田间长相长势中等，烟株呈筒形结构，株高 73.10 cm，茎围 9.80 cm，有效叶片数 18.00，中部烟叶长 70.60 cm、宽 29.90 cm，上部烟叶长 57.10 cm、宽 23.60 cm（图 11-4-5，表 11-4-1）。

图 11-4-5　KY-05 片区烟田

表 11-4-1　代表性片区烟株主要农艺性状

片区	株高/cm	茎围/cm	有效叶/片	中部叶/cm		上部叶/cm		株型
				叶长	叶宽	叶长	叶宽	
KY-01	84.70	9.50	19.70	77.60	35.50	61.20	24.10	塔形
KY-02	88.50	10.90	18.20	75.40	40.50	60.60	23.70	塔形
KY-03	92.00	11.30	19.50	78.50	33.10	67.80	23.30	筒形
KY-04	70.70	9.60	17.20	71.40	33.80	57.10	21.30	筒形
KY-05	73.10	9.80	18.00	70.60	29.90	57.10	23.60	筒形

二、烟叶外观质量与物理指标

1. 冯三镇毛栗村筲箕坳片区

代表性片区（KY-01）烟叶外观质量指标的成熟度得分 6.00，颜色得分 7.50，油分得分 7.00，身份得分 7.50，结构得分 7.00，色度得分 7.50。烟叶物理指标中的单叶重 11.73 g，叶片密度 55.03 g/m²，含梗率 41.78%，平衡含水率 13.41%，叶片长度 63.08 cm，叶片宽度 24.85 cm，叶片厚度 88.80 μm，填充值 3.03 cm³/g（图 11-4-6，表 11-4-2 和表 11-4-3）。

图 11-4-6　KY-01 片区初烤烟叶

2. 冯三镇毛栗村桶井组片区

代表性片区（KY-02）烟叶外观质量指标的成熟度得分 6.00，颜色得分 7.00，油分得分 6.50，身份得分 8.00，结构得分 7.00，色度得分 7.50。烟叶物理指标中的单叶重 14.05 g，叶片密度 56.16 g/m²，含梗率 40.26%，平衡含水率 13.57%，叶片长度 67.53 cm，叶片宽度 27.25 cm，叶片厚度 91.77 μm，填充值 3.14 cm³/g（图 11-4-7，表 11-4-2 和表 11-4-3）。

图 11-4-7　KY-02 片区初烤烟叶

3. 宅吉乡潘桐村同 1 组片区

代表性片区（KY-03）烟叶外观质量指标的成熟度得分 5.00，颜色得分 7.00，油分得分 5.50，身份得分 7.50，结构得分 6.50，色度得分 6.50。烟叶物理指标中的单叶重 11.38 g，叶片密度 57.41 g/m²，含梗率 39.81%，平衡含水率 15.98%，叶片长度 66.75 cm，叶片宽度 22.60 cm，叶片厚度 102.37 μm，填充值 3.13 cm³/g（图 11-4-8，表 11-4-2 和表 11-4-3）。

图 11-4-8　KY-03 片区初烤烟叶

4. 楠木渡镇新凤村新华 1 组片区

代表性片区（KY-04）烟叶外观质量指标的成熟度得分 7.00，颜色得分 8.00，油分得分 7.00，身份得分 8.00，结构得分 7.00，色度得分 7.00。烟叶物理指标中的单叶重 11.90 g，叶片密度 64.36 g/m²，含梗率 37.60%，平衡含水率 13.93%，叶片长度 61.98cm，叶片宽度 20.53 cm，叶片厚度 129.97 μm，填充值 3.41 cm³/g（图 11-4-9，表 11-4-2 和表 11-4-3）。

图 11-4-9　KY-04 片区初烤烟叶

5. 楠木渡镇新凤村新华 2 组片区

代表性片区(KY-05)烟叶外观质量指标的成熟度得分 7.00，颜色得分 8.00，油分得分 7.00，身份得分 8.50，结构得分 6.00，色度得分 6.50。烟叶物理指标中的单叶重 13.36 g，叶片密度 57.15 g/m^2，含梗率 39.31%，平衡含水率 14.04%，叶片长度 66.68cm，叶片宽度 22.78 cm，叶片厚度 118.53 μm，填充值 2.79 cm^3/g(图 11-4-10，表 11-4-2 和表 11-4-3)。

图 11-4-10　KY-05 片区初烤烟叶

表 11-4-2　代表性片区烟叶外观质量

片区	成熟度	颜色	油分	身份	结构	色度
KY-01	6.00	7.50	7.00	7.50	7.00	7.50
KY-02	6.00	7.00	6.50	8.00	7.00	7.50
KY-03	5.00	7.00	5.50	7.50	6.50	6.50
KY-04	7.00	8.00	7.00	8.00	7.00	7.00
KY-05	7.00	8.00	7.00	8.50	6.00	6.50

表 11-4-3　代表性片区烟叶物理指标

片区	单叶重/g	叶片密度/(g/m^2)	含梗率/%	平衡含水率/%	叶长/cm	叶宽/cm	叶片厚度/μm	填充值/(cm^3/g)
KY-01	11.73	55.03	41.78	13.41	63.08	24.85	88.80	3.03
KY-02	14.05	56.16	40.26	13.57	67.53	27.25	91.77	3.14
KY-03	11.38	57.41	39.81	15.98	66.75	22.60	102.37	3.13
KY-04	11.90	64.36	37.60	13.93	61.98	20.53	129.97	3.41
KY-05	13.36	57.15	39.31	14.04	66.68	22.78	118.53	2.79

三、烟叶常规化学成分与中微量元素

1. 冯三镇毛粟村筲萁坳片区

代表性片区(KY-01)中部烟叶(C3F)总糖含量 16.76%，还原糖含量 15.02%，总氮含量 2.39%，总植物碱含量 2.15%，氯含量 0.38%，钾含量 2.90%，糖碱比 7.80，淀粉含量 2.91%（表 11-4-4）。烟叶铜含量为 0.076 g/kg，铁含量为 0.815 g/kg，锰含量为 1.934 g/kg，锌含量为 0.584 g/kg，钙含量为 111.438 mg/kg，镁含量为 16.196 mg/kg（表 11-4-5）。

2. 冯三镇毛栗村桶井组片区

代表性片区（KY-02）中部烟叶（C3F）总糖含量 16.77%，还原糖含量 15.00%，总氮含量 2.53%，总植物碱含量 2.27%，氯含量 0.38%，钾含量 2.50%，糖碱比 7.39，淀粉含量 2.77%（表 11-4-4）。烟叶铜含量为 0.053 g/kg，铁含量为 0.948 g/kg，锰含量为 4.377 g/kg，锌含量为 0.642 g/kg，钙含量为 152.536 mg/kg，镁含量为 24.840 mg/kg（表 11-4-5）。

3. 宅吉乡潘桐村同 1 组片区

代表性片区（KY-03）中部烟叶（C3F）总糖含量 16.59%，还原糖含量 14.64%，总氮含量 2.45%，总植物碱含量 3.38%，氯含量 0.36%，钾含量 1.93%，糖碱比 4.91，淀粉含量 1.35%（表 11-4-4）。烟叶铜含量为 0.063 g/kg，铁含量为 0.920 g/kg，锰含量为 1.825 g/kg，锌含量为 0.575 g/kg，钙含量为 127.953 mg/kg，镁含量为 17.236 mg/kg（表 11-4-5）。

4. 楠木渡镇新凤村新华 1 组片区

代表性片区（KY-04）中部烟叶（C3F）总糖含量 15.75%，还原糖含量 12.46%，总氮含量 2.59%，总植物碱含量 3.45%，氯含量 0.47%，钾含量 1.66%，糖碱比 4.57，淀粉含量 2.71%（表 11-4-4）。烟叶铜含量为 0.073 g/kg，铁含量为 1.150 g/kg，锰含量为 2.337 g/kg，锌含量为 0.536 g/kg，钙含量为 130.729 mg/kg，镁含量为 19.607 mg/kg（表 11-4-5）。

5. 楠木渡镇新凤村新华 2 组片区

代表性片区（KY-05）中部烟叶（C3F）总糖含量 20.40%，还原糖含量 18.65%，总氮含量 2.28%，总植物碱含量 2.90%，氯含量 0.37%，钾含量 1.56%，糖碱比 7.03，淀粉含量 3.02%（表 11-4-4）。烟叶铜含量为 0.052 g/kg，铁含量为 0.626 g/kg，锰含量为 2.130 g/kg，锌含量为 0.541 g/kg，钙含量为 130.864 mg/kg，镁含量为 20.079 mg/kg（表 11-4-5）。

表 11-4-4　代表性片区中部烟叶（C3F）常规化学成分

片区	总糖/%	还原糖/%	总氮/%	总植物碱/%	氯/%	钾/%	糖碱比	淀粉/%
KY-01	16.76	15.02	2.39	2.15	0.38	2.90	7.80	2.91
KY-02	16.77	15.00	2.53	2.27	0.38	2.50	7.39	2.77
KY-03	16.59	14.64	2.45	3.38	0.36	1.93	4.91	1.35
KY-04	15.75	12.46	2.59	3.45	0.47	1.66	4.57	2.71
KY-05	20.40	18.65	2.28	2.90	0.37	1.56	7.03	3.02

表 11-4-5　代表性片区中部烟叶（C3F）中微量元素

片区	Cu /(g/kg)	Fe /(g/kg)	Mn /(g/kg)	Zn /(g/kg)	Ca /(mg/kg)	Mg /(mg/kg)
KY-01	0.076	0.815	1.934	0.584	111.438	16.196
KY-02	0.053	0.948	4.377	0.642	152.536	24.840
KY-03	0.063	0.920	1.825	0.575	127.953	17.236
KY-04	0.073	1.150	2.337	0.536	130.729	19.607
KY-05	0.052	0.626	2.130	0.541	130.864	20.079

四、烟叶生物碱组分与细胞壁物质

1. 冯三镇毛栗村筲萁坳片区

代表性片区（KY-01）中部烟叶（C3F）烟碱含量为 22.243 mg/g，降烟碱含量为 0.526 mg/g，麦斯明含量为 0.005 mg/g，假木贼碱含量为 0.138 mg/g，新烟碱含量为 0.660 mg/g；烟叶纤维素含量为 8.70%，半纤维素含量为 3.00%，木质素含量为 1.30%（表 11-4-6）。

2. 冯三镇毛栗村桶井组片区

代表性片区（KY-02）中部烟叶（C3F）烟碱含量为 25.236 mg/g，降烟碱含量为 0.567 mg/g，麦斯明含量为 0.004 mg/g，假木贼碱含量为 0.150 mg/g，新烟碱含量为 0.708 mg/g；烟叶纤维素含量为 7.10%，半纤维素含量为 3.30%，木质素含量为 1.50%（表 11-4-6）。

3. 宅吉乡潘桐村同 1 组片区

代表性片区（KY-03）中部烟叶（C3F）烟碱含量为 32.163 mg/g，降烟碱含量为 0.890 mg/g，麦斯明含量为 0.006 mg/g，假木贼碱含量为 0.176 mg/g，新烟碱含量为 0.864 mg/g；烟叶纤维素含量为 8.00%，半纤维素含量为 2.60%，木质素含量为 1.20%（表 11-4-6）。

4. 楠木渡镇新凤村新华 1 组片区

代表性片区（KY-04）中部烟叶（C3F）烟碱含量为 37.263 mg/g，降烟碱含量为 0.861 mg/g，麦斯明含量为 0.006 mg/g，假木贼碱含量为 0.189 mg/g，新烟碱含量为 0.866 mg/g；烟叶纤维素含量为 8.30%，半纤维素含量为 2.20%，木质素含量为 1.10%（表 11-4-6）。

5. 楠木渡镇新凤村新华 2 组片区

代表性片区（KY-05）中部烟叶（C3F）烟碱含量为 29.260 mg/g，降烟碱含量为 0.711 mg/g，麦斯明含量为 0.004 mg/g，假木贼碱含量为 0.151 mg/g，新烟碱含量为 0.724 mg/g；烟叶纤维素含量为 7.50%，半纤维素含量为 3.10%，木质素含量为 1.40%（表 11-4-6）。

表 11-4-6　代表性片区中部烟叶（C3F）生物碱组分与细胞壁物质

片区	烟碱/(mg/g)	降烟碱/(mg/g)	麦斯明/(mg/g)	假木贼碱/(mg/g)	新烟碱/(mg/g)	纤维素/%	半纤维素/%	木质素/%
KY-01	22.243	0.526	0.005	0.138	0.660	8.70	3.00	1.30
KY-02	25.236	0.567	0.004	0.150	0.708	7.10	3.30	1.50
KY-03	32.163	0.890	0.006	0.176	0.864	8.00	2.60	1.20
KY-04	37.263	0.861	0.006	0.189	0.866	8.30	2.20	1.10
KY-05	29.260	0.711	0.004	0.151	0.724	7.50	3.10	1.40

五、烟叶多酚与质体色素

1. 冯三镇毛粟村筲萁坳片区

代表性片区（KY-01）中部烟叶（C3F）绿原酸含量为 8.960 mg/g，芸香苷含量为 8.620 mg/g，莨菪亭含量为 0.240 mg/g，β-胡萝卜素含量为 0.088 mg/g，叶黄素含量为 0.152 mg/g（表 11-4-7）。

2. 冯三镇毛粟村桶井组片区

代表性片区（KY-02）中部烟叶（C3F）绿原酸含量为 9.850 mg/g，芸香苷含量为 9.660 mg/g，莨菪亭含量为 0.220 mg/g，β-胡萝卜素含量为 0.073 mg/g，叶黄素含量为 0.120 mg/g（表 11-4-7）。

3. 宅吉乡潘桐村同 1 组片区

代表性片区（KY-03）中部烟叶（C3F）绿原酸含量为 10.240 mg/g，芸香苷含量为 9.740 mg/g，莨菪亭含量为 0.130 mg/g，β-胡萝卜素含量为 0.078 mg/g，叶黄素含量为 0.119 mg/g（表 11-4-7）。

4. 楠木渡镇新凤村新华 1 组片区

代表性片区（KY-04）中部烟叶（C3F）绿原酸含量为 11.770 mg/g，芸香苷含量为 10.540 mg/g，莨菪亭含量为 0.150 mg/g，β-胡萝卜素含量为 0.068 mg/g，叶黄素含量为 0.105 mg/g（表 11-4-7）。

5. 楠木渡镇新凤村新华 2 组片区

代表性片区（KY-05）中部烟叶（C3F）绿原酸含量为 12.430 mg/g，芸香苷含量为 9.570 mg/g，莨菪亭含量为 0.160 mg/g，β-胡萝卜素含量为 0.065 mg/g，叶黄素含量为 0.104 mg/g（表 11-4-7）。

表 11-4-7　代表性片区中部烟叶（C3F）多酚与质体色素　　（单位：mg/g）

片区	绿原酸	芸香苷	莨菪亭	β-胡萝卜素	叶黄素
KY-01	8.960	8.620	0.240	0.088	0.152
KY-02	9.850	9.660	0.220	0.073	0.120
KY-03	10.240	9.740	0.130	0.078	0.119
KY-04	11.770	10.540	0.150	0.068	0.105
KY-05	12.430	9.570	0.160	0.065	0.104

六、烟叶有机酸类物质

1. 冯三镇毛粟村筲萁坳片区

代表性片区（KY-01）中部烟叶（C3F）草酸含量为 32.272 mg/g，苹果酸含量为 85.617 mg/g，柠檬酸含量为 10.324 mg/g，棕榈酸含量为 1.727 mg/g，亚油酸含量为 1.114 mg/g，油酸含量为 2.639 mg/g，硬脂酸含量为 0.462 mg/g（表 11-4-8）。

2. 冯三镇毛粟村桶井组片区

代表性片区（KY-02）中部烟叶（C3F）草酸含量为 30.968 mg/g，苹果酸含量为 48.786 mg/g，柠檬酸含量为 8.081 mg/g，棕榈酸含量为 1.484 mg/g，亚油酸含量为 0.926 mg/g，油酸含量为 2.964 mg/g，硬脂酸含量为 0.347 mg/g（表 11-4-8）。

3. 宅吉乡潘桐村同 1 组片区

代表性片区（KY-03）中部烟叶（C3F）草酸含量为 24.943 mg/g，苹果酸含量为 93.397 mg/g，柠檬酸含量为 9.093 mg/g，棕榈酸含量为 1.860 mg/g，亚油酸含量为 1.287 mg/g，油酸含量为 2.742 mg/g，硬脂酸含量为 0.566 mg/g（表 11-4-8）。

4. 楠木渡镇新凤村新华 1 组片区

代表性片区（KY-04）中部烟叶（C3F）草酸含量为 25.197 mg/g，苹果酸含量为 98.747 mg/g，柠檬酸含量为 12.312mg/g，棕榈酸含量为 2.178 mg/g，亚油酸含量为 1.370 mg/g，油酸含量为 3.196 mg/g，硬脂酸含量为 0.564 mg/g（表 11-4-8）。

5. 楠木渡镇新凤村新华 2 组片区

代表性片区（KY-05）中部烟叶（C3F）草酸含量为 19.746 mg/g，苹果酸含量为 83.463 mg/g，柠檬酸含量为 9.500 mg/g，棕榈酸含量为 1.680 mg/g，亚油酸含量为 1.046 mg/g，油酸含量为 2.315 mg/g，硬脂酸含量为 0.405 mg/g（表 11-4-8）。

表11-4-8　代表性片区中部烟叶(C3F)有机酸　　　(单位：mg/g)

片区	草酸	苹果酸	柠檬酸	棕榈酸	亚油酸	油酸	硬脂酸
KY-01	32.272	85.617	10.324	1.727	1.114	2.639	0.462
KY-02	30.968	48.786	8.081	1.484	0.926	2.964	0.347
KY-03	24.943	93.397	9.093	1.860	1.287	2.742	0.566
KY-04	25.197	98.747	12.312	2.178	1.370	3.196	0.564
KY-05	19.746	83.463	9.500	1.680	1.046	2.315	0.405

七、烟叶氨基酸

1. 冯三镇毛栗村笥萁坳片区

代表性片区(KY-01)中部烟叶(C3F)磷酸化-丝氨酸含量为0.382 μg/mg，牛磺酸含量为0.510 μg/mg，天冬氨酸含量为0.573 μg/mg，苏氨酸含量为0.163 μg/mg，丝氨酸含量为0.185μg/mg，天冬酰胺含量为2.819 μg/mg，谷氨酸含量为0.329 μg/mg，甘氨酸含量为0.066 μg/mg，丙氨酸含量为0.743 μg/mg，缬氨酸含量为0.167 μg/mg，半胱氨酸含量为0.412 μg/mg，异亮氨酸含量为0.026 μg/mg，亮氨酸含量为0.157 μg/mg，酪氨酸含量为0.133 μg/mg，苯丙氨酸含量为0.503 μg/mg，氨基丁酸含量为0.171 μg/mg，组氨酸含量为0.330 μg/mg，色氨酸含量为0.396 μg/mg，精氨酸含量为0.070 μg/mg(表11-4-9)。

2. 冯三镇毛栗村桶井组片区

代表性片区(KY-02)中部烟叶(C3F)磷酸化-丝氨酸含量为0.402 μg/mg，牛磺酸含量为0.496 μg/mg，天冬氨酸含量为0.437 μg/mg，苏氨酸含量为0.139 μg/mg，丝氨酸含量为0.156 μg/mg，天冬酰胺含量为2.544 μg/mg，谷氨酸含量为0.251 μg/mg，甘氨酸含量为0.052 μg/mg，丙氨酸含量为0.644 μg/mg，缬氨酸含量为0.122 μg/mg，半胱氨酸含量为0.331 μg/mg，异亮氨酸含量为0.012 μg/mg，亮氨酸含量为0.085 μg/mg，酪氨酸含量为0.088 μg/mg，苯丙氨酸含量为0.363 μg/mg，氨基丁酸含量为0.144 μg/mg，组氨酸含量为0.281 μg/mg，色氨酸含量为0.352 μg/mg，精氨酸含量为0.043 μg/mg(表11-4-9)。

3. 宅吉乡潘桐村同1组片区

代表性片区(KY-03)中部烟叶(C3F)磷酸化-丝氨酸含量为0.318 μg/mg，牛磺酸含量为0.464 μg/mg，天冬氨酸含量为0.458 μg/mg，苏氨酸含量为0.270 μg/mg，丝氨酸含量为0.185 μg/mg，天冬酰胺含量为2.734 μg/mg，谷氨酸含量为0.289 μg/mg，甘氨酸含量为0.043 μg/mg，丙氨酸含量为0.657 μg/mg，缬氨酸含量为0.158 μg/mg，半胱氨酸含量为0.470 μg/mg，异亮氨酸含量为0.025 μg/mg，亮氨酸含量为0.150 μg/mg，酪氨酸含量为0.134 μg/mg，苯丙氨酸含量为0.412 μg/mg，氨基丁酸含量为0.163 μg/mg，组氨酸含量为0.368 μg/mg，色氨酸含量为0.498 μg/mg，精氨酸含量为0.075 μg/mg(表11-4-9)。

4. 楠木渡镇新凤村新华 1 组片区

代表性片区(KY-04)中部烟叶(C3F)磷酸化-丝氨酸含量为 0.377 μg/mg，牛磺酸含量为 0.440 μg/mg，天冬氨酸含量为 0.424 μg/mg，苏氨酸含量为 0.277 μg/mg，丝氨酸含量为 0.129 μg/mg，天冬酰胺含量为 2.926 μg/mg，谷氨酸含量为 0.251 μg/mg，甘氨酸含量为 0.057 μg/mg，丙氨酸含量为 0.866 μg/mg，缬氨酸含量为 0.108 μg/mg，半胱氨酸含量为 0.504 μg/mg，异亮氨酸含量为 0.006 μg/mg，亮氨酸含量为 0.131 μg/mg，酪氨酸含量为 0.140 μg/mg，苯丙氨酸含量为 0.358 μg/mg，氨基丁酸含量为 0.157 μg/mg，组氨酸含量为 0.352 μg/mg，色氨酸含量为 0.418 μg/mg，精氨酸含量为 0.067 μg/mg(表 11-4-9)。

5. 楠木渡镇新凤村新华 2 组片区

代表性片区(KY-05)中部烟叶(C3F)磷酸化-丝氨酸含量为 0.429 μg/mg，牛磺酸含量为 0.389 μg/mg，天冬氨酸含量为 0.304 μg/mg，苏氨酸含量为 0.243 μg/mg，丝氨酸含量为 0.081 μg/mg，天冬酰胺含量为 2.189 μg/mg，谷氨酸含量为 0.235 μg/mg，甘氨酸含量为 0.030 μg/mg，丙氨酸含量为 0.516 μg/mg，缬氨酸含量为 0.075 μg/mg，半胱氨酸含量为 0.332 μg/mg，异亮氨酸含量为 0.013 μg/mg，亮氨酸含量为 0.112 μg/mg，酪氨酸含量为 0.079 μg/mg，苯丙氨酸含量为 0.252 μg/mg，氨基丁酸含量为 0.111 μg/mg，组氨酸含量为 0.248 μg/mg，色氨酸含量为 0.331 μg/mg，精氨酸含量为 0.047 μg/mg(表 11-4-9)。

表 11-4-9 代表性片区中部烟叶(C3F)氨基酸 　　(单位：μg/mg)

氨基酸组分	KY-01	KY-02	KY-03	KY-04	KY-05
磷酸化-丝氨酸	0.382	0.402	0.318	0.377	0.429
牛磺酸	0.510	0.496	0.464	0.440	0.389
天冬氨酸	0.573	0.437	0.458	0.424	0.304
苏氨酸	0.163	0.139	0.270	0.277	0.243
丝氨酸	0.185	0.156	0.185	0.129	0.081
天冬酰胺	2.819	2.544	2.734	2.926	2.189
谷氨酸	0.329	0.251	0.289	0.251	0.235
甘氨酸	0.066	0.052	0.043	0.057	0.030
丙氨酸	0.743	0.644	0.657	0.866	0.516
缬氨酸	0.167	0.122	0.158	0.108	0.075
半胱氨酸	0.412	0.331	0.470	0.504	0.332
异亮氨酸	0.026	0.012	0.025	0.006	0.013
亮氨酸	0.157	0.085	0.150	0.131	0.112
酪氨酸	0.133	0.088	0.134	0.140	0.079
苯丙氨酸	0.503	0.363	0.412	0.358	0.252
氨基丁酸	0.171	0.144	0.163	0.157	0.111
组氨酸	0.330	0.281	0.368	0.352	0.248
色氨酸	0.396	0.352	0.498	0.418	0.331
精氨酸	0.070	0.043	0.075	0.067	0.047

八、烟叶香气物质

1. 冯三镇毛栗村箐萁坳片区

代表性片区（KY-01）中部烟叶（C3F）茄酮含量为 1.131 μg/g，香叶基丙酮含量为 0.605 μg/g，降茄二酮含量为 0.112 μg/g，β-紫罗兰酮含量为 0.470 μg/g，氧化紫罗兰酮含量为 0.571 μg/g，二氢猕猴桃内酯含量为 3.976 μg/g，巨豆三烯酮 1 含量为 0.403 μg/g，巨豆三烯酮 2 含量为 2.957 μg/g，巨豆三烯酮 3 含量为 0.381 μg/g，巨豆三烯酮 4 含量为 2.598 μg/g，3-羟基-β-二氢大马酮含量为 0.941 μg/g，3-氧代-α-紫罗兰醇含量为 4.256 μg/g，新植二烯含量为 1872.875 μg/g，3-羟基索拉韦惕酮含量为 2.430 μg/g，β-法尼烯含量为 21.101 μg/g（表 11-4-10）。

2. 冯三镇毛栗村桶井组片区

代表性片区（KY-02）中部烟叶（C3F）茄酮含量为 0.997 μg/g，香叶基丙酮含量为 0.616 μg/g，降茄二酮含量为 0.157 μg/g，β-紫罗兰酮含量为 0.526 μg/g，氧化紫罗兰酮含量为 0.773 μg/g，二氢猕猴桃内酯含量为 4.402 μg/g，巨豆三烯酮 1 含量为 0.526 μg/g，巨豆三烯酮 2 含量为 3.595 μg/g，巨豆三烯酮 3 含量为 0.493 μg/g，巨豆三烯酮 4 含量为 3.349 μg/g，3-羟基-β-二氢大马酮含量为 0.795 μg/g，3-氧代-α-紫罗兰醇含量为 3.954 μg/g，新植二烯含量为 2123.307 μg/g，3-羟基索拉韦惕酮含量为 2.016 μg/g，β-法尼烯含量为 22.523 μg/g（表 11-4-10）。

3. 宅吉乡潘桐村同 1 组片区

代表性片区（KY-03）中部烟叶（C3F）茄酮含量为 0.907 μg/g，香叶基丙酮含量为 0.582 μg/g，降茄二酮含量为 0.168 μg/g，β-紫罗兰酮含量为 0.414 μg/g，氧化紫罗兰酮含量为 0.314 μg/g，二氢猕猴桃内酯含量为 2.778 μg/g，巨豆三烯酮 1 含量为 0.202 μg/g，巨豆三烯酮 2 含量为 1.736 μg/g，巨豆三烯酮 3 含量为 0.213 μg/g，巨豆三烯酮 4 含量为 1.523 μg/g，3-羟基-β-二氢大马酮含量为 0.862 μg/g，3-氧代-α-紫罗兰醇含量为 2.038 μg/g，新植二烯含量为 1175.709 μg/g，3-羟基索拉韦惕酮含量为 2.957 μg/g，β-法尼烯含量为 15.579 μg/g（表 11-4-10）。

4. 楠木渡镇新凤村新华 1 组片区

代表性片区（KY-04）中部烟叶（C3F）茄酮含量为 1.008 μg/g，香叶基丙酮含量为 0.526 μg/g，降茄二酮含量为 0.112 μg/g，β-紫罗兰酮含量为 0.470 μg/g，氧化紫罗兰酮含量为 0.672 μg/g，二氢猕猴桃内酯含量为 4.558 μg/g，巨豆三烯酮 1 含量为 0.526 μg/g，巨豆三烯酮 2 含量为 3.864 μg/g，巨豆三烯酮 3 含量为 0.470 μg/g，巨豆三烯酮 4 含量为 3.382 μg/g，3-羟基-β-二氢大马酮含量为 0.941 μg/g，3-氧代-α-紫罗兰醇含量为 5.186 μg/g，新植二烯含量为 2338.538 μg/g，3-羟基索拉韦惕酮含量为 2.128 μg/g，β-法尼烯含量为 24.584 μg/g（表 11-4-10）。

5. 楠木渡镇新凤村新华 2 组片区

代表性片区（KY-05）中部烟叶（C3F）茄酮含量为 1.467 µg/g，香叶基丙酮含量为 0.694 µg/g，降茄二酮含量为 0.067 µg/g，β-紫罗兰酮含量为 0.538 µg/g，氧化紫罗兰酮含量为 0.706 µg/g，二氢猕猴桃内酯含量为 4.603 µg/g，巨豆三烯酮 1 含量为 0.482 µg/g，巨豆三烯酮 2 含量为 3.270 µg/g，巨豆三烯酮 3 含量为 0.459 µg/g，巨豆三烯酮 4 含量为 2.901 µg/g，3-羟基-β-二氢大马酮含量为 1.019 µg/g，3-氧代-α-紫罗兰醇含量为 5.555 µg/g，新植二烯含量为 2104.402 µg/g，3-羟基索拉韦惕酮含量为 2.206 µg/g，β-法尼烯含量为 23.117 µg/g（表 11-4-10）。

表 11-4-10　代表性片区中部烟叶（C3F）香气物质　　　　（单位：µg/g）

香气物质	KY-01	KY-02	KY-03	KY-04	KY-05
茄酮	1.131	0.997	0.907	1.008	1.467
香叶基丙酮	0.605	0.616	0.582	0.526	0.694
降茄二酮	0.112	0.157	0.168	0.112	0.067
β-紫罗兰酮	0.470	0.526	0.414	0.470	0.538
氧化紫罗兰酮	0.571	0.773	0.314	0.672	0.706
二氢猕猴桃内酯	3.976	4.402	2.778	4.558	4.603
巨豆三烯酮 1	0.403	0.526	0.202	0.526	0.482
巨豆三烯酮 2	2.957	3.595	1.736	3.864	3.270
巨豆三烯酮 3	0.381	0.493	0.213	0.470	0.459
巨豆三烯酮 4	2.598	3.349	1.523	3.382	2.901
3-羟基-β-二氢大马酮	0.941	0.795	0.862	0.941	1.019
3-氧代-α-紫罗兰醇	4.256	3.954	2.038	5.186	5.555
新植二烯	1872.875	2123.307	1175.709	2338.538	2104.402
3-羟基索拉韦惕酮	2.430	2.016	2.957	2.128	2.206
β-法尼烯	21.101	22.523	15.579	24.584	23.117

九、烟叶感官质量

1. 冯三镇毛粟村筍其坳片区

代表性片区（KY-01）中部烟叶（C3F）感官质量评价结果显示，香韵指标包含的干草香、清甜香、正甜香、焦甜香、青香、木香、豆香、坚果香、焦香、辛香、果香、药草香、花香、树脂香、酒香的各项指标值分别为 3.22、0、2.72、0、0.67、1.89、0、0.72、1.17、1.50、0、0、0、0、0，烟气指标包含的香气状态、烟气浓度、劲头、香气质、香气量和透发性的各项指标值分别为 2.89、2.94、3.06、2.72、2.67 和 2.78，杂气指标包含的青杂气、生青气、枯焦气、木质气、土腥气、松脂气、花粉气、药草气和金属气的各项指标值分别为 0.94、0.83、1.17、1.33、0、0、0、0、0，口感指标包含的细腻程度、柔和程度、圆润感、刺激性、干燥感和余味的各项指标值分别为 2.94、2.72、2.72、2.33、2.50 和 2.94（表 11-4-11）。

2. 冯三镇毛粟村桶井组片区

代表性片区（KY-02）中部烟叶（C3F）感官质量评价结果显示，香韵指标包含的干草香、清甜香、正甜香、焦甜香、青香、木香、豆香、坚果香、焦香、辛香、果香、药草香、花香、树脂香、酒香的各项指标值分别为 3.12、0、2.29、0、0、1.82、0、0、1.18、1.00、0、0、0、0、0，烟气指标包含的香气状态、烟气浓度、劲头、香气质、香气量和透发性的各项指标值分别为 2.44、3.06、3.65、2.24、2.76 和 2.63，杂气指标包含的青杂气、生青气、枯焦气、木质气、土腥气、松脂气、花粉气、药草气和金属气的各项指标值分别为 1.24、0、1.65、1.59、0、0、0、0、0，口感指标包含的细腻程度、柔和程度、圆润感、刺激性、干燥感和余味的各项指标值分别为 2.24、2.06、2.06、3.53、3.06 和 2.35（表 11-4-11）。

3. 宅吉乡潘桐村同 1 组片区

代表性片区（KY-03）中部烟叶（C3F）感官质量评价结果显示，香韵指标包含的干草香、清甜香、正甜香、焦甜香、青香、木香、豆香、坚果香、焦香、辛香、果香、药草香、花香、树脂香、酒香的各项指标值分别为 2.67、0、2.17、0、0、2.00、0、0、1.50、1.17、0、0、0、0、0，烟气指标包含的香气状态、烟气浓度、劲头、香气质、香气量和透发性的各项指标值分别为 3.09、3.00、3.09、2.42、2.82 和 2.73，杂气指标包含的青杂气、生青气、枯焦气、木质气、土腥气、松脂气、花粉气、药草气和金属气的各项指标值分别为 1.08、0、2.42、1.67、0、0、0、0、0，口感指标包含的细腻程度、柔和程度、圆润感、刺激性、干燥感和余味的各项指标值分别为 2.58、2.55、2.30、2.92、2.75 和 2.50（表 11-4-11）。

4. 楠木渡镇新凤村新华 1 组片区

代表性片区（KY-04）中部烟叶（C3F）感官质量评价结果显示，香韵指标包含的干草香、清甜香、正甜香、焦甜香、青香、木香、豆香、坚果香、焦香、辛香、果香、药草香、花香、树脂香、酒香的各项指标值分别为 3.33、0、2.72、0、0.78、1.94、0、0.67、1.00、1.61、0、0、0、0、0，烟气指标包含的香气状态、烟气浓度、劲头、香气质、香气量和透发性的各项指标值分别为 2.67、3.06、2.72、2.83、3.00 和 2.94，杂气指标包含的青杂气、生青气、枯焦气、木质气、土腥气、松脂气、花粉气、药草气和金属气的各项指标值分别为 1.06、1.00、1.11、1.50、0、0、0、0、0，口感指标包含的细腻程度、柔和程度、圆润感、刺激性、干燥感和余味的各项指标值分别为 2.94、2.67、2.67、2.39、2.72 和 2.67（表 11-4-11）。

5. 楠木渡镇新凤村新华 2 组片区

代表性片区（KY-05）中部烟叶（C3F）感官质量评价结果显示，香韵指标包含的干草香、清甜香、正甜香、焦甜香、青香、木香、豆香、坚果香、焦香、辛香、果香、药草香、花香、树脂香、酒香的各项指标值分别为 3.29、0、2.59、0、0、1.88、0、0、1.12、1.00、0、0、0、0、0，烟气指标包含的香气状态、烟气浓度、劲头、香气质、香气量和透发性的各项指标值分别为 2.59、3.19、3.19、2.53、2.94 和 2.76，杂气指标包含的青杂气、生青气、枯焦气、木质气、土腥气、松脂气、花粉气、药草气和金属气的各项指标值分别为 1.18、0、1.47、1.47、0、0、0、0、0，口感指标包含的细腻程度、柔和程度、圆润感、刺激性、干燥感和余味的各项指标值分别为 2.53、2.41、2.35、3.41、3.06 和 2.41（表 11-4-11）。

表 11-4-11 代表性片区中部烟叶（C3F）感官质量

评价指标		KY-01	KY-02	KY-03	KY-04	KY-05
香韵	干草香	3.22	3.12	2.67	3.33	3.29
	清甜香	0	0	0	0	0
	正甜香	2.72	2.29	2.17	2.72	2.59
	焦甜香	0	0	0	0	0
	青香	0.67	0	0	0.78	0
	木香	1.89	1.82	2.00	1.94	1.88
	豆香	0	0	0	0	0
	坚果香	0.72	0	0	0.67	0
	焦香	1.17	1.18	1.50	1.00	1.12
	辛香	1.50	1.00	1.17	1.61	1.00
	果香	0	0	0	0	0
	药草香	0	0	0	0	0
	花香	0	0	0	0	0
	树脂香	0	0	0	0	0
	酒香	0	0	0	0	0
烟气	香气状态	2.89	2.44	3.09	2.67	2.59
	烟气浓度	2.94	3.06	3.00	3.06	3.19
	劲头	3.06	3.65	3.09	2.72	3.19
	香气质	2.72	2.24	2.42	2.83	2.53
	香气量	2.67	2.76	2.82	3.00	2.94
	透发性	2.78	2.63	2.73	2.94	2.76
杂气	青杂气	0.94	1.24	1.08	1.06	1.18
	生青气	0.83	0	0	1.00	0
	枯焦气	1.17	1.65	2.42	1.11	1.47
	木质气	1.33	1.59	1.67	1.50	1.47
	土腥气	0	0	0	0	0
	松脂气	0	0	0	0	0
	花粉气	0	0	0	0	0
	药草气	0	0	0	0	0
	金属气	0	0	0	0	0

续表

评价指标		KY-01	KY-02	KY-03	KY-04	KY-05
口感	细腻程度	2.94	2.24	2.58	2.94	2.53
	柔和程度	2.72	2.06	2.55	2.67	2.41
	圆润感	2.72	2.06	2.30	2.67	2.35
	刺激性	2.33	3.53	2.92	2.39	3.41
	干燥感	2.50	3.06	2.75	2.72	3.06
	余味	2.94	2.35	2.50	2.67	2.41

第五节　贵州西秀烟叶风格特征

西秀区位于北纬 25°21′～26°38′，东经 105°13′～106°34′，地处贵州省中偏西南部，东邻省会贵阳市和黔南布依族苗族自治州，西靠六盘水市，南连黔西南布依族苗族自治州，北接毕节市。西秀区隶属贵州省安顺市，为安顺市政府所在地，面积 1710 km²。西秀区是世界上典型的喀斯特地貌集中地区，平均海拔在 1102～1694 m，全境海拔 560～1500 m，具有山岳气候的典型特征。西秀区是黔中山区烤烟种植区的典型烤烟产区之一，根据目前该区烤烟种植片区分布特点和烟叶质量风格特征，选择以下 5 个代表性种植片区，作为该区烟叶质量风格特征的代表性区域加以叙述。

一、烟田与烟株基本特征

1. 鸡场乡朱官村朱官组片区

代表性片区(XX-01)中心点位于北纬 26°5′21.198″，东经 106°4′57.442″，海拔 1229 m。地处中山坡地坡麓，缓坡梯田旱地，成土母质为白云岩-灰岩风化坡积物，烤烟、玉米不定期轮作，土壤亚类为普通简育常湿淋溶土。土体深厚，耕作层质地适中，少量砾石，耕性和通透性较好，轻度水土流失。烤烟田间长相长势中等，烟株呈塔形结构，株高 93.80 cm，茎围 8.40 cm，有效叶片数 17.10，中部烟叶长 64.00 cm、宽 33.00 cm，上部烟叶长 49.90 cm、宽 19.60 cm(图 11-5-1，表 11-5-1)。

图 11-5-1　XX-01 片区烟田

2. 岩腊苗族布依族乡三股水村对门寨组片区

代表性片区(XX-02)中心点位于北纬26°2′36.095″,东经106°0′34.670″,海拔1307 m。地处中山沟谷地,缓坡旱地,成土母质为白云岩风化沟谷冲积-堆积物,烤烟、玉米不定期轮作,土壤亚类为普通钙质常湿雏形土。土体较薄,耕作层质地偏黏,耕性较差,砾石多,通透性好,轻度水土流失。烤烟田间长相长势较好,烟株呈筒形结构,株高100.00 cm,茎围7.90 cm,有效叶片数19.90,中部烟叶长63.30 cm、宽29.60 cm,上部烟叶长50.40 cm、宽17.60 cm(图11-5-2,表11-5-1)。

图 11-5-2　XX-02 片区烟田

3. 双堡镇张溪湾村片区

代表性片区(XX-03)中心点位于北纬26°7′32.620″,东经106°8′6.502″,海拔1255 m。地处中山坡地坡麓,梯田水田,成土母质为灰岩风化堆积物,烤烟、晚稻/玉米不定期轮作,土壤亚类为漂白铁聚水耕人为土。土体深厚,耕作层质地适中,耕性和通透性较好。烤烟田间长相长势中等,烟株呈筒形结构,株高89.70 cm,茎围8.10 cm,有效叶片数16.50,中部烟叶长59.10 cm、宽32.10 cm,上部烟叶长48.90 cm、宽19.40 cm(图11-5-3,表11-5-1)。

图 11-5-3　XX-03 片区烟田

4. 杨武布依族苗族乡塘寨村竹志组片区

代表性片区（XX-04）中心点位于北纬 26°6′46.450″，东经 106°9′56.042″，海拔 1243 m。地处中山坡地中下部，缓坡梯田旱地，成土母质为灰岩风化坡积物，烤烟、玉米不定期轮作，土壤亚类为铝质简育常湿雏形土。土体深厚，耕作层质地适中，少量砾石，耕性和通透性较好，轻度水土流失。烤烟田间长相长势中等，烟株呈筒形结构，株高 74.90 cm、茎围 7.40 cm，有效叶片数 15.60，中部烟叶长 56.50 cm、宽 29.80 cm，上部烟叶长 48.40 cm、宽 19.90 cm（图 11-5-4，表 11-5-1）。

图 11-5-4　XX-04 片区烟田

5. 东屯乡梅旗村梅旗组片区

代表性片区（XX-05）中心点位于北纬 26°10′40.276″，东经 106°13′59.797″，海拔 1263 m。地处中山沟谷地，水田，成土母质为沟谷冲积-堆积物，烤烟、晚稻/玉米不定期轮作，土壤亚类为漂白铁聚水耕人为土。土体深厚，耕作层质地偏黏，少量砾石，耕性和通透性较差。烤烟田间长相长势以中棵烟为主，烟株呈筒形结构，株高 95.60 cm、茎围 8.30 cm，有效叶片数 17.20，中部烟叶长 64.00 cm、宽 30.00 cm，上部烟叶长 49.60 cm、宽 18.40 cm（图 11-5-5，表 11-5-1）。

图 11-5-5　XX-05 片区烟田

表 11-5-1　代表性片区烟株主要农艺性状

片区	株高/cm	茎围/cm	有效叶/片	中部叶/cm		上部叶/cm		株型
				叶长	叶宽	叶长	叶宽	
XX-01	93.80	8.40	17.10	64.00	33.00	49.90	19.60	塔形
XX-02	100.00	7.90	19.90	63.30	29.60	50.40	17.60	筒形
XX-03	89.70	8.10	16.50	59.10	32.10	48.90	19.40	筒形
XX-04	74.90	7.40	15.60	56.50	29.80	48.40	19.90	筒形
XX-05	95.60	8.30	17.20	64.00	30.00	49.60	18.40	筒形

二、烟叶外观质量与物理指标

1. 鸡场乡朱官村朱官组片区

代表性片区(XX-01)烟叶外观质量指标的成熟度得分 7.50，颜色得分 7.50，油分得分 7.50，身份得分 8.50，结构得分 7.50，色度得分 7.00。烟叶物理指标中的单叶重 11.45 g，叶片密度 63.45 g/m^2，含梗率 30.83%，平衡含水率 14.78%，叶片长度 61.30 cm，叶片宽度 23.42 cm，叶片厚度 118.80 μm，填充值 2.97 cm^3/g(图 11-5-6，表 11-5-2 和表 11-5-3)。

图 11-5-6　XX-01 片区初烤烟叶

2. 岩腊苗族布依族乡三股水村对门寨组片区

代表性片区(XX-02)烟叶外观质量指标的成熟度得分 8.00，颜色得分 8.50，油分得分 7.50，身份得分 8.50，结构得分 8.00，色度得分 7.50。烟叶物理指标中的单叶重 9.97 g，叶片密度 60.21 g/m^2，含梗率 31.25%，平衡含水率 13.38%，叶片长度 57.48 cm，叶片宽度 22.68 cm，叶片厚度 104.87 μm，填充值 3.05 cm^3/g(图 11-5-7，表 11-5-2 和表 11-5-3)。

图 11-5-7　XX-02 片区初烤烟叶

3. 双堡镇张溪湾村片区

代表性片区(XX-03)烟叶外观质量指标的成熟度得分 8.00，颜色得分 8.00，油分得分 7.50，身份得分 8.50，结构得分 7.50，色度得分 7.50。烟叶物理指标中的单叶重 10.68 g，叶片密度 56.62 g/m²，含梗率 29.40%，平衡含水率 16.42%，叶片长度 61.55 cm，叶片宽度 21.82 cm，叶片厚度 127.07 μm，填充值 3.08 cm³/g(图 11-5-8，表 11-5-2 和表 11-5-3)。

图 11-5-8　XX-03 片区初烤烟叶

4. 杨武布依族苗族乡塘寨村竹志组片区

代表性片区(XX-04)烟叶外观质量指标的成熟度得分 8.00，颜色得分 7.50，油分得分 7.50，身份得分 8.00，结构得分 7.50，色度得分 7.50。烟叶物理指标中的单叶重 12.76 g，叶片密度 59.94 g/m², 含梗率 29.93%, 平衡含水率 14.22%, 叶片长度 62.18 cm, 叶片宽度 25.02 cm, 叶片厚度 122.03 μm, 填充值 3.03 cm³/g(图 11-5-9, 表 11-5-2 和表 11-5-3)。

图 11-5-9　XX-04 片区初烤烟叶

5. 东屯乡梅旗村梅旗组片区

代表性片区(XX-05)烟叶外观质量指标的成熟度得分 7.50, 颜色得分 7.50, 油分得分 7.00, 身份得分 8.00, 结构得分 7.50, 色度得分 7.00。烟叶物理指标中的单叶重 10.79 g, 叶片密度 63.38 g/m², 含梗率 31.08%, 平衡含水率 15.08%, 叶片长度 60.58 cm, 叶片宽度 21.27 cm, 叶片厚度 122.23 μm, 填充值 3.05 cm³/g(图 11-5-10, 表 11-5-2 和表 11-5-3)。

图 11-5-10　XX-05 片区初烤烟叶

表 11-5-2　代表性片区烟叶外观质量

片区	成熟度	颜色	油分	身份	结构	色度
XX-01	7.50	7.50	7.50	8.50	7.50	7.00
XX-02	8.00	8.50	7.50	8.50	8.00	7.50
XX-03	8.00	8.00	7.50	8.50	7.50	7.50
XX-04	8.00	7.50	7.50	8.00	7.50	7.50
XX-05	7.50	7.50	7.00	8.00	7.50	7.00

表 11-5-3　代表性片区烟叶物理指标

片区	单叶重 /g	叶片密度 /(g/m²)	含梗率 /%	平衡含水率 /%	叶长 /cm	叶宽 /cm	叶片厚度 /μm	填充值 /(cm³/g)
XX-01	11.45	63.45	30.83	14.78	61.30	23.42	118.80	2.97
XX-02	9.97	60.21	31.25	13.38	57.48	22.68	104.87	3.05
XX-03	10.68	56.62	29.40	16.42	61.55	21.82	127.07	3.08
XX-04	12.76	59.94	29.93	14.22	62.18	25.02	122.03	3.03
XX-05	10.79	63.38	31.08	15.08	60.58	21.27	122.23	3.05

三、烟叶常规化学成分与中微量元素

1. 鸡场乡朱官村朱官组片区

代表性片区（XX-01）中部烟叶（C3F）总糖含量 30.83%，还原糖含量 25.95%，总氮含量 1.94%，总植物碱含量 2.55%，氯含量 0.42%，钾含量 1.84%，糖碱比 12.09，淀粉含量 4.33%（表 11-5-4）。烟叶铜含量为 0.053 g/kg，铁含量为 1.282 g/kg，锰含量为 3.045 g/kg，锌含量为 0.315 g/kg，钙含量为 164.685 mg/kg，镁含量为 16.325 mg/kg（表 11-5-5）。

2. 岩腊苗族布依族乡三股水村对门寨组片区

代表性片区（XX-02）中部烟叶（C3F）总糖含量 31.30%，还原糖含量 27.75%，总氮含量 1.87%，总植物碱含量 2.60%，氯含量 0.39%，钾含量 2.43%，糖碱比 12.04，淀粉含量 3.00%（表 11-5-4）。烟叶铜含量为 0.033 g/kg，铁含量为 1.307 g/kg，锰含量为 2.729 g/kg，锌含量为 0.372 g/kg，钙含量为 142.635 mg/kg，镁含量为 10.121 mg/kg（表 11-5-5）。

3. 双堡镇张溪湾村片区

代表性片区（XX-03）中部烟叶（C3F）总糖含量 26.06%，还原糖含量 22.82%，总氮含量 2.50%，总植物碱含量 4.11%，氯含量 0.73%，钾含量 1.49%，糖碱比 6.34，淀粉含量 2.81%（表 11-5-4）。烟叶铜含量为 0.080 g/kg，铁含量为 0.802 g/kg，锰含量为 3.615 g/kg，锌含量为 0.478 g/kg，钙含量为 164.452 mg/kg，镁含量为 16.149 mg/kg（表 11-5-5）。

4. 杨武布依族苗族乡塘寨村竹志组片区

代表性片区(XX-04)中部烟叶(C3F)总糖含量31.30%，还原糖含量27.75%，总氮含量1.87%，总植物碱含量2.60%，氯含量0.39%，钾含量2.43%，糖碱比12.04，淀粉含量2.87%(表11-5-4)。烟叶铜含量为0.029 g/kg，铁含量为1.254 g/kg，锰含量为3.057 g/kg，锌含量为0.374 g/kg，钙含量为154.349 mg/kg，镁含量为12.492 mg/kg(表11-5-5)。

5. 东屯乡梅旗村梅旗组片区

代表性片区(XX-05)中部烟叶(C3F)总糖含量32.78%，还原糖含量27.11%，总氮含量1.92%，总植物碱含量1.74%，氯含量0.43%，钾含量2.13%，糖碱比18.84，淀粉含量3.34%(表11-5-4)。烟叶铜含量为0.090 g/kg，铁含量为0.800 g/kg，锰含量为3.430 g/kg，锌含量为0.360 g/kg，钙含量为123.874 mg/kg，镁含量为17.525 mg/kg(表11-5-5)。

表11-5-4　代表性片区中部烟叶(C3F)常规化学成分

片区	总糖/%	还原糖/%	总氮/%	总植物碱/%	氯/%	钾/%	糖碱比	淀粉/%
XX-01	30.83	25.95	1.94	2.55	0.42	1.84	12.09	4.33
XX-02	31.30	27.75	1.87	2.60	0.39	2.43	12.04	3.00
XX-03	26.06	22.82	2.50	4.11	0.73	1.49	6.34	2.81
XX-04	31.30	27.75	1.87	2.60	0.39	2.43	12.04	2.87
XX-05	32.78	27.11	1.92	1.74	0.43	2.13	18.84	3.34

表11-5-5　代表性片区中部烟叶(C3F)中微量元素

片区	Cu /(g/kg)	Fe /(g/kg)	Mn /(g/kg)	Zn /(g/kg)	Ca /(mg/kg)	Mg /(mg/kg)
XX-01	0.053	1.282	3.045	0.315	164.685	16.325
XX-02	0.033	1.307	2.729	0.372	142.635	10.121
XX-03	0.080	0.802	3.615	0.478	164.452	16.149
XX-04	0.029	1.254	3.057	0.374	154.349	12.492
XX-05	0.090	0.800	3.430	0.360	123.874	17.525

四、烟叶生物碱组分与细胞壁物质

1. 鸡场乡朱官村朱官组片区

代表性片区(XX-01)中部烟叶(C3F)烟碱含量为23.790 mg/g，降烟碱含量为0.547 mg/g，麦斯明含量为0.003 mg/g，假木贼碱含量为0.148 mg/g，新烟碱含量为0.838 mg/g；烟叶纤维素含量为6.20%，半纤维素含量为2.80%，木质素含量为1.70%(表11-5-6)。

2. 岩腊苗族布依族乡三股水村对门寨组片区

代表性片区(XX-02)中部烟叶(C3F)烟碱含量为24.349 mg/g,降烟碱含量为0.789 mg/g,麦斯明含量为0.005 mg/g,假木贼碱含量为0.163 mg/g,新烟碱含量为0.818 mg/g;烟叶纤维素含量为6.40%,半纤维素含量为3.00%,木质素含量为1.40%(表11-5-6)。

3. 双堡镇张溪湾村片区

代表性片区(XX-03)中部烟叶(C3F)烟碱含量为37.719 mg/g,降烟碱含量为0.899 mg/g,麦斯明含量为0.005 mg/g,假木贼碱含量为0.223 mg/g,新烟碱含量为1.300 mg/g;烟叶纤维素含量为7.80%,半纤维素含量为2.80%,木质素含量为1.20%(表11-5-6)。

4. 杨武布依族苗族乡塘寨村竹志组片区

代表性片区(XX-04)中部烟叶(C3F)烟碱含量为25.323mg/g,降烟碱含量为0.557 mg/g,麦斯明含量为0.004 mg/g,假木贼碱含量为0.156 mg/g,新烟碱含量为0.776 mg/g;烟叶纤维素含量为7.80%,半纤维素含量为2.60%,木质素含量为0.90%(表11-5-6)。

5. 东屯乡梅旗村梅旗组片区

代表性片区(XX-05)中部烟叶(C3F)烟碱含量为21.422 mg/g,降烟碱含量为0.522 mg/g,麦斯明含量为0.003 mg/g,假木贼碱含量为0.140 mg/g,新烟碱含量为0.737 mg/g;烟叶纤维素含量为7.70%,半纤维素含量为2.70%,木质素含量为0.90%(表11-5-6)。

表 11-5-6　代表性片区中部烟叶(C3F)生物碱组分与细胞壁物质

片区	烟碱 /(mg/g)	降烟碱 /(mg/g)	麦斯明 /(mg/g)	假木贼碱 /(mg/g)	新烟碱 /(mg/g)	纤维素 /%	半纤维素 /%	木质素 /%
XX-01	23.790	0.547	0.003	0.148	0.838	6.20	2.80	1.70
XX-02	24.349	0.789	0.005	0.163	0.818	6.40	3.00	1.40
XX-03	37.719	0.899	0.005	0.223	1.300	7.80	2.80	1.20
XX-04	25.323	0.557	0.004	0.156	0.776	7.80	2.60	0.90
XX-05	21.422	0.522	0.003	0.140	0.737	7.70	2.70	0.90

五、烟叶多酚与质体色素

1. 鸡场乡朱官村朱官组片区

代表性片区(XX-01)中部烟叶(C3F)绿原酸含量为 12.210 mg/g,芸香苷含量为9.620 mg/g,莨菪亭含量为 0.130 mg/g,β-胡萝卜素含量为 0.034 mg/g,叶黄素含量为0.054 mg/g(表11-5-7)。

2. 岩腊苗族布依族乡三股水村对门寨组片区

代表性片区(XX-02)中部烟叶(C3F)绿原酸含量为 10.650 mg/g，芸香苷含量为 9.626 mg/g，莨菪亭含量为 0.180 mg/g，β-胡萝卜素含量为 0.075 mg/g，叶黄素含量为 0.120 mg/g(表 11-5-7)。

3. 双堡镇张溪湾村片区

代表性片区(XX-03)中部烟叶(C3F)绿原酸含量为 11.290 mg/g，芸香苷含量为 10.730 mg/g，莨菪亭含量为 0.190 mg/g，β-胡萝卜素含量为 0.040 mg/g，叶黄素含量为 0.063 mg/g(表 11-5-7)。

4. 杨武布依族苗族乡塘寨村竹志组片区

代表性片区(XX-04)中部烟叶(C3F)绿原酸含量为 12.290 mg/g，芸香苷含量为 9.550 mg/g，莨菪亭含量为 0.150 mg/g，β-胡萝卜素含量为 0.003 mg/g，叶黄素含量为 0.005 mg/g(表 11-5-7)。

5. 东屯乡梅旗村梅旗组片区

代表性片区(XX-05)中部烟叶(C3F)绿原酸含量为 13.020 mg/g，芸香苷含量为 10.660 mg/g，莨菪亭含量为 0.120 mg/g，β-胡萝卜素含量为 0.034 mg/g，叶黄素含量为 0.059 mg/g(表 11-5-7)。

表 11-5-7　代表性片区中部烟叶(C3F)多酚与质体色素　　(单位：mg/g)

片区	绿原酸	芸香苷	莨菪亭	β-胡萝卜素	叶黄素
XX-01	12.210	9.620	0.130	0.034	0.054
XX-02	10.650	9.626	0.180	0.075	0.120
XX-03	11.290	10.730	0.190	0.040	0.063
XX-04	12.290	9.550	0.150	0.003	0.005
XX-05	13.020	10.660	0.120	0.034	0.059

六、烟叶有机酸类物质

1. 鸡场乡朱官村朱官组片区

代表性片区(XX-01)中部烟叶(C3F)草酸含量为 20.161 mg/g，苹果酸含量为 57.247 mg/g，柠檬酸含量为 4.764 mg/g，棕榈酸含量为 1.747 mg/g，亚油酸含量为 0.919 mg/g，油酸含量为 2.483 mg/g，硬脂酸含量为 0.462 mg/g(表 11-5-8)。

2. 岩腊苗族布依族乡三股水村对门寨组片区

代表性片区(XX-02)中部烟叶(C3F)草酸含量为 21.859 mg/g，苹果酸含量为 50.398 mg/g，柠檬酸含量为 6.538 mg/g，棕榈酸含量为 1.967 mg/g，亚油酸含量为 1.114 mg/g，油酸含量为 2.745 mg/g，硬脂酸含量为 0.552 mg/g（表 11-5-8）。

3. 双堡镇张溪湾村片区

代表性片区（XX-03）中部烟叶（C3F）草酸含量为 21.334 mg/g，苹果酸含量为 47.237 mg/g，柠檬酸含量为 7.620 mg/g，棕榈酸含量为 1.963 mg/g，亚油酸含量为 1.281 mg/g，油酸含量为 2.796 mg/g，硬脂酸含量为 0.547 mg/g（表 11-5-8）。

4. 杨武布依族苗族乡塘寨村竹志组片区

代表性片区（XX-04）中部烟叶（C3F）草酸含量为 21.537 mg/g，苹果酸含量为 46.016 mg/g，柠檬酸含量为 4.830 mg/g，棕榈酸含量为 2.031 mg/g，亚油酸含量为 1.167 mg/g，油酸含量为 3.008 mg/g，硬脂酸含量为 0.489 mg/g（表 11-5-8）。

5. 东屯乡梅旗村梅旗组片区

代表性片区（XX-05）中部烟叶（C3F）草酸含量为 18.650 mg/g，苹果酸含量为 49.505 mg/g，柠檬酸含量为 4.921 mg/g，棕榈酸含量为 1.958 mg/g，亚油酸含量为 1.023 mg/g，油酸含量为 2.734 mg/g，硬脂酸含量为 0.508 mg/g（表 11-5-8）。

表 11-5-8　代表性片区中部烟叶（C3F）有机酸　（单位：mg/g）

片区	草酸	苹果酸	柠檬酸	棕榈酸	亚油酸	油酸	硬脂酸
XX-01	20.161	57.247	4.764	1.747	0.919	2.483	0.462
XX-02	21.859	50.398	6.538	1.967	1.114	2.745	0.552
XX-03	21.334	47.237	7.620	1.963	1.281	2.796	0.547
XX-04	21.537	46.016	4.830	2.031	1.167	3.008	0.489
XX-05	18.650	49.505	4.921	1.958	1.023	2.734	0.508

七、烟叶氨基酸

1. 鸡场乡朱官村朱官组片区

代表性片区（XX-01）中部烟叶（C3F）磷酸化-丝氨酸含量为 0.343 μg/mg，牛磺酸含量为 0.285 μg/mg，天冬氨酸含量为 0.073 μg/mg，苏氨酸含量为 0.159 μg/mg，丝氨酸含量为 0.062 μg/mg，天冬酰胺含量为 0.667 μg/mg，谷氨酸含量为 0.073 μg/mg，甘氨酸含量为 0.043 μg/mg，丙氨酸含量为 0.478 μg/mg，缬氨酸含量为 0.044 μg/mg，半胱氨酸含量为 0.157 μg/mg，异亮氨酸含量为 0.005 μg/mg，亮氨酸含量为 0.101 μg/mg，酪氨酸含量为 0.026 μg/mg，苯丙氨酸含量为 0.092 μg/mg，氨基丁酸含量为 0.028 μg/mg，组氨酸含量为 0.069 μg/mg，色氨酸含量为 0.102 μg/mg，精氨酸含量为 0.024 μg/mg（表 11-5-9）。

2. 岩腊苗族布依族乡三股水村对门寨组片区

代表性片区(XX-02)中部烟叶(C3F)磷酸化-丝氨酸含量为 0.361 μg/mg, 牛磺酸含量为 0.343 μg/mg, 天冬氨酸含量为 0.086 μg/mg, 苏氨酸含量为 0.183 μg/mg, 丝氨酸含量为 0.064 μg/mg, 天冬酰胺含量为 0.857 μg/mg, 谷氨酸含量为 0.090 μg/mg, 甘氨酸含量为 0.036 μg/mg, 丙氨酸含量为 0.417 μg/mg, 缬氨酸含量为 0.060 μg/mg, 半胱氨酸含量为 0.174 μg/mg, 异亮氨酸含量为 0.013 μg/mg, 亮氨酸含量为 0.127 μg/mg, 酪氨酸含量为 0.038 μg/mg, 苯丙氨酸含量为 0.116 μg/mg, 氨基丁酸含量为 0.031 μg/mg, 组氨酸含量为 0.080 μg/mg, 色氨酸含量为 0.121 μg/mg, 精氨酸含量为 0.021 μg/mg(表 11-5-9)。

3. 双堡镇张溪湾村片区

代表性片区(XX-03)中部烟叶(C3F)磷酸化-丝氨酸含量为 0.404 μg/mg, 牛磺酸含量为 0.352 μg/mg, 天冬氨酸含量为 0.084 μg/mg, 苏氨酸含量为 0.200 μg/mg, 丝氨酸含量为 0.075 μg/mg, 天冬酰胺含量为 1.257 μg/mg, 谷氨酸含量为 0.144 μg/mg, 甘氨酸含量为 0.036 μg/mg, 丙氨酸含量为 0.452 μg/mg, 缬氨酸含量为 0.083 μg/mg, 半胱氨酸含量为 0.255 μg/mg, 异亮氨酸含量为 0.024 μg/mg, 亮氨酸含量为 0.145 μg/mg, 酪氨酸含量为 0.047 μg/mg, 苯丙氨酸含量为 0.144 μg/mg, 氨基丁酸含量为 0.052 μg/mg, 组氨酸含量为 0.114 μg/mg, 色氨酸含量为 0.178 μg/mg, 精氨酸含量为 0.025 μg/mg(表 11-5-9)。

4. 杨武布依族苗族乡塘寨村竹志组片区

代表性片区(XX-04)中部烟叶(C3F)磷酸化-丝氨酸含量为 0.391 μg/mg, 牛磺酸含量为 0.373 μg/mg, 天冬氨酸含量为 0.099 μg/mg, 苏氨酸含量为 0.188 μg/mg, 丝氨酸含量为 0.055 μg/mg, 天冬酰胺含量为 0.763 μg/mg, 谷氨酸含量为 0.082 μg/mg, 甘氨酸含量为 0.025 μg/mg, 丙氨酸含量为 0.330 μg/mg, 缬氨酸含量为 0.055 μg/mg, 半胱氨酸含量为 0.118 μg/mg, 异亮氨酸含量为 0.017 μg/mg, 亮氨酸含量为 0.137 μg/mg, 酪氨酸含量为 0.038 μg/mg, 苯丙氨酸含量为 0.120 μg/mg, 氨基丁酸含量为 0.028 μg/mg, 组氨酸含量为 0.068 μg/mg, 色氨酸含量为 0.106 μg/mg, 精氨酸含量为 0.006 μg/mg(表 11-5-9)。

5. 东屯乡梅旗村梅旗组片区

代表性片区(XX-05)中部烟叶(C3F)磷酸化-丝氨酸含量为 0.305 μg/mg, 牛磺酸含量为 0.362 μg/mg, 天冬氨酸含量为 0.089 μg/mg, 苏氨酸含量为 0.183 μg/mg, 丝氨酸含量为 0.064 μg/mg, 天冬酰胺含量为 0.740 μg/mg, 谷氨酸含量为 0.063 μg/mg, 甘氨酸含量为 0.038 μg/mg, 丙氨酸含量为 0.407 μg/mg, 缬氨酸含量为 0.056 μg/mg, 半胱氨酸含量为 0.165 μg/mg, 异亮氨酸含量为 0.005 μg/mg, 亮氨酸含量为 0.123 μg/mg, 酪氨酸含量为 0.042 μg/mg, 苯丙氨酸含量为 0.107 μg/mg, 氨基丁酸含量为 0.015 μg/mg, 组氨酸含量为 0.070 μg/mg, 色氨酸含量为 0.096 μg/mg, 精氨酸含量为 0.032 μg/mg(表 11-5-9)。

表 11-5-9　代表性片区中部烟叶(C3F)氨基酸　　　(单位：μg/mg)

氨基酸组分	XX-01	XX-02	XX-03	XX-04	XX-05
磷酸化-丝氨酸	0.343	0.361	0.404	0.391	0.305
牛磺酸	0.285	0.343	0.352	0.373	0.362
天冬氨酸	0.073	0.086	0.084	0.099	0.089
苏氨酸	0.159	0.183	0.200	0.188	0.183
丝氨酸	0.062	0.064	0.075	0.055	0.064
天冬酰胺	0.667	0.857	1.257	0.763	0.740
谷氨酸	0.073	0.090	0.144	0.082	0.063
甘氨酸	0.043	0.036	0.036	0.025	0.038
丙氨酸	0.478	0.417	0.452	0.330	0.407
缬氨酸	0.044	0.060	0.083	0.055	0.056
半胱氨酸	0.157	0.174	0.255	0.118	0.165
异亮氨酸	0.005	0.013	0.024	0.017	0.005
亮氨酸	0.101	0.127	0.145	0.137	0.123
酪氨酸	0.026	0.038	0.047	0.038	0.042
苯丙氨酸	0.092	0.116	0.144	0.120	0.107
氨基丁酸	0.028	0.031	0.052	0.028	0.015
组氨酸	0.069	0.080	0.114	0.068	0.070
色氨酸	0.102	0.121	0.178	0.106	0.096
精氨酸	0.024	0.021	0.025	0.006	0.032

八、烟叶香气物质

1. 鸡场乡朱官村朱官组片区

代表性片区(XX-01)中部烟叶(C3F)茄酮含量为 1.411 μg/g，香叶基丙酮含量为 0.661 μg/g，降茄二酮含量为 0.078 μg/g，β-紫罗兰酮含量为 0.448 μg/g，氧化紫罗兰酮含量为 0.605 μg/g，二氢猕猴桃内酯含量为 3.450 μg/g，巨豆三烯酮 1 含量为 0.224 μg/g，巨豆三烯酮 2 含量为 1.826 μg/g，巨豆三烯酮 3 含量为 0.258 μg/g，巨豆三烯酮 4 含量为 1.602 μg/g，3-羟基-β-二氢大马酮含量为 1.053 μg/g，3-氧代-α-紫罗兰醇含量为 3.853 μg/g，新植二烯含量为 1095.192 μg/g，3-羟基索拉韦惕酮含量为 2.498 μg/g，β-法尼烯含量为 11.558 μg/g(表 11-5-10)。

2. 岩腊苗族布依族乡三股水村对门寨组片区

代表性片区(XX-02)中部烟叶(C3F)茄酮含量为 1.120 μg/g，香叶基丙酮含量为 0.470 μg/g，降茄二酮含量为 0.090 μg/g，β-紫罗兰酮含量为 0.414 μg/g，氧化紫罗兰酮含量为 0.403 μg/g，二氢猕猴桃内酯含量为 2.789 μg/g，巨豆三烯酮 1 含量为 0.168 μg/g，巨豆三烯酮 2 含量为 1.501 μg/g，巨豆三烯酮 3 含量为 0.213 μg/g，巨豆三烯酮 4 含量为 1.210 μg/g，3-羟基-β-二氢大马酮含量为 1.008 μg/g，3-氧代-α-紫罗兰醇含量为 2.878 μg/g，新植二烯含量为 921.122 μg/g，3-羟基索拉韦惕酮含量为 3.539 μg/g，β-法尼烯含量为 9.005 μg/g（表 11-5-10）。

3. 双堡镇张溪湾村片区

代表性片区（XX-03）中部烟叶（C3F）茄酮含量为 1.602 μg/g，香叶基丙酮含量为 0.515 μg/g，降茄二酮含量为 0.112 μg/g，β-紫罗兰酮含量为 0.482 μg/g，氧化紫罗兰酮含量为 0.582 μg/g，二氢猕猴桃内酯含量为 3.741 μg/g，巨豆三烯酮 1 含量为 0.280 μg/g，巨豆三烯酮 2 含量为 2.296 μg/g，巨豆三烯酮 3 含量为 0.258 μg/g，巨豆三烯酮 4 含量为 1.982 μg/g，3-羟基-β-二氢大马酮含量为 1.254 μg/g，3-氧代-α-紫罗兰醇含量为 3.707 μg/g，新植二烯含量为 1191.781 μg/g，3-羟基索拉韦惕酮含量为 7.202 μg/g，β-法尼烯含量为 11.446 μg/g（表 11-5-10）。

4. 杨武布依族苗族乡塘寨村竹志组片区

代表性片区（XX-04）中部烟叶（C3F）茄酮含量为 0.997 μg/g，香叶基丙酮含量为 0.582 μg/g，降茄二酮含量为 0.101 μg/g，β-紫罗兰酮含量为 0.414 μg/g，氧化紫罗兰酮含量为 0.571 μg/g，二氢猕猴桃内酯含量为 3.562 μg/g，巨豆三烯酮 1 含量为 0.146 μg/g，巨豆三烯酮 2 含量为 1.142 μg/g，巨豆三烯酮 3 含量为 0.157 μg/g，巨豆三烯酮 4 含量为 0.907 μg/g，3-羟基-β-二氢大马酮含量为 0.997 μg/g，3-氧代-α-紫罗兰醇含量为 1.254 μg/g，新植二烯含量为 983.517 μg/g，3-羟基索拉韦惕酮含量为 2.251 μg/g，β-法尼烯含量为 13.518 μg/g（表 11-5-10）。

5. 东屯乡梅旗村梅旗组片区

代表性片区（XX-05）中部烟叶（C3F）茄酮含量为 0.728 μg/g，香叶基丙酮含量为 0.426 μg/g，降茄二酮含量为 0.112 μg/g，β-紫罗兰酮含量为 0.392 μg/g，氧化紫罗兰酮含量为 0.291 μg/g，二氢猕猴桃内酯含量为 2.285 μg/g，巨豆三烯酮 1 含量为 0.168 μg/g，巨豆三烯酮 2 含量为 1.221 μg/g，巨豆三烯酮 3 含量为 0.224 μg/g，巨豆三烯酮 4 含量为 1.120 μg/g，3-羟基-β-二氢大马酮含量为 0.739 μg/g，3-氧代-α-紫罗兰醇含量为 2.016 μg/g，新植二烯含量为 797.630 μg/g，3-羟基索拉韦惕酮含量为 2.285 μg/g，β-法尼烯含量为 9.016 μg/g（表 11-5-10）。

表 11-5-10　代表性片区中部烟叶（C3F）香气物质　　　　（单位：μg/g）

香气物质	XX-01	XX-02	XX-03	XX-04	XX-05
茄酮	1.411	1.120	1.602	0.997	0.728
香叶基丙酮	0.661	0.470	0.515	0.582	0.426
降茄二酮	0.078	0.090	0.112	0.101	0.112
β-紫罗兰酮	0.448	0.414	0.482	0.414	0.392
氧化紫罗兰酮	0.605	0.403	0.582	0.571	0.291
二氢猕猴桃内酯	3.450	2.789	3.741	3.562	2.285

续表

香气物质	XX-01	XX-02	XX-03	XX-04	XX-05
巨豆三烯酮 1	0.224	0.168	0.280	0.146	0.168
巨豆三烯酮 2	1.826	1.501	2.296	1.142	1.221
巨豆三烯酮 3	0.258	0.213	0.258	0.157	0.224
巨豆三烯酮 4	1.602	1.210	1.982	0.907	1.120
3-羟基-β-二氢大马酮	1.053	1.008	1.254	0.997	0.739
3-氧代-α-紫罗兰醇	3.853	2.878	3.707	1.254	2.016
新植二烯	1095.192	921.122	1191.781	983.517	797.630
3-羟基索拉韦惕酮	2.498	3.539	7.202	2.251	2.285
β-法尼烯	11.558	9.005	11.446	13.518	9.016

九、烟叶感官质量

1. 鸡场乡朱官村朱官组片区

代表性片区（XX-01）中部烟叶（C3F）感官质量评价结果显示，香韵指标包含的干草香、清甜香、正甜香、焦甜香、青香、木香、豆香、坚果香、焦香、辛香、果香、药草香、花香、树脂香、酒香的各项指标值分别为 3.24、0、2.82、0、0.65、2.00、0、0、0.76、1.12、0、0、0、0、0，烟气指标包含的香气状态、烟气浓度、劲头、香气质、香气量和透发性的各项指标值分别为 3.00、2.94、2.56、3.00、2.82 和 2.76，杂气指标包含的青杂气、生青气、枯焦气、木质气、土腥气、松脂气、花粉气、药草气和金属气的各项指标值分别为 1.06、0.71、0、1.29、0、0、0、0、0，口感指标包含的细腻程度、柔和程度、圆润感、刺激性、干燥感和余味的各项指标值分别为 3.00、3.06、2.65、2.71、2.59 和 3.12（表 11-5-11）。

2. 岩腊苗族布依族乡三股水村对门寨组片区

代表性片区（XX-02）中部烟叶（C3F）感官质量评价结果显示，香韵指标包含的干草香、清甜香、正甜香、焦甜香、青香、木香、豆香、坚果香、焦香、辛香、果香、药草香、花香、树脂香、酒香的各项指标值分别为 3.24、0、2.76、0、0、2.00、0、0、0.59、1.12、0、0、0、0、0，烟气指标包含的香气状态、烟气浓度、劲头、香气质、香气量和透发性的各项指标值分别为 3.18、2.88、2.65、3.00、2.94 和 2.81，杂气指标包含的青杂气、生青气、枯焦气、木质气、土腥气、松脂气、花粉气、药草气和金属气的各项指标值分别为 0.94、0、0、1.12、0、0、0、0、0，口感指标包含的细腻程度、柔和程度、圆润感、刺激性、干燥感和余味的各项指标值分别为 2.94、2.82、2.71、2.71、2.76 和 2.94（表 11-5-11）。

3. 双堡镇张溪湾村片区

代表性片区（XX-03）中部烟叶（C3F）感官质量评价结果显示，香韵指标包含的干草香、清甜香、正甜香、焦甜香、青香、木香、豆香、坚果香、焦香、辛香、果香、药草香、花香、树脂香、酒香的各项指标值分别为3.18、0、2.71、0、0.71、1.71、0、0、0.65、0.59、0、0、0、0、0，烟气指标包含的香气状态、烟气浓度、劲头、香气质、香气量和透发性的各项指标值分别为2.71、2.88、2.94、3.00、3.00和2.94，杂气指标包含的青杂气、生青气、枯焦气、木质气、土腥气、松脂气、花粉气、药草气和金属气的各项指标值分别为1.24、0、1.00、1.35、0、0、0、0、0，口感指标包含的细腻程度、柔和程度、圆润感、刺激性、干燥感和余味的各项指标值分别为2.65、2.59、2.47、2.88、3.06和2.65（表11-5-11）。

4. 杨武布依族苗族乡塘寨村竹志组片区

代表性片区（XX-04）中部烟叶（C3F）感官质量评价结果显示，香韵指标包含的干草香、清甜香、正甜香、焦甜香、青香、木香、豆香、坚果香、焦香、辛香、果香、药草香、花香、树脂香、酒香的各项指标值分别为3.29、0、2.82、0、0、2.00、0、0、0.71、1.24、0、0、0、0、0，烟气指标包含的香气状态、烟气浓度、劲头、香气质、香气量和透发性的各项指标值分别为3.18、2.88、2.65、3.00、2.88和2.88，杂气指标包含的青杂气、生青气、枯焦气、木质气、土腥气、松脂气、花粉气、药草气和金属气的各项指标值分别为1.29、0、0.71、1.24、0、0、0、0、0，口感指标包含的细腻程度、柔和程度、圆润感、刺激性、干燥感和余味的各项指标值分别为3.00、3.00、2.65、2.76、2.65和2.94（表11-5-11）。

5. 东屯乡梅旗村梅旗组片区

代表性片区（XX-05）中部烟叶（C3F）感官质量评价结果显示，香韵指标包含的干草香、清甜香、正甜香、焦甜香、青香、木香、豆香、坚果香、焦香、辛香、果香、药草香、花香、树脂香、酒香的各项指标值分别为3.41、0、2.82、0、0、2.12、0、0、0、1.12、0、0、0、0、0，烟气指标包含的香气状态、烟气浓度、劲头、香气质、香气量和透发性的各项指标值分别为2.94、2.82、2.41、3.18、2.82和2.88，杂气指标包含的青杂气、生青气、枯焦气、木质气、土腥气、松脂气、花粉气、药草气和金属气的各项指标值分别为1.12、0、0、1.47、0、0、0、0、0，口感指标包含的细腻程度、柔和程度、圆润感、刺激性、干燥感和余味的各项指标值分别为2.94、3.00、2.88、2.35、2.47和3.00（表11-5-11）。

表 11-5-11　代表性片区中部烟叶（C3F）感官质量

	评价指标	XX-01	XX-02	XX-03	XX-04	XX-05
	干草香	3.24	3.24	3.18	3.29	3.41
	清甜香	0	0	0	0	0
香韵	正甜香	2.82	2.76	2.71	2.82	2.82
	焦甜香	0	0	0	0	0
	青香	0.65	0	0.71	0	0

评价指标		XX-01	XX-02	XX-03	XX-04	XX-05
香韵	木香	2.00	2.00	1.71	2.00	2.12
	豆香	0	0	0	0	0
	坚果香	0	0	0	0	0
	焦香	0.76	0.59	0.65	0.71	0
	辛香	1.12	1.12	0.59	1.24	1.12
	果香	0	0	0	0	0
	药草香	0	0	0	0	0
	花香	0	0	0	0	0
	树脂香	0	0	0	0	0
	酒香	0	0	0	0	0
烟气	香气状态	3.00	3.18	2.71	3.18	2.94
	烟气浓度	2.94	2.88	2.88	2.88	2.82
	劲头	2.56	2.65	2.94	2.65	2.41
	香气质	3.00	3.00	3.00	3.00	3.18
	香气量	2.82	2.94	3.00	2.88	2.82
	透发性	2.76	2.81	2.94	2.88	2.88
杂气	青杂气	1.06	0.94	1.24	1.29	1.12
	生青气	0.71	0	0	0	0
	枯焦气	0	0	1.00	0.71	0
	木质气	1.29	1.12	1.35	1.24	1.47
	土腥气	0	0	0	0	0
	松脂气	0	0	0	0	0
	花粉气	0	0	0	0	0
	药草气	0	0	0	0	0
	金属气	0	0	0	0	0
口感	细腻程度	3.00	2.94	2.65	3.00	2.94
	柔和程度	3.06	2.82	2.59	3.00	3.00
	圆润感	2.65	2.71	2.47	2.65	2.88
	刺激性	2.71	2.71	2.88	2.76	2.35
	干燥感	2.59	2.76	3.06	2.65	2.47
	余味	3.12	2.94	2.65	2.94	3.00

第六节　贵州余庆烟叶风格特征

余庆县位于北纬 27°8′～27°41′，东经 107°25′～108°2′，地处贵州省中部，遵义东南角，是遵义、铜仁、黔南、黔东南 4 地(州、市)结合部，东与石阡县接壤，南接黄平县，东南连施秉县，西南临瓮安县，西北界湄潭县，东北与凤冈县毗邻。余庆县隶属贵州省遵义市，现辖8个镇和1个民族乡，面积1623.7 km²。境内最高海拔为1386.5 m，最低海拔为400 m，多数地区海拔在850 m左右。该县碳酸盐岩区域表现为溶蚀、浸蚀构造地貌特征，呈现岩溶丘陵、岩溶山地、断层谷地或断陷盆地；碎屑岩区域剥蚀作用多形成缓坡地形过渡地带；轻变质岩以剥蚀构造地貌特征为主，构成山地、断陷谷地等类型。余庆县是黔中山区烤烟种植区的典型烤烟产区之一，根据目前该县烤烟种植片区分布特点和烟叶质量风格特征，选择5个代表性种植片区，作为该县烟叶质量风格特征的代表性区域进行描述。

一、烟田与烟株基本特征

1. 松烟镇友礼村下坝片区

代表性片区（YQ-01）中心点位于北纬 27°37′52.122″，东经 107°38′58.015″，海拔887 m。地处中山坡地中下部，中坡旱地，成土母质为白云岩-灰岩风化坡积物，土壤亚类为腐殖钙质湿润淋溶土。土体深厚，耕作层质地黏重，耕性较差，砾石较多，通透性较好，中度水土流失。烤烟、玉米不定期轮作，烤烟大田生长期5～9月。烤烟田间长相长势中等偏弱，烟株呈筒形结构，株高77.50 cm，茎围11.70 cm，有效叶片数18.70，中部烟叶长81.50 cm、宽33.80 cm，上部烟叶长59.20 cm、宽23.70 cm（图11-6-1，表11-6-1）。

图11-6-1　YQ-01片区烟田

2. 关兴镇关兴村下园片区

代表性片区（YQ-02）中心点位于北纬27°34′9.620″，东经107°41′17.086″，海拔884 m。地处中山区河流冲积平原二级阶地，水田，成土母质为河流冲积物，土壤亚类为普通铁聚水耕人为土。土体深厚，耕作层质地偏黏，耕性和通透性较差。烤烟、晚稻不定期轮作，烤烟大田生长期5～9月。烤烟田间长相长势中等，烟株呈筒形结构，株高84.90 cm，茎围11.40 cm，有效叶片数21.50，中部烟叶长77.20 cm、宽31.80 cm，上部烟叶长52.40 cm、宽18.50 cm（图11-6-2，表11-6-1）。

图 11-6-2　YQ-02 片区烟田

3. 敖溪镇官仓村土坪片区

代表性片区(YQ-03)中心点位于北纬 27°32′49.508″，东经 107°36′30.096″，海拔 884 m。地处中山坡地中上部，缓坡梯田旱地，成土母质为白云岩-灰岩风化坡积物，土壤亚类为腐殖钙质湿润淋溶土。土体深厚，耕作层质地黏重，砾石少，耕性和通透性较差，轻度水土流失。烤烟、玉米不定期轮作，烤烟大田生长期 5～9 月。烤烟田间长相长势中等，烟株呈筒形结构，株高 80.10 cm，茎围 11.30 cm，有效叶片数 22.00，中部烟叶长 77.50 cm、宽 24.80 cm，上部烟叶长 65.30 cm、宽 20.20 cm(图 11-6-3，表 11-6-1)。

图 11-6-3　YQ-03 片区烟田

4. 龙家镇光辉村土坪片区

代表性片区(YQ-04)中心点位于北纬 27°31′7.026″，东经 107°33′30.766″，海拔 843 m。地处中山坡地坡麓，梯田水田，成土母质为砂岩风化坡积-堆积物，土壤亚类为普通铁聚水耕人为土。土体深厚，耕作层质地偏黏，砾石少，耕性和通透性较差。烤烟、晚稻不定期轮作，烤烟大田生长期 5～9 月。烤烟田间长相长势较好，烟株呈筒形结构，株高 104.30 cm，茎围 11.10 cm，有效叶片数 23.90，中部烟叶长 73.80 cm、宽 27.20 cm，上部烟叶长 56.80 cm、宽 19.00 cm(图 11-6-4，表 11-6-1)。

图 11-6-4　YQ-04 片区烟田

5. 大乌江镇箐口村水井湾片区

代表性片区（YQ-05）中心点位于北纬 27°24′3.935″，东经 107°38′31.395″，海拔 1041 m。地处中山坡地中部，缓坡梯田旱地，成土母质为白云岩-灰岩风化坡积物，土壤亚类为腐殖钙质湿润淋溶土。土体较厚，耕作层质地偏黏，耕性较差，砾石较多，通透性较好，轻度水土流失。烤烟、玉米不定期轮作，烤烟大田生长期 5～9 月。烤烟田间长相长势中等，烟株呈塔形结构，株高 87.50 cm，茎围 10.80 cm，有效叶片数 20.10，中部烟叶长 69.70 cm、宽 25.50 cm，上部烟叶长 57.50 cm、宽 18.30 cm（图 11-6-5，表 11-6-1）。

图 11-6-5　YQ-05 片区烟田

表 11-6-1　代表性片区烟株主要农艺性状

片区	株高 /cm	茎围 /cm	有效叶 /片	中部叶/cm		上部叶/cm		株型
				叶长	叶宽	叶长	叶宽	
YQ-01	77.50	11.70	18.70	81.50	33.80	59.20	23.70	筒形
YQ-02	84.90	11.40	21.50	77.20	31.80	52.40	18.50	筒形
YQ-03	80.10	11.30	22.00	77.50	24.80	65.30	20.20	筒形
YQ-04	104.30	11.10	23.90	73.80	27.20	56.80	19.00	筒形
YQ-05	87.50	10.80	20.10	69.70	25.50	57.50	18.30	塔形

二、烟叶外观质量与物理指标

1. 松烟镇友礼村下坝片区

代表性片区(YQ-01)烟叶外观质量指标的成熟度得分 8.00,颜色得分 8.50,油分得分 7.50,身份得分 8.50,结构得分 7.50,色度得分 8.00。烟叶物理指标中的单叶重 10.38 g,叶片密度 59.30 g/m²,含梗率 33.70%,平衡含水率 12.64%,叶片长度 61.67 cm,叶片宽度 23.40 cm,叶片厚度 98.90 μm,填充值 3.24 cm³/g(图 11-6-6,表 11-6-2 和表 11-6-3)。

图 11-6-6 YQ-01 片区初烤烟叶

2. 关兴镇关兴村下园片区

代表性片区(YQ-02)烟叶外观质量指标的成熟度得分 8.00,颜色得分 8.50,油分得分 8.00,身份得分 8.50,结构得分 8.00,色度得分 7.50。烟叶物理指标中的单叶重 10.14 g,叶片密度 57.03 g/m²,含梗率 33.92%,平衡含水率 13.28%,叶片长度 62.20 cm,叶片宽度 24.13 cm,叶片厚度 115.80 μm,填充值 2.83 cm³/g(图 11-6-7,表 11-6-2 和表 11-6-3)。

图 11-6-7 YQ-02 片区初烤烟叶

3. 敖溪镇官仓村土坪片区

代表性片区（YQ-03）烟叶外观质量指标的成熟度得分 7.50，颜色得分 8.00，油分得分 8.00，身份得分 9.00，结构得分 7.50，色度得分 7.50。烟叶物理指标中的单叶重 14.47 g，叶片密度 54.17 g/m²，含梗率 34.60%，平衡含水率 14.40%，叶片长度 67.40 cm，叶片宽度 26.68 cm，叶片厚度 124.30 μm，填充值 3.18 cm³/g（图 11-6-8，表 11-6-2 和表 11-6-3）。

图 11-6-8　YQ-03 片区初烤烟叶

4. 龙家镇光辉村土坪片区

代表性片区（YQ-04）烟叶外观质量指标的成熟度得分 7.50，颜色得分 8.00，油分得分 7.00，身份得分 8.50，结构得分 7.50，色度得分 7.00。烟叶物理指标中的单叶重 9.72 g，叶片密度 63.49 g/m²，含梗率 32.83%，平衡含水率 12.61%，叶片长度 57.65 cm，叶片宽度 20.93 cm，叶片厚度 110.80 μm，填充值 3.05 cm³/g（图 11-6-9，表 11-6-2 和表 11-6-3）。

图 11-6-9　YQ-04 片区初烤烟叶

5. 大乌江镇箐口村水井湾片区

代表性片区(YQ-05)烟叶外观质量指标的成熟度得分 6.50,颜色得分 7.50,油分得分 8.00,身份得分 9.00,结构得分 6.50,色度得分 7.50。烟叶物理指标中的单叶重 11.70 g,叶片密度 65.56 g/m²,含梗率 34.04%,平衡含水率 13.61%,叶片长度 63.43 cm,叶片宽度 23.18 cm,叶片厚度 104.00 μm,填充值 3.10 cm³/g(图 11-6-10,表 11-6-2 和表 11-6-3)。

图 11-6-10　YQ-05 片区初烤烟叶

表 11-6-2　代表性片区烟叶外观质量

片区	成熟度	颜色	油分	身份	结构	色度
YQ-01	8.00	8.50	7.50	8.50	7.50	8.00
YQ-02	8.00	8.50	8.00	8.50	8.00	7.50
YQ-03	7.50	8.00	8.00	9.00	7.50	7.50
YQ-04	7.50	8.00	7.00	8.50	7.50	7.00
YQ-05	6.50	7.50	8.00	9.00	6.50	7.50

表 11-6-3　代表性片区烟叶物理指标

片区	单叶重 /g	叶片密度 /(g/m²)	含梗率 /%	平衡含水率 /%	叶长 /cm	叶宽 /cm	叶片厚度 /μm	填充值 /(cm³/g)
YQ-01	10.38	59.30	33.70	12.64	61.67	23.40	98.90	3.24
YQ-02	10.14	57.03	33.92	13.28	62.20	24.13	115.80	2.83
YQ-03	14.47	54.17	34.60	14.40	67.40	26.68	124.30	3.18
YQ-04	9.72	63.49	32.83	12.61	57.65	20.93	110.80	3.05
YQ-05	11.70	65.56	34.04	13.61	63.43	23.18	104.00	3.10

三、烟叶常规化学成分与中微量元素

1. 松烟镇友礼村下坝片区

代表性片区(YQ-01)中部烟叶(C3F)总糖含量24.34%，还原糖含量20.75%，总氮含量2.14%，总植物碱含量2.68%，氯含量0.45%，钾含量2.19%，糖碱比9.08，淀粉含量3.38%(表11-6-4)。烟叶铜含量为0.059 g/kg，铁含量为0.836 g/kg，锰含量为1.109 g/kg，锌含量为0.275 g/kg，钙含量为174.269 mg/kg，镁含量为25.919 mg/kg(表11-6-5)。

2. 关兴镇关兴村下园片区

代表性片区(YQ-02)中部烟叶(C3F)总糖含量22.55%，还原糖含量20.94%，总氮含量2.07%，总植物碱含量3.29%，氯含量0.42%，钾含量2.18%，糖碱比6.85，淀粉含量2.52%(表11-6-4)。烟叶铜含量为0.003 g/kg，铁含量为1.001 g/kg，锰含量为0.001 g/kg，锌含量为0.610 g/kg，钙含量为138.193 mg/kg，镁含量为18.020 mg/kg(表11-6-5)。

3. 敖溪镇官仓村土坪片区

代表性片区(YQ-03)中部烟叶(C3F)总糖含量26.46%，还原糖含量22.93%，总氮含量1.89%，总植物碱含量2.66%，氯含量0.38%，钾含量1.78%，糖碱比9.95，淀粉含量2.92%(表11-6-4)。烟叶铜含量为0.082 g/kg，铁含量为1.161 g/kg，锰含量为0 g/kg，锌含量为0.271g/kg，钙含量为182.771 mg/kg，镁含量为23.377 mg/kg(表11-6-5)。

4. 龙家镇光辉村土坪片区

代表性片区(YQ-04)中部烟叶(C3F)总糖含量24.68%，还原糖含量19.13%，总氮含量1.81%，总植物碱含量2.31%，氯含量0.56%，钾含量1.53%，糖碱比10.68，淀粉含量3.27%(表11-6-4)。烟叶铜含量为0.091 g/kg，铁含量为1.169 g/kg，锰含量为0.810 g/kg，锌含量为0.446 g/kg，钙含量为154.121 mg/kg，镁含量为15.667 mg/kg(表11-6-5)。

5. 大乌江镇箐口村水井湾片区

代表性片区(YQ-05)中部烟叶(C3F)总糖含量22.98%，还原糖含量20.17%，总氮含量2.32%，总植物碱含量2.99%，氯含量0.28%，钾含量1.91%，糖碱比7.69，淀粉含量3.54%(表11-6-4)。烟叶铜含量为0.024 g/kg，铁含量为1.797 g/kg，锰含量为2.123 g/kg，锌含量为0.294 g/kg，钙含量为161.842 mg/kg，镁含量为23.483 mg/kg(表11-6-5)。

表11-6-4　代表性片区中部烟叶(C3F)常规化学成分

片区	总糖/%	还原糖/%	总氮/%	总植物碱/%	氯/%	钾/%	糖碱比	淀粉/%
YQ-01	24.34	20.75	2.14	2.68	0.45	2.19	9.08	3.38
YQ-02	22.55	20.94	2.07	3.29	0.42	2.18	6.85	2.52
YQ-03	26.46	22.93	1.89	2.66	0.38	1.78	9.95	2.92
YQ-04	24.68	19.13	1.81	2.31	0.56	1.53	10.68	3.27
YQ-05	22.98	20.17	2.32	2.99	0.28	1.91	7.69	3.54

表 11-6-5　代表性片区中部烟叶（C3F）中微量元素

片区	Cu /(g/kg)	Fe /(g/kg)	Mn /(g/kg)	Zn /(g/kg)	Ca /(mg/kg)	Mg /(mg/kg)
YQ-01	0.059	0.836	1.109	0.275	174.269	25.919
YQ-02	0.003	1.001	0.001	0.610	138.193	18.020
YQ-03	0.082	1.161	0	0.271	182.771	23.377
YQ-04	0.091	1.169	0.810	0.446	154.121	15.667
YQ-05	0.024	1.797	2.123	0.294	161.842	23.483

四、烟叶生物碱组分与细胞壁物质

1. 松烟镇友礼村下坝片区

代表性片区（YQ-01）中部烟叶（C3F）烟碱含量为22.807 mg/g，降烟碱含量为0.571 mg/g，麦斯明含量为0.003 mg/g，假木贼碱含量为0.152 mg/g，新烟碱含量为0.758 mg/g；烟叶纤维素含量为7.90%，半纤维素含量为2.50%，木质素含量为1.20%（表11-6-6）。

2. 关兴镇关兴村下园片区

代表性片区（YQ-02）中部烟叶（C3F）烟碱含量为30.472 mg/g，降烟碱含量为0.656 mg/g，麦斯明含量为0.004 mg/g，假木贼碱含量为0.203 mg/g，新烟碱含量为0.900 mg/g；烟叶纤维素含量为8.00%，半纤维素含量为3.10%，木质素含量为1.50%（表11-6-6）。

3. 敖溪镇官仓村土坪片区

代表性片区（YQ-03）中部烟叶（C3F）烟碱含量为24.047 mg/g，降烟碱含量为0.632 mg/g，麦斯明含量为0.004 mg/g，假木贼碱含量为0.166 mg/g，新烟碱含量为0.748 mg/g；烟叶纤维素含量为7.90%，半纤维素含量为2.70%，木质素含量为1.20%（表11-6-6）。

4. 龙家镇光辉村土坪片区

代表性片区（YQ-04）中部烟叶（C3F）烟碱含量为27.190 mg/g，降烟碱含量为0.639 mg/g，麦斯明含量为0.004 mg/g，假木贼碱含量为0.155 mg/g，新烟碱含量为0.599 mg/g；烟叶纤维素含量为7.50%，半纤维素含量为3.00%，木质素含量为1.30%（表11-6-6）。

5. 大乌江镇菁口村水井湾片区

代表性片区（YQ-05）中部烟叶（C3F）烟碱含量为28.662 mg/g，降烟碱含量为0.683 mg/g，麦斯明含量为0.005 mg/g，假木贼碱含量为0.186 mg/g，新烟碱含量为0.957 mg/g；烟叶纤维素含量为8.50%，半纤维素含量为3.00%，木质素含量为1.30%（表11-6-6）。

表 11-6-6　代表性片区中部烟叶(C3F)生物碱组分与细胞壁物质

片区	烟碱/(mg/g)	降烟碱/(mg/g)	麦斯明/(mg/g)	假木贼碱/(mg/g)	新烟碱/(mg/g)	纤维素/%	半纤维素/%	木质素/%
YQ-01	22.807	0.571	0.003	0.152	0.758	7.90	2.50	1.20
YQ-02	30.472	0.656	0.004	0.203	0.900	8.00	3.10	1.50
YQ-03	24.047	0.632	0.004	0.166	0.748	7.90	2.70	1.20
YQ-04	27.190	0.639	0.004	0.155	0.599	7.50	3.00	1.30
YQ-05	28.662	0.683	0.005	0.186	0.957	8.50	3.00	1.30

五、烟叶多酚与质体色素

1. 松烟镇友礼村下坝片区

代表性片区(YQ-01)中部烟叶(C3F)绿原酸含量为 13.800 mg/g，芸香苷含量为 5.020 mg/g，莨菪亭含量为 0.250 mg/g，β-胡萝卜素含量为 0.044 mg/g，叶黄素含量为 0.080 mg/g(表 11-6-7)。

2. 关兴镇关兴村下园片区

代表性片区(YQ-02)中部烟叶(C3F)绿原酸含量为 9.770 mg/g，芸香苷含量为 8.490 mg/g，莨菪亭含量为 0.210 mg/g，β-胡萝卜素含量为 0.031 mg/g，叶黄素含量为 0.054 mg/g(表 11-6-7)。

3. 敖溪镇官仓村土坪片区

代表性片区(YQ-03)中部烟叶(C3F)绿原酸含量为 13.500 mg/g，芸香苷含量为 9.800 mg/g，莨菪亭含量为 0.140 mg/g，β-胡萝卜素含量为 0.037 mg/g，叶黄素含量为 0.067 mg/g(表 11-6-7)。

4. 龙家镇光辉村土坪片区

代表性片区(YQ-04)中部烟叶(C3F)绿原酸含量为 12.100 mg/g，芸香苷含量为 8.970 mg/g，莨菪亭含量为 0.170 mg/g，β-胡萝卜素含量为 0.042 mg/g，叶黄素含量为 0.069 mg/g(表 11-6-7)。

5. 大乌江镇箐口村水井湾片区

代表性片区(YQ-05)中部烟叶(C3F)绿原酸含量为 13.280 mg/g，芸香苷含量为 10.540 mg/g，莨菪亭含量为 0.160 mg/g，β-胡萝卜素含量为 0.048 mg/g，叶黄素含量为 0.085 mg/g(表 11-6-7)。

表 11-6-7   代表性片区中部烟叶 (C3F) 多酚与质体色素   （单位：mg/g）

片区	绿原酸	芸香苷	莨菪亭	β-胡萝卜素	叶黄素
YQ-01	13.800	5.020	0.250	0.044	0.080
YQ-02	9.770	8.490	0.210	0.031	0.054
YQ-03	13.500	9.800	0.140	0.037	0.067
YQ-04	12.100	8.970	0.170	0.042	0.069
YQ-05	13.280	10.540	0.160	0.048	0.085

六、烟叶有机酸类物质

1. 松烟镇友礼村下坝片区

代表性片区（YQ-01）中部烟叶（C3F）草酸含量为 22.365 mg/g，苹果酸含量为 60.171 mg/g，柠檬酸含量为 5.371 mg/g，棕榈酸含量为 1.797 mg/g，亚油酸含量为 1.136 mg/g，油酸含量为 2.558 mg/g，硬脂酸含量为 0.517 mg/g（表 11-6-8）。

2. 关兴镇关兴村下园片区

代表性片区（YQ-02）中部烟叶（C3F）草酸含量为 29.879 mg/g，苹果酸含量为 81.017 mg/g，柠檬酸含量为 7.226 mg/g，棕榈酸含量为 2.479 mg/g，亚油酸含量为 1.534 mg/g，油酸含量为 3.526 mg/g，硬脂酸含量为 0.574 mg/g（表 11-6-8）。

3. 敖溪镇官仓村土坪片区

代表性片区（YQ-03）中部烟叶（C3F）草酸含量为 22.919 mg/g，苹果酸含量为 69.352 mg/g，柠檬酸含量为 6.980 mg/g，棕榈酸含量为 1.812 mg/g，亚油酸含量为 1.181 mg/g，油酸含量为 2.680 mg/g，硬脂酸含量为 0.446 mg/g（表 11-6-8）。

4. 龙家镇光辉村土坪片区

代表性片区（YQ-04）中部烟叶（C3F）草酸含量为 40.232 mg/g，苹果酸含量为 86.070 mg/g，柠檬酸含量为 10.376 mg/g，棕榈酸含量为 2.666 mg/g，亚油酸含量为 1.541 mg/g，油酸含量为 3.911 mg/g，硬脂酸含量为 0.621 mg/g（表 11-6-8）。

5. 大乌江镇箐口村水井湾片区

代表性片区（YQ-05）中部烟叶（C3F）草酸含量为 22.269 mg/g，苹果酸含量为 43.356 mg/g，柠檬酸含量为 6.158 mg/g，棕榈酸含量为 1.583 mg/g，亚油酸含量为 1.085 mg/g，油酸含量为 3.038 mg/g，硬脂酸含量为 0.353 mg/g（表 11-6-8）。

表 11-6-8　代表性片区中部烟叶(C3F)有机酸　（单位：mg/g）

片区	草酸	苹果酸	柠檬酸	棕榈酸	亚油酸	油酸	硬脂酸
YQ-01	22.365	60.171	5.371	1.797	1.136	2.558	0.517
YQ-02	29.879	81.017	7.226	2.479	1.534	3.526	0.574
YQ-03	22.919	69.352	6.980	1.812	1.181	2.680	0.446
YQ-04	40.232	86.070	10.376	2.666	1.541	3.911	0.621
YQ-05	22.269	43.356	6.158	1.583	1.085	3.038	0.353

七、烟叶氨基酸

1. 松烟镇友礼村下坝片区

代表性片区(YQ-01)中部烟叶(C3F)磷酸化-丝氨酸含量为 0.403 μg/mg，牛磺酸含量为 0.411 μg/mg，天冬氨酸含量为 0.191 μg/mg，苏氨酸含量为 0.168 μg/mg，丝氨酸含量为 0.041 μg/mg，天冬酰胺含量为 1.336 μg/mg，谷氨酸含量为 0.172 μg/mg，甘氨酸含量为 0.040 μg/mg，丙氨酸含量为 0.608 μg/mg，缬氨酸含量为 0.056 μg/mg，半胱氨酸含量为 0.291 μg/mg，异亮氨酸含量为 0.004 μg/mg，亮氨酸含量为 0.114 μg/mg，酪氨酸含量为 0.066 μg/mg，苯丙氨酸含量为 0.180 μg/mg，氨基丁酸含量为 0.045 μg/mg，组氨酸含量为 0.135 μg/mg，色氨酸含量为 0.187 μg/mg，精氨酸含量为 0 μg/mg（表 11-6-9）。

2. 关兴镇关兴村下园片区

代表性片区(YQ-02)中部烟叶(C3F)磷酸化-丝氨酸含量为 0.287 μg/mg，牛磺酸含量为 0.331 μg/mg，天冬氨酸含量为 0.120 μg/mg，苏氨酸含量为 0.131 μg/mg，丝氨酸含量为 0.044 μg/mg，天冬酰胺含量为 0.756 μg/mg，谷氨酸含量为 0.106 μg/mg，甘氨酸含量为 0.033 μg/mg，丙氨酸含量为 0.346 μg/mg，缬氨酸含量为 0.042 μg/mg，半胱氨酸含量为 0.211 μg/mg，异亮氨酸含量为 0.008 μg/mg，亮氨酸含量为 0.076 μg/mg，酪氨酸含量为 0.029 μg/mg，苯丙氨酸含量为 0.101 μg/mg，氨基丁酸含量为 0.039 μg/mg，组氨酸含量为 0.079 μg/mg，色氨酸含量为 0.095 μg/mg，精氨酸含量为 0.008 μg/mg（表 11-6-9）。

3. 敖溪镇官仓村土坪片区

代表性片区(YQ-03)中部烟叶(C3F)磷酸化-丝氨酸含量为 0.449 μg/mg，牛磺酸含量为 0.493 μg/mg，天冬氨酸含量为 0.155 μg/mg，苏氨酸含量为 0.161 μg/mg，丝氨酸含量为 0.065 μg/mg，天冬酰胺含量为 1.254 μg/mg，谷氨酸含量为 0.158 μg/mg，甘氨酸含量为 0.044 μg/mg，丙氨酸含量为 0.547 μg/mg，缬氨酸含量为 0.057 μg/mg，半胱氨酸含量为 0.191 μg/mg，异亮氨酸含量为 0.004 μg/mg，亮氨酸含量为 0.107 μg/mg，酪氨酸含量为 0.049 μg/mg，苯丙氨酸含量为 0.144 μg/mg，氨基丁酸含量为 0.050 μg/mg，组氨酸含量为 0.088 μg/mg，色氨酸含量为 0.133 μg/mg，精氨酸含量为 0.028 μg/mg（表 11-6-9）。

4. 龙家镇光辉村土坪片区

代表性片区（YQ-04）中部烟叶（C3F）磷酸化-丝氨酸含量为 0.300 μg/mg，牛磺酸含量为 0.297 μg/mg，天冬氨酸含量为 0.114 μg/mg，苏氨酸含量为 0.122 μg/mg，丝氨酸含量为 0.051 μg/mg，天冬酰胺含量为 1.139 μg/mg，谷氨酸含量为 0.135 μg/mg，甘氨酸含量为 0.030 μg/mg，丙氨酸含量为 0.428 μg/mg，缬氨酸含量为 0.060 μg/mg，半胱氨酸含量为 0.178 μg/mg，异亮氨酸含量为 0.013 μg/mg，亮氨酸含量为 0.095 μg/mg，酪氨酸含量为 0.050 μg/mg，苯丙氨酸含量为 0.123 μg/mg，氨基丁酸含量为 0.057 μg/mg，组氨酸含量为 0.104 μg/mg，色氨酸含量为 0.141 μg/mg，精氨酸含量为 0.025 μg/mg（表 11-6-9）。

5. 大乌江镇箐口村水井湾片区

代表性片区（YQ-05）中部烟叶（C3F）磷酸化-丝氨酸含量为 0.394 μg/mg，牛磺酸含量为 0.447 μg/mg，天冬氨酸含量为 0.249 μg/mg，苏氨酸含量为 0.113 μg/mg，丝氨酸含量为 0.066 μg/mg，天冬酰胺含量为 1.583 μg/mg，谷氨酸含量为 0.155 μg/mg，甘氨酸含量为 0.041 μg/mg，丙氨酸含量为 0.559 μg/mg，缬氨酸含量为 0.099 μg/mg，半胱氨酸含量为 0.158 μg/mg，异亮氨酸含量为 0.021 μg/mg，亮氨酸含量为 0.144 μg/mg，酪氨酸含量为 0.073 μg/mg，苯丙氨酸含量为 0.260 μg/mg，氨基丁酸含量为 0.096 μg/mg，组氨酸含量为 0.190 μg/mg，色氨酸含量为 0.248 μg/mg，精氨酸含量为 0.055 μg/mg（表 11-6-9）。

表 11-6-9　代表性片区中部烟叶（C3F）氨基酸　　　（单位：μg/mg）

氨基酸组分	YQ-01	YQ-02	YQ-03	YQ-04	YQ-05
磷酸化-丝氨酸	0.403	0.287	0.449	0.300	0.394
牛磺酸	0.411	0.331	0.493	0.297	0.447
天冬氨酸	0.191	0.120	0.155	0.114	0.249
苏氨酸	0.168	0.131	0.161	0.122	0.113
丝氨酸	0.041	0.044	0.065	0.051	0.066
天冬酰胺	1.336	0.756	1.254	1.139	1.583
谷氨酸	0.172	0.106	0.158	0.135	0.155
甘氨酸	0.040	0.033	0.044	0.030	0.041
丙氨酸	0.608	0.346	0.547	0.428	0.559
缬氨酸	0.056	0.042	0.057	0.060	0.099
半胱氨酸	0.291	0.211	0.191	0.178	0.158
异亮氨酸	0.004	0.008	0.004	0.013	0.021
亮氨酸	0.114	0.076	0.107	0.095	0.144
酪氨酸	0.066	0.029	0.049	0.050	0.073
苯丙氨酸	0.180	0.101	0.144	0.123	0.260
氨基丁酸	0.045	0.039	0.050	0.057	0.096
组氨酸	0.135	0.079	0.088	0.104	0.190
色氨酸	0.187	0.095	0.133	0.141	0.248
精氨酸	0	0.008	0.028	0.025	0.055

八、烟叶香气物质

1. 松烟镇友礼村下坝片区

代表性片区(YQ-01)中部烟叶(C3F)茄酮含量为 0.840 µg/g，香叶基丙酮含量为 0.605 µg/g，降茄二酮含量为 0.078 µg/g，β-紫罗兰酮含量为 0.392 µg/g，氧化紫罗兰酮含量为 0.392 µg/g，二氢猕猴桃内酯含量为 3.192 µg/g，巨豆三烯酮 1 含量为 0.358 µg/g，巨豆三烯酮 2 含量为 2.755 µg/g，巨豆三烯酮 3 含量为 0.325 µg/g，巨豆三烯酮 4 含量为 2.072 µg/g，3-羟基-β-二氢大马酮含量为 0.986 µg/g，3-氧代-α-紫罗兰醇含量为 2.811 µg/g，新植二烯含量为 1486.218 µg/g，3-羟基索拉韦惕酮含量为 2.307 µg/g，β-法尼烯含量为 21.381 µg/g(表 11-6-10)。

2. 关兴镇关兴村下园片区

代表性片区(YQ-02)中部烟叶(C3F)茄酮含量为 1.042 µg/g，香叶基丙酮含量为 0.918 µg/g，降茄二酮含量为 0.101 µg/g，β-紫罗兰酮含量为 0.470 µg/g，氧化紫罗兰酮含量为 0.571 µg/g，二氢猕猴桃内酯含量为 3.248 µg/g，巨豆三烯酮 1 含量为 0.426 µg/g，巨豆三烯酮 2 含量为 3.304 µg/g，巨豆三烯酮 3 含量为 0.493 µg/g，巨豆三烯酮 4 含量为 2.834 µg/g，3-羟基-β-二氢大马酮含量为 1.299 µg/g，3-氧代-α-紫罗兰醇含量为 6.227 µg/g，新植二烯含量为 1786.770 µg/g，3-羟基索拉韦惕酮含量为 3.147 µg/g，β-法尼烯含量为 24.338 µg/g(表 11-6-10)。

3. 敖溪镇官仓村土坪片区

代表性片区(YQ-03)中部烟叶(C3F)茄酮含量为 0.773 µg/g，香叶基丙酮含量为 0.504 µg/g，降茄二酮含量为 0.101 µg/g，β-紫罗兰酮含量为 0.347 µg/g，氧化紫罗兰酮含量为 0.347 µg/g，二氢猕猴桃内酯含量为 3.024 µg/g，巨豆三烯酮 1 含量为 0.246 µg/g，巨豆三烯酮 2 含量为 2.005 µg/g，巨豆三烯酮 3 含量为 0.246 µg/g，巨豆三烯酮 4 含量为 1.792 µg/g，3-羟基-β-二氢大马酮含量为 1.053 µg/g，3-氧代-α-紫罗兰醇含量为 4.088 µg/g，新植二烯含量为 1359.568 µg/g，3-羟基索拉韦惕酮含量为 2.139 µg/g，β-法尼烯含量为 17.674 µg/g(表 11-6-10)。

4. 龙家镇光辉村土坪片区

代表性片区(YQ-04)中部烟叶(C3F)茄酮含量为 0.818 µg/g，香叶基丙酮含量为 0.594 µg/g，降茄二酮含量为 0.101 µg/g，β-紫罗兰酮含量为 0.426 µg/g，氧化紫罗兰酮含量为 0.482 µg/g，二氢猕猴桃内酯含量为 3.360 µg/g，巨豆三烯酮 1 含量为 0.302 µg/g，巨豆三烯酮 2 含量为 2.184 µg/g，巨豆三烯酮 3 含量为 0.291 µg/g，巨豆三烯酮 4 含量为 1.960 µg/g，3-羟基-β-二氢大马酮含量为 1.210 µg/g，3-氧代-α-紫罗兰醇含量为 3.237 µg/g，新植二烯含量为 1723.120 µg/g，3-羟基索拉韦惕酮含量为 1.333 µg/g，β-法尼烯含量为 22.680 µg/g(表 11-6-10)。

5. 大乌江镇箐口村水井湾片区

代表性片区(YQ-05)中部烟叶(C3F)茄酮含量为 1.109 μg/g,香叶基丙酮含量为 0.560 μg/g,降茄二酮含量为 0.157 μg/g,β-紫罗兰酮含量为 0.448 μg/g,氧化紫罗兰酮含量为 0.582 μg/g,二氢猕猴桃内酯含量为 3.528 μg/g,巨豆三烯酮 1 含量为 0.358 μg/g,巨豆三烯酮 2 含量为 2.822 μg/g,巨豆三烯酮 3 含量为 0.448 μg/g,巨豆三烯酮 4 含量为 2.498 μg/g,3-羟基-β-二氢大马酮含量为 1.176 μg/g,3-氧代-α-紫罗兰醇含量为 3.427 μg/g,新植二烯含量为 1754.547 μg/g,3-羟基索拉韦惕酮含量为 2.296 μg/g,β-法尼烯含量为 23.722 μg/g(表 11-6-10)。

表 11-6-10　代表性片区中部烟叶(C3F)香气物质　　　　　(单位: μg/g)

香气物质	YQ-01	YQ-02	YQ-03	YQ-04	YQ-05
茄酮	0.840	1.042	0.773	0.818	1.109
香叶基丙酮	0.605	0.918	0.504	0.594	0.560
降茄二酮	0.078	0.101	0.101	0.101	0.157
β-紫罗兰酮	0.392	0.470	0.347	0.426	0.448
氧化紫罗兰酮	0.392	0.571	0.347	0.482	0.582
二氢猕猴桃内酯	3.192	3.248	3.024	3.360	3.528
巨豆三烯酮 1	0.358	0.426	0.246	0.302	0.358
巨豆三烯酮 2	2.755	3.304	2.005	2.184	2.822
巨豆三烯酮 3	0.325	0.493	0.246	0.291	0.448
巨豆三烯酮 4	2.072	2.834	1.792	1.960	2.498
3-羟基-β-二氢大马酮	0.986	1.299	1.053	1.210	1.176
3-氧代-α-紫罗兰醇	2.811	6.227	4.088	3.237	3.427
新植二烯	1486.218	1786.770	1359.568	1723.120	1754.547
3-羟基索拉韦惕酮	2.307	3.147	2.139	1.333	2.296
β-法尼烯	21.381	24.338	17.674	22.680	23.722

九、烟叶感官质量

1. 松烟镇友礼村下坝片区

代表性片区(YQ-01)中部烟叶(C3F)感官质量评价结果显示,香韵指标包含的干草香、清甜香、正甜香、焦甜香、青香、木香、豆香、坚果香、焦香、辛香、果香、药草香、花香、树脂香、酒香的各项指标值分别为3.18、0、2.59、0、0、1.71、0、0.65、1.47、1.35、0、0、0、0、0,烟气指标包含的香气状态、烟气浓度、劲头、香气质、香气量和透发性的各项指标值分别为2.81、3.12、3.00、2.82、2.94 和 2.94,杂气指标包含的青杂气、生青气、枯焦气、木质气、土腥气、松脂气、花粉气、药草气和金属气的各项指标值分别为0.94、0、1.12、1.35、0、0、0、0、0,口感指标包含的细腻程度、柔和程度、圆润感、刺激性、干燥感和余味的各项指标值分别为 3.12、2.76、2.53、2.82、2.76 和 2.76（表 11-6-11）。

2. 关兴镇关兴村下园片区

代表性片区（YQ-02）中部烟叶（C3F）感官质量评价结果显示，香韵指标包含的干草香、清甜香、正甜香、焦甜香、青香、木香、豆香、坚果香、焦香、辛香、果香、药草香、花香、树脂香、酒香的各项指标值分别为 3.35、0、2.65、0、0、1.82、0、0.65、1.35、1.24、0、0、0、0、0，烟气指标包含的香气状态、烟气浓度、劲头、香气质、香气量和透发性的各项指标值分别为 2.63、3.00、3.06、2.71、2.88 和 2.82，杂气指标包含的青杂气、生青气、枯焦气、木质气、土腥气、松脂气、花粉气、药草气和金属气的各项指标值分别为 1.12、0、1.24、1.29、0、0、0、0、0，口感指标包含的细腻程度、柔和程度、圆润感、刺激性、干燥感和余味的各项指标值分别为 2.88、2.53、2.41、3.00、3.00 和 2.65（表 11-6-11）。

3. 敖溪镇官仓村土坪片区

代表性片区（YQ-03）中部烟叶（C3F）感官质量评价结果显示，香韵指标包含的干草香、清甜香、正甜香、焦甜香、青香、木香、豆香、坚果香、焦香、辛香、果香、药草香、花香、树脂香、酒香的各项指标值分别为 3.35、0、2.76、0、0、2.00、0、0、1.29、1.18、0、0、0、0、0，烟气指标包含的香气状态、烟气浓度、劲头、香气质、香气量和透发性的各项指标值分别为 3.00、3.00、2.75、2.88、3.06 和 2.88，杂气指标包含的青杂气、生青气、枯焦气、木质气、土腥气、松脂气、花粉气、药草气和金属气的各项指标值分别为 0.76、0、0.53、1.29、0、0、0、0、0，口感指标包含的细腻程度、柔和程度、圆润感、刺激性、干燥感和余味的各项指标值分别为 3.00、3.00、2.71、2.59、2.71 和 3.06（表 11-6-11）。

4. 龙家镇光辉村土坪片区

代表性片区（YQ-04）中部烟叶（C3F）感官质量评价结果显示，香韵指标包含的干草香、清甜香、正甜香、焦甜香、青香、木香、豆香、坚果香、焦香、辛香、果香、药草香、花香、树脂香、酒香的各项指标值分别为 3.53、0、2.65、0、0、1.88、0、0、1.18、1.35、0、0、0、0、0，烟气指标包含的香气状态、烟气浓度、劲头、香气质、香气量和透发性的各项指标值分别为 2.76、3.06、2.71、3.06、3.00 和 2.88，杂气指标包含的青杂气、生青气、枯焦气、木质气、土腥气、松脂气、花粉气、药草气和金属气的各项指标值分别为 1.06、0、0.71、1.24、0、0、0、0、0，口感指标包含的细腻程度、柔和程度、圆润感、刺激性、干燥感和余味的各项指标值分别为 2.88、3.06、2.76、2.76、2.71 和 3.12（表 11-6-11）。

5. 大乌江镇箐口村水井湾片区

代表性片区（YQ-05）中部烟叶（C3F）感官质量评价结果显示，香韵指标包含的干草香、清甜香、正甜香、焦甜香、青香、木香、豆香、坚果香、焦香、辛香、果香、药草香、花香、树脂香、酒香的各项指标值分别为 3.39、0、2.83、0.72、0.72、1.89、0、0、1.06、1.50、0、0、0、0，烟气指标包含的香气状态、烟气浓度、劲头、香气质、香气量和透发性的各项指标值分别为 3.06、3.29、2.71、2.89、3.00 和 2.83，杂气指标包含的青杂气、生青气、枯焦气、木质气、土腥气、松脂气、花粉气、药草气和金属气的各项指标值分别为 1.17、1.22、0.83、1.39、0、0、0、0、0，口感指标包含的细腻程度、柔和程度、圆润感、刺激性、干燥感和余味的各项指标值分别为 2.67、3.00、2.89、2.28、2.39 和 2.94（表 11-6-11）。

表 11-6-11　代表性片区中部烟叶（C3F）感官质量

评价指标		YQ-01	YQ-02	YQ-03	YQ-04	YQ-05
香韵	干草香	3.18	3.35	3.35	3.53	3.39
	清甜香	0	0	0	0	0
	正甜香	2.59	2.65	2.76	2.65	2.83
	焦甜香	0	0	0	0	0.72
	青香	0	0	0	0	0.72
	木香	1.71	1.82	2.00	1.88	1.89
	豆香	0	0	0	0	0
	坚果香	0.65	0.65	0	0	0
	焦香	1.47	1.35	1.29	1.18	1.06
	辛香	1.35	1.24	1.18	1.35	1.50
	果香	0	0	0	0	0
	药草香	0	0	0	0	0
	花香	0	0	0	0	0
	树脂香	0	0	0	0	0
	酒香	0	0	0	0	0
烟气	香气状态	2.81	2.63	3.00	2.76	3.06
	烟气浓度	3.12	3.00	3.00	3.06	3.29
	劲头	3.00	3.06	2.75	2.71	2.71
	香气质	2.82	2.71	2.88	3.06	2.89
	香气量	2.94	2.88	3.06	3.00	3.00
	透发性	2.94	2.82	2.88	2.88	2.83
杂气	青杂气	0.94	1.12	0.76	1.06	1.17
	生青气	0	0	0	0	1.22
	枯焦气	1.12	1.24	0.53	0.71	0.83
	木质气	1.35	1.29	1.29	1.24	1.39
	土腥气	0	0	0	0	0
	松脂气	0	0	0	0	0
	花粉气	0	0	0	0	0
	药草气	0	0	0	0	0
	金属气	0	0	0	0	0

续表

评价指标		YQ-01	YQ-02	YQ-03	YQ-04	YQ-05
口感	细腻程度	3.12	2.88	3.00	2.88	2.67
	柔和程度	2.76	2.53	3.00	3.06	3.00
	圆润感	2.53	2.41	2.71	2.76	2.89
	刺激性	2.82	3.00	2.59	2.76	2.28
	干燥感	2.76	3.00	2.71	2.71	2.39
	余味	2.76	2.65	3.06	3.12	2.94

第七节　贵州凯里烟叶风格特征

凯里市位于北纬 26°24′13″～26°48′11″、东经 107°40′58″～108°12′9″，地处贵州省东南部，黔东南苗族侗族自治州西北部，东接台江、雷山两县，南抵麻江、丹寨两县，西接福泉市，北临黄平县。凯里地势西北部、西南部、东南部高，中部、东北部较低。最高山峰——够末也海拔 1447 m，最低(清水江流出境处)海拔 529 m，平均海拔 850 m，属中山、低山地貌区。凯里隶属黔东南苗族侗族自治州，面积 1571 km²。凯里市是黔中山区烤烟种植区的典型烤烟产区之一，根据目前该市烤烟种植片区分布特点和烟叶质量风格特征，选择 5 个代表性种植片区，作为该市烟叶质量风格特征的代表性区域加以展示。

一、烟田与烟株基本特征

1. 大风洞镇冠英村老君关片区

代表性片区(KL-01)中心点位于北纬 26°44′59.890″，东经 107°51′4.267″，海拔 906 m。地处中山坡地中部，梯田旱地。成土母质为紫红页岩风化坡积物，土壤亚类为普通简育常湿淋溶土。土体较薄，耕作层质地适中，砾石较多，耕性和通透性好。烤烟、玉米不定期轮作，烤烟大田生长期 5～9 月。烤烟田间长相长势中等，烟株呈筒形结构，株高 87.50 cm，茎围 8.50 cm，有效叶片数 17.00，中部烟叶长 66.70 cm、宽 32.30 cm，上部烟叶长 53.00 cm、宽 23.40 cm(图 11-7-1，表 11-7-1)。

图 11-7-1　KL-01 片区烟田

2. 大风洞镇龙井坝村林湾片区

代表性片区(KL-02)中心点位于北纬 26°44′0.925″,东经 107°49′40.330″,海拔 1020 m,地处中山鞍部沟谷地,缓坡梯田旱地。成土母质为灰岩风化坡积物,土壤亚类为普通简育常湿淋溶土。土体深厚,耕作层质地适中,砾石较多,耕性和通透性较好,轻度水土流失。烤烟、玉米不定期轮作,烤烟大田生长期 5~9 月。烤烟田间长相长势中等,烟株呈筒形结构,株高 85.90 cm,茎围 9.30 cm,有效叶片数 18.80,中部烟叶长 68.40 cm、宽 33.70 cm,上部烟叶长 53.80 cm、宽 23.00 cm(图 11-7-2,表 11-7-1)。

图 11-7-2 KL-02 片区烟田

3. 大风洞镇大风洞村大风洞片区

代表性片区(KL-03)中心点位于北纬 26°42′47.291″,东经 107°49′1.539″,海拔 863 m。地处中山坡地下部,缓坡旱地。成土母质为灰岩风化坡积物,土壤亚类为普通钙质湿润淋溶土。土体深厚,耕作层质地偏黏,耕性较差,砾石多,通透性较好,轻度水土流失。烤烟、玉米不定期轮作,烤烟大田生长期 5~9 月。烤烟田间长相长势中等,烟株呈塔形结构,株高 85.50 cm,茎围 8.50 cm,有效叶片数 17.60,中部烟叶长 64.30 cm、宽 32.50 cm,上部烟叶长 51.80 cm、宽 22.20 cm(图 11-7-3,表 11-7-1)。

图 11-7-3 KL-03 片区烟田

4. 旁海镇水寨村平寨片区

代表性片区（KL-04）中心点位于北纬 26°38′51.030″，东经 108°3′33.480″，海拔 912 m，地处中山坡地下部，中坡旱地。成土母质为灰岩风化坡积物，土壤亚类为普通简育常湿淋溶土。土体深厚，耕作层质地偏黏，耕性较差，砾石多，通透性好，中度水土流失。烤烟、玉米不定期轮作，烤烟大田生长期 5～9 月。烤烟田间长相长势较好，烟株呈塔形结构，株高 102.60 cm，茎围 8.20 cm，有效叶片数 19.90，中部烟叶长 66.80 cm、宽 30.40 cm，上部烟叶长 56.90 cm、宽 21.10 cm（图 11-7-4，表 11-7-1）。

图 11-7-4　KL-04 片区烟田

5. 三棵树镇赏朗村屯上片区

代表性片区（KL-05）中心点位于北纬 26°37′2.890″，东经 108°3′25.019″，海拔 972 m。地处中山坡地上部，缓坡梯田旱地。成土母质为灰岩/白云岩风化坡积物，土壤亚类为普通钙质常湿淋溶土。土体较薄，耕作层质地偏黏，少量砾石，耕性和通透性较差，轻度水土流失。烤烟、玉米不定期轮作，烤烟大田生长期 5～9 月。烤烟田间长相长势较好，烟株呈塔形结构，株高 104.60 cm，茎围 9.00 cm，有效叶片数 18.50，中部烟叶长 67.70 cm、宽 29.60 cm，上部烟叶长 56.80 cm、宽 20.70 cm（图 11-7-5，表 11-7-1）。

图 11-7-5　KL-05 片区烟田

表 11-7-1　代表性片区烟株主要农艺性状

片区	株高/cm	茎围/cm	有效叶/片	中部叶/cm		上部叶/cm		株型
				叶长	叶宽	叶长	叶宽	
KL-01	87.50	8.50	17.00	66.70	32.30	53.00	23.40	筒形
KL-02	85.90	9.30	18.80	68.40	33.70	53.80	23.00	筒形
KL-03	85.50	8.50	17.60	64.30	32.50	51.80	22.20	塔形
KL-04	102.60	8.20	19.90	66.80	30.40	56.90	21.10	塔形
KL-05	104.60	9.00	18.50	67.70	29.60	56.80	20.70	塔形

二、烟叶外观质量与物理指标

1. 大风洞镇冠英村老君关片区

代表性片区（KL-01）烟叶外观质量指标的成熟度得分 7.50，颜色得分 8.00，油分得分 7.50，身份得分 8.00，结构得分 7.00，色度得分 7.50。烟叶物理指标中的单叶重 10.20 g，叶片密度 66.69 g/m^2，含梗率 35.62%，平衡含水率 15.69%，叶片长度 61.30 cm，叶片宽度 22.84 cm，叶片厚度 99.73 μm，填充值 3.13 cm^3/g（图 11-7-6，表 11-7-2 和表 11-7-3）。

图 11-7-6　KL-01 片区初烤烟叶

2. 大风洞镇龙井坝村林湾片区

代表性片区（KL-02）烟叶外观质量指标的成熟度得分 8.00，颜色得分 8.50，油分得分 7.50，身份得分 8.00，结构得分 8.50，色度得分 7.50。烟叶物理指标中的单叶重 7.96 g，叶片密度 64.96 g/m^2，含梗率 32.05%，平衡含水率 14.03%，叶片长度 52.55 cm，叶片宽度 18.84 cm，叶片厚度 122.83 μm，填充值 3.18 cm^3/g（图 11-7-7，表 11-7-2 和表 11-7-3）。

图 11-7-7 KL-02 片区初烤烟叶

3. 大风洞镇大风洞村大风洞片区

代表性片区（KL-03）烟叶外观质量指标的成熟度得分 6.50，颜色得分 7.00，油分得分 6.50，身份得分 7.00，结构得分 6.50，色度得分 6.00。烟叶物理指标中的单叶重 9.04 g，叶片密度 58.24 g/m²，含梗率 30.30%，平衡含水率 13.77%，叶片长度 56.97 cm，叶片宽度 21.57 cm，叶片厚度 115.47 μm，填充值 2.99 cm³/g（图 11-7-8，表 11-7-2 和表 11-7-3）。

图 11-7-8 KL-03 片区初烤烟叶

4. 旁海镇水寨村平寨片区

代表性片区（KL-04）烟叶外观质量指标的成熟度得分 7.50，颜色得分 8.50，油分得分 8.00，身份得分 8.00，结构得分 7.50，色度得分 7.50。烟叶物理指标中的单叶重 10.64 g，叶片密度 60.77 g/m²，含梗率 30.70%，平衡含水率 14.28%，叶片长度 61.78 cm，叶片宽度 21.68 cm，叶片厚度 108.43 μm，填充值 2.78 cm³/g（图 11-7-9，表 11-7-2 和表 11-7-3）。

图 11-7-9　KL-04 片区初烤烟叶

5. 三棵树镇赏朗村屯上片区

代表性片区（KL-05）烟叶外观质量指标的成熟度得分 7.50，颜色得分 8.50，油分得分 8.00，身份得分 8.50，结构得分 8.00，色度得分 7.50。烟叶物理指标中的单叶重 10.14 g，叶片密度 63.15 g/m²，含梗率 31.91%，平衡含水率 14.19%，叶片长度 56.35 cm，叶片宽度 21.23 cm，叶片厚度 133.60 μm，填充值 2.99 cm³/g（图 11-7-10，表 11-7-2 和表 11-7-3）。

图 11-7-10　KL-05 片区初烤烟叶

表 11-7-2　代表性片区烟叶外观质量

片区	成熟度	颜色	油分	身份	结构	色度
KL-01	7.50	8.00	7.50	8.00	7.00	7.50
KL-02	8.00	8.50	7.50	8.00	8.50	7.50
KL-03	6.50	7.00	6.50	7.00	6.50	6.00
KL-04	7.50	8.50	8.00	8.00	7.50	7.50
KL-05	7.50	8.50	8.00	8.50	8.00	7.50

表 11-7-3　代表性片区烟叶物理指标

片区	单叶重 /g	叶片密度 /(g/m²)	含梗率 /%	平衡含水率 /%	叶长 /cm	叶宽 /cm	叶片厚度 /μm	填充值 /(cm³/g)
KL-01	10.20	66.69	35.62	15.69	61.30	22.84	99.73	3.13
KL-02	7.96	64.96	32.05	14.03	52.55	18.84	122.83	3.18
KL-03	9.04	58.24	30.30	13.77	56.97	21.57	115.47	2.99
KL-04	10.64	60.77	30.70	14.28	61.78	21.68	108.43	2.78
KL-05	10.14	63.15	31.91	14.19	56.35	21.23	133.60	2.99

三、烟叶常规化学成分与中微量元素

1. 大风洞镇冠英村老君关片区

代表性片区(KL-01)中部烟叶(C3F)总糖含量 21.72%，还原糖含量 17.01%，总氮含量 2.06%，总植物碱含量 3.47%，氯含量 0.43%，钾含量 1.89%，糖碱比 6.26，淀粉含量 3.41%(表 11-7-4)。烟叶铜含量为 0.095 g/kg，铁含量为 1.202 g/kg，锰含量为 1.737 g/kg，锌含量为 0.744 g/kg，钙含量为 179.015 mg/kg，镁含量为 35.256 mg/kg(表 11-7-5)。

2. 大风洞镇龙井坝村林湾片区

代表性片区(KL-02)中部烟叶(C3F)总糖含量 24.17%，还原糖含量 19.94%，总氮含量 1.97%，总植物碱含量 3.38%，氯含量 0.50%，钾含量 1.89%，糖碱比 7.15，淀粉含量 3.45%(表 11-7-4)。烟叶铜含量为 0.033 g/kg，铁含量为 1.078 g/kg，锰含量为 3.175 g/kg，锌含量为 0.463 g/kg，钙含量为 162.333 mg/kg，镁含量为 27.160 mg/kg(表 11-7-5)。

3. 大风洞镇大风洞村大风洞片区

代表性片区(KL-03)中部烟叶(C3F)总糖含量 28.18%，还原糖含量 22.65%，总氮含量 1.43%，总植物碱含量 2.38%，氯含量 0.45%，钾含量 1.92%，糖碱比 11.84，淀粉含量 2.44%(表 11-7-4)。烟叶铜含量为 0.073 g/kg，铁含量为 1.430 g/kg，锰含量为 1.939 g/kg，锌含量为 0.484 g/kg，钙含量为 209.606 mg/kg，镁含量为 37.974 mg/kg(表 11-7-5)。

4. 旁海镇水寨村平寨片区

代表性片区（KL-04）中部烟叶（C3F）总糖含量 25.16%，还原糖含量 22.65%，总氮含量 2.08%，总植物碱含量 3.32%，氯含量 0.44%，钾含量 2.12%，糖碱比 7.58，淀粉含量 3.28%（表 11-7-4）。烟叶铜含量为 0.043 g/kg，铁含量为 0.629 g/kg，锰含量为 0.413 g/kg，锌含量为 0.332 g/kg，钙含量为 199.834 mg/kg，镁含量为 39.341 mg/kg（表 11-7-5）。

5. 三棵树镇赏朗村屯上片区

代表性片区（KL-05）中部烟叶（C3F）总糖含量 22.97%，还原糖含量 20.40%，总氮含量 2.13%，总植物碱含量 3.42%，氯含量 0.37%，钾含量 1.26%，糖碱比 6.72，淀粉含量 3.50%（表 11-7-4）。烟叶铜含量为 0.058 g/kg，铁含量为 0.451 g/kg，锰含量为 0.065 g/kg，锌含量为 0.732 g/kg，钙含量为 164.965 mg/kg，镁含量为 32.284 mg/kg（表 11-7-5）。

表 11-7-4　代表性片区中部烟叶（C3F）常规化学成分

片区	总糖/%	还原糖/%	总氮/%	总植物碱/%	氯/%	钾/%	糖碱比	淀粉/%
KL-01	21.72	17.01	2.06	3.47	0.43	1.89	6.26	3.41
KL-02	24.17	19.94	1.97	3.38	0.50	1.89	7.15	3.45
KL-03	28.18	22.65	1.43	2.38	0.45	1.92	11.84	2.44
KL-04	25.16	22.65	2.08	3.32	0.44	2.12	7.58	3.28
KL-05	22.97	20.40	2.13	3.42	0.37	1.26	6.72	3.50

表 11-7-5　代表性片区中部烟叶（C3F）中微量元素

片区	Cu /(g/kg)	Fe /(g/kg)	Mn /(g/kg)	Zn /(g/kg)	Ca /(mg/kg)	Mg /(mg/kg)
KL-01	0.095	1.202	1.737	0.744	179.015	35.256
KL-02	0.033	1.078	3.175	0.463	162.333	27.160
KL-03	0.073	1.430	1.939	0.484	209.606	37.974
KL-04	0.043	0.629	0.413	0.332	199.834	39.341
KL-05	0.058	0.451	0.065	0.732	164.965	32.284

四、烟叶生物碱组分与细胞壁物质

1. 大风洞镇冠英村老君关片区

代表性片区（KL-01）中部烟叶（C3F）烟碱含量为 38.101 mg/g，降烟碱含量为 0.968 mg/g，麦斯明含量为 0.006 mg/g，假木贼碱含量为 0.222 mg/g，新烟碱含量为 1.087 mg/g；烟叶纤维素含量为 7.60%，半纤维素含量为 2.60%，木质素含量为 1.10%（表 11-7-6）。

2. 大风洞镇龙井坝村林湾片区

代表性片区(KL-02)中部烟叶(C3F)烟碱含量为 33.767 mg/g,降烟碱含量为 0.745 mg/g,麦斯明含量为 0.005 mg/g,假木贼碱含量为 0.193 mg/g,新烟碱含量为 0.917 mg/g;烟叶纤维素含量为 7.70%,半纤维素含量为 3.10%,木质素含量为 1.50%(表 11-7-6)。

3. 大风洞镇大风洞村大风洞片区

代表性片区(KL-03)中部烟叶(C3F)烟碱含量为 23.913 mg/g,降烟碱含量为 0.453 mg/g,麦斯明含量为 0.003 mg/g,假木贼碱含量为 0.121 mg/g,新烟碱含量为 0.550 mg/g;烟叶纤维素含量为 9.70%,半纤维素含量为 2.50%,木质素含量为 0.90%(表 11-7-6)。

4. 旁海镇水寨村平寨片区

代表性片区(KL-04)中部烟叶(C3F)烟碱含量为 40.279 mg/g,降烟碱含量为 0.821 mg/g,麦斯明含量为 0.005 mg/g,假木贼碱含量为 0.217 mg/g,新烟碱含量为 0.935 mg/g;烟叶纤维素含量为 7.40%,半纤维素含量为 2.50%,木质素含量为 1.20%(表 11-7-6)。

5. 三棵树镇赏朗村屯上片区

代表性片区(KL-05)中部烟叶(C3F)烟碱含量为 32.891 mg/g,降烟碱含量为 0.718 mg/g,麦斯明含量为 0.005 mg/g,假木贼碱含量为 0.171 mg/g,新烟碱含量为 0.700 mg/g;烟叶纤维素含量为 7.30%,半纤维素含量为 3.50%,木质素含量为 1.10%(表 11-7-6)。

表 11-7-6　代表性片区中部烟叶(C3F)生物碱组分与细胞壁物质

片区	烟碱 /(mg/g)	降烟碱 /(mg/g)	麦斯明 /(mg/g)	假木贼碱 /(mg/g)	新烟碱 /(mg/g)	纤维素 /%	半纤维素 /%	木质素 /%
KL-01	38.101	0.968	0.006	0.222	1.087	7.60	2.60	1.10
KL-02	33.767	0.745	0.005	0.193	0.917	7.70	3.10	1.50
KL-03	23.913	0.453	0.003	0.121	0.550	9.70	2.50	0.90
KL-04	40.279	0.821	0.005	0.217	0.935	7.40	2.50	1.20
KL-05	32.891	0.718	0.005	0.171	0.700	7.30	3.50	1.10

五、烟叶多酚与质体色素

1. 大风洞镇冠英村老君关片区

代表性片区(KL-01)中部烟叶(C3F)绿原酸含量为 12.430 mg/g,芸香苷含量为 11.320 mg/g,莨菪亭含量为 0.080 mg/g,β-胡萝卜素含量为 0.052 mg/g,叶黄素含量为 0.097 mg/g(表 11-7-7)。

2. 大风洞镇龙井坝村林湾片区

代表性片区（KL-02）中部烟叶（C3F）绿原酸含量为 10.910 mg/g，芸香苷含量为 11.750 mg/g，莨菪亭含量为 0.080 mg/g，β-胡萝卜素含量为 0.048 mg/g，叶黄素含量为 0.092 mg/g（表 11-7-7）。

3. 大风洞镇大风洞村大风洞片区

代表性片区（KL-03）中部烟叶（C3F）绿原酸含量为 14.260 mg/g，芸香苷含量为 12.100 mg/g，莨菪亭含量为 0.060 mg/g，β-胡萝卜素含量为 0.016 mg/g，叶黄素含量为 0.035 mg/g（表 11-7-7）。

4. 旁海镇水寨村平寨片区

代表性片区（KL-04）中部烟叶（C3F）绿原酸含量为 9.900 mg/g，芸香苷含量为 10.970 mg/g，莨菪亭含量为 0.130 mg/g，β-胡萝卜素含量为 0.052 mg/g，叶黄素含量为 0.091 mg/g（表 11-7-7）。

5. 三棵树镇赏朗村屯上片区

代表性片区（KL-05）中部烟叶（C3F）绿原酸含量为 8.000 mg/g，芸香苷含量为 7.740 mg/g，莨菪亭含量为 0.120 mg/g，β-胡萝卜素含量为 0.032 mg/g，叶黄素含量为 0.057 mg/g（表 11-7-7）。

表 11-7-7　代表性片区中部烟叶（C3F）多酚与质体色素　　　　（单位：mg/g）

片区	绿原酸	芸香苷	莨菪亭	β-胡萝卜素	叶黄素
KL-01	12.430	11.320	0.080	0.052	0.097
KL-02	10.910	11.750	0.080	0.048	0.092
KL-03	14.260	12.100	0.060	0.016	0.035
KL-04	9.900	10.970	0.130	0.052	0.091
KL-05	8.000	7.740	0.120	0.032	0.057

六、烟叶有机酸类物质

1. 大风洞镇冠英村老君关片区

代表性片区（KL-01）中部烟叶（C3F）草酸含量为 24.065 mg/g，苹果酸含量为 97.896 mg/g，柠檬酸含量为 7.912 mg/g，棕榈酸含量为 2.043 mg/g，亚油酸含量为 1.011 mg/g，油酸含量为 2.806 mg/g，硬脂酸含量为 0.569 mg/g（表 11-7-8）。

2. 大风洞镇龙井坝村林湾片区

代表性片区（KL-02）中部烟叶（C3F）草酸含量为 29.568 mg/g，苹果酸含量为 87.934 mg/g，柠檬酸含量为 6.739 mg/g，棕榈酸含量为 2.021 mg/g，亚油酸含量为 1.032 mg/g，油酸含量为 2.730 mg/g，硬脂酸含量为 0.611 mg/g（表 11-7-8）。

3. 大风洞镇大风洞村大风洞片区

代表性片区（KL-03）中部烟叶（C3F）草酸含量为 17.824 mg/g，苹果酸含量为 51.859 mg/g，柠檬酸含量为 4.062 mg/g，棕榈酸含量为 2.120 mg/g，亚油酸含量为 1.134 mg/g，油酸含量为 2.864 mg/g，硬脂酸含量为 0.507 mg/g（表 11-7-8）。

4. 旁海镇水寨村平寨片区

代表性片区（KL-04）中部烟叶（C3F）草酸含量为 20.058 mg/g，苹果酸含量为 53.718 mg/g，柠檬酸含量为 6.848 mg/g，棕榈酸含量为 1.615 mg/g，亚油酸含量为 0.998 mg/g，油酸含量为 2.137 mg/g，硬脂酸含量为 0.662 mg/g（表 11-7-8）。

5. 三棵树镇赏朗村屯上片区

代表性片区（KL-05）中部烟叶（C3F）草酸含量为 21.657 mg/g，苹果酸含量为 64.591 mg/g，柠檬酸含量为 5.987 mg/g，棕榈酸含量为 1.868 mg/g，亚油酸含量为 1.095 mg/g，油酸含量为 2.528 mg/g，硬脂酸含量为 0.497 mg/g（表 11-7-8）。

表 11-7-8　代表性片区中部烟叶（C3F）有机酸　（单位：mg/g）

片区	草酸	苹果酸	柠檬酸	棕榈酸	亚油酸	油酸	硬脂酸
KL-01	24.065	97.896	7.912	2.043	1.011	2.806	0.569
KL-02	29.568	87.934	6.739	2.021	1.032	2.730	0.611
KL-03	17.824	51.859	4.062	2.120	1.134	2.864	0.507
KL-04	20.058	53.718	6.848	1.615	0.998	2.137	0.662
KL-05	21.657	64.591	5.987	1.868	1.095	2.528	0.497

七、烟叶氨基酸

1. 大风洞镇冠英村老君关片区

代表性片区（KL-01）中部烟叶（C3F）磷酸化-丝氨酸含量为 0.291 μg/mg，牛磺酸含量为 0.330 μg/mg，天冬氨酸含量为 0.169 μg/mg，苏氨酸含量为 0.142 μg/mg，丝氨酸含量为 0.047 μg/mg，天冬酰胺含量为 1.232 μg/mg，谷氨酸含量为 0.141 μg/mg，甘氨酸含量为 0.035 μg/mg，丙氨酸含量为 0.492 μg/mg，缬氨酸含量为 0.077 μg/mg，半胱氨酸含量为 0.257 μg/mg，异亮氨酸含量为 0.012 μg/mg，亮氨酸含量为 0.116 μg/mg，酪氨酸含量为 0.058 μg/mg，苯丙氨酸含量为 0.183 μg/mg，氨基丁酸含量为 0.087 μg/mg，组氨酸含量为 0.159 μg/mg，色氨酸含量为 0.209 μg/mg，精氨酸含量为 0.029 μg/mg（表 11-7-9）。

2. 大风洞镇龙井坝村林湾片区

代表性片区(KL-02)中部烟叶(C3F)磷酸化-丝氨酸含量为 0.251 μg/mg，牛磺酸含量为 0.368 μg/mg，天冬氨酸含量为 0.116 μg/mg，苏氨酸含量为 0.146 μg/mg，丝氨酸含量为 0.066 μg/mg，天冬酰胺含量为 0.726 μg/mg，谷氨酸含量为 0.125 μg/mg，甘氨酸含量为 0.029 μg/mg，丙氨酸含量为 0.371 μg/mg，缬氨酸含量为 0.085 μg/mg，半胱氨酸含量为 0.149 μg/mg，异亮氨酸含量为 0.024 μg/mg，亮氨酸含量为 0.157 μg/mg，酪氨酸含量为 0.054 μg/mg，苯丙氨酸含量为 0.116 μg/mg，氨基丁酸含量为 0.034 μg/mg，组氨酸含量为 0.089 μg/mg，色氨酸含量为 0.117 μg/mg，精氨酸含量为 0.053 μg/mg(表 11-7-9)。

3. 大风洞镇大风洞村大风洞片区

代表性片区(KL-03)中部烟叶(C3F)磷酸化-丝氨酸含量为 0.387 μg/mg，牛磺酸含量为 0.312 μg/mg，天冬氨酸含量为 0.066 μg/mg，苏氨酸含量为 0.126 μg/mg，丝氨酸含量为 0.027 μg/mg，天冬酰胺含量为 0.558 μg/mg，谷氨酸含量为 0.071 μg/mg，甘氨酸含量为 0.030 μg/mg，丙氨酸含量为 0.420 μg/mg，缬氨酸含量为 0.036 μg/mg，半胱氨酸含量为 0.147 μg/mg，异亮氨酸含量为 0.003 μg/mg，亮氨酸含量为 0.096 μg/mg，酪氨酸含量为 0.034 μg/mg，苯丙氨酸含量为 0.076 μg/mg，氨基丁酸含量为 0.013 μg/mg，组氨酸含量为 0.043 μg/mg，色氨酸含量为 0.065 μg/mg，精氨酸含量为 0.044 μg/mg(表 11-7-9)。

4. 旁海镇水寨村平寨片区

代表性片区(KL-04)中部烟叶(C3F)磷酸化-丝氨酸含量为 0.373 μg/mg，牛磺酸含量为 0.306 μg/mg，天冬氨酸含量为 0.121 μg/mg，苏氨酸含量为 0.184 μg/mg，丝氨酸含量为 0.046 μg/mg，天冬酰胺含量为 1.090 μg/mg，谷氨酸含量为 0.129 μg/mg，甘氨酸含量为 0.030 μg/mg，丙氨酸含量为 0.519 μg/mg，缬氨酸含量为 0.048 μg/mg，半胱氨酸含量为 0.182 μg/mg，异亮氨酸含量为 0.015 μg/mg，亮氨酸含量为 0.116 μg/mg，酪氨酸含量为 0.038 μg/mg，苯丙氨酸含量为 0.116 μg/mg，氨基丁酸含量为 0.063 μg/mg，组氨酸含量为 0.108 μg/mg，色氨酸含量为 0.147 μg/mg，精氨酸含量为 0.020 μg/mg(表 11-7-9)。

5. 三棵树镇赏朗村屯上片区

代表性片区(KL-05)中部烟叶(C3F)磷酸化-丝氨酸含量为 0.333 μg/mg，牛磺酸含量为 0.306 μg/mg，天冬氨酸含量为 0.083 μg/mg，苏氨酸含量为 0.149 μg/mg，丝氨酸含量为 0.033 μg/mg，天冬酰胺含量为 0.808 μg/mg，谷氨酸含量为 0.073 μg/mg，甘氨酸含量为 0.033 μg/mg，丙氨酸含量为 0.461 μg/mg，缬氨酸含量为 0.026 μg/mg，半胱氨酸含量为 0.212 μg/mg，异亮氨酸含量为 0 μg/mg，亮氨酸含量为 0.065 μg/mg，酪氨酸含量为 0.025 μg/mg，苯丙氨酸含量为 0.080 μg/mg，氨基丁酸含量为 0.034 μg/mg，组氨酸含量为 0.070 μg/mg，色氨酸含量为 0.075 μg/mg，精氨酸含量为 0.011 μg/mg(表 11-7-9)。

表 11-7-9 代表性片区中部烟叶（C3F）氨基酸 （单位：μg/mg）

氨基酸组分	KL-01	KL-02	KL-03	KL-04	KL-05
磷酸化-丝氨酸	0.291	0.251	0.387	0.373	0.333
牛磺酸	0.330	0.368	0.312	0.306	0.306
天冬氨酸	0.169	0.116	0.066	0.121	0.083
苏氨酸	0.142	0.146	0.126	0.184	0.149
丝氨酸	0.047	0.066	0.027	0.046	0.033
天冬酰胺	1.232	0.726	0.558	1.090	0.808
谷氨酸	0.141	0.125	0.071	0.129	0.073
甘氨酸	0.035	0.029	0.030	0.030	0.033
丙氨酸	0.492	0.371	0.420	0.519	0.461
缬氨酸	0.077	0.085	0.036	0.048	0.026
半胱氨酸	0.257	0.149	0.147	0.182	0.212
异亮氨酸	0.012	0.024	0.003	0.015	0
亮氨酸	0.116	0.157	0.096	0.116	0.065
酪氨酸	0.058	0.054	0.034	0.038	0.025
苯丙氨酸	0.183	0.116	0.076	0.116	0.080
氨基丁酸	0.087	0.034	0.013	0.063	0.034
组氨酸	0.159	0.089	0.043	0.108	0.070
色氨酸	0.209	0.117	0.065	0.147	0.075
精氨酸	0.029	0.053	0.044	0.020	0.011

八、烟叶香气物质

1. 大风洞镇冠英村老君关片区

代表性片区（KL-01）中部烟叶（C3F）茄酮含量为 1.109 μg/g，香叶基丙酮含量为 0.392 μg/g，降茄二酮含量为 0.078 μg/g，β-紫罗兰酮含量为 0.414 μg/g，氧化紫罗兰酮含量为 0.594 μg/g，二氢猕猴桃内酯含量为 2.587 μg/g，巨豆三烯酮 1 含量为 0.056 μg/g，巨豆三烯酮 2 含量为 0.762 μg/g，巨豆三烯酮 3 含量为 0.101 μg/g，巨豆三烯酮 4 含量为 0.504 μg/g，3-羟基-β-二氢大马酮含量为 0.224 μg/g，3-氧代-α-紫罗兰醇含量为 4.189 μg/g，新植二烯含量为 1910.619 μg/g，3-羟基索拉韦惕酮含量为 8.826 μg/g，β-法尼烯含量为 13.474 μg/g（表 11-7-10）。

2. 大风洞镇龙井坝村林湾片区

代表性片区（KL-02）中部烟叶（C3F）茄酮含量为 1.344 μg/g，香叶基丙酮含量为 0.336 μg/g，降茄二酮含量为 0.078 μg/g，β-紫罗兰酮含量为 0.426 μg/g，氧化紫罗兰酮含量为 0.840 μg/g，二氢猕猴桃内酯含量为 2.296 μg/g，巨豆三烯酮 1 含量为 0.078 μg/g，巨豆三烯酮 2 含量为 0.941 μg/g，巨豆三烯酮 3 含量为 0.112 μg/g，巨豆三烯酮 4 含量为 0.717 μg/g，3-羟基-β-二氢大马酮含量为 0.448 μg/g，3-氧代-α-紫罗兰醇含量为 5.365 μg/g，新植二烯含量为 1495.043 μg/g，3-羟基索拉韦惕酮含量为 17.830 μg/g，β-法尼烯含量为 14.347 μg/g（表 11-7-10）。

3. 大风洞镇大风洞村大风洞片区

代表性片区（KL-03）中部烟叶（C3F）茄酮含量为 1.299 μg/g，香叶基丙酮含量为 0.258 μg/g，降茄二酮含量为 0.101 μg/g，β-紫罗兰酮含量为 0.470 μg/g，氧化紫罗兰酮含量为 0.739 μg/g，二氢猕猴桃内酯含量为 2.901 μg/g，巨豆三烯酮 1 含量为 0.056 μg/g，巨豆三烯酮 2 含量为 0.739 μg/g，巨豆三烯酮 3 含量为 0.067 μg/g，巨豆三烯酮 4 含量为 0.538 μg/g，3-羟基-β-二氢大马酮含量为 0.291 μg/g，3-氧代-α-紫罗兰醇含量为 3.315 μg/g，新植二烯含量为 2016.941 μg/g，3-羟基索拉韦惕酮含量为 6.720 μg/g，β-法尼烯含量为 20.283 μg/g（表 11-7-10）。

4. 旁海镇水寨村平寨片区

代表性片区（KL-04）中部烟叶（C3F）茄酮含量为 1.042 μg/g，香叶基丙酮含量为 0.358 μg/g，降茄二酮含量为 0.078 μg/g，β-紫罗兰酮含量为 0.459 μg/g，氧化紫罗兰酮含量为 0.806 μg/g，二氢猕猴桃内酯含量为 2.072 μg/g，巨豆三烯酮 1 含量为 0.123 μg/g，巨豆三烯酮 2 含量为 1.086 μg/g，巨豆三烯酮 3 含量为 0.168 μg/g，巨豆三烯酮 4 含量为 0.907 μg/g，3-羟基-β-二氢大马酮含量为 0.392 μg/g，3-氧代-α-紫罗兰醇含量为 5.174 μg/g，新植二烯含量为 1237.813 μg/g，3-羟基索拉韦惕酮含量为 24.102 μg/g，β-法尼烯含量为 16.666 μg/g（表 11-7-10）。

5. 三棵树镇赏朗村屯上片区

代表性片区（KL-05）中部烟叶（C3F）茄酮含量为 1.602 μg/g，香叶基丙酮含量为 0.224 μg/g，降茄二酮含量为 0.146 μg/g，β-紫罗兰酮含量为 0.426 μg/g，氧化紫罗兰酮含量为 0.459 μg/g，二氢猕猴桃内酯含量为 2.038 μg/g，巨豆三烯酮 1 含量为 0.034 μg/g，巨豆三烯酮 2 含量为 0.414 μg/g，巨豆三烯酮 3 含量为 0.056 μg/g，巨豆三烯酮 4 含量为 0.336 μg/g，3-羟基-β-二氢大马酮含量为 0.347 μg/g，3-氧代-α-紫罗兰醇含量为 4.077 μg/g，新植二烯含量为 791.773 μg/g，3-羟基索拉韦惕酮含量为 8.658 μg/g，β-法尼烯含量为 6.037 μg/g（表 11-7-10）。

表 11-7-10　代表性片区中部烟叶（C3F）香气物质　　　　（单位：μg/g）

香气物质	KL-01	KL-02	KL-03	KL-04	KL-05
茄酮	1.109	1.344	1.299	1.042	1.602
香叶基丙酮	0.392	0.336	0.258	0.358	0.224
降茄二酮	0.078	0.078	0.101	0.078	0.146
β-紫罗兰酮	0.414	0.426	0.470	0.459	0.426
氧化紫罗兰酮	0.594	0.840	0.739	0.806	0.459
二氢猕猴桃内酯	2.587	2.296	2.901	2.072	2.038

续表

香气物质	KL-01	KL-02	KL-03	KL-04	KL-05
巨豆三烯酮1	0.056	0.078	0.056	0.123	0.034
巨豆三烯酮2	0.762	0.941	0.739	1.086	0.414
巨豆三烯酮3	0.101	0.112	0.067	0.168	0.056
巨豆三烯酮4	0.504	0.717	0.538	0.907	0.336
3-羟基-β-二氢大马酮	0.224	0.448	0.291	0.392	0.347
3-氧代-α-紫罗兰醇	4.189	5.365	3.315	5.174	4.077
新植二烯	1910.619	1495.043	2016.941	1237.813	791.773
3-羟基索拉韦惕酮	8.826	17.830	6.720	24.102	8.658
β-法尼烯	13.474	14.347	20.283	16.666	6.037

九、烟叶感官质量

1. 大风洞镇冠英村老君关片区

代表性片区(KL-01)中部烟叶(C3F)感官质量评价结果显示,香韵指标包含的干草香、清甜香、正甜香、焦甜香、青香、木香、豆香、坚果香、焦香、辛香、果香、药草香、花香、树脂香、酒香的各项指标值分别为3.67、0、3.00、0、0.58、2.17、0、0、0.92、0.92、0、0、0、0、0,烟气指标包含的香气状态、烟气浓度、劲头、香气质、香气量和透发性的各项指标值分别为3.33、3.17、3.17、3.25、3.00和3.00,杂气指标包含的青杂气、生青气、枯焦气、木质气、土腥气、松脂气、花粉气、药草气和金属气的各项指标值分别为1.42、0、1.08、1.42、0、0、0、0、0,口感指标包含的细腻程度、柔和程度、圆润感、刺激性、干燥感和余味的各项指标值分别为3.33、2.75、2.75、2.50、2.67和3.33(表11-7-11)。

2. 大风洞镇龙井坝村林湾片区

代表性片区(KL-02)中部烟叶(C3F)感官质量评价结果显示,香韵指标包含的干草香、清甜香、正甜香、焦甜香、青香、木香、豆香、坚果香、焦香、辛香、果香、药草香、花香、树脂香、酒香的各项指标值分别为3.62、0、3.00、0、0.92、1.92、0、0、0、0、0、0、0、0、0,烟气指标包含的香气状态、烟气浓度、劲头、香气质、香气量和透发性的各项指标值分别为3.31、3.00、2.92、3.25、3.08和3.08,杂气指标包含的青杂气、生青气、枯焦气、木质气、土腥气、松脂气、花粉气、药草气和金属气的各项指标值分别为1.54、0、0、1.23、0、0、0、0、0,口感指标包含的细腻程度、柔和程度、圆润感、刺激性、干燥感和余味的各项指标值分别为3.23、3.08、2.77、2.38、2.31和3.46(表11-7-11)。

3. 大风洞镇大风洞村大风洞片区

代表性片区(KL-03)中部烟叶(C3F)感官质量评价结果显示,香韵指标包含的干草香、清甜香、正甜香、焦甜香、青香、木香、豆香、坚果香、焦香、辛香、果香、药草香、花香、树脂香、酒香的各项指标值分别为 3.44、0、2.67、0、0.67、2.00、0、0.83、1.00、1.50、0、0、0、0、0，烟气指标包含的香气状态、烟气浓度、劲头、香气质、香气量和透发性的各项指标值分别为 3.17、3.24、2.94、3.06、3.17 和 3.06，杂气指标包含的青杂气、生青气、枯焦气、木质气、土腥气、松脂气、花粉气、药草气和金属气的各项指标值分别为 1.00、1.06、0.83、1.00、0、0、0、0、0，口感指标包含的细腻程度、柔和程度、圆润感、刺激性、干燥感和余味的各项指标值分别为 3.06、3.06、2.83、2.17、2.33 和 3.11（表 11-7-11）。

4. 旁海镇水寨村平寨片区

代表性片区（KL-04）中部烟叶（C3F）感官质量评价结果显示，香韵指标包含的干草香、清甜香、正甜香、焦甜香、青香、木香、豆香、坚果香、焦香、辛香、果香、药草香、花香、树脂香、酒香的各项指标值分别为 3.62、0、2.62、0、1.23、1.85、0、0、0、0.77、0、0、0、0、0，烟气指标包含的香气状态、烟气浓度、劲头、香气质、香气量和透发性的各项指标值分别为 3.55、3.00、2.58、3.08、3.23 和 2.92，杂气指标包含的青杂气、生青气、枯焦气、木质气、土腥气、松脂气、花粉气、药草气和金属气的各项指标值分别为 1.54、0、0.69、1.15、0、0、0、0、0，口感指标包含的细腻程度、柔和程度、圆润感、刺激性、干燥感和余味的各项指标值分别为 3.23、3.23、2.92、2.08、2.23 和 3.38（表 11-7-11）。

5. 三棵树镇赏朗村屯上片区

代表性片区（KL-05）中部烟叶（C3F）感官质量评价结果显示，香韵指标包含的干草香、清甜香、正甜香、焦甜香、青香、木香、豆香、坚果香、焦香、辛香、果香、药草香、花香、树脂香、酒香的各项指标值分别为 3.72、0、2.72、0、0.83、2.00、0、0.67、0.78、1.67、0、0、0、0、0，烟气指标包含的香气状态、烟气浓度、劲头、香气质、香气量和透发性的各项指标值分别为 3.22、3.17、3.00、2.89、2.89、2.94，杂气指标包含的青杂气、生青气、枯焦气、木质气、土腥气、松脂气、花粉气、药草气和金属气的各项指标值分别为 1.22、0.94、0.78、1.50、0、0、0、0、0，口感指标包含的细腻程度、柔和程度、圆润感、刺激性、干燥感和余味的各项指标值分别为 2.94、3.00、2.67、2.39、2.33 和 2.94（表 11-7-11）。

表 11-7-11　代表性片区中部烟叶（C3F）感官质量

评价指标		KL-01	KL-02	KL-03	KL-04	KL-05
香韵	干草香	3.67	3.62	3.44	3.62	3.72
	清甜香	0	0	0	0	0
	正甜香	3.00	3.00	2.67	2.62	2.72
	焦甜香	0	0	0	0	0
	青香	0.58	0.92	0.67	1.23	0.83

评价指标		KL-01	KL-02	KL-03	KL-04	KL-05
香韵	木香	2.17	1.92	2.00	1.85	2.00
	豆香	0	0	0	0	0
	坚果香	0	0	0.83	0	0.67
	焦香	0.92	0	1.00	0	0.78
	辛香	0.92	0	1.50	0.77	1.67
	果香	0	0	0	0	0
	药草香	0	0	0	0	0
	花香	0	0	0	0	0
	树脂香	0	0	0	0	0
	酒香	0	0	0	0	0
烟气	香气状态	3.33	3.31	3.17	3.55	3.22
	烟气浓度	3.17	3.00	3.24	3.00	3.17
	劲头	3.17	2.92	2.94	2.58	3.00
	香气质	3.25	3.25	3.06	3.08	2.89
	香气量	3.00	3.08	3.17	3.23	2.89
	透发性	3.00	3.08	3.06	2.92	2.94
杂气	青杂气	1.42	1.54	1.00	1.54	1.22
	生青气	0	0	1.06	0	0.94
	枯焦气	1.08	0	0.83	0.69	0.78
	木质气	1.42	1.23	1.00	1.15	1.50
	土腥气	0	0	0	0	0
	松脂气	0	0	0	0	0
	花粉气	0	0	0	0	0
	药草气	0	0	0	0	0
	金属气	0	0	0	0	0
口感	细腻程度	3.33	3.23	3.06	3.23	2.94
	柔和程度	2.75	3.08	3.06	3.23	3.00
	圆润感	2.75	2.77	2.83	2.92	2.67
	刺激性	2.50	2.38	2.17	2.08	2.39
	干燥感	2.67	2.31	2.33	2.23	2.33
	余味	3.33	3.46	3.11	3.38	2.94

第十二章　秦巴山区烤烟典型区域烟叶风格特征

　　秦巴山区烤烟种植区位于东经 105°7′～111°31′和北纬 30°28′～35°36′,分布在秦岭和巴山地区的广大范围,包括南部的湖北省宜昌市的兴山县和秭归县,恩施土家族苗族自治州(恩施州)的巴东县;东南部的湖北省十堰市的房县、竹山县和郧西县,襄阳市的保康县;北部的甘肃省庆阳市的正宁县、陇南市的徽县;中部的重庆市的巫山县、巫溪县、奉节县,陕西省汉中市的南郑区、安康市的旬阳县,商洛市的镇安县等县(市、区)。该产区是我国烤烟典型产区之一,也是传统中间香型烤烟的主要产区。这里选择该区域的南郑、旬阳、房县、兴山、巫山 5 个典型的烤烟种植县(区)的 25 个代表性片区,并通过代表性片区烟田烟株长相长势、烤后烟叶外观质量、物理指标、化学指标和烟叶质量感官评价指标,对秦巴山区烤烟种植区的烟叶风格特征进行描述。

第一节　陕西南郑烟叶风格特征

　　南郑区位于北纬 32°24′～33°7′,东经 106°30′～107°22′,地处陕西省汉中市南部,汉江上游南岸谷地,东邻城固、西乡两县,南接四川省通江、南江、旺苍三县,西连宁强、勉县。南郑区隶属陕西省汉中市,面积 2809 km^2。南郑区是陕南山地(秦巴山地的陕西部分)的组成部分。辖区大部分在米仓山北坡,小部分在南坡,总趋势南高北低,呈阶梯状。由北向南可依次划分为河谷阶地平原区、米仓山北麓丘陵低山区、米仓山中山区三种地貌区。中山、丘陵区占全县总面积的 88.2%,平原区占 11.8%。南郑区属北亚热带湿润季风气候区,由于地处海陆气候分界处,受地理因素和季风环流等影响,形成两个气候带,北亚热带和暖温带,尤以北亚热带气候特征最为明显,具有显著的季风气候特征。根据目前该区烤烟种植片区分布特点和烟叶质量风格特征,选择 5 个种植片区作为该区烟叶质量风格特征的代表性区域加以展示。

一、烟田与烟株基本特征

1. 小南海镇青石关村片区

　　代表性片区(NZ-01)中心点位于北纬 32°49′47.557″、东经 107°1′53.846″,海拔 856 m。中山坡地中部,缓坡旱地,成土母质为黄土沉积物,土壤亚类为斑纹简育湿润雏形土。种植制度为烤烟单作,烤烟大田生长期 5～9 月。烤烟田间长相长势好,烟株呈塔形结构,株高 127.60 cm,茎围 8.30 cm,有效叶片数 17.20,中部烟叶长 67.90 cm、宽 31.70 cm,上部烟叶长 57.00 cm、宽 22.00 cm(图 12-1-1,表 12-1-1)。

图 12-1-1　NZ-01 片区烟田

2. 小南海镇回军坝村片区

代表性片区(NZ-02)中心点位于北纬 32°46′22.348″、东经 107°4′13.269″，海拔 1315 m。中山坡地中上部，缓坡旱地，成土母质为黄土沉积物，土壤亚类为斑纹简育湿润雏形土。种植制度为烤烟单作，烤烟大田生长期 5～9 月。烤烟田间长相长势好，烟株呈筒形结构，株高 116.70 cm，茎围 10.20 cm，有效叶片数 18.10，中部烟叶长 68.80 cm、宽 30.20 cm，上部烟叶长 65.90 cm、宽 24.20 cm(图 12-1-2，表 12-1-1)。

图 12-1-2　NZ-02 片区烟田

3. 小南海镇水桶坝村片区

代表性片区(NZ-03)中心点位于北纬 30°45′56.887″、东经 107°2′59.470″，海拔 1292 m。中山坡地中下部，缓坡旱地，成土母质为黄土沉积物，土壤亚类为斑纹简育湿润雏形土。种植制度为烤烟单作，烤烟大田生长期 5～9 月。烤烟田间长相长势好，烟株呈筒形结构，株高 124.80 cm，茎围 9.10 cm，有效叶片数 15.90，中部烟叶长 79.50 cm、宽 29.10 cm，上部烟叶长 71.90 cm、宽 24.30 cm(图 12-1-3，表 12-1-1)。

图 12-1-3　NZ-03 片区烟田

4. 两河镇地坪村片区

代表性片区(NZ-04)中心点位于北纬 32°54′49.605″、东经 106°43′54.693″，海拔 774 m。低山坡地中下部，中坡梯田，成土母质为黄土沉积物，土壤亚类为斑纹简育湿润雏形土。种植制度为烤烟、玉米隔年轮作，烤烟大田生长期 5～9 月。烤烟田间长相长势好，烟株呈筒形结构，株高 114.80 cm，茎围 8.80 cm，有效叶片数 17.80，中部烟叶长 74.40 cm、宽 31.30 cm，上部烟叶长 64.80 cm、宽 25.90 cm(图 12-1-4，表 12-1-1)。

图 12-1-4　NZ-04 片区烟田

5. 两河镇竹坝村片区

代表性片区(NZ-05)中心点位于北纬 32°52′13.209″、东经 106°40′50.884″，海拔 1233 m。中山山脊顶部，缓坡梯田，成土母质为黄土沉积物，土壤亚类为斑纹简育湿润淋溶土。种植制度为烤烟单作，烤烟大田生长期 5～9 月。烤烟田间长相长势好，烟株呈筒形结构，株高 110.70 cm，茎围 9.10 cm，有效叶片数 17.60，中部烟叶长 65.00 cm、宽 24.00 cm，上部烟叶长 62.90 cm、宽 18.80 cm(图 12-1-5，表 12-1-1)。

图 12-1-5　NZ-05 片区烟田

表 12-1-1　代表性片区烟株主要农艺性状

片区	株高/cm	茎围/cm	有效叶/片	中部叶/cm		上部叶/cm		株型
				叶长	叶宽	叶长	叶宽	
NZ-01	127.60	8.30	17.20	67.90	31.70	57.00	22.00	塔形
NZ-02	116.70	10.20	18.10	68.80	30.20	65.90	24.20	筒形
NZ-03	124.80	9.10	15.90	79.50	29.10	71.90	24.30	筒形
NZ-04	114.80	8.80	17.80	74.40	31.30	64.80	25.90	筒形
NZ-05	110.70	9.10	17.60	65.00	24.00	62.90	18.80	筒形

二、烟叶外观质量与物理指标

1. 小南海镇青石关村片区

代表性片区（NZ-01）烟叶外观质量指标的成熟度得分 6.50，颜色得分 8.00，油分得分 8.00，身份得分 8.00，结构得分 6.50，色度得分 7.00。烟叶物理指标中的单叶重 12.65 g，叶片密度 65.38 g/m^2，含梗率 32.06%，平衡含水率 15.82%，叶片长度 68.30 cm，叶片宽度 24.53 cm，叶片厚度 120.23 μm，填充值 3.05 cm^3/g（图 12-1-6，表 12-1-2 和表 12-1-3）。

图 12-1-6　NZ-01 片区初烤烟叶

2. 小南海镇回军坝村片区

代表性片区(NZ-02)烟叶外观质量指标的成熟度得分 8.00，颜色得分 9.00，油分得分 8.50，身份得分 8.50，结构得分 8.50，色度得分 8.50。烟叶物理指标中的单叶重 12.93 g，叶片密度 64.39 g/m²，含梗率 31.94%，平衡含水率 13.27%，叶片长度 71.73 cm，叶片宽度 25.80 cm，叶片厚度 127.50 μm，填充值 3.10 cm³/g（图 12-1-7，表 12-1-2 和表 12-1-3）。

图 12-1-7   NZ-02 片区初烤烟叶

3. 小南海镇水桶坝村片区

代表性片区(NZ-03)烟叶外观质量指标的成熟度得分 7.50，颜色得分 8.50，油分得分 9.00，身份得分 8.00，结构得分 8.00，色度得分 8.00。烟叶物理指标中的单叶重 13.51 g，叶片密度 61.56 g/m²，含梗率 31.62%，平衡含水率 16.61%，叶片长度 73.10 cm，叶片宽度 27.13 cm，叶片厚度 109.43 μm，填充值 3.18 cm³/g（图 12-1-8，表 12-1-2 和表 12-1-3）。

图 12-1-8   NZ-03 片区初烤烟叶

4. 两河镇地坪村片区

代表性片区(NZ-04)烟叶外观质量指标的成熟度得分 8.50，颜色得分 9.00，油分得分 6.50，身份得分 7.00，结构得分 8.50，色度得分 7.50。烟叶物理指标中的单叶重 7.25 g，叶片密度 63.18 g/m²，含梗率 30.62%，平衡含水率 14.16%，叶片长度 56.50 cm，叶片宽度 21.89 cm，叶片厚度 97.50 μm，填充值 3.13 cm³/g(图 12-1-9，表 12-1-2 和表 12-1-3)。

图 12-1-9　NZ-04 片区初烤烟叶

5. 两河镇竹坝村片区

代表性片区(NZ-05)烟叶外观质量指标的成熟度得分 8.00，颜色得分 8.50，油分得分 7.50，身份得分 8.00，结构得分 8.00，色度得分 8.00。烟叶物理指标中的单叶重 9.80 g，叶片密度 64.88 g/m²，含梗率 34.92%，平衡含水率 14.63%，叶片长度 62.50 cm，叶片宽度 24.21 cm，叶片厚度 95.40 μm，填充值 3.45 cm³/g(图 12-1-10，表 12-1-2 和表 12-1-3)。

图 12-1-10　NZ-05 片区初烤烟叶

表 12-1-2　代表性片区烟叶外观质量

片区	成熟度	颜色	油分	身份	结构	色度
NZ-01	6.50	8.00	8.00	8.00	6.50	7.00
NZ-02	8.00	9.00	8.50	8.50	8.50	8.50
NZ-03	7.50	8.50	9.00	8.00	8.00	8.00
NZ-04	8.50	9.00	6.50	7.00	8.50	7.50
NZ-05	8.00	8.50	7.50	8.00	8.00	8.00

表 12-1-3　代表性片区烟叶物理指标

片区	单叶重 /g	叶片密度 /(g/m²)	含梗率 /%	平衡含水率 /%	叶长 /cm	叶宽 /cm	叶片厚度 /μm	填充值 /(cm³/g)
NZ-01	12.65	65.38	32.06	15.82	68.30	24.53	120.23	3.05
NZ-02	12.93	64.39	31.94	13.27	71.73	25.80	127.50	3.10
NZ-03	13.51	61.56	31.62	16.61	73.10	27.13	109.43	3.18
NZ-04	7.25	63.18	30.62	14.16	56.50	21.89	97.50	3.13
NZ-05	9.80	64.88	34.92	14.63	62.50	24.21	95.40	3.45

三、烟叶常规化学成分与中微量元素

1. 小南海镇青石关村片区

代表性片区(NZ-01)中部烟叶(C3F)总糖含量 34.13%，还原糖含量 27.08%，总氮含量 1.90%，总植物碱含量 2.03%，氯含量 0.14%，钾含量 1.30%，糖碱比 16.81，淀粉含量 4.15%(表 12-1-4)。烟叶铜含量为 0.047 g/kg，铁含量为 0.858 g/kg，锰含量为 4.526 g/kg，锌含量为 0.590 g/kg，钙含量为 179.573 mg/kg，镁含量为 21.631 mg/kg(表 12-1-5)。

2. 小南海镇回军坝村片区

代表性片区(NZ-02)中部烟叶(C3F)总糖含量 23.56%，还原糖含量 19.77%，总氮含量 2.26%，总植物碱含量 2.56%，氯含量 0.29%，钾含量 2.67%，糖碱比 9.20，淀粉含量 3.33%(表 12-1-4)。烟叶铜含量为 0.119 g/kg，铁含量为 1.494 g/kg，锰含量为 2.904 g/kg，锌含量为 0.563 g/kg，钙含量为 188.242 mg/kg，镁含量为 18.919 mg/kg(表 12-1-5)。

3. 小南海镇水桶坝村片区

代表性片区(NZ-03)中部烟叶(C3F)总糖含量 32.74%，还原糖含量 27.62%，总氮含量 1.98%，总植物碱含量 2.28%，氯含量 0.11%，钾含量 2.01%，糖碱比 14.36，淀粉含量 3.20%(表 12-1-4)。烟叶铜含量为 0.080 g/kg，铁含量为 1.697 g/kg，锰含量为 3.737 g/kg，锌含量为 0.556 g/kg，钙含量为 174.989 mg/kg，镁含量为 22.463 mg/kg(表 12-1-5)。

4. 两河镇地坪村片区

代表性片区(NZ-04)中部烟叶(C3F)总糖含量24.84%，还原糖含量21.37%，总氮含量2.34%，总植物碱含量2.45%，氯含量0.19%，钾含量2.50%，糖碱比10.14，淀粉含量3.59%(表12-1-4)。烟叶铜含量为0.059 g/kg，铁含量为1.114 g/kg，锰含量为1.463 g/kg，锌含量为0.208 g/kg，钙含量为136.382 mg/kg，镁含量为35.338 mg/kg(表12-1-5)。

5. 两河镇竹坝村片区

代表性片区(NZ-05)中部烟叶(C3F)总糖含量32.00%，还原糖含量27.79%，总氮含量1.88%，总植物碱含量1.68%，氯含量0.14%，钾含量1.90%，糖碱比19.05，淀粉含量1.38%(表12-1-4)。烟叶铜含量为0.064 g/kg，铁含量为0.389 g/kg，锰含量为3.332 g/kg，锌含量为0.473 g/kg，钙含量为124.089 mg/kg，镁含量为23.281 mg/kg(表12-1-5)。

表 12-1-4　代表性片区中部烟叶(C3F)常规化学成分

片区	总糖/%	还原糖/%	总氮/%	总植物碱/%	氯/%	钾/%	糖碱比	淀粉/%
NZ-01	34.13	27.08	1.90	2.03	0.14	1.30	16.81	4.15
NZ-02	23.56	19.77	2.26	2.56	0.29	2.67	9.20	3.33
NZ-03	32.74	27.62	1.98	2.28	0.11	2.01	14.36	3.20
NZ-04	24.84	21.37	2.34	2.45	0.19	2.50	10.14	3.59
NZ-05	32.00	27.79	1.88	1.68	0.14	1.90	19.05	1.38

表 12-1-5　代表性片区中部烟叶(C3F)中微量元素

片区	Cu/(g/kg)	Fe/(g/kg)	Mn/(g/kg)	Zn/(g/kg)	Ca/(mg/kg)	Mg/(mg/kg)
NZ-01	0.047	0.858	4.526	0.590	179.573	21.631
NZ-02	0.119	1.494	2.904	0.563	188.242	18.919
NZ-03	0.080	1.697	3.737	0.556	174.989	22.463
NZ-04	0.059	1.114	1.463	0.208	136.382	35.338
NZ-05	0.064	0.389	3.332	0.473	124.089	23.281

四、烟叶生物碱组分与细胞壁物质

1. 小南海镇青石关村片区

代表性片区(NZ-01)中部烟叶(C3F)烟碱含量为18.849 mg/g，降烟碱含量为0.366 mg/g，麦斯明含量为0.002 mg/g，假木贼碱含量为0.130 mg/g，新烟碱含量为0.619 mg/g；烟叶纤维素含量为6.10%，半纤维素含量为2.40%，木质素含量为1.20%(表12-1-6)。

2. 小南海镇回军坝村片区

代表性片区(NZ-02)中部烟叶(C3F)烟碱含量为26.421 mg/g,降烟碱含量为0.537 mg/g,麦斯明含量为0.004 mg/g,假木贼碱含量为0.221 mg/g,新烟碱含量为0.968 mg/g;烟叶纤维素含量为7.60%,半纤维素含量为2.30%,木质素含量为1.20%(表12-1-6)。

3. 小南海镇水桶坝村片区

代表性片区(NZ-03)中部烟叶(C3F)烟碱含量为24.009 mg/g,降烟碱含量为0.471 mg/g,麦斯明含量为0.003 mg/g,假木贼碱含量为0.164 mg/g,新烟碱含量为0.717 mg/g;烟叶纤维素含量为9.80%,半纤维素含量为2.90%,木质素含量为0.70%(表12-1-6)。

4. 两河镇地坪村片区

代表性片区(NZ-04)中部烟叶(C3F)烟碱含量为24.152 mg/g,降烟碱含量为0.475 mg/g,麦斯明含量为0.003 mg/g,假木贼碱含量为0.158 mg/g,新烟碱含量为0.682 mg/g;烟叶纤维素含量为5.80%,半纤维素含量为2.90%,木质素含量为1.40%(表12-1-6)。

5. 两河镇竹坝村片区

代表性片区(NZ-05)中部烟叶(C3F)烟碱含量为15.514 mg/g,降烟碱含量为0.383 mg/g,麦斯明含量为0.003 mg/g,假木贼碱含量为0.121 mg/g,新烟碱含量为0.509 mg/g;烟叶纤维素含量为6.10%,半纤维素含量为3.50%,木质素含量为1.80%(表12-1-6)。

表 2-1-6 代表性片区中部烟叶(C3F)生物碱组分与细胞壁物质

片区	烟碱 /(mg/g)	降烟碱 /(mg/g)	麦斯明 /(mg/g)	假木贼碱 /(mg/g)	新烟碱 /(mg/g)	纤维素 /%	半纤维素 /%	木质素 /%
NZ-01	18.849	0.366	0.002	0.130	0.619	6.10	2.40	1.20
NZ-02	26.421	0.537	0.004	0.221	0.968	7.60	2.30	1.20
NZ-03	24.009	0.471	0.003	0.164	0.717	9.80	2.90	0.70
NZ-04	24.152	0.475	0.003	0.158	0.682	5.80	2.90	1.40
NZ-05	15.514	0.383	0.003	0.121	0.509	6.10	3.50	1.80

五、烟叶多酚与质体色素

1. 小南海镇青石关村片区

代表性片区(NZ-01)中部烟叶(C3F)绿原酸含量为 15.980 mg/g,芸香苷含量为14.370 mg/g,莨菪亭含量为0.110 mg/g,β-胡萝卜素含量为0.027 mg/g,叶黄素含量为0.044 mg/g(表12-1-7)。

2. 小南海镇回军坝村片区

代表性片区(NZ-02)中部烟叶(C3F)绿原酸含量为 7.490 mg/g，芸香苷含量为 12.260 mg/g，莨菪亭含量为 0.350 mg/g，β-胡萝卜素含量为 0.050 mg/g，叶黄素含量为 0.092 mg/g(表 12-1-7)。

3. 小南海镇水桶坝村片区

代表性片区(NZ-03)中部烟叶(C3F)绿原酸含量为 14.560 mg/g，芸香苷含量为 11.920 mg/g，莨菪亭含量为 0.150 mg/g，β-胡萝卜素含量为 0.047 mg/g，叶黄素含量为 0.081 mg/g(表 12-1-7)。

4. 两河镇地坪村片区

代表性片区(NZ-04)中部烟叶(C3F)绿原酸含量为 16.260 mg/g，芸香苷含量为 14.120 mg/g，莨菪亭含量为 0.240 mg/g，β-胡萝卜素含量为 0.064 mg/g，叶黄素含量为 0.115 mg/g(表 12-1-7)。

5. 两河镇竹坝村片区

代表性片区(NZ-05)中部烟叶(C3F)绿原酸含量为 15.050 mg/g，芸香苷含量为 8.930 mg/g，莨菪亭含量为 0.200 mg/g，β-胡萝卜素含量为 0.042 mg/g，叶黄素含量为 0.084 mg/g(表 12-1-7)。

表 12-1-7　代表性片区中部烟叶(C3F)多酚与质体色素　　(单位：mg/g)

片区	绿原酸	芸香苷	莨菪亭	β-胡萝卜素	叶黄素
NZ-01	15.980	14.370	0.110	0.027	0.044
NZ-02	7.490	12.260	0.350	0.050	0.092
NZ-03	14.560	11.920	0.150	0.047	0.081
NZ-04	16.260	14.120	0.240	0.064	0.115
NZ-05	15.050	8.930	0.200	0.042	0.084

六、烟叶有机酸类物质

1. 小南海镇青石关村片区

代表性片区(NZ-01)中部烟叶(C3F)草酸含量为 14.954 mg/g，苹果酸含量为 59.021 mg/g，柠檬酸含量为 6.236 mg/g，棕榈酸含量为 2.734 mg/g，亚油酸含量为 1.454 mg/g，油酸含量为 3.649 mg/g，硬脂酸含量为 0.654 mg/g(表 12-1-8)。

2. 小南海镇回军坝村片区

代表性片区(NZ-02)中部烟叶(C3F)草酸含量为 13.557 mg/g，苹果酸含量为 48.067 mg/g，柠檬酸含量为 7.433 mg/g，棕榈酸含量为 2.549 mg/g，亚油酸含量为 1.240 mg/g，油酸含量为 3.597 mg/g，硬脂酸含量为 0.624 mg/g（表 12-1-8）。

3. 小南海镇水桶坝村片区

代表性片区（NZ-03）中部烟叶（C3F）草酸含量为 11.706 mg/g，苹果酸含量为 63.033 mg/g，柠檬酸含量为 5.347 mg/g，棕榈酸含量为 2.952 mg/g，亚油酸含量为 1.369 mg/g，油酸含量为 3.967 mg/g，硬脂酸含量为 0.761 mg/g（表 12-1-8）。

4. 两河镇地坪村片区

代表性片区（NZ-04）中部烟叶（C3F）草酸含量为 14.378 mg/g，苹果酸含量为 60.627 mg/g，柠檬酸含量为 6.285 mg/g，棕榈酸含量为 2.480 mg/g，亚油酸含量为 1.233 mg/g，油酸含量为 3.625 mg/g，硬脂酸含量为 0.679 mg/g（表 12-1-8）。

5. 两河镇竹坝村片区

代表性片区（NZ-05）中部烟叶（C3F）草酸含量为 14.008 mg/g，苹果酸含量为 43.073 mg/g，柠檬酸含量为 4.367 mg/g，棕榈酸含量为 2.114 mg/g，亚油酸含量为 1.093 mg/g，油酸含量为 2.725 mg/g，硬脂酸含量为 0.542 mg/g（表 12-1-8）。

表 12-1-8　代表性片区中部烟叶（C3F）有机酸　　　（单位：mg/g）

片区	草酸	苹果酸	柠檬酸	棕榈酸	亚油酸	油酸	硬脂酸
NZ-01	14.954	59.021	6.236	2.734	1.454	3.649	0.654
NZ-02	13.557	48.067	7.433	2.549	1.240	3.597	0.624
NZ-03	11.706	63.033	5.347	2.952	1.369	3.967	0.761
NZ-04	14.378	60.627	6.285	2.480	1.233	3.625	0.679
NZ-05	14.008	43.073	4.367	2.114	1.093	2.725	0.542

七、烟叶氨基酸

1. 小南海镇青石关村片区

代表性片区（NZ-01）中部烟叶（C3F）磷酸化-丝氨酸含量为 0.305 μg/mg，牛磺酸含量为 0.383 μg/mg，天冬氨酸含量为 0.051 μg/mg，苏氨酸含量为 0.140 μg/mg，丝氨酸含量为 0.069 μg/mg，天冬酰胺含量为 0.629 μg/mg，谷氨酸含量为 0.085 μg/mg，甘氨酸含量为 0.036 μg/mg，丙氨酸含量为 0.262 μg/mg，缬氨酸含量为 0.056 μg/mg，半胱氨酸含量为 0.172 μg/mg，异亮氨酸含量为 0.018 μg/mg，亮氨酸含量为 0.138 μg/mg，酪氨酸含量为 0.048 μg/mg，苯丙氨酸含量为 0.094 μg/mg，氨基丁酸含量为 0.014 μg/mg，组氨酸含量为 0.063 μg/mg，色氨酸含量为 0.089 μg/mg，精氨酸含量为 0 μg/mg（表 12-1-9）。

2. 小南海镇回军坝村片区

代表性片区（NZ-02）中部烟叶（C3F）磷酸化-丝氨酸含量为 0.316 μg/mg，牛磺酸含量为 0.613 μg/mg，天冬氨酸含量为 0.193 μg/mg，苏氨酸含量为 0.121 μg/mg，丝氨酸含量为 0.037 μg/mg，天冬酰胺含量为 0.576 μg/mg，谷氨酸含量为 0.136 μg/mg，甘氨酸含量为 0.035 μg/mg，丙氨酸含量为 0.293 μg/mg，缬氨酸含量为 0.072 μg/mg，半胱氨酸含量为 0 μg/mg，异亮氨酸含量为 0.017 μg/mg，亮氨酸含量为 0.103 μg/mg，酪氨酸含量为 0.054 μg/mg，苯丙氨酸含量为 0.142 μg/mg，氨基丁酸含量为 0.066 μg/mg，组氨酸含量为 0.063 μg/mg，色氨酸含量为 0.071 μg/mg，精氨酸含量为 0.026 μg/mg（表 12-1-9）。

3. 小南海镇水桶坝村片区

代表性片区（NZ-03）中部烟叶（C3F）磷酸化-丝氨酸含量为 0.276 μg/mg，牛磺酸含量为 0.394 μg/mg，天冬氨酸含量为 0.088 μg/mg，苏氨酸含量为 0.165 μg/mg，丝氨酸含量为 0.046 μg/mg，天冬酰胺含量为 0.601 μg/mg，谷氨酸含量为 0.099 μg/mg，甘氨酸含量为 0.025 μg/mg，丙氨酸含量为 0.282 μg/mg，缬氨酸含量为 0.057 μg/mg，半胱氨酸含量为 0.142 μg/mg，异亮氨酸含量为 0.017 μg/mg，亮氨酸含量为 0.133 μg/mg，酪氨酸含量为 0.049 μg/mg，苯丙氨酸含量为 0.109 μg/mg，氨基丁酸含量为 0.029 μg/mg，组氨酸含量为 0.057 μg/mg，色氨酸含量为 0.085 μg/mg，精氨酸含量为 0.020 μg/mg（表 12-1-9）。

4. 两河镇地坪村片区

代表性片区（NZ-04）中部烟叶（C3F）磷酸化-丝氨酸含量为 0.310 μg/mg，牛磺酸含量为 0.681 μg/mg，天冬氨酸含量为 0.228 μg/mg，苏氨酸含量为 0.258 μg/mg，丝氨酸含量为 0.121 μg/mg，天冬酰胺含量为 1.222 μg/mg，谷氨酸含量为 0.159 μg/mg，甘氨酸含量为 0.042 μg/mg，丙氨酸含量为 0.410 μg/mg，缬氨酸含量为 0.115 μg/mg，半胱氨酸含量为 0.232 μg/mg，异亮氨酸含量为 0.032 μg/mg，亮氨酸含量为 0.195 μg/mg，酪氨酸含量为 0.099 μg/mg，苯丙氨酸含量为 0.237 μg/mg，氨基丁酸含量为 0.076 μg/mg，组氨酸含量为 0.140 μg/mg，色氨酸含量为 0.198 μg/mg，精氨酸含量为 0.065 μg/mg（表 12-1-9）。

5. 两河镇竹坝村片区

代表性片区（NZ-05）中部烟叶（C3F）磷酸化-丝氨酸含量为 0.357 μg/mg，牛磺酸含量为 0.554 μg/mg，天冬氨酸含量为 0.114 μg/mg，苏氨酸含量为 0.239 μg/mg，丝氨酸含量为 0.069 μg/mg，天冬酰胺含量为 0.762 μg/mg，谷氨酸含量为 0.124 μg/mg，甘氨酸含量为 0.046 μg/mg，丙氨酸含量为 0.561 μg/mg，缬氨酸含量为 0.082 μg/mg，半胱氨酸含量为 0.132 μg/mg，异亮氨酸含量为 0.010 μg/mg，亮氨酸含量为 0.166 μg/mg，酪氨酸含量为 0.044 μg/mg，苯丙氨酸含量为 0.147 μg/mg，氨基丁酸含量为 0.042 μg/mg，组氨酸含量为 0.062 μg/mg，色氨酸含量为 0.107 μg/mg，精氨酸含量为 0.031 μg/mg（表 12-1-9）。

表 12-1-9　代表性片区中部烟叶（C3F）氨基酸　　　　（单位：μg/mg）

氨基酸组分	NZ-01	NZ-02	NZ-03	NZ-04	NZ-05
磷酸化-丝氨酸	0.305	0.316	0.276	0.310	0.357
牛磺酸	0.383	0.613	0.394	0.681	0.554
天冬氨酸	0.051	0.193	0.088	0.228	0.114
苏氨酸	0.140	0.121	0.165	0.258	0.239
丝氨酸	0.069	0.037	0.046	0.121	0.069
天冬酰胺	0.629	0.576	0.601	1.222	0.762
谷氨酸	0.085	0.136	0.099	0.159	0.124
甘氨酸	0.036	0.035	0.025	0.042	0.046
丙氨酸	0.262	0.293	0.282	0.410	0.561
缬氨酸	0.056	0.072	0.057	0.115	0.082
半胱氨酸	0.172	0	0.142	0.232	0.132
异亮氨酸	0.018	0.017	0.017	0.032	0.010
亮氨酸	0.138	0.103	0.133	0.195	0.166
酪氨酸	0.048	0.054	0.049	0.099	0.044
苯丙氨酸	0.094	0.142	0.109	0.237	0.147
氨基丁酸	0.014	0.066	0.029	0.076	0.042
组氨酸	0.063	0.063	0.057	0.140	0.062
色氨酸	0.089	0.071	0.085	0.198	0.107
精氨酸	0	0.026	0.020	0.065	0.031

八、烟叶香气物质

1. 小南海镇青石关村片区

代表性片区（NZ-01）中部烟叶（C3F）茄酮含量为 0.829 μg/g，香叶基丙酮含量为 0.347 μg/g，降茄二酮含量为 0.101 μg/g，β-紫罗兰酮含量为 0.358 μg/g，氧化紫罗兰酮含量为 0.358 μg/g，二氢猕猴桃内酯含量为 2.957 μg/g，巨豆三烯酮 1 含量为 0.101 μg/g，巨豆三烯酮 2 含量为 0.986 μg/g，巨豆三烯酮 3 含量为 0.134 μg/g，巨豆三烯酮 4 含量为 0.941 μg/g，3-羟基-β-二氢大马酮含量为 0.963 μg/g，3-氧代-α-紫罗兰醇含量为 1.613 μg/g，新植二烯含量为 732.894 μg/g，3-羟基索拉韦惕酮含量为 3.192 μg/g，β-法尼烯含量为 8.669 μg/g（表 12-1-10）。

2. 小南海镇回军坝村片区

代表性片区（NZ-02）中部烟叶（C3F）茄酮含量为 0.941 μg/g，香叶基丙酮含量为 0.403 μg/g，降茄二酮含量为 0.123 μg/g，β-紫罗兰酮含量为 0.403 μg/g，氧化紫罗兰酮含量为 0.493 μg/g，二氢猕猴桃内酯含量为 3.909 μg/g，巨豆三烯酮 1 含量为 0.202 μg/g，巨豆三烯酮 2 含量为 1.568 μg/g，巨豆三烯酮 3 含量为 0.190 μg/g，巨豆三烯酮 4 含量为 1.344 μg/g，3-羟基-β-二氢大马酮含量为 0.896 μg/g，3-氧代-α-紫罗兰醇含量为 5.690 μg/g，新植二烯含量为 1105.933 μg/g，3-羟基索拉韦惕酮含量为 11.054 μg/g，β-法尼烯含量为 15.702 μg/g（表 12-1-10）。

3. 小南海镇水桶坝村片区

代表性片区（NZ-03）中部烟叶（C3F）茄酮含量为 0.582 μg/g，香叶基丙酮含量为 0.258 μg/g，降茄二酮含量为 0.090 μg/g，β-紫罗兰酮含量为 0.336 μg/g，氧化紫罗兰酮含量为 0.280 μg/g，二氢猕猴桃内酯含量为 2.587 μg/g，巨豆三烯酮 1 含量为 0.123 μg/g，巨豆三烯酮 2 含量为 1.232 μg/g，巨豆三烯酮 3 含量为 0.190 μg/g，巨豆三烯酮 4 含量为 1.019 μg/g，3-羟基-β-二氢大马酮含量为 0.885 μg/g，3-氧代-α-紫罗兰醇含量为 3.763 μg/g，新植二烯含量为 781.894 μg/g，3-羟基索拉韦惕酮含量为 3.954 μg/g，β-法尼烯含量为 8.064 μg/g（表 12-1-10）。

4. 两河镇地坪村片区

代表性片区（NZ-04）中部烟叶（C3F）茄酮含量为 0.918 μg/g，香叶基丙酮含量为 0.258 μg/g，降茄二酮含量为 0.090 μg/g，β-紫罗兰酮含量为 0.347 μg/g，氧化紫罗兰酮含量为 0.482 μg/g，二氢猕猴桃内酯含量为 3.371 μg/g，巨豆三烯酮 1 含量为 0.123 μg/g，巨豆三烯酮 2 含量为 1.053 μg/g，巨豆三烯酮 3 含量为 0.146 μg/g，巨豆三烯酮 4 含量为 0.907 μg/g，3-羟基-β-二氢大马酮含量为 0.728 μg/g，3-氧代-α-紫罗兰醇含量为 2.744 μg/g，新植二烯含量为 987.896 μg/g，3-羟基索拉韦惕酮含量为 6.328 μg/g，β-法尼烯含量为 7.862 μg/g（表 12-1-10）。

5. 两河镇竹坝村片区

代表性片区（NZ-05）中部烟叶（C3F）茄酮含量为 0.795 μg/g，香叶基丙酮含量为 0.358 μg/g，降茄二酮含量为 0.112 μg/g，β-紫罗兰酮含量为 0.370 μg/g，氧化紫罗兰酮含量为 0.470 μg/g，二氢猕猴桃内酯含量为 3.517 μg/g，巨豆三烯酮 1 含量为 0.112 μg/g，巨豆三烯酮 2 含量为 1.154 μg/g，巨豆三烯酮 3 含量为 0.134 μg/g，巨豆三烯酮 4 含量为 1.008 μg/g，3-羟基-β-二氢大马酮含量为 0.918 μg/g，3-氧代-α-紫罗兰醇含量为 3.394 μg/g，新植二烯含量为 1215.021 μg/g，3-羟基索拉韦惕酮含量为 3.842 μg/g，β-法尼烯含量为 12.354 μg/g（表 12-1-10）。

表 12-1-10 代表性片区中部烟叶（C3F）香气物质 （单位：μg/g）

香气物质	NZ-01	NZ-02	NZ-03	NZ-04	NZ-05
茄酮	0.829	0.941	0.582	0.918	0.795
香叶基丙酮	0.347	0.403	0.258	0.258	0.358
降茄二酮	0.101	0.123	0.090	0.090	0.112
β-紫罗兰酮	0.358	0.403	0.336	0.347	0.370
氧化紫罗兰酮	0.358	0.493	0.280	0.482	0.470
二氢猕猴桃内酯	2.957	3.909	2.587	3.371	3.517

香气物质	NZ-01	NZ-02	NZ-03	NZ-04	NZ-05
巨豆三烯酮 1	0.101	0.202	0.123	0.123	0.112
巨豆三烯酮 2	0.986	1.568	1.232	1.053	1.154
巨豆三烯酮 3	0.134	0.190	0.190	0.146	0.134
巨豆三烯酮 4	0.941	1.344	1.019	0.907	1.008
3-羟基-β-二氢大马酮	0.963	0.896	0.885	0.728	0.918
3-氧代-α-紫罗兰醇	1.613	5.690	3.763	2.744	3.394
新植二烯	732.894	1105.933	781.894	987.896	1215.021
3-羟基索拉韦惕酮	3.192	11.054	3.954	6.328	3.842
β-法尼烯	8.669	15.702	8.064	7.862	12.354

九、烟叶感官质量

1. 小南海镇青石关村片区

代表性片区(NZ-01)中部烟叶(C3F)感官质量评价结果显示,香韵指标包含的干草香、清甜香、正甜香、焦甜香、青香、木香、豆香、坚果香、焦香、辛香、果香、药草香、花香、树脂香、酒香的各项指标值分别为3.28、0、2.67、0、0、2.00、0、0、0.61、1.28、0、0、0、0、0,烟气指标包含的香气状态、烟气浓度、劲头、香气质、香气量和透发性的各项指标值分别为3.06、3.00、2.65、3.22、2.83 和2.72,杂气指标包含的青杂气、生青气、枯焦气、木质气、土腥气、松脂气、花粉气、药草气和金属气的各项指标值分别为0.94、0、0、1.28、0、0、0、0、0,口感指标包含的细腻程度、柔和程度、圆润感、刺激性、干燥感和余味的各项指标值分别为3.00、2.94、2.83、2.72、2.72 和3.11(表 12-1-11)。

2. 小南海镇回军坝村片区

代表性片区(NZ-02)中部烟叶(C3F)感官质量评价结果显示,香韵指标包含的干草香、清甜香、正甜香、焦甜香、青香、木香、豆香、坚果香、焦香、辛香、果香、药草香、花香、树脂香、酒香的各项指标值分别为3.22、0、2.83、0、0.56、2.06、0、0、0.72、1.22、0、0、0、0、0,烟气指标包含的香气状态、烟气浓度、劲头、香气质、香气量和透发性的各项指标值分别为2.94、3.12、2.76、2.72、3.00 和2.83,杂气指标包含的青杂气、生青气、枯焦气、木质气、土腥气、松脂气、花粉气、药草气和金属气的各项指标值分别为1.06、0、0、1.67、0、0、0、0、0,口感指标包含的细腻程度、柔和程度、圆润感、刺激性、干燥感和余味的各项指标值分别为2.72、2.83、2.56、2.72、2.72 和2.83(表 12-1-11)。

3. 小南海镇水桶坝村片区

代表性片区(NZ-03)中部烟叶(C3F)感官质量评价结果显示,香韵指标包含的干草香、清甜香、正甜香、焦甜香、青香、木香、豆香、坚果香、焦香、辛香、果香、药草香、花香、树脂香、酒香的各项指标值分别为 3.62、0、2.69、0、0.69、2.00、0、0、0.77、0.92、0、0、0、0、0，烟气指标包含的香气状态、烟气浓度、劲头、香气质、香气量和透发性的各项指标值分别为 3.00、2.92、2.46、3.15、3.15 和 2.92，杂气指标包含的青杂气、生青气、枯焦气、木质气、土腥气、松脂气、花粉气、药草气和金属气的各项指标值分别为 1.15、0、0.69、1.54、0、0、0、0、0，口感指标包含的细腻程度、柔和程度、圆润感、刺激性、干燥感和余味的各项指标值分别为 3.15、2.92、2.77、2.15、2.46 和 3.31（表 12-1-11）。

4. 两河镇地坪村片区

代表性片区（NZ-04）中部烟叶（C3F）感官质量评价结果显示，香韵指标包含的干草香、清甜香、正甜香、焦甜香、青香、木香、豆香、坚果香、焦香、辛香、果香、药草香、花香、树脂香、酒香的各项指标值分别为 3.23、0、2.62、0、0.92、2.23、0、0、0、0.85、0、0、0、0、0，烟气指标包含的香气状态、烟气浓度、劲头、香气质、香气量和透发性的各项指标值分别为 3.25、2.69、2.46、3.08、2.85 和 3.00，杂气指标包含的青杂气、生青气、枯焦气、木质气、土腥气、松脂气、花粉气、药草气和金属气的各项指标值分别为 1.31、0、0、1.69、0、0、0、0、0，口感指标包含的细腻程度、柔和程度、圆润感、刺激性、干燥感和余味的各项指标值分别为 3.00、2.92、2.77、2.38、2.46 和 3.15（表 12-1-11）。

5. 两河镇竹坝村片区

代表性片区（NZ-05）中部烟叶（C3F）感官质量评价结果显示，香韵指标包含的干草香、清甜香、正甜香、焦甜香、青香、木香、豆香、坚果香、焦香、辛香、果香、药草香、花香、树脂香、酒香的各项指标值分别为 3.06、0、2.72、0、0.67、1.94、0、0、0.78、1.22、0、0、0、0、0，烟气指标包含的香气状态、烟气浓度、劲头、香气质、香气量和透发性的各项指标值分别为 2.88、2.88、2.50、2.94、2.83 和 2.78，杂气指标包含的青杂气、生青气、枯焦气、木质气、土腥气、松脂气、花粉气、药草气和金属气的各项指标值分别为 1.11、0、0、1.50、0、0、0、0、0，口感指标包含的细腻程度、柔和程度、圆润感、刺激性、干燥感和余味的各项指标值分别为 2.94、3.00、2.56、2.61、2.72 和 2.94（表 12-1-11）。

表 12-1-11　代表性片区中部烟叶（C3F）感官质量

评价指标		NZ-01	NZ-02	NZ-03	NZ-04	NZ-05
香韵	干草香	3.28	3.22	3.62	3.23	3.06
	清甜香	0	0	0	0	0
	正甜香	2.67	2.83	2.69	2.62	2.72
	焦甜香	0	0	0	0	0
	青香	0	0.56	0.69	0.92	0.67

评价指标		NZ-01	NZ-02	NZ-03	NZ-04	NZ-05
香韵	木香	2.00	2.06	2.00	2.23	1.94
	豆香	0	0	0	0	0
	坚果香	0	0	0	0	0
	焦香	0.61	0.72	0.77	0	0.78
	辛香	1.28	1.22	0.92	0.85	1.22
	果香	0	0	0	0	0
	药草香	0	0	0	0	0
	花香	0	0	0	0	0
	树脂香	0	0	0	0	0
	酒香	0	0	0	0	0
烟气	香气状态	3.06	2.94	3.00	3.25	2.88
	烟气浓度	3.00	3.12	2.92	2.69	2.88
	劲头	2.65	2.76	2.46	2.46	2.50
	香气质	3.22	2.72	3.15	3.08	2.94
	香气量	2.83	3.00	3.15	2.85	2.83
	透发性	2.72	2.83	2.92	3.00	2.78
杂气	青杂气	0.94	1.06	1.15	1.31	1.11
	生青气	0	0	0	0	0
	枯焦气	0	0	0.69	0	0
	木质气	1.28	1.67	1.54	1.69	1.50
	土腥气	0	0	0	0	0
	松脂气	0	0	0	0	0
	花粉气	0	0	0	0	0
	药草气	0	0	0	0	0
	金属气	0	0	0	0	0
口感	细腻程度	3.00	2.72	3.15	3.00	2.94
	柔和程度	2.94	2.83	2.92	2.92	3.00
	圆润感	2.83	2.56	2.77	2.77	2.56
	刺激性	2.72	2.72	2.15	2.38	2.61
	干燥感	2.72	2.72	2.46	2.46	2.72
	余味	3.11	2.83	3.31	3.15	2.94

第二节　陕西旬阳烟叶风格特征

旬阳县隶属陕西省安康市，位于东经 103°58′～109°48′、北纬 32°29′～33°13′，地处陕西省东南部，东以仙河中下游与大南河分水岭、吕河上游与冷水河分水岭为界，由北向南依次与湖北省郧西县、陕西省白河县毗邻；南以韩家山—铜钱关一线及大神河与汝河、冠河分水岭为界，由东向西依次与湖北省竹山县、竹溪县及陕西省平利县接壤；西以王莽山—包家山一线为界，同陕西省汉滨区相邻；北由西向东以下茅坪、洛驾河沟口及蜀河与仙河上游分水岭为界，同陕西省镇安县、湖北省郧西县相接。地形似不规则三角形，北宽南窄，南北长 82 km、东西宽 79 km，面积 3554 km^2。地貌特征以中山为主，兼有低山、丘陵、河谷地形。旬阳北居秦岭，南依大巴山，阻住南下的冷空气，截挡汉江河谷上行的暖温气流，境内气候温暖湿润，四季分明，呈典型的南北过渡特征，形成特殊的北亚热带气候区。旬阳是秦巴山区烤烟种植区的典型产区，根据目前该县烤烟种植片区分布特点和烟叶质量风格特征，选择 5 个种植片区，作为该县烟叶质量风格特征的代表性区域加以分析。

一、烟田与烟株基本特征

1. 甘溪镇桂花树村片区

代表性片区（XY-01）中心点位于北纬 32°54′59.923″、东经 109°13′6.048″，海拔 715 m。低山丘陵坡地中上部，梯田旱地，成土母质为砂岩风化物与黄土沉积混合坡积物，土壤亚类为斑纹简育湿润雏形土。种植制度为烤烟单作，烤烟大田生长期 5～9 月。烤烟田间长相长势较好，烟株呈筒形结构，株高 105.30 cm，茎围 9.40 cm，有效叶片数 18.90，中部烟叶长 69.10 cm、宽 30.60 cm，上部烟叶长 65.60 cm、宽 21.40 cm（图 12-2-1，表 12-2-1）。

图 12-2-1　XY-01 片区烟田

2. 赵湾镇桦树梁村片区

代表性片区（XY-02）中心点位于北纬 32°57′31.426″、东经 109°8′25.904″，海拔 1067 m。中山坡地中上部，中坡旱地，成土母质为黄土沉积物，土壤亚类为普通黏磐湿润淋溶土。种植制度为烤烟、小麦轮作，烤烟大田生长期 5～9 月。烤烟田间长相长势较好，烟株呈筒形结构，株高 94.30 cm，茎围 11.20 cm，有效叶片数 19.70，中部烟叶长 70.90 cm、宽 33.00 cm，上部烟叶长 52.80 cm、宽 20.70 cm（图 12-2-2，表 12-2-1）。

图 12-2-2　XY-02 片区烟田

3. 赵湾镇桦树梁村 2 组片区

代表性片区（XY-03）中心点位于北纬 32°57′37.409″、东经 109°8′18.640″，海拔 1012 m。中山坡地中上部，中坡旱地，成土母质为泥质砂岩风化物坡积物，土壤亚类为暗沃简育湿润雏形土。种植制度为烤烟、玉米隔年轮作，烤烟大田生长期 5～9 月。烤烟田间长相长势较好，烟株呈筒形结构，株高 109.40 cm，茎围 10.40 cm，有效叶片数 20.70，中部烟叶长 65.70 cm、宽 27.70 cm，上部烟叶长 55.10 cm、宽 20.90 cm（图 12-2-3，表 12-2-1）。

图 12-2-3　XY-03 片区烟田

4. 麻坪镇枫树村片区

代表性片区（XY-04）中心点位于北纬 32°57′23.590″、东经 109°6′11.886″，海拔 710 m。低山丘陵坡地中上部，中坡旱地，成土母质为石灰岩风化物与黄土沉积混合坡积物，土壤亚类为棕色钙质湿润雏形土。种植制度为烤烟、玉米隔年轮作，烤烟大田生长期 5～9 月。烤烟田间长相长势好，烟株呈塔形结构，株高 119.40 cm，茎围 12.50 cm，有效叶片数 22.70，中部烟叶长 75.20 cm、宽 34.00 cm，上部烟叶长 58.40 cm、宽 22.00 cm（图 12-2-4，表 12-2-1）。

图 12-2-4　XY-04 片区烟田

5. 麻坪镇海棠寺村片区

代表性片区(XY-05)位于北纬 32°55′42.137″、东经 109°8′30.381″，海拔 936 m。中山坡地中上部，缓坡旱地，成土母质为黄土沉积物，土壤亚类为普通黏磐湿润淋溶土。种植制度为烤烟、玉米隔年轮作，烤烟大田生长期 5～9 月。烤烟田间长相长势较好，烟株呈塔形结构，株高 99.00 cm，茎围 11.80 cm，有效叶片数 21.20，中部烟叶长 70.00 cm、宽 34.50 cm，上部烟叶长 63.20 cm、宽 23.80 cm(图 12-2-5，表 12-2-1)。

图 12-2-5　XY-05 片区烟田

表 12-2-1　代表性片区烟株主要农艺性状

片区	株高 /cm	茎围 /cm	有效叶 /片	中部叶/cm		上部叶/cm		株型
				叶长	叶宽	叶长	叶宽	
XY-01	105.30	9.40	18.90	69.10	30.60	65.60	21.40	筒形
XY-02	94.30	11.20	19.70	70.90	33.00	52.80	20.70	筒形
XY-03	109.40	10.40	20.70	65.70	27.70	55.10	20.90	筒形
XY-04	119.40	12.50	22.70	75.20	34.00	58.40	22.00	塔形
XY-05	99.00	11.80	21.20	70.00	34.50	63.20	23.80	塔形

二、烟叶外观质量与物理指标

1. 甘溪镇桂花树村片区

代表性片区（XY-01）烟叶外观质量指标的成熟度得分 7.50，颜色得分 8.50，油分得分 7.00，身份得分 7.50，结构得分 7.50，色度得分 7.00。烟叶物理指标中的单叶重 12.26 g，叶片密度 61.79 g/m²，含梗率 30.55%，平衡含水率 12.96%，叶片长度 58.28 cm，叶片宽度 25.85 cm，叶片厚度 104.83 μm，填充值 2.88 cm³/g（图 12-2-6，表 12-2-2 和表 12-2-3）。

图 12-2-6　XY-01 片区初烤烟叶

2. 赵湾镇桦树梁村片区

代表性片区（XY-02）烟叶外观质量指标的成熟度得分 8.50，颜色得分 9.00，油分得分 8.50，身份得分 8.50，结构得分 8.50，色度得分 8.00。烟叶物理指标中的单叶重 10.84 g，叶片密度 58.28 g/m²，含梗率 34.77%，平衡含水率 16.23%，叶片长度 62.48 cm，叶片宽度 24.93 cm，叶片厚度 99.97 μm，填充值 3.15 cm³/g（图 12-2-7，表 12-2-2 和表 12-2-3）。

图 12-2-7　XY-02 片区初烤烟叶

3. 赵湾镇桦树梁村 2 组片区

代表性片区(XY-03)烟叶外观质量指标的成熟度得分 8.00，颜色得分 8.50，油分得分 8.50，身份得分 8.50，结构得分 8.00，色度得分 8.00。烟叶物理指标中的单叶重 12.38 g，叶片密度 61.26 g/m^2，含梗率 29.64%，平衡含水率 16.93%，叶片长度 62.70 cm，叶片宽度 27.85 cm，叶片厚度 101.20 μm，填充值 3.21 cm^3/g(图 12-2-8，表 12-2-2 和表 12-2-3)。

图 12-2-8　XY-03 片区初烤烟叶

4. 麻坪镇枫树村片区

代表性片区(XY-04)烟叶外观质量指标的成熟度得分 8.50，颜色得分 9.00，油分得分 6.50，身份得分 7.00，结构得分 8.00，色度得分 7.50。烟叶物理指标中的单叶重 10.73 g，叶片密度 65.34 g/m^2，含梗率 31.97%，平衡含水率 13.64%，叶片长度 59.13 cm，叶片宽度 24.68 cm，叶片厚度 110.90 μm，填充值 3.61 cm^3/g(图 12-2-9，表 12-2-2 和表 12-2-3)。

图 12-2-9　XY-04 片区初烤烟叶

5. 麻坪镇海棠寺村片区

代表性片区（XY-05）烟叶外观质量指标的成熟度得分 6.50，颜色得分 8.50，油分得分 8.00，身份得分 8.50，结构得分 7.50，色度得分 8.00。烟叶物理指标中的单叶重 10.05 g，叶片密度 57.11 g/m²，含梗率 32.81%，平衡含水率 14.40%，叶片长度 65.25 cm，叶片宽度 23.29 cm，叶片厚度 115.50 μm，填充值 3.05 cm³/g（图 12-2-10，表 12-2-2 和表 12-2-3）。

图 12-2-10　XY-05 片区初烤烟叶

表 12-2-2　代表性片区烟叶外观质量

片区	成熟度	颜色	油分	身份	结构	色度
XY-01	7.50	8.50	7.00	7.50	7.50	7.00
XY-02	8.50	9.00	8.50	8.50	8.50	8.00
XY-03	8.00	8.50	8.50	8.50	8.00	8.00
XY-04	8.50	9.00	6.50	7.00	8.00	7.50
XY-05	6.50	8.50	8.00	8.50	7.50	8.00

表 12-2-3　代表性片区烟叶物理指标

片区	单叶重 /g	叶片密度 /(g/m²)	含梗率 /%	平衡含水率 /%	叶长 /cm	叶宽 /cm	叶片厚度 /μm	填充值 /(cm³/g)
XY-01	12.26	61.79	30.55	12.96	58.28	25.85	104.83	2.88
XY-02	10.84	58.28	34.77	16.23	62.48	24.93	99.97	3.15
XY-03	12.38	61.26	29.64	16.93	62.70	27.85	101.20	3.21
XY-04	10.73	65.34	31.97	13.64	59.13	24.68	110.90	3.61
XY-05	10.05	57.11	32.81	14.40	65.25	23.29	115.50	3.05

三、烟叶常规化学成分与中微量元素

1. 甘溪镇桂花树村片区

代表性片区（XY-01）中部烟叶（C3F）总糖含量 27.21%，还原糖含量 23.75%，总氮含量 2.29%，总植物碱含量 2.59%，氯含量 0.24%，钾含量 2.48%，糖碱比 10.51，淀粉含量 3.27%（表 12-2-4）。烟叶铜含量为 0.027 g/kg，铁含量为 1.535 g/kg，锰含量为 0.633 g/kg，锌含量为 0.151 g/kg，钙含量为 216.652 mg/kg，镁含量为 22.040 mg/kg（表 12-2-5）。

2. 赵湾镇桦树梁村片区

代表性片区（XY-02）中部烟叶（C3F）总糖含量 34.72%，还原糖含量 29.86%，总氮含量 1.61%，总植物碱含量 1.85%，氯含量 0.22%，钾含量 1.95%，糖碱比 18.77，淀粉含量 3.10%（表 12-2-4）。烟叶铜含量为 0.043 g/kg，铁含量为 1.038 g/kg，锰含量为 0.622 g/kg，锌含量为 0.148 g/kg，钙含量为 216.387 mg/kg，镁含量为 14.671 mg/kg（表 12-2-5）。

3. 赵湾镇桦树梁村 2 组片区

代表性片区（XY-03）中部烟叶（C3F）总糖含量 31.21%，还原糖含量 25.87%，总氮含量 1.65%，总植物碱含量 1.60%，氯含量 0.33%，钾含量 2.49%，糖碱比 19.51，淀粉含量 2.80%（表 12-2-4）。烟叶铜含量为 0.081 g/kg，铁含量为 1.724 g/kg，锰含量为 0.645 g/kg，锌含量为 0.342 g/kg，钙含量为 185.183 mg/kg，镁含量为 25.260 mg/kg（表 12-2-5）。

4. 麻坪镇枫树村片区

代表性片区（XY-04）中部烟叶（C3F）总糖含量 24.92%，还原糖含量 22.67%，总氮含量 2.12%，总植物碱含量 2.05%，氯含量 0.30%，钾含量 2.21%，糖碱比 12.16，淀粉含量 1.56%（表 12-2-4）。烟叶铜含量为 0.071 g/kg，铁含量为 1.088 g/kg，锰含量为 1.552 g/kg，锌含量为 0.342 g/kg，钙含量为 208.755 mg/kg，镁含量为 24.577 mg/kg（表 12-2-5）。

5. 麻坪镇海棠寺村片区

代表性片区（XY-05）中部烟叶（C3F）总糖含量 23.19%，还原糖含量 20.14%，总氮含量 2.60%，总植物碱含量 3.12%，氯含量 0.38%，钾含量 2.24%，糖碱比 7.43，淀粉含量 3.37%（表 12-2-4）。烟叶铜含量为 0.047 g/kg，铁含量为 1.336 g/kg，锰含量为 2.234 g/kg，锌含量为 0.263 g/kg，钙含量为 141.484 mg/kg，镁含量为 18.914 mg/kg（表 12-2-5）。

表 12-2-4　代表性片区中部烟叶（C3F）常规化学成分

片区	总糖/%	还原糖/%	总氮/%	总植物碱/%	氯/%	钾/%	糖碱比	淀粉/%
XY-01	27.21	23.75	2.29	2.59	0.24	2.48	10.51	3.27
XY-02	34.72	29.86	1.61	1.85	0.22	1.95	18.77	3.10

续表

片区	总糖 /%	还原糖 /%	总氮 /%	总植物碱 /%	氯 /%	钾 /%	糖碱比	淀粉 /%
XY-03	31.21	25.87	1.65	1.60	0.33	2.49	19.51	2.80
XY-04	24.92	22.67	2.12	2.05	0.30	2.21	12.16	1.56
XY-05	23.19	20.14	2.60	3.12	0.38	2.24	7.43	3.37

表 12-2-5　代表性片区中部烟叶(C3F)中微量元素

片区	Cu /(g/kg)	Fe /(g/kg)	Mn /(g/kg)	Zn /(g/kg)	Ca /(mg/kg)	Mg /(mg/kg)
XY-01	0.027	1.535	0.633	0.151	216.652	22.040
XY-02	0.043	1.038	0.622	0.148	216.387	14.671
XY-03	0.081	1.724	0.645	0.342	185.183	25.260
XY-04	0.071	1.088	1.552	0.342	208.755	24.577
XY-05	0.047	1.336	2.234	0.263	141.484	18.914

四、烟叶生物碱组分与细胞壁物质

1. 甘溪镇桂花树村片区

代表性片区(XY-01)中部烟叶(C3F)烟碱含量为 16.619 mg/g,降烟碱含量为 0.136 mg/g,麦斯明含量为 0.003 mg/g,假木贼碱含量为 0.030 mg/g,新烟碱含量为 0.304 mg/g;烟叶纤维素含量为 7.10%,半纤维素含量为 1.80%,木质素含量为 1.30%(表 12-2-6)。

2. 赵湾镇桦树梁村片区

代表性片区(XY-02)中部烟叶(C3F)烟碱含量为 17.313 mg/g,降烟碱含量为 0.305 mg/g,麦斯明含量为 0.002 mg/g,假木贼碱含量为 0.114 mg/g,新烟碱含量为 0.515 mg/g;烟叶纤维素含量为 7.80%,半纤维素含量为 2.00%,木质素含量为 1.40%(表 12-2-6)。

3. 赵湾镇桦树梁村 2 组片区

代表性片区(XY-03)中部烟叶(C3F)烟碱含量为 17.669 mg/g, 降烟碱含量为 0.361 mg/g, 麦斯明含量为 0.002 mg/g, 假木贼碱含量为 0.113 mg/g, 新烟碱含量为 0.472 mg/g;烟叶纤维素含量为 7.20%, 半纤维素含量为 2.30%, 木质素含量为 1.40%(表 12-2-6)。

4. 麻坪镇枫树村片区

代表性片区(XY-04)中部烟叶(C3F)烟碱含量为 18.936 mg/g,降烟碱含量为 0.373 mg/g,麦斯明含量为 0.002 mg/g,假木贼碱含量为 0.132 mg/g,新烟碱含量为 0.642 mg/g;烟叶纤维素含量为 8.00%,半纤维素含量为 2.80%,木质素含量为 1.20%(表 12-2-6)。

5. 麻坪镇海棠寺村片区

代表性片区(XY-05)中部烟叶(C3F)烟碱含量为29.086 mg/g,降烟碱含量为0.632 mg/g,麦斯明含量为0.004 mg/g,假木贼碱含量为0.202 mg/g,新烟碱含量为0.939 mg/g;烟叶纤维素含量为6.50%,半纤维素含量为2.20%,木质素含量为1.60%(表12-2-6)。

表12-2-6　代表性片区中部烟叶(C3F)生物碱组分与细胞壁物质

片区	烟碱 /(mg/g)	降烟碱 /(mg/g)	麦斯明 /(mg/g)	假木贼碱 /(mg/g)	新烟碱 /(mg/g)	纤维素 /%	半纤维素 /%	木质素 /%
XY-01	16.619	0.136	0.003	0.030	0.304	7.10	1.80	1.30
XY-02	17.313	0.305	0.002	0.114	0.515	7.80	2.00	1.40
XY-03	17.669	0.361	0.002	0.113	0.472	7.20	2.30	1.40
XY-04	18.936	0.373	0.002	0.132	0.642	8.00	2.80	1.20
XY-05	29.086	0.632	0.004	0.202	0.939	6.50	2.20	1.60

五、烟叶多酚与质体色素

1. 甘溪镇桂花树村片区

代表性片区(XY-01)中部烟叶(C3F)绿原酸含量为 13.868 mg/g,芸香苷含量为12.320 mg/g,莨菪亭含量为0.210 mg/g,β-胡萝卜素含量为0.046 mg/g,叶黄素含量为0.083 mg/g(表12-2-7)。

2. 赵湾镇桦树梁村片区

代表性片区(XY-02)中部烟叶(C3F)绿原酸含量为 14.830 mg/g,芸香苷含量为7.880 mg/g,莨菪亭含量为0.120 mg/g,β-胡萝卜素含量为0.039 mg/g,叶黄素含量为0.086 mg/g(表12-2-7)。

3. 赵湾镇桦树梁村2组片区

代表性片区(XY-03)中部烟叶(C3F)绿原酸含量为 15.140 mg/g,芸香苷含量为9.430 mg/g,莨菪亭含量为0.110 mg/g,β-胡萝卜素含量为0.047 mg/g,叶黄素含量为0.089 mg/g(表12-2-7)。

4. 麻坪镇枫树村片区

代表性片区(XY-04)中部烟叶(C3F)绿原酸含量为 14.160 mg/g,芸香苷含量为4.220 mg/g,莨菪亭含量为0.380 mg/g,β-胡萝卜素含量为0.077 mg/g,叶黄素含量为0.135 mg/g(表12-2-7)。

5. 麻坪镇海棠寺村片区

代表性片区（XY-05）中部烟叶（C3F）绿原酸含量为 11.470 mg/g，芸香苷含量为 9.930 mg/g，莨菪亭含量为 0.230 mg/g，β-胡萝卜素含量为 0.057 mg/g，叶黄素含量为 0.103 mg/g（表 12-2-7）。

表 12-2-7   代表性片区中部烟叶（C3F）多酚与质体色素   （单位：mg/g）

片区	绿原酸	芸香苷	莨菪亭	β-胡萝卜素	叶黄素
XY-01	13.868	12.320	0.210	0.046	0.083
XY-02	14.830	7.880	0.120	0.039	0.086
XY-03	15.140	9.430	0.110	0.047	0.089
XY-04	14.160	4.220	0.380	0.077	0.135
XY-05	11.470	9.930	0.230	0.057	0.103

六、烟叶有机酸类物质

1. 甘溪镇桂花树村片区

代表性片区（XY-01）中部烟叶（C3F）草酸含量为 23.919 mg/g，苹果酸含量为 63.422 mg/g，柠檬酸含量为 8.563 mg/g，棕榈酸含量为 2.678 mg/g，亚油酸含量为 1.502 mg/g，油酸含量为 3.871 mg/g，硬脂酸含量为 0.715 mg/g（表 12-2-8）。

2. 赵湾镇桦树梁村片区

代表性片区（XY-02）中部烟叶（C3F）草酸含量为 24.499 mg/g，苹果酸含量为 54.695 mg/g，柠檬酸含量为 7.847 mg/g，棕榈酸含量为 2.636 mg/g，亚油酸含量为 1.481 mg/g，油酸含量为 3.876 mg/g，硬脂酸含量为 0.703 mg/g（表 12-2-8）。

3. 赵湾镇桦树梁村 2 组片区

代表性片区（XY-03）中部烟叶（C3F）草酸含量为 23.340 mg/g，苹果酸含量为 72.149 mg/g，柠檬酸含量为 9.280 mg/g，棕榈酸含量为 2.721 mg/g，亚油酸含量为 1.523 mg/g，油酸含量为 3.867 mg/g，硬脂酸含量为 0.726 mg/g（表 12-2-8）。

4. 麻坪镇枫树村片区

代表性片区（XY-04）中部烟叶（C3F）草酸含量为 20.670 mg/g，苹果酸含量为 79.812 mg/g，柠檬酸含量为 8.276 mg/g，棕榈酸含量为 1.911 mg/g，亚油酸含量为 1.163 mg/g，油酸含量为 2.733 mg/g，硬脂酸含量为 0.768 mg/g（表 12-2-8）。

5. 麻坪镇海棠寺村片区

代表性片区（XY-05）中部烟叶（C3F）草酸含量为 23.240 mg/g，苹果酸含量为 80.327 mg/g，柠檬酸含量为 9.298 mg/g，棕榈酸含量为 2.638 mg/g，亚油酸含量为 1.502 mg/g，油酸含量为 3.659 mg/g，硬脂酸含量为 0.725 mg/g（表 12-2-8）。

表 12-2-8　代表性片区中部烟叶（C3F）有机酸　（单位：mg/g）

片区	草酸	苹果酸	柠檬酸	棕榈酸	亚油酸	油酸	硬脂酸
XY-01	23.919	63.422	8.563	2.678	1.502	3.871	0.715
XY-02	24.499	54.695	7.847	2.636	1.481	3.876	0.703
XY-03	23.340	72.149	9.280	2.721	1.523	3.867	0.726
XY-04	20.670	79.812	8.276	1.911	1.163	2.733	0.768
XY-05	23.240	80.327	9.298	2.638	1.502	3.659	0.725

七、烟叶氨基酸

1. 甘溪镇桂花树村片区

代表性片区（XY-01）中部烟叶（C3F）磷酸化-丝氨酸含量为 0.341 μg/mg，牛磺酸含量为 0.508 μg/mg，天冬氨酸含量为 0.146 μg/mg，苏氨酸含量为 0.211 μg/mg，丝氨酸含量为 0.077 μg/mg，天冬酰胺含量为 0.671 μg/mg，谷氨酸含量为 0.107 μg/mg，甘氨酸含量为 0.043 μg/mg，丙氨酸含量为 0.540 μg/mg，缬氨酸含量为 0.086 μg/mg，半胱氨酸含量为 0.126 μg/mg，异亮氨酸含量为 0.020 μg/mg，亮氨酸含量为 0.176 μg/mg，酪氨酸含量为 0.061 μg/mg，苯丙氨酸含量为 0.139 μg/mg，氨基丁酸含量为 0.043 μg/mg，组氨酸含量为 0.071 μg/mg，色氨酸含量为 0.105 μg/mg，精氨酸含量为 0.051 μg/mg（表 12-2-9）。

2. 赵湾镇桦树梁村片区

代表性片区（XY-02）中部烟叶（C3F）磷酸化-丝氨酸含量为 0.285 μg/mg，牛磺酸含量为 0.463 μg/mg，天冬氨酸含量为 0.156 μg/mg，苏氨酸含量为 0.159 μg/mg，丝氨酸含量为 0.074 μg/mg，天冬酰胺含量为 0.606 μg/mg，谷氨酸含量为 0.092 μg/mg，甘氨酸含量为 0.034 μg/mg，丙氨酸含量为 0.382 μg/mg，缬氨酸含量为 0.070 μg/mg，半胱氨酸含量为 0.180 μg/mg，异亮氨酸含量为 0.019 μg/mg，亮氨酸含量为 0.147 μg/mg，酪氨酸含量为 0.060 μg/mg，苯丙氨酸含量为 0.141 μg/mg，氨基丁酸含量为 0.041 μg/mg，组氨酸含量为 0.081 μg/mg，色氨酸含量为 0.110 μg/mg，精氨酸含量为 0.045 μg/mg（表 12-2-9）。

3. 赵湾镇桦树梁村 2 组片区

代表性片区（XY-03）中部烟叶（C3F）磷酸化-丝氨酸含量为 0.309 μg/mg，牛磺酸含量为 0.452 μg/mg，天冬氨酸含量为 0.242 μg/mg，苏氨酸含量为 0.243 μg/mg，丝氨酸含量为 0.108 μg/mg，天冬酰胺含量为 1.626 μg/mg，谷氨酸含量为 0.227 μg/mg，甘氨酸含量为 0.043 μg/mg，丙氨酸含量为 0.568 μg/mg，缬氨酸含量为 0.123 μg/mg，半胱氨酸含量为 0.326 μg/mg，异亮氨酸含量为 0.015 μg/mg，亮氨酸含量为 0.183 μg/mg，酪氨酸含量为 0.083 μg/mg，苯丙氨酸含量为 0.264 μg/mg，氨基丁酸含量为 0.098 μg/mg，组氨酸含量为 0.156 μg/mg，色氨酸含量为 0.227 μg/mg，精氨酸含量为 0.057 μg/mg（表 12-2-9）。

4. 麻坪镇枫树村片区

代表性片区（XY-04）中部烟叶（C3F）磷酸化-丝氨酸含量为 0.371 μg/mg，牛磺酸含量为 0.564 μg/mg，天冬氨酸含量为 0.285 μg/mg，苏氨酸含量为 0.266 μg/mg，丝氨酸含量为 0.065 μg/mg，天冬酰胺含量为 2.590 μg/mg，谷氨酸含量为 0.241 μg/mg，甘氨酸含量为 0.045 μg/mg，丙氨酸含量为 0.657 μg/mg，缬氨酸含量为 0.090 μg/mg，半胱氨酸含量为 0.223 μg/mg，异亮氨酸含量为 0.016 μg/mg，亮氨酸含量为 0.149 μg/mg，酪氨酸含量为 0.085 μg/mg，苯丙氨酸含量为 0.275 μg/mg，氨基丁酸含量为 0.138 μg/mg，组氨酸含量为 0.168 μg/mg，色氨酸含量为 0.226 μg/mg，精氨酸含量为 0.082 μg/mg（表 12-2-9）。

5. 麻坪镇海棠寺村片区

代表性片区（XY-05）中部烟叶（C3F）磷酸化-丝氨酸含量为 0.326 μg/mg，牛磺酸含量为 0.497 μg/mg，天冬氨酸含量为 0.207 μg/mg，苏氨酸含量为 0.220 μg/mg，丝氨酸含量为 0.081 μg/mg，天冬酰胺含量为 1.373 μg/mg，谷氨酸含量为 0.166 μg/mg，甘氨酸含量为 0.041 μg/mg，丙氨酸含量为 0.537 μg/mg，缬氨酸含量为 0.092 μg/mg，半胱氨酸含量为 0.214 μg/mg，异亮氨酸含量为 0.017 μg/mg，亮氨酸含量为 0.164 μg/mg，酪氨酸含量为 0.072 μg/mg，苯丙氨酸含量为 0.205 μg/mg，氨基丁酸含量为 0.080 μg/mg，组氨酸含量为 0.119 μg/mg，色氨酸含量为 0.167 μg/mg，精氨酸含量为 0.051 μg/mg（表 12-2-9）。

表 12-2-9　代表性片区中部烟叶（C3F）氨基酸　　（单位：μg/mg）

氨基酸组分	XY-01	XY-02	XY-03	XY-04	XY-05
磷酸化-丝氨酸	0.341	0.285	0.309	0.371	0.326
牛磺酸	0.508	0.463	0.452	0.564	0.497
天冬氨酸	0.146	0.156	0.242	0.285	0.207
苏氨酸	0.211	0.159	0.243	0.266	0.220
丝氨酸	0.077	0.074	0.108	0.065	0.081
天冬酰胺	0.671	0.606	1.626	2.590	1.373
谷氨酸	0.107	0.092	0.227	0.241	0.166
甘氨酸	0.043	0.034	0.043	0.045	0.041
丙氨酸	0.540	0.382	0.568	0.657	0.537
缬氨酸	0.086	0.070	0.123	0.090	0.092
半胱氨酸	0.126	0.180	0.326	0.223	0.214
异亮氨酸	0.020	0.019	0.015	0.016	0.017
亮氨酸	0.176	0.147	0.183	0.149	0.164
酪氨酸	0.061	0.060	0.083	0.085	0.072

续表

氨基酸组分	XY-01	XY-02	XY-03	XY-04	XY-05
苯丙氨酸	0.139	0.141	0.264	0.275	0.205
氨基丁酸	0.043	0.041	0.098	0.138	0.080
组氨酸	0.071	0.081	0.156	0.168	0.119
色氨酸	0.105	0.110	0.227	0.226	0.167
精氨酸	0.051	0.045	0.057	0.082	0.051

八、烟叶香气物质

1. 甘溪镇桂花树村片区

代表性片区（XY-01）中部烟叶（C3F）茄酮含量为 1.008 μg/g，香叶基丙酮含量为 0.314 μg/g，降茄二酮含量为 0.101 μg/g，β-紫罗兰酮含量为 0.302 μg/g，氧化紫罗兰酮含量为 0.515 μg/g，二氢猕猴桃内酯含量为 3.685 μg/g，巨豆三烯酮 1 含量为 0.090 μg/g，巨豆三烯酮 2 含量为 0.918 μg/g，巨豆三烯酮 3 含量为 0.168 μg/g，巨豆三烯酮 4 含量为 0.818 μg/g，3-羟基-β-二氢大马酮含量为 0.885 μg/g，3-氧代-α-紫罗兰醇含量为 2.251 μg/g，新植二烯含量为 875.022 μg/g，3-羟基索拉韦惕酮含量为 2.912 μg/g，β-法尼烯含量为 9.330 μg/g（表 12-2-10）。

2. 赵湾镇桦树梁村片区

代表性片区（XY-02）中部烟叶（C3F）茄酮含量为 0.750 μg/g，香叶基丙酮含量为 0.280 μg/g，降茄二酮含量为 0.101 μg/g，β-紫罗兰酮含量为 0.336 μg/g，氧化紫罗兰酮含量为 0.403 μg/g，二氢猕猴桃内酯含量为 3.763 μg/g，巨豆三烯酮 1 含量为 0.045 μg/g，巨豆三烯酮 2 含量为 0.426 μg/g，巨豆三烯酮 3 含量为 0.067 μg/g，巨豆三烯酮 4 含量为 0.347 μg/g，3-羟基-β-二氢大马酮含量为 0.549 μg/g，3-氧代-α-紫罗兰醇含量为 0.650 μg/g，新植二烯含量为 410.446 μg/g，3-羟基索拉韦惕酮含量为 1.725 μg/g，β-法尼烯含量为 3.472 μg/g（表 12-2-10）。

3. 赵湾镇桦树梁村 2 组片区

代表性片区（XY-03）中部烟叶（C3F）茄酮含量为 1.019 μg/g，香叶基丙酮含量为 0.258 μg/g，降茄二酮含量为 0.123 μg/g，β-紫罗兰酮含量为 0.381 μg/g，氧化紫罗兰酮含量为 0.683 μg/g，二氢猕猴桃内酯含量为 5.163 μg/g，巨豆三烯酮 1 含量为 0.078 μg/g，巨豆三烯酮 2 含量为 0.762 μg/g，巨豆三烯酮 3 含量为 0.112 μg/g，巨豆三烯酮 4 含量为 0.672 μg/g，3-羟基-β-二氢大马酮含量为 0.885 μg/g，3-氧代-α-紫罗兰醇含量为 2.408 μg/g，新植二烯含量为 602.090 μg/g，3-羟基索拉韦惕酮含量为 4.458 μg/g，β-法尼烯含量为 3.954 μg/g（表 12-2-10）。

4. 麻坪镇枫树村片区

代表性片区(XY-04)中部烟叶(C3F)茄酮含量为 1.098 μg/g,香叶基丙酮含量为 0.571 μg/g,降茄二酮含量为 0.090 μg/g,β-紫罗兰酮含量为 0.504 μg/g,氧化紫罗兰酮含量为 0.829 μg/g,二氢猕猴桃内酯含量为 6.507 μg/g,巨豆三烯酮 1 含量为 0.101 μg/g,巨豆三烯酮 2 含量为 0.986 μg/g,巨豆三烯酮 3 含量为 0.112 μg/g,巨豆三烯酮 4 含量为 0.918 μg/g,3-羟基-β-二氢大马酮含量为 0.795 μg/g,3-氧代-α-紫罗兰醇含量为 1.915 μg/g,新植二烯含量为 962.338 μg/g,3-羟基索拉韦惕酮含量为 5.376 μg/g,β-法尼烯含量为 7.874 μg/g(表 12-2-10)。

5. 麻坪镇海棠寺村片区

代表性片区(XY-05)中部烟叶(C3F)茄酮含量为 1.602 μg/g,香叶基丙酮含量为 0.661 μg/g,降茄二酮含量为 0.112 μg/g,β-紫罗兰酮含量为 0.605 μg/g,氧化紫罗兰酮含量为 0.806 μg/g,二氢猕猴桃内酯含量为 5.690 μg/g,巨豆三烯酮 1 含量为 0.190 μg/g,巨豆三烯酮 2 含量为 1.680 μg/g,巨豆三烯酮 3 含量为 0.224 μg/g,巨豆三烯酮 4 含量为 1.322 μg/g,3-羟基-β-二氢大马酮含量为 0.526 μg/g,3-氧代-α-紫罗兰醇含量为 1.109 μg/g,新植二烯含量为 734.384 μg/g,3-羟基索拉韦惕酮含量为 5.925 μg/g,β-法尼烯含量为 12.645 μg/g(表 12-2-10)。

表 12-2-10　代表性片区中部烟叶(C3F)香气物质　　　(单位:μg/g)

香气物质	XY-01	XY-02	XY-03	XY-04	XY-05
茄酮	1.008	0.750	1.019	1.098	1.602
香叶基丙酮	0.314	0.280	0.258	0.571	0.661
降茄二酮	0.101	0.101	0.123	0.090	0.112
β-紫罗兰酮	0.302	0.336	0.381	0.504	0.605
氧化紫罗兰酮	0.515	0.403	0.683	0.829	0.806
二氢猕猴桃内酯	3.685	3.763	5.163	6.507	5.690
巨豆三烯酮 1	0.090	0.045	0.078	0.101	0.190
巨豆三烯酮 2	0.918	0.426	0.762	0.986	1.680
巨豆三烯酮 3	0.168	0.067	0.112	0.112	0.224
巨豆三烯酮 4	0.818	0.347	0.672	0.918	1.322
3-羟基-β-二氢大马酮	0.885	0.549	0.885	0.795	0.526
3-氧代-α-紫罗兰醇	2.251	0.650	2.408	1.915	1.109
新植二烯	875.022	410.446	602.090	962.338	734.384
3-羟基索拉韦惕酮	2.912	1.725	4.458	5.376	5.925
β-法尼烯	9.330	3.472	3.954	7.874	12.645

九、烟叶感官质量

1. 甘溪镇桂花树村片区

代表性片区(XY-01)中部烟叶(C3F)感官质量评价结果显示，香韵指标包含的干草香、清甜香、正甜香、焦甜香、青香、木香、豆香、坚果香、焦香、辛香、果香、药草香、花香、树脂香、酒香的各项指标值分别为3.33、0、2.83、0、0.89、2.00、0、0.67、0.83、1.39、0、0、0、0、0，烟气指标包含的香气状态、烟气浓度、劲头、香气质、香气量和透发性的各项指标值分别为3.17、3.18、2.76、3.11、3.11和3.11，杂气指标包含的青杂气、生青气、枯焦气、木质气、土腥气、松脂气、花粉气、药草气和金属气的各项指标值分别为 1.06、0.89、0.61、1.28、0、0、0、0、0，口感指标包含的细腻程度、柔和程度、圆润感、刺激性、干燥感和余味的各项指标值分别为3.00、3.17、3.06、2.22、2.50和3.06(表12-2-11)。

2. 赵湾镇桦树梁村片区

代表性片区(XY-02)中部烟叶(C3F)感官质量评价结果显示，香韵指标包含的干草香、清甜香、正甜香、焦甜香、青香、木香、豆香、坚果香、焦香、辛香、果香、药草香、花香、树脂香、酒香的各项指标值分别为3.33、0、2.56、0、0.83、1.89、0、0.89、0.89、1.56、0、0、0、0、0，烟气指标包含的香气状态、烟气浓度、劲头、香气质、香气量和透发性的各项指标值分别为3.00、3.11、2.78、3.06、3.11和3.00，杂气指标包含的青杂气、生青气、枯焦气、木质气、土腥气、松脂气、花粉气、药草气和金属气的各项指标值分别为0.94、0.94、0、1.39、0、0、0、0、0，口感指标包含的细腻程度、柔和程度、圆润感、刺激性、干燥感和余味的各项指标值分别为3.06、3.11、3.00、2.28、2.33和3.06(表12-2-11)。

3. 赵湾镇桦树梁村2组片区

代表性片区(XY-03)中部烟叶(C3F)感官质量评价结果显示，香韵指标包含的干草香、清甜香、正甜香、焦甜香、青香、木香、豆香、坚果香、焦香、辛香、果香、药草香、花香、树脂香、酒香的各项指标值分别为3.29、0、3.14、0、1.14、1.86、0、0、0、0.86、0、0、0、0、0，烟气指标包含的香气状态、烟气浓度、劲头、香气质、香气量和透发性的各项指标值分别为3.29、2.86、2.21、3.21、2.93和2.83，杂气指标包含的青杂气、生青气、枯焦气、木质气、土腥气、松脂气、花粉气、药草气和金属气的各项指标值分别为1.07、0、0、1.29、0、0、0、0、0，口感指标包含的细腻程度、柔和程度、圆润感、刺激性、干燥感和余味的各项指标值分别为3.43、3.50、3.00、1.86、2.00和3.57(表12-2-11)。

4. 麻坪镇枫树村片区

代表性片区(XY-04)中部烟叶(C3F)感官质量评价结果显示，香韵指标包含的干草香、清甜香、正甜香、焦甜香、青香、木香、豆香、坚果香、焦香、辛香、果香、药草香、花香、树脂香、酒香的各项指标值分别为3.44、0、2.72、0、0.89、1.94、0、0.78、0.89、1.72、0、0、0、0、0，烟气指标包含的香气状态、烟气浓度、劲头、香气质、香气量和透发性的各项指标值分别为3.06、3.06、2.88、3.17、3.00和2.83，杂气指标包含的青杂气、生青气、枯焦气、木质气、土腥气、松脂气、花粉气、药草气和金属气的各项指标值分别为 1.06、0.78、0.67、1.28、0、0、0、0、0，口感指标包含的细腻程度、柔和程度、圆润感、刺激性、干燥感和余味的各项指标值分别为3.00、2.78、2.78、2.56、2.56和3.06（表12-2-11）。

5. 麻坪镇海棠寺村片区

代表性片区（XY-05）中部烟叶（C3F）感官质量评价结果显示，香韵指标包含的干草香、清甜香、正甜香、焦甜香、青香、木香、豆香、坚果香、焦香、辛香、果香、药草香、花香、树脂香、酒香的各项指标值分别为3.44、0、2.78、0、0.67、2.11、0、0.78、0.89、1.56、0、0、0、0、0，烟气指标包含的香气状态、烟气浓度、劲头、香气质、香气量和透发性的各项指标值分别为3.11、3.18、3.38、2.83、3.11和3.00，杂气指标包含的青杂气、生青气、枯焦气、木质气、土腥气、松脂气、花粉气、药草气和金属气的各项指标值分别为 1.11、1.00、0.94、1.28、0、0、0、0、0，口感指标包含的细腻程度、柔和程度、圆润感、刺激性、干燥感和余味的各项指标值分别为2.67、2.89、2.83、2.72、2.67和2.83（表12-2-11）。

表 12-2-11　代表性片区中部烟叶（C3F）感官质量

评价指标		XY-01	XY-02	XY-03	XY-04	XY-05
香韵	干草香	3.33	3.33	3.29	3.44	3.44
	清甜香	0	0	0	0	0
	正甜香	2.83	2.56	3.14	2.72	2.78
	焦甜香	0	0	0	0	0
	青香	0.89	0.83	1.14	0.89	0.67
	木香	2.00	1.89	1.86	1.94	2.11
	豆香	0	0	0	0	0
	坚果香	0.67	0.89	0	0.78	0.78
	焦香	0.83	0.89	0	0.89	0.89
	辛香	1.39	1.56	0.86	1.72	1.56
	果香	0	0	0	0	0
	药草香	0	0	0	0	0
	花香	0	0	0	0	0
	树脂香	0	0	0	0	0
	酒香	0	0	0	0	0
烟气	香气状态	3.17	3.00	3.29	3.06	3.11
	烟气浓度	3.18	3.11	2.86	3.06	3.18

续表

评价指标		XY-01	XY-02	XY-03	XY-04	XY-05
烟气	劲头	2.76	2.78	2.21	2.88	3.38
	香气质	3.11	3.06	3.21	3.17	2.83
	香气量	3.11	3.11	2.93	3.00	3.11
	透发性	3.11	3.00	2.83	2.83	3.00
杂气	青杂气	1.06	0.94	1.07	1.06	1.11
	生青气	0.89	0.94	0	0.78	1.00
	枯焦气	0.61	0	0	0.67	0.94
	木质气	1.28	1.39	1.29	1.28	1.28
	土腥气	0	0	0	0	0
	松脂气	0	0	0	0	0
	花粉气	0	0	0	0	0
	药草气	0	0	0	0	0
	金属气	0	0	0	0	0
口感	细腻程度	3.00	3.06	3.43	3.00	2.67
	柔和程度	3.17	3.11	3.50	2.78	2.89
	圆润感	3.06	3.00	3.00	2.78	2.83
	刺激性	2.22	2.28	1.86	2.56	2.72
	干燥感	2.50	2.33	2.00	2.56	2.67
	余味	3.06	3.06	3.57	3.06	2.83

第三节　湖北兴山烟叶风格特征

兴山县隶属湖北省宜昌市，位于东经 110°25′~111°06′，北纬 31°04′~31°34′，地处湖北省西部，长江西陵峡以北，秦巴山区。东临宜昌、保康，西与巴东毗邻，南接秭归，北抵神农架林区。兴山县东西长 66 km，南北宽 54 km，面积 2327 km^2。地貌属秦岭大巴山体系，山脉走向从东向西伸展，总地势为东、西、北三面高，南面低，由南向北逐渐升高；东北部群山重叠，多山间台地，向南逐渐降低，西北部山高坡陡，沟深谷幽，水流湍急。该区域属亚热带大陆性季风气候，由于地形复杂，高低差距悬殊，气候垂直差异较大。兴山县是秦巴山区典型烤烟产区之一，根据目前该县烤烟种植片区分布特点和烟叶质量风格特征，选择 5 个烤烟种植片区，作为该县烟叶质量风格特征的代表性区域加以描述。

一、烟田与烟株基本特征

1. 黄粮镇火石岭村 3 组片区

代表性片区 (XS-01) 中心点位于北纬 31°19′42.780″、东经 110°50′50.987″，海拔 1112 m。中山沟谷地，旱田，成土母质为白云岩风化沟谷堆积物，土壤亚类为普通淡色潮湿雏形土。种植制度为烤烟、玉米不定期轮作，烤烟大田生长期5～9月。烤烟田间长相长势好，烟株呈筒形结构，株高116.90 cm，茎围11.00 cm，有效叶片数20.50，中部烟叶长73.50 cm、宽27.10 cm，上部烟叶长65.60 cm、宽21.40 cm（图12-3-1，表12-3-1）。

图12-3-1　XS-01片区烟田

2. 黄粮镇仁圣村1组片区

代表性片区（XS-02）中心点位于北纬31°20′37.438″、东经110°53′5.433″，海拔1424 m。中山坡地中部，缓坡旱地，成土母质为白云岩风化坡积物，土壤亚类为普通简育湿润淋溶土。种植制度为烤烟、玉米不定期轮作，烤烟大田生长期5～9月。烤烟田间长相长势较好，烟株呈伞形结构，株高104.20 cm，茎围10.40 cm，有效叶片数20.40，中部烟叶长69.60 cm、宽25.00 cm，上部烟叶长68.90 cm、宽19.40 cm（图12-3-2，表12-3-1）。

图12-3-2　XS-02片区烟田

3. 榛子乡青龙村6组片区

代表性片区（XS-03）中心点位于北纬31°23′22.630″、东经110°55′54.373″，海拔1530 m。中山坡地中部，缓坡旱地，成土母质为泥质灰岩风化残积-坡积物，土壤亚类为普通简育湿润淋溶土。种植制度为烤烟、晚稻轮作，烤烟大田生长期5～9月。烤烟田间长相长势较好，烟株呈塔形结构，株高109.90 cm，茎围12.40 cm，有效叶片数18.30，中部烟叶长 87.20 cm、宽 38.30 cm，上部烟叶长 68.20 cm、宽 26.00 cm（图 12-3-3，表 12-3-1）。

图 12-3-3　XS-03 片区烟田

4. 榛子乡和平村 2 组片区

代表性片区（XS-04）中心点位于北纬 31°26′55.86″、东经 110°59′4.71″，海拔 1281 m。中山沟谷地，旱地，成土母质为白云岩风化沟谷堆积物，土壤亚类为普通淡色潮湿雏形土。种植制度为烤烟、玉米隔年轮作，烤烟大田生长期 5～9 月。烤烟田间长相长势较好，烟株呈塔形结构，株高 108.90 cm，茎围 9.00 cm，有效叶片数 18.70，中部烟叶长 68.80 cm、宽 25.40 cm，上部烟叶长 57.30 cm、宽 19.10 cm（图 12-3-4，表 12-3-1）。

图 12-3-4　XS-04 片区烟田

5. 榛子乡板庙村 1 组片区

代表性片区（XS-05）中心点位于北纬 31°28′7.809″、东经 111°0′16.354″，海拔 1317 m。中山坡地中下部，中坡旱地，成土母质为下蜀黄土，土壤亚类为普通黏磐湿润淋溶土。种植制度为烤烟、玉米隔年轮作，烤烟大田生长期 5～9 月。烤烟田间长相长势中等，烟株呈筒形结构，株高 87.90 cm，茎围 9.70 cm，有效叶片数 19.10，中部烟叶长 67.80 cm、宽 26.80 cm，上部烟叶长 60.10 cm、宽 19.10 cm（图 12-3-5，表 12-3-1）。

图 12-3-5　XS-05 片区烟田

表 12-3-1　代表性片区烟株主要农艺性状

片区	株高 /cm	茎围 /cm	有效叶 /片	中部叶/cm		上部叶/cm		株型
				叶长	叶宽	叶长	叶宽	
XS-01	116.90	11.00	20.50	73.50	27.10	65.60	21.40	筒形
XS-02	104.20	10.40	20.40	69.60	25.00	68.90	19.40	伞形
XS-03	109.90	12.40	18.30	87.20	38.30	68.20	26.00	塔形
XS-04	108.90	9.00	18.70	68.80	25.40	57.30	19.10	塔形
XS-05	87.90	9.70	19.10	67.80	26.80	60.10	19.10	筒形

二、烟叶外观质量与物理指标

1. 黄粮镇火石岭村 3 组片区

代表性片区(XS-01)烟叶外观质量指标的成熟度得分 7.50，颜色得分 7.50，油分得分 7.00，身份得分 7.00，结构得分 7.50，色度得分 7.00。烟叶物理指标中的单叶重 8.29 g，叶片密度 60.77 g/m²，含梗率 33.48%，平衡含水率 14.69%，叶片长度 61.70 cm，叶片宽度 20.90 cm，叶片厚度 117.17 μm，填充值 3.32 cm³/g(图 12-3-6，表 12-3-2 和表 12-3-3)。

图 12-3-6　XS-01 片区初烤烟叶

2. 黄粮镇仁圣村 1 组片区

代表性片区（XS-02）烟叶外观质量指标的成熟度得分 7.50，颜色得分 7.50，油分得分 7.00，身份得分 7.50，结构得分 8.00，色度得分 7.00。烟叶物理指标中的单叶重 8.80 g，叶片密度 58.70 g/m²，含梗率 32.52%，平衡含水率 16.25%，叶片长度 66.23 cm，叶片宽度 23.22 cm，叶片厚度 132.83 μm，填充值 3.29 cm³/g（图 12-3-7，表 12-3-2 和表 12-3-3）。

图 12-3-7　XS-02 片区初烤烟叶

3. 榛子乡青龙村 6 组片区

代表性片区（XS-03）烟叶外观质量指标的成熟度得分 8.00，颜色得分 8.50，油分得分 8.00，身份得分 8.00，结构得分 8.00，色度得分 8.00。烟叶物理指标中的单叶重 11.11 g，叶片密度 63.49 g/m²，含梗率 30.01%，平衡含水率 14.84%，叶片长度 63.60 cm，叶片宽度 24.78 cm，叶片厚度 119.17 μm，填充值 3.61 cm³/g（图 12-3-8，表 12-3-2 和表 12-3-3）。

图 12-3-8　XS-03 片区初烤烟叶

4. 榛子乡和平村 2 组片区

代表性片区（XS-04）烟叶外观质量指标的成熟度得分 8.50，颜色得分 8.50，油分得分 8.00，身份得分 8.50，结构得分 8.00，色度得分 8.00。烟叶物理指标中的单叶重 13.40 g，叶片密度 57.19 g/m²，含梗率 32.39%，平衡含水率 17.02%，叶片长度 70.08 cm，叶片宽度 24.18 cm，叶片厚度 120.57 μm，填充值 2.80 cm³/g（图 12-3-9，表 12-3-2 和表 12-3-3）。

图 12-3-9   XS-04 片区初烤烟叶

5. 榛子乡板庙村 1 组片区

代表性片区（XS-05）烟叶外观质量指标的成熟度得分 8.00，颜色得分 8.50，油分得分 7.50，身份得分 8.00，结构得分 8.00，色度得分 8.00。烟叶物理指标中的单叶重 10.69 g，叶片密度 55.64 g/m²，含梗率 34.70%，平衡含水率 16.73%，叶片长度 64.68 cm，叶片宽度 23.40 cm，叶片厚度 117.43 μm，填充值 3.18 cm³/g（图 12-3-10，表 12-3-2 和表 12-3-3）。

图 12-3-10   XS-05 片区初烤烟叶

表 12-3-2　代表性片区烟叶外观质量

片区	成熟度	颜色	油分	身份	结构	色度
XS-01	7.50	7.50	7.00	7.00	7.50	7.00
XS-02	7.50	7.50	7.00	7.50	8.00	7.00
XS-03	8.00	8.50	8.00	8.00	8.00	8.00
XS-04	8.50	8.50	8.00	8.50	8.00	8.00
XS-05	8.00	8.50	7.50	8.00	8.00	8.00

表 12-3-3　代表性片区烟叶物理指标

片区	单叶重 /g	叶片密度 /(g/m²)	含梗率 /%	平衡含水率 /%	叶长 /cm	叶宽 /cm	叶片厚度 /μm	填充值 /(cm³/g)
XS-01	8.29	60.77	33.48	14.69	61.70	20.90	117.17	3.32
XS-02	8.80	58.70	32.52	16.25	66.23	23.22	132.83	3.29
XS-03	11.11	63.49	30.01	14.84	63.60	24.78	119.17	3.61
XS-04	13.40	57.19	32.39	17.02	70.08	24.18	120.57	2.80
XS-05	10.69	55.64	34.70	16.73	64.68	23.40	117.43	3.18

三、烟叶常规化学成分与中微量元素

1. 黄粮镇火石岭村 3 组片区

代表性片区（XS-01）中部烟叶（C3F）总糖含量 21.26%，还原糖含量 17.28%，总氮含量 2.53%，总植物碱含量 3.26%，氯含量 0.50%，钾含量 2.28%，糖碱比 6.52，淀粉含量 3.40%（表 12-3-4）。烟叶铜含量为 0.030 g/kg，铁含量为 1.878 g/kg，锰含量为 3.193 g/kg，锌含量为 0.438 g/kg，钙含量为 202.306 mg/kg，镁含量为 15.278 mg/kg（表 12-3-5）。

2. 黄粮镇仁圣村 1 组片区

代表性片区（XS-02）中部烟叶（C3F）总糖含量 28.83%，还原糖含量 23.52%，总氮含量 2.04%，总植物碱含量 2.32%，氯含量 0.18%，钾含量 2.40%，糖碱比 12.43，淀粉含量 2.66%（表 12-3-4）。烟叶铜含量为 0.100 g/kg，铁含量为 1.383 g/kg，锰含量为 3.485 g/kg，锌含量为 0.324 g/kg，钙含量为 178.367 mg/kg，镁含量为 24.907 mg/kg（表 12-3-5）。

3. 榛子乡青龙村 6 组片区

代表性片区（XS-03）中部烟叶（C3F）总糖含量 26.31%，还原糖含量 21.94%，总氮含量 1.98%，总植物碱含量 2.59%，氯含量 0.24%，钾含量 2.14%，糖碱比 10.16，淀粉含量 3.23%（表 12-3-4）。烟叶铜含量为 0.081 g/kg，铁含量为 1.019 g/kg，锰含量为 1.500 g/kg，锌含量为 0.256 g/kg，钙含量为 198.268 mg/kg，镁含量为 29.823 mg/kg（表 12-3-5）。

4. 榛子乡和平村 2 组片区

代表性片区(XS-04)中部烟叶(C3F)总糖含量 37.02%，还原糖含量 33.32%，总氮含量 1.54%，总植物碱含量 1.83%，氯含量 0.28%，钾含量 1.72%，糖碱比 20.23，淀粉含量 2.96%(表 12-3-4)。烟叶铜含量为 0.086 g/kg，铁含量为 0.524 g/kg，锰含量为 0.619 g/kg，锌含量为 0.255 g/kg，钙含量为 162.391 mg/kg，镁含量为 29.226 mg/kg(表 12-3-5)。

5. 榛子乡板庙村 1 组片区

代表性片区(XS-05)中部烟叶(C3F)总糖含量 31.72%，还原糖含量 28.93%，总氮含量 1.75%，总植物碱含量 1.73%，氯含量 0.40%，钾含量 2.09%，糖碱比 18.34，淀粉含量 3.31%(表 12-3-4)。烟叶铜含量为 0.081 g/kg，铁含量为 0.781 g/kg，锰含量为 0.740 g/kg，锌含量为 0.175 g/kg，钙含量为 177.931 mg/kg，镁含量为 31.654 mg/kg(表 12-3-5)。

表 12-3-4　代表性片区中部烟叶(C3F)常规化学成分

片区	总糖/%	还原糖/%	总氮/%	总植物碱/%	氯/%	钾/%	糖碱比	淀粉/%
XS-01	21.26	17.28	2.53	3.26	0.50	2.28	6.52	3.40
XS-02	28.83	23.52	2.04	2.32	0.18	2.40	12.43	2.66
XS-03	26.31	21.94	1.98	2.59	0.24	2.14	10.16	3.23
XS-04	37.02	33.32	1.54	1.83	0.28	1.72	20.23	2.96
XS-05	31.72	28.93	1.75	1.73	0.40	2.09	18.34	3.31

表 12-3-5　代表性片区中部烟叶(C3F)中微量元素

片区	Cu/(g/kg)	Fe/(g/kg)	Mn/(g/kg)	Zn/(g/kg)	Ca/(mg/kg)	Mg/(mg/kg)
XS-01	0.030	1.878	3.193	0.438	202.306	15.278
XS-02	0.100	1.383	3.485	0.324	178.367	24.907
XS-03	0.081	1.019	1.500	0.256	198.268	29.823
XS-04	0.086	0.524	0.619	0.255	162.391	29.226
XS-05	0.081	0.781	0.740	0.175	177.931	31.654

四、烟叶生物碱组分与细胞壁物质

1. 黄粮镇火石岭村 3 组片区

代表性片区(XS-01)中部烟叶(C3F)烟碱含量为 26.761 mg/g，降烟碱含量为 0.591 mg/g，麦斯明含量为 0.004 mg/g，假木贼碱含量为 0.162 mg/g，新烟碱含量为 0.758 mg/g；烟叶纤维素含量为 8.60%，半纤维素含量为 2.10%，木质素含量为 1.10%(表 12-3-6)。

2. 黄粮镇仁圣村 1 组片区

代表性片区(XS-02)中部烟叶(C3F)烟碱含量为 17.807 mg/g,降烟碱含量为 0.466 mg/g,麦斯明含量为 0.004 mg/g,假木贼碱含量为 0.136 mg/g,新烟碱含量为 0.544 mg/g;烟叶纤维素含量为 6.40%,半纤维素含量为 2.50%,木质素含量为 0.60%(表 12-3-6)。

3. 榛子乡青龙村 6 组片区

代表性片区(XS-03)中部烟叶(C3F)烟碱含量为 32.939 mg/g,降烟碱含量为 0.692 mg/g,麦斯明含量为 0.004 mg/g,假木贼碱含量为 0.204 mg/g,新烟碱含量为 1.178 mg/g;烟叶纤维素含量为 6.10%,半纤维素含量为 2.10%,木质素含量为 1.10%(表 12-3-6)。

4. 榛子乡和平村 2 组片区

代表性片区(XS-04)中部烟叶(C3F)烟碱含量为 22.707 mg/g,降烟碱含量为 0.530 mg/g,麦斯明含量为 0.003 mg/g,假木贼碱含量为 0.160 mg/g,新烟碱含量为 0.801 mg/g;烟叶纤维素含量为 6.90%,半纤维素含量为 2.80%,木质素含量为 1.50%(表 12-3-6)。

5. 榛子乡板庙村 1 组片区

代表性片区(XS-05)中部烟叶(C3F)烟碱含量为 24.542 mg/g,降烟碱含量为 0.520 mg/g,麦斯明含量为 0.003 mg/g,假木贼碱含量为 0.154 mg/g,新烟碱含量为 0.815 mg/g;烟叶纤维素含量为 8.20%,半纤维素含量为 2.70%,木质素含量为 1.50%(表 12-3-6)。

表 12-3-6 代表性片区中部烟叶(C3F)生物碱组分与细胞壁物质

片区	烟碱 /(mg/g)	降烟碱 /(mg/g)	麦斯明 /(mg/g)	假木贼碱 /(mg/g)	新烟碱 /(mg/g)	纤维素 /%	半纤维素 /%	木质素 /%
XS-01	26.761	0.591	0.004	0.162	0.758	8.60	2.10	1.10
XS-02	17.807	0.466	0.004	0.136	0.544	6.40	2.50	0.60
XS-03	32.939	0.692	0.004	0.204	1.178	6.10	2.10	1.10
XS-04	22.707	0.530	0.003	0.160	0.801	6.90	2.80	1.50
XS-05	24.542	0.520	0.003	0.154	0.815	8.20	2.70	1.50

五、烟叶多酚与质体色素

1. 黄粮镇火石岭村 3 组片区

代表性片区(XS-01)中部烟叶(C3F)绿原酸含量为 13.300 mg/g,芸香苷含量为 9.140 mg/g,莨菪亭含量为 0.270 mg/g,β-胡萝卜素含量为 0.043 mg/g,叶黄素含量为 0.081 mg/g(表 12-3-7)。

2. 黄粮镇仁圣村 1 组片区

代表性片区（XS-02）中部烟叶（C3F）绿原酸含量为 11.360 mg/g，芸香苷含量为 8.060 mg/g，莨菪亭含量为 0.410 mg/g，β-胡萝卜素含量为 0.057 mg/g，叶黄素含量为 0.106 mg/g（表 12-3-7）。

3. 榛子乡青龙村 6 组片区

代表性片区（XS-03）中部烟叶（C3F）绿原酸含量为 12.660 mg/g，芸香苷含量为 9.760 mg/g，莨菪亭含量为 0.190 mg/g，β-胡萝卜素含量为 0.042 mg/g，叶黄素含量为 0.076 mg/g（表 12-3-7）。

4. 榛子乡和平村 2 组片区

代表性片区（XS-04）中部烟叶（C3F）绿原酸含量为 13.590 mg/g，芸香苷含量为 10.930 mg/g，莨菪亭含量为 0.260 mg/g，β-胡萝卜素含量为 0.038 mg/g，叶黄素含量为 0.071 mg/g（表 12-3-7）。

5. 榛子乡板庙村 1 组片区

代表性片区（XS-05）中部烟叶（C3F）绿原酸含量为 16.250 mg/g，芸香苷含量为 14.670 mg/g，莨菪亭含量为 0.180 mg/g，β-胡萝卜素含量为 0.032 mg/g，叶黄素含量为 0.052 mg/g（表 12-3-7）。

表 12-3-7　代表性片区中部烟叶（C3F）多酚与质体色素　　（单位：mg/g）

片区	绿原酸	芸香苷	莨菪亭	β-胡萝卜素	叶黄素
XS-01	13.300	9.140	0.270	0.043	0.081
XS-02	11.360	8.060	0.410	0.057	0.106
XS-03	12.660	9.760	0.190	0.042	0.076
XS-04	13.590	10.930	0.260	0.038	0.071
XS-05	16.250	14.670	0.180	0.032	0.052

六、烟叶有机酸类物质

1. 黄粮镇火石岭村 3 组片区

代表性片区（XS-01）中部烟叶（C3F）草酸含量为26.608 mg/g，苹果酸含量为120.585 mg/g，柠檬酸含量为15.374 mg/g，棕榈酸含量为2.739 mg/g，亚油酸含量为1.531 mg/g，油酸含量为4.056 mg/g，硬脂酸含量为0.756 mg/g（表 12-3-8）。

2. 黄粮镇仁圣村 1 组片区

代表性片区（XS-02）中部烟叶（C3F）草酸含量为18.513 mg/g，苹果酸含量为84.513 mg/g，柠檬酸含量为 9.654 mg/g，棕榈酸含量为 2.368 mg/g，亚油酸含量为 1.085 mg/g，油酸含量为 2.927 mg/g，硬脂酸含量为 0.576 mg/g（表 12-3-8）。

3. 榛子乡青龙村 6 组片区

代表性片区（XS-03）中部烟叶（C3F）草酸含量为 15.060 mg/g，苹果酸含量为 84.599 mg/g，柠檬酸含量为 10.368 mg/g，棕榈酸含量为 2.141 mg/g，亚油酸含量为 1.337 mg/g，油酸含量为 2.805 mg/g，硬脂酸含量为 0.577 mg/g（表 12-3-8）。

4. 榛子乡和平村 2 组片区

代表性片区（XS-04）中部烟叶（C3F）草酸含量为 14.370 mg/g，苹果酸含量为 36.518 mg/g，柠檬酸含量为 8.649 mg/g，棕榈酸含量为 1.756 mg/g，亚油酸含量为 1.190 mg/g，油酸含量为 3.218 mg/g，硬脂酸含量为 0.488 mg/g（表 12-3-8）。

5. 榛子乡板庙村 1 组片区

代表性片区（XS-05）中部烟叶（C3F）草酸含量为 22.975 mg/g，苹果酸含量为 98.428 mg/g，柠檬酸含量为 14.702 mg/g，棕榈酸含量为 2.565 mg/g，亚油酸含量为 1.439 mg/g，油酸含量为 3.716 mg/g，硬脂酸含量为 0.622 mg/g（表 12-3-8）。

表 12-3-8　代表性片区中部烟叶（C3F）有机酸　　（单位：mg/g）

片区	草酸	苹果酸	柠檬酸	棕榈酸	亚油酸	油酸	硬脂酸
XS-01	26.608	120.585	15.374	2.739	1.531	4.056	0.756
XS-02	18.513	84.513	9.654	2.368	1.085	2.927	0.576
XS-03	15.060	84.599	10.368	2.141	1.337	2.805	0.577
XS-04	14.370	36.518	8.649	1.756	1.190	3.218	0.488
XS-05	22.975	98.428	14.702	2.565	1.439	3.716	0.622

七、烟叶氨基酸

1. 黄粮镇火石岭村 3 组片区

代表性片区（XS-01）中部烟叶（C3F）磷酸化-丝氨酸含量为 0.280 μg/mg，牛磺酸含量为 0.422 μg/mg，天冬氨酸含量为 0.352 μg/mg，苏氨酸含量为 0.172 μg/mg，丝氨酸含量为 0.082 μg/mg，天冬酰胺含量为 1.707 μg/mg，谷氨酸含量为 0.212 μg/mg，甘氨酸含量为 0.042 μg/mg，丙氨酸含量为 0.461 μg/mg，缬氨酸含量为 0.102 μg/mg，半胱氨酸含量为 0.211 μg/mg，异亮氨酸含量为 0.019 μg/mg，亮氨酸含量为 0.118 μg/mg，酪氨酸含量为 0.070 μg/mg，苯丙氨酸含量为 0.207 μg/mg，氨基丁酸含量为 0.130 μg/mg，组氨酸含量为 0.184 μg/mg，色氨酸含量为 0.253 μg/mg，精氨酸含量为 0.048 μg/mg（表 12-3-9）。

2. 黄粮镇仁圣村 1 组片区

代表性片区(XS-02)中部烟叶(C3F)磷酸化-丝氨酸含量为 0.238 μg/mg,牛磺酸含量为 0.373 μg/mg,天冬氨酸含量为 0.254 μg/mg,苏氨酸含量为 0.175 μg/mg,丝氨酸含量为 0.231 μg/mg,天冬酰胺含量为 2.344 μg/mg,谷氨酸含量为 0.323 μg/mg,甘氨酸含量为 0.043 μg/mg,丙氨酸含量为 0.414 μg/mg,缬氨酸含量为 0.129 μg/mg,半胱氨酸含量为 0.229 μg/mg,异亮氨酸含量为 0.027 μg/mg,亮氨酸含量为 0.174 μg/mg,酪氨酸含量为 0.101 μg/mg,苯丙氨酸含量为 0.212 μg/mg,氨基丁酸含量为 0.083 μg/mg,组氨酸含量为 0.210 μg/mg,色氨酸含量为 0.245 μg/mg,精氨酸含量为 0.060 μg/mg(表 12-3-9)。

3. 榛子乡青龙村 6 组片区

代表性片区(XS-03)中部烟叶(C3F)磷酸化-丝氨酸含量为 0.233 μg/mg,牛磺酸含量为 0.350 μg/mg,天冬氨酸含量为 0.112 μg/mg,苏氨酸含量为 0.136 μg/mg,丝氨酸含量为 0.075 μg/mg,天冬酰胺含量为 0.928 μg/mg,谷氨酸含量为 0.096 μg/mg,甘氨酸含量为 0.036 μg/mg,丙氨酸含量为 0.430 μg/mg,缬氨酸含量为 0.070 μg/mg,半胱氨酸含量为 0.085 μg/mg,异亮氨酸含量为 0.014 μg/mg,亮氨酸含量为 0.155 μg/mg,酪氨酸含量为 0.058 μg/mg,苯丙氨酸含量为 0.115 μg/mg,氨基丁酸含量为 0.035 μg/mg,组氨酸含量为 0.094 μg/mg,色氨酸含量为 0.132 μg/mg,精氨酸含量为 0.044 μg/mg(表 12-3-9)。

4. 榛子乡和平村 2 组片区

代表性片区(XS-04)中部烟叶(C3F)磷酸化-丝氨酸含量为 0.251 μg/mg,牛磺酸含量为 0.402 μg/mg,天冬氨酸含量为 0.231 μg/mg,苏氨酸含量为 0.157 μg/mg,丝氨酸含量为 0.125 μg/mg,天冬酰胺含量为 1.508 μg/mg,谷氨酸含量为 0.174 μg/mg,甘氨酸含量为 0.053 μg/mg,丙氨酸含量为 0.498 μg/mg,缬氨酸含量为 0.110 μg/mg,半胱氨酸含量为 0.189 μg/mg,异亮氨酸含量为 0.027 μg/mg,亮氨酸含量为 0.193 μg/mg,酪氨酸含量为 0.084 μg/mg,苯丙氨酸含量为 0.179 μg/mg,氨基丁酸含量为 0.081 μg/mg,组氨酸含量为 0.171 μg/mg,色氨酸含量为 0.226 μg/mg,精氨酸含量为 0.064 μg/mg(表 12-3-9)。

5. 榛子乡板庙村 1 组片区

代表性片区(XS-05)中部烟叶(C3F)磷酸化-丝氨酸含量为 0.309 μg/mg,牛磺酸含量为 0.426 μg/mg,天冬氨酸含量为 0.472 μg/mg,苏氨酸含量为 0.210 μg/mg,丝氨酸含量为 0.101 μg/mg,天冬酰胺含量为 1.754 μg/mg,谷氨酸含量为 0.300 μg/mg,甘氨酸含量为 0.046 μg/mg,丙氨酸含量为 0.474 μg/mg,缬氨酸含量为 0.114 μg/mg,半胱氨酸含量为 0.230 μg/mg,异亮氨酸含量为 0.020 μg/mg,亮氨酸含量为 0.152 μg/mg,酪氨酸含量为 0.075 μg/mg,苯丙氨酸含量为 0.243 μg/mg,氨基丁酸含量为 0.170 μg/mg,组氨酸含量为 0.183 μg/mg,色氨酸含量为 0.268 μg/mg,精氨酸含量为 0.061 μg/mg(表 12-3-9)。

表 12-3-9　代表性片区中部烟叶（C3F）氨基酸　　　　（单位：μg/mg）

氨基酸组分	XS-01	XS-02	XS-03	XS-04	XS-05
磷酸化-丝氨酸	0.280	0.238	0.233	0.251	0.309
牛磺酸	0.422	0.373	0.350	0.402	0.426
天冬氨酸	0.352	0.254	0.112	0.231	0.472
苏氨酸	0.172	0.175	0.136	0.157	0.210
丝氨酸	0.082	0.231	0.075	0.125	0.101
天冬酰胺	1.707	2.344	0.928	1.508	1.754
谷氨酸	0.212	0.323	0.096	0.174	0.300
甘氨酸	0.042	0.043	0.036	0.053	0.046
丙氨酸	0.461	0.414	0.430	0.498	0.474
缬氨酸	0.102	0.129	0.070	0.110	0.114
半胱氨酸	0.211	0.229	0.085	0.189	0.230
异亮氨酸	0.019	0.027	0.014	0.027	0.020
亮氨酸	0.118	0.174	0.155	0.193	0.152
酪氨酸	0.070	0.101	0.058	0.084	0.075
苯丙氨酸	0.207	0.212	0.115	0.179	0.243
氨基丁酸	0.130	0.083	0.035	0.081	0.170
组氨酸	0.184	0.210	0.094	0.171	0.183
色氨酸	0.253	0.245	0.132	0.226	0.268
精氨酸	0.048	0.060	0.044	0.064	0.061

八、烟叶香气物质

1. 黄粮镇火石岭村 3 组片区

代表性片区（XS-01）中部烟叶（C3F）茄酮含量为 0.482 μg/g，香叶基丙酮含量为 0.493 μg/g，降茄二酮含量为 0.134 μg/g，β-紫罗兰酮含量为 0.291 μg/g，氧化紫罗兰酮含量为 0.482 μg/g，二氢猕猴桃内酯含量为 3.304 μg/g，巨豆三烯酮 1 含量为 0.078 μg/g，巨豆三烯酮 2 含量为 0.874 μg/g，巨豆三烯酮 3 含量为 0.090 μg/g，巨豆三烯酮 4 含量为 0.683 μg/g，3-羟基-β-二氢大马酮含量为 0.549 μg/g，3-氧代-α-紫罗兰醇含量为 3.315 μg/g，新植二烯含量为 964.130 μg/g，3-羟基索拉韦惕酮含量为 5.936 μg/g，β-法尼烯含量为 7.034 μg/g（表 12-3-10）。

2. 黄粮镇仁圣村 1 组片区

代表性片区（XS-02）中部烟叶（C3F）茄酮含量为 0.403 μg/g，香叶基丙酮含量为 0.325 μg/g，降茄二酮含量为 0.101 μg/g，β-紫罗兰酮含量为 0.325 μg/g，氧化紫罗兰酮含量为 0.302 μg/g，二氢猕猴桃内酯含量为 3.046 μg/g，巨豆三烯酮 1 含量为 0.090 μg/g，巨豆三烯酮 2 含量为 0.918 μg/g，巨豆三烯酮 3 含量为 0.123 μg/g，巨豆三烯酮 4 含量为 0.773 μg/g，3-羟基-β-二氢大马酮含量为 0.605 μg/g，3-氧代-α-紫罗兰醇含量为 3.438 μg/g，新植二烯含量为 838.006 μg/g，3-羟基索拉韦惕酮含量为 6.507 μg/g，β-法尼烯含量为 5.421 μg/g（表 12-3-10）。

3. 榛子乡青龙村 6 组片区

代表性片区（XS-03）中部烟叶（C3F）茄酮含量为 0.403 μg/g，香叶基丙酮含量为 0.258 μg/g，降茄二酮含量为 0.112 μg/g，β-紫罗兰酮含量为 0.336 μg/g，氧化紫罗兰酮含量为 0.381 μg/g，二氢猕猴桃内酯含量为 3.830 μg/g，巨豆三烯酮 1 含量为 0.157 μg/g，巨豆三烯酮 2 含量为 1.378 μg/g，巨豆三烯酮 3 含量为 0.134 μg/g，巨豆三烯酮 4 含量为 1.266 μg/g，3-羟基-β-二氢大马酮含量为 0.818 μg/g，3-氧代-α-紫罗兰醇含量为 3.528 μg/g，新植二烯含量为 938.426 μg/g，3-羟基索拉韦惕酮含量为 4.491 μg/g，β-法尼烯含量为 6.978 μg/g（表 12-3-10）。

4. 榛子乡和平村 2 组片区

代表性片区（XS-04）中部烟叶（C3F）茄酮含量为 0.459 μg/g，香叶基丙酮含量为 0.392 μg/g，降茄二酮含量为 0.168 μg/g，β-紫罗兰酮含量为 0.403 μg/g，氧化紫罗兰酮含量为 0.560 μg/g，二氢猕猴桃内酯含量为 4.682 μg/g，巨豆三烯酮 1 含量为 0.078 μg/g，巨豆三烯酮 2 含量为 0.594 μg/g，巨豆三烯酮 3 含量为 0.067 μg/g，巨豆三烯酮 4 含量为 0.538 μg/g，3-羟基-β-二氢大马酮含量为 0.370 μg/g，3-氧代-α-紫罗兰醇含量为 1.042 μg/g，新植二烯含量为 764.366 μg/g，3-羟基索拉韦惕酮含量为 3.293 μg/g，β-法尼烯含量为 4.906 μg/g（表 12-3-10）。

5. 榛子乡板庙村 1 组片区

代表性片区（XS-05）中部烟叶（C3F）茄酮含量为 0.605 μg/g，香叶基丙酮含量为 0.448 μg/g，降茄二酮含量为 0.134 μg/g，β-紫罗兰酮含量为 0.370 μg/g，氧化紫罗兰酮含量为 0.504 μg/g，二氢猕猴桃内酯含量为 3.528 μg/g，巨豆三烯酮 1 含量为 0.112 μg/g，巨豆三烯酮 2 含量为 1.210 μg/g，巨豆三烯酮 3 含量为 0.190 μg/g，巨豆三烯酮 4 含量为 0.974 μg/g，3-羟基-β-二氢大马酮含量为 0.885 μg/g，3-氧代-α-紫罗兰醇含量为 3.069 μg/g，新植二烯含量为 867.798 μg/g，3-羟基索拉韦惕酮含量为 3.886 μg/g，β-法尼烯含量为 6.261 μg/g（表 12-3-10）。

表 12-3-10　代表性片区中部烟叶（C3F）香气物质　　（单位：μg/g）

香气物质	XS-01	XS-02	XS-03	XS-04	XS-05
茄酮	0.482	0.403	0.403	0.459	0.605
香叶基丙酮	0.493	0.325	0.258	0.392	0.448
降茄二酮	0.134	0.101	0.112	0.168	0.134
β-紫罗兰酮	0.291	0.325	0.336	0.403	0.370
氧化紫罗兰酮	0.482	0.302	0.381	0.560	0.504
二氢猕猴桃内酯	3.304	3.046	3.830	4.682	3.528

续表

香气物质	XS-01	XS-02	XS-03	XS-04	XS-05
巨豆三烯酮 1	0.078	0.090	0.157	0.078	0.112
巨豆三烯酮 2	0.874	0.918	1.378	0.594	1.210
巨豆三烯酮 3	0.090	0.123	0.134	0.067	0.190
巨豆三烯酮 4	0.683	0.773	1.266	0.538	0.974
3-羟基-β-二氢大马酮	0.549	0.605	0.818	0.370	0.885
3-氧代-α-紫罗兰醇	3.315	3.438	3.528	1.042	3.069
新植二烯	964.130	838.006	938.426	764.366	867.798
3-羟基索拉韦惕酮	5.936	6.507	4.491	3.293	3.886
β-法尼烯	7.034	5.421	6.978	4.906	6.261

九、烟叶感官质量

1. 黄粮镇火石岭村 3 组片区

代表性片区(XS-01)中部烟叶(C3F)感官质量评价结果显示,香韵指标包含的干草香、清甜香、正甜香、焦甜香、青香、木香、豆香、坚果香、焦香、辛香、果香、药草香、花香、树脂香、酒香的各项指标值分别为 3.54、0、2.62、0、0.92、1.92、0、0、1.00、0.62、0、0、0、0、0,烟气指标包含的香气状态、烟气浓度、劲头、香气质、香气量和透发性的各项指标值分别为 2.85、3.00、2.69、3.00、3.08 和 2.83,杂气指标包含的青杂气、生青气、枯焦气、木质气、土腥气、松脂气、花粉气、药草气和金属气的各项指标值分别为 1.77、0、1.23、1.31、0、0、0、0、0,口感指标包含的细腻程度、柔和程度、圆润感、刺激性、干燥感和余味的各项指标值分别为 2.77、2.85、2.77、2.54、2.46 和 2.85(表 12-3-11)。

2. 黄粮镇仁圣村 1 组片区

代表性片区(XS-02)中部烟叶(C3F)感官质量评价结果显示,香韵指标包含的干草香、清甜香、正甜香、焦甜香、青香、木香、豆香、坚果香、焦香、辛香、果香、药草香、花香、树脂香、酒香的各项指标值分别为 3.44、0、3.17、0、0、1.83、0、0、0.78、1.28、0、0、0、0、0,烟气指标包含的香气状态、烟气浓度、劲头、香气质、香气量和透发性的各项指标值分别为 3.06、2.94、2.28、3.28、3.17 和 3.00,杂气指标包含的青杂气、生青气、枯焦气、木质气、土腥气、松脂气、花粉气、药草气和金属气的各项指标值分别为 1.06、0、0.83、1.22、0、0、0、0、0,口感指标包含的细腻程度、柔和程度、圆润感、刺激性、干燥感和余味的各项指标值分别为 3.17、3.17、2.83、2.44、2.61 和 3.22(表 12-3-11)。

3. 榛子乡青龙村 6 组片区

代表性片区(XS-03)中部烟叶(C3F)感官质量评价结果显示,香韵指标包含的干草香、清甜香、正甜香、焦甜香、青香、木香、豆香、坚果香、焦香、辛香、果香、药草香、花香、树脂香、酒香的各项指标值分别为 3.22、0、2.72、0、0.72、2.00、0、0、0.94、1.56、0、0、0、0、0，烟气指标包含的香气状态、烟气浓度、劲头、香气质、香气量和透发性的各项指标值分别为 2.94、2.94、2.94、3.11、2.83 和 2.72，杂气指标包含的青杂气、生青气、枯焦气、木质气、土腥气、松脂气、花粉气、药草气和金属气的各项指标值分别为 1.11、1.17、0.89、1.17、0、0、0、0、0，口感指标包含的细腻程度、柔和程度、圆润感、刺激性、干燥感和余味的各项指标值分别为 3.00、2.94、2.78、2.33、2.33 和 2.89（表 12-3-11）。

4. 榛子乡和平村 2 组片区

代表性片区（XS-04）中部烟叶（C3F）感官质量评价结果显示，香韵指标包含的干草香、清甜香、正甜香、焦甜香、青香、木香、豆香、坚果香、焦香、辛香、果香、药草香、花香、树脂香、酒香的各项指标值分别为 3.23、0、2.62、0、1.38、1.85、0、0、0、0.69、0、0、0、0、0，烟气指标包含的香气状态、烟气浓度、劲头、香气质、香气量和透发性的各项指标值分别为 3.08、2.54、2.23、3.15、2.62 和 2.77，杂气指标包含的青杂气、生青气、枯焦气、木质气、土腥气、松脂气、花粉气、药草气和金属气的各项指标值分别为 1.54、0、0、1.62、0、0、0、0、0，口感指标包含的细腻程度、柔和程度、圆润感、刺激性、干燥感和余味的各项指标值分别为 3.15、3.08、2.85、2.08、2.46 和 3.46（表 12-3-11）。

5. 榛子乡板庙村 1 组片区

代表性片区（XS-05）中部烟叶（C3F）感官质量评价结果显示，香韵指标包含的干草香、清甜香、正甜香、焦甜香、青香、木香、豆香、坚果香、焦香、辛香、果香、药草香、花香、树脂香、酒香的各项指标值分别为 3.23、0、2.54、0、0.85、2.08、0、0、0、0.69、0、0、0、0、0，烟气指标包含的香气状态、烟气浓度、劲头、香气质、香气量和透发性的各项指标值分别为 3.00、2.77、2.46、2.67、2.67 和 2.67，杂气指标包含的青杂气、生青气、枯焦气、木质气、土腥气、松脂气、花粉气、药草气和金属气的各项指标值分别为 1.62、0、0.69、1.62、0、0、0、0、0，口感指标包含的细腻程度、柔和程度、圆润感、刺激性、干燥感和余味的各项指标值分别为 2.92、2.92、2.69、2.15、2.77 和 2.92（表 12-3-11）。

表 12-3-11　代表性片区中部烟叶（C3F）感官质量

评价指标		XS-01	XS-02	XS-03	XS-04	XS-05
香韵	干草香	3.54	3.44	3.22	3.23	3.23
	清甜香	0	0	0	0	0
	正甜香	2.62	3.17	2.72	2.62	2.54
	焦甜香	0	0	0	0	0
	青香	0.92	0	0.72	1.38	0.85

续表

评价指标		XS-01	XS-02	XS-03	XS-04	XS-05
香韵	木香	1.92	1.83	2.00	1.85	2.08
	豆香	0	0	0	0	0
	坚果香	0	0	0	0	0
	焦香	1.00	0.78	0.94	0	0
	辛香	0.62	1.28	1.56	0.69	0.69
	果香	0	0	0	0	0
	药草香	0	0	0	0	0
	花香	0	0	0	0	0
	树脂香	0	0	0	0	0
	酒香	0	0	0	0	0
烟气	香气状态	2.85	3.06	2.94	3.08	3.00
	烟气浓度	3.00	2.94	2.94	2.54	2.77
	劲头	2.69	2.28	2.94	2.23	2.46
	香气质	3.00	3.28	3.11	3.15	2.67
	香气量	3.08	3.17	2.83	2.62	2.67
	透发性	2.83	3.00	2.72	2.77	2.67
杂气	青杂气	1.77	1.06	1.11	1.54	1.62
	生青气	0	0	1.17	0	0
	枯焦气	1.23	0.83	0.89	0	0.69
	木质气	1.31	1.22	1.17	1.62	1.62
	土腥气	0	0	0	0	0
	松脂气	0	0	0	0	0
	花粉气	0	0	0	0	0
	药草气	0	0	0	0	0
	金属气	0	0	0	0	0
口感	细腻程度	2.77	3.17	3.00	3.15	2.92
	柔和程度	2.85	3.17	2.94	3.08	2.92
	圆润感	2.77	2.83	2.78	2.85	2.69
	刺激性	2.54	2.44	2.33	2.08	2.15
	干燥感	2.46	2.61	2.33	2.46	2.77
	余味	2.85	3.22	2.89	3.46	2.92

第四节　湖北房县烟叶风格特征

　　房县隶属湖北省十堰市，位于东经 $110°2.5'\sim111°15.1'$，北纬 $31°33.9'\sim32°30.7'$，地处湖北省西北部、十堰市南部，东连保康、谷城两县，南临神农架林区，西与竹山县毗邻。县境东西长 300 km，南北宽 131 km，面积 5115 km²。房县地势西高东低，南陡北缓，中为河谷平坝。境内平坝、丘陵占 17.1%，高山占 44.4%，高山区占 38.5%。房县属北亚热带季风气候区，冬长夏短，春秋相近，四季分明，垂直差异变化大，具有立体气候。房县是秦巴山区烤烟种植区的典型产区之一，根据目前该县烤烟种植片区分布特点和烟叶质量风格特征，选择 5 个种植片区，作为该县烟叶质量风格特征的代表性区域进行描述。

一、烟田与烟株基本特征

1. 野人谷镇西蒿坪村 3 组片区

代表性片区（HFX-01）中心点位于北纬 31°52′28.601″、东经 110°39′22.413″，海拔 1176 m。中山坡地下部，中坡旱地，成土母质为砂砾岩风化坡积物，土壤亚类为斑纹简育湿润雏形土。种植制度为烤烟、玉米不定期轮作，烤烟大田生长期 5～9 月。烤烟田间长相长势较好，烟株呈筒形结构，株高 95.80 cm，茎围 9.10 cm，有效叶片数 18.90，中部烟叶长 66.40 cm、宽 27.00 cm，上部烟叶长 59.20 cm、宽 18.50 cm（图 12-4-1，表 12-4-1）。

图 12-4-1　HFX-01 片区烟田

2. 野人谷镇杜家川村片区

代表性片区（HFX-02）中心点位于北纬 31°54′33.147″、东经 110°43′19.391″，海拔 832 m。中山沟谷地，缓坡旱地，成土母质为古土壤与石灰岩风化沟谷堆积物，土壤亚类为斑纹简育湿润雏形土。种植制度为烤烟、玉米不定期轮作，烤烟大田生长期 5～9 月。烤烟田间长相长势好，烟株呈塔形结构，株高 111.20 cm，茎围 8.80 cm，有效叶片数 20.80，中部烟叶长 66.60 cm、宽 26.40 cm，上部烟叶长 59.50 cm、宽 19.50 cm（图 12-4-2，表 12-4-1）。

3. 土城镇土城村片区

代表性片区（HFX-03）中心点位于北纬 31°15′28.571″、东经 110°41′15.852″，海拔 641 m。低山沟谷地，平坦旱地，成土母质为古土壤与石灰岩风化沟谷堆积物，土壤亚类为底潜铁渗水耕人为土。种植制度为烤烟、晚稻轮作，烤烟大田生长期 5～9 月。烤烟田间长相长势好，烟株呈筒形结构，株高 126.10 cm，茎围 10.30 cm，有效叶片数 21.50，中部烟叶长 77.00 cm、宽 28.60 cm，上部烟叶长 72.60 cm、宽 24.60 cm（图 12-4-3，表 12-4-1）。

图 12-4-2　HFX-02 片区烟田

图 12-4-3　HFX-03 片区烟田

4. 门古寺镇项家河村 6 组片区

代表性片区（HFX-04）中心点位于北纬 32°2′43.099″、东经 110°30′23.588″，海拔 723 m。低山沟谷地，缓坡旱地，成土母质为古红土沟谷堆积物，土壤亚类为斑纹铁质湿润淋溶土。种植制度为烤烟、玉米隔年轮作，烤烟大田生长期 5~9 月。烤烟田间长相长势较好，烟株呈伞形结构，株高 89.60 cm，茎围 9.00 cm，有效叶片数 19.20，中部烟叶长 65.40 cm、宽 27.30 cm，上部烟叶长 66.00 cm、宽 20.80 cm（图 12-4-4，表 12-4-1）。

5. 青峰镇龙王沟村片区

代表性片区（HFX-05）中心点位于北纬 32°15′23.691″、东经 110°58′10.930″，海拔 847 m。中山坡地坡麓，缓坡旱地，成土母质为古土壤与玄武岩风化冰碛物，土壤亚类为黄色铝质湿润雏形土。种植制度为烤烟、玉米隔年轮作，烤烟大田生长期 5~9 月。烤烟田间长相长势较好，烟株呈筒形结构，株高 88.00 cm，茎围 8.30 cm，有效叶片数 16.20，中部烟叶长 66.30 cm、宽 28.50 cm，上部烟叶长 60.40 cm、宽 21.10 cm（图 12-4-5，表 12-4-1）。

图 12-4-4　HFX-04 片区烟田

图 12-4-5　HFX-05 片区烟田

表 12-4-1　代表性片区烟株主要农艺性状

片区	株高/cm	茎围/cm	有效叶/片	中部叶/cm		上部叶/cm		株型
				叶长	叶宽	叶长	叶宽	
HFX-01	95.80	9.10	18.90	66.40	27.00	59.20	18.50	筒形
HFX-02	111.20	8.80	20.80	66.60	26.40	59.50	19.50	塔形
HFX-03	126.10	10.30	21.50	77.00	28.60	72.60	24.60	筒形
HFX-04	89.60	9.00	19.20	65.40	27.30	66.00	20.80	伞形
HFX-05	88.00	8.30	16.20	66.30	28.50	60.40	21.10	筒形

二、烟叶外观质量与物理指标

1. 野人谷镇西蒿坪村 3 组片区

代表性片区(HFX-01)烟叶外观质量指标的成熟度得分 8.00,颜色得分 8.50,油分得分 8.00,身份得分 8.50,结构得分 8.00,色度得分 8.00。烟叶物理指标中的单叶重 9.89 g,叶片密度 59.87 g/m^2,含梗率 33.25%,平衡含水率 16.66%,叶片长度 61.60 cm,叶片宽度 21.25 cm,叶片厚度 101.63 μm,填充值 3.05 cm^3/g(图 12-4-6,表 12-4-2 和表 12-4-3)。

图 12-4-6　HFX-01 片区初烤烟叶

2. 野人谷镇杜家川村片区

代表性片区(HFX-02)烟叶外观质量指标的成熟度得分 7.50，颜色得分 7.50，油分得分 7.00，身份得分 7.50，结构得分 7.50，色度得分 7.50。烟叶物理指标中的单叶重 9.29 g，叶片密度 60.92 g/m²，含梗率 32.60%，平衡含水率 16.75%，叶片长度 61.20 cm，叶片宽度 19.14 cm，叶片厚度 97.63 μm，填充值 3.10 cm³/g(图 12-4-7，表 12-4-2 和表 12-4-3)。

图 12-4-7　HFX-02 片区初烤烟叶

3. 土城镇土城村片区

代表性片区(HFX-03)烟叶外观质量指标的成熟度得分 7.50，颜色得分 8.00，油分得分 7.50，身份得分 7.50，结构得分 8.00，色度得分 7.50。烟叶物理指标中的单叶重 12.65 g，叶片密度 60.28 g/m²，含梗率 31.55%，平衡含水率 16.85%，叶片长度 67.95 cm，叶片宽度 22.65 cm，叶片厚度 109.40 μm，填充值 3.18 cm³/g(图 12-4-8，表 12-4-2 和表 12-4-3)。

图 12-4-8   HFX-03 片区初烤烟叶

4. 门古寺镇项家河村 6 组片区

代表性片区(HFX-04)烟叶外观质量指标的成熟度得分 7.50，颜色得分 7.50，油分得分 7.00，身份得分 7.50，结构得分 7.50，色度得分 7.00。烟叶物理指标中的单叶重 11.95 g，叶片密度 62.32 g/m²，含梗率 27.97%，平衡含水率 14.47%，叶片长度 63.43 cm，叶片宽度 21.39 cm，叶片厚度 127.57 μm，填充值 3.13 cm³/g(图 12-4-9，表 12-4-2 和表 12-4-3)。

图 12-4-9   HFX-04 片区初烤烟叶

5. 青峰镇龙王沟村片区

代表性片区（HFX-05）烟叶外观质量指标的成熟度得分 7.50，颜色得分 8.50，油分得分 7.50，身份得分 8.00，结构得分 8.00，色度得分 7.50。烟叶物理指标中的单叶重 10.73 g，叶片密度 58.96 g/m^2，含梗率 33.71%，平衡含水率 15.86%，叶片长度 63.18 cm，叶片宽度 23.40 cm，叶片厚度 111.73 μm，填充值 3.45 cm^3/g（图 12-4-10，表 12-4-2 和表 12-4-3）。

图 12-4-10 HFX-05 片区初烤烟叶

表 12-4-2 代表性片区烟叶外观质量

片区	成熟度	颜色	油分	身份	结构	色度
HFX-01	8.00	8.50	8.00	8.50	8.00	8.00
HFX-02	7.50	7.50	7.00	7.50	7.50	7.50
HFX-03	7.50	8.00	7.50	7.50	8.00	7.50
HFX-04	7.50	7.50	7.00	7.50	7.50	7.00
HFX-05	7.50	8.50	7.50	8.00	8.00	7.50

表 12-4-3 代表性片区烟叶物理指标

片区	单叶重 /g	叶片密度 /(g/m^2)	含梗率 /%	平衡含水率 /%	叶长 /cm	叶宽 /cm	叶片厚度 /μm	填充值 /(cm^3/g)
HFX-01	9.89	59.87	33.25	16.66	61.60	21.25	101.63	3.05
HFX-02	9.29	60.92	32.60	16.75	61.20	19.14	97.63	3.10
HFX-03	12.65	60.28	31.55	16.85	67.95	22.65	109.40	3.18
HFX-04	11.95	62.32	27.97	14.47	63.43	21.39	127.57	3.13
HFX-05	10.73	58.96	33.71	15.86	63.18	23.40	111.73	3.45

三、烟叶常规化学成分与中微量元素

1. 野人谷镇西蒿坪村 3 组片区

代表性片区(HFX-01)中部烟叶(C3F)总糖含量 31.16%,还原糖含量 26.71%,总氮含量 1.93%,总植物碱含量 2.06%,氯含量 0.22%,钾含量 2.83%,糖碱比 15.13,淀粉含量 3.12%(表 12-4-4)。烟叶铜含量为 0.063 g/kg,铁含量为 0.953 g/kg,锰含量为 1.562 g/kg,锌含量为 0.235 g/kg,钙含量为 191.489 mg/kg,镁含量为 26.642 mg/kg(表 12-4-5)。

2. 野人谷镇杜家川村片区

代表性片区(HFX-02)中部烟叶(C3F)总糖含量 26.50%,还原糖含量 21.94%,总氮含量 2.11%,总植物碱含量 1.70%,氯含量 0.34%,钾含量 2.83%,糖碱比 15.59,淀粉含量 2.57%(表 12-4-4)。烟叶铜含量为 0.167 g/kg,铁含量为 0.830 g/kg,锰含量为 1.365 g/kg,锌含量为 0.495 g/kg,钙含量为 166.343 mg/kg,镁含量为 16.234 mg/kg(表 12-4-5)。

3. 土城镇土城村片区

代表性片区(HFX-03)中部烟叶(C3F)总糖含量 27.86%,还原糖含量 23.98%,总氮含量 2.08%,总植物碱含量 2.14%,氯含量 0.23%,钾含量 1.85%,糖碱比 13.02,淀粉含量 3.35%(表 12-4-4)。烟叶铜含量为 0.211 g/kg,铁含量为 1.055 g/kg,锰含量为 0.598 g/kg,锌含量为 0.192 g/kg,钙含量为 169.389 mg/kg,镁含量为 29.436 mg/kg(表 12-4-5)。

4. 门古寺镇项家河村 6 组片区

代表性片区(HFX-04)中部烟叶(C3F)总糖含量 27.82%,还原糖含量 22.62%,总氮含量 2.14%,总植物碱含量 1.86%,氯含量 0.32%,钾含量 2.66%,糖碱比 14.96,淀粉含量 3.28%(表 12-4-4)。烟叶铜含量为 0.149 g/kg,铁含量为 1.215 g/kg,锰含量为 2.543 g/kg,锌含量为 0.351 g/kg,钙含量为 167.238 mg/kg,镁含量为 24.395 mg/kg(表 12-4-5)。

5. 青峰镇龙王沟村片区

代表性片区(HFX-05)中部烟叶(C3F)总糖含量 28.27%,还原糖含量 23.21%,总氮含量 1.95%,总植物碱含量 2.73%,氯含量 0.25%,钾含量 2.41%,糖碱比 10.36,淀粉含量 2.94%(表 12-4-4)。烟叶铜含量为 0.122 g/kg,铁含量为 0.981 g/kg,锰含量为 2.835 g/kg,锌含量为 0.389 g/kg,钙含量为 157.872 mg/kg,镁含量为 17.050 mg/kg(表 12-4-5)。

表 12-4-4 代表性片区中部烟叶(C3F)常规化学成分

片区	总糖 /%	还原糖 /%	总氮 /%	总植物碱 /%	氯 /%	钾 /%	糖碱比	淀粉 /%
HFX-01	31.16	26.71	1.93	2.06	0.22	2.83	15.13	3.12
HFX-02	26.50	21.94	2.11	1.70	0.34	2.83	15.59	2.57

续表

片区	总糖 /%	还原糖 /%	总氮 /%	总植物碱 /%	氯 /%	钾 /%	糖碱比	淀粉 /%
HFX-03	27.86	23.98	2.08	2.14	0.23	1.85	13.02	3.35
HFX-04	27.82	22.62	2.14	1.86	0.32	2.66	14.96	3.28
HFX-05	28.27	23.21	1.95	2.73	0.25	2.41	10.36	2.94

表 12-4-5　代表性片区中部烟叶(C3F)中微量元素

片区	Cu /(g/kg)	Fe /(g/kg)	Mn /(g/kg)	Zn /(g/kg)	Ca /(mg/kg)	Mg /(mg/kg)
HFX-01	0.063	0.953	1.562	0.235	191.489	26.642
HFX-02	0.167	0.830	1.365	0.495	166.343	16.234
HFX-03	0.211	1.055	0.598	0.192	169.389	29.436
HFX-04	0.149	1.215	2.543	0.351	167.238	24.395
HFX-05	0.122	0.981	2.835	0.389	157.872	17.050

四、烟叶生物碱组分与细胞壁物质

1. 野人谷镇西蒿坪村 3 组片区

代表性片区(HFX-01)中部烟叶(C3F)烟碱含量为 21.992 mg/g,降烟碱含量为 0.459 mg/g,麦斯明含量为 0.004 mg/g,假木贼碱含量为 0.168 mg/g,新烟碱含量为 0.747 mg/g;烟叶纤维素含量为 6.50%,半纤维素含量为 2.50%,木质素含量为 1.10%（表 12-4-6）。

2. 野人谷镇杜家川村片区

代表性片区(HFX-02)中部烟叶(C3F)烟碱含量为 16.394 mg/g,降烟碱含量为 0.372 mg/g,麦斯明含量为 0.002 mg/g,假木贼碱含量为 0.124 mg/g,新烟碱含量为 0.547 mg/g;烟叶纤维素含量为 7.40%,半纤维素含量为 2.90%,木质素含量为 1.20%（表 12-4-6）。

3. 土城镇土城村片区

代表性片区(HFX-03)中部烟叶(C3F)烟碱含量为 20.756 mg/g,降烟碱含量为 0.545 mg/g,麦斯明含量为 0.004 mg/g,假木贼碱含量为 0.155 mg/g,新烟碱含量为 0.716 mg/g;烟叶纤维素含量为 5.90%,半纤维素含量为 2.10%,木质素含量为 1.50%（表 12-4-6）。

4. 门古寺镇项家河村 6 组片区

代表性片区(HFX-04)中部烟叶(C3F)烟碱含量为 18.212 mg/g,降烟碱含量为

0.457 mg/g，麦斯明含量为 0.003 mg/g，假木贼碱含量为 0.133 mg/g，新烟碱含量为 0.621 mg/g；烟叶纤维素含量为 6.70%，半纤维素含量为 1.80%，木质素含量为 1.00%（表 12-4-6）。

5. 青峰镇龙王沟村片区

代表性片区（HFX-05）中部烟叶（C3F）烟碱含量为 28.056 mg/g，降烟碱含量为 0.662 mg/g，麦斯明含量为 0.004 mg/g，假木贼碱含量为 0.191 mg/g，新烟碱含量为 0.897 mg/g；烟叶纤维素含量为 6.90%，半纤维素含量为 3.00%，木质素含量为 1.10%（表 12-4-6）。

表 12-4-6　代表性片区中部烟叶（C3F）生物碱组分与细胞壁物质

片区	烟碱 /(mg/g)	降烟碱 /(mg/g)	麦斯明 /(mg/g)	假木贼碱 /(mg/g)	新烟碱 /(mg/g)	纤维素 /%	半纤维素 /%	木质素 /%
HFX-01	21.992	0.459	0.004	0.168	0.747	6.50	2.50	1.10
HFX-02	16.394	0.372	0.002	0.124	0.547	7.40	2.90	1.20
HFX-03	20.756	0.545	0.004	0.155	0.716	5.90	2.10	1.50
HFX-04	18.212	0.457	0.003	0.133	0.621	6.70	1.80	1.00
HFX-05	28.056	0.662	0.004	0.191	0.897	6.90	3.00	1.10

五、烟叶多酚与质体色素

1. 野人谷镇西蒿坪村 3 组片区

代表性片区（HFX-01）中部烟叶（C3F）绿原酸含量为 13.440 mg/g，芸香苷含量为 9.160 mg/g，莨菪亭含量为 0.200 mg/g，β-胡萝卜素含量为 0.050 mg/g，叶黄素含量为 0.100 mg/g（表 12-4-7）。

2. 野人谷镇杜家川村片区

代表性片区（HFX-02）中部烟叶（C3F）绿原酸含量为 15.000 mg/g，芸香苷含量为 9.520 mg/g，莨菪亭含量为 0.220 mg/g，β-胡萝卜素含量为 0.062 mg/g，叶黄素含量为 0.121 mg/g（表 12-4-7）。

3. 土城镇土城村片区

代表性片区（HFX-03）中部烟叶（C3F）绿原酸含量为 13.970 mg/g，芸香苷含量为 10.230 mg/g，莨菪亭含量为 0.250 mg/g，β-胡萝卜素含量为 0.047 mg/g，叶黄素含量为 0.083 mg/g（表 12-4-7）。

4. 门古寺镇项家河村 6 组片区

代表性片区（HFX-04）中部烟叶（C3F）绿原酸含量为 14.000 mg/g，芸香苷含量为

8.980 mg/g，莨菪亭含量为 0.180 mg/g，β-胡萝卜素含量为 0.066 mg/g，叶黄素含量为 0.122 mg/g（表 12-4-7）。

5. 青峰镇龙王沟村片区

代表性片区（HFX-05）中部烟叶（C3F）绿原酸含量为 14.080 mg/g，芸香苷含量为 9.200 mg/g，莨菪亭含量为 0.260 mg/g，β-胡萝卜素含量为 0.042 mg/g，叶黄素含量为 0.072 mg/g（表 12-4-7）。

表 12-4-7　代表性片区中部烟叶（C3F）多酚与质体色素　　（单位：mg/g）

片区	绿原酸	芸香苷	莨菪亭	β-胡萝卜素	叶黄素
HFX-01	13.440	9.160	0.200	0.050	0.100
HFX-02	15.000	9.520	0.220	0.062	0.121
HFX-03	13.970	10.230	0.250	0.047	0.083
HFX-04	14.000	8.980	0.180	0.066	0.122
HFX-05	14.080	9.200	0.260	0.042	0.072

六、烟叶有机酸类物质

1. 野人谷镇西蒿坪村 3 组片区

代表性片区（HFX-01）中部烟叶（C3F）草酸含量为 19.854 mg/g，苹果酸含量为 79.295 mg/g，柠檬酸含量为 7.636 mg/g，棕榈酸含量为 3.377 mg/g，亚油酸含量为 1.905 mg/g，油酸含量为 4.796 mg/g，硬脂酸含量为 0.869 mg/g（表 12-4-8）。

2. 野人谷镇杜家川村片区

代表性片区（HFX-02）中部烟叶（C3F）草酸含量为 14.679 mg/g，苹果酸含量为 55.419 mg/g，柠檬酸含量为 6.123 mg/g，棕榈酸含量为 2.028 mg/g，亚油酸含量为 1.388 mg/g，油酸含量为 3.012 mg/g，硬脂酸含量为 0.631 mg/g（表 12-4-8）。

3. 土城镇土城村片区

代表性片区（HFX-03）中部烟叶（C3F）草酸含量为 17.772 mg/g，苹果酸含量为 103.077 mg/g，柠檬酸含量为 10.468 mg/g，棕榈酸含量为 2.229 mg/g，亚油酸含量为 1.429 mg/g，油酸含量为 3.292 mg/g，硬脂酸含量为 0.667 mg/g（表 12-4-8）。

4. 门古寺镇项家河村 6 组片区

代表性片区（HFX-04）中部烟叶（C3F）草酸含量为 14.546 mg/g，苹果酸含量为 44.365 mg/g，柠檬酸含量为 4.584 mg/g，棕榈酸含量为 2.011 mg/g，亚油酸含量为 1.185 mg/g，油酸含量为 2.677 mg/g，硬脂酸含量为 0.507 mg/g（表 12-4-8）。

5. 青峰镇龙王沟村片区

代表性片区(HFX-05)中部烟叶(C3F)草酸含量为 22.422 mg/g,苹果酸含量为 108.423 mg/g,柠檬酸含量为 12.400 mg/g,棕榈酸含量为 3.034 mg/g,亚油酸含量为 1.786 mg/g,油酸含量为 4.237 mg/g,硬脂酸含量为 0.845 mg/g(表 12-4-8)。

表 12-4-8 代表性片区中部烟叶(C3F)有机酸　　　(单位:mg/g)

片区	草酸	苹果酸	柠檬酸	棕榈酸	亚油酸	油酸	硬脂酸
HFX-01	19.854	79.295	7.636	3.377	1.905	4.796	0.869
HFX-02	14.679	55.419	6.123	2.028	1.388	3.012	0.631
HFX-03	17.772	103.077	10.468	2.229	1.429	3.292	0.667
HFX-04	14.546	44.365	4.584	2.011	1.185	2.677	0.507
HFX-05	22.422	108.423	12.400	3.034	1.786	4.237	0.845

七、烟叶氨基酸

1. 野人谷镇西蒿坪村 3 组片区

代表性片区(HFX-01)中部烟叶(C3F)磷酸化-丝氨酸含量为 0.381 µg/mg,牛磺酸含量为 0.539 µg/mg,天冬氨酸含量为 0.159 µg/mg,苏氨酸含量为 0.170 µg/mg,丝氨酸含量为 0.076 µg/mg,天冬酰胺含量为 0.175 µg/mg,谷氨酸含量为 0.270 µg/mg,甘氨酸含量为 0.034 µg/mg,丙氨酸含量为 0.365 µg/mg,缬氨酸含量为 0.058 µg/mg,半胱氨酸含量为 0.166 µg/mg,异亮氨酸含量为 0.003 µg/mg,亮氨酸含量为 0.091 µg/mg,酪氨酸含量为 0.041 µg/mg,苯丙氨酸含量为 0.113 µg/mg,氨基丁酸含量为 0.020 µg/mg,组氨酸含量为 0.085 µg/mg,色氨酸含量为 0.121 µg/mg,精氨酸含量为 0.012 µg/mg(表 12-4-9)。

2. 野人谷镇杜家川村片区

代表性片区(HFX-02)中部烟叶(C3F)磷酸化-丝氨酸含量为 0.450 µg/mg,牛磺酸含量为 0.492 µg/mg,天冬氨酸含量为 0.197 µg/mg,苏氨酸含量为 0.199 µg/mg,丝氨酸含量为 0.105 µg/mg,天冬酰胺含量为 1.303 µg/mg,谷氨酸含量为 0.144 µg/mg,甘氨酸含量为 0.035 µg/mg,丙氨酸含量为 0.396 µg/mg,缬氨酸含量为 0.123 µg/mg,半胱氨酸含量为 0.241 µg/mg,异亮氨酸含量为 0.026 µg/mg,亮氨酸含量为 0.176 µg/mg,酪氨酸含量为 0.081 µg/mg,苯丙氨酸含量为 0.191 µg/mg,氨基丁酸含量为 0.061 µg/mg,组氨酸含量为 0.152 µg/mg,色氨酸含量为 0.226 µg/mg,精氨酸含量为 0 µg/mg(表 12-4-9)。

3. 土城镇土城村片区

代表性片区(HFX-03)中部烟叶(C3F)磷酸化-丝氨酸含量为 0.358 µg/mg,牛磺酸含量为 0.479 µg/mg,天冬氨酸含量为 0.227 µg/mg,苏氨酸含量为 0.174 µg/mg,丝氨酸含量为 0.150 µg/mg,天冬酰胺含量为 1.790 µg/mg,谷氨酸含量为 0.173 µg/mg,甘氨酸含量为 0.054 µg/mg，丙氨酸含量为 0.582 µg/mg，缬氨酸含量为 0.087 µg/mg，半胱氨酸含量为 0.225 µg/mg，异亮氨酸含量为 0.014 µg/mg，亮氨酸含量为 0.153 µg/mg，酪氨酸含量为 0.080 µg/mg，苯丙氨酸含量为 0.160 µg/mg，氨基丁酸含量为 0.085 µg/mg，组氨酸含量为 0.149 µg/mg，色氨酸含量为 0.192 µg/mg，精氨酸含量为 0.036 µg/mg（表 12-4-9）。

4. 门古寺镇项家河村 6 组片区

代表性片区（HFX-04）中部烟叶（C3F）磷酸化-丝氨酸含量为 0.330 µg/mg，牛磺酸含量为 0.385 µg/mg，天冬氨酸含量为 0.135 µg/mg，苏氨酸含量为 0.180 µg/mg，丝氨酸含量为 0.098 µg/mg，天冬酰胺含量为 1.451 µg/mg，谷氨酸含量为 0.114 µg/mg，甘氨酸含量为 0.028 µg/mg，丙氨酸含量为 0.346 µg/mg，缬氨酸含量为 0.064 µg/mg，半胱氨酸含量为 0.200 µg/mg，异亮氨酸含量为 0.019 µg/mg，亮氨酸含量为 0.116 µg/mg，酪氨酸含量为 0.048 µg/mg，苯丙氨酸含量为 0.132 µg/mg，氨基丁酸含量为 0.054 µg/mg，组氨酸含量为 0.114 µg/mg，色氨酸含量为 0.166µg/mg，精氨酸含量为 0.033 µg/mg（表 12-4-9）。

5. 青峰镇龙王沟村片区

代表性片区（HFX-05）中部烟叶（C3F）磷酸化-丝氨酸含量为 0.267 µg/mg，牛磺酸含量为 0.392 µg/mg，天冬氨酸含量为 0.124 µg/mg，苏氨酸含量为 0.155 µg/mg，丝氨酸含量为 0.071 µg/mg，天冬酰胺含量为 0.773 µg/mg，谷氨酸含量为 0.133 µg/mg，甘氨酸含量为 0.031 µg/mg，丙氨酸含量为 0.395 µg/mg，缬氨酸含量为 0.090 µg/mg，半胱氨酸含量为 0.158 µg/mg，异亮氨酸含量为 0.026 µg/mg，亮氨酸含量为 0.167 µg/mg，酪氨酸含量为 0.058 µg/mg，苯丙氨酸含量为 0.124 µg/mg，氨基丁酸含量为 0.036 µg/mg，组氨酸含量为 0.095 µg/mg，色氨酸含量为 0.125 µg/mg，精氨酸含量为 0.056 µg/mg（表 12-4-9）。

表 12-4-9　代表性片区中部烟叶（C3F）氨基酸　　　　（单位：µg/mg）

氨基酸组分	HFX-01	HFX-02	HFX-03	HFX-04	HFX-05
磷酸化-丝氨酸	0.381	0.450	0.358	0.330	0.267
牛磺酸	0.539	0.492	0.479	0.385	0.392
天冬氨酸	0.159	0.197	0.227	0.135	0.124
苏氨酸	0.170	0.199	0.174	0.180	0.155
丝氨酸	0.076	0.105	0.150	0.098	0.071
天冬酰胺	0.175	1.303	1.790	1.451	0.773
谷氨酸	0.270	0.144	0.173	0.114	0.133
甘氨酸	0.034	0.035	0.054	0.028	0.031
丙氨酸	0.365	0.396	0.582	0.346	0.395
缬氨酸	0.058	0.123	0.087	0.064	0.090
半胱氨酸	0.166	0.241	0.225	0.200	0.158
异亮氨酸	0.003	0.026	0.014	0.019	0.026
亮氨酸	0.091	0.176	0.153	0.116	0.167
酪氨酸	0.041	0.081	0.080	0.048	0.058

续表

氨基酸组分	HFX-01	HFX-02	HFX-03	HFX-04	HFX-05
苯丙氨酸	0.113	0.191	0.160	0.132	0.124
氨基丁酸	0.020	0.061	0.085	0.054	0.036
组氨酸	0.085	0.152	0.149	0.114	0.095
色氨酸	0.121	0.226	0.192	0.166	0.125
精氨酸	0.012	0	0.036	0.033	0.056

八、烟叶香气物质

1. 野人谷镇西蒿坪村3组片区

代表性片区(HFX-01)中部烟叶(C3F)茄酮含量为 0.403 µg/g，香叶基丙酮含量为 0.459 µg/g，降茄二酮含量为 0.123 µg/g，β-紫罗兰酮含量为 0.459 µg/g，氧化紫罗兰酮含量为 0.627 µg/g，二氢猕猴桃内酯含量为 5.387 µg/g，巨豆三烯酮 1 含量为 0.134 µg/g，巨豆三烯酮 2 含量为 1.232 µg/g，巨豆三烯酮 3 含量为 0.179 µg/g，巨豆三烯酮 4 含量为 1.053 µg/g，3-羟基-β-二氢大马酮含量为 1.142 µg/g，3-氧代-α-紫罗兰醇含量为 1.725 µg/g，新植二烯含量为 606.760 µg/g，3-羟基索拉韦惕酮含量为 4.301 µg/g，β-法尼烯含量为 5.118 µg/g(表 12-4-10)。

2. 野人谷镇杜家川村片区

代表性片区(HFX-02)中部烟叶(C3F)茄酮含量为 1.131 µg/g，香叶基丙酮含量为 0.526 µg/g，降茄二酮含量为 0.157 µg/g，β-紫罗兰酮含量为 0.437 µg/g，氧化紫罗兰酮含量为 0.538 µg/g，二氢猕猴桃内酯含量为 3.965 µg/g，巨豆三烯酮 1 含量为 0.123 µg/g，巨豆三烯酮 2 含量为 1.053 µg/g，巨豆三烯酮 3 含量为 0.202 µg/g，巨豆三烯酮 4 含量为 0.896 µg/g，3-羟基-β-二氢大马酮含量为 1.019 µg/g，3-氧代-α-紫罗兰醇含量为 3.035 µg/g，新植二烯含量为 951.709 µg/g，3-羟基索拉韦惕酮含量为 8.994 µg/g，β-法尼烯含量为 7.000 µg/g(表 12-4-10)。

3. 土城镇土城村片区

代表性片区(HFX-03)中部烟叶(C3F)茄酮含量为 0.694 µg/g，香叶基丙酮含量为 0.538 µg/g，降茄二酮含量为 0.146 µg/g，β-紫罗兰酮含量为 0.459 µg/g，氧化紫罗兰酮含量为 0.638 µg/g，二氢猕猴桃内酯含量为 4.962 µg/g，巨豆三烯酮 1 含量为 0.067 µg/g，巨豆三烯酮 2 含量为 0.739 µg/g，巨豆三烯酮 3 含量为 0.168 µg/g，巨豆三烯酮 4 含量为 0.773 µg/g，3-羟基-β-二氢大马酮含量为 0.773 µg/g，3-氧代-α-紫罗兰醇含量为 1.019 µg/g，新植二烯含量为 708.646 µg/g，3-羟基索拉韦惕酮含量为 3.685 µg/g，β-法尼烯含量为 5.835 µg/g(表 12-4-10)。

4. 门古寺镇项家河村 6 组片区

代表性片区 (HFX-04) 中部烟叶 (C3F) 茄酮含量为 0.717 μg/g，香叶基丙酮含量为 0.672 μg/g，降茄二酮含量为 0.101 μg/g，β-紫罗兰酮含量为 0.482 μg/g，氧化紫罗兰酮含量为 0.470 μg/g，二氢猕猴桃内酯含量为 4.794 μg/g，巨豆三烯酮 1 含量为 0.101 μg/g，巨豆三烯酮 2 含量为 0.874 μg/g，巨豆三烯酮 3 含量为 0.157 μg/g，巨豆三烯酮 4 含量为 0.739 μg/g，3-羟基-β-二氢大马酮含量为 0.941 μg/g，3-氧代-α-紫罗兰醇含量为 1.154 μg/g，新植二烯含量为 625.531 μg/g，3-羟基索拉韦惕酮含量为 5.298 μg/g，β-法尼烯含量为 5.230 μg/g (表 12-4-10)。

5. 青峰镇龙王沟村片区

代表性片区 (HFX-05) 中部烟叶 (C3F) 茄酮含量为 0.818 μg/g，香叶基丙酮含量为 0.627 μg/g，降茄二酮含量为 0.168 μg/g，β-紫罗兰酮含量为 0.571 μg/g，氧化紫罗兰酮含量为 0.560 μg/g，二氢猕猴桃内酯含量为 4.290 μg/g，巨豆三烯酮 1 含量为 0.168 μg/g，巨豆三烯酮 2 含量为 1.366 μg/g，巨豆三烯酮 3 含量为 0.202 μg/g，巨豆三烯酮 4 含量为 1.333 μg/g，3-羟基-β-二氢大马酮含量为 0.941 μg/g，3-氧代-α-紫罗兰醇含量为 2.845 μg/g，新植二烯含量为 745.786 μg/g，3-羟基索拉韦惕酮含量为 6.843 μg/g，β-法尼烯含量为 6.821 μg/g (表 12-4-10)。

表 12-4-10　代表性片区中部烟叶 (C3F) 香气物质　　(单位：μg/g)

香气物质	HFX-01	HFX-02	HFX-03	HFX-04	HFX-05
茄酮	0.403	1.131	0.694	0.717	0.818
香叶基丙酮	0.459	0.526	0.538	0.672	0.627
降茄二酮	0.123	0.157	0.146	0.101	0.168
β-紫罗兰酮	0.459	0.437	0.459	0.482	0.571
氧化紫罗兰酮	0.627	0.538	0.638	0.470	0.560
二氢猕猴桃内酯	5.387	3.965	4.962	4.794	4.290
巨豆三烯酮 1	0.134	0.123	0.067	0.101	0.168
巨豆三烯酮 2	1.232	1.053	0.739	0.874	1.366
巨豆三烯酮 3	0.179	0.202	0.168	0.157	0.202
巨豆三烯酮 4	1.053	0.896	0.773	0.739	1.333
3-羟基-β-二氢大马酮	1.142	1.019	0.773	0.941	0.941
3-氧代-α-紫罗兰醇	1.725	3.035	1.019	1.154	2.845
新植二烯	606.760	951.709	708.646	625.531	745.786
3-羟基索拉韦惕酮	4.301	8.994	3.685	5.298	6.843
β-法尼烯	5.118	7.000	5.835	5.230	6.821

九、烟叶感官质量

1. 野人谷镇西蒿坪村3组片区

代表性片区（HFX-01）中部烟叶（C3F）感官质量评价结果显示，香韵指标包含的干草香、清甜香、正甜香、焦甜香、青香、木香、豆香、坚果香、焦香、辛香、果香、药草香、花香、树脂香、酒香的各项指标值分别为3.38、0、2.85、0、0、2.15、0、0、0.85、0、0、0、0、0、0，烟气指标包含的香气状态、烟气浓度、劲头、香气质、香气量和透发性的各项指标值分别为2.92、2.85、2.62、3.00、2.85和2.77，杂气指标包含的青杂气、生青气、枯焦气、木质气、土腥气、松脂气、花粉气、药草气和金属气的各项指标值分别为1.54、0、0.77、1.69、0、0、0、0、0，口感指标包含的细腻程度、柔和程度、圆润感、刺激性、干燥感和余味的各项指标值分别为 2.92、2.77、2.77、2.54、2.62 和 3.31（表 12-4-11）。

2. 野人谷镇杜家川村片区

代表性片区（HFX-02）中部烟叶（C3F）感官质量评价结果显示，香韵指标包含的干草香、清甜香、正甜香、焦甜香、青香、木香、豆香、坚果香、焦香、辛香、果香、药草香、花香、树脂香、酒香的各项指标值分别为3.31、0、2.62、0、0.85、1.92、0、0、0.85、0.62、0、0、0、0、0，烟气指标包含的香气状态、烟气浓度、劲头、香气质、香气量和透发性的各项指标值分别为3.08、2.92、2.46、3.08、3.15 和2.92，杂气指标包含的青杂气、生青气、枯焦气、木质气、土腥气、松脂气、花粉气、药草气和金属气的各项指标值分别为1.15、0、0.62、1.38、0、0、0、0、0，口感指标包含的细腻程度、柔和程度、圆润感、刺激性、干燥感和余味的各项指标值分别为3.15、2.85、2.75、2.46、2.38 和 3.38（表 12-4-11）。

3. 土城镇土城村片区

代表性片区（HFX-03）中部烟叶（C3F）感官质量评价结果显示，香韵指标包含的干草香、清甜香、正甜香、焦甜香、青香、木香、豆香、坚果香、焦香、辛香、果香、药草香、花香、树脂香、酒香的各项指标值分别为3.46、0、2.46、0、0.69、2.08、0、0、0.92、0.69、0、0、0、0、0，烟气指标包含的香气状态、烟气浓度、劲头、香气质、香气量和透发性的各项指标值分别为3.08、2.62、2.46、3.15、2.85 和2.67，杂气指标包含的青杂气、生青气、枯焦气、木质气、土腥气、松脂气、花粉气、药草气和金属气的各项指标值分别为1.62、0、0、1.38、0、0、0、0、0，口感指标包含的细腻程度、柔和程度、圆润感、刺激性、干燥感和余味的各项指标值分别为2.92、3.15、2.77、2.23、2.23 和 3.23（表 12-4-11）。

4. 门古寺镇项家河村6组片区

代表性片区（HFX-04）中部烟叶（C3F）感官质量评价结果显示，香韵指标包含的干草香、清甜香、正甜香、焦甜香、青香、木香、豆香、坚果香、焦香、辛香、果香、药草香、花香、树脂香、酒香的各项指标值分别为3.23、0、2.85、0、0.92、1.92、0、0、0.62、0、0、0、0、0、0，烟气指标包含的香气状态、烟气浓度、劲头、香气质、香气量和透发性的各项指标值分别为3.31、3.00、2.38、3.33、2.85和3.00，杂气指标包含的青杂气、生青气、枯焦气、木质气、土腥气、松脂气、花粉气、药草气和金属气的各项指标值分别为1.08、0、0、1.31、0、0、0、0、0，口感指标包含的细腻程度、柔和程度、圆润感、刺激性、干燥感和余味的各项指标值分别为 3.23、3.15、3.00、2.23、2.31 和 3.54（表12-4-11）。

5. 青峰镇龙王沟村片区

代表性片区(HFX-05)中部烟叶(C3F)感官质量评价结果显示，香韵指标包含的干草香、清甜香、正甜香、焦甜香、青香、木香、豆香、坚果香、焦香、辛香、果香、药草香、花香、树脂香、酒香的各项指标值分别为3.38、0、2.62、0、0.77、2.08、0、0、0、0.77、0、0、0、0、0，烟气指标包含的香气状态、烟气浓度、劲头、香气质、香气量和透发性的各项指标值分别为3.08、2.85、2.54、3.15、2.85和2.85，杂气指标包含的青杂气、生青气、枯焦气、木质气、土腥气、松脂气、花粉气、药草气和金属气的各项指标值分别为1.23、0、0、1.62、0、0、0、0、0，口感指标包含的细腻程度、柔和程度、圆润感、刺激性、干燥感和余味的各项指标值分别为3.08、2.92、2.85、2.46、2.46和3.23（表12-4-11）。

表 12-4-11　代表性片区中部烟叶(C3F)感官质量

评价指标		HFX-01	HFX-02	HFX-03	HFX-04	HFX-05
香韵	干草香	3.38	3.31	3.46	3.23	3.38
	清甜香	0	0	0	0	0
	正甜香	2.85	2.62	2.46	2.85	2.62
	焦甜香	0	0	0	0	0
	青香	0	0.85	0.69	0.92	0.77
	木香	2.15	1.92	2.08	1.92	2.08
	豆香	0	0	0	0	0
	坚果香	0	0	0	0	0
	焦香	0.85	0.85	0.92	0.62	0
	辛香	0	0.62	0.69	0	0.77
	果香	0	0	0	0	0
	药草香	0	0	0	0	0
	花香	0	0	0	0	0
	树脂香	0	0	0	0	0
	酒香	0	0	0	0	0
烟气	香气状态	2.92	3.08	3.08	3.31	3.08
	烟气浓度	2.85	2.92	2.62	3.00	2.85

续表

评价指标		HFX-01	HFX-02	HFX-03	HFX-04	HFX-05
烟气	劲头	2.62	2.46	2.46	2.38	2.54
	香气质	3.00	3.08	3.15	3.33	3.15
	香气量	2.85	3.15	2.85	2.85	2.85
	透发性	2.77	2.92	2.67	3.00	2.85
杂气	青杂气	1.54	1.15	1.62	1.08	1.23
	生青气	0	0	0	0	0
	枯焦气	0.77	0.62	0	0	0
	木质气	1.69	1.38	1.38	1.31	1.62
	土腥气	0	0	0	0	0
	松脂气	0	0	0	0	0
	花粉气	0	0	0	0	0
	药草气	0	0	0	0	0
	金属气	0	0	0	0	0
口感	细腻程度	2.92	3.15	2.92	3.23	3.08
	柔和程度	2.77	2.85	3.15	3.15	2.92
	圆润感	2.77	2.75	2.77	3.00	2.85
	刺激性	2.54	2.46	2.23	2.23	2.46
	干燥感	2.62	2.38	2.23	2.31	2.46
	余味	3.31	3.38	3.23	3.54	3.23

第五节　重庆巫山烟叶风格特征

巫山县隶属重庆市，位于东经 109°33′～110°11′，北纬 30°45′～23°28′，地处重庆市东北部，三峡库区腹心，跨长江巫峡两岸，东邻湖北省巴东县，南临湖北省建始县，西接重庆市奉节县，北依重庆市巫溪县，面积 2958 km²。巫山县位于大巴山弧形构造、川东褶皱带及川鄂湘黔隆褶带三大构造体系结合部，长江横贯东西，大宁河、抱龙河等七条支流呈南北向强烈下切，地貌上呈深谷和中低山相间形态，地形起伏大，坡度陡，出露地层为沉积岩地层，地质构造背景复杂，形成典型的喀斯特地貌。最低海拔仅 73.1 m，最高海拔 2680 m。大宁河小三峡位于巫山之侧，长 50 km，由龙门峡、巴雾峡、滴翠峡组成。巫山县属亚热带季风性湿润气候，气候温和，雨量充沛。巫山县是秦巴山区烤烟种植区的典型烤烟产区之一，根据目前该县烤烟种植片区分布特点和烟叶质量风格特征，选择 5 个种植片区，作为该县烟叶质量风格特征的代表性区域描述。

一、烟田与烟株基本特征

1. 邓家土家族乡神树村 5 组片区

代表性片区(WS-01)中心点位于北纬 30°53′1.653″、东经 110°3′3.230″，海拔 1484 m。中山坡地中部，缓坡梯田旱地，成土母质为石灰岩风化坡积物，土壤亚类为普通钙质常湿雏形土。种植制度为烤烟、玉米不定期轮作，烤烟大田生长期 5～9 月。烤烟田间长相长势中等，烟株呈筒形结构，株高 83.90 cm，茎围 9.30 cm，有效叶片数 16.70，中部烟叶长 70.10 cm、宽 23.80 cm，上部烟叶长 66.80 cm、宽 20.10 cm(图 12-5-1，表 12-5-1)。

图 12-5-1　WS-01 片区烟田

2. 笃坪乡狮岭村 4 组片区

代表性片区(WS-02)中心点位于北纬 30°54′56.202″、东经 110°4′0.560″，海拔 1379 m。中山坡地中上部，中坡梯田旱地，成土母质为石灰岩风化坡积物，土壤亚类为普通钙质常湿雏形土。种植制度为烤烟、玉米不定期轮作，烤烟大田生长期 5～9 月。烤烟田间长相长势较好，烟株呈筒形结构，株高 106.60 cm，茎围 10.50 cm，有效叶片数 18.40，中部烟叶长 72.20 cm、宽 31.00 cm，上部烟叶长 60.20 cm、宽 23.30cm(图 12-5-2，表 12-5-1)。

图 12-5-2　WS-02 片区烟田

3. 笃坪乡龙淌村 5 组片区

代表性片区(WS-03)中心点位于北纬 30°54′7.240″、东经 110°7′0.560″，海拔 1091 m。中山坡地中部，中坡梯田旱地，成土母质为石灰岩风化坡积物，土壤亚类为普通钙质常湿雏形土。种植制度为烤烟、玉米不定期轮作，烤烟大田生长期 5～9 月。烤烟田间长相长势较好，烟株呈筒形结构，株高 94.50 cm，茎围 8.70 cm，有效叶片数 18.50，中部烟叶长 66.00 cm、宽 24.70 cm，上部烟叶长 61.00 cm、宽 19.70 cm(图 12-5-3，表 12-5-1)。

图 12-5-3　WS-03 片区烟田

4. 建平乡春晓村 5 组片区

代表性片区(WS-04)中心点位于北纬 31°1′12.557″、东经 110°5′0.363″，海拔 1324 m。中山坡地中下部，缓坡梯田旱地，成土母质为石灰岩风化坡积物，土壤亚类为普通钙质常湿淋溶土。种植制度为烤烟、玉米不定期轮作，烤烟大田生长期 5～9 月。烤烟田间长相长势较好，烟株呈筒形结构，株高 90.10 cm，茎围 8.90 cm，有效叶片数 14.00，中部烟叶长 76.30 cm、宽 33.90 cm，上部烟叶长 71.80 cm、宽 25.00 cm(图 12-5-4，表 12-5-1)。

图 12-5-4　WS-04 片区烟田

5. 骡坪镇玉水村 3 组片区

代表性片区（WS-05）中心点位于北纬 31°11′30.069″、东经 110°6′58.062″，海拔 1028 m。中山坡地下部，缓坡梯田旱地，成土母质为石灰岩风化坡积物，土壤亚类为普通铝质常湿淋溶土。种植制度为烤烟、玉米不定期轮作，烤烟大田生长期 5～9 月。烤烟田间长相长势较好，烟株呈塔形结构，株高 107.80 cm，茎围 9.30 cm，有效叶片数 20.50，中部烟叶长 71.80 cm、宽 27.00 cm，上部烟叶长 66.80 cm、宽 23.20 cm（图 12-5-5，表 12-5-1）。

图 12-5-5　WS-05 片区烟田

表 12-5-1　代表性片区烟株主要农艺性状

片区	株高 /cm	茎围 /cm	有效叶 /片	中部叶/cm		上部叶/cm		株型
				叶长	叶宽	叶长	叶宽	
WS-01	83.90	9.30	16.70	70.10	23.80	66.80	20.10	筒形
WS-02	106.60	10.50	18.40	72.20	31.00	60.20	23.30	筒形
WS-03	94.50	8.70	18.50	66.00	24.70	61.00	19.70	筒形
WS-04	90.10	8.90	14.00	76.30	33.90	71.80	25.00	筒形
WS-05	107.80	9.30	20.50	71.80	27.00	66.80	23.20	塔形

二、烟叶外观质量与物理指标

1. 邓家土家族乡神树村 5 组片区

代表性片区（WS-01）烟叶外观质量指标的成熟度得分 7.50，颜色得分 8.50，油分得分 8.00，身份得分 7.00，结构得分 6.50，色度得分 8.50。烟叶物理指标中的单叶重 16.03 g，叶片密度 66.02 g/m²，含梗率 30.46%，平衡含水率 13.52%，叶片长度 73.33 cm，叶片宽度 20.99 cm，叶片厚度 137.90 μm，填充值 2.80 cm³/g（图 12-5-6，表 12-5-2 和表 12-5-3）。

图 12-5-6　WS-01 片区初烤烟叶

2. 笃坪乡狮岭村 4 组片区

代表性片区(WS-02)烟叶外观质量指标的成熟度得分 8.00，颜色得分 9.00，油分得分 8.00，身份得分 8.00，结构得分 8.00，色度得分 8.00。烟叶物理指标中的单叶重 11.83 g，叶片密度 62.81 g/m^2，含梗率 28.79%，平衡含水率 15.20%，叶片长度 62.09 cm，叶片宽度 22.98 cm，叶片厚度 111.63 μm，填充值 3.18 cm^3/g(图 12-5-7，表 12-5-2 和表 12-5-3)。

图 12-5-7　WS-02 片区初烤烟叶

3. 笃坪乡龙淌村 5 组片区

代表性片区(WS-03)烟叶外观质量指标的成熟度得分 7.50，颜色得分 8.00，油分得分 7.50，身份得分 8.50，结构得分 7.50，色度得分 7.00。烟叶物理指标中的单叶重

10.23 g，叶片密度 56.89 g/m²，含梗率 30.69%，平衡含水率 15.88%，叶片长度 61.71 cm，叶片宽度 20.67 cm，叶片厚度 120.73 μm，填充值 2.78 cm³/g（图 12-5-8，表 12-5-2 和表 12-5-3）。

图 12-5-8　WS-03 片区初烤烟叶

4. 建平乡春晓村 5 组片区

代表性片区（WS-04）烟叶外观质量指标的成熟度得分 8.00，颜色得分 8.50，油分得分 7.50，身份得分 8.00，结构得分 8.50，色度得分 7.50。烟叶物理指标中的单叶重 9.46 g，叶片密度 64.54 g/m²，含梗率 34.02%，平衡含水率 13.80%，叶片长度 64.80 cm，叶片宽度 22.87 cm，叶片厚度 99.87 μm，填充值 3.10 cm³/g（图 12-5-9，表 12-5-2 和表 12-5-3）。

图 12-5-9　WS-04 片区初烤烟叶

5. 骡坪镇玉水村 3 组片区

代表性片区(WS-05)烟叶外观质量指标的成熟度得分 6.50，颜色得分 7.50，油分得分 6.50，身份得分 7.00，结构得分 7.00，色度得分 6.50。烟叶物理指标中的单叶重 7.88 g，叶片密度 64.85 g/m²，含梗率 27.78%，平衡含水率 14.15%，叶片长度 60.55 cm，叶片宽度 17.75 cm，叶片厚度 114.80 μm，填充值 3.07 cm³/g(图 12-5-10，表 12-5-2 和表 12-5-3)。

图 12-5-10　WS-05 片区初烤烟叶

表 12-5-2　代表性片区烟叶外观质量

片区	成熟度	颜色	油分	身份	结构	色度
WS-01	7.50	8.50	8.00	7.00	6.50	8.50
WS-02	8.00	9.00	8.00	8.00	8.00	8.00
WS-03	7.50	8.00	7.50	8.50	7.50	7.00
WS-04	8.00	8.50	7.50	8.00	8.50	7.50
WS-05	6.50	7.50	6.50	7.00	7.00	6.50

表 12-5-3　代表性片区烟叶物理指标

片区	单叶重 /g	叶片密度 /(g/m²)	含梗率 /%	平衡含水率 /%	叶长 /cm	叶宽 /cm	叶片厚度 /μm	填充值 /(cm³/g)
WS-01	16.03	66.02	30.46	13.52	73.33	20.99	137.90	2.80
WS-02	11.83	62.81	28.79	15.20	62.09	22.98	111.63	3.18
WS-03	10.23	56.89	30.69	15.88	61.71	20.67	120.73	2.78
WS-04	9.46	64.54	34.02	13.80	64.80	22.87	99.87	3.10
WS-05	7.88	64.85	27.78	14.15	60.55	17.75	114.80	3.07

三、烟叶常规化学成分与中微量元素

1. 邓家土家族乡神树村 5 组片区

代表性片区（WS-01）中部烟叶（C3F）总糖含量 24.86%，还原糖含量 22.50%，总氮含量 2.73%，总植物碱含量 3.51%，氯含量 0.18%，钾含量 1.86%，糖碱比 7.08，淀粉含量 2.98%（表 12-5-4）。烟叶铜含量为 0.072 g/kg，铁含量为 0.652 g/kg，锰含量为 3.321 g/kg，锌含量为 0.946 g/kg，钙含量为 151.277 mg/kg，镁含量为 11.339 mg/kg（表 12-5-5）。

2. 笃坪乡狮岭村 4 组片区

代表性片区（WS-02）中部烟叶（C3F）总糖含量 34.40%，还原糖含量 27.62%，总氮含量 1.91%，总植物碱含量 2.64%，氯含量 0.17%，钾含量 2.27%，糖碱比 13.03，淀粉含量 2.73%（表 12-5-4）。烟叶铜含量为 0.120 g/kg，铁含量为 1.024 g/kg，锰含量为 1.462 g/kg，锌含量为 0.545 g/kg，钙含量为 167.005 mg/kg，镁含量为 14.982 mg/kg（表 12-5-5）。

3. 笃坪乡龙淌村 5 组片区

代表性片区（WS-03）中部烟叶（C3F）总糖含量 31.32%，还原糖含量 24.79%，总氮含量 1.92%，总植物碱含量 2.14%，氯含量 0.16%，钾含量 1.71%，糖碱比 14.64，淀粉含量 3.40%（表 12-5-4）。烟叶铜含量为 0.090 g/kg，铁含量为 0.886 g/kg，锰含量为 2.083 g/kg，锌含量为 0.711 g/kg，钙含量为 154.974 mg/kg，镁含量为 11.284 mg/kg（表 12-5-5）。

4. 建平乡春晓村 5 组片区

代表性片区（WS-04）中部烟叶（C3F）总糖含量 30.75%，还原糖含量 27.83%，总氮含量 1.62%，总植物碱含量 2.43%，氯含量 0.24%，钾含量 1.97%，糖碱比 12.65，淀粉含量 2.96%（表 12-5-4）。烟叶铜含量为 0.091 g/kg，铁含量为 1.169 g/kg，锰含量为 2.511 g/kg，锌含量为 0.690 g/kg，钙含量为 205.179 mg/kg，镁含量为 16.399 mg/kg（表 12-5-5）。

5. 骡坪镇玉水村 3 组片区

代表性片区（WS-05）中部烟叶（C3F）总糖含量 31.17%，还原糖含量 28.98%，总氮含量 1.52%，总植物碱含量 1.48%，氯含量 0.29%，钾含量 1.48%，糖碱比 21.06，淀粉含量 3.44%（表 12-5-4）。烟叶铜含量为 0.002 g/kg，铁含量为 0.617 g/kg，锰含量为 0.124 g/kg，锌含量为 0.777 g/kg，钙含量为 195.604 mg/kg，镁含量为 12.297 mg/kg（表 12-5-5）。

表 12-5-4　代表性片区中部烟叶（C3F）常规化学成分

片区	总糖/%	还原糖/%	总氮/%	总植物碱/%	氯/%	钾/%	糖碱比	淀粉/%
WS-01	24.86	22.50	2.73	3.51	0.18	1.86	7.08	2.98
WS-02	34.40	27.62	1.91	2.64	0.17	2.27	13.03	2.73

续表

片区	总糖 /%	还原糖 /%	总氮 /%	总植物碱 /%	氯 /%	钾 /%	糖碱比	淀粉 /%
WS-03	31.32	24.79	1.92	2.14	0.16	1.71	14.64	3.40
WS-04	30.75	27.83	1.62	2.43	0.24	1.97	12.65	2.96
WS-05	31.17	28.98	1.52	1.48	0.29	1.48	21.06	3.44

表 12-5-5 代表性片区中部烟叶(C3F)中微量元素

片区	Cu /(g/kg)	Fe /(g/kg)	Mn /(g/kg)	Zn /(g/kg)	Ca /(mg/kg)	Mg /(mg/kg)
WS-01	0.072	0.652	3.321	0.946	151.277	11.339
WS-02	0.120	1.024	1.462	0.545	167.005	14.982
WS-03	0.090	0.886	2.083	0.711	154.974	11.284
WS-04	0.091	1.169	2.511	0.690	205.179	16.399
WS-05	0.002	0.617	0.124	0.777	195.604	12.297

四、烟叶生物碱组分与细胞壁物质

1. 邓家土家族乡神树村5组片区

代表性片区(WS-01)中部烟叶(C3F)烟碱含量为 31.981 mg/g,降烟碱含量为 0.849 mg/g,麦斯明含量为 0.004 mg/g,假木贼碱含量为 0.231 mg/g,新烟碱含量为 1.372 mg/g;烟叶纤维素含量为 7.70%,半纤维素含量为 2.00%,木质素含量为 1.00% (表 12-5-6)。

2. 笃坪乡狮岭村4组片区

代表性片区(WS-02)中部烟叶(C3F)烟碱含量为 24.279 mg/g,降烟碱含量为 0.578 mg/g,麦斯明含量为 0.003 mg/g,假木贼碱含量为 0.172 mg/g,新烟碱含量为 0.914 mg/g;烟叶纤维素含量为 7.30%,半纤维素含量为 3.10%,木质素含量为 1.20% (表 12-5-6)。

3. 笃坪乡龙淌村5组片区

代表性片区(WS-03)中部烟叶(C3F)烟碱含量为 23.388 mg/g,降烟碱含量为 0.535 mg/g,麦斯明含量为 0.003 mg/g,假木贼碱含量为 0.160 mg/g,新烟碱含量为 0.824 mg/g;烟叶纤维素含量为 6.70%,半纤维素含量为 3.00%,木质素含量为 1.30% (表 12-5-6)。

4. 建平乡春晓村5组片区

代表性片区(WS-04)中部烟叶(C3F)烟碱含量为 23.784 mg/g,降烟碱含量为

0.467 mg/g，麦斯明含量为 0.003 mg/g，假木贼碱含量为 0.161 mg/g，新烟碱含量为
0.839 mg/g；烟叶纤维素含量为 7.00%，半纤维素含量为 2.80%，木质素含量为 2.00%
（表 12-5-6）。

5. 骡坪镇玉水村 3 组片区

代表性片区（WS-05）中部烟叶（C3F）烟碱含量为 12.909 mg/g，降烟碱含量为 0.409
mg/g，麦斯明含量为 0.003 mg/g，假木贼碱含量为 0.103 mg/g，新烟碱含量为 0.473 mg/g；
烟叶纤维素含量为 8.30%，半纤维素含量为 2.00%，木质素含量为 1.00%（表 12-5-6）。

表 12-5-6　代表性片区中部烟叶（C3F）生物碱组分与细胞壁物质

片区	烟碱 /(mg/g)	降烟碱 /(mg/g)	麦斯明 /(mg/g)	假木贼碱 /(mg/g)	新烟碱 /(mg/g)	纤维素 /%	半纤维素 /%	木质素 /%
WS-01	31.981	0.849	0.004	0.231	1.372	7.70	2.00	1.00
WS-02	24.279	0.578	0.003	0.172	0.914	7.30	3.10	1.20
WS-03	23.388	0.535	0.003	0.160	0.824	6.70	3.00	1.30
WS-04	23.784	0.467	0.003	0.161	0.839	7.00	2.80	2.00
WS-05	12.909	0.409	0.003	0.103	0.473	8.30	2.00	1.00

五、烟叶多酚与质体色素

1. 邓家土家族乡神树村 5 组片区

代表性片区（WS-01）中部烟叶（C3F）绿原酸含量为 13.380 mg/g，芸香苷含量为
13.930 mg/g，莨菪亭含量为 0.160 mg/g，β-胡萝卜素含量为 0.051 mg/g，叶黄素含量为
0.077 mg/g（表 12-5-7）。

2. 笃坪乡狮岭村 4 组片区

代表性片区（WS-02）中部烟叶（C3F）绿原酸含量为 14.150 mg/g，芸香苷含量为
9.240 mg/g，莨菪亭含量为 0.110 mg/g，β-胡萝卜素含量为 0.025 mg/g，叶黄素含量为
0.051 mg/g（表 12-5-7）。

3. 笃坪乡龙淌村 5 组片区

代表性片区（WS-03）中部烟叶（C3F）绿原酸含量为 12.610 mg/g，芸香苷含量为
10.740 mg/g，莨菪亭含量为 0.110 mg/g，β-胡萝卜素含量为 0.052 mg/g，叶黄素含量为
0.098 mg/g（表 12-5-7）。

4. 建平乡春晓村 5 组片区

代表性片区（WS-04）中部烟叶（C3F）绿原酸含量为 12.040 mg/g，芸香苷含量为
12.850 mg/g，莨菪亭含量为 0.160 mg/g，β-胡萝卜素含量为 0.038 mg/g，叶黄素含量为

0.106 mg/g（表 12-5-7）。

5. 骡坪镇玉水村 3 组片区

代表性片区（WS-05）中部烟叶（C3F）绿原酸含量为 14.900 mg/g，芸香苷含量为 12.150 mg/g，莨菪亭含量为 0.230 mg/g，β-胡萝卜素含量为 0.041 mg/g，叶黄素含量为 0.072 mg/g（表 12-5-7）。

表 12-5-7 　代表性片区中部烟叶（C3F）多酚与质体色素 　　　　（单位：mg/g）

片区	绿原酸	芸香苷	莨菪亭	β-胡萝卜素	叶黄素
WS-01	13.380	13.930	0.160	0.051	0.077
WS-02	14.150	9.240	0.110	0.025	0.051
WS-03	12.610	10.740	0.110	0.052	0.098
WS-04	12.040	12.850	0.160	0.038	0.106
WS-05	14.900	12.150	0.230	0.041	0.072

六、烟叶有机酸类物质

1. 邓家土家族乡神树村 5 组片区

代表性片区（WS-01）中部烟叶（C3F）草酸含量为 15.504 mg/g，苹果酸含量为 72.779 mg/g，柠檬酸含量为 5.783 mg/g，棕榈酸含量为 2.245 mg/g，亚油酸含量为 1.442 mg/g，油酸含量为 3.172 mg/g，硬脂酸含量为 0.525 mg/g（表 12-5-8）。

2. 笃坪乡狮岭村 4 组片区

代表性片区（WS-02）中部烟叶（C3F）草酸含量为 14.767 mg/g，苹果酸含量为 53.283 mg/g，柠檬酸含量为 4.486 mg/g，棕榈酸含量为 2.295 mg/g，亚油酸含量为 1.113 mg/g，油酸含量为 3.276 mg/g，硬脂酸含量为 0.498 mg/g（表 12-5-8）。

3. 笃坪乡龙淌村 5 组片区

代表性片区（WS-03）中部烟叶（C3F）草酸含量为 15.526 mg/g，苹果酸含量为 60.978 mg/g，柠檬酸含量为 5.259 mg/g，棕榈酸含量为 2.127 mg/g，亚油酸含量为 1.079 mg/g，油酸含量为 2.969 mg/g，硬脂酸含量为 0.535 mg/g（表 12-5-8）。

4. 建平乡春晓村 5 组片区

代表性片区（WS-04）中部烟叶（C3F）草酸含量为 16.965 mg/g，苹果酸含量为 76.904 mg/g，柠檬酸含量为 8.079 mg/g，棕榈酸含量为 1.653 mg/g，亚油酸含量为 0.796 mg/g，油酸含量为 3.075 mg/g，硬脂酸含量为 0.410 mg/g（表 12-5-8）。

5. 骡坪镇玉水村 3 组片区

代表性片区（WS-05）中部烟叶（C3F）草酸含量为 17.789 mg/g，苹果酸含量为 78.774 mg/g，柠檬酸含量为 9.420 mg/g，棕榈酸含量为 1.973 mg/g，亚油酸含量为 1.154 mg/g，油酸含量为 3.082 mg/g，硬脂酸含量为 0.589 mg/g（表 12-5-8）。

表 12-5-8　代表性片区中部烟叶（C3F）有机酸　　（单位：mg/g）

片区	草酸	苹果酸	柠檬酸	棕榈酸	亚油酸	油酸	硬脂酸
WS-01	15.504	72.779	5.783	2.245	1.442	3.172	0.525
WS-02	14.767	53.283	4.486	2.295	1.113	3.276	0.498
WS-03	15.526	60.978	5.259	2.127	1.079	2.969	0.535
WS-04	16.965	76.904	8.079	1.653	0.796	3.075	0.410
WS-05	17.789	78.774	9.420	1.973	1.154	3.082	0.589

七、烟叶氨基酸

1. 邓家土家族乡神树村 5 组片区

代表性片区（WS-01）中部烟叶（C3F）磷酸化-丝氨酸含量为 0.276 μg/mg，牛磺酸含量为 0.409 μg/mg，天冬氨酸含量为 0.163 μg/mg，苏氨酸含量为 0.168 μg/mg，丝氨酸含量为 0.044 μg/mg，天冬酰胺含量为 1.050 μg/mg，谷氨酸含量为 0.097 μg/mg，甘氨酸含量为 0.030 μg/mg，丙氨酸含量为 0.354 μg/mg，缬氨酸含量为 0.056 μg/mg，半胱氨酸含量为 0.242 μg/mg，异亮氨酸含量为 0.016 μg/mg，亮氨酸含量为 0.104 μg/mg，酪氨酸含量为 0.034 μg/mg，苯丙氨酸含量为 0.121 μg/mg，氨基丁酸含量为 0.045 μg/mg，组氨酸含量为 0.098 μg/mg，色氨酸含量为 0.121 μg/mg，精氨酸含量为 0.017 μg/mg（表 12-5-9）。

2. 笃坪乡狮岭村 4 组片区

代表性片区（WS-02）中部烟叶（C3F）磷酸化-丝氨酸含量为 0.272 μg/mg，牛磺酸含量为 0.407 μg/mg，天冬氨酸含量为 0.124 μg/mg，苏氨酸含量为 0.149 μg/mg，丝氨酸含量为 0.031 μg/mg，天冬酰胺含量为 0.610 μg/mg，谷氨酸含量为 0.067 μg/mg，甘氨酸含量为 0.019 μg/mg，丙氨酸含量为 0.280 μg/mg，缬氨酸含量为 0.049 μg/mg，半胱氨酸含量为 0.118 μg/mg，异亮氨酸含量为 0.010 μg/mg，亮氨酸含量为 0.094 μg/mg，酪氨酸含量为 0.031 μg/mg，苯丙氨酸含量为 0.104 μg/mg，氨基丁酸含量为 0.021 μg/mg，组氨酸含量为 0.045 μg/mg，色氨酸含量为 0.072 μg/mg，精氨酸含量为 0.011 μg/mg（表 12-5-9）。

3. 笃坪乡龙淌村 5 组片区

代表性片区（WS-03）中部烟叶（C3F）磷酸化-丝氨酸含量为 0.523 μg/mg，牛磺酸含量为 0.540 μg/mg，天冬氨酸含量为 0.156 μg/mg，苏氨酸含量为 0.231 μg/mg，丝氨酸含量为 0.052 μg/mg，天冬酰胺含量为 1.033 μg/mg，谷氨酸含量为 0.078 μg/mg，甘氨酸含量为 0.029 μg/mg，丙氨酸含量为 0.440 μg/mg，缬氨酸含量为 0.050 μg/mg，半胱氨酸含量为 0.172 μg/mg，异亮氨酸含量为 0.003 μg/mg，亮氨酸含量为 0.125 μg/mg，酪氨酸含量为 0.038 μg/mg，苯丙氨酸含量为 0.126 μg/mg，氨基丁酸含量为 0.031 μg/mg，组氨酸含量为 0.070 μg/mg，色氨酸含量为 0.110 μg/mg，精氨酸含量为 0.016 μg/mg（表 12-5-9）。

4. 建平乡春晓村 5 组片区

代表性片区（WS-04）中部烟叶（C3F）磷酸化-丝氨酸含量为 0.313 μg/mg，牛磺酸含量为 0.387 μg/mg，天冬氨酸含量为 0.058 μg/mg，苏氨酸含量为 0.147 μg/mg，丝氨酸含量为 0.031 μg/mg，天冬酰胺含量为 0.549 μg/mg，谷氨酸含量为 0.071 μg/mg，甘氨酸含量为 0.025 μg/mg，丙氨酸含量为 0.255 μg/mg，缬氨酸含量为 0.022 μg/mg，半胱氨酸含量为 0.039 μg/mg，异亮氨酸含量为 0 μg/mg，亮氨酸含量为 0.048 μg/mg，酪氨酸含量为 0.016 μg/mg，苯丙氨酸含量为 0.050 μg/mg，氨基丁酸含量为 0.017 μg/mg，组氨酸含量为 0.034 μg/mg，色氨酸含量为 0.050 μg/mg，精氨酸含量为 0.008 μg/mg（表 12-5-9）。

5. 骡坪镇玉水村 3 组片区

代表性片区（WS-05）中部烟叶（C3F）磷酸化-丝氨酸含量为 0.299 μg/mg，牛磺酸含量为 0.376 μg/mg，天冬氨酸含量为 0.128 μg/mg，苏氨酸含量为 0.212 μg/mg，丝氨酸含量为 0.102 μg/mg，天冬酰胺含量为 0.678 μg/mg，谷氨酸含量为 0.117 μg/mg，甘氨酸含量为 0.029 μg/mg，丙氨酸含量为 0.388 μg/mg，缬氨酸含量为 0.092 μg/mg，半胱氨酸含量为 0.066 μg/mg，异亮氨酸含量为 0.023 μg/mg，亮氨酸含量为 0.121 μg/mg，酪氨酸含量为 0.065 μg/mg，苯丙氨酸含量为 0.146 μg/mg，氨基丁酸含量为 0.070 μg/mg，组氨酸含量为 0.094 μg/mg，色氨酸含量为 0.116 μg/mg，精氨酸含量为 0.039 μg/mg（表 12-5-9）。

表 12-5-9　代表性片区中部烟叶（C3F）氨基酸　　　　（单位：μg/mg）

氨基酸组分	WS-01	WS-02	WS-03	WS-04	WS-05
磷酸化-丝氨酸	0.276	0.272	0.523	0.313	0.299
牛磺酸	0.409	0.407	0.540	0.387	0.376
天冬氨酸	0.163	0.124	0.156	0.058	0.128
苏氨酸	0.168	0.149	0.231	0.147	0.212
丝氨酸	0.044	0.031	0.052	0.031	0.102
天冬酰胺	1.050	0.610	1.033	0.549	0.678
谷氨酸	0.097	0.067	0.078	0.071	0.117
甘氨酸	0.030	0.019	0.029	0.025	0.029
丙氨酸	0.354	0.280	0.440	0.255	0.388
缬氨酸	0.056	0.049	0.050	0.022	0.092
半胱氨酸	0.242	0.118	0.172	0.039	0.066
异亮氨酸	0.016	0.010	0.003	0	0.023
亮氨酸	0.104	0.094	0.125	0.048	0.121
酪氨酸	0.034	0.031	0.038	0.016	0.065

续表

氨基酸组分	WS-01	WS-02	WS-03	WS-04	WS-05
苯丙氨酸	0.121	0.104	0.126	0.050	0.146
氨基丁酸	0.045	0.021	0.031	0.017	0.070
组氨酸	0.098	0.045	0.070	0.034	0.094
色氨酸	0.121	0.072	0.110	0.050	0.116
精氨酸	0.017	0.011	0.016	0.008	0.039

八、烟叶香气物质

1. 邓家土家族乡神树村 5 组片区

代表性片区(WS-01)中部烟叶(C3F)茄酮含量为 0.750 μg/g，香叶基丙酮含量为 0.370 μg/g，降茄二酮含量为 0.112 μg/g，β-紫罗兰酮含量为 0.370 μg/g，氧化紫罗兰酮含量为 0.638 μg/g，二氢猕猴桃内酯含量为 3.707 μg/g，巨豆三烯酮 1 含量为 0.157 μg/g，巨豆三烯酮 2 含量为 1.602 μg/g，巨豆三烯酮 3 含量为 0.213 μg/g，巨豆三烯酮 4 含量为 1.568 μg/g，3-羟基-β-二氢大马酮含量为 0.683 μg/g，3-氧代-α-紫罗兰醇含量为 2.038 μg/g，新植二烯含量为 859.062 μg/g，3-羟基索拉韦惕酮含量为 5.578 μg/g，β-法尼烯含量为 8.243 μg/g(表 12-5-10)。

2. 笃坪乡狮岭村 4 组片区

代表性片区(WS-02)中部烟叶(C3F)茄酮含量为 0.493 μg/g，香叶基丙酮含量为 0.470 μg/g，降茄二酮含量为 0.112 μg/g，β-紫罗兰酮含量为 0.325 μg/g，氧化紫罗兰酮含量为 0.414 μg/g，二氢猕猴桃内酯含量为 3.214 μg/g，巨豆三烯酮 1 含量为 0.168 μg/g，巨豆三烯酮 2 含量为 1.523 μg/g，巨豆三烯酮 3 含量为 0.190 μg/g，巨豆三烯酮 4 含量为 1.198 μg/g，3-羟基-β-二氢大马酮含量为 0.762 μg/g，3-氧代-α-紫罗兰醇含量为 1.523 μg/g，新植二烯含量为 782.835 μg/g，3-羟基索拉韦惕酮含量为 5.645 μg/g，β-法尼烯含量为 7.011 μg/g(表 12-5-10)。

3. 笃坪乡龙淌村 5 组片区

代表性片区(WS-03)中部烟叶(C3F)茄酮含量为 0.672 μg/g，香叶基丙酮含量为 0.314 μg/g，降茄二酮含量为 0.157 μg/g，β-紫罗兰酮含量为 0.370 μg/g，氧化紫罗兰酮含量为 0.470 μg/g，二氢猕猴桃内酯含量为 3.920 μg/g，巨豆三烯酮 1 含量为 0.157 μg/g，巨豆三烯酮 2 含量为 1.456 μg/g，巨豆三烯酮 3 含量为 0.179 μg/g，巨豆三烯酮 4 含量为 1.266 μg/g，3-羟基-β-二氢大马酮含量为 0.750 μg/g，3-氧代-α-紫罗兰醇含量为 2.442 μg/g，新植二烯含量为 1117.133 μg/g，3-羟基索拉韦惕酮含量为 3.662 μg/g，β-法尼烯含量为 8.736 μg/g(表 12-5-10)。

4. 建平乡春晓村 5 组片区

代表性片区(WS-04)中部烟叶(C3F)茄酮含量为 0.605 μg/g，香叶基丙酮含量为 0.403 μg/g，降茄二酮含量为 0.134 μg/g，β-紫罗兰酮含量为 0.325 μg/g，氧化紫罗兰酮含量为 0.370 μg/g，二氢猕猴桃内酯含量为 3.259 μg/g，巨豆三烯酮 1 含量为 0.067 μg/g，巨豆三烯酮 2 含量为 0.638 μg/g，巨豆三烯酮 3 含量为 0.123 μg/g，巨豆三烯酮 4 含量为 0.616 μg/g，3-羟基-β-二氢大马酮含量为 1.053 μg/g，3-氧代-α-紫罗兰醇含量为 4.379 μg/g，新植二烯含量为 850.360 μg/g，3-羟基索拉韦惕酮含量为 3.136 μg/g，β-法尼烯含量为 6.910 μg/g(表 12-5-10)。

5. 骡坪镇玉水村 3 组片区

代表性片区(WS-05)中部烟叶(C3F)茄酮含量为 1.120 μg/g，香叶基丙酮含量为 0.325 μg/g，降茄二酮含量为 0.157 μg/g，β-紫罗兰酮含量为 0.302 μg/g，氧化紫罗兰酮含量为 0.347 μg/g，二氢猕猴桃内酯含量为 3.304 μg/g，巨豆三烯酮 1 含量为 0.078 μg/g，巨豆三烯酮 2 含量为 0.896 μg/g，巨豆三烯酮 3 含量为 0.134 μg/g，巨豆三烯酮 4 含量为 0.661 μg/g，3-羟基-β-二氢大马酮含量为 0.885 μg/g，3-氧代-α-紫罗兰醇含量为 3.035 μg/g，新植二烯含量为 642.533 μg/g，3-羟基索拉韦惕酮含量为 2.867 μg/g，β-法尼烯含量为 4.928 μg/g(表 12-5-10)。

表 12-5-10　代表性片区中部烟叶(C3F)香气物质　　　　(单位：μg/g)

香气物质	WS-01	WS-02	WS-03	WS-04	WS-05
茄酮	0.750	0.493	0.672	0.605	1.120
香叶基丙酮	0.370	0.470	0.314	0.403	0.325
降茄二酮	0.112	0.112	0.157	0.134	0.157
β-紫罗兰酮	0.370	0.325	0.370	0.325	0.302
氧化紫罗兰酮	0.638	0.414	0.470	0.370	0.347
二氢猕猴桃内酯	3.707	3.214	3.920	3.259	3.304
巨豆三烯酮 1	0.157	0.168	0.157	0.067	0.078
巨豆三烯酮 2	1.602	1.523	1.456	0.638	0.896
巨豆三烯酮 3	0.213	0.190	0.179	0.123	0.134
巨豆三烯酮 4	1.568	1.198	1.266	0.616	0.661
3-羟基-β-二氢大马酮	0.683	0.762	0.750	1.053	0.885
3-氧代-α-紫罗兰醇	2.038	1.523	2.442	4.379	3.035
新植二烯	859.062	782.835	1117.133	850.360	642.533
3-羟基索拉韦惕酮	5.578	5.645	3.662	3.136	2.867
β-法尼烯	8.243	7.011	8.736	6.910	4.928

九、烟叶感官质量

1. 邓家土家族乡神树村 5 组片区

代表性片区（WS-01）中部烟叶（C3F）感官质量评价结果显示，香韵指标包含的干草香、清甜香、正甜香、焦甜香、青香、木香、豆香、坚果香、焦香、辛香、果香、药草香、花香、树脂香、酒香的各项指标值分别为 3.06、0、2.56、0、0、2.00、0、0、1.33、1.11、0、0、0、0、0，烟气指标包含的香气状态、烟气浓度、劲头、香气质、香气量和透发性的各项指标值分别为 2.50、3.06、3.39、2.44、3.11 和 2.83，杂气指标包含的青杂气、生青气、枯焦气、木质气、土腥气、松脂气、花粉气、药草气和金属气的各项指标值分别为 1.11、0.67、1.33、1.61、0、0、0、0、0，口感指标包含的细腻程度、柔和程度、圆润感、刺激性、干燥感和余味的各项指标值分别为 2.33、2.28、2.11、3.11、2.83和 2.39（表 12-5-11）。

2. 笃坪乡狮岭村 4 组片区

代表性片区（WS-02）中部烟叶（C3F）感官质量评价结果显示，香韵指标包含的干草香、清甜香、正甜香、焦甜香、青香、木香、豆香、坚果香、焦香、辛香、果香、药草香、花香、树脂香、酒香的各项指标值分别为 3.11、0、2.89、0、0.56、2.11、0、0、0.56、1.11、0、0、0、0、0，烟气指标包含的香气状态、烟气浓度、劲头、香气质、香气量和透发性的各项指标值分别为 2.89、2.94、2.59、2.89、2.78 和 2.88，杂气指标包含的青杂气、生青气、枯焦气、木质气、土腥气、松脂气、花粉气、药草气和金属气的各项指标值分别为 1.11、0.67、0.72、1.61、0、0、0、0、0，口感指标包含的细腻程度、柔和程度、圆润感、刺激性、干燥感和余味的各项指标值分别为 2.83、2.78、2.72、2.67、2.61和 2.67（表 12-5-11）。

3. 笃坪乡龙淌村 5 组片区

代表性片区（WS-03）中部烟叶（C3F）感官质量评价结果显示，香韵指标包含的干草香、清甜香、正甜香、焦甜香、青香、木香、豆香、坚果香、焦香、辛香、果香、药草香、花香、树脂香、酒香的各项指标值分别为 3.28、0、2.83、0、0.67、2.00、0、0、0.67、1.28、0、0、0、0、0，烟气指标包含的香气状态、烟气浓度、劲头、香气质、香气量和透发性的各项指标值分别为 2.72、3.00、2.76、3.00、2.94 和 2.76，杂气指标包含的青杂气、生青气、枯焦气、木质气、土腥气、松脂气、花粉气、药草气和金属气的各项指标值分别为 1.11、0、0.89、1.50、0、0、0、0、0，口感指标包含的细腻程度、柔和程度、圆润感、刺激性、干燥感和余味的各项指标值分别为 2.83、2.89、2.67、2.72、2.61 和 2.94（表 12-5-11）。

4. 建平乡春晓村 5 组片区

代表性片区（WS-04）中部烟叶（C3F）感官质量评价结果显示，香韵指标包含的干草香、清甜香、正甜香、焦甜香、青香、木香、豆香、坚果香、焦香、辛香、果香、药草香、花香、树脂香、酒香的各项指标值分别为 2.94、0、2.61、0、0.72、1.89、0、0、0.56、1.11、0、0、0、0、0，烟气指标包含的香气状态、烟气浓度、劲头、香气质、香气量和透发性的各项指标值分别为 2.63、2.67、2.33、2.83、2.83 和 2.61，杂气指标包含的青杂气、生青气、枯焦气、木质气、土腥气、松脂气、花粉气、药草气和金属气的各项指标值分别为 1.56、0、0.56、1.56、0、0、0、0、0，口感指标包含的细腻程度、柔和程度、圆润感、刺激性、干燥感和余味的各项指标值分别为 2.78、2.94、2.67、2.67、2.72 和 2.78（表 12-5-11）。

5. 骡坪镇玉水村 3 组片区

代表性片区（WS-05）中部烟叶（C3F）感官质量评价结果显示，香韵指标包含的干草香、清甜香、正甜香、焦甜香、青香、木香、豆香、坚果香、焦香、辛香、果香、药草香、花香、树脂香、酒香的各项指标值分别为 3.17、0、2.33、0、0.72、1.94、0、0、0.56、1.33、0、0、0、0、0，烟气指标包含的香气状态、烟气浓度、劲头、香气质、香气量和透发性的各项指标值分别为 2.83、2.88、2.29、2.94、2.78 和 2.72，杂气指标包含的青杂气、生青气、枯焦气、木质气、土腥气、松脂气、花粉气、药草气和金属气的各项指标值分别为 1.33、0.78、0.61、1.44、0、0、0、0、0，口感指标包含的细腻程度、柔和程度、圆润感、刺激性、干燥感和余味的各项指标值分别为 3.00、2.89、2.78、2.61、2.67 和 2.83（表 12-5-11）。

表 12-5-11　代表性片区中部烟叶（C3F）感官质量

评价指标		WS-01	WS-02	WS-03	WS-04	WS-05
香韵	干草香	3.06	3.11	3.28	2.94	3.17
	清甜香	0	0	0	0	0
	正甜香	2.56	2.89	2.83	2.61	2.33
	焦甜香	0	0	0	0	0
	青香	0	0.56	0.67	0.72	0.72
	木香	2.00	2.11	2.00	1.89	1.94
	豆香	0	0	0	0	0
	坚果香	0	0	0	0	0
	焦香	1.33	0.56	0.67	0.56	0.56
	辛香	1.11	1.11	1.28	1.11	1.33
	果香	0	0	0	0	0
	药草香	0	0	0	0	0
	花香	0	0	0	0	0
	树脂香	0	0	0	0	0
	酒香	0	0	0	0	0
烟气	香气状态	2.50	2.89	2.72	2.63	2.83
	烟气浓度	3.06	2.94	3.00	2.67	2.88

评价指标		WS-01	WS-02	WS-03	WS-04	WS-05
烟气	劲头	3.39	2.59	2.76	2.33	2.29
	香气质	2.44	2.89	3.00	2.83	2.94
	香气量	3.11	2.78	2.94	2.83	2.78
	透发性	2.83	2.88	2.76	2.61	2.72
杂气	青杂气	1.11	1.11	1.11	1.56	1.33
	生青气	0.67	0.67	0	0	0.78
	枯焦气	1.33	0.72	0.89	0.56	0.61
	木质气	1.61	1.61	1.50	1.56	1.44
	土腥气	0	0	0	0	0
	松脂气	0	0	0	0	0
	花粉气	0	0	0	0	0
	药草气	0	0	0	0	0
	金属气	0	0	0	0	0
口感	细腻程度	2.33	2.83	2.83	2.78	3.00
	柔和程度	2.28	2.78	2.89	2.94	2.89
	圆润感	2.11	2.72	2.67	2.67	2.78
	刺激性	3.11	2.67	2.72	2.67	2.61
	干燥感	2.83	2.61	2.61	2.72	2.67
	余味	2.39	2.67	2.94	2.78	2.83

第十三章 鲁中山区烤烟典型区域烟叶风格特征

鲁中山区烤烟种植区位于山东省中东部和南部，典型烤烟种植县(市、区)包括临沂市的蒙阴县、费县、沂水县、平邑县、兰陵县、临沭县、莒南县、沂南县和郯城县，潍坊市的诸城市、临朐县、安丘市、高密市和昌乐县，日照市的莒县和五莲县，莱芜市的莱城区和钢城区，淄博市的博山区、淄川区和沂源县，青岛市的黄岛区、胶州市和平度市24个县(市、区)。鲁中山区在我国自然资源区划和农业综合区划中是独特的生态区域，该区域是我国烤烟典型产区之一，历史上著名的山东烤烟就分布在该区域。这里选择临朐县、蒙阴县、费县和诸城市4个典型产区县(市)的20个代表性片区，通过代表性片区烟田烟株长相长势、烤后烟叶外观质量、物理指标、化学指标和烟叶质量感官评价指标，对鲁中山区烤烟种植区的烟叶风格进行描述，试图利用代表性片区烟叶主要指标的检测数据呈现该区域烟叶的整体质量风格特征。

第一节 山东临朐烟叶风格特征

临朐县隶属山东省潍坊市，位于山东半岛中部，潍坊市西南部，沂山北麓，弥河上游，地处北纬 36°04′～36°37′，东经 118°14′～118°49′，东与昌乐县、安丘市毗连，南与沂水县、沂源县接壤，北临淄博市、青州市。临朐县属温带大陆性季风气候。临朐县是鲁中山区烤烟种植区的典型烤烟产区之一，根据目前该县烤烟种植片区分布特点和烟叶质量风格特征，选择5个代表性种植片区，作为该县烟叶质量风格特征的代表性区域加以描述。

一、烟田与烟株基本特征

1. 五井镇大楼村片区

代表性片区(LQ-01)中心点位于北纬 36°28′40.700″、东经 118°24′8.500″，海拔 290 m。地处高丘漫岗坡地中下部，缓坡旱地，土体深厚，耕作层质地适中，耕性和通透性较好，易水土流失和受旱灾威胁。成土母质为古红土，土壤亚类为普通简育干润淋溶土。该片区烤烟、玉米/小麦隔年轮作，烤烟大田生长期 5～9 月。烤烟田间长相长势较好，烟株呈筒形结构，株高 94.50 cm，茎围 8.10 cm，有效叶片数 20.40，中部烟叶长 55.92 cm、宽 27.92 cm，上部烟叶长 50.70 cm、宽 21.20 cm(图 13-1-1，表 13-1-1)。

图 13-1-1　LQ-01 片区烟田

2. 寺头镇西蓼子村片区

代表性片区(LQ-02)中心点位于北纬 36°15′39.300″、东经 118°21′26.300″，海拔 461 m。地处高丘漫岗坡地中上部，中坡旱地，土体浅薄，耕作层质地适中，砾石多，耕性和通透性较好，易水土流失和受旱灾威胁。成土母质为石灰性紫砂页岩风化残积物，土壤亚类为石灰紫色正常新成土。该片区烤烟、中药隔年轮作，烤烟大田生长期 5～9 月。烤烟田间长相长势较好，烟株呈筒形结构，株高 97.30 cm，茎围 9.96 cm，有效叶片数 19.40，中部烟叶长 66.04 cm、宽 34.08 cm，上部烟叶长 56.70 cm、宽 28.00 cm(图 13-1-2，表 13-1-1)。

图 13-1-2　LQ-02 片区烟田

3. 寺头镇长达峪村片区

代表性片区(LQ-03)中心点位于北纬 36°19′4.100″、东经 118°38′14.400″，海拔 290 m。地处高丘漫岗坡地中上部，中坡旱地，土体浅薄，耕作层质地适中，砾石多，耕性和通透性较好，易水土流失和受旱灾威胁。成土母质为石灰岩风化坡积物，土壤亚类为普通简育干润雏形土。该片区烤烟、玉米隔年轮作，烤烟大田生长期 5～9 月。烤烟田间长相长势较好，烟株呈筒形结构，株高 98.40 cm，茎围 9.58 cm，有效叶片数 20.80，中部烟叶长 65.86 cm、宽 31.45 cm，上部烟叶长 54.89 cm、宽 26.35 cm（图 13-1-3，表 13-1-1）。

图 13-1-3　LQ-03 片区烟田

4. 寺头镇山枣村片区

代表性片区（LQ-04）中心点位于北纬 36°19′15.800″、东经 118°29′56.800″，海拔 332 m。地处高丘漫岗坡地中上部，中坡旱地，土体浅薄，耕作层质地适中，砾石多，耕性和通透性较好，易水土流失和受旱灾威胁。成土母质为石灰性泥页岩风化残积物，土壤亚类为普通简育干润雏形土。该片区烤烟、玉米隔年轮作，烤烟大田生长期 5～9 月。烤烟田间长相长势较好，烟株呈筒形结构，株高 76.70 cm，茎围 8.26 cm，有效叶片数 17.20，中部烟叶长 61.13 cm、宽 27.58 cm，上部烟叶长 51.72 cm、宽 20.97 cm（图 13-1-4，表 13-1-1）。

图 13-1-4　LQ-04 片区烟田

5. 九山镇土崮堆村片区

代表性片区（LQ-05）中心点位于北纬 36°14′17.100″、东经 118°26′12.200″，海拔 350 m。地处高丘漫岗坡地中上部，中坡旱地，土体浅薄，耕作层质地适中，砾石多，耕性和通透性较好，易水土流失和受旱灾威胁。成土母质为花岗片麻岩风化残积物，土壤亚类为石质干润正常新成土。该片区烤烟、花生隔年轮作，烤烟大田生长期 5～9 月。烤烟田间长相长势较好，烟株呈筒形结构，株高 76.70 cm，茎围 8.63 cm，有效叶片数 17.60，中部烟叶长 61.03 cm、宽 29.66 cm，上部烟叶长 58.30 cm、宽 26.21 cm（图 13-1-5，表 13-1-1）。

图 13-1-5　LQ-05 片区烟田

表 13-1-1　代表性片区烟株主要农艺性状

编号	株高 /cm	茎围 /cm	有效叶 /片	中部叶/cm		上部叶/cm		株型
				叶长	叶宽	叶长	叶宽	
LQ-01	94.50	8.10	20.40	55.92	27.92	50.70	21.20	筒形
LQ-02	97.30	9.96	19.40	66.04	34.08	56.70	28.00	筒形
LQ-03	98.40	9.58	20.80	65.86	31.45	54.89	26.35	筒形
LQ-04	76.70	8.26	17.20	61.13	27.58	51.72	20.97	筒形
LQ-05	76.70	8.63	17.60	61.03	29.66	58.30	26.21	筒形

二、烟叶外观质量与物理指标

1. 五井镇大楼村片区

代表性片区（LQ-01）烟叶外观质量指标的成熟度得分 7.50，颜色得分 8.00，油分得分 7.00，身份得分 8.50，结构得分 7.50，色度得分 7.50。烟叶物理指标中的单叶重 13.41 g，叶片密度 59.75 g/m²，含梗率 35.02%，平衡含水率 14.08%，叶片长度 66.00 cm，叶片宽度 25.98 cm，叶片厚度 117.27 μm，填充值 3.45 cm³/g（图 13-1-6，表 13-1-2 和表 13-1-3）。

图 13-1-6　LQ-01 片区初烤烟叶

2. 寺头镇西蓼子村片区

代表性片区(LQ-02)烟叶外观质量指标的成熟度得分 6.00，颜色得分 7.50，油分得分 6.50，身份得分 8.00，结构得分 6.50，色度得分 6.50。烟叶物理指标中的单叶重 9.25 g，叶片密度 62.92 g/m²，含梗率 28.27%，平衡含水率 13.90%，叶片长度 53.40 cm，叶片宽度 22.68 cm，叶片厚度 113.53 μm，填充值 3.51 cm³/g(图 13-1-7，表 13-1-2 和表 13-1-3)。

图 13-1-7　LQ-02 片区初烤烟叶

3. 寺头镇长达峪村片区

代表性片区(LQ-03)烟叶外观质量指标的成熟度得分 7.50，颜色得分 8.00，油分得分 7.50，身份得分 8.50，结构得分 7.50，色度得分 7.50。烟叶物理指标中的单叶重 11.02 g，叶片密度 61.90 g/m²，含梗率 30.90%，平衡含水率 17.17%，叶片长度 58.38 cm，叶片宽度 24.28 cm，叶片厚度 117.13 μm，填充值 3.51 cm³/g(图 13-1-8，表 13-1-2 和表 13-1-3)。

图 13-1-8　LQ-03 片区初烤烟叶

4. 寺头镇山枣村片区

代表性片区（LQ-04）烟叶外观质量指标的成熟度得分 6.00，颜色得分 7.50，油分得分 8.00，身份得分 8.00，结构得分 6.00，色度得分 6.00。烟叶物理指标中的单叶重 11.08 g，叶片密度 58.43 g/m²，含梗率 32.35%，平衡含水率 13.96%，叶片长度 64.19 cm，叶片宽度 26.02 cm，叶片厚度 91.10 μm，填充值 3.07 cm³/g（图 13-1-9，表 13-1-2 和表 13-1-3）。

图 13-1-9　LQ-04 片区初烤烟叶

5. 九山镇土崮堆村片区

代表性片区（LQ-05）烟叶外观质量指标的成熟度得分 7.50，颜色得分 8.50，油分得分 7.00，身份得分 8.00，结构得分 7.50，色度得分 8.00。烟叶物理指标中的单叶重 9.65 g，叶片密度 64.51 g/m²，含梗率 29.05%，平衡含水率 15.49%，叶片长度 58.60 cm，叶片宽度 22.09 cm，叶片厚度 126.93 μm，填充值 3.05 cm³/g（图 13-1-10，表 13-1-2 和表 13-1-3）。

图 13-1-10　LQ-05 片区初烤烟叶

表 13-1-2　代表性片区烟叶外观质量

片区	成熟度	颜色	油分	身份	结构	色度
LQ-01	7.50	8.00	7.00	8.50	7.50	7.50
LQ-02	6.00	7.50	6.50	8.00	6.50	6.50
LQ-03	7.50	8.00	7.50	8.50	7.50	7.50
LQ-04	6.00	7.50	8.00	8.00	6.00	6.00
LQ-05	7.50	8.50	7.00	8.00	7.50	8.00

表 13-1-3　代表性片区烟叶物理指标

片区	单叶重 /g	叶片密度 /(g/m²)	含梗率 /%	平衡含水率 /%	叶长 /cm	叶宽 /cm	叶片厚度 /μm	填充值 /(cm³/g)
LQ-01	13.41	59.75	35.02	14.08	66.00	25.98	117.27	3.45
LQ-02	9.25	62.92	28.27	13.90	53.40	22.68	113.53	3.51
LQ-03	11.02	61.90	30.90	17.17	58.38	24.28	117.13	3.51
LQ-04	11.08	58.43	32.35	13.96	64.19	26.02	91.10	3.07
LQ-05	9.65	64.51	29.05	15.49	58.60	22.09	126.93	3.05

三、烟叶常规化学成分与中微量元素

1. 五井镇大楼村片区

代表性片区(LQ-01)中部烟叶(C3F)总糖含量 29.66%,还原糖含量 29.24%,总氮含量 1.96%,总植物碱含量 2.57%,氯含量 0.33%,钾含量 0.86%,糖碱比 11.54,淀粉含量 3.35%(表 13-1-4)。烟叶铜含量为 0.059 g/kg,铁含量为 3.501 g/kg,锰含量为 0.253 g/kg,锌含量为 0.262 g/kg,钙含量为 260.319 mg/kg,镁含量为 12.686 mg/kg(表 13-1-5)。

2. 寺头镇西蓼子村片区

代表性片区(LQ-02)中部烟叶(C3F)总糖含量 31.85%,还原糖含量 29.32%,总氮含量 1.65%,总植物碱含量 1.76%,氯含量 0.26%,钾含量 1.59%,糖碱比 18.10,淀粉含量 3.67%(表 13-1-4)。烟叶铜含量为 0.070 g/kg,铁含量为 2.738 g/kg,锰含量为 1.044 g/kg,锌含量为 0.328 g/kg,钙含量为 187.971 mg/kg,镁含量为 22.063 mg/kg(表 13-1-5)。

3. 寺头镇长达峪村片区

代表性片区(LQ-03)中部烟叶(C3F)总糖含量 30.57%,还原糖含量 28.19%,总氮含量 1.78%,总植物碱含量 1.79%,氯含量 0.19%,钾含量 1.55%,糖碱比 17.08,淀粉含量 2.78%(表 13-1-4)。烟叶铜含量为 0.108 g/kg,铁含量为 2.304 g/kg,锰含量为 0.217 g/kg,锌含量为 0.230 g/kg,钙含量为 230.011 mg/kg,镁含量为 11.995 mg/kg(表 13-1-5)。

4. 寺头镇山枣村片区

代表性片区(LQ-04)中部烟叶(C3F)总糖含量27.09%，还原糖含量24.25%，总氮含量1.82%，总植物碱含量2.23%，氯含量0.08%，钾含量2.25%，糖碱比12.15，淀粉含量3.16%(表13-1-4)。烟叶铜含量为0.182 g/kg，铁含量为1.836 g/kg，锰含量为0.285 g/kg，锌含量为0.418 g/kg，钙含量为230.091 mg/kg，镁含量为15.053 mg/kg(表13-1-5)。

5. 九山镇土崮堆村片区

代表性片区(LQ-05)中部烟叶(C3F)总糖含量27.63%，还原糖含量26.54%，总氮含量1.93%，总植物碱含量2.80%，氯含量0.32%，钾含量1.17%，糖碱比9.87，淀粉含量2.89%(表13-1-4)。烟叶铜含量为0.059 g/kg，铁含量为2.396 g/kg，锰含量为0.329 g/kg，锌含量为0.184 g/kg，钙含量为246.319 mg/kg，镁含量为10.805 mg/kg(表13-1-5)。

表 13-1-4　代表性片区中部烟叶(C3F)常规化学成分

片区	总糖 /%	还原糖 /%	总氮 /%	总植物碱 /%	氯 /%	钾 /%	糖碱比	淀粉 /%
LQ-01	29.66	29.24	1.96	2.57	0.33	0.86	11.54	3.35
LQ-02	31.85	29.32	1.65	1.76	0.26	1.59	18.10	3.67
LQ-03	30.57	28.19	1.78	1.79	0.19	1.55	17.08	2.78
LQ-04	27.09	24.25	1.82	2.23	0.08	2.25	12.15	3.16
LQ-05	27.63	26.54	1.93	2.80	0.32	1.17	9.87	2.89

表 13-1-5　代表性片区中部烟叶(C3F)中微量元素

片区	Cu /(g/kg)	Fe /(g/kg)	Mn /(g/kg)	Zn /(g/kg)	Ca /(mg/kg)	Mg /(mg/kg)
LQ-01	0.059	3.501	0.253	0.262	260.319	12.686
LQ-02	0.070	2.738	1.044	0.328	187.971	22.063
LQ-03	0.108	2.304	0.217	0.230	230.011	11.995
LQ-04	0.182	1.836	0.285	0.418	230.091	15.053
LQ-05	0.059	2.396	0.329	0.184	246.319	10.805

四、烟叶生物碱组分与细胞壁物质

1. 五井镇大楼村片区

代表性片区(LQ-01)中部烟叶(C3F)烟碱含量为 24.651 mg/g，降烟碱含量为0.606 mg/g，麦斯明含量为0.003 mg/g，假木贼碱含量为0.152 mg/g，新烟碱含量为0.872 mg/g；烟叶纤维素含量为6.20%，半纤维素含量为2.00%，木质素含量为1.20%(表13-1-6)。

2. 寺头镇西蓼子村片区

代表性片区(LQ-02)中部烟叶(C3F)烟碱含量为 19.044 mg/g，降烟碱含量为 0.485 mg/g，麦斯明含量为 0.003 mg/g，假木贼碱含量为 0.110 mg/g，新烟碱含量为 0.566 mg/g；烟叶纤维素含量为 7.10%，半纤维素含量为 2.70%，木质素含量为 0.80%（表 13-1-6）。

3. 寺头镇长达峪村片区

代表性片区(LQ-03)中部烟叶(C3F)烟碱含量为 19.013 mg/g，降烟碱含量为 0.733 mg/g，麦斯明含量为 0.005 mg/g，假木贼碱含量为 0.144 mg/g，新烟碱含量为 0.739 mg/g；烟叶纤维素含量为 7.30%，半纤维素含量为 2.50%，木质素含量为 0.90%（表 13-1-6）。

4. 寺头镇山枣村片区

代表性片区(LQ-04)中部烟叶(C3F)烟碱含量为 22.368 mg/g，降烟碱含量为 0.404 mg/g，麦斯明含量为 0.003 mg/g，假木贼碱含量为 0.146 mg/g，新烟碱含量为 0.748 mg/g；烟叶纤维素含量为 8.30%，半纤维素含量为 1.90%，木质素含量为 1.30%（表 13-1-6）。

5. 九山镇土崮堆村片区

代表性片区(LQ-05)中部烟叶(C3F)烟碱含量为 23.977 mg/g，降烟碱含量为 0.634 mg/g，麦斯明含量为 0.003 mg/g，假木贼碱含量为 0.146 mg/g，新烟碱含量为 0.908 mg/g；烟叶纤维素含量为 7.20%，半纤维素含量为 2.80%，木质素含量为 1.30%（表 13-1-6）。

表 13-1-6 代表性片区中部烟叶(C3F)生物碱组分与细胞壁物质

片区	烟碱/(mg/g)	降烟碱/(mg/g)	麦斯明/(mg/g)	假木贼碱/(mg/g)	新烟碱/(mg/g)	纤维素/%	半纤维素/%	木质素/%
LQ-01	24.651	0.606	0.003	0.152	0.872	6.20	2.00	1.20
LQ-02	19.044	0.485	0.003	0.110	0.566	7.10	2.70	0.80
LQ-03	19.013	0.733	0.005	0.144	0.739	7.30	2.50	0.90
LQ-04	22.368	0.404	0.003	0.146	0.748	8.30	1.90	1.30
LQ-05	23.977	0.634	0.003	0.146	0.908	7.20	2.80	1.30

五、烟叶多酚与质体色素

1. 五井镇大楼村片区

代表性片区(LQ-01)中部烟叶(C3F)绿原酸含量为 13.860 mg/g，芸香苷含量为

6.880 mg/g，莨菪亭含量为 0.340 mg/g，β-胡萝卜素含量为 0.034 mg/g，叶黄素含量为 0.059 mg/g（表 13-1-7）。

2. 寺头镇西蓼子村片区

代表性片区（LQ-02）中部烟叶（C3F）绿原酸含量为 14.700 mg/g，芸香苷含量为 8.320 mg/g，莨菪亭含量为 0.180 mg/g，β-胡萝卜素含量为 0.044 mg/g，叶黄素含量为 0.081 mg/g（表 13-1-7）。

3. 寺头镇长达峪村片区

代表性片区（LQ-03）中部烟叶（C3F）绿原酸含量为 15.820 mg/g，芸香苷含量为 8.570 mg/g，莨菪亭含量为 0.210 mg/g，β-胡萝卜素含量为 0.030 mg/g，叶黄素含量为 0.062 mg/g（表 13-1-7）。

4. 寺头镇山枣村片区

代表性片区（LQ-04）中部烟叶（C3F）绿原酸含量为 15.780 mg/g，芸香苷含量为 11.670 mg/g，莨菪亭含量为 0.150 mg/g，β-胡萝卜素含量为 0.038 mg/g，叶黄素含量为 0.093 mg/g（表 13-1-7）。

5. 九山镇土崮堆村片区

代表性片区（LQ-05）中部烟叶（C3F）绿原酸含量为 11.840 mg/g，芸香苷含量为 7.010 mg/g，莨菪亭含量为 0.300 mg/g，β-胡萝卜素含量为 0.036 mg/g，叶黄素含量为 0.063 mg/g（表 13-1-7）。

表 13-1-7　代表性片区中部烟叶（C3F）多酚与质体色素　　（单位：mg/g）

片区	绿原酸	芸香苷	莨菪亭	β-胡萝卜素	叶黄素
LQ-01	13.860	6.880	0.340	0.034	0.059
LQ-02	14.700	8.320	0.180	0.044	0.081
LQ-03	15.820	8.570	0.210	0.030	0.062
LQ-04	15.780	11.670	0.150	0.038	0.093
LQ-05	11.840	7.010	0.300	0.036	0.063

六、烟叶有机酸类物质

1. 五井镇大楼村片区

代表性片区（LQ-01）中部烟叶（C3F）草酸含量为 22.623 mg/g，苹果酸含量为 86.372 mg/g，柠檬酸含量为 8.912 mg/g，棕榈酸含量为 2.304 mg/g，亚油酸含量为 1.597 mg/g，油酸含量为 3.108 mg/g，硬脂酸含量为 0.652 mg/g（表 13-1-8）。

2. 寺头镇西蓼子村片区

代表性片区(LQ-02)中部烟叶(C3F)草酸含量为 14.443 mg/g，苹果酸含量为 47.766 mg/g，柠檬酸含量为 4.621 mg/g，棕榈酸含量为 1.763 mg/g，亚油酸含量为 0.975 mg/g，油酸含量为 2.337 mg/g，硬脂酸含量为 0.437 mg/g(表 13-1-8)。

3. 寺头镇长达峪村片区

代表性片区(LQ-03)中部烟叶(C3F)草酸含量为 19.080 mg/g，苹果酸含量为 85.258 mg/g，柠檬酸含量为 6.337 mg/g，棕榈酸含量为 2.037 mg/g，亚油酸含量为 1.541 mg/g，油酸含量为 3.077 mg/g，硬脂酸含量为 0.536 mg/g(表 13-1-8)。

4. 寺头镇山枣村片区

代表性片区(LQ-04)中部烟叶(C3F)草酸含量为 21.024 mg/g，苹果酸含量为 76.697 mg/g，柠檬酸含量为 7.946 mg/g，棕榈酸含量为 1.964 mg/g，亚油酸含量为 1.196 mg/g，油酸含量为 3.001 mg/g，硬脂酸含量为 0.547 mg/g(表 13-1-8)。

5. 九山镇土岗堆村片区

代表性片区(LQ-05)中部烟叶(C3F)草酸含量为 20.903 mg/g，苹果酸含量为 86.852 mg/g，柠檬酸含量为 7.939 mg/g，棕榈酸含量为 1.817 mg/g，亚油酸含量为 1.542 mg/g，油酸含量为 2.783 mg/g，硬脂酸含量为 0.574 mg/g(表 13-1-8)。

表 13-1-8　代表性片区中部烟叶(C3F)有机酸　　　　(单位：mg/g)

片区	草酸	苹果酸	柠檬酸	棕榈酸	亚油酸	油酸	硬脂酸
LQ-01	22.623	86.372	8.912	2.304	1.597	3.108	0.652
LQ-02	14.443	47.766	4.621	1.763	0.975	2.337	0.437
LQ-03	19.080	85.258	6.337	2.037	1.541	3.077	0.536
LQ-04	21.024	76.697	7.946	1.964	1.196	3.001	0.547
LQ-05	20.903	86.852	7.939	1.817	1.542	2.783	0.574

七、烟叶氨基酸

1. 五井镇大楼村片区

代表性片区(LQ-01)中部烟叶(C3F)磷酸化-丝氨酸含量为 0.297 μg/mg，牛磺酸含量为 0.418 μg/mg，天冬氨酸含量为 0.096 μg/mg，苏氨酸含量为 0.119 μg/mg，丝氨酸含量为 0.070 μg/mg，天冬酰胺含量为 0.757 μg/mg，谷氨酸含量为 0.102 μg/mg，甘氨酸含量为 0.034 μg/mg，丙氨酸含量为 0.409 μg/mg，缬氨酸含量为 0.076 μg/mg，半胱氨酸含量为 0.176 μg/mg，异亮氨酸含量为 0.021 μg/mg，亮氨酸含量为 0.142 μg/mg，酪氨酸含量为 0.048 μg/mg，苯丙氨酸含量为 0.106 μg/mg，氨基丁酸含量为 0.053 μg/mg，组氨酸含量为 0.087 μg/mg，色氨酸含量为 0.096 μg/mg，精氨酸含量为 0.036 μg/mg（表 13-1-9）。

2. 寺头镇西蓼子村片区

代表性片区（LQ-02）中部烟叶（C3F）磷酸化-丝氨酸含量为 0.276 μg/mg，牛磺酸含量为 0.345 μg/mg，天冬氨酸含量为 0.076 μg/mg，苏氨酸含量为 0.160 μg/mg，丝氨酸含量为 0.044 μg/mg，天冬酰胺含量为 0.646 μg/mg，谷氨酸含量为 0.091 μg/mg，甘氨酸含量为 0.027 μg/mg，丙氨酸含量为 0.409 μg/mg，缬氨酸含量为 0.054 μg/mg，半胱氨酸含量为 0.127 μg/mg，异亮氨酸含量为 0.022 μg/mg，亮氨酸含量为 0.134 μg/mg，酪氨酸含量为 0.040 μg/mg，苯丙氨酸含量为 0.092 μg/mg，氨基丁酸含量为 0.040 μg/mg，组氨酸含量为 0.049 μg/mg，色氨酸含量为 0.083 μg/mg，精氨酸含量为 0.014 μg/mg（表 13-1-9）。

3. 寺头镇长达峪村片区

代表性片区（LQ-03）中部烟叶（C3F）磷酸化-丝氨酸含量为 0.303 μg/mg，牛磺酸含量为 0.412 μg/mg，天冬氨酸含量为 0.098 μg/mg，苏氨酸含量为 0.170 μg/mg，丝氨酸含量为 0.063 μg/mg，天冬酰胺含量为 0.759 μg/mg，谷氨酸含量为 0.083 μg/mg，甘氨酸含量为 0.023 μg/mg，丙氨酸含量为 0.355 μg/mg，缬氨酸含量为 0.057 μg/mg，半胱氨酸含量为 0.219 μg/mg，异亮氨酸含量为 0.011 μg/mg，亮氨酸含量为 0.087 μg/mg，酪氨酸含量为 0.033 μg/mg，苯丙氨酸含量为 0.096 μg/mg，氨基丁酸含量为 0.049 μg/mg，组氨酸含量为 0.080 μg/mg，色氨酸含量为 0.087 μg/mg，精氨酸含量为 0 μg/mg（表 13-1-9）。

4. 寺头镇山枣村片区

代表性片区（LQ-04）中部烟叶（C3F）磷酸化-丝氨酸含量为 0.341 μg/mg，牛磺酸含量为 0.400 μg/mg，天冬氨酸含量为 0.207 μg/mg，苏氨酸含量为 0.172 μg/mg，丝氨酸含量为 0.076 μg/mg，天冬酰胺含量为 1.338 μg/mg，谷氨酸含量为 0.118 μg/mg，甘氨酸含量为 0.031 μg/mg，丙氨酸含量为 0.473 μg/mg，缬氨酸含量为 0.084 μg/mg，半胱氨酸含量为 0.185 μg/mg，异亮氨酸含量为 0.013 μg/mg，亮氨酸含量为 0.129 μg/mg，酪氨酸含量为 0.077 μg/mg，苯丙氨酸含量为 0.173 μg/mg，氨基丁酸含量为 0.065 μg/mg，组氨酸含量为 0.099 μg/mg，色氨酸含量为 0.073 μg/mg，精氨酸含量为 0.049 μg/mg（表 13-1-9）。

5. 九山镇土崮堆村片区

代表性片区（LQ-05）中部烟叶（C3F）磷酸化-丝氨酸含量为 0.151 μg/mg，牛磺酸含量为 0.207 μg/mg，天冬氨酸含量为 0.042 μg/mg，苏氨酸含量为 0.104 μg/mg，丝氨酸含量为 0.055 μg/mg，天冬酰胺含量为 0.334 μg/mg，谷氨酸含量为 0.053 μg/mg，甘氨酸含量为 0.024 μg/mg，丙氨酸含量为 0.205 μg/mg，缬氨酸含量为 0.049 μg/mg，半胱氨酸含量为 0 μg/mg，异亮氨酸含量为 0.012 μg/mg，亮氨酸含量为 0.063 μg/mg，酪氨酸含量为 0.025 μg/mg，苯丙氨酸含量为 0.066 μg/mg，氨基丁酸含量为 0.028 μg/mg，组氨酸含量为 0.043 μg/mg，色氨酸含量为 0.041 μg/mg，精氨酸含量为 0.005 μg/mg（表 13-1-9）。

表 13-1-9　代表性片区中部烟叶(C3F)氨基酸　　　(单位：μg/mg)

氨基酸组分	LQ-01	LQ-02	LQ-03	LQ-04	LQ-05
磷酸化-丝氨酸	0.297	0.276	0.303	0.341	0.151
牛磺酸	0.418	0.345	0.412	0.400	0.207
天冬氨酸	0.096	0.076	0.098	0.207	0.042
苏氨酸	0.119	0.160	0.170	0.172	0.104
丝氨酸	0.070	0.044	0.063	0.076	0.055
天冬酰胺	0.757	0.646	0.759	1.338	0.334
谷氨酸	0.102	0.091	0.083	0.118	0.053
甘氨酸	0.034	0.027	0.023	0.031	0.024
丙氨酸	0.409	0.409	0.355	0.473	0.205
缬氨酸	0.076	0.054	0.057	0.084	0.049
半胱氨酸	0.176	0.127	0.219	0.185	0
异亮氨酸	0.021	0.022	0.011	0.013	0.012
亮氨酸	0.142	0.134	0.087	0.129	0.063
酪氨酸	0.048	0.040	0.033	0.077	0.025
苯丙氨酸	0.106	0.092	0.096	0.173	0.066
氨基丁酸	0.053	0.040	0.049	0.065	0.028
组氨酸	0.087	0.049	0.080	0.099	0.043
色氨酸	0.096	0.083	0.087	0.073	0.041
精氨酸	0.036	0.014	0	0.049	0.005

八、烟叶香气物质

1. 五井镇大楼村片区

代表性片区(LQ-01)中部烟叶(C3F)茄酮含量为 1.210 μg/g，香叶基丙酮含量为 0.403 μg/g，降茄二酮含量为 0.123 μg/g，β-紫罗兰酮含量为 0.325 μg/g，氧化紫罗兰酮含量为 0.403 μg/g，二氢猕猴桃内酯含量为 3.539 μg/g，巨豆三烯酮 1 含量为 0.090 μg/g，巨豆三烯酮 2 含量为 0.739 μg/g，巨豆三烯酮 3 含量为 0.179 μg/g，巨豆三烯酮 4 含量为 0.694 μg/g，3-羟基-β-二氢大马酮含量为 1.232 μg/g，3-氧代-α-紫罗兰醇含量为 2.789 μg/g，新植二烯含量为 556.125 μg/g，3-羟基索拉韦惕酮含量为 13.395 μg/g，β-法尼烯含量为 7.146 μg/g(表 13-1-10)。

2. 寺头镇西蓼子村片区

代表性片区(LQ-02)中部烟叶(C3F)茄酮含量为 1.411 μg/g，香叶基丙酮含量为 0.426 μg/g，降茄二酮含量为 0.134 μg/g，β-紫罗兰酮含量为 0.347 μg/g，氧化紫罗兰酮含量为 0.392 μg/g，二氢猕猴桃内酯含量为 3.438 μg/g，巨豆三烯酮 1 含量为 0.078 μg/g，巨豆三烯酮 2 含量为 0.885 μg/g，巨豆三烯酮 3 含量为 0.134 μg/g，巨豆三烯酮 4 含量为 0.672 μg/g，3-羟基-β-二氢大马酮含量为 1.109 μg/g，3-氧代-α-紫罗兰醇含量为 1.613 μg/g，新植二烯含量为 567.605 μg/g，3-羟基索拉韦惕酮含量为 8.859 μg/g，β-法尼烯含量为 8.075 μg/g（表 13-1-10）。

3. 寺头镇长达峪村片区

代表性片区（LQ-03）中部烟叶（C3F）茄酮含量为 1.680 μg/g，香叶基丙酮含量为 0.470 μg/g，降茄二酮含量为 0.157 μg/g，β-紫罗兰酮含量为 0.358 μg/g，氧化紫罗兰酮含量为 0.392 μg/g，二氢猕猴桃内酯含量为 3.528 μg/g，巨豆三烯酮 1 含量为 0.067 μg/g，巨豆三烯酮 2 含量为 0.571 μg/g，巨豆三烯酮 3 含量为 0.101 μg/g，巨豆三烯酮 4 含量为 0.504 μg/g，3-羟基-β-二氢大马酮含量为 0.762 μg/g，3-氧代-α-紫罗兰醇含量为 0.918 μg/g，新植二烯含量为 476.627 μg/g，3-羟基索拉韦惕酮含量为 8.142 μg/g，β-法尼烯含量为 5.410 μg/g（表 13-1-10）。

4. 寺头镇山枣村片区

代表性片区（LQ-04）中部烟叶（C3F）茄酮含量为 1.736 μg/g，香叶基丙酮含量为 0.403 μg/g，降茄二酮含量为 0.101 μg/g，β-紫罗兰酮含量为 0.291 μg/g，氧化紫罗兰酮含量为 0.437 μg/g，二氢猕猴桃内酯含量为 3.640 μg/g，巨豆三烯酮 1 含量为 0.056 μg/g，巨豆三烯酮 2 含量为 0.627 μg/g，巨豆三烯酮 3 含量为 0.101 μg/g，巨豆三烯酮 4 含量为 0.560 μg/g，3-羟基-β-二氢大马酮含量为 1.086 μg/g，3-氧代-α-紫罗兰醇含量为 1.008 μg/g，新植二烯含量为 366.890 μg/g，3-羟基索拉韦惕酮含量为 4.581 μg/g，β-法尼烯含量为 4.659 μg/g（表 13-1-10）。

5. 九山镇土崮堆村片区

代表性片区（LQ-05）中部烟叶（C3F）茄酮含量为 2.038 μg/g，香叶基丙酮含量为 0.538 μg/g，降茄二酮含量为 0.179 μg/g，β-紫罗兰酮含量为 0.381 μg/g，氧化紫罗兰酮含量为 0.728 μg/g，二氢猕猴桃内酯含量为 5.074 μg/g，巨豆三烯酮 1 含量为 0.134 μg/g，巨豆三烯酮 2 含量为 0.997 μg/g，巨豆三烯酮 3 含量为 0.179 μg/g，巨豆三烯酮 4 含量为 0.829 μg/g，3-羟基-β-二氢大马酮含量为 1.512 μg/g，3-氧代-α-紫罗兰醇含量为 2.005 μg/g，新植二烯含量为 626.461 μg/g，3-羟基索拉韦惕酮含量为 9.520 μg/g，β-法尼烯含量为 5.645 μg/g（表 13-1-10）。

表 13-1-10　代表性片区中部烟叶（C3F）香气物质　　　（单位：μg/g）

香气物质	LQ-01	LQ-02	LQ-03	LQ-04	LQ-05
茄酮	1.210	1.411	1.680	1.736	2.038
香叶基丙酮	0.403	0.426	0.470	0.403	0.538
降茄二酮	0.123	0.134	0.157	0.101	0.179
β-紫罗兰酮	0.325	0.347	0.358	0.291	0.381
氧化紫罗兰酮	0.403	0.392	0.392	0.437	0.728
二氢猕猴桃内酯	3.539	3.438	3.528	3.640	5.074

香气物质	LQ-01	LQ-02	LQ-03	LQ-04	LQ-05
巨豆三烯酮 1	0.090	0.078	0.067	0.056	0.134
巨豆三烯酮 2	0.739	0.885	0.571	0.627	0.997
巨豆三烯酮 3	0.179	0.134	0.101	0.101	0.179
巨豆三烯酮 4	0.694	0.672	0.504	0.560	0.829
3-羟基-β-二氢大马酮	1.232	1.109	0.762	1.086	1.512
3-氧代-α-紫罗兰醇	2.789	1.613	0.918	1.008	2.005
新植二烯	556.125	567.605	476.627	366.890	626.461
3-羟基索拉韦惕酮	13.395	8.859	8.142	4.581	9.520
β-法尼烯	7.146	8.075	5.410	4.659	5.645

九、烟叶感官质量

1. 五井镇大楼村片区

代表性片区(LQ-01)中部烟叶(C3F)感官质量评价结果显示,香韵指标包含的干草香、清甜香、正甜香、焦甜香、青香、木香、豆香、坚果香、焦香、辛香、果香、药草香、花香、树脂香、酒香的各项指标值分别为 3.17、0、2.78、0、0.94、2.00、0、0、0.89、1.61、0、0、0、0、0,烟气指标包含的香气状态、烟气浓度、劲头、香气质、香气量和透发性的各项指标值分别为 2.83、2.94、2.71、3.00、3.00 和 2.89,杂气指标包含的青杂气、生青气、枯焦气、木质气、土腥气、松脂气、花粉气、药草气和金属气的各项指标值分别为 1.11、0.67、0.83、1.06、0、0、0、0、0,口感指标包含的细腻程度、柔和程度、圆润感、刺激性、干燥感和余味的各项指标值分别为 3.06、3.06、2.94、2.33、2.56 和 2.89(表 13-1-11)。

2. 寺头镇西蓼子村片区

代表性片区(LQ-02)中部烟叶(C3F)感官质量评价结果显示,香韵指标包含的干草香、清甜香、正甜香、焦甜香、青香、木香、豆香、坚果香、焦香、辛香、果香、药草香、花香、树脂香、酒香的各项指标值分别为 3.21、0、2.86、0、0.50、1.64、0、0.64、0、0.64、0、0、0、0、0,烟气指标包含的香气状态、烟气浓度、劲头、香气质、香气量和透发性的各项指标值分别为 2.92、3.07、2.71、3.07、3.00 和 2.93,杂气指标包含的青杂气、生青气、枯焦气、木质气、土腥气、松脂气、花粉气、药草气和金属气的各项指标值分别为 1.36、0.79、0、1.21、0、0、0、0、0,口感指标包含的细腻程度、柔和程度、圆润感、刺激性、干燥感和余味的各项指标值分别为 2.86、3.00、2.86、2.50、2.64 和 2.86(表 13-1-11)。

3. 寺头镇长达峪村片区

代表性片区(LQ-03)中部烟叶(C3F)感官质量评价结果显示,香韵指标包含的干草香、清甜香、正甜香、焦甜香、青香、木香、豆香、坚果香、焦香、辛香、果香、药草香、花香、树脂香、酒香的各项指标值分别为3.29、0、2.64、0、0、1.86、0、0.79、0.57、0.50、0、0、0、0、0，烟气指标包含的香气状态、烟气浓度、劲头、香气质、香气量和透发性的各项指标值分别为3.00、3.07、3.00、2.79、3.00和3.00，杂气指标包含的青杂气、生青气、枯焦气、木质气、土腥气、松脂气、花粉气、药草气和金属气的各项指标值分别为1.36、0、0、1.57、0、0、0、0、0，口感指标包含的细腻程度、柔和程度、圆润感、刺激性、干燥感和余味的各项指标值分别为2.86、3.00、2.79、2.36、2.64和2.71（表13-1-11）。

4. 寺头镇山枣村片区

代表性片区(LQ-04)中部烟叶(C3F)感官质量评价结果显示，香韵指标包含的干草香、清甜香、正甜香、焦甜香、青香、木香、豆香、坚果香、焦香、辛香、果香、药草香、花香、树脂香、酒香的各项指标值分别为3.46、0、3.15、0、0.77、2.00、0、0、0、0.62、0、0、0、0、0，烟气指标包含的香气状态、烟气浓度、劲头、香气质、香气量和透发性的各项指标值分别为3.33、2.75、2.42、3.15、2.85和2.92，杂气指标包含的青杂气、生青气、枯焦气、木质气、土腥气、松脂气、花粉气、药草气和金属气的各项指标值分别为0.85、0.85、0、1.23、0、0、0、0、0，口感指标包含的细腻程度、柔和程度、圆润感、刺激性、干燥感和余味的各项指标值分别为3.31、3.08、2.77、2.23、2.38和3.00（表13-1-11）。

5. 九山镇土崮堆村片区

代表性片区(LQ-05)中部烟叶(C3F)感官质量评价结果显示，香韵指标包含的干草香、清甜香、正甜香、焦甜香、青香、木香、豆香、坚果香、焦香、辛香、果香、药草香、花香、树脂香、酒香的各项指标值分别为3.22、0、2.67、0、0.67、1.83、0、0.67、0.94、1.61、0、0、0、0、0，烟气指标包含的香气状态、烟气浓度、劲头、香气质、香气量和透发性的各项指标值分别为2.72、3.17、2.89、3.00、3.00和2.89，杂气指标包含的青杂气、生青气、枯焦气、木质气、土腥气、松脂气、花粉气、药草气和金属气的各项指标值分别为1.00、0.94、0.78、1.17、0、0、0、0、0，口感指标包含的细腻程度、柔和程度、圆润感、刺激性、干燥感和余味的各项指标值分别为2.83、3.06、2.78、2.50、2.39和3.00（表13-1-11）。

表13-1-11　代表性片区中部烟叶(C3F)感官质量

评价指标		LQ-01	LQ-02	LQ-03	LQ-04	LQ-05
香韵	干草香	3.17	3.21	3.29	3.46	3.22
	清甜香	0	0	0	0	0
	正甜香	2.78	2.86	2.64	3.15	2.67
	焦甜香	0	0	0	0	0
	青香	0.94	0.50	0	0.77	0.67

续表

评价指标		LQ-01	LQ-02	LQ-03	LQ-04	LQ-05
香韵	木香	2.00	1.64	1.86	2.00	1.83
	豆香	0	0	0	0	0
	坚果香	0	0.64	0.79	0	0.67
	焦香	0.89	0	0.57	0	0.94
	辛香	1.61	0.64	0.50	0.62	1.61
	果香	0	0	0	0	0
	药草香	0	0	0	0	0
	花香	0	0	0	0	0
	树脂香	0	0	0	0	0
	酒香	0	0	0	0	0
烟气	香气状态	2.83	2.92	3.00	3.33	2.72
	烟气浓度	2.94	3.07	3.07	2.75	3.17
	劲头	2.71	2.71	3.00	2.42	2.89
	香气质	3.00	3.07	2.79	3.15	3.00
	香气量	3.00	3.00	3.00	2.85	3.00
	透发性	2.89	2.93	3.00	2.92	2.89
杂气	青杂气	1.11	1.36	1.36	0.85	1.00
	生青气	0.67	0.79	0	0.85	0.94
	枯焦气	0.83	0	0	0	0.78
	木质气	1.06	1.21	1.57	1.23	1.17
	土腥气	0	0	0	0	0
	松脂气	0	0	0	0	0
	花粉气	0	0	0	0	0
	药草气	0	0	0	0	0
	金属气	0	0	0	0	0
口感	细腻程度	3.06	2.86	2.86	3.31	2.83
	柔和程度	3.06	3.00	3.00	3.08	3.06
	圆润感	2.94	2.86	2.79	2.77	2.78
	刺激性	2.33	2.50	2.36	2.23	2.50
	干燥感	2.56	2.64	2.64	2.38	2.39
	余味	2.89	2.86	2.71	3.00	3.00

第二节　山东蒙阴烟叶风格特征

蒙阴县隶属山东省临沂市，位于山东省中南部，临沂市北部，泰沂山脉腹地，蒙山之阴，汶河上游，地处北纬 35°27′～36°02′、东经 117°45′～118°15′，东与沂水县、沂南县毗连，西临新泰市，南与平邑县、费县接壤，北临沂源县。蒙阴县属暖温带季风大陆性气候。蒙阴县是鲁中山区烤烟种植区的典型烤烟产区之一，根据目前该县烤烟种植片区分布特点和烟叶质量风格特征，选择 5 个代表性种植片区，作为该县烟叶质量风格特征的代表性区域加以展示。

一、烟田与烟株基本特征

1. 联城镇大王家洼村片区

代表性片区（MY-01）中心点位于北纬 35°41′47.500″、东经 117°49′32.700″，海拔 242 m。地处高丘漫岗坡地上部，缓坡旱地，土体较厚，耕作层质地适中，砾石多，耕性和通透性较好，易水土流失。成土母质为花岗片麻岩、石英砂岩等风化残积物，土壤亚类为普通简育干润雏形土。该片区烤烟、山芋套种，烤烟大田生长期 5～9 月。烤烟田间长相长势较好，烟株呈筒形结构，株高 120.50 cm，茎围 11.30 cm，有效叶片数 22.00，中部烟叶长 65.90 cm、宽 32.40 cm，上部烟叶长 52.60 cm、宽 25.60 cm（图 13-2-1，表 13-2-1）。

图 13-2-1　MY-01 片区烟田

2. 联城镇堂子村片区

代表性片区（MY-02）中心点位于北纬 35°41′39.800″、东经 117°48′3.100″，海拔 286 m。地处高丘漫岗坡地中部，中坡旱地，土体较薄，耕作层质地适中，砾石多，耕性和通透性较好，易水土流失。成土母质为花岗岩风化残积-坡积物，土壤亚类为普通简育干润雏形土。该片区烤烟单作，烤烟大田生长期 5～9 月。烤烟田间长相长势较好，烟株呈伞形结构，株高 100.30 cm，茎围 9.20 cm，有效叶片数 25.30，中部烟叶长 62.30 cm、宽 26.10 cm，上部烟叶长 54.90 cm、宽 23.90 cm（图 13-2-2，表 13-2-1）。

图 13-2-2　MY-02 片区烟田

3. 常路镇山泉官庄村片区

代表性片区(MY-03)中心点位于北纬 35°44′8.300″、东经 117°51′36.900″,海拔 232 m。地处高丘漫岗坡地上部,缓坡旱地,土体较厚,耕作层质地适中,砾石多,耕性和通透性较好,易水土流失。成土母质为黄土状物质,土壤亚类为斑纹简育干润淋溶土。该片区烤烟、玉米隔年轮作,烤烟大田生长期 5～9 月。烤烟田间长相长势较好,烟株呈筒形结构,株高 85.00 cm,茎围 9.10 cm,有效叶片数 19.40,中部烟叶长 59.40 cm、宽 31.10 cm,上部烟叶长 59.80 cm、宽 30.70 cm(图 13-2-3,表 13-2-1)。

图 13-2-3　MY-03 片区烟田

4. 桃墟镇岭前村片区

代表性片区(MY-04)中心点位于北纬 35°37′18.000″、东经 117°2′51.400″,海拔 206 m。地处高丘漫岗坡地顶部,缓坡旱地,土体较厚,耕作层质地适中,砾石多,耕性和通透性较好,易水土流失。成土母质为古红黄土,土壤亚类为普通简育干润淋溶土。该片区烤烟、山芋套种,烤烟大田生长期 5～9 月。烤烟田间长相长势较好,烟株呈筒形结构,株高 119.70 cm,茎围 10.50 cm,有效叶片数 20.70,中部烟叶长 61.30 cm、宽 30.70 cm,上部烟叶长 57.70 cm、宽 27.10 cm(图 13-2-4,表 13-2-1)。

图 13-2-4　MY-04 片区烟田

5. 联城镇相家庄村片区

代表性片区(MY-05)中心点位于北纬 35°43′44.800″、东经 117°49′38.800″，海拔 300 m。地处高丘漫岗坡地中部，中坡旱地，土体较厚，耕作层质地适中，砾石多，耕性和通透性较好，易水土流失。成土母质为石灰岩风化坡积物，土壤亚类为普通简育干润雏形土。该片区烤烟、山芋套种，烤烟大田生长期 5～9 月。烤烟田间长相长势较好，烟株呈筒形结构，株高 95.20 cm，茎围 9.20 cm，有效叶片数 20.60，中部烟叶长 63.20 cm、宽 26.70 cm，上部烟叶长 64.20 cm、宽 24.30 cm(图 13-2-5，表 13-2-1)。

图 13-2-5　MY-05 片区烟田

表 13-2-1　代表性片区烟株主要农艺性状

片区	株高 /cm	茎围 /cm	有效叶 /片	中部叶/cm		上部叶/cm		株型
				叶长	叶宽	叶长	叶宽	
MY-01	120.50	11.30	22.00	65.90	32.40	52.60	25.60	筒形
MY-02	100.30	9.20	25.30	62.30	26.10	54.90	23.90	伞形
MY-03	85.00	9.10	19.40	59.40	31.10	59.80	30.70	筒形
MY-04	119.70	10.50	20.70	61.30	30.70	57.70	27.10	筒形
MY-05	95.20	9.20	20.60	63.20	26.70	64.20	24.30	筒形

二、烟叶外观质量与物理指标

1. 联城镇大王家洼村片区

代表性片区（MY-01）烟叶外观质量指标的成熟度得分 7.50，颜色得分 7.50，油分得分 6.50，身份得分 8.00，结构得分 7.50，色度得分 6.50。烟叶物理指标中的单叶重 9.10 g，叶片密度 65.53 g/m^2，含梗率 28.13%，平衡含水率 15.75%，叶片长度 52.78 cm，叶片宽度 24.33 cm，叶片厚度 117.73 μm，填充值 2.94 cm^3/g（图 13-2-6，表 13-2-2 和表 13-2-3）。

图 13-2-6　MY-01 片区初烤烟叶

2. 联城镇堂子村片区

代表性片区（MY-02）烟叶外观质量指标的成熟度得分 7.50，颜色得分 7.50，油分得分 7.00，身份得分 8.00，结构得分 7.50，色度得分 7.00。烟叶物理指标中的单叶重 8.34 g，叶片密度 65.30 g/m^2，含梗率 28.24%，平衡含水率 14.47%，叶片长度 51.94 cm，叶片宽度 22.47 cm，叶片厚度 124.87 μm，填充值 2.97 cm^3/g（图 13-2-7，表 13-2-2 和表 13-2-3）。

图 13-2-7　MY-02 片区初烤烟叶

3. 常路镇山泉官庄村片区

代表性片区(MY-03)烟叶外观质量指标的成熟度得分 7.00，颜色得分 7.00，油分得分 6.50，身份得分 8.00，结构得分 7.00，色度得分 6.50。烟叶物理指标中的单叶重 12.17 g，叶片密度 63.68 g/m²，含梗率 27.43%，平衡含水率 16.11%，叶片长度 55.18 cm，叶片宽度 24.35 cm，叶片厚度 133.70 μm，填充值 2.88 cm³/g(图 13-2-8，表 13-2-2 和表 13-2-3)。

图 13-2-8　MY-03 片区初烤烟叶

4. 桃墟镇岭前村片区

代表性片区(MY-04)烟叶外观质量指标的成熟度得分 7.50，颜色得分 7.50，油分得分 7.00，身份得分 8.00，结构得分 7.50，色度得分 7.00。烟叶物理指标中的单叶重 10.14 g，叶片密度 60.74 g/m²，含梗率 27.94%，平衡含水率 13.55%，叶片长度 55.68 cm，叶片宽度 26.68 cm，叶片厚度 125.93 μm，填充值 2.64 cm³/g(图 13-2-9，表 13-2-2 和表 13-2-3)。

图 13-2-9　MY-04 片区初烤烟叶

5. 联城镇相家庄村片区

代表性片区（MY-05）烟叶外观质量指标的成熟度得分 7.00，颜色得分 7.50，油分得分 6.00，身份得分 8.00，结构得分 7.00，色度得分 6.00。烟叶物理指标中的单叶重 8.60 g，叶片密度 60.54 g/m²，含梗率 30.23%，平衡含水率 13.31%，叶片长度 53.08 cm，叶片宽度 22.18 cm，叶片厚度 128.17 μm，填充值 3.29 cm³/g（图 13-2-10，表 13-2-2 和表 13-2-3）。

图 13-2-10　MY-05 片区初烤烟叶

表 13-2-2　代表性片区烟叶外观质量

片区	成熟度	颜色	油分	身份	结构	色度
MY-01	7.50	7.50	6.50	8.00	7.50	6.50
MY-02	7.50	7.50	7.00	8.00	7.50	7.00
MY-03	7.00	7.00	6.50	8.00	7.00	6.50
MY-04	7.50	7.50	7.00	8.00	7.50	7.00
MY-05	7.00	7.50	6.00	8.00	7.00	6.00

表 13-2-3　代表性片区烟叶物理指标

片区	单叶重 /g	叶片密度 /(g/m²)	含梗率 /%	平衡含水率 /%	叶长 /cm	叶宽 /cm	叶片厚度 /μm	填充值 /(cm³/g)
MY-01	9.10	65.53	28.13	15.75	52.78	24.33	117.73	2.94
MY-02	8.34	65.30	28.24	14.47	51.94	22.47	124.87	2.97
MY-03	12.17	63.68	27.43	16.11	55.18	24.35	133.70	2.88
MY-04	10.14	60.74	27.94	13.55	55.68	26.68	125.93	2.64
MY-05	8.60	60.54	30.23	13.31	53.08	22.18	128.17	3.29

三、烟叶常规化学成分与中微量元素

1. 联城镇大王家洼村片区

代表性片区(MY-01)中部烟叶(C3F)总糖含量 32.40%，还原糖含量 27.78%，总氮含量 1.57%，总植物碱含量 1.88%，氯含量 0.36%，钾含量 1.64%，糖碱比 17.23，淀粉含量 3.22%(表 13-2-4)。烟叶铜含量为 0.189 g/kg，铁含量为 1.819 g/kg，锰含量为 1.919 g/kg，锌含量为 0.328 g/kg，钙含量为 175.530 mg/kg，镁含量为 28.427 mg/kg(表 13-2-5)。

2. 联城镇堂子村片区

代表性片区(MY-02)中部烟叶(C3F)总糖含量 26.62%，还原糖含量 23.26%，总氮含量 1.67%，总植物碱含量 1.94%，氯含量 0.30%，钾含量 1.67%，糖碱比 13.72，淀粉含量 2.99%(表 13-2-4)。烟叶铜含量为 0.183 g/kg，铁含量为 1.362 g/kg，锰含量为 1.426 g/kg，锌含量为 0.372 g/kg，钙含量为 159.052 mg/kg，镁含量为 27.009 mg/kg(表 13-2-5)。

3. 常路镇山泉官庄村片区

代表性片区(MY-03)中部烟叶(C3F)总糖含量 28.58%，还原糖含量 24.89%，总氮含量 1.78%，总植物碱含量 1.82%，氯含量 0.28%，钾含量 1.67%，糖碱比 15.70，淀粉含量 3.26%(表 13-2-4)。烟叶铜含量为 0.214 g/kg，铁含量为 1.637 g/kg，锰含量为 0.855 g/kg，锌含量为 0.307 g/kg，钙含量为 210.049 mg/kg，镁含量为 21.957 mg/kg(表 13-2-5)。

4. 桃墟镇岭前村片区

代表性片区(MY-04)中部烟叶(C3F)总糖含量 29.96%，还原糖含量 26.51%，总氮含量 2.01%，总植物碱含量 2.05%，氯含量 0.36%，钾含量 2.08%，糖碱比 14.61，淀粉含量 3.30%(表 13-2-4)。烟叶铜含量为 0.100 g/kg，铁含量为 2.427 g/kg，锰含量为 1.294 g/kg，锌含量为 0.265 g/kg，钙含量为 228.257 mg/kg，镁含量为 24.894 mg/kg(表 13-2-5)。

5. 联城镇相家庄村片区

代表性片区(MY-05)中部烟叶(C3F)总糖含量 26.47%，还原糖含量 24.29%，总氮含量 2.01%，总植物碱含量 1.91%，氯含量 0.41%，钾含量 1.58%，糖碱比 13.86，淀粉含量 3.56%(表 13-2-4)。烟叶铜含量为 0.152 g/kg，铁含量为 1.957 g/kg，锰含量为 1.236 g/kg，锌含量为 0.400 g/kg，钙含量为 205.794 mg/kg，镁含量为 26.533 mg/kg(表 13-2-5)。

表 13-2-4　代表性片区中部烟叶(C3F)常规化学成分

片区	总糖 /%	还原糖 /%	总氮 /%	总植物碱 /%	氯 /%	钾 /%	糖碱比	淀粉 /%
MY-01	32.40	27.78	1.57	1.88	0.36	1.64	17.23	3.22
MY-02	26.62	23.26	1.67	1.94	0.30	1.67	13.72	2.99

续表

片区	总糖 /%	还原糖 /%	总氮 /%	总植物碱 /%	氯 /%	钾 /%	糖碱比	淀粉 /%
MY-03	28.58	24.89	1.78	1.82	0.28	1.67	15.70	3.26
MY-04	29.96	26.51	2.01	2.05	0.36	2.08	14.61	3.30
MY-05	26.47	24.29	2.01	1.91	0.41	1.58	13.86	3.56

表 13-2-5　代表性片区中部烟叶(C3F)中微量元素

片区	Cu /(g/kg)	Fe /(g/kg)	Mn /(g/kg)	Zn /(g/kg)	Ca /(mg/kg)	Mg /(mg/kg)
MY-01	0.189	1.819	1.919	0.328	175.530	28.427
MY-02	0.183	1.362	1.426	0.372	159.052	27.009
MY-03	0.214	1.637	0.855	0.307	210.049	21.957
MY-04	0.100	2.427	1.294	0.265	228.257	24.894
MY-05	0.152	1.957	1.236	0.400	205.794	26.533

四、烟叶生物碱组分与细胞壁物质

1. 联城镇大王家洼村片区

代表性片区(MY-01)中部烟叶(C3F)烟碱含量为 17.504 mg/g,降烟碱含量为 0.478 mg/g,麦斯明含量为 0.004 mg/g,假木贼碱含量为 0.107 mg/g,新烟碱含量为 0.528 mg/g;烟叶纤维素含量为 7.00%,半纤维素含量为 2.30%,木质素含量为 1.30% (表 13-2-6)。

2. 联城镇堂子村片区

代表性片区(MY-02)中部烟叶(C3F)烟碱含量为 18.892 mg/g,降烟碱含量为 0.518 mg/g,麦斯明含量为 0.003 mg/g,假木贼碱含量为 0.112 mg/g,新烟碱含量为 0.592 mg/g;烟叶纤维素含量为 8.30%,半纤维素含量为 2.50%,木质素含量为 0.80% (表 13-2-6)。

3. 常路镇山泉官庄村片区

代表性片区(MY-03)中部烟叶(C3F)烟碱含量为 16.670 mg/g,降烟碱含量为 0.451 mg/g,麦斯明含量为 0.003 mg/g,假木贼碱含量为 0.112 mg/g,新烟碱含量为 0.596 mg/g;烟叶纤维素含量为 7.90%,半纤维素含量为 2.00%,木质素含量为 1.40% (表 13-2-6)。

4. 桃墟镇岭前村片区

代表性片区(MY-04)中部烟叶(C3F)烟碱含量为 17.632 mg/g,降烟碱含量为

0.483 mg/g，麦斯明含量为 0.003 mg/g，假木贼碱含量为 0.111 mg/g，新烟碱含量为 0.582 mg/g；烟叶纤维素含量为 6.80%，半纤维素含量为 2.00%，木质素含量为 0.90%（表 13-2-6）。

5. 联城镇相家庄村片区

代表性片区（MY-05）中部烟叶（C3F）烟碱含量为 16.555 mg/g，降烟碱含量为 0.604 mg/g，麦斯明含量为 0.004 mg/g，假木贼碱含量为 0.096 mg/g，新烟碱含量为 0.506 mg/g；烟叶纤维素含量为 9.60%，半纤维素含量为 2.00%，木质素含量为 1.20%（表 13-2-6）。

表 13-2-6　代表性片区中部烟叶（C3F）生物碱组分与细胞壁物质

片区	烟碱 /(mg/g)	降烟碱 /(mg/g)	麦斯明 /(mg/g)	假木贼碱 /(mg/g)	新烟碱 /(mg/g)	纤维素 /%	半纤维素 /%	木质素 /%
MY-01	17.504	0.478	0.004	0.107	0.528	7.00	2.30	1.30
MY-02	18.892	0.518	0.003	0.112	0.592	8.30	2.50	0.80
MY-03	16.670	0.451	0.003	0.112	0.596	7.90	2.00	1.40
MY-04	17.632	0.483	0.003	0.111	0.582	6.80	2.00	0.90
MY-05	16.555	0.604	0.004	0.096	0.506	9.60	2.00	1.20

五、烟叶多酚与质体色素

1. 联城镇大王家洼村片区

代表性片区（MY-01）中部烟叶（C3F）绿原酸含量为 15.970 mg/g，芸香苷含量为 7.240 mg/g，莨菪亭含量为 0.150 mg/g，β-胡萝卜素含量为 0.026 mg/g，叶黄素含量为 0.047 mg/g（表 13-2-7）。

2. 联城镇堂子村片区

代表性片区（MY-02）中部烟叶（C3F）绿原酸含量为 15.740 mg/g，芸香苷含量为 7.380 mg/g，莨菪亭含量为 0.200 mg/g，β-胡萝卜素含量为 0.033 mg/g，叶黄素含量为 0.063 mg/g（表 13-2-7）。

3. 常路镇山泉官庄村片区

代表性片区（MY-03）中部烟叶（C3F）绿原酸含量为 15.200 mg/g，芸香苷含量为 7.980 mg/g，莨菪亭含量为 0.170 mg/g，β-胡萝卜素含量为 0.032 mg/g，叶黄素含量为 0.062 mg/g（表 13-2-7）。

4. 桃墟镇岭前村片区

代表性片区（MY-04）中部烟叶（C3F）绿原酸含量为 12.610 mg/g，芸香苷含量为

10.740 mg/g，莨菪亭含量为 0.110 mg/g，β-胡萝卜素含量为 0.039 mg/g，叶黄素含量为 0.076 mg/g（表 13-2-7）。

5. 联城镇相家庄村片区

代表性片区（MY-05）中部烟叶（C3F）绿原酸含量为 11.630 mg/g，芸香苷含量为 5.880 mg/g，莨菪亭含量为 0.300 mg/g，β-胡萝卜素含量为 0.038 mg/g，叶黄素含量为 0.066 mg/g（表 13-2-7）。

表 13-2-7　代表性片区中部烟叶（C3F）多酚与质体色素　　（单位：mg/g）

片区	绿原酸	芸香苷	莨菪亭	β-胡萝卜素	叶黄素
MY-01	15.970	7.240	0.150	0.026	0.047
MY-02	15.740	7.380	0.200	0.033	0.063
MY-03	15.200	7.980	0.170	0.032	0.062
MY-04	12.610	10.740	0.110	0.039	0.076
MY-05	11.630	5.880	0.300	0.038	0.066

六、烟叶有机酸类物质

1. 联城镇大王家洼村片区

代表性片区（MY-01）中部烟叶（C3F）草酸含量为 17.339 mg/g，苹果酸含量为 89.338 mg/g，柠檬酸含量为 7.357 mg/g，棕榈酸含量为 3.114 mg/g，亚油酸含量为 1.677 mg/g，油酸含量为 4.455 mg/g，硬脂酸含量为 0.721 mg/g（表 13-2-8）。

2. 联城镇堂子村片区

代表性片区（MY-02）中部烟叶（C3F）草酸含量为 18.460 mg/g，苹果酸含量为 92.909 mg/g，柠檬酸含量为 8.216 mg/g，棕榈酸含量为 2.474 mg/g，亚油酸含量为 1.291 mg/g，油酸含量为 3.617 mg/g，硬脂酸含量为 0.620 mg/g（表 13-2-8）。

3. 常路镇山泉官庄村片区

代表性片区（MY-03）中部烟叶（C3F）草酸含量为 14.722 mg/g，苹果酸含量为 94.780 mg/g，柠檬酸含量为 6.618 mg/g，棕榈酸含量为 2.402 mg/g，亚油酸含量为 1.294 mg/g，油酸含量为 3.223 mg/g，硬脂酸含量为 0.594 mg/g（表 13-2-8）。

4. 桃墟镇岭前村片区

代表性片区（MY-04）中部烟叶（C3F）草酸含量为 10.871 mg/g，苹果酸含量为 57.299 mg/g，柠檬酸含量为 5.652 mg/g，棕榈酸含量为 2.170 mg/g，亚油酸含量为 1.153 mg/g，油酸含量为 2.930 mg/g，硬脂酸含量为 0.528 mg/g（表 13-2-8）。

5. 联城镇相家庄村片区

代表性片区(MY-05)中部烟叶(C3F)草酸含量为14.338 mg/g,苹果酸含量为43.759 mg/g,柠檬酸含量为7.277 mg/g,棕榈酸含量为1.825 mg/g,亚油酸含量为1.294 mg/g,油酸含量为3.029 mg/g,硬脂酸含量为0.380 mg/g(表13-2-8)。

表 13-2-8　代表性片区中部烟叶(C3F)有机酸　　　　(单位:mg/g)

片区	草酸	苹果酸	柠檬酸	棕榈酸	亚油酸	油酸	硬脂酸
MY-01	17.339	89.338	7.357	3.114	1.677	4.455	0.721
MY-02	18.460	92.909	8.216	2.474	1.291	3.617	0.620
MY-03	14.722	94.780	6.618	2.402	1.294	3.223	0.594
MY-04	10.871	57.299	5.652	2.170	1.153	2.930	0.528
MY-05	14.338	43.759	7.277	1.825	1.294	3.029	0.380

七、烟叶氨基酸

1. 联城镇大王家洼村片区

代表性片区(MY-01)中部烟叶(C3F)磷酸化-丝氨酸含量为0.256 μg/mg,牛磺酸含量为0.413 μg/mg,天冬氨酸含量为0.106 μg/mg,苏氨酸含量为0.104 μg/mg,丝氨酸含量为0.074 μg/mg,天冬酰胺含量为0.851 μg/mg,谷氨酸含量为0.066 μg/mg,甘氨酸含量为0.022 μg/mg,丙氨酸含量为0.401 μg/mg,缬氨酸含量为0.059 μg/mg,半胱氨酸含量为0.138 μg/mg,异亮氨酸含量为0.012 μg/mg,亮氨酸含量为0.088 μg/mg,酪氨酸含量为0.039 μg/mg,苯丙氨酸含量为0.119 μg/mg,氨基丁酸含量为0.049 μg/mg,组氨酸含量为0.096 μg/mg,色氨酸含量为0.092 μg/mg,精氨酸含量为0 μg/mg(表13-2-9)。

2. 联城镇堂子村片区

代表性片区(MY-02)中部烟叶(C3F)磷酸化-丝氨酸含量为0.222 μg/mg,牛磺酸含量为0.315 μg/mg,天冬氨酸含量为0.193 μg/mg,苏氨酸含量为0.179 μg/mg,丝氨酸含量为0.049 μg/mg,天冬酰胺含量为1.456 μg/mg,谷氨酸含量为0.121 μg/mg,甘氨酸含量为0.030 μg/mg,丙氨酸含量为0.450 μg/mg,缬氨酸含量为0.075 μg/mg,半胱氨酸含量为0.282 μg/mg,异亮氨酸含量为0.017 μg/mg,亮氨酸含量为0.112 μg/mg,酪氨酸含量为0.065 μg/mg,苯丙氨酸含量为0.191 μg/mg,氨基丁酸含量为0.080 μg/mg,组氨酸含量为0.133 μg/mg,色氨酸含量为0.162 μg/mg,精氨酸含量为0.030 μg/mg(表13-2-9)。

3. 常路镇山泉官庄村片区

代表性片区(MY-03)中部烟叶(C3F)磷酸化-丝氨酸含量为0.289 μg/mg,牛磺酸含量为0.437 μg/mg,天冬氨酸含量为0.166 μg/mg,苏氨酸含量为0.196 μg/mg,丝氨酸含量为0.055 μg/mg,天冬酰胺含量为1.358 μg/mg,谷氨酸含量为0.139 μg/mg,甘氨酸含量为 0.037 μg/mg，丙氨酸含量为 0.496 μg/mg，缬氨酸含量为 0.083 μg/mg，半胱氨酸含量为 0.199 μg/mg，异亮氨酸含量为 0.018 μg/mg，亮氨酸含量为 0.108 μg/mg，酪氨酸含量为 0.057 μg/mg，苯丙氨酸含量为 0.175 μg/mg，氨基丁酸含量为 0.044 μg/mg，组氨酸含量为 0.124 μg/mg，色氨酸含量为 0.139 μg/mg，精氨酸含量为 0.029 μg/mg（表 13-2-9）。

4. 桃墟镇岭前村片区

代表性片区（MY-04）中部烟叶（C3F）磷酸化-丝氨酸含量为 0.346 μg/mg，牛磺酸含量为 0.440 μg/mg，天冬氨酸含量为 0.145 μg/mg，苏氨酸含量为 0.211 μg/mg，丝氨酸含量为 0.068 μg/mg，天冬酰胺含量为 1.910 μg/mg，谷氨酸含量为 0.142 μg/mg，甘氨酸含量为 0.033 μg/mg，丙氨酸含量为 0.620 μg/mg，缬氨酸含量为 0.072 μg/mg，半胱氨酸含量为 0.279 μg/mg，异亮氨酸含量为 0.011 μg/mg，亮氨酸含量为 0.137 μg/mg，酪氨酸含量为 0.061 μg/mg，苯丙氨酸含量为 0.195 μg/mg，氨基丁酸含量为 0.076 μg/mg，组氨酸含量为 0.139 μg/mg，色氨酸含量为 0.134 μg/mg，精氨酸含量为 0.038 μg/mg（表 13-2-9）。

5. 联城镇相家庄村片区

代表性片区（MY-05）中部烟叶（C3F）磷酸化-丝氨酸含量为 0.298 μg/mg，牛磺酸含量为 0.502 μg/mg，天冬氨酸含量为 0.158 μg/mg，苏氨酸含量为 0.124 μg/mg，丝氨酸含量为 0.097 μg/mg，天冬酰胺含量为 1.914 μg/mg，谷氨酸含量为 0.169 μg/mg，甘氨酸含量为 0.044 μg/mg，丙氨酸含量为 0.600 μg/mg，缬氨酸含量为 0.103 μg/mg，半胱氨酸含量为 0.157 μg/mg，异亮氨酸含量为 0.025 μg/mg，亮氨酸含量为 0.182 μg/mg，酪氨酸含量为 0.067 μg/mg，苯丙氨酸含量为 0.242 μg/mg，氨基丁酸含量为 0.127 μg/mg，组氨酸含量为 0.179 μg/mg，色氨酸含量为 0.215 μg/mg，精氨酸含量为 0.049 μg/mg（表 13-2-9）。

表 13-2-9　代表性片区中部烟叶（C3F）氨基酸　　　（单位：μg/mg）

氨基酸组分	MY-01	MY-02	MY-03	MY-04	MY-05
磷酸化-丝氨酸	0.256	0.222	0.289	0.346	0.298
牛磺酸	0.413	0.315	0.437	0.440	0.502
天冬氨酸	0.106	0.193	0.166	0.145	0.158
苏氨酸	0.104	0.179	0.196	0.211	0.124
丝氨酸	0.074	0.049	0.055	0.068	0.097
天冬酰胺	0.851	1.456	1.358	1.910	1.914
谷氨酸	0.066	0.121	0.139	0.142	0.169
甘氨酸	0.022	0.030	0.037	0.033	0.044
丙氨酸	0.401	0.450	0.496	0.620	0.600
缬氨酸	0.059	0.075	0.083	0.072	0.103
半胱氨酸	0.138	0.282	0.199	0.279	0.157
异亮氨酸	0.012	0.017	0.018	0.011	0.025
亮氨酸	0.088	0.112	0.108	0.137	0.182
酪氨酸	0.039	0.065	0.057	0.061	0.067

氨基酸组分	MY-01	MY-02	MY-03	MY-04	MY-05
苯丙氨酸	0.119	0.191	0.175	0.195	0.242
氨基丁酸	0.049	0.080	0.044	0.076	0.127
组氨酸	0.096	0.133	0.124	0.139	0.179
色氨酸	0.092	0.162	0.139	0.134	0.215
精氨酸	0	0.030	0.029	0.038	0.049

八、烟叶香气物质

1. 联城镇大王家洼村片区

代表性片区(MY-01)中部烟叶(C3F)茄酮含量为 0.885 μg/g,香叶基丙酮含量为 0.414 μg/g, 降茄二酮含量为 0.134 μg/g,β-紫罗兰酮含量为 0.246 μg/g,氧化紫罗兰酮含量为 0.448 μg/g,二氢猕猴桃内酯含量为 4.245 μg/g,巨豆三烯酮 1 含量为 0.067 μg/g,巨豆三烯酮 2 含量为 0.526 μg/g,巨豆三烯酮 3 含量为 0.090 μg/g,巨豆三烯酮 4 含量为 0.381 μg/g,3-羟基-β-二氢大马酮含量为 0.582 μg/g,3-氧代-α-紫罗兰醇含量为 0.325 μg/g,新植二烯含量为 745.562 μg/g,3-羟基索拉韦惕酮含量为 1.534 μg/g,β-法尼烯含量为 8.758 μg/g(表 13-2-10)。

2. 联城镇堂子村片区

代表性片区(MY-02)中部烟叶(C3F)茄酮含量为 1.064 μg/g,香叶基丙酮含量为 0.358 μg/g,降茄二酮含量为 0.146 μg/g,β-紫罗兰酮含量为 0.269 μg/g,氧化紫罗兰酮含量为 0.582 μg/g,二氢猕猴桃内酯含量为 4.189 μg/g,巨豆三烯酮 1 含量为 0.078 μg/g,巨豆三烯酮 2 含量为 0.594 μg/g,巨豆三烯酮 3 含量为 0.112 μg/g,巨豆三烯酮 4 含量为 0.582 μg/g,3-羟基-β-二氢大马酮含量为 0.941 μg/g,3-氧代-α-紫罗兰醇含量为 1.008 μg/g,新植二烯含量为 740.275 μg/g,3-羟基索拉韦惕酮含量为 2.643 μg/g,β-法尼烯含量为 8.613 μg/g(表 13-2-10)。

3. 常路镇山泉官庄村片区

代表性片区(MY-03)中部烟叶(C3F)茄酮含量为 1.008 μg/g,香叶基丙酮含量为 0.493 μg/g,降茄二酮含量为 0.157 μg/g,β-紫罗兰酮含量为 0.325 μg/g,氧化紫罗兰酮含量为 0.762 μg/g,二氢猕猴桃内酯含量为 4.939 μg/g,巨豆三烯酮 1 含量为 0.067 μg/g,巨豆三烯酮 2 含量为 0.549 μg/g,巨豆三烯酮 3 含量为 0.101 μg/g,巨豆三烯酮 4 含量为 0.426 μg/g,3-羟基-β-二氢大马酮含量为 0.650 μg/g,3-氧代-α-紫罗兰醇含量为 0.403 μg/g,新植二烯含量为 650.518 μg/g,3-羟基索拉韦惕酮含量为 1.814 μg/g,β-法尼烯含量为 7.504 μg/g(表 13-2-10)。

4. 桃墟镇岭前村片区

代表性片区(MY-04)中部烟叶(C3F)茄酮含量为 0.874 μg/g，香叶基丙酮含量为
0.392 μg/g，降茄二酮含量为 0.146 μg/g，β-紫罗兰酮含量为 0.325 μg/g，氧化紫罗兰酮含
量为 0.784 μg/g，二氢猕猴桃内酯含量为 5.264 μg/g，巨豆三烯酮 1 含量为 0.067 μg/g，
巨豆三烯酮 2 含量为 0.549 μg/g，巨豆三烯酮 3 含量为 0.067 μg/g，巨豆三烯酮 4 含
量为 0.381 μg/g，3-羟基-β-二氢大马酮含量为 0.672 μg/g，3-氧代-α-紫罗兰醇含量为
0.258 μg/g，新植二烯含量为 649.421 μg/g，3-羟基索拉韦惕酮含量为 1.490 μg/g，β-法尼烯
含量为 6.720 μg/g(表 13-2-10)。

5. 联城镇相家庄村片区

代表性片区(MY-05)中部烟叶(C3F)茄酮含量为 0.829 μg/g，香叶基丙酮含量为
0.358 μg/g，降茄二酮含量为 0.224 μg/g，β-紫罗兰酮含量为 0.314 μg/g，氧化紫罗兰酮含
量为 0.504 μg/g，二氢猕猴桃内酯含量为 4.043 μg/g，巨豆三烯酮 1 含量为 0.067 μg/g，
巨豆三烯酮 2 含量为 0.470 μg/g，巨豆三烯酮 3 含量为 0.034 μg/g，巨豆三烯酮 4 含
量为 0.302 μg/g，3-羟基-β-二氢大马酮含量为 0.392 μg/g，3-氧代-α-紫罗兰醇含量为
0.594 μg/g，新植二烯含量为 841.792 μg/g，3-羟基索拉韦惕酮含量为 1.870 μg/g，β-法尼烯
含量为 8.747 μg/g(表 13-2-10)。

表 13-2-10　代表性片区中部烟叶(C3F)香气物质　　　　(单位：μg/g)

香气物质	MY-01	MY-02	MY-03	MY-04	MY-05
茄酮	0.885	1.064	1.008	0.874	0.829
香叶基丙酮	0.414	0.358	0.493	0.392	0.358
降茄二酮	0.134	0.146	0.157	0.146	0.224
β-紫罗兰酮	0.246	0.269	0.325	0.325	0.314
氧化紫罗兰酮	0.448	0.582	0.762	0.784	0.504
二氢猕猴桃内酯	4.245	4.189	4.939	5.264	4.043
巨豆三烯酮 1	0.067	0.078	0.067	0.067	0.067
巨豆三烯酮 2	0.526	0.594	0.549	0.549	0.470
巨豆三烯酮 3	0.090	0.112	0.101	0.067	0.034
巨豆三烯酮 4	0.381	0.582	0.426	0.381	0.302
3-羟基-β-二氢大马酮	0.582	0.941	0.650	0.672	0.392
3-氧代-α-紫罗兰醇	0.325	1.008	0.403	0.258	0.594
新植二烯	745.562	740.275	650.518	649.421	841.792
3-羟基索拉韦惕酮	1.534	2.643	1.814	1.490	1.870
β-法尼烯	8.758	8.613	7.504	6.720	8.747

九、烟叶感官质量

1. 联城镇大王家洼村片区

代表性片区（MY-01）中部烟叶（C3F）感官质量评价结果显示，香韵指标包含的干草香、清甜香、正甜香、焦甜香、青香、木香、豆香、坚果香、焦香、辛香、果香、药草香、花香、树脂香、酒香的各项指标值分别为3.43、0、2.71、0、0.79、2.07、0、0、0、0、0、0、0、0、0，烟气指标包含的香气状态、烟气浓度、劲头、香气质、香气量和透发性的各项指标值分别为3.50、2.79、2.36、3.21、2.86和3.07，杂气指标包含的青杂气、生青气、枯焦气、木质气、土腥气、松脂气、花粉气、药草气和金属气的各项指标值分别为1.14、0、0、1.43、0、0、0、0、0，口感指标包含的细腻程度、柔和程度、圆润感、刺激性、干燥感和余味的各项指标值分别为 3.21、3.29、2.79、2.00、2.36 和 3.21（表13-2-11）。

2. 联城镇堂子村片区

代表性片区（MY-02）中部烟叶（C3F）感官质量评价结果显示，香韵指标包含的干草香、清甜香、正甜香、焦甜香、青香、木香、豆香、坚果香、焦香、辛香、果香、药草香、花香、树脂香、酒香的各项指标值分别为3.28、0、2.72、0、0.94、2.00、0、0.89、0.83、1.50、0、0、0、0、0，烟气指标包含的香气状态、烟气浓度、劲头、香气质、香气量和透发性的各项指标值分别为3.06、3.06、2.76、3.28、2.94 和 2.94，杂气指标包含的青杂气、生青气、枯焦气、木质气、土腥气、松脂气、花粉气、药草气和金属气的各项指标值分别为 1.11、0.94、0.67、1.06、0、0、0、0、0，口感指标包含的细腻程度、柔和程度、圆润感、刺激性、干燥感和余味的各项指标值分别为3.06、3.11、3.00、2.50、2.39 和 3.00（表13-2-11）。

3. 常路镇山泉官庄村片区

代表性片区（MY-03）中部烟叶（C3F）感官质量评价结果显示，香韵指标包含的干草香、清甜香、正甜香、焦甜香、青香、木香、豆香、坚果香、焦香、辛香、果香、药草香、花香、树脂香、酒香的各项指标值分别为3.36、0、2.86、0、0.57、2.00、0、0、0、0、0.71、0、0、0、0，烟气指标包含的香气状态、烟气浓度、劲头、香气质、香气量和透发性的各项指标值分别为3.43、2.85、2.50、3.21、2.93 和 3.07，杂气指标包含的青杂气、生青气、枯焦气、木质气、土腥气、松脂气、花粉气、药草气和金属气的各项指标值分别为1.21、0、0、1.57、0、0、0、0、0，口感指标包含的细腻程度、柔和程度、圆润感、刺激性、干燥感和余味的各项指标值分别为3.21、3.07、2.79、2.21、2.50 和 3.21（表13-2-11）。

4. 桃墟镇岭前村片区

代表性片区（MY-04）中部烟叶（C3F）感官质量评价结果显示，香韵指标包含的干草香、清甜香、正甜香、焦甜香、青香、木香、豆香、坚果香、焦香、辛香、果香、药草香、花香、树脂香、酒香的各项指标值分别为 3.28、0、2.72、0、0、2.06、0、0.61、1.17、1.67、0、0、0、0、0，烟气指标包含的香气状态、烟气浓度、劲头、香气质、香气量和透发性的各项指标值分别为 2.67、3.17、2.94、2.89、2.89 和 2.94，杂气指标包含的青杂气、生青气、枯焦气、木质气、土腥气、松脂气、花粉气、药草气和金属气的各项指标值分别为 1.11、0.83、0.94、1.39、0、0、0、0、0，口感指标包含的细腻程度、柔和程度、圆润感、刺激性、干燥感和余味的各项指标值分别为 2.89、3.00、2.83、2.33、2.33 和 2.83（表 13-2-11）。

5. 联城镇相家庄村片区

代表性片区（MY-05）中部烟叶（C3F）感官质量评价结果显示，香韵指标包含的干草香、清甜香、正甜香、焦甜香、青香、木香、豆香、坚果香、焦香、辛香、果香、药草香、花香、树脂香、酒香的各项指标值分别为 3.44、0、2.67、0、0.89、2.00、0、1.00、1.11、1.72、0、0、0、0、0，烟气指标包含的香气状态、烟气浓度、劲头、香气质、香气量和透发性的各项指标值分别为 2.94、3.18、2.76、2.89、2.83 和 3.00，杂气指标包含的青杂气、生青气、枯焦气、木质气、土腥气、松脂气、花粉气、药草气和金属气的各项指标值分别为 1.22、1.22、0.78、1.39、0、0、0、0、0，口感指标包含的细腻程度、柔和程度、圆润感、刺激性、干燥感和余味的各项指标值分别为 3.06、3.06、2.94、2.50、2.50 和 2.78（表 13-2-11）。

表 13-2-11　代表性片区中部烟叶（C3F）感官质量

	评价指标	MY-01	MY-02	MY-03	MY-04	MY-05
香韵	干草香	3.43	3.28	3.36	3.28	3.44
	清甜香	0	0	0	0	0
	正甜香	2.71	2.72	2.86	2.72	2.67
	焦甜香	0	0	0	0	0
	青香	0.79	0.94	0.57	0	0.89
	木香	2.07	2.00	2.00	2.06	2.00
	豆香	0	0	0	0	0
	坚果香	0	0.89	0	0.61	1.00
	焦香	0	0.83	0	1.17	1.11
	辛香	0	1.50	0.71	1.67	1.72
	果香	0	0	0	0	0
	药草香	0	0	0	0	0
	花香	0	0	0	0	0
	树脂香	0	0	0	0	0
	酒香	0	0	0	0	0
烟气	香气状态	3.50	3.06	3.43	2.67	2.94
	烟气浓度	2.79	3.06	2.85	3.17	3.18

续表

评价指标		MY-01	MY-02	MY-03	MY-04	MY-05
烟气	劲头	2.36	2.76	2.50	2.94	2.76
	香气质	3.21	3.28	3.21	2.89	2.89
	香气量	2.86	2.94	2.93	2.89	2.83
	透发性	3.07	2.94	3.07	2.94	3.00
杂气	青杂气	1.14	1.11	1.21	1.11	1.22
	生青气	0	0.94	0	0.83	1.22
	枯焦气	0	0.67	0	0.94	0.78
	木质气	1.43	1.06	1.57	1.39	1.39
	土腥气	0	0	0	0	0
	松脂气	0	0	0	0	0
	花粉气	0	0	0	0	0
	药草气	0	0	0	0	0
	金属气	0	0	0	0	0
口感	细腻程度	3.21	3.06	3.21	2.89	3.06
	柔和程度	3.29	3.11	3.07	3.00	3.06
	圆润感	2.79	3.00	2.79	2.83	2.94
	刺激性	2.00	2.50	2.21	2.33	2.50
	干燥感	2.36	2.39	2.50	2.33	2.50
	余味	3.21	3.00	3.21	2.83	2.78

第三节　山东费县烟叶风格特征

费县隶属山东省临沂市，位于山东省中南部，沂蒙山区腹地，居蒙山之阳、祊河中游，地处北纬 35°～35°33′、东经 117°36′～118°18′，北依蒙山，与蒙阴县、沂南县相连，南靠抱犊崮，与兰陵县毗邻，东与临沂市兰山区接壤，西和平邑县搭界。费县属暖温带半湿润大陆性季风气候。费县是鲁中山区烤烟种植区的典型烤烟产区之一，根据目前该县烤烟种植片区分布特点和烟叶质量风格特征，选择 5 个代表性种植片区，作为该县烟叶质量风格特征的代表性区域加以展示。

一、烟田与烟株基本特征

1. 大田庄乡齐鲁地村片区

代表性片区 (FX-01) 中心点位于北纬 35°26′4.895″、东经 117°54′0.425″，海拔 178 m。地处低丘漫岗坡地坡麓，缓坡旱地，土体深厚，耕作层质地适中，砾石多，耕性和通透性较好，易水土流失和受旱灾威胁。成土母质为古红土与石灰岩风化碎屑混合的洪积-冲积物，土壤亚类为普通简育干润淋溶土。该片区烤烟、花生隔年轮作，烤烟大田生长期 5～9 月。烤烟田间长相长势较好，烟株呈筒形结构，株高 127.80 cm，茎围 9.00 cm，有效叶片数 21.40，中部烟叶长 64.00 cm、宽 29.00 cm，上部烟叶长 66.50 cm、宽 26.60 cm（图 13-3-1，表 13-3-1）。

图 13-3-1　FX-01 片区烟田

2. 费城镇东新安村片区

代表性片区（FX-02）中心点位于北纬 35°17′11.263″、东经 117°55′0.046″，海拔 154 m。地处低丘漫岗坡地中上部，缓坡旱地，土体较厚，耕作层质地适中，砾石多，耕性和通透性较好，易水土流失和受旱灾威胁。成土母质为石灰岩风化坡积物，土壤亚类为普通钙质干润淋溶土。该片区烤烟、玉米/花生隔年轮作，烤烟大田生长期 5～9 月。烤烟田间长相长势较好，烟株呈筒形结构，株高 93.90 cm，茎围 8.90 cm，有效叶片数 21.20，中部烟叶长 56.80 cm、宽 25.10 cm，上部烟叶长 54.50 cm、宽 24.10 cm（图 13-3-2，表 13-3-1）。

图 13-3-2　FX-02 片区烟田

3. 费城镇常胜庄村片区

代表性片区（FX-03）中心点位于北纬 35°15′50.031″、东经 117°53′13.186″，海拔 194 m。地处低丘漫岗中的河谷二级阶地，缓坡梯田旱地，土体深厚，耕作层质地适中，耕性和通透性较好，易水土流失和受旱灾威胁。成土母质为古红土与石灰岩风化物混合的洪积-坡积物，土壤亚类为普通简育干润淋溶土。该片区烤烟、玉米隔年轮作，烤烟大田生长期 5～9 月。烤烟田间长相长势较好，烟株呈筒形结构，株高 116.60 cm，茎围 9.90 cm，有效叶片数 23.70，中部烟叶长 65.60 cm、宽 29.60 cm，上部烟叶长 56.90 cm、宽 25.30 cm（图 13-3-3，表 13-3-1）。

图 13-3-3　FX-03 片区烟田

4. 朱田镇良田村片区

代表性片区（FX-04）中心点位于北纬 36°17′30.503″、东经 117°48′46.896″，海拔 174 m。地处低丘漫岗坡地中部，缓坡旱地，土体深厚，耕作层质地适中，耕性和通透性较好，易水土流失和受旱灾威胁。成土母质为古红土与石灰岩风化物混合的洪积-坡积物，土壤亚类为普通简育干润淋溶土。该片区烤烟、玉米/棉花/花生隔年轮作，烤烟大田生长期 5～9 月。烤烟田间长相长势较好，烟株呈筒形结构，株高 108.60 cm，茎围 10.80 cm，有效叶片数 21.20，中部烟叶长 65.80 cm、宽 34.80 cm，上部烟叶长 53.10 cm、宽 24.90 cm（图 13-3-4，表 13-3-1）。

图 13-3-4　FX-04 片区烟田

5. 石井镇龙山村片区

代表性片区(FX-05)中心点位于北纬 36°6′37.161″、东经 117°43′56.396″,海拔 204 m。地处低丘漫岗坡麓,缓坡旱地,土体深厚,耕作层质地适中,耕性和通透性较好,易水土流失和受旱灾威胁。成土母质为黄土沉积物,土壤亚类为普通简育干润雏形土。该片区烤烟、山芋隔年轮作,烤烟大田生长期 5～9 月。烤烟田间长相长势较好,烟株呈筒形结构,株高 98.60 cm,茎围 9.60 cm,有效叶片数 23.40,中部烟叶长 58.10 cm、宽 26.60 cm,上部烟叶长 46.70 cm、宽 18.60 cm(图 13-3-5,表 13-3-1)。

图 13-3-5　FX-05 片区烟田

表 13-3-1　代表性片区烟株主要农艺性状

片区	株高 /cm	茎围 /cm	有效叶 /片	中部叶/cm		上部叶/cm		株型
				叶长	叶宽	叶长	叶宽	
FX-01	127.80	9.00	21.40	64.00	29.00	66.50	26.60	筒形
FX-02	93.90	8.90	21.20	56.80	25.10	54.50	24.10	筒形
FX-03	116.60	9.90	23.70	65.60	29.60	56.90	25.30	筒形
FX-04	108.60	10.80	21.20	65.80	34.80	53.10	24.90	筒形
FX-05	98.60	9.60	23.40	58.10	26.60	46.70	18.60	筒形

二、烟叶外观质量与物理指标

1. 大田庄乡齐鲁地村片区

代表性片区(FX-01)烟叶外观质量指标的成熟度得分 7.00,颜色得分 7.50,油分得分 7.00,身份得分 8.50,结构得分 7.00,色度得分 6.50。烟叶物理指标中的单叶重 11.27 g,叶片密度 63.11 g/m²,含梗率 29.92%,平衡含水率 14.91%,叶片长度 56.19 cm,叶片宽度 24.91 cm,叶片厚度 135.97 μm,填充值 3.45 cm³/g(图 13-3-6,表 13-3-2 和表 13-3-3)。

图 13-3-6　FX-01 片区初烤烟叶

2. 费城镇东新安村片区

代表性片区(FX-02)烟叶外观质量指标的成熟度得分 7.00，颜色得分 7.50，油分得分 6.50，身份得分 8.00，结构得分 6.50，色度得分 6.50。烟叶物理指标中的单叶重 9.62 g，叶片密度 62.72 g/m²，含梗率 30.03%，平衡含水率 14.71%，叶片长度 55.83 cm，叶片宽度 24.63 cm，叶片厚度 117.00 μm，填充值 3.02 cm³/g(图 13-3-7，表 13-3-2 和表 13-3-3)。

图 13-3-7　FX-02 片区初烤烟叶

3. 费城镇常胜庄村片区

代表性片区(FX-03)烟叶外观质量指标的成熟度得分 6.50，颜色得分 7.00，油分得分 6.00，身份得分 7.50，结构得分 6.00，色度得分 6.00。烟叶物理指标中的单叶重 10.11 g，叶片密度 61.08 g/m²，含梗率 32.33%，平衡含水率 14.32%，叶片长度 56.43 cm，叶片宽度 23.35 cm，叶片厚度 122.63 μm，填充值 3.13 cm^3/g（图 13-3-8，表 13-3-2 和表 13-3-3）。

图 13-3-8　FX-03 片区初烤烟叶

4. 朱田镇良田村片区

代表性片区（FX-04）烟叶外观质量指标的成熟度得分 7.00，颜色得分 7.50，油分得分 6.50，身份得分 8.00，结构得分 7.00，色度得分 6.50。烟叶物理指标中的单叶重 10.43 g，叶片密度 64.59 g/m^2，含梗率 28.70%，平衡含水率 13.80%，叶片长度 54.48 cm，叶片宽度 23.26 cm，叶片厚度 130.73 μm，填充值 3.10 cm^3/g（图 13-3-9，表 13-3-2 和表 13-3-3）。

图 13-3-9　FX-04 片区初烤烟叶

5. 石井镇龙山村片区

代表性片区(FX-05)烟叶外观质量指标的成熟度得分 7.00，颜色得分 7.50，油分得分 6.50，身份得分 8.00，结构得分 7.00，色度得分 6.50。烟叶物理指标中的单叶重 10.95 g，叶片密度 63.57 g/m²，含梗率 28.50%，平衡含水率 16.55%，叶片长度 55.85 cm，叶片宽度 23.15 cm，叶片厚度 123.50 μm，填充值 3.29 cm³/g(图 13-3-10，表 13-3-2 和表 13-3-3)。

图 13-3-10　FX-05 片区初烤烟叶

表 13-3-2　代表性片区烟叶外观质量

片区	成熟度	颜色	油分	身份	结构	色度
FX-01	7.00	7.50	7.00	8.50	7.00	6.50
FX-02	7.00	7.50	6.50	8.00	6.50	6.50
FX-03	6.50	7.00	6.00	7.50	6.00	6.00
FX-04	7.00	7.50	6.50	8.00	7.00	6.50
FX-05	7.00	7.50	6.50	8.00	7.00	6.50

表 13-3-3　代表性片区烟叶物理指标

片区	单叶重 /g	叶片密度 /(g/m²)	含梗率 /%	平衡含水率 /%	叶长 /cm	叶宽 /cm	叶片厚度 /μm	填充值 /(cm³/g)
FX-01	11.27	63.11	29.92	14.91	56.19	24.91	135.97	3.45
FX-02	9.62	62.72	30.03	14.71	55.83	24.63	117.00	3.02
FX-03	10.11	61.08	32.33	14.32	56.43	23.35	122.63	3.13
FX-04	10.43	64.59	28.70	13.80	54.48	23.26	130.73	3.10
FX-05	10.95	63.57	28.50	16.55	55.85	23.15	123.50	3.29

三、烟叶常规化学成分与中微量元素

1. 大田庄乡齐鲁地村片区

代表性片区(FX-01)中部烟叶(C3F)总糖含量25.88%，还原糖含量22.26%，总氮含量2.24%，总植物碱含量2.28%，氯含量0.43%，钾含量1.51%，糖碱比11.35，淀粉含量3.16%(表13-3-4)。烟叶铜含量为0.071 g/kg，铁含量为1.720 g/kg，锰含量为0.691 g/kg，锌含量为0.182 g/kg，钙含量为210.595 mg/kg，镁含量为24.660 mg/kg(表13-3-5)。

2. 费城镇东新安村片区

代表性片区(FX-02)中部烟叶(C3F)总糖含量28.01%，还原糖含量25.22%，总氮含量2.16%，总植物碱含量2.24%，氯含量0.39%，钾含量1.68%，糖碱比12.50，淀粉含量3.21%(表13-3-4)。烟叶铜含量为0.048 g/kg，铁含量为1.714 g/kg，锰含量为0.519 g/kg，锌含量为0.204 g/kg，钙含量为205.748 mg/kg，镁含量为31.322 mg/kg(表13-3-5)。

3. 费城镇常胜庄村片区

代表性片区(FX-03)中部烟叶(C3F)总糖含量26.82%，还原糖含量23.28%，总氮含量2.20%，总植物碱含量2.58%，氯含量0.41%，钾含量1.85%，糖碱比10.40，淀粉含量3.12%(表13-3-4)。烟叶铜含量为0.048 g/kg，铁含量为1.743 g/kg，锰含量为0.557 g/kg，锌含量为0.226 g/kg，钙含量为200.089 mg/kg，镁含量为31.931 mg/kg(表13-3-5)。

4. 朱田镇良田村片区

代表性片区(FX-04)中部烟叶(C3F)总糖含量27.04%，还原糖含量25.16%，总氮含量2.46%，总植物碱含量2.89%，氯含量0.49%，钾含量1.30%，糖碱比9.36，淀粉含量2.09%(表13-3-4)。烟叶铜含量为0.092 g/kg，铁含量为1.694 g/kg，锰含量为0.541 g/kg，锌含量为0.305 g/kg，钙含量为186.784 mg/kg，镁含量为29.078 mg/kg(表13-3-5)。

5. 石井镇龙山村片区

代表性片区(FX-05)中部烟叶(C3F)总糖含量26.61%，还原糖含量23.54%，总氮含量2.26%，总植物碱含量2.74%，氯含量0.39%，钾含量1.77%，糖碱比9.71，淀粉含量2.97%(表13-3-4)。烟叶铜含量为0.091 g/kg，铁含量为1.830 g/kg，锰含量为0.608 g/kg，锌含量为0.307 g/kg，钙含量为197.608 mg/kg，镁含量为25.385 mg/kg(表13-3-5)。

表 13-3-4 代表性片区中部烟叶(C3F)常规化学成分

片区	总糖/%	还原糖/%	总氮/%	总植物碱/%	氯/%	钾/%	糖碱比	淀粉/%
FX-01	25.88	22.26	2.24	2.28	0.43	1.51	11.35	3.16
FX-02	28.01	25.22	2.16	2.24	0.39	1.68	12.50	3.21

续表

片区	总糖/%	还原糖/%	总氮/%	总植物碱/%	氯/%	钾/%	糖碱比	淀粉/%
FX-03	26.82	23.28	2.20	2.58	0.41	1.85	10.40	3.12
FX-04	27.04	25.16	2.46	2.89	0.49	1.30	9.36	2.09
FX-05	26.61	23.54	2.26	2.74	0.39	1.77	9.71	2.97

表 13-3-5 代表性片区中部烟叶(C3F)中微量元素

片区	Cu/(g/kg)	Fe/(g/kg)	Mn/(g/kg)	Zn/(g/kg)	Ca/(mg/kg)	Mg/(mg/kg)
FX-01	0.071	1.720	0.691	0.182	210.595	24.660
FX-02	0.048	1.714	0.519	0.204	205.748	31.322
FX-03	0.048	1.743	0.557	0.226	200.089	31.931
FX-04	0.092	1.694	0.541	0.305	186.784	29.078
FX-05	0.091	1.830	0.608	0.307	197.608	25.385

四、烟叶生物碱组分与细胞壁物质

1. 大田庄乡齐鲁地村片区

代表性片区(FX-01)中部烟叶(C3F)烟碱含量为 27.138 mg/g，降烟碱含量为 0.749 mg/g，麦斯明含量为 0.004 mg/g，假木贼碱含量为 0.166 mg/g，新烟碱含量为 0.965 mg/g；烟叶纤维素含量为 6.60%，半纤维素含量为 3.60%，木质素含量为 1.50%（表 13-3-6)。

2. 费城镇东新安村片区

代表性片区(FX-02)中部烟叶(C3F)烟碱含量为 25.333 mg/g，降烟碱含量为 0.670 mg/g，麦斯明含量为 0.004 mg/g，假木贼碱含量为 0.155 mg/g，新烟碱含量为 0.847 mg/g；烟叶纤维素含量为 7.20%，半纤维素含量为 3.30%，木质素含量为 2.10%（表 13-3-6)。

3. 费城镇常胜庄村片区

代表性片区(FX-03)中部烟叶(C3F)烟碱含量为 25.774 mg/g，降烟碱含量为 0.751 mg/g，麦斯明含量为 0.004 mg/g，假木贼碱含量为 0.154 mg/g，新烟碱含量为 0.878 mg/g；烟叶纤维素含量为 6.80%，半纤维素含量为 3.60%，木质素含量为 1.90%（表 13-3-6)。

4. 朱田镇良田村片区

代表性片区(FX-04)中部烟叶(C3F)烟碱含量为 29.876 mg/g，降烟碱含量为

0.795 mg/g，麦斯明含量为 0.005 mg/g，假木贼碱含量为 0.172 mg/g，新烟碱含量为 1.025 mg/g；烟叶纤维素含量为 7.60%，半纤维素含量为 3.10%，木质素含量为 0.90%（表 13-3-6）。

5. 石井镇龙山村片区

代表性片区（FX-05）中部烟叶（C3F）烟碱含量为 23.720 mg/g，降烟碱含量为 0.653 mg/g，麦斯明含量为 0.004 mg/g，假木贼碱含量为 0.147 mg/g，新烟碱含量为 0.882 mg/g；烟叶纤维素含量为 6.70%，半纤维素含量为 3.30%，木质素含量为 1.40%（表 13-3-6）。

表 13-3-6　代表性片区中部烟叶（C3F）生物碱组分与细胞壁物质

片区	烟碱 /(mg/g)	降烟碱 /(mg/g)	麦斯明 /(mg/g)	假木贼碱 /(mg/g)	新烟碱 /(mg/g)	纤维素 /%	半纤维素 /%	木质素 /%
FX-01	27.138	0.749	0.004	0.166	0.965	6.60	3.60	1.50
FX-02	25.333	0.670	0.004	0.155	0.847	7.20	3.30	2.10
FX-03	25.774	0.751	0.004	0.154	0.878	6.80	3.60	1.90
FX-04	29.876	0.795	0.005	0.172	1.025	7.60	3.10	0.90
FX-05	23.720	0.653	0.004	0.147	0.882	6.70	3.30	1.40

五、烟叶多酚与质体色素

1. 大田庄乡齐鲁地村片区

代表性片区（FX-01）中部烟叶（C3F）绿原酸含量为 18.890 mg/g，芸香苷含量为 8.130 mg/g，莨菪亭含量为 0.190 mg/g，β-胡萝卜素含量为 0.046 mg/g，叶黄素含量为 0.078 mg/g（表 13-3-7）。

2. 费城镇东新安村片区

代表性片区（FX-02）中部烟叶（C3F）绿原酸含量为 17.110 mg/g，芸香苷含量为 7.590 mg/g，莨菪亭含量为 0.210 mg/g，β-胡萝卜素含量为 0.029 mg/g，叶黄素含量为 0.057 mg/g（表 13-3-7）。

3. 费城镇常胜庄村片区

代表性片区（FX-03）中部烟叶（C3F）绿原酸含量为 16.230 mg/g，芸香苷含量为 7.170 mg/g，莨菪亭含量为 0.220 mg/g，β-胡萝卜素含量为 0.049 mg/g，叶黄素含量为 0.087 mg/g（表 13-3-7）。

4. 朱田镇良田村片区

代表性片区（FX-04）中部烟叶（C3F）绿原酸含量为 17.330 mg/g，芸香苷含量为

8.310 mg/g，莨菪亭含量为 0.250 mg/g，β-胡萝卜素含量为 0.031 mg/g，叶黄素含量为 0.057 mg/g（表 13-3-7）。

5. 石井镇龙山村片区

代表性片区（FX-05）中部烟叶（C3F）绿原酸含量为 17.130 mg/g，芸香苷含量为 6.890 mg/g，莨菪亭含量为 0.240 mg/g，β-胡萝卜素含量为 0.039 mg/g，叶黄素含量为 0.074 mg/g（表 13-3-7）。

表 13-3-7　代表性片区中部烟叶（C3F）多酚与质体色素　　（单位：mg/g）

片区	绿原酸	芸香苷	莨菪亭	β-胡萝卜素	叶黄素
FX-01	18.890	8.130	0.190	0.046	0.078
FX-02	17.110	7.590	0.210	0.029	0.057
FX-03	16.230	7.170	0.220	0.049	0.087
FX-04	17.330	8.310	0.250	0.031	0.057
FX-05	17.130	6.890	0.240	0.039	0.074

六、烟叶有机酸类物质

1. 大田庄乡齐鲁地村片区

代表性片区（FX-01）中部烟叶（C3F）草酸含量为 17.926 mg/g，苹果酸含量为 94.249 mg/g，柠檬酸含量为 8.040 mg/g，棕榈酸含量为 2.776 mg/g，亚油酸含量为 1.654 mg/g，油酸含量为 3.742 mg/g，硬脂酸含量为 0.654 mg/g（表 13-3-8）。

2. 费城镇东新安村片区

代表性片区（FX-02）中部烟叶（C3F）草酸含量为 14.944 mg/g，苹果酸含量为 95.078 mg/g，柠檬酸含量为 6.888 mg/g，棕榈酸含量为 2.394 mg/g，亚油酸含量为 1.303 mg/g，油酸含量为 3.040 mg/g，硬脂酸含量为 0.578 mg/g（表 13-3-8）。

3. 费城镇常胜庄村片区

代表性片区（FX-03）中部烟叶（C3F）草酸含量为 21.152 mg/g，苹果酸含量为 97.384 mg/g，柠檬酸含量为 9.383 mg/g，棕榈酸含量为 3.000 mg/g，亚油酸含量为 1.753 mg/g，油酸含量为 3.778 mg/g，硬脂酸含量为 0.731 mg/g（表 13-3-8）。

4. 朱田镇良田村片区

代表性片区（FX-04）中部烟叶（C3F）草酸含量为 12.039 mg/g，苹果酸含量为 71.567 mg/g，柠檬酸含量为 7.411 mg/g，棕榈酸含量为 2.022 mg/g，亚油酸含量为 1.274 mg/g，油酸含量为 2.590 mg/g，硬脂酸含量为 0.540 mg/g（表 13-3-8）。

5. 石井镇龙山村片区

代表性片区(FX-05)中部烟叶(C3F)草酸含量为19.983 mg/g,苹果酸含量为90.668 mg/g,柠檬酸含量为9.126 mg/g,棕榈酸含量为3.256 mg/g,亚油酸含量为1.877 mg/g,油酸含量为4.090 mg/g,硬脂酸含量为0.753 mg/g(表13-3-8)。

表13-3-8　代表性片区中部烟叶(C3F)有机酸　　　(单位：mg/g)

片区	草酸	苹果酸	柠檬酸	棕榈酸	亚油酸	油酸	硬脂酸
FX-01	17.926	94.249	8.040	2.776	1.654	3.742	0.654
FX-02	14.944	95.078	6.888	2.394	1.303	3.040	0.578
FX-03	21.152	97.384	9.383	3.000	1.753	3.778	0.731
FX-04	12.039	71.567	7.411	2.022	1.274	2.590	0.540
FX-05	19.983	90.668	9.126	3.256	1.877	4.090	0.753

七、烟叶氨基酸

1. 大田庄乡齐鲁地村片区

代表性片区(FX-01)中部烟叶(C3F)磷酸化-丝氨酸含量为0.296 μg/mg,牛磺酸含量为0.145 μg/mg,天冬氨酸含量为0.168 μg/mg,苏氨酸含量为0.187 μg/mg,丝氨酸含量为0.071 μg/mg,天冬酰胺含量为1.925 μg/mg,谷氨酸含量为0.206 μg/mg,甘氨酸含量为0.035 μg/mg,丙氨酸含量为0.498 μg/mg,缬氨酸含量为0.073 μg/mg,半胱氨酸含量为0.305 μg/mg,异亮氨酸含量为0.017 μg/mg,亮氨酸含量为0.127 μg/mg,酪氨酸含量为0.062 μg/mg,苯丙氨酸含量为0.199 μg/mg,氨基丁酸含量为0.077 μg/mg,组氨酸含量为0.214 μg/mg,色氨酸含量为0.227 μg/mg,精氨酸含量为0.043 μg/mg(表13-3-9)。

2. 费城镇东新安村片区

代表性片区(FX-02)中部烟叶(C3F)磷酸化-丝氨酸含量为0.404 μg/mg,牛磺酸含量为0.456 μg/mg,天冬氨酸含量为0.127 μg/mg,苏氨酸含量为0.250 μg/mg,丝氨酸含量为0.070 μg/mg,天冬酰胺含量为1.733 μg/mg,谷氨酸含量为0.092 μg/mg,甘氨酸含量为0.042 μg/mg,丙氨酸含量为0.552 μg/mg,缬氨酸含量为0.052 μg/mg,半胱氨酸含量为0.285 μg/mg,异亮氨酸含量为0.003 μg/mg,亮氨酸含量为0.109 μg/mg,酪氨酸含量为0.039 μg/mg,苯丙氨酸含量为0.129 μg/mg,氨基丁酸含量为0.042 μg/mg,组氨酸含量为0.102 μg/mg,色氨酸含量为0.120 μg/mg,精氨酸含量为0 μg/mg(表13-3-9)。

3. 费城镇常胜庄村片区

代表性片区(FX-03)中部烟叶(C3F)磷酸化-丝氨酸含量为0.388 μg/mg,牛磺酸含量为0.511 μg/mg,天冬氨酸含量为0.167 μg/mg,苏氨酸含量为0.180 μg/mg,丝氨酸含量为0.111 μg/mg,天冬酰胺含量为2.745 μg/mg,谷氨酸含量为0.143 μg/mg,甘氨酸含量为 0.056 μg/mg，丙氨酸含量为 0.849 μg/mg，缬氨酸含量为 0.088 μg/mg，半胱氨酸含量为 0.203 μg/mg，异亮氨酸含量为 0.016 μg/mg，亮氨酸含量为 0.169 μg/mg，酪氨酸含量为 0.065 μg/mg，苯丙氨酸含量为 0.234 μg/mg，氨基丁酸含量为 0.125 μg/mg，组氨酸含量为 0.241 μg/mg，色氨酸含量为 0.303 μg/mg，精氨酸含量为 0.058 μg/mg（表 13-3-9）。

4. 朱田镇良田村片区

代表性片区（FX-04）中部烟叶（C3F）磷酸化-丝氨酸含量为 0.184 μg/mg，牛磺酸含量为 0.272 μg/mg，天冬氨酸含量为 0.066 μg/mg，苏氨酸含量为 0.145 μg/mg，丝氨酸含量为 0.051 μg/mg，天冬酰胺含量为 1.176 μg/mg，谷氨酸含量为 0.102 μg/mg，甘氨酸含量为 0.029 μg/mg，丙氨酸含量为 0.352 μg/mg，缬氨酸含量为 0.062 μg/mg，半胱氨酸含量为 0.207 μg/mg，异亮氨酸含量为 0.016 μg/mg，亮氨酸含量为 0.110 μg/mg，酪氨酸含量为 0.040 μg/mg，苯丙氨酸含量为 0.110 μg/mg，氨基丁酸含量为 0.039 μg/mg，组氨酸含量为 0.091 μg/mg，色氨酸含量为 0.101 μg/mg，精氨酸含量为 0.019 μg/mg（表 13-3-9）。

5. 石井镇龙山村片区

代表性片区（FX-05）中部烟叶（C3F）磷酸化-丝氨酸含量为 0.338 μg/mg，牛磺酸含量为 0.441 μg/mg，天冬氨酸含量为 0.130 μg/mg，苏氨酸含量为 0.221 μg/mg，丝氨酸含量为 0.080 μg/mg，天冬酰胺含量为 1.666 μg/mg，谷氨酸含量为 0.138 μg/mg，甘氨酸含量为 0.058 μg/mg，丙氨酸含量为 0.777 μg/mg，缬氨酸含量为 0.088 μg/mg，半胱氨酸含量为 0.206 μg/mg，异亮氨酸含量为 0.021 μg/mg，亮氨酸含量为 0.183 μg/mg，酪氨酸含量为 0.059 μg/mg，苯丙氨酸含量为 0.183 μg/mg，氨基丁酸含量为 0.085 μg/mg，组氨酸含量为 0.147 μg/mg，色氨酸含量为 0.180 μg/mg，精氨酸含量为 0.061 μg/mg（表 13-3-9）。

表 13-3-9　代表性片区中部烟叶（C3F）氨基酸　　（单位：μg/mg）

氨基酸组分	FX-01	FX-02	FX-03	FX-04	FX-05
磷酸化-丝氨酸	0.296	0.404	0.388	0.184	0.338
牛磺酸	0.145	0.456	0.511	0.272	0.441
天冬氨酸	0.168	0.127	0.167	0.066	0.130
苏氨酸	0.187	0.250	0.180	0.145	0.221
丝氨酸	0.071	0.070	0.111	0.051	0.080
天冬酰胺	1.925	1.733	2.745	1.176	1.666
谷氨酸	0.206	0.092	0.143	0.102	0.138
甘氨酸	0.035	0.042	0.056	0.029	0.058
丙氨酸	0.498	0.552	0.849	0.352	0.777
缬氨酸	0.073	0.052	0.088	0.062	0.088
半胱氨酸	0.305	0.285	0.203	0.207	0.206
异亮氨酸	0.017	0.003	0.016	0.016	0.021
亮氨酸	0.127	0.109	0.169	0.110	0.183
酪氨酸	0.062	0.039	0.065	0.040	0.059

续表

氨基酸组分	FX-01	FX-02	FX-03	FX-04	FX-05
苯丙氨酸	0.199	0.129	0.234	0.110	0.183
氨基丁酸	0.077	0.042	0.125	0.039	0.085
组氨酸	0.214	0.102	0.241	0.091	0.147
色氨酸	0.227	0.120	0.303	0.101	0.180
精氨酸	0.043	0	0.058	0.019	0.061

八、烟叶香气物质

1. 大田庄乡齐鲁地村片区

代表性片区(FX-01)中部烟叶(C3F)茄酮含量为 0.750 μg/g，香叶基丙酮含量为 0.437 μg/g，降茄二酮含量为 0.078 μg/g，β-紫罗兰酮含量为 0.381 μg/g，氧化紫罗兰酮含量为 0.448 μg/g，二氢猕猴桃内酯含量为 3.237 μg/g，巨豆三烯酮 1 含量为 0.112 μg/g，巨豆三烯酮 2 含量为 0.986 μg/g，巨豆三烯酮 3 含量为 0.123 μg/g，巨豆三烯酮 4 含量为 0.795 μg/g，3-羟基-β-二氢大马酮含量为 0.840 μg/g，3-氧代-α-紫罗兰醇含量为 1.691 μg/g，新植二烯含量为 849.005 μg/g，3-羟基索拉韦惕酮含量为 4.290 μg/g，β-法尼烯含量为 7.605 μg/g(表 13-3-10)。

2. 费城镇东新安村片区

代表性片区(FX-02)中部烟叶(C3F)茄酮含量为 0.437 μg/g，香叶基丙酮含量为 0.403 μg/g，降茄二酮含量为 0.090 μg/g，β-紫罗兰酮含量为 0.291 μg/g，氧化紫罗兰酮含量为 0.358 μg/g，二氢猕猴桃内酯含量为 2.890 μg/g，巨豆三烯酮 1 含量为 0.112 μg/g，巨豆三烯酮 2 含量为 1.187 μg/g，巨豆三烯酮 3 含量为 0.157 μg/g，巨豆三烯酮 4 含量为 0.907 μg/g，3-羟基-β-二氢大马酮含量为 0.795 μg/g，3-氧代-α-紫罗兰醇含量为 0.997 μg/g，新植二烯含量为 798.683 μg/g，3-羟基索拉韦惕酮含量为 4.099 μg/g，β-法尼烯含量为 7.123 μg/g(表 13-3-10)。

3. 费城镇常胜庄村片区

代表性片区(FX-03)中部烟叶(C3F)茄酮含量为 0.403 μg/g，香叶基丙酮含量为 0.448 μg/g，降茄二酮含量为 0.101 μg/g，β-紫罗兰酮含量为 0.370 μg/g，氧化紫罗兰酮含量为 0.459 μg/g，二氢猕猴桃内酯含量为 3.360 μg/g，巨豆三烯酮 1 含量为 0.112 μg/g，巨豆三烯酮 2 含量为 1.322 μg/g，巨豆三烯酮 3 含量为 0.157 μg/g，巨豆三烯酮 4 含量为 1.131 μg/g，3-羟基-β-二氢大马酮含量为 0.784 μg/g，3-氧代-α-紫罗兰醇含量为 1.389 μg/g，新植二烯含量为 1252.272 μg/g，3-羟基索拉韦惕酮含量为 6.160 μg/g，β-法尼烯含量为 11.458 μg/g(表 13-3-10)。

4. 朱田镇良田村片区

代表性片区(FX-04)中部烟叶(C3F)茄酮含量为 0.750 μg/g，香叶基丙酮含量为 0.426 μg/g，降茄二酮含量为 0.112 μg/g，β-紫罗兰酮含量为 0.347 μg/g，氧化紫罗兰酮含量为 0.515 μg/g，二氢猕猴桃内酯含量为 3.674 μg/g，巨豆三烯酮 1 含量为 0.179 μg/g，巨豆三烯酮 2 含量为 1.669 μg/g，巨豆三烯酮 3 含量为 0.202 μg/g，巨豆三烯酮 4 含量为 1.277 μg/g，3-羟基-β-二氢大马酮含量为 0.997 μg/g，3-氧代-α-紫罗兰醇含量为 3.248 μg/g，新植二烯含量为 1249.752 μg/g，3-羟基索拉韦惕酮含量为 4.323 μg/g，β-法尼烯含量为 10.786 μg/g(表 13-3-10)。

5. 石井镇龙山村片区

代表性片区(FX-05)中部烟叶(C3F)茄酮含量为 1.176 μg/g，香叶基丙酮含量为 0.370 μg/g，降茄二酮含量为 0.090 μg/g，β-紫罗兰酮含量为 0.370 μg/g，氧化紫罗兰酮含量为 0.381 μg/g，二氢猕猴桃内酯含量为 3.248 μg/g，巨豆三烯酮 1 含量为 0.078 μg/g，巨豆三烯酮 2 含量为 1.064 μg/g，巨豆三烯酮 3 含量为 0.123 μg/g，巨豆三烯酮 4 含量为 0.963 μg/g，3-羟基-β-二氢大马酮含量为 0.874 μg/g，3-氧代-α-紫罗兰醇含量为 3.315 μg/g，新植二烯含量为 887.645 μg/g，3-羟基索拉韦惕酮含量为 4.984 μg/g，β-法尼烯含量为 6.910 μg/g(表 13-3-10)。

表 13-3-10　代表性片区中部烟叶(C3F)香气物质　　　(单位：μg/g)

香气物质	FX-01	FX-02	FX-03	FX-04	FX-05
茄酮	0.750	0.437	0.403	0.750	1.176
香叶基丙酮	0.437	0.403	0.448	0.426	0.370
降茄二酮	0.078	0.090	0.101	0.112	0.090
β-紫罗兰酮	0.381	0.291	0.370	0.347	0.370
氧化紫罗兰酮	0.448	0.358	0.459	0.515	0.381
二氢猕猴桃内酯	3.237	2.890	3.360	3.674	3.248
巨豆三烯酮 1	0.112	0.112	0.112	0.179	0.078
巨豆三烯酮 2	0.986	1.187	1.322	1.669	1.064
巨豆三烯酮 3	0.123	0.157	0.157	0.202	0.123
巨豆三烯酮 4	0.795	0.907	1.131	1.277	0.963
3-羟基-β-二氢大马酮	0.840	0.795	0.784	0.997	0.874
3-氧代-α-紫罗兰醇	1.691	0.997	1.389	3.248	3.315
新植二烯	849.005	798.683	1252.272	1249.752	887.645
3-羟基索拉韦惕酮	4.290	4.099	6.160	4.323	4.984
β-法尼烯	7.605	7.123	11.458	10.786	6.910

九、烟叶感官质量

1. 大田庄乡齐鲁地村片区

代表性片区（FX-01）中部烟叶（C3F）感官质量评价结果显示，香韵指标包含的干草香、清甜香、正甜香、焦甜香、青香、木香、豆香、坚果香、焦香、辛香、果香、药草香、花香、树脂香、酒香的各项指标值分别为3.18、0、2.47、0、0、1.65、0、0、0.59、0、0、0、0、0、0，烟气指标包含的香气状态、烟气浓度、劲头、香气质、香气量和透发性的各项指标值分别为2.73、3.00、3.00、2.76、2.88和2.82，杂气指标包含的青杂气、生青气、枯焦气、木质气、土腥气、松脂气、花粉气、药草气和金属气的各项指标值分别为1.24、0、1.06、1.59、0、0、0、0、0，口感指标包含的细腻程度、柔和程度、圆润感、刺激性、干燥感和余味的各项指标值分别为 2.41、2.59、2.59、3.12、2.94 和 2.65（表 13-3-11）。

2. 费城镇东新安村片区

代表性片区（FX-02）中部烟叶（C3F）感官质量评价结果显示，香韵指标包含的干草香、清甜香、正甜香、焦甜香、青香、木香、豆香、坚果香、焦香、辛香、果香、药草香、花香、树脂香、酒香的各项指标值分别为3.50、0、2.83、0、0.78、1.78、0、0、0、1.11、0、0、0、0、0，烟气指标包含的香气状态、烟气浓度、劲头、香气质、香气量和透发性的各项指标值分别为2.67、2.72、2.50、2.82、2.76 和 2.82，杂气指标包含的青杂气、生青气、枯焦气、木质气、土腥气、松脂气、花粉气、药草气和金属气的各项指标值分别为1.28、1.22、0、1.44、0、0、0、0、0，口感指标包含的细腻程度、柔和程度、圆润感、刺激性、干燥感和余味的各项指标值分别为2.78、2.83、2.67、2.56、2.67 和 2.83（表 13-3-11）。

3. 费城镇常胜庄村片区

代表性片区（FX-03）中部烟叶（C3F）感官质量评价结果显示，香韵指标包含的干草香、清甜香、正甜香、焦甜香、青香、木香、豆香、坚果香、焦香、辛香、果香、药草香、花香、树脂香、酒香的各项指标值分别为2.88、0、2.76、0、0、1.82、0、0.65、0.71、0、0、0、0、0、0，烟气指标包含的香气状态、烟气浓度、劲头、香气质、香气量和透发性的各项指标值分别为2.88、3.00、2.88、2.94、2.82 和 2.76，杂气指标包含的青杂气、生青气、枯焦气、木质气、土腥气、松脂气、花粉气、药草气和金属气的各项指标值分别为1.24、0、0.65、1.65、0、0、0、0、0，口感指标包含的细腻程度、柔和程度、圆润感、刺激性、干燥感和余味的各项指标值分别为 2.59、2.76、2.65、2.82、3.00 和 2.88（表 13-3-11）。

4. 朱田镇良田村片区

代表性片区（FX-04）中部烟叶（C3F）感官质量评价结果显示，香韵指标包含的干草香、清甜香、正甜香、焦甜香、青香、木香、豆香、坚果香、焦香、辛香、果香、药草香、花香、树脂香、酒香的各项指标值分别为3.06、0、2.67、0、1.00、2.00、0、0、0.78、1.39、0、0、0、0、0，烟气指标包含的香气状态、烟气浓度、劲头、香气质、香气量和透发性的各项指标值分别为2.72、3.00、2.47、3.06、2.78和2.83，杂气指标包含的青杂气、生青气、枯焦气、木质气、土腥气、松脂气、花粉气、药草气和金属气的各项指标值分别为 1.33、1.00、0.72、1.11、0、0、0、0、0，口感指标包含的细腻程度、柔和程度、圆润感、刺激性、干燥感和余味的各项指标值分别为2.89、3.00、2.61、2.28、2.33和2.83（表 13-3-11）。

5. 石井镇龙山村片区

代表性片区（FX-05）中部烟叶（C3F）感官质量评价结果显示，香韵指标包含的干草香、清甜香、正甜香、焦甜香、青香、木香、豆香、坚果香、焦香、辛香、果香、药草香、花香、树脂香、酒香的各项指标值分别为3.54、0、2.46、0、0、2.08、0、0、1.08、1.23、0、0、0、0、0，烟气指标包含的香气状态、烟气浓度、劲头、香气质、香气量和透发性的各项指标值分别为3.08、3.15、3.08、2.92、3.08和3.09，杂气指标包含的青杂气、生青气、枯焦气、木质气、土腥气、松脂气、花粉气、药草气和金属气的各项指标值分别为1.23、0、1.23、1.46、0、0、0、0、0，口感指标包含的细腻程度、柔和程度、圆润感、刺激性、干燥感和余味的各项指标值分别为2.62、2.77、2.46、2.85、2.69和3.00（表 13-3-11）。

表 13-3-11　代表性片区中部烟叶（C3F）感官质量

评价指标		FX-01	FX-02	FX-03	FX-04	FX-05
	干草香	3.18	3.50	2.88	3.06	3.54
	清甜香	0	0	0	0	0
	正甜香	2.47	2.83	2.76	2.67	2.46
	焦甜香	0	0	0	0	0
	青香	0	0.78	0	1.00	0
	木香	1.65	1.78	1.82	2.00	2.08
	豆香	0	0	0	0	0
香韵	坚果香	0	0	0.65	0	0
	焦香	0.59	0	0.71	0.78	1.08
	辛香	0	1.11	0	1.39	1.23
	果香	0	0	0	0	0
	药草香	0	0	0	0	0
	花香	0	0	0	0	0
	树脂香	0	0	0	0	0
	酒香	0	0	0	0	0
烟气	香气状态	2.73	2.67	2.88	2.72	3.08
	烟气浓度	3.00	2.72	3.00	3.00	3.15

评价指标		FX-01	FX-02	FX-03	FX-04	FX-05
烟气	劲头	3.00	2.50	2.88	2.47	3.08
	香气质	2.76	2.82	2.94	3.06	2.92
	香气量	2.88	2.76	2.82	2.78	3.08
	透发性	2.82	2.82	2.76	2.83	3.09
杂气	青杂气	1.24	1.28	1.24	1.33	1.23
	生青气	0	1.22	0	1.00	0
	枯焦气	1.06	0	0.65	0.72	1.23
	木质气	1.59	1.44	1.65	1.11	1.46
	土腥气	0	0	0	0	0
	松脂气	0	0	0	0	0
	花粉气	0	0	0	0	0
	药草气	0	0	0	0	0
	金属气	0	0	0	0	0
口感	细腻程度	2.41	2.78	2.59	2.89	2.62
	柔和程度	2.59	2.83	2.76	3.00	2.77
	圆润感	2.59	2.67	2.65	2.61	2.46
	刺激性	3.12	2.56	2.82	2.28	2.85
	干燥感	2.94	2.67	3.00	2.33	2.69
	余味	2.65	2.83	2.88	2.83	3.00

第四节　山东诸城烟叶风格特征

诸城市隶属山东省潍坊市，位于山东半岛东南部，泰沂山脉与胶潍平原交界处，潍坊市境东南端，潍河上游，地处北纬35°42′23″～36°21′05″、东经119°0′19″～119°43′56″，东与胶州、黄岛毗连，南与五莲县接壤，西与莒县、沂水县为邻，北与安丘市、高密市交界。诸城市属暖温带大陆性季风区半湿润气候。诸城是鲁中山区烤烟种植区的典型烤烟产区之一，根据目前该市烤烟种植片区分布特点和烟叶质量风格特征，选择5个代表性种植片区，作为该市烟叶质量风格特征的代表特性区域加以展示。

一、烟田与烟株基本特征

1. 贾悦镇琅埠农场片区

代表性片区（ZC-01）中心点位于北纬35°59′0.981″、东经119°7′3.590″，海拔151 m。地处冲积平原一级阶地，平旱地，土体厚，耕作层质地适中，砾石较多，耕性和通透性较好。成土母质为洪积-冲积物，土壤亚类为普通简育干润淋溶土。该片区烤烟、绿肥轮作，烤烟大田生长期5～9月。烤烟田间长相长势较好，烟株呈近筒形结构，株高102.50 cm，茎围7.60 cm，有效叶片数25.90，中部烟叶长56.40 cm，宽21.90 cm，上部烟叶长52.60 cm、宽 20.10 cm（图 13-4-1，表 13-4-1）。

图 13-4-1 ZC-01 片区烟田

2. 皇华镇东莎沟村片区

代表性片区（ZC-02）中心点位于北纬 35°50′42.180″、东经 119°24′8.882″，海拔 143 m。地处低丘漫岗顶部，缓坡旱地，土体浅薄，耕作层质地适中，砾石较多，耕性和通透性较好，轻度水土流失，易受旱灾威胁。成土母质为砂岩风化残积物，土壤亚类为石质干润正常新成土。该片区烤烟、玉米隔年轮作，烤烟大田生长期 5～9 月。烤烟田间长相长势较好，烟株呈筒形结构，株高 102.60 cm，茎围 8.20 cm，有效叶片数 21.50，中部烟叶长 58.80 cm、宽 23.60 cm，上部烟叶长 49.90 cm、宽 17.40 cm（图 13-4-2，表 13-4-1）。

图 13-4-2 ZC-02 片区烟田

3. 昌城镇孙家巴山片区

代表性片区（ZC-03）中心点位于北纬 36°7′3.868″、东经 119°33′14.555″，海拔 78 m。地处冲积平原二级阶地，平旱地，土体深厚，耕作层质地适中，砾石较多，耕性和通透性好。成土母质为洪积-冲积物，土壤亚类为普通淡色潮湿雏形土。该片区烤烟、绿肥轮作，烤烟大田生长期5～9月。烤烟田间长相长势较好，烟株呈筒形结构，株高103.20 cm，茎围8.90 cm，有效叶片数24.10，中部烟叶长64.10 cm、宽24.50 cm，上部烟叶长56.50 cm、宽21.00 cm（图13-4-3，表13-4-1）。

图13-4-3　ZC-03片区烟田

4. 昌城镇孙家队农场片区

代表性片区（ZC-04）中心点位于北纬36°11′47.876″、东经119°28′41.559″，海拔79 m。地处冲积平原一级阶地，平旱地，土体深厚，耕作层质地适中，砾石较多，耕性和通透性好。成土母质为洪积-冲积物，土壤亚类为普通淡色潮湿雏形土。该片区烤烟、玉米隔年轮作，烤烟大田生长期5～9月。烤烟田间长相长势较好，烟株呈筒形结构，株高112.80 cm，茎围8.70 cm，有效叶片数22.90，中部烟叶长65.20 cm、宽26.50 cm，上部烟叶长56.40 cm、宽21.60 cm（图13-4-4，表13-4-1）。

图13-4-4　ZC-04片区烟田

5. 百尺河镇张戈庄片区

代表性片区（ZC-05）中心点位于北纬36°9′35.460″、东经119°33′45.799″，海拔87 m。地处冲积平原二级阶地，平旱地，土体深厚，耕作层质地适中，砾石较多，耕性和通透性好。成土母质为洪积–冲积物,土壤亚类为普通淡色潮湿雏形土。该片区烤烟、绿肥轮作,烤烟大田生长期 5～9 月。烤烟田间长相长势较好,烟株呈近筒形结构,株高 102.00 cm,茎围 9.90 cm,有效叶片数 23.60,中部烟叶长 63.80 cm、宽 24.70 cm,上部烟叶长 60.30 cm、宽 21.50 cm(图 13-4-5,表 13-4-1)。

图 13-4-5　ZC-05 片区烟田

表 13-4-1　代表性片区烟株主要农艺性状

片区	株高/cm	茎围/cm	有效叶/片	中部叶/cm		上部叶/cm		株型
				叶长	叶宽	叶长	叶宽	
ZC-01	102.50	7.60	25.90	56.40	21.90	52.60	20.10	近筒形
ZC-02	102.60	8.20	21.50	58.80	23.60	49.90	17.40	筒形
ZC-03	103.20	8.90	24.10	64.10	24.50	56.50	21.00	筒形
ZC-04	112.80	8.70	22.90	65.20	26.50	56.40	21.60	筒形
ZC-05	102.00	9.90	23.60	63.80	24.70	60.30	21.50	近筒形

二、烟叶外观质量与物理指标

1. 贾悦镇琅埠农场片区

代表性片区(ZC-01)烟叶外观质量指标的成熟度得分 8.00,颜色得分 8.50,油分得分 7.00,身份得分 8.50,结构得分 8.50,色度得分 8.00。烟叶物理指标中的单叶重 9.40 g,叶片密度 62.58 g/m²,含梗率 33.56%,平衡含水率 14.50%,叶片长度 57.40 cm,叶片宽度 23.10 cm,叶片厚度 113.27 μm,填充值 3.24 cm³/g(图 13-4-6,表 13-4-2 和表 13-4-3)。

2. 皇华镇东莎沟村片区

代表性片区(ZC-02)烟叶外观质量指标的成熟度得分 8.00,颜色得分 9.00,油分得分 8.00,身份得分 8.50,结构得分 7.50,色度得分 8.00。烟叶物理指标中的单叶重 10.82 g,叶片密度 69.71 g/m²,含梗率 25.86%,平衡含水率 15.00%,叶片长度 57.10 cm,叶片宽度 23.40 cm,叶片厚度 122.27 μm,填充值 3.05 cm³/g(图 13-4-7,表 13-4-2 和表 13-4-3)。

图 13-4-6 ZC-01 片区初烤烟叶

图 13-4-7 ZC-02 片区初烤烟叶

3. 昌城镇孙家巴山片区

代表性片区(ZC-03)烟叶外观质量指标的成熟度得分 8.00，颜色得分 8.50，油分得分 8.00，身份得分 8.00，结构得分 7.50，色度得分 8.00。烟叶物理指标中的单叶重 10.24 g，叶片密度 59.15 g/m²，含梗率 27.79%，平衡含水率 13.23%，叶片长度 58.00 cm，叶片宽度 24.20 cm，叶片厚度 127.93 μm，填充值 2.88 cm³/g(图 13-4-8，表 13-4-2 和表 13-4-3)。

4. 昌城镇孙家队农场片区

代表性片区(ZC-04)烟叶外观质量指标的成熟度得分 7.50，颜色得分 8.50，油分得分 7.50，身份得分 8.50，结构得分 7.50，色度得分 7.50。烟叶物理指标中的单叶重 12.63 g，叶片密度 59.95 g/m²，含梗率 34.50%，平衡含水率 14.66%，叶片长度 61.60 cm，叶片宽度 24.20 cm，叶片厚度 108.03 μm，填充值 2.94 cm³/g（图 13-4-9，表 13-4-2 和表 13-4-3）。

图 13-4-8　ZC-03 片区初烤烟叶

图 13-4-9　ZC-04 片区初烤烟叶

5. 百尺河镇张戈庄片区

代表性片区（ZC-05）烟叶外观质量指标的成熟度得分 7.00，颜色得分 8.00，油分得分 7.50，身份得分 7.00，结构得分 6.50，色度得分 8.50。烟叶物理指标中的单叶重 14.58 g，叶片密度 56.26 g/m²，含梗率 26.78%，平衡含水率 13.89%，叶片长度 66.85 cm，叶片宽度 20.45 cm，叶片厚度 173.17 μm，填充值 3.07 cm³/g（图 13-4-10，表 13-4-2 和表 13-4-3）。

图 13-4-10　ZC-05 片区初烤烟叶

表 13-4-2　代表性片区烟叶外观质量

片区	成熟度	颜色	油分	身份	结构	色度
ZC-01	8.00	8.50	7.00	8.50	8.50	8.00
ZC-02	8.00	9.00	8.00	8.50	7.50	8.00
ZC-03	8.00	8.50	8.00	8.00	7.50	8.00
ZC-04	7.50	8.50	7.50	8.50	7.50	7.50
ZC-05	7.00	8.00	7.50	7.00	6.50	8.50

表 13-4-3　代表性片区烟叶物理指标

片区	单叶重 /g	叶片密度 /(g/m²)	含梗率 /%	平衡含水率 /%	叶长 /cm	叶宽 /cm	叶片厚度 /μm	填充值 /(cm³/g)
ZC-01	9.40	62.58	33.56	14.50	57.40	23.10	113.27	3.24
ZC-02	10.82	69.71	25.86	15.00	57.10	23.40	122.27	3.05
ZC-03	10.24	59.15	27.79	13.23	58.00	24.20	127.93	2.88
ZC-04	12.63	59.95	34.50	14.66	61.60	24.20	108.03	2.94
ZC-05	14.58	56.26	26.78	13.89	66.85	20.45	173.17	3.07

三、烟叶常规化学成分与中微量元素

1. 贾悦镇琅埠农场片区

代表性片区（ZC-01）中部烟叶（C3F）总糖含量 26.63%，还原糖含量 24.61%，总氮含量 2.22%，总植物碱含量 2.69%，氯含量 0.72%，钾含量 1.86%，糖碱比 9.90，淀粉含量 3.38%（表 13-4-4）。烟叶铜含量为 0.037 g/kg，铁含量为 2.179 g/kg，锰含量为 3.212 g/kg，锌含量为 0.591 g/kg，钙含量为 217.400 mg/kg，镁含量为 27.519 mg/kg（表 13-4-5）。

2. 皇华镇东莎沟村片区

代表性片区(ZC-02)中部烟叶(C3F)总糖含量 27.63%，还原糖含量 25.27%，总氮含量 2.23%，总植物碱含量 2.48%，氯含量 0.55%，钾含量 1.58%，糖碱比 11.14，淀粉含量 3.62%(表 13-4-4)。烟叶铜含量为 0.048 g/kg，铁含量为 2.677 g/kg，锰含量为 0.682 g/kg，锌含量为 0.149 g/kg，钙含量为 260.772 mg/kg，镁含量为 22.569 mg/kg(表 13-4-5)。

3. 昌城镇孙家巴山片区

代表性片区(ZC-03)中部烟叶(C3F)总糖含量 29.92%，还原糖含量 27.07%，总氮含量 2.12%，总植物碱含量 2.70%，氯含量 0.55%，钾含量 1.25%，糖碱比 11.08，淀粉含量 4.06%(表 13-4-4)。烟叶铜含量为 0.177 g/kg，铁含量为 2.899 g/kg，锰含量为 1.703 g/kg，锌含量为 0.133 g/kg，钙含量为 257.659 mg/kg，镁含量为 25.391 mg/kg(表 13-4-5)。

4. 昌城镇孙家队农场片区

代表性片区(ZC-04)中部烟叶(C3F)总糖含量 29.71%，还原糖含量 27.44%，总氮含量 1.93%，总植物碱含量 2.39%，氯含量 0.50%，钾含量 1.38%，糖碱比 12.43，淀粉含量 4.25%(表 13-4-4)。烟叶铜含量为 0.092 g/kg，铁含量为 1.784 g/kg，锰含量为 3.730 g/kg，锌含量为 0.287 g/kg，钙含量为 203.405 mg/kg，镁含量为 23.466 mg/kg(表 13-4-5)。

5. 百尺河镇张戈庄片区

代表性片区(ZC-05)中部烟叶(C3F)总糖含量 29.06%，还原糖含量 27.09%，总氮含量 2.18%，总植物碱含量 2.44%，氯含量 0.67%，钾含量 1.42%，糖碱比 11.91，淀粉含量 3.16%(表 13-4-4)。烟叶铜含量为 0.048 g/kg，铁含量为 1.941 g/kg，锰含量为 1.572 g/kg，锌含量为 0.208 g/kg，钙含量为 236.620 mg/kg，镁含量为 24.520 mg/kg(表 13-4-5)。

表 13-4-4　代表性片区中部烟叶(C3F)常规化学成分

片区	总糖 /%	还原糖 /%	总氮 /%	总植物碱 /%	氯 /%	钾 /%	糖碱比	淀粉 /%
ZC-01	26.63	24.61	2.22	2.69	0.72	1.86	9.90	3.38
ZC-02	27.63	25.27	2.23	2.48	0.55	1.58	11.14	3.62
ZC-03	29.92	27.07	2.12	2.70	0.55	1.25	11.08	4.06
ZC-04	29.71	27.44	1.93	2.39	0.50	1.38	12.43	4.25
ZC-05	29.06	27.09	2.18	2.44	0.67	1.42	11.91	3.16

表 13-4-5　代表性片区中部烟叶(C3F)中微量元素

片区	Cu /(g/kg)	Fe /(g/kg)	Mn /(g/kg)	Zn /(g/kg)	Ca /(mg/kg)	Mg /(mg/kg)
ZC-01	0.037	2.179	3.212	0.591	217.400	27.519
ZC-02	0.048	2.677	0.682	0.149	260.772	22.569

片区	Cu /(g/kg)	Fe /(g/kg)	Mn /(g/kg)	Zn /(g/kg)	Ca /(mg/kg)	Mg /(mg/kg)
ZC-03	0.177	2.899	1.703	0.133	257.659	25.391
ZC-04	0.092	1.784	3.730	0.287	203.405	23.466
ZC-05	0.048	1.941	1.572	0.208	236.620	24.520

四、烟叶生物碱组分与细胞壁物质

1. 贾悦镇琅埠农场片区

代表性片区（ZC-01）中部烟叶（C3F）烟碱含量为 25.915 mg/g，降烟碱含量为 0.672 mg/g，麦斯明含量为 0.003 mg/g，假木贼碱含量为 0.174 mg/g，新烟碱含量为 1.048 mg/g；烟叶纤维素含量为 8.40%，半纤维素含量为 2.40%，木质素含量为 2.30%（表 13-4-6）。

2. 皇华镇东莎沟村片区

代表性片区（ZC-02）中部烟叶（C3F）烟碱含量为 23.856 mg/g，降烟碱含量为 0.655 mg/g，麦斯明含量为 0.005 mg/g，假木贼碱含量为 0.165 mg/g，新烟碱含量为 0.980 mg/g；烟叶纤维素含量为 7.90%，半纤维素含量为 3.20%，木质素含量为 1.00%（表 13-4-6）。

3. 昌城镇孙家巴山片区

代表性片区（ZC-03）中部烟叶（C3F）烟碱含量为 25.286 mg/g，降烟碱含量为 0.708 mg/g，麦斯明含量为 0.003 mg/g，假木贼碱含量为 0.161 mg/g，新烟碱含量为 1.029 mg/g；烟叶纤维素含量为 8.40%，半纤维素含量为 2.90%，木质素含量为 1.10%（表 13-4-6）。

4. 昌城镇孙家队农场片区

代表性片区（ZC-04）中部烟叶（C3F）烟碱含量为 23.371 mg/g，降烟碱含量为 0.797 mg/g，麦斯明含量为 0.005 mg/g，假木贼碱含量为 0.187 mg/g，新烟碱含量为 1.085 mg/g；烟叶纤维素含量为 7.30%，半纤维素含量为 3.10%，木质素含量为 1.10%（表 13-4-6）。

5. 百尺河镇张戈庄片区

代表性片区（ZC-05）中部烟叶（C3F）烟碱含量为 25.469 mg/g，降烟碱含量为 0.707 mg/g，麦斯明含量为 0.004 mg/g，假木贼碱含量为 0.172 mg/g，新烟碱含量为 0.958 mg/g；烟叶纤维素含量为 7.10%，半纤维素含量为 2.20%，木质素含量为

1.50%（表 13-4-6）。

表 13-4-6　代表性片区中部烟叶（C3F）生物碱组分与细胞壁物质

片区	烟碱 /(mg/g)	降烟碱 /(mg/g)	麦斯明 /(mg/g)	假木贼碱 /(mg/g)	新烟碱 /(mg/g)	纤维素 /%	半纤维素 /%	木质素 /%
ZC-01	25.915	0.672	0.003	0.174	1.048	8.40	2.40	2.30
ZC-02	23.856	0.655	0.005	0.165	0.980	7.90	3.20	1.00
ZC-03	25.286	0.708	0.003	0.161	1.029	8.40	2.90	1.10
ZC-04	23.371	0.797	0.005	0.187	1.085	7.30	3.10	1.10
ZC-05	25.469	0.707	0.004	0.172	0.958	7.10	2.20	1.50

五、烟叶多酚与质体色素

1. 贾悦镇琅埠农场片区

代表性片区（ZC-01）中部烟叶（C3F）绿原酸含量为 12.770 mg/g，芸香苷含量为 5.530 mg/g，莨菪亭含量为 0.340 mg/g，β-胡萝卜素含量为 0.031 mg/g，叶黄素含量为 0.064 mg/g（表 13-4-7）。

2. 皇华镇东莎沟村片区

代表性片区（ZC-02）中部烟叶（C3F）绿原酸含量为 14.920 mg/g，芸香苷含量为 3.930 mg/g，莨菪亭含量为 0.620 mg/g，β-胡萝卜素含量为 0.033 mg/g，叶黄素含量为 0.066 mg/g（表 13-4-7）。

3. 昌城镇孙家巴山片区

代表性片区（ZC-03）中部烟叶（C3F）绿原酸含量为 15.470 mg/g，芸香苷含量为 6.510 mg/g，莨菪亭含量为 0.320 mg/g，β-胡萝卜素含量为 0.031 mg/g，叶黄素含量为 0.063 mg/g（表 13-4-7）。

4. 昌城镇孙家队农场片区

代表性片区（ZC-04）中部烟叶（C3F）绿原酸含量为 14.200 mg/g，芸香苷含量为 6.780 mg/g，莨菪亭含量为 0.300 mg/g，β-胡萝卜素含量为 0.025 mg/g，叶黄素含量为 0.050 mg/g（表 13-4-7）。

5. 百尺河镇张戈庄片区

代表性片区（ZC-05）中部烟叶（C3F）绿原酸含量为 13.850 mg/g，芸香苷含量为 5.540 mg/g，莨菪亭含量为 0.370 mg/g，β-胡萝卜素含量为 0.026 mg/g，叶黄素含量为 0.046 mg/g（表 13-4-7）。

表 13-4-7   代表性片区中部烟叶（C3F）多酚与质体色素   （单位：mg/g）

片区	绿原酸	芸香苷	莨苕亭	β-胡萝卜素	叶黄素
ZC-01	12.770	5.530	0.340	0.031	0.064
ZC-02	14.920	3.930	0.620	0.033	0.066
ZC-03	15.470	6.510	0.320	0.031	0.063
ZC-04	14.200	6.780	0.300	0.025	0.050
ZC-05	13.850	5.540	0.370	0.026	0.046

六、烟叶有机酸类物质

1. 贾悦镇琅埠农场片区

代表性片区（ZC-01）中部烟叶（C3F）草酸含量为 10.377 mg/g，苹果酸含量为 63.403 mg/g，柠檬酸含量为 7.305 mg/g，棕榈酸含量为 1.933 mg/g，亚油酸含量为 1.629 mg/g，油酸含量为 2.538 mg/g，硬脂酸含量为 0.465 mg/g（表 13-4-8）。

2. 皇华镇东莎沟村片区

代表性片区（ZC-02）中部烟叶（C3F）草酸含量为 10.886 mg/g，苹果酸含量为 77.434 mg/g，柠檬酸含量为 8.398 mg/g，棕榈酸含量为 2.092 mg/g，亚油酸含量为 1.842 mg/g，油酸含量为 3.340 mg/g，硬脂酸含量为 0.470 mg/g（表 13-4-8）。

3. 昌城镇孙家巴山片区

代表性片区（ZC-03）中部烟叶（C3F）草酸含量为 8.594 mg/g，苹果酸含量为 64.123 mg/g，柠檬酸含量为 6.620 mg/g，棕榈酸含量为 1.950 mg/g，亚油酸含量为 1.685 mg/g，油酸含量为 2.779 mg/g，硬脂酸含量为 0.440 mg/g（表 13-4-8）。

4. 昌城镇孙家队农场片区

代表性片区（ZC-04）中部烟叶（C3F）草酸含量为 12.108 mg/g，苹果酸含量为 95.577 mg/g，柠檬酸含量为 9.182 mg/g，棕榈酸含量为 2.424 mg/g，亚油酸含量为 1.533 mg/g，油酸含量为 3.219 mg/g，硬脂酸含量为 0.570 mg/g（表 13-4-8）。

5. 百尺河镇张戈庄片区

代表性片区（ZC-05）中部烟叶（C3F）草酸含量为 13.187 mg/g，苹果酸含量为 78.522 mg/g，柠檬酸含量为 6.616 mg/g，棕榈酸含量为 1.925 mg/g，亚油酸含量为 1.562 mg/g，油酸含量为 2.780 mg/g，硬脂酸含量为 0.419 mg/g（表 13-4-8）。

表 13-4-8　代表性片区中部烟叶（C3F）有机酸　　（单位：mg/g）

片区	草酸	苹果酸	柠檬酸	棕榈酸	亚油酸	油酸	硬脂酸
ZC-01	10.377	63.403	7.305	1.933	1.629	2.538	0.465
ZC-02	10.886	77.434	8.398	2.092	1.842	3.340	0.470
ZC-03	8.594	64.123	6.620	1.950	1.685	2.779	0.440
ZC-04	12.108	95.577	9.182	2.424	1.533	3.219	0.570
ZC-05	13.187	78.522	6.616	1.925	1.562	2.780	0.419

七、烟叶氨基酸

1. 贾悦镇琅埠农场片区

代表性片区（ZC-01）中部烟叶（C3F）磷酸化-丝氨酸含量为 0.313 μg/mg，牛磺酸含量为 0.485 μg/mg，天冬氨酸含量为 0.138 μg/mg，苏氨酸含量为 0.182 μg/mg，丝氨酸含量为 0.063 μg/mg，天冬酰胺含量为 1.406 μg/mg，谷氨酸含量为 0.221 μg/mg，甘氨酸含量为 0.031 μg/mg，丙氨酸含量为 0.557 μg/mg，缬氨酸含量为 0.054 μg/mg，半胱氨酸含量为 0 μg/mg，异亮氨酸含量为 0.004 μg/mg，亮氨酸含量为 0.111 μg/mg，酪氨酸含量为 0.039 μg/mg，苯丙氨酸含量为 0.133 μg/mg，氨基丁酸含量为 0.070 μg/mg，组氨酸含量为 0.060 μg/mg，色氨酸含量为 0.065 μg/mg，精氨酸含量为 0 μg/mg（表 13-4-9）。

2. 皇华镇东莎沟村片区

代表性片区（ZC-02）中部烟叶（C3F）磷酸化-丝氨酸含量为 0 μg/mg，牛磺酸含量为 0 μg/mg，天冬氨酸含量为 0.071 μg/mg，苏氨酸含量为 0 μg/mg，丝氨酸含量为 0 μg/mg，天冬酰胺含量为 1.074 μg/mg，谷氨酸含量为 0.279 μg/mg，甘氨酸含量为 0.038 μg/mg，丙氨酸含量为 0.428 μg/mg，缬氨酸含量为 0.054 μg/mg，半胱氨酸含量为 0 μg/mg，异亮氨酸含量为 0.002 μg/mg，亮氨酸含量为 0.089 μg/mg，酪氨酸含量为 0.032 μg/mg，苯丙氨酸含量为 0.140 μg/mg，氨基丁酸含量为 0.032 μg/mg，组氨酸含量为 0.052 μg/mg，色氨酸含量为 0.086 μg/mg，精氨酸含量为 0.024 μg/mg（表 13-4-9）。

3. 昌城镇孙家巴山片区

代表性片区（ZC-03）中部烟叶（C3F）磷酸化-丝氨酸含量为 0.318 μg/mg，牛磺酸含量为 0.645 μg/mg，天冬氨酸含量为 0.076 μg/mg，苏氨酸含量为 0.198 μg/mg，丝氨酸含量为 0.076 μg/mg，天冬酰胺含量为 1.016 μg/mg，谷氨酸含量为 0.202 μg/mg，甘氨酸含量为 0.033 μg/mg，丙氨酸含量为 0.631 μg/mg，缬氨酸含量为 0.056 μg/mg，半胱氨酸含量为 0 μg/mg，异亮氨酸含量为 0.010 μg/mg，亮氨酸含量为 0.159 μg/mg，酪氨酸含量为 0.042 μg/mg，苯丙氨酸含量为 0.122 μg/mg，氨基丁酸含量为 0.069 μg/mg，组氨酸含量为 0.073 μg/mg，色氨酸含量为 0.129 μg/mg，精氨酸含量为 0.047 μg/mg（表 13-4-9）。

4. 昌城镇孙家队农场片区

代表性片区(ZC-04)中部烟叶(C3F)磷酸化-丝氨酸含量为 0.373 μg/mg，牛磺酸含量为 0.665 μg/mg，天冬氨酸含量为 0.182 μg/mg，苏氨酸含量为 0.229 μg/mg，丝氨酸含量为 0.076 μg/mg，天冬酰胺含量为 1.685 μg/mg，谷氨酸含量为 0.209 μg/mg，甘氨酸含量为 0.031 μg/mg，丙氨酸含量为 0.576 μg/mg，缬氨酸含量为 0.070 μg/mg，半胱氨酸含量为 0 μg/mg，异亮氨酸含量为 0.023 μg/mg，亮氨酸含量为 0.112 μg/mg，酪氨酸含量为 0.043 μg/mg，苯丙氨酸含量为 0.150 μg/mg，氨基丁酸含量为 0.106 μg/mg，组氨酸含量为 0.081 μg/mg，色氨酸含量为 0.069 μg/mg，精氨酸含量为 0 μg/mg（表 13-4-9）。

5. 百尺河镇张戈庄片区

代表性片区(ZC-05)中部烟叶(C3F)磷酸化-丝氨酸含量为 0.375 μg/mg，牛磺酸含量为 0.611 μg/mg，天冬氨酸含量为 0.207 μg/mg，苏氨酸含量为 0.238 μg/mg，丝氨酸含量为 0.030 μg/mg，天冬酰胺含量为 2.283 μg/mg，谷氨酸含量为 0.201 μg/mg，甘氨酸含量为 0.029 μg/mg，丙氨酸含量为 0.628 μg/mg，缬氨酸含量为 0.073 μg/mg，半胱氨酸含量为 0 μg/mg，异亮氨酸含量为 0.008 μg/mg，亮氨酸含量为 0.123 μg/mg，酪氨酸含量为 0.052 μg/mg，苯丙氨酸含量为 0.199 μg/mg，氨基丁酸含量为 0.079 μg/mg，组氨酸含量为 0.130 μg/mg，色氨酸含量为 0.159 μg/mg，精氨酸含量为 0.039 μg/mg（表 13-4-9）。

表 13-4-9　代表性片区中部烟叶(C3F)氨基酸　　　　（单位：μg/mg）

氨基酸组分	ZC-01	ZC-02	ZC-03	ZC-04	ZC-05
磷酸化-丝氨酸	0.313	0	0.318	0.373	0.375
牛磺酸	0.485	0	0.645	0.665	0.611
天冬氨酸	0.138	0.071	0.076	0.182	0.207
苏氨酸	0.182	0	0.198	0.229	0.238
丝氨酸	0.063	0	0.076	0.076	0.030
天冬酰胺	1.406	1.074	1.016	1.685	2.283
谷氨酸	0.221	0.279	0.202	0.209	0.201
甘氨酸	0.031	0.038	0.033	0.031	0.029
丙氨酸	0.557	0.428	0.631	0.576	0.628
缬氨酸	0.054	0.054	0.056	0.070	0.073
半胱氨酸	0	0	0	0	0
异亮氨酸	0.004	0.002	0.010	0.023	0.008
亮氨酸	0.111	0.089	0.159	0.112	0.123
酪氨酸	0.039	0.032	0.042	0.043	0.052
苯丙氨酸	0.133	0.140	0.122	0.150	0.199
氨基丁酸	0.070	0.032	0.069	0.106	0.079
组氨酸	0.060	0.052	0.073	0.081	0.130
色氨酸	0.065	0.086	0.129	0.069	0.159
精氨酸	0	0.024	0.047	0	0.039

八、烟叶香气物质

1. 贾悦镇琅埠农场片区

代表性片区(ZC-01)中部烟叶(C3F)茄酮含量为 0.997 μg/g，香叶基丙酮含量为 0.280 μg/g，降茄二酮含量为 0.067 μg/g，β-紫罗兰酮含量为 0.448 μg/g，氧化紫罗兰酮含量为 0.739 μg/g，二氢猕猴桃内酯含量为 2.520 μg/g，巨豆三烯酮 1 含量为 0.034 μg/g，巨豆三烯酮 2 含量为 0.325 μg/g，巨豆三烯酮 3 含量为 0.045 μg/g，巨豆三烯酮 4 含量为 0.258 μg/g，3-羟基-β-二氢大马酮含量为 0.638 μg/g，3-氧代-α-紫罗兰醇含量为 2.610 μg/g，新植二烯含量为 705.118 μg/g，3-羟基索拉韦惕酮含量为 4.670 μg/g，β-法尼烯含量为 3.696 μg/g(表 13-4-10)。

2. 皇华镇东莎沟村片区

代表性片区(ZC-02)中部烟叶(C3F)茄酮含量为 1.422 μg/g，香叶基丙酮含量为 0.403 μg/g，降茄二酮含量为 0.078 μg/g，β-紫罗兰酮含量为 0.426 μg/g，氧化紫罗兰酮含量为 0.739 μg/g，二氢猕猴桃内酯含量为 2.419 μg/g，巨豆三烯酮 1 含量为 0.045 μg/g，巨豆三烯酮 2 含量为 0.594 μg/g，巨豆三烯酮 3 含量为 0.067 μg/g，巨豆三烯酮 4 含量为 0.414 μg/g，3-羟基-β-二氢大马酮含量为 0.582 μg/g，3-氧代-α-紫罗兰醇含量为 2.061 μg/g，新植二烯含量为 1012.267 μg/g，3-羟基索拉韦惕酮含量为 8.982 μg/g，β-法尼烯含量为 9.621 μg/g(表 13-4-10)。

3. 昌城镇孙家巴山片区

代表性片区(ZC-03)中部烟叶(C3F)茄酮含量为 1.109 μg/g，香叶基丙酮含量为 0.314 μg/g，降茄二酮含量为 0.067 μg/g，β-紫罗兰酮含量为 0.414 μg/g，氧化紫罗兰酮含量为 0.851 μg/g，二氢猕猴桃内酯含量为 2.811 μg/g，巨豆三烯酮 1 含量为 0.056 μg/g，巨豆三烯酮 2 含量为 0.538 μg/g，巨豆三烯酮 3 含量为 0.078 μg/g，巨豆三烯酮 4 含量为 0.437 μg/g，3-羟基-β-二氢大马酮含量为 0.907 μg/g，3-氧代-α-紫罗兰醇含量为 4.155 μg/g，新植二烯含量为 750.154 μg/g，3-羟基索拉韦惕酮含量为 8.747 μg/g，β-法尼烯含量为 6.216 μg/g(表 13-4-10)。

4. 昌城镇孙家队农场片区

代表性片区(ZC-04)中部烟叶(C3F)茄酮含量为 0.616 μg/g，香叶基丙酮含量为 0.280 μg/g，降茄二酮含量为 0.056 μg/g，β-紫罗兰酮含量为 0.381 μg/g，氧化紫罗兰酮含量为 0.493 μg/g，二氢猕猴桃内酯含量为 2.666 μg/g，巨豆三烯酮 1 含量为 0.045 μg/g，巨豆三烯酮 2 含量为 0.493 μg/g，巨豆三烯酮 3 含量为 0.078 μg/g，巨豆三烯酮 4 含量为 0.370 μg/g，3-羟基-β-二氢大马酮含量为 0.806 μg/g，3-氧代-α-紫罗兰醇含量为 5.085 μg/g，新植二烯含量为 520.027 μg/g，3-羟基索拉韦惕酮含量为 7.179 μg/g，β-法尼烯含量为 4.469 μg/g(表 13-4-10)。

5. 百尺河镇张戈庄片区

代表性片区(ZC-05)中部烟叶(C3F)茄酮含量为 0.974 μg/g，香叶基丙酮含量为 0.202 μg/g，降茄二酮含量为 0.112 μg/g，β-紫罗兰酮含量为 0.403 μg/g，氧化紫罗兰酮含量为 0.638 μg/g，二氢猕猴桃内酯含量为 3.080 μg/g，巨豆三烯酮 1 含量为 0.067 μg/g，巨豆三烯酮 2 含量为 0.392 μg/g，巨豆三烯酮 3 含量为 0.067 μg/g，巨豆三烯酮 4 含量为 0.190 μg/g，3-羟基-β-二氢大马酮含量为 0.470 μg/g，3-氧代-α-紫罗兰醇含量为 1.154 μg/g，新植二烯含量为 620.301 μg/g，3-羟基索拉韦惕酮含量为 6.630 μg/g，β-法尼烯含量为 5.264 μg/g(表 13-4-10)。

表 13-4-10　代表性片区中部烟叶(C3F)香气物质　　　　(单位：μg/g)

香气物质	ZC-01	ZC-02	ZC-03	ZC-04	ZC-05
茄酮	0.997	1.422	1.109	0.616	0.974
香叶基丙酮	0.280	0.403	0.314	0.280	0.202
降茄二酮	0.067	0.078	0.067	0.056	0.112
β-紫罗兰酮	0.448	0.426	0.414	0.381	0.403
氧化紫罗兰酮	0.739	0.739	0.851	0.493	0.638
二氢猕猴桃内酯	2.520	2.419	2.811	2.666	3.080
巨豆三烯酮 1	0.034	0.045	0.056	0.045	0.067
巨豆三烯酮 2	0.325	0.594	0.538	0.493	0.392
巨豆三烯酮 3	0.045	0.067	0.078	0.078	0.067
巨豆三烯酮 4	0.258	0.414	0.437	0.370	0.190
3-羟基-β-二氢大马酮	0.638	0.582	0.907	0.806	0.470
3-氧代-α-紫罗兰醇	2.610	2.061	4.155	5.085	1.154
新植二烯	705.118	1012.267	750.154	520.027	620.301
3-羟基索拉韦惕酮	4.670	8.982	8.747	7.179	6.630
β-法尼烯	3.696	9.621	6.216	4.469	5.264

九、烟叶感官质量

1. 贾悦镇琅埠农场片区

代表性片区(ZC-01)中部烟叶(C3F)感官质量评价结果显示，香韵指标包含的干草香、清甜香、正甜香、焦甜香、青香、木香、豆香、坚果香、焦香、辛香、果香、药草香、花香、树脂香、酒香的各项指标值分别为2.94、0、2.24、0、0、1.53、0、0.65、1.00、0、0、0、0、0、0，烟气指标包含的香气状态、烟气浓度、劲头、香气质、香气量和透发性的各项指标值分别为2.53、3.18、3.06、2.71、2.88 和 2.73，杂气指标包含的青杂气、生青气、枯焦气、木质气、土腥气、松脂气、花粉气、药草气和金属气的各项指标值分别为1.29、0、1.06、1.59、0、0、0、0、0，口感指标包含的细腻程度、柔和程度、圆润感、刺激性、干燥感和余味的各项指标值分别为 2.59、2.53、2.65、2.94、3.06 和 2.65（表 13-4-11）。

2. 皇华镇东莎沟村片区

代表性片区（ZC-02）中部烟叶（C3F）感官质量评价结果显示，香韵指标包含的干草香、清甜香、正甜香、焦甜香、青香、木香、豆香、坚果香、焦香、辛香、果香、药草香、花香、树脂香、酒香的各项指标值分别为 2.88、0、2.47、0、0、1.82、0、0、1.06、0、0、0、0、0、0，烟气指标包含的香气状态、烟气浓度、劲头、香气质、香气量和透发性的各项指标值分别为 2.76、2.88、2.76、2.71、3.00 和 3.06，杂气指标包含的青杂气、生青气、枯焦气、木质气、土腥气、松脂气、花粉气、药草气和金属气的各项指标值分别为 1.24、0、0.94、1.47、0、0、0、0、0，口感指标包含的细腻程度、柔和程度、圆润感、刺激性、干燥感和余味的各项指标值分别为 2.65、2.71、2.59、2.47、2.94 和 2.71（表 13-4-11）。

3. 昌城镇孙家巴山片区

代表性片区（ZC-03）中部烟叶（C3F）感官质量评价结果显示，香韵指标包含的干草香、清甜香、正甜香、焦甜香、青香、木香、豆香、坚果香、焦香、辛香、果香、药草香、花香、树脂香、酒香的各项指标值分别为 3.12、0、2.47、0、0.53、1.65、0、0、0.82、0.65、0、0、0、0、0，烟气指标包含的香气状态、烟气浓度、劲头、香气质、香气量和透发性的各项指标值分别为 2.59、3.06、3.00、2.76、2.94 和 2.88，杂气指标包含的青杂气、生青气、枯焦气、木质气、土腥气、松脂气、花粉气、药草气和金属气的各项指标值分别为 1.35、0、0.88、1.59、0、0、0、0、0，口感指标包含的细腻程度、柔和程度、圆润感、刺激性、干燥感和余味的各项指标值分别为 2.59、2.88、2.71、2.82、3.00 和 2.76（表 13-4-11）。

4. 昌城镇孙家队农场片区

代表性片区（ZC-04）中部烟叶（C3F）感官质量评价结果显示，香韵指标包含的干草香、清甜香、正甜香、焦甜香、青香、木香、豆香、坚果香、焦香、辛香、果香、药草香、花香、树脂香、酒香的各项指标值分别为 3.11、0、2.39、0.72、0.94、2.22、0、0.56、1.39、1.44、0、0、0、0、0，烟气指标包含的香气状态、烟气浓度、劲头、香气质、香气量和透发性的各项指标值分别为 2.75、3.11、3.06、2.59、2.94 和 2.59，杂气指标包含的青杂气、生青气、枯焦气、木质气、土腥气、松脂气、花粉气、药草气和金属气的各项指标值分别为 1.39、1.11、1.17、1.67、0、0、0、0、0，口感指标包含的细腻程度、柔和程度、圆润感、刺激性、干燥感和余味的各项指标值分别为 2.83、2.72、2.67、2.44、2.67 和 2.61（表 13-4-11）。

5. 百尺河镇张戈庄片区

代表性片区（ZC-05）中部烟叶（C3F）感官质量评价结果显示，香韵指标包含的干草香、清甜香、正甜香、焦甜香、青香、木香、豆香、坚果香、焦香、辛香、果香、药草香、花香、树脂香、酒香的各项指标值分别为 3.11、0、2.28、0、0.61、2.11、0、0.83、1.56、1.56、0、0、0、0、0，烟气指标包含的香气状态、烟气浓度、劲头、香气质、香气量和透发性的各项指标值分别为 2.76、3.29、3.00、2.67、3.00 和 2.83，杂气指标包含的青杂气、生青气、枯焦气、木质气、土腥气、松脂气、花粉气、药草气和金属气的各项指标值分别为 1.50、1.06、1.17、1.50、0、0、0、0、0，口感指标包含的细腻程度、柔和程度、圆润感、刺激性、干燥感和余味的各项指标值分别为 2.78、2.78、2.61、2.61、2.72 和 2.56（表 13-4-11）。

表 13-4-11　代表性片区中部烟叶（C3F）感官质量

评价指标		ZC-01	ZC-02	ZC-03	ZC-04	ZC-05
香韵	干草香	2.94	2.88	3.12	3.11	3.11
	清甜香	0	0	0	0	0
	正甜香	2.24	2.47	2.47	2.39	2.28
	焦甜香	0	0	0	0.72	0
	青香	0	0	0.53	0.94	0.61
	木香	1.53	1.82	1.65	2.22	2.11
	豆香	0	0	0	0	0
	坚果香	0.65	0	0	0.56	0.83
	焦香	1.00	1.06	0.82	1.39	1.56
	辛香	0	0	0.65	1.44	1.56
	果香	0	0	0	0	0
	药草香	0	0	0	0	0
	花香	0	0	0	0	0
	树脂香	0	0	0	0	0
	酒香	0	0	0	0	0
烟气	香气状态	2.53	2.76	2.59	2.75	2.76
	烟气浓度	3.18	2.88	3.06	3.11	3.29
	劲头	3.06	2.76	3.00	3.06	3.00
	香气质	2.71	2.71	2.76	2.59	2.67
	香气量	2.88	3.00	2.94	2.94	3.00
	透发性	2.73	3.06	2.88	2.59	2.83
杂气	青杂气	1.29	1.24	1.35	1.39	1.50
	生青气	0	0	0	1.11	1.06
	枯焦气	1.06	0.94	0.88	1.17	1.17
	木质气	1.59	1.47	1.59	1.67	1.50
	土腥气	0	0	0	0	0
	松脂气	0	0	0	0	0
	花粉气	0	0	0	0	0
	药草气	0	0	0	0	0
	金属气	0	0	0	0	0

续表

评价指标		ZC-01	ZC-02	ZC-03	ZC-04	ZC-05
口感	细腻程度	2.59	2.65	2.59	2.83	2.78
	柔和程度	2.53	2.71	2.88	2.72	2.78
	圆润感	2.65	2.59	2.71	2.67	2.61
	刺激性	2.94	2.47	2.82	2.44	2.61
	干燥感	3.06	2.94	3.00	2.67	2.72
	余味	2.65	2.71	2.76	2.61	2.56

第十四章 东北地区烤烟典型区域烟叶风格特征

东北地区烤烟种植区域南北纵跨黑龙江、吉林、辽宁3省，典型烤烟种植县包括黑龙江省双鸭山市的宝清县、牡丹江市的林口县和宁安市，吉林省白城市的镇赉县、吉林市的蛟河市、延边朝鲜族自治州(延边州)的汪清县，辽宁省铁岭市的西丰县、丹东市的凤城市和宽甸满族自治县(宽甸县)等9个县(市)。东北地区在我国自然资源区划和农业综合区划中是独特的生态区域，该区域是我国烤烟典型产区之一。这里选择宽甸县、宁安市和汪清县3个典型产区县(市)的15个代表性片区，通过代表性片区烟田烟株长相长势、烤后烟叶外观质量、物理指标、化学指标和烟叶质量感官评价指标，对东北地区烤烟种植区的烟叶风格进行描述，试图利用代表性片区烟叶主要指标的检测数据呈现该区域烟叶的整体质量风格特征。

第一节 辽宁宽甸烟叶风格特征

宽甸县(宽甸满族自治县)隶属辽宁省丹东市，位于辽宁省东南部，坐落在鸭绿江畔，地处北纬 40°13′~41°09′、东经 124°21′~125°43′，东与朝鲜民主主义人民共和国(朝鲜)隔江相望，南接丹东市区，西与凤城市、本溪满族自治县毗邻，北与桓仁满族自治县、吉林省集安市相连。宽甸县北部为中温带大陆性季风气候，中部和南部为南温带大陆性季风气候。宽甸是东北地区烤烟种植区的典型烤烟产区之一，根据目前该县烤烟种植片区分布特点和烟叶质量风格特征，选择 5 个代表性种植片区，作为该县烟叶质量风格特征的代表性区域加以展示。

一、烟田与烟株基本特征

1. 毛甸子镇二道沟村 8 组片区

代表性地块(KD-01)中心点位于北纬 40°39′34.530″、东经 124°31′33.812″，海拔 311 m。地处低丘漫岗中上部，缓坡旱地，土体深厚，耕作层质地适中，耕性和通透性较好，轻度水土流失。成土母质为黄土状沉积物，土壤亚类为普通酸性湿润淋溶土。该片区烤烟、玉米隔年轮作，烤烟大田生长期 5~9 月。烤烟田间长相长势较好，烟株呈近筒形结构，株高 121.90 cm，茎围 11.50 cm，有效叶片数 15.60，中部烟叶长 72.40 cm、宽 31.20 cm，上部烟叶长 64.30 cm、宽 27.90 cm(图 14-1-1，表 14-1-1)。

2. 大川头镇红光村 9 组片区

代表性地块(KD-02)中心点位于北纬 40°48′49.437″、东经 124°44′8.948″，海拔 338m。地处河谷冲积平原老河床，平旱地，土体浅薄，耕作层质地适中，耕性和通透性好，易受洪涝威胁。成土母质为洪积-冲积物，土壤亚类为普通潮湿冲积新成土。该片区烤烟、玉米隔年轮作，烤烟大田生长期 5～9 月。烤烟田间长相长势较好，烟株呈近筒形结构，株高 124.90 cm，茎围 11.70 cm，有效叶片数 14.10，中部烟叶长 81.50 cm、宽 37.90 cm，上部烟叶长 73.50 cm、宽 28.90 cm（图 14-1-2，表 14-1-1）。

图 14-1-1　KD-01 片区烟田

图 14-1-2　KD-02 片区烟田

3. 双山子镇双山子村 5 组片区

代表性地块（KD-03）中心点位于北纬 40°56′48.324″、东经 124°38′21.532″，海拔 250 m。地处低丘漫岗下部，缓坡旱地，土体深厚，耕作层质地偏适中，砾石较多，耕性和通透性较好，轻度水土流失。成土母质为黄土状沉积物，土壤亚类为斑纹酸性湿润淋溶土。该片区烤烟、玉米隔年轮作，烤烟大田生长期 5～9 月。烤烟田间长相长势较好，烟株呈筒形结构，株高 123.70 cm，茎围 11.30 cm，有效叶片数 16.60，中部烟叶长 69.00 cm、宽 31.90 cm，上部烟叶长 66.00 cm、宽 24.60 cm（图 14-1-3，表 14-1-1）。

4. 青椅山镇碱场沟村 3 组片区

代表性地块（KD-04）中心点位于北纬 40°41′37.301″、东经 124°40′16.676″，海拔 210 m。地处低丘漫岗中部，缓坡旱地，土体深厚，耕作层质地偏适中，耕性和通透性较好，轻度水土流失。成土母质为黄土状沉积物，土壤亚类为斑纹酸性湿润淋溶土。该片区烤烟、玉米隔年轮作，烤烟大田生长期 5～9 月。烤烟田间长相长势较好，烟株呈近筒形结构，株高 109.90 cm，茎围 10.60 cm，有效叶片数 13.70，中部烟叶长 73.50 cm、宽 33.20 cm，上部烟叶长 61.40 cm、宽 25.80 cm（图 14-1-4，表 14-1-1）。

图 14-1-3　KD-03 片区烟田

图 14-1-4　KD-04 片区烟田

5. 青椅山镇肖家堡 6 组片区

代表性地块（KD-05）中心点位于北纬 40°38′31.156″、东经 124°36′4.710″，海拔 224m。地处低丘漫岗中的老河道，平旱地，土体浅薄，耕作层质地适中，砾石多，耕性和通透性好，易受洪涝威胁。成土母质为洪积–冲积物，土壤亚类为普通潮湿冲积新成土。该片区烤烟、玉米隔年轮作，烤烟大田生长期 5～9 月。烤烟田间长相长势较好，烟株呈近筒形结构，株高 114.20 cm，茎围 10.90 cm，有效叶片数 14.80，中部烟叶长 72.40 cm、宽 29.30 cm，上部烟叶长 69.60 cm、宽 25.10 cm（图 14-1-5，表 14-1-1）。

图 14-1-5 KD-05 片区烟田

表 14-1-1 代表性片区烟株主要农艺性状

片区	株高/cm	茎围/cm	有效叶/片	中部叶/cm		上部叶/cm		株型
				叶长	叶宽	叶长	叶宽	
KD-01	121.90	11.50	15.60	72.40	31.20	64.30	27.90	近筒形
KD-02	124.90	11.70	14.10	81.50	37.90	73.50	28.90	近筒形
KD-03	123.70	11.30	16.60	69.00	31.90	66.00	24.60	筒形
KD-04	109.90	10.60	13.70	73.50	33.20	61.40	25.80	近筒形
KD-05	114.20	10.90	14.80	72.40	29.30	69.60	25.10	近筒形

二、烟叶外观质量与物理指标

1. 毛甸子镇二道沟村 8 组片区

代表性片区(KD-01)烟叶外观质量指标的成熟度得分 8.50,颜色得分 8.50,油分得分 8.00,身份得分 8.00,结构得分 8.50,色度得分 7.50。烟叶物理指标中的单叶重 12.25 g,叶片密度 63.26 g/m²,含梗率 28.25%,平衡含水率 15.94%,叶片长度 65.57 cm,叶片宽度 25.85 cm,叶片厚度 113.57 μm,填充值 2.88 cm³/g(图 14-1-6,表 14-1-2 和表 14-1-3)。

图 14-1-6 KD-01 片区初烤烟叶

2. 大川头镇红光村 9 组片区

代表性片区（KD-02）烟叶外观质量指标的成熟度得分 8.50，颜色得分 9.00，油分得分 8.00，身份得分 7.50，结构得分 9.00，色度得分 8.50。烟叶物理指标中的单叶重 11.70 g，叶片密度 69.98 g/m^2，含梗率 27.96%，平衡含水率 14.29%，叶片长度 63.10 cm，叶片宽度 27.95 cm，叶片厚度 110.17 μm，填充值 2.94 cm^3/g（图 14-1-7，表 14-1-2 和表 14-1-3）。

图 14-1-7　KD-02 片区初烤烟叶

3. 双山子镇双山子村 5 组片区

代表性片区（KD-03）烟叶外观质量指标的成熟度得分 7.50，颜色得分 8.50，油分得分 8.00，身份得分 8.50，结构得分 8.00，色度得分 8.00。烟叶物理指标中的单叶重 13.97 g，叶片密度 67.76 g/m^2，含梗率 25.31%，平衡含水率 14.98%，叶片长度 62.75 cm，叶片宽度 24.13 cm，叶片厚度 146.63 μm，填充值 2.83 cm^3/g（图 14-1-8，表 14-1-2 和表 14-1-3）。

图 14-1-8　KD-03 片区初烤烟叶

4. 青椅山镇碱场沟村 3 组片区

代表性片区（KD-04）烟叶外观质量指标的成熟度得分 8.00，颜色得分 8.50，油分得分 8.00，身份得分 8.50，结构得分 8.00，色度得分 8.00。烟叶物理指标中的单叶重 12.02 g，叶片密度 72.24 g/m², 含梗率 28.60%，平衡含水率 16.71%，叶片长度 64.68 cm，叶片宽度 25.00 cm，叶片厚度 111.80 μm，填充值 2.99 cm³/g（图 14-1-9，表 14-1-2 和表 14-1-3）。

图 14-1-9　KD-04 片区初烤烟叶

5. 青椅山镇肖家堡 6 组片区

代表性片区（KD-05）烟叶外观质量指标的成熟度得分 8.50，颜色得分 9.00，油分得分 8.50，身份得分 9.00，结构得分 8.50，色度得分 9.00。烟叶物理指标中的单叶重 17.48 g，叶片密度 58.66 g/m², 含梗率 26.41%，平衡含水率 14.73%，叶片长度 66.35 cm，叶片宽度 26.80 cm，叶片厚度 122.00 μm，填充值 2.75 cm³/g（图 14-1-10，表 14-1-2 和表 14-1-3）。

图 14-1-10　KD-05 片区初烤烟叶

表 14-1-2　代表性片区烟叶外观质量

片区	成熟度	颜色	油分	身份	结构	色度
KD-01	8.50	8.50	8.00	8.00	8.50	7.50
KD-02	8.50	9.00	8.00	7.50	9.00	8.50
KD-03	7.50	8.50	8.00	8.50	8.00	8.00
KD-04	8.00	8.50	8.00	8.50	8.00	8.00
KD-05	8.50	9.00	8.50	9.00	8.50	9.00

表 14-1-3　代表性片区烟叶物理指标

片区	单叶重 /g	叶片密度 /(g/m²)	含梗率 /%	平衡含水率 /%	叶长 /cm	叶宽 /cm	叶片厚度 /μm	填充值 /(cm³/g)
KD-01	12.25	63.26	28.25	15.94	65.57	25.85	113.57	2.88
KD-02	11.70	69.98	27.96	14.29	63.10	27.95	110.17	2.94
KD-03	13.97	67.76	25.31	14.98	62.75	24.13	146.63	2.83
KD-04	12.02	72.24	28.60	16.71	64.68	25.00	111.80	2.99
KD-05	17.48	58.66	26.41	14.73	66.35	26.80	122.00	2.75

三、烟叶常规化学成分与中微量元素

1. 毛甸子镇二道沟村 8 组片区

代表性片区(KD-01)中部烟叶(C3F)总糖含量 26.04%，还原糖含量 22.58%，总氮含量 1.94%，总植物碱含量 3.11%，氯含量 0.34%，钾含量 2.27%，糖碱比 8.37，淀粉含量 4.17%(表 14-1-4)。烟叶铜含量为 0.006 g/kg，铁含量为 0.176 g/kg，锰含量为 0.127 g/kg，锌含量为 0.022 g/kg，钙含量为 156.258 mg/kg，镁含量为 14.980 mg/kg(表 14-1-5)。

2. 大川头镇红光村 9 组片区

代表性片区(KD-02)中部烟叶(C3F)总糖含量 29.42%，还原糖含量 27.37%，总氮含量 1.83%，总植物碱含量 2.62%，氯含量 1.19%，钾含量 2.21%，糖碱比 11.23，淀粉含量 1.87%(表 14-1-4)。烟叶铜含量为 0.011 g/kg，铁含量为 0.176 g/kg，锰含量为 0.227 g/kg，锌含量为 0.033 g/kg，钙含量为 162.951 mg/kg，镁含量为 25.745 mg/kg(表 14-1-5)。

3. 双山子镇双山子村 5 组片区

代表性片区(KD-03)中部烟叶(C3F)总糖含量 32.80%，还原糖含量 28.91%，总氮含量 2.03%，总植物碱含量 3.29%，氯含量 0.24%，钾含量 1.41%，糖碱比 9.97，淀粉含量 4.42%(表 14-1-4)。烟叶铜含量为 0.010 g/kg，铁含量为 0.213 g/kg，锰含量为 0.108 g/kg，锌含量为 0.027 g/kg，钙含量为 142.691 mg/kg，镁含量为 22.737 mg/kg(表 14-1-5)。

4. 青椅山镇碱场沟村 3 组片区

代表性片区(KD-04)中部烟叶(C3F)总糖含量 28.41%，还原糖含量 25.45%，总氮含量 2.08%，总植物碱含量 3.16%，氯含量 0.43%，钾含量 2.59%，糖碱比 8.99，淀粉含量 3.34%(表 14-1-4)。烟叶铜含量为 0.012 g/kg，铁含量为 0.154 g/kg，锰含量为 0.224 g/kg，锌含量为 0.023 g/kg，钙含量为 135.936 mg/kg，镁含量为 21.055 mg/kg(表 14-1-5)。

5. 青椅山镇肖家堡 6 组片区

代表性片区(KD-05)中部烟叶(C3F)总糖含量 26.68%，还原糖含量 23.29%，总氮含量 1.80%，总植物碱含量 2.87%，氯含量 0.46%，钾含量 2.02%，糖碱比 9.30，淀粉含量 3.45%(表 14-1-4)。烟叶铜含量为 0.021 g/kg，铁含量为 0.207 g/kg，锰含量为 0.322 g/kg，锌含量为 0.047 g/kg，钙含量为 156.521 mg/kg，镁含量为 16.784 mg/kg(表 14-1-5)。

表 14-1-4　代表性片区中部烟叶(C3F)常规化学成分

片区	总糖 /%	还原糖 /%	总氮 /%	总植物碱 /%	氯 /%	钾 /%	糖碱比	淀粉 /%
KD-01	26.04	22.58	1.94	3.11	0.34	2.27	8.37	4.17
KD-02	29.42	27.37	1.83	2.62	1.19	2.21	11.23	1.87
KD-03	32.80	28.91	2.03	3.29	0.24	1.41	9.97	4.42
KD-04	28.41	25.45	2.08	3.16	0.43	2.59	8.99	3.34
KD-05	26.68	23.29	1.80	2.87	0.46	2.02	9.30	3.45

表 14-1-5　代表性片区中部烟叶(C3F)中微量元素

片区	Cu /(g/kg)	Fe /(g/kg)	Mn /(g/kg)	Zn /(g/kg)	Ca /(mg/kg)	Mg /(mg/kg)
KD-01	0.006	0.176	0.127	0.022	156.258	14.980
KD-02	0.011	0.176	0.227	0.033	162.951	25.745
KD-03	0.010	0.213	0.108	0.027	142.691	22.737
KD-04	0.012	0.154	0.224	0.023	135.936	21.055
KD-05	0.021	0.207	0.322	0.047	156.521	16.784

四、烟叶生物碱组分与细胞壁物质

1. 毛甸子镇二道沟村 8 组片区

代表性片区(KD-01)中部烟叶(C3F)烟碱含量为 29.786 mg/g，降烟碱含量为 0.743 mg/g，麦斯明含量为 0.005 mg/g，假木贼碱含量为 0.241 mg/g，新烟碱含量为 1.059 mg/g；烟叶纤维素含量为 7.70%，半纤维素含量为 3.00%，木质素含量为 0.90%(表 14-1-6)。

2. 大川头镇红光村 9 组片区

代表性片区（KD-02）中部烟叶（C3F）烟碱含量为 32.807 mg/g，降烟碱含量为 0.797 mg/g，麦斯明含量为 0.005 mg/g，假木贼碱含量为 0.256 mg/g，新烟碱含量为 1.120 mg/g；烟叶纤维素含量为 8.20%，半纤维素含量为 2.70%，木质素含量为 1.40%（表 14-1-6）。

3. 双山子镇双山子村 5 组片区

代表性片区（KD-03）中部烟叶（C3F）烟碱含量为 29.385 mg/g，降烟碱含量为 0.807 mg/g，麦斯明含量为 0.005 mg/g，假木贼碱含量为 0.260 mg/g，新烟碱含量为 1.115 mg/g；烟叶纤维素含量为 7.00%，半纤维素含量为 1.90%，木质素含量为 1.20%（表 14-1-6）。

4. 青椅山镇碱场沟村 3 组片区

代表性片区（KD-04）中部烟叶（C3F）烟碱含量为 31.275 mg/g，降烟碱含量为 0.791 mg/g，麦斯明含量为 0.005 mg/g，假木贼碱含量为 0.232 mg/g，新烟碱含量为 1.054 mg/g；烟叶纤维素含量为 8.40%，半纤维素含量为 1.50%，木质素含量为 0.60%（表 14-1-6）

5. 青椅山镇肖家堡 6 组片区

代表性片区（KD-05）中部烟叶（C3F）烟碱含量为 24.900 mg/g，降烟碱含量为 0.676 mg/g，麦斯明含量为 0.004 mg/g，假木贼碱含量为 0.193 mg/g，新烟碱含量为 0.944 mg/g；烟叶纤维素含量为 8.50%，半纤维素含量为 2.50%，木质素含量为 1.10%（表 14-1-6）

表 14-1-6　代表性片区中部烟叶（C3F）生物碱组分与细胞壁物质

片区	烟碱 /(mg/g)	降烟碱 /(mg/g)	麦斯明 /(mg/g)	假木贼碱 /(mg/g)	新烟碱 /(mg/g)	纤维素 /%	半纤维素 /%	木质素 /%
KD-01	29.786	0.743	0.005	0.241	1.059	7.70	3.00	0.90
KD-02	32.807	0.797	0.005	0.256	1.120	8.20	2.70	1.40
KD-03	29.385	0.807	0.005	0.260	1.115	7.00	1.90	1.20
KD-04	31.275	0.791	0.005	0.232	1.054	8.40	1.50	0.60
KD-05	24.900	0.676	0.004	0.193	0.944	8.50	2.50	1.10

五、烟叶多酚与质体色素

1. 毛甸子镇二道沟村 8 组片区

代表性片区（KD-01）中部烟叶（C3F）绿原酸含量为 17.690 mg/g，芸香苷含量为

9.670 mg/g，莨菪亭含量为 0.220 mg/g，β-胡萝卜素含量为 0.025 mg/g，叶黄素含量为 0.048 mg/g（表 14-1-7）。

2. 大川头镇红光村 9 组片区

代表性片区（KD-02）中部烟叶（C3F）绿原酸含量为 15.080 mg/g，芸香苷含量为 6.880 mg/g，莨菪亭含量为 0.180 mg/g，β-胡萝卜素含量为 0.031 mg/g，叶黄素含量为 0.060 mg/g（表 14-1-7）。

3. 双山子镇双山子村 5 组片区

代表性片区（KD-03）中部烟叶（C3F）绿原酸含量为 17.410 mg/g，芸香苷含量为 10.220 mg/g，莨菪亭含量为 0.180 mg/g，β-胡萝卜素含量为 0.022 mg/g，叶黄素含量为 0.040 mg/g（表 14-1-7）。

4. 青椅山镇碱场沟村 3 组片区

代表性片区（KD-04）中部烟叶（C3F）绿原酸含量为 14.260 mg/g，芸香苷含量为 7.710 mg/g，莨菪亭含量为 0.170 mg/g，β-胡萝卜素含量为 0.028 mg/g，叶黄素含量为 0.057 mg/g（表 14-1-7）。

5. 青椅山镇肖家堡 6 组片区

代表性片区（KD-05）中部烟叶（C3F）绿原酸含量为 17.280 mg/g，芸香苷含量为 9.710 mg/g，莨菪亭含量为 0.150 mg/g，β-胡萝卜素含量为 0.027 mg/g，叶黄素含量为 0.049 mg/g（表 14-1-7）。

表 14-1-7　代表性片区中部烟叶（C3F）多酚与质体色素　　（单位：mg/g）

片区	绿原酸	芸香苷	莨菪亭	β-胡萝卜素	叶黄素
KD-01	17.690	9.670	0.220	0.025	0.048
KD-02	15.080	6.880	0.180	0.031	0.060
KD-03	17.410	10.220	0.180	0.022	0.040
KD-04	14.260	7.710	0.170	0.028	0.057
KD-05	17.280	9.710	0.150	0.027	0.049

六、烟叶有机酸类物质

1. 毛甸子镇二道沟村 8 组片区

代表性片区（KD-01）中部烟叶（C3F）草酸含量为 14.061 mg/g，苹果酸含量为 78.293 mg/g，柠檬酸含量为 8.527 mg/g，棕榈酸含量为 2.951 mg/g，亚油酸含量为 1.664 mg/g，油酸含量为 3.774 mg/g，硬脂酸含量为 0.756 mg/g（表 14-1-8）。

2. 大川头镇红光村9组片区

代表性片区(KD-02)中部烟叶(C3F)草酸含量为7.429 mg/g，苹果酸含量为52.603 mg/g，柠檬酸含量为6.937 mg/g，棕榈酸含量为2.128 mg/g，亚油酸含量为1.258 mg/g，油酸含量为2.461 mg/g，硬脂酸含量为0.501 mg/g(表14-1-8)。

3. 双山子镇双山子村5组片区

代表性片区(KD-03)中部烟叶(C3F)草酸含量为11.724 mg/g，苹果酸含量为36.579 mg/g，柠檬酸含量为11.949 mg/g，棕榈酸含量为1.683 mg/g，亚油酸含量为1.081 mg/g，油酸含量为2.664 mg/g，硬脂酸含量为0.322 mg/g(表14-1-8)。

4. 青椅山镇碱场沟村3组片区

代表性片区(KD-04)中部烟叶(C3F)草酸含量为11.303 mg/g，苹果酸含量为77.925 mg/g，柠檬酸含量为9.720 mg/g，棕榈酸含量为2.741 mg/g，亚油酸含量为1.425 mg/g，油酸含量为3.529 mg/g，硬脂酸含量为0.599 mg/g(表14-1-8)。

5. 青椅山镇肖家堡6组片区

代表性片区(KD-05)中部烟叶(C3F)草酸含量为12.015 mg/g，苹果酸含量为81.211 mg/g，柠檬酸含量为10.570 mg/g，棕榈酸含量为2.917 mg/g，亚油酸含量为1.584 mg/g，油酸含量为3.662 mg/g，硬脂酸含量为0.668 mg/g(表14-1-8)。

表14-1-8　代表性片区中部烟叶(C3F)有机酸　　(单位：mg/g)

片区	草酸	苹果酸	柠檬酸	棕榈酸	亚油酸	油酸	硬脂酸
KD-01	14.061	78.293	8.527	2.951	1.664	3.774	0.756
KD-02	7.429	52.603	6.937	2.128	1.258	2.461	0.501
KD-03	11.724	36.579	11.949	1.683	1.081	2.664	0.322
KD-04	11.303	77.925	9.720	2.741	1.425	3.529	0.599
KD-05	12.015	81.211	10.570	2.917	1.584	3.662	0.668

七、烟叶氨基酸

1. 毛甸子镇二道沟村8组片区

代表性片区(KD-01)中部烟叶(C3F)磷酸化-丝氨酸含量为0.279 μg/mg，牛磺酸含量为0.496 μg/mg，天冬氨酸含量为0.166 μg/mg，苏氨酸含量为0.154 μg/mg，丝氨酸含量为0.027 μg/mg，天冬酰胺含量为0.904 μg/mg，谷氨酸含量为0.110 μg/mg，甘氨酸含量为0.020 μg/mg，丙氨酸含量为0.316 μg/mg，缬氨酸含量为0.040 μg/mg，半胱氨酸含量为0.164 μg/mg，异亮氨酸含量为0.011 μg/mg，亮氨酸含量为0.064 μg/mg，酪氨酸含量为0.032 μg/mg，苯丙氨酸含量为0.138 μg/mg，氨基丁酸含量为0.028 μg/mg，组氨酸含量为 0.058 μg/mg，色氨酸含量为 0.027 μg/mg，精氨酸含量为 0.024 μg/mg（表 14-1-9）。

2. 大川头镇红光村 9 组片区

代表性片区（KD-02）中部烟叶（C3F）磷酸化-丝氨酸含量为 0.261 μg/mg，牛磺酸含量为 0.446 μg/mg，天冬氨酸含量为 0.089 μg/mg，苏氨酸含量为 0.225 μg/mg，丝氨酸含量为 0.048 μg/mg，天冬酰胺含量为 1.156 μg/mg，谷氨酸含量为 0.118 μg/mg，甘氨酸含量为 0.029 μg/mg，丙氨酸含量为 0.402 μg/mg，缬氨酸含量为 0.056 μg/mg，半胱氨酸含量为 0.227 μg/mg，异亮氨酸含量为 0.010 μg/mg，亮氨酸含量为 0.057 μg/mg，酪氨酸含量为 0.030 μg/mg，苯丙氨酸含量为 0.136 μg/mg，氨基丁酸含量为 0.035 μg/mg，组氨酸含量为 0.070 μg/mg，色氨酸含量为 0.039 μg/mg，精氨酸含量为 0.010 μg/mg（表 14-1-9）。

3. 双山子镇双山子村 5 组片区

代表性片区（KD-03）中部烟叶（C3F）磷酸化-丝氨酸含量为 0.226 μg/mg，牛磺酸含量为 0.404 μg/mg，天冬氨酸含量为 0.072 μg/mg，苏氨酸含量为 0.087 μg/mg，丝氨酸含量为 0.055 μg/mg，天冬酰胺含量为 0.560 μg/mg，谷氨酸含量为 0.074 μg/mg，甘氨酸含量为 0.026 μg/mg，丙氨酸含量为 0.315 μg/mg，缬氨酸含量为 0.056 μg/mg，半胱氨酸含量为 0.046 μg/mg，异亮氨酸含量为 0.015 μg/mg，亮氨酸含量为 0.083 μg/mg，酪氨酸含量为 0.035 μg/mg，苯丙氨酸含量为 0.088 μg/mg，氨基丁酸含量为 0.029 μg/mg，组氨酸含量为 0.073 μg/mg，色氨酸含量为 0.033 μg/mg，精氨酸含量为 0 μg/mg（表 14-1-9）。

4. 青椅山镇碱场沟村 3 组片区

代表性片区（KD-04）中部烟叶（C3F）磷酸化-丝氨酸含量为 0.320 μg/mg，牛磺酸含量为 0.565 μg/mg，天冬氨酸含量为 0.193 μg/mg，苏氨酸含量为 0.219 μg/mg，丝氨酸含量为 0.043 μg/mg，天冬酰胺含量为 1.441 μg/mg，谷氨酸含量为 0.102 μg/mg，甘氨酸含量为 0.029 μg/mg，丙氨酸含量为 0.408 μg/mg，缬氨酸含量为 0.053 μg/mg，半胱氨酸含量为 0.249 μg/mg，异亮氨酸含量为 0.002 μg/mg，亮氨酸含量为 0.073 μg/mg，酪氨酸含量为 0.044 μg/mg，苯丙氨酸含量为 0.164 μg/mg，氨基丁酸含量为 0.039 μg/mg，组氨酸含量为 0.066 μg/mg，色氨酸含量为 0.035 μg/mg，精氨酸含量为 0.012 μg/mg（表 14-1-9）。

5. 青椅山镇肖家堡 6 组片区

代表性片区（KD-05）中部烟叶（C3F）磷酸化-丝氨酸含量为 0.272 μg/mg，牛磺酸含量为 0.530 μg/mg，天冬氨酸含量为 0.147 μg/mg，苏氨酸含量为 0.079 μg/mg，丝氨酸含量为 0.055 μg/mg，天冬酰胺含量为 0.750 μg/mg，谷氨酸含量为 0.078 μg/mg，甘氨酸含量为 0.030 μg/mg，丙氨酸含量为 0.325 μg/mg，缬氨酸含量为 0.063 μg/mg，半胱氨酸含量为 0.122 μg/mg，异亮氨酸含量为 0.011 μg/mg，亮氨酸含量为 0.064 μg/mg，酪氨酸含量为 0.052 μg/mg，苯丙氨酸含量为 0.145 μg/mg，氨基丁酸含量为 0.046 μg/mg，组氨酸含量为 0.081 μg/mg，色氨酸含量为 0.031 μg/mg，精氨酸含量为 0.016 μg/mg（表 14-1-9）。

表 14-1-9　代表性片区中部烟叶(C3F)氨基酸　　　(单位：μg/mg)

氨基酸组分	KD-01	KD-02	KD-03	KD-04	KD-05
磷酸化-丝氨酸	0.279	0.261	0.226	0.320	0.272
牛磺酸	0.496	0.446	0.404	0.565	0.530
天冬氨酸	0.166	0.089	0.072	0.193	0.147
苏氨酸	0.154	0.225	0.087	0.219	0.079
丝氨酸	0.027	0.048	0.055	0.043	0.055
天冬酰胺	0.904	1.156	0.560	1.441	0.750
谷氨酸	0.110	0.118	0.074	0.102	0.078
甘氨酸	0.020	0.029	0.026	0.029	0.030
丙氨酸	0.316	0.402	0.315	0.408	0.325
缬氨酸	0.040	0.056	0.056	0.053	0.063
半胱氨酸	0.164	0.227	0.046	0.249	0.122
异亮氨酸	0.011	0.010	0.015	0.002	0.011
亮氨酸	0.064	0.057	0.083	0.073	0.064
酪氨酸	0.032	0.030	0.035	0.044	0.052
苯丙氨酸	0.138	0.136	0.088	0.164	0.145
氨基丁酸	0.028	0.035	0.029	0.039	0.046
组氨酸	0.058	0.070	0.073	0.066	0.081
色氨酸	0.027	0.039	0.033	0.035	0.031
精氨酸	0.024	0.010	0	0.012	0.016

八、烟叶香气物质

1. 毛甸子镇二道沟村 8 组片区

代表性片区(KD-01)中部烟叶(C3F)茄酮含量为 0.706 μg/g，香叶基丙酮含量为 0.370 μg/g，降茄二酮含量为 0.123 μg/g，β-紫罗兰酮含量为 0.392 μg/g，氧化紫罗兰酮含量为 0.493 μg/g，二氢猕猴桃内酯含量为 3.248 μg/g，巨豆三烯酮 1 含量为 0.112 μg/g，巨豆三烯酮 2 含量为 1.389 μg/g，巨豆三烯酮 3 含量为 0.280 μg/g，巨豆三烯酮 4 含量为 1.086 μg/g，3-羟基-β-二氢大马酮含量为 1.490 μg/g，3-氧代-α-紫罗兰醇含量为 5.096 μg/g，新植二烯含量为 675.954 μg/g，3-羟基索拉韦惕酮含量为 5.701 μg/g，β-法尼烯含量为 5.802 μg/g(表 14-1-10)。

2. 大川头镇红光村 9 组片区

代表性片区(KD-02)中部烟叶(C3F)茄酮含量为 0.414 μg/g，香叶基丙酮含量为 0.459 μg/g，降茄二酮含量为 0.101 μg/g，β-紫罗兰酮含量为 0.325 μg/g，氧化紫罗兰酮含量为 0.370 μg/g，二氢猕猴桃内酯含量为 3.606 μg/g，巨豆三烯酮 1 含量为 0.112 μg/g，巨豆三烯酮 2 含量为 0.974 μg/g，巨豆三烯酮 3 含量为 0.168 μg/g，巨豆三烯酮 4 含量为 0.941 μg/g，3-羟基-β-二氢大马酮含量为 1.266 μg/g，3-氧代-α-紫罗兰醇含量为 3.573 μg/g，新植二烯含量为 644.784 μg/g，3-羟基索拉韦惕酮含量为 2.733 μg/g，β-法尼烯含量为 6.115 μg/g（表 14-1-10）。

3. 双山子镇双山子村 5 组片区

代表性片区（KD-03）中部烟叶（C3F）茄酮含量为 0.874 μg/g，香叶基丙酮含量为 0.414 μg/g，降茄二酮含量为 0.101 μg/g，β-紫罗兰酮含量为 0.325 μg/g，氧化紫罗兰酮含量为 0.381 μg/g，二氢猕猴桃内酯含量为 3.069 μg/g，巨豆三烯酮 1 含量为 0.101 μg/g，巨豆三烯酮 2 含量为 0.952 μg/g，巨豆三烯酮 3 含量为 0.146 μg/g，巨豆三烯酮 4 含量为 0.851 μg/g，3-羟基-β-二氢大马酮含量为 0.918 μg/g，3-氧代-α-紫罗兰醇含量为 2.710 μg/g，新植二烯含量为 622.194 μg/g，3-羟基索拉韦惕酮含量为 4.301 μg/g，β-法尼烯含量为 5.533 μg/g（表 14-1-10）。

4. 青椅山镇碱场沟村 3 组片区

代表性片区（KD-04）中部烟叶（C3F）茄酮含量为 0.638 μg/g，香叶基丙酮含量为 0.381 μg/g，降茄二酮含量为 0.112 μg/g，β-紫罗兰酮含量为 0.370 μg/g，氧化紫罗兰酮含量为 0.526 μg/g，二氢猕猴桃内酯含量为 2.934 μg/g，巨豆三烯酮 1 含量为 0.101 μg/g，巨豆三烯酮 2 含量为 1.086 μg/g，巨豆三烯酮 3 含量为 0.134 μg/g，巨豆三烯酮 4 含量为 0.862 μg/g，3-羟基-β-二氢大马酮含量为 0.907 μg/g，3-氧代-α-紫罗兰醇含量为 3.304 μg/g，新植二烯含量为 863.083 μg/g，3-羟基索拉韦惕酮含量为 4.267 μg/g，β-法尼烯含量为 7.504 μg/g（表 14-1-10）。

5. 青椅山镇肖家堡 6 组片区

代表性片区（KD-05）中部烟叶（C3F）茄酮含量为 0.549 μg/g，香叶基丙酮含量为 0.381 μg/g，降茄二酮含量为 0.134 μg/g，β-紫罗兰酮含量为 0.347 μg/g，氧化紫罗兰酮含量为 0.627 μg/g，二氢猕猴桃内酯含量为 4.850 μg/g，巨豆三烯酮 1 含量为 0.078 μg/g，巨豆三烯酮 2 含量为 0.806 μg/g，巨豆三烯酮 3 含量为 0.123 μg/g，巨豆三烯酮 4 含量为 0.706 μg/g，3-羟基-β-二氢大马酮含量为 1.142 μg/g，3-氧代-α-紫罗兰醇含量为 1.378 μg/g，新植二烯含量为 729.781 μg/g，3-羟基索拉韦惕酮含量为 3.338 μg/g，β-法尼烯含量为 6.922 μg/g（表 14-1-10）。

表 14-1-10　代表性片区中部烟叶（C3F）香气物质　　　　（单位：μg/g）

香气物质	KD-01	KD-02	KD-03	KD-04	KD-05
茄酮	0.706	0.414	0.874	0.638	0.549
香叶基丙酮	0.370	0.459	0.414	0.381	0.381
降茄二酮	0.123	0.101	0.101	0.112	0.134
β-紫罗兰酮	0.392	0.325	0.325	0.370	0.347
氧化紫罗兰酮	0.493	0.370	0.381	0.526	0.627
二氢猕猴桃内酯	3.248	3.606	3.069	2.934	4.850

续表

香气物质	KD-01	KD-02	KD-03	KD-04	KD-05
巨豆三烯酮 1	0.112	0.112	0.101	0.101	0.078
巨豆三烯酮 2	1.389	0.974	0.952	1.086	0.806
巨豆三烯酮 3	0.280	0.168	0.146	0.134	0.123
巨豆三烯酮 4	1.086	0.941	0.851	0.862	0.706
3-羟基-β-二氢大马酮	1.490	1.266	0.918	0.907	1.142
3-氧代-α-紫罗兰醇	5.096	3.573	2.710	3.304	1.378
新植二烯	675.954	644.784	622.194	863.083	729.781
3-羟基索拉韦惕酮	5.701	2.733	4.301	4.267	3.338
β-法尼烯	5.802	6.115	5.533	7.504	6.922

九、烟叶感官质量

1. 毛甸子镇二道沟村 8 组片区

代表性片区(KD-01)中部烟叶(C3F)感官质量评价结果显示,香韵指标包含的干草香、清甜香、正甜香、焦甜香、青香、木香、豆香、坚果香、焦香、辛香、果香、药草香、花香、树脂香、酒香的各项指标值分别为 2.92、0、2.38、0、0.77、2.00、0、0、0、0.85、0、0、0、0,烟气指标包含的香气状态、烟气浓度、劲头、香气质、香气量和透发性的各项指标值分别为 2.92、3.23、3.08、2.54、2.77 和 2.92,杂气指标包含的青杂气、生青气、枯焦气、木质气、土腥气、松脂气、花粉气、药草气和金属气的各项指标值分别为 1.69、0、1.23、1.77、0、0、0、0、0,口感指标包含的细腻程度、柔和程度、圆润感、刺激性、干燥感和余味的各项指标值分别为 2.46、2.54、2.38、2.85、3.00 和 2.69(表 14-1-11)。

2. 大川头镇红光村 9 组片区

代表性片区(KD-02)中部烟叶(C3F)感官质量评价结果显示,香韵指标包含的干草香、清甜香、正甜香、焦甜香、青香、木香、豆香、坚果香、焦香、辛香、果香、药草香、花香、树脂香、酒香的各项指标值分别为 3.17、0、2.56、0、0.56、1.78、0、0、0、1.22、0、0、0、0,烟气指标包含的香气状态、烟气浓度、劲头、香气质、香气量和透发性的各项指标值分别为 2.47、2.94、2.47、2.56、2.94 和 2.67,杂气指标包含的青杂气、生青气、枯焦气、木质气、土腥气、松脂气、花粉气、药草气和金属气的各项指标值分别为 1.33、0.61、0、1.33、0、0、0、0、0,口感指标包含的细腻程度、柔和程度、圆润感、刺激性、干燥感和余味的各项指标值分别为 2.67、2.72、2.47、2.78、2.67 和 2.72(表 14-1-11)。

3. 双山子镇双山子村 5 组片区

代表性片区(KD-03)中部烟叶(C3F)感官质量评价结果显示,香韵指标包含的干草香、清甜香、正甜香、焦甜香、青香、木香、豆香、坚果香、焦香、辛香、果香、药草香、花香、树脂香、酒香的各项指标值分别为 3.22、0、2.56、0、0、1.72、0、0.83、0.72、1.28、0、0、0、0、0，烟气指标包含的香气状态、烟气浓度、劲头、香气质、香气量和透发性的各项指标值分别为 2.65、3.00、2.81、2.72、3.11 和 2.94，杂气指标包含的青杂气、生青气、枯焦气、木质气、土腥气、松脂气、花粉气、药草气和金属气的各项指标值分别为 1.11、0、0.89、1.50、0、0、0、0、0，口感指标包含的细腻程度、柔和程度、圆润感、刺激性、干燥感和余味的各项指标值分别为 2.61、2.67、2.50、3.00、2.89 和 2.67（表 14-1-11）。

4. 青椅山镇碱场沟村 3 组片区

代表性片区（KD-04）中部烟叶（C3F）感官质量评价结果显示，香韵指标包含的干草香、清甜香、正甜香、焦甜香、青香、木香、豆香、坚果香、焦香、辛香、果香、药草香、花香、树脂香、酒香的各项指标值分别为 3.12、0、2.53、0、0、1.59、0、0.65、0、0.65、0、0、0、0、0，烟气指标包含的香气状态、烟气浓度、劲头、香气质、香气量和透发性的各项指标值分别为 3.06、2.94、3.29、2.82、2.65 和 2.71，杂气指标包含的青杂气、生青气、枯焦气、木质气、土腥气、松脂气、花粉气、药草气和金属气的各项指标值分别为 1.00、0、0.88、1.65、0、0、0、0、0，口感指标包含的细腻程度、柔和程度、圆润感、刺激性、干燥感和余味的各项指标值分别为 2.59、2.59、2.59、2.71、3.00 和 2.88（表 14-1-11）。

5. 青椅山镇肖家堡 6 组片区

代表性片区（KD-05）中部烟叶（C3F）感官质量评价结果显示，香韵指标包含的干草香、清甜香、正甜香、焦甜香、青香、木香、豆香、坚果香、焦香、辛香、果香、药草香、花香、树脂香、酒香的各项指标值分别为 3.39、0、2.39、0、0.67、1.83、0、0、0.67、1.06、0、0、0、0、0，烟气指标包含的香气状态、烟气浓度、劲头、香气质、香气量和透发性的各项指标值分别为 2.53、2.83、2.83、2.53、2.88 和 2.88，杂气指标包含的青杂气、生青气、枯焦气、木质气、土腥气、松脂气、花粉气、药草气和金属气的各项指标值分别为 1.33、0.61、0.56、1.61、0、0、0、0、0，口感指标包含的细腻程度、柔和程度、圆润感、刺激性、干燥感和余味的各项指标值分别为 2.56、2.72、2.39、2.83、2.83 和 2.39（表 14-1-11）。

表 14-1-11　代表性片区中部烟叶（C3F）感官质量

评价指标		KD-01	KD-02	KD-03	KD-04	KD-05
香韵	干草香	2.92	3.17	3.22	3.12	3.39
	清甜香	0	0	0	0	0
	正甜香	2.38	2.56	2.56	2.53	2.39
	焦甜香	0	0	0	0	0
	青香	0.77	0.56	0	0	0.67

续表

评价指标		KD-01	KD-02	KD-03	KD-04	KD-05
香韵	木香	2.00	1.78	1.72	1.59	1.83
	豆香	0	0	0	0	0
	坚果香	0	0	0.83	0.65	0
	焦香	0	0	0.72	0	0.67
	辛香	0.85	1.22	1.28	0.65	1.06
	果香	0	0	0	0	0
	药草香	0	0	0	0	0
	花香	0	0	0	0	0
	树脂香	0	0	0	0	0
	酒香	0	0	0	0	0
烟气	香气状态	2.92	2.47	2.65	3.06	2.53
	烟气浓度	3.23	2.94	3.00	2.94	2.83
	劲头	3.08	2.47	2.81	3.29	2.83
	香气质	2.54	2.56	2.72	2.82	2.53
	香气量	2.77	2.94	3.11	2.65	2.88
	透发性	2.92	2.67	2.94	2.71	2.88
杂气	青杂气	1.69	1.33	1.11	1.00	1.33
	生青气	0	0.61	0	0	0.61
	枯焦气	1.23	0	0.89	0.88	0.56
	木质气	1.77	1.33	1.50	1.65	1.61
	土腥气	0	0	0	0	0
	松脂气	0	0	0	0	0
	花粉气	0	0	0	0	0
	药草气	0	0	0	0	0
	金属气	0	0	0	0	0
口感	细腻程度	2.46	2.67	2.61	2.59	2.56
	柔和程度	2.54	2.72	2.67	2.59	2.72
	圆润感	2.38	2.47	2.50	2.59	2.39
	刺激性	2.85	2.78	3.00	2.71	2.83
	干燥感	3.00	2.67	2.89	3.00	2.83
	余味	2.69	2.72	2.67	2.88	2.39

第二节　黑龙江宁安烟叶风格特征

宁安市隶属黑龙江省牡丹江市，位于黑龙江省东南部，地处北纬 44°27′40″～48°31′24″、东经 128°7′54″～130°0′44″，东与穆棱市毗邻，西与海林市交界，南与吉林省汪清县、敦化市接壤，北与牡丹江市相连。宁安市属温带大陆性季风气候。宁安是东北地区烤烟种植区的典型烤烟产区之一，根据目前该市烤烟种植片区分布特点和烟叶质量风格特征，选择 5 个代表性种植片区，作为该市烟叶质量风格特征的代表性区域加以展示。

一、烟田与烟株基本特征

1. 宁安镇上赊哩村片区

代表性片区（NA-01）中心点位于北纬 44°22′52.705″、东经 129°26′24.302″，海拔 298 m。地处漫岗坡地中部，缓坡旱地，土体较厚，耕作层质地适中，耕性和通透性较好，易水土流失。成土母质为花岗岩风化坡积物，土壤亚类为普通简育冷凉淋溶土。该片区烤烟、玉米隔年轮作，烤烟大田生长期 5～9 月。烤烟田间长相长势较好，烟株呈筒形结构，株高 104.20 cm，茎围 8.90 cm，有效叶片数 16.40，中部烟叶长 62.80 cm、宽 26.00 cm，上部烟叶长 53.60 cm、宽 22.00 cm（图 14-2-1，表 14-2-1）。

图 14-2-1　NA-01 片区烟田

2. 宁安镇联合村片区

代表性片区（NA-02）中心点位于北纬 44°25′19.428″、东经 129°24′32.488″，海拔 303 m。地处漫岗坡地中部，缓坡旱地，土体较厚，耕作层质地适中，耕性和通透性较好，砾石较多，通透性较好。成土母质为花岗岩风化坡积物，土壤亚类为普通简育冷凉淋溶土。该片区烤烟、玉米隔年轮作，烤烟大田生长期 5～9 月。烤烟田间长相长势较好，烟株呈筒形结构，株高 106.10 cm，茎围 9.30 cm，有效叶片数 17.20，中部烟叶长 68.60 cm、宽 27.40 cm，上部烟叶长 56.60 cm、宽 22.80 cm（图 14-2-2，表 14-2-1）。

3. 海浪镇安青村片区

代表性片区（NA-03）中心点位于北纬 44°19′37.473″、东经 129°11′53.949″，海拔 325 m。地处漫岗坡麓，平旱地，土体深厚，耕作层质地适中，耕性和通透性好。成土母质为黄土状沉积物，土壤亚类为斑纹黏化湿润均腐土。该片区烤烟、玉米隔年轮作，烤烟大田生长期 5～9 月。烤烟田间长相长势较好，烟株呈近塔形结构，株高 108.00 cm，茎围 8.60 cm，有效叶片数 19.50，中部烟叶长 63.50 cm、宽 27.30 cm，上部烟叶长 54.30 cm、宽 21.90 cm（图 14-2-3，表 14-2-1）。

图 14-2-2　NA-02 片区烟田

图 14-2-3　NA-03 片区烟田

4. 海浪镇长胜村(1)片区

代表性片区(NA-04)中心点位于北纬 44°19′29.344″、东经 129°16′19.257″，海拔 324 m。地处漫岗坡麓，平旱地，土体浅薄，耕作层质地适中，砾石多，耕性和通透性较好，易水土流失和受旱灾威胁。成土母质为黄土状沉积物，土壤亚类为斑纹黏化湿润均腐土。该片区烤烟、玉米隔年轮作，烤烟大田生长期 5～9 月。烤烟田间长相长势较好，烟株呈筒形结构，株高 108.50 cm，茎围 9.10 cm，有效叶片数 18.40，中部烟叶长 60.00 cm、宽 25.90 cm，上部烟叶长 52.40 cm、宽 22.60 cm（图 14-2-4，表 14-2-1）。

5. 海浪镇长胜村(2)片区

代表性片区(NA-05)中心点位于北纬 44°18′51.191″、东经 129°18′51.390″，海拔 280 m。地处漫岗坡麓，平旱地，土体深厚，耕作层质地适中，耕性和通透性好。成土母质为黄土状沉积物，土壤亚类为斑纹黏化湿润均腐土。该片区烤烟、玉米隔年轮作，烤烟大田生长期 5～9 月。烤烟田间长相长势较好，烟株呈近伞形结构，株高 114.40 cm，茎围

10.20 cm，有效叶片数 17.20，中部烟叶长 70.10 cm、宽 32.40 cm，上部烟叶长 59.80 cm、宽 26.10 cm（图 14-2-5，表 14-2-1）。

图 14-2-4 NA-04 片区烟田

图 14-2-5 NA-05 片区烟田

表 14-2-1 代表性片区烟株主要农艺性状

片区	株高 /cm	茎围 /cm	有效叶 /片	中部叶/cm		上部叶/cm		株型
				叶长	叶宽	叶长	叶宽	
NA-01	104.20	8.90	16.40	62.80	26.00	53.60	22.00	筒形
NA-02	106.10	9.30	17.20	68.60	27.40	56.60	22.80	筒形
NA-03	108.00	8.60	19.50	63.50	27.30	54.30	21.90	近塔形
NA-04	108.50	9.10	18.40	60.00	25.90	52.40	22.60	筒形
NA-05	114.40	10.20	17.20	70.10	32.40	59.80	26.10	近伞形

二、烟叶外观质量与物理指标

1. 宁安镇上赊哩村片区

代表性片区（NA-01）烟叶外观质量指标的成熟度得分 7.50，颜色得分 7.50，油分得分 5.00，身份得分 5.80，结构得分 7.50，色度得分 4.50。烟叶物理指标中的单叶重 13.85 g，叶片密度 62.83 g/m²，含梗率 23.00%，平衡含水率 14.34%，叶片长度 62.10 cm，叶片宽度 23.60 cm，叶片厚度 171.97 μm，填充值 2.71 cm³/g（图 14-2-6，表 14-2-2 和表 14-2-3）。

图 14-2-6　NA-01 片区初烤烟叶

2. 宁安镇联合村片区

代表性片区（NA-02）烟叶外观质量指标的成熟度得分 7.00，颜色得分 7.80，油分得分 6.80，身份得分 8.80，结构得分 6.50，色度得分 5.00。烟叶物理指标中的单叶重 19.95 g，叶片密度 65.72 g/m²，含梗率 28.98%，平衡含水率 13.92%，叶片长度 69.80 cm，叶片宽度 25.40 cm，叶片厚度 191.93 μm，填充值 3.16 cm³/g（图 14-2-7，表 14-2-2 和表 14-2-3）。

图 14-2-7　NA-02 片区初烤烟叶

3. 海浪镇安青村片区

代表性片区（NA-03）烟叶外观质量指标的成熟度得分 6.50，颜色得分 7.30，油分得分 6.00，身份得分 7.00，结构得分 6.00，色度得分 4.50。烟叶物理指标中的单叶重 16.31 g，叶片密度 62.04 g/m^2，含梗率 26.18%，平衡含水率 13.45%，叶片长度 60.30 cm，叶片宽度 22.60 cm，叶片厚度 172.30 μm，填充值 2.90 cm^3/g（图 14-2-8，表 14-2-2 和表 14-2-3）。

图 14-2-8　NA-03 片区初烤烟叶

4. 海浪镇长胜村(1)片区

代表性片区（NA-04）烟叶外观质量指标的成熟度得分 5.80，颜色得分 7.00，油分得分 5.50，身份得分 7.50，结构得分 5.50，色度得分 4.50。烟叶物理指标中的单叶重 16.79 g，叶片密度 64.84 g/m^2，含梗率 23.50%，平衡含水率 12.54%，叶片长度 63.60 cm，叶片宽度 20.80 cm，叶片厚度 175.00 μm，填充值 2.92 cm^3/g（图 14-2-9，表 14-2-2 和表 14-2-3）。

图 14-2-9　NA-04 片区初烤烟叶

5. 海浪镇长胜村(2)片区

代表性片区(NA-05)烟叶外观质量指标的成熟度得分 7.00，颜色得分 8.00，油分得分 7.50，身份得分 7.00，结构得分 6.50，色度得分 8.50。烟叶物理指标中的单叶重 14.58 g，叶片密度 76.26 g/m²，含梗率 26.78%，平衡含水率 13.89%，叶片长度 66.85 cm，叶片宽度 20.45 cm，叶片厚度 173.17 μm，填充值 2.94 cm³/g(图 14-2-10，表 14-2-2 和表 14-2-3)。

图 14-2-10　NA-05 片区初烤烟叶

表 14-2-2　代表性片区烟叶外观质量

片区	成熟度	颜色	油分	身份	结构	色度
NA-01	7.50	7.50	5.00	5.80	7.50	4.50
NA-02	7.00	7.80	6.80	8.80	6.50	5.00
NA-03	6.50	7.30	6.00	7.00	6.00	4.50
NA-04	5.80	7.00	5.50	7.50	5.50	4.50
NA-05	7.00	8.00	7.50	7.00	6.50	8.50

表 14-2-3　代表性片区烟叶物理指标

片区	单叶重 /g	叶片密度 /(g/m²)	含梗率 /%	平衡含水率 /%	叶长 /cm	叶宽 /cm	叶片厚度 /μm	填充值 /(cm³/g)
NA-01	13.85	62.83	23.00	14.34	62.10	23.60	171.97	2.71
NA-02	19.95	65.72	28.98	13.92	69.80	25.40	191.93	3.16
NA-03	16.31	62.04	26.18	13.45	60.30	22.60	172.30	2.90
NA-04	16.79	64.84	23.50	12.54	63.60	20.80	175.00	2.92
NA-05	14.58	76.26	26.78	13.89	66.85	20.45	173.17	2.94

三、烟叶常规化学成分与中微量元素

1. 宁安镇上赊哩村片区

代表性片区（NA-01）中部烟叶（C3F）总糖含量 38.84%，还原糖含量 33.39%，总氮含量 1.86%，总植物碱含量 1.08%，氯含量 0.50%，钾含量 1.68%，糖碱比 36.00，淀粉含量 3.75%（表 14-2-4）。烟叶铜含量为 0.141 g/kg，铁含量为 0.538 g/kg，锰含量为 0.472 g/kg，锌含量为 0.266 g/kg，钙含量为 156.564 mg/kg，镁含量为 27.940 mg/kg（表 14-2-5）。

2. 宁安镇联合村片区

代表性片区（NA-02）中部烟叶（C3F）总糖含量 39.71%，还原糖含量 35.32%，总氮含量 1.80%，总植物碱含量 1.86%，氯含量 0.46%，钾含量 1.38%，糖碱比 21.33，淀粉含量 3.98%（表 14-2-4）。烟叶铜含量为 0.167 g/kg，铁含量为 0.696 g/kg，锰含量为 0.566 g/kg，锌含量为 0.191 g/kg，钙含量为 190.134 mg/kg，镁含量为 27.963 mg/kg（表 14-2-5）。

3. 海浪镇安青村片区

代表性片区（NA-03）中部烟叶（C3F）总糖含量 38.99%，还原糖含量 33.82%，总氮含量 1.20%，总植物碱含量 1.03%，氯含量 0.55%，钾含量 1.58%，糖碱比 37.99，淀粉含量 3.80%（表 14-2-4）。烟叶铜含量为 0.321 g/kg，铁含量为 0.915 g/kg，锰含量为 0.174 g/kg，锌含量为 0.244 g/kg，钙含量为 181.425 mg/kg，镁含量为 25.543 mg/kg（表 14-2-5）。

4. 海浪镇长胜村（1）片区

代表性片区（NA-04）中部烟叶（C3F）总糖含量 37.81%，还原糖含量 34.29%，总氮含量 1.71%，总植物碱含量 1.66%，氯含量 0.76%，钾含量 1.42%，糖碱比 22.82，淀粉含量 3.14%（表 14-2-4）。烟叶铜含量为 0.320 g/kg，铁含量为 0.676 g/kg，锰含量为 0.803 g/kg，锌含量为 0.328 g/kg，钙含量为 176.748 mg/kg，镁含量为 28.237 mg/kg（表 14-2-5）。

5. 海浪镇长胜村（2）片区

代表性片区（NA-05）中部烟叶（C3F）总糖含量 37.32%，还原糖含量 33.78%，总氮含量 1.82%，总植物碱含量 1.20%，氯含量 0.92%，钾含量 1.15%，糖碱比 31.22，淀粉含量 2.98%（表 14-2-4）。烟叶铜含量为 0.307 g/kg，铁含量为 0.512 g/kg，锰含量为 0.333 g/kg，锌含量为 0.302 g/kg，钙含量为 191.736 mg/kg，镁含量为 30.569 mg/kg（表 14-2-5）。

表 14-2-4　代表性片区中部烟叶（C3F）常规化学成分

片区	总糖/%	还原糖/%	总氮/%	总植物碱/%	氯/%	钾/%	糖碱比	淀粉/%
NA-01	38.84	33.39	1.86	1.08	0.50	1.68	36.00	3.75
NA-02	39.71	35.32	1.80	1.86	0.46	1.38	21.33	3.98

续表

片区	总糖/%	还原糖/%	总氮/%	总植物碱/%	氯/%	钾/%	糖碱比	淀粉/%
NA-03	38.99	33.82	1.20	1.03	0.55	1.58	37.99	3.80
NA-04	37.81	34.29	1.71	1.66	0.76	1.42	22.82	3.14
NA-05	37.32	33.78	1.82	1.20	0.92	1.15	31.22	2.98

表 14-2-5　代表性片区中部烟叶（C3F）中微量元素

片区	Cu/(g/kg)	Fe/(g/kg)	Mn/(g/kg)	Zn/(g/kg)	Ca/(mg/kg)	Mg/(mg/kg)
NA-01	0.141	0.538	0.472	0.266	156.564	27.940
NA-02	0.167	0.696	0.566	0.191	190.134	27.963
NA-03	0.321	0.915	0.174	0.244	181.425	25.543
NA-04	0.320	0.676	0.803	0.328	176.748	28.237
NA-05	0.307	0.512	0.333	0.302	191.736	30.569

四、烟叶生物碱组分与细胞壁物质

1. 宁安镇上赊哩村片区

代表性片区（NA-01）中部烟叶（C3F）烟碱含量为 10.790 mg/g，降烟碱含量为 0.192 mg/g，麦斯明含量为 0.004 mg/g，假木贼碱含量为 0.034 mg/g，新烟碱含量为 0.392 mg/g；烟叶纤维素含量为 7.00%，半纤维素含量为 1.80%，木质素含量为 1.30%（表 14-2-6）。

2. 宁安镇联合村片区

代表性片区（NA-02）中部烟叶（C3F）烟碱含量为 18.612 mg/g，降烟碱含量为 0.215 mg/g，麦斯明含量为 0.005 mg/g，假木贼碱含量为 0.057 mg/g，新烟碱含量为 0.753 mg/g；烟叶纤维素含量为 6.50%，半纤维素含量为 2.70%，木质素含量为 0.70%（表 14-2-6）。

3. 海浪镇安青村片区

代表性片区（NA-03）中部烟叶（C3F）烟碱含量为 10.263 mg/g，降烟碱含量为 0.197 mg/g，麦斯明含量为 0.004 mg/g，假木贼碱含量为 0.029 mg/g，新烟碱含量为 0.370 mg/g；烟叶纤维素含量为 7.60%，半纤维素含量为 1.70%，木质素含量为 1.30%（表 14-2-6）。

4. 海浪镇长胜村（1）片区

代表性片区（NA-04）中部烟叶（C3F）烟碱含量为 16.571 mg/g，降烟碱含量为

0.503 mg/g，麦斯明含量为 0.005 mg/g，假木贼碱含量为 0.047 mg/g，新烟碱含量为 0.551 mg/g；烟叶纤维素含量为 8.00%，半纤维素含量为 2.40%，木质素含量为 1.20%（表 14-2-6）。

5. 海浪镇长胜村(2)片区

代表性片区(NA-05)中部烟叶(C3F)烟碱含量为 11.955 mg/g，降烟碱含量为 0.427 mg/g，麦斯明含量为 0.004 mg/g，假木贼碱含量为 0.035 mg/g，新烟碱含量为 0.528 mg/g；烟叶纤维素含量为 6.60%，半纤维素含量为 2.40%，木质素含量为 0.90%（表 14-2-6）。

表 14-2-6　代表性片区中部烟叶(C3F)生物碱组分与细胞壁物质

片区	烟碱 /(mg/g)	降烟碱 /(mg/g)	麦斯明 /(mg/g)	假木贼碱 /(mg/g)	新烟碱 /(mg/g)	纤维素 /%	半纤维素 /%	木质素 /%
NA-01	10.790	0.192	0.004	0.034	0.392	7.00	1.80	1.30
NA-02	18.612	0.215	0.005	0.057	0.753	6.50	2.70	0.70
NA-03	10.263	0.197	0.004	0.029	0.370	7.60	1.70	1.30
NA-04	16.571	0.503	0.005	0.047	0.551	8.00	2.40	1.20
NA-05	11.955	0.427	0.004	0.035	0.528	6.60	2.40	0.90

五、烟叶多酚与质体色素

1. 宁安镇上晾哩村片区

代表性片区(NA-01)中部烟叶(C3F)绿原酸含量为 15.410 mg/g，芸香苷含量为 10.220 mg/g，莨菪亭含量为 0.180 mg/g，β-胡萝卜素含量为 0.028 mg/g，叶黄素含量为 0.057 mg/g（表 14-2-7）。

2. 宁安镇联合村片区

代表性片区(NA-02)中部烟叶(C3F)绿原酸含量为 14.260 mg/g，芸香苷含量为 6.880 mg/g，莨菪亭含量为 0.150 mg/g，β-胡萝卜素含量为 0.022 mg/g，叶黄素含量为 0.040 mg/g（表 14-2-7）。

3. 海浪镇安青村片区

代表性片区(NA-03)中部烟叶(C3F)绿原酸含量为 14.835 mg/g，芸香苷含量为 8.550 mg/g，莨菪亭含量为 0.165 mg/g，β-胡萝卜素含量为 0.025 mg/g，叶黄素含量为 0.049 mg/g（表 14-2-7）。

4. 海浪镇长胜村(1)片区

代表性片区(NA-04)中部烟叶(C3F)绿原酸含量为 16.110 mg/g，芸香苷含量为

8.620 mg/g，莨菪亭含量为 0.188 mg/g，β-胡萝卜素含量为 0.026 mg/g，叶黄素含量为 0.051 mg/g（表 14-2-7）。

5. 海浪镇长胜村(2)片区

代表性片区（NA-05）中部烟叶（C3F）绿原酸含量为 15.154 mg/g，芸香苷含量为 8.568 mg/g，莨菪亭含量为 0.171 mg/g，β-胡萝卜素含量为 0.025 mg/g，叶黄素含量为 0.049 mg/g（表 14-2-7）。

表 14-2-7　代表性片区中部烟叶（C3F）多酚与质体色素　　　　（单位：mg/g）

片区	绿原酸	芸香苷	莨菪亭	β-胡萝卜素	叶黄素
NA-01	15.410	10.220	0.180	0.028	0.057
NA-02	14.260	6.880	0.150	0.022	0.040
NA-03	14.835	8.550	0.165	0.025	0.049
NA-04	16.110	8.620	0.188	0.026	0.051
NA-05	15.154	8.568	0.171	0.025	0.049

六、烟叶有机酸类物质

1. 宁安镇上赊哩村片区

代表性片区（NA-01）中部烟叶（C3F）草酸含量为 19.018 mg/g，苹果酸含量为 67.924 mg/g，柠檬酸含量为 6.818 mg/g，棕榈酸含量为 2.855 mg/g，亚油酸含量为 1.232 mg/g，油酸含量为 3.480 mg/g，硬脂酸含量为 0.683 mg/g（表 14-2-8）。

2. 宁安镇联合村片区

代表性片区（NA-02）中部烟叶（C3F）草酸含量为 14.618 mg/g，苹果酸含量为 72.080 mg/g，柠檬酸含量为 9.794 mg/g，棕榈酸含量为 2.367 mg/g，亚油酸含量为 1.337 mg/g，油酸含量为 3.079 mg/g，硬脂酸含量为 0.522 mg/g（表 14-2-8）。

3. 海浪镇安青村片区

代表性片区（NA-03）中部烟叶（C3F）草酸含量为 13.034 mg/g，苹果酸含量为 62.686 mg/g，柠檬酸含量为 8.139 mg/g，棕榈酸含量为 2.426 mg/g，亚油酸含量为 1.299 mg/g，油酸含量为 3.103 mg/g，硬脂酸含量为 0.567 mg/g（表 14-2-8）。

4. 海浪镇长胜村(1)片区

代表性片区（NA-04）中部烟叶（C3F）草酸含量为 12.931 mg/g，苹果酸含量为 61.126 mg/g，柠檬酸含量为 8.100 mg/g，棕榈酸含量为 2.373 mg/g，亚油酸含量为 1.263 mg/g，油酸含量为 3.036 mg/g，硬脂酸含量为 0.548 mg/g（表 14-2-8）。

5. 海浪镇长胜村(2)片区

代表性片区(NA-05)中部烟叶(C3F)草酸含量为17.680 mg/g，苹果酸含量为55.585 mg/g，柠檬酸含量为7.374 mg/g，棕榈酸含量为2.685 mg/g，亚油酸含量为1.261 mg/g，油酸含量为3.285 mg/g，硬脂酸含量为0.631 mg/g(表14-2-8)。

表14-2-8 代表性片区中部烟叶(C3F)有机酸 （单位：mg/g）

片区	草酸	苹果酸	柠檬酸	棕榈酸	亚油酸	油酸	硬脂酸
NA-01	19.018	67.924	6.818	2.855	1.232	3.480	0.683
NA-02	14.618	72.080	9.794	2.367	1.337	3.079	0.522
NA-03	13.034	62.686	8.139	2.426	1.299	3.103	0.567
NA-04	12.931	61.126	8.100	2.373	1.263	3.036	0.548
NA-05	17.680	55.585	7.374	2.685	1.261	3.285	0.631

七、烟叶氨基酸

1. 宁安镇上赊哩村片区

代表性片区(NA-01)中部烟叶(C3F)磷酸化-丝氨酸含量为0.270 μg/mg，牛磺酸含量为0.486 μg/mg，天冬氨酸含量为0.125 μg/mg，苏氨酸含量为0.152 μg/mg，丝氨酸含量为0.050 μg/mg，天冬酰胺含量为0.977 μg/mg，谷氨酸含量为0.093 μg/mg，甘氨酸含量为0.029 μg/mg，丙氨酸含量为0.362 μg/mg，缬氨酸含量为0.057 μg/mg，半胱氨酸含量为0.161 μg/mg，异亮氨酸含量为0.010 μg/mg，亮氨酸含量为0.069 μg/mg，酪氨酸含量为0.040 μg/mg，苯丙氨酸含量为0.133 μg/mg，氨基丁酸含量为0.037 μg/mg，组氨酸含量为0.073 μg/mg，色氨酸含量为0.034 μg/mg，精氨酸含量为0.009 μg/mg(表14-2-9)。

2. 宁安镇联合村片区

代表性片区(NA-02)中部烟叶(C3F)磷酸化-丝氨酸含量为0.272 μg/mg，牛磺酸含量为0.488 μg/mg，天冬氨酸含量为0.133 μg/mg，苏氨酸含量为0.153 μg/mg，丝氨酸含量为0.045 μg/mg，天冬酰胺含量为0.962 μg/mg，谷氨酸含量为0.096 μg/mg，甘氨酸含量为0.027 μg/mg，丙氨酸含量为0.353 μg/mg，缬氨酸含量为0.054 μg/mg，半胱氨酸含量为0.162 μg/mg，异亮氨酸含量为0.010 μg/mg，亮氨酸含量为0.068 μg/mg，酪氨酸含量为0.039 μg/mg，苯丙氨酸含量为0.134 μg/mg，氨基丁酸含量为0.035 μg/mg，组氨酸含量为0.070 μg/mg，色氨酸含量为0.033 μg/mg，精氨酸含量为0.012 μg/mg(表14-2-9)。

3. 海浪镇安青村片区

代表性片区(NA-03)中部烟叶(C3F)磷酸化-丝氨酸含量为0.354 μg/mg，牛磺酸含量为0.604 μg/mg，天冬氨酸含量为0.131 μg/mg，苏氨酸含量为0.143 μg/mg，丝氨酸含量为0.075 μg/mg，天冬酰胺含量为0.715 μg/mg，谷氨酸含量为0.079 μg/mg，甘氨酸含量为 0.029 μg/mg，丙氨酸含量为 0.342 μg/mg，缬氨酸含量为 0.069 μg/mg，半胱氨酸含量为 0.194 μg/mg，异亮氨酸含量为 0.017 μg/mg，亮氨酸含量为 0.102 μg/mg，酪氨酸含量为 0.065 μg/mg，苯丙氨酸含量为 0.117 μg/mg，氨基丁酸含量为 0.023 μg/mg，组氨酸含量为 0.082 μg/mg，色氨酸含量为 0.020 μg/mg，精氨酸含量为 0.031 μg/mg（表 14-2-9）。

4. 海浪镇长胜村(1) 片区

代表性片区（NA-04）中部烟叶（C3F）磷酸化-丝氨酸含量为 0.299 μg/mg，牛磺酸含量为 0.526 μg/mg，天冬氨酸含量为 0.130 μg/mg，苏氨酸含量为 0.149 μg/mg，丝氨酸含量为 0.057 μg/mg，天冬酰胺含量为 0.885 μg/mg，谷氨酸含量为 0.090 μg/mg，甘氨酸含量为 0.028 μg/mg，丙氨酸含量为 0.352 μg/mg，缬氨酸含量为 0.060 μg/mg，半胱氨酸含量为 0.172 μg/mg，异亮氨酸含量为 0.012 μg/mg，亮氨酸含量为 0.080 μg/mg，酪氨酸含量为 0.048 μg/mg，苯丙氨酸含量为 0.128 μg/mg，氨基丁酸含量为 0.032 μg/mg，组氨酸含量为 0.075 μg/mg，色氨酸含量为 0.029 μg/mg，精氨酸含量为 0.018 μg/mg（表 14-2-9）。

5. 海浪镇长胜村(2) 片区

代表性片区（NA-05）中部烟叶（C3F）磷酸化-丝氨酸含量为 0.313 μg/mg，牛磺酸含量为 0.546 μg/mg，天冬氨酸含量为 0.132 μg/mg，苏氨酸含量为 0.148 μg/mg，丝氨酸含量为 0.060 μg/mg，天冬酰胺含量为 0.839 μg/mg，谷氨酸含量为 0.088 μg/mg，甘氨酸含量为 0.028 μg/mg，丙氨酸含量为 0.347 μg/mg，缬氨酸含量为 0.061 μg/mg，半胱氨酸含量为 0.178 μg/mg，异亮氨酸含量为 0.013 μg/mg，亮氨酸含量为 0.085 μg/mg，酪氨酸含量为 0.052 μg/mg，苯丙氨酸含量为 0.125 μg/mg，氨基丁酸含量为 0.029 μg/mg，组氨酸含量为 0.076 μg/mg，色氨酸含量为 0.026 μg/mg，精氨酸含量为 0.022 μg/mg（表 14-2-9）。

表 14-2-9　代表性片区中部烟叶（C3F）氨基酸　　　（单位：μg/mg）

氨基酸组分	NA-01	NA-02	NA-03	NA-04	NA-05
磷酸化-丝氨酸	0.270	0.272	0.354	0.299	0.313
牛磺酸	0.486	0.488	0.604	0.526	0.546
天冬氨酸	0.125	0.133	0.131	0.130	0.132
苏氨酸	0.152	0.153	0.143	0.149	0.148
丝氨酸	0.050	0.045	0.075	0.057	0.060
天冬酰胺	0.977	0.962	0.715	0.885	0.839
谷氨酸	0.093	0.096	0.079	0.090	0.088
甘氨酸	0.029	0.027	0.029	0.028	0.028
丙氨酸	0.362	0.353	0.342	0.352	0.347
缬氨酸	0.057	0.054	0.069	0.060	0.061
半胱氨酸	0.161	0.162	0.194	0.172	0.178
异亮氨酸	0.010	0.010	0.017	0.012	0.013
亮氨酸	0.069	0.068	0.102	0.080	0.085
酪氨酸	0.040	0.039	0.065	0.048	0.052

续表

氨基酸组分	NA-01	NA-02	NA-03	NA-04	NA-05
苯丙氨酸	0.133	0.134	0.117	0.128	0.125
氨基丁酸	0.037	0.035	0.023	0.032	0.029
组氨酸	0.073	0.070	0.082	0.075	0.076
色氨酸	0.034	0.033	0.020	0.029	0.026
精氨酸	0.009	0.012	0.031	0.018	0.022

八、烟叶香气物质

1. 宁安镇上赊哩村片区

代表性片区（NA-01）中部烟叶（C3F）茄酮含量为 1.669 μg/g，香叶基丙酮含量为 0.538 μg/g，降茄二酮含量为 0.090 μg/g，β-紫罗兰酮含量为 0.638 μg/g，氧化紫罗兰酮含量为 0.896 μg/g，二氢猕猴桃内酯含量为 3.002 μg/g，巨豆三烯酮 1 含量为 0.022 μg/g，巨豆三烯酮 2 含量为 0.134 μg/g，巨豆三烯酮 3 含量为 0.022 μg/g，巨豆三烯酮 4 含量为 0.123 μg/g，3-羟基-β-二氢大马酮含量为 0.235 μg/g，3-氧代-α-紫罗兰醇含量为 1.501 μg/g，新植二烯含量为 117.488 μg/g，3-羟基索拉韦惕酮含量为 2.610 μg/g，β-法尼烯含量为 1.814 μg/g（表 14-2-10）。

2. 宁安镇联合村片区

代表性片区（NA-02）中部烟叶（C3F）茄酮含量为 1.523 μg/g，香叶基丙酮含量为 0.526 μg/g，降茄二酮含量为 0.090 μg/g，β-紫罗兰酮含量为 0.582 μg/g，氧化紫罗兰酮含量为 0.795 μg/g，二氢猕猴桃内酯含量为 2.206 μg/g，巨豆三烯酮 1 含量为 0.011 μg/g，巨豆三烯酮 2 含量为 0.146 μg/g，巨豆三烯酮 3 含量为 0.034 μg/g，巨豆三烯酮 4 含量为 0.134 μg/g，3-羟基-β-二氢大马酮含量为 0.235 μg/g，3-氧代-α-紫罗兰醇含量为 2.038 μg/g，新植二烯含量为 116.648 μg/g，3-羟基索拉韦惕酮含量为 2.990 μg/g，β-法尼烯含量为 3.058 μg/g（表 14-2-10）。

3. 海浪镇安青村片区

代表性片区（NA-03）中部烟叶（C3F）茄酮含量为 1.355 μg/g，香叶基丙酮含量为 0.403 μg/g，降茄二酮含量为 0.090 μg/g，β-紫罗兰酮含量为 0.493 μg/g，氧化紫罗兰酮含量为 0.694 μg/g，二氢猕猴桃内酯含量为 2.363 μg/g，巨豆三烯酮 1 含量为 0.022 μg/g，巨豆三烯酮 2 含量为 0.213 μg/g，巨豆三烯酮 3 含量为 0.056 μg/g，巨豆三烯酮 4 含量为 0.157 μg/g，3-羟基-β-二氢大马酮含量为 0.370 μg/g，3-氧代-α-紫罗兰醇含量为 2.061 μg/g，新植二烯含量为 102.256 μg/g，3-羟基索拉韦惕酮含量为 3.080 μg/g，β-法尼烯含量为 2.117 μg/g（表 14-2-10）。

4. 海浪镇长胜村(1)片区

代表性片区(NA-04)中部烟叶(C3F)茄酮含量为 1.602 μg/g，香叶基丙酮含量为0.448 μg/g，降茄二酮含量为 0.067 μg/g，β-紫罗兰酮含量为 0.515 μg/g，氧化紫罗兰酮含量为 0.784 μg/g，二氢猕猴桃内酯含量为 2.677 μg/g，巨豆三烯酮 1 含量为 0.022 μg/g，巨豆三烯酮 2 含量为 0.314 μg/g，巨豆三烯酮 3 含量为 0.078 μg/g，巨豆三烯酮 4 含量为0.213 μg/g，3-羟基-β-二氢大马酮含量为 0.381 μg/g，3-氧代-α-紫罗兰醇含量为 2.005 μg/g，新植二烯含量为 112.470 μg/g，3-羟基索拉韦惕酮含量为 3.707 μg/g，β-法尼烯含量为2.038 μg/g(表 14-2-10)。

5. 海浪镇长胜村(2)片区

代表性片区(NA-05)中部烟叶(C3F)茄酮含量为 0.930 μg/g，香叶基丙酮含量为0.246 μg/g，降茄二酮含量为 0.101 μg/g，β-紫罗兰酮含量为 0.381 μg/g，氧化紫罗兰酮含量为 0.526 μg/g，二氢猕猴桃内酯含量为 2.206 μg/g，巨豆三烯酮 1 含量为 0.011 μg/g，巨豆三烯酮 2 含量为 0.179 μg/g，巨豆三烯酮 3 含量为 0.067 μg/g，巨豆三烯酮 4 含量为0.123 μg/g，3-羟基-β-二氢大马酮含量为 0.493 μg/g，3-氧代-α-紫罗兰醇含量为 2.128 μg/g，新植二烯含量为 77.661 μg/g，3-羟基索拉韦惕酮含量为 2.542 μg/g，β-法尼烯含量为1.243 μg/g(表 14-2-10)。

表 14-2-10　代表性片区中部烟叶(C3F)香气物质　　　　(单位：μg/g)

香气物质	NA-01	NA-02	NA-03	NA-04	NA-05
茄酮	1.669	1.523	1.355	1.602	0.930
香叶基丙酮	0.538	0.526	0.403	0.448	0.246
降茄二酮	0.090	0.090	0.090	0.067	0.101
β-紫罗兰酮	0.638	0.582	0.493	0.515	0.381
氧化紫罗兰酮	0.896	0.795	0.694	0.784	0.526
二氢猕猴桃内酯	3.002	2.206	2.363	2.677	2.206
巨豆三烯酮 1	0.022	0.011	0.022	0.022	0.011
巨豆三烯酮 2	0.134	0.146	0.213	0.314	0.179
巨豆三烯酮 3	0.022	0.034	0.056	0.078	0.067
巨豆三烯酮 4	0.123	0.134	0.157	0.213	0.123
3-羟基-β-二氢大马酮	0.235	0.235	0.370	0.381	0.493
3-氧代-α-紫罗兰醇	1.501	2.038	2.061	2.005	2.128
新植二烯	117.488	116.648	102.256	112.470	77.661
3-羟基索拉韦惕酮	2.610	2.990	3.080	3.707	2.542
β-法尼烯	1.814	3.058	2.117	2.038	1.243

九、烟叶感官质量

1. 宁安镇上赊哩村片区

代表性片区（NA-01）中部烟叶（C3F）感官质量评价结果显示，香韵指标包含的干草香、清甜香、正甜香、焦甜香、青香、木香、豆香、坚果香、焦香、辛香、果香、药草香、花香、树脂香、酒香的各项指标值分别为2.71、0.01、2.50、0.14、1.71、1.93、0.14、0.50、0.64、0.93、0.21、0、0.14、0.10、0，烟气指标包含的香气状态、烟气浓度、劲头、香气质、香气量和透发性的各项指标值分别为2.90、2.60、2.10、2.40、2.31和2.66，杂气指标包含的青杂气、生青气、枯焦气、木质气、土腥气、松脂气、花粉气、药草气和金属气的各项指标值分别为1.29、0.57、0.25、1.50、0.14、0.07、0、0、0，口感指标包含的细腻程度、柔和程度、圆润感、刺激性、干燥感和余味的各项指标值分别为3.19、3.38、2.64、2.15、2.31和3.01（表14-2-11）。

2. 宁安镇联合村片区

代表性片区（NA-02）中部烟叶（C3F）感官质量评价结果显示，香韵指标包含的干草香、清甜香、正甜香、焦甜香、青香、木香、豆香、坚果香、焦香、辛香、果香、药草香、花香、树脂香、酒香的各项指标值分别为2.97、0.13、2.39、0.16、0.88、2.01、0.19、0.38、0.58、1.11、0.08、0.11、0.05、0.09、0，烟气指标包含的香气状态、烟气浓度、劲头、香气质、香气量和透发性的各项指标值分别为2.90、2.64、2.38、2.51、2.47和2.58，杂气指标包含的青杂气、生青气、枯焦气、木质气、土腥气、松脂气、花粉气、药草气和金属气的各项指标值分别为1.16、0.54、0.66、1.55、0.08、0.08、0.02、0.05、0，口感指标包含的细腻程度、柔和程度、圆润感、刺激性、干燥感和余味的各项指标值分别为3.11、3.12、2.54、2.20、2.36和2.94（表14-2-11）。

3. 海浪镇安青村片区

代表性片区（NA-03）中部烟叶（C3F）感官质量评价结果显示，香韵指标包含的干草香、清甜香、正甜香、焦甜香、青香、木香、豆香、坚果香、焦香、辛香、果香、药草香、花香、树脂香、酒香的各项指标值分别为2.94、0、2.22、0.06、0.81、2.25、0.25、0.25、0.31、0.94、0.06、0.06、0.06、0.19、0，烟气指标包含的香气状态、烟气浓度、劲头、香气质、香气量和透发性的各项指标值分别为2.80、2.50、2.13、2.31、2.25和2.50，杂气指标包含的青杂气、生青气、枯焦气、木质气、土腥气、松脂气、花粉气、药草气和金属气的各项指标值分别为1.13、0.56、0.44、1.75、0.13、0.13、0.06、0、0，口感指标包含的细腻程度、柔和程度、圆润感、刺激性、干燥感和余味的各项指标值分别为3.13、3.31、2.44、2.00、2.13和2.94（表14-2-11）。

4. 海浪镇长胜村（1）片区

代表性片区（NA-04）中部烟叶（C3F）感官质量评价结果显示，香韵指标包含的干草香、清甜香、正甜香、焦甜香、青香、木香、豆香、坚果香、焦香、辛香、果香、药草香、花香、树脂香、酒香的各项指标值分别为3.11、0.13、2.59、0.19、0.69、1.94、0.13、0.31、0.63、1.25、0、0.25、0、0、0,烟气指标包含的香气状态、烟气浓度、劲头、香气质、香气量和透发性的各项指标值分别为2.93、2.56、2.50、2.69、2.59和2.50,杂气指标包含的青杂气、生青气、枯焦气、木质气、土腥气、松脂气、花粉气、药草气和金属气的各项指标值分别为1.09、0.47、0.88、1.44、0.06、0、0、0.13、0,口感指标包含的细腻程度、柔和程度、圆润感、刺激性、干燥感和余味的各项指标值分别为3.13、2.94、2.70、2.22、2.50和2.81(表14-2-11)。

5. 海浪镇长胜村(2)片区

代表性片区(NA-05)中部烟叶(C3F)感官质量评价结果显示,香韵指标包含的干草香、清甜香、正甜香、焦甜香、青香、木香、豆香、坚果香、焦香、辛香、果香、药草香、花香、树脂香、酒香的各项指标值分别为3.13、0.13、2.25、0.25、0.31、1.91、0.25、0.44、0.75、1.31、0.06、0.13、0、0.06、0,烟气指标包含的香气状态、烟气浓度、劲头、香气质、香气量和透发性的各项指标值分别为2.97、2.91、2.81、2.66、2.72和2.66,杂气指标包含的青杂气、生青气、枯焦气、木质气、土腥气、松脂气、花粉气、药草气和金属气的各项指标值分别为1.13、0.56、1.06、1.50、0、0.13、0、0.06、0,口感指标包含的细腻程度、柔和程度、圆润感、刺激性、干燥感和余味的各项指标值分别为3.00、2.84、2.38、2.44、2.50和3.00(表14-2-11)。

表 14-2-11　代表性片区中部烟叶(C3F)感官质量

评价指标		NA-01	NA-02	NA-03	NA-04	NA-05
香韵	干草香	2.71	2.97	2.94	3.11	3.13
	清甜香	0.01	0.13	0	0.13	0.13
	正甜香	2.50	2.39	2.22	2.59	2.25
	焦甜香	0.14	0.16	0.06	0.19	0.25
	青香	1.71	0.88	0.81	0.69	0.31
	木香	1.93	2.01	2.25	1.94	1.91
	豆香	0.14	0.19	0.25	0.13	0.25
	坚果香	0.50	0.38	0.25	0.31	0.44
	焦香	0.64	0.58	0.31	0.63	0.75
	辛香	0.93	1.11	0.94	1.25	1.31
	果香	0.21	0.08	0.06	0	0.06
	药草香	0	0.11	0.06	0.25	0.13
	花香	0.14	0.05	0.06	0	0
	树脂香	0.10	0.09	0.19	0	0.06
	酒香	0	0	0	0	0
烟气	香气状态	2.90	2.90	2.80	2.93	2.97
	烟气浓度	2.60	2.64	2.50	2.56	2.91

续表

评价指标		NA-01	NA-02	NA-03	NA-04	NA-05
烟气	劲头	2.10	2.38	2.13	2.50	2.81
	香气质	2.40	2.51	2.31	2.69	2.66
	香气量	2.31	2.47	2.25	2.59	2.72
	透发性	2.66	2.58	2.50	2.50	2.66
杂气	青杂气	1.29	1.16	1.13	1.09	1.13
	生青气	0.57	0.54	0.56	0.47	0.56
	枯焦气	0.25	0.66	0.44	0.88	1.06
	木质气	1.50	1.55	1.75	1.44	1.50
	土腥气	0.14	0.08	0.13	0.06	0
	松脂气	0.07	0.08	0.13	0	0.13
	花粉气	0	0.02	0.06	0	0
	药草气	0	0.05	0	0.13	0.06
	金属气	0	0	0	0	0
口感	细腻程度	3.19	3.11	3.13	3.13	3.00
	柔和程度	3.38	3.12	3.31	2.94	2.84
	圆润感	2.64	2.54	2.44	2.70	2.38
	刺激性	2.15	2.20	2.00	2.22	2.44
	干燥感	2.31	2.36	2.13	2.50	2.50
	余味	3.01	2.94	2.94	2.81	3.00

第三节　吉林汪清烟叶风格特征

汪清县隶属吉林省延边朝鲜族自治州，地处北纬 43°06′～44°02′、东经 129°05′～130°53′，东与珲春市，西与敦化市，南与图们市、延吉市，北与黑龙江省宁安市、穆棱市、东宁市接壤。汪清县属大陆性中温带多风气候。汪清是东北地区烤烟种植区的典型烤烟产区之一，根据目前该市烤烟种植片区分布特点和烟叶质量风格特征，选择 5 个代表性种植片区，作为该市烟叶质量风格特征的代表性区域加以展示。

一、烟田与烟株基本特征

1. 东光镇北丰里村片区

代表性地块（WQ-01）中心点位于北纬 43°13′32.551″、东经 129°47′47.133″，海拔 210 m。地处低丘漫岗中的老河床，平旱地，土体浅薄，耕作层质地适中，砾石多，耕性和通透性较好，易受洪涝威胁。成土母质为洪积-冲积物，土壤亚类为普通暗色潮湿雏形土。该片区为烤烟单作，烤烟大田生长期 5～9 月。烤烟田间长相长势较好，烟株呈塔形结构，株高 102.10 cm，茎围 10.30 cm，有效叶片数 18.90，中部烟叶长 65.40 cm、宽 34.80 cm，上部烟叶长 52.00 cm、宽 23.10 cm（图 14-3-1，表 14-3-1）。

图 14-3-1　WQ-01 片区烟田

2. 东光镇小汪清村片区

代表性地块(WQ-02)中心点位于北纬 43°15′53.509″、东经 129°50′45.433″，海拔 270 m。地处低丘漫岗中的老河床，平旱地，土体深厚，耕作层质地偏砂，砾石多，耕性和通透性较好，易受洪涝威胁。成土母质为洪积-冲积物，土壤亚类为普通潮湿冲积新成土。该片区为烤烟单作，烤烟大田生长期 5～9 月。烤烟田间长相长势较好，烟株呈塔形结构，株高 98.10 cm，茎围 9.80 cm，有效叶片数 19.20，中部烟叶长 61.60 cm、宽 29.70 cm，上部烟叶长 50.60 cm、宽 21.90 cm(图 14-3-2，表 14-3-1)。

图 14-3-2　WQ-02 片区烟田

3. 百草沟镇永安村片区

代表性地块(WQ-03)中心点位于北纬 43°15′27.289″、东经 129°32′5.578″，海拔 220 m。地处低丘漫岗中河谷一级阶地，平旱地，土体深厚，耕作层质地偏砂，砾石多，耕性和通透性较好。成土母质为河流冲积物，土壤亚类为普通淡色潮湿雏形土。该片区为烤烟、玉米隔年轮作，烤烟大田生长期 5～9 月。烤烟田间长相长势较好，烟株呈塔形结构，株高 104.60 cm，茎围 11.40 cm，有效叶片数 19.90，中部烟叶长 70.10 cm、宽 33.50 cm，上部烟叶长 54.30 cm、宽 24.10 cm(图 14-3-3，表 14-3-1)。

图 14-3-3　WQ-03 片区烟田

4. 鸡冠乡鸡冠村片区

代表性地块(WQ-04)中心点位于北纬 43°28′53.750″、东经 129°50′19.658″，海拔 417 m。地处低丘漫岗坡地中部，缓坡旱地，土体深厚，耕作层质地偏砂，砾石多，耕性和通透性较好，易水土流失。成土母质为混有黄土沉积物的泥页岩风化坡积物，土壤亚类为酸性冷凉湿润雏形土。该片区为烤烟、玉米隔年轮作，烤烟大田生长期 5～9 月。烤烟田间长相长势较好，烟株呈塔形结构，株高 119.80 cm，茎围 11.60 cm，有效叶片数 19.70，中部烟叶长 68.80 cm、宽 34.50 cm，上部烟叶长 52.80 cm、宽 23.70 cm(图 14-3-4，表 14-3-1)。

图 14-3-4　WQ-04 片区烟田

5. 大兴沟镇和信村片区

代表性地块(WQ-05)中心点位于北纬 43°26′47.369″、东经 129°32′55.018″，海拔 270 m。地处低丘漫岗中河谷一级阶地，平旱地，土体深厚，耕作层质地偏黏，耕性较差，砾石较多，通透性较好。成土母质为黄土状沉积物，土壤亚类为普通简育冷凉淋溶土。该片区为烤烟、玉米隔年轮作，烤烟大田生长期 5～9 月。烤烟田间长相长势较好，烟株呈近筒形结构，株高 107.00 cm，茎围 11.10 cm，有效叶片数 18.50，中部烟叶长 68.50 cm、宽 33.50 cm，上部烟叶长 58.90 cm、宽 29.20 cm（图 14-3-5，表 14-3-1）。

图 14-3-5　WQ-05 片区烟田

表 14-3-1　代表性片区烟株主要农艺性状

片区	株高 /cm	茎围 /cm	有效叶 /片	中部叶/cm		上部叶/cm		株型
				叶长	叶宽	叶长	叶宽	
WQ-01	102.10	10.30	18.90	65.40	34.80	52.00	23.10	塔形
WQ-02	98.10	9.80	19.20	61.60	29.70	50.60	21.90	塔形
WQ-03	104.60	11.40	19.90	70.10	33.50	54.30	24.10	塔形
WQ-04	119.80	11.60	19.70	68.80	34.50	52.80	23.70	塔形
WQ-05	107.00	11.10	18.50	68.50	33.50	58.90	29.20	近筒形

二、烟叶外观质量与物理指标

1. 东光镇北丰里村片区

代表性片区（WQ-01）烟叶外观质量指标的成熟度得分 7.00，颜色得分 8.00，油分得分 8.00，身份得分 8.00，结构得分 7.50，色度得分 7.00。烟叶物理指标中的单叶重 15.30 g，叶片密度 68.21 g/m^2，含梗率 29.15%，平衡含水率 13.58%，叶片长度 61.05 cm，叶片宽度 26.88 cm，叶片厚度 153.90 μm，填充值 2.83 cm^3/g（图 14-3-6，表 14-3-2 和表 14-3-3）。

2. 东光镇小汪清村片区

代表性片区（WQ-02）烟叶外观质量指标的成熟度得分 7.50，颜色得分 8.50，油分得分 8.00，身份得分 8.00，结构得分 8.00，色度得分 7.50。烟叶物理指标中的单叶重 15.21 g，叶片密度 66.74 g/m^2，含梗率 29.23%，平衡含水率 14.40%，叶片长度 62.13 cm，叶片宽度 28.48 cm，叶片厚度 134.63 μm，填充值 3.05 cm^3/g（图 14-3-7，表 14-3-2 和表 14-3-3）。

图 14-3-6　WQ-01 片区初烤烟叶

图 14-3-7　WQ-02 片区初烤烟叶

3. 百草沟镇永安村片区

代表性片区(WQ-03)烟叶外观质量指标的成熟度得分 8.00，颜色得分 9.50，油分得分 9.00，身份得分 9.00，结构得分 8.50，色度得分 8.50。烟叶物理指标中的单叶重 14.25 g，叶片密度 67.25 g/m^2，含梗率 28.69%，平衡含水率 14.18%，叶片长度 63.25 cm，叶片宽度 27.98 cm，叶片厚度 148.23 μm，填充值 3.02 cm^3/g(图 14-3-8，表 14-3-2 和表 14-3-3)。

4. 鸡冠乡鸡冠村片区

代表性片区(WQ-04)烟叶外观质量指标的成熟度得分 8.00，颜色得分 8.50，油分得分 8.00，身份得分 8.50，结构得分 8.00，色度得分 8.00。烟叶物理指标中的单叶重 12.79 g，叶片密度 76.66 g/m^2，含梗率 28.72%，平衡含水率 15.06%，叶片长度 61.55 cm，叶片宽度 26.03 cm，叶片厚度 117.93 μm，填充值 3.10 cm^3/g(图 14-3-9，表 14-3-2 和表 14-3-3)。

图 14-3-8　WQ-03 片区初烤烟叶

图 14-3-9　WQ-04 片区初烤烟叶

图 14-3-10　WQ-05 片区初烤烟叶

5. 大兴沟镇和信村片区

代表性片区(WQ-05)烟叶外观质量指标的成熟度得分 8.00，颜色得分 9.00，油分得分 8.00，身份得分 9.00，结构得分 8.00，色度得分 8.00。烟叶物理指标中的单叶重 10.50 g，叶片密度 64.59 g/m²，含梗率 29.73%，平衡含水率 13.91%，叶片长度 61.99 cm，叶片宽度 27.34 cm，叶片厚度 138.67 μm，填充值 2.88 cm³/g(图 14-3-10，表 14-3-2 和表 14-3-3)。

表 14-3-2　代表性片区烟叶外观质量

片区	成熟度	颜色	油分	身份	结构	色度
WQ-01	7.00	8.00	8.00	8.00	7.50	7.00
WQ-02	7.50	8.50	8.00	8.00	8.00	7.50
WQ-03	8.00	9.50	9.00	9.00	8.50	8.50
WQ-04	8.00	8.50	8.00	8.50	8.00	8.00
WQ-05	8.00	9.00	8.00	9.00	8.00	8.00

表 14-3-3　代表性片区烟叶物理指标

片区	单叶重 /g	叶片密度 /(g/m²)	含梗率 /%	平衡含水率 /%	叶长 /cm	叶宽 /cm	叶片厚度 /μm	填充值 /(cm³/g)
WQ-01	15.30	68.21	29.15	13.58	61.05	26.88	153.90	2.83
WQ-02	15.21	66.74	29.23	14.40	62.13	28.48	134.63	3.05
WQ-03	14.25	67.25	28.69	14.18	63.25	27.98	148.23	3.02
WQ-04	12.79	76.66	28.72	15.06	61.55	26.03	117.93	3.10
WQ-05	10.50	64.59	29.73	13.91	61.99	27.34	138.67	2.88

三、烟叶常规化学成分与中微量元素

1. 东光镇北丰里村片区

代表性片区(WQ-01)中部烟叶(C3F)总糖含量 27.78%，还原糖含量 25.08%，总氮含量 1.95%，总植物碱含量 2.36%，氯含量 0.36%，钾含量 2.60%，糖碱比 11.77，淀粉含量 2.82%(表 14-3-4)。烟叶铜含量为 0.145 g/kg，铁含量为 1.133 g/kg，锰含量为 1.131 g/kg，锌含量为 0.548 g/kg，钙含量为 204.720 mg/kg，镁含量为 26.097 mg/kg(表 14-3-5)。

2. 东光镇小汪清村片区

代表性片区(WQ-02)中部烟叶(C3F)总糖含量 30.51%，还原糖含量 28.12%，总氮含量 1.70%，总植物碱含量 2.07%，氯含量 0.34%，钾含量 2.54%，糖碱比 14.74，淀粉含量 2.84%(表 14-3-4)。烟叶铜含量为 0.426 g/kg，铁含量为 1.340 g/kg，锰含量为 2.499 g/kg，锌含量为 0.884 g/kg，钙含量为 185.994 mg/kg，镁含量为 25.804 mg/kg(表 14-3-5)。

3. 百草沟镇永安村片区

代表性片区(WQ-03)中部烟叶(C3F)总糖含量33.36%,还原糖含量29.86%,总氮含量1.79%,总植物碱含量1.61%,氯含量0.46%,钾含量2.25%,糖碱比20.72,淀粉含量3.61%(表14-3-4)。烟叶铜含量为0.388 g/kg,铁含量为1.018 g/kg,锰含量为2.981 g/kg,锌含量为1.016 g/kg,钙含量为206.039 mg/kg,镁含量为25.779 mg/kg(表14-3-5)。

4. 鸡冠乡鸡冠村片区

代表性片区(WQ-04)中部烟叶(C3F)总糖含量30.84%,还原糖含量27.16%,总氮含量1.96%,总植物碱含量1.61%,氯含量0.65%,钾含量2.62%,糖碱比19.16,淀粉含量2.89%(表14-3-4)。烟叶铜含量为0.321 g/kg,铁含量为0.928 g/kg,锰含量为2.042 g/kg,锌含量为0.712 g/kg,钙含量为212.075 mg/kg,镁含量为23.750 mg/kg(表14-3-5)。

5. 大兴沟镇和信村片区

代表性片区(WQ-05)中部烟叶(C3F)总糖含量30.84%,还原糖含量27.16%,总氮含量1.96%,总植物碱含量1.61%,氯含量0.65%,钾含量2.62%,糖碱比19.16,淀粉含量2.66%(表14-3-4)。烟叶铜含量为0.246 g/kg,铁含量为0.687 g/kg,锰含量为3.184 g/kg,锌含量为0.820 g/kg,钙含量为196.383 mg/kg,镁含量为23.237 mg/kg(表14-3-5)。

表 14-3-4　代表性片区中部烟叶(C3F)常规化学成分

片区	总糖 /%	还原糖 /%	总氮 /%	总植物碱 /%	氯 /%	钾 /%	糖碱比	淀粉 /%
WQ-01	27.78	25.08	1.95	2.36	0.36	2.60	11.77	2.82
WQ-02	30.51	28.12	1.70	2.07	0.34	2.54	14.74	2.84
WQ-03	33.36	29.86	1.79	1.61	0.46	2.25	20.72	3.61
WQ-04	30.84	27.16	1.96	1.61	0.65	2.62	19.16	2.89
WQ-05	30.84	27.16	1.96	1.61	0.65	2.62	19.16	2.66

表 14-3-5　代表性片区中部烟叶(C3F)中微量元素

片区	Cu /(g/kg)	Fe /(g/kg)	Mn /(g/kg)	Zn /(g/kg)	Ca /(mg/kg)	Mg /(mg/kg)
WQ-01	0.145	1.133	1.131	0.548	204.720	26.097
WQ-02	0.426	1.340	2.499	0.884	185.994	25.804
WQ-03	0.388	1.018	2.981	1.016	206.039	25.779
WQ-04	0.321	0.928	2.042	0.712	212.075	23.750
WQ-05	0.246	0.687	3.184	0.820	196.383	23.237

四、烟叶生物碱组分与细胞壁物质

1. 东光镇北丰里村片区

代表性片区（WQ-01）中部烟叶（C3F）烟碱含量为 23.086 mg/g，降烟碱含量为 0.586 mg/g，麦斯明含量为 0.004 mg/g，假木贼碱含量为 0.140 mg/g，新烟碱含量为 0.543 mg/g；烟叶纤维素含量为 7.50%，半纤维素含量为 3.10%，木质素含量为 0.70%（表 14-3-6）。

2. 东光镇小汪清村片区

代表性片区（WQ-02）中部烟叶（C3F）烟碱含量为 20.144 mg/g，降烟碱含量为 0.454 mg/g，麦斯明含量为 0.003 mg/g，假木贼碱含量为 0.125 mg/g，新烟碱含量为 0.482 mg/g；烟叶纤维素含量为 7.30%，半纤维素含量为 2.70%，木质素含量为 0.90%（表 14-3-6）。

3. 百草沟镇永安村片区

代表性片区（WQ-03）中部烟叶（C3F）烟碱含量为 17.483 mg/g，降烟碱含量为 0.441 mg/g，麦斯明含量为 0.003 mg/g，假木贼碱含量为 0.109 mg/g，新烟碱含量为 0.394 mg/g；烟叶纤维素含量为 7.80%，半纤维素含量为 2.90%，木质素含量为 1.10%（表 14-3-6）。

4. 鸡冠乡鸡冠村片区

代表性片区（WQ-04）中部烟叶（C3F）烟碱含量为 16.519 mg/g，降烟碱含量为 0.472 mg/g，麦斯明含量为 0.003 mg/g，假木贼碱含量为 0.109 mg/g，新烟碱含量为 0.382 mg/g；烟叶纤维素含量为 7.90%，半纤维素含量为 2.70%，木质素含量为 0.80%（表 14-3-6）。

5. 大兴沟镇和信村片区

代表性片区（WQ-05）中部烟叶（C3F）烟碱含量为 23.053 mg/g，降烟碱含量为 0.239 mg/g，麦斯明含量为 0.005 mg/g，假木贼碱含量为 0.056 mg/g，新烟碱含量为 0.588 mg/g；烟叶纤维素含量为 5.90%，半纤维素含量为 2.10%，木质素含量为 1.70%（表 14-3-6）。

表 14-3-6　代表性片区中部烟叶（C3F）生物碱组分与细胞壁物质

片区	烟碱 /(mg/g)	降烟碱 /(mg/g)	麦斯明 /(mg/g)	假木贼碱 /(mg/g)	新烟碱 /(mg/g)	纤维素 /%	半纤维素 /%	木质素 /%
WQ-01	23.086	0.586	0.004	0.140	0.543	7.50	3.10	0.70
WQ-02	20.144	0.454	0.003	0.125	0.482	7.30	2.70	0.90
WQ-03	17.483	0.441	0.003	0.109	0.394	7.80	2.90	1.10
WQ-04	16.519	0.472	0.003	0.109	0.382	7.90	2.70	0.80
WQ-05	23.053	0.239	0.005	0.056	0.588	5.90	2.10	1.70

五、烟叶多酚与质体色素

1. 东光镇北丰里村片区

代表性片区（WQ-01）中部烟叶（C3F）绿原酸含量为 10.640 mg/g，芸香苷含量为 12.540 mg/g，莨菪亭含量为 0.170 mg/g，β-胡萝卜素含量为 0.021 mg/g，叶黄素含量为 0.036 mg/g（表 14-3-7）。

2. 东光镇小汪清村片区

代表性片区（WQ-02）中部烟叶（C3F）绿原酸含量为 11.570 mg/g，芸香苷含量为 11.730 mg/g，莨菪亭含量为 0.170 mg/g，β-胡萝卜素含量为 0.031 mg/g，叶黄素含量为 0.054 mg/g（表 14-3-7）。

3. 百草沟镇永安村片区

代表性片区（WQ-03）中部烟叶（C3F）绿原酸含量为 14.190 mg/g，芸香苷含量为 10.060 mg/g，莨菪亭含量为 0.130 mg/g，β-胡萝卜素含量为 0.032 mg/g，叶黄素含量为 0.058 mg/g（表 14-3-7）。

4. 鸡冠乡鸡冠村片区

代表性片区（WQ-04）中部烟叶（C3F）绿原酸含量为 12.960 mg/g，芸香苷含量为 12.910 mg/g，莨菪亭含量为 0.130 mg/g，β-胡萝卜素含量为 0.025 mg/g，叶黄素含量为 0.049 mg/g（表 14-3-7）。

5. 大兴沟镇和信村片区

代表性片区（WQ-05）中部烟叶（C3F）绿原酸含量为 13.260 mg/g，芸香苷含量为 9.880 mg/g，莨菪亭含量为 0.150 mg/g，β-胡萝卜素含量为 0.022 mg/g，叶黄素含量为 0.040 mg/g（表 14-3-7）。

表 14-3-7　代表性片区中部烟叶（C3F）多酚与质体色素　　　　（单位：mg/g）

片区	绿原酸	芸香苷	莨菪亭	β-胡萝卜素	叶黄素
WQ-01	10.640	12.540	0.170	0.021	0.036
WQ-02	11.570	11.730	0.170	0.031	0.054
WQ-03	14.190	10.060	0.130	0.032	0.058
WQ-04	12.960	12.910	0.130	0.025	0.049
WQ-05	13.260	9.880	0.150	0.022	0.040

六、烟叶有机酸类物质

1. 东光镇北丰里村片区

代表性片区(WQ-01)中部烟叶(C3F)草酸含量为14.311 mg/g，苹果酸含量为48.706 mg/g，柠檬酸含量为3.775 mg/g，棕榈酸含量为1.945 mg/g，亚油酸含量为1.056 mg/g，油酸含量为2.441 mg/g，硬脂酸含量为0.506 mg/g(表14-3-8)。

2. 东光镇小汪清村片区

代表性片区(WQ-02)中部烟叶(C3F)草酸含量为13.259 mg/g，苹果酸含量为54.225 mg/g，柠檬酸含量为4.829 mg/g，棕榈酸含量为1.875 mg/g，亚油酸含量为1.086 mg/g，油酸含量为2.481 mg/g，硬脂酸含量为0.477 mg/g(表14-3-8)。

3. 百草沟镇永安村片区

代表性片区(WQ-03)中部烟叶(C3F)草酸含量为18.349 mg/g，苹果酸含量为67.694 mg/g，柠檬酸含量为6.795 mg/g，棕榈酸含量为2.799 mg/g，亚油酸含量为1.230 mg/g，油酸含量为3.519 mg/g，硬脂酸含量为0.682 mg/g(表14-3-8)。

4. 鸡冠乡鸡冠村片区

代表性片区(WQ-04)中部烟叶(C3F)草酸含量为19.688 mg/g，苹果酸含量为68.155 mg/g，柠檬酸含量为6.841 mg/g，棕榈酸含量为2.910 mg/g，亚油酸含量为1.234 mg/g，油酸含量为3.441 mg/g，硬脂酸含量为0.683 mg/g(表14-3-8)。

5. 大兴沟镇和信村片区

代表性片区(WQ-05)中部烟叶(C3F)草酸含量为16.672 mg/g，苹果酸含量为63.016 mg/g，柠檬酸含量为7.907 mg/g，棕榈酸含量为2.459 mg/g，亚油酸含量为1.288 mg/g，油酸含量为3.128 mg/g，硬脂酸含量为0.578 mg/g(表14-3-8)。

表 14-3-8　代表性片区中部烟叶(C3F)有机酸　(单位：mg/g)

片区	草酸	苹果酸	柠檬酸	棕榈酸	亚油酸	油酸	硬脂酸
WQ-01	14.311	48.706	3.775	1.945	1.056	2.441	0.506
WQ-02	13.259	54.225	4.829	1.875	1.086	2.481	0.477
WQ-03	18.349	67.694	6.795	2.799	1.230	3.519	0.682
WQ-04	19.688	68.155	6.841	2.910	1.234	3.441	0.683
WQ-05	16.672	63.016	7.907	2.459	1.288	3.128	0.578

七、烟叶氨基酸

1. 东光镇北丰里村片区

代表性片区(WQ-01)中部烟叶(C3F)磷酸化-丝氨酸含量为 0.354 μg/mg，牛磺酸含量为 0.519 μg/mg，天冬氨酸含量为 0.112 μg/mg，苏氨酸含量为 0.135 μg/mg，丝氨酸含量为 0.025 μg/mg，天冬酰胺含量为 0.715 μg/mg，谷氨酸含量为 0.079 μg/mg，甘氨酸含量为 0.029 μg/mg，丙氨酸含量为 0.342 μg/mg，缬氨酸含量为 0.041 μg/mg，半胱氨酸含量为 0.194 μg/mg，异亮氨酸含量为 0 μg/mg，亮氨酸含量为 0.059 μg/mg，酪氨酸含量为 0.030 μg/mg，苯丙氨酸含量为 0.072 μg/mg，氨基丁酸含量为 0.011 μg/mg，组氨酸含量为 0.051 μg/mg，色氨酸含量为 0.014 μg/mg，精氨酸含量为 0.013 μg/mg(表 14-3-9)。

2. 东光镇小汪清村片区

代表性片区(WQ-02)中部烟叶(C3F)磷酸化-丝氨酸含量为 0.255 μg/mg，牛磺酸含量为 0.604 μg/mg，天冬氨酸含量为 0.130 μg/mg，苏氨酸含量为 0.143 μg/mg，丝氨酸含量为 0.035 μg/mg，天冬酰胺含量为 0.675 μg/mg，谷氨酸含量为 0.059 μg/mg，甘氨酸含量为 0.017 μg/mg，丙氨酸含量为 0.230 μg/mg，缬氨酸含量为 0.044 μg/mg，半胱氨酸含量为 0.164 μg/mg，异亮氨酸含量为 0.011 μg/mg，亮氨酸含量为 0.065 μg/mg，酪氨酸含量为 0.031 μg/mg，苯丙氨酸含量为 0.094 μg/mg，氨基丁酸含量为 0.018 μg/mg，组氨酸含量为 0.078 μg/mg，色氨酸含量为 0 μg/mg，精氨酸含量为 0.007 μg/mg(表 14-3-9)。

3. 百草沟镇永安村片区

代表性片区(WQ-03)中部烟叶(C3F)磷酸化-丝氨酸含量为 0.290 μg/mg，牛磺酸含量为 0.431 μg/mg，天冬氨酸含量为 0.131 μg/mg，苏氨酸含量为 0.082 μg/mg，丝氨酸含量为 0.075 μg/mg，天冬酰胺含量为 0.583 μg/mg，谷氨酸含量为 0.066 μg/mg，甘氨酸含量为 0.026 μg/mg，丙氨酸含量为 0.282 μg/mg，缬氨酸含量为 0.066 μg/mg，半胱氨酸含量为 0 μg/mg，异亮氨酸含量为 0.017 μg/mg，亮氨酸含量为 0.102 μg/mg，酪氨酸含量为 0.065 μg/mg，苯丙氨酸含量为 0.114 μg/mg，氨基丁酸含量为 0.018 μg/mg，组氨酸含量为 0.082 μg/mg，色氨酸含量为 0.020 μg/mg，精氨酸含量为 0.031 μg/mg(表 14-3-9)。

4. 鸡冠乡鸡冠村片区

代表性片区(WQ-04)中部烟叶(C3F)磷酸化-丝氨酸含量为 0.266 μg/mg，牛磺酸含量为 0.360 μg/mg，天冬氨酸含量为 0.121 μg/mg，苏氨酸含量为 0.071 μg/mg，丝氨酸含量为 0.055 μg/mg，天冬酰胺含量为 0.567 μg/mg，谷氨酸含量为 0.071 μg/mg，甘氨酸含量为 0.026 μg/mg，丙氨酸含量为 0.338 μg/mg，缬氨酸含量为 0.069 μg/mg，半胱氨酸含量为 0 μg/mg，异亮氨酸含量为 0.014 μg/mg，亮氨酸含量为 0.093 μg/mg，酪氨酸含量为 0.063 μg/mg，苯丙氨酸含量为 0.117 μg/mg，氨基丁酸含量为 0.023 μg/mg，组氨酸含量为 0.074 μg/mg，色氨酸含量为 0.017 μg/mg，精氨酸含量为 0.025 μg/mg(表 14-3-9)。

5. 大兴沟镇和信村片区

代表性片区(WQ-05)中部烟叶(C3F)磷酸化-丝氨酸含量为 0.284 μg/mg，牛磺酸含量为 0.478 μg/mg，天冬氨酸含量为 0.123 μg/mg，苏氨酸含量为 0.108 μg/mg，丝氨酸含量为 0.047 μg/mg，天冬酰胺含量为 0.635 μg/mg，谷氨酸含量为 0.069 μg/mg，甘氨酸含量为 0.024 μg/mg，丙氨酸含量为 0.298 μg/mg，缬氨酸含量为 0.055 μg/mg，半胱氨酸含量为 0.089 μg/mg，异亮氨酸含量为 0.010 μg/mg，亮氨酸含量为 0.080 μg/mg，酪氨酸含量为 0.047 μg/mg，苯丙氨酸含量为 0.099 μg/mg，氨基丁酸含量为 0.017 μg/mg，组氨酸含量为 0.071 μg/mg，色氨酸含量为 0.013 μg/mg，精氨酸含量为 0.019 μg/mg(表 14-3-9)。

表 14-3-9　代表性片区中部烟叶(C3F)氨基酸　　(单位：μg/mg)

氨基酸组分	WQ-01	WQ-02	WQ-03	WQ-04	WQ-05
磷酸化-丝氨酸	0.354	0.255	0.290	0.266	0.284
牛磺酸	0.519	0.604	0.431	0.360	0.478
天冬氨酸	0.112	0.130	0.131	0.121	0.123
苏氨酸	0.135	0.143	0.082	0.071	0.108
丝氨酸	0.025	0.035	0.075	0.055	0.047
天冬酰胺	0.715	0.675	0.583	0.567	0.635
谷氨酸	0.079	0.059	0.066	0.071	0.069
甘氨酸	0.029	0.017	0.026	0.026	0.024
丙氨酸	0.342	0.230	0.282	0.338	0.298
缬氨酸	0.041	0.044	0.066	0.069	0.055
半胱氨酸	0.194	0.164	0	0	0.089
异亮氨酸	0	0.011	0.017	0.014	0.010
亮氨酸	0.059	0.065	0.102	0.093	0.080
酪氨酸	0.030	0.031	0.065	0.063	0.047
苯丙氨酸	0.072	0.094	0.114	0.117	0.099
氨基丁酸	0.011	0.018	0.018	0.023	0.017
组氨酸	0.051	0.078	0.082	0.074	0.071
色氨酸	0.014	0	0.020	0.017	0.013
精氨酸	0.013	0.007	0.031	0.025	0.019

八、烟叶香气物质

1. 东光镇北丰里村片区

代表性片区(WQ-01)中部烟叶(C3F)茄酮含量为 1.691 μg/g，香叶基丙酮含量为 1.254 μg/g，降茄二酮含量为 0.045 μg/g，β-紫罗兰酮含量为 0.638 μg/g，氧化紫罗兰酮含量为 0.750 μg/g，二氢猕猴桃内酯含量为 2.531 μg/g，巨豆三烯酮 1 含量为 0.078 μg/g，巨豆三烯酮 2 含量为 1.120 μg/g，巨豆三烯酮 3 含量为 0.101 μg/g，巨豆三烯酮 4 含量为

0.818 μg/g,3-羟基-β-二氢大马酮含量为 0.291 μg/g,3-氧代-α-紫罗兰醇含量为 7.011 μg/g,新植二烯含量为 499.834 μg/g，3-羟基索拉韦惕酮含量为 14.762 μg/g，β-法尼烯含量为 6.787 μg/g（表 14-3-10）。

2. 东光镇小汪清村片区

代表性片区（WQ-02）中部烟叶（C3F）茄酮含量为 1.781 μg/g，香叶基丙酮含量为 0.795 μg/g，降茄二酮含量为 0.101 μg/g，β-紫罗兰酮含量为 0.683 μg/g，氧化紫罗兰酮含量为 0.829 μg/g，二氢猕猴桃内酯含量为 3.405 μg/g，巨豆三烯酮 1 含量为 0.056 μg/g，巨豆三烯酮 2 含量为 0.605 μg/g，巨豆三烯酮 3 含量为 0.101 μg/g，巨豆三烯酮 4 含量为 0.482 μg/g，3-羟基-β-二氢大马酮含量为 0.560 μg/g,3-氧代-α-紫罗兰醇含量为 7.022 μg/g,新植二烯含量为 437.987 μg/g，3-羟基索拉韦惕酮含量为 7.448 μg/g，β-法尼烯含量为 7.056 μg/g（表 14-3-10）。

3. 百草沟镇永安村片区

代表性片区（WQ-03）中部烟叶（C3F）茄酮含量为 1.266 μg/g，香叶基丙酮含量为 0.538 μg/g，降茄二酮含量为 0.123 μg/g，β-紫罗兰酮含量为 0.806 μg/g，氧化紫罗兰酮含量为 1.064 μg/g，二氢猕猴桃内酯含量为 4.693 μg/g，巨豆三烯酮 1 含量为 0.056 μg/g，巨豆三烯酮 2 含量为 0.560 μg/g，巨豆三烯酮 3 含量为 0.090 μg/g，巨豆三烯酮 4 含量为 0.325 μg/g，3-羟基-β-二氢大马酮含量为 0.470 μg/g,3-氧代-α-紫罗兰醇含量为 1.893 μg/g,新植二烯含量为 531.317 μg/g，3-羟基索拉韦惕酮含量为 7.101 μg/g，β-法尼烯含量为 4.648 μg/g（表 14-3-10）。

4. 鸡冠乡鸡冠村片区

代表性片区（WQ-04）中部烟叶（C3F）茄酮含量为 1.355 μg/g，香叶基丙酮含量为 0.437 μg/g，降茄二酮含量为 0.067 μg/g，β-紫罗兰酮含量为 0.504 μg/g，氧化紫罗兰酮含量为 0.997 μg/g，二氢猕猴桃内酯含量为 4.491 μg/g，巨豆三烯酮 1 含量为 0.034 μg/g，巨豆三烯酮 2 含量为 0.269 μg/g，巨豆三烯酮 3 含量为 0.034 μg/g，巨豆三烯酮 4 含量为 0.179 μg/g，3-羟基-β-二氢大马酮含量为 0.190 μg/g,3-氧代-α-紫罗兰醇含量为 3.203 μg/g,新植二烯含量为 443.038 μg/g，3-羟基索拉韦惕酮含量为 10.349 μg/g，β-法尼烯含量为 4.603 μg/g（表 14-3-10）。

5. 大兴沟镇和信村片区

代表性片区（WQ-05）中部烟叶（C3F）茄酮含量为 1.310 μg/g，香叶基丙酮含量为 0.224 μg/g，降茄二酮含量为 0.112 μg/g，β-紫罗兰酮含量为 0.504 μg/g，氧化紫罗兰酮含量为 0.907 μg/g，二氢猕猴桃内酯含量为 3.830 μg/g，巨豆三烯酮 1 含量为 0.034 μg/g，巨豆三烯酮 2 含量为 0.202 μg/g，巨豆三烯酮 3 含量为 0.034 μg/g，巨豆三烯酮 4 含量为 0.123 μg/g，3-羟基-β-二氢大马酮含量为 0.202 μg/g,3-氧代-α-紫罗兰醇含量为 1.803 μg/g,新植二烯含量为 399.258 μg/g，3-羟基索拉韦惕酮含量为 3.685 μg/g，β-法尼烯含量为

2.262 μg/g（表 14-3-10）。

表 14-3-10　代表性片区中部烟叶（C3F）香气物质　　　（单位：μg/g）

香气物质	WQ-01	WQ-02	WQ-03	WQ-04	WQ-05
茄酮	1.691	1.781	1.266	1.355	1.310
香叶基丙酮	1.254	0.795	0.538	0.437	0.224
降茄二酮	0.045	0.101	0.123	0.067	0.112
β-紫罗兰酮	0.638	0.683	0.806	0.504	0.504
氧化紫罗兰酮	0.750	0.829	1.064	0.997	0.907
二氢猕猴桃内酯	2.531	3.405	4.693	4.491	3.830
巨豆三烯酮 1	0.078	0.056	0.056	0.034	0.034
巨豆三烯酮 2	1.120	0.605	0.560	0.269	0.202
巨豆三烯酮 3	0.101	0.101	0.090	0.034	0.034
巨豆三烯酮 4	0.818	0.482	0.325	0.179	0.123
3-羟基-β-二氢大马酮	0.291	0.560	0.470	0.190	0.202
3-氧代-α-紫罗兰醇	7.011	7.022	1.893	3.203	1.803
新植二烯	499.834	437.987	531.317	443.038	399.258
3-羟基索拉韦惕酮	14.762	7.448	7.101	10.349	3.685
β-法尼烯	6.787	7.056	4.648	4.603	2.262

九、烟叶感官质量

1. 东光镇北丰里村片区

代表性片区（WQ-01）中部烟叶（C3F）感官质量评价结果显示，香韵指标包含的干草香、清甜香、正甜香、焦甜香、青香、木香、豆香、坚果香、焦香、辛香、果香、药草香、花香、树脂香、酒香的各项指标值分别为 3.22、0、2.61、0、0、1.94、0、0、0.83、1.06、0、0、0、0、0，烟气指标包含的香气状态、烟气浓度、劲头、香气质、香气量和透发性的各项指标值分别为 3.00、2.89、2.50、3.00、2.67 和 2.89，杂气指标包含的青杂气、生青气、枯焦气、木质气、土腥气、松脂气、花粉气、药草气和金属气的各项指标值分别为 1.17、0、0、1.39、0、0、0、0、0，口感指标包含的细腻程度、柔和程度、圆润感、刺激性、干燥感和余味的各项指标值分别为 3.00、3.06、2.67、2.67、2.50 和 3.00（表 14-3-11）。

2. 东光镇小汪清村片区

代表性片区（WQ-02）中部烟叶（C3F）感官质量评价结果显示，香韵指标包含的干草香、清甜香、正甜香、焦甜香、青香、木香、豆香、坚果香、焦香、辛香、果香、药草香、花香、树脂香、酒香的各项指标值分别为 3.54、0、2.54、0、0、2.00、0、0、0、0.69、0、0、0、0、0，烟气指标包含的香气状态、烟气浓度、劲头、香气质、香气量和透发性的各项指标值分别为 3.15、2.92、2.62、3.08、3.23 和 3.15，杂气指标包含的青杂气、生青气、枯焦气、木质气、土腥气、松脂气、花粉气、药草气和金属气的各项指标值分别为 1.00、0、0、1.38、0、0、0、0、0，口感指标包含的细腻程度、柔和程度、圆润感、刺激性、干燥感和余味的各项指标值分别为 3.23、3.08、3.08、2.23、2.31 和 3.38（表 14-3-11）。

3. 百草沟镇永安村片区

代表性片区（WQ-03）中部烟叶（C3F）感官质量评价结果显示，香韵指标包含的干草香、清甜香、正甜香、焦甜香、青香、木香、豆香、坚果香、焦香、辛香、果香、药草香、花香、树脂香、酒香的各项指标值分别为 3.19、0.13、2.59、0.19、0.69、1.94、0.13、0.31、0.63、1.25、0、0.25、0、0、0，烟气指标包含的香气状态、烟气浓度、劲头、香气质、香气量和透发性的各项指标值分别为 2.93、2.56、2.50、2.69、2.59 和 2.50，杂气指标包含的青杂气、生青气、枯焦气、木质气、土腥气、松脂气、花粉气、药草气和金属气的各项指标值分别为 1.09、0.47、0.88、1.44、0.06、0、0、0.13、0，口感指标包含的细腻程度、柔和程度、圆润感、刺激性、干燥感和余味的各项指标值分别为 3.13、2.94、2.70、2.22、2.50 和 2.81（表 14-3-11）。

4. 鸡冠乡鸡冠村片区

代表性片区（WQ-04）中部烟叶（C3F）感官质量评价结果显示，香韵指标包含的干草香、清甜香、正甜香、焦甜香、青香、木香、豆香、坚果香、焦香、辛香、果香、药草香、花香、树脂香、酒香的各项指标值分别为 3.17、0、2.67、0、0、1.83、0、0、0、1.06、0、0、0、0、0，烟气指标包含的香气状态、烟气浓度、劲头、香气质、香气量和透发性的各项指标值分别为 2.89、2.78、2.44、2.83、2.44 和 2.71，杂气指标包含的青杂气、生青气、枯焦气、木质气、土腥气、松脂气、花粉气、药草气和金属气的各项指标值分别为 1.11、0.78、0.67、1.33、0、0、0、0、0，口感指标包含的细腻程度、柔和程度、圆润感、刺激性、干燥感和余味的各项指标值分别为 2.89、2.94、2.61、2.67、2.78 和 2.83（表 14-3-11）。

5. 大兴沟镇和信村片区

代表性片区（WQ-05）中部烟叶（C3F）感官质量评价结果显示，香韵指标包含的干草香、清甜香、正甜香、焦甜香、青香、木香、豆香、坚果香、焦香、辛香、果香、药草香、花香、树脂香、酒香的各项指标值分别为 3.11、0、2.56、0、0.78、1.83、0、0、0、1.11、0、0、0、0、0，烟气指标包含的香气状态、烟气浓度、劲头、香气质、香气量和透发性的各项指标值分别为 2.88、2.67、2.44、2.76、2.47 和 2.59，杂气指标包含的青杂气、生青气、枯焦气、木质气、土腥气、松脂气、花粉气、药草气和金属气的各项指标值分别为 1.28、0、0、1.44、0、0、0、0、0，口感指标包含的细腻程度、柔和程度、圆润感、刺激性、干燥感和余味的各项指标值分别为 3.06、2.89、2.56、2.67、2.72 和 2.89（表 14-3-11）。

表 14-3-11　代表性片区中部烟叶（C3F）感官质量

评价指标		WQ-01	WQ-02	WQ-03	WQ-04	WQ-05
香韵	干草香	3.22	3.54	3.19	3.17	3.11
	清甜香	0	0	0.13	0	0
	正甜香	2.61	2.54	2.59	2.67	2.56
	焦甜香	0	0	0.19	0	0
	青香	0	0	0.69	0	0.78
	木香	1.94	2.00	1.94	1.83	1.83
	豆香	0	0	0.13	0	0
	坚果香	0	0	0.31	0	0
	焦香	0.83	0	0.63	0	0
	辛香	1.06	0.69	1.25	1.06	1.11
	果香	0	0	0	0	0
	药草香	0	0	0.25	0	0
	花香	0	0	0	0	0
	树脂香	0	0	0	0	0
	酒香	0	0	0	0	0
烟气	香气状态	3.00	3.15	2.93	2.89	2.88
	烟气浓度	2.89	2.92	2.56	2.78	2.67
	劲头	2.50	2.62	2.50	2.44	2.44
	香气质	3.00	3.08	2.69	2.83	2.76
	香气量	2.67	3.23	2.59	2.44	2.47
	透发性	2.89	3.15	2.50	2.71	2.59
杂气	青杂气	1.17	1.00	1.09	1.11	1.28
	生青气	0	0	0.47	0.78	0
	枯焦气	0	0	0.88	0.67	0
	木质气	1.39	1.38	1.44	1.33	1.44
	土腥气	0	0	0.06	0	0
	松脂气	0	0	0	0	0
	花粉气	0	0	0	0	0
	药草气	0	0	0.13	0	0
	金属气	0	0	0	0	0
口感	细腻程度	3.00	3.23	3.13	2.89	3.06
	柔和程度	3.06	3.08	2.94	2.94	2.89
	圆润感	2.67	3.08	2.70	2.61	2.56
	刺激性	2.67	2.23	2.22	2.67	2.67
	干燥感	2.50	2.31	2.50	2.78	2.72
	余味	3.00	3.38	2.81	2.83	2.89

第十五章　雪峰山区烤烟典型区域烟叶风格特征

　　雪峰山区烤烟种植区位于云贵高原东部延伸区，覆盖东经 108°55′～110°59′和北纬 26°15′～27°10′。雪峰山区地处武陵山系南麓，云贵高原东部余脉延伸地带，北受武陵山系影响，西受云贵高原北部山脉控制，地势由北、西向东南倾斜，中间形成凹陷的山间盆地，东部连接湖南西部的丘陵地区。该区域西部连接贵州省东南部的黔东南苗族侗族自治州，东部连接湖南西部的怀化市。该区域比较典型的烤烟产区包括贵州省黔东南苗族侗族自治州的天柱县，湖南省怀化市的靖州县、芷江县，邵阳市的邵阳县、隆回县、新宁县 6 个县。在此，选择贵州省黔东南苗族侗族自治州的天柱县和湖南省怀化市属靖州县的 10 个烤烟代表性片区，通过代表性片区烟田烟株长相长势、烤后烟叶外观质量、物理指标、化学指标和烟叶质量感官评价指标，对雪峰山区烤烟种植区的烟叶风格进行描述。

第一节　贵州天柱烟叶风格特征

　　天柱县隶属贵州省黔东南苗族侗族自治州，位于北纬 26°42′～27°10′、东经 108°55′～109°36′，地处贵州省东部，黔东湘西交界处，清水江下游，云贵高原东部向湘西丘陵过渡的斜坡地带，地形复杂，地形以中低山丘陵为主，山地丘陵占天柱县总面积的 97%，海拔多在 300～700 m。地势西高东低，由西北和西南向东北倾斜，境内山脉大多呈东西走向。天柱县是雪峰山区烤烟种植区的典型产区之一，根据目前该县烤烟种植片区分布特点和烟叶质量风格特征，选择 5 个代表性种植片区，作为该县烟叶质量风格特征的代表性区域加以展示。

一、烟田与烟株基本特征

1. 石洞镇屯雷村片区

　　代表性片区(TZ-01)中心点位于北纬 26°46′45.956″、东经 109°1′12.058″，海拔 823 m。中山坡地中下部，中坡旱地，成土母质为灰岩风化坡积物，土壤亚类为普通铝质潮湿雏形土。该片区烤烟、玉米不定期轮作，烤烟大田生长期 4～9 月。烤烟田间长相长势较好，烟株呈塔形结构，株高 101.00 cm，茎围 8.30 cm，有效叶片数 19.30，中部烟叶长 72.20 cm、宽 27.20 cm，上部烟叶长 64.00 cm、宽 23.10 cm(图 15-1-1，表 15-1-1)。

2. 高酿镇地坝村 3 组片区

　　代表性片区(TZ-02)中心点位于北纬 26°48′36.784″、东经 109°10′14.822″，海拔 770 m。低山坡地上部，中坡旱地，成土母质为泥质岩风化坡积物，土壤亚类为石质铝质潮湿雏形土。

烤烟、玉米不定期轮作，烤烟大田生长期 4～9 月。烤烟田间长相长势较好，烟株呈筒形结构，株高 98.60 cm，茎围 9.30 cm，有效叶片数 20.70，中部烟叶长 69.60 cm、宽 31.50 cm、上部烟叶长 57.30 cm、宽 22.30 cm（图 15-1-2，表 15-1-1）。

图 15-1-1　TZ-01 片区烟田

图 15-1-2　TZ-02 片区烟田

3. 高酿镇地坝村 2 组片区

代表性片区（TZ-03）中心点位于北纬 26°48′13.013″、经度 109°10′6.194″，海拔 757 m。低山坡地中上部，中坡旱地，成土母质为泥质岩风化坡积物，土壤亚类为黏化富铝潮湿雏形土。烤烟、玉米不定期轮作，烤烟大田生长期 4～9 月。烤烟田间长相长势较好，烟株呈筒形结构，株高 97.30 cm，茎围 9.50 cm，有效叶片数 20.70，中部烟叶长 71.80 cm、宽 28.50 cm，上部烟叶长 54.70 cm、宽 19.90 cm（图 15-1-3，表 15-1-1）。

4. 社学乡长团村 11 组片区

代表性片区（TZ-04）中心点位于北纬 26°58′43.843″、东经 109°15′6.140″，海拔 670 m。低山坡地中部，中坡旱地，成土母质为灰岩/白云岩风化坡积物，土壤亚类为黏化富铝常湿富铁土。烤烟、玉米不定期轮作，烤烟大田生长期 4～9 月。烤烟田间长相长势中等，烟株呈筒形结构，株高 79.70 cm，茎围 8.50 cm，有效叶片数 17.90，中部烟叶长 67.50 cm、宽 30.30 cm，上部烟叶长 54.60 cm、宽 21.60 cm（图 15-1-4，表 15-1-1）。

图 15-1-3　TZ-03 片区烟田

图 15-1-4　TZ-04 片区烟田

5. 坪地镇桂袍村平丁片区

代表性片区（TZ-05）中心点位于北纬 27°2′51.652″、东经 108°59′28.176″，海拔 843 m。中山坡地中部，中坡旱地，成土母质为泥质岩风化坡积物，土壤亚类为石质铝质常湿雏形土。烤烟、玉米不定期轮作，烤烟大田生长期 4～9 月。烤烟田间长相长势好，烟株呈塔形结构，株高 110.00 cm，茎围 9.40 cm，有效叶片数 19.70，中部烟叶长 80.30 cm、宽 29.40 cm，上部烟叶长 66.00 cm、宽 21.20 cm（图 15-1-5，表 15-1-1）。

图 15-1-5　TZ-05 片区烟田

表 15-1-1　代表性片区烟株主要农艺性状

片区	株高/cm	茎围/cm	有效叶/片	中部叶/cm		上部叶/cm		株型
				叶长	叶宽	叶长	叶宽	
TZ-01	101.00	8.30	19.30	72.20	27.20	64.00	23.10	塔形
TZ-02	98.60	9.30	20.70	69.60	31.50	57.30	22.30	筒形
TZ-03	97.30	9.50	20.70	71.80	28.50	54.70	19.90	筒形
TZ-04	79.70	8.50	17.90	67.50	30.30	54.60	21.60	筒形
TZ-05	110.00	9.40	19.70	80.30	29.40	66.00	21.20	塔形

二、烟叶外观质量与物理指标

1. 石洞镇屯雷村片区

代表性片区(TZ-01)烟叶外观质量指标的成熟度得分 8.00，颜色得分 8.50，油分得分 7.50，身份得分 8.00，结构得分 8.00，色度得分 7.50。烟叶物理指标中的单叶重 10.05 g，叶片密度 52.39 g/m²，含梗率 34.05%，平衡含水率 13.07%，叶片长度 60.10 cm，叶片宽度 19.30 cm，叶片厚度 105.03 μm，填充值 2.70 cm³/g(图 15-1-6，表 15-1-2 和表 15-1-3)。

图 15-1-6　TZ-01 片区初烤烟叶

2. 高酿镇地坝村 3 组片区

代表性片区(TZ-02)烟叶外观质量指标的成熟度得分 7.50，颜色得分 8.00，油分得分 6.00，身份得分 7.50，结构得分 7.50，色度得分 6.00。烟叶物理指标中的单叶重 11.02 g，叶片密度 62.64 g/m²，含梗率 32.71%，平衡含水率 12.68%，叶片长度 63.50 cm，叶片宽度 20.90 cm，叶片厚度 122.90 μm，填充值 3.37 cm³/g(图 15-1-7，表 15-1-2 和表 15-1-3)。

图 15-1-7　TZ-02 片区初烤烟叶

3. 高酿镇地坝村 2 组片区

代表性片区(TZ-03)烟叶外观质量指标的成熟度得分 7.00,颜色得分 8.50,油分得分 7.50,身份得分 8.00,结构得分 7.50,色度得分 7.50。烟叶物理指标中的单叶重 10.43 g,叶片密度 61.94 g/m²,含梗率 33.12%,平衡含水率 13.68%,叶片长度 58.70 cm,叶片宽度 23.33 cm,叶片厚度 99.43 μm,填充值 2.91 cm³/g(图 15-1-8,表 15-1-2 和表 15-1-3)。

图 15-1-8　TZ-03 片区初烤烟叶

4. 社学乡长团村 11 组片区

代表性片区(TZ-04)烟叶外观质量指标的成熟度得分 7.00,颜色得分 7.50,油分得分 6.50,身份得分 7.00,结构得分 7.50,色度得分 6.00。烟叶物理指标中的单叶重 9.02 g,叶片密度 59.11 g/m²,含梗率 31.51%,平衡含水率 12.79%,叶片长度 56.60 cm,

叶片宽度 25.00 cm，叶片厚度 101.37 μm，填充值 3.34 cm³/g（图 15-1-9，表 15-1-2 和表 15-1-3）。

图 15-1-9　TZ-04 片区初烤烟叶

5. 坪地镇桂袍村平丁片区

代表性片区（TZ-05）烟叶外观质量指标的成熟度得分 7.50，颜色得分 8.00，油分得分 6.50，身份得分 7.50，结构得分 7.50，色度得分 6.50。烟叶物理指标中的单叶重 10.78 g，叶片密度 64.43 g/m²，含梗率 29.59%，平衡含水率 14.80%，叶片长度 62.73 cm，叶片宽度 24.45 cm，叶片厚度 96.17 μm，填充值 3.18 cm³/g（图 15-1-10，表 15-1-2 和表 15-1-3）。

图 15-1-10　TZ-05 片区初烤烟叶

表 15-1-2　代表性片区烟叶外观质量

片区	成熟度	颜色	油分	身份	结构	色度
TZ-01	8.00	8.50	7.50	8.00	8.00	7.50
TZ-02	7.50	8.00	6.00	7.50	7.50	6.00
TZ-03	7.00	8.50	7.50	8.00	7.50	7.50
TZ-04	7.00	7.50	6.50	7.00	7.50	6.00
TZ-05	7.50	8.00	6.50	7.50	7.50	6.50

表 15-1-3　代表性片区烟叶物理指标

片区	单叶重 /g	叶片密度 /(g/m²)	含梗率 /%	平衡含水率 /%	叶长 /cm	叶宽 /cm	叶片厚度 /μm	填充值 /(cm³/g)
TZ-01	10.05	52.39	34.05	13.07	60.10	19.30	105.03	2.70
TZ-02	11.02	62.64	32.71	12.68	63.50	20.90	122.90	3.37
TZ-03	10.43	61.94	33.12	13.68	58.70	23.33	99.43	2.91
TZ-04	9.02	59.11	31.51	12.79	56.60	25.00	101.37	3.34
TZ-05	10.78	64.43	29.59	14.80	62.73	24.45	96.17	3.18

三、烟叶常规化学成分与中微量元素

1. 石洞镇屯雷村片区

代表性片区(TZ-01)中部烟叶(C3F)总糖含量 29.44%，还原糖含量 25.22%，总氮含量 1.84%，总植物碱含量 2.77%，氯含量 0.37%，钾含量 2.60%，糖碱比 10.63，淀粉含量 3.57%(表 15-1-4)。烟叶铜含量为 0.101 g/kg，铁含量为 0.605 g/kg，锰含量为 1.252 g/kg，锌含量为 1.316 g/kg，钙含量为 111.683 mg/kg，镁含量为 16.556 mg/kg(表 15-1-5)。

2. 高酿镇地坝村 3 组片区

代表性片区(TZ-02)中部烟叶(C3F)总糖含量 29.71%，还原糖含量 25.38%，总氮含量 1.65%，总植物碱含量 2.60%，氯含量 0.37%，钾含量 2.25%，糖碱比 11.43，淀粉含量 3.38%(表 15-1-4)。烟叶铜含量为 0.165 g/kg，铁含量为 0.758 g/kg，锰含量为 4.502 g/kg，锌含量为 1.009 g/kg，钙含量为 107.281 mg/kg，镁含量为 20.073 mg/kg(表 15-1-5)。

3. 高酿镇地坝村 2 组片区

代表性片区(TZ-03)中部烟叶(C3F)总糖含量 28.75%，还原糖含量 24.59%，总氮含量 1.83%，总植物碱含量 3.37%，氯含量 0.47%，钾含量 2.01%，糖碱比 8.53，淀粉含量 3.25%(表 15-1-4)。烟叶铜含量为 0.025 g/kg，铁含量为 0.900 g/kg，锰含量为 1.925 g/kg，锌含量为 0.548 g/kg，钙含量为 105.588 mg/kg，镁含量为 20.742 mg/kg(表 15-1-5)。

4. 社学乡长团村 11 组片区

代表性片区(TZ-04)中部烟叶(C3F)总糖含量 22.68%，还原糖含量 19.92%，总氮含量 1.84%，总植物碱含量 2.70%，氯含量 0.39%，钾含量 2.64%，糖碱比 8.40，淀粉含量 3.50%(表 15-1-4)。烟叶铜含量为 0.380 g/kg，铁含量为 0.702 g/kg，锰含量为 3.137 g/kg，锌含量为 1.260 g/kg，钙含量为 94.496 mg/kg，镁含量为 10.141 mg/kg(表 15-1-5)。

5. 坪地镇桂袍村平丁片区

代表性片区(TZ-05)中部烟叶(C3F)总糖含量 32.46%，还原糖含量 27.26%，总氮含量 1.65%，总植物碱含量 2.69%，氯含量 0.32%，钾含量 2.17%，糖碱比 12.07，淀粉含量 3.20%(表 15-1-4)。烟叶铜含量为 0.033 g/kg，铁含量为 0.510 g/kg，锰含量为 2.883 g/kg，锌含量为 0.701 g/kg，钙含量为 186.740 mg/kg，镁含量为 25.546 mg/kg(表 15-1-5)。

表 15-1-4　代表性片区中部烟叶(C3F)常规化学成分

片区	总糖/%	还原糖/%	总氮/%	总植物碱/%	氯/%	钾/%	糖碱比	淀粉/%
TZ-01	29.44	25.22	1.84	2.77	0.37	2.60	10.63	3.57
TZ-02	29.71	25.38	1.65	2.60	0.37	2.25	11.43	3.38
TZ-03	28.75	24.59	1.83	3.37	0.47	2.01	8.53	3.25
TZ-04	22.68	19.92	1.84	2.70	0.39	2.64	8.40	3.50
TZ-05	32.46	27.26	1.65	2.69	0.32	2.17	12.07	3.20

表 15-1-5　代表性片区中部烟叶(C3F)中微量元素

片区	Cu /(g/kg)	Fe /(g/kg)	Mn /(g/kg)	Zn /(g/kg)	Ca /(mg/kg)	Mg /(mg/kg)
TZ-01	0.101	0.605	1.252	1.316	111.683	16.556
TZ-02	0.165	0.758	4.502	1.009	107.281	20.073
TZ-03	0.025	0.900	1.925	0.548	105.588	20.742
TZ-04	0.380	0.702	3.137	1.260	94.496	10.141
TZ-05	0.033	0.510	2.883	0.701	186.740	25.546

四、烟叶生物碱组分与细胞壁物质

1. 石洞镇屯雷村片区

代表性片区(TZ-01)中部烟叶(C3F)烟碱含量为 25.210 mg/g，降烟碱含量为 0.606 mg/g，麦斯明含量为 0.004 mg/g，假木贼碱含量为 0.172 mg/g，新烟碱含量为 0.695 mg/g；烟叶纤维素含量为 6.10%，半纤维素含量为 3.50%，木质素含量为 1.10%(表 15-1-6)。

2. 高酿镇地坝村 3 组片区

代表性片区 (TZ-02) 中部烟叶 (C3F) 烟碱含量为 23.000 mg/g，降烟碱含量为 0.491 mg/g，麦斯明含量为 0.005 mg/g，假木贼碱含量为 0.131 mg/g，新烟碱含量为 0.564 mg/g；烟叶纤维素含量为 6.70%，半纤维素含量为 3.60%，木质素含量为 1.40% （表 15-1-6）。

3. 高酿镇地坝村 2 组片区

代表性片区 (TZ-03) 中部烟叶 (C3F) 烟碱含量为 31.369 mg/g，降烟碱含量为 0.674 mg/g，麦斯明含量为 0.004 mg/g，假木贼碱含量为 0.188 mg/g，新烟碱含量为 0.795 mg/g；烟叶纤维素含量为 7.80%，半纤维素含量为 2.00%，木质素含量为 1.30%（表 15-1-6）。

4. 社学乡长团村 11 组片区

代表性片区 (TZ-04) 中部烟叶 (C3F) 烟碱含量为 27.952 mg/g，降烟碱含量为 0.595 mg/g，麦斯明含量为 0.004 mg/g，假木贼碱含量为 0.165 mg/g，新烟碱含量为 0.655 mg/g；烟叶纤维素含量为 9.20%，半纤维素含量为 3.00%，木质素含量为 1.50% （表 15-1-6）。

5. 坪地镇桂袍村平丁片区

代表性片区 (TZ-05) 中部烟叶 (C3F) 烟碱含量为 27.776 mg/g，降烟碱含量为 0.576 mg/g，麦斯明含量为 0.003 mg/g，假木贼碱含量为 0.169 mg/g，新烟碱含量为 0.720 mg/g；烟叶纤维素含量为 7.30%，半纤维素含量为 2.40%，木质素含量为 0.80% （表 15-1-6）。

表 15-1-6　代表性片区中部烟叶 (C3F) 生物碱组分与细胞壁物质

片区	烟碱 /(mg/g)	降烟碱 /(mg/g)	麦斯明 /(mg/g)	假木贼碱 /(mg/g)	新烟碱 /(mg/g)	纤维素 /%	半纤维素 /%	木质素 /%
TZ-01	25.210	0.606	0.004	0.172	0.695	6.10	3.50	1.10
TZ-02	23.000	0.491	0.005	0.131	0.564	6.70	3.60	1.40
TZ-03	31.369	0.674	0.004	0.188	0.795	7.80	2.00	1.30
TZ-04	27.952	0.595	0.004	0.165	0.655	9.20	3.00	1.50
TZ-05	27.776	0.576	0.003	0.169	0.720	7.30	2.40	0.80

五、烟叶多酚与质体色素

1. 石洞镇屯雷村片区

代表性片区 (TZ-01) 中部烟叶 (C3F) 绿原酸含量为 11.040 mg/g，芸香苷含量为 9.700 mg/g，莨菪亭含量为 0.150 mg/g，β-胡萝卜素含量为 0.041 mg/g，叶黄素含量为

0.081 mg/g（表 15-1-7）。

2. 高酿镇地坝村 3 组片区

代表性片区（TZ-02）中部烟叶（C3F）绿原酸含量为 11.960 mg/g，芸香苷含量为 12.190 mg/g，莨菪亭含量为 0.060 mg/g，β-胡萝卜素含量为 0.043 mg/g，叶黄素含量为 0.090 mg/g（表 15-1-7）。

3. 高酿镇地坝村 2 组片区

代表性片区（TZ-03）中部烟叶（C3F）绿原酸含量为 10.510 mg/g，芸香苷含量为 9.900 mg/g，莨菪亭含量为 0.080 mg/g，β-胡萝卜素含量为 0.038 mg/g，叶黄素含量为 0.073 mg/g（表 15-1-7）。

4. 社学乡长团村 11 组片区

代表性片区（TZ-04）中部烟叶（C3F）绿原酸含量为 10.800 mg/g，芸香苷含量为 10.170 mg/g，莨菪亭含量为 0.180 mg/g，β-胡萝卜素含量为 0.048 mg/g，叶黄素含量为 0.089 mg/g（表 15-1-7）。

5. 坪地镇桂袍村平丁片区

代表性片区（TZ-05）中部烟叶（C3F）绿原酸含量为 10.310 mg/g，芸香苷含量为 9.220 mg/g，莨菪亭含量为 0.070 mg/g，β-胡萝卜素含量为 0.038 mg/g，叶黄素含量为 0.073 mg/g（表 15-1-7）。

表 15-1-7　代表性片区中部烟叶（C3F）多酚与质体色素　　（单位：mg/g）

片区	绿原酸	芸香苷	莨菪亭	β-胡萝卜素	叶黄素
TZ-01	11.040	9.700	0.150	0.041	0.081
TZ-02	11.960	12.190	0.060	0.043	0.090
TZ-03	10.510	9.900	0.080	0.038	0.073
TZ-04	10.800	10.170	0.180	0.048	0.089
TZ-05	10.310	9.220	0.070	0.038	0.073

六、烟叶有机酸类物质

1. 石洞镇屯雷村片区

代表性片区（TZ-01）中部烟叶（C3F）草酸含量为 16.770 mg/g，苹果酸含量为 53.645 mg/g，柠檬酸含量为 5.126 mg/g，棕榈酸含量为 2.564 mg/g，亚油酸含量为 1.467 mg/g，油酸含量为 3.621 mg/g，硬脂酸含量为 0.683 mg/g（表 15-1-8）。

2. 高酿镇地坝村 3 组片区

代表性片区（TZ-02）中部烟叶（C3F）草酸含量为 16.628 mg/g，苹果酸含量为 34.281 mg/g，柠檬酸含量为 2.889 mg/g，棕榈酸含量为 2.579 mg/g，亚油酸含量为 1.340 mg/g，油酸含量为 3.907 mg/g，硬脂酸含量为 0.729 mg/g（表 15-1-8）。

3. 高酿镇地坝村 2 组片区

代表性片区（TZ-03）中部烟叶（C3F）草酸含量为 17.770 mg/g，苹果酸含量为 45.460 mg/g，柠檬酸含量为 4.430 mg/g，棕榈酸含量为 2.380 mg/g，亚油酸含量为 1.379 mg/g，油酸含量为 3.295 mg/g，硬脂酸含量为 0.666 mg/g（表 15-1-8）。

4. 社学乡长团村 11 组片区

代表性片区（TZ-04）中部烟叶（C3F）草酸含量为 22.510 mg/g，苹果酸含量为 65.289 mg/g，柠檬酸含量为 6.316 mg/g，棕榈酸含量为 2.280 mg/g，亚油酸含量为 1.410 mg/g，油酸含量为 3.492 mg/g，硬脂酸含量为 0.690 mg/g（表 15-1-8）。

5. 坪地镇桂袍村平丁片区

代表性片区（TZ-05）中部烟叶（C3F）草酸含量为 12.759 mg/g，苹果酸含量为 33.993 mg/g，柠檬酸含量为 2.876 mg/g，棕榈酸含量为 1.720 mg/g，亚油酸含量为 0.973 mg/g，油酸含量为 2.363 mg/g，硬脂酸含量为 0.576 mg/g（表 15-1-8）。

表 15-1-8　代表性片区中部烟叶（C3F）有机酸　　　　（单位：mg/g）

片区	草酸	苹果酸	柠檬酸	棕榈酸	亚油酸	油酸	硬脂酸
TZ-01	16.770	53.645	5.126	2.564	1.467	3.621	0.683
TZ-02	16.628	34.281	2.889	2.579	1.340	3.907	0.729
TZ-03	17.770	45.460	4.430	2.380	1.379	3.295	0.666
TZ-04	22.510	65.289	6.316	2.280	1.410	3.492	0.690
TZ-05	12.759	33.993	2.876	1.720	0.973	2.363	0.576

七、烟叶氨基酸

1. 石洞镇屯雷村片区

代表性片区（TZ-01）中部烟叶（C3F）磷酸化-丝氨酸含量为 0.309 µg/mg，牛磺酸含量为 0.322 µg/mg，天冬氨酸含量为 0.063 µg/mg，苏氨酸含量为 0.118 µg/mg，丝氨酸含量为 0.044 µg/mg，天冬酰胺含量为 0.363 µg/mg，谷氨酸含量为 0.052 µg/mg，甘氨酸含量为 0.017 µg/mg，丙氨酸含量为 0.241 µg/mg，缬氨酸含量为 0.043 µg/mg，半胱氨酸含量为 0.003 µg/mg，异亮氨酸含量为 0.007 µg/mg，亮氨酸含量为 0.059 µg/mg，酪氨酸含量为 0.028 µg/mg，苯丙氨酸含量为 0.070 µg/mg，氨基丁酸含量为 0.023 µg/mg，组氨酸含量为 0.034 μg/mg，色氨酸含量为 0.041 μg/mg，精氨酸含量为 0 μg/mg（表 15-1-9）。

2. 高酿镇地坝村 3 组片区

代表性片区（TZ-02）中部烟叶（C3F）磷酸化-丝氨酸含量为 0.351 μg/mg，牛磺酸含量为 0.289 μg/mg，天冬氨酸含量为 0.043 μg/mg，苏氨酸含量为 0.165 μg/mg，丝氨酸含量为 0.024 μg/mg，天冬酰胺含量为 0.555 μg/mg，谷氨酸含量为 0.052 μg/mg，甘氨酸含量为 0.018 μg/mg，丙氨酸含量为 0.311 μg/mg，缬氨酸含量为 0.035 μg/mg，半胱氨酸含量为 0.133 μg/mg，异亮氨酸含量为 0.006 μg/mg，亮氨酸含量为 0.085 μg/mg，酪氨酸含量为 0.022 μg/mg，苯丙氨酸含量为 0.072 μg/mg，氨基丁酸含量为 0.028 μg/mg，组氨酸含量为 0.035 μg/mg，色氨酸含量为 0.066 μg/mg，精氨酸含量为 0.009 μg/mg（表 15-1-9）。

3. 高酿镇地坝村 2 组片区

代表性片区（TZ-03）中部烟叶（C3F）磷酸化-丝氨酸含量为 0.383 μg/mg，牛磺酸含量为 0.336 μg/mg，天冬氨酸含量为 0.057 μg/mg，苏氨酸含量为 0.184 μg/mg，丝氨酸含量为 0.052 μg/mg，天冬酰胺含量为 0.454 μg/mg，谷氨酸含量为 0.078 μg/mg，甘氨酸含量为 0.029 μg/mg，丙氨酸含量为 0.365 μg/mg，缬氨酸含量为 0.063 μg/mg，半胱氨酸含量为 0 μg/mg，异亮氨酸含量为 0.015 μg/mg，亮氨酸含量为 0.110 μg/mg，酪氨酸含量为 0.039 μg/mg，苯丙氨酸含量为 0.116 μg/mg，氨基丁酸含量为 0.040 μg/mg，组氨酸含量为 0.056 μg/mg，色氨酸含量为 0.068 μg/mg，精氨酸含量为 0.022 μg/mg（表 15-1-9）。

4. 社学乡长团村 11 组片区

代表性片区（TZ-04）中部烟叶（C3F）磷酸化-丝氨酸含量为 0.391 μg/mg，牛磺酸含量为 0.401 μg/mg，天冬氨酸含量为 0.152 μg/mg，苏氨酸含量为 0.166 μg/mg，丝氨酸含量为 0.048 μg/mg，天冬酰胺含量为 0.740 μg/mg，谷氨酸含量为 0.080 μg/mg，甘氨酸含量为 0.024 μg/mg，丙氨酸含量为 0.300 μg/mg，缬氨酸含量为 0.050 μg/mg，半胱氨酸含量为 0.105 μg/mg，异亮氨酸含量为 0.005 μg/mg，亮氨酸含量为 0.037 μg/mg，酪氨酸含量为 0.042 μg/mg，苯丙氨酸含量为 0.095 μg/mg，氨基丁酸含量为 0.054 μg/mg，组氨酸含量为 0.065 μg/mg，色氨酸含量为 0.082 μg/mg，精氨酸含量为 0.002 μg/mg（表 15-1-9）。

5. 坪地镇桂袍村平丁片区

代表性片区（TZ-05）中部烟叶（C3F）磷酸化-丝氨酸含量为 0.298 μg/mg，牛磺酸含量为 0.240 μg/mg，天冬氨酸含量为 0.031 μg/mg，苏氨酸含量为 0.113 μg/mg，丝氨酸含量为 0.022 μg/mg，天冬酰胺含量为 0.386 μg/mg，谷氨酸含量为 0.053 μg/mg，甘氨酸含量为 0.014 μg/mg，丙氨酸含量为 0.253 μg/mg，缬氨酸含量为 0.032 μg/mg，半胱氨酸含量为 0.112 μg/mg，异亮氨酸含量为 0.006 μg/mg，亮氨酸含量为 0.080 μg/mg，酪氨酸含量为 0.019 μg/mg，苯丙氨酸含量为 0.054 μg/mg，氨基丁酸含量为 0.017 μg/mg，组氨酸含量为 0.022 μg/mg，色氨酸含量为 0.039 μg/mg，精氨酸含量为 0.001 μg/mg（表 15-1-9）。

表 15-1-9　代表性片区中部烟叶（C3F）氨基酸　　（单位：μg/mg）

氨基酸组分	TZ-01	TZ-02	TZ-03	TZ-04	TZ-05
磷酸化-丝氨酸	0.309	0.351	0.383	0.391	0.298
牛磺酸	0.322	0.289	0.336	0.401	0.240
天冬氨酸	0.063	0.043	0.057	0.152	0.031
苏氨酸	0.118	0.165	0.184	0.166	0.113
丝氨酸	0.044	0.024	0.052	0.048	0.022
天冬酰胺	0.363	0.555	0.454	0.740	0.386
谷氨酸	0.052	0.052	0.078	0.080	0.053
甘氨酸	0.017	0.018	0.029	0.024	0.014
丙氨酸	0.241	0.311	0.365	0.300	0.253
缬氨酸	0.043	0.035	0.063	0.050	0.032
半胱氨酸	0.003	0.133	0	0.105	0.112
异亮氨酸	0.007	0.006	0.015	0.005	0.006
亮氨酸	0.059	0.085	0.110	0.037	0.080
酪氨酸	0.028	0.022	0.039	0.042	0.019
苯丙氨酸	0.070	0.072	0.116	0.095	0.054
氨基丁酸	0.023	0.028	0.040	0.054	0.017
组氨酸	0.034	0.035	0.056	0.065	0.022
色氨酸	0.041	0.066	0.068	0.082	0.039
精氨酸	0	0.009	0.022	0.002	0.001

八、烟叶香气物质

1. 石洞镇屯雷村片区

代表性片区（TZ-01）中部烟叶（C3F）茄酮含量为 1.434 μg/g，香叶基丙酮含量为 0.493 μg/g，降茄二酮含量为 0.090 μg/g，β-紫罗兰酮含量为 0.358 μg/g，氧化紫罗兰酮含量为 0.538 μg/g，二氢猕猴桃内酯含量为 3.909 μg/g，巨豆三烯酮 1 含量为 0.146 μg/g，巨豆三烯酮 2 含量为 1.310 μg/g，巨豆三烯酮 3 含量为 0.202 μg/g，巨豆三烯酮 4 含量为 1.075 μg/g，3-羟基-β-二氢大马酮含量为 1.266 μg/g，3-氧代-α-紫罗兰醇含量为 4.402 μg/g，新植二烯含量为 1355.525 μg/g，3-羟基索拉韦惕酮含量为 2.352 μg/g，β-法尼烯含量为 11.301 μg/g（表 15-1-10）。

2. 高酿镇地坝村 3 组片区

代表性片区（TZ-02）中部烟叶（C3F）茄酮含量为 1.333 μg/g，香叶基丙酮含量为 0.638 μg/g，降茄二酮含量为 0.134 μg/g，β-紫罗兰酮含量为 0.414 μg/g，氧化紫罗兰酮含量为 0.560 μg/g，二氢猕猴桃内酯含量为 3.147 μg/g，巨豆三烯酮 1 含量为 0.123 μg/g，巨豆三烯酮 2 含量为 1.355 μg/g，巨豆三烯酮 3 含量为 0.224 μg/g，巨豆三烯酮 4 含量为 1.109 μg/g，3-羟基-β-二氢大马酮含量为 1.288 μg/g，3-氧代-α-紫罗兰醇含量为 3.696 μg/g，新植二烯含量为 1275.982 μg/g，3-羟基索拉韦惕酮含量为 1.322 μg/g，β-法尼烯含量为 8.568 μg/g（表 15-1-10）。

3. 高酿镇地坝村 2 组片区

代表性片区 (TZ-03) 中部烟叶 (C3F) 茄酮含量为 1.042 μg/g，香叶基丙酮含量为 0.571 μg/g，降茄二酮含量为 0.101 μg/g，β-紫罗兰酮含量为 0.437 μg/g，氧化紫罗兰酮含量为 0.426 μg/g，二氢猕猴桃内酯含量为 3.226 μg/g，巨豆三烯酮 1 含量为 0.157 μg/g，巨豆三烯酮 2 含量为 1.624 μg/g，巨豆三烯酮 3 含量为 0.291 μg/g，巨豆三烯酮 4 含量为 1.322 μg/g，3-羟基-β-二氢大马酮含量为 1.445 μg/g，3-氧代-α-紫罗兰醇含量为 4.110 μg/g，新植二烯含量为 1073.598 μg/g，3-羟基索拉韦惕酮含量为 1.624 μg/g，β-法尼烯含量为 9.789 μg/g（表 15-1-10）。

4. 社学乡长团村 11 组片区

代表性片区 (TZ-04) 中部烟叶 (C3F) 茄酮含量为 2.027 μg/g，香叶基丙酮含量为 0.930 μg/g，降茄二酮含量为 0.112 μg/g，β-紫罗兰酮含量为 0.538 μg/g，氧化紫罗兰酮含量为 0.616 μg/g，二氢猕猴桃内酯含量为 3.898 μg/g，巨豆三烯酮 1 含量为 0.280 μg/g，巨豆三烯酮 2 含量为 2.117 μg/g，巨豆三烯酮 3 含量为 0.336 μg/g，巨豆三烯酮 4 含量为 1.691 μg/g，3-羟基-β-二氢大马酮含量为 1.602 μg/g，3-氧代-α-紫罗兰醇含量为 7.314 μg/g，新植二烯含量为 1387.187 μg/g，3-羟基索拉韦惕酮含量为 2.475 μg/g，β-法尼烯含量为 13.675 μg/g（表 15-1-10）。

5. 坪地镇桂袍村平丁片区

代表性片区 (TZ-05) 中部烟叶 (C3F) 茄酮含量为 1.579 μg/g，香叶基丙酮含量为 0.605 μg/g，降茄二酮含量为 0.123 μg/g，β-紫罗兰酮含量为 0.437 μg/g，氧化紫罗兰酮含量为 0.437 μg/g，二氢猕猴桃内酯含量为 3.158 μg/g，巨豆三烯酮 1 含量为 0.168 μg/g，巨豆三烯酮 2 含量为 1.366 μg/g，巨豆三烯酮 3 含量为 0.202 μg/g，巨豆三烯酮 4 含量为 1.243 μg/g，3-羟基-β-二氢大马酮含量为 1.210 μg/g，3-氧代-α-紫罗兰醇含量为 2.845 μg/g，新植二烯含量为 952.157 μg/g，3-羟基索拉韦惕酮含量为 2.106 μg/g，β-法尼烯含量为 9.050 μg/g（表 15-1-10）。

表 15-1-10　代表性片区中部烟叶（C3F）香气物质　（单位：μg/g）

香气物质	TZ-01	TZ-02	TZ-03	TZ-04	TZ-05
茄酮	1.434	1.333	1.042	2.027	1.579
香叶基丙酮	0.493	0.638	0.571	0.930	0.605
降茄二酮	0.090	0.134	0.101	0.112	0.123
β-紫罗兰酮	0.358	0.414	0.437	0.538	0.437
氧化紫罗兰酮	0.538	0.560	0.426	0.616	0.437
二氢猕猴桃内酯	3.909	3.147	3.226	3.898	3.158

香气物质	TZ-01	TZ-02	TZ-03	TZ-04	TZ-05
巨豆三烯酮 1	0.146	0.123	0.157	0.280	0.168
巨豆三烯酮 2	1.310	1.355	1.624	2.117	1.366
巨豆三烯酮 3	0.202	0.224	0.291	0.336	0.202
巨豆三烯酮 4	1.075	1.109	1.322	1.691	1.243
3-羟基-β-二氢大马酮	1.266	1.288	1.445	1.602	1.210
3-氧代-α-紫罗兰醇	4.402	3.696	4.110	7.314	2.845
新植二烯	1355.525	1275.982	1073.598	1387.187	952.157
3-羟基索拉韦惕酮	2.352	1.322	1.624	2.475	2.106
β-法尼烯	11.301	8.568	9.789	13.675	9.050

九、烟叶感官质量

1. 石洞镇屯雷村片区

代表性片区(TZ-01)中部烟叶(C3F)感官质量评价结果显示,香韵指标包含的干草香、清甜香、正甜香、焦甜香、青香、木香、豆香、坚果香、焦香、辛香、果香、药草香、花香、树脂香、酒香的各项指标值分别为3.56、0、2.89、0、0.94、1.94、0、0.67、1.00、1.61、0、0、0、0、0,烟气指标包含的香气状态、烟气浓度、劲头、香气质、香气量和透发性的各项指标值分别为3.24、3.00、2.71、3.17、3.06和2.83,杂气指标包含的青杂气、生青气、枯焦气、木质气、土腥气、松脂气、花粉气、药草气和金属气的各项指标值分别为 1.06、0.94、0.56、1.28、0、0、0、0、0,口感指标包含的细腻程度、柔和程度、圆润感、刺激性、干燥感和余味的各项指标值分别为3.11、3.22、3.06、2.28、2.17 和3.11(表 15-1-11)。

2. 高酿镇地坝村 3 组片区

代表性片区(TZ-02)中部烟叶(C3F)感官质量评价结果显示,香韵指标包含的干草香、清甜香、正甜香、焦甜香、青香、木香、豆香、坚果香、焦香、辛香、果香、药草香、花香、树脂香、酒香的各项指标值分别为3.61、0、2.72、0、0.72、2.06、0、0.72、1.00、1.67、0、0、0、0、0,烟气指标包含的香气状态、烟气浓度、劲头、香气质、香气量和透发性的各项指标值分别为3.00、3.18、3.00、2.89、3.06和2.94,杂气指标包含的青杂气、生青气、枯焦气、木质气、土腥气、松脂气、花粉气、药草气和金属气的各项指标值分别为 1.11、0.83、0.83、1.44、0、0、0、0、0,口感指标包含的细腻程度、柔和程度、圆润感、刺激性、干燥感和余味的各项指标值分别为2.78、2.83、2.72、2.56、2.56 和2.83(表 15-1-11)。

3. 高酿镇地坝村 2 组片区

代表性片区(TZ-03)中部烟叶(C3F)感官质量评价结果显示,香韵指标包含的干草香、清甜香、正甜香、焦甜香、青香、木香、豆香、坚果香、焦香、辛香、果香、药草香、花香、树脂香、酒香的各项指标值分别为 3.50、0、2.50、0、0.61、2.17、0、0.72、1.22、1.67、0、0、0、0、0，烟气指标包含的香气状态、烟气浓度、劲头、香气质、香气量和透发性的各项指标值分别为 3.06、3.29、3.35、2.78、3.11 和 3.00，杂气指标包含的青杂气、生青气、枯焦气、木质气、土腥气、松脂气、花粉气、药草气和金属气的各项指标值分别为 1.00、1.00、1.28、1.61、0、0、0、0、0，口感指标包含的细腻程度、柔和程度、圆润感、刺激性、干燥感和余味的各项指标值分别为 2.72、2.50、2.56、2.61、2.67 和 2.89（表 15-1-11）。

4. 社学乡长团村 11 组片区

代表性片区（TZ-04）中部烟叶（C3F）感官质量评价结果显示，香韵指标包含的干草香、清甜香、正甜香、焦甜香、青香、木香、豆香、坚果香、焦香、辛香、果香、药草香、花香、树脂香、酒香的各项指标值分别为 3.44、0、2.72、0、0.61、2.06、0、0.67、1.00、1.61、0、0、0、0、0，烟气指标包含的香气状态、烟气浓度、劲头、香气质、香气量和透发性的各项指标值分别为 3.11、3.17、3.12、2.72、3.06 和 3.00，杂气指标包含的青杂气、生青气、枯焦气、木质气、土腥气、松脂气、花粉气、药草气和金属气的各项指标值分别为 1.06、0.94、1.06、1.33、0、0、0、0、0，口感指标包含的细腻程度、柔和程度、圆润感、刺激性、干燥感和余味的各项指标值分别为 2.78、2.78、2.72、2.56、2.56 和 2.78（表 15-1-11）。

5. 坪地镇桂袍村平丁片区

代表性片区（TZ-05）中部烟叶（C3F）感官质量评价结果显示，香韵指标包含的干草香、清甜香、正甜香、焦甜香、青香、木香、豆香、坚果香、焦香、辛香、果香、药草香、花香、树脂香、酒香的各项指标值分别为 3.50、0、2.83、0、0.72、2.06、0、0.83、0.94、1.61、0、0、0、0、0，烟气指标包含的香气状态、烟气浓度、劲头、香气质、香气量和透发性的各项指标值分别为 3.24、2.94、2.94、3.06、3.06 和 3.12，杂气指标包含的青杂气、生青气、枯焦气、木质气、土腥气、松脂气、花粉气、药草气和金属气的各项指标值分别为 0.94、1.00、0.61、1.33、0、0、0、0、0，口感指标包含的细腻程度、柔和程度、圆润感、刺激性、干燥感和余味的各项指标值分别为 2.89、2.89、2.83、2.39、2.28 和 3.00（表 15-1-11）。

表 15-1-11　代表性片区中部烟叶（C3F）感官质量

评价指标		TZ-01	TZ-02	TZ-03	TZ-04	TZ-05
香韵	干草香	3.56	3.61	3.50	3.44	3.50
	清甜香	0	0	0	0	0
	正甜香	2.89	2.72	2.50	2.72	2.83
	焦甜香	0	0	0	0	0
	青香	0.94	0.72	0.61	0.61	0.72

续表

评价指标		TZ-01	TZ-02	TZ-03	TZ-04	TZ-05
香韵	木香	1.94	2.06	2.17	2.06	2.06
	豆香	0	0	0	0	0
	坚果香	0.67	0.72	0.72	0.67	0.83
	焦香	1.00	1.00	1.22	1.00	0.94
	辛香	1.61	1.67	1.67	1.61	1.61
	果香	0	0	0	0	0
	药草香	0	0	0	0	0
	花香	0	0	0	0	0
	树脂香	0	0	0	0	0
	酒香	0	0	0	0	0
烟气	香气状态	3.24	3.00	3.06	3.11	3.24
	烟气浓度	3.00	3.18	3.29	3.17	2.94
	劲头	2.71	3.00	3.35	3.12	2.94
	香气质	3.17	2.89	2.78	2.72	3.06
	香气量	3.06	3.06	3.11	3.06	3.06
	透发性	2.83	2.94	3.00	3.00	3.12
杂气	青杂气	1.06	1.11	1.00	1.06	0.94
	生青气	0.94	0.83	1.00	0.94	1.00
	枯焦气	0.56	0.83	1.28	1.06	0.61
	木质气	1.28	1.44	1.61	1.33	1.33
	土腥气	0	0	0	0	0
	松脂气	0	0	0	0	0
	花粉气	0	0	0	0	0
	药草气	0	0	0	0	0
	金属气	0	0	0	0	0
口感	细腻程度	3.11	2.78	2.72	2.78	2.89
	柔和程度	3.22	2.83	2.50	2.78	2.89
	圆润感	3.06	2.72	2.56	2.72	2.83
	刺激性	2.28	2.56	2.61	2.56	2.39
	干燥感	2.17	2.56	2.67	2.56	2.28
	余味	3.11	2.83	2.89	2.78	3.00

第二节　湖南靖州烟叶风格特征

　　湖南省靖州苗族侗族自治县(简称靖州县)位于北纬 26°15′～26°47′、东经 109°16′～109°56′,地处云贵高原东部斜坡边缘,雪峰山脉西南端,沅水上游之渠江流域,湘、黔、桂交界地区,多崇山峻岭,丘陵、盆地交错,地貌多样。地势东西南三面高峻,北部低缓，中部为狭长山间盆地，整个地势由南向北倾斜。海拔 278～1173 m，高差 900 m，地势比降为 29.3%，地表起伏较大。地形以山地为主，占全县总面积的 4/5。靖州县隶属湖南省怀化市，面积 2210 km²。靖州是雪峰山区烤烟种植区的典型产区之一，根据目前该县烤烟种植片区分布特点和烟叶质量风格特征，选择 5 个代表性种植片区，作为该县烟叶质量风格特征的代表性区域加以阐述。

一、烟田与烟株基本特征

1. 藕团乡团山村 4 组片区

代表性片区(JZ-01)中心点位于北纬 26°27′38.650″、东经 109°29′15.626″，海拔 431 m。石灰岩/白云岩丘陵区河流冲积平原一级阶地，水田，成土母质为洪积-冲积物，土壤亚类为漂白铁聚水耕人为土。该片区烤烟、晚稻轮作，烤烟大田生长期 3～7 月。烤烟田间长相长势较好，烟株呈筒形结构，株高 98.50 cm，茎围 8.20 cm，有效叶片数 20.20，中部烟叶长 64.80 cm、宽 24.50 cm，上部烟叶长 57.10 cm、宽 20.20 cm(图 15-2-1，表 15-2-1)。

图 15-2-1　JZ-01 片区烟田

2. 新厂镇炮团村 1 组片区

代表性片区(JZ-02)中心点位于北纬 26°23′28.393″、东经 109°26′32.260″，海拔 385 m。该片区属于石灰岩/白云岩丘陵区沟谷地，水田，成土母质为洪积-冲积物，土壤亚类为漂白铁聚水耕人为土。该片区烤烟、晚稻轮作，烤烟大田生长期 3～7 月。烤烟田间长相长势好，烟株呈筒形结构，株高 110.40 cm，茎围 10.30 cm，有效叶片数 17.70，中部烟叶长 74.10 cm、宽 33.70 cm，上部烟叶长 66.20 cm、宽 28.70 cm(图 15-2-2，表 15-2-1)。

3. 铺口乡集中村 1 片区

代表性片区(JZ-03)中心点位于北纬 26°33′19.186″、东经 109°34′50.163″，海拔 337 m。该片区属于石灰岩/白云岩丘陵区沟谷地，水田，成土母质为洪积-冲积物，土壤亚类为漂白铁聚水耕人为土。该片区烤烟、晚稻轮作，烤烟大田生长期 3～7 月。烤烟田间长相长势较好，烟株呈塔形结构，株高 101.90 cm，茎围 9.00 cm，有效叶片数 19.30，中部烟叶长 73.10 cm、宽 29.20 cm，上部烟叶长 62.70 cm、宽 21.70 cm(图 15-2-3，表 15-2-1)。

图 15-2-2　JZ-02 片区烟田

图 15-2-3　JZ-03 片区烟田

4. 铺口乡集中村 2 片区

代表性片区 (JZ-04) 中心点位于北纬 26°37′13.606″、东经 109°38′35.525″，海拔 350 m。该片区属于石灰岩/白云岩丘陵区河流冲积平原一级阶地，成土母质为洪积-冲积物，水田，土壤亚类为漂白铁聚水耕人为土。该片区烤烟、晚稻轮作，烤烟大田生长期 3～7 月。烤烟田间长相长势好，烟株呈筒形结构，株高 110.40 cm，茎围 10.30 cm，有效叶片数 18.20，中部烟叶长 76.90 cm、宽 31.90 cm，上部烟叶长 59.50 cm、宽 22.70 cm（图 15-2-4，表 15-2-1）。

图 15-2-4　JZ-04 片区烟田

5. 甘棠镇民主村 5 组片区

代表性片区(JZ-05)中心点位于北纬 26°43′3.553″、东经 109°46′32.482″，海拔 312 m。该片区属于石灰岩/白云岩丘陵区河流冲积平原一级阶地，成土母质为洪积−冲积物，水田，土壤亚类为漂白铁聚水耕人为土。该片区烤烟、晚稻轮作，烤烟大田生长期 3～7 月。烤烟田间长相长势中等，烟株呈塔形结构，株高 74.50 cm，茎围 8.00 cm，有效叶片数 18.70，中部烟叶长 60.20 cm、宽 25.20 cm，上部烟叶长 55.20 cm、宽 22.70 cm(图 15-2-5，表 15-2-1)。

图 15-2-5　JZ-05 片区烟田

表 15-2-1　代表性片区烟株主要农艺性状

片区	株高/cm	茎围/cm	有效叶/片	中部叶/cm		上部叶/cm		株型
				叶长	叶宽	叶长	叶宽	
JZ-01	98.50	8.20	20.20	64.80	24.50	57.10	20.20	筒形
JZ-02	110.40	10.30	17.70	74.10	33.70	66.20	28.70	筒形
JZ-03	101.90	9.00	19.30	73.10	29.20	62.70	21.70	塔形
JZ-04	110.40	10.30	18.20	76.90	31.90	59.50	22.70	筒形
JZ-05	74.50	8.00	18.70	60.20	25.20	55.20	22.70	塔形

二、烟叶外观质量与物理指标

1. 藕团乡团山村 4 组片区

代表性片区(JZ-01)烟叶外观质量指标的成熟度得分 7.80，颜色得分 7.80，油分得分 5.50，身份得分 7.80，结构得分 8.00，色度得分 5.20。烟叶物理指标中的单叶重 10.82 g，叶片密度 49.96 g/m²，含梗率 41.32%，平衡含水率 13.83%，叶片长度 75.30 cm，叶片宽度 25.60 cm，叶片厚度 114.17 μm，填充值 3.30 cm³/g(图 15-2-6，表 15-2-2 和表 15-2-3)。

图 15-2-6　JZ-01 片区初烤烟叶

2. 新厂镇炮团村 1 组片区

代表性片区(JZ-02)烟叶外观质量指标的成熟度得分 8.00，颜色得分 8.00，油分得分 5.70，身份得分 8.00，结构得分 8.20，色度得分 5.20。烟叶物理指标中的单叶重 8.96 g，叶片密度 63.18 g/m²，含梗率 38.41%，平衡含水率 14.82%，叶片长度 65.90 cm，叶片宽度 18.60 cm，叶片厚度 153.03 μm，填充值 3.12 cm³/g(图 15-2-7，表 15-2-2 和表 15-2-3)。

图 15-2-7　JZ-02 片区初烤烟叶

3. 铺口乡集中村 1 片区

代表性片区(JZ-03)烟叶外观质量指标的成熟度得分 7.80，颜色得分 7.90，油分得分 5.20，身份得分 7.60，结构得分 8.20，色度得分 5.20。烟叶物理指标中的单叶重 8.14 g，叶片密度 62.47 g/m²，含梗率 36.12%，平衡含水率 15.97%，叶片长度 64.70 cm，叶片宽度 25.60 cm，叶片厚度 113.53 μm，填充值 3.65 cm³/g（图 15-2-8，表 15-2-2 和表 15-2-3）。

图 15-2-8 JZ-03 片区初烤烟叶

4. 铺口乡集中村 2 片区

代表性片区（JZ-04）烟叶外观质量指标的成熟度得分 7.70，颜色得分 8.00，油分得分 6.00，身份得分 8.40，结构得分 8.20，色度得分 5.70。烟叶物理指标中的单叶重 11.08 g，叶片密度 66.73 g/m²，含梗率 35.11%，平衡含水率 12.54%，叶片长度 64.40 cm，叶片宽度 21.30 cm，叶片厚度 152.97 μm，填充值 3.10 cm³/g（图 15-2-9，表 15-2-2 和表 15-2-3）。

图 15-2-9 JZ-04 片区初烤烟叶

5. 甘棠镇民主村 5 组片区

代表性片区（JZ-05）烟叶外观质量指标的成熟度得分 7.80，颜色得分 7.80，油分得分

5.50，身份得分 7.80，结构得分 8.40，色度得分 5.30。烟叶物理指标中的单叶重 9.58 g，叶片密度 57.46 g/m²，含梗率 37.15%，平衡含水率 12.92%，叶片长度 68.70 cm，叶片宽度 22.60 cm，叶片厚度 101.13 μm，填充值 2.97 cm³/g（图 15-2-10，表 15-2-2 和表 15-2-3）。

图 15-2-10　JZ-05 片区初烤烟叶

表 15-2-2　代表性片区烟叶外观质量

片区	成熟度	颜色	油分	身份	结构	色度
JZ-01	7.80	7.80	5.50	7.80	8.00	5.20
JZ-02	8.00	8.00	5.70	8.00	8.20	5.20
JZ-03	7.80	7.90	5.20	7.60	8.20	5.20
JZ-04	7.70	8.00	6.00	8.40	8.20	5.70
JZ-05	7.80	7.80	5.50	7.80	8.40	5.30

表 15-2-3　代表性片区烟叶物理指标

片区	单叶重 /g	叶片密度 /(g/m²)	含梗率 /%	平衡含水率 /%	叶长 /cm	叶宽 /cm	叶片厚度 /μm	填充值 /(cm³/g)
JZ-01	10.82	49.96	41.32	13.83	75.30	25.60	114.17	3.30
JZ-02	8.96	63.18	38.41	14.82	65.90	18.60	153.03	3.12
JZ-03	8.14	62.47	36.12	15.97	64.70	25.60	113.53	3.65
JZ-04	11.08	66.73	35.11	12.54	64.40	21.30	152.97	3.10
JZ-05	9.58	57.46	37.15	12.92	68.70	22.60	101.13	2.97

三、烟叶常规化学成分与中微量元素

1. 藕团乡团山村 4 组片区

代表性片区（JZ-01）中部烟叶（C3F）总糖含量 28.32%，还原糖含量 25.69%，总氮含

量 2.20%，总植物碱含量 3.00%，氯含量 0.29%，钾含量 2.99%，糖碱比 9.43，淀粉含量 2.75%（表 15-2-4）。烟叶铜含量为 0.252 g/kg，铁含量为 0.910 g/kg，锰含量为 3.002 g/kg，锌含量为 1.289 g/kg，钙含量为 109.584 mg/kg，镁含量为 16.751 mg/kg（表 15-2-5）。

2. 新厂镇炮团村 1 组片区

代表性片区（JZ-02）中部烟叶（C3F）总糖含量 31.03%，还原糖含量 27.89%，总氮含量 2.07%，总植物碱含量 2.62%，氯含量 0.22%，钾含量 2.89%，糖碱比 11.85，淀粉含量 3.13%（表 15-2-4）。烟叶铜含量为 0.247g/kg，铁含量为 1.148 g/kg，锰含量为 3.149 g/kg，锌含量为 1.251 g/kg，钙含量为 131.890 mg/kg，镁含量为 18.241 mg/kg（表 15-2-5）。

3. 铺口乡集中村 1 片区

代表性片区（JZ-03）中部烟叶（C3F）总糖含量 24.84%，还原糖含量 23.50%，总氮含量 2.28%，总植物碱含量 2.64%，氯含量 0.25%，钾含量 3.68%，糖碱比 9.40，淀粉含量 2.87%（表 15-2-4）。烟叶铜含量为 0.135 g/kg，铁含量为 1.016 g/kg，锰含量为 3.281 g/kg，锌含量为 1.468 g/kg，钙含量为 147.349 mg/kg，镁含量为 18.185 mg/kg（表 15-2-5）。

4. 铺口乡集中村 2 片区

代表性片区（JZ-04）中部烟叶（C3F）总糖含量 32.54%，还原糖含量 28.37%，总氮含量 1.57%，总植物碱含量 1.86%，氯含量 0.36%，钾含量 2.52%，糖碱比 17.47，淀粉含量 2.62%（表 15-2-4）。烟叶铜含量为 0.155 g/kg，铁含量为 0.983 g/kg，锰含量为 2.231 g/kg，锌含量为 0.841 g/kg，钙含量为 145.667 mg/kg，镁含量为 21.115 mg/kg（表 15-2-5）。

5. 甘棠镇民主村 5 组片区

代表性片区（JZ-05）中部烟叶（C3F）总糖含量 28.08%，还原糖含量 25.23%，总氮含量 1.87%，总植物碱含量 2.11%，氯含量 0.29%，钾含量 2.84%，糖碱比 13.34，淀粉含量 2.90%（表 15-2-4）。烟叶铜含量为 0.200 g/kg，铁含量为 0.941 g/kg，锰含量为 1.891 g/kg，锌含量为 1.152 g/kg，钙含量为 142.847 mg/kg，镁含量为 13.123 mg/kg（表 15-2-5）。

表 15-2-4　代表性片区中部烟叶（C3F）常规化学成分

片区	总糖 /%	还原糖 /%	总氮 /%	总植物碱 /%	氯 /%	钾 /%	糖碱比	淀粉 /%
JZ-01	28.32	25.69	2.20	3.00	0.29	2.99	9.43	2.75
JZ-02	31.03	27.89	2.07	2.62	0.22	2.89	11.85	3.13
JZ-03	24.84	23.50	2.28	2.64	0.25	3.68	9.40	2.87
JZ-04	32.54	28.37	1.57	1.86	0.36	2.52	17.47	2.62
JZ-05	28.08	25.23	1.87	2.11	0.29	2.84	13.34	2.90

表 15-2-5　代表性片区中部烟叶（C3F）中微量元素

片区	Cu /(g/kg)	Fe /(g/kg)	Mn /(g/kg)	Zn /(g/kg)	Ca /(mg/kg)	Mg /(mg/kg)
JZ-01	0.252	0.910	3.002	1.289	109.584	16.751
JZ-02	0.247	1.148	3.149	1.251	131.890	18.241
JZ-03	0.135	1.016	3.281	1.468	147.349	18.185
JZ-04	0.155	0.983	2.231	0.841	145.667	21.115
JZ-05	0.200	0.941	1.891	1.152	142.847	13.123

四、烟叶生物碱组分与细胞壁物质

1. 藕团乡团山村 4 组片区

代表性片区（JZ-01）中部烟叶（C3F）烟碱含量为 30.030 mg/g，降烟碱含量为 0.375 mg/g，麦斯明含量为 0.002 mg/g，假木贼碱含量为 0.094 mg/g，新烟碱含量为 0.718 mg/g；烟叶纤维素含量为 7.10%，半纤维素含量为 3.40%，木质素含量为 0.70%（表 15-2-6）。

2. 新厂镇炮团村 1 组片区

代表性片区（JZ-02）中部烟叶（C3F）烟碱含量为 26.191 mg/g，降烟碱含量为 0.314 mg/g，麦斯明含量为 0.004 mg/g，假木贼碱含量为 0.063 mg/g，新烟碱含量为 0.495 mg/g；烟叶纤维素含量为 7.00%，半纤维素含量为 3.10%，木质素含量为 1.40%（表 15-2-6）。

3. 铺口乡集中村 1 片区

代表性片区（JZ-03）中部烟叶（C3F）烟碱含量为 26.436 mg/g，降烟碱含量为 0.249 mg/g，麦斯明含量为 0.005 mg/g，假木贼碱含量为 0.060 mg/g，新烟碱含量为 0.547 mg/g；烟叶纤维素含量为 7.50%，半纤维素含量为 2.80%，木质素含量为 1.30%（表 15-2-6）。

4. 铺口乡集中村 2 片区

代表性片区（JZ-04）中部烟叶（C3F）烟碱含量为 18.624 mg/g，降烟碱含量为 0.203 mg/g，麦斯明含量为 0.002 mg/g，假木贼碱含量为 0.054 mg/g，新烟碱含量为 0.322 mg/g；烟叶纤维素含量为 6.80%，半纤维素含量为 2.30%，木质素含量为 1.20%（表 15-2-6）。

5. 甘棠镇民主村 5 组片区

代表性片区（JZ-05）中部烟叶（C3F）烟碱含量为 21.059 mg/g，降烟碱含量为

0.218 mg/g, 麦斯明含量为 0.003 mg/g, 假木贼碱含量为 0.055 mg/g, 新烟碱含量为 0.408 mg/g; 烟叶纤维素含量为 7.80%, 半纤维素含量为 2.50%, 木质素含量为 1.00% (表 15-2-6)。

表 15-2-6 代表性片区中部烟叶(C3F)生物碱组分与细胞壁物质

片区	烟碱 /(mg/g)	降烟碱 /(mg/g)	麦斯明 /(mg/g)	假木贼碱 /(mg/g)	新烟碱 /(mg/g)	纤维素 /%	半纤维素 /%	木质素 /%
JZ-01	30.030	0.375	0.002	0.094	0.718	7.10	3.40	0.70
JZ-02	26.191	0.314	0.004	0.063	0.495	7.00	3.10	1.40
JZ-03	26.436	0.249	0.005	0.060	0.547	7.50	2.80	1.30
JZ-04	18.624	0.203	0.002	0.054	0.322	6.80	2.30	1.20
JZ-05	21.059	0.218	0.003	0.055	0.408	7.80	2.50	1.00

五、烟叶多酚与质体色素

1. 藕团乡团山村4组片区

代表性片区(JZ-01)中部烟叶(C3F)绿原酸含量为 12.064 mg/g, 芸香苷含量为 9.548 mg/g, 莨菪亭含量为 0.178 mg/g, β-胡萝卜素含量为 0.036 mg/g, 叶黄素含量为 0.070 mg/g(表 15-2-7)。

2. 新厂镇炮团村1组片区

代表性片区(JZ-02)中部烟叶(C3F)绿原酸含量为 10.924 mg/g, 芸香苷含量为 10.236 mg/g, 莨菪亭含量为 0.108 mg/g, β-胡萝卜素含量为 0.041 mg/g, 叶黄素含量为 0.081 mg/g(表 15-2-7)。

3. 铺口乡集中村1片区

代表性片区(JZ-03)中部烟叶(C3F)绿原酸含量为 11.488 mg/g, 芸香苷含量为 7.742 mg/g, 莨菪亭含量为 0.104 mg/g, β-胡萝卜素含量为 0.053 mg/g, 叶黄素含量为 0.093 mg/g(表 15-2-7)。

4. 铺口乡集中村2片区

代表性片区(JZ-04)中部烟叶(C3F)绿原酸含量为 11.492 mg/g, 芸香苷含量为 9.175 mg/g, 莨菪亭含量为 0.130 mg/g, β-胡萝卜素含量为 0.044 mg/g, 叶黄素含量为 0.081 mg/g(表 15-2-7)。

5. 甘棠镇民主村5组片区

代表性片区(JZ-05)中部烟叶(C3F)绿原酸含量为 10.660 mg/g, 芸香苷含量为

9.978 mg/g，莨菪亭含量为 0.082 mg/g，β-胡萝卜素含量为 0.046 mg/g，叶黄素含量为 0.073 mg/g（表 15-2-7）。

表 15-2-7　代表性片区中部烟叶（C3F）多酚与质体色素　　　　（单位：mg/g）

片区	绿原酸	芸香苷	莨菪亭	β-胡萝卜素	叶黄素
JZ-01	12.064	9.548	0.178	0.036	0.070
JZ-02	10.924	10.236	0.108	0.041	0.081
JZ-03	11.488	7.742	0.104	0.053	0.093
JZ-04	11.492	9.175	0.130	0.044	0.081
JZ-05	10.660	9.978	0.082	0.046	0.073

六、烟叶有机酸类物质

1. 藕团乡团山村 4 组片区

代表性片区（JZ-01）中部烟叶（C3F）草酸含量为 13.145 mg/g，苹果酸含量为 50.907 mg/g，柠檬酸含量为 4.880 mg/g，棕榈酸含量为 2.099 mg/g，亚油酸含量为 1.379 mg/g，油酸含量为 3.445 mg/g，硬脂酸含量为 0.584 mg/g（表 15-2-8）。

2. 新厂镇炮团村 1 组片区

代表性片区（JZ-02）中部烟叶（C3F）草酸含量为 17.287 mg/g，苹果酸含量为 46.534 mg/g，柠檬酸含量为 4.327 mg/g，棕榈酸含量为 2.304 mg/g，亚油酸含量为 1.314 mg/g，油酸含量为 3.336 mg/g，硬脂酸含量为 0.669 mg/g（表 15-2-8）。

3. 铺口乡集中村 1 片区

代表性片区（JZ-03）中部烟叶（C3F）草酸含量为 15.962 mg/g，苹果酸含量为 76.672 mg/g，柠檬酸含量为 6.069 mg/g，棕榈酸含量为 1.846 mg/g，亚油酸含量为 1.096 mg/g，油酸含量为 2.711 mg/g，硬脂酸含量为 0.506 mg/g（表 15-2-8）。

4. 铺口乡集中村 2 片区

代表性片区（JZ-04）中部烟叶（C3F）草酸含量为 16.625 mg/g，苹果酸含量为 61.603 mg/g，柠檬酸含量为 5.198 mg/g，棕榈酸含量为 2.075 mg/g，亚油酸含量为 1.205 mg/g，油酸含量为 3.023 mg/g，硬脂酸含量为 0.587 mg/g（表 15-2-8）。

5. 甘棠镇民主村 5 组片区

代表性片区（JZ-05）中部烟叶（C3F）草酸含量为 15.216 mg/g，苹果酸含量为 48.720 mg/g，柠檬酸含量为 4.604 mg/g，棕榈酸含量为 2.202 mg/g，亚油酸含量为 1.347 mg/g，油酸含量为 3.390 mg/g，硬脂酸含量为 0.627 mg/g（表 15-2-8）。

表 15-2-8　代表性片区中部烟叶（C3F）有机酸　（单位：mg/g）

片区	草酸	苹果酸	柠檬酸	棕榈酸	亚油酸	油酸	硬脂酸
JZ-01	13.145	50.907	4.880	2.099	1.379	3.445	0.584
JZ-02	17.287	46.534	4.327	2.304	1.314	3.336	0.669
JZ-03	15.962	76.672	6.069	1.846	1.096	2.711	0.506
JZ-04	16.625	61.603	5.198	2.075	1.205	3.023	0.587
JZ-05	15.216	48.720	4.604	2.202	1.347	3.390	0.627

七、烟叶氨基酸

1. 藕团乡团山村 4 组片区

代表性片区（JZ-01）中部烟叶（C3F）磷酸化-丝氨酸含量为 0.281 μg/mg，牛磺酸含量为 0.483 μg/mg，天冬氨酸含量为 0.128 μg/mg，苏氨酸含量为 0.130 μg/mg，丝氨酸含量为 0.046 μg/mg，天冬酰胺含量为 0.799 μg/mg，谷氨酸含量为 0.083 μg/mg，甘氨酸含量为 0.026 μg/mg，丙氨酸含量为 0.325 μg/mg，缬氨酸含量为 0.054 μg/mg，半胱氨酸含量为 0.125 μg/mg，异亮氨酸含量为 0.010 μg/mg，亮氨酸含量为 0.074 μg/mg，酪氨酸含量为 0.043 μg/mg，苯丙氨酸含量为 0.117 μg/mg，氨基丁酸含量为 0.026 μg/mg，组氨酸含量为 0.070 μg/mg，色氨酸含量为 0.023 μg/mg，精氨酸含量为 0.016 μg/mg（表 15-2-9）。

2. 新厂镇炮团村 1 组片区

代表性片区（JZ-02）中部烟叶（C3F）磷酸化-丝氨酸含量为 0.346 μg/mg，牛磺酸含量为 0.318 μg/mg，天冬氨酸含量为 0.069 μg/mg，苏氨酸含量为 0.149 μg/mg，丝氨酸含量为 0.038 μg/mg，天冬酰胺含量为 0.500 μg/mg，谷氨酸含量为 0.063 μg/mg，甘氨酸含量为 0.020 μg/mg，丙氨酸含量为 0.294 μg/mg，缬氨酸含量为 0.045 μg/mg，半胱氨酸含量为 0.071 μg/mg，异亮氨酸含量为 0.008 μg/mg，亮氨酸含量为 0.074 μg/mg，酪氨酸含量为 0.030 μg/mg，苯丙氨酸含量为 0.081 μg/mg，氨基丁酸含量为 0.032 μg/mg，组氨酸含量为 0.042 μg/mg，色氨酸含量为 0.059 μg/mg，精氨酸含量为 0.007 μg/mg（表 15-2-9）。

3. 铺口乡集中村 1 片区

代表性片区（JZ-03）中部烟叶（C3F）磷酸化-丝氨酸含量为 0.314 μg/mg，牛磺酸含量为 0.400 μg/mg，天冬氨酸含量为 0.099 μg/mg，苏氨酸含量为 0.140 μg/mg，丝氨酸含量为 0.042 μg/mg，天冬酰胺含量为 0.649 μg/mg，谷氨酸含量为 0.073 μg/mg，甘氨酸含量为 0.023 μg/mg，丙氨酸含量为 0.310 μg/mg，缬氨酸含量为 0.049 μg/mg，半胱氨酸含量为 0.098 μg/mg，异亮氨酸含量为 0.009 μg/mg，亮氨酸含量为 0.074 μg/mg，酪氨酸含量为 0.037 μg/mg，苯丙氨酸含量为 0.099 μg/mg，氨基丁酸含量为 0.029 μg/mg，组氨酸含量为 0.056 μg/mg，色氨酸含量为 0.041 μg/mg，精氨酸含量为 0.011 μg/mg（表 15-2-9）。

4. 铺口乡集中村2片区

代表性片区（JZ-04）中部烟叶（C3F）磷酸化-丝氨酸含量为 0.310 μg/mg，牛磺酸含量为 0.360 μg/mg，天冬氨酸含量为 0.082 μg/mg，苏氨酸含量为 0.133 μg/mg，丝氨酸含量为 0.037 μg/mg，天冬酰胺含量为 0.583 μg/mg，谷氨酸含量为 0.068 μg/mg，甘氨酸含量为 0.021 μg/mg，丙氨酸含量为 0.296 μg/mg，缬氨酸含量为 0.045 μg/mg，半胱氨酸含量为 0.102 μg/mg，异亮氨酸含量为 0.008 μg/mg，亮氨酸含量为 0.075 μg/mg，酪氨酸含量为 0.032 μg/mg，苯丙氨酸含量为 0.088 μg/mg，氨基丁酸含量为 0.026 μg/mg，组氨酸含量为 0.048 μg/mg，色氨酸含量为 0.041 μg/mg，精氨酸含量为 0.009 μg/mg（表 15-2-9）。

5. 甘棠镇民主村5组片区

代表性片区（JZ-05）中部烟叶（C3F）磷酸化-丝氨酸含量为 0.313 μg/mg，牛磺酸含量为 0.390 μg/mg，天冬氨酸含量为 0.095 μg/mg，苏氨酸含量为 0.138 μg/mg，丝氨酸含量为 0.041 μg/mg，天冬酰胺含量为 0.633 μg/mg，谷氨酸含量为 0.072 μg/mg，甘氨酸含量为 0.023 μg/mg，丙氨酸含量为 0.306 μg/mg，缬氨酸含量为 0.048 μg/mg，半胱氨酸含量为 0.099 μg/mg，异亮氨酸含量为 0.009 μg/mg，亮氨酸含量为 0.074 μg/mg，酪氨酸含量为 0.035 μg/mg，苯丙氨酸含量为 0.096 μg/mg，氨基丁酸含量为 0.029 μg/mg，组氨酸含量为 0.054 μg/mg，色氨酸含量为 0.041 μg/mg，精氨酸含量为 0.011 μg/mg（表 15-2-9）。

表 15-2-9 代表性片区中部烟叶（C3F）氨基酸 （单位：μg/mg）

氨基酸组分	JZ-01	JZ-02	JZ-03	JZ-04	JZ-05
磷酸化-丝氨酸	0.281	0.346	0.314	0.310	0.313
牛磺酸	0.483	0.318	0.400	0.360	0.390
天冬氨酸	0.128	0.069	0.099	0.082	0.095
苏氨酸	0.130	0.149	0.140	0.133	0.138
丝氨酸	0.046	0.038	0.042	0.037	0.041
天冬酰胺	0.799	0.500	0.649	0.583	0.633
谷氨酸	0.083	0.063	0.073	0.068	0.072
甘氨酸	0.026	0.020	0.023	0.021	0.023
丙氨酸	0.325	0.294	0.310	0.296	0.306
缬氨酸	0.054	0.045	0.049	0.045	0.048
半胱氨酸	0.125	0.071	0.098	0.102	0.099
异亮氨酸	0.010	0.008	0.009	0.008	0.009
亮氨酸	0.074	0.074	0.074	0.075	0.074
酪氨酸	0.043	0.030	0.037	0.032	0.035
苯丙氨酸	0.117	0.081	0.099	0.088	0.096
氨基丁酸	0.026	0.032	0.029	0.026	0.029
组氨酸	0.070	0.042	0.056	0.048	0.054
色氨酸	0.023	0.059	0.041	0.041	0.041
精氨酸	0.016	0.007	0.011	0.009	0.011

八、烟叶香气物质

1. 藕团乡团山村 4 组片区

代表性片区 (JZ-01) 中部烟叶 (C3F) 茄酮含量为 1.859 μg/g，香叶基丙酮含量为 0.795 μg/g，降茄二酮含量为 0.123 μg/g，β-紫罗兰酮含量为 0.739 μg/g，氧化紫罗兰酮含量为 1.075 μg/g，二氢猕猴桃内酯含量为 2.946 μg/g，巨豆三烯酮 1 含量为 0.179 μg/g，巨豆三烯酮 2 含量为 1.277 μg/g，巨豆三烯酮 3 含量为 0.224 μg/g，巨豆三烯酮 4 含量为 0.963 μg/g，3-羟基-β-二氢大马酮含量为 0.493 μg/g，3-氧代-α-紫罗兰醇含量为 1.165 μg/g，新植二烯含量为 528.853 μg/g，3-羟基索拉韦惕酮含量为 2.038 μg/g，β-法尼烯含量为 7.997 μg/g（表 15-2-10）。

2. 新厂镇炮团村 1 组片区

代表性片区 (JZ-02) 中部烟叶 (C3F) 茄酮含量为 1.669 μg/g，香叶基丙酮含量为 0.582 μg/g，降茄二酮含量为 0.101 μg/g，β-紫罗兰酮含量为 0.717 μg/g，氧化紫罗兰酮含量为 0.963 μg/g，二氢猕猴桃内酯含量为 2.677 μg/g，巨豆三烯酮 1 含量为 0.157 μg/g，巨豆三烯酮 2 含量为 1.042 μg/g，巨豆三烯酮 3 含量为 0.235 μg/g，巨豆三烯酮 4 含量为 0.874 μg/g，3-羟基-β-二氢大马酮含量为 0.459 μg/g，3-氧代-α-紫罗兰醇含量为 1.400 μg/g，新植二烯含量为 494.368 μg/g，3-羟基索拉韦惕酮含量为 1.792 μg/g，β-法尼烯含量为 6.765 μg/g（表 15-2-10）。

3. 铺口乡集中村 1 片区

代表性片区 (JZ-03) 中部烟叶 (C3F) 茄酮含量为 1.770 μg/g，香叶基丙酮含量为 0.818 μg/g，降茄二酮含量为 0.134 μg/g，β-紫罗兰酮含量为 0.717 μg/g，氧化紫罗兰酮含量为 1.154 μg/g，二氢猕猴桃内酯含量为 3.147 μg/g，巨豆三烯酮 1 含量为 0.235 μg/g，巨豆三烯酮 2 含量为 1.590 μg/g，巨豆三烯酮 3 含量为 0.280 μg/g，巨豆三烯酮 4 含量为 1.154 μg/g，3-羟基-β-二氢大马酮含量为 0.526 μg/g，3-氧代-α-紫罗兰醇含量为 2.699 μg/g，新植二烯含量为 697.021 μg/g，3-羟基索拉韦惕酮含量为 2.845 μg/g，β-法尼烯含量为 9.050 μg/g（表 15-2-10）。

4. 铺口乡集中村 2 片区

代表性片区 (JZ-04) 中部烟叶 (C3F) 茄酮含量为 1.534 μg/g，香叶基丙酮含量为 0.717 μg/g，降茄二酮含量为 0.090 μg/g，β-紫罗兰酮含量为 0.694 μg/g，氧化紫罗兰酮含量为 0.840 μg/g，二氢猕猴桃内酯含量为 2.206 μg/g，巨豆三烯酮 1 含量为 0.134 μg/g，巨豆三烯酮 2 含量为 0.918 μg/g，巨豆三烯酮 3 含量为 0.202 μg/g，巨豆三烯酮 4 含量为 0.739 μg/g，3-羟基-β-二氢大马酮含量为 0.538 μg/g，3-氧代-α-紫罗兰醇含量为 1.478 μg/g，新植二烯含量为 398.440 μg/g，3-羟基索拉韦惕酮含量为 1.176 μg/g，β-法尼烯含量为 7.314 μg/g（表 15-2-10）。

5. 甘棠镇民主村 5 组片区

代表性片区(JZ-05)中部烟叶(C3F)茄酮含量为 2.016 μg/g，香叶基丙酮含量为 0.795 μg/g，降茄二酮含量为 0.134 μg/g，β-紫罗兰酮含量为 0.739 μg/g，氧化紫罗兰酮含量为 1.142 μg/g，二氢猕猴桃内酯含量为 2.778 μg/g，巨豆三烯酮 1 含量为 0.224 μg/g，巨豆三烯酮 2 含量为 1.310 μg/g，巨豆三烯酮 3 含量为 0.246 μg/g，巨豆三烯酮 4 含量为 1.042 μg/g，3-羟基-β-二氢大马酮含量为 0.538 μg/g，3-氧代-α-紫罗兰醇含量为 2.027 μg/g，新植二烯含量为 488.970 μg/g，3-羟基索拉韦惕酮含量为 1.982 μg/g，β-法尼烯含量为 6.698 μg/g(表 15-2-10)。

表 15-2-10　代表性片区中部烟叶(C3F)香气物质　　　　(单位：μg/g)

香气物质	JZ-01	JZ-02	JZ-03	JZ-04	JZ-05
茄酮	1.859	1.669	1.770	1.534	2.016
香叶基丙酮	0.795	0.582	0.818	0.717	0.795
降茄二酮	0.123	0.101	0.134	0.090	0.134
β-紫罗兰酮	0.739	0.717	0.717	0.694	0.739
氧化紫罗兰酮	1.075	0.963	1.154	0.840	1.142
二氢猕猴桃内酯	2.946	2.677	3.147	2.206	2.778
巨豆三烯酮 1	0.179	0.157	0.235	0.134	0.224
巨豆三烯酮 2	1.277	1.042	1.590	0.918	1.310
巨豆三烯酮 3	0.224	0.235	0.280	0.202	0.246
巨豆三烯酮 4	0.963	0.874	1.154	0.739	1.042
3-羟基-β-二氢大马酮	0.493	0.459	0.526	0.538	0.538
3-氧代-α-紫罗兰醇	1.165	1.400	2.699	1.478	2.027
新植二烯	528.853	494.368	697.021	398.440	488.970
3-羟基索拉韦惕酮	2.038	1.792	2.845	1.176	1.982
β-法尼烯	7.997	6.765	9.050	7.314	6.698

九、烟叶感官质量

1. 藕团乡团山村 4 组片区

代表性片区(JZ-01)中部烟叶(C3F)感官质量评价结果显示，香韵指标包含的干草香、清甜香、正甜香、焦甜香、青香、木香、豆香、坚果香、焦香、辛香、果香、药草香、花香、树脂香、酒香的各项指标值分别为 3.25、0.10、2.21、0.69、0.26、1.75、0.38、1.59、0.78、1.19、0.25、0、0、0、0，烟气指标包含的香气状态、烟气浓度、劲头、香气质、香气量和透发性的各项指标值分别为 2.71、3.22、2.90、2.88、2.15 和 2.91，杂气指标包含的青杂气、生青气、枯焦气、木质气、土腥气、松脂气、花粉气、药草气和金属气的各项指标值分别为 1.47、0.88、0.81、1.44、0、0.13、0、0、0，口感指标包含的细腻程度、柔和程度、圆润感、刺激性、干燥感和余味的各项指标值分别为2.88、2.61、2.54、2.69、2.98和2.70(表15-2-11)。

2. 新厂镇炮团村1组片区

代表性片区(JZ-02)中部烟叶(C3F)感官质量评价结果显示，香韵指标包含的干草香、清甜香、正甜香、焦甜香、青香、木香、豆香、坚果香、焦香、辛香、果香、药草香、花香、树脂香、酒香的各项指标值分别为3.08、0.10、1.86、1.33、0.22、1.77、0.28、1.30、1.33、1.20、0.16、0.10、0、0.10、0，烟气指标包含的香气状态、烟气浓度、劲头、香气质、香气量和透发性的各项指标值分别为2.64、3.27、2.92、2.83、2.61和2.89，杂气指标包含的青杂气、生青气、枯焦气、木质气、土腥气、松脂气、花粉气、药草气和金属气的各项指标值分别为1.09、0.89、1.16、1.47、0.05、0.19、0、0、0，口感指标包含的细腻程度、柔和程度、圆润感、刺激性、干燥感和余味的各项指标值分别为2.82、2.57、2.49、2.66、2.93和2.69(表15-2-11)。

3. 铺口乡集中村1片区

代表性片区(JZ-03)中部烟叶(C3F)感官质量评价结果显示，香韵指标包含的干草香、清甜香、正甜香、焦甜香、青香、木香、豆香、坚果香、焦香、辛香、果香、药草香、花香、树脂香、酒香的各项指标值分别为3.17、0.10、1.82、1.39、0.22、1.77、0.27、1.27、1.38、1.20、0.15、0.10、0、0.10、0，烟气指标包含的香气状态、烟气浓度、劲头、香气质、香气量和透发性的各项指标值分别为2.63、3.27、2.92、2.99、2.65和2.89，杂气指标包含的青杂气、生青气、枯焦气、木质气、土腥气、松脂气、花粉气、药草气和金属气的各项指标值分别为1.06、0.74、1.19、1.58、0.10、0.20、0、0、0，口感指标包含的细腻程度、柔和程度、圆润感、刺激性、干燥感和余味的各项指标值分别为2.81、2.57、2.48、2.65、2.92和2.69(表15-2-11)。

4. 铺口乡集中村2片区

代表性片区(JZ-04)中部烟叶(C3F)感官质量评价结果显示，香韵指标包含的干草香、清甜香、正甜香、焦甜香、青香、木香、豆香、坚果香、焦香、辛香、果香、药草香、花香、树脂香、酒香的各项指标值分别为3.12、0.10、1.66、1.68、0.20、1.77、0.23、1.13、1.63、1.21、0.10、0.15、0、0.10、0，烟气指标包含的香气状态、烟气浓度、劲头、香气质、香气量和透发性的各项指标值分别为2.60、3.29、2.93、2.80、2.86和2.69，杂气指标包含的青杂气、生青气、枯焦气、木质气、土腥气、松脂气、花粉气、药草气和金属气的各项指标值分别为0.89、0.90、1.35、1.49、0.10、0.20、0、0、0，口感指标包含的细腻程度、柔和程度、圆润感、刺激性、干燥感和余味的各项指标值分别为2.78、2.55、2.46、2.64、2.90和2.69(表15-2-11)。

5. 甘棠镇民主村5组片区

代表性片区(JZ-05)中部烟叶(C3F)感官质量评价结果显示，香韵指标包含的干草香、清甜香、正甜香、焦甜香、青香、木香、豆香、坚果香、焦香、辛香、果香、药草香、花香、树脂香、酒香的各项指标值分别为3.25、0.15、1.50、1.97、0.20、1.97、0.20、1.00、1.88、1.22、0.10、0.20、0、0.15、0，烟气指标包含的香气状态、烟气浓度、劲头、香气质、香气量和透发性的各项指标值分别为2.56、3.31、2.94、2.78、3.06和2.88，杂气指标包含的青杂气、生青气、枯焦气、木质气、土腥气、松脂气、花粉气、药草气和金属气的各项指标值分别为0.72、0.91、1.50、1.50、0.10、0.15、0、0、0，口感指标包含的细腻程度、柔和程度、圆润感、刺激性、干燥感和余味的各项指标值分别为2.75、2.88、2.44、2.83、3.15和3.08（表15-2-11）。

表 15-2-11　代表性片区中部烟叶（C3F）感官质量

评价指标		JZ-01	JZ-02	JZ-03	JZ-04	JZ-05
香韵	干草香	3.25	3.08	3.17	3.12	3.25
	清甜香	0.10	0.10	0.10	0.10	0.15
	正甜香	2.21	1.86	1.82	1.66	1.50
	焦甜香	0.69	1.33	1.39	1.68	1.97
	青香	0.26	0.22	0.22	0.20	0.20
	木香	1.75	1.77	1.77	1.77	1.97
	豆香	0.38	0.28	0.27	0.23	0.20
	坚果香	1.59	1.30	1.27	1.13	1.00
	焦香	0.78	1.33	1.38	1.63	1.88
	辛香	1.19	1.20	1.20	1.21	1.22
	果香	0.25	0.16	0.15	0.10	0.10
	药草香	0	0.10	0.10	0.15	0.20
	花香	0	0	0	0	0
	树脂香	0	0.10	0.10	0.10	0.15
	酒香	0	0	0	0	0
烟气	香气状态	2.71	2.64	2.63	2.60	2.56
	烟气浓度	3.22	3.27	3.27	3.29	3.31
	劲头	2.90	2.92	2.92	2.93	2.94
	香气质	2.88	2.83	2.99	2.80	2.78
	香气量	2.15	2.61	2.65	2.86	3.06
	透发性	2.91	2.89	2.89	2.69	2.88
杂气	青杂气	1.47	1.09	1.06	0.89	0.72
	生青气	0.88	0.89	0.74	0.90	0.91
	枯焦气	0.81	1.16	1.19	1.35	1.50
	木质气	1.44	1.47	1.58	1.49	1.50
	土腥气	0	0.05	0.10	0.10	0.10
	松脂气	0.13	0.19	0.20	0.20	0.15
	花粉气	0	0	0	0	0
	药草气	0	0	0	0	0
	金属气	0	0	0	0	0

评价指标		JZ-01	JZ-02	JZ-03	JZ-04	JZ-05
口感	细腻程度	2.88	2.82	2.81	2.78	2.75
	柔和程度	2.61	2.57	2.57	2.55	2.88
	圆润感	2.54	2.49	2.48	2.46	2.44
	刺激性	2.69	2.66	2.65	2.64	2.83
	干燥感	2.98	2.93	2.92	2.90	3.15
	余味	2.70	2.69	2.69	2.69	3.08

第十六章 云贵高原烤烟典型区域烟叶风格特征

云贵高原烤烟种植区位于云南全省和贵州省西部的广大地区。该产区以典型的云贵高原地形地貌特征为主。这一区域典型的烤烟产区包括云南省大理白族自治州的南涧县，保山市的隆阳区、施甸县、腾冲市，临沧市的临翔区，玉溪市的江川区，文山壮族苗族自治州的文山市、砚山县，红河哈尼族彝族自治州的弥勒市，曲靖市的宣威市、马龙区、罗平县，贵州省六盘水市的盘州市，毕节市的威宁彝族回族苗族自治县(威宁县)，黔西南布依族苗族自治州的兴仁市等。该产区属于热带至亚热带半干旱地区，为一年两季作农作物种植区，烤烟移栽期一般在 4 月 30 日左右，烟叶采收结束在 9 月 20 日左右。该产区是我国烤烟典型产区之一，也是传统分类方法的清香型烟叶的主产区，历史上著名的云南烤烟就分布在该区域的广大地区。这里选择南涧县、江川区、盘州市、威宁县、兴仁市 5 个典型产区县(区、市)的 25 个代表性片区，并通过代表性片区烟田烟株长相长势、烤后烟叶外观质量、物理指标、化学指标和烟叶质量感官评价指标，对云贵高原烤烟种植区的烟叶风格进行描述。

第一节 云南江川烟叶风格特征

江川区位于东经 102°35′～102°55′，北纬 24°12′～24°32′，地处云南省中部偏东，东南与华宁、通海两县交界，西南与红塔区接壤，西北与晋宁区、澄江县相邻。江川区隶属云南省玉溪市，东西最大横距 31.9 km，南北最大纵距 33.7 km，总面积 850 km²。该区域属中亚热带半干燥高原季风气候，夏无酷暑，冬无严寒，四季如春，干湿季分明。江川区是云贵高原烤烟种植的典型烤烟产区之一，也是著名的传统清香型烤烟产区。根据目前该区烤烟种植片区分布特点和烟叶质量风格特征，选择 5 个代表性种植片区对烟叶质量风格特征加以展示。

一、烟田与烟株基本特征

1. 江城镇尹旗村张官营片区

代表性片区(JC-01)中心点位于北纬 24°26′24.000″、东经 102°48′55.100″，海拔 1750 m。中山宽河谷地，水田，成土母质为河流冲积物，土壤亚类为底潜铁聚水耕人为土。种植制度为烤烟、油菜/晚稻轮作，烤烟大田生长期 5～9 月。烤烟田间长相长势好，烟株呈筒形结构，株高 147.50 cm，茎围 11.40 cm，有效叶片数 21.10，中部烟叶长 77.40 cm、宽 29.10 cm，上部烟叶长 65.00 cm、宽 20.20 cm(图 16-1-1，表 16-1-1)。

图 16-1-1　JC-01 片区烟田

2. 江城镇翠湾村招益片区

代表性片区(JC-02)中心点位于北纬 24°27′45.400″、东经 102°49′20.500″，海拔 1761 m。中山窄沟谷地，水田，成土母质为沟谷冲积−堆积物，土壤亚类为普通潜育水耕人为土。种植制度为烤烟、晚稻轮作，烤烟大田生长期 5~9 月。烤烟田间长相长势好，烟株呈筒形结构，株高 109.00 cm，茎围 12.20 cm，有效叶片数 19.00，中部烟叶长 86.50 cm、宽 33.50 cm，上部烟叶长 81.60 cm、宽 25.00 cm(图 16-1-2，表 16-1-1)。

图 16-1-2　JC-02 片区烟田

3. 前卫镇庄子村慈营片区

代表性片区(JC-03)中心点位于北纬 24°20′2.500″、东经 102°42′6.100″，海拔 1807 m。中山坡地中部，中坡旱地，成土母质为第四纪红土，土壤亚类为表蚀简育干润富铁土。种植制度为烤烟、玉米隔年轮作，烤烟大田生长期 5~9 月。烤烟田间长相长势中等，烟株呈筒形结构，株高 69.00 cm，茎围 7.80 cm，有效叶片数 18.70，中部烟叶长 55.50 cm、宽 18.70 cm，上部烟叶长 53.80 cm、宽 16.20 cm(图 16-1-3，表 16-1-1)。

图 16-1-3　JC-03 片区烟田

4. 雄关乡上营村小营片区

代表性片区（JC-04）中心点位于北纬 24°16′7.600″、东经 102°49′30.400″，海拔 1875 m。中山沟谷地，旱地，成土母质为第四纪红土沟谷冲积–堆积物，土壤亚类为普通黏化干润富铁土。种植制度为烤烟、玉米/小麦隔年轮作，烤烟大田生长期 5～9 月。烤烟田间长相长势中等，烟株呈塔形结构，株高 79.80 cm，茎围 7.80 cm，有效叶片数 16.40，中部烟叶长 52.90 cm、宽 19.00 cm，上部烟叶长 50.50 cm、宽 15.90 cm（图 16-1-4，表 16-1-1）。

图 16-1-4　JC-04 片区烟田

5. 路居镇上坝村龙潭片区

代表性片区（JC-05）中心点位于 24°18′19.800″、东经 102°50′41.200″，海拔 1844 m。中山沟谷地，旱地，成土母质为第四纪红土沟谷冲积–堆积物，土壤亚类为普通黏化干润富铁土。种植制度为烤烟、玉米隔年轮作，烤烟大田生长期 5～9 月。烤烟田间长相长势中等，烟株呈塔形结构，株高 81.10 cm，茎围 8.40 cm，有效叶片数 18.10，中部烟叶长 59.50 cm、宽 23.10 cm，上部烟叶长 48.20 cm、宽 14.40 cm（图 16-1-5，表 16-1-1）。

图 16-1-5　JC-05 片区烟田

表 16-1-1　代表性片区烟株主要农艺性状

片区	株高 /cm	茎围 /cm	有效叶 /片	中部叶/cm		上部叶/cm		株型
				叶长	叶宽	叶长	叶宽	
JC-01	147.50	11.40	21.10	77.40	29.10	65.00	20.20	筒形
JC-02	109.00	12.20	19.00	86.50	33.50	81.60	25.00	筒形
JC-03	69.00	7.80	18.70	55.50	18.70	53.80	16.20	筒形
JC-04	79.80	7.80	16.40	52.90	19.00	50.50	15.90	塔形
JC-05	81.10	8.40	18.10	59.50	23.10	48.20	14.40	塔形

二、烟叶外观质量与物理指标

1. 江城镇尹旗村张官营片区

代表性片区（JC-01）烟叶外观质量指标的成熟度得分 8.00，颜色得分 9.00，油分得分 8.50，身份得分 8.50，结构得分 8.00，色度得分 8.50。烟叶物理指标中的单叶重 11.96 g，叶片密度 77.57 g/m^2，含梗率 29.74%，平衡含水率 14.67%，叶片长度 62.03 cm，叶片宽度 24.39 cm，叶片厚度 117.47 μm，填充值 2.80 cm^3/g（图 16-1-6，表 16-1-2 和表 16-1-3）。

图 16-1-6　JC-01 片区初烤烟叶

2. 江城镇翠湾村招益片区

代表性片区(JC-02)烟叶外观质量指标的成熟度得分 8.00，颜色得分 9.00，油分得分 8.00，身份得分 8.50，结构得分 7.50，色度得分 8.00。烟叶物理指标中的单叶重 11.43 g，叶片密度 62.66 g/m^2，含梗率 30.41%，平衡含水率 14.83%，叶片长度 60.33 cm，叶片宽度 20.70 cm，叶片厚度 118.27 μm，填充值 3.29 cm^3/g(图 16-1-7，表 16-1-2 和表 16-1-3)。

图 16-1-7　JC-02 片区初烤烟叶

3. 前卫镇庄子村慈营片区

代表性片区(JC-03)烟叶外观质量指标的成熟度得分 8.00，颜色得分 9.00，油分得分 8.00，身份得分 8.50，结构得分 8.50，色度得分 8.50。烟叶物理指标中的单叶重 13.83 g，叶片密度 66.96 g/m^2，含梗率 29.82%，平衡含水率 14.50%，叶片长度 67.05 cm，叶片宽度 21.24 cm，叶片厚度 117.53 μm，填充值 2.59 cm^3/g(图 16-1-8，表 16-1-2 和表 16-1-3)。

图 16-1-8　JC-03 片区初烤烟叶

4. 雄关乡上营村小营片区

代表性片区(JC-04)烟叶外观质量指标的成熟度得分 9.00，颜色得分 10.00，油分得分 8.50，身份得分 9.00，结构得分 8.50，色度得分 9.00。烟叶物理指标中的单叶重 10.75 g，叶片密度 67.79 g/m²，含梗率 29.12%，平衡含水率 14.59%，叶片长度 61.08 cm，叶片宽度 19.66 cm，叶片厚度 116.00 μm，填充值 2.86 cm³/g(图 16-1-9，表 16-1-2 和表 16-1-3)。

图 16-1-9　JC-04 片区初烤烟叶

5. 路居镇上坝村龙潭片区

代表性片区(JC-05)烟叶外观质量指标的成熟度得分 8.00，颜色得分 9.00，油分得分 8.00，身份得分 8.50，结构得分 8.00，色度得分 8.00。烟叶物理指标中的单叶重 9.29 g，叶片密度 66.43 g/m²，含梗率 28.07%，平衡含水率 14.70%，叶片长度 59.19 cm，叶片宽度 20.61 cm，叶片厚度 111.70 μm，填充值 2.75 cm³/g(图 16-1-10，表 16-1-2 和表 16-1-3)。

图 16-1-10　JC-05 片区初烤烟叶

表 16-1-2　代表性片区烟叶外观质量

片区	成熟度	颜色	油分	身份	结构	色度
JC-01	8.00	9.00	8.50	8.50	8.00	8.50
JC-02	8.00	9.00	8.00	8.50	7.50	8.00
JC-03	8.00	9.00	8.00	8.50	8.50	8.50
JC-04	9.00	10.00	8.50	9.00	8.50	9.00
JC-05	8.00	9.00	8.00	8.50	8.00	8.00

表 16-1-3　代表性片区烟叶物理指标

片区	单叶重 /g	叶片密度 /(g/m²)	含梗率 /%	平衡含水率 /%	叶长 /cm	叶宽 /cm	叶片厚度 /μm	填充值 /(cm³/g)
JC-01	11.96	77.57	29.74	14.67	62.03	24.39	117.47	2.80
JC-02	11.43	62.66	30.41	14.83	60.33	20.70	118.27	3.29
JC-03	13.83	66.96	29.82	14.50	67.05	21.24	117.53	2.59
JC-04	10.75	67.79	29.12	14.59	61.08	19.66	116.00	2.86
JC-05	9.29	66.43	28.07	14.70	59.19	20.61	111.70	2.75

三、烟叶常规化学成分与中微量元素

1. 江城镇尹旗村张官营片区

代表性片区(JC-01)中部烟叶(C3F)总糖含量 36.18%,还原糖含量 30.49%,总氮含量 1.60%,总植物碱含量 1.55%,氯含量 0.56%,钾含量 1.73%,糖碱比 23.34,淀粉含量 3.65%(表 16-1-4)。烟叶铜含量为 0.048 g/kg,铁含量为 1.470 g/kg,锰含量为 0.734 g/kg,锌含量为 0.316 g/kg,钙含量为 175.866 mg/kg,镁含量为 25.619 mg/kg(表 16-1-5)。

2. 江城镇翠湾村招益片区

代表性片区(JC-02)中部烟叶(C3F)总糖含量 33.00%,还原糖含量 29.39%,总氮含量 1.86%,总植物碱含量 2.29%,氯含量 0.67%,钾含量 1.56%,糖碱比 14.41,淀粉含量 0.93%(表 16-1-4)。烟叶铜含量为 0.043 g/kg,铁含量为 1.639 g/kg,锰含量为 1.316 g/kg,锌含量为 0.434 g/kg,钙含量为 148.008 mg/kg,镁含量为 23.442 mg/kg(表 16-1-5)。

3. 前卫镇庄子村慈营片区

代表性片区(JC-03)中部烟叶(C3F)总糖含量 30.59%,还原糖含量 26.53%,总氮含量 2.03%,总植物碱含量 3.13%,氯含量 1.05%,钾含量 1.11%,糖碱比 9.77,淀粉含量 3.46%(表 16-1-4)。烟叶铜含量为 0.080 g/kg,铁含量为 1.579 g/kg,锰含量为 1.144 g/kg,锌含量为 0.375 g/kg,钙含量为 183.812 mg/kg,镁含量为 30.458 mg/kg(表 16-1-5)。

4. 雄关乡上营村小营片区

代表性片区(JC-04)中部烟叶(C3F)总糖含量 32.54%，还原糖含量 27.68%，总氮含量 2.36%，总植物碱含量 1.81%，氯含量 0.38%，钾含量 1.46%，糖碱比 17.98，淀粉含量 3.45%(表 16-1-4)。烟叶铜含量为 0.038 g/kg，铁含量为 1.830 g/kg，锰含量为 1.037 g/kg，锌含量为 0.490 g/kg，钙含量为 183.526 mg/kg，镁含量为 26.082 mg/kg(表 16-1-5)。

5. 路居镇上坝村龙潭片区

代表性片区(JC-05)中部烟叶(C3F)总糖含量 33.51%，还原糖含量 27.94%，总氮含量 2.27%，总植物碱含量 2.75%，氯含量 0.86%，钾含量 1.82%，糖碱比 12.19，淀粉含量 3.96%(表 16-1-4)。烟叶铜含量为 0.199 g/kg，铁含量为 1.008 g/kg，锰含量为 0 g/kg，锌含量为 0.287 g/kg，钙含量为 199.236 mg/kg，镁含量为 31.197 mg/kg(表 16-1-5)。

表 16-1-4 代表性片区中部烟叶(C3F)常规化学成分

片区	总糖 /%	还原糖 /%	总氮 /%	总植物碱 /%	氯 /%	钾 /%	糖碱比	淀粉 /%
JC-01	36.18	30.49	1.60	1.55	0.56	1.73	23.34	3.65
JC-02	33.00	29.39	1.86	2.29	0.67	1.56	14.41	0.93
JC-03	30.59	26.53	2.03	3.13	1.05	1.11	9.77	3.46
JC-04	32.54	27.68	2.36	1.81	0.38	1.46	17.98	3.45
JC-05	33.51	27.94	2.27	2.75	0.86	1.82	12.19	3.96

表 16-1-5 代表性片区中部烟叶(C3F)中微量元素

片区	Cu /(g/kg)	Fe /(g/kg)	Mn /(g/kg)	Zn /(g/kg)	Ca /(mg/kg)	Mg /(mg/kg)
JC-01	0.048	1.470	0.734	0.316	175.866	25.619
JC-02	0.043	1.639	1.316	0.434	148.008	23.442
JC-03	0.080	1.579	1.144	0.375	183.812	30.458
JC-04	0.038	1.830	1.037	0.490	183.526	26.082
JC-05	0.199	1.008	0	0.287	199.236	31.197

四、烟叶生物碱组分与细胞壁物质

1. 江城镇尹旗村张官营片区

代表性片区(JC-01)中部烟叶(C3F)烟碱含量为 15.829 mg/g，降烟碱含量为 0.324 mg/g，麦斯明含量为 0.002 mg/g，假木贼碱含量为 0.101 mg/g，新烟碱含量为 0.573 mg/g；烟叶纤维素含量为 8.20%，半纤维素含量为 2.00%，木质素含量为 0.80%(表 16-1-6)。

2. 江城镇翠湾村招益片区

代表性片区（JC-02）中部烟叶（C3F）烟碱含量为 25.941 mg/g，降烟碱含量为 0.533 mg/g，麦斯明含量为 0.004 mg/g，假木贼碱含量为 0.155 mg/g，新烟碱含量为 0.879 mg/g；烟叶纤维素含量为 8.10%，半纤维素含量为 1.90%，木质素含量为 1.10%（表 16-1-6）。

3. 前卫镇庄子村慈营片区

代表性片区（JC-03）中部烟叶（C3F）烟碱含量为 29.847 mg/g，降烟碱含量为 0.750 mg/g，麦斯明含量为 0.005 mg/g，假木贼碱含量为 0.179 mg/g，新烟碱含量为 0.999 mg/g；烟叶纤维素含量为 7.50%，半纤维素含量为 2.30%，木质素含量为 0.70%（表 16-1-6）。

4. 雄关乡上营村小营片区

代表性片区（JC-04）中部烟叶（C3F）烟碱含量为 20.163 mg/g，降烟碱含量为 0.410 mg/g，麦斯明含量为 0.002 mg/g，假木贼碱含量为 0.147 mg/g，新烟碱含量为 0.901 mg/g；烟叶纤维素含量为 6.70%，半纤维素含量为 2.40%，木质素含量为 1.10%（表 16-1-6）。

5. 路居镇上坝村龙潭片区

代表性片区（JC-05）中部烟叶（C3F）烟碱含量为 27.582 mg/g，降烟碱含量为 0.645 mg/g，麦斯明含量为 0.004 mg/g，假木贼碱含量为 0.174 mg/g，新烟碱含量为 0.921 mg/g；烟叶纤维素含量为 7.50%，半纤维素含量为 2.20%，木质素含量为 0.50%（表 16-1-6）。

表 16-1-6　代表性片区中部烟叶（C3F）生物碱组分与细胞壁物质

片区	烟碱 /(mg/g)	降烟碱 /(mg/g)	麦斯明 /(mg/g)	假木贼碱 /(mg/g)	新烟碱 /(mg/g)	纤维素 /%	半纤维素 /%	木质素 /%
JC-01	15.829	0.324	0.002	0.101	0.573	8.20	2.00	0.80
JC-02	25.941	0.533	0.004	0.155	0.879	8.10	1.90	1.10
JC-03	29.847	0.750	0.005	0.179	0.999	7.50	2.30	0.70
JC-04	20.163	0.410	0.002	0.147	0.901	6.70	2.40	1.10
JC-05	27.582	0.645	0.004	0.174	0.921	7.50	2.20	0.50

五、烟叶多酚与质体色素

1. 江城镇尹旗村张官营片区

代表性片区（JC-01）中部烟叶（C3F）绿原酸含量为 14.240 mg/g，芸香苷含量为

13.130 mg/g，莨菪亭含量为 0.090 mg/g，β-胡萝卜素含量为 0.026 mg/g，叶黄素含量为 0.054 mg/g（表 16-1-7）。

2. 江城镇翠湾村招益片区

代表性片区（JC-02）中部烟叶（C3F）绿原酸含量为 12.170 mg/g，芸香苷含量为 11.380 mg/g，莨菪亭含量为 0.140 mg/g，β-胡萝卜素含量为 0.042 mg/g，叶黄素含量为 0.080 mg/g（表 16-1-7）。

3. 前卫镇庄子村慈营片区

代表性片区（JC-03）中部烟叶（C3F）绿原酸含量为 11.670 mg/g，芸香苷含量为 7.600 mg/g，莨菪亭含量为 0.180 mg/g，β-胡萝卜素含量为 0.032 mg/g，叶黄素含量为 0.064 mg/g（表 16-1-7）。

4. 雄关乡上营村小营片区

代表性片区（JC-04）中部烟叶（C3F）绿原酸含量为 10.730 mg/g，芸香苷含量为 7.270 mg/g，莨菪亭含量为 0.310 mg/g，β-胡萝卜素含量为 0.041 mg/g，叶黄素含量为 0.071 mg/g（表 16-1-7）。

5. 路居镇上坝村龙潭片区

代表性片区（JC-05）中部烟叶（C3F）绿原酸含量为 11.510 mg/g，芸香苷含量为 8.360 mg/g，莨菪亭含量为 0.170 mg/g，β-胡萝卜素含量为 0.040 mg/g，叶黄素含量为 0.083 mg/g（表 16-1-7）。

表 16-1-7　代表性片区中部烟叶（C3F）多酚与质体色素　　　（单位：mg/g）

片区	绿原酸	芸香苷	莨菪亭	β-胡萝卜素	叶黄素
JC-01	14.240	13.130	0.090	0.026	0.054
JC-02	12.170	11.380	0.140	0.042	0.080
JC-03	11.670	7.600	0.180	0.032	0.064
JC-04	10.730	7.270	0.310	0.041	0.071
JC-05	11.510	8.360	0.170	0.040	0.083

六、烟叶有机酸类物质

1. 江城镇尹旗村张官营片区

代表性片区（JC-01）中部烟叶（C3F）草酸含量为 16.969 mg/g，苹果酸含量为 64.512 mg/g，柠檬酸含量为 8.305 mg/g，棕榈酸含量为 2.099 mg/g，亚油酸含量为 1.181 mg/g，油酸含量为 2.920 mg/g，硬脂酸含量为 0.550 mg/g（表 16-1-8）。

2. 江城镇翠湾村招益片区

代表性片区(JC-02)中部烟叶(C3F)草酸含量为18.137 mg/g,苹果酸含量为55.944 mg/g,柠檬酸含量为7.693 mg/g,棕榈酸含量为1.898 mg/g,亚油酸含量为1.256 mg/g,油酸含量为2.717 mg/g,硬脂酸含量为0.523 mg/g(表16-1-8)。

3. 前卫镇庄子村慈营片区

代表性片区(JC-03)中部烟叶(C3F)草酸含量为19.758 mg/g,苹果酸含量为51.810 mg/g,柠檬酸含量为10.103 mg/g,棕榈酸含量为2.261 mg/g,亚油酸含量为1.280 mg/g,油酸含量为3.099 mg/g,硬脂酸含量为0.602 mg/g(表16-1-8)。

4. 雄关乡上营村小营片区

代表性片区(JC-04)中部烟叶(C3F)草酸含量为14.128 mg/g,苹果酸含量为51.924 mg/g,柠檬酸含量为7.199 mg/g,棕榈酸含量为1.977 mg/g,亚油酸含量为1.256 mg/g,油酸含量为2.709 mg/g,硬脂酸含量为0.436 mg/g(表16-1-8)。

5. 路居镇上坝村龙潭片区

代表性片区(JC-05)中部烟叶(C3F)草酸含量为15.287 mg/g,苹果酸含量为40.973 mg/g,柠檬酸含量为8.315 mg/g,棕榈酸含量为2.115 mg/g,亚油酸含量为1.170 mg/g,油酸含量为2.940 mg/g,硬脂酸含量为0.518 mg/g(表16-1-8)。

表 16-1-8   代表性片区中部烟叶(C3F)有机酸　　　　　(单位: mg/g)

片区	草酸	苹果酸	柠檬酸	棕榈酸	亚油酸	油酸	硬脂酸
JC-01	16.969	64.512	8.305	2.099	1.181	2.920	0.550
JC-02	18.137	55.944	7.693	1.898	1.256	2.717	0.523
JC-03	19.758	51.810	10.103	2.261	1.280	3.099	0.602
JC-04	14.128	51.924	7.199	1.977	1.256	2.709	0.436
JC-05	15.287	40.973	8.315	2.115	1.170	2.940	0.518

七、烟叶氨基酸

1. 江城镇尹旗村张官营片区

代表性片区(JC-01)中部烟叶(C3F)磷酸化-丝氨酸含量为0.337 μg/mg,牛磺酸含量为0.433 μg/mg,天冬氨酸含量为0.085 μg/mg,苏氨酸含量为0.180 μg/mg,丝氨酸含量为0.076 μg/mg,天冬酰胺含量为1.302 μg/mg,谷氨酸含量为0.213 μg/mg,甘氨酸含量为0.030 μg/mg,丙氨酸含量为0.487 μg/mg,缬氨酸含量为0.047 μg/mg,半胱氨酸含量为0 μg/mg,异亮氨酸含量为0.006 μg/mg,亮氨酸含量为0.138 μg/mg,酪氨酸含量为0.048 μg/mg,苯丙氨酸含量为0.117 μg/mg,氨基丁酸含量为0.030 μg/mg,组氨酸含量为 0.076 μg/mg，色氨酸含量为 0.105 μg/mg，精氨酸含量为 0.061 μg/mg（表 16-1-9）。

2. 江城镇翠湾村招益片区

代表性片区（JC-02）中部烟叶（C3F）磷酸化-丝氨酸含量为 0.340 μg/mg，牛磺酸含量为 0.449 μg/mg，天冬氨酸含量为 0.145 μg/mg，苏氨酸含量为 0.196 μg/mg，丝氨酸含量为 0.096 μg/mg，天冬酰胺含量为 1.781 μg/mg，谷氨酸含量为 0.287 μg/mg，甘氨酸含量为 0.027 μg/mg，丙氨酸含量为 0.499 μg/mg，缬氨酸含量为 0.063 μg/mg，半胱氨酸含量为 0 μg/mg，异亮氨酸含量为 0.004 μg/mg，亮氨酸含量为 0.174 μg/mg，酪氨酸含量为 0.066 μg/mg，苯丙氨酸含量为 0.159 μg/mg，氨基丁酸含量为 0.046 μg/mg，组氨酸含量为 0.108 μg/mg，色氨酸含量为 0.150 μg/mg，精氨酸含量为 0.054 μg/mg（表 16-1-9）。

3. 前卫镇庄子村慈营片区

代表性片区（JC-03）中部烟叶（C3F）磷酸化-丝氨酸含量为 0.302 μg/mg，牛磺酸含量为 0.389 μg/mg，天冬氨酸含量为 0.107 μg/mg，苏氨酸含量为 0.195 μg/mg，丝氨酸含量为 0.057 μg/mg，天冬酰胺含量为 1.840 μg/mg，谷氨酸含量为 0.118 μg/mg，甘氨酸含量为 0.046 μg/mg，丙氨酸含量为 0.619 μg/mg，缬氨酸含量为 0.064 μg/mg，半胱氨酸含量为 0 μg/mg，异亮氨酸含量为 0.009 μg/mg，亮氨酸含量为 0.148 μg/mg，酪氨酸含量为 0.063 μg/mg，苯丙氨酸含量为 0.166 μg/mg，氨基丁酸含量为 0.064 μg/mg，组氨酸含量为 0.111 μg/mg，色氨酸含量为 0.160 μg/mg，精氨酸含量为 0.047 μg/mg（表 16-1-9）。

4. 雄关乡上营村小营片区

代表性片区（JC-04）中部烟叶（C3F）磷酸化-丝氨酸含量为 0.393 μg/mg，牛磺酸含量为 0.575 μg/mg，天冬氨酸含量为 0.134 μg/mg，苏氨酸含量为 0.200 μg/mg，丝氨酸含量为 0.067 μg/mg，天冬酰胺含量为 1.601 μg/mg，谷氨酸含量为 0.127 μg/mg，甘氨酸含量为 0.029 μg/mg，丙氨酸含量为 0.459 μg/mg，缬氨酸含量为 0.041 μg/mg，半胱氨酸含量为 0 μg/mg，异亮氨酸含量为 0.004 μg/mg，亮氨酸含量为 0.122 μg/mg，酪氨酸含量为 0.045 μg/mg，苯丙氨酸含量为 0.118 μg/mg，氨基丁酸含量为 0.042 μg/mg，组氨酸含量为 0.080 μg/mg，色氨酸含量为 0.096 μg/mg，精氨酸含量为 0 μg/mg（表 16-1-9）。

5. 路居镇上坝村龙潭片区

代表性片区（JC-05）中部烟叶（C3F）磷酸化-丝氨酸含量为 0 μg/mg，牛磺酸含量为 0 μg/mg，天冬氨酸含量为 0.085 μg/mg，苏氨酸含量为 0.233 μg/mg，丝氨酸含量为 0.094 μg/mg，天冬酰胺含量为 1.457 μg/mg，谷氨酸含量为 0.219 μg/mg，甘氨酸含量为 0.030 μg/mg，丙氨酸含量为 0.525 μg/mg，缬氨酸含量为 0.044 μg/mg，半胱氨酸含量为 0.207 μg/mg，异亮氨酸含量为 0.005 μg/mg，亮氨酸含量为 0.129 μg/mg，酪氨酸含量为 0.129 μg/mg，苯丙氨酸含量为 0.045 μg/mg，氨基丁酸含量为 0.059 μg/mg，组氨酸含量为 0.084 μg/mg，色氨酸含量为 0.133 μg/mg，精氨酸含量为 0.029 μg/mg（表 16-1-9）。

表 16-1-9　代表性片区中部烟叶（C3F）氨基酸　　　（单位：µg/mg）

氨基酸组分	JC-01	JC-02	JC-03	JC-04	JC-05
磷酸化-丝氨酸	0.337	0.340	0.302	0.393	0
牛磺酸	0.433	0.449	0.389	0.575	0
天冬氨酸	0.085	0.145	0.107	0.134	0.085
苏氨酸	0.180	0.196	0.195	0.200	0.233
丝氨酸	0.076	0.096	0.057	0.067	0.094
天冬酰胺	1.302	1.781	1.840	1.601	1.457
谷氨酸	0.213	0.287	0.118	0.127	0.219
甘氨酸	0.030	0.027	0.046	0.029	0.030
丙氨酸	0.487	0.499	0.619	0.459	0.525
缬氨酸	0.047	0.063	0.064	0.041	0.044
半胱氨酸	0	0	0	0	0.207
异亮氨酸	0.006	0.004	0.009	0.004	0.005
亮氨酸	0.138	0.174	0.148	0.122	0.129
酪氨酸	0.048	0.066	0.063	0.045	0.129
苯丙氨酸	0.117	0.159	0.166	0.118	0.045
氨基丁酸	0.030	0.046	0.064	0.042	0.059
组氨酸	0.076	0.108	0.111	0.080	0.084
色氨酸	0.105	0.150	0.160	0.096	0.133
精氨酸	0.061	0.054	0.047	0	0.029

八、烟叶香气物质

1. 江城镇尹旗村张官营片区

代表性片区（JC-01）中部烟叶（C3F）茄酮含量为 0.974 µg/g，香叶基丙酮含量为 0.291 µg/g，降茄二酮含量为 0.101 µg/g，β-紫罗兰酮含量为 0.515 µg/g，氧化紫罗兰酮含量为 0.672 µg/g，二氢猕猴桃内酯含量为 2.565 µg/g，巨豆三烯酮 1 含量为 0.045 µg/g，巨豆三烯酮 2 含量为 0.381 µg/g，巨豆三烯酮 3 含量为 0.045 µg/g，巨豆三烯酮 4 含量为 0.258 µg/g，3-羟基-β-二氢大马酮含量为 0.325 µg/g，3-氧代-α-紫罗兰醇含量为 1.109 µg/g，新植二烯含量为 789.578 µg/g，3-羟基索拉韦惕酮含量为 5.197 µg/g，β-法尼烯含量为 7.426 µg/g（表 16-1-10）。

2. 江城镇翠湾村招益片区

代表性片区（JC-02）中部烟叶（C3F）茄酮含量为 1.030 µg/g，香叶基丙酮含量为 0.235 µg/g，降茄二酮含量为 0.056 µg/g，β-紫罗兰酮含量为 0.448 µg/g，氧化紫罗兰酮含量为 0.762 µg/g，二氢猕猴桃内酯含量为 2.576 µg/g，巨豆三烯酮 1 含量为 0.022 µg/g，巨豆三烯酮 2 含量为 0.258 µg/g，巨豆三烯酮 3 含量为 0.034 µg/g，巨豆三烯酮 4 含量为 0.146 µg/g，3-羟基-β-二氢大马酮含量为 0.157 µg/g，3-氧代-α-紫罗兰醇含量为 1.109 µg/g，新植二烯含量为 709.845 µg/g，3-羟基索拉韦惕酮含量为 4.178 µg/g，β-法尼烯含量为 4.738 µg/g（表 16-1-10）。

3. 前卫镇庄子村慈营片区

代表性片区（JC-03）中部烟叶（C3F）茄酮含量为 1.165 µg/g，香叶基丙酮含量为 0.314 µg/g，降茄二酮含量为 0.112 µg/g，β-紫罗兰酮含量为 0.493 µg/g，氧化紫罗兰酮含量为 0.829 µg/g，二氢猕猴桃内酯含量为 2.699 µg/g，巨豆三烯酮 1 含量为 0.034 µg/g，巨豆三烯酮 2 含量为 0.280 µg/g，巨豆三烯酮 3 含量为 0.056 µg/g，巨豆三烯酮 4 含量为 0.202 µg/g，3-羟基-β-二氢大马酮含量为 0.202 µg/g，3-氧代-α-紫罗兰醇含量为 1.210 µg/g，新植二烯含量为 783.362 µg/g，3-羟基索拉韦惕酮含量为 5.790 µg/g，β-法尼烯含量为 5.712 µg/g（表 16-1-10）。

4. 雄关乡上营村小营片区

代表性片区（JC-04）中部烟叶（C3F）茄酮含量为 1.053 µg/g，香叶基丙酮含量为 0.269 µg/g，降茄二酮含量为 0.067 µg/g，β-紫罗兰酮含量为 0.448 µg/g，氧化紫罗兰酮含量为 0.874 µg/g，二氢猕猴桃内酯含量为 2.733 µg/g，巨豆三烯酮 1 含量为 0.056 µg/g，巨豆三烯酮 2 含量为 0.381 µg/g，巨豆三烯酮 3 含量为 0.045 µg/g，巨豆三烯酮 4 含量为 0.213 µg/g，3-羟基-β-二氢大马酮含量为 0.325 µg/g，3-氧代-α-紫罗兰醇含量为 1.176 µg/g，新植二烯含量为 767.200 µg/g，3-羟基索拉韦惕酮含量为 5.656 µg/g，β-法尼烯含量为 5.768 µg/g（表 16-1-10）。

5. 路居镇上坝村龙潭片区

代表性片区（JC-05）中部烟叶（C3F）茄酮含量为 0.728 µg/g，香叶基丙酮含量为 0.347 µg/g，降茄二酮含量为 0.067 µg/g，β-紫罗兰酮含量为 0.414 µg/g，氧化紫罗兰酮含量为 0.650 µg/g，二氢猕猴桃内酯含量为 2.666 µg/g，巨豆三烯酮 1 含量为 0.011 µg/g，巨豆三烯酮 2 含量为 0.123 µg/g，巨豆三烯酮 3 含量为 0.022 µg/g，巨豆三烯酮 4 含量为 0.123 µg/g，3-羟基-β-二氢大马酮含量为 0.381 µg/g，3-氧代-α-紫罗兰醇含量为 1.019 µg/g，新植二烯含量为 395.259 µg/g，3-羟基索拉韦惕酮含量为 1.400 µg/g，β-法尼烯含量为 2.330 µg/g（表 16-1-10）。

表 16-1-10　代表性片区中部烟叶（C3F）香气物质　　　　（单位：µg/g）

香气物质	JC-01	JC-02	JC-03	JC-04	JC-05
茄酮	0.974	1.030	1.165	1.053	0.728
香叶基丙酮	0.291	0.235	0.314	0.269	0.347
降茄二酮	0.101	0.056	0.112	0.067	0.067
β-紫罗兰酮	0.515	0.448	0.493	0.448	0.414
氧化紫罗兰酮	0.672	0.762	0.829	0.874	0.650
二氢猕猴桃内酯	2.565	2.576	2.699	2.733	2.666

续表

香气物质	JC-01	JC-02	JC-03	JC-04	JC-05
巨豆三烯酮 1	0.045	0.022	0.034	0.056	0.011
巨豆三烯酮 2	0.381	0.258	0.280	0.381	0.123
巨豆三烯酮 3	0.045	0.034	0.056	0.045	0.022
巨豆三烯酮 4	0.258	0.146	0.202	0.213	0.123
3-羟基-β-二氢大马酮	0.325	0.157	0.202	0.325	0.381
3-氧代-α-紫罗兰醇	1.109	1.109	1.210	1.176	1.019
新植二烯	789.578	709.845	783.362	767.200	395.259
3-羟基索拉韦惕酮	5.197	4.178	5.790	5.656	1.400
β-法尼烯	7.426	4.738	5.712	5.768	2.330

九、烟叶感官质量

1. 江城镇尹旗村张官营片区

代表性片区(JC-01)中部烟叶(C3F)感官质量评价结果显示,香韵指标包含的干草香、清甜香、正甜香、焦甜香、青香、木香、豆香、坚果香、焦香、辛香、果香、药草香、花香、树脂香、酒香的各项指标值分别为3.24、3.24、0、0、1.24、1.41、0、0、0、0.71、0、0、0、0、0,烟气指标包含的香气状态、烟气浓度、劲头、香气质、香气量和透发性的各项指标值分别为3.35、3.00、3.00、3.47、3.18和3.06,杂气指标包含的青杂气、生青气、枯焦气、木质气、土腥气、松脂气、花粉气、药草气和金属气的各项指标值分别为1.06、0、0、1.24、0、0、0、0、0,口感指标包含的细腻程度、柔和程度、圆润感、刺激性、干燥感和余味的各项指标值分别为3.35、3.35、3.12、2.18、2.47和3.18(表16-1-11)。

2. 江城镇翠湾村招益片区

代表性片区(JC-02)中部烟叶(C3F)感官质量评价结果显示,香韵指标包含的干草香、清甜香、正甜香、焦甜香、青香、木香、豆香、坚果香、焦香、辛香、果香、药草香、花香、树脂香、酒香的各项指标值分别为3.11、3.00、1.00、0、1.72、1.72、0、0、0、0.89、1.44、0、0、0、0、0,烟气指标包含的香气状态、烟气浓度、劲头、香气质、香气量和透发性的各项指标值分别为3.00、3.00、2.72、3.22、3.22和3.17,杂气指标包含的青杂气、生青气、枯焦气、木质气、土腥气、松脂气、花粉气、药草气和金属气的各项指标值分别为1.22、0.94、0.72、1.11、0、0、0、0、0,口感指标包含的细腻程度、柔和程度、圆润感、刺激性、干燥感和余味的各项指标值分别为3.22、3.11、3.17、2.50、2.44和3.28(表16-1-11)。

3. 前卫镇庄子村慈营片区

代表性片区(JC-03)中部烟叶(C3F)感官质量评价结果显示,香韵指标包含的干草香、清甜香、正甜香、焦甜香、青香、木香、豆香、坚果香、焦香、辛香、果香、药草香、花香、树脂香、酒香的各项指标值分别为 3.00、2.59、0.94、0、0、0.94、0、0、1.35、0.53、0、0、0、0、0，烟气指标包含的香气状态、烟气浓度、劲头、香气质、香气量和透发性的各项指标值分别为 3.00、3.00、3.00、3.27、3.19 和 3.13，杂气指标包含的青杂气、生青气、枯焦气、木质气、土腥气、松脂气、花粉气、药草气和金属气的各项指标值分别为 0.94、0、1.18、0.76、0、0、0、0、0，口感指标包含的细腻程度、柔和程度、圆润感、刺激性、干燥感和余味的各项指标值分别为 3.06、3.00、2.88、2.69、2.75 和 3.06（表 16-1-11）。

4. 雄关乡上营村小营片区

代表性片区（JC-04）中部烟叶（C3F）感官质量评价结果显示，香韵指标包含的干草香、清甜香、正甜香、焦甜香、青香、木香、豆香、坚果香、焦香、辛香、果香、药草香、花香、树脂香、酒香的各项指标值分别为 3.38、3.25、0.59、0、1.19、1.81、0、0.44、0.50、1.41、0.81、0、0、0、0，烟气指标包含的香气状态、烟气浓度、劲头、香气质、香气量和透发性的各项指标值分别为 3.25、3.00、2.56、3.50、2.94 和 3.06，杂气指标包含的青杂气、生青气、枯焦气、木质气、土腥气、松脂气、花粉气、药草气和金属气的各项指标值分别为 1.25、0.88、0、1.22、0、0、0、0、0，口感指标包含的细腻程度、柔和程度、圆润感、刺激性、干燥感和余味的各项指标值分别为 3.69、3.31、3.19、1.94、2.19 和 3.38（表 16-1-11）。

5. 路居镇上坝村龙潭片区

代表性片区（JC-05）中部烟叶（C3F）感官质量评价结果显示，香韵指标包含的干草香、清甜香、正甜香、焦甜香、青香、木香、豆香、坚果香、焦香、辛香、果香、药草香、花香、树脂香、酒香的各项指标值分别为 3.18、3.02、0.63、0、1.04、1.47、0、0、0.69、1.02、0、0、0、0、0，烟气指标包含的香气状态、烟气浓度、劲头、香气质、香气量和透发性的各项指标值分别为 2.40、3.00、2.82、3.36、3.13 和 3.10，杂气指标包含的青杂气、生青气、枯焦气、木质气、土腥气、松脂气、花粉气、药草气和金属气的各项指标值分别为 1.12、0.45、0.55、1.08、0、0、0、0、0，口感指标包含的细腻程度、柔和程度、圆润感、刺激性、干燥感和余味的各项指标值分别为 3.33、3.19、3.09、2.33、2.46 和 3.22（表 16-1-11）。

表 16-1-11　代表性片区中部烟叶（C3F）感官质量

评价指标		JC-01	JC-02	JC-03	JC-04	JC-05
香韵	干草香	3.24	3.11	3.00	3.38	3.18
	清甜香	3.24	3.00	2.59	3.25	3.02
	正甜香	0	1.00	0.94	0.59	0.63
	焦甜香	0	0	0	0	0
	青香	1.24	1.72	0	1.19	1.04

评价指标		JC-01	JC-02	JC-03	JC-04	JC-05
香韵	木香	1.41	1.72	0.94	1.81	1.47
	豆香	0	0	0	0	0
	坚果香	0	0	0	0.44	0
	焦香	0	0.89	1.35	0.50	0.69
	辛香	0.71	1.44	0.53	1.41	1.02
	果香	0	0	0	0.81	0
	药草香	0	0	0	0	0
	花香	0	0	0	0	0
	树脂香	0	0	0	0	0
	酒香	0	0	0	0	0
烟气	香气状态	3.35	3.00	3.00	3.25	2.40
	烟气浓度	3.00	3.00	3.00	3.00	3.00
	劲头	3.00	2.72	3.00	2.56	2.82
	香气质	3.47	3.22	3.27	3.50	3.36
	香气量	3.18	3.22	3.19	2.94	3.13
	透发性	3.06	3.17	3.13	3.06	3.10
杂气	青杂气	1.06	1.22	0.94	1.25	1.12
	生青气	0	0.94	0	0.88	0.45
	枯焦气	0	0.72	1.18	0	0.55
	木质气	1.24	1.11	0.76	1.22	1.08
	土腥气	0	0	0	0	0
	松脂气	0	0	0	0	0
	花粉气	0	0	0	0	0
	药草气	0	0	0	0	0
	金属气	0	0	0	0	0
口感	细腻程度	3.35	3.22	3.06	3.69	3.33
	柔和程度	3.35	3.11	3.00	3.31	3.19
	圆润感	3.12	3.17	2.88	3.19	3.09
	刺激性	2.18	2.50	2.69	1.94	2.33
	干燥感	2.47	2.44	2.75	2.19	2.46
	余味	3.18	3.28	3.06	3.38	3.22

第二节　云南南涧烟叶风格特征

南涧彝族自治县(南涧县)位于北纬 24°39′~25°10′、东经 100°06′~100°41′,地处云南省西部、大理白族自治州南端,地处大理、临沧、普洱三州(市)五县的结合部,东与弥渡县接壤,南与景东彝族自治县毗邻,西南与云县以澜沧江为界,西至黑惠江与凤庆县隔水相望，北与巍山彝族回族县相连。南涧县位于云南省的西南地区，隶属大理白族自治州，总面积 1731.63 km²。该区域为亚热带高原季风气候，属中国西部热带海陆季风区域，气候随海陆季风的进退有明显的季节性变化，从而形成干湿季节分明、四季气候不明显、雨热同季的低纬山地季风气候特征。南涧县是云贵高原烤烟种植区的典型烤烟产区之一，也是著名的传统清香型烤烟产区。根据目前该县烤烟种植片区分布特点和烟叶质量风格特征，选择 5 个代表性种植片区对烟叶质量风格特征进行描述。

一、烟田与烟株基本特征

1. 小湾东镇龙街村瓦怒卜片区

代表性片区（NJ-01）中心点位于北纬 24°50′41.400″、东经 100°13′29.400″，海拔 2008 m。中山坡地中部，中坡旱地，成土母质为千枚岩风化残积物，土壤亚类为石质干润正常新成土。种植制度为烤烟、玉米/小麦隔年轮作，烤烟大田生长期 5～9 月。烤烟田间长相长势中等，烟株呈塔形结构，株高 72.20 cm，茎围 10.10 cm，有效叶片数 14.70，中部烟叶长 85.60 cm、宽 29.40 cm，上部烟叶长 71.70 cm、宽 19.60 cm（图 16-2-1，表 16-2-1）。

图 16-2-1　NJ-01 片区烟田

2. 小湾东镇营盘村鸡街片区

代表性片区（NJ-02）中心点位于北纬 24°47′27.100″、东经 100°15′22.600″，海拔 1986 m。中山坡地中部，梯田旱地，成土母质为第四纪红土与板岩风化物搬运物，土壤亚类为普通黏化干润富铁土。种植制度为烤烟、玉米/小麦隔年轮作，烤烟大田生长期 5～9 月。烤烟田间长相长势较好，烟株呈塔形结构，株高 94.80 cm，茎围 10.80 cm，有效叶片数 13.00，中部烟叶长 79.50 cm、宽 28.60 cm，上部烟叶长 66.50 cm、宽 20.90 cm（图 16-2-2，表 16-2-1）。

图 16-2-2　NJ-02 片区烟田

3. 南涧镇西山村上官坝片区

代表性片区(NJ-03)中心点位于北纬 25°2′52.480″、东经 100°32′4.111″，海拔 1841 m。中山沟谷地，成土母质为第四纪红土沟谷堆积物，土壤亚类为普通黏化干润富铁土。种植制度为烤烟、玉米/小麦隔年轮作，烤烟大田生长期 5～9 月。烤烟田间长相长势中等，烟株呈筒形结构，株高 74.40 cm，茎围 10.10 cm，有效叶片数 16.00，中部烟叶长 72.20 cm、宽 24.20 cm，上部烟叶长 64.20 cm、宽 18.80 cm(图 16-2-3，表 16-2-1)。

图 16-2-3　NJ-03 片区烟田

4. 宝华镇宝华村阿克塘片区

代表性片区(NJ-04)中心点位于北纬 24°55′19.700″、东经 100°29′20.700″，海拔 2018 m。中山坡地中下部，缓坡旱地，成土母质为第四纪红土，土壤亚类为普通黏化干润富铁土。种植制度为烤烟、玉米隔年轮作，烤烟大田生长期 5～9 月。烤烟田间长相长势偏弱，烟株呈塔形结构，株高 48.80 cm，茎围 9.60 cm，有效叶片数 12.00，中部烟叶长 73.50 cm、宽 29.10 cm，上部烟叶长 68.60 cm、宽 21.70 cm(图 16-2-4，表 16-2-1)。

图 16-2-4　NJ-04 片区烟田

5. 宝华镇拥政村阿母腊片区

代表性片区(NJ-05)中心点位于北纬 24°53′23.600″、东经 100°27′58.200″，海拔 2000 m。中山坡地中部，梯田旱地，成土母质为千枚岩风化坡积物，土壤亚类为普通黏化干润富铁土。种植制度为烤烟、玉米/小麦隔年轮作，烤烟大田生长期 5～9 月。烤烟田间长相长势中等，烟株呈塔形结构，株高 67.80 cm，茎围 9.10 cm，有效叶片数 14.10，中部烟叶长 77.40 cm、宽 27.90 cm，上部烟叶长 69.00 cm、宽 19.60 cm(图 16-2-5，表 16-2-1)。

图 16-2-5　NJ-05 片区烟田

表 16-2-1　代表性片区烟株主要农艺性状

片区	株高 /cm	茎围 /cm	有效叶 /片	中部叶/cm		上部叶/cm		株型
				叶长	叶宽	叶长	叶宽	
NJ-01	72.20	10.10	14.70	85.60	29.40	71.70	19.60	塔形
NJ-02	94.80	10.80	13.00	79.50	28.60	66.50	20.90	塔形
NJ-03	74.40	10.10	16.00	72.20	24.20	64.20	18.80	筒形
NJ-04	48.80	9.60	12.00	73.50	29.10	68.60	21.70	塔形
NJ-05	67.80	9.10	14.10	77.40	27.90	69.00	19.60	塔形

二、烟叶外观质量与物理指标

1. 小湾东镇龙街村瓦怒卜片区

代表性片区（NJ-01）烟叶外观质量指标的成熟度得分 7.00，颜色得分 8.50，油分得分 8.00，身份得分 8.00，结构得分 6.50，色度得分 7.00。烟叶物理指标中的单叶重 12.50 g，叶片密度 73.72 g/m^2，含梗率 31.57%，平衡含水率 15.41%，叶片长度 66.73 cm，叶片宽度 24.33 cm，叶片厚度 102.50 μm，填充值 3.18 cm^3/g（图 16-2-6，表 16-2-2 和表 16-2-3）。

图 16-2-6   NJ-01 片区初烤烟叶

2. 小湾东镇营盘村鸡街片区

代表性片区（NJ-02）烟叶外观质量指标的成熟度得分 8.00，颜色得分 9.00，油分得分 8.50，身份得分 8.50，结构得分 8.00，色度得分 8.50。烟叶物理指标中的单叶重 13.69 g，叶片密度 72.13 g/m^2，含梗率 30.09%，平衡含水率 17.26%，叶片长度 69.98 cm，叶片宽度 23.80 cm，叶片厚度 107.13 μm，填充值 2.88 cm^3/g（图 16-2-7，表 16-2-2 和表 16-2-3）。

图 16-2-7   NJ-02 片区初烤烟叶

3. 南涧镇西山村上官坝片区

代表性片区(NJ-03)烟叶外观质量指标的成熟度得分 7.50，颜色得分 9.00，油分得分 9.00，身份得分 8.50，结构得分 8.50，色度得分 8.50。烟叶物理指标中的单叶重 14.28 g，叶片密度 79.60 g/m²，含梗率 29.36%，平衡含水率 14.67%，叶片长度 68.78 cm，叶片宽度 25.87 cm，叶片厚度 101.30 μm，填充值 2.91 cm³/g(图 16-2-8，表 16-2-2 和表 16-2-3)。

图 16-2-8　NJ-03 片区初烤烟叶

4. 宝华镇宝华村阿克塘片区

代表性片区(NJ-04)烟叶外观质量指标的成熟度得分 7.50，颜色得分 8.00，油分得分 8.50，身份得分 8.50，结构得分 7.50，色度得分 7.50。烟叶物理指标中的单叶重 10.21 g，叶片密度 72.09 g/m²，含梗率 30.67%，平衡含水率 14.05%，叶片长度 59.65 cm，叶片宽度 19.23 cm，叶片厚度 112.30 μm，填充值 2.91 cm³/g(图 16-2-9，表 16-2-2 和表 16-2-3)。

图 16-2-9　NJ-04 片区初烤烟叶

5. 宝华镇拥政村阿母腊片区

代表性片区(NJ-05)烟叶外观质量指标的成熟度得分 8.00，颜色得分 8.50，油分得分 8.50，身份得分 8.00，结构得分 8.00，色度得分 8.00。烟叶物理指标中的单叶重 12.73 g，叶片密度 72.55 g/m^2，含梗率 30.09%，平衡含水率 17.02%，叶片长度 67.08 cm，叶片宽度 22.35 cm，叶片厚度 123.67 μm，填充值 2.94 cm^3/g(图 16-2-10，表 16-2-2 和表 16-2-3)。

图 16-2-10　NJ-05 片区初烤烟叶

表 16-2-2　代表性片区烟叶外观质量

片区	成熟度	颜色	油分	身份	结构	色度
NJ-01	7.00	8.50	8.00	8.00	6.50	7.00
NJ-02	8.00	9.00	8.50	8.50	8.00	8.50
NJ-03	7.50	9.00	9.00	8.50	8.50	8.50
NJ-04	7.50	8.00	8.50	8.50	7.50	7.50
NJ-05	8.00	8.50	8.50	8.00	8.00	8.00

表 16-2-3　代表性片区烟叶物理指标

片区	单叶重 /g	叶片密度 /(g/m^2)	含梗率 /%	平衡含水率 /%	叶长 /cm	叶宽 /cm	叶片厚度 /μm	填充值 /(cm^3/g)
NJ-01	12.50	73.72	31.57	15.41	66.73	24.33	102.50	3.18
NJ-02	13.69	72.13	30.09	17.26	69.98	23.80	107.13	2.88
NJ-03	14.28	79.60	29.36	14.67	68.78	25.87	101.30	2.91
NJ-04	10.21	72.09	30.67	14.05	59.65	19.23	112.30	2.91
NJ-05	12.73	72.55	30.09	17.02	67.08	22.35	123.67	2.94

三、烟叶常规化学成分与中微量元素

1. 小湾东镇龙街村瓦怒卜片区

代表性片区(NJ-01)中部烟叶(C3F)总糖含量 30.44%，还原糖含量 22.66%，总氮含量 2.29%，总植物碱含量 3.63%，氯含量 0.39%，钾含量 2.17%，糖碱比 8.39，淀粉含量 3.20%(表 16-2-4)。烟叶铜含量为 0.008 g/kg，铁含量为 0.175 g/kg，锰含量为 0.080 g/kg，锌含量为 0.027 g/kg，钙含量为 182.838 mg/kg，镁含量为 24.941 mg/kg(表 16-2-5)。

2. 小湾东镇营盘村鸡街片区

代表性片区(NJ-02)中部烟叶(C3F)总糖含量 33.72%，还原糖含量 24.46%，总氮含量 2.09%，总植物碱含量 3.16%，氯含量 0.36%，钾含量 2.07%，糖碱比 10.67，淀粉含量 3.43%(表 16-2-4)。烟叶铜含量为 0.004 g/kg，铁含量为 0.258 g/kg，锰含量为 0.076 g/kg，锌含量为 0.025 g/kg，钙含量为 172.396 mg/kg，镁含量为 21.949 mg/kg(表 16-2-5)。

3. 南涧镇西山村上官坝片区

代表性片区(NJ-03)中部烟叶(C3F)总糖含量 34.80%，还原糖含量 29.02%，总氮含量 2.01%，总植物碱含量 3.10%，氯含量 1.01%，钾含量 1.82%，糖碱比 11.23，淀粉含量 2.65%(表 16-2-4)。烟叶铜含量为 0.004 g/kg，铁含量为 0.186 g/kg，锰含量为 0.058 g/kg，锌含量为 0.023 g/kg，钙含量为 183.561 mg/kg，镁含量为 16.989 mg/kg(表 16-2-5)。

4. 宝华镇宝华村阿克塘片区

代表性片区(NJ-04)中部烟叶(C3F)总糖含量 35.24%，还原糖含量 27.73%，总氮含量 1.92%，总植物碱含量 2.74%，氯含量 0.40%，钾含量 1.79%，糖碱比 12.86，淀粉含量 3.64%(表 16-2-4)。烟叶铜含量为 0.007 g/kg，铁含量为 0.132 g/kg，锰含量为 0.159 g/kg，锌含量为 0.027 g/kg，钙含量为 162.951 mg/kg，镁含量为 25.745 mg/kg(表 16-2-5)。

5. 宝华镇拥政村阿母腊片区

代表性片区(NJ-05)中部烟叶(C3F)总糖含量 34.40%，还原糖含量 26.76%，总氮含量 1.83%，总植物碱含量 2.35%，氯含量 0.45%，钾含量 2.03%，糖碱比 14.64，淀粉含量 3.48%(表 16-2-4)。烟叶铜含量为 0.004 g/kg，铁含量为 0.259 g/kg，锰含量为 0.140 g/kg，锌含量为 0.016 g/kg，钙含量为 192.640 mg/kg，镁含量为 19.725 mg/kg(表 16-2-5)。

表 16-2-4　代表性片区中部烟叶(C3F)常规化学成分

片区	总糖/%	还原糖/%	总氮/%	总植物碱/%	氯/%	钾/%	糖碱比	淀粉/%
NJ-01	30.44	22.66	2.29	3.63	0.39	2.17	8.39	3.20
NJ-02	33.72	24.46	2.09	3.16	0.36	2.07	10.67	3.43

续表

片区	总糖/%	还原糖/%	总氮/%	总植物碱/%	氯/%	钾/%	糖碱比	淀粉/%
NJ-03	34.80	29.02	2.01	3.10	1.01	1.82	11.23	2.65
NJ-04	35.24	27.73	1.92	2.74	0.40	1.79	12.86	3.64
NJ-05	34.40	26.76	1.83	2.35	0.45	2.03	14.64	3.48

表 16-2-5　代表性片区中部烟叶（C3F）中微量元素

片区	Cu /(g/kg)	Fe /(g/kg)	Mn /(g/kg)	Zn /(g/kg)	Ca /(mg/kg)	Mg /(mg/kg)
NJ-01	0.008	0.175	0.080	0.027	182.838	24.941
NJ-02	0.004	0.258	0.076	0.025	172.396	21.949
NJ-03	0.004	0.186	0.058	0.023	183.561	16.989
NJ-04	0.007	0.132	0.159	0.027	162.951	25.745
NJ-05	0.004	0.259	0.140	0.016	192.640	19.725

四、烟叶生物碱组分与细胞壁物质

1. 小湾东镇龙街村瓦怒卜片区

代表性片区（NJ-01）中部烟叶（C3F）烟碱含量为 35.029 mg/g，降烟碱含量为 0.901 mg/g，麦斯明含量为 0.004 mg/g，假木贼碱含量为 0.190 mg/g，新烟碱含量为 1.299 mg/g；烟叶纤维素含量为 8.20%，半纤维素含量为 3.10%，木质素含量为 1.30%（表 16-2-6）。

2. 小湾东镇营盘村鸡街片区

代表性片区（NJ-02）中部烟叶（C3F）烟碱含量为 28.459 mg/g，降烟碱含量为 0.909 mg/g，麦斯明含量为 0.005 mg/g，假木贼碱含量为 0.170 mg/g，新烟碱含量为 1.025 mg/g；烟叶纤维素含量为 7.70%，半纤维素含量为 2.00%，木质素含量为 1.40%（表 16-2-6）。

3. 南涧镇西山村上官坝片区

代表性片区（NJ-03）中部烟叶（C3F）烟碱含量为 29.718 mg/g，降烟碱含量为 0.775 mg/g，麦斯明含量为 0.004 mg/g，假木贼碱含量为 0.179 mg/g，新烟碱含量为 1.089 mg/g；烟叶纤维素含量为 6.70%，半纤维素含量为 3.30%，木质素含量为 1.30%（表 16-2-6）。

4. 宝华镇宝华村阿克塘片区

代表性片区（NJ-04）中部烟叶（C3F）烟碱含量为 25.435 mg/g，降烟碱含量为 0.628 mg/g，麦斯明含量为 0.005 mg/g，假木贼碱含量为 0.129 mg/g，新烟碱含量为

1.014 mg/g；烟叶纤维素含量为 6.30%，半纤维素含量为 2.90%，木质素含量为 1.80%（表 16-2-6）。

5. 宝华镇拥政村阿母腊片区

代表性片区(NJ-05)中部烟叶(C3F)烟碱含量为 25.460 mg/g，降烟碱含量为 0.787 mg/g，麦斯明含量为 0.005 mg/g，假木贼碱含量为 0.161 mg/g，新烟碱含量为 0.896 mg/g；烟叶纤维素含量为 6.70%，半纤维素含量为 2.70%，木质素含量为 1.50%（表 16-2-6）。

表 16-2-6 代表性片区中部烟叶(C3F)生物碱组分与细胞壁物质

片区	烟碱 /(mg/g)	降烟碱 /(mg/g)	麦斯明 /(mg/g)	假木贼碱 /(mg/g)	新烟碱 /(mg/g)	纤维素/%	半纤维素 /%	木质素 /%
NJ-01	35.029	0.901	0.004	0.190	1.299	8.20	3.10	1.30
NJ-02	28.459	0.909	0.005	0.170	1.025	7.70	2.00	1.40
NJ-03	29.718	0.775	0.004	0.179	1.089	6.70	3.30	1.30
NJ-04	25.435	0.628	0.005	0.129	1.014	6.30	2.90	1.80
NJ-05	25.460	0.787	0.005	0.161	0.896	6.70	2.70	1.50

五、烟叶多酚与质体色素

1. 小湾东镇龙街村瓦怒卜片区

代表性片区(NJ-01)中部烟叶(C3F)绿原酸含量为 16.210 mg/g，芸香苷含量为 8.780 mg/g，莨菪亭含量为 0.110 mg/g，β-胡萝卜素含量为 0.056 mg/g，叶黄素含量为 0.088 mg/g（表 16-2-7）。

2. 小湾东镇营盘村鸡街片区

代表性片区(NJ-02)中部烟叶(C3F)绿原酸含量为 13.940 mg/g，芸香苷含量为 4.110 mg/g，莨菪亭含量为 0.110 mg/g，β-胡萝卜素含量为 0.054 mg/g，叶黄素含量为 0.094 mg/g（表 16-2-7）。

3. 南涧镇西山村上官坝片区

代表性片区(NJ-03)中部烟叶(C3F)绿原酸含量为 13.730 mg/g，芸香苷含量为 4.480 mg/g，莨菪亭含量为 0.120 mg/g，β-胡萝卜素含量为 0.062 mg/g，叶黄素含量为 0.100 mg/g（表 16-2-7）。

4. 宝华镇宝华村阿克塘片区

代表性片区(NJ-04)中部烟叶(C3F)绿原酸含量为 19.480 mg/g，芸香苷含量为 11.130 mg/g，莨菪亭含量为 0.100 mg/g，β-胡萝卜素含量为 0.043 mg/g，叶黄素含量为

0.082 mg/g（表 16-2-7）。

5. 宝华镇拥政村阿母腊片区

代表性片区（NJ-05）中部烟叶（C3F）绿原酸含量为 19.080 mg/g，芸香苷含量为 10.210 mg/g，莨菪亭含量为 0.080 mg/g，β-胡萝卜素含量为 0.053 mg/g，叶黄素含量为 0.098 mg/g（表 16-2-7）。

表 16-2-7　代表性片区中部烟叶（C3F）多酚与质体色素　　　　（单位：mg/g）

片区	绿原酸	芸香苷	莨菪亭	β-胡萝卜素	叶黄素
NJ-01	16.210	8.780	0.110	0.056	0.088
NJ-02	13.940	4.110	0.110	0.054	0.094
NJ-03	13.730	4.480	0.120	0.062	0.100
NJ-04	19.480	11.130	0.100	0.043	0.082
NJ-05	19.080	10.210	0.080	0.053	0.098

六、烟叶有机酸类物质

1. 小湾东镇龙街村瓦怒卜片区

代表性片区（NJ-01）中部烟叶（C3F）草酸含量为 24.248 mg/g，苹果酸含量为 97.574 mg/g，柠檬酸含量为 5.866 mg/g，棕榈酸含量为 2.159 mg/g，亚油酸含量为 1.167 mg/g，油酸含量为 2.395 mg/g，硬脂酸含量为 0.651 mg/g（表 16-2-8）。

2. 小湾东镇营盘村鸡街片区

代表性片区（NJ-02）中部烟叶（C3F）草酸含量为 23.830 mg/g，苹果酸含量为 65.261 mg/g，柠檬酸含量为 5.259 mg/g，棕榈酸含量为 1.947 mg/g，亚油酸含量为 1.398 mg/g，油酸含量为 2.430 mg/g，硬脂酸含量为 0.483 mg/g（表 16-2-8）。

3. 南涧镇西山村上官坝片区

代表性片区（NJ-03）中部烟叶（C3F）草酸含量为 25.335 mg/g，苹果酸含量为 56.681 mg/g，柠檬酸含量为 6.388 mg/g，棕榈酸含量为 1.889 mg/g，亚油酸含量为 1.413 mg/g，油酸含量为 2.189 mg/g，硬脂酸含量为 0.497 mg/g（表 16-2-8）。

4. 宝华镇宝华村阿克塘片区

代表性片区（NJ-04）中部烟叶（C3F）草酸含量为 23.261 mg/g，苹果酸含量为 44.905 mg/g，柠檬酸含量为 4.475 mg/g，棕榈酸含量为 1.970 mg/g，亚油酸含量为 1.467 mg/g，油酸含量为 2.515 mg/g，硬脂酸含量为 0.519 mg/g（表 16-2-8）。

5. 宝华镇拥政村阿母腊片区

代表性片区(NJ-05)中部烟叶(C3F)草酸含量为 27.844 mg/g，苹果酸含量为 61.868 mg/g，柠檬酸含量为 4.937 mg/g，棕榈酸含量为 2.413 mg/g，亚油酸含量为 1.422 mg/g，油酸含量为 2.846 mg/g，硬脂酸含量为 0.677 mg/g(表 16-2-8)。

表 16-2-8　代表性片区中部烟叶(C3F)有机酸　　(单位：mg/g)

片区	草酸	苹果酸	柠檬酸	棕榈酸	亚油酸	油酸	硬脂酸
NJ-01	24.248	97.574	5.866	2.159	1.167	2.395	0.651
NJ-02	23.830	65.261	5.259	1.947	1.398	2.430	0.483
NJ-03	25.335	56.681	6.388	1.889	1.413	2.189	0.497
NJ-04	23.261	44.905	4.475	1.970	1.467	2.515	0.519
NJ-05	27.844	61.868	4.937	2.413	1.422	2.846	0.677

七、烟叶氨基酸

1. 小湾东镇龙街村瓦怒卜片区

代表性片区(NJ-01)中部烟叶(C3F)磷酸化-丝氨酸含量为 0.256 μg/mg，牛磺酸含量为 0.256 μg/mg，天冬氨酸含量为 0.068 μg/mg，苏氨酸含量为 0.141 μg/mg，丝氨酸含量为 0.053 μg/mg，天冬酰胺含量为 0.677 μg/mg，谷氨酸含量为 0.070 μg/mg，甘氨酸含量为 0.041 μg/mg，丙氨酸含量为 0.446 μg/mg，缬氨酸含量为 0.052 μg/mg，半胱氨酸含量为 0 μg/mg，异亮氨酸含量为 0.052 μg/mg，亮氨酸含量为 0.052 μg/mg，酪氨酸含量为 0.048 μg/mg，苯丙氨酸含量为 0.106 μg/mg，氨基丁酸含量为 0.006 μg/mg，组氨酸含量为 0.079 μg/mg，色氨酸含量为 0.096 μg/mg，精氨酸含量为 0.013 μg/mg(表 16-2-9)。

2. 小湾东镇营盘村鸡街片区

代表性片区(NJ-02)中部烟叶(C3F)磷酸化-丝氨酸含量为 0.323 μg/mg，牛磺酸含量为 0.417 μg/mg，天冬氨酸含量为 0.087 μg/mg，苏氨酸含量为 0.169 μg/mg，丝氨酸含量为 0.060 μg/mg，天冬酰胺含量为 1.228 μg/mg，谷氨酸含量为 0.091 μg/mg，甘氨酸含量为 0.024 μg/mg，丙氨酸含量为 0.408 μg/mg，缬氨酸含量为 0.105 μg/mg，半胱氨酸含量为 0 μg/mg，异亮氨酸含量为 0.012 μg/mg，亮氨酸含量为 0.173 μg/mg，酪氨酸含量为 0.066 μg/mg，苯丙氨酸含量为 0.109 μg/mg，氨基丁酸含量为 0.012 μg/mg，组氨酸含量为 0.080 μg/mg，色氨酸含量为 0.106 μg/mg，精氨酸含量为 0.048 μg/mg(表 16-2-9)。

3. 南涧镇西山村上官坝片区

代表性片区(NJ-03)中部烟叶(C3F)磷酸化-丝氨酸含量为 0.259 μg/mg，牛磺酸含量为 0.365 μg/mg，天冬氨酸含量为 0.095 μg/mg，苏氨酸含量为 0.202 μg/mg，丝氨酸含量为 0.103 μg/mg，天冬酰胺含量为 1.687 μg/mg，谷氨酸含量为 0.204 μg/mg，甘氨酸含量为 0.033 µg/mg，丙氨酸含量为 0.442 µg/mg，缬氨酸含量为 0.061 µg/mg，半胱氨酸含量为 0 µg/mg，异亮氨酸含量为 0.005 µg/mg，亮氨酸含量为 0.153 µg/mg，酪氨酸含量为 0.058 µg/mg，苯丙氨酸含量为 0.152 µg/mg，氨基丁酸含量为 0.035 µg/mg，组氨酸含量为 0.122 µg/mg，色氨酸含量为 0.154 µg/mg，精氨酸含量为 0.051 µg/mg（表 16-2-9）。

4. 宝华镇宝华村阿克塘片区

代表性片区（NJ-04）中部烟叶（C3F）磷酸化-丝氨酸含量为 0.293 µg/mg，牛磺酸含量为 0.400 µg/mg，天冬氨酸含量为 0.105 µg/mg，苏氨酸含量为 0.097 µg/mg，丝氨酸含量为 0.072 µg/mg，天冬酰胺含量为 0.615 µg/mg，谷氨酸含量为 0.077 µg/mg，甘氨酸含量为 0.035 µg/mg，丙氨酸含量为 0.351 µg/mg，缬氨酸含量为 0.089 µg/mg，半胱氨酸含量为 0 µg/mg，异亮氨酸含量为 0.025 µg/mg，亮氨酸含量为 0.174 µg/mg，酪氨酸含量为 0.071 µg/mg，苯丙氨酸含量为 0.167 µg/mg，氨基丁酸含量为 0.034 µg/mg，组氨酸含量为 0.088 µg/mg，色氨酸含量为 0.100 µg/mg，精氨酸含量为 0.062 µg/mg（表 16-2-9）。

5. 宝华镇拥政村阿母腊片区

代表性片区（NJ-05）中部烟叶（C3F）磷酸化-丝氨酸含量为 0.283 µg/mg，牛磺酸含量为 0.425 µg/mg，天冬氨酸含量为 0.109 µg/mg，苏氨酸含量为 0.147 µg/mg，丝氨酸含量为 0.062 µg/mg，天冬酰胺含量为 0.947 µg/mg，谷氨酸含量为 0.148 µg/mg，甘氨酸含量为 0.038 µg/mg，丙氨酸含量为 0.457 µg/mg，缬氨酸含量为 0.089 µg/mg，半胱氨酸含量为 0 µg/mg，异亮氨酸含量为 0.014 µg/mg，亮氨酸含量为 0.138 µg/mg，酪氨酸含量为 0.057 µg/mg，苯丙氨酸含量为 0.126 µg/mg，氨基丁酸含量为 0.018 µg/mg，组氨酸含量为 0.067 µg/mg，色氨酸含量为 0.092 µg/mg，精氨酸含量为 0 µg/mg（表 16-2-9）。

表 16-2-9　代表性片区中部烟叶（C3F）氨基酸　　　　　　（单位：µg/mg）

氨基酸组分	NJ-01	NJ-02	NJ-03	NJ-04	NJ-05
磷酸化-丝氨酸	0.256	0.323	0.259	0.293	0.283
牛磺酸	0.256	0.417	0.365	0.400	0.425
天冬氨酸	0.068	0.087	0.095	0.105	0.109
苏氨酸	0.141	0.169	0.202	0.097	0.147
丝氨酸	0.053	0.060	0.103	0.072	0.062
天冬酰胺	0.677	1.228	1.687	0.615	0.947
谷氨酸	0.070	0.091	0.204	0.077	0.148
甘氨酸	0.041	0.024	0.033	0.035	0.038
丙氨酸	0.446	0.408	0.442	0.351	0.457
缬氨酸	0.052	0.105	0.061	0.089	0.089
半胱氨酸	0	0	0	0	0
异亮氨酸	0.052	0.012	0.005	0.025	0.014
亮氨酸	0.052	0.173	0.153	0.174	0.138
酪氨酸	0.048	0.066	0.058	0.071	0.057

续表

氨基酸组分	NJ-01	NJ-02	NJ-03	NJ-04	NJ-05
苯丙氨酸	0.106	0.109	0.152	0.167	0.126
氨基丁酸	0.006	0.012	0.035	0.034	0.018
组氨酸	0.079	0.080	0.122	0.088	0.067
色氨酸	0.096	0.106	0.154	0.100	0.092
精氨酸	0.013	0.048	0.051	0.062	0

八、烟叶香气物质

1. 小湾东镇龙街村瓦怒卜片区

代表性片区(NJ-01)中部烟叶(C3F)茄酮含量为 0.672 μg/g，香叶基丙酮含量为 1.075 μg/g，降茄二酮含量为 0.594 μg/g，β-紫罗兰酮含量为 0.347 μg/g，氧化紫罗兰酮含量为 0.717 μg/g，二氢猕猴桃内酯含量为 3.461 μg/g，巨豆三烯酮 1 含量为 0.896 μg/g，巨豆三烯酮 2 含量为 0.157 μg/g，巨豆三烯酮 3 含量为 0.661 μg/g，巨豆三烯酮 4 含量为 0.549 μg/g，3-羟基-β-二氢大马酮含量为 0.762 μg/g，3-氧代-α-紫罗兰醇含量为 1.064 μg/g，新植二烯含量为 497.638 μg/g，3-羟基索拉韦惕酮含量为 11.256 μg/g，β-法尼烯含量为 0.056 μg/g(表 16-2-10)。

2. 小湾东镇营盘村鸡街片区

代表性片区(NJ-02)中部烟叶(C3F)茄酮含量为 0.549 μg/g，香叶基丙酮含量为 0.526 μg/g，降茄二酮含量为 0.470 μg/g，β-紫罗兰酮含量为 0.750 μg/g，氧化紫罗兰酮含量为 1.086 μg/g，二氢猕猴桃内酯含量为 3.315 μg/g，巨豆三烯酮 1 含量为 0.605 μg/g，巨豆三烯酮 2 含量为 0.090 μg/g，巨豆三烯酮 3 含量为 0.448 μg/g，巨豆三烯酮 4 含量为 0.347 μg/g，3-羟基-β-二氢大马酮含量为 0.806 μg/g，3-氧代-α-紫罗兰醇含量为 4.614 μg/g，新植二烯含量为 709.643 μg/g，3-羟基索拉韦惕酮含量为 8.299 μg/g，β-法尼烯含量为 0 μg/g(表 16-2-10)。

3. 南涧镇西山村上官坝片区

代表性片区(NJ-03)中部烟叶(C3F)茄酮含量为 0.739 μg/g，香叶基丙酮含量为 0.336 μg/g，降茄二酮含量为 0.134 μg/g，β-紫罗兰酮含量为 0.269 μg/g，氧化紫罗兰酮含量为 0.560 μg/g，二氢猕猴桃内酯含量为 4.402 μg/g，巨豆三烯酮 1 含量为 0.078 μg/g，巨豆三烯酮 2 含量为 0.504 μg/g，巨豆三烯酮 3 含量为 0.123 μg/g，巨豆三烯酮 4 含量为 0.437 μg/g，3-羟基-β-二氢大马酮含量为 0.616 μg/g，3-氧代-α-紫罗兰醇含量为 1.109 μg/g，新植二烯含量为 643.586 μg/g，3-羟基索拉韦惕酮含量为 2.845 μg/g，β-法尼烯含量为 6.731 μg/g(表 16-2-10)。

4. 宝华镇宝华村阿克塘片区

代表性片区(NJ-04)中部烟叶(C3F)茄酮含量为 0.851 µg/g，香叶基丙酮含量为 0.314 µg/g，降茄二酮含量为 0.123 µg/g，β-紫罗兰酮含量为 0.358 µg/g，氧化紫罗兰酮含量为 0.594 µg/g，二氢猕猴桃内酯含量为 4.357 µg/g，巨豆三烯酮 1 含量为 0.067 µg/g，巨豆三烯酮 2 含量为 0.717 µg/g，巨豆三烯酮 3 含量为 0.101 µg/g，巨豆三烯酮 4 含量为 0.605 µg/g，3-羟基-β-二氢大马酮含量为 0.728 µg/g，3-氧代-α-紫罗兰醇含量为 1.938 µg/g，新植二烯含量为 567.762 µg/g，3-羟基索拉韦惕酮含量为 2.464 µg/g，β-法尼烯含量为 6.216 µg/g(表 16-2-10)。

5. 宝华镇拥政村阿母腊片区

代表性片区(NJ-05)中部烟叶(C3F)茄酮含量为 0.482 µg/g，香叶基丙酮含量为 0.560 µg/g，降茄二酮含量为 0.762 µg/g，β-紫罗兰酮含量为 0.381 µg/g，氧化紫罗兰酮含量为 1.109 µg/g，二氢猕猴桃内酯含量为 3.282 µg/g，巨豆三烯酮 1 含量为 0.045 µg/g，巨豆三烯酮 2 含量为 0.504 µg/g，巨豆三烯酮 3 含量为 0.146 µg/g，巨豆三烯酮 4 含量为 0.392 µg/g，3-羟基-β-二氢大马酮含量为 0.538 µg/g，3-氧代-α-紫罗兰醇含量为 2.576 µg/g，新植二烯含量为 514.730 µg/g，3-羟基索拉韦惕酮含量为 2.374 µg/g，β-法尼烯含量为 8.120 µg/g(表 16-2-10)。

表 16-2-10　代表性片区中部烟叶(C3F)香气物质　　　　(单位：µg/g)

香气物质	NJ-01	NJ-02	NJ-03	NJ-04	NJ-05
茄酮	0.672	0.549	0.739	0.851	0.482
香叶基丙酮	1.075	0.526	0.336	0.314	0.560
降茄二酮	0.594	0.470	0.134	0.123	0.762
β-紫罗兰酮	0.347	0.750	0.269	0.358	0.381
氧化紫罗兰酮	0.717	1.086	0.560	0.594	1.109
二氢猕猴桃内酯	3.461	3.315	4.402	4.357	3.282
巨豆三烯酮 1	0.896	0.605	0.078	0.067	0.045
巨豆三烯酮 2	0.157	0.090	0.504	0.717	0.504
巨豆三烯酮 3	0.661	0.448	0.123	0.101	0.146
巨豆三烯酮 4	0.549	0.347	0.437	0.605	0.392
3-羟基-β-二氢大马酮	0.762	0.806	0.616	0.728	0.538
3-氧代-α-紫罗兰醇	1.064	4.614	1.109	1.938	2.576
新植二烯	497.638	709.643	643.586	567.762	514.730
3-羟基索拉韦惕酮	11.256	8.299	2.845	2.464	2.374
β-法尼烯	0.056	0	6.731	6.216	8.120

九、烟叶感官质量

1. 小湾东镇龙街村瓦怒卜片区

代表性片区(NJ-01)中部烟叶(C3F)感官质量评价结果显示，香韵指标包含的干草香、清甜香、正甜香、焦甜香、青香、木香、豆香、坚果香、焦香、辛香、果香、药草香、花香、树脂香、酒香的各项指标值分别为3.22、3.11、1.17、0、1.33、1.43、0、0、1.14、1.00、0、0、0、0、0，烟气指标包含的香气状态、烟气浓度、劲头、香气质、香气量和透发性的各项指标值分别为3.11、3.00、2.67、3.11、3.11和2.89，杂气指标包含的青杂气、生青气、枯焦气、木质气、土腥气、松脂气、花粉气、药草气和金属气的各项指标值分别为1.29、1.00、1.17、1.43、0、0、0、0、0，口感指标包含的细腻程度、柔和程度、圆润感、刺激性、干燥感和余味的各项指标值分别为3.00、2.78、3.00、2.33、2.11和3.00(表16-2-11)。

2. 小湾东镇营盘村鸡街片区

代表性片区(NJ-02)中部烟叶(C3F)感官质量评价结果显示，香韵指标包含的干草香、清甜香、正甜香、焦甜香、青香、木香、豆香、坚果香、焦香、辛香、果香、药草香、花香、树脂香、酒香的各项指标值分别为2.94、2.35、0.94、0、0.88、1.24、0、0、0、0.76、0、0、0、0、0，烟气指标包含的香气状态、烟气浓度、劲头、香气质、香气量和透发性的各项指标值分别为2.81、2.82、3.53、3.12、2.94和2.94，杂气指标包含的青杂气、生青气、枯焦气、木质气、土腥气、松脂气、花粉气、药草气和金属气的各项指标值分别为1.18、0、0、1.18、0、0、0、0、0，口感指标包含的细腻程度、柔和程度、圆润感、刺激性、干燥感和余味的各项指标值分别为3.12、2.82、2.94、2.65、2.94和2.88(表16-2-11)。

3. 南涧镇西山村上官坝片区

代表性片区(NJ-03)中部烟叶(C3F)感官质量评价结果显示，香韵指标包含的干草香、清甜香、正甜香、焦甜香、青香、木香、豆香、坚果香、焦香、辛香、果香、药草香、花香、树脂香、酒香的各项指标值分别为3.11、2.61、0.94、0、1.94、1.78、0、0、1.17、1.39、0、0、0、0、0，烟气指标包含的香气状态、烟气浓度、劲头、香气质、香气量和透发性的各项指标值分别为2.84、3.11、3.06、3.11、3.00和2.94，杂气指标包含的青杂气、生青气、枯焦气、木质气、土腥气、松脂气、花粉气、药草气和金属气的各项指标值分别为1.22、1.11、0、1.39、0、0、0、0、0，口感指标包含的细腻程度、柔和程度、圆润感、刺激性、干燥感和余味的各项指标值分别为2.89、2.83、2.78、2.61、2.39和3.11(表16-2-11)。

4. 宝华镇宝华村阿克塘片区

代表性片区(NJ-04)中部烟叶(C3F)感官质量评价结果显示，香韵指标包含的干草香、清甜香、正甜香、焦甜香、青香、木香、豆香、坚果香、焦香、辛香、果香、药草香、花香、树脂香、酒香的各项指标值分别为 3.00、2.76、0、0、1.12、1.41、0、0、0、0.65、0、0、0、0、0，烟气指标包含的香气状态、烟气浓度、劲头、香气质、香气量和透发性的各项指标值分别为 3.06、2.88、3.00、3.41、2.94 和 3.06，杂气指标包含的青杂气、生青气、枯焦气、木质气、土腥气、松脂气、花粉气、药草气和金属气的各项指标值分别为 1.24、0、0、1.29、0、0、0、0、0，口感指标包含的细腻程度、柔和程度、圆润感、刺激性、干燥感和余味的各项指标值分别为 3.18、3.18、3.06、2.41、2.47 和 3.12（表 16-2-11）。

5. 宝华镇拥政村阿母腊片区

代表性片区（NJ-05）中部烟叶（C3F）感官质量评价结果显示，香韵指标包含的干草香、清甜香、正甜香、焦甜香、青香、木香、豆香、坚果香、焦香、辛香、果香、药草香、花香、树脂香、酒香的各项指标值分别为 2.88、2.76、0.82、0、1.06、1.35、0、0、0.53、0.59、0、0、0、0、0，烟气指标包含的香气状态、烟气浓度、劲头、香气质、香气量和透发性的各项指标值分别为 3.00、3.06、3.00、3.35、3.00 和 3.00，杂气指标包含的青杂气、生青气、枯焦气、木质气、土腥气、松脂气、花粉气、药草气和金属气的各项指标值分别为 1.06、0、0、1.06、0、0、0、0、0，口感指标包含的细腻程度、柔和程度、圆润感、刺激性、干燥感和余味的各项指标值分别为 3.35、3.06、3.12、2.47、2.59 和 3.41（表 16-2-11）。

表 16-2-11　代表性片区中部烟叶（C3F）感官质量

	评价指标	NJ-01	NJ-02	NJ-03	NJ-04	NJ-05
香韵	干草香	3.22	2.94	3.11	3.00	2.88
	清甜香	3.11	2.35	2.61	2.76	2.76
	正甜香	1.17	0.94	0.94	0	0.82
	焦甜香	0	0	0	0	0
	青香	1.33	0.88	1.94	1.12	1.06
	木香	1.43	1.24	1.78	1.41	1.35
	豆香	0	0	0	0	0
	坚果香	0	0	0	0	0
	焦香	1.14	0	1.17	0	0.53
	辛香	1.00	0.76	1.39	0.65	0.59
	果香	0	0	0	0	0
	药草香	0	0	0	0	0
	花香	0	0	0	0	0
	树脂香	0	0	0	0	0
	酒香	0	0	0	0	0
烟气	香气状态	3.11	2.81	2.84	3.06	3.00
	烟气浓度	3.00	2.82	3.11	2.88	3.06

评价指标		NJ-01	NJ-02	NJ-03	NJ-04	NJ-05
烟气	劲头	2.67	3.53	3.06	3.00	3.00
	香气质	3.11	3.12	3.11	3.41	3.35
	香气量	3.11	2.94	3.00	2.94	3.00
	透发性	2.89	2.94	2.94	3.06	3.00
杂气	青杂气	1.29	1.18	1.22	1.24	1.06
	生青气	1.00	0	1.11	0	0
	枯焦气	1.17	0	0	0	0
	木质气	1.43	1.18	1.39	1.29	1.06
	土腥气	0	0	0	0	0
	松脂气	0	0	0	0	0
	花粉气	0	0	0	0	0
	药草气	0	0	0	0	0
	金属气	0	0	0	0	0
口感	细腻程度	3.00	3.12	2.89	3.18	3.35
	柔和程度	2.78	2.82	2.83	3.18	3.06
	圆润感	3.00	2.94	2.78	3.06	3.12
	刺激性	2.33	2.65	2.61	2.41	2.47
	干燥感	2.11	2.94	2.39	2.47	2.59
	余味	3.00	2.88	3.11	3.12	3.41

第三节　贵州盘州烟叶风格特征

盘州市（原盘县）位于东经 104°17′~104°57′、北纬 25°19′~26°17′，地处滇、黔、桂三省结合部，东邻普安，南接兴义，西连云南省富源、宣威，北邻水城。盘州市隶属贵州省六盘水市，总面积 4056 km²。全境地势西北高，东部和南部较低，中南部隆起。北部的牛棚梁子主峰海拔 2865 m，东北部的格所河谷海拔 735 m，相对高差 2130 m。由于地势的间隙抬升和南北盘江支流的切割，形成了境内层峦叠嶂、山高谷深的高原山地地貌。盘州属亚热带气候，冬无严寒，夏无酷暑。根据目前该市烤烟种植片区分布特点和烟叶质量风格特征，选择 5 个代表性种植片区对烟叶质量风格特征进行阐述。

一、烟田与烟株基本特征

1. 竹海镇珠东村 3 组片区

代表性片区（PZ-01）中心点位于北纬 25°39′40.287″、东经 104°43′47.559″，海拔 1782 m。中山沟谷地，缓坡旱地，成土母质为灰岩风化沟谷洪积-堆积物，土壤亚类为暗红简育湿润富铁土。烤烟、玉米不定期轮作，烤烟大田生长期 4~9 月。烤烟田间长相长势较好，烟株呈塔形结构，株高 79.00 cm，茎围 8.75 cm，有效叶片数 20.80，中部烟叶长 65.40 cm、宽 29.10 cm，上部烟叶长 53.10 cm、宽 18.70 cm（图 16-3-1，表 16-3-1）。

图 16-3-1　PZ-01 片区烟田

2. 民主镇小白岩村猴跳石片区

代表性片区（PZ-02）中心点位于北纬 25°36′9.631″、东经 104°38′29.566″，海拔 1730 m。中山沟谷地，缓坡旱地，成土母质为灰岩风化沟谷洪积-堆积物，土壤亚类为斑纹简育湿润富铁土。烤烟、玉米不定期轮作，烤烟大田生长期 4～9 月。烤烟田间长相长势较好，烟株呈塔形结构，株高 89.00 cm，茎围 9.75 cm，有效叶片数 20.80，中部烟叶长 65.40 cm、宽 29.10 cm，上部烟叶长 53.10 cm、宽 18.70 cm（图 16-3-2，表 16-3-1）。

图 16-3-2　PZ-02 片区烟田

3. 新民镇大坑村普腊片区

代表性片区（PZ-03）中心点位于北纬 25°31′11.501″、东经 104°51′4.586″，海拔 1564 m。中山沟谷地，缓坡旱地，成土母质为灰岩风化沟谷洪积-堆积物，土壤亚类为斑纹酸性湿润淋溶土。烤烟、玉米不定期轮作，烤烟大田生长期 4～9 月。烤烟田间长相长势较好，烟株呈塔形结构，株高 74.80 cm，茎围 8.60 cm，有效叶片数 14.70，中部烟叶长 62.00 cm、宽 35.30 cm，上部烟叶长 50.60 cm、宽 19.20 cm（图 16-3-3，表 16-3-1）。

图 16-3-3　PZ-03 片区烟田

4. 忠义乡扯拖村 11 组片区

代表性片区(PZ-04)中心点位于北纬 25°29′55.818″、东经 104°49′12.922″，海拔 1668 m。中山坡地中部，中坡旱地，成土母质为灰岩风化坡积物，土壤亚类为腐殖铁质湿润淋溶土。烤烟、玉米不定期轮作，烤烟大田生长期 4～9 月。烤烟田间长相长势较好，烟株呈塔形结构，株高 76.90 cm，茎围 8.50 cm，有效叶片数 15.20，中部烟叶长 60.90 cm、宽 32.52 cm，上部烟叶长 56.10 cm、宽 19.00 cm(图 16-3-4，表 16-3-1)。

图 16-3-4　PZ-04 片区烟田

5. 保田镇鹅毛寨村上寨片区

代表性片区(PZ-05)中心点位于北纬 25°24′57.738″、东经 104°39′48.360″，海拔 1714 m。中山坡地中部，缓坡梯田旱地，成土母质为灰岩风化坡积物，土壤亚类为斑纹酸性湿润淋溶土。烤烟、玉米不定期轮作，烤烟大田生长期 4～9 月。烤烟田间长相长势较好，烟株呈塔形结构，株高 74.10 cm，茎围 9.30 cm，有效叶片数 15.70，中部烟叶长 69.90 cm、宽 32.20 cm，上部烟叶长 57.10 cm、宽 19.00 cm(图 16-3-5，表 16-3-1)。

图 16-3-5   PZ-05 片区烟田

表 16-3-1   代表性片区烟株主要农艺性状

片区	株高 /cm	茎围 /cm	有效叶 /片	中部叶/cm		上部叶/cm		株型
				叶长	叶宽	叶长	叶宽	
PZ-01	79.00	8.75	20.80	65.40	29.10	53.10	18.70	塔形
PZ-02	89.00	9.75	20.80	65.40	29.10	53.10	18.70	塔形
PZ-03	74.80	8.60	14.70	62.00	35.30	50.60	19.20	塔形
PZ-04	76.90	8.50	15.20	60.90	32.52	56.10	19.00	塔形
PZ-05	74.10	9.30	15.70	69.90	32.20	57.10	19.00	塔形

二、烟叶外观质量与物理指标

1. 竹海镇珠东村 3 组片区

代表性片区（PZ-01）烟叶外观质量指标的成熟度得分 7.50，颜色得分 7.50，油分得分 6.50，身份得分 7.50，结构得分 7.50，色度得分 7.00。烟叶物理指标中的单叶重 8.96 g，叶片密度 71.34 g/m^2，含梗率 30.28%，平衡含水率 14.72%，叶片长度 59.00 cm，叶片宽度 21.51 cm，叶片厚度 105.80 μm，填充值 3.21 cm^3/g（图 16-3-6，表 16-3-2 和表 16-3-3）。

图 16-3-6   PZ-01 片区初烤烟叶

2. 民主镇小白岩村猴跳石片区

代表性片区(PZ-02)烟叶外观质量指标的成熟度得分 8.00，颜色得分 8.00，油分得分 7.50，身份得分 7.50，结构得分 8.00，色度得分 7.50。烟叶物理指标中的单叶重 9.16 g，叶片密度 73.04 g/m²，含梗率 30.57%，平衡含水率 14.90%，叶片长度 58.99 cm，叶片宽度 22.62 cm，叶片厚度 119.47 μm，填充值 2.94 cm³/g(图 16-3-7，表 16-3-2 和表 16-3-3)。

图 16-3-7 PZ-02 片区初烤烟叶

3. 新民镇大坑村普腊片区

代表性片区(PZ-03)烟叶外观质量指标的成熟度得分 8.50，颜色得分 9.00，油分得分 7.50，身份得分 8.50，结构得分 8.00，色度得分 8.00。烟叶物理指标中的单叶重 9.23 g，叶片密度 66.43 g/m²，含梗率 33.73%，平衡含水率 16.30%，叶片长度 60.89 cm，叶片宽度 20.65 cm，叶片厚度 117.07 μm，填充值 2.80 cm³/g(图 16-3-8，表 16-3-2 和表 16-3-3)。

图 16-3-8 PZ-03 片区初烤烟叶

4. 忠义乡扯拖村 11 组片区

代表性片区（PZ-04）烟叶外观质量指标的成熟度得分 7.50，颜色得分 8.50，油分得分 7.50，身份得分 8.50，结构得分 8.00，色度得分 8.00。烟叶物理指标中的单叶重 10.68 g，叶片密度 73.38 g/m^2，含梗率 32.96%，平衡含水率 14.76%，叶片长度 62.40 cm，叶片宽度 22.03 cm，叶片厚度 113.83 μm，填充值 2.94 cm^3/g（图 16-3-9，表 16-3-2 和表 16-3-3）。

图 16-3-9　PZ-04 片区初烤烟叶

5. 保田镇鹅毛寨村上寨片区

代表性片区（PZ-05）烟叶外观质量指标的成熟度得分 6.00，颜色得分 7.50，油分得分 6.50，身份得分 8.50，结构得分 6.50，色度得分 6.50。烟叶物理指标中的单叶重 10.94 g，叶片密度 74.17 g/m^2，含梗率 30.68%，平衡含水率 15.10%，叶片长度 60.37 cm，叶片宽度 22.30 cm，叶片厚度 113.77 μm，填充值 3.48 cm^3/g（图 16-3-10，表 16-3-2 和表 16-3-3）。

图 16-3-10　PZ-05 片区初烤烟叶

表 16-3-2　代表性片区烟叶外观质量

片区	成熟度	颜色	油分	身份	结构	色度
PZ-01	7.50	7.50	6.50	7.50	7.50	7.00
PZ-02	8.00	8.00	7.50	7.50	8.00	7.50
PZ-03	8.50	9.00	7.50	8.50	8.00	8.00
PZ-04	7.50	8.50	7.50	8.50	8.00	8.00
PZ-05	6.00	7.50	6.50	8.50	6.50	6.50

表 16-3-3　代表性片区烟叶物理指标

片区	单叶重 /g	叶片密度 /(g/m²)	含梗率 /%	平衡含水率 /%	叶长 /cm	叶宽 /cm	叶片厚度 /μm	填充值 /(cm³/g)
PZ-01	8.96	71.34	30.28	14.72	59.00	21.51	105.80	3.21
PZ-02	9.16	73.04	30.57	14.90	58.99	22.62	119.47	2.94
PZ-03	9.23	66.43	33.73	16.30	60.89	20.65	117.07	2.80
PZ-04	10.68	73.38	32.96	14.76	62.40	22.03	113.83	2.94
PZ-05	10.94	74.17	30.68	15.10	60.37	22.30	113.77	3.48

三、烟叶常规化学成分与中微量元素

1. 竹海镇珠东村 3 组片区

代表性片区（PZ-01）中部烟叶（C3F）总糖含量 28.99%，还原糖含量 23.58%，总氮含量 2.01%，总植物碱含量 2.53%，氯含量 0.45%，钾含量 1.77%，糖碱比 11.46，淀粉含量 2.31%（表 16-3-4）。烟叶铜含量为 0.148 g/kg，铁含量为 1.000 g/kg，锰含量为 5.657 g/kg，锌含量为 0.521 g/kg，钙含量为 177.832 mg/kg，镁含量为 14.264 mg/kg（表 16-3-5）。

2. 民主镇小白岩村猴跳石片区

代表性片区（PZ-02）中部烟叶（C3F）总糖含量 25.66%，还原糖含量 23.15%，总氮含量 2.31%，总植物碱含量 3.38%，氯含量 0.30%，钾含量 0.98%，糖碱比 7.59，淀粉含量 2.89%（表 16-3-4）。烟叶铜含量为 0.236 g/kg，铁含量为 1.008 g/kg，锰含量为 2.809 g/kg，锌含量为 0.604 g/kg，钙含量为 181.255 mg/kg，镁含量为 12.385 mg/kg（表 16-3-5）。

3. 新民镇大坑村普腊片区

代表性片区（PZ-03）中部烟叶（C3F）总糖含量 23.23%，还原糖含量 21.40%，总氮含量 2.49%，总植物碱含量 3.54%，氯含量 0.26%，钾含量 1.93%，糖碱比 6.56，淀粉含量 3.19%（表 16-3-4）。烟叶铜含量为 0.150 g/kg，铁含量为 0.866 g/kg，锰含量为 1.062 g/kg，锌含量为 0.382 g/kg，钙含量为 140.502 mg/kg，镁含量为 14.176 mg/kg（表 16-3-5）。

4. 忠义乡扯拖村 11 组片区

代表性片区（PZ-04）中部烟叶（C3F）总糖含量 24.67%，还原糖含量 22.05%，总氮含量 2.47%，总植物碱含量 3.68%，氯含量 0.48%，钾含量 1.87%，糖碱比 6.70，淀粉含量 2.77%（表 16-3-4）。烟叶铜含量为 0.153 g/kg，铁含量为 1.190 g/kg，锰含量为 2.920 g/kg，锌含量为 0.437 g/kg，钙含量为 173.027 mg/kg，镁含量为 13.017 mg/kg（表 16-3-5）。

5. 保田镇鹅毛寨村上寨片区

代表性片区（PZ-05）中部烟叶（C3F）总糖含量 21.72%，还原糖含量 18.77%，总氮含量 2.59%，总植物碱含量 3.53%，氯含量 0.40%，钾含量 1.43%，糖碱比 6.15，淀粉含量 2.14%（表 16-3-4）。烟叶铜含量为 0.119 g/kg，铁含量为 1.133 g/kg，锰含量为 4.390 g/kg，锌含量为 0.605 g/kg，钙含量为 160.439 mg/kg，镁含量为 17.820 mg/kg（表 16-3-5）。

表 16-3-4   代表性片区中部烟叶（C3F）常规化学成分

片区	总糖 /%	还原糖 /%	总氮 /%	总植物碱 /%	氯 /%	钾 /%	糖碱比	淀粉 /%
PZ-01	28.99	23.58	2.01	2.53	0.45	1.77	11.46	2.31
PZ-02	25.66	23.15	2.31	3.38	0.30	0.98	7.59	2.89
PZ-03	23.23	21.40	2.49	3.54	0.26	1.93	6.56	3.19
PZ-04	24.67	22.05	2.47	3.68	0.48	1.87	6.70	2.77
PZ-05	21.72	18.77	2.59	3.53	0.40	1.43	6.15	2.14

表 16-3-5   代表性片区中部烟叶（C3F）中微量元素

片区	Cu /(g/kg)	Fe /(g/kg)	Mn /(g/kg)	Zn /(g/kg)	Ca /(mg/kg)	Mg /(mg/kg)
PZ-01	0.148	1.000	5.657	0.521	177.832	14.264
PZ-02	0.236	1.008	2.809	0.604	181.255	12.385
PZ-03	0.150	0.866	1.062	0.382	140.502	14.176
PZ-04	0.153	1.190	2.920	0.437	173.027	13.017
PZ-05	0.119	1.133	4.390	0.605	160.439	17.820

四、烟叶生物碱组分与细胞壁物质

1. 竹海镇珠东村 3 组片区

代表性片区（PZ-01）中部烟叶（C3F）烟碱含量为 25.211 mg/g，降烟碱含量为 0.714 mg/g，麦斯明含量为 0.003 mg/g，假木贼碱含量为 0.138 mg/g，新烟碱含量为 0.853 mg/g；烟叶纤维素含量为 7.90%，半纤维素含量为 2.50%，木质素含量为 0.90%（表 16-3-6）。

2. 民主镇小白岩村猴跳石片区

代表性片区 (PZ-02) 中部烟叶 (C3F) 烟碱含量为 31.388 mg/g，降烟碱含量为 0.941 mg/g，麦斯明含量为 0.006 mg/g，假木贼碱含量为 0.172 mg/g，新烟碱含量为 1.061 mg/g；烟叶纤维素含量为 6.80%，半纤维素含量为 2.70%，木质素含量为 1.20% （表 16-3-6）。

3. 新民镇大坑村普腊片区

代表性片区 (PZ-03) 中部烟叶 (C3F) 烟碱含量为 34.817 mg/g，降烟碱含量为 0.986 mg/g，麦斯明含量为 0.006 mg/g，假木贼碱含量为 0.223 mg/g，新烟碱含量为 1.180 mg/g；烟叶纤维素含量为 8.20%，半纤维素含量为 2.50%，木质素含量为 1.00% （表 16-3-6）。

4. 忠义乡扯拖村 11 组片区

代表性片区 (PZ-04) 中部烟叶 (C3F) 烟碱含量为 35.540 mg/g，降烟碱含量为 0.892 mg/g，麦斯明含量为 0.005 mg/g，假木贼碱含量为 0.211 mg/g，新烟碱含量为 1.193 mg/g；烟叶纤维素含量为 6.00%，半纤维素含量为 3.20%，木质素含量为 1.20% （表 16-3-6）。

5. 保田镇鹅毛寨村上寨片区

代表性片区 (PZ-05) 中部烟叶 (C3F) 烟碱含量为 35.969 mg/g，降烟碱含量为 0.916 mg/g，麦斯明含量为 0.005 mg/g，假木贼碱含量为 0.201 mg/g，新烟碱含量为 1.220 mg/g；烟叶纤维素含量为 6.30%，半纤维素含量为 3.00%，木质素含量为 1.30% （表 16-3-6）。

表 16-3-6　代表性片区中部烟叶 (C3F) 生物碱组分与细胞壁物质

片区	烟碱 /(mg/g)	降烟碱 /(mg/g)	麦斯明 /(mg/g)	假木贼碱 /(mg/g)	新烟碱 /(mg/g)	纤维素 /%	半纤维素 /%	木质素 /%
PZ-01	25.211	0.714	0.003	0.138	0.853	7.90	2.50	0.90
PZ-02	31.388	0.941	0.006	0.172	1.061	6.80	2.70	1.20
PZ-03	34.817	0.986	0.006	0.223	1.180	8.20	2.50	1.00
PZ-04	35.540	0.892	0.005	0.211	1.193	6.00	3.20	1.20
PZ-05	35.969	0.916	0.005	0.201	1.220	6.30	3.00	1.30

五、烟叶多酚与质体色素

1. 竹海镇珠东村 3 组片区

代表性片区 (PZ-01) 中部烟叶 (C3F) 绿原酸含量为 13.010 mg/g，芸香苷含量为

12.810 mg/g，莨菪亭含量为 0.170 mg/g，β-胡萝卜素含量为 0.046 mg/g，叶黄素含量为 0.084 mg/g（表 16-3-7）。

2. 民主镇小白岩村猴跳石片区

代表性片区（PZ-02）中部烟叶（C3F）绿原酸含量为 14.540 mg/g，芸香苷含量为 15.030 mg/g，莨菪亭含量为 0.200 mg/g，β-胡萝卜素含量为 0.037 mg/g，叶黄素含量为 0.072 mg/g（表 16-3-7）。

3. 新民镇大坑村普腊片区

代表性片区（PZ-03）中部烟叶（C3F）绿原酸含量为 12.530 mg/g，芸香苷含量为 11.570 mg/g，莨菪亭含量为 0.300 mg/g，β-胡萝卜素含量为 0.033 mg/g，叶黄素含量为 0.063 mg/g（表 16-3-7）。

4. 忠义乡扯拖村 11 组片区

代表性片区（PZ-04）中部烟叶（C3F）绿原酸含量为 13.710 mg/g，芸香苷含量为 12.190 mg/g，莨菪亭含量为 0.240 mg/g，β-胡萝卜素含量为 0.051 mg/g，叶黄素含量为 0.099 mg/g（表 16-3-7）。

5. 保田镇鹅毛寨村上寨片区

代表性片区（PZ-05）中部烟叶（C3F）绿原酸含量为 12.320 mg/g，芸香苷含量为 11.210 mg/g，莨菪亭含量为 0.290 mg/g，β-胡萝卜素含量为 0.046 mg/g，叶黄素含量为 0.080 mg/g（表 16-3-7）。

表 16-3-7　代表性片区中部烟叶（C3F）多酚与质体色素　　（单位：mg/g）

片区	绿原酸	芸香苷	莨菪亭	β-胡萝卜素	叶黄素
PZ-01	13.010	12.810	0.170	0.046	0.084
PZ-02	14.540	15.030	0.200	0.037	0.072
PZ-03	12.530	11.570	0.300	0.033	0.063
PZ-04	13.710	12.190	0.240	0.051	0.099
PZ-05	12.320	11.210	0.290	0.046	0.080

六、烟叶有机酸类物质

1. 竹海镇珠东村 3 组片区

代表性片区（PZ-01）中部烟叶（C3F）草酸含量为 13.378 mg/g，苹果酸含量为 82.703 mg/g，柠檬酸含量为 7.576 mg/g，棕榈酸含量为 1.886 mg/g，亚油酸含量为 1.184 mg/g，油酸含量为 2.647 mg/g，硬脂酸含量为 0.537 mg/g（表 16-3-8）。

2. 民主镇小白岩村猴跳石片区

代表性片区(PZ-02)中部烟叶(C3F)草酸含量为 14.045 mg/g，苹果酸含量为 78.235 mg/g，柠檬酸含量为 8.764 mg/g，棕榈酸含量为 1.807 mg/g，亚油酸含量为 0.997 mg/g，油酸含量为 2.391 mg/g，硬脂酸含量为 0.559 mg/g(表 16-3-8)。

3. 新民镇大坑村普腊片区

代表性片区(PZ-03)中部烟叶(C3F)草酸含量为 18.335 mg/g，苹果酸含量为 70.543 mg/g，柠檬酸含量为 7.515 mg/g，棕榈酸含量为 1.548 mg/g，亚油酸含量为 1.074 mg/g，油酸含量为 2.448 mg/g，硬脂酸含量为 0.440 mg/g(表 16-3-8)。

4. 忠义乡扯拖村 11 组片区

代表性片区(PZ-04)中部烟叶(C3F)草酸含量为 22.131 mg/g，苹果酸含量为 93.520 mg/g，柠檬酸含量为 11.304 mg/g，棕榈酸含量为 1.954 mg/g，亚油酸含量为 1.331 mg/g，油酸含量为 3.066 mg/g，硬脂酸含量为 0.581 mg/g(表 16-3-8)。

5. 保田镇鹅毛寨村上寨片区

代表性片区(PZ-05)中部烟叶(C3F)草酸含量为 25.035 mg/g，苹果酸含量为 104.200 mg/g，柠檬酸含量为 14.733 mg/g，棕榈酸含量为 2.467 mg/g，亚油酸含量为 1.443 mg/g，油酸含量为 3.448 mg/g，硬脂酸含量为 0.710 mg/g(表 16-3-8)。

表 16-3-8　代表性片区中部烟叶(C3F)有机酸　　(单位：mg/g)

片区	草酸	苹果酸	柠檬酸	棕榈酸	亚油酸	油酸	硬脂酸
PZ-01	13.378	82.703	7.576	1.886	1.184	2.647	0.537
PZ-02	14.045	78.235	8.764	1.807	0.997	2.391	0.559
PZ-03	18.335	70.543	7.515	1.548	1.074	2.448	0.440
PZ-04	22.131	93.520	11.304	1.954	1.331	3.066	0.581
PZ-05	25.035	104.200	14.733	2.467	1.443	3.448	0.710

七、烟叶氨基酸

1. 竹海镇珠东村 3 组片区

代表性片区(PZ-01)中部烟叶(C3F)磷酸化-丝氨酸含量为 0.303 μg/mg，牛磺酸含量为 0.392 μg/mg，天冬氨酸含量为 0.130 μg/mg，苏氨酸含量为 0.177 μg/mg，丝氨酸含量为 0.063 μg/mg，天冬酰胺含量为 0.951 μg/mg，谷氨酸含量为 0.098 μg/mg，甘氨酸含量为 0.032 μg/mg，丙氨酸含量为 0.386 μg/mg，缬氨酸含量为 0.080 μg/mg，半胱氨酸含量为 0.219 μg/mg，异亮氨酸含量为 0.014 μg/mg，亮氨酸含量为 0.108 μg/mg，酪氨酸含量为 0.046 μg/mg，苯丙氨酸含量为 0.100 μg/mg，氨基丁酸含量为 0.043 μg/mg，组氨酸含量为 0.104 μg/mg，色氨酸含量为 0.130 μg/mg，精氨酸含量为 0 μg/mg（表 16-3-9）。

2. 民主镇小白岩村猴跳石片区

代表性片区（PZ-02）中部烟叶（C3F）磷酸化-丝氨酸含量为 0.313 μg/mg，牛磺酸含量为 0.394 μg/mg，天冬氨酸含量为 0.137 μg/mg，苏氨酸含量为 0.184 μg/mg，丝氨酸含量为 0.077 μg/mg，天冬酰胺含量为 1.263 μg/mg，谷氨酸含量为 0.137 μg/mg，甘氨酸含量为 0.048 μg/mg，丙氨酸含量为 0.516 μg/mg，缬氨酸含量为 0.065 μg/mg，半胱氨酸含量为 0.224 μg/mg，异亮氨酸含量为 0.014 μg/mg，亮氨酸含量为 0.207 μg/mg，酪氨酸含量为 0.061 μg/mg，苯丙氨酸含量为 0.132 μg/mg，氨基丁酸含量为 0.040 μg/mg，组氨酸含量为 0.118 μg/mg，色氨酸含量为 0.158 μg/mg，精氨酸含量为 0.060 μg/mg（表 16-3-9）。

3. 新民镇大坑村普腊片区

代表性片区（PZ-03）中部烟叶（C3F）磷酸化-丝氨酸含量为 0.280 μg/mg，牛磺酸含量为 0.362 μg/mg，天冬氨酸含量为 0.104 μg/mg，苏氨酸含量为 0.215 μg/mg，丝氨酸含量为 0.055 μg/mg，天冬酰胺含量为 1.034 μg/mg，谷氨酸含量为 0.119 μg/mg，甘氨酸含量为 0.032 μg/mg，丙氨酸含量为 0.387 μg/mg，缬氨酸含量为 0.079 μg/mg，半胱氨酸含量为 0.223 μg/mg，异亮氨酸含量为 0.013 μg/mg，亮氨酸含量为 0.138 μg/mg，酪氨酸含量为 0.050 μg/mg，苯丙氨酸含量为 0.099 μg/mg，氨基丁酸含量为 0.033 μg/mg，组氨酸含量为 0.085 μg/mg，色氨酸含量为 0.096 μg/mg，精氨酸含量为 0.022 μg/mg（表 16-3-9）。

4. 忠义乡扯拖村 11 组片区

代表性片区（PZ-04）中部烟叶（C3F）磷酸化-丝氨酸含量为 0.290 μg/mg，牛磺酸含量为 0.340 μg/mg，天冬氨酸含量为 0.131 μg/mg，苏氨酸含量为 0.244 μg/mg，丝氨酸含量为 0.089 μg/mg，天冬酰胺含量为 1.325 μg/mg，谷氨酸含量为 0.161 μg/mg，甘氨酸含量为 0.043 μg/mg，丙氨酸含量为 0.476 μg/mg，缬氨酸含量为 0.100 μg/mg，半胱氨酸含量为 0.285 μg/mg，异亮氨酸含量为 0.030 μg/mg，亮氨酸含量为 0.176 μg/mg，酪氨酸含量为 0.061 μg/mg，苯丙氨酸含量为 0.127 μg/mg，氨基丁酸含量为 0.048 μg/mg，组氨酸含量为 0.124 μg/mg，色氨酸含量为 0.145 μg/mg，精氨酸含量为 0.040 μg/mg（表 16-3-9）。

5. 保田镇鹅毛寨村上寨片区

代表性片区（PZ-05）中部烟叶（C3F）磷酸化-丝氨酸含量为 0.306 μg/mg，牛磺酸含量为 0.421 μg/mg，天冬氨酸含量为 0.188 μg/mg，苏氨酸含量为 0.235 μg/mg，丝氨酸含量为 0.095 μg/mg，天冬酰胺含量为 1.582 μg/mg，谷氨酸含量为 0.220 μg/mg，甘氨酸含量为 0.056 μg/mg，丙氨酸含量为 0.562 μg/mg，缬氨酸含量为 0.129 μg/mg，半胱氨酸含量为 0.278 μg/mg，异亮氨酸含量为 0.034 μg/mg，亮氨酸含量为 0.229 μg/mg，酪氨酸含量为 0.085 μg/mg，苯丙氨酸含量为 0.198 μg/mg，氨基丁酸含量为 0.069 μg/mg，组氨酸含量为 0.188 μg/mg，色氨酸含量为 0.217 μg/mg，精氨酸含量为 0.083 μg/mg（表 16-3-9）。

表 16-3-9　代表性片区中部烟叶（C3F）氨基酸　　　（单位：μg/mg）

氨基酸组分	PZ-01	PZ-02	PZ-03	PZ-04	PZ-05
磷酸化-丝氨酸	0.303	0.313	0.280	0.290	0.306
牛磺酸	0.392	0.394	0.362	0.340	0.421
天冬氨酸	0.130	0.137	0.104	0.131	0.188
苏氨酸	0.177	0.184	0.215	0.244	0.235
丝氨酸	0.063	0.077	0.055	0.089	0.095
天冬酰胺	0.951	1.263	1.034	1.325	1.582
谷氨酸	0.098	0.137	0.119	0.161	0.220
甘氨酸	0.032	0.048	0.032	0.043	0.056
丙氨酸	0.386	0.516	0.387	0.476	0.562
缬氨酸	0.080	0.065	0.079	0.100	0.129
半胱氨酸	0.219	0.224	0.223	0.285	0.278
异亮氨酸	0.014	0.014	0.013	0.030	0.034
亮氨酸	0.108	0.207	0.138	0.176	0.229
酪氨酸	0.046	0.061	0.050	0.061	0.085
苯丙氨酸	0.100	0.132	0.099	0.127	0.198
氨基丁酸	0.043	0.040	0.033	0.048	0.069
组氨酸	0.104	0.118	0.085	0.124	0.188
色氨酸	0.130	0.158	0.096	0.145	0.217
精氨酸	0	0.060	0.022	0.040	0.083

八、烟叶香气物质

1. 竹海镇珠东村 3 组片区

代表性片区（PZ-01）中部烟叶（C3F）茄酮含量为 0.784 μg/g，香叶基丙酮含量为 0.246 μg/g，降茄二酮含量为 0.090 μg/g，β-紫罗兰酮含量为 0.269 μg/g，氧化紫罗兰酮含量为 0.459 μg/g，二氢猕猴桃内酯含量为 3.461 μg/g，巨豆三烯酮 1 含量为 0.101 μg/g，巨豆三烯酮 2 含量为 1.053 μg/g，巨豆三烯酮 3 含量为 0.168 μg/g，巨豆三烯酮 4 含量为 1.030 μg/g，3-羟基-β-二氢大马酮含量为 0.806 μg/g，3-氧代-α-紫罗兰醇含量为 2.766 μg/g，新植二烯含量为 976.506 μg/g，3-羟基索拉韦惕酮含量为 3.707 μg/g，β-法尼烯含量为 8.736 μg/g（表 16-3-10）。

2. 民主镇小白岩村猴跳石片区

代表性片区（PZ-02）中部烟叶（C3F）茄酮含量为 1.053 μg/g，香叶基丙酮含量为 0.325 μg/g，降茄二酮含量为 0.112 μg/g，β-紫罗兰酮含量为 0.370 μg/g，氧化紫罗兰酮含量为 0.504 μg/g，二氢猕猴桃内酯含量为 3.405 μg/g，巨豆三烯酮 1 含量为 0.101 μg/g，巨豆三烯酮 2 含量为 1.445 μg/g，巨豆三烯酮 3 含量为 0.168 μg/g，巨豆三烯酮 4 含量为 1.232 μg/g，3-羟基-β-二氢大马酮含量为 0.885 μg/g，3-氧代-α-紫罗兰醇含量为 2.195 μg/g，新植二烯含量为 967.445 μg/g，3-羟基索拉韦惕酮含量为 5.074 μg/g，β-法尼烯含量为 9.397 μg/g（表 16-3-10）。

3. 新民镇大坑村普腊片区

代表性片区（PZ-03）中部烟叶（C3F）茄酮含量为 1.064 μg/g，香叶基丙酮含量为 0.515 μg/g，降茄二酮含量为 0.146 μg/g，β-紫罗兰酮含量为 0.414 μg/g，氧化紫罗兰酮含量为 0.448 μg/g，二氢猕猴桃内酯含量为 3.315 μg/g，巨豆三烯酮 1 含量为 0.190 μg/g，巨豆三烯酮 2 含量为 1.938 μg/g，巨豆三烯酮 3 含量为 0.246 μg/g，巨豆三烯酮 4 含量为 1.579 μg/g，3-羟基-β-二氢大马酮含量为 0.997 μg/g，3-氧代-α-紫罗兰醇含量为 3.886 μg/g，新植二烯含量为 1051.859 μg/g，3-羟基索拉韦惕酮含量为 15.310 μg/g，β-法尼烯含量为 10.405 μg/g（表 16-3-10）。

4. 忠义乡扯拖村 11 组片区

代表性片区（PZ-04）中部烟叶（C3F）茄酮含量为 0.930 μg/g，香叶基丙酮含量为 0.437 μg/g，降茄二酮含量为 0.157 μg/g，β-紫罗兰酮含量为 0.392 μg/g，氧化紫罗兰酮含量为 0.582 μg/g，二氢猕猴桃内酯含量为 3.259 μg/g，巨豆三烯酮 1 含量为 0.213 μg/g，巨豆三烯酮 2 含量为 2.050 μg/g，巨豆三烯酮 3 含量为 0.213 μg/g，巨豆三烯酮 4 含量为 1.624 μg/g，3-羟基-β-二氢大马酮含量为 0.952 μg/g，3-氧代-α-紫罗兰醇含量为 4.301 μg/g，新植二烯含量为 885.562 μg/g，3-羟基索拉韦惕酮含量为 13.944 μg/g，β-法尼烯含量为 8.971 μg/g（表 16-3-10）。

5. 保田镇鹅毛寨村上寨片区

代表性片区（PZ-05）中部烟叶（C3F）茄酮含量为 1.344 μg/g，香叶基丙酮含量为 0.493 μg/g，降茄二酮含量为 0.134 μg/g，β-紫罗兰酮含量为 0.538 μg/g，氧化紫罗兰酮含量为 0.616 μg/g，二氢猕猴桃内酯含量为 4.222 μg/g，巨豆三烯酮 1 含量为 0.302 μg/g，巨豆三烯酮 2 含量为 2.330 μg/g，巨豆三烯酮 3 含量为 0.358 μg/g，巨豆三烯酮 4 含量为 1.971 μg/g，3-羟基-β-二氢大马酮含量为 1.210 μg/g，3-氧代-α-紫罗兰醇含量为 5.589 μg/g，新植二烯含量为 983.595 μg/g，3-羟基索拉韦惕酮含量为 13.978 μg/g，β-法尼烯含量为 10.954 μg/g（表 16-3-10）。

表 16-3-10　代表性片区中部烟叶（C3F）香气物质　　　　（单位：μg/g）

香气物质	PZ-01	PZ-02	PZ-03	PZ-04	PZ-05
茄酮	0.784	1.053	1.064	0.930	1.344
香叶基丙酮	0.246	0.325	0.515	0.437	0.493
降茄二酮	0.090	0.112	0.146	0.157	0.134
β-紫罗兰酮	0.269	0.370	0.414	0.392	0.538
氧化紫罗兰酮	0.459	0.504	0.448	0.582	0.616
二氢猕猴桃内酯	3.461	3.405	3.315	3.259	4.222

香气物质	PZ-01	PZ-02	PZ-03	PZ-04	PZ-05
巨豆三烯酮 1	0.101	0.101	0.190	0.213	0.302
巨豆三烯酮 2	1.053	1.445	1.938	2.050	2.330
巨豆三烯酮 3	0.168	0.168	0.246	0.213	0.358
巨豆三烯酮 4	1.030	1.232	1.579	1.624	1.971
3-羟基-β-二氢大马酮	0.806	0.885	0.997	0.952	1.210
3-氧代-α-紫罗兰醇	2.766	2.195	3.886	4.301	5.589
新植二烯	976.506	967.445	1051.859	885.562	983.595
3-羟基索拉韦惕酮	3.707	5.074	15.310	13.944	13.978
β-法尼烯	8.736	9.397	10.405	8.971	10.954

九、烟叶感官质量

1. 竹海镇珠东村 3 组片区

代表性片区(PZ-01)中部烟叶(C3F)感官质量评价结果显示，香韵指标包含的干草香、清甜香、正甜香、焦甜香、青香、木香、豆香、坚果香、焦香、辛香、果香、药草香、花香、树脂香、酒香的各项指标值分别为 3.57、0、2.93、0、0.79、1.86、0、0、0、0.57、0、0、0、0、0，烟气指标包含的香气状态、烟气浓度、劲头、香气质、香气量和透发性的各项指标值分别为 3.29、3.14、2.85、3.43、3.07 和 3.00，杂气指标包含的青杂气、生青气、枯焦气、木质气、土腥气、松脂气、花粉气、药草气和金属气的各项指标值分别为 1.21、0、0、1.21、0、0、0、0、0，口感指标包含的细腻程度、柔和程度、圆润感、刺激性、干燥感和余味的各项指标值分别为 3.29、3.00、3.00、2.43、2.50 和 3.36（表 16-3-11）。

2. 民主镇小白岩村猴跳石片区

代表性片区(PZ-02)中部烟叶(C3F)感官质量评价结果显示，香韵指标包含的干草香、清甜香、正甜香、焦甜香、青香、木香、豆香、坚果香、焦香、辛香、果香、药草香、花香、树脂香、酒香的各项指标值分别为 3.71、0、2.93、0、1.00、1.86、0、0、0、0.64、0、0、0、0、0，烟气指标包含的香气状态、烟气浓度、劲头、香气质、香气量和透发性的各项指标值分别为 3.29、3.14、2.93、3.14、2.93 和 3.00，杂气指标包含的青杂气、生青气、枯焦气、木质气、土腥气、松脂气、花粉气、药草气和金属气的各项指标值分别为 1.21、0、0、1.21、0、0、0、0、0，口感指标包含的细腻程度、柔和程度、圆润感、刺激性、干燥感和余味的各项指标值分别为 3.14、2.86、2.93、2.43、2.50 和 3.21（表 16-3-11）。

3. 新民镇大坑村普腊片区

代表性片区(PZ-03)中部烟叶(C3F)感官质量评价结果显示，香韵指标包含的干草香、清甜香、正甜香、焦甜香、青香、木香、豆香、坚果香、焦香、辛香、果香、药草香、花香、树脂香、酒香的各项指标值分别为3.06、0、2.31、0、0、2.13、0、0、1.13、1.06、0、0、0、0、0，烟气指标包含的香气状态、烟气浓度、劲头、香气质、香气量和透发性的各项指标值分别为2.73、3.13、3.31、2.69、3.06和2.88，杂气指标包含的青杂气、生青气、枯焦气、木质气、土腥气、松脂气、花粉气、药草气和金属气的各项指标值分别为1.13、0.56、1.31、1.56、0、0、0、0、0，口感指标包含的细腻程度、柔和程度、圆润感、刺激性、干燥感和余味的各项指标值分别为2.63、2.50、2.38、3.00、3.00和2.56（表16-3-11）。

4. 忠义乡扯拖村11组片区

代表性片区（PZ-04）中部烟叶（C3F）感官质量评价结果显示，香韵指标包含的干草香、清甜香、正甜香、焦甜香、青香、木香、豆香、坚果香、焦香、辛香、果香、药草香、花香、树脂香、酒香的各项指标值分别为3.50、0、2.57、0、1.07、1.79、0、0、0、0.71、0、0、0、0、0，烟气指标包含的香气状态、烟气浓度、劲头、香气质、香气量和透发性的各项指标值分别为3.31、2.85、2.69、3.21、2.79和3.00，杂气指标包含的青杂气、生青气、枯焦气、木质气、土腥气、松脂气、花粉气、药草气和金属气的各项指标值分别为1.07、0.57、0、1.64、0、0、0、0、0，口感指标包含的细腻程度、柔和程度、圆润感、刺激性、干燥感和余味的各项指标值分别为3.38、3.00、2.86、2.43、2.50和3.14（表16-3-11）。

5. 保田镇鹅毛寨村上寨片区

代表性片区（PZ-05）中部烟叶（C3F）感官质量评价结果显示，香韵指标包含的干草香、清甜香、正甜香、焦甜香、青香、木香、豆香、坚果香、焦香、辛香、果香、药草香、花香、树脂香、酒香的各项指标值分别为3.64、0、2.71、0、1.14、2.00、0、0.57、0、0、0、0、0、0、0，烟气指标包含的香气状态、烟气浓度、劲头、香气质、香气量和透发性的各项指标值分别为3.14、3.21、2.79、3.29、3.00和2.93，杂气指标包含的青杂气、生青气、枯焦气、木质气、土腥气、松脂气、花粉气、药草气和金属气的各项指标值分别为1.21、0、0、1.43、0、0、0、0、0，口感指标包含的细腻程度、柔和程度、圆润感、刺激性、干燥感和余味的各项指标值分别为3.21、2.93、2.86、2.36、2.57和3.29（表16-3-11）。

表16-3-11　代表性片区中部烟叶（C3F）感官质量

	评价指标	PZ-01	PZ-02	PZ-03	PZ-04	PZ-05
香韵	干草香	3.57	3.71	3.06	3.50	3.64
	清甜香	0	0	0	0	0
	正甜香	2.93	2.93	2.31	2.57	2.71
	焦甜香	0	0	0	0	0
	青香	0.79	1.00	0	1.07	1.14

评价指标		PZ-01	PZ-02	PZ-03	PZ-04	PZ-05
香韵	木香	1.86	1.86	2.13	1.79	2.00
	豆香	0	0	0	0	0
	坚果香	0	0	0	0	0.57
	焦香	0	0	1.13	0	0
	辛香	0.57	0.64	1.06	0.71	0
	果香	0	0	0	0	0
	药草香	0	0	0	0	0
	花香	0	0	0	0	0
	树脂香	0	0	0	0	0
	酒香	0	0	0	0	0
烟气	香气状态	3.29	3.29	2.73	3.31	3.14
	烟气浓度	3.14	3.14	3.13	2.85	3.21
	劲头	2.85	2.93	3.31	2.69	2.79
	香气质	3.43	3.14	2.69	3.21	3.29
	香气量	3.07	2.93	3.06	2.79	3.00
	透发性	3.00	3.00	2.88	3.00	2.93
杂气	青杂气	1.21	1.21	1.13	1.07	1.21
	生青气	0	0	0.56	0.57	0
	枯焦气	0	0	1.31	0	0
	木质气	1.21	1.21	1.56	1.64	1.43
	土腥气	0	0	0	0	0
	松脂气	0	0	0	0	0
	花粉气	0	0	0	0	0
	药草气	0	0	0	0	0
	金属气	0	0	0	0	0
口感	细腻程度	3.29	3.14	2.63	3.38	3.21
	柔和程度	3.00	2.86	2.50	3.00	2.93
	圆润感	3.00	2.93	2.38	2.86	2.86
	刺激性	2.43	2.43	3.00	2.43	2.36
	干燥感	2.50	2.50	3.00	2.50	2.57
	余味	3.36	3.21	2.56	3.14	3.29

第四节　贵州威宁烟叶风格特征

威宁彝族回族苗族自治县(威宁县)位于北纬 26°36′～27°26′、东经 103°36′～104°45′，隶属贵州省，总面积 6298 km²。地处省境西北部，北、西、南三面与云南省毗连。威宁平均海拔 2200 m，乌蒙山脉贯穿县境，其间屹立着四座 2800 m 以上的高峰；县境中部开阔平缓，四周低矮，峰壑交错，江河奔流，是乌江、横江的发源地，牛栏江的西源、东源，珠江的北源，呈典型的低纬度、高海拔、高原台地的地理特征。威宁县属亚热带季风气候。威宁是云贵高原烤烟种植区的典型烤烟产区之一，也是我国烤烟种植面积较大的产区，根据目前该县烤烟种植片区分布特点和烟叶质量风格特征，选择 5 个代表性种植片区对烟叶质量风格特征加以描述。

一、烟田与烟株基本特征

1. 小海镇松棵片区

代表性片区（WN-01）中心点位于北纬 26°56′55.626″、东经 104°9′41.240″，海拔 1866 m。中山区沟谷地，缓坡旱地，成土母质为白云岩风化沟谷冲积-堆积物，土壤亚类为淋溶钙质湿润富铁土。烤烟、玉米不定期轮作，烤烟大田生长期 5～9 月。烤烟田间长相长势好，烟株呈筒形结构，株高 96.80 cm，茎围 10.40 cm，有效叶片数 19.10，中部烟叶长 66.20 cm、宽 33.40 cm，上部烟叶长 56.80 cm、宽 21.10 cm（图 16-4-1，表 16-4-1）。

图 16-4-1　WN-01 片区烟田

2. 秀水乡中海片区

代表性片区（WN-02）中心点位于北纬 26°55′4.046″、东经 103°57′17.708″，海拔 2190 m。中山坡地坡麓，缓坡旱地，成土母质为白云岩风化坡积-洪积物，土壤亚类为黏化钙质湿润富铁土。烤烟、玉米不定期轮作，烤烟大田生长期 5～9 月。烤烟田间长相长势较好，烟株呈筒形结构，株高 110.80 cm，茎围 8.80 cm，有效叶片数 21.10，中部烟叶长 60.00 cm、宽 29.90 cm，上部烟叶长 54.60 cm、宽 19.70 cm（图 16-4-2，表 16-4-1）。

3. 观风海镇果化片区

代表性片区（WN-03）中心点位于北纬 27°1′22.749″、东经 103°53′39.809″，海拔 2160 m。中山坡地坡麓，缓坡旱地，成土母质为白云岩风化坡积-洪积物，土壤亚类为普通酸性湿润淋溶土。烤烟、玉米不定期轮作，烤烟大田生长期 5～9 月。烤烟田间长相长势较好，烟株呈筒形结构，株高 107.90 cm，茎围 8.50 cm，有效叶片数 20.90，中部烟叶长 60.90 cm、宽 28.60 cm，上部烟叶长 56.00 cm、宽 20.30 cm（图 16-4-3，表 16-4-1）。

图 16-4-2　WN-02 片区烟田

图 16-4-3　WN-03 片区烟田

4. 迤那镇巨生村片区

代表性片区（WN-04）中心点位于北纬 27°4′18.566″、东经 103°52′8.507″，海拔 2150 m。中山坡地中部，缓坡旱地，成土母质为白云岩风化坡积物，土壤亚类为斑纹黏化湿润富铁土。烤烟、玉米不定期轮作，烤烟大田生长期 5～9 月。烤烟田间长相长势较好，烟株呈筒形结构，株高 97.80 cm，茎围 9.00 cm，有效叶片数 18.30，中部烟叶长 63.10 cm、宽 31.60 cm，上部烟叶长 56.00 cm、宽 42.10 cm（图 16-4-4，表 16-4-1）。

5. 牛棚镇鱼塘村六关院子片区

代表性片区（WN-05）中心点位于北纬 27°6′20.345″、东经 103°48′40.073″，海拔 2106 m。中山坡地中部，缓坡旱地，成土母质为白云岩风化坡积物，土壤亚类为普通酸性湿润淋溶土。烤烟、玉米不定期轮作，烤烟大田生长期 5～9 月。烤烟田间长相长势较好，烟株呈筒形结构，株高 103.00 cm，茎围 10.40 cm，有效叶片数 18.20，中部烟叶长 72.20 cm、宽 35.40 cm，上部烟叶长 63.70 cm、宽 25.30 cm（图 16-4-5，表 16-4-1）。

图 16-4-4　WN-04 片区烟田

图 16-4-5　WN-05 片区烟田

表 16-4-1　代表性片区烟株主要农艺性状

片区	株高 /cm	茎围 /cm	有效叶 /片	中部叶/cm		上部叶/cm		株型
				叶长	叶宽	叶长	叶宽	
WN-01	96.80	10.40	19.10	66.20	33.40	56.80	21.10	筒形
WN-02	110.80	8.80	21.10	60.00	29.90	54.60	19.70	筒形
WN-03	107.90	8.50	20.90	60.90	28.60	56.00	20.30	筒形
WN-04	97.80	9.00	18.30	63.10	31.60	56.00	42.10	筒形
WN-05	103.00	10.40	18.20	72.20	35.40	63.70	25.30	筒形

二、烟叶外观质量与物理指标

1. 小海镇松棵片区

代表性片区（WN-01）烟叶外观质量指标的成熟度得分 8.00，颜色得分 8.50，油分得分 7.50，身份得分 8.50，结构得分 8.00，色度得分 7.50。烟叶物理指标中的单叶重 11.48 g，叶片密度 61.01 g/m²，含梗率 31.01%，平衡含水率 14.78%，叶片长度 62.80 cm，叶片宽度 20.70 cm，叶片厚度 141.83 μm，填充值 2.89 cm³/g（图 16-4-6，表 16-4-2 和 表 16-4-3）。

图 16-4-6　WN-01 片区初烤烟叶

2. 秀水乡中海片区

代表性片区（WN-02）烟叶外观质量指标的成熟度得分 7.50，颜色得分 7.50，油分得分 7.00，身份得分 7.50，结构得分 8.00，色度得分 6.50。烟叶物理指标中的单叶重 11.00 g，叶片密度 63.23 g/m²，含梗率 32.11%，平衡含水率 13.73%，叶片长度 60.20 cm，叶片宽度 21.35 cm，叶片厚度 153.40 μm，填充值 2.99 cm³/g（图 16-4-7，表 16-4-2 和表 16-4-3）。

图 16-4-7　WN-02 片区初烤烟叶

3. 观风海镇果化片区

代表性片区（WN-03）烟叶外观质量指标的成熟度得分 8.50，颜色得分 9.00，油分得分 8.00，身份得分 8.50，结构得分 8.50，色度得分 8.00。烟叶物理指标中的单叶重

11.02 g，叶片密度 71.17 g/m²，含梗率 33.94%，平衡含水率 14.18%，叶片长度 61.80 cm，叶片宽度 21.50 cm，叶片厚度 152.63 μm，填充值 2.74 cm³/g（图 16-4-8，表 16-4-2 和表 16-4-3）。

图 16-4-8　WN-03 片区初烤烟叶

4. 迤那镇巨生村片区

代表性片区（WN-04）烟叶外观质量指标的成熟度得分 8.00，颜色得分 8.00，油分得分 7.00，身份得分 8.00，结构得分 8.00，色度得分 7.00。烟叶物理指标中的单叶重 11.98 g，叶片密度 72.80 g/m²，含梗率 30.97%，平衡含水率 14.48%，叶片长度 60.70 cm，叶片宽度 19.10 cm，叶片厚度 150.83 μm，填充值 2.86 cm³/g（图 16-4-9，表 16-4-2 和表 16-4-3）。

图 16-4-9　WN-04 片区初烤烟叶

5. 牛棚镇鱼塘村六关院子片区

代表性片区（WN-05）烟叶外观质量指标的成熟度得分 7.80，颜色得分 7.70，油分得分 6.20，身份得分 8.30，结构得分 7.80，色度得分 5.00。烟叶物理指标中的单叶重 11.71 g，叶片密度 64.28 g/m²，含梗率 35.19%，平衡含水率 14.60%，叶片长度 65.50 cm，叶片宽度 27.70 cm，叶片厚度 118.37 μm，填充值 3.11 cm³/g（图 16-4-10，表 16-4-2 和表 16-4-3）。

图 16-4-10　WN-05 片区初烤烟叶

表 16-4-2　代表性片区烟叶外观质量

片区	成熟度	颜色	油分	身份	结构	色度
WN-01	8.00	8.50	7.50	8.50	8.00	7.50
WN-02	7.50	7.50	7.00	7.50	8.00	6.50
WN-03	8.50	9.00	8.00	8.50	8.50	8.00
WN-04	8.00	8.00	7.00	8.00	8.00	7.00
WN-05	7.80	7.70	6.20	8.30	7.80	5.00

表 16-4-3　代表性片区烟叶物理指标

片区	单叶重 /g	叶片密度 /(g/m²)	含梗率 /%	平衡含水率 /%	叶长 /cm	叶宽 /cm	叶片厚度 /μm	填充值 /(cm³/g)
WN-01	11.48	61.01	31.01	14.78	62.80	20.70	141.83	2.89
WN-02	11.00	63.23	32.11	13.73	60.20	21.35	153.40	2.99
WN-03	11.02	71.17	33.94	14.18	61.80	21.50	152.63	2.74
WN-04	11.98	72.80	30.97	14.48	60.70	19.10	150.83	2.86
WN-05	11.71	64.28	35.19	14.60	65.50	27.70	118.37	3.11

三、烟叶常规化学成分与中微量元素

1. 小海镇松棵片区

代表性片区(WN-01)中部烟叶(C3F)总糖含量40.71%,还原糖含量34.84%,总氮含量1.26%,总植物碱含量0.98%,氯含量0.22%,钾含量1.53%,糖碱比41.54,淀粉含量3.56%(表16-4-4)。烟叶铜含量为0.184 g/kg,铁含量为1.317 g/kg,锰含量为0.949 g/kg,锌含量为0.885 g/kg,钙含量为206.615 mg/kg,镁含量为23.863 mg/kg(表16-4-5)。

2. 秀水乡中海片区

代表性片区(WN-02)中部烟叶(C3F)总糖含量39.56%,还原糖含量30.41%,总氮含量1.66%,总植物碱含量2.29%,氯含量0.20%,钾含量1.18%,糖碱比17.28,淀粉含量3.67%(表16-4-4)。烟叶铜含量为0.005 g/kg,铁含量为1.293 g/kg,锰含量为1.114 g/kg,锌含量为0.524 g/kg,钙含量为181.255 mg/kg,镁含量为19.305 mg/kg(表16-4-5)。

3. 观风海镇果化片区

代表性片区(WN-03)中部烟叶(C3F)总糖含量33.81%,还原糖含量30.30%,总氮含量2.23%,总植物碱含量3.44%,氯含量0.43%,钾含量1.18%,糖碱比9.82,淀粉含量2.69%(表16-4-4)。烟叶铜含量为0.029 g/kg,铁含量为0.890 g/kg,锰含量为3.143 g/kg,锌含量为0.439 g/kg,钙含量为191.423 mg/kg,镁含量为22.996 mg/kg(表16-4-5)。

4. 迤那镇巨生村片区

代表性片区(WN-04)中部烟叶(C3F)总糖含量34.09%,还原糖含量26.54%,总氮含量1.69%,总植物碱含量2.92%,氯含量0.49%,钾含量1.21%,糖碱比11.67,淀粉含量1.41%(表16-4-4)。烟叶铜含量为0.081 g/kg,铁含量为1.201 g/kg,锰含量为5.481 g/kg,锌含量为0.765 g/kg,钙含量为179.230 mg/kg,镁含量为26.600 mg/kg(表16-4-5)。

5. 牛棚镇鱼塘村六关院子片区

代表性片区(WN-05)中部烟叶(C3F)总糖含量36.87%,还原糖含量32.77%,总氮含量1.87%,总植物碱含量2.27%,氯含量0.29%,钾含量1.48%,糖碱比16.26,淀粉含量3.07%(表16-4-4)。烟叶铜含量为0.062 g/kg,铁含量为1.082 g/kg,锰含量为4.389 g/kg,锌含量为0.655 g/kg,钙含量为162.702 mg/kg,镁含量为17.338 mg/kg(表16-4-5)。

表16-4-4　代表性片区中部烟叶(C3F)常规化学成分

片区	总糖/%	还原糖/%	总氮/%	总植物碱/%	氯/%	钾/%	糖碱比	淀粉/%
WN-01	40.71	34.84	1.26	0.98	0.22	1.53	41.54	3.56
WN-02	39.56	30.41	1.66	2.29	0.20	1.18	17.28	3.67

续表

片区	总糖/%	还原糖/%	总氮/%	总植物碱/%	氯/%	钾/%	糖碱比	淀粉/%
WN-03	33.81	30.30	2.23	3.44	0.43	1.18	9.82	2.69
WN-04	34.09	26.54	1.69	2.92	0.49	1.21	11.67	1.41
WN-05	36.87	32.77	1.87	2.27	0.29	1.48	16.26	3.07

表 16-4-5　代表性片区中部烟叶(C3F)中微量元素

片区	Cu/(g/kg)	Fe/(g/kg)	Mn/(g/kg)	Zn/(g/kg)	Ca/(mg/kg)	Mg/(mg/kg)
WN-01	0.184	1.317	0.949	0.885	206.615	23.863
WN-02	0.005	1.293	1.114	0.524	181.255	19.305
WN-03	0.029	0.890	3.143	0.439	191.423	22.996
WN-04	0.081	1.201	5.481	0.765	179.230	26.600
WN-05	0.062	1.082	4.389	0.655	162.702	17.338

四、烟叶生物碱组分与细胞壁物质

1. 小海镇松棵片区

代表性片区(WN-01)中部烟叶(C3F)烟碱含量为 10.734 mg/g，降烟碱含量为 0.283 mg/g，麦斯明含量为 0.002 mg/g，假木贼碱含量为 0.083 mg/g，新烟碱含量为 0.424 mg/g；烟叶纤维素含量为 6.40%，半纤维素含量为 3.20%，木质素含量为 0.80%（表 16-4-6）。

2. 秀水乡中海片区

代表性片区(WN-02)中部烟叶(C3F)烟碱含量为 22.194 mg/g，降烟碱含量为 0.536 mg/g，麦斯明含量为 0.003 mg/g，假木贼碱含量为 0.134 mg/g，新烟碱含量为 0.868 mg/g；烟叶纤维素含量为 6.20%，半纤维素含量为 2.60%，木质素含量为 1.20%（表 16-4-6）。

3. 观风海镇果化片区

代表性片区(WN-03)中部烟叶(C3F)烟碱含量为 34.428 mg/g，降烟碱含量为 0.340 mg/g，麦斯明含量为 0.006 mg/g，假木贼碱含量为 0.082 mg/g，新烟碱含量为 0.996 mg/g；烟叶纤维素含量为 6.40%，半纤维素含量为 2.20%，木质素含量为 0.80%（表 16-4-6）。

4. 迤那镇巨生村片区

代表性片区(WN-04)中部烟叶(C3F)烟碱含量为 27.293 mg/g，降烟碱含量为 0.612 mg/g，麦斯明含量为 0.004 mg/g，假木贼碱含量为 0.135 mg/g，新烟碱含量为 0.914 mg/g；烟叶纤维素含量为 6.40%，半纤维素含量为 2.80%，木质素含量为 0.90%

（表 16-4-6）。

5. 牛棚镇鱼塘村六关院子片区

代表性片区（WN-05）中部烟叶（C3F）烟碱含量为 20.258 mg/g，降烟碱含量为 0.337 mg/g，麦斯明含量为 0.003 mg/g，假木贼碱含量为 0.080 mg/g，新烟碱含量为 1.071 mg/g；烟叶纤维素含量为 6.50%，半纤维素含量为 2.20%，木质素含量为 1.40%（表 16-4-6）。

表 16-4-6　代表性片区中部烟叶（C3F）生物碱组分与细胞壁物质

片区	烟碱 /(mg/g)	降烟碱 /(mg/g)	麦斯明 /(mg/g)	假木贼碱 /(mg/g)	新烟碱 /(mg/g)	纤维素 /%	半纤维素 /%	木质素 /%
WN-01	10.734	0.283	0.002	0.083	0.424	6.40	3.20	0.80
WN-02	22.194	0.536	0.003	0.134	0.868	6.20	2.60	1.20
WN-03	34.428	0.340	0.006	0.082	0.996	6.40	2.20	0.80
WN-04	27.293	0.612	0.004	0.135	0.914	6.40	2.80	0.90
WN-05	20.258	0.337	0.003	0.080	1.071	6.50	2.20	1.40

五、烟叶多酚与质体色素

1. 小海镇松棵片区

代表性片区（WN-01）中部烟叶（C3F）绿原酸含量为 12.310 mg/g，芸香苷含量为 5.810 mg/g，莨菪亭含量为 0.130 mg/g，β-胡萝卜素含量为 0.032 mg/g，叶黄素含量为 0.080 mg/g（表 16-4-7）。

2. 秀水乡中海片区

代表性片区（WN-02）中部烟叶（C3F）绿原酸含量为 12.330 mg/g，芸香苷含量为 15.360 mg/g，莨菪亭含量为 0.070 mg/g，β-胡萝卜素含量为 0.024 mg/g，叶黄素含量为 0.049 mg/g（表 16-4-7）。

3. 观风海镇果化片区

代表性片区（WN-03）中部烟叶（C3F）绿原酸含量为 12.150 mg/g，芸香苷含量为 11.820 mg/g，莨菪亭含量为 0.146 mg/g，β-胡萝卜素含量为 0.041 mg/g，叶黄素含量为 0.081 mg/g（表 16-4-7）。

4. 迤那镇巨生村片区

代表性片区（WN-04）中部烟叶（C3F）绿原酸含量为 10.640 mg/g，芸香苷含量为 14.400 mg/g，莨菪亭含量为 0.080 mg/g，β-胡萝卜素含量为 0.033 mg/g，叶黄素含量为 0.066 mg/g（表 16-4-7）。

5. 牛棚镇鱼塘村六关院子片区

代表性片区（WN-05）中部烟叶（C3F）绿原酸含量为 13.222 mg/g，芸香苷含量为 12.562 mg/g，莨菪亭含量为 0.240 mg/g，β-胡萝卜素含量为 0.043 mg/g，叶黄素含量为 0.080 mg/g（表 16-4-7）。

表 16-4-7　代表性片区中部烟叶（C3F）多酚与质体色素　　　（单位：mg/g）

片区	绿原酸	芸香苷	莨菪亭	β-胡萝卜素	叶黄素
WN-01	12.310	5.810	0.130	0.032	0.080
WN-02	12.330	15.360	0.070	0.024	0.049
WN-03	12.150	11.820	0.146	0.041	0.081
WN-04	10.640	14.400	0.080	0.033	0.066
WN-05	13.222	12.562	0.240	0.043	0.080

六、烟叶有机酸类物质

1. 小海镇松棵片区

代表性片区（WN-01）中部烟叶（C3F）草酸含量为 12.035 mg/g，苹果酸含量为 53.725 mg/g，柠檬酸含量为 7.968 mg/g，棕榈酸含量为 1.857 mg/g，亚油酸含量为 0.945 mg/g，油酸含量为 2.683 mg/g，硬脂酸含量为 0.520 mg/g（表 16-4-8）。

2. 秀水乡中海片区

代表性片区（WN-02）中部烟叶（C3F）草酸含量为 11.855 mg/g，苹果酸含量为 32.074 mg/g，柠檬酸含量为 4.048 mg/g，棕榈酸含量为 2.015 mg/g，亚油酸含量为 1.005 mg/g，油酸含量为 2.598 mg/g，硬脂酸含量为 0.508 mg/g（表 16-4-8）。

3. 观风海镇果化片区

代表性片区（WN-03）中部烟叶（C3F）草酸含量为 11.945 mg/g，苹果酸含量为 42.900 mg/g，柠檬酸含量为 6.008 mg/g，棕榈酸含量为 1.936 mg/g，亚油酸含量为 0.975 mg/g，油酸含量为 2.641 mg/g，硬脂酸含量为 0.514 mg/g（表 16-4-8）。

4. 迤那镇巨生村片区

代表性片区（WN-04）中部烟叶（C3F）草酸含量为 13.783 mg/g，苹果酸含量为 72.542 mg/g，柠檬酸含量为 9.697 mg/g，棕榈酸含量为 1.717 mg/g，亚油酸含量为 0.972 mg/g，油酸含量为 2.599 mg/g，硬脂酸含量为 0.419 mg/g（表 16-4-8）。

5. 牛棚镇鱼塘村六关院子片区

代表性片区（WN-05）中部烟叶（C3F）草酸含量为 12.404 mg/g，苹果酸含量为 50.310 mg/g，柠檬酸含量为 6.931 mg/g，棕榈酸含量为 1.881 mg/g，亚油酸含量为 0.974 mg/g，油酸含量为 2.630 mg/g，硬脂酸含量为 0.490 mg/g（表 16-4-8）。

表 16-4-8　代表性片区中部烟叶（C3F）有机酸　　　（单位：mg/g）

片区	草酸	苹果酸	柠檬酸	棕榈酸	亚油酸	油酸	硬脂酸
WN-01	12.035	53.725	7.968	1.857	0.945	2.683	0.520
WN-02	11.855	32.074	4.048	2.015	1.005	2.598	0.508
WN-03	11.945	42.900	6.008	1.936	0.975	2.641	0.514
WN-04	13.783	72.542	9.697	1.717	0.972	2.599	0.419
WN-05	12.404	50.310	6.931	1.881	0.974	2.630	0.490

七、烟叶氨基酸

1. 小海镇松棵片区

代表性片区（WN-01）中部烟叶（C3F）磷酸化-丝氨酸含量为 0.327 μg/mg，牛磺酸含量为 0.361 μg/mg，天冬氨酸含量为 0.070 μg/mg，苏氨酸含量为 0.163 μg/mg，丝氨酸含量为 0.056 μg/mg，天冬酰胺含量为 0.526 μg/mg，谷氨酸含量为 0.069 μg/mg，甘氨酸含量为 0.035 μg/mg，丙氨酸含量为 0.371 μg/mg，缬氨酸含量为 0.048 μg/mg，半胱氨酸含量为 0.126 μg/mg，异亮氨酸含量为 0.005 μg/mg，亮氨酸含量为 0.129 μg/mg，酪氨酸含量为 0.042 μg/mg，苯丙氨酸含量为 0.091 μg/mg，氨基丁酸含量为 0.007 μg/mg，组氨酸含量为 0.047 μg/mg，色氨酸含量为 0.059 μg/mg，精氨酸含量为 0.037 μg/mg（表 16-4-9）。

2. 秀水乡中海片区

代表性片区（WN-02）中部烟叶（C3F）磷酸化-丝氨酸含量为 0.384 μg/mg，牛磺酸含量为 0.311 μg/mg，天冬氨酸含量为 0.033 μg/mg，苏氨酸含量为 0.140 μg/mg，丝氨酸含量为 0.038 μg/mg，天冬酰胺含量为 0.453 μg/mg，谷氨酸含量为 0.045 μg/mg，甘氨酸含量为 0.026 μg/mg，丙氨酸含量为 0.393 μg/mg，缬氨酸含量为 0.043 μg/mg，半胱氨酸含量为 0.091 μg/mg，异亮氨酸含量为 0.004 μg/mg，亮氨酸含量为 0.111 μg/mg，酪氨酸含量为 0.032 μg/mg，苯丙氨酸含量为 0.066 μg/mg，氨基丁酸含量为 0.004 μg/mg，组氨酸含量为 0.047 μg/mg，色氨酸含量为 0.059 μg/mg，精氨酸含量为 0 μg/mg（表 16-4-9）。

3. 观风海镇果化片区

代表性片区（WN-03）中部烟叶（C3F）磷酸化-丝氨酸含量为 0.312 μg/mg，牛磺酸含量为 0.373 μg/mg，天冬氨酸含量为 0.030 μg/mg，苏氨酸含量为 0.137 μg/mg，丝氨酸含量为 0.063 μg/mg，天冬酰胺含量为 0.682 μg/mg，谷氨酸含量为 0.098 μg/mg，甘氨酸含量为 0.033 μg/mg，丙氨酸含量为 0.386 μg/mg，缬氨酸含量为 0.077 μg/mg，半胱氨酸含量为 0.119 μg/mg，异亮氨酸含量为 0.013 μg/mg，亮氨酸含量为 0.128 μg/mg，酪氨酸含量为 0.041 μg/mg，苯丙氨酸含量为 0.060 μg/mg，氨基丁酸含量为 0.043 μg/mg，组氨酸含量为 0.044 μg/mg，色氨酸含量为 0.050 μg/mg，精氨酸含量为 0 μg/mg（表 16-4-9）。

4. 迤那镇巨生村片区

代表性片区（WN-04）中部烟叶（C3F）磷酸化-丝氨酸含量为 0.360 μg/mg，牛磺酸含量为 0.276 μg/mg，天冬氨酸含量为 0.033 μg/mg，苏氨酸含量为 0.143 μg/mg，丝氨酸含量为 0.070 μg/mg，天冬酰胺含量为 0.267 μg/mg，谷氨酸含量为 0.070 μg/mg，甘氨酸含量为 0.026 μg/mg，丙氨酸含量为 0.349 μg/mg，缬氨酸含量为 0.065 μg/mg，半胱氨酸含量为 0 μg/mg，异亮氨酸含量为 0.022 μg/mg，亮氨酸含量为 0.128 μg/mg，酪氨酸含量为 0.028 μg/mg，苯丙氨酸含量为 0.067 μg/mg，氨基丁酸含量为 0.022 μg/mg，组氨酸含量为 0.069 μg/mg，色氨酸含量为 0.087 μg/mg，精氨酸含量为 0.025 μg/mg（表 16-4-9）。

5. 牛棚镇鱼塘村六关院子片区

代表性片区（WN-05）中部烟叶（C3F）磷酸化-丝氨酸含量为 0.314 μg/mg，牛磺酸含量为 0.372 μg/mg，天冬氨酸含量为 0.073 μg/mg，苏氨酸含量为 0.194 μg/mg，丝氨酸含量为 0.070 μg/mg，天冬酰胺含量为 0.462 μg/mg，谷氨酸含量为 0.101 μg/mg，甘氨酸含量为 0.049 μg/mg，丙氨酸含量为 0.428 μg/mg，缬氨酸含量为 0.084 μg/mg，半胱氨酸含量为 0.011 μg/mg，异亮氨酸含量为 0.026 μg/mg，亮氨酸含量为 0.126 μg/mg，酪氨酸含量为 0.052 μg/mg，苯丙氨酸含量为 0.013 μg/mg，氨基丁酸含量为 0.025 μg/mg，组氨酸含量为 0.078 μg/mg，色氨酸含量为 0.076 μg/mg，精氨酸含量为 0.060 μg/mg（表 16-4-9）。

表 16-4-9　代表性片区中部烟叶（C3F）氨基酸　　（单位：μg/mg）

氨基酸组分	WN-01	WN-02	WN-03	WN-04	WN-05
磷酸化-丝氨酸	0.327	0.384	0.312	0.360	0.314
牛磺酸	0.361	0.311	0.373	0.276	0.372
天冬氨酸	0.070	0.033	0.030	0.033	0.073
苏氨酸	0.163	0.140	0.137	0.143	0.194
丝氨酸	0.056	0.038	0.063	0.070	0.070
天冬酰胺	0.526	0.453	0.682	0.267	0.462
谷氨酸	0.069	0.045	0.098	0.070	0.101
甘氨酸	0.035	0.026	0.033	0.026	0.049
丙氨酸	0.371	0.393	0.386	0.349	0.428
缬氨酸	0.048	0.043	0.077	0.065	0.084
半胱氨酸	0.126	0.091	0.119	0	0.011
异亮氨酸	0.005	0.004	0.013	0.022	0.026
亮氨酸	0.129	0.111	0.128	0.128	0.126
酪氨酸	0.042	0.032	0.041	0.028	0.052

续表

氨基酸组分	WN-01	WN-02	WN-03	WN-04	WN-05
苯丙氨酸	0.091	0.066	0.060	0.067	0.013
氨基丁酸	0.007	0.004	0.043	0.022	0.025
组氨酸	0.047	0.047	0.044	0.069	0.078
色氨酸	0.059	0.059	0.050	0.087	0.076
精氨酸	0.037	0	0	0.025	0.060

八、烟叶香气物质

1. 小海镇松棵片区

代表性片区(WN-01)中部烟叶(C3F)茄酮含量为 0.526 μg/g，香叶基丙酮含量为 0.246 μg/g，降茄二酮含量为 0.067 μg/g，β-紫罗兰酮含量为 0.370 μg/g，氧化紫罗兰酮含量为 0.258 μg/g，二氢猕猴桃内酯含量为 2.901 μg/g，巨豆三烯酮 1 含量为 0.056 μg/g，巨豆三烯酮 2 含量为 0.549 μg/g，巨豆三烯酮 3 含量为 0.101 μg/g，巨豆三烯酮 4 含量为 0.538 μg/g，3-羟基-β-二氢大马酮含量为 0.504 μg/g，3-氧代-α-紫罗兰醇含量为 1.165 μg/g，新植二烯含量为 385.213 μg/g，3-羟基索拉韦惕酮含量为 1.534 μg/g，β-法尼烯含量为 3.562 μg/g(表 16-4-10)。

2. 秀水乡中海片区

代表性片区(WN-02)中部烟叶(C3F)茄酮含量为 1.098 μg/g，香叶基丙酮含量为 0.403 μg/g，降茄二酮含量为 0.179 μg/g，β-紫罗兰酮含量为 0.325 μg/g，氧化紫罗兰酮含量为 0.336 μg/g，二氢猕猴桃内酯含量为 2.867 μg/g，巨豆三烯酮 1 含量为 0.056 μg/g，巨豆三烯酮 2 含量为 0.650 μg/g，巨豆三烯酮 3 含量为 0.078 μg/g，巨豆三烯酮 4 含量为 0.414 μg/g，3-羟基-β-二氢大马酮含量为 0.672 μg/g，3-氧代-α-紫罗兰醇含量为 1.053 μg/g，新植二烯含量为 644.213 μg/g，3-羟基索拉韦惕酮含量为 1.434 μg/g，β-法尼烯含量为 6.037 μg/g(表 16-4-10)。

3. 观风海镇果化片区

代表性片区(WN-03)中部烟叶(C3F)茄酮含量为 0.941 μg/g，香叶基丙酮含量为 0.448 μg/g，降茄二酮含量为 0.112 μg/g，β-紫罗兰酮含量为 0.358 μg/g，氧化紫罗兰酮含量为 0.482 μg/g，二氢猕猴桃内酯含量为 1.837 μg/g，巨豆三烯酮 1 含量为 0.045 μg/g，巨豆三烯酮 2 含量为 0.370 μg/g，巨豆三烯酮 3 含量为 0.078 μg/g，巨豆三烯酮 4 含量为 0.280 μg/g，3-羟基-β-二氢大马酮含量为 0.168 μg/g，3-氧代-α-紫罗兰醇含量为 1.848 μg/g，新植二烯含量为 697.995 μg/g，3-羟基索拉韦惕酮含量为 6.350 μg/g，β-法尼烯含量为 4.525 μg/g(表 16-4-10)。

4. 迤那镇巨生村片区

代表性片区(WN-04)中部烟叶(C3F)茄酮含量为 0.997 μg/g，香叶基丙酮含量为 0.246 μg/g，降茄二酮含量为 0.090 μg/g，β-紫罗兰酮含量为 0.302 μg/g，氧化紫罗兰酮含量为 0.482 μg/g，二氢猕猴桃内酯含量为 3.427 μg/g，巨豆三烯酮 1 含量为 0.101 μg/g，巨豆三烯酮 2 含量为 0.930 μg/g，巨豆三烯酮 3 含量为 0.134 μg/g，巨豆三烯酮 4 含量为 0.728 μg/g，3-羟基-β-二氢大马酮含量为 0.762 μg/g，3-氧代-α-紫罗兰醇含量为 1.355 μg/g，新植二烯含量为 948.752 μg/g，3-羟基索拉韦惕酮含量为 0.773 μg/g，β-法尼烯含量为 7.840 μg/g(表 16-4-10)。

5. 牛棚镇鱼塘村六关院子片区

代表性片区(WN-05)中部烟叶(C3F)茄酮含量为 0.862 μg/g，香叶基丙酮含量为 0.291 μg/g，降茄二酮含量为 0.090 μg/g，β-紫罗兰酮含量为 0.347 μg/g，氧化紫罗兰酮含量为 0.582 μg/g，二氢猕猴桃内酯含量为 1.848 μg/g，巨豆三烯酮 1 含量为 0.034 μg/g，巨豆三烯酮 2 含量为 0.325 μg/g，巨豆三烯酮 3 含量为 0.067 μg/g，巨豆三烯酮 4 含量为 0.258 μg/g，3-羟基-β-二氢大马酮含量为 0.134 μg/g，3-氧代-α-紫罗兰醇含量为 0.963 μg/g，新植二烯含量为 1169.134 μg/g，3-羟基索拉韦惕酮含量为 2.856 μg/g，β-法尼烯含量为 9.688 μg/g(表 16-4-10)。

表 16-4-10　代表性片区中部烟叶(C3F)香气物质　（单位：μg/g）

香气物质	WN-01	WN-02	WN-03	WN-04	WN-05
茄酮	0.526	1.098	0.941	0.997	0.862
香叶基丙酮	0.246	0.403	0.448	0.246	0.291
降茄二酮	0.067	0.179	0.112	0.090	0.090
β-紫罗兰酮	0.370	0.325	0.358	0.302	0.347
氧化紫罗兰酮	0.258	0.336	0.482	0.482	0.582
二氢猕猴桃内酯	2.901	2.867	1.837	3.427	1.848
巨豆三烯酮 1	0.056	0.056	0.045	0.101	0.034
巨豆三烯酮 2	0.549	0.650	0.370	0.930	0.325
巨豆三烯酮 3	0.101	0.078	0.078	0.134	0.067
巨豆三烯酮 4	0.538	0.414	0.280	0.728	0.258
3-羟基-β-二氢大马酮	0.504	0.672	0.168	0.762	0.134
3-氧代-α-紫罗兰醇	1.165	1.053	1.848	1.355	0.963
新植二烯	385.213	644.213	697.995	948.752	1169.134
3-羟基索拉韦惕酮	1.534	1.434	6.350	0.773	2.856
β-法尼烯	3.562	6.037	4.525	7.840	9.688

九、烟叶感官质量

1. 小海镇松棵片区

代表性片区(WN-01)中部烟叶(C3F)感官质量评价结果显示,香韵指标包含的干草香、清甜香、正甜香、焦甜香、青香、木香、豆香、坚果香、焦香、辛香、果香、药草香、花香、树脂香、酒香的各项指标值分别为3.31、0、2.63、0、0.81、2.06、0、0、0.75、1.00、0、0、0、0、0,烟气指标包含的香气状态、烟气浓度、劲头、香气质、香气量和透发性的各项指标值分别为3.00、2.87、2.27、2.75、2.63和2.64,杂气指标包含的青杂气、生青气、枯焦气、木质气、土腥气、松脂气、花粉气、药草气和金属气的各项指标值分别为 1.06、0.88、0.63、1.50、0、0、0、0、0,口感指标包含的细腻程度、柔和程度、圆润感、刺激性、干燥感和余味的各项指标值分别为2.75、3.06、2.38、2.56、2.69和2.88(表16-4-11)。

2. 秀水乡中海片区

代表性片区(WN-02)中部烟叶(C3F)感官质量评价结果显示,香韵指标包含的干草香、清甜香、正甜香、焦甜香、青香、木香、豆香、坚果香、焦香、辛香、果香、药草香、花香、树脂香、酒香的各项指标值分别为3.31、0、2.81、0、0、1.94、0、0、0.94、1.06、0、0、0、0、0,烟气指标包含的香气状态、烟气浓度、劲头、香气质、香气量和透发性的各项指标值分别为2.94、2.81、2.40、2.88、2.88和2.75,杂气指标包含的青杂气、生青气、枯焦气、木质气、土腥气、松脂气、花粉气、药草气和金属气的各项指标值分别为1.13、0.56、0、1.56、0、0、0、0、0,口感指标包含的细腻程度、柔和程度、圆润感、刺激性、干燥感和余味的各项指标值分别为3.00、3.19、2.63、2.69、2.56和2.94(表16-4-11)。

3. 观风海镇果化片区

代表性片区(WN-03)中部烟叶(C3F)感官质量评价结果显示,香韵指标包含的干草香、清甜香、正甜香、焦甜香、青香、木香、豆香、坚果香、焦香、辛香、果香、药草香、花香、树脂香、酒香的各项指标值分别为3.13、0、2.50、0、0.50、2.00、0、0、1.31、1.13、0、0、0、0、0,烟气指标包含的香气状态、烟气浓度、劲头、香气质、香气量和透发性的各项指标值分别为2.81、2.93、3.00、2.63、2.81和2.69,杂气指标包含的青杂气、生青气、枯焦气、木质气、土腥气、松脂气、花粉气、药草气和金属气的各项指标值分别为 0.94、0.69、1.25、1.50、0、0、0、0、0,口感指标包含的细腻程度、柔和程度、圆润感、刺激性、干燥感和余味的各项指标值分别为2.63、2.44、2.31、3.06、2.88和2.56(表16-4-11)。

4. 迤那镇巨生村片区

代表性片区(WN-04)中部烟叶(C3F)感官质量评价结果显示,香韵指标包含的干草香、清甜香、正甜香、焦甜香、青香、木香、豆香、坚果香、焦香、辛香、果香、药草香、花香、树脂香、酒香的各项指标值分别为 3.50、0、2.69、0、0.81、2.13、0、0、0.88、1.13、0、0、0、0、0，烟气指标包含的香气状态、烟气浓度、劲头、香气质、香气量和透发性的各项指标值分别为 2.94、3.00、2.53、2.88、3.06 和 2.88，杂气指标包含的青杂气、生青气、枯焦气、木质气、土腥气、松脂气、花粉气、药草气和金属气的各项指标值分别为 1.31、0、0、1.44、0、0、0、0、0，口感指标包含的细腻程度、柔和程度、圆润感、刺激性、干燥感和余味的各项指标值分别为 2.88、2.94、2.63、2.94、2.81 和 2.81（表 16-4-11）。

5. 牛棚镇鱼塘村六关院子片区

代表性片区（WN-05）中部烟叶（C3F）感官质量评价结果显示，香韵指标包含的干草香、清甜香、正甜香、焦甜香、青香、木香、豆香、坚果香、焦香、辛香、果香、药草香、花香、树脂香、酒香的各项指标值分别为 3.50、0、2.75、0、0.94、2.11、0、0、0.39、1.72、0、0、0、0、0，烟气指标包含的香气状态、烟气浓度、劲头、香气质、香气量和透发性的各项指标值分别为 2.79、2.97、2.91、3.39、3.14 和 3.14，杂气指标包含的青杂气、生青气、枯焦气、木质气、土腥气、松脂气、花粉气、药草气和金属气的各项指标值分别为 0.94、1.11、0.75、1.47、0、0、0、0、0，口感指标包含的细腻程度、柔和程度、圆润感、刺激性、干燥感和余味的各项指标值分别为 3.42、3.28、3.19、2.39、2.42和 3.31（表 16-4-11）。

表 16-4-11　代表性片区中部烟叶（C3F）感官质量

评价指标		WN-01	WN-02	WN-03	WN-04	WN-05
香韵	干草香	3.31	3.31	3.13	3.50	3.50
	清甜香	0	0	0	0	0
	正甜香	2.63	2.81	2.50	2.69	2.75
	焦甜香	0	0	0	0	0
	青香	0.81	0	0.50	0.81	0.94
	木香	2.06	1.94	2.00	2.13	2.11
	豆香	0	0	0	0	0
	坚果香	0	0	0	0	0
	焦香	0.75	0.94	1.31	0.88	0.39
	辛香	1.00	1.06	1.13	1.13	1.72
	果香	0	0	0	0	0
	药草香	0	0	0	0	0
	花香	0	0	0	0	0
	树脂香	0	0	0	0	0
	酒香	0	0	0	0	0
烟气	香气状态	3.00	2.94	2.81	2.94	2.79
	烟气浓度	2.87	2.81	2.93	3.00	2.97

续表

评价指标		WN-01	WN-02	WN-03	WN-04	WN-05
烟气	劲头	2.27	2.40	3.00	2.53	2.91
	香气质	2.75	2.88	2.63	2.88	3.39
	香气量	2.63	2.88	2.81	3.06	3.14
	透发性	2.64	2.75	2.69	2.88	3.14
杂气	青杂气	1.06	1.13	0.94	1.31	0.94
	生青气	0.88	0.56	0.69	0	1.11
	枯焦气	0.63	0	1.25	0	0.75
	木质气	1.50	1.56	1.50	1.44	1.47
	土腥气	0	0	0	0	0
	松脂气	0	0	0	0	0
	花粉气	0	0	0	0	0
	药草气	0	0	0	0	0
	金属气	0	0	0	0	0
口感	细腻程度	2.75	3.00	2.63	2.88	3.42
	柔和程度	3.06	3.19	2.44	2.94	3.28
	圆润感	2.38	2.63	2.31	2.63	3.19
	刺激性	2.56	2.69	3.06	2.94	2.39
	干燥感	2.69	2.56	2.88	2.81	2.42
	余味	2.88	2.94	2.56	2.81	3.31

第五节　贵州兴仁烟叶风格特征

兴仁市位于北纬 25°16′～25°48′、东经 105°54′～105°34′，地处贵州省黔西南布依族苗族自治州中部，东邻贞丰，南接安龙、兴义，西界普安，北接晴隆，东北与关岭隔山江相望。兴仁市隶属贵州省黔西南布依族苗族自治州，总面积 1785 km²。兴仁市为溶蚀侵蚀低中山地貌，沟壑发育。地势总体南西高、北东低，地形切割较大；中部高，地势稍平缓。最高处海拔 1729.6 m；最低处位于西南部，海拔 1300 m。兴仁市属低纬度高原性中亚热带温和湿润季风气候区，气候垂直差异明显，表现为谷地干热、高山凉润、冬无严寒、夏无酷暑的四季如春的气候特征。兴仁是我国烤烟典型产区之一，该市烤烟一般与其他作物(玉米等)隔年轮作，烤烟移栽期在 4 月 30 日左右，烟叶采收结束在 9 月 20 日左右。根据目前该市烤烟种植片区分布特点和烟叶质量风格特征，选择 5 个代表性种植片区对烟叶质量风格特征加以阐述。

一、烟田与烟株基本特征

1. 鲁础营回族乡鲁础营村关坝片区

代表性片区（XR-01）中心点位于北纬 25°19′32.467″、东经 105°2′14.212″，海拔 1523 m。中山坡地中部，中坡梯田旱地，成土母质为泥质白云岩风化残积-坡积物，土壤亚类为表蚀黏化湿润富铁土。烤烟、玉米不定期轮作，烤烟大田生长期 4～9 月。烤烟田间长相长势中等，烟株呈筒形结构，株高 73.70 cm，茎围 7.60 cm，有效叶片数 30.20，中部烟叶长 60.10 cm、宽 30.70 cm，上部烟叶长 50.10 cm、宽 19.00 cm（图 16-5-1，表 16-5-1）。

图 16-5-1　XR-01 片区烟田

2. 雨樟镇团田村上坝片区

代表性片区（XR-02）中心点位于北纬 25°19′46.201″、东经 105°4′45.460″，海拔 1509 m。中山坡地坡麓，缓坡旱地，成土母质为泥质白云岩风化残积-坡积物，土壤亚类为表蚀铁质湿润雏形土。烤烟、玉米不定期轮作，烤烟大田生长期 4～9 月。烤烟田间长相长势中等，烟株呈筒形结构，株高 73.90 cm，茎围 7.60 cm，有效叶片数 30.60，中部烟叶长 60.20 cm、宽 30.90 cm，上部烟叶长 50.00 cm、宽 19.10 cm（图 16-5-2，表 16-5-1）。

图 16-5-2　XR-02 片区烟田

3. 城北办事处黄土佬村冬瓜寨片区

代表性片区(XR-03)中心点位于北纬 25°29′15.518″、东经 105°12′17.880″，海拔 1449 m。中山坡地中部，缓坡旱地，成土母质为石灰岩、泥质白云岩风化坡积物，土壤亚类为腐殖铁质湿润淋溶土。烤烟、玉米不定期轮作，烤烟大田生长期 4～9 月。烤烟田间长相长势中等，烟株呈筒形结构，株高 73.60 cm，茎围 7.70 cm，有效叶片数 30.30，中部烟叶长 60.20 cm、宽 30.60 cm，上部烟叶长 50.00 cm、宽 19.20 cm(图 16-5-3，表 16-5-1)。

图 16-5-3　XR-03 片区烟田

4. 巴铃镇卡子村上冲片区

代表性片区(XR-04)中心点位于北纬 25°28′17.433″、东经 105°25′57.971″，海拔 1332 m。中山坡地中下部，缓坡旱地，成土母质为泥质白云岩风化坡积物，土壤亚类为腐殖铁质湿润淋溶土。烤烟、玉米不定期轮作，烤烟大田生长期 4～9 月。烤烟田间长相长势中等，烟株呈筒形结构，株高 72.50 cm，茎围 8.20 cm，有效叶片数 17.40，中部烟叶长 57.90 cm、宽 27.90 cm，上部烟叶长 51.20 cm、宽 19.30 cm(图 16-5-4，表 16-5-1)。

图 16-5-4　XR-04 片区烟田

5. 新龙场镇杨柳树村大坝子片区

代表性片区(XR-05)中心点位于北纬 25°26′28.469″、东经 105°5′42.161″，海拔 1441 m。中山坡地中下部，缓坡旱地，成土母质为泥质白云岩风化坡积物，土壤亚类为表蚀黏化湿润富铁土。烤烟、玉米不定期轮作，烤烟大田生长期 4～9 月。烤烟田间长相长势中等，烟株呈筒形结构，株高 73.90 cm，茎围 7.60 cm，有效叶片数 30.60，中部烟叶长 60.20 cm、宽 30.90 cm，上部烟叶长 50.00 cm、宽 19.20 cm(图 16-5-5，表 16-5-1)。

图 16-5-5　XR-05 片区烟田

表 16-5-1　代表性片区烟株主要农艺性状

片区	株高 /cm	茎围 /cm	有效叶 /片	中部叶/cm		上部叶/cm		株型
				叶长	叶宽	叶长	叶宽	
XR-01	73.70	7.60	30.20	60.10	30.70	50.10	19.00	筒形
XR-02	73.90	7.60	30.60	60.20	30.90	50.00	19.10	筒形
XR-03	73.60	7.70	30.30	60.20	30.60	50.00	19.20	筒形
XR-04	72.50	8.20	17.40	57.90	27.90	51.20	19.30	筒形
XR-05	73.90	7.60	30.60	60.20	30.90	50.00	19.20	筒形

二、烟叶外观质量与物理指标

1. 鲁础营回族乡鲁础营村关坝片区

代表性片区(XR-01)烟叶外观质量指标的成熟度得分 8.00，颜色得分 8.50，油分得分 7.50，身份得分 8.00，结构得分 8.00，色度得分 8.00。烟叶物理指标中的单叶重 10.20 g，叶片密度 76.89 g/m²，含梗率 31.87%，平衡含水率 16.55%，叶片长度 56.85 cm，叶片宽度 22.57 cm，叶片厚度 105.40 μm，填充值 2.97 cm³/g(图 16-5-6，表 16-5-2 和表 16-5-3)。

图 16-5-6　XR-01 片区初烤烟叶

2. 雨樟镇团田村上坝片区

代表性片区（XR-02）烟叶外观质量指标的成熟度得分 7.50，颜色得分 8.00，油分得分 7.00，身份得分 8.00，结构得分 7.50，色度得分 7.50。烟叶物理指标中的单叶重 9.34 g，叶片密度 72.13 g/m^2，含梗率 29.70%，平衡含水率 16.89%，叶片长度 56.15 cm，叶片宽度 22.10 cm，叶片厚度 117.97 μm，填充值 2.99 cm^3/g（图 16-5-7，表 16-5-2 和表 16-5-3）。

图 16-5-7　XR-02 片区初烤烟叶

3. 城北办事处黄土佬村冬瓜寨片区

代表性片区（XR-03）烟叶外观质量指标的成熟度得分 7.50，颜色得分 8.50，油分得分 7.50，身份得分 8.00，结构得分 7.50，色度得分 7.50。烟叶物理指标中的单叶重 8.61 g，叶片密度 75.75 g/m^2，含梗率 33.49%，平衡含水率 14.52%，叶片长度 53.73 cm，叶片宽度 21.68 cm，叶片厚度 113.87 μm，填充值 3.26 cm³/g（图 16-5-8，表 16-5-2 和表 16-5-3）。

图 16-5-8　XR-03 片区初烤烟叶

4. 巴铃镇卡子村上冲片区

代表性片区（XR-04）烟叶外观质量指标的成熟度得分 7.50，颜色得分 8.50，油分得分 7.00，身份得分 8.00，结构得分 7.50，色度得分 7.50。烟叶物理指标中的单叶重 9.74 g，叶片密度 69.04 g/m²，含梗率 31.26%，平衡含水率 14.71%，叶片长度 59.68 cm，叶片宽度 20.80 cm，叶片厚度 125.17 μm，填充值 3.53 cm³/g（图 16-5-9，表 16-5-2 和表 16-5-3）。

图 16-5-9　XR-04 片区初烤烟叶

5. 新龙场镇杨柳树村大坝子片区

代表性片区（XR-05）烟叶外观质量指标的成熟度得分 8.00，颜色得分 8.00，油分得分 7.50，身份得分 8.00，结构得分 7.50，色度得分 7.00。烟叶物理指标中的单叶重 9.11 g，叶片密度 69.83 g/m²，含梗率 31.69%，平衡含水率 16.98%，叶片长度 56.84 cm，叶片宽度 20.73 cm，叶片厚度 117.30 μm，填充值 2.75 cm³/g（图 16-5-10，表 16-5-2 和表 16-5-3）。

图 16-5-10　XR-05 片区初烤烟叶

表 16-5-2　代表性片区烟叶外观质量

片区	成熟度	颜色	油分	身份	结构	色度
XR-01	8.00	8.50	7.50	8.00	8.00	8.00
XR-02	7.50	8.00	7.00	8.00	7.50	7.50
XR-03	7.50	8.50	7.50	8.00	7.50	7.50
XR-04	7.50	8.50	7.00	8.00	7.50	7.50
XR-05	8.00	8.00	7.50	8.00	7.50	7.00

表 16-5-3　代表性片区烟叶物理指标

片区	单叶重 /g	叶片密度 /(g/m²)	含梗率 /%	平衡含水率 /%	叶长 /cm	叶宽 /cm	叶片厚度 /μm	填充值 /(cm³/g)
XR-01	10.20	76.89	31.87	16.55	56.85	22.57	105.40	2.97
XR-02	9.34	72.13	29.70	16.89	56.15	22.10	117.97	2.99
XR-03	8.61	75.75	33.49	14.52	53.73	21.68	113.87	3.26
XR-04	9.74	69.04	31.26	14.71	59.68	20.80	125.17	3.53
XR-05	9.11	69.83	31.69	16.98	56.84	20.73	117.30	2.75

三、烟叶常规化学成分与中微量元素

1. 鲁础营回族乡鲁础营村关坝片区

代表性片区（XR-01）中部烟叶（C3F）总糖含量 28.12%，还原糖含量 24.57%，总氮含

量 2.03%，总植物碱含量 2.55%，氯含量 0.28%，钾含量 1.85%，糖碱比 11.03，淀粉含量 3.22%（表 16-5-4）。烟叶铜含量为 0.053 g/kg，铁含量为 0.878 g/kg，锰含量为 0.422 g/kg，锌含量为 0.256 g/kg，钙含量为 160.249 mg/kg，镁含量为 29.417 mg/kg（表 16-5-5）。

2. 雨樟镇团田村上坝片区

代表性片区（XR-02）中部烟叶（C3F）总糖含量 28.53%，还原糖含量 24.20%，总氮含量 1.99%，总植物碱含量 2.43%，氯含量 0.36%，钾含量 1.67%，糖碱比 11.74，淀粉含量 2.91%（表 16-5-4）。烟叶铜含量为 0.073 g/kg，铁含量为 0.788 g/kg，锰含量为 0.276 g/kg，锌含量为 0.223 g/kg，钙含量为 157.808 mg/kg，镁含量为 30.338 mg/kg（表 16-5-5）。

3. 城北办事处黄土佬村冬瓜寨片区

代表性片区（XR-03）中部烟叶（C3F）总糖含量 26.34%，还原糖含量 22.80%，总氮含量 1.92%，总植物碱含量 2.35%，氯含量 0.29%，钾含量 1.72%，糖碱比 11.21，淀粉含量 0.74%（表 16-5-4）。烟叶铜含量为 0.053 g/kg，铁含量为 0.991 g/kg，锰含量为 1.361 g/kg，锌含量为 0.304 g/kg，钙含量为 150.754 mg/kg，镁含量为 25.268 mg/kg（表 16-5-5）。

4. 巴铃镇卡子村上冲片区

代表性片区（XR-04）中部烟叶（C3F）总糖含量 29.14%，还原糖含量 24.65%，总氮含量 2.15%，总植物碱含量 3.05%，氯含量 0.33%，钾含量 1.76%，糖碱比 9.55，淀粉含量 3.14%（表 16-5-4）。烟叶铜含量为 0.043 g/kg，铁含量为 1.280 g/kg，锰含量为 1.622 g/kg，锌含量为 0.317 g/kg，钙含量为 173.546 mg/kg，镁含量为 15.602 mg/kg（表 16-5-5）。

5. 新龙场镇杨柳树村大坝子片区

代表性片区（XR-05）中部烟叶（C3F）总糖含量 25.86%，还原糖含量 21.19%，总氮含量 2.11%，总植物碱含量 2.65%，氯含量 0.42%，钾含量 1.85%，糖碱比 9.76，淀粉含量 2.05%（表 16-5-4）。烟叶铜含量为 0.073 g/kg，铁含量为 1.412 g/kg，锰含量为 2.914 g/kg，锌含量为 0.351 g/kg，钙含量为 200.277 mg/kg，镁含量为 19.707 mg/kg（表 16-5-5）。

表 16-5-4 代表性片区中部烟叶（C3F）常规化学成分

片区	总糖/%	还原糖/%	总氮/%	总植物碱/%	氯/%	钾/%	糖碱比	淀粉/%
XR-01	28.12	24.57	2.03	2.55	0.28	1.85	11.03	3.22
XR-02	28.53	24.20	1.99	2.43	0.36	1.67	11.74	2.91
XR-03	26.34	22.80	1.92	2.35	0.29	1.72	11.21	0.74
XR-04	29.14	24.65	2.15	3.05	0.33	1.76	9.55	3.14
XR-05	25.86	21.19	2.11	2.65	0.42	1.85	9.76	2.05

表 16-5-5　代表性片区中部烟叶（C3F）中微量元素

片区	Cu/(g/kg)	Fe/(g/kg)	Mn/(g/kg)	Zn/(g/kg)	Ca/(mg/kg)	Mg/(mg/kg)
XR-01	0.053	0.878	0.422	0.256	160.249	29.417
XR-02	0.073	0.788	0.276	0.223	157.808	30.338
XR-03	0.053	0.991	1.361	0.304	150.754	25.268
XR-04	0.043	1.280	1.622	0.317	173.546	15.602
XR-05	0.073	1.412	2.914	0.351	200.277	19.707

四、烟叶生物碱组分与细胞壁物质

1. 鲁础营回族乡鲁础营村关坝片区

代表性片区（XR-01）中部烟叶（C3F）烟碱含量为 24.867 mg/g，降烟碱含量为 0.548 mg/g，麦斯明含量为 0.003 mg/g，假木贼碱含量为 0.127 mg/g，新烟碱含量为 0.718 mg/g；烟叶纤维素含量为 7.10%，半纤维素含量为 3.80%，木质素含量为 0.80%（表 16-5-6）。

2. 雨樟镇团田村上坝片区

代表性片区（XR-02）中部烟叶（C3F）烟碱含量为 24.418 mg/g，降烟碱含量为 0.732 mg/g，麦斯明含量为 0.005 mg/g，假木贼碱含量为 0.142 mg/g，新烟碱含量为 0.768 mg/g；烟叶纤维素含量为 7.00%，半纤维素含量为 3.90%，木质素含量为 0.90%（表 16-5-6）。

3. 城北办事处黄土佬村冬瓜寨片区

代表性片区（XR-03）中部烟叶（C3F）烟碱含量为 25.570 mg/g，降烟碱含量为 0.549 mg/g，麦斯明含量为 0.003 mg/g，假木贼碱含量为 0.134 mg/g，新烟碱含量为 0.712 mg/g；烟叶纤维素含量为 6.90%，半纤维素含量为 3.60%，木质素含量为 0.90%（表 16-5-6）。

4. 巴铃镇卡子村上冲片区

代表性片区（XR-04）中部烟叶（C3F）烟碱含量为 28.346 mg/g，降烟碱含量为 0.659 mg/g，麦斯明含量为 0.003 mg/g，假木贼碱含量为 0.151 mg/g，新烟碱含量为 0.841 mg/g；烟叶纤维素含量为 5.50%，半纤维素含量为 3.70%，木质素含量为 0.90%（表 16-5-6）。

5. 新龙场镇杨柳树村大坝子片区

代表性片区（XR-05）中部烟叶（C3F）烟碱含量为 27.492 mg/g，降烟碱含量为 0.664 mg/g，麦斯明含量为 0.004 mg/g，假木贼碱含量为 0.150 mg/g，新烟碱含量为

0.865 mg/g；烟叶纤维素含量为 7.20%，半纤维素含量为 3.60%，木质素含量为 1.10%（表 16-5-6）。

表 16-5-6　代表性片区中部烟叶（C3F）生物碱组分与细胞壁物质

片区	烟碱 /(mg/g)	降烟碱 /(mg/g)	麦斯明 /(mg/g)	假木贼碱 /(mg/g)	新烟碱 /(mg/g)	纤维素 /%	半纤维素 /%	木质素 /%
XR-01	24.867	0.548	0.003	0.127	0.718	7.10	3.80	0.80
XR-02	24.418	0.732	0.005	0.142	0.768	7.00	3.90	0.90
XR-03	25.570	0.549	0.003	0.134	0.712	6.90	3.60	0.90
XR-04	28.346	0.659	0.003	0.151	0.841	5.50	3.70	0.90
XR-05	27.492	0.664	0.004	0.150	0.865	7.20	3.60	1.10

五、烟叶多酚与质体色素

1. 鲁础营回族乡鲁础营村关坝片区

代表性片区（XR-01）中部烟叶（C3F）绿原酸含量为 12.460 mg/g，芸香苷含量为 13.010 mg/g，莨菪亭含量为 0.130 mg/g，β-胡萝卜素含量为 0.042 mg/g，叶黄素含量为 0.091 mg/g（表 16-5-7）。

2. 雨樟镇团田村上坝片区

代表性片区（XR-02）中部烟叶（C3F）绿原酸含量为 11.900 mg/g，芸香苷含量为 11.810 mg/g，莨菪亭含量为 0.120 mg/g，β-胡萝卜素含量为 0.036 mg/g，叶黄素含量为 0.076 mg/g（表 16-5-7）。

3. 城北办事处黄土佬村冬瓜寨片区

代表性片区（XR-03）中部烟叶（C3F）绿原酸含量为 12.280 mg/g，芸香苷含量为 10.620 mg/g，莨菪亭含量为 0.170 mg/g，β-胡萝卜素含量为 0.036 mg/g，叶黄素含量为 0.077 mg/g（表 16-5-7）。

4. 巴铃镇卡子村上冲片区

代表性片区（XR-04）中部烟叶（C3F）绿原酸含量为 12.000 mg/g，芸香苷含量为 11.340 mg/g，莨菪亭含量为 0.150 mg/g，β-胡萝卜素含量为 0.039 mg/g，叶黄素含量为 0.069 mg/g（表 16-5-7）。

5. 新龙场镇杨柳树村大坝子片区

代表性片区（XR-05）中部烟叶（C3F）绿原酸含量为 12.110 mg/g，芸香苷含量为 12.320 mg/g，莨菪亭含量为 0.160 mg/g，β-胡萝卜素含量为 0.050 mg/g，叶黄素含量为 0.094 mg/g（表 16-5-7）。

表 16-5-7　代表性片区中部烟叶（C3F）多酚与质体色素　　　（单位：mg/g）

片区	绿原酸	芸香苷	莨菪亭	β-胡萝卜素	叶黄素
XR-01	12.460	13.010	0.130	0.042	0.091
XR-02	11.900	11.810	0.120	0.036	0.076
XR-03	12.280	10.620	0.170	0.036	0.077
XR-04	12.000	11.340	0.150	0.039	0.069
XR-05	12.110	12.320	0.160	0.050	0.094

六、烟叶有机酸类物质

1. 鲁础营回族乡鲁础营村关坝片区

代表性片区（XR-01）中部烟叶（C3F）草酸含量为 19.084 mg/g，苹果酸含量为 69.837 mg/g，柠檬酸含量为 7.456 mg/g，棕榈酸含量为 1.885 mg/g，亚油酸含量为 1.040 mg/g，油酸含量为 2.700 mg/g，硬脂酸含量为 0.641 mg/g（表 16-5-8）。

2. 雨樟镇团田村上坝片区

代表性片区（XR-02）中部烟叶（C3F）草酸含量为 18.644 mg/g，苹果酸含量为 69.921 mg/g，柠檬酸含量为 7.420 mg/g，棕榈酸含量为 1.878 mg/g，亚油酸含量为 1.022 mg/g，油酸含量为 2.685 mg/g，硬脂酸含量为 0.532 mg/g（表 16-5-8）。

3. 城北办事处黄土佬村冬瓜寨片区

代表性片区（XR-03）中部烟叶（C3F）草酸含量为 18.902 mg/g，苹果酸含量为 72.838 mg/g，柠檬酸含量为 8.401 mg/g，棕榈酸含量为 1.924 mg/g，亚油酸含量为 1.044 mg/g，油酸含量为 2.684 mg/g，硬脂酸含量为 0.497 mg/g（表 16-5-8）。

4. 巴铃镇卡子村上冲片区

代表性片区（XR-04）中部烟叶（C3F）草酸含量为 18.264 mg/g，苹果酸含量为 70.220 mg/g，柠檬酸含量为 6.755 mg/g，棕榈酸含量为 1.614 mg/g，亚油酸含量为 1.071 mg/g，油酸含量为 2.316 mg/g，硬脂酸含量为 0.400 mg/g（表 16-5-8）。

5. 新龙场镇杨柳树村大坝子片区

代表性片区（XR-05）中部烟叶（C3F）草酸含量为 20.134 mg/g，苹果酸含量为 86.444 mg/g，柠檬酸含量为 9.811 mg/g，棕榈酸含量为 1.750 mg/g，亚油酸含量为 1.141 mg/g，油酸含量为 2.625 mg/g，硬脂酸含量为 0.445 mg/g（表 16-5-8）。

表 16-5-8　代表性片区中部烟叶（C3F）有机酸　　　（单位：mg/g）

片区	草酸	苹果酸	柠檬酸	棕榈酸	亚油酸	油酸	硬脂酸
XR-01	19.084	69.837	7.456	1.885	1.040	2.700	0.641
XR-02	18.644	69.921	7.420	1.878	1.022	2.685	0.532
XR-03	18.902	72.838	8.401	1.924	1.044	2.684	0.497
XR-04	18.264	70.220	6.755	1.614	1.071	2.316	0.400
XR-05	20.134	86.444	9.811	1.750	1.141	2.625	0.445

七、烟叶氨基酸

1. 鲁础营回族乡鲁础营村关坝片区

代表性片区（XR-01）中部烟叶（C3F）磷酸化-丝氨酸含量为 0.336 μg/mg，牛磺酸含量为 0.432 μg/mg，天冬氨酸含量为 0.144 μg/mg，苏氨酸含量为 0.221 μg/mg，丝氨酸含量为 0.074 μg/mg，天冬酰胺含量为 0.947 μg/mg，谷氨酸含量为 0.122 μg/mg，甘氨酸含量为 0.043 μg/mg，丙氨酸含量为 0.557 μg/mg，缬氨酸含量为 0.078 μg/mg，半胱氨酸含量为 0.073 μg/mg，异亮氨酸含量为 0.015 μg/mg，亮氨酸含量为 0.170 μg/mg，酪氨酸含量为 0.047 μg/mg，苯丙氨酸含量为 0.128 μg/mg，氨基丁酸含量为 0.040 μg/mg，组氨酸含量为 0.099 μg/mg，色氨酸含量为 0.146 μg/mg，精氨酸含量为 0.055 μg/mg（表 16-5-9）。

2. 雨樟镇团田村上坝片区

代表性片区（XR-02）中部烟叶（C3F）磷酸化-丝氨酸含量为 0.326 μg/mg，牛磺酸含量为 0.378 μg/mg，天冬氨酸含量为 0.120 μg/mg，苏氨酸含量为 0.199 μg/mg，丝氨酸含量为 0.071 μg/mg，天冬酰胺含量为 0.867 μg/mg，谷氨酸含量为 0.118 μg/mg，甘氨酸含量为 0.050 μg/mg，丙氨酸含量为 0.528 μg/mg，缬氨酸含量为 0.081 μg/mg，半胱氨酸含量为 0.211 μg/mg，异亮氨酸含量为 0.016 μg/mg，亮氨酸含量为 0.187 μg/mg，酪氨酸含量为 0.053 μg/mg，苯丙氨酸含量为 0.122 μg/mg，氨基丁酸含量为 0.025 μg/mg，组氨酸含量为 0.078 μg/mg，色氨酸含量为 0.106 μg/mg，精氨酸含量为 0.060 μg/mg（表 16-5-9）。

3. 城北办事处黄土佬村冬瓜寨片区

代表性片区（XR-03）中部烟叶（C3F）磷酸化-丝氨酸含量为 0.311 μg/mg，牛磺酸含量为 0.415 μg/mg，天冬氨酸含量为 0.160 μg/mg，苏氨酸含量为 0.180 μg/mg，丝氨酸含量为 0.059 μg/mg，天冬酰胺含量为 0.911 μg/mg，谷氨酸含量为 0.127 μg/mg，甘氨酸含量为 0.041 μg/mg，丙氨酸含量为 0.512 μg/mg，缬氨酸含量为 0.066 μg/mg，半胱氨酸含量为 0.114 μg/mg，异亮氨酸含量为 0.014 μg/mg，亮氨酸含量为 0.136 μg/mg，酪氨酸含量为 0.048 μg/mg，苯丙氨酸含量为 0.123 μg/mg，氨基丁酸含量为 0.058 μg/mg，组氨酸含量为 0.094 μg/mg，色氨酸含量为 0.128 μg/mg，精氨酸含量为 0.049 μg/mg（表 16-5-9）。

4. 巴铃镇卡子村上冲片区

代表性片区(XR-04)中部烟叶(C3F)磷酸化-丝氨酸含量为 0.405 μg/mg，牛磺酸含量为 0.389 μg/mg，天冬氨酸含量为 0.122 μg/mg，苏氨酸含量为 0.181 μg/mg，丝氨酸含量为 0.059 μg/mg，天冬酰胺含量为 0.838 μg/mg，谷氨酸含量为 0.103 μg/mg，甘氨酸含量为 0.038 μg/mg，丙氨酸含量为 0.450 μg/mg，缬氨酸含量为 0.080 μg/mg，半胱氨酸含量为 0.206 μg/mg，异亮氨酸含量为 0.017 μg/mg，亮氨酸含量为 0.132 μg/mg，酪氨酸含量为 0.048 μg/mg，苯丙氨酸含量为 0.102 μg/mg，氨基丁酸含量为 0.040 μg/mg，组氨酸含量为 0.105 μg/mg，色氨酸含量为 0.133 μg/mg，精氨酸含量为 0 μg/mg(表 16-5-9)。

5. 新龙场镇杨柳树村大坝子片区

代表性片区(XR-05)中部烟叶(C3F)磷酸化-丝氨酸含量为 0.287 μg/mg，牛磺酸含量为 0.349 μg/mg，天冬氨酸含量为 0.157 μg/mg，苏氨酸含量为 0.182 μg/mg，丝氨酸含量为 0.074 μg/mg，天冬酰胺含量为 0.750 μg/mg，谷氨酸含量为 0.107 μg/mg，甘氨酸含量为 0.034 μg/mg，丙氨酸含量为 0.449 μg/mg，缬氨酸含量为 0.094 μg/mg，半胱氨酸含量为 0.128 μg/mg，异亮氨酸含量为 0.029 μg/mg，亮氨酸含量为 0.154 μg/mg，酪氨酸含量为 0.053 μg/mg，苯丙氨酸含量为 0.135 μg/mg，氨基丁酸含量为 0.055 μg/mg，组氨酸含量为 0.140 μg/mg，色氨酸含量为 0.178 μg/mg，精氨酸含量为 0 μg/mg(表 16-5-9)。

表 16-5-9　代表性片区中部烟叶(C3F)氨基酸　　　　(单位：μg/mg)

氨基酸组分	XR-01	XR-02	XR-03	XR-04	XR-05
磷酸化-丝氨酸	0.336	0.326	0.311	0.405	0.287
牛磺酸	0.432	0.378	0.415	0.389	0.349
天冬氨酸	0.144	0.120	0.160	0.122	0.157
苏氨酸	0.221	0.199	0.180	0.181	0.182
丝氨酸	0.074	0.071	0.059	0.059	0.074
天冬酰胺	0.947	0.867	0.911	0.838	0.750
谷氨酸	0.122	0.118	0.127	0.103	0.107
甘氨酸	0.043	0.050	0.041	0.038	0.034
丙氨酸	0.557	0.528	0.512	0.450	0.449
缬氨酸	0.078	0.081	0.066	0.080	0.094
半胱氨酸	0.073	0.211	0.114	0.206	0.128
异亮氨酸	0.015	0.016	0.014	0.017	0.029
亮氨酸	0.170	0.187	0.136	0.132	0.154
酪氨酸	0.047	0.053	0.048	0.048	0.053
苯丙氨酸	0.128	0.122	0.123	0.102	0.135
氨基丁酸	0.040	0.025	0.058	0.040	0.055
组氨酸	0.099	0.078	0.094	0.105	0.140
色氨酸	0.146	0.106	0.128	0.133	0.178
精氨酸	0.055	0.060	0.049	0	0

八、烟叶香气物质

1. 鲁础营回族乡鲁础营村关坝片区

代表性片区（XR-01）中部烟叶（C3F）茄酮含量为 0.784 μg/g，香叶基丙酮含量为 0.370 μg/g，降茄二酮含量为 0.067 μg/g，β-紫罗兰酮含量为 0.370 μg/g，氧化紫罗兰酮含量为 0.358 μg/g，二氢猕猴桃内酯含量为 3.304 μg/g，巨豆三烯酮 1 含量为 0.134 μg/g，巨豆三烯酮 2 含量为 1.198 μg/g，巨豆三烯酮 3 含量为 0.101 μg/g，巨豆三烯酮 4 含量为 1.019 μg/g，3-羟基-β-二氢大马酮含量为 0.549 μg/g，3-氧代-α-紫罗兰醇含量为 2.083 μg/g，新植二烯含量为 770.358 μg/g，3-羟基索拉韦惕酮含量为 2.374 μg/g，β-法尼烯含量为 7.941 μg/g（表 16-5-10）。

2. 雨樟镇团田村上坝片区

代表性片区（XR-02）中部烟叶（C3F）茄酮含量为 0.874 μg/g，香叶基丙酮含量为 0.291 μg/g，降茄二酮含量为 0.078 μg/g，β-紫罗兰酮含量为 0.325 μg/g，氧化紫罗兰酮含量为 0.392 μg/g，二氢猕猴桃内酯含量为 2.632 μg/g，巨豆三烯酮 1 含量为 0.146 μg/g，巨豆三烯酮 2 含量为 1.243 μg/g，巨豆三烯酮 3 含量为 0.146 μg/g，巨豆三烯酮 4 含量为 1.064 μg/g，3-羟基-β-二氢大马酮含量为 0.694 μg/g，3-氧代-α-紫罗兰醇含量为 2.890 μg/g，新植二烯含量为 914.827 μg/g，3-羟基索拉韦惕酮含量为 2.890 μg/g，β-法尼烯含量为 8.400 μg/g（表 16-5-10）。

3. 城北办事处黄土佬村冬瓜寨片区

代表性片区（XR-03）中部烟叶（C3F）茄酮含量为 0.706 μg/g，香叶基丙酮含量为 0.347 μg/g，降茄二酮含量为 0.056 μg/g，β-紫罗兰酮含量为 0.325 μg/g，氧化紫罗兰酮含量为 0.482 μg/g，二氢猕猴桃内酯含量为 3.304 μg/g，巨豆三烯酮 1 含量为 0.134 μg/g，巨豆三烯酮 2 含量为 1.355 μg/g，巨豆三烯酮 3 含量为 0.179 μg/g，巨豆三烯酮 4 含量为 1.165 μg/g，3-羟基-β-二氢大马酮含量为 0.818 μg/g，3-氧代-α-紫罗兰醇含量为 3.696 μg/g，新植二烯含量为 1006.130 μg/g，3-羟基索拉韦惕酮含量为 4.043 μg/g，β-法尼烯含量为 10.102 μg/g（表 16-5-10）。

4. 巴铃镇卡子村上冲片区

代表性片区（XR-04）中部烟叶（C3F）茄酮含量为 0.930 μg/g，香叶基丙酮含量为 0.336 μg/g，降茄二酮含量为 0.157 μg/g，β-紫罗兰酮含量为 0.336 μg/g，氧化紫罗兰酮含量为 0.538 μg/g，二氢猕猴桃内酯含量为 3.170 μg/g，巨豆三烯酮 1 含量为 0.157 μg/g，巨豆三烯酮 2 含量为 1.445 μg/g，巨豆三烯酮 3 含量为 0.213 μg/g，巨豆三烯酮 4 含量为 1.310 μg/g，3-羟基-β-二氢大马酮含量为 0.806 μg/g，3-氧代-α-紫罗兰醇含量为 3.080 μg/g，新植二烯含量为 1164.330 μg/g，3-羟基索拉韦惕酮含量为 5.018 μg/g，β-法尼烯含量为 10.304 μg/g（表 16-5-10）。

5. 新龙场镇杨柳树村大坝子片区

代表性片区(XR-05)中部烟叶(C3F)茄酮含量为 0.941 μg/g,香叶基丙酮含量为 0.392 μg/g,降茄二酮含量为 0.101 μg/g,β-紫罗兰酮含量为 0.347 μg/g,氧化紫罗兰酮含量为 0.493 μg/g,二氢猕猴桃内酯含量为 3.170 μg/g,巨豆三烯酮 1 含量为 0.134 μg/g,巨豆三烯酮 2 含量为 1.322 μg/g,巨豆三烯酮 3 含量为 0.146 μg/g,巨豆三烯酮 4 含量为 1.109 μg/g,3-羟基-β-二氢大马酮含量为 0.661 μg/g,3-氧代-α-紫罗兰醇含量为 1.938 μg/g,新植二烯含量为 1051.590 μg/g,3-羟基索拉韦惕酮含量为 3.136 μg/g,β-法尼烯含量为 9.251 μg/g(表 16-5-10)。

表 16-5-10　代表性片区中部烟叶(C3F)香气物质　　(单位:μg/g)

香气物质	XR-01	XR-02	XR-03	XR-04	XR-05
茄酮	0.784	0.874	0.706	0.930	0.941
香叶基丙酮	0.370	0.291	0.347	0.336	0.392
降茄二酮	0.067	0.078	0.056	0.157	0.101
β-紫罗兰酮	0.370	0.325	0.325	0.336	0.347
氧化紫罗兰酮	0.358	0.392	0.482	0.538	0.493
二氢猕猴桃内酯	3.304	2.632	3.304	3.170	3.170
巨豆三烯酮 1	0.134	0.146	0.134	0.157	0.134
巨豆三烯酮 2	1.198	1.243	1.355	1.445	1.322
巨豆三烯酮 3	0.101	0.146	0.179	0.213	0.146
巨豆三烯酮 4	1.019	1.064	1.165	1.310	1.109
3-羟基-β-二氢大马酮	0.549	0.694	0.818	0.806	0.661
3-氧代-α-紫罗兰醇	2.083	2.890	3.696	3.080	1.938
新植二烯	770.358	914.827	1006.130	1164.330	1051.590
3-羟基索拉韦惕酮	2.374	2.890	4.043	5.018	3.136
β-法尼烯	7.941	8.400	10.102	10.304	9.251

九、烟叶感官质量

1. 鲁础营回族乡鲁础营村关坝片区

代表性片区(XR-01)中部烟叶(C3F)感官质量评价结果显示,香韵指标包含的干草香、清甜香、正甜香、焦甜香、青香、木香、豆香、坚果香、焦香、辛香、果香、药草香、花香、树脂香、酒香的各项指标值分别为 3.35、0、3.06、0、0.65、1.65、0、0.59、0、0.53、0、0、0、0、0,烟气指标包含的香气状态、烟气浓度、劲头、香气质、香气量和透发性的各项指标值分别为 3.25、2.88、2.76、3.29、2.94 和 2.94,杂气指标包含的青杂气、生青气、枯焦气、木质气、土腥气、松脂气、花粉气、药草气和金属气的各项指标值分别为 0.88、0、0、1.18、0、0、0、0、0,口感指标包含的细腻程度、柔和程度、圆润感、刺激性、干燥感和余味的各项指标值分别为 3.24、3.18、3.00、2.29、2.53 和 3.06（表 16-5-11）。

2. 雨樟镇团田村上坝片区

代表性片区（XR-02）中部烟叶（C3F）感官质量评价结果显示，香韵指标包含的干草香、清甜香、正甜香、焦甜香、青香、木香、豆香、坚果香、焦香、辛香、果香、药草香、花香、树脂香、酒香的各项指标值分别为 3.43、0、3.07、0、0.86、1.64、0、0、0.64、0.71、0、0、0、0、0，烟气指标包含的香气状态、烟气浓度、劲头、香气质、香气量和透发性的各项指标值分别为 3.23、2.93、2.57、3.29、3.14 和 2.86，杂气指标包含的青杂气、生青气、枯焦气、木质气、土腥气、松脂气、花粉气、药草气和金属气的各项指标值分别为 1.29、0、0、1.21、0、0、0、0、0，口感指标包含的细腻程度、柔和程度、圆润感、刺激性、干燥感和余味的各项指标值分别为 3.14、3.07、2.79、2.29、2.29 和 3.29（表 16-5-11）。

3. 城北办事处黄土佬村冬瓜寨片区

代表性片区（XR-03）中部烟叶（C3F）感官质量评价结果显示，香韵指标包含的干草香、清甜香、正甜香、焦甜香、青香、木香、豆香、坚果香、焦香、辛香、果香、药草香、花香、树脂香、酒香的各项指标值分别为 3.33、0.61、2.78、0、0.89、2.11、0、0、0.89、1.39、0、0、0、0、0，烟气指标包含的香气状态、烟气浓度、劲头、香气质、香气量和透发性的各项指标值分别为 2.94、2.89、2.59、2.94、2.88 和 2.88，杂气指标包含的青杂气、生青气、枯焦气、木质气、土腥气、松脂气、花粉气、药草气和金属气的各项指标值分别为 1.22、0、0、1.22、0、0、0、0、0，口感指标包含的细腻程度、柔和程度、圆润感、刺激性、干燥感和余味的各项指标值分别为 2.94、2.89、2.72、2.28、2.39 和 2.89（表 16-5-11）。

4. 巴铃镇卡子村上冲片区

代表性片区（XR-04）中部烟叶（C3F）感官质量评价结果显示，香韵指标包含的干草香、清甜香、正甜香、焦甜香、青香、木香、豆香、坚果香、焦香、辛香、果香、药草香、花香、树脂香、酒香的各项指标值分别为 3.50、0、3.14、0、1.14、1.79、0、0、0、0.79、0、0、0、0、0，烟气指标包含的香气状态、烟气浓度、劲头、香气质、香气量和透发性的各项指标值分别为 3.29、3.07、2.57、3.64、3.00 和 3.07，杂气指标包含的青杂气、生青气、枯焦气、木质气、土腥气、松脂气、花粉气、药草气和金属气的各项指标值分别为 1.07、0、0、1.21、0、0、0、0、0，口感指标包含的细腻程度、柔和程度、圆润感、刺激性、干燥感和余味的各项指标值分别为 3.43、3.36、3.00、2.29、2.21 和 3.50（表 16-5-11）。

5. 新龙场镇杨柳树村大坝子片区

代表性片区（XR-05）中部烟叶（C3F）感官质量评价结果显示，香韵指标包含的干草香、清甜香、正甜香、焦甜香、青香、木香、豆香、坚果香、焦香、辛香、果香、药草香、花香、树脂香、酒香的各项指标值分别为 3.38、0、2.92、0、0.62、1.92、0、0、1.54、0.69、0、0、0、0、0，烟气指标包含的香气状态、烟气浓度、劲头、香气质、香气量和透发性的各项指标值分别为 3.23、3.23、2.69、3.31、331 和 3.08，杂气指标包含的青杂气、生青气、枯焦气、木质气、土腥气、松脂气、花粉气、药草气和金属气的各项指标值分别为 1.46、0、1.08、1.23、0、0、0、0、0，口感指标包含的细腻程度、柔和程度、圆润感、刺激性、干燥感和余味的各项指标值分别为 3.38、3.15、3.00、2.46、2.38 和 3.23（表 16-5-11）。

表 16-5-11　代表性片区中部烟叶（C3F）感官质量

评价指标		XR-01	XR-02	XR-03	XR-04	XR-05
香韵	干草香	3.35	3.43	3.33	3.50	3.38
	清甜香	0	0	0.61	0	0
	正甜香	3.06	3.07	2.78	3.14	2.92
	焦甜香	0	0	0	0	0
	青香	0.65	0.86	0.89	1.14	0.62
	木香	1.65	1.64	2.11	1.79	1.92
	豆香	0	0	0	0	0
	坚果香	0.59	0	0	0	0
	焦香	0	0.64	0.89	0	1.54
	辛香	0.53	0.71	1.39	0.79	0.69
	果香	0	0	0	0	0
	药草香	0	0	0	0	0
	花香	0	0	0	0	0
	树脂香	0	0	0	0	0
	酒香	0	0	0	0	0
烟气	香气状态	3.25	3.23	2.94	3.29	3.23
	烟气浓度	2.88	2.93	2.89	3.07	3.23
	劲头	2.76	2.57	2.59	2.57	2.69
	香气质	3.29	3.29	2.94	3.64	3.31
	香气量	2.94	3.14	2.88	3.00	3.31
	透发性	2.94	2.86	2.88	3.07	3.08
杂气	青杂气	0.88	1.29	1.22	1.07	1.46
	生青气	0	0	0	0	0
	枯焦气	0	0	0	0	1.08
	木质气	1.18	1.21	1.22	1.21	1.23
	土腥气	0	0	0	0	0
	松脂气	0	0	0	0	0
	花粉气	0	0	0	0	0
	药草气	0	0	0	0	0
	金属气	0	0	0	0	0

评价指标		XR-01	XR-02	XR-03	XR-04	XR-05
口感	细腻程度	3.24	3.14	2.94	3.43	3.38
	柔和程度	3.18	3.07	2.89	3.36	3.15
	圆润感	3.00	2.79	2.72	3.00	3.00
	刺激性	2.29	2.29	2.28	2.29	2.46
	干燥感	2.53	2.29	2.39	2.21	2.38
	余味	3.06	3.29	2.89	3.50	3.23

第十七章　攀西山区烤烟典型区域烟叶风格特征

攀西山区烤烟种植区位于东经 101°14′～102°34′和北纬 25°51′～28°17′。该区域覆盖四川省的攀枝花市、凉山彝族自治州和云南省楚雄彝族自治州的北部，攀西裂谷中南段，属浸蚀、剥蚀中山丘陵、山原峡谷地貌，山高谷深，平原、盆地交错分布，地势由西北向东南倾斜，山脉走向近于南北，是大雪山的南延部分，地貌类型复杂多样，可分为平坝、台地、高丘陵、低中山、中山和山原 6 类，以低中山和中山为主。该区域典型的烤烟产区包括攀枝花市的米易县、仁和区、盐边县，凉山彝族自治州的会理县、会东县，楚雄彝族自治州的永仁县等。该产区一般烤烟和玉米(或其他秋播作物)轮作，春季移栽烤烟，烤烟田间生育期比较长。该区域是我国烤烟典型产区之一，这里选择米易、仁和、盐边和会东 4 个县(区)代表性片区数据，通过烟田烟株长相长势、烤后烟叶外观质量、物理指标、化学指标和烟叶质量感官评价指标，对攀西山区烤烟种植区的烟叶风格进行描述。

第一节　四川米易烟叶风格特征

米易县位于北纬 26°42′～27°10′、东经 101°44′～102°15′，地处四川省西南部安宁河下游，东毗凉山彝族自治州会理县，南接攀枝花市盐边县，西邻雅砻江，是攀枝花市的北大门，县城距攀枝花市区 80 km。米易县东西距离 52.5 km，南北距离 73.2 km。米易是攀西山区烤烟种植区的典型烤烟产区之一，根据目前该县烤烟种植片区分布特点和烟叶质量风格特征，选择 5 个种植片区，作为该县烟叶质量风格特征的代表性区域加以展示。

一、烟田与烟株基本特征

1. 攀莲镇双沟村 01 片区

代表性片区(MYI-01)中心点位于北纬 26°55′46.480″、东经 102°9′53.614″，海拔 1606 m。亚高山坡地中部，梯田旱地，成土母质为玄武岩、砂泥岩等风化坡积物，土壤亚类为斑纹铁质干润淋溶土。烤烟、玉米不定期轮作，烤烟大田生长期 4～9 月。烤烟田间长相长势较好，烟株呈筒形结构，株高 101.63 cm，茎围 7.31 cm，有效叶片数 19.50，中部烟叶长 55.88 cm、宽 23.38 cm，上部烟叶长 32.38 cm、宽 7.19 cm(图 17-1-1，表 17-1-1)。

2. 攀莲镇双沟村 02 片区

代表性地块(MYI-02)中心点位于北纬 26°56′23.644″、东经 102°10′26.526″，海拔 1940 m。

亚高山坡地中上部，缓坡旱地，成土母质为石灰岩、白云岩等风化坡积物，土壤亚类为暗红钙质干润淋溶土。烤烟单作，烤烟大田生长期 4～9 月。烤烟田间长相长势好，烟株呈筒形结构，株高 113.88 cm，茎围 8.00 cm，有效叶片数 19.88，中部烟叶长 57.88 cm、宽 22.63 cm，上部烟叶长 40.25 cm、宽 8.69 cm（图 17-1-2，表 17-1-1）。

图 17-1-1　MYI-01 片区烟田

图 17-1-2　MYI-02 片区烟田

3. 攀莲镇双沟村 03 片区

代表性地块（MYI-03）中心点位于北纬 26°55′46.211″、东经 102°9′53.564″，海拔 1637 m。亚高山坡地中上部，缓坡梯田旱地，成土母质为石灰岩、白云岩等风化坡积物，土壤亚类为暗红钙质干润淋溶土。烤烟单作，烤烟大田生长期 4～9 月。烤烟田间长相长势好，烟株呈筒形结构，株高 128.20 cm，茎围 8.90 cm，有效叶片数 20.60，中部烟叶长 66.60 cm、宽 27.80 cm，上部烟叶长 40.60 cm、宽 8.70 cm（图 17-1-3，表 17-1-1）。

4. 普威镇西番村片区

代表性地块（MYI-04）中心点位于北纬 27°5′45.954″、东经 101°58′32.346″，海拔 2115 m。亚高山坡地中部，缓坡梯田，成土母质为石灰岩、白云岩等风化坡积物，土壤亚类为普通暗沃干润雏形土。烤烟单作,烤烟大田生长期 4～9 月。烤烟田间长相长势好,烟株呈筒形结构,株高 123.50 cm,茎围 8.00 cm,有效叶片数 18.50,中部烟叶长 64.88 cm、宽 19.50 cm,上部烟叶长 47.25 cm、宽 11.50 cm(图 17-1-4,表 17-1-1)。

图 17-1-3　MYI-03 片区烟田

图 17-1-4　MYI-04 片区烟田

5. 麻陇乡庄房村片区

代表性地块（MYI-05）中心点位于北纬 27°4′31.466″、东经 101°57′39.890″，海拔 1757 m。亚高山沟谷地，沟谷梯田，成土母质为石英岩等风化沟谷堆积–冲积物，土壤亚类为普通淡色潮湿雏形土。烤烟单作，烤烟大田生长期 4～9 月。烤烟田间长相长势好，烟株呈筒形结构，株高 115.20 cm，茎围 8.30 cm，有效叶片数 19.40，中部烟叶长 53.90 cm、宽 22.00 cm，上部烟叶长 35.40 cm、宽 8.30 cm（图 17-1-5，表 17-1-1）。

图 17-1-5　MYI-05 片区烟田

表 17-1-1　代表性片区烟株主要农艺性状

片区	株高 /cm	茎围 /cm	有效叶 /片	中部叶/cm		上部叶/cm		株型
				叶长	叶宽	叶长	叶宽	
MYI-01	101.63	7.31	19.50	55.88	23.38	32.38	7.19	筒形
MYI-02	113.88	8.00	19.88	57.88	22.63	40.25	8.69	筒形
MYI-03	128.20	8.90	20.60	66.60	27.80	40.60	8.70	筒形
MYI-04	123.50	8.00	18.50	64.88	19.50	47.25	11.50	筒形
MYI-05	115.20	8.30	19.40	53.90	22.00	35.40	8.30	筒形

二、烟叶外观质量与物理指标

1. 攀莲镇双沟村 01 片区

代表性片区（MYI-01）烟叶外观质量指标的成熟度得分 8.00，颜色得分 8.50，油分得分 6.50,身份得分 9.00,结构得分 9.00,色度得分 6.50。烟叶物理指标中的单叶重 10.88 g,叶片密度 70.35 g/m²,含梗率 30.52%,平衡含水率 14.25%,叶片长度 65.33 cm,叶片宽度 21.33 cm,叶片厚度 123.47 μm,填充值 2.76 cm³/g(图 17-1-6,表 17-1-2 和表 17-1-3)。

图 17-1-6　MYI-01 片区初烤烟叶

2. 攀莲镇双沟村 02 片区

代表性片区(MYI-02)烟叶外观质量指标的成熟度得分 8.00,颜色得分 9.00,油分得分 7.00,身份得分 9.00,结构得分 9.00,色度得分 7.00。烟叶物理指标中的单叶重 13.15 g,叶片密度 69.72 g/m²,含梗率 35.46%,平衡含水率 14.73%,叶片长度 62.83 cm,叶片宽度 20.50 cm,叶片厚度 120.63 μm,填充值 2.94 cm³/g(图 17-1-7,表 17-1-2 和表 17-1-3)。

图 17-1-7　MYI-02 片区初烤烟叶

3. 攀莲镇双沟村 03 片区

代表性片区（MYI-03）烟叶外观质量指标的成熟度得分 8.00，颜色得分 9.00，油分得分 7.00，身份得分 9.00，结构得分 9.00，色度得分 7.00。烟叶物理指标中的单叶重 11.62 g，叶片密度 71.05 g/m²，含梗率 28.67%，平衡含水率 13.86%，叶片长度 60.00 cm，叶片宽度 22.00 cm，叶片厚度 135.72 μm，填充值 3.15 cm³/g（图 17-1-8，表 17-1-2 和表 17-1-3）。

图 17-1-8　MYI-03 片区初烤烟叶

4. 普威镇西番村片区

代表性片区（MYI-04）烟叶外观质量指标的成熟度得分 8.00，颜色得分 9.00，油分得分 7.50，身份得分 9.00，结构得分 9.00，色度得分 7.50。烟叶物理指标中的单叶重 9.80 g，叶片密度 69.67 g/m²，含梗率 34.52%，平衡含水率 14.58%，叶片长度 63.33 cm，叶片宽度 19.33 cm，叶片厚度 131.57 μm，填充值 2.83 cm³/g（图 17-1-9，表 17-1-2 和表 17-1-3）。

图 17-1-9　MYI-04 片区初烤烟叶

5. 麻陇乡庄房村片区

代表性片区(MYI-05)烟叶外观质量指标的成熟度得分 8.00，颜色得分 9.00，油分得分 6.50，身份得分 8.50，结构得分 9.00，色度得分 7.00。烟叶物理指标中的单叶重 11.70 g，叶片密度 70.52 g/m²，含梗率 30.64%，平衡含水率 14.02%，叶片长度 62.33 cm，叶片宽度 21.67 cm，叶片厚度 126.34 μm，填充值 2.73 cm³/g(图 17-1-10，表 17-1-2 和表 17-1-3)。

图 17-1-10　MYI-05 片区初烤烟叶

表 17-1-2　代表性片区烟叶外观质量

片区	成熟度	颜色	油分	身份	结构	色度
MYI-01	8.00	8.50	6.50	9.00	9.00	6.50
MYI-02	8.00	9.00	7.00	9.00	9.00	7.00
MYI-03	8.00	9.00	7.00	9.00	9.00	7.00
MYI-04	8.00	9.00	7.50	9.00	9.00	7.50
MYI-05	8.00	9.00	6.50	8.50	9.00	7.00

表 17-1-3　代表性片区烟叶物理指标

片区	单叶重 /g	叶片密度 /(g/m²)	含梗率 /%	平衡含水率 /%	叶长 /cm	叶宽 /cm	叶片厚度 /μm	填充值 /(cm³/g)
MYI-01	10.88	70.35	30.52	14.25	65.33	21.33	123.47	2.76
MYI-02	13.15	69.72	35.46	14.73	62.83	20.50	120.63	2.94
MYI-03	11.62	71.05	28.67	13.86	60.00	22.00	135.72	3.15
MYI-04	9.80	69.67	34.52	14.58	63.33	19.33	131.57	2.83
MYI-05	11.70	70.52	30.64	14.02	62.33	21.67	126.34	2.73

三、烟叶常规化学成分与中微量元素

1. 攀莲镇双沟村 01 片区

代表性片区(MYI-01)中部烟叶(C3F)总糖含量 36.56%，还原糖含量 31.98%，总氮含量 2.03%，总植物碱含量 2.44%，氯含量 0.52%，钾含量 1.51%，糖碱比 14.98，淀粉含量 3.22%(表 17-1-4)。烟叶铜含量为 0.101 g/kg，铁含量为 0.670 g/kg，锰含量为 1.653 g/kg，锌含量为 0.542 g/kg，钙含量为 139.166 mg/kg，镁含量为 14.554 mg/kg(表 17-1-5)。

2. 攀莲镇双沟村 02 片区

代表性片区(MYI-02)中部烟叶(C3F)总糖含量 33.65%，还原糖含量 30.94%，总氮含量 2.28%，总植物碱含量 1.82%，氯含量 0.72%，钾含量 1.96%，糖碱比 18.49，淀粉含量 2.77%(表 17-1-4)。烟叶铜含量为 0.081 g/kg，铁含量为 1.083 g/kg，锰含量为 1.456 g/kg，锌含量为 0.774 g/kg，钙含量为 143.283 mg/kg，镁含量为 20.086 mg/kg(表 17-1-5)。

3. 攀莲镇双沟村 03 片区

代表性片区(MYI-03)中部烟叶(C3F)总糖含量 34.11%，还原糖含量 30.47%，总氮含量 1.93%，总植物碱含量 1.64%，氯含量 0.44%，钾含量 1.90%，糖碱比 20.86，淀粉含量 3.19%(表 17-1-4)。烟叶铜含量为 0.149 g/kg，铁含量为 1.223 g/kg，锰含量为 1.102 g/kg，锌含量为 0.618 g/kg，钙含量为 162.953 mg/kg，镁含量为 32.219 mg/kg(表 17-1-5)。

4. 普威镇西番村片区

代表性片区(MYI-04)中部烟叶(C3F)总糖含量 31.82%，还原糖含量 26.65%，总氮含量 2.16%，总植物碱含量 1.77%，氯含量 0.49%，钾含量 1.95%，糖碱比 18.03，淀粉含量 2.87%(表 17-1-4)。烟叶铜含量为 0.003 g/kg，铁含量为 0.214 g/kg，锰含量为 0.199 g/kg，锌含量为 0.015 g/kg，钙含量为 188.254 mg/kg，镁含量为 36.668 mg/kg(表 17-1-5)。

5. 麻陇乡庄房村片区

代表性片区(MYI-05)中部烟叶(C3F)总糖含量 32.73%，还原糖含量 28.68%，总氮含量 2.08%，总植物碱含量 1.95%，氯含量 0.48%，钾含量 2.05%，糖碱比 16.83，淀粉含量 3.20%(表 17-1-4)。烟叶铜含量为 0.120 g/kg，铁含量为 0.949 g/kg，锰含量为 1.858 g/kg，锌含量为 0.703 g/kg，钙含量为 151.559 mg/kg，镁含量为 31.406 mg/kg(表 17-1-5)。

表 17-1-4　代表性片区中部烟叶(C3F)常规化学成分

片区	总糖/%	还原糖/%	总氮/%	总植物碱/%	氯/%	钾/%	糖碱比	淀粉/%
MYI-01	36.56	31.98	2.03	2.44	0.52	1.51	14.98	3.22
MYI-02	33.65	30.94	2.28	1.82	0.72	1.96	18.49	2.77
MYI-03	34.11	30.47	1.93	1.64	0.44	1.90	20.86	3.19
MYI-04	31.82	26.65	2.16	1.77	0.49	1.95	18.03	2.87
MYI-05	32.73	28.68	2.08	1.95	0.48	2.05	16.83	3.20

表 17-1-5　代表性片区中部烟叶(C3F)中微量元素

片区	Cu /(g/kg)	Fe /(g/kg)	Mn /(g/kg)	Zn /(g/kg)	Ca /(mg/kg)	Mg /(mg/kg)
MYI-01	0.101	0.670	1.653	0.542	139.166	14.554
MYI-02	0.081	1.083	1.456	0.774	143.283	20.086
MYI-03	0.149	1.223	1.102	0.618	162.953	32.219
MYI-04	0.003	0.214	0.199	0.015	188.254	36.668
MYI-05	0.120	0.949	1.858	0.703	151.559	31.406

四、烟叶生物碱组分与细胞壁物质

1. 攀莲镇双沟村 01 片区

代表性片区(MYI-01)中部烟叶(C3F)烟碱含量为 13.044 mg/g，降烟碱含量为 0.651 mg/g，麦斯明含量为 0.004 mg/g，假木贼碱含量为 0.122 mg/g，新烟碱含量为 1.531 mg/g；烟叶纤维素含量为 6.45%，半纤维素含量为 2.50%，木质素含量为 0.85%（表 17-1-6）。

2. 攀莲镇双沟村 02 片区

代表性片区(MYI-02)中部烟叶(C3F)烟碱含量为 13.958 mg/g，降烟碱含量为 0.700 mg/g，麦斯明含量为 0.003 mg/g，假木贼碱含量为 0.128 mg/g，新烟碱含量为 1.585 mg/g；烟叶纤维素含量为 7.30%，半纤维素含量为 2.50%，木质素含量为 0.90%（表 17-1-6）。

3. 攀莲镇双沟村 03 片区

代表性片区(MYI-03)中部烟叶(C3F)烟碱含量为 13.272 mg/g，降烟碱含量为 0.775 mg/g，麦斯明含量为 0.004 mg/g，假木贼碱含量为 0.104 mg/g，新烟碱含量为 1.001 mg/g；烟叶纤维素含量为 6.74%，半纤维素含量为 3.72%，木质素含量为 0.92%（表 17-1-6）。

4. 普威镇西番村片区

代表性片区(MYI-04)中部烟叶(C3F)烟碱含量为 16.295 mg/g，降烟碱含量为 0.907 mg/g，麦斯明含量为 0.004 mg/g，假木贼碱含量为 0.132 mg/g，新烟碱含量为 1.245 mg/g；烟叶纤维素含量为 6.80%，半纤维素含量为 3.20%，木质素含量为 1.40%（表 17-1-6）。

5. 麻陇乡庄房村片区

代表性片区(MYI-05)中部烟叶(C3F)烟碱含量为 12.748 mg/g，降烟碱含量为

0.687 mg/g，麦斯明含量为 0.007 mg/g，假木贼碱含量为 0.108 mg/g，新烟碱含量为 0.984 mg/g；烟叶纤维素含量为 6.90%，半纤维素含量为 3.00%，木质素含量为 1.10%（表 17-1-6）。

表 17-1-6 代表性片区中部烟叶（C3F）生物碱组分与细胞壁物质

片区	烟碱 /(mg/g)	降烟碱 /(mg/g)	麦斯明 /(mg/g)	假木贼碱 /(mg/g)	新烟碱 /(mg/g)	纤维素 /%	半纤维素 /%	木质素 /%
MYI-01	13.044	0.651	0.004	0.122	1.531	6.45	2.50	0.85
MYI-02	13.958	0.700	0.003	0.128	1.585	7.30	2.50	0.90
MYI-03	13.272	0.775	0.004	0.104	1.001	6.74	3.72	0.92
MYI-04	16.295	0.907	0.004	0.132	1.245	6.80	3.20	1.40
MYI-05	12.748	0.687	0.007	0.108	0.984	6.90	3.00	1.10

五、烟叶多酚与质体色素

1. 攀莲镇双沟村 01 片区

代表性片区（MYI-01）中部烟叶（C3F）绿原酸含量为 12.140 mg/g，芸香苷含量为 12.010 mg/g，莨菪亭含量为 0.119 mg/g，β-胡萝卜素含量为 0.026 mg/g，叶黄素含量为 0.161 mg/g（表 17-1-7）。

2. 攀莲镇双沟村 02 片区

代表性片区（MYI-02）中部烟叶（C3F）绿原酸含量为 11.680 mg/g，芸香苷含量为 15.280 mg/g，莨菪亭含量为 0.148 mg/g，β-胡萝卜素含量为 0.037 mg/g，叶黄素含量为 0.179 mg/g（表 17-1-7）。

3. 攀莲镇双沟村 03 片区

代表性片区（MYI-03）中部烟叶（C3F）绿原酸含量为 11.960 mg/g，芸香苷含量为 11.520 mg/g，莨菪亭含量为 0.137 mg/g，β-胡萝卜素含量为 0.028 mg/g，叶黄素含量为 0.076 mg/g（表 17-1-7）。

4. 普威镇西番村片区

代表性片区（MYI-04）中部烟叶（C3F）绿原酸含量为 11.030 mg/g，芸香苷含量为 12.140 mg/g，莨菪亭含量为 0.090 mg/g，β-胡萝卜素含量为 0.037 mg/g，叶黄素含量为 0.190 mg/g（表 17-1-7）。

5. 麻陇乡庄房村片区

代表性片区（MYI-05）中部烟叶（C3F）绿原酸含量为 13.420 mg/g，芸香苷含量为 15.610 mg/g，莨菪亭含量为 0.148 mg/g，β-胡萝卜素含量为 0.039 mg/g，叶黄素含量为

0.210 mg/g（表 17-1-7）。

表 17-1-7　代表性片区中部烟叶（C3F）多酚与质体色素　（单位：mg/g）

片区	绿原酸	芸香苷	莨菪亭	β-胡萝卜素	叶黄素
MYI-01	12.140	12.010	0.119	0.026	0.161
MYI-02	11.680	15.280	0.148	0.037	0.179
MYI-03	11.960	11.520	0.137	0.028	0.076
MYI-04	11.030	12.140	0.090	0.037	0.190
MYI-05	13.420	15.610	0.148	0.039	0.210

六、烟叶有机酸类物质

1. 攀莲镇双沟村 01 片区

代表性片区（MYI-01）中部烟叶（C3F）草酸含量为 8.050 mg/g，苹果酸含量为 22.510 mg/g，柠檬酸含量为 3.950 mg/g，棕榈酸含量为 1.970 mg/g，亚油酸含量为 1.460 mg/g，油酸含量为 3.340 mg/g，硬脂酸含量为 0.600 mg/g（表 17-1-8）。

2. 攀莲镇双沟村 02 片区

代表性片区（MYI-02）中部烟叶（C3F）草酸含量为 8.950 mg/g，苹果酸含量为 32.940 mg/g，柠檬酸含量为 6.250 mg/g，棕榈酸含量为 2.200 mg/g，亚油酸含量为 1.320 mg/g，油酸含量为 3.770 mg/g，硬脂酸含量为 0.600 mg/g（表 17-1-8）。

3. 攀莲镇双沟村 03 片区

代表性片区（MYI-03）中部烟叶（C3F）草酸含量为 9.460 mg/g，苹果酸含量为 23.520 mg/g，柠檬酸含量为 2.380 mg/g，棕榈酸含量为 2.210 mg/g，亚油酸含量为 1.470 mg/g，油酸含量为 3.890 mg/g，硬脂酸含量为 0.740 mg/g（表 17-1-8）。

4. 普威镇西番村片区

代表性片区（MYI-04）中部烟叶（C3F）草酸含量为 8.870 mg/g，苹果酸含量为 30.850 mg/g，柠檬酸含量为 3.310 mg/g，棕榈酸含量为 1.950 mg/g，亚油酸含量为 1.300 mg/g，油酸含量为 3.220 mg/g，硬脂酸含量为 0.660 mg/g（表 17-1-8）。

5. 麻陇乡庄房村片区

代表性片区（MYI-05）中部烟叶（C3F）草酸含量为 9.080 mg/g，苹果酸含量为 27.510 mg/g，柠檬酸含量为 2.960 mg/g，棕榈酸含量为 2.110 mg/g，亚油酸含量为 1.450 mg/g，油酸含量为 3.650 mg/g，硬脂酸含量为 0.660 mg/g（表 17-1-8）。

表 17-1-8　代表性片区中部烟叶（C3F）有机酸　（单位：mg/g）

片区	草酸	苹果酸	柠檬酸	棕榈酸	亚油酸	油酸	硬脂酸
MYI-01	8.050	22.510	3.950	1.970	1.460	3.340	0.600
MYI-02	8.950	32.940	6.250	2.200	1.320	3.770	0.600
MYI-03	9.460	23.520	2.380	2.210	1.470	3.890	0.740
MYI-04	8.870	30.850	3.310	1.950	1.300	3.220	0.660
MYI-05	9.080	27.510	2.960	2.110	1.450	3.650	0.660

七、烟叶氨基酸

1. 攀莲镇双沟村 01 片区

代表性片区（MYI-01）中部烟叶（C3F）磷酸化-丝氨酸含量为 0.274 μg/mg，牛磺酸含量为 0.369 μg/mg，天冬氨酸含量为 0.111 μg/mg，苏氨酸含量为 0.201 μg/mg，丝氨酸含量为 0.078 μg/mg，天冬酰胺含量为 0.596 μg/mg，谷氨酸含量为 0.193 μg/mg，甘氨酸含量为 0.032 μg/mg，丙氨酸含量为 0.518 μg/mg，缬氨酸含量为 0.052 μg/mg，半胱氨酸含量为 0.041 μg/mg，异亮氨酸含量为 0.005 μg/mg，亮氨酸含量为 0.143 μg/mg，酪氨酸含量为 0.070 μg/mg，苯丙氨酸含量为 0.121 μg/mg，氨基丁酸含量为 0.048 μg/mg，组氨酸含量为 0.092 μg/mg，色氨酸含量为 0.129 μg/mg，精氨酸含量为 0.038 μg/mg（表 17-1-9）。

2. 攀莲镇双沟村 02 片区

代表性片区（MYI-02）中部烟叶（C3F）磷酸化-丝氨酸含量为 0.298 μg/mg，牛磺酸含量为 0.382 μg/mg，天冬氨酸含量为 0.138 μg/mg，苏氨酸含量为 0.211 μg/mg，丝氨酸含量为 0.076 μg/mg，天冬酰胺含量为 0.631 μg/mg，谷氨酸含量为 0.147 μg/mg，甘氨酸含量为 0.042 μg/mg，丙氨酸含量为 0.466 μg/mg，缬氨酸含量为 0.091 μg/mg，半胱氨酸含量为 0.246 μg/mg，异亮氨酸含量为 0.021 μg/mg，亮氨酸含量为 0.172 μg/mg，酪氨酸含量为 0.060 μg/mg，苯丙氨酸含量为 0.131 μg/mg，氨基丁酸含量为 0.047 μg/mg，组氨酸含量为 0.124 μg/mg，色氨酸含量为 0.149 μg/mg，精氨酸含量为 0.041 μg/mg（表 17-1-9）。

3. 攀莲镇双沟村 03 片区

代表性片区（MYI-03）中部烟叶（C3F）磷酸化-丝氨酸含量为 0.285 μg/mg，牛磺酸含量为 0.375 μg/mg，天冬氨酸含量为 0.114 μg/mg，苏氨酸含量为 0.188 μg/mg，丝氨酸含量为 0.075 μg/mg，天冬酰胺含量为 0.653 μg/mg，谷氨酸含量为 0.153 μg/mg，甘氨酸含量为 0.036 μg/mg，丙氨酸含量为 0.468 μg/mg，缬氨酸含量为 0.074 μg/mg，半胱氨酸含量为 0.096 μg/mg，异亮氨酸含量为 0.016 μg/mg，亮氨酸含量为 0.151 μg/mg，酪氨酸含量为 0.063 μg/mg，苯丙氨酸含量为 0.128 μg/mg，氨基丁酸含量为 0.039 μg/mg，组氨酸含量为 0.101 μg/mg，色氨酸含量为 0.129 μg/mg，精氨酸含量为 0.038 μg/mg（表 17-1-9）。

4. 普威镇西番村片区

代表性片区（MYI-04）中部烟叶（C3F）磷酸化-丝氨酸含量为 0.492 μg/mg，牛磺酸含量为 0.543 μg/mg，天冬氨酸含量为 0.126 μg/mg，苏氨酸含量为 0.283 μg/mg，丝氨酸含量为 0.043 μg/mg，天冬酰胺含量为 0.909 μg/mg，谷氨酸含量为 0.110 μg/mg，甘氨酸含量为 0.031 μg/mg，丙氨酸含量为 0.311 μg/mg，缬氨酸含量为 0.058 μg/mg，半胱氨酸含量为 0.149 μg/mg，异亮氨酸含量为 0.020 μg/mg，亮氨酸含量为 0.068 μg/mg，酪氨酸含量为 0.032 μg/mg，苯丙氨酸含量为 0.121 μg/mg，氨基丁酸含量为 0.037 μg/mg，组氨酸含量为 0.046 μg/mg，色氨酸含量为 0.081 μg/mg，精氨酸含量为 0.013 μg/mg（表 17-1-9）。

5. 麻陇乡庄房村片区

代表性片区（MYI-05）中部烟叶（C3F）磷酸化-丝氨酸含量为 0.286 μg/mg，牛磺酸含量为 0.375 μg/mg，天冬氨酸含量为 0.121 μg/mg，苏氨酸含量为 0.200 μg/mg，丝氨酸含量为 0.076 μg/mg，天冬酰胺含量为 0.627 μg/mg，谷氨酸含量为 0.164 μg/mg，甘氨酸含量为 0.037 μg/mg，丙氨酸含量为 0.484 μg/mg，缬氨酸含量为 0.072 μg/mg，半胱氨酸含量为 0.127 μg/mg，异亮氨酸含量为 0.014 μg/mg，亮氨酸含量为 0.155 μg/mg，酪氨酸含量为 0.065 μg/mg，苯丙氨酸含量为 0.127 μg/mg，氨基丁酸含量为 0.045 μg/mg，组氨酸含量为 0.105 μg/mg，色氨酸含量为 0.136 μg/mg，精氨酸含量为 0.039 μg/mg（表 17-1-9）。

表 17-1-9　代表性片区中部烟叶（C3F）氨基酸　　　（单位：μg/mg）

氨基酸组分	MYI-01	MYI-02	MYI-03	MYI-04	MYI-05
磷酸化-丝氨酸	0.274	0.298	0.285	0.492	0.286
牛磺酸	0.369	0.382	0.375	0.543	0.375
天冬氨酸	0.111	0.138	0.114	0.126	0.121
苏氨酸	0.201	0.211	0.188	0.283	0.200
丝氨酸	0.078	0.076	0.075	0.043	0.076
天冬酰胺	0.596	0.631	0.653	0.909	0.627
谷氨酸	0.193	0.147	0.153	0.110	0.164
甘氨酸	0.032	0.042	0.036	0.031	0.037
丙氨酸	0.518	0.466	0.468	0.311	0.484
缬氨酸	0.052	0.091	0.074	0.058	0.072
半胱氨酸	0.041	0.246	0.096	0.149	0.127
异亮氨酸	0.005	0.021	0.016	0.020	0.014
亮氨酸	0.143	0.172	0.151	0.068	0.155
酪氨酸	0.070	0.060	0.063	0.032	0.065
苯丙氨酸	0.121	0.131	0.128	0.121	0.127
氨基丁酸	0.048	0.047	0.039	0.037	0.045
组氨酸	0.092	0.124	0.101	0.046	0.105
色氨酸	0.129	0.149	0.129	0.081	0.136
精氨酸	0.038	0.041	0.038	0.013	0.039

八、烟叶香气物质

1. 攀莲镇双沟村 01 片区

代表性片区（MYI-01）中部烟叶（C3F）茄酮含量为 2.486 μg/g，香叶基丙酮含量为 0.370 μg/g，降茄二酮含量为 0.190 μg/g，β-紫罗兰酮含量为 0.739 μg/g，氧化紫罗兰酮含量为 1.243 μg/g，二氢猕猴桃内酯含量为 2.542 μg/g，巨豆三烯酮 1 含量为 0.157 μg/g，巨豆三烯酮 2 含量为 0.885 μg/g，巨豆三烯酮 3 含量为 0.202 μg/g，巨豆三烯酮 4 含量为 0.784 μg/g，3-羟基-β-二氢大马酮含量为 0.694 μg/g，3-氧代-α-紫罗兰醇含量为 0.560 μg/g，新植二烯含量为 306.690 μg/g，3-羟基索拉韦惕酮含量为 15.781 μg/g，β-法尼烯含量为 6.227 μg/g（表 17-1-10）。

2. 攀莲镇双沟村 02 片区

代表性片区（MYI-02）中部烟叶（C3F）茄酮含量为 1.378 μg/g，香叶基丙酮含量为 0.280 μg/g，降茄二酮含量为 0.112 μg/g，β-紫罗兰酮含量为 0.683 μg/g，氧化紫罗兰酮含量为 1.221 μg/g，二氢猕猴桃内酯含量为 2.755 μg/g，巨豆三烯酮 1 含量为 0.123 μg/g，巨豆三烯酮 2 含量为 0.672 μg/g，巨豆三烯酮 3 含量为 0.202 μg/g，巨豆三烯酮 4 含量为 0.638 μg/g，3-羟基-β-二氢大马酮含量为 0.773 μg/g，3-氧代-α-紫罗兰醇含量为 0.526 μg/g，新植二烯含量为 302.310 μg/g，3-羟基索拉韦惕酮含量为 8.658 μg/g，β-法尼烯含量为 4.962 μg/g（表 17-1-10）。

3. 攀莲镇双沟村 03 片区

代表性片区（MYI-03）中部烟叶（C3F）茄酮含量为 1.523 μg/g，香叶基丙酮含量为 0.235 μg/g，降茄二酮含量为 0.112 μg/g，β-紫罗兰酮含量为 0.661 μg/g，氧化紫罗兰酮含量为 1.221 μg/g，二氢猕猴桃内酯含量为 2.486 μg/g，巨豆三烯酮 1 含量为 0.134 μg/g，巨豆三烯酮 2 含量为 0.706 μg/g，巨豆三烯酮 3 含量为 0.202 μg/g，巨豆三烯酮 4 含量为 0.661 μg/g，3-羟基-β-二氢大马酮含量为 0.784 μg/g，3-氧代-α-紫罗兰醇含量为 0.851 μg/g，新植二烯含量为 289.778 μg/g，3-羟基索拉韦惕酮含量为 6.518 μg/g，β-法尼烯含量为 3.931 μg/g（表 17-1-10）。

4. 普威镇西番村片区

代表性片区（MYI-04）中部烟叶（C3F）茄酮含量为 1.669 μg/g，香叶基丙酮含量为 0.246 μg/g，降茄二酮含量为 0.157 μg/g，β-紫罗兰酮含量为 0.571 μg/g，氧化紫罗兰酮含量为 1.210 μg/g，二氢猕猴桃内酯含量为 2.509 μg/g，巨豆三烯酮 1 含量为 0.146 μg/g，巨豆三烯酮 2 含量为 0.683 μg/g，巨豆三烯酮 3 含量为 0.202 μg/g，巨豆三烯酮 4 含量为 0.683 μg/g，3-羟基-β-二氢大马酮含量为 0.728 μg/g，3-氧代-α-紫罗兰醇含量为 0.885 μg/g，新植二烯含量为 282.363 μg/g，3-羟基索拉韦惕酮含量为 7.627 μg/g，β-法尼烯含量为 4.122 μg/g（表 17-1-10）。

5. 麻陇乡庄房村片区

代表性片区(MYI-05)中部烟叶(C3F)茄酮含量为 1.826 μg/g,香叶基丙酮含量为 0.258 μg/g,降茄二酮含量为 0.190 μg/g,β-紫罗兰酮含量为 0.605 μg/g,氧化紫罗兰酮含量为 1.176 μg/g,二氢猕猴桃内酯含量为 2.229 μg/g,巨豆三烯酮 1 含量为 0.168 μg/g,巨豆三烯酮 2 含量为 0.907 μg/g,巨豆三烯酮 3 含量为 0.224 μg/g,巨豆三烯酮 4 含量为 0.806 μg/g,3-羟基-β-二氢大马酮含量为 0.818 μg/g,3-氧代-α-紫罗兰醇含量为 0.818 μg/g,新植二烯含量为 331.598 μg/g,3-羟基索拉韦惕酮含量为 5.622 μg/g,β-法尼烯含量为 4.323 μg/g(表 17-1-10)。

表 17-1-10　代表性片区中部烟叶(C3F)香气物质　　　　(单位:μg/g)

香气物质	MYI-01	MYI-02	MYI-03	MYI-04	MYI-05
茄酮	2.486	1.378	1.523	1.669	1.826
香叶基丙酮	0.370	0.280	0.235	0.246	0.258
降茄二酮	0.190	0.112	0.112	0.157	0.190
β-紫罗兰酮	0.739	0.683	0.661	0.571	0.605
氧化紫罗兰酮	1.243	1.221	1.221	1.210	1.176
二氢猕猴桃内酯	2.542	2.755	2.486	2.509	2.229
巨豆三烯酮 1	0.157	0.123	0.134	0.146	0.168
巨豆三烯酮 2	0.885	0.672	0.706	0.683	0.907
巨豆三烯酮 3	0.202	0.202	0.202	0.202	0.224
巨豆三烯酮 4	0.784	0.638	0.661	0.683	0.806
3-羟基-β-二氢大马酮	0.694	0.773	0.784	0.728	0.818
3-氧代-α-紫罗兰醇	0.560	0.526	0.851	0.885	0.818
新植二烯	306.690	302.310	289.778	282.363	331.598
3-羟基索拉韦惕酮	15.781	8.658	6.518	7.627	5.622
β-法尼烯	6.227	4.962	3.931	4.122	4.323

九、烟叶感官质量

1. 攀莲镇双沟村 01 片区

代表性片区(MYI-01)中部烟叶(C3F)感官质量评价结果显示,香韵指标包含的干草香、清甜香、正甜香、焦甜香、青香、木香、豆香、坚果香、焦香、辛香、果香、药草香、花香、树脂香、酒香的各项指标值分别为 3.11、2.56、1.13、0、1.67、1.25、0、0、1.00、1.00、0、0、0、0、0,烟气指标包含的香气状态、烟气浓度、劲头、香气质、香气量和透发性的各项指标值分别为 2.67、2.89、2.56、3.22、2.89 和 2.78,杂气指标包含的青杂气、生青气、枯焦气、木质气、土腥气、松脂气、花粉气、药草气和金属气的各项指标值分别为 1.57、1.00、0、1.13、0、0、0、0、0,口感指标包含的细腻程度、柔和程度、圆润感、刺激性、干燥感和余味的各项指标值分别为 3.33、3.00、2.78、2.22 和 3.00(表 17-1-11)。

2. 攀莲镇双沟村 02 片区

代表性片区(MYI-02)中部烟叶(C3F)感官质量评价结果显示,香韵指标包含的干草香、清甜香、正甜香、焦甜香、青香、木香、豆香、坚果香、焦香、辛香、果香、药草香、花香、树脂香、酒香的各项指标值分别为 3.22、2.89、1.14、0、1.38、1.13、0、0、1.17、1.00、0、0、0、0、0,烟气指标包含的香气状态、烟气浓度、劲头、香气质、香气量和透发性的各项指标值分别为 3.00、3.33、2.56、3.33、3.22 和 3.11,杂气指标包含的青杂气、生青气、枯焦气、木质气、土腥气、松脂气、花粉气、药草气和金属气的各项指标值分别为 1.13、1.00、1.17、1.00、0、0、0、0、0,口感指标包含的细腻程度、柔和程度、圆润感、刺激性、干燥感和余味的各项指标值分别为 3.11、2.89、2.89、2.56、2.00 和 3.22(表 17-1-11)。

3. 攀莲镇双沟村 03 片区

代表性片区(MYI-03)中部烟叶(C3F)感官质量评价结果显示,香韵指标包含的干草香、清甜香、正甜香、焦甜香、青香、木香、豆香、坚果香、焦香、辛香、果香、药草香、花香、树脂香、酒香的各项指标值分别为 3.22、2.67、1.25、0、1.56、1.57、0、0、1.00、1.00、0、0、0、0、0,烟气指标包含的香气状态、烟气浓度、劲头、香气质、香气量和透发性的各项指标值分别为 2.78、2.89、2.78、3.00、2.78 和 2.78,杂气指标包含的青杂气、生青气、枯焦气、木质气、土腥气、松脂气、花粉气、药草气和金属气的各项指标值分别为 1.43、1.00、1.17、1.29、0、0、0、0、0,口感指标包含的细腻程度、柔和程度、圆润感、刺激性、干燥感和余味的各项指标值分别为 2.89、2.67、2.89、2.33、2.22 和 3.00(表 17-1-11)。

4. 普威镇西番村片区

代表性片区(MYI-04)中部烟叶(C3F)感官质量评价结果显示,香韵指标包含的干草香、清甜香、正甜香、焦甜香、青香、木香、豆香、坚果香、焦香、辛香、果香、药草香、花香、树脂香、酒香的各项指标值分别为 3.11、3.00、1.13、0、1.44、1.50、0、0、1.20、1.25、0、0、0、0、0,烟气指标包含的香气状态、烟气浓度、劲头、香气质、香气量和透发性的各项指标值分别为 3.00、3.00、2.56、3.22、3.00 和 3.00,杂气指标包含的青杂气、生青气、枯焦气、木质气、土腥气、松脂气、花粉气、药草气和金属气的各项指标值分别为 1.25、1.00、1.20、1.13、0、0、0、0、0,口感指标包含的细腻程度、柔和程度、圆润感、刺激性、干燥感和余味的各项指标值分别为 3.11、2.78、2.89、2.44、2.22 和 3.11(表 17-1-11)。

5. 麻陇乡庄房村片区

代表性片区(MYI-05)中部烟叶(C3F)感官质量评价结果显示,香韵指标包含的甘草香、清甜香、正甜香、焦甜香、青香、木香、豆香、坚果香、焦香、辛香、果香、药草香、花香、树脂香、酒香的各项指标值分别为 3.22、2.89、1.25、0、1.50、1.29、0、0、1.00、1.29、0、0、0、0、0，烟气指标包含的香气状态、烟气浓度、劲头、香气质、香气量和透发性的各项指标值分别为 2.89、3.33、2.44、3.22、3.00 和 3.11，杂气指标包含的青杂气、生青气、枯焦气、木质气、土腥气、松脂气、花粉气、药草气和金属气的各项指标值分别为 1.22、1.00、1.17、1.14、0、0、0、0、0，口感指标包含的细腻程度、柔和程度、圆润感、刺激性、干燥感和余味的各项指标值分别为 3.11、2.78、2.78、2.44、2.11 和 2.89（表 17-1-11）。

表 17-1-11　代表性片区中部烟叶（C3F）感官质量

评价指标		MYI-01	MYI-02	MYI-03	MYI-04	MYI-05
香韵	干草香	3.11	3.22	3.22	3.11	3.22
	清甜香	2.56	2.89	2.67	3.00	2.89
	正甜香	1.13	1.14	1.25	1.13	1.25
	焦甜香	0	0	0	0	0
	青香	1.67	1.38	1.56	1.44	1.50
	木香	1.25	1.13	1.57	1.50	1.29
	豆香	0	0	0	0	0
	坚果香	0	0	0	0	0
	焦香	1.00	1.17	1.00	1.20	1.00
	辛香	1.00	1.00	1.00	1.25	1.29
	果香	0	0	0	0	0
	药草香	0	0	0	0	0
	花香	0	0	0	0	0
	树脂香	0	0	0	0	0
	酒香	0	0	0	0	0
烟气	香气状态	2.67	3.00	2.78	3.00	2.89
	烟气浓度	2.89	3.33	2.89	3.00	3.33
	劲头	2.56	2.56	2.78	2.56	2.44
	香气质	3.22	3.33	3.00	3.22	3.22
	香气量	2.89	3.22	2.78	3.00	3.00
	透发性	2.78	3.11	2.78	3.00	3.11
杂气	青杂气	1.57	1.13	1.43	1.25	1.22
	生青气	1.00	1.00	1.00	1.00	1.00
	枯焦气	0	1.17	1.17	1.20	1.17
	木质气	1.13	1.00	1.29	1.13	1.14
	土腥气	0	0	0	0	0
	松脂气	0	0	0	0	0
	花粉气	0	0	0	0	0
	药草气	0	0	0	0	0
	金属气	0	0	0	0	0

续表

评价指标		MYI-01	MYI-02	MYI-03	MYI-04	MYI-05
口感	细腻程度	3.33	3.11	2.89	3.11	3.11
	柔和程度	3.00	2.89	2.67	2.78	2.78
	圆润感	2.78	2.89	2.89	2.89	2.78
	刺激性	2.22	2.56	2.33	2.44	2.44
	干燥感	2.22	2.00	2.22	2.22	2.11
	余味	3.00	3.22	3.00	3.11	2.89

第二节　四川仁和烟叶风格特征

仁和区位于北纬 26°06′～26°47′、东经 101°24′～101°56′，地处川滇交界处的攀西大裂谷，东临会理县，南接云南省永仁县，西靠云南省华坪县，北连盐边县。仁和区隶属攀枝花市，是攀西山区烤烟种植区的典型烤烟产区之一。根据目前该区烤烟种植片区分布特点和烟叶质量风格特征，选择平地镇平地村梁子、平地镇波西村上湾和平地镇波西村下湾 3 个种植片区，作为该区烟叶质量风格特征的代表性区域加以展示。

一、烟田与烟株基本特征

1. 平地镇平地村梁子片区

代表性片区(RH-01)中心点位于北纬 26°12′6.542″、东经 101°47′50.101″，海拔1910 m。亚高山山脊顶部，坡旱地，成土母质为石灰性紫泥岩等风化残积物，土壤亚类为酸性紫色正常新成土。该片区烤烟、玉米不定期轮作，烤烟大田生长期4～8 月。烤烟田间长相长势好，烟株呈塔形结构，株高 113.00 cm，茎围 9.10 cm，有效叶片数 23.00，中部烟叶长 67.80 cm、宽27.60 cm，上部烟叶长 46.50 cm、宽 11.80 cm(图 17-2-1，表 17-2-1)。

图 17-2-1　RH-01 片区烟田

2. 平地镇波西村上湾片区

代表性片区(RH-02)中心点位于北纬 26°9′46.413″、东经 101°49′1.090″,海拔 1984 m,亚高山坡地中上部,梯田旱地,成土母质为紫砂岩风化坡积物,土壤亚类为普通紫色湿润雏形土。该片区烤烟、玉米不定期轮作,烤烟大田生长期 4～8 月。烤烟田间长相长势好,烟株呈塔形结构,株高 129.40 cm,茎围 8.70 cm,有效叶片数 19.40,中部烟叶长 64.80 cm、宽 23.80 cm,上部烟叶长 45.80 cm、宽 11.00 cm(图 17-2-2,表 17-2-1)。

图 17-2-2　RH-02 片区烟田

3. 平地镇波西村下湾片区

代表性片区(RH-03)中心点位于北纬 26°9′41.015″、东经 101°49′20.453″,海拔 1665 m,亚高山坡地中下部,梯田旱地,成土母质为紫砂岩风化坡积物,土壤亚类为普通紫色湿润雏形土。该片区烤烟、玉米不定期轮作,烤烟大田生长期 4～8 月。烤烟田间长相长势好,烟株呈塔形结构,株高 118.20 cm,茎围 9.70 cm,有效叶片数 20.80,中部烟叶长 69.20 cm、宽 26.80 cm,上部烟叶长 53.20 cm、宽 14.80 cm(图 17-2-3,表 17-2-1)。

图 17-2-3　RH-03 片区烟田

表 17-2-1　代表性片区烟株主要农艺性状

片区	株高 /cm	茎围 /cm	有效叶 /片	中部叶/cm		上部叶/cm		株型
				叶长	叶宽	叶长	叶宽	
RH-01	113.00	9.10	23.00	67.80	27.60	46.50	11.80	塔形
RH-02	129.40	8.70	19.40	64.80	23.80	45.80	11.00	塔形
RH-03	118.20	9.70	20.80	69.20	26.80	53.20	14.80	塔形

二、烟叶外观质量与物理指标

1. 平地镇平地村梁子片区

代表性片区（RH-01）烟叶外观质量指标的成熟度得分 8.00，颜色得分 9.00，油分得分 7.50，身份得分 9.00，结构得分 9.00，色度得分 7.00。烟叶物理指标中的单叶重 11.41 g，叶片密度 71.95 g/m^2，含梗率 35.57%，平衡含水率 13.92%，叶片长度 65.00 cm，叶片宽度 16.67 cm，叶片厚度 121.71 μm，填充值 2.73 cm^3/g（图 17-2-4，表 17-2-2 和表 17-2-3）。

图 17-2-4　RH-01 片区初烤烟叶

2. 平地镇波西村上湾片区

代表性片区(RH-02)烟叶外观质量指标的成熟度得分 8.00，颜色得分 9.00，油分得分 7.50，身份得分 9.00，结构得分 8.50，色度得分 7.50。烟叶物理指标中的单叶重 11.28 g，叶片密度 71.32 g/m²，含梗率 39.82%，平衡含水率 14.57%，叶片长度 59.67 cm，叶片宽度 22.67 cm，叶片厚度 119.26 μm，填充值 2.91 cm³/g(图 17-2-5，表 17-2-2 和表 17-2-3)。

3. 平地镇波西村下湾片区

代表性片区(RH-03)烟叶外观质量指标的成熟度得分 8.00，颜色得分 9.00，油分得分 7.50，身份得分 9.00，结构得分 9.00，色度得分 7.00。烟叶物理指标中的单叶重 12.21 g，叶片密度 73.69 g/m²，含梗率 34.62%，平衡含水率 14.12%，叶片长度 64.33 cm，叶片宽度 17.00 cm，叶片厚度 131.92 μm，填充值 3.04 cm³/g(图 17-2-6，表 17-2-2 和表 17-2-3)。

图 17-2-5　RH-02 片区初烤烟叶

图 17-2-6　RH-03 片区初烤烟叶

表 17-2-2　代表性片区烟叶外观质量

片区	成熟度	颜色	油分	身份	结构	色度
RH-01	8.00	9.00	7.50	9.00	9.00	7.00
RH-02	8.00	9.00	7.50	9.00	8.50	7.50
RH-03	8.00	9.00	7.50	9.00	9.00	7.00

表 17-2-3　代表性片区烟叶物理指标

片区	单叶重 /g	叶片密度 /(g/m²)	含梗率 /%	平衡含水率 /%	叶长 /cm	叶宽 /cm	叶片厚度 /μm	填充值 /(cm³/g)
RH-01	11.41	71.95	35.57	13.92	65.00	16.67	121.71	2.73
RH-02	11.28	71.32	39.82	14.57	59.67	22.67	119.26	2.91
RH-03	12.21	73.69	34.62	14.12	64.33	17.00	131.92	3.04

三、烟叶常规化学成分与中微量元素

1. 平地镇平地村梁子片区

代表性片区(RH-01)中部烟叶(C3F)总糖含量 29.30%，还原糖含量 24.93%，总氮含量 2.35%，总植物碱含量 2.98%，氯含量 0.84%，钾含量 1.65%，糖碱比 9.83，淀粉含量 3.05%(表 17-2-4)。烟叶铜含量为 0.012 g/kg，铁含量为 0.754 g/kg，锰含量为 0.524 g/kg，锌含量为 0.623 g/kg，钙含量为 135.936 mg/kg，镁含量为 21.055 mg/kg(表 17-2-5)。

2. 平地镇波西村上湾片区

代表性片区(RH-02)中部烟叶(C3F)总糖含量 27.76%，还原糖含量 24.28%，总氮含量 1.94%，总植物碱含量 3.08%，氯含量 0.70%，钾含量 1.65%，糖碱比 9.01，淀粉含量 1.98%(表 17-2-4)。烟叶铜含量为 0.061 g/kg，铁含量为 1.163 g/kg，锰含量为 1.827 g/kg，锌含量为 0.826 g/kg，钙含量为 144.922 mg/kg，镁含量为 19.629 mg/kg(表 17-2-5)。

3. 平地镇波西村下湾片区

代表性片区(RH-03)中部烟叶(C3F)总糖含量 25.69%，还原糖含量 23.34%，总氮含量 2.50%，总植物碱含量 2.83%，氯含量 0.65%，钾含量 2.04%，糖碱比 9.09，淀粉含量 1.72%(表 17-2-4)。烟叶铜含量为 0.086 g/kg，铁含量为 1.006 g/kg，锰含量为 0.651 g/kg，锌含量为 0.529 g/kg，钙含量为 156.580 mg/kg，镁含量为 19.975 mg/kg(表 17-2-5)。

表 17-2-4　代表性片区中部烟叶(C3F)常规化学成分

片区	总糖/%	还原糖/%	总氮/%	总植物碱/%	氯/%	钾/%	糖碱比	淀粉/%
RH-01	29.30	24.93	2.35	2.98	0.84	1.65	9.83	3.05
RH-02	27.76	24.28	1.94	3.08	0.70	1.65	9.01	1.98
RH-03	25.69	23.34	2.50	2.83	0.65	2.04	9.09	1.72

表 17-2-5　代表性片区中部烟叶（C3F）中微量元素

片区	Cu /(g/kg)	Fe /(g/kg)	Mn /(g/kg)	Zn /(g/kg)	Ca /(mg/kg)	Mg /(mg/kg)
RH-01	0.012	0.754	0.524	0.623	135.936	21.055
RH-02	0.061	1.163	1.827	0.826	144.922	19.629
RH-03	0.086	1.006	0.651	0.529	156.580	19.975

四、烟叶生物碱组分与细胞壁物质

1. 平地镇平地村梁子片区

代表性片区（RH-01）中部烟叶（C3F）烟碱含量为 18.264 mg/g，降烟碱含量为 1.079 mg/g，麦斯明含量为 0.004 mg/g，假木贼碱含量为 0.146 mg/g，新烟碱含量为 1.544 mg/g；烟叶纤维素含量为 6.38%，半纤维素含量为 2.60%，木质素含量为 1.02%（表 17-2-6）。

2. 平地镇波西村上湾片区

代表性片区（RH-02）中部烟叶（C3F）烟碱含量为 16.362 mg/g，降烟碱含量为 0.973 mg/g，麦斯明含量为 0.003 mg/g，假木贼碱含量为 0.143 mg/g，新烟碱含量为 1.456 mg/g；烟叶纤维素含量为 6.10%，半纤维素含量为 2.70%，木质素含量为 1.00%（表 17-2-6）。

3. 平地镇波西村下湾片区

代表性片区（RH-03）中部烟叶（C3F）烟碱含量为 14.356 mg/g，降烟碱含量为 0.938 mg/g，麦斯明含量为 0.004 mg/g，假木贼碱含量为 0.112 mg/g，新烟碱含量为 1.052 mg/g；烟叶纤维素含量为 7.50%，半纤维素含量为 3.10%，木质素含量为 0.70%（表 17-2-6）。

表 17-2-6　代表性片区中部烟叶（C3F）生物碱组分与细胞壁物质

片区	烟碱 /(mg/g)	降烟碱 /(mg/g)	麦斯明 /(mg/g)	假木贼碱 /(mg/g)	新烟碱 /(mg/g)	纤维素 /%	半纤维素 /%	木质素 /%
RH-01	18.264	1.079	0.004	0.146	1.544	6.38	2.60	1.02
RH-02	16.362	0.973	0.003	0.143	1.456	6.10	2.70	1.00
RH-03	14.356	0.938	0.004	0.112	1.052	7.50	3.10	0.70

五、烟叶多酚与质体色素

1. 平地镇平地村梁子片区

代表性片区（RH-01）中部烟叶（C3F）绿原酸含量为 21.400 mg/g，芸香苷含量为 13.680 mg/g，莨菪亭含量为 0.071 mg/g，β-胡萝卜素含量为 0.029 mg/g，叶黄素含量为 0.079 mg/g（表 17-2-7）。

2. 平地镇波西村上湾片区

代表性片区(RH-02)中部烟叶(C3F)绿原酸含量为 11.510 mg/g，芸香苷含量为 15.030 mg/g，莨菪亭含量为 0.091 mg/g，β-胡萝卜素含量为 0.021 mg/g，叶黄素含量为 0.055 mg/g（表 17-2-7）。

3. 平地镇波西村下湾片区

代表性片区(RH-03)中部烟叶(C3F)绿原酸含量为 10.130 mg/g，芸香苷含量为 11.820 mg/g，莨菪亭含量为 0.101 mg/g，β-胡萝卜素含量为 0.022 mg/g，叶黄素含量为 0.064 mg/g（表 17-2-7）。

表 17-2-7　代表性片区中部烟叶（C3F）多酚与质体色素　　（单位：mg/g）

片区	绿原酸	芸香苷	莨菪亭	β-胡萝卜素	叶黄素
RH-01	21.400	13.680	0.071	0.029	0.079
RH-02	11.510	15.030	0.091	0.021	0.055
RH-03	10.130	11.820	0.101	0.022	0.064

六、烟叶有机酸类物质

1. 平地镇平地村梁子片区

代表性片区(RH-01)中部烟叶(C3F)草酸含量为 9.000 mg/g，苹果酸含量为 27.570 mg/g，柠檬酸含量为 5.500 mg/g，棕榈酸含量为 1.790 mg/g，亚油酸含量为 1.190 mg/g，油酸含量为 2.620 mg/g，硬脂酸含量为 0.510 mg/g（表 17-2-8）。

2. 平地镇波西村上湾片区

代表性片区(RH-02)中部烟叶(C3F)草酸含量为 12.620 mg/g，苹果酸含量为 33.690 mg/g，柠檬酸含量为 4.230 mg/g，棕榈酸含量为 1.610 mg/g，亚油酸含量为 1.340 mg/g，油酸含量为 2.400 mg/g，硬脂酸含量为 0.540 mg/g（表 17-2-8）。

3. 平地镇波西村下湾片区

代表性片区(RH-03)中部烟叶(C3F)草酸含量为 11.540 mg/g，苹果酸含量为 29.930 mg/g，柠檬酸含量为 4.780 mg/g，棕榈酸含量为 1.750 mg/g，亚油酸含量为 1.200 mg/g，油酸含量为 2.580 mg/g，硬脂酸含量为 0.540 mg/g（表 17-2-8）。

表 17-2-8　代表性片区中部烟叶（C3F）有机酸　　（单位：mg/g）

片区	草酸	苹果酸	柠檬酸	棕榈酸	亚油酸	油酸	硬脂酸
RH-01	9.000	27.570	5.500	1.790	1.190	2.620	0.510
RH-02	12.620	33.690	4.230	1.610	1.340	2.400	0.540
RH-03	11.540	29.930	4.780	1.750	1.200	2.580	0.540

七、烟叶氨基酸

1. 平地镇平地村梁子片区

代表性片区（RH-01）中部烟叶（C3F）磷酸化-丝氨酸含量为 0.340 μg/mg，牛磺酸含量为 0.338 μg/mg，天冬氨酸含量为 0.048 μg/mg，苏氨酸含量为 0.155 μg/mg，丝氨酸含量为 0.060 μg/mg，天冬酰胺含量为 0.478 μg/mg，谷氨酸含量为 0.076 μg/mg，甘氨酸含量为 0.034 μg/mg，丙氨酸含量为 0.386 μg/mg，缬氨酸含量为 0.063 μg/mg，半胱氨酸含量为 0.069 μg/mg，异亮氨酸含量为 0.014 μg/mg，亮氨酸含量为 0.124 μg/mg，酪氨酸含量为 0.039 μg/mg，苯丙氨酸含量为 0.059 μg/mg，氨基丁酸含量为 0.020 μg/mg，组氨酸含量为 0.053 μg/mg，色氨酸含量为 0.062 μg/mg，精氨酸含量为 0.024 μg/mg（表 17-2-9）。

2. 平地镇波西村上湾片区

代表性片区（RH-02）中部烟叶（C3F）磷酸化-丝氨酸含量为 0.298 μg/mg，牛磺酸含量为 0.382 μg/mg，天冬氨酸含量为 0.094 μg/mg，苏氨酸含量为 0.145 μg/mg，丝氨酸含量为 0.055 μg/mg，天冬酰胺含量为 0.832 μg/mg，谷氨酸含量为 0.095 μg/mg，甘氨酸含量为 0.028 μg/mg，丙氨酸含量为 0.364 μg/mg，缬氨酸含量为 0.064 μg/mg，半胱氨酸含量为 0.049 μg/mg，异亮氨酸含量为 0.015 μg/mg，亮氨酸含量为 0.106 μg/mg，酪氨酸含量为 0.048 μg/mg，苯丙氨酸含量为 0.114 μg/mg，氨基丁酸含量为 0.025 μg/mg，组氨酸含量为 0.071 μg/mg，色氨酸含量为 0.075 μg/mg，精氨酸含量为 0.023 μg/mg（表 17-2-9）。

3. 平地镇波西村下湾片区

代表性片区（RH-03）中部烟叶（C3F）磷酸化-丝氨酸含量为 0.482 μg/mg，牛磺酸含量为 0.552 μg/mg，天冬氨酸含量为 0.126 μg/mg，苏氨酸含量为 0.302 μg/mg，丝氨酸含量为 0.042 μg/mg，天冬酰胺含量为 0.914 μg/mg，谷氨酸含量为 0.106 μg/mg，甘氨酸含量为 0.029 μg/mg，丙氨酸含量为 0.302 μg/mg，缬氨酸含量为 0.057 μg/mg，半胱氨酸含量为 0.166 μg/mg，异亮氨酸含量为 0.018 μg/mg，亮氨酸含量为 0.070 μg/mg，酪氨酸含量为 0.030 μg/mg，苯丙氨酸含量为 0.131 μg/mg，氨基丁酸含量为 0.032 μg/mg，组氨酸含量为 0.044 μg/mg，色氨酸含量为 0.074 μg/mg，精氨酸含量为 0.011 μg/mg（表 17-2-9）。

表 17-2-9　代表性片区中部烟叶（C3F）氨基酸　　　　（单位：μg/mg）

氨基酸组分	RH-01	RH-02	RH-03
磷酸化-丝氨酸	0.340	0.298	0.482
牛磺酸	0.338	0.382	0.552
天冬氨酸	0.048	0.094	0.126
苏氨酸	0.155	0.145	0.302
丝氨酸	0.060	0.055	0.042
天冬酰胺	0.478	0.832	0.914
谷氨酸	0.076	0.095	0.106

续表

氨基酸组分	RH-01	RH-02	RH-03
甘氨酸	0.034	0.028	0.029
丙氨酸	0.386	0.364	0.302
缬氨酸	0.063	0.064	0.057
半胱氨酸	0.069	0.049	0.166
异亮氨酸	0.014	0.015	0.018
亮氨酸	0.124	0.106	0.070
酪氨酸	0.039	0.048	0.030
苯丙氨酸	0.059	0.114	0.131
氨基丁酸	0.020	0.025	0.032
组氨酸	0.053	0.071	0.044
色氨酸	0.062	0.075	0.074
精氨酸	0.024	0.023	0.011

八、烟叶香气物质

1. 平地镇平地村梁子片区

代表性片区(RH-01)中部烟叶(C3F)茄酮含量为 2.083 μg/g，香叶基丙酮含量为 0.358 μg/g，降茄二酮含量为 0.157 μg/g，β-紫罗兰酮含量为 0.582 μg/g，氧化紫罗兰酮含量为 1.131 μg/g，二氢猕猴桃内酯含量为 2.352 μg/g，巨豆三烯酮 1 含量为 0.101 μg/g，巨豆三烯酮 2 含量为 0.538 μg/g，巨豆三烯酮 3 含量为 0.179 μg/g，巨豆三烯酮 4 含量为 0.504 μg/g，3-羟基-β-二氢大马酮含量为 0.739 μg/g，3-氧代-α-紫罗兰醇含量为 0.918 μg/g，新植二烯含量为 252.157 μg/g， 3-羟基索拉韦惕酮含量为 4.950 μg/g，β-法尼烯含量为 3.517 μg/g(表 17-2-10)。

2. 平地镇波西村上湾片区

代表性片区(RH-02)中部烟叶(C3F)茄酮含量为 2.005 μg/g，香叶基丙酮含量为 0.358 μg/g，降茄二酮含量为 0.190 μg/g，β-紫罗兰酮含量为 0.605 μg/g，氧化紫罗兰酮含量为 1.154 μg/g，二氢猕猴桃内酯含量为 2.330 μg/g，巨豆三烯酮 1 含量为 0.123 μg/g，巨豆三烯酮 2 含量为 0.683 μg/g，巨豆三烯酮 3 含量为 0.213 μg/g，巨豆三烯酮 4 含量为 0.661 μg/g，3-羟基-β-二氢大马酮含量为 0.840 μg/g，3-氧代-α-紫罗兰醇含量为 1.042 μg/g，新植二烯含量为 272.910 μg/g， 3-羟基索拉韦惕酮含量为 4.357 μg/g，β-法尼烯含量为 4.110 μg/g(表 17-2-10)。

3. 平地镇波西村下湾片区

代表性片区(RH-03)中部烟叶(C3F)茄酮含量为 1.949 μg/g，香叶基丙酮含量为 0.280 μg/g，降茄二酮含量为 0.134 μg/g，β-紫罗兰酮含量为 0.549 μg/g，氧化紫罗兰酮含量为 1.131 μg/g，二氢猕猴桃内酯含量为 1.994 μg/g，巨豆三烯酮 1 含量为 0.112 μg/g，巨豆三烯酮 2 含量为 0.638 μg/g，巨豆三烯酮 3 含量为 0.190 μg/g，巨豆三烯酮 4 含量为 0.616 μg/g，3-羟基-β-二氢大马酮含量为 0.728 μg/g，3-氧代-α-紫罗兰醇含量为 1.075 μg/g，新植二烯含量为 265.373 μg/g，3-羟基索拉韦惕酮含量为 2.867 μg/g，β-法尼烯含量为 3.371 μg/g（表 17-2-10）。

表 17-2-10　代表性片区中部烟叶（C3F）香气物质　　　　（单位：μg/g）

香气物质	RH-01	RH-02	RH-03
茄酮	2.083	2.005	1.949
香叶基丙酮	0.358	0.358	0.280
降茄二酮	0.157	0.190	0.134
β-紫罗兰酮	0.582	0.605	0.549
氧化紫罗兰酮	1.131	1.154	1.131
二氢猕猴桃内酯	2.352	2.330	1.994
巨豆三烯酮 1	0.101	0.123	0.112
巨豆三烯酮 2	0.538	0.683	0.638
巨豆三烯酮 3	0.179	0.213	0.190
巨豆三烯酮 4	0.504	0.661	0.616
3-羟基-β-二氢大马酮	0.739	0.840	0.728
3-氧代-α-紫罗兰醇	0.918	1.042	1.075
新植二烯	252.157	272.910	265.373
3-羟基索拉韦惕酮	4.950	4.357	2.867
β-法尼烯	3.517	4.110	3.371

九、烟叶感官质量

1. 平地镇平地村梁子片区

代表性片区（RH-01）中部烟叶（C3F）感官质量评价结果显示，香韵指标包含的干草香、清甜香、正甜香、焦甜香、青香、木香、豆香、坚果香、焦香、辛香、果香、药草香、花香、树脂香、酒香的各项指标值分别为 3.22、2.88、1.57、0、1.22、1.25、0、0、1.00、1.17、0、0、0、0、0，烟气指标包含的香气状态、烟气浓度、劲头、香气质、香气量和透发性的各项指标值分别为 3.25、3.00、2.56、3.67、3.00 和 3.11，杂气指标包含的青杂气、生青气、枯焦气、木质气、土腥气、松脂气、花粉气、药草气和金属气的各项指标值分别为 1.13、1.14、0、1.14、0、0、0、0、0，口感指标包含的细腻程度、柔和程度、圆润感、刺激性、干燥感和余味的各项指标值分别为 3.67、3.22、3.11、1.67、2.00 和 3.44（表 17-2-11）。

2. 平地镇波西村上湾片区

代表性片区（RH-02）中部烟叶（C3F）感官质量评价结果显示，香韵指标包含的干草香、清甜香、正甜香、焦甜香、青香、木香、豆香、坚果香、焦香、辛香、果香、药草香、花香、树脂香、酒香的各项指标值分别为3.33、2.78、1.17、0、1.25、1.38、0、0、1.00、1.14、0、0、0、0、0，烟气指标包含的香气状态、烟气浓度、劲头、香气质、香气量和透发性的各项指标值分别为3.11、3.00、2.44、3.11、2.89和3.00，杂气指标包含的青杂气、生青气、枯焦气、木质气、土腥气、松脂气、花粉气、药草气和金属气的各项指标值分别为1.25、1.00、1.14、1.14、0、0、0、0、0，口感指标包含的细腻程度、柔和程度、圆润感、刺激性、干燥感和余味的各项指标值分别为3.22、3.11、3.00、2.33、2.33和3.00（表17-2-11）。

3. 平地镇波西村下湾片区

代表性片区（RH-03）中部烟叶（C3F）感官质量评价结果显示，香韵指标包含的干草香、清甜香、正甜香、焦甜香、青香、木香、豆香、坚果香、焦香、辛香、果香、药草香、花香、树脂香、酒香的各项指标值分别为3.33、2.89、1.17、0、1.22、1.14、0、0、0、1.00、0、0、0、0、0，烟气指标包含的香气状态、烟气浓度、劲头、香气质、香气量和透发性的各项指标值分别为3.11、3.00、2.44、3.22、3.00和2.89，杂气指标包含的青杂气、生青气、枯焦气、木质气、土腥气、松脂气、花粉气、药草气和金属气的各项指标值分别为1.57、1.11、0、1.13、0、0、0、0、0，口感指标包含的细腻程度、柔和程度、圆润感、刺激性、干燥感和余味的各项指标值分别为3.00、3.11、3.11、2.22、2.22和3.00（表17-2-11）。

表 17-2-11　代表性片区中部烟叶（C3F）感官质量

评价指标		RH-01	RH-02	RH-03
香韵	干草香	3.22	3.33	3.33
	清甜香	2.88	2.78	2.89
	正甜香	1.57	1.17	1.17
	焦甜香	0	0	0
	青香	1.22	1.25	1.22
	木香	1.25	1.38	1.14
	豆香	0	0	0
	坚果香	0	0	0
	焦香	1.00	1.00	0
	辛香	1.17	1.14	1.00
	果香	0	0	0
	药草香	0	0	0
	花香	0	0	0
	树脂香	0	0	0
	酒香	0	0	0
烟气	香气状态	3.25	3.11	3.11
	烟气浓度	3.00	3.00	3.00
	劲头	2.56	2.44	2.44
	香气质	3.67	3.11	3.22

续表

评价指标		RH-01	RH-02	RH-03
烟气	香气量	3.00	2.89	3.00
	透发性	3.11	3.00	2.89
杂气	青杂气	1.13	1.25	1.57
	生青气	1.14	1.00	1.11
	枯焦气	0	1.14	0
	木质气	1.14	1.14	1.13
	土腥气	0	0	0
	松脂气	0	0	0
	花粉气	0	0	0
	药草气	0	0	0
	金属气	0	0	0
口感	细腻程度	3.67	3.22	3.00
	柔和程度	3.22	3.11	3.11
	圆润感	3.11	3.00	3.11
	刺激性	1.67	2.33	2.22
	干燥感	2.00	2.33	2.22
	余味	3.44	3.00	3.00

第三节　四川盐边烟叶风格特征

四川省盐边县隶属攀枝花市，位于北纬 26°25′～27°21′、东经 101°08′～102°04′。盐边县地处攀枝花市北部，东临米易县和凉山彝族自治州会理县，南接仁和区，西与云南省华坪、宁蒗彝族自治县接壤，北与凉山彝族自治州盐源县毗邻。盐边是攀西山区烤烟种植区的典型烤烟产区之一，根据目前该县烤烟种植片区分布特点和烟叶质量风格特征，选择 3 个种植片区，作为该县烟叶质量风格特征的代表性区域加以展示。

一、烟田与烟株基本特征

1. 共和乡正坝村正坝组片区

代表性片区（YB-01）中心点位于北纬 27°1′25.356″、东经 101°43′52.32″，海拔 1905 m。地处中山坡地上部，中坡旱地，成土母质为石灰岩、白云岩等风化坡积物，土壤亚类为普通暗沃干润雏形土。该片区烤烟、玉米不定期轮作，烤烟大田生长期 4～9 月。烤烟田间长相长势好，烟株呈塔形结构，株高 132.60 cm，茎围 8.60 cm，有效叶片数 20.40，中部烟叶长 70.20 cm、宽 28.20 cm，上部烟叶长 49.10 cm、宽 18.60 cm（图 17-3-1，表 17-3-1）。

2. 温泉彝族乡那片村5组片区

代表性片区(YB-02)中心点位于北纬 26°0′7.200″、东经 101°9′14.364″，海拔 1885 m。地处亚高山坡地中上部，缓坡旱地，成土母质为石灰岩、白云岩等风化坡积物，土壤亚类为暗红钙质干润淋溶土。该片区烤烟、玉米不定期轮作，烤烟大田生长期4～9月。烤烟田间长相长势好，烟株呈塔形结构，株高 131.50 cm，茎围 8.60 cm，有效叶片数 20.00，中部烟叶长 68.40 cm、宽 25.20 cm，上部烟叶长 48.20 cm、宽 11.80 cm(图 17-3-2，表 17-3-1)。

图 17-3-1　YB-01 片区烟田

图 17-3-2　YB-02 片区烟田

3. 红果彝族乡蒿枝坪村桥地箐片区

代表性片区(YB-03)中心点位于北纬 26°10′48.036″、东经 101°25′23.700″，海拔 1673 m。地处亚高山坡地中部，梯田旱地，成土母质为紫砂岩风化坡积物，土壤亚类为普通紫色湿润雏形土。该片区烤烟、玉米不定期轮作，烤烟大田生长期4～9月。烤烟田间长相长势好，烟株呈塔形结构，株高 121.00 cm，茎围 7.80 cm，有效叶片数 20.40，中部烟叶长 65.20 cm、宽 24.70 cm，上部烟叶长 39.20 cm、宽 10.20 cm(图 17-3-3，表 17-3-1)。

图 17-3-3　　YB-03 片区烟田

表 17-3-1　　代表性片区烟株主要农艺性状

片区	株高 /cm	茎围 /cm	有效叶 /片	中部叶/cm		上部叶/cm		株型
				叶长	叶宽	叶长	叶宽	
YB-01	132.60	8.60	20.40	70.20	28.20	49.10	18.60	塔形
YB-02	131.50	8.60	20.00	68.40	25.20	48.20	11.80	塔形
YB-03	121.00	7.80	20.40	65.20	24.70	39.20	10.20	塔形

二、烟叶外观质量与物理指标

1. 共和乡正坝村正坝组片区

代表性片区（YB-01）烟叶外观质量指标的成熟度得分 8.00，颜色得分 9.00，油分得分 7.50，身份得分 9.00，结构得分 9.00，色度得分 7.00。烟叶物理指标中的单叶重 10.21 g，叶片密度 69.87 g/m²，含梗率 30.25%，平衡含水率 15.67%，叶片长度 60.00 cm，叶片宽度 17.00 cm，叶片厚度 128.70 μm，填充值 2.73 cm³/g（图 17-3-4，表 17-3-2 和表 17-3-3）。

图 17-3-4　　YB-01 片区初烤烟叶

2. 温泉彝族乡那片村 5 组片区

代表性片区(YB-02)烟叶外观质量指标的成熟度得分 8.00，颜色得分 9.00，油分得分 6.50，身份得分 9.00，结构得分 9.00，色度得分 7.00。烟叶物理指标中的单叶重 10.44 g，叶片密度 71.32 g/m²，含梗率 35.74%，平衡含水率 14.26%，叶片长度 64.17 cm，叶片宽度 17.33 cm，叶片厚度 130.21 μm，填充值 2.78 cm³/g(图 17-3-5，表 17-3-2 和表 17-3-3)。

图 17-3-5　YB-02 片区初烤烟叶

3. 红果彝族乡蒿枝坪村桥地箐片区

代表性片区(YB-03)烟叶外观质量指标的成熟度得分 8.00，颜色得分 9.00，油分得分 7.00，身份得分 9.00，结构得分 9.00，色度得分 7.00。烟叶物理指标中的单叶重 10.05 g，叶片密度 70.52 g/m²，含梗率 36.83%，平衡含水率 14.71%，叶片长度 62.67 cm，叶片宽度 20.33 cm，叶片厚度 127.67 μm，填充值 2.76 cm³/g(图 17-3-6，表 17-3-2 和表 17-3-3)。

图 17-3-6　YB-03 片区初烤烟叶

表 17-3-2　　代表性片区烟叶外观质量

片区	成熟度	颜色	油分	身份	结构	色度
YB-01	8.00	9.00	7.50	9.00	9.00	7.00
YB-02	8.00	9.00	6.50	9.00	9.00	7.00
YB-03	8.00	9.00	7.00	9.00	9.00	7.00

表 17-3-3　　代表性片区烟叶物理指标

片区	单叶重 /g	叶片密度 /(g/m²)	含梗率 /%	平衡含水率 /%	叶长 /cm	叶宽 /cm	叶片厚度 /μm	填充值 /(cm³/g)
YB-01	10.21	69.87	30.25	15.67	60.00	17.00	128.70	2.73
YB-02	10.44	71.32	35.74	14.26	64.17	17.33	130.21	2.78
YB-03	10.05	70.52	36.83	14.71	62.67	20.33	127.67	2.76

三、烟叶常规化学成分与中微量元素

1. 共和乡正坝村正坝组片区

代表性片区（YB-01）中部烟叶（C3F）总糖含量 34.89%，还原糖含量 32.25%，总氮含量 1.89%，总植物碱含量 1.68%，氯含量 0.33%，钾含量 1.74%，糖碱比 20.76，淀粉含量 2.42%（表 17-3-4）。烟叶铜含量为 0.088 g/kg，铁含量为 1.098 g/kg，锰含量为 0.797 g/kg，锌含量为 0.631 g/kg，钙含量为 165.974 mg/kg，镁含量为 20.183 mg/kg（表 17-3-5）。

2. 温泉彝族乡那片村 5 组片区

代表性片区（YB-02）中部烟叶（C3F）总糖含量 35.75%，还原糖含量 32.49%，总氮含量 1.79%，总植物碱含量 1.76%，氯含量 0.46%，钾含量 1.81%，糖碱比 20.31，淀粉含量 1.67%（表 17-3-4）。烟叶铜含量为 0.059 g/kg，铁含量为 1.704 g/kg，锰含量为 1.090 g/kg，锌含量为 0.433 g/kg，钙含量为 183.669 mg/kg，镁含量为 28.270 mg/kg（表 17-3-5）。

3. 红果彝族乡蒿枝坪村桥地菁片区

代表性片区（YB-03）中部烟叶（C3F）总糖含量 35.66%，还原糖含量 30.05%，总氮含量 1.99%，总植物碱含量 2.16%，氯含量 0.39%，钾含量 1.80%，糖碱比 16.51，淀粉含量 3.26%（表 17-3-4）。烟叶铜含量为 0.084 g/kg，铁含量为 1.078 g/kg，锰含量为 0.704 g/kg，锌含量为 0.529 g/kg，钙含量为 159.897 mg/kg，镁含量为 20.748 mg/kg（表 17-3-5）。

表 17-3-4　　代表性片区中部烟叶（C3F）常规化学成分

片区	总糖/%	还原糖/%	总氮/%	总植物碱/%	氯/%	钾/%	糖碱比	淀粉/%
YB-01	34.89	32.25	1.89	1.68	0.33	1.74	20.76	2.42
YB-02	35.75	32.49	1.79	1.76	0.46	1.81	20.31	1.67
YB-03	35.66	30.05	1.99	2.16	0.39	1.80	16.51	3.26

表 17-3-5 代表性片区中部烟叶（C3F）中微量元素

片区	Cu /(g/kg)	Fe /(g/kg)	Mn /(g/kg)	Zn /(g/kg)	Ca /(mg/kg)	Mg /(mg/kg)
YB-01	0.088	1.098	0.797	0.631	165.974	20.183
YB-02	0.059	1.704	1.090	0.433	183.669	28.270
YB-03	0.084	1.078	0.704	0.529	159.897	20.748

四、烟叶生物碱组分与细胞壁物质

1. 共和乡正坝村正坝组片区

代表性片区（YB-01）中部烟叶（C3F）烟碱含量为 14.395 mg/g，降烟碱含量为 1.330 mg/g，麦斯明含量为 0.004 mg/g，假木贼碱含量为 0.112 mg/g，新烟碱含量为 1.090 mg/g；烟叶纤维素含量为 7.30%，半纤维素含量为 3.50%，木质素含量为 1.10%（表 17-3-6）。

2. 温泉彝族乡那片村 5 组片区

代表性片区（YB-02）中部烟叶（C3F）烟碱含量为 14.985 mg/g，降烟碱含量为 1.142 mg/g，麦斯明含量为 0.005 mg/g，假木贼碱含量为 0.127 mg/g，新烟碱含量为 1.105 mg/g；烟叶纤维素含量为 6.74%，半纤维素含量为 2.96%，木质素含量为 1.02%（表 17-3-6）。

3. 红果彝族乡蒿枝坪村桥地箐片区

代表性片区（YB-03）中部烟叶（C3F）烟碱含量为 18.049 mg/g，降烟碱含量为 0.874 mg/g，麦斯明含量为 0.003 mg/g，假木贼碱含量为 0.134 mg/g，新烟碱含量为 1.346 mg/g；烟叶纤维素含量为 6.84%，半纤维素含量为 2.98%，木质素含量为 1.03%（表 17-3-6）。

表 17-3-6 代表性片区中部烟叶（C3F）生物碱组分与细胞壁物质

片区	烟碱 /(mg/g)	降烟碱 /(mg/g)	麦斯明 /(mg/g)	假木贼碱 /(mg/g)	新烟碱 /(mg/g)	纤维素 /%	半纤维素 /%	木质素 /%
YB-01	14.395	1.330	0.004	0.112	1.090	7.30	3.50	1.10
YB-02	14.985	1.142	0.005	0.127	1.105	6.74	2.96	1.02
YB-03	18.049	0.874	0.003	0.134	1.346	6.84	2.98	1.03

五、烟叶多酚与质体色素

1. 共和乡正坝村正坝组片区

代表性片区（YB-01）中部烟叶（C3F）绿原酸含量为 11.530 mg/g，芸香苷含量为 13.640 mg/g，莨菪亭含量为 0.146 mg/g，β-胡萝卜素含量为 0.031 mg/g，叶黄素含量为 0.084 mg/g（表 17-3-7）。

2. 温泉彝族乡那片村 5 组片区

代表性片区（YB-02）中部烟叶（C3F）绿原酸含量为 12.940 mg/g，芸香苷含量为 15.030 mg/g，莨菪亭含量为 0.120 mg/g，β-胡萝卜素含量为 0.021 mg/g，叶黄素含量为 0.053 mg/g（表 17-3-7）。

3. 红果彝族乡蒿枝坪村桥地箐片区

代表性片区（YB-03）中部烟叶（C3F）绿原酸含量为 12.560 mg/g，芸香苷含量为 14.390 mg/g，莨菪亭含量为 0.099 mg/g，β-胡萝卜素含量为 0.022 mg/g，叶黄素含量为 0.062 mg/g（表 17-3-7）。

表 17-3-7　代表性片区中部烟叶（C3F）多酚与质体色素　　（单位：mg/g）

片区	绿原酸	芸香苷	莨菪亭	β-胡萝卜素	叶黄素
YB-01	11.530	13.640	0.146	0.031	0.084
YB-02	12.940	15.030	0.120	0.021	0.053
YB-03	12.560	14.390	0.099	0.022	0.062

六、烟叶有机酸类物质

1. 共和乡正坝村正坝组片区

代表性片区（YB-01）中部烟叶（C3F）草酸含量为 9.560 mg/g，苹果酸含量为 31.170 mg/g，柠檬酸含量为 3.750 mg/g，棕榈酸含量为 1.990 mg/g，亚油酸含量为 1.520 mg/g，油酸含量为 3.200 mg/g，硬脂酸含量为 0.690 mg/g（表 17-3-8）。

2. 温泉彝族乡那片村 5 组片区

代表性片区（YB-02）中部烟叶（C3F）草酸含量为 9.230 mg/g，苹果酸含量为 30.140 mg/g，柠檬酸含量为 4.180 mg/g，棕榈酸含量为 1.950 mg/g，亚油酸含量为 1.440 mg/g，油酸含量为 3.060 mg/g，硬脂酸含量为 0.680 mg/g（表 17-3-8）。

3. 红果彝族乡蒿枝坪村桥地箐片区

代表性片区（YB-03）中部烟叶（C3F）草酸含量为 8.580 mg/g，苹果酸含量为 32.780 mg/g，柠檬酸含量为 4.650 mg/g，棕榈酸含量为 1.940 mg/g，亚油酸含量为 1.300 mg/g，油酸含量为 3.030 mg/g，硬脂酸含量为 0.410 mg/g（表 17-3-8）。

表 17-3-8　代表性片区中部烟叶（C3F）有机酸　　（单位：mg/g）

片区	草酸	苹果酸	柠檬酸	棕榈酸	亚油酸	油酸	硬脂酸
YB-01	9.560	31.170	3.750	1.990	1.520	3.200	0.690
YB-02	9.230	30.140	4.180	1.950	1.440	3.060	0.680
YB-03	8.580	32.780	4.650	1.940	1.300	3.030	0.410

七、烟叶氨基酸

1. 共和乡正坝村正坝组片区

代表性片区（YB-01）中部烟叶（C3F）磷酸化-丝氨酸含量为 0.333 μg/mg，牛磺酸含量为 0.393 μg/mg，天冬氨酸含量为 0.141 μg/mg，苏氨酸含量为 0.193 μg/mg，丝氨酸含量为 0.067 μg/mg，天冬酰胺含量为 0.863 μg/mg，谷氨酸含量为 0.115 μg/mg，甘氨酸含量为 0.041 μg/mg，丙氨酸含量为 0.499 μg/mg，缬氨酸含量为 0.080 μg/mg，半胱氨酸含量为 0.146 μg/mg，异亮氨酸含量为 0.018 μg/mg，亮氨酸含量为 0.156 μg/mg，酪氨酸含量为 0.050 μg/mg，苯丙氨酸含量为 0.122 μg/mg，氨基丁酸含量为 0.044 μg/mg，组氨酸含量为 0.103 μg/mg，色氨酸含量为 0.138 μg/mg，精氨酸含量为 0.033 μg/mg（表 17-3-9）。

2. 温泉彝族乡那片村 5 组片区

代表性片区（YB-02）中部烟叶（C3F）磷酸化-丝氨酸含量为 0.339 μg/mg，牛磺酸含量为 0.410 μg/mg，天冬氨酸含量为 0.112 μg/mg，苏氨酸含量为 0.205 μg/mg，丝氨酸含量为 0.064 μg/mg，天冬酰胺含量为 0.724 μg/mg，谷氨酸含量为 0.129 μg/mg，甘氨酸含量为 0.035 μg/mg，丙氨酸含量为 0.422 μg/mg，缬氨酸含量为 0.069 μg/mg，半胱氨酸含量为 0.110 μg/mg，异亮氨酸含量为 0.016 μg/mg，亮氨酸含量为 0.128 μg/mg，酪氨酸含量为 0.052 μg/mg，苯丙氨酸含量为 0.119 μg/mg，氨基丁酸含量为 0.036 μg/mg，组氨酸含量为 0.083 μg/mg，色氨酸含量为 0.109 μg/mg，精氨酸含量为 0.030 μg/mg（表 17-3-9）。

3. 红果彝族乡蒿枝坪村桥地箐片区

代表性片区（YB-03）中部烟叶（C3F）磷酸化-丝氨酸含量为 0.286 μg/mg，牛磺酸含量为 0.375 μg/mg，天冬氨酸含量为 0.121 μg/mg，苏氨酸含量为 0.200 μg/mg，丝氨酸含量为 0.076 μg/mg，天冬酰胺含量为 0.627 μg/mg，谷氨酸含量为 0.164 μg/mg，甘氨酸含量为 0.037 μg/mg，丙氨酸含量为 0.484 μg/mg，缬氨酸含量为 0.072 μg/mg，半胱氨酸含量为 0.127 μg/mg，异亮氨酸含量为 0.014 μg/mg，亮氨酸含量为 0.155 μg/mg，酪氨酸含量为 0.065 μg/mg，苯丙氨酸含量为 0.127 μg/mg，氨基丁酸含量为 0.045 μg/mg，组氨酸含量为 0.105 μg/mg，色氨酸含量为 0.136 μg/mg，精氨酸含量为 0.039 μg/mg（表 17-3-9）。

表 17-3-9　代表性片区中部烟叶（C3F）氨基酸　　（单位：μg/mg）

氨基酸组分	YB-01	YB-02	YB-03
磷酸化-丝氨酸	0.333	0.339	0.286
牛磺酸	0.393	0.410	0.375
天冬氨酸	0.141	0.112	0.121
苏氨酸	0.193	0.205	0.200
丝氨酸	0.067	0.064	0.076
天冬酰胺	0.863	0.724	0.627
谷氨酸	0.115	0.129	0.164

氨基酸组分	YB-01	YB-02	YB-03
甘氨酸	0.041	0.035	0.037
丙氨酸	0.499	0.422	0.484
缬氨酸	0.080	0.069	0.072
半胱氨酸	0.146	0.110	0.127
异亮氨酸	0.018	0.016	0.014
亮氨酸	0.156	0.128	0.155
酪氨酸	0.050	0.052	0.065
苯丙氨酸	0.122	0.119	0.127
氨基丁酸	0.044	0.036	0.045
组氨酸	0.103	0.083	0.105
色氨酸	0.138	0.109	0.136
精氨酸	0.033	0.030	0.039

八、烟叶香气物质

1. 共和乡正坝村正坝组片区

代表性片区(YB-01)中部烟叶(C3F)茄酮含量为 1.938 μg/g,香叶基丙酮含量为 0.224 μg/g,降茄二酮含量为 0.134 μg/g,β-紫罗兰酮含量为 0.571 μg/g,氧化紫罗兰酮含量为 1.131 μg/g,二氢猕猴桃内酯含量为 2.453 μg/g,巨豆三烯酮 1 含量为 0.112 μg/g,巨豆三烯酮 2 含量为 0.627 μg/g,巨豆三烯酮 3 含量为 0.179 μg/g,巨豆三烯酮 4 含量为 0.605 μg/g,3-羟基-β-二氢大马酮含量为 0.560 μg/g,3-氧代-α-紫罗兰醇含量为 1.109 μg/g,新植二烯含量为 304.539 μg/g,3-羟基索拉韦惕酮含量为 9.307 μg/g,β-法尼烯含量为 3.965 μg/g(表 17-3-10)。

2. 温泉彝族乡那片村 5 组片区

代表性片区(YB-02)中部烟叶(C3F)茄酮含量为 2.240 μg/g,香叶基丙酮含量为 0.258 μg/g,降茄二酮含量为 0.157 μg/g,β-紫罗兰酮含量为 0.549 μg/g,氧化紫罗兰酮含量为 1.120 μg/g,二氢猕猴桃内酯含量为 2.162 μg/g,巨豆三烯酮 1 含量为 0.123 μg/g,巨豆三烯酮 2 含量为 0.594 μg/g,巨豆三烯酮 3 含量为 0.168 μg/g,巨豆三烯酮 4 含量为 0.582 μg/g,3-羟基-β-二氢大马酮含量为 0.594 μg/g,3-氧代-α-紫罗兰醇含量为 1.254 μg/g,新植二烯含量为 265.261 μg/g,3-羟基索拉韦惕酮含量为 8.030 μg/g,β-法尼烯含量为 3.102 μg/g(表 17-3-10)。

3. 红果彝族乡蒿枝坪村桥地箐片区

代表性片区(YB-03)中部烟叶(C3F)茄酮含量为 2.251 μg/g,香叶基丙酮含量为 0.314 μg/g,降茄二酮含量为 0.157 μg/g,β-紫罗兰酮含量为 0.605 μg/g,氧化紫罗兰酮含量为 1.142 μg/g，二氢猕猴桃内酯含量为 2.195 μg/g，巨豆三烯酮 1 含量为 0.123 μg/g，巨豆三烯酮 2 含量为 0.661 μg/g，巨豆三烯酮 3 含量为 0.179 μg/g，巨豆三烯酮 4 含量为 0.594 μg/g，3-羟基-β-二氢大马酮含量为 0.762 μg/g，3-氧代-α-紫罗兰醇含量为 0.851 μg/g，新植二烯含量为 291.290 μg/g，3-羟基索拉韦惕酮含量为 7.078 μg/g，β-法尼烯含量为 4.861 μg/g（表 17-3-10）。

表 17-3-10　代表性片区中部烟叶（C3F）香气物质　　（单位：μg/g）

香气物质	YB-01	YB-02	YB-03
茄酮	1.938	2.240	2.251
香叶基丙酮	0.224	0.258	0.314
降茄二酮	0.134	0.157	0.157
β-紫罗兰酮	0.571	0.549	0.605
氧化紫罗兰酮	1.131	1.120	1.142
二氢猕猴桃内酯	2.453	2.162	2.195
巨豆三烯酮 1	0.112	0.123	0.123
巨豆三烯酮 2	0.627	0.594	0.661
巨豆三烯酮 3	0.179	0.168	0.179
巨豆三烯酮 4	0.605	0.582	0.594
3-羟基-β-二氢大马酮	0.560	0.594	0.762
3-氧代-α-紫罗兰醇	1.109	1.254	0.851
新植二烯	304.539	265.261	291.290
3-羟基索拉韦惕酮	9.307	8.030	7.078
β-法尼烯	3.965	3.102	4.861

九、烟叶感官质量

1. 共和乡正坝村正坝组片区

代表性片区（YB-01）中部烟叶（C3F）感官质量评价结果显示，香韵指标包含的干草香、清甜香、正甜香、焦甜香、青香、木香、豆香、坚果香、焦香、辛香、果香、药草香、花香、树脂香、酒香的各项指标值分别为 3.00、2.22、1.14、0、1.33、1.57、0、0、1.00、1.13、0、0、0、0、0，烟气指标包含的香气状态、烟气浓度、劲头、香气质、香气量和透发性的各项指标值分别为 2.56、3.00、2.56、3.00、2.78 和 2.56，杂气指标包含的青杂气、生青气、枯焦气、木质气、土腥气、松脂气、花粉气、药草气和金属气的各项指标值分别为 1.25、1.17、0、1.44、0、0、0、0、0，口感指标包含的细腻程度、柔和程度、圆润感、刺激性、干燥感和余味的各项指标值分别为 3.00、2.67、2.67、2.22、2.44 和 2.78（表 17-3-11）。

2. 温泉彝族乡那片村 5 组片区

代表性片区（YB-02）中部烟叶（C3F）感官质量评价结果显示，香韵指标包含的干草香、清甜香、正甜香、焦甜香、青香、木香、豆香、坚果香、焦香、辛香、果香、药草香、花香、树脂香、酒香的各项指标值分别为 3.56、2.56、1.13、0、1.22、1.50、0、0、1.00、1.14、0、0、0、0、0，烟气指标包含的香气状态、烟气浓度、劲头、香气质、香气量和透发性的各项指标值分别为 3.00、3.00、2.44、3.22、2.89 和 2.89，杂气指标包含的青杂气、生青气、枯焦气、木质气、土腥气、松脂气、花粉气、药草气和金属气的各项指标值分别为 1.38、1.00、0、1.25、0、0、0、0、0，口感指标包含的细腻程度、柔和程度、圆润感、刺激性、干燥感和余味的各项指标值分别为 3.11、2.78、3.00、2.44、2.33 和 3.00（表 17-3-11）。

3. 红果彝族乡蒿枝坪村桥地箐片区

代表性片区（YB-03）中部烟叶（C3F）感官质量评价结果显示，香韵指标包含的干草香、清甜香、正甜香、焦甜香、青香、木香、豆香、坚果香、焦香、辛香、果香、药草香、花香、树脂香、酒香的各项指标值分别为 3.44、2.89、1.00、0、1.00、1.67、0、0、1.00、1.14、0、0、0、0、0，烟气指标包含的香气状态、烟气浓度、劲头、香气质、香气量和透发性的各项指标值分别为 3.25、3.22、2.89、3.22、3.11 和 3.00，杂气指标包含的青杂气、生青气、枯焦气、木质气、土腥气、松脂气、花粉气、药草气和金属气的各项指标值分别为 1.25、1.00、1.20、1.29、0、0、0、0、0，口感指标包含的细腻程度、柔和程度、圆润感、刺激性、干燥感和余味的各项指标值分别为 3.00、3.00、3.00、2.56、2.22 和 3.11（表 17-3-11）。

表 17-3-11　代表性片区中部烟叶（C3F）感官质量

评价指标		YB-01	YB-02	YB-03
香韵	干草香	3.00	3.56	3.44
	清甜香	2.22	2.56	2.89
	正甜香	1.14	1.13	1.00
	焦甜香	0	0	0
	青香	1.33	1.22	1.00
	木香	1.57	1.50	1.67
	豆香	0	0	0
	坚果香	0	0	0
	焦香	1.00	1.00	1.00
	辛香	1.13	1.14	1.14
	果香	0	0	0
	药草香	0	0	0
	花香	0	0	0
	树脂香	0	0	0
	酒香	0	0	0
烟气	香气状态	2.56	3.00	3.25
	烟气浓度	3.00	3.00	3.22
	劲头	2.56	2.44	2.89
	香气质	3.00	3.22	3.22
	香气量	2.78	2.89	3.11
	透发性	2.56	2.89	3.00

评价指标		YB-01	YB-02	YB-03
杂气	青杂气	1.25	1.38	1.25
	生青气	1.17	1.00	1.00
	枯焦气	0	0	1.20
	木质气	1.44	1.25	1.29
	土腥气	0	0	0
	松脂气	0	0	0
	花粉气	0	0	0
	药草气	0	0	0
	金属气	0	0	0
口感	细腻程度	3.00	3.11	3.00
	柔和程度	2.67	2.78	3.00
	圆润感	2.67	3.00	3.00
	刺激性	2.22	2.44	2.56
	干燥感	2.44	2.33	2.22
	余味	2.78	3.00	3.11

第四节　四川会东烟叶风格特征

会东县位于东经 102°13′～103°3′15″、北纬 26°12′～26°55′，地处四川省凉山彝族自治州南端，西邻会理县，北接宁南县，县境东、南面隔金沙江与云南省巧家县、昆明市东川区、禄劝彝族苗族自治县相望。会东县隶属四川省凉山彝族自治州，地处横断山脉南部褶皱山中切割地带，地形复杂，整个地势中部高，西部缓展，北部绵延，东南陡峭，山地占总面积的 90.87%。根据目前该县烤烟种植面积、片区分布特点和烟叶质量风格特征以及采样因素，只选择姜州镇弯德村凉项片区作为烟叶质量风格特征的代表性区域加以展示。

一、烟田与烟株基本特征

姜州镇弯德村凉项片区（HD-01）中心点位于北纬 26°33′58.580″、东经 102°27′36.451″，海拔 1815 m。地处亚高山坡地中部，缓坡梯田旱地，成土母质为紫红砂岩风化坡积物，土壤亚类为斑纹铁质干润淋溶土。该片区烤烟、玉米不定期轮作，烤烟大田生长期 5～8 月。烤烟田间长相长势好，烟株呈塔形结构，株高 125.75 cm，茎围 7.94 cm，有效叶片数 21.13，中部烟叶长 60.19 cm、宽 23.63 cm，上部烟叶长 44.75 cm、宽 11.75 cm（图 17-4-1，表 17-4-1）。

表 17-4-1　代表性片区烟株主要农艺性状

片区	株高 /cm	茎围 /cm	有效叶 /片	中部叶/cm		上部叶/cm		株型
				叶长	叶宽	叶长	叶宽	
HD-01	125.75	7.94	21.13	60.19	23.63	44.75	11.75	塔形

图 17-4-1   HD-01 片区烟田

二、烟叶外观质量与物理指标

代表性片区（HD-01）烟叶外观质量指标的成熟度得分 8.00，颜色得分 8.50，油分得分 7.00，身份得分 9.00，结构得分 9.00，色度得分 7.00。烟叶物理指标中的单叶重 10.64 g，叶片密度 71.52 g/m^2，含梗率 33.06%，平衡含水率 13.92%，叶片长度 62.00 cm，叶片宽度 20.83 cm，叶片厚度 116.52 μm，填充值 2.65 cm^3/g（图 17-4-2，表 17-4-2 和表 17-4-3）。

图 17-4-2   HD-01 片区初烤烟叶

表 17-4-2   代表性片区烟叶外观质量

片区	成熟度	颜色	油分	身份	结构	色度
HD-01	8.00	8.50	7.00	9.00	9.00	7.00

表 17-4-3   代表性片区烟叶物理指标

片区	单叶重 /g	叶片密度 /(g/m^2)	含梗率 /%	平衡含水率 /%	叶长 /cm	叶宽 /cm	叶片厚度 /μm	填充值 /(cm^3/g)
HD-01	10.64	71.52	33.06	13.92	62.00	20.83	116.52	2.65

三、烟叶常规化学成分与中微量元素

代表性片区（HD-01）中部烟叶（C3F）总糖含量 37.60%，还原糖含量 32.57%，总氮含量 1.57%，总植物碱含量 1.53%，氯含量 0.51%，钾含量 2.03%，糖碱比 24.57，淀粉含量 2.88%（表 17-4-4）；烟叶铜含量为 0.082 g/kg，铁含量为 1.505 g/kg，锰含量为 0.846 g/kg，锌含量为 0.380 g/kg，钙含量为 178.090 mg/kg，镁含量为 27.360 mg/kg（表 17-4-5）。

表 17-4-4　代表性片区中部烟叶（C3F）常规化学成分

片区	总糖 /%	还原糖 /%	总氮 /%	总植物碱 /%	氯 /%	钾 /%	糖碱比	淀粉 /%
HD-01	37.60	32.57	1.57	1.53	0.51	2.03	24.57	2.88

表 17-4-5　代表性片区中部烟叶（C3F）中微量元素

片区	Cu /(g/kg)	Fe /(g/kg)	Mn /(g/kg)	Zn /(g/kg)	Ca /(mg/kg)	Mg /(mg/kg)
HD-01	0.082	1.505	0.846	0.380	178.090	27.360

四、烟叶生物碱组分与细胞壁物质

代表性片区（HD-01）中部烟叶（C3F）烟碱含量为 18.450 mg/g，降烟碱含量为 0.717 mg/g，麦斯明含量为 0.002 mg/g，假木贼碱含量为 0.126 mg/g，新烟碱含量为 1.316 mg/g；烟叶纤维素含量为 6.63%，半纤维素含量为 3.23%，木质素含量为 0.96%（表 17-4-6）。

表 17-4-6　代表性片区中部烟叶（C3F）生物碱组分与细胞壁物质

片区	烟碱 /(mg/g)	降烟碱 /(mg/g)	麦斯明 /(mg/g)	假木贼碱 /(mg/g)	新烟碱 /(mg/g)	纤维素 /%	半纤维素 /%	木质素 /%
HD-01	18.450	0.717	0.002	0.126	1.316	6.63	3.23	0.96

五、烟叶多酚与质体色素

代表性片区（HD-01）中部烟叶（C3F）绿原酸含量为 13.500 mg/g，芸香苷含量为 15.240 mg/g，莨菪亭含量为 0.127 mg/g，β-胡萝卜素含量为 0.024 mg/g，叶黄素含量为 0.163 mg/g（表 17-4-7）。

表 17-4-7　代表性片区中部烟叶（C3F）多酚与质体色素　　（单位：mg/g）

片区	绿原酸	芸香苷	莨菪亭	β-胡萝卜素	叶黄素
HD-01	13.500	15.240	0.127	0.024	0.163

六、烟叶有机酸类物质

代表性片区(HD-01)中部烟叶(C3F)草酸含量为8.740 mg/g,苹果酸含量为39.860 mg/g,柠檬酸含量为4.340 mg/g,棕榈酸含量为1.830 mg/g,亚油酸含量为1.120 mg/g,油酸含量为3.120 mg/g,硬脂酸含量为0.550 mg/g(表17-4-8)。

表 17-4-8　代表性片区中部烟叶(C3F)有机酸　　　　(单位: mg/g)

片区	草酸	苹果酸	柠檬酸	棕榈酸	亚油酸	油酸	硬脂酸
HD-01	8.740	39.860	4.340	1.830	1.120	3.120	0.550

七、烟叶氨基酸

代表性片区(HD-01)中部烟叶(C3F)磷酸化-丝氨酸含量为0.283 μg/mg,牛磺酸含量为0.373 μg/mg,天冬氨酸含量为0.093 μg/mg,苏氨酸含量为0.151 μg/mg,丝氨酸含量为0.070 μg/mg,天冬酰胺含量为0.731 μg/mg,谷氨酸含量为0.118 μg/mg,甘氨酸含量为0.034 μg/mg,丙氨酸含量为0.421 μg/mg,缬氨酸含量为0.079 μg/mg,半胱氨酸含量为0 μg/mg,异亮氨酸含量为0.022 μg/mg,亮氨酸含量为0.138 μg/mg,酪氨酸含量为0.060 μg/mg,苯丙氨酸含量为0.132 μg/mg,氨基丁酸含量为0.021 μg/mg,组氨酸含量为0.087 μg/mg,色氨酸含量为0.110 μg/mg,精氨酸含量为0.035 μg/mg(表17-4-9)。

表 17-4-9　代表性片区中部烟叶(C3F)氨基酸　　　　(单位: μg/mg)

氨基酸组分	HD-01	氨基酸组分	HD-01
磷酸化-丝氨酸	0.283	半胱氨酸	0
牛磺酸	0.373	异亮氨酸	0.022
天冬氨酸	0.093	亮氨酸	0.138
苏氨酸	0.151	酪氨酸	0.060
丝氨酸	0.070	苯丙氨酸	0.132
天冬酰胺	0.731	氨基丁酸	0.021
谷氨酸	0.118	组氨酸	0.087
甘氨酸	0.034	色氨酸	0.110
丙氨酸	0.421	精氨酸	0.035
缬氨酸	0.079		

八、烟叶香气物质

代表性片区(HD-01)中部烟叶(C3F)茄酮含量为 1.546 μg/g, 香叶基丙酮含量为0.258 μg/g,降茄二酮含量为0.078 μg/g,β-紫罗兰酮含量为0.594 μg/g,氧化紫罗兰酮含量为1.176 μg/g,二氢猕猴桃内酯含量为2.206 μg/g,巨豆三烯酮1含量为0.146 μg/g,巨豆三烯酮2含量为0.762 μg/g,巨豆三烯酮3含量为0.202 μg/g,巨豆三烯酮4含量为

0.739 μg/g,3-羟基-β-二氢大马酮含量为 0.784 μg/g,3-氧代-α-紫罗兰醇含量为 1.310 μg/g,新植二烯含量为 268.979 μg/g,3-羟基索拉韦惕酮含量为 5.947 μg/g,β-法尼烯含量为 3.450 μg/g(表 17-4-10)。

表 17-4-10 代表性片区中部烟叶(C3F)香气物质 (单位:μg/g)

香气物质	HD-01	香气物质	HD-01
茄酮	1.546	巨豆三烯酮 3	0.202
香叶基丙酮	0.258	巨豆三烯酮 4	0.739
降茄二酮	0.078	3-羟基-β-二氢大马酮	0.784
β-紫罗兰酮	0.594	3-氧代-α-紫罗兰醇	1.310
氧化紫罗兰酮	1.176	新植二烯	268.979
二氢猕猴桃内酯	2.206	3-羟基索拉韦惕酮	5.947
巨豆三烯酮 1	0.146	β-法尼烯	3.450
巨豆三烯酮 2	0.762		

九、烟叶感官质量

代表性片区(HD-01)中部烟叶(C3F)感官质量评价结果显示,香韵指标包含的干草香得分为 3.11,清甜香得分为 2.78,正甜香得分为 1.43,焦甜香得分为 0,青香得分为 1.56,

表 17-4-11 代表性片区中部烟叶(C3F)感官质量

评价指标		HD-01	评价指标		HD-01
香韵	干草香	3.11	烟气	香气质	3.56
	清甜香	2.78		香气量	3.00
	正甜香	1.43		透发性	2.89
	焦甜香	0	杂气	青杂气	1.38
	青香	1.56		生青气	1.00
	木香	1.14		枯焦气	1.40
	豆香	0		木质气	1.14
	坚果香	0.66		土腥气	0
	焦香	1.00		松脂气	0
	辛香	1.00		花粉气	0
	果香	0		药草气	0
	药草香	0		金属气	0
	花香	0	口感	细腻程度	3.22
	树脂香	0		柔和程度	3.00
	酒香	0		圆润感	3.00
烟气	香气状态	3.11		刺激性	2.11
	烟气浓度	3.22		干燥感	2.11
	劲头	2.67		余味	3.33

木香得分为 1.14，豆香得分为 0，坚果香得分为 0.66，焦香得分为 1.00，辛香得分为 1.00，果香得分为 0，药草香得分为 0，花香得分为 0，树脂香得分为 0，酒香得分为 0；烟气指标包含的香气状态得分为 3.11，烟气浓度得分为 3.22，劲头得分为 2.67，香气质得分为 3.56，香气量得分为 3.00，透发性得分为 2.89；杂气指标包含的青杂气得分为 1.38，生青气得分为 1.00，枯焦气得分为 1.40，木质气得分为 1.14，土腥气得分为 0，松脂气得分为 0，花粉气得分为 0，药草气得分为 0，金属气得分为 0；口感指标包含的细腻程度得分为 3.22，柔和程度得分为 3.00，圆润感得分为 3.00，刺激性得分为 2.11，干燥感得分为 2.11，余味得分为 3.33（表 17-4-11）。

第十八章 武夷山区烤烟典型区域烟叶风格特征

武夷山区烤烟种植区位于福建西部地区。典型烤烟种植县(市、区)包括福建省龙岩市永定区、上杭县、长汀县、武平县、连城县，三明市泰宁县、宁化县、建宁县、尤溪县，南平市的邵武市、光泽县、武夷山市、建阳区、浦城县共14个县(市、区)。武夷山区在我国自然资源区划和农业综合区划中是独特的生态区域，该区域是我国烤烟典型产区之一。这里选择永定区和泰宁县2个典型产区县(区)的10个代表性片区，并通过代表性片区烟田烟株长相长势、烤后烟叶外观质量、物理指标、化学指标和烟叶质量感官评价指标，对武夷山区烤烟种植区的烟叶风格进行描述，试图利用代表性片区烟叶主要指标的检测数据呈现该区域烟叶的整体质量风格特征。

第一节 福建永定烟叶风格特征

永定区隶属福建省龙岩市，位于福建省西南部，龙岩市南部，地处东经116°25′~117°05′、北纬24°23′~25°05′，东邻南靖县，南接广东省大埔县，西连上杭县，北靠新罗区。永定区地处中亚热带向南亚热带过渡地段，属中亚热带海洋性季风气候。永定是武夷山区烤烟种植区的典型烤烟产区之一，根据目前该区烤烟种植片区分布特点和烟叶质量风格特征，选择5个种植片区作为该区烟叶质量风格特征的代表性区域加以展示。

一、烟田与烟株基本特征

1. 虎岗镇龙溪村片区

代表性片区(YD-01)中心点位于北纬25°2′38.500″、东经116°48′13.200″，海拔708 m。地处低山丘陵区河谷二级阶地，水田，成土母质为砂岩风化洪积-冲积物，土壤亚类为漂白铁聚水耕人为土；土体深厚，耕作层质地适中，耕性和通透性好。该片区烤烟、晚稻定期轮作，烤烟大田生长期2~6月。烤烟田间长相长势较好，烟株呈塔形结构，株高84.70 cm，茎围8.70 cm，有效叶片数20.10，中部烟叶长71.10 cm、宽23.50 cm，上部烟叶长64.80 cm、宽18.60 cm(图18-1-1，表18-1-1)。

2. 高陂镇西陂村片区

代表性片区(YD-02)中心点位于北纬24°58′37.200″、东经116°50′36.500″，海拔295 m。地处低山丘陵区沟谷地，水田，成土母质为洪积-冲积沟谷堆积物，土壤亚类为普通潜育水耕人为土；土体薄，耕作层质地适中，耕性和通透性好，地下水位高。该片区烤烟、晚稻定期轮作，烤烟大田生长期2~6月。烤烟田间长相长势较好，烟株呈塔形结构，株高82.70 cm，茎围8.90 cm，有效叶片数20.50，中部烟叶长71.60 cm、宽23.60 cm，上部烟叶长 63.70 cm、宽 18.70 cm(图 18-1-2，表 18-1-1)。

图 18-1-1　YD-01 片区烟田

图 18-1-2　YD-02 片区烟田

3. 抚市镇龙川村片区

代表性片区(YD-03)中心点位于北纬 24°48′54.600″、东经 116°53′31.900″，海拔 310 m。地处低山丘陵区河谷地，水田，成土母质为洪积-冲积沟谷堆积物，土壤亚类为漂白铁渗水耕人为土；土体深厚，耕作层质地适中，耕性和通透性好。该片区烤烟、晚稻定期轮作，烤烟大田生长期 2~6 月。烤烟田间长相长势较好，烟株呈塔形结构，株高 83.20 cm，茎围 9.10 cm，有效叶片数 20.40，中部烟叶长 71.40 cm、宽 23.60 cm，上部烟叶长 64.50 cm、宽 17.90 cm (图 18-1-3，表 18-1-1)。

4. 湖雷镇莲塘村片区

代表性片区(YD-04)中心点位于北纬 24°49′31.200″、东经 116°48′22.900″，海拔 244 m。地处低山丘陵坡地中上部，水田，成土母质为砂岩风化坡积物，土壤亚类为漂白铁聚水耕人为土；土体深厚，耕作层质地适中，耕性和通透性好。该片区烤烟、晚稻定期轮作，烤烟大田生长期 2~6 月。烤烟田间长相长势较好，烟株呈塔形结构，株高 82.60 cm，茎围 9.20 cm，有效叶片数 20.40，中部烟叶长 71.20 cm、宽 23.30 cm，上部烟叶长 67.00 cm、宽 19.70 cm (图 18-1-4，表 18-1-1)。

图 18-1-3　YD-03 片区烟田

图 18-1-4　YD-04 片区烟田

5. 湖雷镇弼鄱村片区

代表性片区(YD-05)中心点位于北纬 24°49′10.600″、东经 116°47′47.700″，海拔 277 m。地处低山丘陵坡地中上部，水田，成土母质为砂岩风化坡积物，土壤亚类为普通铁聚水耕人为土；土体深厚，耕作层质地适中，耕性和通透性好。该片区烤烟、晚稻定期轮作，烤烟大田生长期 2～6 月。烤烟田间长相长势较好，烟株呈塔形结构，株高 84.00 cm，茎围 9.30 cm，有效叶片数 20.60，中部烟叶长 72.20 cm、宽 23.50 cm，上部烟叶长 64.90 cm、宽 19.10 cm（图 18-1-5，表 18-1-1）。

图 18-1-5　YD-05 片区烟田

表 18-1-1　代表性片区烟株主要农艺性状

片区	株高 /cm	茎围 /cm	有效叶 /片	中部叶/cm		上部叶/cm		株型
				叶长	叶宽	叶长	叶宽	
YD-01	84.70	8.70	20.10	71.10	23.50	64.80	18.60	塔形
YD-02	82.70	8.90	20.50	71.60	23.60	63.70	18.70	塔形
YD-03	83.20	9.10	20.40	71.40	23.60	64.50	17.90	塔形
YD-04	82.60	9.20	20.40	71.20	23.30	67.00	19.70	塔形
YD-05	84.00	9.30	20.60	72.20	23.50	64.90	19.10	塔形

二、烟叶外观质量与物理指标

1. 虎岗镇龙溪村片区

代表性片区（YD-01）烟叶外观质量指标的成熟度得分 7.00，颜色得分 8.00，油分得分 8.00，身份得分 8.00，结构得分 7.50，色度得分 7.50。烟叶物理指标中的单叶重 9.84 g，叶片密度 67.71 g/m^2，含梗率 35.40%，平衡含水率 17.68%，叶片长度 66.13 cm，叶片宽度 19.26 cm，叶片厚度 110.63 μm，填充值 2.88 cm^3/g（图 18-1-6，表 18-1-2 和表 18-1-3）。

图 18-1-6　YD-01 片区初烤烟叶

2. 高陂镇西陂村片区

代表性片区（YD-02）烟叶外观质量指标的成熟度得分 8.00，颜色得分 9.00，油分得分 7.50，身份得分 8.00，结构得分 9.00，色度得分 8.50。烟叶物理指标中的单叶重 7.68 g，叶片密度 54.92 g/m^2，含梗率 30.20%，平衡含水率 16.14%，叶片长度 59.95 cm，叶片宽度 21.00 cm，叶片厚度 86.90 μm，填充值 3.32 cm^3/g（图 18-1-7，表 18-1-2 和表 18-1-3）。

图 18-1-7　YD-02 片区初烤烟叶

3. 抚市镇龙川村片区

代表性片区（YD-03）烟叶外观质量指标的成熟度得分 8.00，颜色得分 8.50，油分得分 8.00，身份得分 8.00，结构得分 8.50，色度得分 8.00。烟叶物理指标中的单叶重 7.67 g，叶片密度 55.94 g/m²，含梗率 37.17%，平衡含水率 14.29%，叶片长度 62.93 cm，叶片宽度 20.33 cm，叶片厚度 99.73 μm，填充值 3.24 cm³/g（图 18-1-8，表 18-1-2 和表 18-1-3）。

图 18-1-8　YD-03 片区初烤烟叶

4. 湖雷镇莲塘村片区

代表性片区（YD-04）烟叶外观质量指标的成熟度得分 8.50，颜色得分 9.00，油分得分 8.50，身份得分 7.50，结构得分 9.00，色度得分 8.50。烟叶物理指标中的单叶重 10.06 g，叶片密度 67.26 g/m²，含梗率 29.49%，平衡含水率 13.92%，叶片长度 55.60 cm，叶片宽度 24.49 cm，叶片厚度 92.07 μm，填充值 3.24 cm³/g（图 18-1-9，表 18-1-2 和表 18-1-3）。

图 18-1-9　YD-04 片区初烤烟叶

5. 湖雷镇弼鄱村片区

代表性片区（YD-05）烟叶外观质量指标的成熟度得分 8.50，颜色得分 7.00，油分得分 8.00，身份得分 8.00，结构得分 8.50，色度得分 7.00。烟叶物理指标中的单叶重 9.37 g，叶片密度 72.70 g/m²，含梗率 29.91%，平衡含水率 13.89%，叶片长度 60.30 cm，叶片宽度 20.24 cm，叶片厚度 109.30 μm，填充值 2.64 cm³/g（图 18-1-10，表 18-1-2 和表 18-1-3）。

图 18-1-10　YD-05 片区初烤烟叶

表 18-1-2　代表性片区烟叶外观质量

片区	成熟度	颜色	油分	身份	结构	色度
YD-01	7.00	8.00	8.00	8.00	7.50	7.50
YD-02	8.00	9.00	7.50	8.00	9.00	8.50
YD-03	8.00	8.50	8.00	8.00	8.50	8.00
YD-04	8.50	9.00	8.50	7.50	9.00	8.50
YD-05	8.50	7.00	8.00	8.00	8.50	7.00

表 18-1-3　代表性片区烟叶物理指标

| 片区 | 单叶重 | 叶片密度 | 含梗率 | 平衡含水率 | 叶长 | 叶宽 | 叶片厚度 | 填充值 |
	/g	/(g/m²)	/%	/%	/cm	/cm	/μm	/(cm³/g)
YD-01	9.84	67.71	35.40	17.68	66.13	19.26	110.63	2.88
YD-02	7.68	54.92	30.20	16.14	59.95	21.00	86.90	3.32
YD-03	7.67	55.94	37.17	14.29	62.93	20.33	99.73	3.24
YD-04	10.06	67.26	29.49	13.92	55.60	24.49	92.07	3.24
YD-05	9.37	72.70	29.91	13.89	60.30	20.24	109.30	2.64

三、烟叶常规化学成分与中微量元素

1. 虎岗镇龙溪村片区

代表性片区(YD-01)中部烟叶(C3F)总糖含量 24.69%，还原糖含量 23.77%，总氮含量 2.69%，总植物碱含量 2.30%，氯含量 0.80%，钾含量 2.59%，糖碱比 10.73，淀粉含量 1.74%(表 18-1-4)。烟叶铜含量为 0.048 g/kg，铁含量为 0.830 g/kg，锰含量为 5.682 g/kg，锌含量为 0.820 g/kg，钙含量为 176.432 mg/kg，镁含量为 17.091 mg/kg(表 18-1-5)。

2. 高陂镇西陂村片区

代表性片区(YD-02)中部烟叶(C3F)总糖含量 28.25%，还原糖含量 26.42%，总氮含量 2.17%，总植物碱含量 2.00%，氯含量 0.21%，钾含量 2.98%，糖碱比 14.13，淀粉含量 3.10%(表 18-1-4)。烟叶铜含量为 0.093 g/kg，铁含量为 1.873 g/kg，锰含量为 1.727 g/kg，锌含量为 1.111 g/kg，钙含量为 180.119 mg/kg，镁含量为 18.716 mg/kg(表 18-1-5)。

3. 抚市镇龙川村片区

代表性片区(YD-03)中部烟叶(C3F)总糖含量 22.06%，还原糖含量 21.53%，总氮含量 2.60%，总植物碱含量 2.91%，氯含量 0.30%，钾含量 3.21%，糖碱比 7.58，淀粉含量 2.28%(表 18-1-4)。烟叶铜含量为 0.026 g/kg，铁含量为 1.024 g/kg，锰含量为 0.896 g/kg，锌含量为 0.655 g/kg，钙含量为 104.477 mg/kg，镁含量为 17.008 mg/kg(表 18-1-5)。

4. 湖雷镇莲塘村片区

代表性片区(YD-04)中部烟叶(C3F)总糖含量 35.96%，还原糖含量 32.93%，总氮含量 1.49%，总植物碱含量 1.02%，氯含量 0.14%，钾含量 2.25%，糖碱比 35.25，淀粉含量 3.65%(表 18-1-4)。烟叶铜含量为 0.059 g/kg，铁含量为 0.747 g/kg，锰含量为 1.052 g/kg，锌含量为 1.331 g/kg，钙含量为 102.829 mg/kg，镁含量为 17.049 mg/kg(表 18-1-5)。

5. 湖雷镇弼鄱村片区

代表性片区(YD-05)中部烟叶(C3F)总糖含量 26.86%，还原糖含量 25.58%，总氮含

量 2.42%，总植物碱含量 2.49%，氯含量 0.37%，钾含量 2.88%，糖碱比 10.79，淀粉含量 3.56%（表 18-1-4）。烟叶铜含量为 0.092 g/kg，铁含量为 0.825 g/kg，锰含量为 1.664 g/kg，锌含量为 1.151 g/kg，钙含量为 86.716 mg/kg，镁含量为 13.434 mg/kg（表 18-1-5）。

表 18-1-4　代表性片区中部烟叶（C3F）常规化学成分

片区	总糖/%	还原糖/%	总氮/%	总植物碱/%	氯/%	钾/%	糖碱比	淀粉/%
YD-01	24.69	23.77	2.69	2.30	0.80	2.59	10.73	1.74
YD-02	28.25	26.42	2.17	2.00	0.21	2.98	14.13	3.10
YD-03	22.06	21.53	2.60	2.91	0.30	3.21	7.58	2.28
YD-04	35.96	32.93	1.49	1.02	0.14	2.25	35.25	3.65
YD-05	26.86	25.58	2.42	2.49	0.37	2.88	10.79	3.56

表 18-1-5　代表性片区中部烟叶（C3F）中微量元素

片区	Cu /(g/kg)	Fe /(g/kg)	Mn /(g/kg)	Zn /(g/kg)	Ca /(mg/kg)	Mg /(mg/kg)
YD-01	0.048	0.830	5.682	0.820	176.432	17.091
YD-02	0.093	1.873	1.727	1.111	180.119	18.716
YD-03	0.026	1.024	0.896	0.655	104.477	17.008
YD-04	0.059	0.747	1.052	1.331	102.829	17.049
YD-05	0.092	0.825	1.664	1.151	86.716	13.434

四、烟叶生物碱组分与细胞壁物质

1. 虎岗镇龙溪村片区

代表性片区（YD-01）中部烟叶（C3F）烟碱含量为 21.958 mg/g，降烟碱含量为 0.616 mg/g，麦斯明含量为 0.004 mg/g，假木贼碱含量为 0.149 mg/g，新烟碱含量为 0.757 mg/g；烟叶纤维素含量为 8.60%，半纤维素含量为 2.10%，木质素含量为 1.10%（表 18-1-6）。

2. 高陂镇西陂村片区

代表性片区（YD-02）中部烟叶（C3F）烟碱含量为 20.398 mg/g，降烟碱含量为 0.426 mg/g，麦斯明含量为 0.003 mg/g，假木贼碱含量为 0.133 mg/g，新烟碱含量为 0.609 mg/g；烟叶纤维素含量为 6.40%，半纤维素含量为 2.50%，木质素含量为 0.60%（表 18-1-6）。

3. 抚市镇龙川村片区

代表性片区（YD-03）中部烟叶（C3F）烟碱含量为 25.774 mg/g，降烟碱含量为 0.578 mg/g，麦斯明含量为 0.005 mg/g，假木贼碱含量为 0.168 mg/g，新烟碱含量为

0.891 mg/g；烟叶纤维素含量为 8.20%，半纤维素含量为 2.70%，木质素含量为 1.50%（表 18-1-6）。

4. 湖雷镇莲塘村片区

代表性片区（YD-04）中部烟叶（C3F）烟碱含量为 16.333 mg/g，降烟碱含量为 0.356 mg/g，麦斯明含量为 0.004 mg/g，假木贼碱含量为 0.104 mg/g，新烟碱含量为 0.548 mg/g；烟叶纤维素含量为 6.50%，半纤维素含量为 2.50%，木质素含量为 1.10%（表 18-1-6）。

5. 湖雷镇弼鄙村片区

代表性片区（YD-05）中部烟叶（C3F）烟碱含量为 40.014 mg/g，降烟碱含量为 0.624 mg/g，麦斯明含量为 0.005 mg/g，假木贼碱含量为 0.258 mg/g，新烟碱含量为 1.081 mg/g；烟叶纤维素含量为 7.40%，半纤维素含量为 2.90%，木质素含量为 1.20%（表 18-1-6）。

表 18-1-6　代表性片区中部烟叶（C3F）生物碱组分与细胞壁物质

片区	烟碱/(mg/g)	降烟碱/(mg/g)	麦斯明/(mg/g)	假木贼碱/(mg/g)	新烟碱/(mg/g)	纤维素/%	半纤维素/%	木质素/%
YD-01	21.958	0.616	0.004	0.149	0.757	8.60	2.10	1.10
YD-02	20.398	0.426	0.003	0.133	0.609	6.40	2.50	0.60
YD-03	25.774	0.578	0.005	0.168	0.891	8.20	2.70	1.50
YD-04	16.333	0.356	0.004	0.104	0.548	6.50	2.50	1.10
YD-05	40.014	0.624	0.005	0.258	1.081	7.40	2.90	1.20

五、烟叶多酚与质体色素

1. 虎岗镇龙溪村片区

代表性片区（YD-01）中部烟叶（C3F）绿原酸含量为 15.470 mg/g，芸香苷含量为 11.790 mg/g，莨菪亭含量为 0.310 mg/g，β-胡萝卜素含量为 0.062 mg/g，叶黄素含量为 0.114 mg/g（表 18-1-7）。

2. 高陂镇西陂村片区

代表性片区（YD-02）中部烟叶（C3F）绿原酸含量为 14.230 mg/g，芸香苷含量为 13.200 mg/g，莨菪亭含量为 0.490 mg/g，β-胡萝卜素含量为 0.067 mg/g，叶黄素含量为 0.121 mg/g（表 18-1-7）。

3. 抚市镇龙川村片区

代表性片区（YD-03）中部烟叶（C3F）绿原酸含量为 12.840 mg/g，芸香苷含量为

10.980 mg/g，莨菪亭含量为 0.470 mg/g，β-胡萝卜素含量为 0.078 mg/g，叶黄素含量为 0.157 mg/g（表 18-1-7）。

4. 湖雷镇莲塘村片区

代表性片区（YD-04）中部烟叶（C3F）绿原酸含量为 7.950 mg/g，芸香苷含量为 8.600 mg/g，莨菪亭含量为 0.460 mg/g，β-胡萝卜素含量为 0.045 mg/g，叶黄素含量为 0.102 mg/g（表 18-1-7）。

5. 湖雷镇弼鄱村片区

代表性片区（YD-05）中部烟叶（C3F）绿原酸含量为 14.150 mg/g，芸香苷含量为 3.570 mg/g，莨菪亭含量为 0.450 mg/g，β-胡萝卜素含量为 0.061 mg/g，叶黄素含量为 0.137 mg/g（表 18-1-7）。

表 18-1-7 代表性片区中部烟叶（C3F）多酚与质体色素　　　（单位：mg/g）

片区	绿原酸	芸香苷	莨菪亭	β-胡萝卜素	叶黄素
YD-01	15.470	11.790	0.310	0.062	0.114
YD-02	14.230	13.200	0.490	0.067	0.121
YD-03	12.840	10.980	0.470	0.078	0.157
YD-04	7.950	8.600	0.460	0.045	0.102
YD-05	14.150	3.570	0.450	0.061	0.137

六、烟叶有机酸类物质

1. 虎岗镇龙溪村片区

代表性片区（YD-01）中部烟叶（C3F）草酸含量为 17.671 mg/g，苹果酸含量为 45.485 mg/g，柠檬酸含量为 3.340 mg/g，棕榈酸含量为 2.322 mg/g，亚油酸含量为 1.332 mg/g，油酸含量为 2.911 mg/g，硬脂酸含量为 0.686 mg/g（表 18-1-8）。

2. 高陂镇西陂村片区

代表性片区（YD-02）中部烟叶（C3F）草酸含量为 14.368 mg/g，苹果酸含量为 42.137 mg/g，柠檬酸含量为 3.356 mg/g，棕榈酸含量为 2.204 mg/g，亚油酸含量为 1.439 mg/g，油酸含量为 3.196 mg/g，硬脂酸含量为 0.556 mg/g（表 18-1-8）。

3. 抚市镇龙川村片区

代表性片区（YD-03）中部烟叶（C3F）草酸含量为 12.731 mg/g，苹果酸含量为 42.085 mg/g，柠檬酸含量为 4.719 mg/g，棕榈酸含量为 2.360 mg/g，亚油酸含量为 1.510 mg/g，油酸含量为 3.767 mg/g，硬脂酸含量为 0.632 mg/g（表 18-1-8）。

4. 湖雷镇莲塘村片区

代表性片区(YD-04)中部烟叶(C3F)草酸含量为 7.456 mg/g，苹果酸含量为 40.466 mg/g，柠檬酸含量为 3.426 mg/g，棕榈酸含量为 1.639 mg/g，亚油酸含量为 1.121 mg/g，油酸含量为 2.717 mg/g，硬脂酸含量为 0.475 mg/g(表 18-1-8)。

5. 湖雷镇弼鄱村片区

代表性片区(YD-05)中部烟叶(C3F)草酸含量为 21.356 mg/g，苹果酸含量为 39.199 mg/g，柠檬酸含量为 2.900 mg/g，棕榈酸含量为 4.522 mg/g，亚油酸含量为 3.154 mg/g，油酸含量为 5.330 mg/g，硬脂酸含量为 1.192 mg/g(表 18-1-8)。

表 18-1-8　代表性片区中部烟叶(C3F)有机酸　　(单位：mg/g)

片区	草酸	苹果酸	柠檬酸	棕榈酸	亚油酸	油酸	硬脂酸
YD-01	17.671	45.485	3.340	2.322	1.332	2.911	0.686
YD-02	14.368	42.137	3.356	2.204	1.439	3.196	0.556
YD-03	12.731	42.085	4.719	2.360	1.510	3.767	0.632
YD-04	7.456	40.466	3.426	1.639	1.121	2.717	0.475
YD-05	21.356	39.199	2.900	4.522	3.154	5.330	1.192

七、烟叶氨基酸

1. 虎岗镇龙溪村片区

代表性片区(YD-01)中部烟叶(C3F)磷酸化-丝氨酸含量为 0.442 μg/mg，牛磺酸含量为 0.589 μg/mg，天冬氨酸含量为 0.126 μg/mg，苏氨酸含量为 0.374 μg/mg，丝氨酸含量为 0.041 μg/mg，天冬酰胺含量为 0.936 μg/mg，谷氨酸含量为 0.091 μg/mg，甘氨酸含量为 0.023 μg/mg，丙氨酸含量为 0.267 μg/mg，缬氨酸含量为 0.055 μg/mg，半胱氨酸含量为 0.236 μg/mg，异亮氨酸含量为 0.007 μg/mg，亮氨酸含量为 0.077 μg/mg，酪氨酸含量为 0.023 μg/mg，苯丙氨酸含量为 0.168 μg/mg，氨基丁酸含量为 0.013 μg/mg，组氨酸含量为 0.036 μg/mg，色氨酸含量为 0.049 μg/mg，精氨酸含量为 0 μg/mg(表 18-1-9)。

2. 高陂镇西陂村片区

代表性片区(YD-02)中部烟叶(C3F)磷酸化-丝氨酸含量为 0.464 μg/mg，牛磺酸含量为 0.499 μg/mg，天冬氨酸含量为 0.140 μg/mg，苏氨酸含量为 0.234 μg/mg，丝氨酸含量为 0.063 μg/mg，天冬酰胺含量为 0.805 μg/mg，谷氨酸含量为 0.091 μg/mg，甘氨酸含量为 0.047 μg/mg，丙氨酸含量为 0.312 μg/mg，缬氨酸含量为 0.056 μg/mg，半胱氨酸含量为 0 μg/mg，异亮氨酸含量为 0.056 μg/mg，亮氨酸含量为 0.073 μg/mg，酪氨酸含量为 0.033 μg/mg，苯丙氨酸含量为 0.122 μg/mg，氨基丁酸含量为 0.024 μg/mg，组氨酸含量为 0.056 μg/mg，色氨酸含量为 0.074 μg/mg，精氨酸含量为 0.028 μg/mg(表 18-1-9)。

3. 抚市镇龙川村片区

代表性片区(YD-03)中部烟叶(C3F)磷酸化-丝氨酸含量为 0.509 μg/mg,牛磺酸含量为 0.603 μg/mg,天冬氨酸含量为 0.277 μg/mg,苏氨酸含量为 0.343 μg/mg,丝氨酸含量为 0.030 μg/mg,天冬酰胺含量为 1.493 μg/mg,谷氨酸含量为 0.189 μg/mg,甘氨酸含量为 0.040 μg/mg,丙氨酸含量为 0.464 μg/mg,缬氨酸含量为 0.089 μg/mg,半胱氨酸含量为 0 μg/mg,异亮氨酸含量为 0.019 μg/mg,亮氨酸含量为 0.089 μg/mg,酪氨酸含量为 0.052 μg/mg,苯丙氨酸含量为 0.210 μg/mg,氨基丁酸含量为 0.097 μg/mg,组氨酸含量为 0.065 μg/mg,色氨酸含量为 0.164 μg/mg,精氨酸含量为 0.025 μg/mg(表 18-1-9)。

4. 湖雷镇莲塘村片区

代表性片区(YD-04)中部烟叶(C3F)磷酸化-丝氨酸含量为 0.453 μg/mg,牛磺酸含量为 0.473 μg/mg,天冬氨酸含量为 0.024 μg/mg,苏氨酸含量为 0.184 μg/mg,丝氨酸含量为 0.033 μg/mg,天冬酰胺含量为 0.497 μg/mg,谷氨酸含量为 0.065 μg/mg,甘氨酸含量为 0.013 μg/mg,丙氨酸含量为 0.168 μg/mg,缬氨酸含量为 0.041 μg/mg,半胱氨酸含量为 0.176 μg/mg,异亮氨酸含量为 0.006 μg/mg,亮氨酸含量为 0.062 μg/mg,酪氨酸含量为 0.019 μg/mg,苯丙氨酸含量为 0.066 μg/mg,氨基丁酸含量为 0.014 μg/mg,组氨酸含量为 0.028 μg/mg,色氨酸含量为 0.038 μg/mg,精氨酸含量为 0 μg/mg(表 18-1-9)。

5. 湖雷镇弼鄱村片区

代表性片区(YD-05)中部烟叶(C3F)磷酸化-丝氨酸含量为 0.541 μg/mg,牛磺酸含量为 0.598 μg/mg,天冬氨酸含量为 0.064 μg/mg,苏氨酸含量为 0.372 μg/mg,丝氨酸含量为 0.043 μg/mg,天冬酰胺含量为 0.839 μg/mg,谷氨酸含量为 0.094 μg/mg,甘氨酸含量为 0.025 μg/mg,丙氨酸含量为 0.299 μg/mg,缬氨酸含量为 0.045 μg/mg,半胱氨酸含量为 0.420 μg/mg,异亮氨酸含量为 0 μg/mg,亮氨酸含量为 0.047 μg/mg,酪氨酸含量为 0.023 μg/mg,苯丙氨酸含量为 0.088 μg/mg,氨基丁酸含量为 0.012 μg/mg,组氨酸含量为 0.037 μg/mg,色氨酸含量为 0.046 μg/mg,精氨酸含量为 0 μg/mg(表 18-1-9)。

表 18-1-9　代表性片区中部烟叶(C3F)氨基酸　　　　(单位:μg/mg)

氨基酸组分	YD-01	YD-02	YD-03	YD-04	YD-05
磷酸化-丝氨酸	0.442	0.464	0.509	0.453	0.541
牛磺酸	0.589	0.499	0.603	0.473	0.598
天冬氨酸	0.126	0.140	0.277	0.024	0.064
苏氨酸	0.374	0.234	0.343	0.184	0.372
丝氨酸	0.041	0.063	0.030	0.033	0.043
天冬酰胺	0.936	0.805	1.493	0.497	0.839

续表

氨基酸组分	YD-01	YD-02	YD-03	YD-04	YD-05
谷氨酸	0.091	0.091	0.189	0.065	0.094
甘氨酸	0.023	0.047	0.040	0.013	0.025
丙氨酸	0.267	0.312	0.464	0.168	0.299
缬氨酸	0.055	0.056	0.089	0.041	0.045
半胱氨酸	0.236	0	0	0.176	0.420
异亮氨酸	0.007	0.056	0.019	0.006	0
亮氨酸	0.077	0.073	0.089	0.062	0.047
酪氨酸	0.023	0.033	0.052	0.019	0.023
苯丙氨酸	0.168	0.122	0.210	0.066	0.088
氨基丁酸	0.013	0.024	0.097	0.014	0.012
组氨酸	0.036	0.056	0.065	0.028	0.037
色氨酸	0.049	0.074	0.164	0.038	0.046
精氨酸	0	0.028	0.025	0	0

八、烟叶香气物质

1. 虎岗镇龙溪村片区

代表性片区（YD-01）中部烟叶（C3F）茄酮含量为 1.792 μg/g，香叶基丙酮含量为 0.829 μg/g，降茄二酮含量为 0.123 μg/g，β-紫罗兰酮含量为 0.750 μg/g，氧化紫罗兰酮含量为 1.008 μg/g，二氢猕猴桃内酯含量为 3.114 μg/g，巨豆三烯酮 1 含量为 0.112 μg/g，巨豆三烯酮 2 含量为 0.840 μg/g，巨豆三烯酮 3 含量为 0.168 μg/g，巨豆三烯酮 4 含量为 0.571 μg/g，3-羟基-β-二氢大马酮含量为 0.549 μg/g，3-氧代-α-紫罗兰醇含量为 3.539 μg/g，新植二烯含量为 638.176 μg/g，3-羟基索拉韦惕酮含量为 5.611 μg/g，β-法尼烯含量为 8.053 μg/g（表 18-1-10）。

2. 高陂镇西陂村片区

代表性片区（YD-02）中部烟叶（C3F）茄酮含量为 1.624 μg/g，香叶基丙酮含量为 0.650 μg/g，降茄二酮含量为 0.123 μg/g，β-紫罗兰酮含量为 0.806 μg/g，氧化紫罗兰酮含量为 1.176 μg/g，二氢猕猴桃内酯含量为 3.304 μg/g，巨豆三烯酮 1 含量为 0.325 μg/g，巨豆三烯酮 2 含量为 2.083 μg/g，巨豆三烯酮 3 含量为 0.336 μg/g，巨豆三烯酮 4 含量为 1.602 μg/g，3-羟基-β-二氢大马酮含量为 0.750 μg/g，3-氧代-α-紫罗兰醇含量为 6.082 μg/g，新植二烯含量为 1047.771 μg/g，3-羟基索拉韦惕酮含量为 11.861 μg/g，β-法尼烯含量为 15.691 μg/g（表 18-1-10）。

3. 抚市镇龙川村片区

代表性片区（YD-03）中部烟叶（C3F）茄酮含量为 1.602 μg/g，香叶基丙酮含量为

0.627 μg/g，降茄二酮含量为 0.157 μg/g，β-紫罗兰酮含量为 0.840 μg/g，氧化紫罗兰酮含量为 1.042 μg/g，二氢猕猴桃内酯含量为 3.674 μg/g，巨豆三烯酮 1 含量为 0.202 μg/g，巨豆三烯酮 2 含量为 1.299 μg/g，巨豆三烯酮 3 含量为 0.213 μg/g，巨豆三烯酮 4 含量为 0.997 μg/g，3-羟基-β-二氢大马酮含量为 0.560 μg/g，3-氧代-α-紫罗兰醇含量为 3.550 μg/g，新植二烯含量为 875.078 μg/g，3-羟基索拉韦惕酮含量为 5.062 μg/g，β-法尼烯含量为 10.192 μg/g（表 18-1-10）。

4. 湖雷镇莲塘村片区

代表性片区（YD-04）中部烟叶（C3F）茄酮含量为 2.688 μg/g，香叶基丙酮含量为 0.851 μg/g，降茄二酮含量为 0.168 μg/g，β-紫罗兰酮含量为 0.829 μg/g，氧化紫罗兰酮含量为 1.400 μg/g，二氢猕猴桃内酯含量为 2.822 μg/g，巨豆三烯酮 1 含量为 0.392 μg/g，巨豆三烯酮 2 含量为 2.184 μg/g，巨豆三烯酮 3 含量为 0.493 μg/g，巨豆三烯酮 4 含量为 1.747 μg/g，3-羟基-β-二氢大马酮含量为 1.310 μg/g，3-氧代-α-紫罗兰醇含量为 10.976 μg/g，新植二烯含量为 768.645 μg/g，3-羟基索拉韦惕酮含量为 24.606 μg/g，β-法尼烯含量为 14.627 μg/g（表 18-1-10）。

5. 湖雷镇弼鄱村片区

代表性片区（YD-05）中部烟叶（C3F）茄酮含量为 2.352 μg/g，香叶基丙酮含量为 0.885 μg/g，降茄二酮含量为 0.146 μg/g，β-紫罗兰酮含量为 0.896 μg/g，氧化紫罗兰酮含量为 1.254 μg/g，二氢猕猴桃内酯含量为 2.710 μg/g，巨豆三烯酮 1 含量为 0.291 μg/g，巨豆三烯酮 2 含量为 1.725 μg/g，巨豆三烯酮 3 含量为 0.381 μg/g，巨豆三烯酮 4 含量为 1.355 μg/g，3-羟基-β-二氢大马酮含量为 0.952 μg/g，3-氧代-α-紫罗兰醇含量为 6.238 μg/g，新植二烯含量为 786.610 μg/g，3-羟基索拉韦惕酮含量为 20.306 μg/g，β-法尼烯含量为 11.099 μg/g（表 18-1-10）。

表 18-1-10　代表性片区中部烟叶（C3F）香气物质　　　（单位：μg/g）

香气物质	YD-01	YD-02	YD-03	YD-04	YD-05
茄酮	1.792	1.624	1.602	2.688	2.352
香叶基丙酮	0.829	0.650	0.627	0.851	0.885
降茄二酮	0.123	0.123	0.157	0.168	0.146
β-紫罗兰酮	0.750	0.806	0.840	0.829	0.896
氧化紫罗兰酮	1.008	1.176	1.042	1.400	1.254
二氢猕猴桃内酯	3.114	3.304	3.674	2.822	2.710
巨豆三烯酮 1	0.112	0.325	0.202	0.392	0.291
巨豆三烯酮 2	0.840	2.083	1.299	2.184	1.725
巨豆三烯酮 3	0.168	0.336	0.213	0.493	0.381
巨豆三烯酮 4	0.571	1.602	0.997	1.747	1.355
3-羟基-β-二氢大马酮	0.549	0.750	0.560	1.310	0.952

续表

香气物质	YD-01	YD-02	YD-03	YD-04	YD-05
3-氧代-α-紫罗兰醇	3.539	6.082	3.550	10.976	6.238
新植二烯	638.176	1047.771	875.078	768.645	786.610
3-羟基索拉韦惕酮	5.611	11.861	5.062	24.606	20.306
β-法尼烯	8.053	15.691	10.192	14.627	11.099

九、烟叶感官质量

1. 虎岗镇龙溪村片区

代表性片区(YD-01)中部烟叶(C3F)感官质量评价结果显示,香韵指标包含的干草香、清甜香、正甜香、焦甜香、青香、木香、豆香、坚果香、焦香、辛香、果香、药草香、花香、树脂香、酒香的各项指标值分别为2.71、2.35、1.18、0、0.82、1.53、0、0.71、0、0、0、0、0、0、0,烟气指标包含的香气状态、烟气浓度、劲头、香气质、香气量和透发性的各项指标值分别为2.71、2.94、2.94、3.29、2.94和3.13,杂气指标包含的青杂气、生青气、枯焦气、木质气、土腥气、松脂气、花粉气、药草气和金属气的各项指标值分别为0.94、0、0.59、1.29、0、0、0、0、0,口感指标包含的细腻程度、柔和程度、圆润感、刺激性、干燥感和余味的各项指标值分别为2.88、2.94、2.94、2.65、2.65和2.88(表18-1-11)。

2. 高陂镇西陂村片区

代表性片区(YD-02)中部烟叶(C3F)感官质量评价结果显示,香韵指标包含的干草香、清甜香、正甜香、焦甜香、青香、木香、豆香、坚果香、焦香、辛香、果香、药草香、花香、树脂香、酒香的各项指标值分别为2.82、2.29、1.00、0、0.76、1.71、0、0、0、0.65、0、0、0、0、0,烟气指标包含的香气状态、烟气浓度、劲头、香气质、香气量和透发性的各项指标值分别为2.60、3.00、2.94、3.00、2.82和3.00,杂气指标包含的青杂气、生青气、枯焦气、木质气、土腥气、松脂气、花粉气、药草气和金属气的各项指标值分别为1.06、0、0、1.47、0、0、0、0、0,口感指标包含的细腻程度、柔和程度、圆润感、刺激性、干燥感和余味的各项指标值分别为3.00、3.12、2.88、2.82、2.71和3.12(表18-1-11)。

3. 抚市镇龙川村片区

代表性片区(YD-03)中部烟叶(C3F)感官质量评价结果显示,香韵指标包含的干草香、清甜香、正甜香、焦甜香、青香、木香、豆香、坚果香、焦香、辛香、果香、药草香、花香、树脂香、酒香的各项指标值分别为2.65、2.12、0.94、0、0.76、1.76、0、0、0.59、0.71、0、0、0、0、0,烟气指标包含的香气状态、烟气浓度、劲头、香气质、香气量和透发性的各项指标值分别为2.71、2.82、3.00、2.47、2.59和2.65,杂气指标包含的青杂气、生青气、枯焦气、木质气、土腥气、松脂气、花粉气、药草气和金属气的各项指标值分别为0.94、0、0.65、1.88、0、0、0、0、0，口感指标包含的细腻程度、柔和程度、圆润感、刺激性、干燥感和余味的各项指标值分别为2.76、2.82、2.53、2.88、2.71和2.82（表18-1-11）。

4. 湖雷镇莲塘村片区

代表性片区（YD-04）中部烟叶（C3F）感官质量评价结果显示，香韵指标包含的干草香、清甜香、正甜香、焦甜香、青香、木香、豆香、坚果香、焦香、辛香、果香、药草香、花香、树脂香、酒香的各项指标值分别为3.41、2.50、1.00、0、1.31、1.75、0、0、0.81、1.25、0、0、0、0、0，烟气指标包含的香气状态、烟气浓度、劲头、香气质、香气量和透发性的各项指标值分别为2.78、3.19、3.13、2.97、3.06和2.84，杂气指标包含的青杂气、生青气、枯焦气、木质气、土腥气、松脂气、花粉气、药草气和金属气的各项指标值分别为 1.03、0、1.25、1.03、0、0.19、0、0、0，口感指标包含的细腻程度、柔和程度、圆润感、刺激性、干燥感和余味的各项指标值分别为2.81、2.56、2.53、2.75、2.44 和 2.75（表 18-1-11）。

5. 湖雷镇弼鄱村片区

代表性片区（YD-05）中部烟叶（C3F）感官质量评价结果显示，香韵指标包含的干草香、清甜香、正甜香、焦甜香、青香、木香、豆香、坚果香、焦香、辛香、果香、药草香、花香、树脂香、酒香的各项指标值分别为2.71、1.94、0.82、0、0.71、1.29、0、0、0.88、0.59、0、0、0、1.29、0，烟气指标包含的香气状态、烟气浓度、劲头、香气质、香气量和透发性的各项指标值分别为2.29、3.06、3.41、2.71、3.06 和 3.18，杂气指标包含的青杂气、生青气、枯焦气、木质气、土腥气、松脂气、花粉气、药草气和金属气的各项指标值分别为1.18、0、1.12、1.24、0、0、0、0、0，口感指标包含的细腻程度、柔和程度、圆润感、刺激性、干燥感和余味的各项指标值分别为2.59、2.53、2.65、3.00、2.82 和 2.76（表 18-1-11）。

表 18-1-11　代表性片区中部烟叶（C3F）感官质量

评价指标		YD-01	YD-02	YD-03	YD-04	YD-05
香韵	干草香	2.71	2.82	2.65	3.41	2.71
	清甜香	2.35	2.29	2.12	2.50	1.94
	正甜香	1.18	1.00	0.94	1.00	0.82
	焦甜香	0	0	0	0	0
	青香	0.82	0.76	0.76	1.31	0.71
	木香	1.53	1.71	1.76	1.75	1.29
	豆香	0	0	0	0	0
	坚果香	0	0	0	0	0
	焦香	0.71	0	0.59	0.81	0.88
	辛香	0	0.65	0.71	1.25	0.59

续表

评价指标		YD-01	YD-02	YD-03	YD-04	YD-05
香韵	果香	0	0	0	0	0
	药草香	0	0	0	0	0
	花香	0	0	0	0	0
	树脂香	0	0	0	0	1.29
	酒香	0	0	0	0	0
烟气	香气状态	2.71	2.60	2.71	2.78	2.29
	烟气浓度	2.94	3.00	2.82	3.19	3.06
	劲头	2.94	2.94	3.00	3.13	3.41
	香气质	3.29	3.00	2.47	2.97	2.71
	香气量	2.94	2.82	2.59	3.06	3.06
	透发性	3.13	3.00	2.65	2.84	3.18
杂气	青杂气	0.94	1.06	0.94	1.03	1.18
	生青气	0	0	0	0	0
	枯焦气	0.59	0	0.65	1.25	1.12
	木质气	1.29	1.47	1.88	1.03	1.24
	土腥气	0	0	0	0	0
	松脂气	0	0	0	0.19	0
	花粉气	0	0	0	0	0
	药草气	0	0	0	0	0
	金属气	0	0	0	0	0
口感	细腻程度	2.88	3.00	2.76	2.81	2.59
	柔和程度	2.94	3.12	2.82	2.56	2.53
	圆润感	2.94	2.88	2.53	2.53	2.65
	刺激性	2.65	2.82	2.88	2.75	3.00
	干燥感	2.65	2.71	2.71	2.44	2.82
	余味	2.88	3.12	2.82	2.75	2.76

第二节　福建泰宁烟叶风格特征

　　泰宁县隶属福建省三明市，位于福建省西北部，三明市北部，地处东经 116°53′～117°24′、北纬 26°34′～27°08′，东邻将乐县，南接明溪县，西连建宁县，北靠邵武市。泰宁县属中亚热带季风型山地气候。泰宁是武夷山区烤烟种植区的典型烤烟产区之一，根据目前该县烤烟种植片区分布特点和烟叶质量风格特征，选择 5 个种植片区，作为该县烟叶质量风格特征的代表性区域加以展示。

一、烟田与烟株基本特征

1. 杉城镇东石村片区

代表性片区(TN-01)中心点位于北纬 26°53′25.320″、东经 117°14′0.780″，海拔 360 m。地处低山丘陵区沟谷地，水田，成土母质为砂岩风化沟谷堆积物，土壤亚类为普通潜育水耕人为土；土体深厚，耕作层质地适中，耕性和通透性较好，地下水位高。该片区烤烟、晚稻定期轮作，烤烟大田生长期 3~7 月。烤烟田间长相长势较好，烟株呈筒形结构，株高 85.60 cm，茎围 11.40 cm，有效叶片数 17.30，中部烟叶长 71.60 cm、宽 34.80 cm，上部烟叶长 59.30 cm、宽 25.70 cm(图 18-2-1，表 18-2-1)。

图 18-2-1　TN-01 片区烟田

2. 开善乡儒坊村片区

代表性片区(TN-02)中心点位于北纬 26°44′57.200″、东经 117°10′16.500″，海拔 430 m。地处低山丘陵区沟谷河床，水田，成土母质为洪积-冲积物，土壤亚类为普通潜育水耕人为土；土体较薄，耕作层质地适中，耕性和通透性较好，地下水位高。该片区烤烟、晚稻定期轮作，烤烟大田生长期 3~7 月。烤烟田间长相长势较好，烟株呈筒形结构，株高 74.90 cm，茎围 9.90 cm，有效叶片数 14.90，中部烟叶长 70.00 cm、宽 28.80 cm，上部烟叶长 60.30 cm、宽 24.10 cm(图 18-2-2，表 18-2-1)。

图 18-2-2　TN-02 片区烟田

3. 下渠乡新田村片区

代表性片区（TN-03）中心点位于北纬 26°44′57.200″、东经 117°9′1.028″，海拔 310 m。地处低山丘陵区河谷二级阶地，水田，成土母质为砂岩风化洪积-冲积物，土壤亚类为漂白铁聚水耕人为土；土体深厚，耕作层质地适中，耕性和通透性较好，地下水位高。该片区烤烟、晚稻定期轮作，烤烟大田生长期 3～7 月。烤烟田间长相长势较好，烟株呈筒形结构，株高 73.30 cm，茎围 11.60 cm，有效叶片数 15.10，中部烟叶长 71.40 cm、宽 32.30 cm，上部烟叶长 62.40 cm、宽 28.00 cm（图 18-2-3，表 18-2-1）。

图 18-2-3　TN-03 片区烟田

4. 下渠乡渠里村片区

代表性片区（TN-04）中心点位于北纬 26°51′1.000″、东经 117°11′15.900″，海拔 365 m。地处低山丘陵区沟谷地，水田，成土母质为洪积-冲积沟谷堆积物，土壤亚类为普通潜育水耕人为土；土体深厚，耕作层质地适中，耕性和通透性较好，地下水位高。该片区烤烟、晚稻定期轮作，烤烟大田生长期 3～7 月。烤烟田间长相长势较好，烟株呈筒形结构，株高 87.00 cm，茎围 10.20 cm，有效叶片数 15.50，中部烟叶长 71.40 cm、宽 32.00 cm，上部烟叶长 62.90 cm、宽 27.20 cm（图 18-2-4，表 18-2-1）。

图 18-2-4　TN-04 片区烟田

5. 上青乡崇际村片区

代表性片区(TN-05)中心点位于北纬 27°1′36.700″、东经 117°10′21.300″,海拔 382 m。地处低山丘陵坡地下部,水田,成土母质为砂岩风化坡积物,土壤亚类为铁渗潜育水耕人为土;土体深厚,耕作层质地适中,耕性和通透性较好,地下水位高。该片区烤烟、晚稻定期轮作,烤烟大田生长期 3～7 月。烤烟田间长相长势较好,烟株呈塔形结构,株高 110.00 cm,茎围 11.50 cm,有效叶片数 16.40,中部烟叶长 75.40 cm、宽 30.10 cm,上部烟叶长 64.20 cm、宽 21.00 cm(图 18-2-5,表 18-2-1)。

图 18-2-5　TN-05 片区烟田

表 18-2-1　代表性片区烟株主要农艺性状

片区	株高/cm	茎围/cm	有效叶/片	中部叶/cm		上部叶/cm		株型
				叶长	叶宽	叶长	叶宽	
TN-01	85.60	11.40	17.30	71.60	34.80	59.30	25.70	筒形
TN-02	74.90	9.90	14.90	70.00	28.80	60.30	24.10	筒形
TN-03	73.30	11.60	15.10	71.40	32.30	62.40	28.00	筒形
TN-04	87.00	10.20	15.50	71.40	32.00	62.90	27.20	筒形
TN-05	110.00	11.50	16.40	75.40	30.10	64.20	21.00	塔形

二、烟叶外观质量与物理指标

1. 杉城镇东石村片区

代表性片区(TN-01)烟叶外观质量指标的成熟度得分 8.00,颜色得分 9.50,油分得分 8.50,身份得分 8.50,结构得分 8.50,色度得分 9.00。烟叶物理指标中的单叶重 8.22 g,叶片密度 52.53 g/m^2,含梗率 30.47%,平衡含水率 13.22%,叶片长度 57.60 cm,叶片宽度 22.90 cm,叶片厚度 83.57 μm,填充值 2.99 cm^3/g(图 18-2-6,表 18-2-2 和表 18-2-3)。

图 18-2-6　TN-01 片区初烤烟叶

2. 开善乡儒坊村片区

代表性片区（TN-02）烟叶外观质量指标的成熟度得分 8.00，颜色得分 9.00，油分得分 8.50，身份得分 8.50，结构得分 8.00，色度得分 8.00。烟叶物理指标中的单叶重 9.56 g，叶片密度 56.02 g/m^2，含梗率 30.73%，平衡含水率 14.34%，叶片长度 60.80 cm，叶片宽度 23.30 cm，叶片厚度 82.10 μm，填充值 2.86 cm^3/g（图 18-2-7，表 18-2-2 和表 18-2-3）。

图 18-2-7　TN-02 片区初烤烟叶

3. 下渠乡新田村片区

代表性片区（TN-03）烟叶外观质量指标的成熟度得分 8.00，颜色得分 8.50，油分得分 8.00，身份得分 7.50，结构得分 8.50，色度得分 8.00。烟叶物理指标中的单叶重 11.66 g，叶片密度 53.88 g/m^2，含梗率 31.39%，平衡含水率 15.21%，叶片长度 67.90 cm，叶片宽度 26.90 cm，叶片厚度 87.87 μm，填充值 2.91 cm³/g（图 18-2-8，表 18-2-2 和表 18-2-3）。

图 18-2-8　TN-03 片区初烤烟叶

4. 下渠乡渠里村片区

代表性片区（TN-04）烟叶外观质量指标的成熟度得分 8.00，颜色得分 9.50，油分得分 8.50，身份得分 8.50，结构得分 8.00，色度得分 8.50。烟叶物理指标中的单叶重 10.25 g，叶片密度 61.10 g/m²，含梗率 28.78%，平衡含水率 13.64%，叶片长度 63.20 cm，叶片宽度 25.90 cm，叶片厚度 80.60 μm，填充值 2.94 cm³/g（图 18-2-9，表 18-2-2 和表 18-2-3）。

图 18-2-9　TN-04 片区初烤烟叶

5. 上青乡崇际村片区

代表性片区（TN-05）烟叶外观质量指标的成熟度得分 8.00，颜色得分 9.50，油分得分 8.50，身份得分 8.50，结构得分 8.50，色度得分 8.00。烟叶物理指标中的单叶重 10.61 g，叶片密度 51.68 g/m²，含梗率 30.45%，平衡含水率 13.89%，叶片长度 64.45 cm，叶片宽度 26.35 cm，叶片厚度 103.87 μm，填充值 3.24 cm³/g（图 18-2-10，表 18-2-2 和表 18-2-3）。

图 18-2-10　TN-05 片区初烤烟叶

表 18-2-2　代表性片区烟叶外观质量

片区	成熟度	颜色	油分	身份	结构	色度
TN-01	8.00	9.50	8.50	8.50	8.50	9.00
TN-02	8.00	9.00	8.50	8.50	8.00	8.00
TN-03	8.00	8.50	8.00	7.50	8.50	8.00
TN-04	8.00	9.50	8.50	8.50	8.00	8.50
TN-05	8.00	9.50	8.50	8.50	8.50	8.00

表 18-2-3　代表性片区烟叶物理指标

片区	单叶重 /g	叶片密度 /(g/m²)	含梗率 /%	平衡含水率 /%	叶长 /cm	叶宽 /cm	叶片厚度 /μm	填充值 /(cm³/g)
TN-01	8.22	52.53	30.47	13.22	57.60	22.90	83.57	2.99
TN-02	9.56	56.02	30.73	14.34	60.80	23.30	82.10	2.86
TN-03	11.66	53.88	31.39	15.21	67.90	26.90	87.87	2.91
TN-04	10.25	61.10	28.78	13.64	63.20	25.90	80.60	2.94
TN-05	10.61	51.68	30.45	13.89	64.45	26.35	103.87	3.24

三、烟叶常规化学成分与中微量元素

1. 杉城镇东石村片区

代表性片区（TN-01）中部烟叶（C3F）总糖含量 41.63%，还原糖含量 34.73%，总氮含量 1.25%，总植物碱含量 0.81%，氯含量 0.66%，钾含量 2.22%，糖碱比 51.40，淀粉含量 2.90%（表 18-2-4）。烟叶铜含量为 0.038 g/kg，铁含量为 0.898 g/kg，锰含量为 3.605 g/kg，锌含量为 0.971 g/kg，钙含量为 85.136 mg/kg，镁含量为 18.535 mg/kg（表 18-2-5）。

2. 开善乡儒坊村片区

代表性片区（TN-02）中部烟叶（C3F）总糖含量 39.95%，还原糖含量 31.16%，总氮含量 1.43%，总植物碱含量 0.97%，氯含量 0.55%，钾含量 2.55%，糖碱比 41.19，淀粉含量 3.32%（表 18-2-4）。烟叶铜含量为 0.071 g/kg，铁含量为 0.799 g/kg，锰含量为 6.472 g/kg，锌含量为 0.914 g/kg，钙含量为 75.265 mg/kg，镁含量为 17.333 mg/kg（表 18-2-5）。

3. 下渠乡新田村片区

代表性片区（TN-03）中部烟叶（C3F）总糖含量 38.67%，还原糖含量 31.91%，总氮含量 1.50%，总植物碱含量 1.32%，氯含量 0.54%，钾含量 2.59%，糖碱比 29.30，淀粉含量 2.22%（表 18-2-4）。烟叶铜含量为 0.026 g/kg，铁含量为 0.687 g/kg，锰含量为 3.079 g/kg，锌含量为 0.746 g/kg，钙含量为 91.261 mg/kg，镁含量为 18.663 mg/kg（表 18-2-5）。

4. 下渠乡渠里村片区

代表性片区（TN-04）中部烟叶（C3F）总糖含量 36.63%，还原糖含量 32.03%，总氮含量 1.48%，总植物碱含量 2.01%，氯含量 0.34%，钾含量 2.51%，糖碱比 18.22，淀粉含量 2.58%（表 18-2-4）。烟叶铜含量为 0.026 g/kg，铁含量为 0.782 g/kg，锰含量为 5.543 g/kg，锌含量为 0.655 g/kg，钙含量为 105.850 mg/kg，镁含量为 18.862 mg/kg（表 18-2-5）。

5. 上青乡崇际村片区

代表性片区（TN-05）中部烟叶（C3F）总糖含量 34.61%，还原糖含量 29.56%，总氮含量 1.70%，总植物碱含量 1.22%，氯含量 0.20%，钾含量 2.58%，糖碱比 28.37，淀粉含量 3.46%（表 18-2-4）。烟叶铜含量为 0.080 g/kg，铁含量为 0.681 g/kg，锰含量为 4.672 g/kg，锌含量为 1.130 g/kg，钙含量为 87.325 mg/kg，镁含量为 17.889 mg/kg（表 18-2-5）。

表 18-2-4 代表性片区中部烟叶（C3F）常规化学成分

片区	总糖/%	还原糖/%	总氮/%	总植物碱/%	氯/%	钾/%	糖碱比	淀粉/%
TN-01	41.63	34.73	1.25	0.81	0.66	2.22	51.40	2.90
TN-02	39.95	31.16	1.43	0.97	0.55	2.55	41.19	3.32
TN-03	38.67	31.91	1.50	1.32	0.54	2.59	29.30	2.22
TN-04	36.63	32.03	1.48	2.01	0.34	2.51	18.22	2.58
TN-05	34.61	29.56	1.70	1.22	0.20	2.58	28.37	3.46

表 18-2-5　代表性片区中部烟叶 (C3F) 中微量元素

片区	Cu /(g/kg)	Fe /(g/kg)	Mn /(g/kg)	Zn /(g/kg)	Ca /(mg/kg)	Mg /(mg/kg)
TN-01	0.038	0.898	3.605	0.971	85.136	18.535
TN-02	0.071	0.799	6.472	0.914	75.265	17.333
TN-03	0.026	0.687	3.079	0.746	91.261	18.663
TN-04	0.026	0.782	5.543	0.655	105.850	18.862
TN-05	0.080	0.681	4.672	1.130	87.325	17.889

四、烟叶生物碱组分与细胞壁物质

1. 杉城镇东石村片区

代表性片区 (TN-01) 中部烟叶 (C3F) 烟碱含量为 15.041 mg/g，降烟碱含量为 0.421 mg/g，麦斯明含量为 0.003 mg/g，假木贼碱含量为 0.104 mg/g，新烟碱含量为 0.539 mg/g；烟叶纤维素含量为 7.20%，半纤维素含量为 2.90%，木质素含量为 1.50% （表 18-2-6）。

2. 开善乡儒坊村片区

代表性片区 (TN-02) 中部烟叶 (C3F) 烟碱含量为 26.199 mg/g，降烟碱含量为 0.763 mg/g，麦斯明含量为 0.005 mg/g，假木贼碱含量为 0.211 mg/g，新烟碱含量为 1.068 mg/g；烟叶纤维素含量为 6.70%，半纤维素含量为 3.50%，木质素含量为 1.30% （表 18-2-6）。

3. 下渠乡新田村片区

代表性片区 (TN-03) 中部烟叶 (C3F) 烟碱含量为 16.680 mg/g，降烟碱含量为 0.460 mg/g，麦斯明含量为 0.003 mg/g，假木贼碱含量为 0.103 mg/g，新烟碱含量为 0.525 mg/g；烟叶纤维素含量为 6.80%，半纤维素含量为 3.60%，木质素含量为 1.90% （表 18-2-6）。

4. 下渠乡渠里村片区

代表性片区 (TN-04) 中部烟叶 (C3F) 烟碱含量为 17.595 mg/g，降烟碱含量为 0.532 mg/g，麦斯明含量为 0.003 mg/g，假木贼碱含量为 0.109 mg/g，新烟碱含量为 0.583 mg/g；烟叶纤维素含量为 7.50%，半纤维素含量为 2.80%，木质素含量为 1.10% （表 18-2-6）。

5. 上青乡崇际村片区

代表性片区 (TN-05) 中部烟叶 (C3F) 烟碱含量为 17.426 mg/g，降烟碱含量为

0.359 mg/g，麦斯明含量为 0.003 mg/g，假木贼碱含量为 0.122 mg/g，新烟碱含量为 0.463 mg/g；烟叶纤维素含量为 6.10%，半纤维素含量为 2.50%，木质素含量为 1.00% （表 18-2-6）。

表 18-2-6　代表性片区中部烟叶（C3F）生物碱组分与细胞壁物质

片区	烟碱 /(mg/g)	降烟碱 /(mg/g)	麦斯明 /(mg/g)	假木贼碱 /(mg/g)	新烟碱 /(mg/g)	纤维素 /%	半纤维素 /%	木质素 /%
TN-01	15.041	0.421	0.003	0.104	0.539	7.20	2.90	1.50
TN-02	26.199	0.763	0.005	0.211	1.068	6.70	3.50	1.30
TN-03	16.680	0.460	0.003	0.103	0.525	6.80	3.60	1.90
TN-04	17.595	0.532	0.003	0.109	0.583	7.50	2.80	1.10
TN-05	17.426	0.359	0.003	0.122	0.463	6.10	2.50	1.00

五、烟叶多酚与质体色素

1. 杉城镇东石村片区

代表性片区（TN-01）中部烟叶（C3F）绿原酸含量为 16.450 mg/g，芸香苷含量为 5.380 mg/g，莨菪亭含量为 0.040 mg/g，β-胡萝卜素含量为 0.029 mg/g，叶黄素含量为 0.082 mg/g（表 18-2-7）。

2. 开善乡儒坊村片区

代表性片区（TN-02）中部烟叶（C3F）绿原酸含量为 16.850 mg/g，芸香苷含量为 6.090 mg/g，莨菪亭含量为 0.040 mg/g，β-胡萝卜素含量为 0.043 mg/g，叶黄素含量为 0.076 mg/g（表 18-2-7）。

3. 下渠乡新田村片区

代表性片区（TN-03）中部烟叶（C3F）绿原酸含量为 15.280 mg/g，芸香苷含量为 3.430 mg/g，莨菪亭含量为 0.090 mg/g，β-胡萝卜素含量为 0.036 mg/g，叶黄素含量为 0.109 mg/g（表 18-2-7）。

4. 下渠乡渠里村片区

代表性片区（TN-04）中部烟叶（C3F）绿原酸含量为 17.880 mg/g，芸香苷含量为 7.490 mg/g，莨菪亭含量为 0.090 mg/g，β-胡萝卜素含量为 0.037 mg/g，叶黄素含量为 0.082 mg/g（表 18-2-7）。

5. 上青乡崇际村片区

代表性片区（TN-05）中部烟叶（C3F）绿原酸含量为 12.950 mg/g，芸香苷含量为 6.250 mg/g，莨菪亭含量为 0.310 mg/g，β-胡萝卜素含量为 0.034 mg/g，叶黄素含量为

0.078 mg/g（表 18-2-7）。

表 18-2-7　代表性片区中部烟叶（C3F）多酚与质体色素　（单位：mg/g）

片区	绿原酸	芸香苷	莨菪亭	β-胡萝卜素	叶黄素
TN-01	16.450	5.380	0.040	0.029	0.082
TN-02	16.850	6.090	0.040	0.043	0.076
TN-03	15.280	3.430	0.090	0.036	0.109
TN-04	17.880	7.490	0.090	0.037	0.082
TN-05	12.950	6.250	0.310	0.034	0.078

六、烟叶有机酸类物质

1. 杉城镇东石村片区

代表性片区（TN-01）中部烟叶（C3F）草酸含量为 16.476 mg/g，苹果酸含量为 40.018 mg/g，柠檬酸含量为 7.128 mg/g，棕榈酸含量为 2.379 mg/g，亚油酸含量为 0.999 mg/g，油酸含量为 3.488 mg/g，硬脂酸含量为 0.568 mg/g（表 18-2-8）。

2. 开善乡儒坊村片区

代表性片区（TN-02）中部烟叶（C3F）草酸含量为 12.722 mg/g，苹果酸含量为 65.712 mg/g，柠檬酸含量为 5.371 mg/g，棕榈酸含量为 1.804 mg/g，亚油酸含量为 1.281 mg/g，油酸含量为 2.417 mg/g，硬脂酸含量为 0.506 mg/g（表 18-2-8）。

3. 下渠乡新田村片区

代表性片区（TN-03）中部烟叶（C3F）草酸含量为 10.714 mg/g，苹果酸含量为 26.537 mg/g，柠檬酸含量为 3.704 mg/g，棕榈酸含量为 2.197 mg/g，亚油酸含量为 1.074 mg/g，油酸含量为 3.117 mg/g，硬脂酸含量为 0.469 mg/g（表 18-2-8）。

4. 下渠乡渠里村片区

代表性片区（TN-04）中部烟叶（C3F）草酸含量为 13.194 mg/g，苹果酸含量为 38.094 mg/g，柠檬酸含量为 3.544 mg/g，棕榈酸含量为 2.595 mg/g，亚油酸含量为 1.203 mg/g，油酸含量为 3.785 mg/g，硬脂酸含量为 0.582 mg/g（表 18-2-8）。

5. 上青乡崇际村片区

代表性片区（TN-05）中部烟叶（C3F）草酸含量为 10.826 mg/g，苹果酸含量为 39.584 mg/g，柠檬酸含量为 2.504 mg/g，棕榈酸含量为 2.580 mg/g，亚油酸含量为 1.396 mg/g，油酸含量为 3.780 mg/g，硬脂酸含量为 0.737 mg/g（表 18-2-8）。

表 18-2-8　代表性片区中部烟叶（C3F）有机酸　　　　（单位：mg/g）

片区	草酸	苹果酸	柠檬酸	棕榈酸	亚油酸	油酸	硬脂酸
TN-01	16.476	40.018	7.128	2.379	0.999	3.488	0.568
TN-02	12.722	65.712	5.371	1.804	1.281	2.417	0.506
TN-03	10.714	26.537	3.704	2.197	1.074	3.117	0.469
TN-04	13.194	38.094	3.544	2.595	1.203	3.785	0.582
TN-05	10.826	39.584	2.504	2.580	1.396	3.780	0.737

七、烟叶氨基酸

1. 杉城镇东石村片区

代表性片区（TN-01）中部烟叶（C3F）磷酸化-丝氨酸含量为 0.386 µg/mg，牛磺酸含量为 0.527 µg/mg，天冬氨酸含量为 0.060 µg/mg，苏氨酸含量为 0.149 µg/mg，丝氨酸含量为 0.035 µg/mg，天冬酰胺含量为 0.626 µg/mg，谷氨酸含量为 0.146 µg/mg，甘氨酸含量为 0.015 µg/mg，丙氨酸含量为 0.255 µg/mg，缬氨酸含量为 0.032 µg/mg，半胱氨酸含量为 0 µg/mg，异亮氨酸含量为 0 µg/mg，亮氨酸含量为 0.061 µg/mg，酪氨酸含量为 0.032 µg/mg，苯丙氨酸含量为 0.098 µg/mg，氨基丁酸含量为 0.003 µg/mg，组氨酸含量为 0.022 µg/mg，色氨酸含量为 0.028 µg/mg，精氨酸含量为 0.016 µg/mg（表 18-2-9）。

2. 开善乡儒坊村片区

代表性片区（TN-02）中部烟叶（C3F）磷酸化-丝氨酸含量为 0.221 µg/mg，牛磺酸含量为 0.405 µg/mg，天冬氨酸含量为 0.079 µg/mg，苏氨酸含量为 0.109 µg/mg，丝氨酸含量为 0.104 µg/mg，天冬酰胺含量为 0.625 µg/mg，谷氨酸含量为 0.142 µg/mg，甘氨酸含量为 0.024 µg/mg，丙氨酸含量为 0.321 µg/mg，缬氨酸含量为 0.080 µg/mg，半胱氨酸含量为 0 µg/mg，异亮氨酸含量为 0.009 µg/mg，亮氨酸含量为 0.095 µg/mg，酪氨酸含量为 0.037 µg/mg，苯丙氨酸含量为 0.078 µg/mg，氨基丁酸含量为 0.018 µg/mg，组氨酸含量为 0.055 µg/mg，色氨酸含量为 0.081 µg/mg，精氨酸含量为 0.020 µg/mg（表 18-2-9）。

3. 下渠乡新田村片区

代表性片区（TN-03）中部烟叶（C3F）磷酸化-丝氨酸含量为 0.338 µg/mg，牛磺酸含量为 0.541 µg/mg，天冬氨酸含量为 0.073 µg/mg，苏氨酸含量为 0.174 µg/mg，丝氨酸含量为 0.043 µg/mg，天冬酰胺含量为 0.821 µg/mg，谷氨酸含量为 0.130 µg/mg，甘氨酸含量为 0.016 µg/mg，丙氨酸含量为 0.323 µg/mg，缬氨酸含量为 0.048 µg/mg，半胱氨酸含量为 0 µg/mg，异亮氨酸含量为 0 µg/mg，亮氨酸含量为 0.078 µg/mg，酪氨酸含量为 0.030 µg/mg，苯丙氨酸含量为 0.121 µg/mg，氨基丁酸含量为 0.015 µg/mg，组氨酸含量为 0.028 µg/mg，色氨酸含量为 0.054 µg/mg，精氨酸含量为 0 µg/mg（表 18-2-9）。

4. 下渠乡渠里村片区

代表性片区(TN-04)中部烟叶(C3F)磷酸化-丝氨酸含量为 0.282 μg/mg，牛磺酸含量为 0.355 μg/mg，天冬氨酸含量为 0.037 μg/mg，苏氨酸含量为 0.159 μg/mg，丝氨酸含量为 0.040 μg/mg，天冬酰胺含量为 0.341 μg/mg，谷氨酸含量为 0.046 μg/mg，甘氨酸含量为 0.006 μg/mg，丙氨酸含量为 0.238 μg/mg，缬氨酸含量为 0.042 μg/mg，半胱氨酸含量为 0 μg/mg，异亮氨酸含量为 0.005 μg/mg，亮氨酸含量为 0.064 μg/mg，酪氨酸含量为 0.025 μg/mg，苯丙氨酸含量为 0.093 μg/mg，氨基丁酸含量为 0.008 μg/mg，组氨酸含量为 0.028 μg/mg，色氨酸含量为 0.039 μg/mg，精氨酸含量为 0.005 μg/mg(表 18-2-9)。

5. 上青乡崇际村片区

代表性片区(TN-05)中部烟叶(C3F)磷酸化-丝氨酸含量为 0.421 μg/mg，牛磺酸含量为 0.410 μg/mg，天冬氨酸含量为 0.030 μg/mg，苏氨酸含量为 0.112 μg/mg，丝氨酸含量为 0.034 μg/mg，天冬酰胺含量为 0.289 μg/mg，谷氨酸含量为 0.024 μg/mg，甘氨酸含量为 0.004 μg/mg，丙氨酸含量为 0.123 μg/mg，缬氨酸含量为 0.031 μg/mg，半胱氨酸含量为 0 μg/mg，异亮氨酸含量为 0 μg/mg，亮氨酸含量为 0.036 μg/mg，酪氨酸含量为 0.017 μg/mg，苯丙氨酸含量为 0.056 μg/mg，氨基丁酸含量为 0.002 μg/mg，组氨酸含量为 0.017 μg/mg，色氨酸含量为 0.028 μg/mg，精氨酸含量为 0 μg/mg(表 18-2-9)。

表 18-2-9　代表性片区中部烟叶(C3F)氨基酸　　　　(单位：μg/mg)

氨基酸组分	TN-01	TN-02	TN-03	TN-04	TN-05
磷酸化-丝氨酸	0.386	0.221	0.338	0.282	0.421
牛磺酸	0.527	0.405	0.541	0.355	0.410
天冬氨酸	0.060	0.079	0.073	0.037	0.030
苏氨酸	0.149	0.109	0.174	0.159	0.112
丝氨酸	0.035	0.104	0.043	0.040	0.034
天冬酰胺	0.626	0.625	0.821	0.341	0.289
谷氨酸	0.146	0.142	0.130	0.046	0.024
甘氨酸	0.015	0.024	0.016	0.006	0.004
丙氨酸	0.255	0.321	0.323	0.238	0.123
缬氨酸	0.032	0.080	0.048	0.042	0.031
半胱氨酸	0	0	0	0	0
异亮氨酸	0	0.009	0	0.005	0
亮氨酸	0.061	0.095	0.078	0.064	0.036
酪氨酸	0.032	0.037	0.030	0.025	0.017
苯丙氨酸	0.098	0.078	0.121	0.093	0.056
氨基丁酸	0.003	0.018	0.015	0.008	0.002
组氨酸	0.022	0.055	0.028	0.028	0.017
色氨酸	0.028	0.081	0.054	0.039	0.028
精氨酸	0.016	0.020	0	0.005	0

八、烟叶香气物质

1. 杉城镇东石村片区

代表性片区（TN-01）中部烟叶（C3F）茄酮含量为 0.907 μg/g，香叶基丙酮含量为 0.526 μg/g，降茄二酮含量为 0.090 μg/g，β-紫罗兰酮含量为 0.683 μg/g，氧化紫罗兰酮含量为 0.638 μg/g，二氢猕猴桃内酯含量为 2.789 μg/g，巨豆三烯酮 1 含量为 0.067 μg/g，巨豆三烯酮 2 含量为 0.661 μg/g，巨豆三烯酮 3 含量为 0.101 μg/g，巨豆三烯酮 4 含量为 0.493 μg/g，3-羟基-β-二氢大马酮含量为 0.347 μg/g，3-氧代-α-紫罗兰醇含量为 2.251 μg/g，新植二烯含量为 346.282 μg/g，3-羟基索拉韦惕酮含量为 3.786 μg/g，β-法尼烯含量为 4.715 μg/g（表 18-2-10）。

2. 开善乡儒坊村片区

代表性片区（TN-02）中部烟叶（C3F）茄酮含量为 0.213 μg/g，香叶基丙酮含量为 0.146 μg/g，降茄二酮含量为 0.078 μg/g，β-紫罗兰酮含量为 0.302 μg/g，氧化紫罗兰酮含量为 0.381 μg/g，二氢猕猴桃内酯含量为 3.730 μg/g，巨豆三烯酮 1 含量为 0.022 μg/g，巨豆三烯酮 2 含量为 0.179 μg/g，巨豆三烯酮 3 含量为 0.034 μg/g，巨豆三烯酮 4 含量为 0.101 μg/g，3-羟基-β-二氢大马酮含量为 0.179 μg/g，3-氧代-α-紫罗兰醇含量为 1.109 μg/g，新植二烯含量为 347.693 μg/g，3-羟基索拉韦惕酮含量为 2.005 μg/g，β-法尼烯含量为 2.442 μg/g（表 18-2-10）。

3. 下渠乡新田村片区

代表性片区（TN-03）中部烟叶（C3F）茄酮含量为 0.493 μg/g，香叶基丙酮含量为 0.213 μg/g，降茄二酮含量为 0.022 μg/g，β-紫罗兰酮含量为 0.437 μg/g，氧化紫罗兰酮含量为 0.403 μg/g，二氢猕猴桃内酯含量为 2.856 μg/g，巨豆三烯酮 1 含量为 0.011 μg/g，巨豆三烯酮 2 含量为 0.269 μg/g，巨豆三烯酮 3 含量为 0.011 μg/g，巨豆三烯酮 4 含量为 0.146 μg/g，3-羟基-β-二氢大马酮含量为 0.179 μg/g，3-氧代-α-紫罗兰醇含量为 1.030 μg/g，新植二烯含量为 233.912 μg/g，3-羟基索拉韦惕酮含量为 0.896 μg/g，β-法尼烯含量为 2.632 μg/g（表 18-2-10）。

4. 下渠乡渠里村片区

代表性片区（TN-04）中部烟叶（C3F）茄酮含量为 0.470 μg/g，香叶基丙酮含量为 0.235 μg/g，降茄二酮含量为 0.123 μg/g，β-紫罗兰酮含量为 0.414 μg/g，氧化紫罗兰酮含量为 0.358 μg/g，二氢猕猴桃内酯含量为 2.800 μg/g，巨豆三烯酮 1 含量为 0.022 μg/g，巨豆三烯酮 2 含量为 0.314 μg/g，巨豆三烯酮 3 含量为 0.067 μg/g，巨豆三烯酮 4 含量为 0.280 μg/g，3-羟基-β-二氢大马酮含量为 0.482 μg/g，3-氧代-α-紫罗兰醇含量为 1.904 μg/g，新植二烯含量为 226.386 μg/g，3-羟基索拉韦惕酮含量为 1.344 μg/g，β-法尼烯含量为 2.307 μg/g（表 18-2-10）。

5. 上青乡崇际村片区

代表性片区(TN-05)中部烟叶(C3F)茄酮含量为 0.325 μg/g，香叶基丙酮含量为 0.202 μg/g，降茄二酮含量为 0.078 μg/g，β-紫罗兰酮含量为 0.347 μg/g，氧化紫罗兰酮含量为 0.325 μg/g，二氢猕猴桃内酯含量为 2.531 μg/g，巨豆三烯酮 1 含量为 0.045 μg/g，巨豆三烯酮 2 含量为 0.437 μg/g，巨豆三烯酮 3 含量为 0.078 μg/g，巨豆三烯酮 4 含量为 0.381 μg/g，3-羟基-β-二氢大马酮含量为 0.762 μg/g，3-氧代-α-紫罗兰醇含量为 2.778 μg/g，新植二烯含量为 742.213 μg/g，3-羟基索拉韦惕酮含量为 2.834 μg/g，β-法尼烯含量为 5.454 μg/g(表 18-2-10)。

表 18-2-10　代表性片区中部烟叶(C3F)香气物质　　　(单位：μg/g)

香气物质	TN-01	TN-02	TN-03	TN-04	TN-05
茄酮	0.907	0.213	0.493	0.470	0.325
香叶基丙酮	0.526	0.146	0.213	0.235	0.202
降茄二酮	0.090	0.078	0.022	0.123	0.078
β-紫罗兰酮	0.683	0.302	0.437	0.414	0.347
氧化紫罗兰酮	0.638	0.381	0.403	0.358	0.325
二氢猕猴桃内酯	2.789	3.730	2.856	2.800	2.531
巨豆三烯酮 1	0.067	0.022	0.011	0.022	0.045
巨豆三烯酮 2	0.661	0.179	0.269	0.314	0.437
巨豆三烯酮 3	0.101	0.034	0.011	0.067	0.078
巨豆三烯酮 4	0.493	0.101	0.146	0.280	0.381
3-羟基-β-二氢大马酮	0.347	0.179	0.179	0.482	0.762
3-氧代-α-紫罗兰醇	2.251	1.109	1.030	1.904	2.778
新植二烯	346.282	347.693	233.912	226.386	742.213
3-羟基索拉韦惕酮	3.786	2.005	0.896	1.344	2.834
β-法尼烯	4.715	2.442	2.632	2.307	5.454

九、烟叶感官质量

1. 杉城镇东石村片区

代表性片区(TN-01)中部烟叶(C3F)感官质量评价结果显示，香韵指标包含的干草香、清甜香、正甜香、焦甜香、青香、木香、豆香、坚果香、焦香、辛香、果香、药草香、花香、树脂香、酒香的各项指标值分别为3.19、2.44、0.84、0.50、1.56、1.69、0.19、0.38、0.69、1.34、0.19、0.06、0、0、0，烟气指标包含的香气状态、烟气浓度、劲头、香气质、香气量和透发性的各项指标值分别为2.69、2.97、2.78、3.20、2.93 和 2.93，杂气指标包含的青杂气、生青气、枯焦气、木质气、土腥气、松脂气、花粉气、药草气和金属气的各项指标值分别为 1.13、0.94、0.75、1.22、0、0、0、0、0，口感指标包含的细腻程度、柔和程度、圆润感、刺激性、干燥感和余味的各项指标值分别为 3.38、3.09、2.84、2.44、2.47 和 3.25（表 18-2-11）。

2. 开善乡儒坊村片区

代表性片区（TN-02）中部烟叶（C3F）感官质量评价结果显示，香韵指标包含的干草香、清甜香、正甜香、焦甜香、青香、木香、豆香、坚果香、焦香、辛香、果香、药草香、花香、树脂香、酒香的各项指标值分别为 3.20、2.22、1.27、0.13、1.63、1.74、0.05、0.09、0.82、1.41、0.05、0.02、0、0、0，烟气指标包含的香气状态、烟气浓度、劲头、香气质、香气量和透发性的各项指标值分别为 0.67、2.78、2.56、3.11、2.77 和 2.87，杂气指标包含的青杂气、生青气、枯焦气、木质气、土腥气、松脂气、花粉气、药草气和金属气的各项指标值分别为 1.17、1.04、0.35、1.21、0、0、0、0、0，口感指标包含的细腻程度、柔和程度、圆润感、刺激性、干燥感和余味的各项指标值分别为 3.19、3.22、2.96、2.40、2.35 和 3.08（表 18-2-11）。

3. 下渠乡新田村片区

代表性片区（TN-03）中部烟叶（C3F）感官质量评价结果显示，香韵指标包含的干草香、清甜香、正甜香、焦甜香、青香、木香、豆香、坚果香、焦香、辛香、果香、药草香、花香、树脂香、酒香的各项指标值分别为 3.22、2.00、1.50、0、1.56、1.94、0、0、0.94、1.44、0、0、0、0、0，烟气指标包含的香气状态、烟气浓度、劲头、香气质、香气量和透发性的各项指标值分别为 0、2.50、2.44、2.94、2.50 和 2.72，杂气指标包含的青杂气、生青气、枯焦气、木质气、土腥气、松脂气、花粉气、药草气和金属气的各项指标值分别为 1.22、1.22、0、1.28、0、0、0、0、0，口感指标包含的细腻程度、柔和程度、圆润感、刺激性、干燥感和余味的各项指标值分别为 3.00、3.06、2.83、2.50、2.33 和 3.00（表 18-2-11）。

4. 下渠乡渠里村片区

代表性片区（TN-04）中部烟叶（C3F）感官质量评价结果显示，香韵指标包含的干草香、清甜香、正甜香、焦甜香、青香、木香、豆香、坚果香、焦香、辛香、果香、药草香、花香、树脂香、酒香的各项指标值分别为 3.39、2.22、1.33、0、1.78、1.67、0、0、1.11、1.44、0、0、0、0、0，烟气指标包含的香气状态、烟气浓度、劲头、香气质、香气量和透发性的各项指标值分别为 0、2.89、2.56、3.17、2.88 和 3.00，杂气指标包含的青杂气、生青气、枯焦气、木质气、土腥气、松脂气、花粉气、药草气和金属气的各项指标值分别为 1.06、1.11、0.67、1.22、0、0、0、0、0，口感指标包含的细腻程度、柔和程度、圆润感、刺激性、干燥感和余味的各项指标值分别为 3.28、3.33、3.00、2.39、2.44 和 3.06（表 18-2-11）。

5. 上青乡崇际村片区

代表性片区（TN-05）中部烟叶（C3F）感官质量评价结果显示，香韵指标包含的干草香、清甜香、正甜香、焦甜香、青香、木香、豆香、坚果香、焦香、辛香、果香、药草香、花香、树脂香、酒香的各项指标值分别为3.00、2.22、1.39、0、1.61、1.67、0、0、0.56、1.39、0、0、0、0、0，烟气指标包含的香气状态、烟气浓度、劲头、香气质、香气量和透发性的各项指标值分别为0、2.78、2.44、3.11、2.78和2.83，杂气指标包含的青杂气、生青气、枯焦气、木质气、土腥气、松脂气、花粉气、药草气和金属气的各项指标值分别为1.28、0.89、0、1.11、0、0、0、0、0，口感指标包含的细腻程度、柔和程度、圆润感、刺激性、干燥感和余味的各项指标值分别为3.11、3.39、3.17、2.28、2.17和3.00（表18-2-11）。

表 18-2-11　代表性片区中部烟叶（C3F）感官质量

评价指标		TN-01	TN-02	TN-03	TN-04	TN-05
香韵	干草香	3.19	3.20	3.22	3.39	3.00
	清甜香	2.44	2.22	2.00	2.22	2.22
	正甜香	0.84	1.27	1.50	1.33	1.39
	焦甜香	0.50	0.13	0	0	0
	青香	1.56	1.63	1.56	1.78	1.61
	木香	1.69	1.74	1.94	1.67	1.67
	豆香	0.19	0.05	0	0	0
	坚果香	0.38	0.09	0	0	0
	焦香	0.69	0.82	0.94	1.11	0.56
	辛香	1.34	1.41	1.44	1.44	1.39
	果香	0.19	0.05	0	0	0
	药草香	0.06	0.02	0	0	0
	花香	0	0	0	0	0
	树脂香	0	0	0	0	0
	酒香	0	0	0	0	0
烟气	香气状态	2.69	0.67	0	0	0
	烟气浓度	2.97	2.78	2.50	2.89	2.78
	劲头	2.78	2.56	2.44	2.56	2.44
	香气质	3.20	3.11	2.94	3.17	3.11
	香气量	2.93	2.77	2.50	2.88	2.78
	透发性	2.93	2.87	2.72	3.00	2.83
杂气	青杂气	1.13	1.17	1.22	1.06	1.28
	生青气	0.94	1.04	1.22	1.11	0.89
	枯焦气	0.75	0.35	0	0.67	0
	木质气	1.22	1.21	1.28	1.22	1.11
	土腥气	0	0	0	0	0
	松脂气	0	0	0	0	0
	花粉气	0	0	0	0	0
	药草气	0	0	0	0	0
	金属气	0	0	0	0	0

评价指标		TN-01	TN-02	TN-03	TN-04	TN-05
口感	细腻程度	3.38	3.19	3.00	3.28	3.11
	柔和程度	3.09	3.22	3.06	3.33	3.39
	圆润感	2.84	2.96	2.83	3.00	3.17
	刺激性	2.44	2.40	2.50	2.39	2.28
	干燥感	2.47	2.35	2.33	2.44	2.17
	余味	3.25	3.08	3.00	3.06	3.00

第十九章 南岭山区烤烟典型区域烟叶风格特征

南岭山区烤烟种植区位于湖南南部、广东北部、江西南部广大地区。典型烤烟种植县包括湖南省郴州市的桂阳县、嘉禾县、永兴县，永州市的江华瑶族自治县(江华县)、宁远县、江永县，广东省韶关市的南雄市，江西省赣州市的信丰县、石城县 9 个县(市)。南岭山区在我国自然资源区划和农业综合区划中是独特的生态区域，该区域是我国烤烟典型产区之一，也是传统分类的浓香香型的主要产区。这里选择桂阳县和江华县 2 个典型产区县的 10 个代表性片区，并通过代表性片区烟田烟株长相长势、烤后烟叶外观质量、物理指标、化学指标和烟叶质量感官评价指标，对南岭山区烤烟种植区的烟叶风格进行描述，试图利用代表性片区烟叶主要指标的检测数据呈现该区域烟叶的整体质量风格特征。

第一节 湖南桂阳烟叶风格特征

桂阳县隶属湖南省郴州市，位于湖南省南部，郴州市西部，地处东经 112°13′～112°56′、北纬 25°27′～26°14′，东邻北湖区，南接临武县，西连新田县、嘉禾县，北和祁阳县、常宁市、耒阳市、永兴县交界。桂阳县为亚热带湿润季风气候。桂阳是南岭山区烤烟种植区的典型烤烟产区之一，根据目前该县烤烟种植片区分布特点和烟叶质量风格特征，选择 5 个种植片区作为该县烟叶质量风格特征的代表性区域加以展示。

一、烟田与烟株基本特征

1. 樟市镇桐木村唐家组片区

代表性片区(GY-01)中心点位于北纬 25°52′20.100″、东经 112°47′44.100″，海拔 287 m。地处石灰岩丘陵岗地顶部，缓坡梯田旱地，成土母质为第四纪红土，土壤亚类为暗红富铝湿润富铁土；土体深厚，耕作层质地偏黏，耕性和通透性较差。该片区烤烟、玉米不定期轮作，烤烟大田生长期 3～7 月。烤烟田间长相长势较好，烟株呈筒形结构，株高 95.50 cm，茎围 6.90 cm，有效叶片数 16.70，中部烟叶长 70.80 cm、宽 25.10 cm，上部烟叶长 58.90 cm、宽 20.80 cm(图 19-1-1，表 19-1-1)。

2. 仁义镇长江村蝴蝶洞组片区

代表性片区(GY-02)中心点位于北纬 25°52′6.900″、东经 112°40′31.900″，海拔 135 m。地处石灰性紫色岩丘陵区河流冲积平原一级阶地，水田，成土母质为洪积-冲积物，土壤亚类为复钙简育水耕人为土；土体深厚，耕作层质地适中，耕性和通透性好。该片区烤烟、晚稻定期轮作，烤烟大田生长期 3～7 月。烤烟田间长相长势较好，烟株呈筒形结构，株高 102.80 cm，茎围 7.20 cm，有效叶片数 17.60，中部烟叶长 76.30 cm、宽 23.20 cm，上部烟叶长 61.00 cm、宽 20.90 cm（图 19-1-2，表 19-1-1）。

图 19-1-1　GY-01 片区烟田

图 19-1-2　GY-02 片区烟田

3. 浩塘镇大留村 3 组片区

代表性片区（GY-03）中心点位于北纬 25°43′58.000″、东经 112°33′51.000″，海拔 195 m。地处石灰岩丘陵区河流冲积平原二级阶地，水田，成土母质为洪积-冲积物，土壤亚类为底潜铁聚水耕人为土；土体深厚，耕作层质地偏黏，耕性和通透性较差。该片区烤烟、晚稻定期轮作，烤烟大田生长期 3～7 月。烤烟田间长相长势较好，烟株呈筒形结构，株高 106.00 cm，茎围 7.50 cm，有效叶片数 19.50，中部烟叶长 74.10 cm、宽 24.00 cm，上部烟叶长 59.90 cm、宽 21.20 cm（图 19-1-3，表 19-1-1）。

4. 浩塘镇大留村 1 组片区

代表性片区（GY-04）中心点位于北纬 25°44′5.700″、东经 112°34′3.200″，海拔 221 m。地处紫色岩丘陵区坡地中部，缓坡梯田旱地，成土母质为紫色岩风化残积-坡积物，土壤亚类为黏化富铝湿润富铁土；土体深厚，耕作层质地黏，耕性和通透性差。该片区烤烟、玉米不定期轮作，烤烟大田生长期 3～7 月。烤烟田间长相长势较好，烟株呈筒形结构，株高 102.10 cm，茎围 8.20 cm，有效叶片数 18.20，中部烟叶长 71.80 cm、宽 23.40 cm，上部烟叶长 64.60 cm、宽 21.20 cm（图 19-1-4，表 19-1-1）。

图 19-1-3　GY-03 片区烟田

图 19-1-4　GY-04 片区烟田

5. 流峰镇回龙村 1 组片区

代表性片区（GY-05）中心点位于北纬 25°59′2.500″、东经 112°26′28.900″，海拔 228 m。地处泥质板岩丘陵区河流冲积平原一级阶地，水田，成土母质为洪积-冲积物，土壤亚类为复钙简育水耕人为土；土体深厚，耕作层质地适中，耕性和通透性好。该片区烤烟、晚稻定期轮作，烤烟大田生长期 3～7 月。烤烟田间长相长势较好，烟株呈筒形结构，株高 94.20 cm，茎围 7.80 cm，有效叶片数 18.70，中部烟叶长 68.10 cm、宽 23.70 cm，上部烟叶长 62.00 cm、宽 22.10 cm（图 19-1-5，表 19-1-1）。

图 19-1-5　GY-05 片区烟田

表 19-1-1　代表性片区烟株主要农艺性状

片区	株高 /cm	茎围 /cm	有效叶 /片	中部叶/cm		上部叶/cm		株型
				叶长	叶宽	叶长	叶宽	
GY-01	95.50	6.90	16.70	70.80	25.10	58.90	20.80	筒形
GY-02	102.80	7.20	17.60	76.30	23.20	61.00	20.90	筒形
GY-03	106.00	7.50	19.50	74.10	24.00	59.90	21.20	筒形
GY-04	102.10	8.20	18.20	71.80	23.40	64.60	21.20	筒形
GY-05	94.20	7.80	18.70	68.10	23.70	62.00	22.10	筒形

二、烟叶外观质量与物理指标

1. 樟市镇桐木村唐家组片区

代表性片区(GY-01)烟叶外观质量指标的成熟度得分 7.50，颜色得分 8.50，油分得分 7.50，身份得分 8.00，结构得分 7.50，色度得分 7.50。烟叶物理指标中的单叶重 11.23 g，叶片密度 57.39 g/m^2，含梗率 32.19%，平衡含水率 15.91%，叶片长度 68.20 cm，叶片宽度 22.60 cm，叶片厚度 116.60 μm，填充值 3.64 cm^3/g(图 19-1-6，表 19-1-2 和表 19-1-3)。

图 19-1-6　GY-01 片区初烤烟叶

2. 仁义镇长江村蝴蝶洞组片区

代表性片区(GY-02)烟叶外观质量指标的成熟度得分 8.00，颜色得分 8.50，油分得分 7.50，身份得分 8.00，结构得分 8.00，色度得分 7.50。烟叶物理指标中的单叶重 10.70 g，叶片密度 59.96 g/m^2，含梗率 32.67%，平衡含水率 14.12%，叶片长度 66.40 cm，叶片宽度 23.90 cm，叶片厚度 90.67 μm，填充值 3.18 cm^3/g(图 19-1-7，表 19-1-2 和表 19-1-3)。

图 19-1-7　GY-02 片区初烤烟叶

3. 浩塘镇大留村 3 组片区

代表性片区(GY-03)烟叶外观质量指标的成熟度得分 8.00，颜色得分 9.00，油分得分 8.00，身份得分 9.00，结构得分 8.00，色度得分 8.00。烟叶物理指标中的单叶重 13.47 g，叶片密度 66.68 g/m²，含梗率 34.06%，平衡含水率 13.02%，叶片长度 66.30 cm，叶片宽度 22.80 cm，叶片厚度 129.57 μm，填充值 3.21 cm³/g(图 19-1-8，表 19-1-2 和表 19-1-3)。

图 19-1-8　GY-03 片区初烤烟叶

4. 浩塘镇大留村 1 组片区

代表性片区(GY-04)烟叶外观质量指标的成熟度得分 7.50，颜色得分 8.50，油分得分 8.00，身份得分 8.50，结构得分 7.50，色度得分 7.50。烟叶物理指标中的单叶重 11.31 g，叶片密度 67.68 g/m², 含梗率 33.70%, 平衡含水率 13.62%, 叶片长度 63.70 cm, 叶片宽度 22.40 cm, 叶片厚度 101.90 μm, 填充值 3.07 cm³/g（图 19-1-9, 表 19-1-2 和表 19-1-3）。

图 19-1-9　GY-04 片区初烤烟叶

5. 流峰镇回龙村 1 组片区

代表性片区（GY-05）烟叶外观质量指标的成熟度得分 8.00, 颜色得分 8.50, 油分得分 7.50, 身份得分 7.50, 结构得分 8.50, 色度得分 8.00。烟叶物理指标中的单叶重 9.91 g, 叶片密度 53.16 g/m², 含梗率 29.84%, 平衡含水率 13.34%, 叶片长度 63.10 cm, 叶片宽度 23.10 cm, 叶片厚度 103.17 μm, 填充值 3.18 cm³/g（图 19-1-10, 表 19-1-2 和表 19-1-3）。

图 19-1-10　GY-05 片区初烤烟叶

表 19-1-2　代表性片区烟叶外观质量

片区	成熟度	颜色	油分	身份	结构	色度
GY-01	7.50	8.50	7.50	8.00	7.50	7.50
GY-02	8.00	8.50	7.50	8.00	8.00	7.50
GY-03	8.00	9.00	8.00	9.00	8.00	8.00
GY-04	7.50	8.50	8.00	8.50	7.50	7.50
GY-05	8.00	8.50	7.50	7.50	8.50	8.00

表 19-1-3　代表性片区烟叶物理指标

片区	单叶重 /g	叶片密度 /(g/m²)	含梗率 /%	平衡含水率 /%	叶长 /cm	叶宽 /cm	叶片厚度 /μm	填充值 /(cm³/g)
GY-01	11.23	57.39	32.19	15.91	68.20	22.60	116.60	3.64
GY-02	10.70	59.96	32.67	14.12	66.40	23.90	90.67	3.18
GY-03	13.47	66.68	34.06	13.02	66.30	22.80	129.57	3.21
GY-04	11.31	67.68	33.70	13.62	63.70	22.40	101.90	3.07
GY-05	9.91	53.16	29.84	13.34	63.10	23.10	103.17	3.18

三、烟叶常规化学成分与中微量元素

1. 樟市镇桐木村唐家组片区

代表性片区（GY-01）中部烟叶（C3F）总糖含量 32.82%，还原糖含量 30.74%，总氮含量 1.37%，总植物碱含量 1.82%，氯含量 0.24%，钾含量 2.04%，糖碱比 18.03，淀粉含量 3.96%（表 19-1-4）。烟叶铜含量为 0.172 g/kg，铁含量为 1.031 g/kg，锰含量为 0.766 g/kg，锌含量为 0.499 g/kg，钙含量为 147.193 mg/kg，镁含量为 13.379 mg/kg（表 19-1-5）。

2. 仁义镇长江村蝴蝶洞组片区

代表性片区（GY-02）中部烟叶（C3F）总糖含量 25.39%，还原糖含量 22.25%，总氮含量 1.65%，总植物碱含量 2.39%，氯含量 0.46%，钾含量 2.19%，糖碱比 10.62，淀粉含量 3.29%（表 19-1-4）。烟叶铜含量为 0.072 g/kg，铁含量为 1.123 g/kg，锰含量为 0.933 g/kg，锌含量为 0.449 g/kg，钙含量为 116.606 mg/kg，镁含量为 15.382 mg/kg（表 19-1-5）。

3. 浩塘镇大留村 3 组片区

代表性片区（GY-03）中部烟叶（C3F）总糖含量 26.63%，还原糖含量 23.95%，总氮含量 1.70%，总植物碱含量 2.17%，氯含量 0.39%，钾含量 2.37%，糖碱比 12.27，淀粉含量 2.48%（表 19-1-4）。烟叶铜含量为 0.259 g/kg，铁含量为 1.430 g/kg，锰含量为 0.364 g/kg，锌含量为 1.498 g/kg，钙含量为 142.412 mg/kg，镁含量为 13.892 mg/kg（表 19-1-5）。

4. 浩塘镇大留村 1 组片区

代表性片区（GY-04）中部烟叶（C3F）总糖含量 24.87%，还原糖含量 22.65%，总氮含量 1.75%，总植物碱含量 2.06%，氯含量 0.30%，钾含量 1.82%，糖碱比 12.07，淀粉含量 3.52%（表 19-1-4）。烟叶铜含量为 0.170 g/kg，铁含量为 1.591 g/kg，锰含量为 0.492 g/kg，锌含量为 1.173 g/kg，钙含量为 197.463 mg/kg，镁含量为 10.554 mg/kg（表 19-1-5）。

5. 流峰镇回龙村 1 组片区

代表性片区（GY-05）中部烟叶（C3F）总糖含量 32.82%，还原糖含量 30.74%，总氮含量 1.37%，总植物碱含量 1.82%，氯含量 0.24%，钾含量 2.04%，糖碱比 18.03，淀粉含量 3.77%（表 19-1-4）。烟叶铜含量为 0.187 g/kg，铁含量为 1.546 g/kg，锰含量为 0.375 g/kg，锌含量为 1.212 g/kg，钙含量为 146.149 mg/kg，镁含量为 11.171 mg/kg（表 19-1-5）。

表 19-1-4　代表性片区中部烟叶（C3F）常规化学成分

片区	总糖/%	还原糖/%	总氮/%	总植物碱/%	氯/%	钾/%	糖碱比	淀粉/%
GY-01	32.82	30.74	1.37	1.82	0.24	2.04	18.03	3.96
GY-02	25.39	22.25	1.65	2.39	0.46	2.19	10.62	3.29
GY-03	26.63	23.95	1.70	2.17	0.39	2.37	12.27	2.48
GY-04	24.87	22.65	1.75	2.06	0.30	1.82	12.07	3.52
GY-05	32.82	30.74	1.37	1.82	0.24	2.04	18.03	3.77

表 19-1-5　代表性片区中部烟叶（C3F）中微量元素

片区	Cu /(g/kg)	Fe /(g/kg)	Mn /(g/kg)	Zn /(g/kg)	Ca /(mg/kg)	Mg /(mg/kg)
GY-01	0.172	1.031	0.766	0.499	147.193	13.379
GY-02	0.072	1.123	0.933	0.449	116.606	15.382
GY-03	0.259	1.430	0.364	1.498	142.412	13.892
GY-04	0.170	1.591	0.492	1.173	197.463	10.554
GY-05	0.187	1.546	0.375	1.212	146.149	11.171

四、烟叶生物碱组分与细胞壁物质

1. 樟市镇桐木村唐家组片区

代表性片区（GY-01）中部烟叶（C3F）烟碱含量为 16.029 mg/g，降烟碱含量为 0.381 mg/g，麦斯明含量为 0.004 mg/g，假木贼碱含量为 0.112 mg/g，新烟碱含量为 0.442 mg/g；烟叶纤维素含量为 7.10%，半纤维素含量为 3.20%，木质素含量为 0.80%（表 19-1-6）。

2. 仁义镇长江村蝴蝶洞组片区

代表性片区 (GY-02) 中部烟叶 (C3F) 烟碱含量为 17.154 mg/g，降烟碱含量为 0.398 mg/g，麦斯明含量为 0.003 mg/g，假木贼碱含量为 0.117 mg/g，新烟碱含量为 0.513 mg/g；烟叶纤维素含量为 6.80%，半纤维素含量为 3.30%，木质素含量为 1.80%（表 19-1-6）。

3. 浩塘镇大留村 3 组片区

代表性片区 (GY-03) 中部烟叶 (C3F) 烟碱含量为 22.707 mg/g，降烟碱含量为 0.460 mg/g，麦斯明含量为 0.004 mg/g，假木贼碱含量为 0.164 mg/g，新烟碱含量为 0.635 mg/g；烟叶纤维素含量为 7.10%，半纤维素含量为 3.20%，木质素含量为 1.50%（表 19-1-6）。

4. 浩塘镇大留村 1 组片区

代表性片区 (GY-04) 中部烟叶 (C3F) 烟碱含量为 19.577 mg/g，降烟碱含量为 0.381 mg/g，麦斯明含量为 0.002 mg/g，假木贼碱含量为 0.144 mg/g，新烟碱含量为 0.622 mg/g；烟叶纤维素含量为 6.70%，半纤维素含量为 2.20%，木质素含量为 1.70%（表 19-1-6）。

5. 流峰镇回龙村 1 组片区

代表性片区 (GY-05) 中部烟叶 (C3F) 烟碱含量为 20.375 mg/g，降烟碱含量为 0.459 mg/g，麦斯明含量为 0.003 mg/g，假木贼碱含量为 0.134 mg/g，新烟碱含量为 0.636 mg/g；烟叶纤维素含量为 7.00%，半纤维素含量为 2.90%，木质素含量为 1.60%（表 19-1-6）。

表 19-1-6　代表性片区中部烟叶 (C3F) 生物碱组分与细胞壁物质

片区	烟碱 /(mg/g)	降烟碱 /(mg/g)	麦斯明 /(mg/g)	假木贼碱 /(mg/g)	新烟碱 /(mg/g)	纤维素 /%	半纤维素 /%	木质素 /%
GY-01	16.029	0.381	0.004	0.112	0.442	7.10	3.20	0.80
GY-02	17.154	0.398	0.003	0.117	0.513	6.80	3.30	1.80
GY-03	22.707	0.460	0.004	0.164	0.635	7.10	3.20	1.50
GY-04	19.577	0.381	0.002	0.144	0.622	6.70	2.20	1.70
GY-05	20.375	0.459	0.003	0.134	0.636	7.00	2.90	1.60

五、烟叶多酚与质体色素

1. 樟市镇桐木村唐家组片区

代表性片区 (GY-01) 中部烟叶 (C3F) 绿原酸含量为 13.220 mg/g，芸香苷含量为

5.110 mg/g，莨菪亭含量为 0.240 mg/g，β-胡萝卜素含量为 0.031 mg/g，叶黄素含量为 0.052 mg/g（表 19-1-7）。

2. 仁义镇长江村蝴蝶洞组片区

代表性片区（GY-02）中部烟叶（C3F）绿原酸含量为 11.010 mg/g，芸香苷含量为 8.560 mg/g，莨菪亭含量为 0.160 mg/g，β-胡萝卜素含量为 0.030 mg/g，叶黄素含量为 0.055 mg/g（表 19-1-7）。

3. 浩塘镇大留村 3 组片区

代表性片区（GY-03）中部烟叶（C3F）绿原酸含量为 14.590 mg/g，芸香苷含量为 4.800 mg/g，莨菪亭含量为 0.270 mg/g，β-胡萝卜素含量为 0.029 mg/g，叶黄素含量为 0.054 mg/g（表 19-1-7）。

4. 浩塘镇大留村 1 组片区

代表性片区（GY-04）中部烟叶（C3F）绿原酸含量为 12.990 mg/g，芸香苷含量为 7.740 mg/g，莨菪亭含量为 0.150 mg/g，β-胡萝卜素含量为 0.030 mg/g，叶黄素含量为 0.049 mg/g（表 19-1-7）。

5. 流峰镇回龙村 1 组片区

代表性片区（GY-05）中部烟叶（C3F）绿原酸含量为 13.160 mg/g，芸香苷含量为 8.320 mg/g，莨菪亭含量为 0.170 mg/g，β-胡萝卜素含量为 0.049 mg/g，叶黄素含量为 0.090 mg/g（表 19-1-7）。

表 19-1-7　代表性片区中部烟叶（C3F）多酚与质体色素　　（单位：mg/g）

片区	绿原酸	芸香苷	莨菪亭	β-胡萝卜素	叶黄素
GY-01	13.220	5.110	0.240	0.031	0.052
GY-02	11.010	8.560	0.160	0.030	0.055
GY-03	14.590	4.800	0.270	0.029	0.054
GY-04	12.990	7.740	0.150	0.030	0.049
GY-05	13.160	8.320	0.170	0.049	0.090

六、烟叶有机酸类物质

1. 樟市镇桐木村唐家组片区

代表性片区（GY-01）中部烟叶（C3F）草酸含量为 15.283 mg/g，苹果酸含量为 57.293 mg/g，柠檬酸含量为 3.566 mg/g，棕榈酸含量为 2.113 mg/g，亚油酸含量为 1.383 mg/g，油酸含量为 3.497 mg/g，硬脂酸含量为 0.497 mg/g（表 19-1-8）。

2. 仁义镇长江村蝴蝶洞组片区

代表性片区（GY-02）中部烟叶（C3F）草酸含量为 14.520 mg/g，苹果酸含量为 67.583 mg/g，柠檬酸含量为 4.403 mg/g，棕榈酸含量为 2.146 mg/g，亚油酸含量为 1.477 mg/g，油酸含量为 3.721 mg/g，硬脂酸含量为 0.580 mg/g（表 19-1-8）。

3. 浩塘镇大留村 3 组片区

代表性片区（GY-03）中部烟叶（C3F）草酸含量为 14.881 mg/g，苹果酸含量为 61.258 mg/g，柠檬酸含量为 4.660 mg/g，棕榈酸含量为 1.834 mg/g，亚油酸含量为 1.383 mg/g，油酸含量为 2.830 mg/g，硬脂酸含量为 0.511 mg/g（表 19-1-8）。

4. 浩塘镇大留村 1 组片区

代表性片区（GY-04）中部烟叶（C3F）草酸含量为 16.456 mg/g，苹果酸含量为 77.237 mg/g，柠檬酸含量为 4.973 mg/g，棕榈酸含量为 1.875 mg/g，亚油酸含量为 1.365 mg/g，油酸含量为 2.841 mg/g，硬脂酸含量为 0.508 mg/g（表 19-1-8）。

5. 流峰镇回龙村 1 组片区

代表性片区（GY-05）中部烟叶（C3F）草酸含量为 16.105 mg/g，苹果酸含量为 104.040 mg/g，柠檬酸含量为 5.666 mg/g，棕榈酸含量为 2.352 mg/g，亚油酸含量为 1.387 mg/g，油酸含量为 3.320 mg/g，硬脂酸含量为 0.591 mg/g（表 19-1-8）。

表 19-1-8　代表性片区中部烟叶（C3F）有机酸　　　（单位：mg/g）

片区	草酸	苹果酸	柠檬酸	棕榈酸	亚油酸	油酸	硬脂酸
GY-01	15.283	57.293	3.566	2.113	1.383	3.497	0.497
GY-02	14.520	67.583	4.403	2.146	1.477	3.721	0.580
GY-03	14.881	61.258	4.660	1.834	1.383	2.830	0.511
GY-04	16.456	77.237	4.973	1.875	1.365	2.841	0.508
GY-05	16.105	104.040	5.666	2.352	1.387	3.320	0.591

七、烟叶氨基酸

1. 樟市镇桐木村唐家组片区

代表性片区（GY-01）中部烟叶（C3F）磷酸化-丝氨酸含量为 0.295 μg/mg，牛磺酸含量为 0.198 μg/mg，天冬氨酸含量为 0.039 μg/mg，苏氨酸含量为 0.104 μg/mg，丝氨酸含量为 0.052 μg/mg，天冬酰胺含量为 0.521 μg/mg，谷氨酸含量为 0.100 μg/mg，甘氨酸含量为 0.026 μg/mg，丙氨酸含量为 0.342 μg/mg，缬氨酸含量为 0.041 μg/mg，半胱氨酸含量为 0.136 μg/mg，异亮氨酸含量为 0.002 μg/mg，亮氨酸含量为 0.077 μg/mg，酪氨酸含量为 0.030 μg/mg，苯丙氨酸含量为 0.066 μg/mg，氨基丁酸含量为 0.008 μg/mg，组氨酸含量为 0.030 μg/mg，色氨酸含量为 0.041 μg/mg，精氨酸含量为 0.018 μg/mg（表 19-1-9）。

2. 仁义镇长江村蝴蝶洞组片区

代表性片区（GY-02）中部烟叶（C3F）磷酸化-丝氨酸含量为 0.364 μg/mg，牛磺酸含量为 0.312 μg/mg，天冬氨酸含量为 0.049 μg/mg，苏氨酸含量为 0.111 μg/mg，丝氨酸含量为 0.052 μg/mg，天冬酰胺含量为 0.299 μg/mg，谷氨酸含量为 0.023 μg/mg，甘氨酸含量为 0.035 μg/mg，丙氨酸含量为 0.234 μg/mg，缬氨酸含量为 0.024 μg/mg，半胱氨酸含量为 0 μg/mg，异亮氨酸含量为 0.001 μg/mg，亮氨酸含量为 0.040 μg/mg，酪氨酸含量为 0.016 μg/mg，苯丙氨酸含量为 0.045 μg/mg，氨基丁酸含量为 0.014 μg/mg，组氨酸含量为 0.024 μg/mg，色氨酸含量为 0.032 μg/mg，精氨酸含量为 0 μg/mg（表 19-1-9）。

3. 浩塘镇大留村 3 组片区

代表性片区（GY-03）中部烟叶（C3F）磷酸化-丝氨酸含量为 0.441 μg/mg，牛磺酸含量为 0.435 μg/mg，天冬氨酸含量为 0.124 μg/mg，苏氨酸含量为 0.168 μg/mg，丝氨酸含量为 0.021 μg/mg，天冬酰胺含量为 0.964 μg/mg，谷氨酸含量为 0.096 μg/mg，甘氨酸含量为 0.023 μg/mg，丙氨酸含量为 0.404 μg/mg，缬氨酸含量为 0.037 μg/mg，半胱氨酸含量为 0.257 μg/mg，异亮氨酸含量为 0 μg/mg，亮氨酸含量为 0.073 μg/mg，酪氨酸含量为 0.052 μg/mg，苯丙氨酸含量为 0.135 μg/mg，氨基丁酸含量为 0.037 μg/mg，组氨酸含量为 0.084 μg/mg，色氨酸含量为 0.103 μg/mg，精氨酸含量为 0.018 μg/mg（表 19-1-9）。

4. 浩塘镇大留村 1 组片区

代表性片区（GY-04）中部烟叶（C3F）磷酸化-丝氨酸含量为 0.382 μg/mg，牛磺酸含量为 0.380 μg/mg，天冬氨酸含量为 0.380 μg/mg，苏氨酸含量为 0.154 μg/mg，丝氨酸含量为 0.044 μg/mg，天冬酰胺含量为 0.964 μg/mg，谷氨酸含量为 0.149 μg/mg，甘氨酸含量为 0.028 μg/mg，丙氨酸含量为 0.340 μg/mg，缬氨酸含量为 0.034 μg/mg，半胱氨酸含量为 0 μg/mg，异亮氨酸含量为 0.001 μg/mg，亮氨酸含量为 0.079 μg/mg，酪氨酸含量为 0.046 μg/mg，苯丙氨酸含量为 0.133 μg/mg，氨基丁酸含量为 0.133 μg/mg，组氨酸含量为 0.077 μg/mg，色氨酸含量为 0.086 μg/mg，精氨酸含量为 0.003 μg/mg（表 19-1-9）。

5. 流峰镇回龙村 1 组片区

代表性片区（GY-05）中部烟叶（C3F）磷酸化-丝氨酸含量为 0.422 μg/mg，牛磺酸含量为 0.414 μg/mg，天冬氨酸含量为 0.095 μg/mg，苏氨酸含量为 0.106 μg/mg，丝氨酸含量为 0.026 μg/mg，天冬酰胺含量为 0.612 μg/mg，谷氨酸含量为 0.070 μg/mg，甘氨酸含量为 0.027 μg/mg，丙氨酸含量为 0.376 μg/mg，缬氨酸含量为 0.046 μg/mg，半胱氨酸含量为 0 μg/mg，异亮氨酸含量为 0 μg/mg，亮氨酸含量为 0.080 μg/mg，酪氨酸含量为 0.049 μg/mg，苯丙氨酸含量为 0.093 μg/mg，氨基丁酸含量为 0.055 μg/mg，组氨酸含量为 0.072 μg/mg，色氨酸含量为 0.081 μg/mg，精氨酸含量为 0 μg/mg（表 19-1-9）。

表 19-1-9　代表性片区中部烟叶（C3F）氨基酸　　　　（单位：μg/mg）

氨基酸组分	GY-01	GY-02	GY-03	GY-04	GY-05
磷酸化-丝氨酸	0.295	0.364	0.441	0.382	0.422
牛磺酸	0.198	0.312	0.435	0.380	0.414
天冬氨酸	0.039	0.049	0.124	0.380	0.095
苏氨酸	0.104	0.111	0.168	0.154	0.106
丝氨酸	0.052	0.052	0.021	0.044	0.026
天冬酰胺	0.521	0.299	0.964	0.964	0.612
谷氨酸	0.100	0.023	0.096	0.149	0.070
甘氨酸	0.026	0.035	0.023	0.028	0.027
丙氨酸	0.342	0.234	0.404	0.340	0.376
缬氨酸	0.041	0.024	0.037	0.034	0.046
半胱氨酸	0.136	0	0.257	0	0
异亮氨酸	0.002	0.001	0	0.001	0
亮氨酸	0.077	0.040	0.073	0.079	0.080
酪氨酸	0.030	0.016	0.052	0.046	0.049
苯丙氨酸	0.066	0.045	0.135	0.133	0.093
氨基丁酸	0.008	0.014	0.037	0.133	0.055
组氨酸	0.030	0.024	0.084	0.077	0.072
色氨酸	0.041	0.032	0.103	0.086	0.081
精氨酸	0.018	0	0.018	0.003	0

八、烟叶香气物质

1. 樟市镇桐木村唐家组片区

代表性片区（GY-01）中部烟叶（C3F）茄酮含量为 2.195 μg/g，香叶基丙酮含量为 0.706 μg/g，降茄二酮含量为 0.112 μg/g，β-紫罗兰酮含量为 0.650 μg/g，氧化紫罗兰酮含量为 1.019 μg/g，二氢猕猴桃内酯含量为 2.128 μg/g，巨豆三烯酮 1 含量为 0.090 μg/g，巨豆三烯酮 2 含量为 0.784 μg/g，巨豆三烯酮 3 含量为 0.146 μg/g，巨豆三烯酮 4 含量为 0.605 μg/g，3-羟基-β-二氢大马酮含量为 0.515 μg/g，3-氧代-α-紫罗兰醇含量为 3.819 μg/g，新植二烯含量为 439.096 μg/g，3-羟基索拉韦惕酮含量为 9.811 μg/g，β-法尼烯含量为 6.720 μg/g（表 19-1-10）。

2. 仁义镇长江村蝴蝶洞组片区

代表性片区（GY-02）中部烟叶（C3F）茄酮含量为 1.859 μg/g，香叶基丙酮含量为 0.717 μg/g，降茄二酮含量为 0.146 μg/g，β-紫罗兰酮含量为 0.627 μg/g，氧化紫罗兰酮含量为 0.829 μg/g，二氢猕猴桃内酯含量为 2.542 μg/g，巨豆三烯酮 1 含量为 0.090 μg/g，巨豆三烯酮 2 含量为 0.650 μg/g，巨豆三烯酮 3 含量为 0.157 μg/g，巨豆三烯酮 4 含量为 0.493 μg/g，3-羟基-β-二氢大马酮含量为 0.795 μg/g，3-氧代-α-紫罗兰醇含量为 2.946 μg/g，新植二烯含量为 311.058 μg/g，3-羟基索拉韦惕酮含量为 5.746 μg/g，β-法尼烯含量为 5.208 μg/g（表 19-1-10）。

3. 浩塘镇大留村 3 组片区

代表性片区（GY-03）中部烟叶（C3F）茄酮含量为 2.128 μg/g，香叶基丙酮含量为 0.661 μg/g，降茄二酮含量为 0.146 μg/g，β-紫罗兰酮含量为 0.627 μg/g，氧化紫罗兰酮含量为 0.806 μg/g，二氢猕猴桃内酯含量为 2.531 μg/g，巨豆三烯酮 1 含量为 0.157 μg/g，巨豆三烯酮 2 含量为 1.109 μg/g，巨豆三烯酮 3 含量为 0.246 μg/g，巨豆三烯酮 4 含量为 0.862 μg/g，3-羟基-β-二氢大马酮含量为 0.941 μg/g，3-氧代-α-紫罗兰醇含量为 3.382 μg/g，新植二烯含量为 463.445 μg/g，3-羟基索拉韦惕酮含量为 6.653 μg/g，β-法尼烯含量为 7.280 μg/g（表 19-1-10）。

4. 浩塘镇大留村 1 组片区

代表性片区（GY-04）中部烟叶（C3F）茄酮含量为 1.624 μg/g，香叶基丙酮含量为 0.381 μg/g，降茄二酮含量为 0.134 μg/g，β-紫罗兰酮含量为 0.582 μg/g，氧化紫罗兰酮含量为 0.717 μg/g，二氢猕猴桃内酯含量为 2.789 μg/g，巨豆三烯酮 1 含量为 0.067 μg/g，巨豆三烯酮 2 含量为 0.560 μg/g，巨豆三烯酮 3 含量为 0.179 μg/g，巨豆三烯酮 4 含量为 0.426 μg/g，3-羟基-β-二氢大马酮含量为 0.963 μg/g，3-氧代-α-紫罗兰醇含量为 3.382 μg/g，新植二烯含量为 263.099 μg/g，3-羟基索拉韦惕酮含量为 5.219 μg/g，β-法尼烯含量为 4.043 μg/g（表 19-1-10）。

5. 流峰镇回龙村 1 组片区

代表性片区（GY-05）中部烟叶（C3F）茄酮含量为 1.949 μg/g，香叶基丙酮含量为 0.616 μg/g，降茄二酮含量为 0.134 μg/g，β-紫罗兰酮含量为 0.616 μg/g，氧化紫罗兰酮含量为 0.840 μg/g，二氢猕猴桃内酯含量为 2.498 μg/g，巨豆三烯酮 1 含量为 0.101 μg/g，巨豆三烯酮 2 含量为 0.773 μg/g，巨豆三烯酮 3 含量为 0.179 μg/g，巨豆三烯酮 4 含量为 0.605 μg/g，3-羟基-β-二氢大马酮含量为 0.806 μg/g，3-氧代-α-紫罗兰醇含量为 3.382 μg/g，新植二烯含量为 369.174 μg/g，3-羟基索拉韦惕酮含量为 6.854 μg/g，β-法尼烯含量为 5.813 μg/g（表 19-1-10）。

表 19-1-10　代表性片区中部烟叶（C3F）香气物质　　　　　　（单位：μg/g）

香气物质	GY-01	GY-02	GY-03	GY-04	GY-05
茄酮	2.195	1.859	2.128	1.624	1.949
香叶基丙酮	0.706	0.717	0.661	0.381	0.616
降茄二酮	0.112	0.146	0.146	0.134	0.134
β-紫罗兰酮	0.650	0.627	0.627	0.582	0.616
氧化紫罗兰酮	1.019	0.829	0.806	0.717	0.840
二氢猕猴桃内酯	2.128	2.542	2.531	2.789	2.498

续表

香气物质	GY-01	GY-02	GY-03	GY-04	GY-05
巨豆三烯酮1	0.090	0.090	0.157	0.067	0.101
巨豆三烯酮2	0.784	0.650	1.109	0.560	0.773
巨豆三烯酮3	0.146	0.157	0.246	0.179	0.179
巨豆三烯酮4	0.605	0.493	0.862	0.426	0.605
3-羟基-β-二氢大马酮	0.515	0.795	0.941	0.963	0.806
3-氧代-α-紫罗兰醇	3.819	2.946	3.382	3.382	3.382
新植二烯	439.096	311.058	463.445	263.099	369.174
3-羟基索拉韦惕酮	9.811	5.746	6.653	5.219	6.854
β-法尼烯	6.720	5.208	7.280	4.043	5.813

九、烟叶感官质量

1. 樟市镇桐木村唐家组片区

代表性片区(GY-01)中部烟叶(C3F)感官质量评价结果显示,香韵指标包含的干草香、清甜香、正甜香、焦甜香、青香、木香、豆香、坚果香、焦香、辛香、果香、药草香、花香、树脂香、酒香的各项指标值分别为3.00、0、1.00、2.53、0、1.53、0、0.88、1.24、0、0、0、0、0、0,烟气指标包含的香气状态、烟气浓度、劲头、香气质、香气量和透发性的各项指标值分别为3.24、3.18、2.94、3.35、3.12和3.12,杂气指标包含的青杂气、生青气、枯焦气、木质气、土腥气、松脂气、花粉气、药草气和金属气的各项指标值分别为0.88、0、0.71、1.24、0、0、0、0、0,口感指标包含的细腻程度、柔和程度、圆润感、刺激性、干燥感和余味的各项指标值分别为2.81、2.94、3.00、2.56、3.06和3.06(表19-1-11)。

2. 仁义镇长江村蝴蝶洞组片区

代表性片区(GY-02)中部烟叶(C3F)感官质量评价结果显示,香韵指标包含的干草香、清甜香、正甜香、焦甜香、青香、木香、豆香、坚果香、焦香、辛香、果香、药草香、花香、树脂香、酒香的各项指标值分别为3.18、0、0.82、2.88、0、1.76、0、1.06、1.24、0、0、0、0、0、0,烟气指标包含的香气状态、烟气浓度、劲头、香气质、香气量和透发性的各项指标值分别为3.35、3.24、2.94、3.35、3.24和3.12,杂气指标包含的青杂气、生青气、枯焦气、木质气、土腥气、松脂气、花粉气、药草气和金属气的各项指标值分别为0.65、0、0.82、1.47、0、0、0、0、0,口感指标包含的细腻程度、柔和程度、圆润感、刺激性、干燥感和余味的各项指标值分别为3.12、3.12、3.12、2.59、2.71和3.12(表19-1-11)。

3. 浩塘镇大留村3组片区

代表性片区(GY-03)中部烟叶(C3F)感官质量评价结果显示,香韵指标包含的干草香、清甜香、正甜香、焦甜香、青香、木香、豆香、坚果香、焦香、辛香、果香、药草香、花香、树脂香、酒香的各项指标值分别为3.06、0、0、2.88、0、1.59、0、0.82、1.18、0.65、0、0、0、0、0，烟气指标包含的香气状态、烟气浓度、劲头、香气质、香气量和透发性的各项指标值分别为3.35、3.18、3.18、3.24、3.29和3.12，杂气指标包含的青杂气、生青气、枯焦气、木质气、土腥气、松脂气、花粉气、药草气和金属气的各项指标值分别为0.76、0、1.06、1.47、0、0、0、0、0，口感指标包含的细腻程度、柔和程度、圆润感、刺激性、干燥感和余味的各项指标值分别为2.88、2.82、2.88、2.82、2.88和3.00（表19-1-11）。

4. 浩塘镇大留村1组片区

代表性片区（GY-04）中部烟叶（C3F）感官质量评价结果显示，香韵指标包含的干草香、清甜香、正甜香、焦甜香、青香、木香、豆香、坚果香、焦香、辛香、果香、药草香、花香、树脂香、酒香的各项指标值分别为3.12、0、0、2.88、0、1.76、0、0、1.24、0.76、0、0、0、0、0，烟气指标包含的香气状态、烟气浓度、劲头、香气质、香气量和透发性的各项指标值分别为3.29、3.35、2.94、3.41、3.41和3.00，杂气指标包含的青杂气、生青气、枯焦气、木质气、土腥气、松脂气、花粉气、药草气和金属气的各项指标值分别为0.88、0、0.94、1.53、0、0、0、0、0，口感指标包含的细腻程度、柔和程度、圆润感、刺激性、干燥感和余味的各项指标值分别为2.82、2.94、2.94、2.65、2.59和3.12（表19-1-11）。

5. 流峰镇回龙村1组片区

代表性片区（GY-05）中部烟叶（C3F）感官质量评价结果显示，香韵指标包含的干草香、清甜香、正甜香、焦甜香、青香、木香、豆香、坚果香、焦香、辛香、果香、药草香、花香、树脂香、酒香的各项指标值分别为3.38、0、0.63、3.06、0.31、2.03、0.31、1.25、2.06、1.28、0.19、0、0、0.19、0，烟气指标包含的香气状态、烟气浓度、劲头、香气质、香气量和透发性的各项指标值分别为3.37、3.63、3.00、3.19、3.59和3.16，杂气指标包含的青杂气、生青气、枯焦气、木质气、土腥气、松脂气、花粉气、药草气和金属气的各项指标值分别为0.88、0.38、1.38、1.50、0、0.13、0、0、0，口感指标包含的细腻程度、柔和程度、圆润感、刺激性、干燥感和余味的各项指标值分别为3.06、3.00、2.94、2.56、2.75和3.41（表19-1-11）。

表 19-1-11　代表性片区中部烟叶（C3F）感官质量

评价指标		GY-01	GY-02	GY-03	GY-04	GY-05
香韵	干草香	3.00	3.18	3.06	3.12	3.38
	清甜香	0	0	0	0	0
	正甜香	1.00	0.82	0	0	0.63
	焦甜香	2.53	2.88	2.88	2.88	3.06
	青香	0	0	0	0	0.31

续表

评价指标		GY-01	GY-02	GY-03	GY-04	GY-05
香韵	木香	1.53	1.76	1.59	1.76	2.03
	豆香	0	0	0	0	0.31
	坚果香	0.88	1.06	0.82	0	1.25
	焦香	1.24	1.24	1.18	1.24	2.06
	辛香	0	0	0.65	0.76	1.28
	果香	0	0	0	0	0.19
	药草香	0	0	0	0	0
	花香	0	0	0	0	0
	树脂香	0	0	0	0	0.19
	酒香	0	0	0	0	0
烟气	香气状态	3.24	3.35	3.35	3.29	3.37
	烟气浓度	3.18	3.24	3.18	3.35	3.63
	劲头	2.94	2.94	3.18	2.94	3.00
	香气质	3.35	3.35	3.24	3.41	3.19
	香气量	3.12	3.24	3.29	3.41	3.59
	透发性	3.12	3.12	3.12	3.00	3.16
杂气	青杂气	0.88	0.65	0.76	0.88	0.88
	生青气	0	0	0	0	0.38
	枯焦气	0.71	0.82	1.06	0.94	1.38
	木质气	1.24	1.47	1.47	1.53	1.50
	土腥气	0	0	0	0	0
	松脂气	0	0	0	0	0.13
	花粉气	0	0	0	0	0
	药草气	0	0	0	0	0
	金属气	0	0	0	0	0
口感	细腻程度	2.81	3.12	2.88	2.82	3.06
	柔和程度	2.94	3.12	2.82	2.94	3.00
	圆润感	3.00	3.12	2.88	2.94	2.94
	刺激性	2.56	2.59	2.82	2.65	2.56
	干燥感	3.06	2.71	2.88	2.59	2.75
	余味	3.06	3.12	3.00	3.12	3.41

第二节　湖南江华烟叶风格特征

江华瑶族自治县(简称江华县)隶属湖南省永州市,位于湖南省南部,永州市南部,地处东经 110°25′～112°10′、北纬 24°38′～25°15′,东邻蓝山县,南接连州市,西连富川瑶族自治县、江永县,北靠道县、宁远县。江华县为中亚热带湿润季风气候。江华是南岭山区烤烟种植区的典型烤烟产区之一，根据目前该县烤烟种植片区分布特点和烟叶质量风格特征，选择 5 个种植片区，作为该县烟叶质量风格特征的代表性区域加以展示。

一、烟田与烟株基本特征

1. 白芒营镇二坝村片区

代表性片区（JH-01）中心点位于北纬 24°57′58.800″、东经 111°27′25.400″，海拔 294 m。地处石灰岩丘陵区河流冲积平原一级阶地，水田，成土母质为洪积-冲积物，土壤亚类为复钙简育水耕人为土；土体深厚，耕作层质地适中，耕性和通透性较好。该片区烤烟、晚稻定期轮作，烤烟大田生长期 3～7 月。烤烟田间长相长势较好，烟株呈筒形结构，株高 79.50 cm，茎围 7.60 cm，有效叶片数 19.80，中部烟叶长 68.90 cm、宽 20.60 cm，上部烟叶长 60.20 cm、宽 17.00 cm（图 19-2-1，表 19-2-1）。

图 19-2-1 　JH-01 片区烟田

2. 白芒营镇朱郎塘村片区

代表性片区（JH-02）中心点位于北纬 24°57′58.100″、东经 111°28′14.500″，海拔 289 m。地处石灰岩丘陵区冲积平原一级阶地，水田，成土母质为洪积-冲积物，土壤亚类为复钙潜育水耕人为土；土体较薄，耕作层质地适中，耕性和通透性较好，地下水位高。该片区烤烟、晚稻定期轮作，烤烟大田生长期 3～7 月。烤烟田间长相长势较好，烟株呈筒形结构，株高 80.90 cm，茎围 8.60 cm，有效叶片数 22.50，中部烟叶长 76.50 cm、宽 26.30 cm，上部烟叶长 57.10 cm、宽 20.50 cm（图 19-2-2，表 19-2-1）。

3. 大石桥乡大祖脚村片区

代表性片区（JH-03）中心点位于北纬 24°53′20.800″、东经 111°29′49.100″，海拔 274 m。地处石灰岩丘陵区河流冲积平原二级阶地，水田，成土母质为洪积-冲积物，土壤亚类为复钙铁渗水耕人为土；土体深厚，耕作层质地适中，耕性和通透性较好，易受洪涝威胁。该片区烤烟、晚稻定期轮作，烤烟大田生长期 3～7 月。烤烟田间长相长势较好，烟株呈筒形结构，株高 89.40 cm，茎围 7.80 cm，有效叶片数 20.60，中部烟叶长 73.90 cm、宽 26.60 cm，上部烟叶长 61.10 cm、宽 22.00 cm（图 19-2-3，表 19-2-1）。

图 19-2-2　JH-02 片区烟田

图 19-2-3　JH-03 片区烟田

4. 涛圩镇三门寨村片区

代表性片区（JH-04）中心点位于北纬 24°49′45.800″、东经 111°31′9.900″，海拔 321 m。地处石灰岩丘陵区河流冲积平原一级阶地，水田，成土母质为洪积-冲积物，土壤亚类为复钙铁渗水耕人为土；土体深厚，耕作层质地适中，耕性和通透性较好，易受洪涝威胁。该片区烤烟、晚稻定期轮作，烤烟大田生长期 3～7 月。烤烟田间长相长势较好，烟株呈筒形结构，株高 68.30 cm，茎围 7.90 cm，有效叶片数 18.30，中部烟叶长 61.20 cm、宽 21.60 cm，上部烟叶长 45.80 cm、宽 16.40 cm（图 19-2-4，表 19-2-1）。

5. 涛圩镇八田洞村片区

代表性片区（JH-05）中心点位于北纬 24°48′23.500″、东经 111°30′35.000″，海拔 310 m。地处石灰岩丘陵区河谷地，水田，成土母质为洪积-冲积物，土壤亚类为复钙潜育水耕人为土；土体深厚，耕作层质地适中，耕性和通透性较好，易受洪涝威胁。该片区烤烟、晚稻定期轮作，烤烟大田生长期 3～7 月。烤烟田间长相长势较好，烟株呈筒形结构，株高 79.10 cm，茎围 9.00 cm，有效叶片数 21.30，中部烟叶长 76.40 cm、宽 21.40 cm，上部烟叶长 57.60 cm、宽 16.60 cm（图 19-2-5，表 19-2-1）。

图 19-2-4　JH-04 片区烟田

图 19-2-5　JH-05 片区烟田

表 19-2-1　代表性片区烟株主要农艺性状

片区	株高/cm	茎围/cm	有效叶/片	中部叶/cm		上部叶/cm		株型
				叶长	叶宽	叶长	叶宽	
JH-01	79.50	7.60	19.80	68.90	20.60	60.20	17.00	筒形
JH-02	80.90	8.60	22.50	76.50	26.30	57.10	20.50	筒形
JH-03	89.40	7.80	20.60	73.90	26.60	61.10	22.00	筒形
JH-04	68.30	7.90	18.30	61.20	21.60	45.80	16.40	筒形
JH-05	79.10	9.00	21.30	76.40	21.40	57.60	16.60	筒形

二、烟叶外观质量与物理指标

1. 白芒营镇二坝村片区

代表性片区（JH-01）烟叶外观质量指标的成熟度得分 6.00，颜色得分 8.00，油分得分

7.50，身份得分 8.50，结构得分 6.00，色度得分 7.50。烟叶物理指标中的单叶重 11.22 g，叶片密度 62.15 g/m²，含梗率 33.22%，平衡含水率 15.60%，叶片长度 60.89 cm，叶片宽度 23.96 cm，叶片厚度 98.81 μm，填充值 3.10 cm³/g（图 19-2-6，表 19-2-2 和表 19-2-3）。

图 19-2-6　JH-01 片区初烤烟叶

2. 白芒营镇朱郎塘村片区

代表性片区（JH-02）烟叶外观质量指标的成熟度得分 7.50，颜色得分 8.50，油分得分 8.00，身份得分 9.00，结构得分 7.50，色度得分 7.50。烟叶物理指标中的单叶重 12.62 g，叶片密度 63.13 g/m²，含梗率 34.16%，平衡含水率 13.84%，叶片长度 59.29 cm，叶片宽度 25.33 cm，叶片厚度 76.84 μm，填充值 3.59 cm³/g（图 19-2-7，表 19-2-2 和表 19-2-3）。

图 19-2-7　JH-02 片区初烤烟叶

3. 大石桥乡大祖脚村片区

代表性片区(JH-03)烟叶外观质量指标的成熟度得分 7.00,颜色得分 8.00,油分得分 8.00,身份得分 9.00,结构得分 7.00,色度得分 7.00。烟叶物理指标中的单叶重 13.47 g,叶片密度 66.13 g/m^2,含梗率 29.13%,平衡含水率 12.76%,叶片长度 59.20 cm,叶片宽度 24.17 cm,叶片厚度 109.80 μm,填充值 3.15 cm^3/g(图 19-2-8,表 19-2-2 和表 19-2-3)。

图 19-2-8　　JH-03 片区初烤烟叶

4. 涛圩镇三门寨村片区

代表性片区(JH-04)烟叶外观质量指标的成熟度得分 6.00,颜色得分 8.00,油分得分 8.00,身份得分 9.00,结构得分 6.50,色度得分 8.00。烟叶物理指标中的单叶重 11.33 g,叶片密度 66.42 g/m^2,含梗率 30.22%,平衡含水率 13.35%,叶片长度 56.88 cm,叶片宽度 23.74 cm,叶片厚度 86.36 μm,填充值 2.97 cm^3/g(图 19-2-9,表 19-2-2 和表 19-2-3)。

图 19-2-9　　JH-04 片区初烤烟叶

5. 涛圩镇八田洞村片区

代表性片区(JH-05)烟叶外观质量指标的成熟度得分 7.00，颜色得分 8.50，油分得分 8.00，身份得分 8.50，结构得分 7.00，色度得分 8.00。烟叶物理指标中的单叶重 12.18 g，叶片密度 59.13 g/m²，含梗率 33.13%，平衡含水率 13.08%，叶片长度 56.34 cm，叶片宽度 24.49 cm，叶片厚度 87.43 μm，填充值 2.83 cm³/g(图 19-2-10，表 19-2-2 和表 19-2-3)。

图 19-2-10　JH-05 片区初烤烟叶

表 19-2-2　代表性片区烟叶外观质量

片区	成熟度	颜色	油分	身份	结构	色度
JH-01	6.00	8.00	7.50	8.50	6.00	7.50
JH-02	7.50	8.50	8.00	9.00	7.50	7.50
JH-03	7.00	8.00	8.00	9.00	7.00	7.00
JH-04	6.00	8.00	8.00	9.00	6.50	8.00
JH-05	7.00	8.50	8.00	8.50	7.00	8.00

表 19-2-3　代表性片区烟叶物理指标

片区	单叶重 /g	叶片密度 /(g/m²)	含梗率 /%	平衡含水率 /%	叶长 /cm	叶宽 /cm	叶片厚度 /μm	填充值 /(cm³/g)
JH-01	11.22	62.15	33.22	15.60	60.89	23.96	98.81	3.10
JH-02	12.62	63.13	34.16	13.84	59.29	25.33	76.84	3.59
JH-03	13.47	66.13	29.13	12.76	59.20	24.17	109.80	3.15
JH-04	11.33	66.42	30.22	13.35	56.88	23.74	86.36	2.97
JH-05	12.18	59.13	33.13	13.08	56.34	24.49	87.43	2.83

三、烟叶常规化学成分与中微量元素

1. 白芒营镇二坝村片区

代表性片区(JH-01)中部烟叶(C3F)总糖含量 27.50%，还原糖含量 25.81%，总氮含量 1.81%，总植物碱含量 3.15%，氯含量 0.41%，钾含量 2.22%，糖碱比 8.74，淀粉含量 3.55%(表 19-2-4)。烟叶铜含量为 0.119 g/kg，铁含量为 0.853 g/kg，锰含量为 0.236 g/kg，锌含量为 0.313 g/kg，钙含量为 175.128 mg/kg，镁含量为 16.362 mg/kg(表 19-2-5)。

2. 白芒营镇朱郎塘村片区

代表性片区(JH-02)中部烟叶(C3F)总糖含量 27.73%，还原糖含量 25.49%，总氮含量 1.88%，总植物碱含量 2.56%，氯含量 0.43%，钾含量 1.72%，糖碱比 10.83，淀粉含量 3.00%(表 19-2-4)。烟叶铜含量为 0.110 g/kg，铁含量为 0.767 g/kg，锰含量为 0.100 g/kg，锌含量为 0.346 g/kg，钙含量为 167.344 mg/kg，镁含量为 19.227 mg/kg(表 19-2-5)。

3. 大石桥乡大祖脚村片区

代表性片区(JH-03)中部烟叶(C3F)总糖含量 29.47%，还原糖含量 27.55%，总氮含量 1.57%，总植物碱含量 2.01%，氯含量 0.88%，钾含量 1.41%，糖碱比 14.66，淀粉含量 3.78%(表 19-2-4)。烟叶铜含量为 0.138 g/kg，铁含量为 0.737 g/kg，锰含量为 0.018 g/kg，锌含量为 0.384 g/kg，钙含量为 168.841 mg/kg，镁含量为 19.710 mg/kg(表 19-2-5)。

4. 涛圩镇三门寨村片区

代表性片区(JH-04)中部烟叶(C3F)总糖含量 26.74%，还原糖含量 25.48%，总氮含量 1.89%，总植物碱含量 3.02%，氯含量 0.38%，钾含量 2.01%，糖碱比 8.86，淀粉含量 3.46%(表 19-2-4)。烟叶铜含量为 0.149 g/kg，铁含量为 0.751 g/kg，锰含量为 0.027 g/kg，锌含量为 0.265 g/kg，钙含量为 161.950 mg/kg，镁含量为 17.506 mg/kg(表 19-2-5)。

5. 涛圩镇八田洞村片区

代表性片区(JH-05)中部烟叶(C3F)总糖含量 29.45%，还原糖含量 28.24%，总氮含量 1.80%，总植物碱含量 3.07%，氯含量 0.36%，钾含量 1.96%，糖碱比 9.59，淀粉含量 2.92%(表 19-2-4)。烟叶铜含量为 0.101 g/kg，铁含量为 0.839 g/kg，锰含量为 0.347 g/kg，锌含量为 0.252 g/kg，钙含量为 164.650 mg/kg，镁含量为 16.073 mg/kg(表 19-2-5)。

表 19-2-4　代表性片区中部烟叶(C3F)常规化学成分

片区	总糖/%	还原糖/%	总氮/%	总植物碱/%	氯/%	钾/%	糖碱比	淀粉/%
JH-01	27.50	25.81	1.81	3.15	0.41	2.22	8.74	3.55
JH-02	27.73	25.49	1.88	2.56	0.43	1.72	10.83	3.00

续表

片区	总糖/%	还原糖/%	总氮/%	总植物碱/%	氯/%	钾/%	糖碱比	淀粉/%
JH-03	29.47	27.55	1.57	2.01	0.88	1.41	14.66	3.78
JH-04	26.74	25.48	1.89	3.02	0.38	2.01	8.86	3.46
JH-05	29.45	28.24	1.80	3.07	0.36	1.96	9.59	2.92

表 19-2-5　代表性片区中部烟叶（C3F）中微量元素

片区	Cu /(g/kg)	Fe /(g/kg)	Mn /(g/kg)	Zn /(g/kg)	Ca /(mg/kg)	Mg /(mg/kg)
JH-01	0.119	0.853	0.236	0.313	175.128	16.362
JH-02	0.110	0.767	0.100	0.346	167.344	19.227
JH-03	0.138	0.737	0.018	0.384	168.841	19.710
JH-04	0.149	0.751	0.027	0.265	161.950	17.506
JH-05	0.101	0.839	0.347	0.252	164.650	16.073

四、烟叶生物碱组分与细胞壁物质

1. 白芒营镇二坝村片区

代表性片区（JH-01）中部烟叶（C3F）烟碱含量为 31.465 mg/g，降烟碱含量为 0.357 mg/g，麦斯明含量为 0.008 mg/g，假木贼碱含量为 0.084 mg/g，新烟碱含量为 0.776 mg/g；烟叶纤维素含量为 7.30%，半纤维素含量为 2.50%，木质素含量为 1.20%（表 19-2-6）。

2. 白芒营镇朱郎塘村片区

代表性片区（JH-02）中部烟叶（C3F）烟碱含量为 28.347 mg/g，降烟碱含量为 0.295 mg/g，麦斯明含量为 0.009 mg/g，假木贼碱含量为 0.071 mg/g，新烟碱含量为 0.634 mg/g；烟叶纤维素含量为 6.90%，半纤维素含量为 2.50%，木质素含量为 2.00%（表 19-2-6）。

3. 大石桥乡大祖脚村片区

代表性片区（JH-03）中部烟叶（C3F）烟碱含量为 27.495 mg/g，降烟碱含量为 0.303 mg/g，麦斯明含量为 0.004 mg/g，假木贼碱含量为 0.072 mg/g，新烟碱含量为 0.638 mg/g；烟叶纤维素含量为 6.60%，半纤维素含量为 2.80%，木质素含量为 1.90%（表 19-2-6）。

4. 涛圩镇三门寨村片区

代表性片区（JH-04）中部烟叶（C3F）烟碱含量为 30.195 mg/g，降烟碱含量为 0.308 mg/g，麦斯明含量为 0.003 mg/g，假木贼碱含量为 0.081 mg/g，新烟碱含量为

0.732 mg/g；烟叶纤维素含量为 8.30%，半纤维素含量为 2.50%，木质素含量为 1.40%（表 19-2-6）。

5. 涛圩镇八田洞村片区

代表性片区(JH-05)中部烟叶(C3F)烟碱含量为 30.712 mg/g，降烟碱含量为 0.303 mg/g，麦斯明含量为 0.002 mg/g，假木贼碱含量为 0.071 mg/g，新烟碱含量为 0.720 mg/g；烟叶纤维素含量为 7.30%，半纤维素含量为 3.70%，木质素含量为 1.70%（表 19-2-6）。

表 19-2-6　代表性片区中部烟叶(C3F)生物碱组分与细胞壁物质

片区	烟碱 /(mg/g)	降烟碱 /(mg/g)	麦斯明 /(mg/g)	假木贼碱 /(mg/g)	新烟碱 /(mg/g)	纤维素 /%	半纤维素 /%	木质素/%
JH-01	31.465	0.357	0.008	0.084	0.776	7.30	2.50	1.20
JH-02	28.347	0.295	0.009	0.071	0.634	6.90	2.50	2.00
JH-03	27.495	0.303	0.004	0.072	0.638	6.60	2.80	1.90
JH-04	30.195	0.308	0.003	0.081	0.732	8.30	2.50	1.40
JH-05	30.712	0.303	0.002	0.071	0.720	7.30	3.70	1.70

五、烟叶多酚与质体色素

1. 白芒营镇二坝村片区

代表性片区(JH-01)中部烟叶(C3F)绿原酸含量为 13.792 mg/g，芸香苷含量为 7.733 mg/g，莨菪亭含量为 0.234 mg/g，β-胡萝卜素含量为 0.041 mg/g，叶黄素含量为 0.075 mg/g（表 19-2-7）。

2. 白芒营镇朱郎塘村片区

代表性片区(JH-02)中部烟叶(C3F)绿原酸含量为 14.590 mg/g，芸香苷含量为 8.560 mg/g，莨菪亭含量为 0.270 mg/g，β-胡萝卜素含量为 0.049 mg/g，叶黄素含量为 0.090 mg/g（表 19-2-7）。

3. 大石桥乡大祖脚村片区

代表性片区(JH-03)中部烟叶(C3F)绿原酸含量为 11.010 mg/g，芸香苷含量为 4.800 mg/g，莨菪亭含量为 0.150 mg/g，β-胡萝卜素含量为 0.029 mg/g，叶黄素含量为 0.049 mg/g（表 19-2-7）。

4. 涛圩镇三门寨村片区

代表性片区(JH-04)中部烟叶(C3F)绿原酸含量为 12.800 mg/g，芸香苷含量为 6.680 mg/g，莨菪亭含量为 0.210 mg/g，β-胡萝卜素含量为 0.039 mg/g，叶黄素含量为

0.070 mg/g（表 19-2-7）。

5. 涛圩镇八田洞村片区

代表性片区（JH-05）中部烟叶（C3F）绿原酸含量为 12.994 mg/g，芸香苷含量为 6.906 mg/g，莨菪亭含量为 0.198 mg/g，β-胡萝卜素含量为 0.034 mg/g，叶黄素含量为 0.060 mg/g（表 19-2-7）。

表 19-2-7   代表性片区中部烟叶（C3F）多酚与质体色素   （单位：mg/g）

片区	绿原酸	芸香苷	莨菪亭	β-胡萝卜素	叶黄素
JH-01	13.792	7.733	0.234	0.041	0.075
JH-02	14.590	8.560	0.270	0.049	0.090
JH-03	11.010	4.800	0.150	0.029	0.049
JH-04	12.800	6.680	0.210	0.039	0.070
JH-05	12.994	6.906	0.198	0.034	0.060

六、烟叶有机酸类物质

1. 白芒营镇二坝村片区

代表性片区（JH-01）中部烟叶（C3F）草酸含量为 14.456 mg/g，苹果酸含量为 78.040 mg/g，柠檬酸含量为 5.001 mg/g，棕榈酸含量为 2.421 mg/g，亚油酸含量为 1.657 mg/g，油酸含量为 3.121 mg/g，硬脂酸含量为 0.491 mg/g（表 19-2-8）。

2. 白芒营镇朱郎塘村片区

代表性片区（JH-02）中部烟叶（C3F）草酸含量为 16.490 mg/g，苹果酸含量为 94.040 mg/g，柠檬酸含量为 5.666 mg/g，棕榈酸含量为 2.352 mg/g，亚油酸含量为 1.477 mg/g，油酸含量为 3.721 mg/g，硬脂酸含量为 0.591 mg/g（表 19-2-8）。

3. 大石桥乡大祖脚村片区

代表性片区（JH-03）中部烟叶（C3F）草酸含量为 15.989 mg/g，苹果酸含量为 73.482 mg/g，柠檬酸含量为 4.654 mg/g，棕榈酸含量为 2.064 mg/g，亚油酸含量为 1.399 mg/g，油酸含量为 3.242 mg/g，硬脂酸含量为 0.538 mg/g（表 19-2-8）。

4. 涛圩镇三门寨村片区

代表性片区（JH-04）中部烟叶（C3F）草酸含量为 16.490 mg/g，苹果酸含量为 77.529 mg/g，柠檬酸含量为 4.925 mg/g，棕榈酸含量为 2.052 mg/g，亚油酸含量为 1.403 mg/g，油酸含量为 3.178 mg/g，硬脂酸含量为 0.548 mg/g（表 19-2-8）。

5. 涛圩镇八田洞村片区

代表性片区(JH-05)中部烟叶(C3F)草酸含量为15.681 mg/g,苹果酸含量为85.017 mg/g,柠檬酸含量为5.082 mg/g,棕榈酸含量为1.956 mg/g,亚油酸含量为1.396 mg/g,油酸含量为3.247 mg/g,硬脂酸含量为0.559 mg/g(表19-2-8)。

表19-2-8　代表性片区中部烟叶(C3F)有机酸　　　(单位:mg/g)

片区	草酸	苹果酸	柠檬酸	棕榈酸	亚油酸	油酸	硬脂酸
JH-01	14.456	78.040	5.001	2.421	1.657	3.121	0.491
JH-02	16.490	94.040	5.666	2.352	1.477	3.721	0.591
JH-03	15.989	73.482	4.654	2.064	1.399	3.242	0.538
JH-04	16.490	77.529	4.925	2.052	1.403	3.178	0.548
JH-05	15.681	85.017	5.082	1.956	1.396	3.247	0.559

七、烟叶氨基酸

1. 白芒营镇二坝村片区

代表性片区(JH-01)中部烟叶(C3F)磷酸化-丝氨酸含量为0.368 μg/mg,牛磺酸含量为0.316 μg/mg,天冬氨酸含量为0.209 μg/mg,苏氨酸含量为0.136 μg/mg,丝氨酸含量为0.036 μg/mg,天冬酰胺含量为0.631 μg/mg,谷氨酸含量为0.086 μg/mg,甘氨酸含量为0.029 μg/mg,丙氨酸含量为0.319 μg/mg,缬氨酸含量为0.035 μg/mg,半胱氨酸含量为0.128 μg/mg,异亮氨酸含量为0.001 μg/mg,亮氨酸含量为0.060 μg/mg,酪氨酸含量为0.034 μg/mg,苯丙氨酸含量为0.090 μg/mg,氨基丁酸含量为0.071 μg/mg,组氨酸含量为0.054 μg/mg,色氨酸含量为0.068 μg/mg,精氨酸含量为0.009 μg/mg(表19-2-9)。

2. 白芒营镇朱郎塘村片区

代表性片区(JH-02)中部烟叶(C3F)磷酸化-丝氨酸含量为0.378 μg/mg,牛磺酸含量为0.343 μg/mg,天冬氨酸含量为0.149 μg/mg,苏氨酸含量为0.130 μg/mg,丝氨酸含量为0.039 μg/mg,天冬酰胺含量为0.665 μg/mg,谷氨酸含量为0.087 μg/mg,甘氨酸含量为0.028 μg/mg,丙氨酸含量为0.336 μg/mg,缬氨酸含量为0.036 μg/mg,半胱氨酸含量为0.087 μg/mg,异亮氨酸含量为0.001 μg/mg,亮氨酸含量为0.068 μg/mg,酪氨酸含量为0.038 μg/mg,苯丙氨酸含量为0.094 μg/mg,氨基丁酸含量为0.053 μg/mg,组氨酸含量为0.057 μg/mg,色氨酸含量为0.068 μg/mg,精氨酸含量为0.008 μg/mg(表19-2-9)。

3. 大石桥乡大祖脚村片区

代表性片区(JH-03)中部烟叶(C3F)磷酸化-丝氨酸含量为0.441 μg/mg,牛磺酸含量为0.435 μg/mg,天冬氨酸含量为0.280 μg/mg,苏氨酸含量为0.168 μg/mg,丝氨酸含量为0.052 μg/mg,天冬酰胺含量为0.764 μg/mg,谷氨酸含量为0.109 μg/mg,甘氨酸含量为 0.035 μg/mg，丙氨酸含量为 0.404 μg/mg，缬氨酸含量为 0.026 μg/mg，半胱氨酸含量为 0.117 μg/mg，异亮氨酸含量为 0.002 μg/mg，亮氨酸含量为 0.080 μg/mg，酪氨酸含量为 0.052 μg/mg，苯丙氨酸含量为 0.075 μg/mg，氨基丁酸含量为 0.083 μg/mg，组氨酸含量为 0.084 μg/mg，色氨酸含量为 0.063 μg/mg，精氨酸含量为 0.018 μg/mg（表 19-2-9）。

4. 涛圩镇三门寨村片区

代表性片区（JH-04）中部烟叶（C3F）磷酸化-丝氨酸含量为 0.396 μg/mg，牛磺酸含量为 0.365 μg/mg，天冬氨酸含量为 0.213 μg/mg，苏氨酸含量为 0.144 μg/mg，丝氨酸含量为 0.042 μg/mg，天冬酰胺含量为 0.686 μg/mg，谷氨酸含量为 0.094 μg/mg，甘氨酸含量为 0.031 μg/mg，丙氨酸含量为 0.353 μg/mg，缬氨酸含量为 0.032 μg/mg，半胱氨酸含量为 0.111 μg/mg，异亮氨酸含量为 0.001 μg/mg，亮氨酸含量为 0.069 μg/mg，酪氨酸含量为 0.041 μg/mg，苯丙氨酸含量为 0.086 μg/mg，氨基丁酸含量为 0.069 μg/mg，组氨酸含量为 0.065 μg/mg，色氨酸含量为 0.066 μg/mg，精氨酸含量为 0.012 μg/mg（表 19-2-9）。

5. 涛圩镇八田洞村片区

代表性片区（JH-05）中部烟叶（C3F）磷酸化-丝氨酸含量为 0.418 μg/mg，牛磺酸含量为 0.400 μg/mg，天冬氨酸含量为 0.246 μg/mg，苏氨酸含量为 0.156 μg/mg，丝氨酸含量为 0.047 μg/mg，天冬酰胺含量为 0.725 μg/mg，谷氨酸含量为 0.101 μg/mg，甘氨酸含量为 0.033 μg/mg，丙氨酸含量为 0.379 μg/mg，缬氨酸含量为 0.029 μg/mg，半胱氨酸含量为 0.114 μg/mg，异亮氨酸含量为 0.001 μg/mg，亮氨酸含量为 0.075 μg/mg，酪氨酸含量为 0.047 μg/mg，苯丙氨酸含量为 0.081 μg/mg，氨基丁酸含量为 0.076 μg/mg，组氨酸含量为 0.075 μg/mg，色氨酸含量为 0.065 μg/mg，精氨酸含量为 0.015 μg/mg（表 19-2-9）。

表 19-2-9 代表性片区中部烟叶（C3F）氨基酸　　　　（单位：μg/mg）

氨基酸组分	JH-01	JH-02	JH-03	JH-04	JH-05
磷酸化-丝氨酸	0.368	0.378	0.441	0.396	0.418
牛磺酸	0.316	0.343	0.435	0.365	0.400
天冬氨酸	0.209	0.149	0.280	0.213	0.246
苏氨酸	0.136	0.130	0.168	0.144	0.156
丝氨酸	0.036	0.039	0.052	0.042	0.047
天冬酰胺	0.631	0.665	0.764	0.686	0.725
谷氨酸	0.086	0.087	0.109	0.094	0.101
甘氨酸	0.029	0.028	0.035	0.031	0.033
丙氨酸	0.319	0.336	0.404	0.353	0.379
缬氨酸	0.035	0.036	0.026	0.032	0.029
半胱氨酸	0.128	0.087	0.117	0.111	0.114
异亮氨酸	0.001	0.001	0.002	0.001	0.001
亮氨酸	0.060	0.068	0.080	0.069	0.075
酪氨酸	0.034	0.038	0.052	0.041	0.047

氨基酸组分	JH-01	JH-02	JH-03	JH-04	JH-05
苯丙氨酸	0.090	0.094	0.075	0.086	0.081
氨基丁酸	0.071	0.053	0.083	0.069	0.076
组氨酸	0.054	0.057	0.084	0.065	0.075
色氨酸	0.068	0.068	0.063	0.066	0.065
精氨酸	0.009	0.008	0.018	0.012	0.015

八、烟叶香气物质

1. 白芒营镇二坝村片区

代表性片区(JH-01)中部烟叶(C3F)茄酮含量为 1.882 μg/g,香叶基丙酮含量为 0.549 μg/g,降茄二酮含量为 0.090 μg/g,β-紫罗兰酮含量为 0.515 μg/g,氧化紫罗兰酮含量为 0.605 μg/g,二氢猕猴桃内酯含量为 1.882 μg/g,巨豆三烯酮 1 含量为 0.090 μg/g,巨豆三烯酮 2 含量为 0.840 μg/g,巨豆三烯酮 3 含量为 0.179 μg/g,巨豆三烯酮 4 含量为 0.638 μg/g,3-羟基-β-二氢大马酮含量为 0.862 μg/g,3-氧代-α-紫罗兰醇含量为 2.822 μg/g,新植二烯含量为 321.440 μg/g,3-羟基索拉韦惕酮含量为 4.693 μg/g,β-法尼烯含量为 5.533 μg/g(表 19-2-10)。

2. 白芒营镇朱郎塘村片区

代表性片区(JH-02)中部烟叶(C3F)茄酮含量为 2.352 μg/g,香叶基丙酮含量为 0.515 μg/g,降茄二酮含量为 0.112 μg/g,β-紫罗兰酮含量为 0.560 μg/g,氧化紫罗兰酮含量为 0.638 μg/g,二氢猕猴桃内酯含量为 2.061 μg/g,巨豆三烯酮 1 含量为 0.067 μg/g,巨豆三烯酮 2 含量为 0.594 μg/g,巨豆三烯酮 3 含量为 0.213 μg/g,巨豆三烯酮 4 含量为 0.470 μg/g,3-羟基-β-二氢大马酮含量为 0.997 μg/g,3-氧代-α-紫罗兰醇含量为 3.371 μg/g,新植二烯含量为 235.346 μg/g,3-羟基索拉韦惕酮含量为 4.267 μg/g,β-法尼烯含量为 4.155 μg/g(表 19-2-10)。

3. 大石桥乡大祖脚村片区

代表性片区(JH-03)中部烟叶(C3F)茄酮含量为 2.509 μg/g,香叶基丙酮含量为 0.459 μg/g,降茄二酮含量为 0.123 μg/g,β-紫罗兰酮含量为 0.605 μg/g,氧化紫罗兰酮含量为 0.616 μg/g,二氢猕猴桃内酯含量为 2.027 μg/g,巨豆三烯酮 1 含量为 0.067 μg/g,巨豆三烯酮 2 含量为 0.605 μg/g,巨豆三烯酮 3 含量为 0.224 μg/g,巨豆三烯酮 4 含量为 0.515 μg/g,3-羟基-β-二氢大马酮含量为 1.254 μg/g,3-氧代-α-紫罗兰醇含量为 4.088 μg/g,新植二烯含量为 204.568 μg/g,3-羟基索拉韦惕酮含量为 4.592 μg/g,β-法尼烯含量为 4.054 μg/g(表 19-2-10)。

4. 涛圩镇三门寨村片区

代表性片区(JH-04)中部烟叶(C3F)茄酮含量为 1.859 μg/g，香叶基丙酮含量为 0.930 μg/g，降茄二酮含量为 0.146 μg/g，β-紫罗兰酮含量为 0.616 μg/g，氧化紫罗兰酮含量为 0.851 μg/g，二氢猕猴桃内酯含量为 2.094 μg/g，巨豆三烯酮 1 含量为 0.146 μg/g，巨豆三烯酮 2 含量为 1.098 μg/g，巨豆三烯酮 3 含量为 0.235 μg/g，巨豆三烯酮 4 含量为 0.918 μg/g，3-羟基-β-二氢大马酮含量为 0.717 μg/g，3-氧代-α-紫罗兰醇含量为 2.576 μg/g，新植二烯含量为 393.109 μg/g，3-羟基索拉韦惕酮含量为 5.085 μg/g，β-法尼烯含量为 8.243 μg/g(表 19-2-10)。

5. 涛圩镇八田洞村片区

代表性片区(JH-05)中部烟叶(C3F)茄酮含量为 2.106 μg/g，香叶基丙酮含量为 0.571 μg/g，降茄二酮含量为 0.112 μg/g，β-紫罗兰酮含量为 0.661 μg/g，氧化紫罗兰酮含量为 0.773 μg/g，二氢猕猴桃内酯含量为 2.005 μg/g，巨豆三烯酮 1 含量为 0.134 μg/g，巨豆三烯酮 2 含量为 0.963 μg/g，巨豆三烯酮 3 含量为 0.246 μg/g，巨豆三烯酮 4 含量为 0.694 μg/g，3-羟基-β-二氢大马酮含量为 0.728 μg/g，3-氧代-α-紫罗兰醇含量为 2.576 μg/g，新植二烯含量为 378.594 μg/g，3-羟基索拉韦惕酮含量为 5.309 μg/g，β-法尼烯含量为 6.485 μg/g(表 19-2-10)。

表 19-2-10　代表性片区中部烟叶(C3F)香气物质　　(单位：μg/g)

香气物质	JH-01	JH-02	JH-03	JH-04	JH-05
茄酮	1.882	2.352	2.509	1.859	2.106
香叶基丙酮	0.549	0.515	0.459	0.930	0.571
降茄二酮	0.090	0.112	0.123	0.146	0.112
β-紫罗兰酮	0.515	0.560	0.605	0.616	0.661
氧化紫罗兰酮	0.605	0.638	0.616	0.851	0.773
二氢猕猴桃内酯	1.882	2.061	2.027	2.094	2.005
巨豆三烯酮 1	0.090	0.067	0.067	0.146	0.134
巨豆三烯酮 2	0.840	0.594	0.605	1.098	0.963
巨豆三烯酮 3	0.179	0.213	0.224	0.235	0.246
巨豆三烯酮 4	0.638	0.470	0.515	0.918	0.694
3-羟基-β-二氢大马酮	0.862	0.997	1.254	0.717	0.728
3-氧代-α-紫罗兰醇	2.822	3.371	4.088	2.576	2.576
新植二烯	321.440	235.346	204.568	393.109	378.594
3-羟基索拉韦惕酮	4.693	4.267	4.592	5.085	5.309
β-法尼烯	5.533	4.155	4.054	8.243	6.485

九、烟叶感官质量

1. 白芒营镇二坝村片区

代表性片区(JH-01)中部烟叶(C3F)感官质量评价结果显示,香韵指标包含的干草香、清甜香、正甜香、焦甜香、青香、木香、豆香、坚果香、焦香、辛香、果香、药草香、花香、树脂香、酒香的各项指标值分别为3.09、0、0.78、2.80、0、2.03、0、1.11、1.06、0、0、0、0、0、0,烟气指标包含的香气状态、烟气浓度、劲头、香气质、香气量和透发性的各项指标值分别为3.28、3.55、2.98、3.20、3.57和3.16,杂气指标包含的青杂气、生青气、枯焦气、木质气、土腥气、松脂气、花粉气、药草气和金属气的各项指标值分别为0.86、0、0.78、1.40、0、0、0、0、0,口感指标包含的细腻程度、柔和程度、圆润感、刺激性、干燥感和余味的各项指标值分别为3.10、2.89、2.77、2.55、3.00和3.12(表19-2-11)。

2. 白芒营镇朱郎塘村片区

代表性片区(JH-02)中部烟叶(C3F)感官质量评价结果显示,香韵指标包含的干草香、清甜香、正甜香、焦甜香、青香、木香、豆香、坚果香、焦香、辛香、果香、药草香、花香、树脂香、酒香的各项指标值分别为3.23、0、0.25、2.65、0、1.55、0、0.77、1.36、0.64、0、0、0、0、0,烟气指标包含的香气状态、烟气浓度、劲头、香气质、香气量和透发性的各项指标值分别为3.07、3.09、3.18、3.29、3.27和3.00,杂气指标包含的青杂气、生青气、枯焦气、木质气、土腥气、松脂气、花粉气、药草气和金属气的各项指标值分别为0.83、0、1.33、1.55、0、0、0、0、0,口感指标包含的细腻程度、柔和程度、圆润感、刺激性、干燥感和余味的各项指标值分别为2.88、2.67、2.69、2.67、2.56和3.00(表19-2-11)。

3. 大石桥乡大祖脚村片区

代表性片区(JH-03)中部烟叶(C3F)感官质量评价结果显示,香韵指标包含的干草香、清甜香、正甜香、焦甜香、青香、木香、豆香、坚果香、焦香、辛香、果香、药草香、花香、树脂香、酒香的各项指标值分别为3.38、0.06、0.63、2.88、0.31、1.91、0.13、1.25、1.88、1.19、0.13、0.06、0、0.19、0,烟气指标包含的香气状态、烟气浓度、劲头、香气质、香气量和透发性的各项指标值分别为3.31、3.41、3.19、3.19、3.41和3.06,杂气指标包含的青杂气、生青气、枯焦气、木质气、土腥气、松脂气、花粉气、药草气和金属气的各项指标值分别为0.84、0.38、1.50、1.34、0、0、0、0、0,口感指标包含的细腻程度、柔和程度、圆润感、刺激性、干燥感和余味的各项指标值分别为3.06、2.72、2.81、2.50、2.56和3.19(表19-2-11)。

4. 涛圩镇三门寨村片区

代表性片区(JH-04)中部烟叶(C3F)感官质量评价结果显示,香韵指标包含的干草香、清甜香、正甜香、焦甜香、青香、木香、豆香、坚果香、焦香、辛香、果香、药草香、花香、树脂香、酒香的各项指标值分别为 3.02、0、0、3.15、0、1.88、0、0.96、2.03、0.28、0、0、0、0.11、0，烟气指标包含的香气状态、烟气浓度、劲头、香气质、香气量和透发性的各项指标值分别为 3.41、3.40、3.06、3.19、3.09 和 3.02，杂气指标包含的青杂气、生青气、枯焦气、木质气、土腥气、松脂气、花粉气、药草气和金属气的各项指标值分别为 0.76、0、1.40、1.50、0、0、0、0、0，口感指标包含的细腻程度、柔和程度、圆润感、刺激性、干燥感和余味的各项指标值分别为 2.80、3.00、2.80、2.69、2.61 和 2.98（表 19-2-11）。

5. 涛圩镇八田洞村片区

代表性片区（JH-05）中部烟叶（C3F）感官质量评价结果显示，香韵指标包含的干草香、清甜香、正甜香、焦甜香、青香、木香、豆香、坚果香、焦香、辛香、果香、药草香、花香、树脂香、酒香的各项指标值分别为 3.05、0、0、2.78、0、1.77、0、0.25、1.28、0.67、0、0、0、0、0，烟气指标包含的香气状态、烟气浓度、劲头、香气质、香气量和透发性的各项指标值分别为 3.11、3.19、2.87、3.42、3.16 和 3.12，杂气指标包含的青杂气、生青气、枯焦气、木质气、土腥气、松脂气、花粉气、药草气和金属气的各项指标值分别为 0.80、0、0.98、1.36、0、0、0、0、0，口感指标包含的细腻程度、柔和程度、圆润感、刺激性、干燥感和余味的各项指标值分别为 3.11、2.90、3.00、2.60、2.80 和 2.40（表 19-2-11）。

表 19-2-11　代表性片区中部烟叶（C3F）感官质量

	评价指标	JH-01	JH-02	JH-03	JH-04	JH-05
香韵	干草香	3.09	3.23	3.38	3.02	3.05
	清甜香	0	0	0.06	0	0
	正甜香	0.78	0.25	0.63	0	0
	焦甜香	2.80	2.65	2.88	3.15	2.78
	青香	0	0	0.31	0	0
	木香	2.03	1.55	1.91	1.88	1.77
	豆香	0	0	0.13	0	0
	坚果香	1.11	0.77	1.25	0.96	0.25
	焦香	1.06	1.36	1.88	2.03	1.28
	辛香	0	0.64	1.19	0.28	0.67
	果香	0	0	0.13	0	0
	药草香	0	0	0.06	0	0
	花香	0	0	0	0	0
	树脂香	0	0	0.19	0.11	0
	酒香	0	0	0	0	0
烟气	香气状态	3.28	3.07	3.31	3.41	3.11
	烟气浓度	3.55	3.09	3.41	3.40	3.19

评价指标		JH-01	JH-02	JH-03	JH-04	JH-05
烟气	劲头	2.98	3.18	3.19	3.06	2.87
	香气质	3.20	3.29	3.19	3.19	3.42
	香气量	3.57	3.27	3.41	3.09	3.16
	透发性	3.16	3.00	3.06	3.02	3.12
杂气	青杂气	0.86	0.83	0.84	0.76	0.80
	生青气	0	0	0.38	0	0
	枯焦气	0.78	1.33	1.50	1.40	0.98
	木质气	1.40	1.55	1.34	1.50	1.36
	土腥气	0	0	0	0	0
	松脂气	0	0	0	0	0
	花粉气	0	0	0	0	0
	药草气	0	0	0	0	0
	金属气	0	0	0	0	0
口感	细腻程度	3.10	2.88	3.06	2.80	3.11
	柔和程度	2.89	2.67	2.72	3.00	2.90
	圆润感	2.77	2.69	2.81	2.80	3.00
	刺激性	2.55	2.67	2.50	2.69	2.60
	干燥感	3.00	2.56	2.56	2.61	2.80
	余味	3.12	3.00	3.19	2.98	2.40

第二十章　中原地区烤烟典型区域烟叶风格特征

中原地区烤烟种植区位于河南。典型烤烟种植县(区、市)包括许昌市襄城县、建安区，三门峡市的灵宝市、卢氏县，平顶山市的宝丰县、郏县，洛阳市的洛宁县，驻马店市的确山县、泌阳县，南阳市的内乡县、方城县共 11 个县(区、市)。中原地区在我国自然资源区划和农业综合区划中是独特的生态区域，该区域是我国烤烟典型产区之一，也是传统分类的浓香香型的主要产区。这里选择襄城县和灵宝市 2 个典型产区县(市)的 10 个代表性片区，并通过代表性片区烟田烟株长相长势、烤后烟叶外观质量、物理指标、化学指标和烟叶质量感官评价指标，对中原地区烤烟种植区的烟叶风格进行描述，试图利用代表性片区烟叶主要指标的检测数据呈现该区域烟叶的整体质量风格特征。

第一节　河南襄城烟叶风格特征

襄城县隶属河南省许昌市，位于河南省中部，许昌市西南部，地处北纬 23°42′～34°02′、东经 113°22′～113°45′，东邻建安区、临颍县，南接舞阳县，西连郏县、宝丰县，北和禹州市交界。襄城县属暖温带大陆性季风气候。襄城是中原地区烤烟种植区的典型烤烟产区之一，根据目前该县烤烟种植片区分布特点和烟叶质量风格特征，选择 5 个种植片区，作为该县烟叶质量风格特征的代表性区域加以展示。

一、烟田与烟株基本特征

1. 紫云镇黄柳南村片区

代表性片区(XC-01)中心点位于北纬 33°51′7.200″、东经 113°24′37.200″，海拔 86 m。地处漫岗坡麓，缓坡旱地，成土母质为黄土状洪积-冲积物，土壤亚类为石灰底锈干润雏形土；土体较厚，耕作层质地适中，耕性和通透性较好。该片区烤烟、小麦不定期轮作，烤烟大田生长期 5～8 月。烤烟田间长相长势较好，烟株呈筒形结构，株高 101.10 cm，茎围 9.40 cm，有效叶片数 22.30，中部烟叶长 61.00 cm、宽 32.10 cm，上部烟叶长 47.80 cm、宽 30.20 cm(图 20-1-1，表 20-1-1)。

2. 紫云镇宁庄村片区

代表性片区(XC-02)中心点位于北纬 33°51′25.100″、东经 113°23′22.400″，海拔 107 m。地处漫岗坡麓，缓坡旱地，成土母质为黄土状洪积-冲积物，土壤亚类为石灰底锈干润雏形土；土体较厚，耕作层质地适中，耕性和通透性好。该片区烤烟、小麦不定期轮作，烤烟大田生长期 5～8 月。烤烟田间长相长势较好，烟株呈筒形结构，株高 96.40 cm，茎围 10.30 cm，有效叶片数 18.90，中部烟叶长 60.60 cm、宽 31.90 cm，上部烟叶长

54.50 cm、宽 34.30 cm（图 20-1-2，表 20-1-1）。

图 20-1-1　XC-01 片区烟田

图 20-1-2　XC-02 片区烟田

3. 紫云镇张庄村片区

代表性片区（XC-03）中心点位于北纬 33°48′20.000″、东经 113°23′50.100″，海拔 123 m。地处冲积平原一级阶地，平旱地，成土母质为黄泛冲积物，土壤亚类为普通淡色潮湿雏形土；土体深厚，耕作层质地适中，耕性和通透性较好。该片区烤烟、小麦不定期轮作，烤烟大田生长期 5～8 月。烤烟田间长相长势较好，烟株呈筒形结构，株高 113.50 cm，茎围 10.80 cm，有效叶片数 20.90，中部烟叶长 66.90 cm、宽 35.70 cm，上部烟叶长 58.80 cm、宽 37.80 cm（图 20-1-3，表 20-1-1）。

4. 紫云镇马涧沟村片区

代表性片区（XC-04）中心点位于北纬 33°47′34.800″、东经 113°23′47.500″，海拔 154 m。地处漫岗顶部，缓坡旱地，成土母质为黄土状洪积-冲积物，土壤亚类为斑纹简育干润淋溶土；土体深厚，耕作层质地适中，耕性和通透性较好。该片区烤烟、小麦不定期轮作，烤烟大田生长期 5～8 月。烤烟田间长相长势较好，烟株呈筒形结构，株高 93.10 cm，茎围 8.50 cm，有效叶片数 19.30，中部烟叶长 53.80 cm、宽 33.70 cm，上部烟叶长 45.40 cm、宽 26.10 cm（图 20-1-4，表 20-1-1）。

图 20-1-3　XC-03 片区烟田

图 20-1-4　XC-04 片区烟田

5. 王洛镇东村片区

代表性片区（XC-05）中心点位于北纬 33°57′28.400″、东经 113°29′28.700″，海拔 101 m。地处冲积平原，平旱地，成土母质为黄泛冲积物，土壤亚类为石灰淡色潮湿雏形土；土体深厚，耕作层质地适中，耕性和通透性较好。该片区烤烟、小麦不定期轮作，烤烟大田生长期 5～8 月。烤烟田间长相长势较好，烟株呈筒形结构，株高 111.60 cm，茎围 11.50 cm，有效叶片数 21.10，中部烟叶长 70.50 cm、宽 41.70 cm，上部烟叶长 59.30 cm、宽 36.10 cm（图 20-1-5，表 20-1-1）。

图 20-1-5　XC-05 片区烟田

表 20-1-1　代表性片区烟株主要农艺性状

片区	株高 /cm	茎围 /cm	有效叶 /片	中部叶/cm		上部叶/cm		株型
				叶长	叶宽	叶长	叶宽	
XC-01	101.10	9.40	22.30	61.00	32.10	47.80	30.20	筒形
XC-02	96.40	10.30	18.90	60.60	31.90	54.50	34.30	筒形
XC-03	113.50	10.80	20.90	66.90	35.70	58.80	37.80	筒形
XC-04	93.10	8.50	19.30	53.80	33.70	45.40	26.10	筒形
XC-05	111.60	11.50	21.10	70.50	41.70	59.30	36.10	筒形

二、烟叶外观质量与物理指标

1. 紫云镇黄柳南村片区

代表性片区（XC-01）烟叶外观质量指标的成熟度得分 6.00，颜色得分 8.00，油分得分 7.50，身份得分 8.50，结构得分 6.00，色度得分 7.50。烟叶物理指标中的单叶重 14.06 g，叶片密度 71.38 g/m²，含梗率 23.45%，平衡含水率 15.91%，叶片长度 56.36 cm，叶片宽度 25.53 cm，叶片厚度 141.53 μm，填充值 2.70 cm³/g（图 20-1-6，表 20-1-2 和表 20-1-3）。

图 20-1-6　XC-01 片区初烤烟叶

2. 紫云镇宁庄村片区

代表性片区（XC-02）烟叶外观质量指标的成熟度得分 7.50，颜色得分 8.50，油分得分 8.00，身份得分 9.00，结构得分 7.50，色度得分 7.50。烟叶物理指标中的单叶重 14.42 g，叶片密度 69.24 g/m²，含梗率 26.94%，平衡含水率 14.04%，叶片长度 60.60 cm，叶片宽度 27.20 cm，叶片厚度 128.63 μm，填充值 2.75 cm³/g（图 20-1-7，表 20-1-2 和表 20-1-3）。

图 20-1-7　XC-02 片区初烤烟叶

3. 紫云镇张庄村片区

代表性片区(XC-03)烟叶外观质量指标的成熟度得分 7.00，颜色得分 8.00，油分得分 8.00，身份得分 9.00，结构得分 7.00，色度得分 7.00。烟叶物理指标中的单叶重 12.78 g，叶片密度 66.62 g/m²，含梗率 25.42%，平衡含水率 16.15%，叶片长度 54.24 cm，叶片宽度 26.00 cm，叶片厚度 129.37 μm，填充值 3.21 cm³/g(图 20-1-8，表 20-1-2 和表 20-1-3)。

图 20-1-8　XC-03 片区初烤烟叶

4. 紫云镇马涧沟村片区

代表性片区(XC-04)烟叶外观质量指标的成熟度得分 6.00，颜色得分 8.00，油分得分 8.00，身份得分 9.00，结构得分 6.50，色度得分 8.00。烟叶物理指标中的单叶重

10.01 g，叶片密度 64.36 g/m^2，含梗率 26.87%，平衡含水率 13.36%，叶片长度 49.37 cm，叶片宽度 22.92 cm，叶片厚度 139.93 μm，填充值 3.26 cm^3/g（图 20-1-9，表 20-1-2 和表 20-1-3）。

图 20-1-9　XC-04 片区初烤烟叶

5. 王洛镇东村片区

代表性片区（XC-05）烟叶外观质量指标的成熟度得分 7.00，颜色得分 8.50，油分得分 8.00，身份得分 8.50，结构得分 7.00，色度得分 8.00。烟叶物理指标中的单叶重 10.65 g，叶片密度 72.24 g/m^2，含梗率 26.88%，平衡含水率 13.75%，叶片长度 53.13 cm，叶片宽度 24.38 cm，叶片厚度 138.77 μm，填充值 2.94 cm^3/g（图 20-1-10，表 20-1-2 和表 20-1-3）。

图 20-1-10　XC-05 片区初烤烟叶

表 20-1-2 代表性片区烟叶外观质量

片区	成熟度	颜色	油分	身份	结构	色度
XC-01	6.00	8.00	7.50	8.50	6.00	7.50
XC-02	7.50	8.50	8.00	9.00	7.50	7.50
XC-03	7.00	8.00	8.00	9.00	7.00	7.00
XC-04	6.00	8.00	8.00	9.00	6.50	8.00
XC-05	7.00	8.50	8.00	8.50	7.00	8.00

表 20-1-3 代表性片区烟叶物理指标

片区	单叶重 /g	叶片密度 /(g/m²)	含梗率 /%	平衡含水率 /%	叶长 /cm	叶宽 /cm	叶片厚度 /μm	填充值 /(cm³/g)
XC-01	14.06	71.38	23.45	15.91	56.36	25.53	141.53	2.70
XC-02	14.42	69.24	26.94	14.04	60.60	27.20	128.63	2.75
XC-03	12.78	66.62	25.42	16.15	54.24	26.00	129.37	3.21
XC-04	10.01	64.36	26.87	13.36	49.37	22.92	139.93	3.26
XC-05	10.65	72.24	26.88	13.75	53.13	24.38	138.77	2.94

三、烟叶常规化学成分与中微量元素

1. 紫云镇黄柳南村片区

代表性片区(XC-01)中部烟叶(C3F)总糖含量 20.49%，还原糖含量 17.54%，总氮含量 2.84%，总植物碱含量 3.47%，氯含量 0.71%，钾含量 1.41%，糖碱比 5.90，淀粉含量 2.44%(表 20-1-4)。烟叶铜含量为 0.127 g/kg，铁含量为 1.732 g/kg，锰含量为 1.360 g/kg，锌含量为 0.199 g/kg，钙含量为 297.901 mg/kg，镁含量为 38.113 mg/kg(表 20-1-5)。

2. 紫云镇宁庄村片区

代表性片区(XC-02)中部烟叶(C3F)总糖含量 29.46%，还原糖含量 25.66%，总氮含量 1.81%，总植物碱含量 2.51%，氯含量 1.39%，钾含量 1.24%，糖碱比 11.74，淀粉含量 4.47%(表 20-1-4)。烟叶铜含量为 0.099 g/kg，铁含量为 2.061 g/kg,锰含量为 0.587 g/kg，锌含量为 0.264 g/kg，钙含量为 238.643 mg/kg，镁含量为 29.854 mg/kg(表 20-1-5)。

3. 紫云镇张庄村片区

代表性片区(XC-03)中部烟叶(C3F)总糖含量 26.10%，还原糖含量 23.77%，总氮含量 2.12%，总植物碱含量 2.52%，氯含量 1.49%，钾含量 1.45%，糖碱比 10.36，淀粉含量 1.94%(表 20-1-4)。烟叶铜含量为 0.162 g/kg，铁含量为 1.360 g/kg,锰含量为 0.173 g/kg，锌含量为 0.345 g/kg，钙含量为 212.537 mg/kg，镁含量为 23.106 mg/kg(表 20-1-5)。

4. 紫云镇马涧沟村片区

代表性片区(XC-04)中部烟叶(C3F)总糖含量23.76%,还原糖含量20.76%,总氮含量2.27%,总植物碱含量2.29%,氯含量0.58%,钾含量1.28%,糖碱比10.38,淀粉含量4.27%(表20-1-4)。烟叶铜含量为0.063 g/kg,铁含量为1.959 g/kg,锰含量为0.796 g/kg,锌含量为0.068 g/kg,钙含量为243.062 mg/kg,镁含量为30.691 mg/kg(表20-1-5)。

5. 王洛镇东村片区

代表性片区(XC-05)中部烟叶(C3F)总糖含量25.42%,还原糖含量23.43%,总氮含量2.04%,总植物碱含量1.83%,氯含量1.31%,钾含量0.96%,糖碱比13.89,淀粉含量3.42%(表20-1-4)。烟叶铜含量为0.011 g/kg,铁含量为0.354 g/kg,锰含量为0.567 g/kg,锌含量为0.019 g/kg,钙含量为205.873 mg/kg,镁含量为24.641 mg/kg(表20-1-5)。

表 20-1-4　代表性片区中部烟叶(C3F)常规化学成分

片区	总糖/%	还原糖/%	总氮/%	总植物碱/%	氯/%	钾/%	糖碱比	淀粉/%
XC-01	20.49	17.54	2.84	3.47	0.71	1.41	5.90	2.44
XC-02	29.46	25.66	1.81	2.51	1.39	1.24	11.74	4.47
XC-03	26.10	23.77	2.12	2.52	1.49	1.45	10.36	1.94
XC-04	23.76	20.76	2.27	2.29	0.58	1.28	10.38	4.27
XC-05	25.42	23.43	2.04	1.83	1.31	0.96	13.89	3.42

表 20-1-5　代表性片区中部烟叶(C3F)中微量元素

片区	Cu /(g/kg)	Fe /(g/kg)	Mn /(g/kg)	Zn /(g/kg)	Ca /(mg/kg)	Mg /(mg/kg)
XC-01	0.127	1.732	1.360	0.199	297.901	38.113
XC-02	0.099	2.061	0.587	0.264	238.643	29.854
XC-03	0.162	1.360	0.173	0.345	212.537	23.106
XC-04	0.063	1.959	0.796	0.068	243.062	30.691
XC-05	0.011	0.354	0.567	0.019	205.873	24.641

四、烟叶生物碱组分与细胞壁物质

1. 紫云镇黄柳南村片区

代表性片区(XC-01)中部烟叶(C3F)烟碱含量为 36.431 mg/g,降烟碱含量为1.403 mg/g,麦斯明含量为0.006 mg/g,假木贼碱含量为0.222 mg/g,新烟碱含量为1.550 mg/g;烟叶纤维素含量为7.40%,半纤维素含量为2.40%,木质素含量为1.40%(表20-1-6)。

2. 紫云镇宁庄村片区

代表性片区（XC-02）中部烟叶（C3F）烟碱含量为 26.750 mg/g，降烟碱含量为 0.707 mg/g，麦斯明含量为 0.004 mg/g，假木贼碱含量为 0.167 mg/g，新烟碱含量为 0.893 mg/g；烟叶纤维素含量为 6.80%，半纤维素含量为 3.50%，木质素含量为 1.30%（表 20-1-6）。

3. 紫云镇张庄村片区

代表性片区（XC-03）中部烟叶（C3F）烟碱含量为 24.818 mg/g，降烟碱含量为 0.677 mg/g，麦斯明含量为 0.006 mg/g，假木贼碱含量为 0.147 mg/g，新烟碱含量为 0.867 mg/g；烟叶纤维素含量为 8.10%，半纤维素含量为 3.20%，木质素含量为 0.80%（表 20-1-6）。

4. 紫云镇马涧沟村片区

代表性片区（XC-04）中部烟叶（C3F）烟碱含量为 23.506 mg/g，降烟碱含量为 0.629 mg/g，麦斯明含量为 0.003 mg/g，假木贼碱含量为 0.123 mg/g，新烟碱含量为 0.745 mg/g；烟叶纤维素含量为 6.60%，半纤维素含量为 3.60%，木质素含量为 0.90%（表 20-1-6）。

5. 王洛镇东村片区

代表性片区（XC-05）中部烟叶（C3F）烟碱含量为 20.461 mg/g，降烟碱含量为 0.615 mg/g，麦斯明含量为 0.004 mg/g，假木贼碱含量为 0.110 mg/g，新烟碱含量为 0.696 mg/g；烟叶纤维素含量为 8.00%，半纤维素含量为 2.70%，木质素含量为 0.80%（表 20-1-6）。

表 20-1-6 代表性片区中部烟叶（C3F）生物碱组分与细胞壁物质

片区	烟碱 /(mg/g)	降烟碱 /(mg/g)	麦斯明 /(mg/g)	假木贼碱 /(mg/g)	新烟碱 /(mg/g)	纤维素 /%	半纤维素 /%	木质素 /%
XC-01	36.431	1.403	0.006	0.222	1.550	7.40	2.40	1.40
XC-02	26.750	0.707	0.004	0.167	0.893	6.80	3.50	1.30
XC-03	24.818	0.677	0.006	0.147	0.867	8.10	3.20	0.80
XC-04	23.506	0.629	0.003	0.123	0.745	6.60	3.60	0.90
XC-05	20.461	0.615	0.004	0.110	0.696	8.00	2.70	0.80

五、烟叶多酚与质体色素

1. 紫云镇黄柳南村片区

代表性片区（XC-01）中部烟叶（C3F）绿原酸含量为 16.970 mg/g，芸香苷含量为

8.430 mg/g，莨菪亭含量为 0.300 mg/g，β-胡萝卜素含量为 0.042 mg/g，叶黄素含量为 0.064 mg/g（表 20-1-7）。

2. 紫云镇宁庄村片区

代表性片区（XC-02）中部烟叶（C3F）绿原酸含量为 22.520 mg/g，芸香苷含量为 9.380 mg/g，莨菪亭含量为 0.120 mg/g，β-胡萝卜素含量为 0.013 mg/g，叶黄素含量为 0.032 mg/g（表 20-1-7）。

3. 紫云镇张庄村片区

代表性片区（XC-03）中部烟叶（C3F）绿原酸含量为 15.090 mg/g，芸香苷含量为 7.950 mg/g，莨菪亭含量为 0.230 mg/g，β-胡萝卜素含量为 0.023 mg/g，叶黄素含量为 0.046 mg/g（表 20-1-7）。

4. 紫云镇马涧沟村片区

代表性片区（XC-04）中部烟叶（C3F）绿原酸含量为 19.480 mg/g，芸香苷含量为 9.600 mg/g，莨菪亭含量为 0.230 mg/g，β-胡萝卜素含量为 0.066 mg/g，叶黄素含量为 0.114 mg/g（表 20-1-7）。

5. 王洛镇东村片区

代表性片区（XC-05）中部烟叶（C3F）绿原酸含量为 16.210 mg/g，芸香苷含量为 8.310 mg/g，莨菪亭含量为 0.190 mg/g，β-胡萝卜素含量为 0.049 mg/g，叶黄素含量为 0.094 mg/g（表 20-1-7）。

表 20-1-7　代表性片区中部烟叶（C3F）多酚与质体色素　（单位：mg/g）

片区	绿原酸	芸香苷	莨菪亭	β-胡萝卜素	叶黄素
XC-01	16.970	8.430	0.300	0.042	0.064
XC-02	22.520	9.380	0.120	0.013	0.032
XC-03	15.090	7.950	0.230	0.023	0.046
XC-04	19.480	9.600	0.230	0.066	0.114
XC-05	16.210	8.310	0.190	0.049	0.094

六、烟叶有机酸类物质

1. 紫云镇黄柳南村片区

代表性片区（XC-01）中部烟叶（C3F）草酸含量为11.833 mg/g，苹果酸含量为125.631 mg/g，柠檬酸含量为 11.701 mg/g，棕榈酸含量为 1.559 mg/g，亚油酸含量为 1.259 mg/g，油酸含量为 2.493 mg/g，硬脂酸含量为 0.362 mg/g（表 20-1-8）。

2. 紫云镇宁庄村片区

代表性片区(XC-02)中部烟叶(C3F)草酸含量为15.533 mg/g,苹果酸含量为78.601 mg/g,柠檬酸含量为8.062 mg/g,棕榈酸含量为2.527 mg/g,亚油酸含量为1.230 mg/g,油酸含量为2.826 mg/g,硬脂酸含量为0.587 mg/g(表20-1-8)。

3. 紫云镇张庄村片区

代表性片区(XC-03)中部烟叶(C3F)草酸含量为10.093 mg/g,苹果酸含量为78.234 mg/g,柠檬酸含量为9.123 mg/g,棕榈酸含量为2.100 mg/g,亚油酸含量为1.389 mg/g,油酸含量为2.331 mg/g,硬脂酸含量为0.458 mg/g(表20-1-8)。

4. 紫云镇马涧沟村片区

代表性片区(XC-04)中部烟叶(C3F)草酸含量为16.592 mg/g,苹果酸含量为122.335 mg/g,柠檬酸含量为8.291 mg/g,棕榈酸含量为2.099 mg/g,亚油酸含量为1.299 mg/g,油酸含量为2.926 mg/g,硬脂酸含量为0.562 mg/g(表20-1-8)。

5. 王洛镇东村片区

代表性片区(XC-05)中部烟叶(C3F)草酸含量为13.153 mg/g,苹果酸含量为93.048 mg/g,柠檬酸含量为9.776 mg/g,棕榈酸含量为1.732 mg/g,亚油酸含量为1.163 mg/g,油酸含量为2.695 mg/g,硬脂酸含量为0.366 mg/g(表20-1-8)。

表 20-1-8　代表性片区中部烟叶(C3F)有机酸　　(单位：mg/g)

片区	草酸	苹果酸	柠檬酸	棕榈酸	亚油酸	油酸	硬脂酸
XC-01	11.833	125.631	11.701	1.559	1.259	2.493	0.362
XC-02	15.533	78.601	8.062	2.527	1.230	2.826	0.587
XC-03	10.093	78.234	9.123	2.100	1.389	2.331	0.458
XC-04	16.592	122.335	8.291	2.099	1.299	2.926	0.562
XC-05	13.153	93.048	9.776	1.732	1.163	2.695	0.366

七、烟叶氨基酸

1. 紫云镇黄柳南村片区

代表性片区(XC-01)中部烟叶(C3F)磷酸化-丝氨酸含量为0.260 μg/mg,牛磺酸含量为0.368 μg/mg,天冬氨酸含量为0.251 μg/mg,苏氨酸含量为0.270 μg/mg,丝氨酸含量为0.106 μg/mg,天冬酰胺含量为3.934 μg/mg,谷氨酸含量为0.360 μg/mg,甘氨酸含量为0.073 μg/mg,丙氨酸含量为0.746 μg/mg,缬氨酸含量为0.095 μg/mg,半胱氨酸含量为0 μg/mg,异亮氨酸含量为0.026 μg/mg,亮氨酸含量为0.190 μg/mg,酪氨酸含量为0.106 μg/mg,苯丙氨酸含量为0.440 μg/mg,氨基丁酸含量为0.163 μg/mg,组氨酸含量为 0.310 μg/mg，色氨酸含量为 0.316 μg/mg，精氨酸含量为 0.107 μg/mg（表 20-1-9）。

2. 紫云镇宁庄村片区

代表性片区（XC-02）中部烟叶（C3F）磷酸化-丝氨酸含量为 0.421 μg/mg，牛磺酸含量为 0.334 μg/mg，天冬氨酸含量为 0.048 μg/mg，苏氨酸含量为 0.126 μg/mg，丝氨酸含量为 0.045 μg/mg，天冬酰胺含量为 0.850 μg/mg，谷氨酸含量为 0.058 μg/mg，甘氨酸含量为 0.005 μg/mg，丙氨酸含量为 0.488 μg/mg，缬氨酸含量为 0.052 μg/mg，半胱氨酸含量为 0 μg/mg，异亮氨酸含量为 0.005 μg/mg，亮氨酸含量为 0.099 μg/mg，酪氨酸含量为 0.036 μg/mg，苯丙氨酸含量为 0.155 μg/mg，氨基丁酸含量为 0.041 μg/mg，组氨酸含量为 0.087 μg/mg，色氨酸含量为 0.090 μg/mg，精氨酸含量为 0 μg/mg（表 20-1-9）。

3. 紫云镇张庄村片区

代表性片区（XC-03）中部烟叶（C3F）磷酸化-丝氨酸含量为 0.208 μg/mg，牛磺酸含量为 0.332 μg/mg，天冬氨酸含量为 0.149 μg/mg，苏氨酸含量为 0.178 μg/mg，丝氨酸含量为 0.044 μg/mg，天冬酰胺含量为 1.929 μg/mg，谷氨酸含量为 0.164 μg/mg，甘氨酸含量为 0.044 μg/mg，丙氨酸含量为 0.570 μg/mg，缬氨酸含量为 0.084 μg/mg，半胱氨酸含量为 0.277 μg/mg，异亮氨酸含量为 0.018 μg/mg，亮氨酸含量为 0.136 μg/mg，酪氨酸含量为 0.053 μg/mg，苯丙氨酸含量为 0.211 μg/mg，氨基丁酸含量为 0.098 μg/mg，组氨酸含量为 0.159 μg/mg，色氨酸含量为 0.154 μg/mg，精氨酸含量为 0.056 μg/mg（表 20-1-9）。

4. 紫云镇马涧沟村片区

代表性片区（XC-04）中部烟叶（C3F）磷酸化-丝氨酸含量为 0.315 μg/mg，牛磺酸含量为 0.650 μg/mg，天冬氨酸含量为 0.200 μg/mg，苏氨酸含量为 0.265 μg/mg，丝氨酸含量为 0.110 μg/mg，天冬酰胺含量为 3.396 μg/mg，谷氨酸含量为 0.351 μg/mg，甘氨酸含量为 0.053 μg/mg，丙氨酸含量为 0.792 μg/mg，缬氨酸含量为 0.075 μg/mg，半胱氨酸含量为 0 μg/mg，异亮氨酸含量为 0.015 μg/mg，亮氨酸含量为 0.183 μg/mg，酪氨酸含量为 0.087 μg/mg，苯丙氨酸含量为 0.363 μg/mg，氨基丁酸含量为 0.206 μg/mg，组氨酸含量为 0.305 μg/mg，色氨酸含量为 0.343 μg/mg，精氨酸含量为 0.085 μg/mg（表 20-1-9）。

5. 王洛镇东村片区

代表性片区（XC-05）中部烟叶（C3F）磷酸化-丝氨酸含量为 0.280 μg/mg，牛磺酸含量为 0.397 μg/mg，天冬氨酸含量为 0.150 μg/mg，苏氨酸含量为 0.245 μg/mg，丝氨酸含量为 0.133 μg/mg，天冬酰胺含量为 2.588 μg/mg，谷氨酸含量为 0.453 μg/mg，甘氨酸含量为 0.033 μg/mg，丙氨酸含量为 0.743 μg/mg，缬氨酸含量为 0.089 μg/mg，半胱氨酸含量为 0 μg/mg，异亮氨酸含量为 0.020 μg/mg，亮氨酸含量为 0.182 μg/mg，酪氨酸含量为 0.081 μg/mg，苯丙氨酸含量为 0.290 μg/mg，氨基丁酸含量为 0.101 μg/mg，组氨酸含量为 0.200 μg/mg，色氨酸含量为 0.256 μg/mg，精氨酸含量为 0.030 μg/mg（表 20-1-9）。

表 20-1-9　代表性片区中部烟叶（C3F）氨基酸　　　（单位：μg/mg）

氨基酸组分	XC-01	XC-02	XC-03	XC-04	XC-05
磷酸化-丝氨酸	0.260	0.421	0.208	0.315	0.280
牛磺酸	0.368	0.334	0.332	0.650	0.397
天冬氨酸	0.251	0.048	0.149	0.200	0.150
苏氨酸	0.270	0.126	0.178	0.265	0.245
丝氨酸	0.106	0.045	0.044	0.110	0.133
天冬酰胺	3.934	0.850	1.929	3.396	2.588
谷氨酸	0.360	0.058	0.164	0.351	0.453
甘氨酸	0.073	0.005	0.044	0.053	0.033
丙氨酸	0.746	0.488	0.570	0.792	0.743
缬氨酸	0.095	0.052	0.084	0.075	0.089
半胱氨酸	0	0	0.277	0	0
异亮氨酸	0.026	0.005	0.018	0.015	0.020
亮氨酸	0.190	0.099	0.136	0.183	0.182
酪氨酸	0.106	0.036	0.053	0.087	0.081
苯丙氨酸	0.440	0.155	0.211	0.363	0.290
氨基丁酸	0.163	0.041	0.098	0.206	0.101
组氨酸	0.310	0.087	0.159	0.305	0.200
色氨酸	0.316	0.090	0.154	0.343	0.256
精氨酸	0.107	0	0.056	0.085	0.030

八、烟叶香气物质

1. 紫云镇黄柳南村片区

代表性片区（XC-01）中部烟叶（C3F）茄酮含量为 1.557 μg/g，香叶基丙酮含量为 0.918 μg/g，降茄二酮含量为 0.134 μg/g，β-紫罗兰酮含量为 0.694 μg/g，氧化紫罗兰酮含量为 0.750 μg/g，二氢猕猴桃内酯含量为 2.408 μg/g，巨豆三烯酮 1 含量为 0.112 μg/g，巨豆三烯酮 2 含量为 0.818 μg/g，巨豆三烯酮 3 含量为 0.146 μg/g，巨豆三烯酮 4 含量为 0.605 μg/g，3-羟基-β-二氢大马酮含量为 0.482 μg/g，3-氧代-α-紫罗兰醇含量为 1.411 μg/g，新植二烯含量为 403.032 μg/g，3-羟基索拉韦惕酮含量为 3.170 μg/g，β-法尼烯含量为 6.966 μg/g（表 20-1-10）。

2. 紫云镇宁庄村片区

代表性片区（XC-02）中部烟叶（C3F）茄酮含量为 1.042 μg/g，香叶基丙酮含量为 0.896 μg/g，降茄二酮含量为 0.078 μg/g，β-紫罗兰酮含量为 0.605 μg/g，氧化紫罗兰酮含量为 0.560 μg/g，二氢猕猴桃内酯含量为 2.318 μg/g，巨豆三烯酮 1 含量为 0.056 μg/g，巨豆三烯酮 2 含量为 0.661 μg/g，巨豆三烯酮 3 含量为 0.146 μg/g，巨豆三烯酮 4 含量为 0.482 μg/g，3-羟基-β-二氢大马酮含量为 0.448 μg/g，3-氧代-α-紫罗兰醇含量为 1.512 μg/g，新植二烯含量为 373.576 μg/g，3-羟基索拉韦惕酮含量为 2.206 μg/g，β-法尼烯含量为 6.989 μg/g（表 20-1-10）。

3. 紫云镇张庄村片区

代表性片区（XC-03）中部烟叶（C3F）茄酮含量为 1.165 μg/g，香叶基丙酮含量为 0.907 μg/g，降茄二酮含量为 0.067 μg/g，β-紫罗兰酮含量为 0.538 μg/g，氧化紫罗兰酮含量为 0.549 μg/g，二氢猕猴桃内酯含量为 1.949 μg/g，巨豆三烯酮 1 含量为 0.034 μg/g，巨豆三烯酮 2 含量为 0.448 μg/g，巨豆三烯酮 3 含量为 0.090 μg/g，巨豆三烯酮 4 含量为 0.336 μg/g，3-羟基-β-二氢大马酮含量为 0.336 μg/g，3-氧代-α-紫罗兰醇含量为 0.829 μg/g，新植二烯含量为 253.422 μg/g，3-羟基索拉韦惕酮含量为 1.680 μg/g，β-法尼烯含量为 5.018 μg/g（表 20-1-10）。

4. 紫云镇马涧沟村片区

代表性片区（XC-04）中部烟叶（C3F）茄酮含量为 1.344 μg/g，香叶基丙酮含量为 0.840 μg/g，降茄二酮含量为 0.090 μg/g，β-紫罗兰酮含量为 0.672 μg/g，氧化紫罗兰酮含量为 0.582 μg/g，二氢猕猴桃内酯含量为 2.229 μg/g，巨豆三烯酮 1 含量为 0.101 μg/g，巨豆三烯酮 2 含量为 0.762 μg/g，巨豆三烯酮 3 含量为 0.090 μg/g，巨豆三烯酮 4 含量为 0.549 μg/g，3-羟基-β-二氢大马酮含量为 0.269 μg/g，3-氧代-α-紫罗兰醇含量为 0.594 μg/g，新植二烯含量为 330.030 μg/g，3-羟基索拉韦惕酮含量为 1.534 μg/g，β-法尼烯含量为 7.269 μg/g（表 20-1-10）。

5. 王洛镇东村片区

代表性片区（XC-05）中部烟叶（C3F）茄酮含量为 1.445 μg/g，香叶基丙酮含量为 0.885 μg/g，降茄二酮含量为 0.101 μg/g，β-紫罗兰酮含量为 0.638 μg/g，氧化紫罗兰酮含量为 0.728 μg/g，二氢猕猴桃内酯含量为 2.274 μg/g，巨豆三烯酮 1 含量为 0.056 μg/g，巨豆三烯酮 2 含量为 0.594 μg/g，巨豆三烯酮 3 含量为 0.123 μg/g，巨豆三烯酮 4 含量为 0.459 μg/g，3-羟基-β-二氢大马酮含量为 0.325 μg/g，3-氧代-α-紫罗兰醇含量为 0.728 μg/g，新植二烯含量为 347.917 μg/g，3-羟基索拉韦惕酮含量为 1.859 μg/g，β-法尼烯含量为 6.586 μg/g（表 20-1-10）。

表 20-1-10　代表性片区中部烟叶（C3F）香气物质　　　（单位：μg/g）

香气物质	XC-01	XC-02	XC-03	XC-04	XC-05
茄酮	1.557	1.042	1.165	1.344	1.445
香叶基丙酮	0.918	0.896	0.907	0.840	0.885
降茄二酮	0.134	0.078	0.067	0.090	0.101
β-紫罗兰酮	0.694	0.605	0.538	0.672	0.638
氧化紫罗兰酮	0.750	0.560	0.549	0.582	0.728
二氢猕猴桃内酯	2.408	2.318	1.949	2.229	2.274

续表

香气物质	XC-01	XC-02	XC-03	XC-04	XC-05
巨豆三烯酮 1	0.112	0.056	0.034	0.101	0.056
巨豆三烯酮 2	0.818	0.661	0.448	0.762	0.594
巨豆三烯酮 3	0.146	0.146	0.090	0.090	0.123
巨豆三烯酮 4	0.605	0.482	0.336	0.549	0.459
3-羟基-β-二氢大马酮	0.482	0.448	0.336	0.269	0.325
3-氧代-α-紫罗兰醇	1.411	1.512	0.829	0.594	0.728
新植二烯	403.032	373.576	253.422	330.030	347.917
3-羟基索拉韦惕酮	3.170	2.206	1.680	1.534	1.859
β-法尼烯	6.966	6.989	5.018	7.269	6.586

九、烟叶感官质量

1. 紫云镇黄柳南村片区

代表性片区（XC-01）中部烟叶（C3F）感官质量评价结果显示，香韵指标包含的干草香、清甜香、正甜香、焦甜香、青香、木香、豆香、坚果香、焦香、辛香、果香、药草香、花香、树脂香、酒香的各项指标值分别为3.14、0、2.71、0、0、1.71、0、0.64、1.29、0、0、0、0、0、0，烟气指标包含的香气状态、烟气浓度、劲头、香气质、香气量和透发性的各项指标值分别为2.69、3.36、3.21、2.86、3.14和2.93，杂气指标包含的青杂气、生青气、枯焦气、木质气、土腥气、松脂气、花粉气、药草气和金属气的各项指标值分别为1.43、0、1.00、1.36、0、0、0、0、0，口感指标包含的细腻程度、柔和程度、圆润感、刺激性、干燥感和余味的各项指标值分别为 2.86、2.86、2.71、2.64、2.71 和 2.50（表20-1-11）。

2. 紫云镇宁庄村片区

代表性片区（XC-02）中部烟叶（C3F）感官质量评价结果显示，香韵指标包含的干草香、清甜香、正甜香、焦甜香、青香、木香、豆香、坚果香、焦香、辛香、果香、药草香、花香、树脂香、酒香的各项指标值分别为3.19、0、0.44、2.88、0.22、1.78、0.25、0.97、1.88、1.28、0、0、0、0.13、0，烟气指标包含的香气状态、烟气浓度、劲头、香气质、香气量和透发性的各项指标值分别为3.22、3.22、2.88、3.09、3.03和3.03，杂气指标包含的青杂气、生青气、枯焦气、木质气、土腥气、松脂气、花粉气、药草气和金属气的各项指标值分别为0.81、0.63、1.28、1.47、0.13、0.13、0、0.06、0，口感指标包含的细腻程度、柔和程度、圆润感、刺激性、干燥感和余味的各项指标值分别为3.00、2.94、2.66、2.38、2.47 和 3.09（表20-1-11）。

3. 紫云镇张庄村片区

代表性片区（XC-03）中部烟叶（C3F）感官质量评价结果显示，香韵指标包含的干草香、清甜香、正甜香、焦甜香、青香、木香、豆香、坚果香、焦香、辛香、果香、药草香、花香、树脂香、酒香的各项指标值分别为 3.29、0、2.57、0、0.64、1.79、0、0.93、0.64、0、0、0、0、0、0，烟气指标包含的香气状态、烟气浓度、劲头、香气质、香气量和透发性的各项指标值分别为 3.07、3.14、2.64、3.14、3.14 和 2.64，杂气指标包含的青杂气、生青气、枯焦气、木质气、土腥气、松脂气、花粉气、药草气和金属气的各项指标值分别为 1.43、0、0、1.43、0、0、0、0、0，口感指标包含的细腻程度、柔和程度、圆润感、刺激性、干燥感和余味的各项指标值分别为 3.14、3.14、2.79、2.57、2.50 和 2.86（表 20-1-11）。

4. 紫云镇马涧沟村片区

代表性片区（XC-04）中部烟叶（C3F）感官质量评价结果显示，香韵指标包含的干草香、清甜香、正甜香、焦甜香、青香、木香、豆香、坚果香、焦香、辛香、果香、药草香、花香、树脂香、酒香的各项指标值分别为 3.14、0、2.71、0、0.71、1.50、0、0.79、0.64、0、0、0、0、0、0，烟气指标包含的香气状态、烟气浓度、劲头、香气质、香气量和透发性的各项指标值分别为 3.07、3.14、3.00、3.21、3.00 和 3.08，杂气指标包含的青杂气、生青气、枯焦气、木质气、土腥气、松脂气、花粉气、药草气和金属气的各项指标值分别为 1.31、0、0、1.43、0、0、0、0、0，口感指标包含的细腻程度、柔和程度、圆润感、刺激性、干燥感和余味的各项指标值分别为 3.14、3.07、3.00、2.29、2.21 和 3.07（表 20-1-11）。

5. 王洛镇东村片区

代表性片区（XC-05）中部烟叶（C3F）感官质量评价结果显示，香韵指标包含的干草香、清甜香、正甜香、焦甜香、青香、木香、豆香、坚果香、焦香、辛香、果香、药草香、花香、树脂香、酒香的各项指标值分别为 3.05、0、2.11、0.72、0.39、1.70、0.06、0.83、1.11、0.32、0、0、0、0.03、0，烟气指标包含的香气状态、烟气浓度、劲头、香气质、香气量和透发性的各项指标值分别为 3.01、3.22、2.93、3.08、3.08 和 2.92，杂气指标包含的青杂气、生青气、枯焦气、木质气、土腥气、松脂气、花粉气、药草气和金属气的各项指标值分别为 1.24、0.16、0.57、1.42、0.03、0.03、0、0.02、0，口感指标包含的细腻程度、柔和程度、圆润感、刺激性、干燥感和余味的各项指标值分别为 3.04、3.00、2.79、2.47、2.47 和 2.89（表 20-1-11）。

表 20-1-11　代表性片区中部烟叶（C3F）感官质量

	评价指标	XC-01	XC-02	XC-03	XC-04	XC-05
香韵	干草香	3.14	3.19	3.29	3.14	3.05
	清甜香	0	0	0	0	0
	正甜香	2.71	0.44	2.57	2.71	2.11
	焦甜香	0	2.88	0	0	0.72
	青香	0	0.22	0.64	0.71	0.39

评价指标		XC-01	XC-02	XC-03	XC-04	XC-05
香韵	木香	1.71	1.78	1.79	1.50	1.70
	豆香	0	0.25	0	0	0.06
	坚果香	0.64	0.97	0.93	0.79	0.83
	焦香	1.29	1.88	0.64	0.64	1.11
	辛香	0	1.28	0	0	0.32
	果香	0	0	0	0	0
	药草香	0	0	0	0	0
	花香	0	0	0	0	0
	树脂香	0	0.13	0	0	0.03
	酒香	0	0	0	0	0
烟气	香气状态	2.69	3.22	3.07	3.07	3.01
	烟气浓度	3.36	3.22	3.14	3.14	3.22
	劲头	3.21	2.88	2.64	3.00	2.93
	香气质	2.86	3.09	3.14	3.21	3.08
	香气量	3.14	3.03	3.14	3.00	3.08
	透发性	2.93	3.03	2.64	3.08	2.92
杂气	青杂气	1.43	0.81	1.43	1.31	1.24
	生青气	0	0.63	0	0	0.16
	枯焦气	1.00	1.28	0	0	0.57
	木质气	1.36	1.47	1.43	1.43	1.42
	土腥气	0	0.13	0	0	0.03
	松脂气	0	0.13	0	0	0.03
	花粉气	0	0	0	0	0
	药草气	0	0.06	0	0	0.02
	金属气	0	0	0	0	0
口感	细腻程度	2.86	3.00	3.14	3.14	3.04
	柔和程度	2.86	2.94	3.14	3.07	3.00
	圆润感	2.71	2.66	2.79	3.00	2.79
	刺激性	2.64	2.38	2.57	2.29	2.47
	干燥感	2.71	2.47	2.50	2.21	2.47
	余味	2.50	3.09	2.86	3.07	2.89

第二节　河南灵宝烟叶风格特征

　　灵宝市隶属河南省三门峡市，位于河南省西部，三门峡市西部，地处东经 110°21′～ 111°11′、北纬 34°44′～34°71′，东邻陕州区、洛宁县，南接卢氏县，西连洛南县、潼关县，北靠芮城县、平陆县。灵宝市属暖温带大陆性半湿润季风气候。灵宝是中原地区烤烟种植区的典型烤烟产区之一，根据目前该市烤烟种植片区分布特点和烟叶质量风格特征，选择5个种植片区，作为该市烟叶质量风格特征的代表性区域加以展示。

一、烟田与烟株基本特征

1. 五亩乡渔村片区

代表性片区（LB-01）中心点位于北纬 34°18′8.600″、东经 110°50′5.400″，海拔 1170 m。地处黄土高原梁顶，梯田旱地，成土母质为黄土沉积物，土壤亚类为钙积简育干润雏形土；土体较厚，耕作层质地适中，耕性和通透性较好。该片区烤烟单作，烤烟大田生长期 5～8 月。烤烟田间长相长势较好，烟株呈筒形结构，株高 121.10 cm，茎围 9.80 cm，有效叶片数 20.90，中部烟叶长 72.20 cm、宽 31.00 cm，上部烟叶长 62.60 cm、宽 21.40 cm（图 20-2-1，表 20-2-1）。

图 20-2-1　LB-01 片区烟田

2. 五亩乡窑坡村片区

代表性片区（LB-02）中心点位于北纬 34°19′26.400″、东经 110°48′11.900″，海拔 1185 m。地处黄土高原梁顶，梯田旱地，成土母质为黄土沉积物，土壤亚类为钙积简育干润雏形土；土体较厚，耕作层质地适中，耕性和通透性较好。该片区烤烟、玉米定期轮作，烤烟大田生长期 5～8 月。烤烟田间长相长势较好，烟株呈筒形结构，株高 114.50 cm，茎围 8.40 cm，有效叶片数 20.60，中部烟叶长 63.30 cm、宽 25.00 cm，上部烟叶长 56.50 cm、宽 18.60 cm（图 20-2-2，表 20-2-1）。

3. 五亩乡桂花村片区

代表性片区（LB-03）中心点位于北纬 34°20′57.900″、东经 110°47′26.000″，海拔 1035 m。地处黄土高原梁中上部，梯田旱地，成土母质为黄土沉积物，土壤亚类为钙积简育干润雏形土；土体较厚，耕作层质地适中，耕性和通透性较好。该片区烤烟单作，烤烟大田生长期 5～8 月。烤烟田间长相长势较好，烟株呈筒形结构，株高 106.90 cm，茎围 7.70 cm，有效叶片数 22.00，中部烟叶长 58.40 cm、宽 21.60 cm，上部烟叶长 51.20 cm、宽 16.60 cm

（图 20-2-3，表 20-2-1）。

图 20-2-2　LB-02 片区烟田

图 20-2-3　LB-03 片区烟田

4. 朱阳镇透山村片区

代表性片区(LB-04)中心点位于北纬 34°17′35.200″、东经 110°44′36.000″，海拔 1012 m。地处黄土高原塬顶，水平旱地，成土母质为黄土沉积物，土壤亚类为钙积简育干润雏形土；土体较厚，耕作层质地适中，耕性和通透性较好。该片区烤烟单作，烤烟大田生长期 5～8 月。烤烟田间长相长势较好，烟株呈筒形结构，株高 126.10 cm，茎围 9.20 cm，有效叶片数 23.00，中部烟叶长 64.80 cm、宽 26.40 cm，上部烟叶长 50.40 cm、宽 18.20 cm（图 20-2-4，表 20-2-1）。

5. 朱阳镇新店村片区

代表性片区(LB-05)中心点位于北纬 34°17′12.400″、东经 110°44′38.800″，海拔 1032 m。地处黄土高原塬顶，水平旱地，成土母质为黄土沉积物，土壤亚类为钙积简育干润雏形土；土体较厚，耕作层质地适中，耕性和通透性较好。该片区烤烟单作，烤烟大田生长期 5～8 月。烤烟田间长相长势较好，烟株呈筒形结构，株高 103.90 cm，茎围 8.80 cm，有效叶片数 20.40，中部烟叶长 62.20 cm、宽 26.40 cm，上部烟叶长 56.20 cm、宽 20.30 cm（图 20-2-5，表 20-2-1）。

图 20-2-4   LB-04 片区烟田

图 20-2-5   LB-05 片区烟田

表 20-2-1   代表性片区烟株主要农艺性状

片区	株高/cm	茎围/cm	有效叶/片	中部叶/cm		上部叶/cm		株型
				叶长	叶宽	叶长	叶宽	
LB-01	121.10	9.80	20.90	72.20	31.00	62.60	21.40	筒形
LB-02	114.50	8.40	20.60	63.30	25.00	56.50	18.60	筒形
LB-03	106.90	7.70	22.00	58.40	21.60	51.20	16.60	筒形
LB-04	126.10	9.20	23.00	64.80	26.40	50.40	18.20	筒形
LB-05	103.90	8.80	20.40	62.20	26.40	56.20	20.30	筒形

二、烟叶外观质量与物理指标

1. 五亩乡渔村片区

代表性片区（LB-01）烟叶外观质量指标的成熟度得分 7.00，颜色得分 8.50，油分得分 7.50，身份得分 7.00，结构得分 6.00，色度得分 8.00。烟叶物理指标中的单叶重 11.45 g，叶片密度 72.40 g/m²，含梗率 27.02%，平衡含水率 13.60%，叶片长度 58.18 cm，叶片宽度 19.27 cm，叶片厚度 140.23 μm，填充值 2.88 cm³/g（图 20-2-6，表 20-2-2 和表 20-2-3）。

图 20-2-6　LB-01 片区初烤烟叶

2. 五亩乡窑坡村片区

代表性片区（LB-02）烟叶外观质量指标的成熟度得分 7.50，颜色得分 8.50，油分得分 7.00，身份得分 7.50，结构得分 7.50，色度得分 8.00。烟叶物理指标中的单叶重 7.83 g，叶片密度 70.43 g/m²，含梗率 30.38%，平衡含水率 13.70%，叶片长度 55.80 cm，叶片宽度 21.43 cm，叶片厚度 103.40 μm，填充值 3.15 cm³/g（图 20-2-7，表 20-2-2 和表 20-2-3）。

图 20-2-7　LB-02 片区初烤烟叶

3. 五亩乡桂花村片区

代表性片区（LB-03）烟叶外观质量指标的成熟度得分 7.50，颜色得分 8.50，油分得分 8.00，身份得分 8.00，结构得分 7.50，色度得分 8.00。烟叶物理指标中的单叶重 10.16 g，叶片密度71.00 g/m²，含梗率28.03%，平衡含水率16.94%，叶片长度59.90 cm，叶片宽度21.42 cm，叶片厚度109.80 μm，填充值3.37 cm³/g（图20-2-8，表20-2-2和表20-2-3）。

图 20-2-8　LB-03 片区初烤烟叶

4. 朱阳镇透山村片区

代表性片区（LB-04）烟叶外观质量指标的成熟度得分 5.50，颜色得分 7.50，油分得分 6.50，身份得分 8.50，结构得分 6.50，色度得分 6.50。烟叶物理指标中的单叶重 10.75 g，叶片密度75.81 g/m²，含梗率30.75%，平衡含水率14.78%，叶片长度59.55 cm，叶片宽度19.45 cm，叶片厚度145.23 μm，填充值3.07 cm³/g（图20-2-9，表20-2-2和表20-2-3）。

图 20-2-9　LB-04 片区初烤烟叶

5. 朱阳镇新店村片区

代表性片区(LB-05)烟叶外观质量指标的成熟度得分 7.00，颜色得分 8.00，油分得分 7.00，身份得分 7.50，结构得分 7.00，色度得分 7.00。烟叶物理指标中的单叶重 11.02 g，叶片密度 72.81 g/m^2，含梗率 32.24%，平衡含水率 13.28%，叶片长度 64.05 cm，叶片宽度 24.49 cm，叶片厚度 113.67 μm，填充值 2.99 cm^3/g(图 20-2-10，表 20-2-2 和表 20-2-3)。

图 20-2-10　LB-05 片区初烤烟叶

表 20-2-2　代表性片区烟叶外观质量

片区	成熟度	颜色	油分	身份	结构	色度
LB-01	7.00	8.50	7.50	7.00	6.00	8.00
LB-02	7.50	8.50	7.00	7.50	7.50	8.00
LB-03	7.50	8.50	8.00	8.00	7.50	8.00
LB-04	5.50	7.50	6.50	8.50	6.50	6.50
LB-05	7.00	8.00	7.00	7.50	7.00	7.00

表 20-2-3　代表性片区烟叶物理指标

片区	单叶重 /g	叶片密度 /(g/m^2)	含梗率 /%	平衡含水率 /%	叶长 /cm	叶宽 /cm	叶片厚度 /μm	填充值 /(cm^3/g)
LB-01	11.45	72.40	27.02	13.60	58.18	19.27	140.23	2.88
LB-02	7.83	70.43	30.38	13.70	55.80	21.43	103.40	3.15
LB-03	10.16	71.00	28.03	16.94	59.90	21.42	109.80	3.37
LB-04	10.75	75.81	30.75	14.78	59.55	19.45	145.23	3.07
LB-05	11.02	72.81	32.24	13.28	64.05	24.49	113.67	2.99

三、烟叶常规化学成分与中微量元素

1. 五亩乡渔村片区

代表性片区(LB-01)中部烟叶(C3F)总糖含量 26.93%，还原糖含量 24.93%，总氮含量 2.10%，总植物碱含量 2.18%，氯含量 0.29%，钾含量 1.27%，糖碱比 12.35，淀粉含量 3.06%(表 20-2-4)。烟叶铜含量为 0.178 g/kg，铁含量为 1.225 g/kg，锰含量为 2.469 g/kg，锌含量为 0.530 g/kg，钙含量为 162.792 mg/kg，镁含量为 15.131 mg/kg(表 20-2-5)。

2. 五亩乡窑坡村片区

代表性片区(LB-02)中部烟叶(C3F)总糖含量 25.57%，还原糖含量 23.29%，总氮含量 2.02%，总植物碱含量 1.85%，氯含量 0.20%，钾含量 1.29%，糖碱比 13.82，淀粉含量 3.06%(表 20-2-4)。烟叶铜含量为 0.206 g/kg，铁含量为 1.255 g/kg，锰含量为 0.032 g/kg，锌含量为 0.311 g/kg，钙含量为 158.366 mg/kg，镁含量为 21.377 mg/kg(表 20-2-5)。

3. 五亩乡桂花村片区

代表性片区(LB-03)中部烟叶(C3F)总糖含量 35.62%，还原糖含量 31.75%，总氮含量 1.79%，总植物碱含量 1.96%，氯含量 0.31%，钾含量 1.54%，糖碱比 18.17，淀粉含量 3.10%(表 20-2-4)。烟叶铜含量为 0.229 g/kg，铁含量为 1.633 g/kg，锰含量为 0.013 g/kg，锌含量为 0.327 g/kg，钙含量为 215.798 mg/kg，镁含量为 22.842 mg/kg(表 20-2-5)。

4. 朱阳镇透山村片区

代表性片区(LB-04)中部烟叶(C3F)总糖含量 37.68%，还原糖含量 32.99%，总氮含量 1.40%，总植物碱含量 1.82%，氯含量 0.23%，钾含量 1.40%，糖碱比 20.70，淀粉含量 4.19%(表 20-2-4)。烟叶铜含量为 0.185 g/kg，铁含量为 1.159 g/kg，锰含量为 0.025 g/kg，锌含量为 0.266 g/kg，钙含量为 223.785 mg/kg，镁含量为 12.227 mg/kg(表 20-2-5)。

5. 朱阳镇新店村片区

代表性片区(LB-05)中部烟叶(C3F)总糖含量 26.40%，还原糖含量 24.22%，总氮含量 2.11%，总植物碱含量 2.35%，氯含量 0.25%，钾含量 1.60%，糖碱比 11.23，淀粉含量 1.64%(表 20-2-4)。烟叶铜含量为 0.198 g/kg，铁含量为 1.068 g/kg，锰含量为 0.276 g/kg，锌含量为 0.370 g/kg，钙含量为 180.623 mg/kg，镁含量为 21.199 mg/kg(表 20-2-5)。

表 20-2-4　代表性片区中部烟叶(C3F)常规化学成分

片区	总糖/%	还原糖/%	总氮/%	总植物碱/%	氯/%	钾/%	糖碱比	淀粉/%
LB-01	26.93	24.93	2.10	2.18	0.29	1.27	12.35	3.06
LB-02	25.57	23.29	2.02	1.85	0.20	1.29	13.82	3.06

片区	总糖/%	还原糖/%	总氮/%	总植物碱/%	氯/%	钾/%	糖碱比	淀粉/%
LB-03	35.62	31.75	1.79	1.96	0.31	1.54	18.17	3.10
LB-04	37.68	32.99	1.40	1.82	0.23	1.40	20.70	4.19
LB-05	26.40	24.22	2.11	2.35	0.25	1.60	11.23	1.64

表 20-2-5 代表性片区中部烟叶(C3F)中微量元素

片区	Cu /(g/kg)	Fe /(g/kg)	Mn /(g/kg)	Zn /(g/kg)	Ca /(mg/kg)	Mg /(mg/kg)
LB-01	0.178	1.225	2.469	0.530	162.792	15.131
LB-02	0.206	1.255	0.032	0.311	158.366	21.377
LB-03	0.229	1.633	0.013	0.327	215.798	22.842
LB-04	0.185	1.159	0.025	0.266	223.785	12.227
LB-05	0.198	1.068	0.276	0.370	180.623	21.199

四、烟叶生物碱组分与细胞壁物质

1. 五亩乡渔村片区

代表性片区(LB-01)中部烟叶(C3F)烟碱含量为 21.244 mg/g,降烟碱含量为 0.557 mg/g,麦斯明含量为 0.003 mg/g,假木贼碱含量为 0.161 mg/g,新烟碱含量为 1.059 mg/g;烟叶纤维素含量为 6.20%,半纤维素含量为 3.10%,木质素含量为 1.00% (表 20-2-6)。

2. 五亩乡窑坡村片区

代表性片区(LB-02)中部烟叶(C3F)烟碱含量为 16.103 mg/g,降烟碱含量为 0.587 mg/g,麦斯明含量为 0.004 mg/g,假木贼碱含量为 0.095 mg/g,新烟碱含量为 0.570 mg/g;烟叶纤维素含量为 6.10%,半纤维素含量为 2.70%,木质素含量为 1.00% (表 20-2-6)。

3. 五亩乡桂花村片区

代表性片区(LB-03)中部烟叶(C3F)烟碱含量为 16.503 mg/g,降烟碱含量为 0.486 mg/g,麦斯明含量为 0.003 mg/g,假木贼碱含量为 0.110 mg/g,新烟碱含量为 0.615 mg/g;烟叶纤维素含量为 6.70%,半纤维素含量为 3.10%,木质素含量为 1.00% (表 20-2-6)。

4. 朱阳镇透山村片区

代表性片区(LB-04)中部烟叶(C3F)烟碱含量为 15.559 mg/g,降烟碱含量为 0.607 mg/g,麦斯明含量为 0.004 mg/g,假木贼碱含量为 0.121 mg/g,新烟碱含量为

0.668 mg/g；烟叶纤维素含量为 8.40%，半纤维素含量为 3.20%，木质素含量为 1.10%（表 20-2-6）。

5. 朱阳镇新店村片区

代表性片区（LB-05）中部烟叶（C3F）烟碱含量为 24.066 mg/g，降烟碱含量为 0.689 mg/g，麦斯明含量为 0.003 mg/g，假木贼碱含量为 0.148 mg/g，新烟碱含量为 0.863 mg/g；烟叶纤维素含量为 6.20%，半纤维素含量为 2.90%，木质素含量为 0.90%（表 20-2-6）。

表 20-2-6　代表性片区中部烟叶（C3F）生物碱组分与细胞壁物质

片区	烟碱 /(mg/g)	降烟碱 /(mg/g)	麦斯明 /(mg/g)	假木贼碱 /(mg/g)	新烟碱 /(mg/g)	纤维素 /%	半纤维素 /%	木质素 /%
LB-01	21.244	0.557	0.003	0.161	1.059	6.20	3.10	1.00
LB-02	16.103	0.587	0.004	0.095	0.570	6.10	2.70	1.00
LB-03	16.503	0.486	0.003	0.110	0.615	6.70	3.10	1.00
LB-04	15.559	0.607	0.004	0.121	0.668	8.40	3.20	1.10
LB-05	24.066	0.689	0.003	0.148	0.863	6.20	2.90	0.90

五、烟叶多酚与质体色素

1. 五亩乡渔村片区

代表性片区（LB-01）中部烟叶（C3F）绿原酸含量为 11.850 mg/g，芸香苷含量为 10.830 mg/g，莨菪亭含量为 0.320 mg/g，β-胡萝卜素含量为 0.035 mg/g，叶黄素含量为 0.055 mg/g（表 20-2-7）。

2. 五亩乡窑坡村片区

代表性片区（LB-02）中部烟叶（C3F）绿原酸含量为 11.880 mg/g，芸香苷含量为 5.690 mg/g，莨菪亭含量为 0.510 mg/g，β-胡萝卜素含量为 0.064 mg/g，叶黄素含量为 0.097 mg/g（表 20-2-7）。

3. 五亩乡桂花村片区

代表性片区（LB-03）中部烟叶（C3F）绿原酸含量为 13.450 mg/g，芸香苷含量为 4.630 mg/g，莨菪亭含量为 0.280 mg/g，β-胡萝卜素含量为 0.055 mg/g，叶黄素含量为 0.092 mg/g（表 20-2-7）。

4. 朱阳镇透山村片区

代表性片区（LB-04）中部烟叶（C3F）绿原酸含量为 16.510 mg/g，芸香苷含量为 8.130 mg/g，莨菪亭含量为 0.100 mg/g，β-胡萝卜素含量为 0.019 mg/g，叶黄素含量为

0.024 mg/g（表 20-2-7）。

5. 朱阳镇新店村片区

代表性片区（LB-05）中部烟叶（C3F）绿原酸含量为 14.460 mg/g，芸香苷含量为 10.720 mg/g，莨菪亭含量为 0.130 mg/g，β-胡萝卜素含量为 0.049 mg/g，叶黄素含量为 0.076 mg/g（表 20-2-7）。

表 20-2-7　代表性片区中部烟叶（C3F）多酚与质体色素　（单位：mg/g）

片区	绿原酸	芸香苷	莨菪亭	β-胡萝卜素	叶黄素
LB-01	11.850	10.830	0.320	0.035	0.055
LB-02	11.880	5.690	0.510	0.064	0.097
LB-03	13.450	4.630	0.280	0.055	0.092
LB-04	16.510	8.130	0.100	0.019	0.024
LB-05	14.460	10.720	0.130	0.049	0.076

六、烟叶有机酸类物质

1. 五亩乡渔村片区

代表性片区（LB-01）中部烟叶（C3F）草酸含量为 14.407 mg/g，苹果酸含量为 81.797 mg/g，柠檬酸含量为 10.434 mg/g，棕榈酸含量为 1.861 mg/g，亚油酸含量为 1.332 mg/g，油酸含量为 2.435 mg/g，硬脂酸含量为 0.481 mg/g（表 20-2-8）。

2. 五亩乡窑坡村片区

代表性片区（LB-02）中部烟叶（C3F）草酸含量为 19.014 mg/g，苹果酸含量为 125.278 mg/g，柠檬酸含量为 10.535 mg/g，棕榈酸含量为 1.756 mg/g，亚油酸含量为 1.410 mg/g，油酸含量为 2.721 mg/g，硬脂酸含量为 0.533 mg/g（表 20-2-8）。

3. 五亩乡桂花村片区

代表性片区（LB-03）中部烟叶（C3F）草酸含量为 19.353 mg/g，苹果酸含量为 94.068 mg/g，柠檬酸含量为 11.904 mg/g，棕榈酸含量为 2.082 mg/g，亚油酸含量为 1.441 mg/g，油酸含量为 2.998 mg/g，硬脂酸含量为 0.617 mg/g（表 20-2-8）。

4. 朱阳镇透山村片区

代表性片区（LB-04）中部烟叶（C3F）草酸含量为 12.180 mg/g，苹果酸含量为 78.625 mg/g，柠檬酸含量为 4.520 mg/g，棕榈酸含量为 2.492 mg/g，亚油酸含量为 1.410 mg/g，油酸含量为 3.537 mg/g，硬脂酸含量为 0.657 mg/g（表 20-2-8）。

5. 朱阳镇新店村片区

代表性片区(LB-05)中部烟叶(C3F)草酸含量为17.913 mg/g,苹果酸含量为84.557 mg/g,柠檬酸含量为8.335 mg/g,棕榈酸含量为1.955 mg/g,亚油酸含量为1.405 mg/g,油酸含量为2.593 mg/g,硬脂酸含量为0.575 mg/g(表20-2-8)。

表 20-2-8　代表性片区中部烟叶(C3F)有机酸　　　(单位：mg/g)

片区	草酸	苹果酸	柠檬酸	棕榈酸	亚油酸	油酸	硬脂酸
LB-01	14.407	81.797	10.434	1.861	1.332	2.435	0.481
LB-02	19.014	125.278	10.535	1.756	1.410	2.721	0.533
LB-03	19.353	94.068	11.904	2.082	1.441	2.998	0.617
LB-04	12.180	78.625	4.520	2.492	1.410	3.537	0.657
LB-05	17.913	84.557	8.335	1.955	1.405	2.593	0.575

七、烟叶氨基酸

1. 五亩乡渔村片区

代表性片区(LB-01)中部烟叶(C3F)磷酸化-丝氨酸含量为0.326 μg/mg,牛磺酸含量为0.590 μg/mg,天冬氨酸含量为0.324 μg/mg,苏氨酸含量为0.186 μg/mg,丝氨酸含量为0.152 μg/mg,天冬酰胺含量为2.679 μg/mg,谷氨酸含量为0.183 μg/mg,甘氨酸含量为0.053 μg/mg,丙氨酸含量为0.544 μg/mg,缬氨酸含量为0.044 μg/mg,半胱氨酸含量为0 μg/mg,异亮氨酸含量为0.005 μg/mg,亮氨酸含量为0.121 μg/mg,酪氨酸含量为0.087 μg/mg,苯丙氨酸含量为0.197 μg/mg,氨基丁酸含量为0.142 μg/mg,组氨酸含量为0.217 μg/mg,色氨酸含量为0.180 μg/mg,精氨酸含量为0.055 μg/mg(表20-2-9)。

2. 五亩乡窑坡村片区

代表性片区(LB-02)中部烟叶(C3F)磷酸化-丝氨酸含量为0.346 μg/mg,牛磺酸含量为0.485 μg/mg,天冬氨酸含量为0.257 μg/mg,苏氨酸含量为0.184 μg/mg,丝氨酸含量为0.058 μg/mg,天冬酰胺含量为0.272 μg/mg,谷氨酸含量为0.189 μg/mg,甘氨酸含量为0.049 μg/mg,丙氨酸含量为0.562 μg/mg,缬氨酸含量为0.068 μg/mg,半胱氨酸含量为0.323 μg/mg,异亮氨酸含量为0.006 μg/mg,亮氨酸含量为0.133 μg/mg,酪氨酸含量为0.079 μg/mg,苯丙氨酸含量为0.188 μg/mg,氨基丁酸含量为0.069 μg/mg,组氨酸含量为0.226 μg/mg,色氨酸含量为0.267 μg/mg,精氨酸含量为0.050 μg/mg(表20-2-9)。

3. 五亩乡桂花村片区

代表性片区(LB-03)中部烟叶(C3F)磷酸化-丝氨酸含量为0.329 μg/mg,牛磺酸含量为0.388 μg/mg,天冬氨酸含量为0.095 μg/mg,苏氨酸含量为0.202 μg/mg,丝氨酸含量为0.060 μg/mg,天冬酰胺含量为1.821 μg/mg,谷氨酸含量为0.107 μg/mg,甘氨酸含量为 0.026 μg/mg，丙氨酸含量为 0.410 μg/mg，缬氨酸含量为 0.044 μg/mg，半胱氨酸含量为 0 μg/mg，异亮氨酸含量为 0.004 μg/mg，亮氨酸含量为 0.105 μg/mg，酪氨酸含量为 0.042 μg/mg，苯丙氨酸含量为 0.099 μg/mg，氨基丁酸含量为 0.033 μg/mg，组氨酸含量为 0.110 μg/mg，色氨酸含量为 0.120 μg/mg，精氨酸含量为 0 μg/mg（表 20-2-9）。

4. 朱阳镇透山村片区

代表性片区（LB-04）中部烟叶（C3F）磷酸化-丝氨酸含量为 0.300 μg/mg，牛磺酸含量为 0.388 μg/mg，天冬氨酸含量为 0.054 μg/mg，苏氨酸含量为 0.136 μg/mg，丝氨酸含量为 0.047 μg/mg，天冬酰胺含量为 0.990 μg/mg，谷氨酸含量为 0.109 μg/mg，甘氨酸含量为 0.018 μg/mg，丙氨酸含量为 0.397 μg/mg，缬氨酸含量为 0.038 μg/mg，半胱氨酸含量为 0 μg/mg，异亮氨酸含量为 0 μg/mg，亮氨酸含量为 0.106 μg/mg，酪氨酸含量为 0.040 μg/mg，苯丙氨酸含量为 0.091 μg/mg，氨基丁酸含量为 0.027 μg/mg，组氨酸含量为 0.055 μg/mg，色氨酸含量为 0.062 μg/mg，精氨酸含量为 0 μg/mg（表 20-2-9）。

5. 朱阳镇新店村片区

代表性片区（LB-05）中部烟叶（C3F）磷酸化-丝氨酸含量为 0.334 μg/mg，牛磺酸含量为 0.452 μg/mg，天冬氨酸含量为 0.131 μg/mg，苏氨酸含量为 0.154 μg/mg，丝氨酸含量为 0.149 μg/mg，天冬酰胺含量为 1.533 μg/mg，谷氨酸含量为 0.143 μg/mg，甘氨酸含量为 0.041 μg/mg，丙氨酸含量为 0.491 μg/mg，缬氨酸含量为 0.129 μg/mg，半胱氨酸含量为 0 μg/mg，异亮氨酸含量为 0.014 μg/mg，亮氨酸含量为 0.154 μg/mg，酪氨酸含量为 0.058 μg/mg，苯丙氨酸含量为 0.132 μg/mg，氨基丁酸含量为 0.798 μg/mg，组氨酸含量为 0.133 μg/mg，色氨酸含量为 0.157 μg/mg，精氨酸含量为 0 μg/mg（表 20-2-9）。

表 20-2-9　代表性片区中部烟叶（C3F）氨基酸　　（单位：μg/mg）

氨基酸组分	LB-01	LB-02	LB-03	LB-04	LB-05
磷酸化-丝氨酸	0.326	0.346	0.329	0.300	0.334
牛磺酸	0.590	0.485	0.388	0.388	0.452
天冬氨酸	0.324	0.257	0.095	0.054	0.131
苏氨酸	0.186	0.184	0.202	0.136	0.154
丝氨酸	0.152	0.058	0.060	0.047	0.149
天冬酰胺	2.679	0.272	1.821	0.990	1.533
谷氨酸	0.183	0.189	0.107	0.109	0.143
甘氨酸	0.053	0.049	0.026	0.018	0.041
丙氨酸	0.544	0.562	0.410	0.397	0.491
缬氨酸	0.044	0.068	0.044	0.038	0.129
半胱氨酸	0	0.323	0	0	0
异亮氨酸	0.005	0.006	0.004	0	0.014
亮氨酸	0.121	0.133	0.105	0.106	0.154
酪氨酸	0.087	0.079	0.042	0.040	0.058

氨基酸组分	LB-01	LB-02	LB-03	LB-04	LB-05
苯丙氨酸	0.197	0.188	0.099	0.091	0.132
氨基丁酸	0.142	0.069	0.033	0.027	0.798
组氨酸	0.217	0.226	0.110	0.055	0.133
色氨酸	0.180	0.267	0.120	0.062	0.157
精氨酸	0.055	0.050	0	0	0

八、烟叶香气物质

1. 五亩乡渔村片区

代表性片区(LB-01)中部烟叶(C3F)茄酮含量为 0.818 μg/g，香叶基丙酮含量为 0.269 μg/g，降茄二酮含量为 0.101 μg/g，β-紫罗兰酮含量为 0.213 μg/g，氧化紫罗兰酮含量为 0.347 μg/g，二氢猕猴桃内酯含量为 2.621 μg/g，巨豆三烯酮 1 含量为 0.045 μg/g，巨豆三烯酮 2 含量为 0.403 μg/g，巨豆三烯酮 3 含量为 0.078 μg/g，巨豆三烯酮 4 含量为 0.370 μg/g，3-羟基-β-二氢大马酮含量为 0.616 μg/g，3-氧代-α-紫罗兰醇含量为 1.792 μg/g，新植二烯含量为 387.016 μg/g，3-羟基索拉韦惕酮含量为 4.480 μg/g，β-法尼烯含量为 5.678 μg/g(表 20-2-10)。

2. 五亩乡窑坡村片区

代表性片区(LB-02)中部烟叶(C3F)茄酮含量为 1.109 μg/g，香叶基丙酮含量为 0.325 μg/g，降茄二酮含量为 0.112 μg/g，β-紫罗兰酮含量为 0.291 μg/g，氧化紫罗兰酮含量为 0.381 μg/g，二氢猕猴桃内酯含量为 3.248 μg/g，巨豆三烯酮 1 含量为 0.090 μg/g，巨豆三烯酮 2 含量为 0.750 μg/g，巨豆三烯酮 3 含量为 0.123 μg/g，巨豆三烯酮 4 含量为 0.650 μg/g，3-羟基-β-二氢大马酮含量为 0.997 μg/g，3-氧代-α-紫罗兰醇含量为 1.221 μg/g，新植二烯含量为 517.059 μg/g，3-羟基索拉韦惕酮含量为 2.486 μg/g，β-法尼烯含量为 6.037 μg/g(表 20-2-10)。

3. 五亩乡桂花村片区

代表性片区(LB-03)中部烟叶(C3F)茄酮含量为 2.173 μg/g，香叶基丙酮含量为 1.064 μg/g，降茄二酮含量为 0.123 μg/g，β-紫罗兰酮含量为 0.739 μg/g，氧化紫罗兰酮含量为 1.019 μg/g，二氢猕猴桃内酯含量为 2.229 μg/g，巨豆三烯酮 1 含量为 0.168 μg/g，巨豆三烯酮 2 含量为 1.221 μg/g，巨豆三烯酮 3 含量为 0.190 μg/g，巨豆三烯酮 4 含量为 0.907 μg/g，3-羟基-β-二氢大马酮含量为 0.291 μg/g，3-氧代-α-紫罗兰醇含量为 1.098 μg/g，新植二烯含量为 540.378 μg/g，3-羟基索拉韦惕酮含量为 10.931 μg/g，β-法尼烯含量为 10.864 μg/g(表 20-2-10)。

4. 朱阳镇透山村片区

代表性片区(LB-04)中部烟叶(C3F)茄酮含量为 1.344 μg/g，香叶基丙酮含量为 0.638 μg/g，降茄二酮含量为 0.090 μg/g，β-紫罗兰酮含量为 0.560 μg/g，氧化紫罗兰酮含量为 0.538 μg/g，二氢猕猴桃内酯含量为 2.005 μg/g，巨豆三烯酮 1 含量为 0.056 μg/g，巨豆三烯酮 2 含量为 0.538 μg/g，巨豆三烯酮 3 含量为 0.101 μg/g，巨豆三烯酮 4 含量为 0.403 μg/g，3-羟基-β-二氢大马酮含量为 0.403 μg/g，3-氧代-α-紫罗兰醇含量为 2.285 μg/g，新植二烯含量为 253.344 μg/g，3-羟基索拉韦惕酮含量为 4.021 μg/g，β-法尼烯含量为 4.099 μg/g(表 20-2-10)。

5. 朱阳镇新店村片区

代表性片区(LB-05)中部烟叶(C3F)茄酮含量为 3.517 μg/g，香叶基丙酮含量为 0.851 μg/g，降茄二酮含量为 0.258 μg/g，β-紫罗兰酮含量为 0.605 μg/g，氧化紫罗兰酮含量为 0.672 μg/g，二氢猕猴桃内酯含量为 2.296 μg/g，巨豆三烯酮 1 含量为 0.056 μg/g，巨豆三烯酮 2 含量为 0.493 μg/g，巨豆三烯酮 3 含量为 0.134 μg/g，巨豆三烯酮 4 含量为 0.370 μg/g，3-羟基-β-二氢大马酮含量为 0.851 μg/g，3-氧代-α-紫罗兰醇含量为 3.181 μg/g，新植二烯含量为 267.266 μg/g，3-羟基索拉韦惕酮含量为 3.326 μg/g，β-法尼烯含量为 3.662 μg/g(表 20-2-10)。

表 20-2-10　代表性片区中部烟叶(C3F)香气物质　　　　(单位：μg/g)

香气物质	LB-01	LB-02	LB-03	LB-04	LB-05
茄酮	0.818	1.109	2.173	1.344	3.517
香叶基丙酮	0.269	0.325	1.064	0.638	0.851
降茄二酮	0.101	0.112	0.123	0.090	0.258
β-紫罗兰酮	0.213	0.291	0.739	0.560	0.605
氧化紫罗兰酮	0.347	0.381	1.019	0.538	0.672
二氢猕猴桃内酯	2.621	3.248	2.229	2.005	2.296
巨豆三烯酮 1	0.045	0.090	0.168	0.056	0.056
巨豆三烯酮 2	0.403	0.750	1.221	0.538	0.493
巨豆三烯酮 3	0.078	0.123	0.190	0.101	0.134
巨豆三烯酮 4	0.370	0.650	0.907	0.403	0.370
3-羟基-β-二氢大马酮	0.616	0.997	0.291	0.403	0.851
3-氧代-α-紫罗兰醇	1.792	1.221	1.098	2.285	3.181
新植二烯	387.016	517.059	540.378	253.344	267.266
3-羟基索拉韦惕酮	4.480	2.486	10.931	4.021	3.326
β-法尼烯	5.678	6.037	10.864	4.099	3.662

九、烟叶感官质量

1. 五亩乡渔村片区

代表性片区(LB-01)中部烟叶(C3F)感官质量评价结果显示，香韵指标包含的干草香、清甜香、正甜香、焦甜香、青香、木香、豆香、坚果香、焦香、辛香、果香、药草香、花香、树脂香、酒香的各项指标值分别为3.13、1.03、1.94、0、0.76、1.38、0、0.38、0.88、0.53、0、0、0、0、0，烟气指标包含的香气状态、烟气浓度、劲头、香气质、香气量和透发性的各项指标值分别为2.59、2.91、2.82、2.99、2.97和2.88，杂气指标包含的青杂气、生青气、枯焦气、木质气、土腥气、松脂气、花粉气、药草气和金属气的各项指标值分别为 0.88、0.50、0.74、1.44、0、0、0、0、0，口感指标包含的细腻程度、柔和程度、圆润感、刺激性、干燥感和余味的各项指标值分别为3.00、2.94、2.71、2.68、2.68和2.94(表20-2-11)。

2. 五亩乡窑坡村片区

代表性片区(LB-02)中部烟叶(C3F)感官质量评价结果显示，香韵指标包含的干草香、清甜香、正甜香、焦甜香、青香、木香、豆香、坚果香、焦香、辛香、果香、药草香、花香、树脂香、酒香的各项指标值分别为3.13、0.83、1.65、0.76、0.68、1.59、0.04、0.48、1.06、0.76、0.04、0.06、0、0.03、0，烟气指标包含的香气状态、烟气浓度、劲头、香气质、香气量和透发性的各项指标值分别为2.58、2.94、2.80、3.03、3.00和2.98，杂气指标包含的青杂气、生青气、枯焦气、木质气、土腥气、松脂气、花粉气、药草气和金属气的各项指标值分别为0.94、0.65、0.83、1.48、0、0.02、0.04、0、0，口感指标包含的细腻程度、柔和程度、圆润感、刺激性、干燥感和余味的各项指标值分别为3.09、2.99、2.77、2.60、2.63和3.00(表20-2-11)。

3. 五亩乡桂花村片区

代表性片区(LB-03)中部烟叶(C3F)感官质量评价结果显示，香韵指标包含的干草香、清甜香、正甜香、焦甜香、青香、木香、豆香、坚果香、焦香、辛香、果香、药草香、花香、树脂香、酒香的各项指标值分别为3.02、0.76、2.12、0、0.71、1.47、0、0.76、0.76、0.53、0、0、0、0、0，烟气指标包含的香气状态、烟气浓度、劲头、香气质、香气量和透发性的各项指标值分别为2.53、2.94、2.76、3.24、3.00和2.94，杂气指标包含的青杂气、生青气、枯焦气、木质气、土腥气、松脂气、花粉气、药草气和金属气的各项指标值分别为1.00、0、0.82、1.35、0、0、0、0、0，口感指标包含的细腻程度、柔和程度、圆润感、刺激性、干燥感和余味的各项指标值分别为3.06、3.00、2.82、2.53、2.65和3.00(表20-2-11)。

4. 朱阳镇透山村片区

代表性片区(LB-04)中部烟叶(C3F)感官质量评价结果显示，香韵指标包含的干草香、清甜香、正甜香、焦甜香、青香、木香、豆香、坚果香、焦香、辛香、果香、药草香、花香、树脂香、酒香的各项指标值分别为 3.27、1.29、1.76、0、0.82、1.29、0、0、1.00、0.53、0、0、0、0、0，烟气指标包含的香气状态、烟气浓度、劲头、香气质、香气量和透发性的各项指标值分别为 2.65、2.88、2.88、2.75、2.94 和 2.81，杂气指标包含的青杂气、生青气、枯焦气、木质气、土腥气、松脂气、花粉气、药草气和金属气的各项指标值分别为 0.76、1.00、0.65、1.53、0、0、0、0、0，口感指标包含的细腻程度、柔和程度、圆润感、刺激性、干燥感和余味的各项指标值分别为 2.94、2.88、2.59、2.82、2.71 和 2.88（表 20-2-11）。

5. 朱阳镇新店村片区

代表性片区（LB-05）中部烟叶（C3F）感官质量评价结果显示，香韵指标包含的干草香、清甜香、正甜香、焦甜香、青香、木香、豆香、坚果香、焦香、辛香、果香、药草香、花香、树脂香、酒香的各项指标值分别为 3.09、0.44、1.06、2.28、0.50、2.00、0.13、0.69、1.41、1.22、0.13、0.19、0、0.09、0，烟气指标包含的香气状态、烟气浓度、劲头、香气质、香气量和透发性的各项指标值分别为 2.57、3.00、2.75、3.09、3.06 和 3.19，杂气指标包含的青杂气、生青气、枯焦气、木质气、土腥气、松脂气、花粉气、药草气和金属气的各项指标值分别为 1.06、0.94、1.03、1.56、0、0.06、0.13、0、0，口感指标包含的细腻程度、柔和程度、圆润感、刺激性、干燥感和余味的各项指标值分别为 3.28、3.09、2.91、2.44、2.53 和 3.13（表 20-2-11）。

表 20-2-11　代表性片区中部烟叶（C3F）感官质量

评价指标		LB-01	LB-02	LB-03	LB-04	LB-05
香韵	干草香	3.13	3.13	3.02	3.27	3.09
	清甜香	1.03	0.83	0.76	1.29	0.44
	正甜香	1.94	1.65	2.12	1.76	1.06
	焦甜香	0	0.76	0	0	2.28
	青香	0.76	0.68	0.71	0.82	0.50
	木香	1.38	1.59	1.47	1.29	2.00
	豆香	0	0.04	0	0	0.13
	坚果香	0.38	0.48	0.76	0	0.69
	焦香	0.88	1.06	0.76	1.00	1.41
	辛香	0.53	0.76	0.53	0.53	1.22
	果香	0	0.04	0	0	0.13
	药草香	0	0.06	0	0	0.19
	花香	0	0	0	0	0
	树脂香	0	0.03	0	0	0.09
	酒香	0	0	0	0	0
烟气	香气状态	2.59	2.58	2.53	2.65	2.57
	烟气浓度	2.91	2.94	2.94	2.88	3.00

续表

评价指标		LB-01	LB-02	LB-03	LB-04	LB-05
烟气	劲头	2.82	2.80	2.76	2.88	2.75
	香气质	2.99	3.03	3.24	2.75	3.09
	香气量	2.97	3.00	3.00	2.94	3.06
	透发性	2.88	2.98	2.94	2.81	3.19
杂气	青杂气	0.88	0.94	1.00	0.76	1.06
	生青气	0.50	0.65	0	1.00	0.94
	枯焦气	0.74	0.83	0.82	0.65	1.03
	木质气	1.44	1.48	1.35	1.53	1.56
	土腥气	0	0	0	0	0
	松脂气	0	0.02	0	0	0.06
	花粉气	0	0.04	0	0	0.13
	药草气	0	0	0	0	0
	金属气	0	0	0	0	0
口感	细腻程度	3.00	3.09	3.06	2.94	3.28
	柔和程度	2.94	2.99	3.00	2.88	3.09
	圆润感	2.71	2.77	2.82	2.59	2.91
	刺激性	2.68	2.60	2.53	2.82	2.44
	干燥感	2.68	2.63	2.65	2.71	2.53
	余味	2.94	3.00	3.00	2.88	3.13

第二十一章　皖南山区烤烟典型区域烟叶风格特征

皖南山区烤烟种植区位于北纬 29°34′~31°19′和东经 117°18′~119°04′。该区域地形地貌复杂，大体分为山地、丘陵、盆（谷）地、岗地、平原五大类型。该区域南部山地、丘陵和盆谷交错，中部丘陵、丘岗起伏，北部除一部分丘陵外，大部分为广袤的平原和星罗棋布的河湖港汊。该产区属亚热带湿润季风气候区，季风气候明显，为一年两季作农作物种植区，多为烟稻轮作，或烟与后茬作物当年轮作。这一区域典型的烤烟主要产区县包括宣城市宣州区、泾县、旌德县，芜湖市的芜湖县，池州市的东至县 5 个县（区）。该产区一般烟稻（小麦或其他作物）轮作，早春移栽烤烟，烤烟田间生育期比较紧凑。该区域是我国烤烟典型产区之一，被现代烟草学者称为焦甜香烟叶的核心产区。这里选择宣州、泾县 6 个代表性片区，通过烟田烟株长相长势、烤后烟叶外观质量、物理指标、化学指标和烟叶质量感官评价指标，对皖南山区烤烟种植区的烟叶风格进行描述，试图利用代表性片区烟叶主要指标的检测数据呈现该区域烟叶的整体质量风格特征。

第一节　安徽宣州烟叶风格特征

宣州区隶属安徽省宣城市，位于北纬 30°34′~31°19′、东经 118°28′~119°04′，地处安徽省皖南山区东南部，东临浙江省杭州、湖州两市，南倚黄山，西连芜湖市南陵县，北和东北与安徽省马鞍山及江苏省南京、常州、无锡接壤，是东南沿海沟通内地的重要通道。根据目前该区烤烟种植片区分布特点和烟叶质量风格特征，选择 5 个代表性种植片区，作为烟叶质量风格特征的代表性区域加以展示。

一、烟田与烟株基本特征

1. 向阳镇鲁溪村片区

代表性片区（XZ-01）中心点位于北纬 30°51′44.640″、东经 118°53′46.920″，海拔 24 m。河漫滩地形，平旱地，成土母质为河流冲积物，土壤亚类为普通淡色潮湿雏形土。种植制度为烤烟、小麦轮作，烤烟大田生长期 3~7 月。烤烟田间长相长势好，烟株呈筒形结构，株高 120.30 cm，茎围 10.34 cm，有效叶片数 17.60，中部烟叶长 76.90 cm、宽 31.20 cm，上部烟叶长 73.50 cm、宽 23.50 cm（图 21-1-1，表 21-1-1）。

2. 新田镇山岭村片区

代表性片区（XZ-02）中心点位于北纬 30°42′58.200″、东经 118°45′49.200″，海拔 121 m。冲积平原二级阶地，水平旱地，成土母质为河流冲积物，土壤亚类为普通淡色潮湿雏形土。种植制度为烤烟、小麦轮作，烤烟大田生长期 3~7 月。烤烟田间长相长势好，烟株呈筒形结构，株高 113.50 cm，茎围 9.45 cm，有效叶片数 16.60，中部烟叶长 76.40 cm、宽 24.70 cm，上部烟叶长 67.30 cm、宽 22.10 cm（图 21-1-2，表 21-1-1）。

图 21-1-1　XZ-01 片区烟田

图 21-1-2　XZ-02 片区烟田

3. 黄渡乡西扎村片区

代表性片区（XZ-03）中心点位于北纬 30°48′9.060″、东经 118°52′3.360″，海拔 54 m。冲积平原一级阶地，水田，成土母质为河流冲积物，土壤亚类为漂白铁渗水耕人为土。种植制度为烤烟、晚稻轮作，烤烟大田生长期 3～7 月。烤烟田间长相长势好，烟株呈筒形结构，株高 115.90 cm，茎围 8.52 cm，有效叶片数 18.50，中部烟叶长 71.80 cm、宽 26.20 cm，上部烟叶长 67.60 cm、宽 21.90 cm（图 21-1-3，表 21-1-1）。

4. 孙埠镇刘村片区

代表性片区（XZ-04）中心点位于北纬 30°51′50.040″、东经 118°55′27.720″，海拔 30 m。冲积平原一级阶地，水田，成土母质为河湖相沉积物，土壤亚类为漂白铁聚水耕人为土。种植制度为烤烟、晚稻轮作，烤烟大田生长期 3～7 月。烤烟田间长相长势好，烟株呈塔形结构，株高 127.00 cm，茎围 10.66 cm，有效叶片数 19.90，中部烟叶长 78.20 cm、宽 30.10 cm，上部烟叶长 69.10 cm、宽 24.40 cm（图 21-1-4，表 21-1-1）。

图 21-1-3　XZ-03 片区烟田

图 21-1-4　XZ-04 片区烟田

5. 沈村镇沈村社区片区

代表性片区(XZ-05)中心点位于北纬 30°2′41.820″、东经 118°51′37.260″，海拔 26 m。冲积平原一级阶地，水田，成土母质为河湖相沉积物，土壤亚类为漂白铁聚水耕人为土。种植制度为烤烟、晚稻轮作，烤烟大田生长期 3～7 月。烤烟田间长相长势较好，烟株呈塔形结构，株高 105.60 cm，茎围 10.20 cm，有效叶片数 17.80，中部烟叶长 73.20 cm、宽 28.60 cm，上部烟叶长 68.70 cm、宽 23.80 cm(图 21-1-5，表 21-1-1)。

图 21-1-5　XZ-05 片区烟田

表 21-1-1　代表性片区烟株主要农艺性状

片区	株高 /cm	茎围 /cm	有效叶 /片	中部叶/cm		上部叶/cm		株型
				叶长	叶宽	叶长	叶宽	
XZ-01	120.30	10.34	17.60	76.90	31.20	73.50	23.50	筒形
XZ-02	113.50	9.45	16.60	76.40	24.70	67.30	22.10	筒形
XZ-03	115.90	8.52	18.50	71.80	26.20	67.60	21.90	筒形
XZ-04	127.00	10.66	19.90	78.20	30.10	69.10	24.40	塔形
XZ-05	105.60	10.20	17.80	73.20	28.60	68.70	23.80	塔形

二、烟叶外观质量与物理指标

1. 向阳镇鲁溪村片区

代表性片区（XZ-01）烟叶外观质量指标的成熟度得分 8.50，颜色得分 9.00，油分得分 8.00，身份得分 8.50，结构得分 8.50，色度得分 8.50。烟叶物理指标中的单叶重 9.97 g，叶片密度 68.52 g/m^2，含梗率 29.62%，平衡含水率 13.50%，叶片长度 62.60 cm，叶片宽度 20.60 cm，叶片厚度 117.33 μm，填充值 3.32 cm^3/g（图 21-1-6，表 21-1-2 和表 21-1-3）。

图 21-1-6　XZ-01 片区初烤烟叶

2. 新田镇山岭村片区

代表性片区（XZ-02）烟叶外观质量指标的成熟度得分 7.50，颜色得分 9.00，油分得分 8.50，身份得分 8.50，结构得分 7.50，色度得分 8.00。烟叶物理指标中的单叶重 12.52 g，叶片密度 65.97 g/m^2，含梗率 28.20%，平衡含水率 13.62%，叶片长度 65.70 cm，叶片宽度 28.00 cm，叶片厚度 110.57 μm，填充值 3.59 cm^3/g（图 21-1-7，表 21-1-2 和表 21-1-3）。

图 21-1-7　XZ-02 片区初烤烟叶

3. 黄渡乡西扎村片区

代表性片区(XZ-03)烟叶外观质量指标的成熟度得分 7.50，颜色得分 8.50，油分得分 8.00，身份得分 8.00，结构得分 7.50，色度得分 8.00。烟叶物理指标中的单叶重 10.43 g，叶片密度 67.17 g/m²，含梗率 29.80%，平衡含水率 13.02%，叶片长度 67.70 cm，叶片宽度 24.60 cm，叶片厚度 103.80 μm，填充值 3.34 cm³/g(图 21-1-8，表 21-1-2 和表 21-1-3)。

图 21-1-8　XZ-03 片区初烤烟叶

4. 孙埠镇刘村片区

代表性片区(XZ-04)烟叶外观质量指标的成熟度得分 8.00，颜色得分 8.50，油分得分 8.00，身份得分 8.00，结构得分 7.50，色度得分 8.00。烟叶物理指标中的单叶重

11.40 g，叶片密度 58.61 g/m^2，含梗率 32.15%，平衡含水率 13.28%，叶片长度 68.20 cm，叶片宽度 26.10 cm，叶片厚度 99.87 μm，填充值 3.37 cm^3/g（图 21-1-9，表 21-1-2 和表 21-1-3）。

图 21-1-9　XZ-04 片区初烤烟叶

5. 沈村镇沈村社区片区

代表性片区（XZ-05）烟叶外观质量指标的成熟度得分 8.00，颜色得分 9.00，油分得分 8.50，身份得分 8.50，结构得分 8.00，色度得分 8.00。烟叶物理指标中的单叶重 10.29 g，叶片密度 61.51 g/m^2，含梗率 29.93%，平衡含水率 13.09%，叶片长度 61.90 cm，叶片宽度 23.40 cm，叶片厚度 108.90 μm，填充值 3.13 cm^3/g（图 21-1-10，表 21-1-2 和表 21-1-3）。

图 21-1-10　XZ-05 片区初烤烟叶

表 21-1-2 代表性片区烟叶外观质量

片区	成熟度	颜色	油分	身份	结构	色度
XZ-01	8.50	9.00	8.00	8.50	8.50	8.50
XZ-02	7.50	9.00	8.50	8.50	7.50	8.00
XZ-03	7.50	8.50	8.00	8.00	7.50	8.00
XZ-04	8.00	8.50	8.00	8.00	7.50	8.00
XZ-05	8.00	9.00	8.50	8.50	8.00	8.00

表 21-1-3 代表性片区烟叶物理指标

片区	单叶重 /g	叶片密度 /(g/m²)	含梗率 /%	平衡含水率 /%	叶长 /cm	叶宽 /cm	叶片厚度 /μm	填充值 /(cm³/g)
XZ-01	9.97	68.52	29.62	13.50	62.60	20.60	117.33	3.32
XZ-02	12.52	65.97	28.20	13.62	65.70	28.00	110.57	3.59
XZ-03	10.43	67.17	29.80	13.02	67.70	24.60	103.80	3.34
XZ-04	11.40	58.61	32.15	13.28	68.20	26.10	99.87	3.37
XZ-05	10.29	61.51	29.93	13.09	61.90	23.40	108.90	3.13

三、烟叶常规化学成分与中微量元素

1. 向阳镇鲁溪村片区

代表性片区（XZ-01）中部烟叶（C3F）总糖含量 24.82%，还原糖含量 23.42%，总氮含量 1.89%，总植物碱含量 2.08%，氯含量 0.57%，钾含量 2.22%，糖碱比 11.93，淀粉含量 3.15%（表 21-1-4）。烟叶铜含量为 0.140 g/kg，铁含量为 1.531 g/kg，锰含量为 1.565 g/kg，锌含量为 0.536 g/kg，钙含量为 158.885 mg/kg，镁含量为 22.386 mg/kg（表 21-1-5）。

2. 新田镇山岭村片区

代表性片区（XZ-02）中部烟叶（C3F）总糖含量 30.72%，还原糖含量 27.86%，总氮含量 1.69%，总植物碱含量 1.62%，氯含量 0.63%，钾含量 1.77%，糖碱比 18.96，淀粉含量 3.48%（表 21-1-4）。烟叶铜含量为 0.108 g/kg，铁含量为 1.733 g/kg，锰含量为 1.511 g/kg，锌含量为 0.626 g/kg，钙含量为 112.298 mg/kg，镁含量为 18.556 mg/kg（表 21-1-5）。

3. 黄渡乡西扎村片区

代表性片区（XZ-03）中部烟叶（C3F）总糖含量 28.26%，还原糖含量 25.84%，总氮含量 1.71%，总植物碱含量 1.75%，氯含量 0.29%，钾含量 2.50%，糖碱比 16.15，淀粉含量 3.86%（表 21-1-4）。烟叶铜含量为 0.261 g/kg，铁含量为 0.860 g/kg，锰含量为 1.410 g/kg，锌含量为 0.561 g/kg，钙含量为 156.253 mg/kg，镁含量为 19.105 mg/kg（表 21-1-5）。

4. 孙埠镇刘村片区

代表性片区(XZ-04)中部烟叶(C3F)总糖含量 27.92%，还原糖含量 25.51%，总氮含量 1.90%，总植物碱含量 1.68%，氯含量 0.48%，钾含量 2.43%，糖碱比 16.62，淀粉含量 1.82%(表 21-1-4)。烟叶铜含量为 0.105 g/kg，铁含量为 1.370 g/kg，锰含量为 1.049 g/kg，锌含量为 0.317 g/kg，钙含量为 171.332 mg/kg，镁含量为 17.181 mg/kg(表 21-1-5)。

5. 沈村镇沈村社区片区

代表性片区(XZ-05)中部烟叶(C3F)总糖含量 26.44%，还原糖含量 24.43%，总氮含量 1.99%，总植物碱含量 1.92%，氯含量 0.64%，钾含量 2.34%，糖碱比 13.77，淀粉含量 2.65%(表 21-1-4)。烟叶铜含量为 0.186 g/kg，铁含量为 0.942 g/kg，锰含量为 1.101 g/kg，锌含量为 0.514 g/kg，钙含量为 143.108 mg/kg，镁含量为 21.990 mg/kg(表 21-1-5)。

表 21-1-4　代表性片区中部烟叶(C3F)常规化学成分

片区	总糖/%	还原糖/%	总氮/%	总植物碱/%	氯/%	钾/%	糖碱比	淀粉/%
XZ-01	24.82	23.42	1.89	2.08	0.57	2.22	11.93	3.15
XZ-02	30.72	27.86	1.69	1.62	0.63	1.77	18.96	3.48
XZ-03	28.26	25.84	1.71	1.75	0.29	2.50	16.15	3.86
XZ-04	27.92	25.51	1.90	1.68	0.48	2.43	16.62	1.82
XZ-05	26.44	24.43	1.99	1.92	0.64	2.34	13.77	2.65

表 21-1-5　代表性片区中部烟叶(C3F)中微量元素

片区	Cu /(g/kg)	Fe /(g/kg)	Mn /(g/kg)	Zn /(g/kg)	Ca /(mg/kg)	Mg /(mg/kg)
XZ-01	0.140	1.531	1.565	0.536	158.885	22.386
XZ-02	0.108	1.733	1.511	0.626	112.298	18.556
XZ-03	0.261	0.860	1.410	0.561	156.253	19.105
XZ-04	0.105	1.370	1.049	0.317	171.332	17.181
XZ-05	0.186	0.942	1.101	0.514	143.108	21.990

四、烟叶生物碱组分与细胞壁物质

1. 向阳镇鲁溪村片区

代表性片区(XZ-01)中部烟叶(C3F)烟碱含量为 21.051 mg/g，降烟碱含量为 0.560 mg/g，麦斯明含量为 0.005 mg/g，假木贼碱含量为 0.153 mg/g，新烟碱含量为 0.665 mg/g；烟叶纤维素含量为 7.40%，半纤维素含量为 2.50%，木质素含量为 1.90%(表 21-1-6)。

2. 新田镇山岭村片区

代表性片区(XZ-02)中部烟叶(C3F)烟碱含量为 16.547 mg/g，降烟碱含量为 0.407 mg/g，麦斯明含量为 0.004 mg/g，假木贼碱含量为 0.121 mg/g，新烟碱含量为 0.627 mg/g；烟叶纤维素含量为 7.60%，半纤维素含量为 2.00%，木质素含量为 1.20%（表 21-1-6）。

3. 黄渡乡西扎村片区

代表性片区(XZ-03)中部烟叶(C3F)烟碱含量为 16.388 mg/g，降烟碱含量为 0.409 mg/g，麦斯明含量为 0.004 mg/g，假木贼碱含量为 0.128 mg/g，新烟碱含量为 0.615 mg/g；烟叶纤维素含量为 7.60%，半纤维素含量为 1.50%，木质素含量为 0.90%（表 21-1-6）。

4. 孙埠镇刘村片区

代表性片区(XZ-04)中部烟叶(C3F)烟碱含量为 15.537 mg/g，降烟碱含量为 0.393 mg/g，麦斯明含量为 0.003 mg/g，假木贼碱含量为 0.103 mg/g，新烟碱含量为 0.550 mg/g；烟叶纤维素含量为 7.80%，半纤维素含量为 1.70%，木质素含量为 1.10%（表 21-1-6）。

5. 沈村镇沈村社区片区

代表性片区(XZ-05)中部烟叶(C3F)烟碱含量为 18.874 mg/g，降烟碱含量为 0.456 mg/g，麦斯明含量为 0.004 mg/g，假木贼碱含量为 0.120 mg/g，新烟碱含量为 0.681 mg/g；烟叶纤维素含量为 8.10%，半纤维素含量为 2.40%，木质素含量为 0.90%（表 21-1-6）。

表 21-1-6　代表性片区中部烟叶(C3F)生物碱组分与细胞壁物质

片区	烟碱/(mg/g)	降烟碱/(mg/g)	麦斯明/(mg/g)	假木贼碱/(mg/g)	新烟碱/(mg/g)	纤维素/%	半纤维素/%	木质素/%
XZ-01	21.051	0.560	0.005	0.153	0.665	7.40	2.50	1.90
XZ-02	16.547	0.407	0.004	0.121	0.627	7.60	2.00	1.20
XZ-03	16.388	0.409	0.004	0.128	0.615	7.60	1.50	0.90
XZ-04	15.537	0.393	0.003	0.103	0.550	7.80	1.70	1.10
XZ-05	18.874	0.456	0.004	0.120	0.681	8.10	2.40	0.90

五、烟叶多酚与质体色素

1. 向阳镇鲁溪村片区

代表性片区(XZ-01)中部烟叶(C3F)绿原酸含量为 8.870 mg/g，芸香苷含量为

7.440 mg/g，莨菪亭含量为 0.310 mg/g，β-胡萝卜素含量为 0.056 mg/g，叶黄素含量为 0.117 mg/g（表 21-1-7）。

2. 新田镇山岭村片区

代表性片区（XZ-02）中部烟叶（C3F）绿原酸含量为 14.150 mg/g，芸香苷含量为 8.740 mg/g，莨菪亭含量为 0.260 mg/g，β-胡萝卜素含量为 0.036 mg/g，叶黄素含量为 0.090 mg/g（表 21-1-7）。

3. 黄渡乡西扎村片区

代表性片区（XZ-03）中部烟叶（C3F）绿原酸含量为 13.720 mg/g，芸香苷含量为 5.030 mg/g，莨菪亭含量为 0.420 mg/g，β-胡萝卜素含量为 0.043 mg/g，叶黄素含量为 0.087 mg/g（表 21-1-7）。

4. 孙埠镇刘村片区

代表性片区（XZ-04）中部烟叶（C3F）绿原酸含量为 13.930 mg/g，芸香苷含量为 7.900 mg/g，莨菪亭含量为 0.350 mg/g，β-胡萝卜素含量为 0.054 mg/g，叶黄素含量为 0.106 mg/g（表 21-1-7）。

5. 沈村镇沈村社区片区

代表性片区（XZ-05）中部烟叶（C3F）绿原酸含量为 11.210 mg/g，芸香苷含量为 7.220 mg/g，莨菪亭含量为 0.350 mg/g，β-胡萝卜素含量为 0.046 mg/g，叶黄素含量为 0.114 mg/g（表 21-1-7）。

表 21-1-7　代表性片区中部烟叶（C3F）多酚与质体色素　　（单位：mg/g）

片区	绿原酸	芸香苷	莨菪亭	β-胡萝卜素	叶黄素
XZ-01	8.870	7.440	0.310	0.056	0.117
XZ-02	14.150	8.740	0.260	0.036	0.090
XZ-03	13.720	5.030	0.420	0.043	0.087
XZ-04	13.930	7.900	0.350	0.054	0.106
XZ-05	11.210	7.220	0.350	0.046	0.114

六、烟叶有机酸类物质

1. 向阳镇鲁溪村片区

代表性片区（XZ-01）中部烟叶（C3F）草酸含量为 14.561 mg/g，苹果酸含量为 39.011 mg/g，柠檬酸含量为 4.001 mg/g，棕榈酸含量为 2.037 mg/g，亚油酸含量为 1.545 mg/g，油酸含量为 2.565 mg/g，硬脂酸含量为 0.514 mg/g（表 21-1-8）。

2. 新田镇山岭村片区

代表性片区（XZ-02）中部烟叶（C3F）草酸含量为 12.485 mg/g，苹果酸含量为 23.420 mg/g，柠檬酸含量为 3.596 mg/g，棕榈酸含量为 2.141 mg/g，亚油酸含量为 1.514 mg/g，油酸含量为 2.479 mg/g，硬脂酸含量为 0.517 mg/g（表 21-1-8）。

3. 黄渡乡西扎村片区

代表性片区（XZ-03）中部烟叶（C3F）草酸含量为 17.189 mg/g，苹果酸含量为 40.763 mg/g，柠檬酸含量为 3.994 mg/g，棕榈酸含量为 2.150 mg/g，亚油酸含量为 1.550 mg/g，油酸含量为 3.315 mg/g，硬脂酸含量为 0.571 mg/g（表 21-1-8）。

4. 孙埠镇刘村片区

代表性片区（XZ-04）中部烟叶（C3F）草酸含量为 16.374 mg/g，苹果酸含量为 42.105 mg/g，柠檬酸含量为 4.890 mg/g，棕榈酸含量为 2.273 mg/g，亚油酸含量为 1.275 mg/g，油酸含量为 2.993 mg/g，硬脂酸含量为 0.603 mg/g（表 21-1-8）。

5. 沈村镇沈村社区片区

代表性片区（XZ-05）中部烟叶（C3F）草酸含量为 15.217 mg/g，苹果酸含量为 25.166 mg/g，柠檬酸含量为 4.340 mg/g，棕榈酸含量为 1.489 mg/g，亚油酸含量为 1.255 mg/g，油酸含量为 2.360 mg/g，硬脂酸含量为 0.332 mg/g（表 21-1-8）。

表 21-1-8　代表性片区中部烟叶（C3F）有机酸　　（单位：mg/g）

片区	草酸	苹果酸	柠檬酸	棕榈酸	亚油酸	油酸	硬脂酸
XZ-01	14.561	39.011	4.001	2.037	1.545	2.565	0.514
XZ-02	12.485	23.420	3.596	2.141	1.514	2.479	0.517
XZ-03	17.189	40.763	3.994	2.150	1.550	3.315	0.571
XZ-04	16.374	42.105	4.890	2.273	1.275	2.993	0.603
XZ-05	15.217	25.166	4.340	1.489	1.255	2.360	0.332

七、烟叶氨基酸

1. 向阳镇鲁溪村片区

代表性片区（XZ-01）中部烟叶（C3F）磷酸化-丝氨酸含量为 0.934 μg/mg，牛磺酸含量为 0.941 μg/mg，天冬氨酸含量为 0.146 μg/mg，苏氨酸含量为 0.401 μg/mg，丝氨酸含量为 0.099 μg/mg，天冬酰胺含量为 2.167 μg/mg，谷氨酸含量为 0.317 μg/mg，甘氨酸含量为 0.051 μg/mg，丙氨酸含量为 0.927 μg/mg，缬氨酸含量为 0.067 μg/mg，半胱氨酸含量为 0 μg/mg，异亮氨酸含量为 0.002 μg/mg，亮氨酸含量为 0.163 μg/mg，酪氨酸含量为 0.148 μg/mg，苯丙氨酸含量为 0.054 μg/mg，氨基丁酸含量为 0.313 μg/mg，组氨酸含量为 0.039 μg/mg，色氨酸含量为 0.139 μg/mg，精氨酸含量为 0.406 μg/mg（表 21-1-9）。

2. 新田镇山岭村片区

代表性片区（XZ-02）中部烟叶（C3F）磷酸化-丝氨酸含量为 0.392 μg/mg，牛磺酸含量为 0.471 μg/mg，天冬氨酸含量为 0.047 μg/mg，苏氨酸含量为 0.186 μg/mg，丝氨酸含量为 0.044 μg/mg，天冬酰胺含量为 1.171 μg/mg，谷氨酸含量为 0.149 μg/mg，甘氨酸含量为 0.030 μg/mg，丙氨酸含量为 0.434 μg/mg，缬氨酸含量为 0.051 μg/mg，半胱氨酸含量为 0 μg/mg，异亮氨酸含量为 0 μg/mg，亮氨酸含量为 0.095 μg/mg，酪氨酸含量为 0.085 μg/mg，苯丙氨酸含量为 0.036 μg/mg，氨基丁酸含量为 0.026 μg/mg，组氨酸含量为 0.047 μg/mg，色氨酸含量为 0.083 μg/mg，精氨酸含量为 0 μg/mg（表 21-1-9）。

3. 黄渡乡西扎村片区

代表性片区（XZ-03）中部烟叶（C3F）磷酸化-丝氨酸含量为 0.469 μg/mg，牛磺酸含量为 0.455 μg/mg，天冬氨酸含量为 0.069 μg/mg，苏氨酸含量为 0.178 μg/mg，丝氨酸含量为 0.031 μg/mg，天冬酰胺含量为 1.121 μg/mg，谷氨酸含量为 0.077 μg/mg，甘氨酸含量为 0.020 μg/mg，丙氨酸含量为 0.327 μg/mg，缬氨酸含量为 0.050 μg/mg，半胱氨酸含量为 0 μg/mg，异亮氨酸含量为 0 μg/mg，亮氨酸含量为 0.071 μg/mg，酪氨酸含量为 0.028 μg/mg，苯丙氨酸含量为 0.091 μg/mg，氨基丁酸含量为 0.029 μg/mg，组氨酸含量为 0.050 μg/mg，色氨酸含量为 0.067 μg/mg，精氨酸含量为 0 μg/mg（表 21-1-9）。

4. 孙埠镇刘村片区

代表性片区（XZ-04）中部烟叶（C3F）磷酸化-丝氨酸含量为 0.359 μg/mg，牛磺酸含量为 0.531 μg/mg，天冬氨酸含量为 0.097 μg/mg，苏氨酸含量为 0.228 μg/mg，丝氨酸含量为 0.058 μg/mg，天冬酰胺含量为 1.695 μg/mg，谷氨酸含量为 0.189 μg/mg，甘氨酸含量为 0.030 μg/mg，丙氨酸含量为 0.540 μg/mg，缬氨酸含量为 0.036 μg/mg，半胱氨酸含量为 0 μg/mg，异亮氨酸含量为 0.002 μg/mg，亮氨酸含量为 0.117 μg/mg，酪氨酸含量为 0.041 μg/mg，苯丙氨酸含量为 0.152 μg/mg，氨基丁酸含量为 0.046 μg/mg，组氨酸含量为 0.067 μg/mg，色氨酸含量为 0.105 μg/mg，精氨酸含量为 0 μg/mg（表 21-1-9）。

5. 沈村镇沈村社区片区

代表性片区（XZ-05）中部烟叶（C3F）磷酸化-丝氨酸含量为 0.375 μg/mg，牛磺酸含量为 0.628 μg/mg，天冬氨酸含量为 0.217 μg/mg，苏氨酸含量为 0.242 μg/mg，丝氨酸含量为 0.110 μg/mg，天冬酰胺含量为 2.021 μg/mg，谷氨酸含量为 0.249 μg/mg，甘氨酸含量为 0.037 μg/mg，丙氨酸含量为 0.693 μg/mg，缬氨酸含量为 0.068 μg/mg，半胱氨酸含量为 0 μg/mg，异亮氨酸含量为 0.003 μg/mg，亮氨酸含量为 0.147 μg/mg，酪氨酸含量为 0.091 μg/mg，苯丙氨酸含量为 0.056 μg/mg，氨基丁酸含量为 0.161 μg/mg，组氨酸含量为 0.142 μg/mg，色氨酸含量为 0.138 μg/mg，精氨酸含量为 0.030 μg/mg（表 21-1-9）。

表 21-1-9　代表性片区中部烟叶（C3F）氨基酸　　（单位：μg/mg）

氨基酸组分	XZ-01	XZ-02	XZ-03	XZ-04	XZ-05
磷酸化-丝氨酸	0.934	0.392	0.469	0.359	0.375
牛磺酸	0.941	0.471	0.455	0.531	0.628
天冬氨酸	0.146	0.047	0.069	0.097	0.217
苏氨酸	0.401	0.186	0.178	0.228	0.242
丝氨酸	0.099	0.044	0.031	0.058	0.110
天冬酰胺	2.167	1.171	1.121	1.695	2.021
谷氨酸	0.317	0.149	0.077	0.189	0.249
甘氨酸	0.051	0.030	0.020	0.030	0.037
丙氨酸	0.927	0.434	0.327	0.540	0.693
缬氨酸	0.067	0.051	0.050	0.036	0.068
半胱氨酸	0	0	0	0	0
异亮氨酸	0.002	0	0	0.002	0.003
亮氨酸	0.163	0.095	0.071	0.117	0.147
酪氨酸	0.148	0.085	0.028	0.041	0.091
苯丙氨酸	0.054	0.036	0.091	0.152	0.056
氨基丁酸	0.313	0.026	0.029	0.046	0.161
组氨酸	0.039	0.047	0.050	0.067	0.142
色氨酸	0.139	0.083	0.067	0.105	0.138
精氨酸	0.406	0	0	0	0.030

八、烟叶香气物质

1. 向阳镇鲁溪村片区

代表性片区（XZ-01）中部烟叶（C3F）茄酮含量为 1.053 μg/g，香叶基丙酮含量为 0.280 μg/g，降茄二酮含量为 0.090 μg/g，β-紫罗兰酮含量为 0.403 μg/g，氧化紫罗兰酮含量为 0.549 μg/g，二氢猕猴桃内酯含量为 2.890 μg/g，巨豆三烯酮 1 含量为 0.034 μg/g，巨豆三烯酮 2 含量为 0.426 μg/g，巨豆三烯酮 3 含量为 0.067 μg/g，巨豆三烯酮 4 含量为 0.269 μg/g，3-羟基-β-二氢大马酮含量为 0.594 μg/g，3-氧代-α-紫罗兰醇含量为 2.285 μg/g，新植二烯含量为 435.445 μg/g，3-羟基索拉韦惕酮含量为 4.222 μg/g，β-法尼烯含量为 4.144 μg/g（表 21-1-10）。

2. 新田镇山岭村片区

代表性片区（XZ-02）中部烟叶（C3F）茄酮含量为 0.918 μg/g，香叶基丙酮含量为 0.291 μg/g，降茄二酮含量为 0.101 μg/g，β-紫罗兰酮含量为 0.358 μg/g，氧化紫罗兰酮含量为 0.571 μg/g，二氢猕猴桃内酯含量为 2.318 μg/g，巨豆三烯酮 1 含量为 0.022 μg/g，巨豆三烯酮 2 含量为 0.314 μg/g，巨豆三烯酮 3 含量为 0.056 μg/g，巨豆三烯酮 4 含量为 0.213 μg/g，3-羟基-β-二氢大马酮含量为 0.426 μg/g，3-氧代-α-紫罗兰醇含量为 4.234 μg/g，新植二烯含量为 438.312 μg/g，3-羟基索拉韦惕酮含量为 10.550 μg/g，β-法尼烯含量为 3.539 μg/g（表 21-1-10）。

3. 黄渡乡西扎村片区

代表性片区（XZ-03）中部烟叶（C3F）茄酮含量为 0.739 μg/g，香叶基丙酮含量为 0.224 μg/g，降茄二酮含量为 0.101 μg/g，β-紫罗兰酮含量为 0.347 μg/g，氧化紫罗兰酮含量为 0.515 μg/g，二氢猕猴桃内酯含量为 2.934 μg/g，巨豆三烯酮 1 含量为 0.022 μg/g，巨豆三烯酮 2 含量为 0.269 μg/g，巨豆三烯酮 3 含量为 0.056 μg/g，巨豆三烯酮 4 含量为 0.168 μg/g，3-羟基-β-二氢大马酮含量为 0.717 μg/g，3-氧代-α-紫罗兰醇含量为 2.240 μg/g，新植二烯含量为 218.142 μg/g，3-羟基索拉韦惕酮含量为 1.534 μg/g，β-法尼烯含量为 1.893 μg/g（表 21-1-10）。

4. 孙埠镇刘村片区

代表性片区（XZ-04）中部烟叶（C3F）茄酮含量为 1.210 μg/g，香叶基丙酮含量为 0.269 μg/g，降茄二酮含量为 0.090 μg/g，β-紫罗兰酮含量为 0.470 μg/g，氧化紫罗兰酮含量为 0.616 μg/g，二氢猕猴桃内酯含量为 3.438 μg/g，巨豆三烯酮 1 含量为 0.056 μg/g，巨豆三烯酮 2 含量为 0.762 μg/g，巨豆三烯酮 3 含量为 0.112 μg/g，巨豆三烯酮 4 含量为 0.459 μg/g，3-羟基-β-二氢大马酮含量为 0.616 μg/g，3-氧代-α-紫罗兰醇含量为 1.355 μg/g，新植二烯含量为 652.994 μg/g，3-羟基索拉韦惕酮含量为 2.699 μg/g，β-法尼烯含量为 8.254 μg/g（表 21-1-10）。

5. 沈村镇沈村社区片区

代表性片区（XZ-05）中部烟叶（C3F）茄酮含量为 1.333 μg/g，香叶基丙酮含量为 0.336 μg/g，降茄二酮含量为 0.078 μg/g，β-紫罗兰酮含量为 0.426 μg/g，氧化紫罗兰酮含量为 0.504 μg/g，二氢猕猴桃内酯含量为 2.856 μg/g，巨豆三烯酮 1 含量为 0.034 μg/g，巨豆三烯酮 2 含量为 0.358 μg/g，巨豆三烯酮 3 含量为 0.056 μg/g，巨豆三烯酮 4 含量为 0.246 μg/g，3-羟基-β-二氢大马酮含量为 0.616 μg/g，3-氧代-α-紫罗兰醇含量为 1.322 μg/g，新植二烯含量为 432.320 μg/g，3-羟基索拉韦惕酮含量为 2.117 μg/g，β-法尼烯含量为 2.890 μg/g（表 21-1-10）。

表 21-1-10　代表性片区中部烟叶（C3F）香气物质　　　（单位：μg/g）

香气物质	XZ-01	XZ-02	XZ-03	XZ-04	XZ-05
茄酮	1.053	0.918	0.739	1.210	1.333
香叶基丙酮	0.280	0.291	0.224	0.269	0.336
降茄二酮	0.090	0.101	0.101	0.090	0.078
β-紫罗兰酮	0.403	0.358	0.347	0.470	0.426
氧化紫罗兰酮	0.549	0.571	0.515	0.616	0.504
二氢猕猴桃内酯	2.890	2.318	2.934	3.438	2.856

续表

香气物质	XZ-01	XZ-02	XZ-03	XZ-04	XZ-05
巨豆三烯酮 1	0.034	0.022	0.022	0.056	0.034
巨豆三烯酮 2	0.426	0.314	0.269	0.762	0.358
巨豆三烯酮 3	0.067	0.056	0.056	0.112	0.056
巨豆三烯酮 4	0.269	0.213	0.168	0.459	0.246
3-羟基-β-二氢大马酮	0.594	0.426	0.717	0.616	0.616
3-氧代-α-紫罗兰醇	2.285	4.234	2.240	1.355	1.322
新植二烯	435.445	438.312	218.142	652.994	432.320
3-羟基索拉韦惕酮	4.222	10.550	1.534	2.699	2.117
β-法尼烯	4.144	3.539	1.893	8.254	2.890

九、烟叶感官质量

1. 向阳镇鲁溪村片区

代表性片区（XZ-01）中部烟叶（C3F）感官质量评价结果显示，香韵指标包含的干草香、清甜香、正甜香、焦甜香、青香、木香、豆香、坚果香、焦香、辛香、果香、药草香、花香、树脂香、酒香的各项指标值分别为3.16、0.25、1.00、2.06、0.44、2.06、0.31、0.81、1.34、1.06、0.06、0.13、0、0.13、0，烟气指标包含的香气状态、烟气浓度、劲头、香气质、香气量和透发性的各项指标值分别为2.81、2.93、2.53、3.00、2.75 和2.81，杂气指标包含的青杂气、生青气、枯焦气、木质气、土腥气、松脂气、花粉气、药草气和金属气的各项指标值分别为0.97、0.69、0.94、1.50、0.19、0、0.06、0、0，口感指标包含的细腻程度、柔和程度、圆润感、刺激性、干燥感和余味的各项指标值分别为2.94、3.06、2.81、2.38、2.53 和2.94（表21-1-11）。

2. 新田镇山岭村片区

代表性片区（XZ-02）中部烟叶（C3F）感官质量评价结果显示，香韵指标包含的干草香、清甜香、正甜香、焦甜香、青香、木香、豆香、坚果香、焦香、辛香、果香、药草香、花香、树脂香、酒香的各项指标值分别为3.07、0.08、1.33、1.78、0.68、2.06、0.10、0.62、1.65、1.13、0.02、0.04、0、0.04、0，烟气指标包含的香气状态、烟气浓度、劲头、香气质、香气量和透发性的各项指标值分别为0.94、2.81、2.62、2.72、2.58 和2.57，杂气指标包含的青杂气、生青气、枯焦气、木质气、土腥气、松脂气、花粉气、药草气和金属气的各项指标值分别为1.36、0.80、1.13、1.59、0.06、0、0.02、0、0，口感指标包含的细腻程度、柔和程度、圆润感、刺激性、干燥感和余味的各项指标值分别为2.79、3.00、2.72、2.35、2.53 和2.74（表21-1-11）。

3. 黄渡乡西扎村片区

代表性片区（XZ-03）中部烟叶（C3F）感官质量评价结果显示，香韵指标包含的干草香、清甜香、正甜香、焦甜香、青香、木香、豆香、坚果香、焦香、辛香、果香、药草香、花香、树脂香、酒香的各项指标值分别为3.17、0、1.44、1.72、0.83、2.11、0、1.06、1.83、0.94、0、0、0、0、0，烟气指标包含的香气状态、烟气浓度、劲头、香气质、香气量和透发性的各项指标值分别为2.00、2.50、2.61、2.89、2.44和2.39，杂气指标包含的青杂气、生青气、枯焦气、木质气、土腥气、松脂气、花粉气、药草气和金属气的各项指标值分别为 1.28、0.83、1.17、1.61、0、0、0、0、0，口感指标包含的细腻程度、柔和程度、圆润感、刺激性、干燥感和余味的各项指标值分别为3.06、3.06、2.67、2.17、2.39 和2.67（表21-1-11）。

4. 孙埠镇刘村片区

代表性片区（XZ-04）中部烟叶（C3F）感官质量评价结果显示，香韵指标包含的干草香、清甜香、正甜香、焦甜香、青香、木香、豆香、坚果香、焦香、辛香、果香、药草香、花香、树脂香、酒香的各项指标值分别为2.89、0、1.56、1.56、0.78、2.00、0、0、1.78、1.39、0、0、0、0、0，烟气指标包含的香气状态、烟气浓度、劲头、香气质、香气量和透发性的各项指标值分别为2.15、3.00、2.72、2.28、2.56和2.50，杂气指标包含的青杂气、生青气、枯焦气、木质气、土腥气、松脂气、花粉气、药草气和金属气的各项指标值分别为 1.83、0.89、1.28、1.67、0、0、0、0、0，口感指标包含的细腻程度、柔和程度、圆润感、刺激性、干燥感和余味的各项指标值分别为2.39、2.89、2.67、2.50、2.67 和2.61（表21-1-11）。

5. 沈村镇沈村社区片区

代表性片区（XZ-05）中部烟叶（C3F）感官质量评价结果显示，香韵指标包含的干草香、清甜香、正甜香、焦甜香、青香、木香、豆香、坚果香、焦香、辛香、果香、药草香、花香、树脂香、酒香的各项指标值分别为3.16、0.25、1.00、2.06、0.44、2.06、0.31、0.81、1.34、1.06、0.06、0.13、0、0.13、0，烟气指标包含的香气状态、烟气浓度、劲头、香气质、香气量和透发性的各项指标值分别为2.81、2.93、2.53、3.00、2.75 和2.81，杂气指标包含的青杂气、生青气、枯焦气、木质气、土腥气、松脂气、花粉气、药草气和金属气的各项指标值分别为0.97、0.69、0.94、1.50、0.19、0、0.06、0、0，口感指标包含的细腻程度、柔和程度、圆润感、刺激性、干燥感和余味的各项指标值分别为2.94、3.06、2.81、2.38、2.53 和2.94（表21-1-11）。

表 21-1-11　代表性片区中部烟叶（C3F）感官质量

	评价指标	XZ-01	XZ-02	XZ-03	XZ-04	XZ-05
	干草香	3.16	3.07	3.17	2.89	3.16
	清甜香	0.25	0.08	0	0	0.25
香韵	正甜香	1.00	1.33	1.44	1.56	1.00
	焦甜香	2.06	1.78	1.72	1.56	2.06
	青香	0.44	0.68	0.83	0.78	0.44

续表

评价指标		XZ-01	XZ-02	XZ-03	XZ-04	XZ-05
香韵	木香	2.06	2.06	2.11	2.00	2.06
	豆香	0.31	0.10	0	0	0.31
	坚果香	0.81	0.62	1.06	0	0.81
	焦香	1.34	1.65	1.83	1.78	1.34
	辛香	1.06	1.13	0.94	1.39	1.06
	果香	0.06	0.02	0	0	0.06
	药草香	0.13	0.04	0	0	0.13
	花香	0	0	0	0	0
	树脂香	0.13	0.04	0	0	0.13
	酒香	0	0	0	0	0
烟气	香气状态	2.81	0.94	2.00	2.15	2.81
	烟气浓度	2.93	2.81	2.50	3.00	2.93
	劲头	2.53	2.62	2.61	2.72	2.53
	香气质	3.00	2.72	2.89	2.28	3.00
	香气量	2.75	2.58	2.44	2.56	2.75
	透发性	2.81	2.57	2.39	2.50	2.81
杂气	青杂气	0.97	1.36	1.28	1.83	0.97
	生青气	0.69	0.80	0.83	0.89	0.69
	枯焦气	0.94	1.13	1.17	1.28	0.94
	木质气	1.50	1.59	1.61	1.67	1.50
	土腥气	0.19	0.06	0	0	0.19
	松脂气	0	0	0	0	0
	花粉气	0.06	0.02	0	0	0.06
	药草气	0	0	0	0	0
	金属气	0	0	0	0	0
口感	细腻程度	2.94	2.79	3.06	2.39	2.94
	柔和程度	3.06	3.00	3.06	2.89	3.06
	圆润感	2.81	2.72	2.67	2.67	2.81
	刺激性	2.38	2.35	2.17	2.50	2.38
	干燥感	2.53	2.53	2.39	2.67	2.53
	余味	2.94	2.74	2.67	2.61	2.94

第二节　安徽泾县烟叶风格特征

泾县隶属安徽省宣城市，位于北纬 30°21′～30°51′、东经 117°57′～118°41′。泾县处于安徽省东南部，东邻宣州区、宁国市，南接旌德县、黄山市，西连青阳县，北依南陵县，总面积 2054.5 km²，占安徽省总面积的 1.47%。县城距省会合肥市公路里程 233 km、宣城市 52 km、黄山市 115 km。泾县处于扬子准地台下扬子台坳内次级单元沿江拱断褶带和皖南陷褶断带的过渡地带，境内褶皱构造强烈，褶皱构造在县城的北部，因遭受周王深断裂破坏，被中新生界覆盖。泾县断裂构造也十分突出，与褶被构造伴生有发育不普遍的纵向和横向两组断裂构造。泾县以丘陵低山为主，中山和平原所占面积很少，东南部和西北部为隆起的丘陵山地区，其间有一条带状河谷平原。地面高程由西南向东北逐级递减，具明显阶梯状特点。泾县地处中纬度南部边缘，属于北亚热带、副热带季风湿润性气候。

根据目前该县烤烟种植面积、片区分布特点和烟叶质量风格特征和采样因素，只选择琴溪镇玲芝村下边组片区作为烟叶质量风格特征的代表性区域加以展示。

一、烟田与烟株基本特征

琴溪镇玲芝村下边组片区（JX-01）中心点位于北纬 30°43′42.760″、东经 118°26′27.540″，海拔 38 m。河道冲积漫滩地形，平旱地，成土母质为河流冲积物，土壤亚类为普通淡色潮湿雏形土。种植制度为烤烟、小麦轮作，烤烟大田生长期 3～7 月。烤烟田间长相长势好，烟株呈筒形结构，株高 107.39 cm，茎围 9.67 cm，有效叶片数 16.89，中部烟叶长 71.33 cm、宽 27.28 cm，上部烟叶长 66.72 cm、宽 25.50 cm（图 21-2-1，表 21-2-1）。

图 21-2-1　JX-01 片区烟田

表 21-2-1　代表性片区烟株主要农艺性状

片区	株高 /cm	茎围 /cm	有效叶 /片	中部叶/cm		上部叶/cm		株型
				叶长	叶宽	叶长	叶宽	
JX-01	107.39	9.67	16.89	71.33	27.28	66.72	25.50	筒形

二、烟叶外观质量与物理指标

代表性片区（JX-01）烟叶外观质量指标的成熟度得分 7.00，颜色得分 7.50，油分得分 5.20，身份得分 7.70，结构得分 7.50，色度得分 4.70。烟叶物理指标中的单叶重 8.93 g，叶片密度 46.19 g/m²，含梗率 38.70%，平衡含水率 12.21%，叶片长度 64.80 cm，叶片宽度 20.80 cm，叶片厚度 144.20 μm，填充值 3.86 cm³/g（图 21-2-2，表 21-2-2 和表 21-2-3）。

图 21-2-2　JX-01 片区初烤烟叶

表 21-2-2　代表性片区烟叶外观质量

片区	成熟度	颜色	油分	身份	结构	色度
JX-01	7.00	7.50	5.20	7.70	7.50	4.70

表 21-2-3　代表性片区烟叶物理指标

片区	单叶重 /g	叶片密度 /(g/m²)	含梗率 /%	平衡含水率 /%	叶长 /cm	叶宽 /cm	叶片厚度 /μm	填充值 /(cm³/g)
JX-01	8.93	46.19	38.70	12.21	64.80	20.80	144.20	3.86

三、烟叶常规化学成分与中微量元素

代表性片区（JX-01）中部烟叶（C3F）总糖含量 24.80%，还原糖含量 20.17%，总氮含量 1.78%，总植物碱含量 2.92%，氯含量 0.67%，钾含量 1.16%，糖碱比 8.50，淀粉含量 3.42%（表 21-2-4）。烟叶铜含量为 0.145 g/kg，铁含量为 1.156 g/kg，锰含量为 1.075 g/kg，锌含量为 0.415 g/kg，钙含量为 157.220 mg/kg，镁含量为 19.585 mg/kg（表 21-2-5）。

表 21-2-4　代表性片区中部烟叶（C3F）常规化学成分

片区	总糖/%	还原糖/%	总氮/%	总植物碱 /%	氯/%	钾/%	糖碱比	淀粉/%
JX-01	24.80	20.17	1.78	2.92	0.67	1.16	8.50	3.42

表 21-2-5　代表性片区中部烟叶（C3F）中微量元素

片区	Cu /(g/kg)	Fe /(g/kg)	Mn /(g/kg)	Zn /(g/kg)	Ca /(mg/kg)	Mg /(mg/kg)
JX-01	0.145	1.156	1.075	0.415	157.220	19.585

四、烟叶生物碱组分与细胞壁物质

代表性片区（JX-01）中部烟叶（C3F）烟碱含量为 29.182 mg/g，降烟碱含量为 0.293 mg/g，麦斯明含量为 0.004 mg/g，假木贼碱含量为 0.060 mg/g，新烟碱含量为 0.535 mg/g；烟叶纤维素含量为 7.50%，半纤维素含量为 3.20%，木质素含量为 1.10%（表 21-2-6）。

表 21-2-6　代表性片区中部烟叶（C3F）生物碱组分与细胞壁物质

片区	烟碱 /(mg/g)	降烟碱 /(mg/g)	麦斯明 /(mg/g)	假木贼碱 /(mg/g)	新烟碱 /(mg/g)	纤维素 /%	半纤维素 /%	木质素 /%
JX-01	29.182	0.293	0.004	0.060	0.535	7.50	3.20	1.10

五、烟叶多酚与质体色素

代表性片区（JX-01）中部烟叶（C3F）绿原酸含量为 12.247 mg/g，芸香苷含量为 7.070 mg/g，莨菪亭含量为 0.330 mg/g，β-胡萝卜素含量为 0.045 mg/g，叶黄素含量为 0.098 mg/g（表 21-2-7）。

表 21-2-7　代表性片区中部烟叶（C3F）多酚与质体色素　　（单位：mg/g）

片区	绿原酸	芸香苷	莨菪亭	β-胡萝卜素	叶黄素
JX-01	12.247	7.070	0.330	0.045	0.098

六、烟叶有机酸类物质

代表性片区（JX-01）中部烟叶（C3F）草酸含量为 15.350 mg/g，苹果酸含量为 35.429 mg/g，柠檬酸含量为 4.160 mg/g，棕榈酸含量为 2.188 mg/g，亚油酸含量为 1.446 mg/g，油酸含量为 2.929 mg/g，硬脂酸含量为 0.564 mg/g（表 21-2-8）。

表 21-2-8　代表性片区中部烟叶（C3F）有机酸　　（单位：mg/g）

片区	草酸	苹果酸	柠檬酸	棕榈酸	亚油酸	油酸	硬脂酸
JX-01	15.350	35.429	4.160	2.188	1.446	2.929	0.564

七、烟叶氨基酸

代表性片区(JX-01)中部烟叶(C3F)磷酸化-丝氨酸含量为 0.401 μg/mg，牛磺酸含量为 0.538 μg/mg，天冬氨酸含量为 0.127 μg/mg，苏氨酸含量为 0.216 μg/mg，丝氨酸含量为 0.066 μg/mg，天冬酰胺含量为 1.612 μg/mg，谷氨酸含量为 0.172 μg/mg，甘氨酸含量为 0.029 μg/mg，丙氨酸含量为 0.520 μg/mg，缬氨酸含量为 0.052 μg/mg，半胱氨酸含量为 0 μg/mg，异亮氨酸含量为 0.002 μg/mg，亮氨酸含量为 0.111 μg/mg，酪氨酸含量为 0.053 μg/mg，苯丙氨酸含量为 0.100 μg/mg，氨基丁酸含量为 0.079 μg/mg，组氨酸含量为 0.087 μg/mg，色氨酸含量为 0.103 μg/mg，精氨酸含量为 0.010 μg/mg(表 21-2-9)。

表 21-2-9　代表性片区中部烟叶(C3F)氨基酸　　(单位：μg/mg)

氨基酸组分	JX-01	氨基酸组分	JX-01
磷酸化-丝氨酸	0.401	半胱氨酸	0
牛磺酸	0.538	异亮氨酸	0.002
天冬氨酸	0.127	亮氨酸	0.111
苏氨酸	0.216	酪氨酸	0.053
丝氨酸	0.066	苯丙氨酸	0.100
天冬酰胺	1.612	氨基丁酸	0.079
谷氨酸	0.172	组氨酸	0.087
甘氨酸	0.029	色氨酸	0.103
丙氨酸	0.520	精氨酸	0.010
缬氨酸	0.052		

八、烟叶香气物质

代表性片区(JX-01)中部烟叶(C3F)茄酮含量为 1.154 μg/g，香叶基丙酮含量为 0.302 μg/g，降茄二酮含量为 0.090 μg/g，β-紫罗兰酮含量为 0.414 μg/g，氧化紫罗兰酮含量为 0.560 μg/g，二氢猕猴桃内酯含量为 2.867 μg/g，巨豆三烯酮 1 含量为 0.034 μg/g，巨豆三烯酮 2 含量为 0.482 μg/g，巨豆三烯酮 3 含量为 0.067 μg/g，巨豆三烯酮 4 含量为 0.302 μg/g，3-羟基-β-二氢大马酮含量为 0.549 μg/g，3-氧代-α-紫罗兰醇含量为 2.296 μg/g，新植二烯含量为 507.875 μg/g，3-羟基索拉韦惕酮含量为 5.118 μg/g，β-法尼烯含量为 4.894 μg/g(表 21-2-10)。

九、烟叶感官质量

代表性片区(JX-01)中部烟叶(C3F)感官质量评价结果显示，香韵指标包含的干草香得分为 3.09，清甜香得分为 0.12，正甜香得分为 1.27，焦甜香得分为 1.84，青香得分为 0.63，木香得分为 2.06，豆香得分为 0.15，坚果香得分为 0.66，焦香得分为 1.59，辛香得分为 1.12，果香得分为 0.03，药草香得分为 0.06，花香得分为 0，树脂香得分

表 21-2-10　代表性片区中部烟叶(C3F)香气物质　　　　（单位：μg/g）

香气物质	JX-01	香气物质	JX-01
茄酮	1.154	巨豆三烯酮 3	0.067
香叶基丙酮	0.302	巨豆三烯酮 4	0.302
降茄二酮	0.090	3-羟基-β-二氢大马酮	0.549
β-紫罗兰酮	0.414	3-氧代-α-紫罗兰醇	2.296
氧化紫罗兰酮	0.560	新植二烯	507.875
二氢猕猴桃内酯	2.867	3-羟基索拉韦惕酮	5.118
巨豆三烯酮 1	0.034	β-法尼烯	4.894
巨豆三烯酮 2	0.482		

为 0.06，酒香得分为 0；烟气指标包含的香气状态的得分为 1.31，烟气浓度得分为 2.84，劲头得分为 2.60，香气质得分为 2.78，香气量得分为 2.62，透发性得分为 2.62；杂气指标包含的青杂气得分为 1.28，生青气得分为 0.78，枯焦气得分为 1.09，木质气得分为 1.57，土腥气得分为 0.09，松脂气得分为 0，花粉气得分为 0.03，药草气得分为 0，金属气得分为 0；口感指标包含的细腻程度得分为 2.82，柔和程度得分为 3.01，圆润感得分为 2.73，刺激性得分为 2.35，干燥感得分为 2.53，余味得分为 2.78（表 21-2-11）。

表 21-2-11　代表性片区中部烟叶(C3F)感官质量

评价指标		JX-01	评价指标		JX-01
香韵	干草香	3.09	烟气	香气质	2.78
	清甜香	0.12		香气量	2.62
	正甜香	1.27		透发性	2.62
	焦甜香	1.84	杂气	青杂气	1.28
	青香	0.63		生青气	0.78
	木香	2.06		枯焦气	1.09
	豆香	0.15		木质气	1.57
	坚果香	0.66		土腥气	0.09
	焦香	1.59		松脂气	0
	辛香	1.12		花粉气	0.03
	果香	0.03		药草气	0
	药草香	0.06		金属气	0
	花香	0	口感	细腻程度	2.82
	树脂香	0.06		柔和程度	3.01
	酒香	0		圆润感	2.73
烟气	香气状态	1.31		刺激性	2.35
	烟气浓度	2.84		干燥感	2.53
	劲头	2.60		余味	2.78

参 考 文 献

包自超. 2013. 烟田海拔变化对烟叶风格特色的影响研究[D]. 北京: 中国农业科学院.

鲍士旦. 2000. 土壤农化分析[M]. 3 版. 北京: 中国农业出版社.

杜咏梅, 张怀宝, 王晓玲, 等. 2003. 光度法测定烟草中总类胡萝卜素的方法研究[J]. 中国烟草科学, 24(3): 28-29.

国家技术监督局. 1992. 烤烟: GB 2635—1992[S]. 北京: 中国标准出版社.

国家烟草专卖局. 2002. 卷烟 烟丝填充值的测定: YC/T 152—2001[S]. 北京: 中国标准出版社.

国家烟草专卖局. 2010. 烟草农艺性状调查测量方法: YC/T 142—2010[S]. 北京: 中国标准出版社.

李玲燕. 2015. 烤烟典型产区烟叶香气物质关键指标比较研究[D]. 北京: 中国农业科学院.

梁盟. 2016. 气象因子对烤烟生物碱及其主要组分含量的影响[D]. 北京: 中国农业科学院.

刘百战, 徐亮, 詹建波, 等. 1999. 云南烤烟中非挥发性有机酸及某些高级脂肪酸的分析[J]. 中国烟草科学, 20(2): 28-31.

鲁如坤. 2000. 土壤农业化学分析方法[M]. 北京: 中国农业科技出版社.

王蕾, 孟广宇, 于瑞国, 等. 2006. 不同工艺处理的烟草中游离氨基酸含量的反相 HPLC 分析[J]. 分析测试学报, 25(3): 46-49.

王瑞新. 1990. 烟草化学品质分析方法[M]. 郑州: 河南科学技术出版社.

王影影. 2013. 烤烟典型产区土壤与烟叶铁、锰、铜、锌分布特点研究[D]. 北京: 中国农业科学院.

徐宜民, 王程栋, 等. 2016. 中国优质特色烤烟典型产区生态条件[M]. 北京: 科学出版社.

中国农业科学院烟草研究所. 2005. 中国烟草栽培学[M]. 上海: 上海科学技术出版社.

中华人民共和国国家质量监督检验检疫总局, 中国国家标准化管理委员会. 2015. 烤烟 烟叶质量风格特色感官评价方法: YC/T 530—2015[S]. 北京: 中国标准出版社.

朱小茜, 徐晓燕, 黄义德, 等. 2005. 多酚类物质对烟草品质的影响[J]. 安徽农业科学, 33(8): 1910-1911.

Qi D, Fei T, Sha Y, et al. 2014. A novel fully automated on-line coupled liquid chromatography-gas chromatography technique used for the determination of organochlorine pesticide residues in tobacco and tobacco products[J]. Journal of Chromatography A, 1374: 273-277.